胜利油田勘探开发研究院六十年理论技术文集
（1964—2024）

勘 探 篇
（上 册）

胜利油田勘探开发研究院　编

石油工业出版社

内容提要

本文集遴选了胜利油田勘探开发研究院60年来在油气勘探领域发表的科研论文102篇，内容涵盖复式油气聚集区（带）、断陷盆地隐蔽油气藏、断陷盆地油气精细勘探、陆相断陷盆地页岩油勘探、西部叠合盆地油气勘探等勘探理论认识，以及资源评价、地球物理、测井评价、实验技术等专项特色技术系列。

本书可供油气地质勘探领域的科研人员及高等院校相关专业师生参考阅读。

图书在版编目（CIP）数据

胜利油田勘探开发研究院六十年理论技术文集：1964—2024. 勘探篇. 上册 / 胜利油田勘探开发研究院编. -- 北京：石油工业出版社，2024.10. -- ISBN 978-7-5183-7051-1

Ⅰ. P618.130.8-53；TE3-53

中国国家版本馆 CIP 数据核字第 20249ET719 号

出版发行：石油工业出版社

（北京安定门外安华里2区1号楼　100011）

网　　址：www.petropub.com

编辑部：（010）64249707　图书营销中心：（010）64523633

经　　销：全国新华书店

印　　刷：北京中石油彩色印刷有限责任公司

2024年10月第1版　2024年10月第1次印刷

889×1194毫米　开本：1/16　印张：29

字数：750千字

定价：290.00元

（如出现印装质量问题，我社图书营销中心负责调换）

版权所有，翻印必究

《胜利油田勘探开发研究院六十年理论技术文集》勘探篇

编委会

主　任：韩振龙　张世明

副主任：张鹏飞　张关龙　孔省吾　吕　琦　王东晔　翟　亮

委　员：（按姓氏笔画排序）

王　敏　　王　瑞　　王千军　　王长江　　王伟庆　　王学军

王建伟　　巩建强　　乔玉雷　　任新成　　李　政　　李军亮

李松涛　　杨　光　　肖　武　　邱贻博　　张　娟　　陈学国

罗红梅　　孟　涛　　赵乐强　　郝雪峰　　胡兰凤　　秦　峰

贾玉涛　　傅爱兵　　曾治平　　翟　正　　熊　伟　　穆　星

胜利攀顶 引领胜利

★ 1964.7.27
地质指挥所

★ 1972.9.5
地质处

★ 1975.8.15
勘探开发规划研究院

★ 1978.10.25
地质科学研究院

★ 2015.4.15
勘探开发研究院

★ 2017.7.25
勘探开发研究院西部分院机构编制撤销，并入勘探开发研究院

★ 2021.10.21
习近平总书记视察胜利油田，第一站来到勘探开发研究院

序

《胜利油田勘探开发研究院六十年理论技术文集（1964—2024）·勘探篇》出版之际，我有幸阅读了书稿。文集承载了一代代胜利地质人"为国找油"的初心使命和"端牢能源饭碗"的责任担当，是历代胜利地质人的共同心血和智慧结晶。这部文集的出版，是一件非常有意义的大事。

一部胜利油田勘探发现史，就是一部地质理论进步史。济阳坳陷被称为"石油地质大观园"，被形象地比喻为"一个摔碎的盘子，又被踢了一脚，七零八落，对不起来"。在这个"碎盘子"里找油，无疑是对地质人员的巨大挑战。60多年前，老一辈地质科研工作者怀揣着建设大油田的梦想，用脚步丈量渤海湾盆地，从华1井到华8井，在这片荒凉的盐碱滩上发现了胜利油田。一代代胜利地质人，以创新、创造和勇往直前的执着精神，勇于探索，解放思想，突破禁区，创新形成了一整套行之有效的油气勘探理论技术，实现了从构造油气藏到隐蔽油气藏、从东部到西部、从常规到非常规的飞跃发展，强力支撑了胜利油田储量、产量增长及长期持续稳产。

理论创新是科技创新的基础和源头。历史已经无数次证明，每每勘探开发陷于暗夜之时，就是重大理论突破的黎明前夕。断陷盆地复式油气聚集（区）带、隐蔽油气藏勘探、压扭盆地盆缘隆起区大规模油气成藏、陆相断陷盆地页岩油勘探，这些理论犹如璀璨的"夜明珠"，照亮人们前进的道路，为稳定东部、发展西部提供了有力支撑，丰富了我国油气勘探理论技术体系。这部文集收录的文章，系统展现了胜利地质人60年来的理论创新和技术进步历程，更彰显了胜利地质人在科技创新方面的卓越风采，对提高科技人员地质理论认识水平，促进勘探事业高质量发展具有重要的参考价值。

2021年10月21日，习近平总书记视察胜利油田作出重要指示，石油能源建设对我们国家意义重大，解决油气核心需求是我们面临的重要任务，要集中资源攻克关键核心技术。站在新的历史起点上，作为"端牢能源饭碗"首倡地，我们必须牢记嘱托，扛牢"为国找油"的使命担当，坚持科技自立自强，坚定打造原创技术策源地，为老油田高质量勘探提供有力科技支撑。

六十年风雨兼程、一甲子春华秋实。在勘探开发研究院成立60周年之际，谨向战斗在科研一线的胜利地质人致以崇高的敬意，并祝研究院在保障国家能源安全的事业中再立新功、再创佳绩！

中国工程院院士

前　言

中国石油化工股份有限公司胜利油田分公司勘探开发研究院成立于1964年7月27日，至今已走过了60年的光辉历程。60年来，勘探开发研究院始终扛牢"我为祖国献石油"的责任担当，积极承担国家、中国石化及胜利油田勘探开发重大科研项目、新技术攻关项目和勘探开发地质综合研究任务，成长为集勘探、开发、测试于一体的综合性研究机构，是中国石化重点研究院、胜利油田地质大参谋。

60年来，勘探开发研究院几代科技工作者怀揣浓厚的报国情怀，面对陆相断陷盆地一系列世界级勘探开发难题，秉承"勘探无禁区、开发无止境"的理念，坚持科技兴油、刻苦攻关，创新形成了具有胜利特色的勘探开发理论和技术系列。获国家科技进步奖24项，其中特等奖1项、一等奖3项、二等奖14项；获省部级科技进步奖222项；授权发明专利608件，其中中国专利金奖1项、银奖1项。先后荣获"全国地质勘查功勋单位""全国模范地勘单位""全国品牌文化示范单位""改革开放30年全国企业文化优秀单位""全国五一劳动奖状"等荣誉称号。

值此勘探开发研究院建院60周年之际，为回顾过去、展望未来，集中反映几代科技工作者矢志创新、刻苦攻关的艰辛历程，全面展示他们在油气勘探开发科研生产工作中的创新性理论和实践成果，激励和启发新一代石油科技工作者继续推进油气科技创新，本文集编委会对建院以来的学术研究成果进行系统梳理和总结，选编出版《胜利油田勘探开发研究院六十年理论技术文集》。

本文集优选建院60年来在国内外公开发表的最具代表性的科技论文200余篇，分为勘探篇（上、下册）和开发篇（上、下册）两大部分。文集特别邀请从胜利油田勘探开发研究院走出去的两位院士分别为勘探篇和开发篇作序，简要介绍了勘探开发理论技术波澜壮阔的发展历程和取得的辉煌成绩，勉励科技工作者在保障国家能源安全的光荣事业中再立新功、再创佳绩。勘探篇和开发篇均有导论详细介绍研究院在相关领域的创新发展历程和标志性理论技术成果。这些论文从不同领域、不同角度，展示了研究院不同历史阶段油气勘探开发理论技术和创新成果，是研究院科研生产不断前进、发展、壮大的缩影。

本文集在文章遴选、录入、修正、校对和出版过程中，得到各级领导、专家等各方面的大力支持与无私帮助，在此深表感谢。在文集编排过程中，尽量尊重原文，以保持原作内容的原则对所选论文进行整理、汇编，但限于编者的水平和经验，编辑过程中难免会有遗漏或不当之处，恳请专家学者和读者不吝赐教，提出宝贵的意见和建议！

《胜利油田勘探开发研究院六十年理论技术文集》编委会

目 录

上 册

导论 ……………………………………………………………………………………（1）

陆相断陷盆地石油地质理论

复式油气聚集（区）带勘探理论

山东梁家楼地区下第三系水下扇 …………………………………………… 陈淑珠（14）
济阳坳陷大、中型油气田的油气藏组合及其形成条件 …………………… 钱 凯 陈云林（19）
渤南油田沙三段沉积相和储层研究 ………………………… 杨家福 孙仲珂 袁向春等（29）
陆相块断湖盆油气生成的地球化学模式 …………………………………………… 周光甲（39）
东营凹陷油气场环对应分布论 …………………………………… 刘兴材 钱 凯 吴世祥（48）

断陷盆地隐蔽油气藏勘探理论

济阳坳陷构造演化及其大地构造意义 ……………………… 宗国洪 肖焕钦 李常宝等（55）
东营凹陷下第三系地层异常高压体系及其石油地质意义 ………… 郑和荣 黄永玲 冯有良（62）
济阳断陷湖盆层序地层学及砂砾岩油气藏群 ………………… 潘元林 宗国洪 郭玉新等（68）
Exploration of Subtle Trap in Jiyang Depression
　…………………………………………… Li Pilong　Zhang Shanwen　Xiao Huanqin et al.（78）
东营凹陷深陷期构造坡折带与低位扇序列 ………………… 隋风贵 郭玉新 王宝言等（89）
济阳坳陷第三系隐蔽油气藏勘探理论与实践 ………………………………… 张善文（97）
陆相断陷盆地断－坳转换体系与地层超覆油藏"T-S"控藏模式——以济阳坳陷第三系为例
　…………………………………………………………………………………………… 宋国奇（108）
油气成藏"相—势"耦合作用探讨——以渤海湾盆地济阳坳陷为例 …………… 王永诗（115）
网毯式油气成藏体系在勘探中的应用 ……………………… 张善文 王永诗 彭传圣等（122）
断陷盆地多样性潜山成因及成藏研究——以济阳坳陷为例
　………………………………………………………………… 李丕龙 张善文 王永诗等（129）

断陷盆地油气精细勘探理论

箕状断陷盆地形成机制、沉积体系与成藏规律——以济阳坳陷为例
　………………………………………………………………… 宋国奇 郝雪峰 刘克奇（135）
东营凹陷北部陡坡带深层砂砾岩扇体成岩圈闭有效性评价 ………… 刘惠民 刘鑫金 贾光华（144）
深层复杂储集体优质储层形成机理与油气成藏——以济阳坳陷东营凹陷古近系为例
　………………………………………………………………… 王永诗 王 勇 郝雪峰等（153）

咸化湖盆深部优质储集层形成机制与分布规律——以渤海湾盆地济阳坳陷
　　渤南洼陷古近系沙河街组四段上亚段为例……………………孟　涛　刘　鹏　邱隆伟等（163）
济阳坳陷太古界潜山储集体发育模式………………………………张鹏飞　刘惠民　王永诗等（174）
富油凹陷油气分布有序性与富集差异性——以渤海湾盆地济阳坳陷东营凹陷为例
　　…………………………………………………………………………王永诗　郝雪峰　胡　阳（183）
成熟探区"层勘探单元"划分与高效勘探……………………………宋明水　王永诗　李友强（194）
济阳坳陷孤北斜坡带中生界碎屑岩有效储层成因机制……………………………………巩建强（205）
济阳坳陷下古生界潜山油气藏特征及成藏模式……………………王　勇　熊　伟　林会喜等（214）
渤海湾盆地济阳坳陷油气勘探新领域、新类型及资源潜力………刘惠民　高　阳　秦　峰等（229）
东营、沾化凹陷压力结构差异及其影响因素………………………邱贻博　王永诗　高永进等（249）

西部叠合盆地油气勘探理论

准噶尔盆地车排子地区"油亮点"形成机理及识别方法……………任新成　王　睿　魏秀萍等（257）
准噶尔盆地车排子凸起新近系"网毯式"成藏机制剖析及其对盆地油气勘探的启示
　　…………………………………………………………………………张善文　林会喜　沈　扬（263）
准噶尔盆地西北缘中国石化探区勘探突破实践…………………………………………隋风贵（277）
准噶尔盆地中部车莫古隆起对油气的控制作用……………………乔玉雷　隋风贵　林会喜等（283）
准噶尔盆地石炭系不同类型烃源岩生烃模拟………………………林会喜　王圣柱　李艳丽等（289）
准噶尔盆地周缘隆起带油气成藏模式………………………………隋风贵　林会喜　赵乐强等（295）
哈山构造带火山岩储层发育特征及控制因素………………………张奎华　林会喜　张关龙等（304）
准噶尔盆地西北缘超剥带圈闭含油性量化评价……………………宋明水　赵乐强　宫亚军等（311）
柴北缘大柴旦地区山前带构造建模及演化研究……………………王大华　王金铎　肖永军等（322）
柴达木盆地东部侏罗纪原型盆地恢复………………………………李军亮　肖永军　王大华等（333）
准噶尔盆地陆西地区石炭纪火山岩岩石学特征及其地质意义
　　…………………………………………………………………………张关龙　林会喜　张奎华等（346）
准噶尔盆地车排子凸起区火山岩风化壳油藏油气运聚模式
　　…………………………………………………………………………赵乐强　林会喜　郭瑞超等（359）
"顺源型"断层与"背源型"断层对油气运聚的差异控制作用
　　…………………………………………………………………………范　婕　林会喜　张奎华等（368）
叠合盆地复杂构造带页岩油资源评价——以准噶尔盆地东南缘博格达地区
　　中二叠统芦草沟组为例……………………………………………林会喜　宋明水　王圣柱等（371）
博格达地区中二叠统芦草沟组沉积相及沉积演化…………………张奎华　曹忠祥　王　越等（382）
车排子凸起西翼轻质原油来源分析…………………………………王千军　陈　林　曹忠祥等（394）
准噶尔盆地腹部下侏罗统三工河组储层物性——含油性特征及主控因素分析
　　…………………………………………………………………………王金铎　许淑梅　张关龙等（403）
准噶尔盆地腹部两类走滑断裂带及其构造变形样式………………王建伟　鲍　军　曹建军等（418）
准噶尔盆地腹部征沙村地区征10井的勘探发现与启示……………刘惠民　张关龙　范　婕等（428）
准噶尔盆地腹部深层——超深层碎屑岩储层发育特征与孔隙演化定量表征
　　…………………………………………………………………………张关龙　王继远　王　斌等（440）

下　册

陆相断陷盆地石油地质理论

陆相断陷盆地页岩油勘探理论

东营凹陷古近系泥页岩中存在可供开采的油气资源……………张林晔　李　政　李钜源等（454）
济阳坳陷古近系页岩油气形成条件………………………………张善文　张林晔　李　政等（469）
济阳坳陷古近系陆相页岩油产量的影响因素……………………宋国奇　徐兴友　李　政等（476）
古近系页岩油赋存特征——以济阳坳陷为例…………………王学军　宁方兴　郝雪峰等（486）
东营凹陷古近系页岩成岩事件及其对页岩储集空间发育特征的影响
　　…………………………………………………………………张　顺　刘惠民　王永诗等（497）
济阳坳陷古近系页岩油富集规律认识与勘探实践………………宋明水　刘惠民　王　勇等（507）
济阳坳陷古近系页岩油地质特殊性及勘探实践
　　——以沙河街组四段上亚段—沙河街组三段下亚段为例……………………刘惠民（519）
渤海湾盆地济阳坳陷陆相页岩油吸附控制因素……………………王永诗　李　政　王　民等（534）
陆相断陷盆地页岩岩相组合类型及特征：以济阳坳陷东营凹陷沙四上亚段页岩为例
　　…………………………………………………………………刘惠民　张　顺　王学军等（544）
济阳坳陷古近系页岩油富集条件与勘探战略方向………………刘惠民　李军亮　刘　鹏等（562）
济阳坳陷始新统页岩岩相发育主控因素及分布特征……………刘惠民　王　勇　李军亮等（575）

油气勘探技术

资源评价技术

胜利油区最小经济油田储量规模研究……………………………罗佳强　宋国奇　王学军等（592）
探明储量增长"彗状"预测模型——以济阳坳陷为例……………高　磊　郭元岭　宗国洪等（596）
济阳坳陷下第三系优质烃源岩的发育及其意义…………………张林晔　孔祥星　张春荣等（601）
济阳坳陷石油资源综合评价与勘探方向…………………………王学军　郭玉新　杜振京等（609）
济阳断陷盆地烃源岩成岩演化及其排烃意义……………………隋风贵　刘　庆　张林晔（617）
济阳坳陷上古生界天然气资源潜力评价…………………………杨显成　李文涛　陈　丽等（623）
开放、封闭两种体系对比模拟确定深层烃源岩成烃机制
　　——以东营凹陷沙四段烃源岩为例…………………………张守春　张林晔　王宇蓉等（627）
济阳坳陷古近系沙四段上亚段烃源岩沉积有机相研究
　　…………………………………………………………………刘　庆　张林晔　宋国奇等（632）
页岩油资源评价技术方法及其应用………………………………宋国奇　张林晔　卢双舫等（640）
湖相烃源岩原始有机质恢复与生排烃效率定量研究
　　——以东营凹陷古近系沙河街组四段优质烃源岩为例……刘　庆　张林晔　王　茹等（648）

地球物理技术

分频解释技术在桩106地区馆上段河道砂体描述中的应用………毕俊凤　刘书会　陈学国等（656）

三维地层压力预测方法及应用研究……陈学国（659）
济阳坳陷储层地震地质综合预测技术研究……穆 星 印兴耀 王孟勇（665）
叠前三参数同步反演方法及其应用……杨培杰 穆 星 印兴耀（673）
基于地震资料双域同步分析的沉积期次划分方法应用研究……毕俊凤 刘书会（680）
基于广义S变换的时变分频技术……王长江 杨培杰 罗红梅等（687）
Geologic modeling study of foothill area of the Junggar Basin rim
……Guanlong Zhang Peng Xiang Jinduo Wang et al.（695）
深度域高精度井震动态匹配方法……罗红梅 王长江 刘书会等（707）
低序级不整合圈闭描述关键技术——以东营凹陷南部斜坡带为例
……刘书会 才巨宏 管晓燕等（718）
一种变密度—速度关系的重力与地震同步联合反演方法
……相 鹏 王金铎 谭绍泉等（728）
基于物性分析建模的时频电磁反演及储层评价——以准北缘石北构造带为例
……王有涛 何展翔 陈学国等（737）
基于深度前馈神经网络方法的横波速度预测……王树华 杨国杰 穆 星（747）

测井评价技术

埕岛油田埕北30潜山复杂岩性储层测井定量评价……史建忠 张 玲（758）
AFF方程在砂岩储层中的应用及意义……耿 斌 耿生臣 王善江（765）
成像测井技术在裂缝储层评价中的应用……傅爱兵 吴 辉 李 林等（769）
水基钻井液浸泡对浅层声波测井的影响及校正方法……朱家俊 张善文 王永诗等（773）
济阳坳陷低电阻率油层的微观机理及地质成因……朱家俊（777）
罗家地区页岩油气测井评价方法……赵铭海 傅爱兵 关 丽等（782）
页岩油评价的关键参数及求取方法研究……王 敏（788）
近油源低渗透砂岩地层水特征及饱和度解释
——以东营凹陷南斜坡沙河街组为例……耿 斌 蔡进功 闫建平等（796）
火成岩蚀变层段的有效储层识别及孔隙度定量表征
——以滨南油田沙四段上亚段火成岩为例……王 敏 王永诗 田 淼等（806）
Identification of Shale Lithofacies from FMI Images and ECS Logs Using Machine
Learning with GLCM Features……Min Tian Maojin Tan Min Wang（813）

实验技术

应用碳同位素探讨油、气成因……廖永胜（840）
不成熟生油岩的热压模拟试验……王新洲（849）
桩65井始新世管状藻屑白云岩的发现及其石油勘探意义……姚益民 向维达（857）
用广义对应分析法筛选生物标志物指标——兼论济阳坳陷原油的成熟度……周光甲（861）
提高油层渗透率的酸—岩作用原理与油层改造应用实例……张守鹏 王伟庆 夏 云（870）
济阳坳陷古近纪孢粉与层序地层……贺振建 蒋光秀 贾凤华等（875）
气源岩热模拟产物轻烃在线分析技术……徐兴友 李 政 王宇蓉等（882）
利用双金刚烷指标研究济阳坳陷凝析油的成熟度和类型……陈致林 刘 旋 金洪蕊等（888）

岩心图像砾石分析技术在砂砾岩扇体中的应用
——以东营凹陷北部陡坡带砂砾岩扇体为例……………………………………杨　光（894）

噻吩类化合物 GC—PFPD 分析方法的建立及应用　………………………………徐大庆（900）

构造变形与烃类充注一体化物理模拟的难点及解决策略…………王学军　单亦先　劳海港等（906）

湖相页岩中矿物和干酪根留油能力实验研究……………………张林晔　包友书　李钜源等（911）

全直径油气储层岩心三维可视化信息采集方法及应用前景………张守鹏　方正伟　杨诗棣等（918）

导　　论

中国石化胜利油田分公司勘探开发研究院建院 60 年来，不忘初心，牢记使命，守正创新，引领了以"复式油气聚集带"理论和"隐蔽油气藏形成机制与勘探"理论为核心的中国陆相断陷盆地石油地质理论的建立和发展，同时致力于油气勘探配套技术和专项特色技术的研发与实践，为胜利油田的持续高质量发展作出了卓越贡献。

建院 60 年来，勘探开发研究院历代地质工作者积极投身胜利油田油气勘探实践，砥砺奋进，坚定"陆相生油理论"认识，突破了"复杂断裂构造、凸起区、火山活动带等难以大规模成藏"的传统认识，创新形成了"复式油气聚集带"理论，对世界石油地质理论作出重要贡献，巩固了胜利油田作为中国第二大油田的战略地位，对胜利油田乃至渤海湾盆地油气勘探具有决定性和根本性的意义。"隐蔽油气藏形成机制与勘探"理论是陆相断陷盆地石油地质理论的又一次飞跃，有效指导了济阳坳陷乃至中国东部断陷盆地隐蔽油气藏的勘探实践，实现了隐蔽油气藏勘探由"碰"到"找"，由"定性预测"到"定量评价"的质的飞跃，确保了胜利油田油气勘探持续稳定发展。

"十一五"以来，勘探开发研究院地质工作者在进一步深化我国陆相断陷盆地石油地质理论的同时，丰富发展了压扭叠合盆地石油地质理论，创新形成了陆相断陷盆地页岩油勘探理论认识，开拓了勘探领域。面对新的勘探形势，创建了"断陷盆地油气精细勘探"理论，该理论发展了隐蔽油气藏勘探理论，提出了"咸化富烃、酸碱控储、有序成藏"认识，对断陷盆地精细高效勘探起到了引领示范作用，实现了胜利东部探区油气"硬稳定"，进一步夯实了我国陆相断陷盆地勘探理论技术的国际领先地位。"压扭叠合盆地油气运聚"理论建立了盆缘超剥带"断毯"成藏模式，丰富了超深层、山前带、石炭系等领域成藏规律，打破了"海相砂岩才能大规模长距离运移"的固有认识，相继发现了春光、春风、春晖、阿拉德油田，带动了我国西部叠合盆地油气勘探进一步发展与突破。"陆相断陷盆地页岩油勘探"理论认识揭示了富碳酸盐页岩"咸化富烃—源储一体"富集规律，创新形成陆相断陷盆地页岩成烃、成储、赋存、富集理论认识，引领我国东部新生代陆相断陷湖盆页岩油勘探理论技术发展。

勘探开发研究院在陆相断陷盆地和压扭叠合盆地油气探勘关键技术的形成和发展中也发挥了重要作用。地球物理技术方面，随着油田勘探程度不断提高，勘探难度日益加大，针对油气勘探中的技术难点，勘探开发研究院大力开展科技攻关，通过自主创新，逐步形成并完善了"薄、小、碎、深"的隐蔽油气藏、多样性潜山油气藏、复杂断块油气藏、西部山前带油气藏、西部深层超深层油气藏，以及非常规油气藏勘探地球物理配套技术系列，有力推动了济阳坳陷及胜利西部探区不同时期的油气藏勘探不断取得新的突破。油气资源评价技术从第一轮全国油气资源评价的氯仿沥青"A"法、累计烃产率法，发展到第二轮全国油气资源评价的盆地模拟法和统计法，再到中国石化三次资源评价和新一轮全国油气资源评价的集成因法、统计法、类比法于一体的综合评价体系，并开展了技术可采资源评价；至"十三五"，全国油气资源评价工作从油气资源的地质评价向经济评价和生态适应性评价方向发展，形成了探明储量来源定量判识技术，为有利勘探方向优选提供了技术支撑。油气实验技术方面，先后形成了具有胜利特色的烃源岩综合评价、油气成烃成藏研究、油气生排运聚物理模拟等技术系列，建立了一套适合于陆相断陷盆地成烃与成藏关系研究的方法，为揭示陆相断陷盆地成烃与成藏的规律提供了技术支撑。逐步发展形成地层古生物多信息分析、低渗透储层油层保护及增产改造、页岩多尺度储层表征、岩心数字化实验等关键技术，在常规油气和页岩油勘探开发工作中取得了显著成效。形成的砂砾岩体储层识别及含油性评价、低电阻率油层识别与预测、滩坝砂油藏中薄互油层有效性评价、裂缝性储层储量参数精细评价等技术，逐步建立起了适应胜利油田勘探开发需求的测井评价技术体系。创新形成了缓坡带滩坝砂、陡坡带砂砾岩、洼陷带浊积岩、浅层河道砂、盆缘超剥带、山前构造带及石炭系等领域勘探目标综合评价技术系列，配套发展了隐蔽油气藏、多样性潜山油气藏、复杂断块油气藏，以及非常规油气藏勘探等地球物理预测技术，有力推动不同类型油气藏勘探的新突破。

总之，60年来勘探开发研究院不断创新理论技术，引领发展了中国陆相断陷盆地石油地质理论体系，形成西部叠合盆地油气勘探理论及断陷盆地页岩油富集地质理论，以新理论指导新发现，以新技术指导新实践，全力书写端牢能源饭碗的新答卷，为我国能源安全作出了重要贡献。

1 陆相断陷盆地石油地质理论体系

1.1 复式油气聚集（区）带勘探理论

复式油气聚集（区）带勘探理论主要是在20世纪70年代中后期至80年代初以渤海湾盆地济阳坳陷为重点总结出来的断陷盆地油气分布规律。在20世纪70年代末期，由于对济阳坳陷勘探潜力认识不足，出现了"无穷拾零"的观点，为扭转"油田越找越小，越找越贫，路子越走越窄"的局面。1981年2月胜利油田召开了首次地质论证会，组织了"全国1亿吨，大庆5千万，胜利怎么办"解放思想大讨论。1982年在大庆召开的全国石油工作会议上，胜利油田地质工作者首次提出了"济阳坳陷是一个油气资源丰富、石油地质条件复杂的复合油气区"，建立了复式油气聚集（区）带勘探理论。

提出了济阳坳陷是一个油气资源丰富、石油地质条件复杂的复合油气区，具有多期成盆演化、三套主力烃源岩、多次油气运聚高峰、三套含油体系、多种油藏类型的复式油气聚集特征，并以"五环式"分布为油气藏展布基本模式，形成了陡坡带、洼陷带、缓坡带、中央隆起带、潜山披覆构造带等五类复式油气聚集带。该理论的创立和应用，有力地促进了胜利油田20世纪80年代至90年代中期油气勘探的快速和持续发展，促进了以垦岛、孤东为代表的25个新油气田的发现和渤南、东辛、乐安等一批老油田储量大幅度增加，1984—1995年新增探明石油地质储量21.33×10^8t，为胜利油田20世纪80年代探明石油地质储量和原油产量两个翻番、年产原油突破3000×10^4t，以及20世纪90年代的持续稳定发展作出了突出贡献，巩固了20世纪末胜利油田作为中国第二大油田的地位。1985年，该理论成果荣获国家科技进步特等奖。渤海湾盆地复式油气聚集带勘探理论的建立和发展是我国对世界石油地质理论的重要贡献，它极大丰富了陆相石油地质理论，对胜利油田乃至渤海湾盆地勘探具有决定性和根本性的意义，对陆相断陷盆地的油气勘探具有重要指导作用。

1.2 断陷盆地隐蔽油气藏勘探理论

20世纪90年代末期，济阳坳陷三维地震覆盖率达到69.2%，探明程度高，非构造类隐蔽油气藏占62%，构造、断块油气藏寻找难度越来越大，如何构建新的勘探理论，指导岩性、地层等隐蔽油气藏的勘探，成为急需解决的重大课题。针对陆相断陷盆地所存在的隐蔽油气藏形成机制、勘探技术及能否形成战略资源接替阵地等重大科学技术问题，以济阳坳陷为基础，开展了石油地质、构造地质、地球化学、地球物理勘探、计算机技术等多学科联合攻关，创新形成了陆相断陷盆地隐蔽油气藏勘探理论。

（1）建立了陆相断陷盆地"断坡控砂"的4种模式。指出陆相断陷盆地不同时期，在不同的构造部位发育的不同断坡类型控制了不同的沉积体系；按照断陷盆地断裂活动与坡折的组合关系及其对沉积的控制作用，将断坡划分陡坡断阶、缓坡断陷、盆内坡折、凸缘坡折等四种类型；陡坡断阶控制了陡坡带砂砾岩体的发育，缓坡断陷控制了缓坡带低位扇体的发育，盆内坡折控制了三角洲及滑塌浊积岩体的发育，凸缘坡折控制了冲积扇及河流体系的发育。断坡控砂模式的建立有效地解决了陆相断陷盆地隐蔽圈闭形成及预测这一重大技术难题。

（2）创立了陆相断陷盆地"网毯式""T型""阶梯型"和"裂隙型"等4种基本的输导体系类型及其共同组成的复式油气输导体系。全面系统阐明了油气输导体系的基本要素及其组合关系、各种输导体系模式的形成条件、主控因素，以及隐蔽圈闭与油气来源之间的成因联系、沟通方式和控油气规律，指明了陆相断陷盆地演化过程中不同构造部位的油气优势通道，为油气分布规律的理论总结提供了科学依据。

（3）建立了陆相断陷盆地油气成藏的基本模式及"相—势"耦合控藏的定量描述方法。从油气成藏的基础理论出发，系统分析了（岩）相和（流体）势及其耦合在成藏中的作用，明确了流体势大小与沉积相带的耦合决定储层的含油性，流体势越大，储层物性越好，含油性越好；无论各种储集体类型，只有"相—势"耦合时，才能成藏；建立了"相—势"耦合的定量描述方法，为复杂地质条件下油气钻探目标选择提供了理论指导。

隐蔽油气藏勘探理论的提出和实践，实现了隐蔽油气藏勘探由"碰"到"找"，由"定性预测"到"定量评价"的质的飞跃。在胜利油田多个地区的隐蔽油气藏勘探应用中取得重大成功，钻探以隐蔽圈闭为目标的探井成功率达75.0%以上，比"九五"以前提高了近20个百分点，为胜利油田高速发展作出巨大贡献，也为其他油区持续稳定发展提供了成功借鉴。成果获2004年度国家科技进步一等奖。

1.3 断陷盆地油气精细勘探理论

历经50余年勘探，东部陆相断陷盆地已进入高勘探程度阶段，剩余资源隐蔽性强，发现难度大，其勘探理论和技术在世界范围内无先例可循。2011年以来，针对剩余资源分布、油气富集规律、精细高效勘探等难题，胜利勘探地质工作者依托国家科技重大专项和中国石化重点项目，产学研联合攻关，以济阳坳陷为例，创新形成了断陷盆地油气精细勘探理论。

（1）突破了湖相烃源岩传统生烃认识，创建了咸化环境烃源岩富烃模式。通过咸化环境烃源岩有机质组成、古生产力、埋藏效率、活化能等关键参数研究，提出了咸化环境烃源岩有机质丰度高、早生早排、生烃期长、排烃效率高的生烃模式，是断陷盆地成烃的主要贡献者，济阳坳陷古近系新增石油资源量$18×10^8$t，夯实了高勘探程度区的资源基础，回答了高勘探程度区勘探潜力问题。

（2）突破了深层碎屑岩物性变差的认识，揭示了咸化沉积成岩过程中流体"酸碱交替"控制优质储层的形成机制。基于源—汇体系的分析，丰富了断陷盆地的沉积模式。提出了咸化环境沉积物成岩早期的碳酸盐岩胶结作用抑制压实，后期烃源岩生烃形成的酸性流体导致碳酸盐岩胶结物和长石、岩屑的溶蚀，深层储集体在酸碱交替流体环境下的成岩演化，是优质储层的形成机制，为深层规模勘探指明了方向，回答了高勘探程度区勘探方向问题。

（3）突破了复式油气聚集的传统认识，形成了断陷盆地油气有序成藏理论。提出了断陷盆地油藏分布的有序性、油藏属性的对应性、富集模式的差异性，由洼陷中心向边缘，岩性、构造、地层类油藏横向毗邻、有序分布，揭示了"压力—流体—储集性"协同演化控油藏有序分布与差异富集机制，指导了断陷盆地高勘探程度区目标优选，回答了高勘探程度区油气富集规律问题。

理论成果指导了济阳坳陷新近系河道砂岩、陡坡带砂砾岩、洼陷带浊积岩和缓坡带滩坝砂等油藏持续增储，累计新增三级石油地质储量$15.81×10^8$t，丰富和发展了陆相生油理论和断陷盆地油气成藏与勘探理论技术，奠定了我国油气精细勘探理论技术的国际领先地位，对断陷盆地精细高效勘探起到了引领示范作用，已在中国东部其他油田成功推广，取得显著成效。成果获2021年国家科技进步二等奖。

1.4 陆相断陷盆地页岩油勘探理论认识

济阳古近系页岩具有年代新、断裂复杂、热演化低、油性差、矿物构成迥异的特征，勘探不能简单复制北美经验。2012年以来，依托国家973、重大专项及中国石化重大科技攻关等项目，形成了陆相断陷盆地页岩油勘探理论认识，攻关并配套了工程技术系列，支撑了济阳页岩油的战略突破。

（1）提出了基于页岩"岩石组分、沉积构造、矿物结构、有机质丰度"的"四要素三端元"岩相划分方案，完善了传统页岩岩相命名体系，实现了济阳陆相页岩岩相的合理划分，奠定了页岩油勘探评价的基础；形成了陆相断陷盆地页岩古环境量化恢复技术，揭示了页岩岩相与古环境之间的成生关系，明确了古气候、古物源、古水介质与古构造协同演化控制了多类型页岩岩相分区有序分布，建立了岩相"环带分布"发育模式，高效指导了页岩岩相宏观预测。

（2）集成了多尺度页岩孔缝表征技术，实现了从微米到纳米多尺度孔缝系统的量化表征。明确了济阳页岩纳米级孔、微米级孔与超微米级孔缝并存的特点，其中无机孔缝占比95%以上，突破有机孔是页岩油主要储集空间的认识，指明了无机孔缝是陆相页岩油有效储集空间；指出富碳酸盐矿物类和混合矿物类页岩相进入中成岩B期，随着有机质大量生烃排酸，形成超压，导致碳酸盐矿物发生溶蚀，溶蚀孔隙和重结晶孔隙大量发育，异常超压缝、层理缝、成岩缝等孔缝系统也相继形成。纳米级孔、微米级孔与超微米级孔缝相互连通，构成基质孔隙、基质微裂缝和跨层微裂缝组成的多级孔缝网络体系。孔缝网络体系的发育奠定了富有机质纹层状页岩岩相为有利储集地位，是勘探的优选突破方向。

（3）研发了用含油率评价页岩油富集可动的方法，解决了页岩油富集可动评价难题。利用该方法对济阳坳陷古近系不同页岩岩相含油率进行了量化表征，明确了不同岩相含油量随埋深变化的差异性，块状岩相的峰值幅度总体上不明显，R_o达到0.9%才出现相对峰值，层状岩相在0.8%达到峰值，纹层状岩相含油率峰值明显提前，R_o等于0.7%含油率即达到峰值38mg/g，且富集可动分布范围宽。提出的有机质$R_o \geq 0.7\%$页岩油即富集可动认识，突破了一般认为R_o大于0.9%页岩油才能富集可动的一般认识，极大地拓展了济阳陆相断陷盆地页岩油勘探空间，落实了济阳坳陷古近系页岩油资源量，评价济阳坳陷古近系页岩油资源量100×10^8t以上，奠定了济阳页岩油工业化勘探的基础。

（4）明确了页岩品质、页岩油可动性和保存条件是济阳陆相断陷湖盆页岩油富集的主控因素，其中页岩品质（储集性、含油性等）是页岩油富集的基础，可动性（原油物性、异常压力等）是页岩油富集的关键，保存条件是页岩油富集稳产的保障。基于页岩油富集主控因素协同演化及其宏观发育特征，明确了济阳页岩油藏"源储一体富集、巨厚超压封闭、空间有序分布"分布规律，认为从陡坡深陷区至缓坡稳定区依次发育混合类页岩油藏—富碳酸盐类页岩油藏；基于该认识，以岩相组合为基础，叠合TOC、孔隙度、压力系数等页岩油富集受控要素，划分出"甜点"平面单元，其中，陡坡深陷区一类"甜点"区为主，缓坡稳定区一类、二类"甜点"区均有分布，该认识高效指导了济阳页岩油勘探有利目标优选。

陆相断陷盆地页岩油勘探理论认识成功指导了济阳坳陷"五个洼陷、三套层系、两大类型"页岩油的战略突破，丰页1HF井、渤页平5井等井不断刷新国内页岩油日产、累产纪录，截至2023年底，申报三级地质储量17.48×10^8t，为济阳页岩油勘探高质量发展和胜利油田勘探战略转型奠定了基础。成果获2023年山东省科技进步一等奖、中国石化科技进步一等奖。

2 西部叠合盆地油气勘探理论

按照西部压扭性叠合盆地地质结构特点，胜利西部探区划分为超剥带、深凹带、山前带、石炭系及残留盆地等五大勘探领域。2010年以来，针对不同勘探领域，开展了复杂叠合构造背景下油气地质要素时空配置、油气成藏主控因素及有利目标综合评价等系统研究攻关，逐步探索形成了压扭性盆地油气勘探理论认识与配套勘探技术，为西部勘探部署工作不断取得突破提供了重要的理论技术支撑。

（1）盆缘超剥带创建了"断毯成藏"理论认识。针对超剥带"埋藏浅、地层超剥频繁、远离主力烃源岩"的特点，形成了压扭盆地盆缘隆起区大规模油气成藏理论，揭示了压扭盆地远离油源的盆缘隆起区油气大规模运聚机制，建立了岩相、不整合、古构造"三元"控圈模式，形成了断层、毯砂、不整合输导性能评价方法，提出了"断层—毯砂耦合控制油气长距离运移"的认识；解决了盆缘隆起区油气大规模运移聚集的问题，促进了春光、春风、春晖、阿拉德等4个大中型油气田的发现，丰富了我国西部压扭叠合盆地油气成藏理论。

（2）准中深洼带形成了"高效生烃、高压优储、近源富气、全域成藏"新认识。提出了"低温超压共控导致腹部深层烃源岩长期有效供烃、8000～8500m 埋深仍处于生油阶段"的认识，改变了以往认为"深凹区烃源岩过熟无效"的观点；提出了沉积微相及其叠置样式控制储层宏观物性的认识，揭示了"优相、低温、超压含烃流体充注"联合保—增孔作用，揭示了深部储层"甜点"发育机制，明确了深层有效储层广泛发育的特征。明确了"断—压—相—隆"耦合幕式控藏作用，发现了洼陷带六大似纯剪切走滑断裂体系，改变了以往"盆内稳定区断裂欠发育"的观点，指出了洼陷带侏罗系—白垩系和二叠系—三叠系上下两套成藏系统，明确了"近源低位扇"和"源上断块圈闭群"2 类大型油藏环凹有序分布的特征认识，指导了准中超深层勘探部署及油气发现。

（3）初步揭示了山前复杂构造带油气分布的有序性及富集规律性。通过构造样式及演化差异分析，研究有效烃源岩、有利储层及成藏的内在规律，提出了"山下山内山上"均发育烃源岩的新认识，查明了烃源岩发育规律。揭示了"烃源岩—储集体—输导通道—圈闭"联动演化过程及耦合控藏规律，明确了不同地质体单元的源—圈配置关系，查明了不同单元的成藏主控因素，形成了山前带"多期充注、多单元、多层系立体"成藏的认识，为准噶尔北缘山前带取得勘探突破提供了重要的理论支撑。

（4）建立了石炭系火山岩领域火山岩相风化淋滤—断裂复合作用的断壳体成储机制，阐述了不同类型火山岩断壳体的差异成藏作用，建立了火山岩"多源供烃、断裂—毯砂—淋滤层联合输导、风化淋滤层和断缝复合储层富集"的油气成藏模式，在成藏理论认识指导下，建立了风化壳结构层识别明确有利圈闭、优势输导路径分析落实有利勘探目标的研究方法，实现了火山岩勘探的规模发现，车排子凸起石炭系火山岩发现了亿吨级潜山型油藏。

3 油气勘探配套技术和专项特色技术系列

3.1 资源评价技术

胜利油田勘探开发研究院先后主持完成了第一轮（1981—1985 年）、第二轮（1991—1994 年）、中国石化三次及全国新一轮（1999—2005 年）油气资源评价和"十三五"油气资源评价（2017—2019 年）工作。在历次资源评价工作中，勘探开发研究院注重理论创新与技术攻关，在"低熟油成因机制""富集有机质成烃机理"和"咸化环境高效成烃机理"等方面取得了多项重要理论突破，丰富和发展了"陆相生油理论"，攻关完善了资源评价相关的实验技术和方法，有效保证了资源评价结果的科学性和准确性。

第一轮全国油气资源评价，引进了有机质热降解成油理论，编制了东营凹陷主要烃源岩产烃率曲线，确定了生油窗和生烃门限值（2200～2500m），并根据烃源岩生烃演化阶段和压实阶段的对应关系，确定了主要排烃深度区间（2200～2800m）。采用氯仿沥青"A"法、生储配置法、盆地发育数值模拟法等 3 种方法，综合评价东营凹陷沙河街组资源量大于 30×10^8t，孔店组 5×10^8t，占整个济阳坳陷（不含滩海）的 75.8%。明确了东营凹陷乃至济阳坳陷的资源潜力，揭示了凹陷油气聚集的内在资源基础。

第二轮全国油气资源评价，揭示了"富集有机质"对成烃的重要作用，初步形成了低熟油生烃理论认识。以小洼陷为评价单元，形成并利用胜利盆地模拟系统开展了资源评价工作，评价层系包括新生界、中—古生界，其中济阳坳陷油气资源量大于 60×10^8t，临清坳陷古近系石油资源量 1.08×10^8t，煤型气资源量大于 800×10^{12}m³；潍北凹陷孔二段总资源量 1×10^8t 以上，胶莱盆地总资源量 1×10^8t。指出洼陷带、陡坡带、缓坡带、潜山带是重要的区带勘探方向，明确了地层、岩性等油气藏为下阶段勘探的重要油藏类型。

中国石化三次及全国新一轮资源评价，先后在低熟油、深层油气和煤成气勘探方面取得突破。在成烃研究方面，低熟油成烃理论逐渐完善，优质烃源岩成烃的认识不断深化，建立了上古生界煤及暗色泥岩不同类型烃源岩烃产率曲线，提出"聚油气单元"的概念，根据地质结构特点和流体压力研究成果，将济阳、滩海地区共划分为 27 个聚油气单元，克服了"二轮"分注陷评价导致区带资源量不明确的局限性。以聚油单元为基本评价单元，从石油地质综合研究、数理统计、有机地球化学等方面，综合开展了油气运聚系数的研究；第一次开展油气技术可采资源的评价。评价济阳坳陷及其外围地区（含胶莱盆地）油气远景资源量（这次资源评价概念的变化，相当于总资源量）大于 $100×10^8$ t，支撑了沙三下亚段、沙四上亚段缓坡滩坝砂与陡坡砂砾岩的勘探，指导了盆缘超剥带（义和庄、陈家庄、东营南坡）、洼陷带深层（渤南—孤北、临南）的勘探。

"十三五"油气资源评价，第一次将胜利东、西部探区进行了系统的资源再认识，提出了咸化环境烃源岩高效成烃机制新认识，揭示了其"咸化富烃"机理；提出超压抑制有机质演化的新认识，建立了烃源岩原始有机质恢复系数的演化曲线；创建了探明储量成因来源构成分析技术系列，完成了济阳坳陷已探明储量的成因来源构成定量分析；建立了油气运移的地球化学示踪和表征技术，揭示了已探明油气储量、地层水和地层压力的成因分布规律及内在联系，为研究区成藏体系的精细划分和剩余资源分布预测提供参考依据。探索了非常规页岩油资源的评价方法，初步开展了页岩油资源的分类分级评价，继续开展了探区常规油气地质资源量和可采资源量，预测了胜利探区常规油气储量与产量增长趋势，并开展了经济可采性及生态环境允许程度评价，预测了成熟探区的剩余油气资源及其分布。评价胜利油田东部探区常规石油资源量 $102×10^8$ t、天然气资源量大于 $10300×10^8$ m^3，西部探区常规石油资源量 $44×10^8$ t、天然气资源量大于 $7100×10^8$ m^3；预测济阳坳陷页岩油资源量为 $41×10^8$ t，西部探区页岩气资源量大于 $1700×10^8$ m^3；胜利油田东、西部探区总计石油资源量大于 $180×10^8$ t，天然气资源量大于 $19000×10^8$ m^3。提出胜利东部探区新近系河道砂翼部油藏、古近系构造—岩性复合油藏、超剥带地层油藏等将是下步勘探重要的潜力方向，西部探区准西北缘凸起区、准中深洼带、山前带领域具有良好的勘探前景。

3.2 地球物理技术

勘探开发研究院地球物理勘探团队经历了从小到大、从单项特色技术研发到集成配套发展的过程，为石油地球物理技术的发展和油气勘探开发作出了重要贡献。

3.2.1 重磁电震联合勘探技术

胜利油田重力、磁力、电法非震勘探技术及重磁电震联合勘探技术研究始于 20 世纪 60 年代初，发展形成了重力、磁力、电法处理解释技术及重磁电震联合反演技术，为胜利济阳探区早期定洼选带、初期勘探，以及潜山等油气藏发现作出了重要贡献，并在新疆、四川、合肥、江苏、云南等地区进行了成功的推广应用，逐渐形成了一套以重磁插值趋势面场源分离、重磁震统计推断平面联合反演为核心的综合物探特色技术。

自 2009 年胜利油田接手中国石化西部勘探区块以来，重力、磁力、电法勘探技术得到了更为广阔的应用空间，并取得了长足的进步，面对叠合盆地山前带构造解析、火成岩岩相及储层预测、深部薄储层识别，以及中小盆地深大断裂刻画等亟待解决的世界级难题，研发了重磁山形校正技术、曲面位场高精度反演技术、高分辨率电磁反演成像技术、解释性提高分辨率处理技术等专项特色技术，以及重磁电震同步联合反演技术。同时，还建立了胜利油田"重磁电震联合勘探技术"重点实验室，推动了实验测定、采集及处理解释技术的融合发展。在重磁电震一体化模式下，开展了山前带构造建模、叠合盆地地质结构及断裂体系研究、特殊地质目标体识别描述等方面的技术应用分析，取得了良好效果，指导了实际勘探部署。

3.2.2 复杂构造解释地球物理技术

20 世纪 70 年代以前，主要利用地震反射波旅行时、速度等信息，查明地下地层的构造形态、埋藏深度、接触关系等，根据断层、层位在地震剖面上的标志，进行地震资料的二维解释。随着三维地震资料广泛应用，开始进入以三维可视化、水平切片、相干体技术为主要手段的全三维构造解释阶段，断层、层位解释，以及变速成图等技术得到深入开发。

胜利东部和西部探区都经历了多期次构造演化阶段，发育不同类型的复杂断裂系统。在倾角导向约束下的相似性、方差体、本征值计算等多尺度相干，以及多信息融合等识别技术的基础上，针对低序级小断层的识别，研发形成了断层增强处理、蚂群追踪、断层似然等技术系列；针对走滑断裂系统识别，建立了重磁电震联合的断层预测技术，以及多层系相干、振幅、频率、连续性等地震多属性分析综合预测技术。

随着技术的不断发展，地震层位解释由传统的手工剖面解释发展到人机交互的三维层位自动解释，在地震资料品质好、同相轴较连续的地区取得了较好的应用效果。针对济阳探区深层和准噶尔盆地周缘山前带，研发了基于重磁电震联合的复杂构造建模技术，为复杂构造解释提供了更合理的解释方案；研发了基于DDW的双域联合构造解释技术，发展了逆断层上下两盘层位解释技术，完善了复杂构造地区速度场构建技术，实现了逆断层上下两盘的构造成图，提高了复杂构造圈闭的刻画精度。

3.2.3 储层预测地球物理技术

从20世纪70年代后期开始，通过提取一系列地震属性参数，综合利用地质、钻井、测井资料，开展岩性、厚度、孔隙度等储层预测工作。地震属性起步阶段以"亮点"技术为代表，随后基于地震波场的几何学、运动学、动力学特征定量提取的地震属性研究蓬勃发展，20世纪90年代以后以相干、倾角、方位角等为代表的一批多维属性开始出现，地震属性标定与优化方法大量涌现，地震属性研究不断向规范化、科学化方向发展。地震反演技术从20世纪80年代早期道积分、递推反演开始，20世纪90年代早中期测井约束反演诞生，20世纪90年代中后期出现以非线性反演理论为基础的各种反演算法，井震联合的反演技术迅速发展。

20世纪90年代起，油田进入以河道砂体、砂砾岩体、浊积岩体、滩坝砂体等地质体为勘探目标的岩性油气藏勘探阶段。针对油气勘探中存在的技术难点，勘探开发研究院大力开展地震属性分析、地震反演方法研究，取得了一批高水平的专项特色技术，包括高分辨率时频分析技术、基于频谱分解的RGB融合技术、相位分解与重构技术、基于多属性建模的稀疏脉冲反演技术、基于地质模型约束的叠前地质统计学反演技术等，为储层预测技术的形成和发展奠定了坚实的基础。

在发展完善专项特色技术的同时，广泛开展技术推广应用工作，"十二五"以来，形成了不同类型储集体油气勘探配套技术系列。针对河道砂体描述，形成了正演模拟确定识别标志、沿层切片预览河道砂体、种子点追踪描述河道砂体、谱分解确定砂体厚度的配套技术系列，砂体钻遇成功率达90%左右；针对砂砾岩体描述，形成了高阶谱时频分析划期次、多属性建模反演描边界、叠前射线弹性反演预测孔隙度的配套技术系列，实现了扇体有利储层分布规律的刻画；针对含灰质的浊积岩储层预测，形成了地震地质多属性约束浊积砂体有利相带划分、地质模型约束的叠前地质统计学反演技术剔除灰质泥岩干扰的配套技术系列，提高了砂岩储层预测精度；针对厚度横向变化快的滩坝砂储层预测，形成了拓频技术提高地震资料分辨率、古地貌分析圈定储层发育有利相带、高分辨率反演描述砂体的配套技术系列；针对潜山储层预测，形成了多尺度相干描断裂、机器学习波形分析找有利相带、智能反演找"甜点"的预测技术系列；针对地层圈闭描述，形成了井震结合识别不整合面、地震DNA检测识别超剥线、地层压力预测评价顶底板封盖能力等技术系列；针对准噶尔盆地中深层、超深层储层预测，形成了去压实测井校正、地震目标处理、叠前弹性参数反演等技术系列，提高了准中地区储层地震预测精度；针对石炭系火山岩裂缝型储层预测，探索形成了电磁与地震联合的磁震协模拟技术、基于地震各向异性的裂缝方向与密度预测技术、基于应力场分析的裂缝参数预测技术等，落实了淮西、淮北等探区火山岩有利裂缝储层展布。

进入21世纪以来，针对碳酸盐岩、致密油气和页岩油气等复杂非均质储层描述，储层预测技术从叠后全面走向叠前，并开展了"两宽一高"地震资料储层预测技术探索，发展形成了多类型地质体岩石物理建模技术、复数域最小二乘拓频技术、基于地震多属性聚类的岩相预测技术、基于方位各向异性的AVAZ裂缝预测技术、基于叠前反演的脆性预测技术、多信息勘探地震地质建模技术等，为当前勘探开发面临的复杂与非常规储层预测提供了技术保障。

3.2.4 流体地球物理识别技术

储层流体地震识别开始于"亮点"技术，随后发展了能谱十分位属性、高频衰减等叠后属性分析技术，叠前资料广泛应用之后，研发了叠前AVO属性分析、叠前弹性参数反演，以及基于叠前弹性参数的流体因子反演等针对性技术方法。

基于叠后地震频谱分析的地震属性检测油气的效果受限于地层结构、物性及流体性质变化等，影响因素较多，需要在明确地质主控因素的基础上，优选高频衰减、分频能量比等地震属性，提高预测准确率。叠前AVO属性利用叠前道集包含的有效信息，在流体检测方面相比叠后属性具有更好的应用效果。自主研发的基于流体因子直接反演的叠前油气检测技术，在众多流体因子敏感性分析的基础上，在构建多孔弹性介质岩石物理模型的基础上，推导并建立含有流体因子项的Zoeppritz近似方程，从而直接反演获得流体因子参数，减少中间误差，最大限度地提高了油气检测精度，在胜利油田垦东馆上段、埕岛明化镇组、准噶尔车排子地区，以及西北油田塔河地区深层碎屑岩等多个地区均取得了较好的应用效果。

3.3 测井评价技术

中国石化胜利油田勘探开发研究院测井评价技术是随着胜利油田的勘探开发实践逐步发展起来的。

20世纪60—80年代，依托油田勘探开发实践，开展了常规砂泥岩地层、碳酸盐岩地层的测井解释评价技术研究，在勘探部署、开发方案编制、储量申报等工作中取得了良好的应用效果。

20世纪90年代末，随着隐蔽油气藏勘探工作的开展，油藏类型和储层类型趋于复杂化，通过持续攻关测井评价在低电阻率油层识别、致密碎屑岩有效储层解释等方面的技术难题，逐步形成了一系列适应胜利油田隐蔽油气藏勘探开发需求的测井评价技术。

（1）低电阻率油层测井评价技术。低电阻率油层在济阳坳陷各凹陷均有分布，针对低电阻率油层成因提出了四类内在主控因素和两类外在影响因素，揭示了其宏观地质控制因素，建立了一套基于不同成因机理的低电阻油层测井识别及定量评价技术。

（2）致密碎屑岩油层测井评价技术。致密碎屑岩主要包含陡坡带深层砂砾岩、深—超深层滩坝砂岩和浊积扇砂岩等类型，储层普遍具有非均质性强、物性差、孔喉微细且结构复杂等特征。针对陡坡带砂砾岩建立了基于曲线重构的岩性识别方法；针对致密滩坝砂油藏和浊积扇砂岩油层，开展了微观孔隙结构特征与宏观地质规律相结合的储层类型及其测井相类研究。通过储层储集、渗流能力及含油性的差异性分析，优化孔隙度、渗透率、流体饱和度等参数的解释技术，形成了基于参数分类建模的测井评价技术。

进入21世纪，胜利油田的勘探开发由东部探区扩展到西部探区，勘探目标转为常规油藏与非常规油藏并重，测井评价攻关针对火成岩、页岩油等新的油气藏类型开展攻关，形成了火山岩油藏、页岩油藏有效储层的识别与评价技术。

（1）火山岩油层测井评价技术。建立了不同岩相系统、储集空间类型的有效储层分类评价技术，并在分类基础上建立了有效孔隙度、含油饱和度等参数的测井解释模型，实现了火成岩储层的测井定性定量评价。

（2）页岩油层测井评价技术。重点围绕页岩油七性评价，利用系统取心刻度测井，常规测井与新技术测井并用，建立了基于测井资料的矿物组分解释技术、地化参数解释技术、储集物性评价技术、孔隙连通性评价技术、地层压力预测技术、薄夹层识别技术、可压裂性评价技术及页岩裂缝识别技术的页岩"甜点"要素评价技术系列，形成了基于二维核磁实验评价页岩有效孔隙度、含油饱和度等的测井评价技术。

济阳坳陷油气勘探已经进入精细勘探阶段，测井评价应针对页岩油、致密油等非常规油藏，继续加强储层定性定量评价、孔饱参数实验测量及表征、储量估算方法等方面的研究，深入探究测井响应机理，建立适配的理论或数理解释模型、拓展新技术测井资料应用、突出人工智能在综合评价中的应用，不断丰富和发展测井评价技术。

3.4 地质实验技术

勘探开发研究院石油地质实验室成立于1964年，1995年取得国家计量认证资质，2004年获得国家实验室现场认可（CNAS）资质。历经60年的发展，研究形成了八项系列特色技术：

（1）烃源岩综合评价技术。攻关形成了烃源岩分温阶热解、分步抽提等页岩含油量量化表征实验技术，结合有机碳、镜煤、显微组分测定等传统测试技术，实现了烃源岩生烃潜力、生烃过程和烃源岩滞留烃赋存特征评价。根据烃源岩微观沉积构造、有机质赋存状态、有机质特征和底水含氧量关系，建立了湖相烃源岩的沉积有机相划分方案和测井响应模型，实现了有效烃源岩由点至线至面的空间展布预测，为成熟探区的精细勘探及资源评价奠定基础。

（2）油气成藏评价技术。建立了全二维气相色谱—飞行时间质谱、生物标志化合物绝对定量和单体烃碳同位素等先进技术手段，形成了基于多生物标志物参数的聚类分析油源对比技术，实现了多源复合油气聚集区探明储量来源构成的定量评价和溢油指纹鉴定。运用吡咯类含氮化合物、含硫芳香烃二苯并噻吩类、高分子量正构烷烃，以及常规饱和烃、芳香烃中的分子标志物，示踪油气运移方向，表征油气运移优势通道。建立了流体包裹体的均一温度、盐度、体积、成分测定分析技术，形成了激光共聚焦3D显微成像、荧光光谱及显微红外光谱等技术，实现了流体包裹体PVT-X模拟恢复油气藏古压力的技术方法，在油气成藏期次和成藏过程研究中发挥了重要作用。

（3）物理模拟技术。自主研发了高温高压生排烃物理模拟和油气运移聚集物理模拟装置，建立了构造模拟技术、生排烃模拟技术和油气运聚模拟技术，该系列技术以地质演化过程分析为基础，通过设置实验温度、压力、介质等边界条件，开展有机质热—压生烃模拟、沉积物压实排烃模拟、流体压差驱动模拟、烃类上浮运移模拟，实现了油气运移和成藏过程模拟，确定了油气的运移方式、方向、运移速率、含油饱和度及组分相态变化等定量参数，揭示了油气生成、运移及聚集成藏的内在规律，为研究油气成藏规律、成藏动力及成藏模式，优选有利勘探方向和勘探目标提供重要的技术支持。

（4）地层古生物多信息分析技术。以古生物和岩石薄片分析鉴定等实验分析为基础，形成了生物地层学研究对比、岩石地层学研究对比、生态地层学研究对比、古气候及古植被等自然景观再造、高分辨率旋回地层及综合地层学等六大技术系列，建立了济阳坳陷自古生界至第四系的岩石地层序列、古生物化石组合序列，厘定了多个地层界线，实现了含油气区地层时代确定、古环境古气候恢复，解决了深层等领域难以地层划分对比问题，并应用于地层剥蚀量计算、层序地层、有效储层及有利烃源岩预测等。

（5）低渗透储层油层保护及增产改造技术。以储层岩石学微观评价和储层伤害岩石学诊断技术为基础，建立了依托高精度CT扫描仪、电子探针及高温高压水岩模拟实验仪等装置的酸岩反应室内定量表征技术，有效评价低渗透储层伤害机理及改造潜能，并针对储层微观差异性及伤害机理制定合理有效的酸化改造方案，实现了岩石矿物学研究、地层条件模拟实验与油层保护、改造措施间的有机结合，为多敏性低渗透油层的增产改造，有效改善探井试油成功率低、低渗透开发区块产量递减迅速、常规酸压效果差等复杂问题提供技术解决方案。

（6）页岩多尺度储层表征技术。针对页岩不同类型储集空间，综合岩心描述、岩石薄片、CT扫描、扫描电镜和FIB等测试技术，精细刻画表征页岩不同尺度及不同维度（二维及三维）的储集空间特征，实现岩心厘米尺度到微纳米尺度的有效过渡和相互统一。以荧光分析和环境扫描电镜观察定量化为实验手段，刻画页岩油储层的含油性特征，捕捉原油的赋存特点，结合核磁共振、等温吸附等技术，定量表征页岩储集性和有效储层的发育特征。为页岩油气的勘探开发提供了技术和理论支撑。

（7）岩心处理实验技术。探索形成了疏松砂岩保形取心、保压取心、密闭保形取心现场岩心处理技术的应用，在现场及时准确地对岩心样本进行初步的保护和处理，避免因时间延迟导致样品物性参数的变化。对易碎或特殊性质的岩心，现场采用专门设备和技术封装保存，可显著减少样品在运输过程中的损失率。岩心运输回室内后，对岩心表面清洁处理，并进行 −80℃ 超低温冷冻，之后沿剖切线剖切，形成 1/3 和 2/3 两部分，其中 1/3 剖面是观察剖面，用于岩心高分辨率图像采集和岩性描述；2/3 剖面是采样剖面，用于实验所需样品的钻取制备，从而实现了岩心观察和采样需求的有效分离和高效利用。

（8）岩心数字化实验技术。在图像采集的基础上，相继增加了伽马能谱、元素、磁化率等岩心数字化采集技术，建立了岩心数字化实验技术序列。利用高分辨率图像采集仪采集清晰连续的岩心白光、荧光图像，图像分辨率可以达到 1000dpi，通过白光图像的系统观察，认识地层沉积的变化规律；通过荧光图像观察其含油性特征。结合图像分析等技术，获取岩心含油丰度、油性指数等参数，及时提供油层原始状态下油气分布资料，为评价油藏含油性及油源对比提供依据。地面岩心伽马能谱测量是对岩心进行地面自然伽马总强度、密度及钍、铀、钾放射性元素测试的一项技术，可以完成岩心归位、岩性精细划分和分析、非常规泥岩生油能力评价、储层及裂缝识别等。XRF 光谱法是通过元素及磁化率数字化测试技术对不同储集体岩心开展地层对比研究，可以对不同区域地层及沉积环境对比分析，用磁化率和伽马曲线对砾石成分进行识别。

3.5 勘探目标综合评价技术

胜利油田勘探范围主要包含东西部两大探区，其中东部探区以济阳坳陷为主，是中国东部箕状断陷湖盆的典型代表，发育陡坡带砂砾岩、缓坡带滩坝砂、洼陷带浊积岩及新近系河道砂 4 类主要油气藏类型。西部探区以准噶尔盆地及周缘为主，区内主要涉及超剥带、洼陷带、山前带、石炭系等勘探领域，在多年的勘探实践中形成了成熟配套的精细勘探技术系列，有力支撑了多类型储集体持续勘探发现和规模增储，为陆相断陷盆地和叠合盆地勘探提供了一套相对系统、可行的关键勘探技术。

（1）缓坡带滩坝砂油藏勘探技术。针对滩坝砂层薄难预测、油气分布规律认识不清等关键问题，提出了古物源控位置、古地貌控展布、古水动力控相带的"三古控砂"发育模式，形成了基于滩坝砂岩"三古控砂"模式指导下的薄互层储层综合预测技术、基于"三元控藏"模式指导下的滩坝砂含油性定量评价技术，提出了断陷湖盆滨浅湖滩坝砂油藏的高精度层序定发育层系（定层系）、古地形定宏观发育区（定规模）、综合预测技术刻画砂体（定砂体）、储层与压力匹配定有利成藏区（定目标），以及勘探开发紧密结合（定方案）"五定"勘探技术流程，突破了滩坝砂"溜边、爬高、分散"沉积规模小，"层薄、个小、高部分"勘探价值低的传统认识，使滩坝砂岩勘探认识实现了由"分布局限、构造控藏"到"大面积分布、大面积含油"重大转变，滩坝砂油藏由零星勘探向效益勘探转变，实现了东营凹陷西部 12 个油田含油连片，指导滩坝砂油藏累计新增探明石油地质储量 5.5×10^8t，成为规模增储的重要领域。

（2）陡坡带砂砾岩油藏勘探技术。针对陡坡带多期叠置砂砾岩扇体期次划分、储层非均质性强及油水关系纵横多变等勘探难点，形成了"岩心成像作标定、曲线重构划旋回、井震结合定格架"的砂砾岩旋回划分对比技术，"实验分析描结构、岩电结合划储层、地震约束定分布"的深层砂砾岩有效储层描述评价技术，扇根封堵为基础的油藏综合评价等勘探配套技术系列，构建了"源、断、沟、扇"多因素联合控制下的砂砾岩精细地质模型，创新提出"酸—碱共控"古近系深部优质储层形成机制，为深层砂砾岩勘探指明了方向；建立了从深层到浅层具有断陷湖盆陡坡带特色的砂砾岩油藏序列与差异富集模式，打破了"扇间储层不发育、构造形态控藏"等传统认识，砂砾岩勘探深度向下至少拓展了1500m，带动了济阳坳陷陡坡砂砾岩油藏勘探潜力和方向评价，指导新增砂砾岩探明储量 1.5×10^8t。

（3）洼陷带浊积岩油藏勘探技术。针对三角洲体系前积层砂体成因机制不清、三角洲—浊积岩体系地层等时对比难度大、浊积岩难以准确预测和浊积砂体含油性评价等问题，打破传统模式，建立了沉积体系结合部坡移扇的成因地质模式，重建了三角洲—坡移扇—浊积岩体系完整沉积序列，丰富了隐蔽圈闭类型；形成了地质与地震相结合的高精度层序地层等时对比技术、基于古水深恢复的多因素浊积岩定量预测模型、地质模型约束的灰质泥岩背景下浊积岩叠前多参数联合反演方法及基于浊积岩成藏临界条件分析的油气成藏量化评价等勘探配套技术系列，实现了深层厚度5m以上的砂体的准确识别与描述，提高砂体钻遇率85%以上，实现了深洼带、斜坡带浊积岩勘探领域全覆盖，该系列技术广泛应用在东营、沾化、车镇、惠民等凹陷的油气勘探中，新增探明石油地质储量 7×10^8t，有效支撑了成熟探区高效勘探。

（4）浅层河道砂油藏勘探技术。针对浅层河道砂远离生油岩、成藏区难预测，河道摆动大、砂体难描述，河道砂含油难判识等关键问题，创新形成了包括网毯式油气成藏认识，指明油气运聚特征，从而预测含油气区，高分辨率层序地层分析落实河道砂的空间发育演化进而优选勘探层系，采用正演确定识别标志、水平/沿层切片或相干分析浏览河道主体、三维可视化技术描述河道砂体展布、复数域最小二乘拓频技术刻画弱反射砂体、谱分解技术确定砂体厚度等多种地球物理技术识别储层，流体因子直接反演技术检测含油气性的一套完整的油气勘探思路与技术方法，解决了浅层河道砂油藏"看不清、找不准"的难题。该技术广泛应用在埕岛、埕东、孤东、新北、新滩等油田的油气勘探中，指导新近系累计新增探明石油地质储量 2.6×10^8t，实现了浅层河道砂岩油藏持续高效增储，为胜利油田的高产稳产奠定了坚实基础。

（5）盆缘超剥带目标评价技术。形成了基于高分辨率层序地层学的砂体发育规律分析及地震拓频处理的超剥尖灭线刻画技术，有效解决了盆缘地层超剥频繁、砂体尖灭线难精确刻画的问题。基于"断—毯"控运聚的认识，揭示了控制超剥带圈闭含油性的关键要素，形成了地层相关圈闭含油性量化预测技术，实现了超剥带圈闭含油性量化评价；形成了针对浅层油藏的叠后地震均方根振幅（亮点）—叠前属性及弹性参数反演预测含油性技术，指导准噶尔盆地盆缘地区新增探明储量 1.5×10^8t，实现了浅层超剥带持续高效增储。

（6）深层—超深层目标评价技术。系统剖析源—储—断—盖等成藏要素演化特征，揭示了深层—超深层"优相、低温、超压含烃流体充注"联合保—增孔成储机制，通过物探技术和地质方法相结合，形成了不同成因类型砂体描述及基于去压实波形反演等深层有利储层描述技术，基于异常高压预测、隐蔽性走滑断层识别刻画及启闭性分析、毯砂输导性能定量评价，形成了油气优势输导路径分析技术等配套技术，建立了深层—超深层"烃源岩条件评价定旋回、断—盖条件评价定序列、储层条件评价定目标区、圈闭评价定目标"的评价技术流程，实现了深洼带"多层系成藏、多类型聚集、大面积分布"的立体勘探局面。

（7）山前构造带目标评价技术。针对山前带构造变形变位强烈、成藏复杂、有利目标难确定的勘探难点，形成了以断层相关褶皱理论为指导的重磁电震联合建模及构造解析技术、以平衡剖面恢复为基础的构造演化过程分析技术、基于不同地质体构造—沉积演化过程的有效烃源岩厘定评价技术、构造作用—岩相差异联合控储的储集体分类评价方法、基于断裂带结构渗透性差异机制分析的输导评价方法，指导了西部山前带的勘探突破。

（8）石炭系目标评价技术。在石炭系火山岩油气成藏理论认识指导下，强化火山岩目标描述技术攻关，形成"重磁电震岩性岩相识别＋地震地层格架标定＋单井变差函数约束"的联合反演储层预测技术，形成了磁震协模拟、叠前立方米位道集、叠后体波形火山岩储层预测技术，落实了淮西、淮北等探区火山岩储层展布，指导了勘探部署。

胜利油田勘探开发研究院的前身是地质科学研究院，2015年4月15日，更名为勘探开发研究院；

2017 年 7 月 25 日，勘探开发研究院西部分院（原西部新区研究中心、西部新区研究院）并入勘探开发研究院。研究院历代地质工作者铭记我为祖国献石油的光荣使命，伴随胜利油田波澜壮阔的勘探发现历程，总结发表的高质量理论认识和技术成果灿若星河，本书虽尽可能掇菁撷华，必然是挂一漏万，沧海遗珠。值此付梓之时，向在勘探开发研究院工作过的前辈们和正在共同奋斗的同志们致以崇高的敬意！

陆相断陷盆地石油地质理论

复式油气聚集（区）带勘探理论

山东梁家楼地区下第三系水下扇

陈淑珠

（胜利油田地质科学研究院）

摘　要：从沉积岩石学的角度出发，观察山东梁家楼地区下第三系沙三段中—下部的岩性剖面及其岩石薄片的特征，并结合粒度、古生物、油层物性等资料，进行综合分析研究。认为本区砂体成因属于水下重力流沉积，是由滑塌作用和洪水作用形成的碎屑流和颗粒流复合型水下扇（或浊积扇）。并进一步分析了各沉积亚相、微相的沉积特征、成因机理、成岩作用及其与砂体储集性的关系，从而指出有利的储集相带。

梁家楼地区位于山东北部，济阳坳陷东营凹陷南部。下第三系沙三段中—下部的砂体处于纯化镇古鼻状隆起的北坡，面积约100km^2，含油丰富，已投入开发多年。该砂体虽发现于1970年，但对其成因仍有不同看法：有人认为是水上河道沉积，有人认为是水下河道沉积，也有人认为是浊流沉积。认识不一致的主要原因在于没有详细地做相分析。目前笔者对本区现有三口系统取心井的资料，包括电性特征、沉积层序、沉积构造、岩石薄片（100多个）的微观特征和粒度分析等进行研究，认为是水下重力流沉积，即水下扇（或浊积扇），并根据各沉积亚相、微相特征进一步划分了沉积相带。

1　水下重力流沉积——水下扇特征

首先，沉积层序、电性及化石组合特征说明砂体为湖相高密度重力流沉积。在纵向上，厚层块状粗碎屑岩（厚度25～43m），夹在深湖—半深湖相泥岩中。自然电位曲线形态特征为"箱形"，反映了这两大套砂、泥岩间的突变接触关系。在碎屑岩中混合了大量的在浅水和深水环境中生活的介形虫和螺化石，如有惠东华北介、坡形玻璃介等较深水化石与拟黑螺、坨庄旋脊螺等较浅水化石组合，这种异地化石表明重力流沉积物特征。在碎屑岩之上、下泥岩段，岩性及古生物组合特点是：下部泥岩为灰色，页理较发育，泥质具定向排列，故为静水环境沉积。而且化石种类简单，有较多华北介和扁平高盘螺存在。根据有利于这类底栖生物的生存条件分析，说明不是深水环境，最深只能到半深湖的氧化界面以上。另外，其中又只有极少量单刺华北介存在，正因其不是浅湖环境，故不太适应生存，因而是半深湖相。上部泥岩为灰绿色，泥质无定向排列，其中粉砂分布不均，化石种类多，尤其是单刺华北介发育，说明湖水较浅，波浪作用颇强，"单刺"是它适应这种生活环境的生态标型特征。因而沙三段中—下段的沉积环境是自下而上和从北向南逐渐变浅，即由半深湖变为浅湖。

其次，本砂体由四个旋回组成，以水退式沉积为主，后期转为水进式沉积，从而构成完整的沉积旋回（图1）。一般每个旋回由若干个正韵律组成，说明在

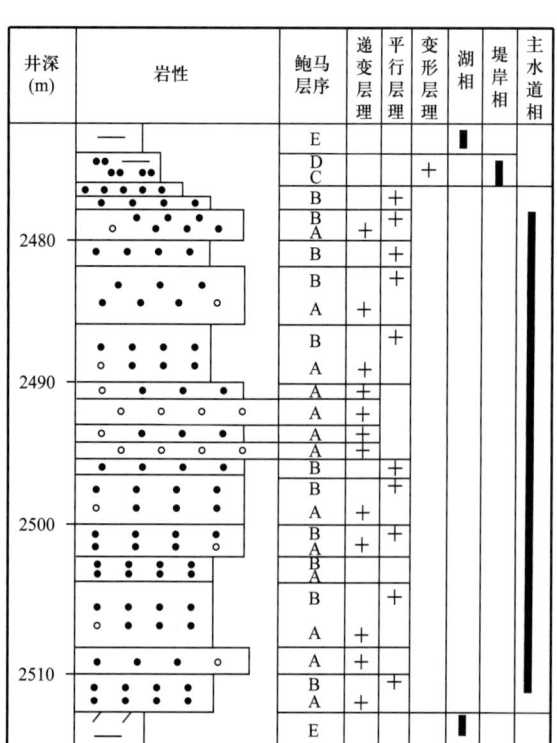

图1　纯51井浅水—半深水重力流主水道沉积特征

沙三段中—下部沉积时期，地壳运动以上升为主，而后转为下降，因而形成了从进积到退积的水下扇砂体，在济阳坳陷有普遍性。

再次，砂体横剖面为顶平底凸，表明水下重力流沉积物沿水道流向低处，即向湖心方向展布，并有明显的下切现象。由于重力流沉积物丰富，从而形成了以辫状水道为格架的水下扇，垂直于湖盆轴向分布（图2）。

最后，沉积构造在主水道相和辫状水道相中，递变层理和平行层理很发育，但也见到低角度斜层理。这正说明以水下重力流水道沉积为主，并有一定的水下单向水流作用，并不是水上河流层理特征。

此外，通过下述水下扇的各微相沉积特征、相带分布，也可以进一步证明本区砂体为水下扇沉积。

2 水下扇各微相沉积特征

本区砂体从近源到远源依次分布主要有：内扇主水道、水下天然堤、中扇辫状水道、水道间和外扇无水道等五个微相（以下简称"相"）。沉积相分布及沉积特征有一定变化规律（图3和图4）：砂层厚度变薄，沉积层序组合（从鲍马层序的A到E）向细粒方向逐渐增加，沉积构造种类增多，岩性和异化粒变细，岩石组构和分选性也相应变化。表明水下扇的沉积机制和沉积条件发生了变化，尤其主水道和辫状水道相具有碎屑流和颗粒流复合型的流动机制。

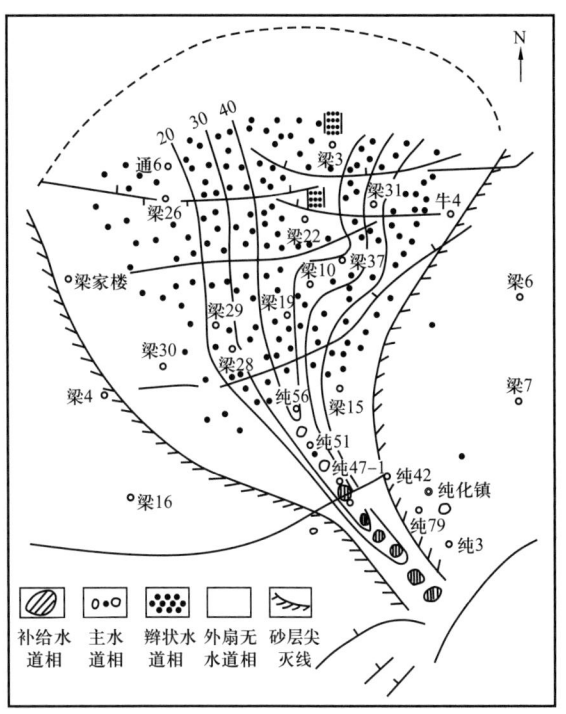

图2 梁家楼地区砂体分布图（据何立琨，1980，经笔者补充修改，图3同）

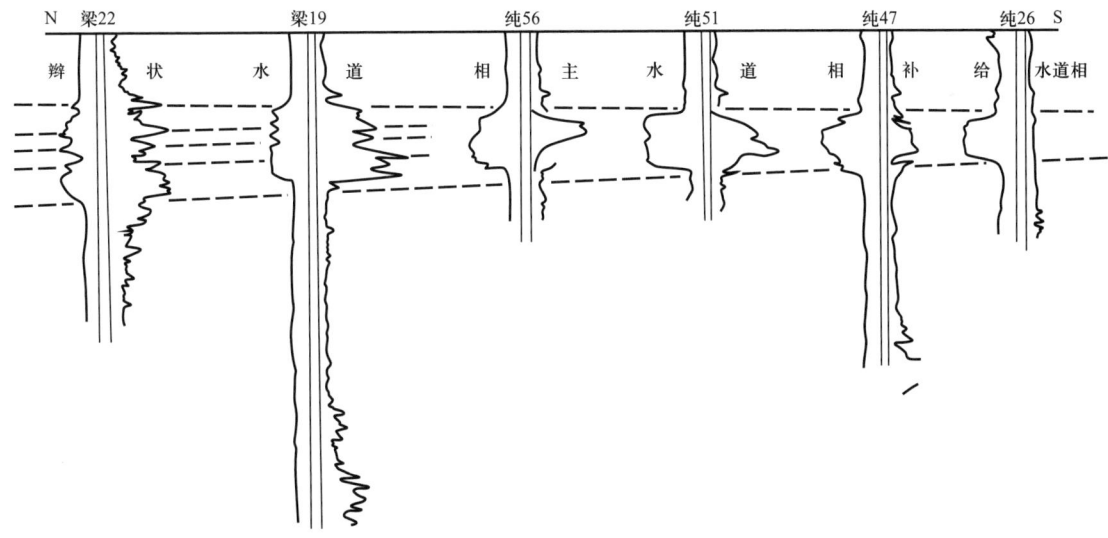

图3 梁家楼重力流水下扇砂体横向变化图

2.1 主水道相

位于湖盆南斜坡地带，如纯47-1井到纯51井，砂体呈长条状分布（图2），沉积特征为：

（1）纵向上，在巨厚（厚43.8m）碎屑岩中，无湖相泥岩或碳酸盐岩隔开（图1），说明堆积速度快。这个特点区别于辫状河道相，该相顶部有水下天然堤相。沉积层序和沉积构造单一，相当于

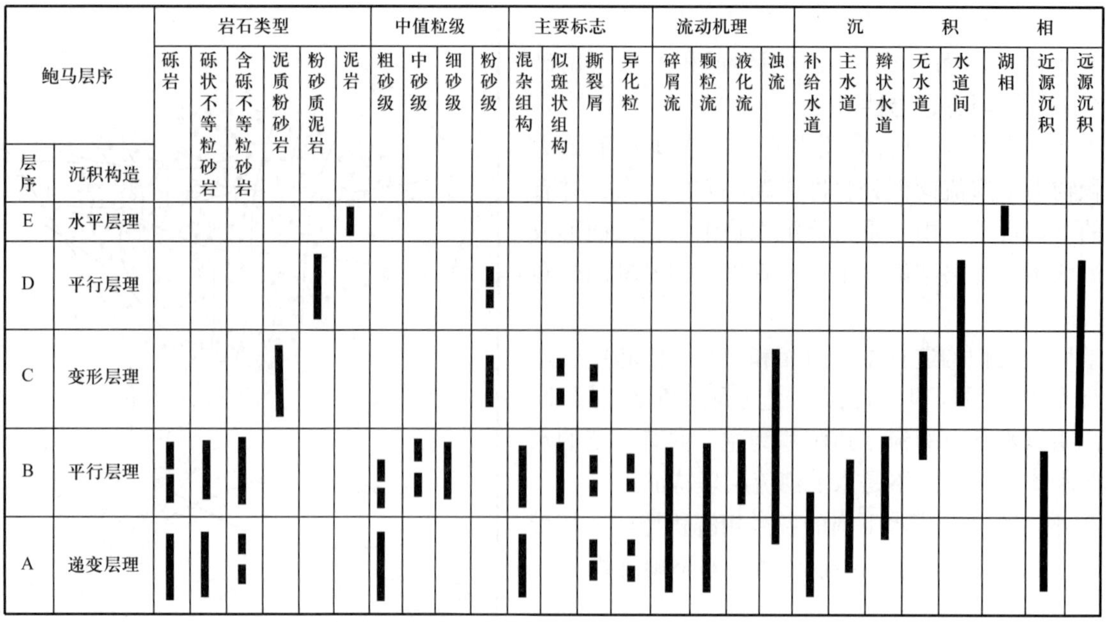

鲍马层序		岩石类型					中值粒级				主要标志				流动机理				沉积相						
层序	沉积构造	砾岩	砾状不等粒砂岩	含砾不等粒砂岩	泥质粉砂岩	粉砂质泥岩	泥岩	粗砂级	中砂级	细砂级	粉砂级	混杂组构	似豆状组构	撕裂屑	异化粒	碎屑流	颗粒流	液化流	浊流	补给水道	主水道	辫状水道	无水道	水道间	湖相	近源沉积	远源沉积
E	水平层理						▌																		▌		▌
D	平行层理				▌					▌														▌			▌
C	变形层理			▌					▌	▌												▌		▌			▌
B	平行层理		▌	▌	▌			▌	▌												▌	▌	▌	▌		▌	▌
A	递变层理	▌	▌	▌				▌	▌			▌	▌	▌	▌	▌	▌	▌		▌	▌	▌				▌	▌

图 4　梁家楼下第三系湖相重力流沉积特征

鲍马层序的 A 段频繁出现，单个韵律层小（厚 5~10cm），隐见正粒序，并有明显的冲刷构造，缺少 B 段。

（2）砂体厚度大，向湖心方向减薄、粒度变细。岩性粗而杂，以含卵石的砾状不等粒硬砂岩和砂岩为主（表 1）。砾石和岩块含量都很多。

（3）岩石具"混杂"组构和颗粒支撑结构，杂基少，且部分碎屑为次圆状，系沿岸浅水区滑塌形成的颗粒流沉积。此外有一些碎屑呈棱角状，长短轴比较大（一般为 3∶1 到 7∶1，有的砾石直径大达 40~50mm），多分布在正韵律的底部。这种分选差、粗细碎屑相混的特点是洪水搬运入湖造成的。综上所述说明主水道沉积具有碎屑流和颗粒流双重性质的支撑机制。

表 1　梁家楼地区各相碎屑岩含量

沉积相	井号	井深（m）	砂层厚（m）	砾岩（%）	砾状不等粒砂岩（%）	含砾不等粒砂岩（%）	混合碎屑岩（%）
内扇主水道	纯47-1	2396.5~2440.3	43.8	14.6	56.3	11.7	8.7
	纯51	2473.8~2513.0	39.2	11.2	57.1	23.7	4.5
中扇辫状水道	梁28	2812.3~2838.7	26.4	2.8	49.3	42.3	5.6

（4）异化粒种类多、大小不一，砾屑和撕裂屑呈"漂浮"状共生在砂砾岩中。薄片中常见 1% 灰质或白云质砂砾屑，并见大个体扁平高盘螺和小表物与其共生。砾屑呈扁平卵圆形，外包深灰色撕裂屑，尤其其中含华北介化石，说明撕裂屑是来自沙三段下部半固结的泥岩和碳酸盐岩，被高密度重力流侵蚀后带到该相带内沉积。

（5）粒度特征：在主水道相中，C-M 图为由"递变悬浮"组分构成的 QR 段，概率曲线一般无滚动组分，跳跃组分高达 85%~93%。岩性越粗者跳跃组分越多，分选越差，细则相反。此外，在各旋回砂层中 I_m、C/M 值和分选系数（S_o）自下而上增加（表 2，纯47-1 井），均表明分选性变差。尤其 C/M 值小于 4，与一般文章报道的浊流沉积 C/M 值大于 4 者不同。这可能与颗粒流流动机制使分选性变好有关。

2.2 辫状水道相

位于主水道下游的中部扇形地带（图2），沉积特征为：

纵向上，在四个旋回砂体之间有湖相泥岩隔开，特别是无水下天然堤相，这两点区别于主水道相，上游岩性粗，亦具"混杂"组构，层序为AB段组合，频繁出现。韵律层更小（厚2～3cm），A段正粒序明显，有时见斜层理，倾角为10°～20°，往下游砂层变薄（25.6m），岩性变细（即砾岩层变薄，层数减少），主要为含砾不等粒砂岩（表1），卵石罕见。在辫状水道下游相常与水道间相及湖相共生，岩性继续变细，为厚层不等粒砂岩（厚5～8m），相当于B段层序，具有明显的平行层理，岩性较均匀，以细砂为主，无"混杂"组构，异化粒相应变小，只偶见粒径为0.1mm的鲕粒和介形虫碎片。

辫状水道相的粒度 C-M 图和概率图特点与主水道相似，而分选性则与主水道相反：自下而上分选性变好（C/M、I_m 和 S_o 数值变小，见表2）。

2.3 水下天然堤相

水下天然堤相位于主水道两侧，纵向上在其顶部，并与湖相泥岩共生。沉积物薄而细，相当于C段层序，具波状纹层，浅灰绿色粉砂岩为主，组构简单，无"混杂"和"似斑状"组构。泥质含量高达20%左右，异化粒罕见，含较多陆源植物茎屑，可见滑塌构造，滑塌泥砾为浅灰绿色和棕红色，表明它来自弱还原—弱氧化环境。粒度概率曲线只有"均匀"悬浮段。

表2 梁家楼地区各沉积旋回的分选性

沉积旋回	纯47-1井				梁28井			
	C/M	I_m	S_o	分选性	C/M	I_m	S_o	分选性
4	4.29	1.74	1.51～2.42	中—差	4.69	2.11	1.52～1.98	中
3	3.56	1.69	1.46～1.87	好—中	5.20	2.32	1.60～2.26	中—差
2			1.45～1.68		5.71	2.42	1.62～2.62	
1	3.18	0.89～1.63	1.42～1.66				1.90～2.06	中（偏差）

3 水下扇砂体储集性分析

虽然构造油藏的储油性能首先决定于构造圈闭条件，但构造油藏和岩性油藏储集性的好坏却受沉积相和成岩作用因素的控制。本区砂体储集性可分四种类型（表3）。

表3 梁家楼地区不同沉积相砂体储集性分类

沉积相		孔隙度（%）	渗透率（D）	代表井	分类
主水道		21～27	1～5	纯47-1	好
				纯51	
中扇	辫状水道上游	16～20	0.2～3	梁28	较好
	辫状水道下游		0.02～0.2 底部0.2～0.4		较差
内扇	水下天然堤	10～20	0.005～0.1	纯51 纯47-1	差

3.1 主水道和辫状水道上游砂体

储集性为"最好"和"较好"。主要由于：颗粒流沉积，碎屑粗，杂基少，分选也好，粗粒相互支承，其间缺少杂基充填，因而保持了砂岩良好的原生孔隙；又因碎屑粗，石英含量较少，不利于成岩期次生加大作用的进行；泥质胶结物少（小于5%），其原因除取决于沉积条件外，还因成岩期碳酸盐的交代作用和成岩后期碳酸盐溶解作用使砂岩只余下不到2%的铁白云石充填孔隙；还有部分碎屑边缘被溶蚀，使次生孔隙扩大并加强了孔隙连通性。因此大大提高了孔隙度和渗透率，成为有利的储集相带（如纯47-1井到梁28井）。但主水道砂体分布范围窄，而辫状水道砂体分布面积大，从这一条件分析，辫状水道是最有利的储层。

3.2 辫状水道下游砂体

因砂粒较细，粉砂含量增至10%～23%（泥质含量无明显变化），石英含量增高；次生加大更强，因而造成砂岩颗粒接触紧密，原生孔隙不发育，孔道连通性差，渗透性大为降低（如梁28井到梁22井）。

3.3 水下天然堤、水道间或外扇无水道相砂体

因沉积物更细，泥质含量很多，砂层薄，因此储集性更差。

总之，粗相带储集性好，细相带储集性差。据砂体成因和储集性分析，推测在纯47-1井以南可找到补给水道砂体。该相带为碎屑流沉积成因，杂基支撑结构，分选性差，原生孔隙不发育，渗透性也不好。

4 结束语

综上分析得知：

虽然砂体成因类型及其相带分布与构造的配置直接关系到油气聚集程度，但成岩作用的影响则是决定含油性好坏的最终因素。

重力流水道砂体是有利的储集相带，但并不是所有的粗相带储集性都好，而是辫状水道相最佳，其次是主水道相，补给水道相较差。

砂体成因是滑塌作用和洪水作用复合型的水下扇。扇体分布在古鼻状隆起区同生断层发育、物源充足，并与其断裂方向垂直的区域。所以该重力流沉积的主要特点是以颗粒流流动机制为主，沉积物堆积快、砂体面积小、砂层厚度大，分布较稳定；岩性粗、分选较好，杂基和炭屑都较少，而动物化石较多。此外，次生孔隙特别发育，因而具有十分优越的储集条件，成为"小而肥"的高产、稳产油田，具有丰富的油气资源。

通过实践更体会到深入研究重力流沉积的砂体成因类型、沉积条件、分布规律，以及成岩作用，对寻找类似的岩性构造油气藏具有现实意义。

本文承蒙吴崇筠教授审阅，谨此深表感谢！

参 考 文 献

[1] 吴崇筠. 碎屑岩沉积相模式[J]. 石油学报，1981，2（4）：5-14.
[2] 陈淑珠. 济阳坳陷下第三系碎屑岩微观相标志[J]. 沉积学报，1985，3（2）：108-118.

原文发表于《石油勘探与开发》1986年第5期

济阳坳陷大、中型油气田的油气藏组合及其形成条件

钱 凯 陈云林

（胜利油田地质科学研究院）

摘 要：该坳陷的大中型油气田中包括有30余种油气藏类型，主要有潜山披覆构造带、边缘背斜带、斜坡带、中央隆起带和洼陷带等五种油气藏组合，每个油气田以一种油气藏组合和以一种油气藏类型为主。上述组合类型及其成因分布是由中国东部大陆边缘半地堑式拉张断块盆地的基本石油地质条件所决定的。

济阳坳陷位于渤海湾南部，是渤海湾油气区的重要组成部分。坳陷夹于埕宁、鲁西两个隆起之间，是个多物源、多沉积中心的复式盆地（图1）。盆地形成于中—新生代，是在亚洲大陆东部边缘地台基底上发育起来的。大体经历了早期地壳隆升背景上的拉张断陷、中期差异沉降背景上的旋扭断陷和晚期统一沉降背景上的填平补齐三大阶段。

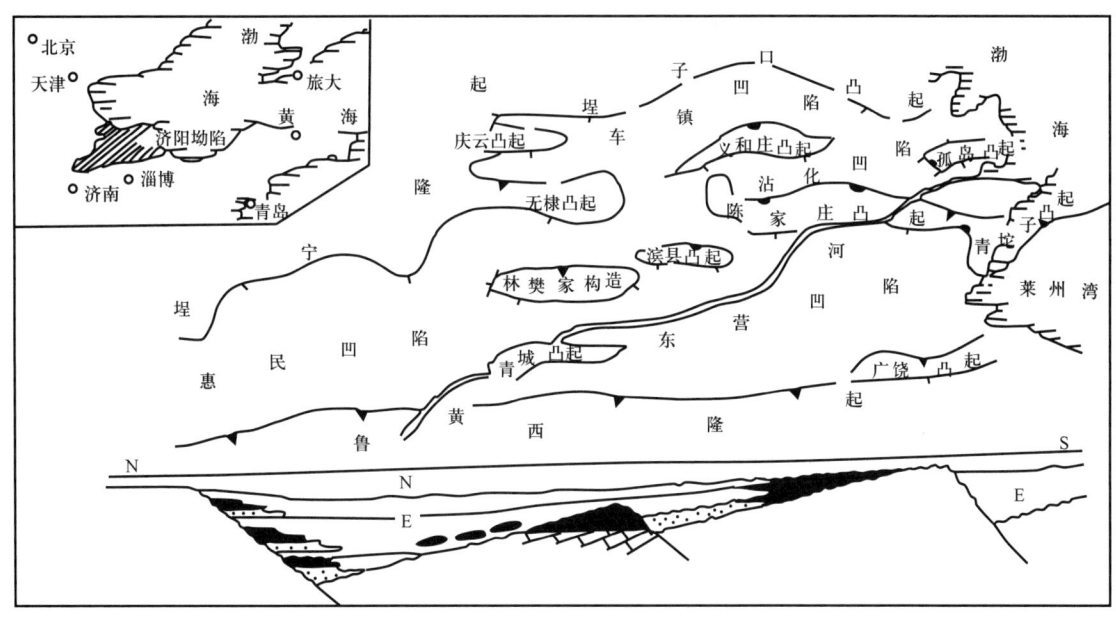

图1 济阳坳陷地理位置、盆地结构及地层—岩性油藏分带示意图

作为陆相生油盆地，济阳坳陷的特点是：（1）地处近海区域，特别是晚始新世至渐新世的沙四段沉积晚期、沙三段沉积时期及沙一段沉积时期，气候温暖潮湿，湖泊水体深广，生物繁盛，持续沉降，快速堆积，沉积物有机质丰度高（有机碳通常为1.5%～2.0%）、生油母质好（以Ⅰ+Ⅱ$_1$类干酪根为主），具有厚达数千米、保存条件良好的生油层系；（2）地处大地热流值较高的裂陷区，烃类转化良好，产烃率较高（36～199mg/g，一般110mg/g），生油量巨大。这就奠定了济阳坳陷成为一个油气丰富的复式油气区的基础。

作为具有多层结构的板内盆地，济阳坳陷储层的发育特点是，各个构造层都具有良好的储集岩体。前古生界构造层为变质岩。古生界构造层为碳酸盐岩和碎屑岩，这是一套海相和海陆交替相沉积。中—新生界构造层兼有碎屑岩、碳酸盐岩及火山岩三大类，在盆地发生阶段，以火山岩及红色陆屑岩为主；在盆地基底断块强烈扭转沉降[1]（或旋转翘倾）阶段，以大型河流三角洲体系、水下冲积扇和浊积扇体系为主，还有湖相、潟湖相生物灰岩和藻礁灰岩；在盆地填平补齐阶段，以河流相砂砾岩

为主。

作为具有箕状结构的拉张断块盆地，济阳坳陷油气圈闭的发育特点是，在多期激烈构造运动和长期持续的同生构造运动作用下，在多次岩浆侵入和喷出活动的影响下，以及在强烈差异性扭转沉降和多次间歇性隆升剥蚀的控制下，发育了数量众多的构造、地层、岩性及介于这三大类之间的各种混合圈闭。

由于油源丰富、储层发育、圈闭众多，目前区内已发现数十个油田，有大约 30 种油气藏类型，石油地质储量和原油产量均居全国第二位。其中，大中型油气田数量占 39.5%，而地质储量却占了 75% 以上。这些大中型油气田，主要有五种油气藏组合类型。

1 潜山披覆构造带油气藏组合

潜山披覆构造带油气藏组合以潜山油气藏和披覆背斜油气藏为主，以地层油气藏、岩性油气藏、断块油气藏以及逆牵引构造油气藏为辅。

济阳坳陷的潜山多为单面山或残丘山，未见真正的褶皱山，目前发现的油气藏主要是在下古生界，前长城系泰山群、上古生界和中生界次之。披覆构造油气藏主要是在上第三系，其他油气藏主要见于潜山斜坡或侧翼的下第三系。不同的潜山披覆构造，具有不同的结构特点，因而，也就具有不同的油气藏组合方式，并且各种油气藏的分布状况和富集程度也不相同，据此，可以分为三个亚类（图 2）。

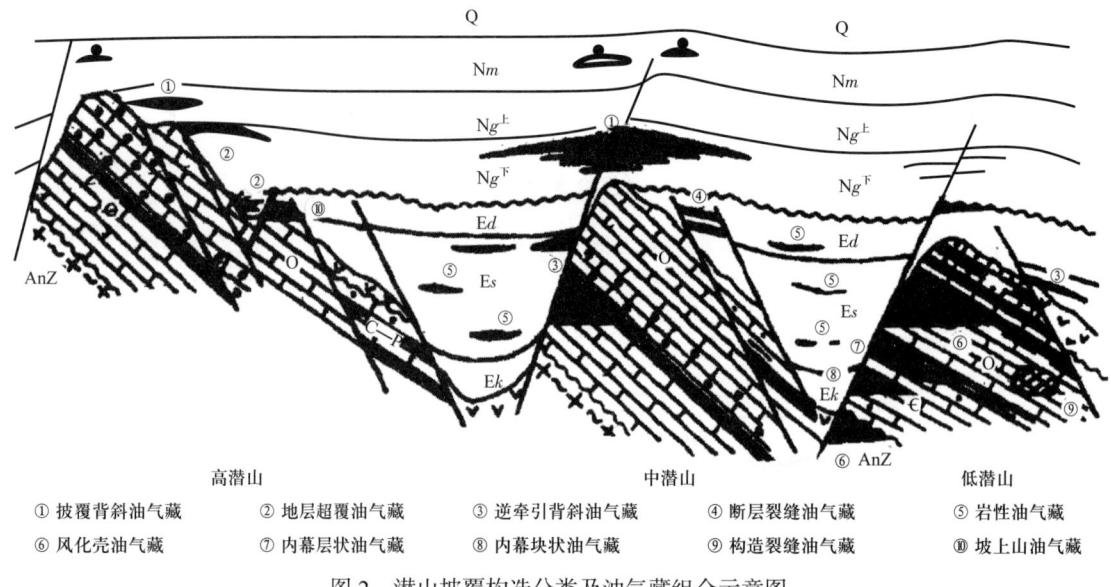

①披覆背斜油气藏 ②地层超覆油气藏 ③逆牵引背斜油气藏 ④断层裂缝油气藏 ⑤岩性油气藏
⑥风化壳油气藏 ⑦内幕层状油气藏 ⑧内幕块状油气藏 ⑨构造裂缝油气藏 ⑩坡上山油气藏

图 2 潜山披覆构造分类及油气藏组合示意图

1.1 低潜山披覆构造带油气藏组合

潜山被下第三系生油层覆盖，中生界和上古生界在潜山顶部保存较厚。这类潜山包围于生油深洼陷[1]之中，油源近而且丰富。盖层条件很好，但中生界、上古生界妨碍了上覆生油层与潜山主要储层下古生界的沟通，故油气以侧向运移为主。

低潜山披覆构造既可形成大型的潜山油气藏，也可形成大型的披覆背斜油气藏。如济阳坳陷东部潜山带，由北、中、南三个潜山披覆构造组成，夹于沾化凹陷和黄河口凹陷之间。该带已发现四个油田，北部为以下古生界潜山油气藏为主的大油田，南部是以上第三系披覆背斜为主的大油田，而中部的潜山披覆构造则以地层—岩性油气藏为主。

北部潜山是随着中生代以来华北地台的解体，在沂沭断裂带影响之下，逆冲、褶皱并为正断层所复杂化的多断块潜山构造。该潜山目前发现了两条大的逆断层,西部逆断层是潜山的西界断层,走向从北北西转至北北东,东倾,GN 29 井钻遇,该井于 -4117m 从一套火山喷发岩发育的中生界进入了中寒武统张夏组鲕状灰岩,又于 -4264 m 从张夏组鲕状灰岩进入了中生界的杂色砂砾岩,至 -5037 m 未穿。这个事实说明,这座古潜山在白垩纪末期受到自东向西的强烈挤压(图3)。

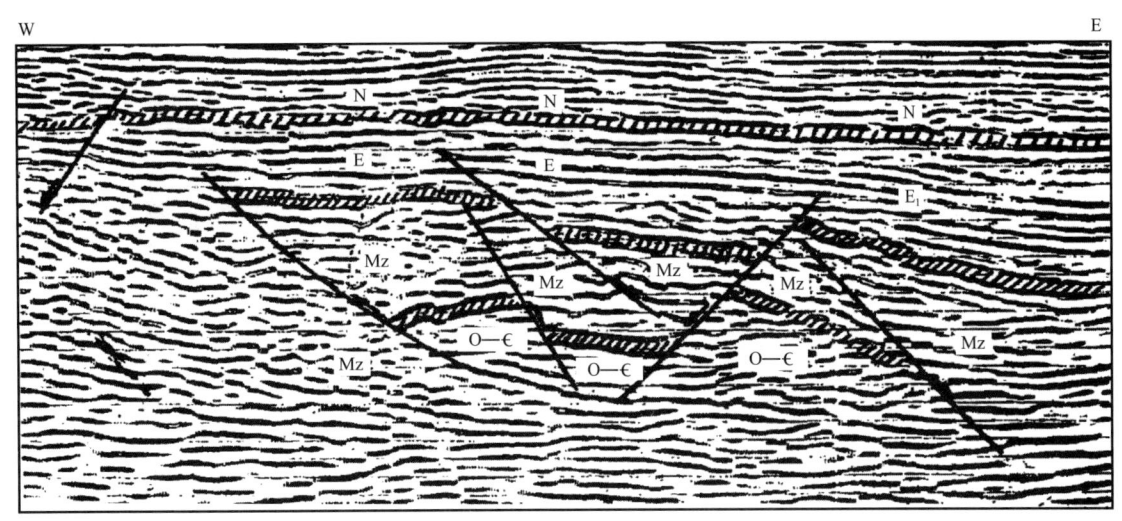

图 3　北部潜山地震剖面图

这座古潜山上部中生界较为致密,厚度大于1000m。因此,东部黄河口凹陷生成的油气通过不整合面和逆掩断裂带进入潜山储集体,而沾化凹陷生成的油气则主要通过南部的正断裂(带)和断裂—剥蚀面进入潜山。古潜山顶面深度最浅为 -3500m,目前在 -5007m 还没见到油水界面或油气界面,因此,潜山油藏的含油高度达千米以上。寒武—奥陶系之上,从中生界潜山到上第三系都有油气聚集,形成了多种油气藏类型,构成巨大的油气藏组合(图4)。

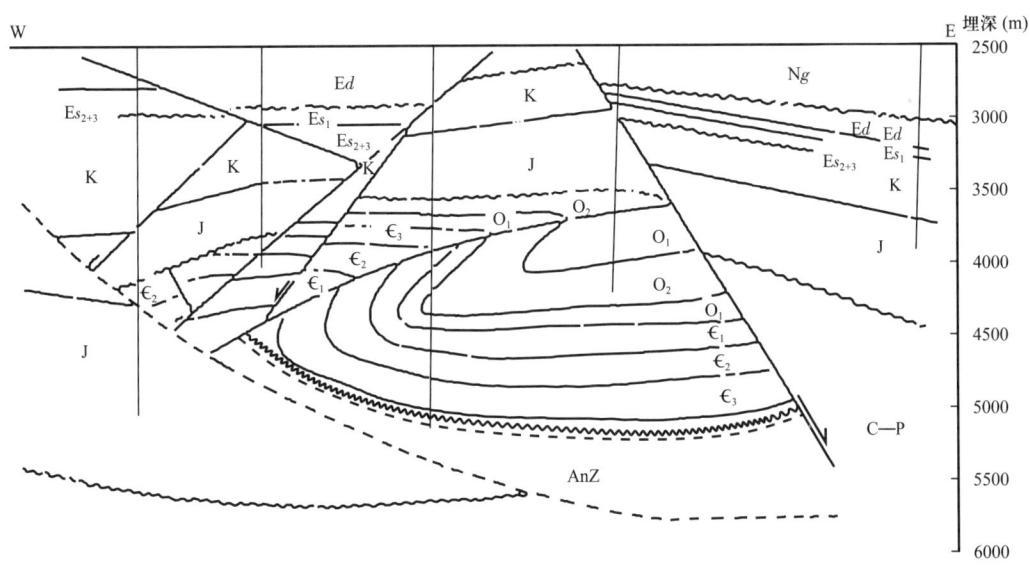

图 4　北部潜山披覆构造示意剖面图(据苏应雪、曾祥启、戴遵兰,1985)

南部潜山披覆构造埋藏较浅,限于目前的勘探程度,中新统上馆陶组披覆背斜油气藏是所发现的主要油气藏类型。背斜很平缓,中部有一条近南北向的西倾正断层。这条成山断层后转化为同生断层,下部落差 300~400m,到中新统上馆陶组落差减小到 40~60m,古近—新近纪末停止活动。主要油源是西邻的生油洼陷,这条成山断层也是一条油源断层,潜山顶部沙三段同沙一段之间、东营组同馆陶组之间的大的不整合面，都是油气运移的通道。该构造目前已发现六套含油气层系，除中新统上馆陶组外，还有上新统明化镇组、中新统下馆陶组，以及渐新统东营组、沙河街组一段和三段。明化镇组主要是天然气，既受构造控制也受岩性控制，下馆陶组和东营组是断块油气藏，沙一段、沙三段是地层超覆油气藏，但也受断层控制（图5）。

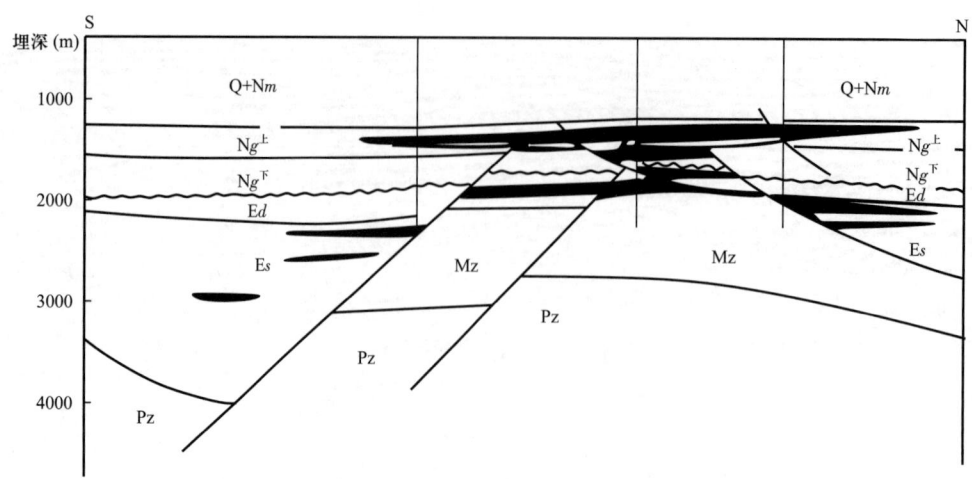

图 5　南部潜山披覆构造示意剖面图

位于南北两个大油田之间的潜山披覆构造，以西翼渐新统沙河街组三段、四段岩性油气藏及边缘沙一段—沙三段地层超覆和断块油气藏为主。

纵观这个构造带，就其主要油气藏而言，自北而南，随着潜山埋藏深度由深变浅，含油气层位逐渐由老变新（北部为前长城系泰山群、下古生界，中部为渐新统沙河街组，南部为中新统上馆陶组），含油气层埋藏深度逐渐由深变浅（北部 −3500m 至 −5000m，中部 −2400m 至 −3600m，南部只有 −1100m 至 −1400m），而构成油田的主要油气藏类型则由潜山油气藏变为地层—岩性油气藏到披覆背斜油气藏。由于不同层位、不同类型油气藏的叠加，整个构造带基本上已成连片的含油气区。

1.2　中潜山披覆构造带油气藏组合

潜山被新近系全部披覆，古近系层层超覆，仅潜山腰部才开始残留中生界。这种潜山披覆构造也是包围在生油深洼陷之中，油源和运移条件良好，只是盖层条件差，难以形成大型的潜山油气藏，但新近系具有大型的储盖组合，可以形成大型的披覆背斜油气藏。因此，以大型披覆背斜油气藏为主，是这种类型油气藏组合的一个显著特点。

如孤岛潜山披覆构造，位于沾化凹陷的中部，北为孤北洼陷，西为狭义的河口洼陷，南是富林洼陷，东南是孤南洼陷。这座潜山是北东倾的单面山，山顶的 GG1 井于 −1500m 从中新统馆陶组直接钻遇奥陶系，古近系向潜山层层超覆，东营组超覆面积较大，但在潜山顶部还有约 2.7km² 缺失，新近系全部披覆其上。因此，新近系砂砾岩与下古生界石灰岩直接接触，使下古生界潜山主体不能形成圈闭。潜山披覆构造南北有两条近于平行的北东向同生正断层，一直活动至新近纪末，使馆陶组的披覆背斜成为一个地垒型的短轴背斜。这两条断层落差 50~200m，使洼陷中的生油岩与潜山直接接触。因此，油气可以通过断层和不整合面进入披覆背斜，也可以从潜山通过"天窗"运移至披覆背斜。

披覆背斜油气藏是孤岛大油田的主体，上馆陶组是主要含油层系。此外，该油气藏组合中还有：（1）地层超覆油气藏，分布在潜山东部超覆区；（2）逆牵引背斜油气藏，分布在潜山南北断层两侧；（3）断层夹缝中的小断块油气藏，分布在北断层西段的复杂带。它们都是沙河街组油气藏。这种潜山虽难于形成大型潜山油气藏，但小的坡上山油气藏如 GG4 奥陶系油气藏、GN2 中生界潜山油气藏也是这个油气藏组合的组成部分（图 6）。

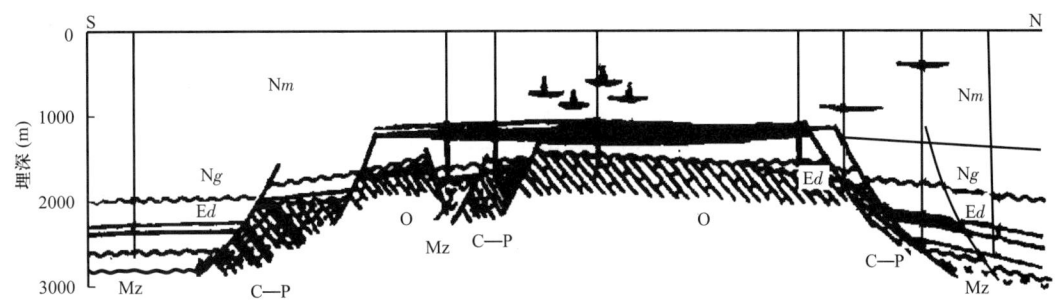

图 6　孤岛潜山披覆构造示意剖面图

1.3　高潜山披覆构造带油气藏组合

高潜山是分割坳陷的大凸起。潜山上峰谷相间，地形复杂，随着隆起高度不同，新近系从上新统明化镇组到中新统馆陶组披覆和超覆情况差别很大，古近系仅渐新统东营组和沙河街组一段在低台阶有所分布，而且较薄。低潜山和中潜山的主峰为奥陶系，而高潜山的主峰一般为寒武系或前长城系泰山群，有的高潜山主体的沟谷还残留有石炭系—二叠系，但一般地说，包括中生界在内都分布在斜坡更低的位置。这样大的潜山披覆构造，由于油源不足，盖层条件也差，故其油气藏组合是以次一级中小型潜山披覆背斜油气藏的成群出现和地层超覆油气藏在一定范围的叠合连片为其特点。

如夹于车镇和沾化两凹陷之间的义和庄高潜山披覆构造带，潜山主峰的埋藏深度为 −908m。其北坡低部位，因供油条件好，盖层发育，以下古生界反向屋脊式断块型潜山油气藏为主，还有古近系的地层超覆油气藏，一般富集程度较高，原油性质较好；斜坡高部位，由于供油条件变差，多以灌满系数低的小型断块山和小型披覆背斜油气藏为主，原油性质变差；潜山主体更是远油源而且缺乏区域性良好盖层，因而主要是小型的地层超覆油气藏和残丘披覆背斜油气藏，含油气层系是渐新统东营组和中新统馆陶组，油质重而稠。整个潜山披覆构造带就是以这些中小型油气藏的叠加连片为特色（图7）。

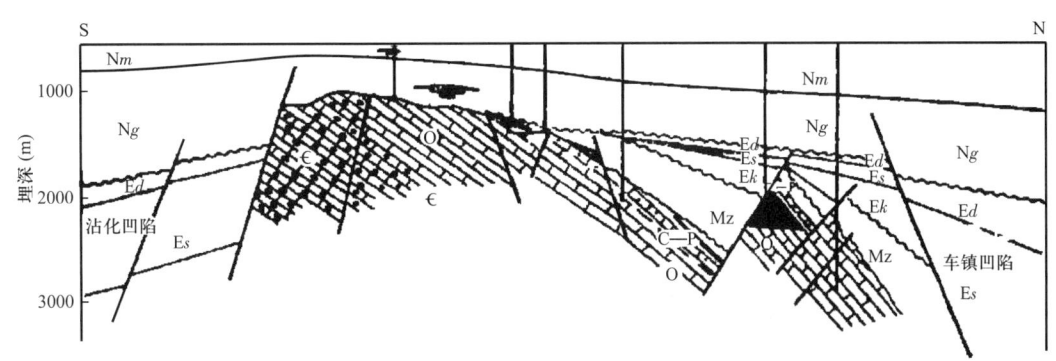

图 7　义和庄潜山披覆构造带示意剖面图

济阳坳陷三类潜山有一个共同的特点，就是联系生油层与潜山储层的油源断层或断裂带—剥蚀面，对于潜山油气藏的形成有着举足轻重的作用，这与邻区，特别是与主要靠不整合面供油的任丘潜山油气藏不同。因为济阳坳陷大部分潜山下潜时间非早即晚，早的上古生界和中生界还未剥蚀就潜入水下为古近系所覆，使生油层不能直接同下古生界潜山储层接触而供油；晚的虽然上古生界和中生界已剥蚀，但覆盖层又不是古近系生油层，而是富含河流相砂砾岩的新近系，缺少区域性近邻盖层[1]。因此，济阳坳陷潜山油气藏主要是靠油源断层供油。这些断层都是成山断层，有的是边断边剥的断剥面。义和庄凸起某潜山油藏的形成可为代表，这座潜山是一个北倾的屋脊断块山，主要储层是奥陶系碳酸盐岩，之上为由致密岩石组成的上古生界覆盖，主要油源断层为南界断层，这条断层虽然为中生界—孔店组红层所封堵，但因断层向东延伸，与沾化凹陷西界北东向断层相接，沾化凹陷生成的油气因而得以进入潜山，形成富集高产的油气藏。这一论点，已为地球化学资料所证实（表1）。尤其是孢粉和藻类化石组合,潜山油藏中的原油与沾化凹陷沙三段生油岩更为一致,都以渤海藻和副渤海藻为主。这就更直接证明,潜山中的油气是来自沾化凹陷沙三段生油层。

表1 地球化学指标对比表

指标	车镇凹陷生油岩	沾化凹陷生油岩	潜山油藏原油
CPI	2.22	1.31	1.11～1.31
C_{23}/S_{24}	1.73	1.38	1.14～3.89
主峰碳	C_{23} 平缓	C_{23} 平缓	C_{23},C_{17} 双峰平缓
烷/芳	2.25	3.56	2.88(2.73～3.73)
姥/植	1.73	1.50	1.21(1.00～1.41)
同位素 δC_{13}(‰)		10.25	10.26

2 边缘背斜带油气藏组合

这类构造带发育在凹陷的陡坡、大断层下降盘,主要圈闭类型是背斜构造。如东营凹陷北缘背斜带,位于这个箕状凹陷北部陡坡,从东到西包括三个背斜构造。它形成的因素:(1)塑性层的拱张;(2)上覆地层的差异压实;(3)断层逆牵引。由于该区处在凹陷较深的部位,东西两个构造基底是陈家庄凸起伸向凹陷中的两个古鼻梁。其上沉积了巨厚的新生界,仅渐新统沙三段中部以下以泥质为主的沉积物厚度超过2000m,其北是大致平行于陈家庄凸起的同生盆倾断层,发生于始新世末期,渐新世强烈活动,余波一直持续到中新世、上新世,延伸长度50～60km,落差300～500m。因此,这个背斜带的形成,塑性泥脊的拱张、上覆地层的差异压实、同生大断层的逆牵引三种营力都是存在的。只不过各个背斜所处的构造位置和古地理条件不同。三种作用营力的地位亦异。中间的一个背斜可能以泥脊拱张为主,西边的背斜可能以差异压实和断层逆牵引为主,而东边的背斜泥脊拱张、断层逆牵引和差异压实三种作用营力都比较明显。差异压实是受古鼻梁的控制,而泥脊的拱张是受断层面和基岩面起伏的诱发,所以这个背斜组就沿陡坡、沿断层分布(图8)。

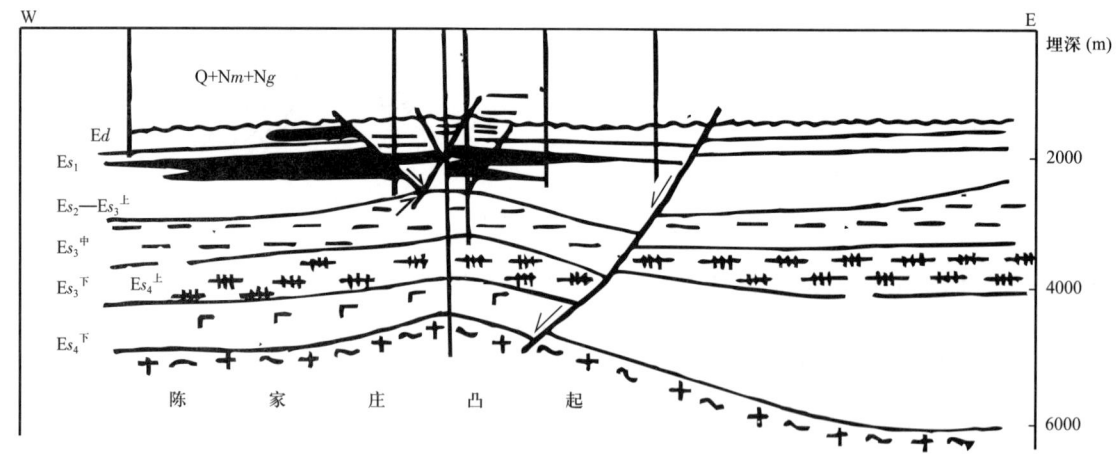

图8 胜利村构造示意剖面图(据杨瑞祺,1981)

这个背斜带南邻利津和民丰两个生油洼陷,油源是丰富的,又有良好的圈闭和多套储盖组合,这就奠定了大油田形成的基础。此外,作为油气藏组合的一部分,还有主体构造边缘的卫星断块及主断层下降盘的小型逆牵引背斜油气藏。主要含油层系都是渐新统沙河街组二段。

3 斜坡带油气藏组合

斜坡，无论是陡坡还是缓坡，有古山梁山沟的背景或是简单的单斜，由于古近系及部分新近系层层超覆，多期构造运动产生的多次剥蚀，以及长期的断裂活动，可以形成较大规模的地层不整合油气藏组合，或较大规模的反向屋脊式断块油气藏组合，或地层不整合和屋脊式断块油气藏组合。

由于箕状断陷基底断块的扭转沉降（旋转翘倾），使陡坡水进机会多，易形成油层厚度较大的超覆不整合油气藏。如单家寺油田在滨县凸起的南坡约 50km² 的狭窄地带，燕山期、喜马拉雅期多次构造运动的影响形成了五个不整合面（馆陶组与东营组或馆陶组与沙一段，沙一段与沙三段，沙三段与沙四段，沙四段与孔店组，孔店组与前长城系），始新统孔店组、渐新统沙河街组四段、三段、一段和中新统馆陶组层层超覆在前震旦系斜坡之上，渐新统东营组遭受强烈剥蚀仅分布于鼻状构造之间的低部。除孔店组外，其他五套层系都有油气藏，尤以沙一段、东营组和馆陶组更为富集。沙一段为水下冲积扇，厚层块状砂砾岩同鼻状构造相配合，馆陶组和东营组为河流相的层状砂岩，油气藏沿凸起东部呈半环状分布（图9）。在缓坡往往由于剥蚀严重易形成削蚀不整合油气藏。如在东营凹陷南坡西部的金家油田，这是一个大型的鼻状构造，由于渐新统剥蚀严重，中新统馆陶组不整合其上，因而在沙河街组形成了一定规模的削蚀不整合油气藏。由于盖层条件差和作为主要含油层系的沙一段为薄层的砂岩和碳酸盐岩，虽然圈闭面积比单家寺鼻状构造大，但油气的聚集规模和富集程度却小得多。

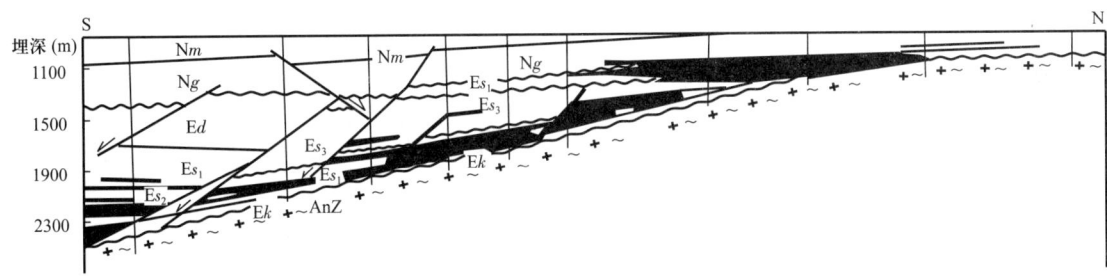

图 9 单家寺地层不整合油气藏示意剖面图

在简单的单斜带，由于反倾断层[1]的切割，也可以形成以上升盘为主的屋脊式断块油气藏。如东营凹陷南坡的东部，由于北东向反倾断层的长期活动，形成了一个断裂带，长 40～50km，落差 20～100m，同时，主要含油层系的沙三段、沙四段是一套三角洲沉积，储层发育。主断层控制着油气的聚集，其两侧产生的一系列与之斜交的次级断层不仅复杂了油气藏的面貌，也是油气富集的重要因素。当然，主要富集区块还是主干断层上升盘反向屋脊式断块。若干屋脊式断块组成了一个油气富集带。断裂带之南是一片超覆区，从目前钻探情况看，有可能是一个较大的超覆不整合油气藏。受反倾断层控制的断块油气藏加上受超覆线控制的地层油气藏，构成一个较大规模的油气藏组合（图10）。

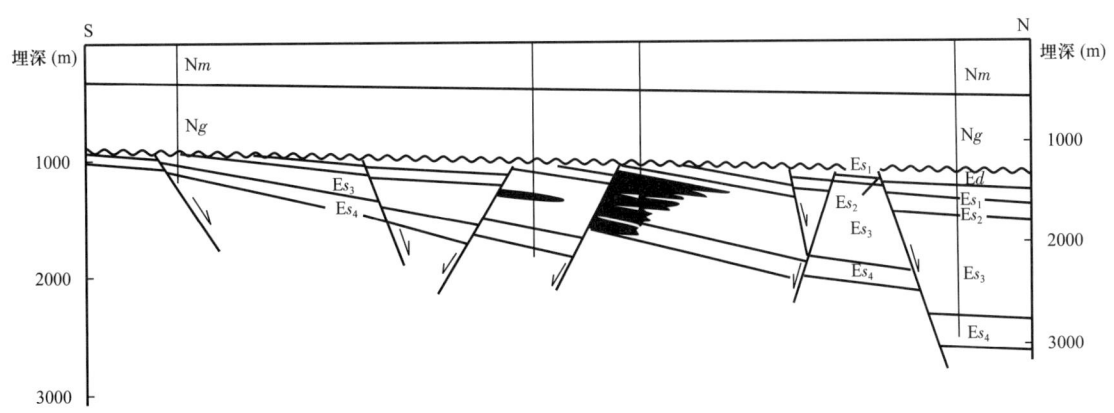

图 10 东营凹陷南坡东部油藏示意剖面图

4 中央隆起带油气藏组合

中央隆起带是指在凹陷中央隆起的大背斜带，在济阳坳陷这种背斜带有两种成因类型：

（1）拱张型[1]：隆起带的前身一直是洼陷区，只是后来塑性地层的拱张才形成一个背斜带。如东营凹陷中央隆起带，从始新世孔店组沉积期到渐新世沙四段沉积时为洼陷区，沉积了厚度大于4000m的膏盐层和湖相泥质岩层，初期由于盆地拉张，北坡断层重力滑动，使以膏盐为特征的塑性层向盆地内部集中、加厚，中央地带开始隆起，并在隆起上形成若干次一级的高点。当沙四段上部—沙三段中部塑性层沉积时，随着泥质岩层加厚，因泥岩密度大于膏盐岩密度而出现密度差，就发生所谓密度倒转现象，使中央隆起带继续上隆，同时形成了北西侧的利津洼陷，北东侧的民丰洼陷，以及南侧的牛庄—六户洼陷。沙三段沉积晚期以后，自东北而来的三角洲砂体向凹陷推进，而塑性层的塑性流动、岩脊拱张仍继续进行，中央隆起带及隆起上的各高点仍继续生长，遂形成了一个大的背斜带。又由于岩脊拱张，上覆地层剪切和张裂，使得隆起带的面貌复杂化，所以中央隆起带是一个断裂构造带，从东到西包括了一系列次级背斜和鼻状构造，绵延数十千米，约有400条断层，将其分成300余个断块。主断层均为走向断层，由主断层切割成的反向屋脊断块，是富集高产断块。沙二段仍是主要高产含油层系（图11）。

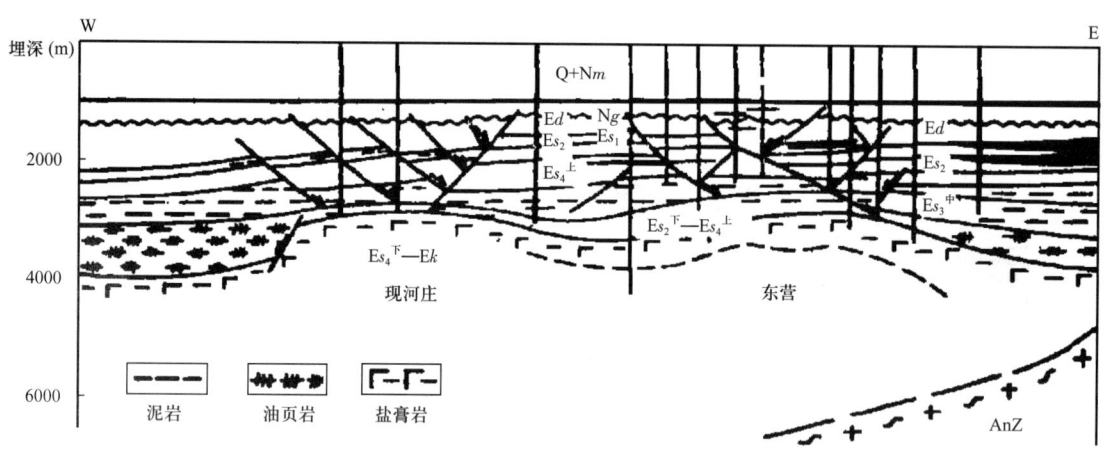

图 11 东营—现河庄构造示意剖面图（据杨瑞祺，1981）

（2）断裂型：这类中央隆起带的形成，与凹陷中断裂造成的差异升降有关。如惠民凹陷是在燕山期开始形成的一个北断南超的箕状凹陷，始新世末期在凹陷中央形成了一条与凹陷长轴方向大体一致的同生南倾大断层——临邑大断层，延伸长度百余千米，落差最大达1000m以上，一直活动到上新世初，从而形成了以上盘为主体的中央隆起带，南北均为次级洼陷，而南洼陷更大更深，是主要的生油深洼陷。

这个断裂带的主要断层由西向东撒开，向南节节下掉，呈断阶式结构。始新世，在主断层的上盘形成了反向屋脊式构造带，油气藏有两种类型：①断阶式断块，在大断层末分枝的上盘，自西北向东南节节下掉，形成了断阶式断块油气藏。②交叉式断块，分布在大断层北支和南支交叉的部位。在主断层的下盘，形成了一系列牵引背斜和鼻状构造，它们是这个油气藏组合中重要的油气藏类型。同时这个地区随着断层的活动，岩浆活动强烈，且具有多期性，因此，还形成了岩浆穹隆背斜和火山锥披覆背斜油气藏。主要含油气层系是渐新统沙河街组二段、三段（图12）。

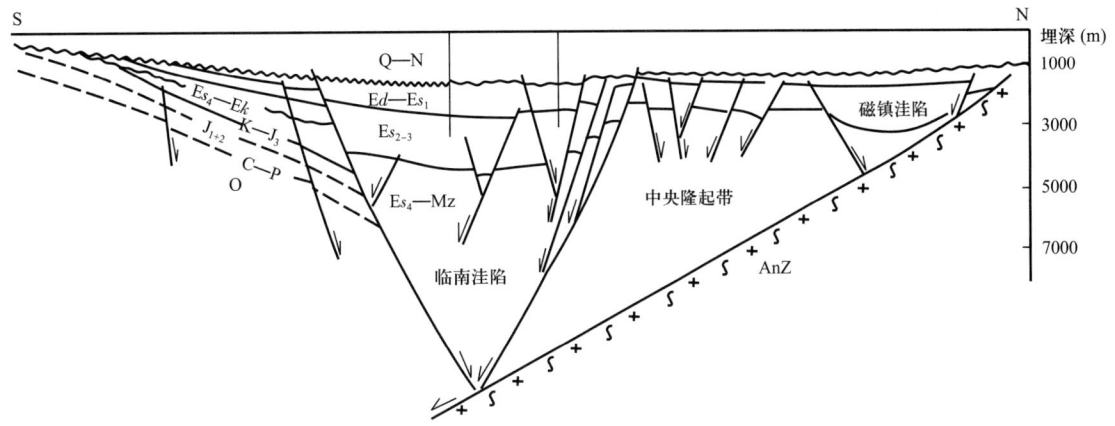

图 12　惠民凹陷示意剖面图（据潘元林，1981）

5　洼陷带油气藏组合

此类油气藏组合见于渐新统沙河街组三段生油洼陷之中。以岩性油气藏和构造—岩性油气藏为主。根据洼陷的性质及储层特征，大体可分为两种亚组合。

5.1　边缘洼陷带油气藏组合

边缘洼陷受凹陷边缘同生断层的控制，生油中心紧靠盆地边缘。储层主要是近（陡）岸浊积扇砂砾岩体[2]。由于边界同生断层的持续活动，洼陷具有近岸深而远岸浅的特点。而砂砾岩则多因同生断层的活动和沉积作用的控制呈现中间低而厚、边部高而薄的特征，为岩性圈闭的形成提供了条件。部分近岸一侧较厚而且上倾的砂砾岩体，可因断层的遮挡形成岩性—构造圈闭。由于这类洼陷油源丰富、储层发育，即使面积不大，也可以形成以岩性圈闭为主、岩性—构造圈闭为辅的油气藏组合。济阳坳陷东部边缘海滨潜山带西侧洼陷就是一例，它的面积不到 100km²，沙三段近岸浊积扇砂砾岩体，有两期四组，洼陷中心油层厚度可达百米以上，向边缘减薄，并为若干断层所切割，形成了岩性油气藏和岩性—构造油气藏的组合形式（图 13）。

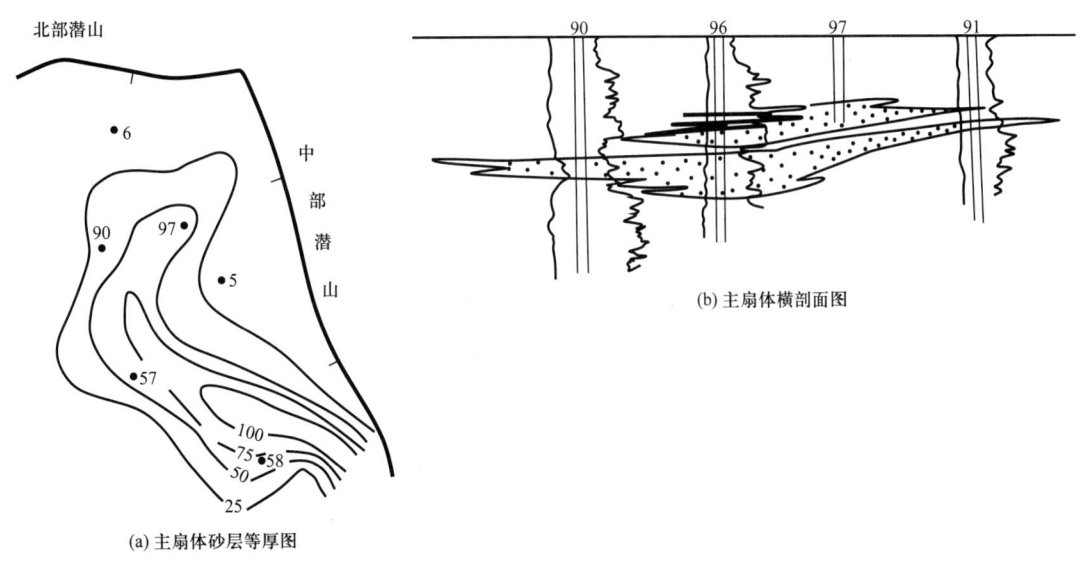

图 13　滨海潜山西部洼陷近岸浊积扇（单位：m）

5.2 内部洼陷带油气藏组合

该类洼陷处于盆地内部。有的是在盆地古斜坡的下部，由于大型三角洲侧向加积引起的重力均衡补偿作用或盆地中央塑性地层流动拱张的影响而形成，如东营中央隆起带南部洼陷；有的则是盆地基底块体拉张断陷和旋扭沉降的结果，如惠民中央隆起带南部洼陷。与边缘洼陷相比，这类洼陷暗色生油岩通常更厚，而且分布面积更广，油源也更丰富。其储集岩体主要是在前进的总趋势下，时有退缩的大型三角洲体系中的远沙坝、废弃的河口坝、滑塌浊积岩体，以及一些成因尚待研究的砂砾岩体。东营中央隆起带南部洼陷的东段就属于前一类，以三角洲体系为主。在大型三角洲前积充填该洼陷的总趋势下，形成了砂砾岩在纵向上多层多组、横向上叠合连片，满盆泥夹砂、泥包砂的局面，为岩性油气藏和岩性—构造油气藏的形成提供了有利条件。该洼陷西段，砂砾岩体的成因尚待识别。一种看法认为，这个砂砾岩体是早期河流三角洲沉积体系在局部地壳变动中，边缘抬起剥蚀的残存部分，在随后的沉降中被深水沉积物埋藏，形成岩性圈闭。另一种看法认为，这个储集体以经典的浊积岩体为特征，供水高峰时期源自鲁西隆起、能量充足、泥沙丰富的浊流，经盆地南坡古"鼻子"间的"V"形谷一泻而下，进入湖盆后，先是形成狭窄的粗碎屑沟道沉积，继而浊流将大量泥沙带入湖底平原形成递变层理发育的水底扇；而在供水较少的时期或季节，夹带泥沙较少，则显示出牵引流的特征，碎屑物质主要在近岸水道中沉积下来，形成斜层理发育的厚水道砂岩体，所有这些砂岩体在水流能量进一步减小，或湖盆扩大时期都可被湖相泥岩所覆盖，成为形成岩性及岩性—构造油气藏的良好储层（图14）。

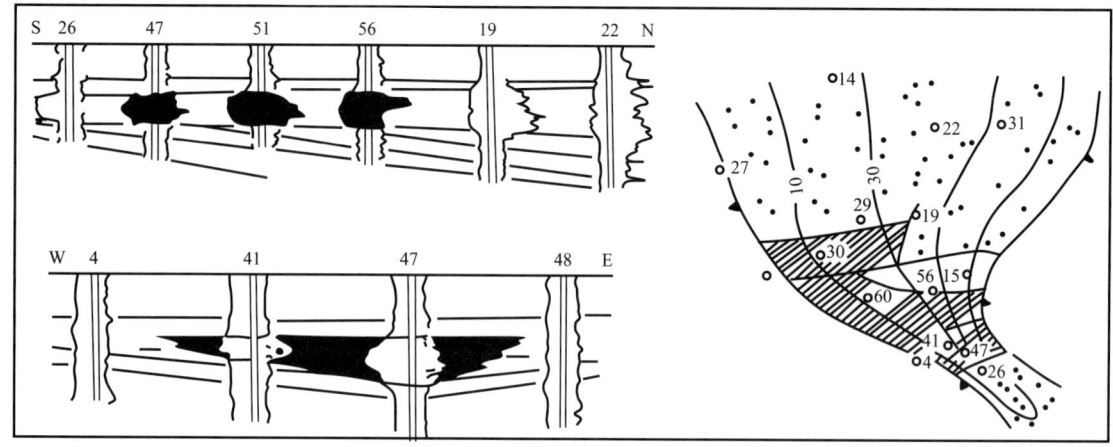

图14 利津洼陷南部梁家楼砂岩体分布特征（据宋永生，1984）

以上五种油气藏组合，是济阳坳陷主要油气富集区油气藏组合的基本类型。以生油洼陷为中心或围绕着供油洼陷成排成带分布的大中型油气田主要就是由这些油气藏组合叠加连片形成的。

文中引用的资料和认识包括了胜利油田会战指挥部及其所属广大职工历年辛勤劳动的成果。文稿如有错误和失当之处应由笔者负责。

参 考 文 献

[1] 陈斯忠, 钱凯, 李泽松. 济阳坳陷地层油藏的特点及分布规律[J]. 石油学报, 1982, 3(3): 23-30.
[2] 姚益民, 向维达, 夏玉蓉. 垦利C50井渐新世沙河街组三段湖盆浊积岩[J]. 石油学报, 1985, 6(1): 28-33, 118-119.

原文发表于《石油与天然气地质》1987年第4期

渤南油田沙三段沉积相和储层研究

杨家福　孙仲珂　袁向春　邱隆英　杨顺举

（胜利油田勘探开发研究院）

摘　要：渤南油田沙三段是油田的主要含油层系。通过取心井、岩屑录井及测井资料，研究了岩石的岩性序列、粒度演变、结构构造等，验证了渤南油田沙三段浊积扇沉积。并将各沉积时间单元的浊积砂体分为内扇、中扇、外扇亚相及内扇补给河道、阶地、天然堤及中扇辫状河道、叶状体等相。文中阐述了各亚、微相砂体的储层特点，从储层的粒度、渗透率及微观孔喉结构的变化，分析其对各相带储油性质的影响，中扇储油性能较好，其叶状体部位岩性较均一，是储油的最佳场所，多数高产油井分布于该相带中。

渤南油田位于山东济阳坳陷的沾化凹陷中部，东界孤西断层，东南为孤北断层，西南邻罗家鼻状构造，西与四扣向斜毗邻，北以义107井南断层为界。在古近—新近系中已发现六套含油气层系，其中主力层系是沙二段、沙三段，尤以沙三段的含油面积及储量最大，占整个油田储量的80%以上，油层属中—粉砂岩，地层压力高，原油性质好。

1　沉积环境

1.1　深湖—半深湖的浊积扇沉积

沙三段为大套油页岩，深灰色泥岩夹数套砂岩、砾状砂岩，总厚度500m左右。湖相深灰色泥岩中有中国华北介、惠东华北介、永安华北介、小拟星介等适于半深湖—深湖环境中生长的古生物化石，化石大多破碎。夹于深灰色泥岩中的砂岩具有浊积岩的特点。

（1）砂岩呈有规律的递变。沙三段砂体在平面上从东南向西北岩性序列呈有规律的变化，东南部为砾状砂岩、混合碎屑岩，向北变为粉、细砂岩（图1）。纵向上由多个次级正韵律组成，这是多次突发事件的产物，每一次事件组成一个正韵律。

（2）原生沉积构造具有鲍马序列的层序。从连续取心井的岩心观察，原生沉积构造清楚，东南部取心井岩心中鲍马序列的层/段普遍出现，西部的岩心中见到较多构造清晰的CD段。A段（粒序递变层）：粒度呈正韵律递变，下部粗，向上逐渐变细。一般下部多为混杂砾岩、砾状砂岩，向上逐渐变为粗、中砂岩。B段（下平行层）：由含砾砂岩、中粗砂岩或细砂岩组成平行层理，厚5~10cm。在油田南部岩性粗、北部细。C段（变形层理）：由细砂、粉砂组成，具变形纹层、波纹层。D段（上水平纹层）：由粉砂及泥质粉砂岩组成，具水平纹层，纹层厚一般1~5mm。E段（暗色泥岩段）：泥岩无层理，或由色调深浅不同的暗色泥岩组成的纹层，纹层厚0.5~2mm。

（3）准同生期形成的构造具浊积岩的特点。岩石在软泥塑性阶段形成的各种构造标志刻画最清楚，也易于保存，从所观察的11451个岩心中见有许多保存完好，发育在浊积岩中的构造标志：高密度流动的侵蚀痕。浊流经过之处冲蚀下伏沉积物在其上刻印沟模、刷模等工具痕，重荷构造。由于上覆高密度重力流携带的脆性碎屑物质在重荷作用下，向饱含水的塑性泥质沉积物中沉陷而形成各种形态的重荷构造。从岩心中观察到上覆砂质层沉陷入下伏的泥质层中而形成的重荷模，由于上下岩石的相对厚度不同，重力持续的时间不同，上覆砂岩沉陷深度也有差异，一般2~5cm，有时达10cm。同

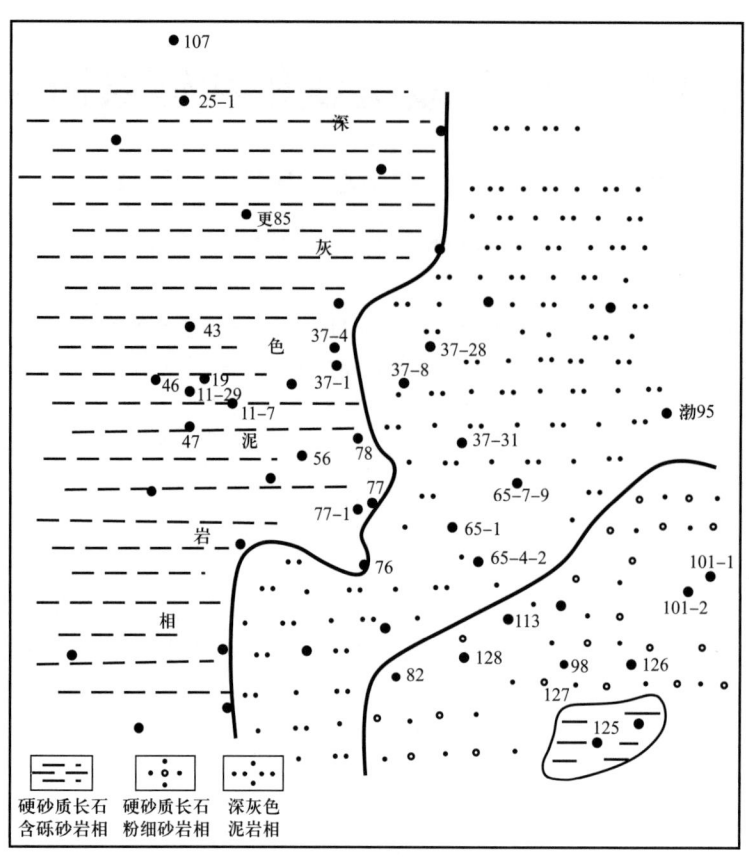

图1 沙三段岩石相图（第8单元）

样，在重力差异负荷的影响下，下伏泥岩强烈上拱形成舌形及火焰构造。砂球砂枕构造：由于震动作用使上覆的重负荷脆性砂岩断成相连或不相连的球形及枕形小块陷入下部泥岩层中形成砂球、砂枕构造，在义113井9砂组中砂球大小0.5~2cm。泄水构造：在重力滑坡作用沉积物快速堆积的情况下孔隙中的水不能相应地排出时，造成超孔隙压力，孔隙水向上流动，未固结岩石局部发生液化，产生泄水构造，在义113井岩心中见流动痕。变形滑塌构造：由于沉积物的过度负载产生的歪曲、扭曲、滑动或移位形成各种变形构造。撕裂屑：浊流物质在搬运过程中将下伏地层及围岩切蚀、打碎掺入搬运沉积，一般在河道部位沉积砂、砾岩中混杂有条状、片状的泥岩粉砂岩碎片。

（4）粒度分析显示浊积岩特点。从系统处理的1018块样品中看出，粒度变化梯度大，分选差—中等。在概率图上中扇河道及叶状体部位的曲线为由递变悬浮总体组成的单一线段，斜率低30°~40°。外扇部位概率曲线多呈两段式，斜率50°~60°，反映水动力条件减弱，由密度流变为牵引流。图为一平行于$O=M$线的分布区，属于粒序悬浮区（图2）。

（5）砂体形态呈扇形。沙三段各时间单元的砂体形态为南窄北宽的扇形，其中有1~3条辫状河道从南、东南方向向西北延伸展开，围绕辫状河道组成的中扇外缘有外扇沉积。从上述资料论证表明，沙三段为深湖—半深湖沉积环境，砂岩具有浊积岩的特点，为浊积扇砂体。

1.2 浊积砂体的物源方向

由古近系沉积前的古地质图看出，渤南油田东南邻孤岛凸起，南邻陈家庄凸起，西有四扣洼陷，北邻埕子口凸起。其中距孤岛凸起只有2km。在孤岛凸起上，古近系沉积前出露的地层有石炭系、二叠系的砂泥岩煤系，侏罗系、白垩系的中酸性侵入岩、喷发岩，还有奥陶系的石灰岩。凸起上大量风化剥蚀产物在洪水期形成高密度流源源不断地搬运到深湖中去，形成一股股浊积砂体。从岩石相资料

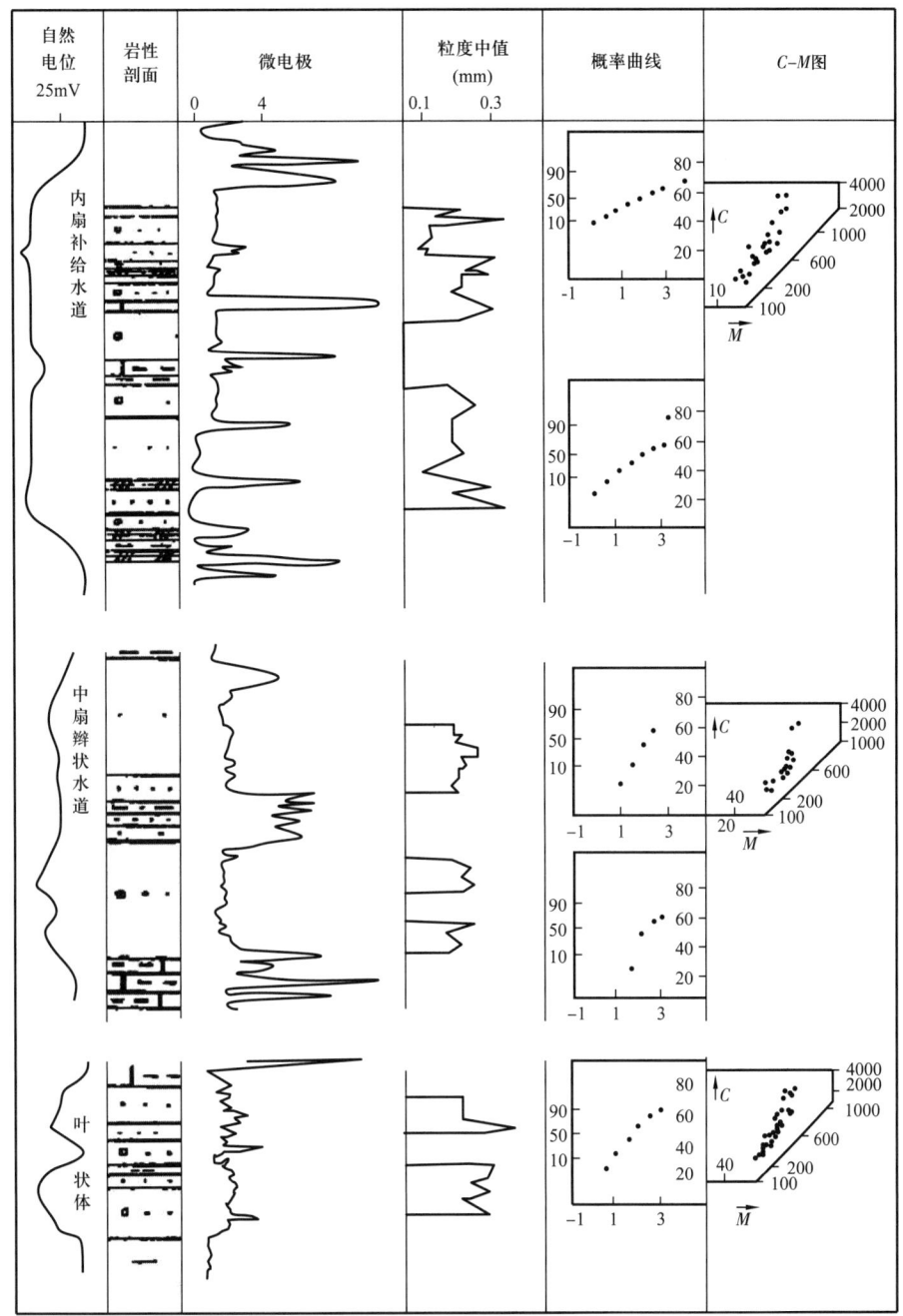

图 2 油层资料图

证实位于东南部的井每个砂层组的岩心中均有砾石,越向东南砾石含量越高,粒径越大,杂基含量多。从薄片鉴定资料看出石英成分从东南向西北逐渐增加,从 35% 增加到 50%,岩块含量逐渐下降,由 32% 下降到 18%(图 3)。岩块的成分与孤岛凸起出露剖面岩性一致,有中酸性喷出岩块、结晶岩块、变质岩块、石英岩块、砂屑岩块、灰质岩块、炭屑等。

地层倾角测井资料证实,主要古水流方向是从东南向西北方向流动,砂体走向呈东南—西北向(图 4)。

据以上资料分析渤南油区这套碎屑岩的主要物源来自东南方向的孤岛凸起,为近源沉积的浊积扇体。在南部罗家鼻状构造有一次要物源区。

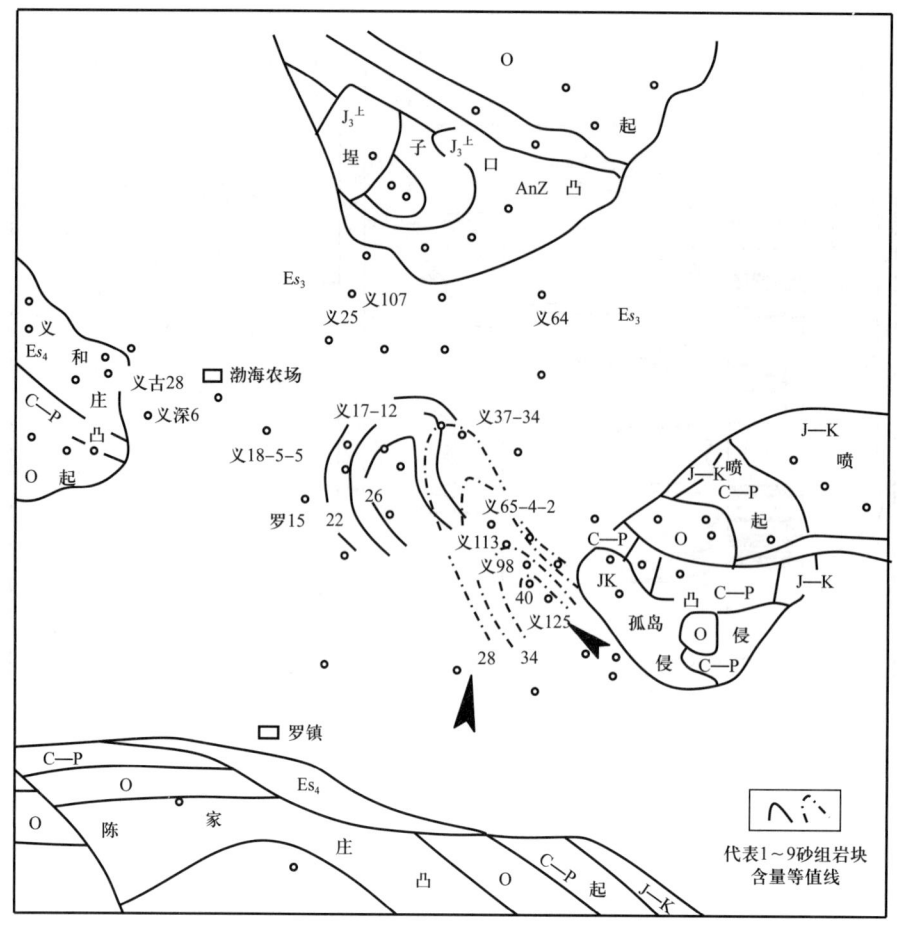

图 3　沙三段物源图

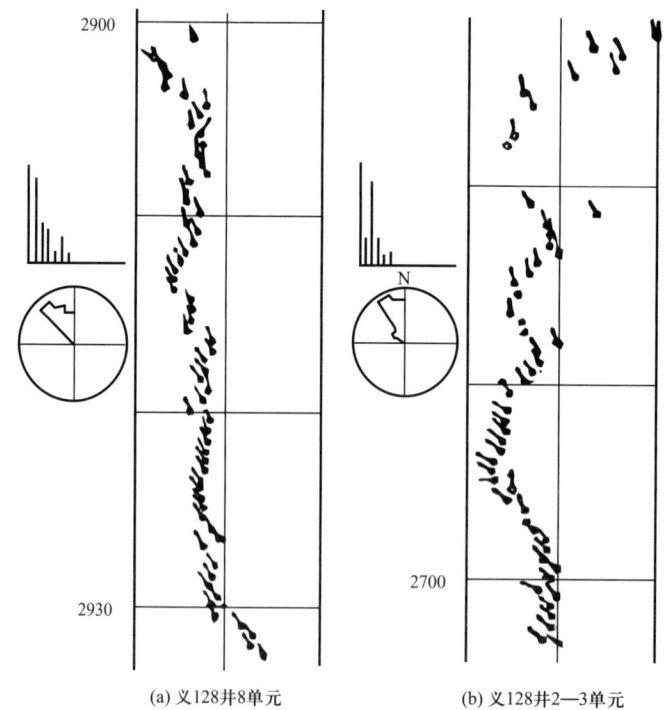

(a) 义128井8单元　　(b) 义128井2—3单元

图 4　沙三段地层倾角资料图

2 沉积相带划分及展布

划分沉积相带首先应确定沉积时间单元（以下称单元），而控制单元的主要标志为"时间岩性标志层"，标志层一般由特殊的岩性、电性标志来确定。工作中为了便于现场的应用将砂层组控制在一级单元内，小层控制在二级单元内。一级单元划分原则是以地层对比为基础，砂层组为单位，时间岩性标志层作控制，划分沉积时间单元。二级单元划分原则是以砂体的韵律为基础，同期形成的砂体（小层）为单位，划分二级单元。沙三段主要层段共划分一级单元10个，二级单元22个（表1）。

表1 地层对比标志

名称	控制层位（砂层组）	时间单元 一级（个）	时间单元 二级（个）	岩电特征
6 韵律	0	1		3个高阻（低导）
7 韵律	1	1	3	笔架电阻（$0.5\Omega \cdot m$）
1 隔层	2	1	2	油泥岩，刷子鼓包
2 隔层	3	1	3	低平微电极，中、高突起
3 隔层	4	1	3	微电极呈毛刷状
4 隔层	5	1		高阻油泥岩
5 隔层	6	1		高阻油泥岩
第二套油页岩顶	7	1	3	油页岩集中段，电阻"步步高"
稳定泥岩顶	8	1	3	低平电阻，高导泥岩
第三套油页岩顶	9	1	5	油页岩密集段顶，高阻（一般为2）

2.1 亚相及微相划分

根据1145m岩心观察，30口井岩心录井，109口井岩屑录井及300口井测井资料的分析，以岩性为基础，砂岩厚度为依据，参考电性、韵律性，进行单井划相，共划分三个亚相，五个微相（表2）。亚相包括内扇、中扇、外扇。内扇又划分补给河道、阶地、天然堤等微相。中扇划分辫状河道、道间沉积叶状体等微相。内扇补给河道：为物质搬运的主要通道，岩性混杂，多为砾状砂岩混合碎屑岩，砂体厚度大，一般40～50m，岩心观察砂体底面见冲蚀构造，电测曲线呈桶形，概率图为一斜率低的悬浮总体，C-M图为一与$C=M$线段大致平行的图像（图2）；中扇辫状河道：为物质分配的通道，沉积厚度与时间单元沉积时物质供给的多少和古地形的高低有关，辫状河道根部沉积厚度比其他部位厚度大，岩性粗，多为含砾砂岩，中粗砂岩，呈正韵律，低洼地带沉积厚度也大。如三区37-31井一带为低洼地带，沉积厚度一般10～20m，单层厚度大于5m，而斜坡地带如五区新义65井、义65-7-9井一带坡度大，厚度相对较薄，电测曲线为正三角形、箱形，有物性夹层致使微电极及自然电位曲线出现齿形凹凸，频率图反映出主要粒级跨越3个中值区间，C-M图略出现0段，主要是与$C=M$线段大致平行的图像，仍是悬浮总体为主（图2）。中扇叶状体：这里指的是辫状河道间沉积和河道前缘加积叶状体。岩性以细砂岩、粉细砂岩为主，分选好，厚度大于10m，有的部位达30m，如三区。每个叶状体厚度一般与各辫状河道供给物质量有关，供给量越多厚度越大，而河道深度与河道前缘加积叶状体的厚度是相符的，自然电位呈箱形，有正韵律、复合韵律。概率曲线呈一较前者（河道部位）陡的悬浮总体组成的线段（图2）。外扇：岩性为细砂岩，泥质粉砂岩，厚度小，一般小于10m，单层厚度小于 5m。分布于中扇叶状体之外，一般环绕中扇形成完整的扇形。自然电位呈指状、齿状。各相带标志特点见表 2。

表 2 渤南油田沙三段浊积岩划分亚相及微相标志表

亚相	微相	标志						
		岩性	厚度(m)	构造	砂泥比值	井/层	测井曲线形态	韵律
内扇	补给河道	混合碎屑岩	40~50	冲蚀、冲刷构造，A~E 鲍马序列多，出现 A 段	约 2	义 98 井、义 125 井 9 砂组	桶形	正
	阶地	含砾不等粒砂岩，中—细砂岩	5~40	AB，BCE 段	0.2~0.4	义 126 井、义 127 井 9 砂组	不同部位形态不同，多为正三角形	正
	天然堤	粉、细砂岩，泥质粉砂	<5	纹层，多出现 C~E 段	0.06	义 82 井 9 砂组	齿形	正，复合
中扇	辫状河道	含砾粗—中砂岩为主	10~20	粒序递变层理，层底面常见各种印模	0.3~0.9	义 65-5-2 井、义 65-1 井	正三角形	正
	叶状体	细砂岩为主	>10	各种印模，B~C 段	0.7~1.5	义 37-28 井、义 37-34 井	正三角形，箱形	正，复合
外扇		粉砂岩粉砂泥质互层	约 5	C、D、E 段频繁出现	0.1~0.3	义 37-4 井、义 25-1 井	正三角形，反三角形，齿形	正，反

2.2 各主力含油单元沉积微相指示

沙三段第 9 单元（9 砂组）：为一南东—北西向的深切河道。在该单元沉积前油区内均为油页岩（第三套油页岩）的沉积。9 单元沉积时沉积物从东南方向进入湖盆，离物源近，水动力条件强，形成湖底深切河道，河道深 40~70m，宽 1000~1500m，走向 340°，延伸长度 12km。两侧为较陡的阶地，外侧为天然堤沉积，延展呈长扇形。在义 125 井、义 98 井以南直至油田外为内扇补给河道，以北为中扇延展至义 43 井、义更 85 井一带，中扇根部宽 4km、前缘宽 5km，外扇环绕中扇向北延伸，呈一狭长的扇形体。

1~8 沉积单元是本区的主力含油砂组，各单元砂体展布多为叶片状和扇状，由内扇补给河道、中扇辫状河道和道间沉积组成的叶状体及外扇共同构成。扇体的延伸方向多为北西向。例如第 8 单元沉积的砂体是在下伏 9 单元洪泛事件结束后，湖盆趋于平缓的条件下，再次洪泛事件暴发的结果。碎屑物质分三条辫状河道向北、西北、西三个方向延伸，呈树枝状与道间沉积共同构成中扇叶状体，厚度最大达 40m，一般 20~30m，中扇以外渤 95 井、义 78 井、义 96 井一线以北为外扇沉积，岩性为粉砂岩，厚度明显变薄，一般 5m 左右（图 5）。

3 各微相砂体的储油性质

沙三段浊积扇沉积是一套砂砾岩体，岩石成分主要为石英、长石、岩块，石英含量 35%~50%，钾长石 15%~20%，斜长石 10%~20%，岩块 25%~32%，最高达 60%（义 125 井 9 砂组），胶结物主要为泥质，含量一般 5%~15%，为伊利石蒙皂石类，其次为高岭石（表 3），碳酸盐含量很低，一般在 6% 以下，对油层的孔隙度、渗透率没有什么影响（图 6）。胶结类型为孔隙—接触式、镶嵌式。渗透率在不同微相、不同埋深差异较大，孔隙度 18%～21%，含油饱和度 60%～70%。由于不同沉积相带所发育的砂体其岩性、厚度、岩石结构、沉积构造有差异，影响了储油物性的差别。

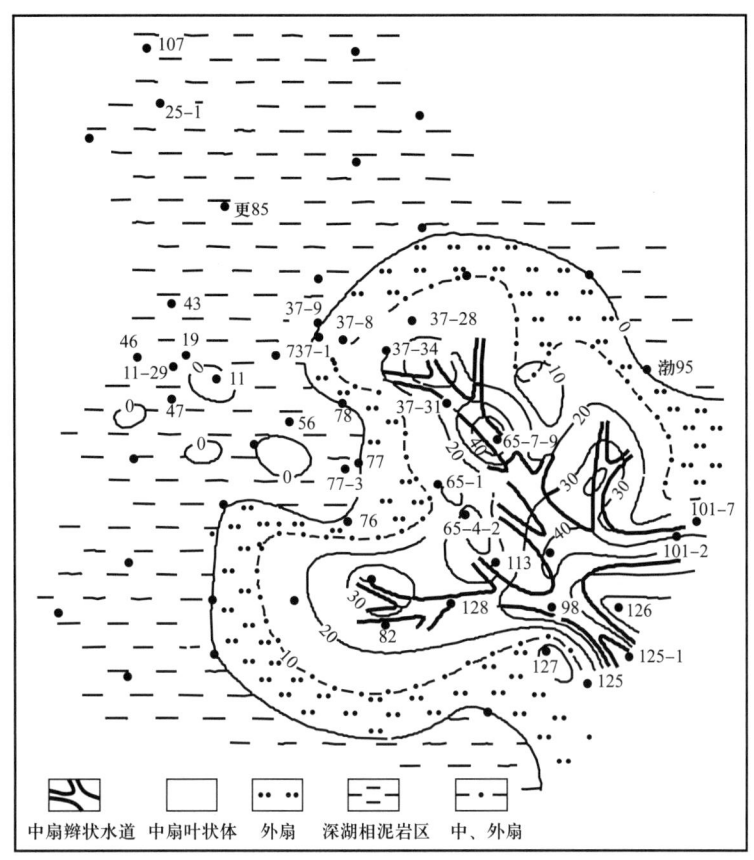

图 5　沙三段沉积相图（第 8 单元）

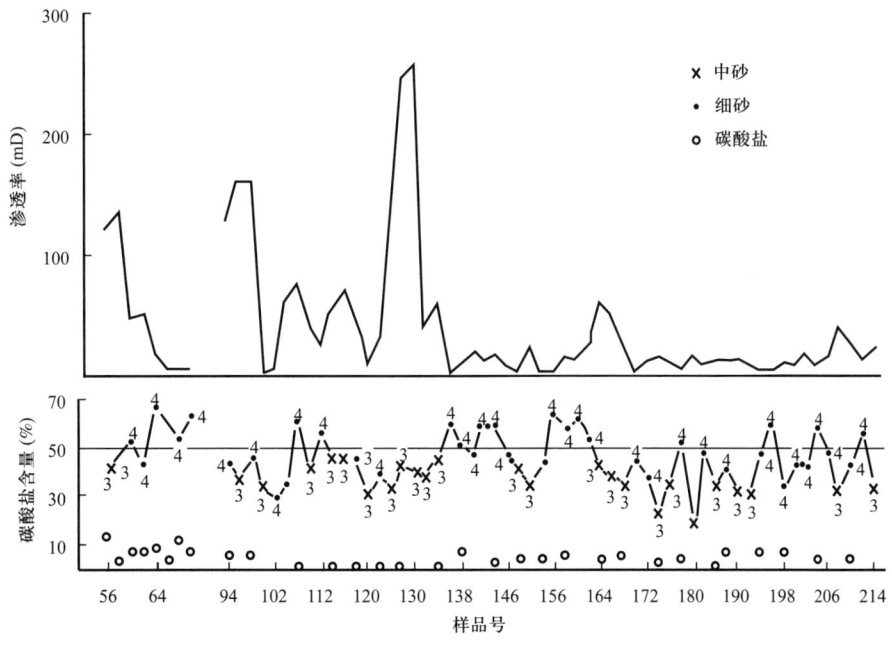

图 6　渗透率与主要粒级、碳酸盐含量关系图

表3 沙三段泥质胶结物成分含量表　　　　　　　　　　　　　　　　　　　单位：%

单元	伊蒙混层	伊利石	高岭石
1，4，8，	30～50	40～50	12～20
9	20～30	60	0～12

3.1 内扇补给河道

岩性差异大，有细砾岩及含砾砂岩，杂基支撑，分选磨圆度都较差。经电镜观察的义125井、义98井、义113井砂砾混杂，孔喉大小50～200μm，有些孔喉中有次生长石、石英的自形晶体堵塞，造成孔隙大小差异大。渗透率变化范围大，一般10～1000mD。非均质性严重，渗透率级差达400。

3.2 中扇辫状河道及叶状体

中扇辫状河道根部及中前端由于部位不同物性也有差异。

根部：混合碎屑岩不等粒砂岩为主，杂基支撑，粒径一般在0.2～0.5mm，粒度非均质系数为4，分选差—中等，磨圆度为次棱角状，孔隙以原生孔隙为主，渗透率一般20～40mD，渗透率非均质系数8～13。在该相带中各单元砂体厚度区别较大，9单元沉积厚度最大，达50～60m，8单元及3单元30～40m，2单元及4单元20～30m。

中前端：岩性变细变好，主要为中—细砂岩，颗粒大小均匀，磨圆中—次棱角状，次生孔隙较发育，部分孔隙被其次生加大和水云母堵塞。各单元厚度及储油物性变化也较大（表4）。

表4 中扇部位各沉积单元物性、孔隙参数表

项目		单元					
		9	8	4	3	2	1
厚度（m）		30～60	12	35	13.8	14	13
层数		3～5	1	5	4	2	2
孔隙度（%）		15～18	14～18	18～22	15～18	20～24	20～22
渗透率（mD）		3～40	8～15	10～100	20～40	最大200～500 一般20～150	10～150
泥质（%）		5～13	5～15	6～14	6～12	5～12	5～13
孔喉半径（μm）	区间值	0.63～4.0 1.6～10.0	1.0～4.0	1.6～4.0	1.6～6.3	6.3～16	2.5～10
	最大值	2.0～7.4	3.1～7.1	3.1～12.8	4.4～5.6	7.1～14.5	7.2～16.5
均质系数		0.4～0.5	0.5	0.3～0.5	0.4～0.55	0.15～0.6	0.4～0.5
变异系数		0.53～3.82	0.6～0.7	0.7～0.75	0.7～0.72	0.6～0.7	0.6～0.8
渗透率贡献值（%）		33～50	70～80	45～55	50	60～95	60～80

中扇叶状体：厚度10～15m，最厚可达35m，以细砂岩为主，分选较好，渗透率较高。一般渗透率与粒度关系不明显（图6）。但在中扇叶状体分选较好的部位，粒度与渗透率间有一定的线性关系，相关系数0.6727。如义46井2单元，义11-29井3单元的渗透率与粒度关系大致可分为两段，当渗透率小于100mD时粒度中值一般小于0.15mm，渗透率大于100mD时粒度中值为0.15～0.26mm。

从中扇部位取心井的压汞资料所获，各单元的孔喉参数有差异，渗透率贡献值较高的有1单元、2单元、8单元（表4）。

储层中次生孔隙比较发育，从电镜观察到义77-3井、义37-8井，钾长石溶蚀形成的次生孔隙发育（图版10）。由于压实作用的影响在埋深大的地区，如三区8单元、9单元原生孔隙基本消失，次生孔隙相对发育，因为随着埋深的增加岩石中含量较多的钾长石、钠长石溶解形成次生孔隙，钾长石、钠长石的溶解深度是3200～3640m，三区8砂组、9砂组的埋深正相当于这个深度。钾长石溶解析出的Ca^{2+}、Mg^{2+}、Fe^{3+}、Al^{3+}在地层水的作用下遇酸性环境产生自生高岭石，若遇碱性环境可形成铁白云石、伊利石等，这些自生矿物又可堵塞孔隙，从义37-34井的薄片分析看出铁白云石含量高达5%～8%，最多17%，故当时是处在碱性环境，一些次生孔隙又被新生矿物填充，加上深度比南部5区和西部1区深1000m左右，压实作用强，原生及次生孔隙均欠发育，影响到油层的渗透性，如4单元的砂体在埋深浅的6区渗透率一般值为80～120mD，但到埋深大的三区才20～30mD，又如9单元的砂体在埋深浅的五区孔喉半径较大，而在埋深大的二区、三区孔喉半径小，渗透率贡献值也小（表5），故相同单元的砂体由于所处位置埋深不同，压实程度不同，影响到岩石的孔喉大小，渗透率贡献值也随着发生变化。

表5 油层埋深与岩石结构关系表

时间单元	区块	埋深（m）	孔隙半径区间值（μm）	渗透率贡献值（%）	代表井
9	2	3370	0.65～4.0	30	义2-7-20井
	3	3275	1.0～4.0	40～60	义37-34井 义3-7-7井
	5	2900	1.6～10.0	50～60	义65-4-2井

在大部分的中扇叶状体分布区只要岩石结构好，油源丰富，都是很好的储层，许多高产井出现在中扇叶状体部位。

3.3 外扇

砂岩厚度薄、层数多，一般4～8m，1～5层。粒度中值0.05～0.1mm，属粉砂、砂泥岩互层，但只要砂岩集中的部位孔隙好，仍是较好的储油层，如义77-3井一带1单元、4单元都有较好的次生孔隙。

4 结语

（1）渤南油田沉积是一个深湖—半深湖环境。砂体沉积类型为浊积扇体，浊积岩的物质来源主要来自东南方向的孤岛凸起。

（2）储油砂体的物性与沉积相带有关，中扇部位是最好的储油场所，多数高产井分布于该相带中。

（3）渗透率的高低与岩石结构孔喉半径关系密切，而与粒度的粗细关系不明显，仅在分选较好的部位有一定的线性关系。

（4）相同时间单元的砂体由于埋深不同，孔喉半径差异大，渗透率贡献值也发生变化。

（5）碳酸盐含量小于10%时不影响油层渗透率的大小。在沙三段的主力油层中碳酸盐胶结物的含量大都小于10%，根据这一油层特点，油田采取增产措施时应以压裂为主。

参 考 文 献

[1] H·E 赖内克,B 辛格.陆源碎屑沉积环境[M].北京:石油工业出版社,1979.
[2] 中国石油学会地质委员会.国外浊积岩和扇三角洲研究[M].北京:石油工业出版社,1986.

原文发表于《石油学报》1990年第4期

陆相块断湖盆油气生成的地球化学模式

周光甲

（胜利石油管理局地质科学研究院）

摘 要：陆相生油的基本依据仍是世界上通用的干酪根热降解学说。但是，济阳坳陷油气勘探中发现这个学说需要补充和发展，本文提出了两期油气生成的地球化学模式。早期油气生成的母源物质是湖盆中某些生物含有的低化学活性烃类聚合物。富含烃的葡萄藻类，活体经培植有40%以上的可溶烃，热模后（相当 $R_o<0.30\%$）生成饱和烃系列。晚期分为干酪根热解聚和热降解两个阶段。热解聚生成低熟油气，热降解生成成熟及高熟油气。有利生油气的干酪根母质受生物富集层控制，形成主力生油层。其生油门限因块断湖盆地温场差异性大，又为小洼陷沉积单元所控制。

陆相湖盆油气生成学说的基本理论依据，仍是当前世界上通用的地球热力学观点——干酪根热降解油气生成学说。其主要的地球化学模式，无论是用残留于地下的或是热模出"原始"的，都表现为沿温度增高（埋深增大）的烃产率积分曲线。曲线上的突出部分被称为"石油窗"，它的上下温度（深度）界限，限定了石油烃类产生、发展的全部过程。

陆相盆地油气勘探中的资源评价，已经普遍应用了这种地球化学模式。尤其是数值模拟评价盆地油气生成潜力的近代方法，地质概念模型、地球化学模型及数学模型组成了相互验证、相互修饰、逼近真解的模拟系统。我国几个主要含油气盆地的实际评价业已证明，合理的油气生成地球化学模型，乃是影响评价油气资源量的决定性因素。

但是随着我国陆相盆地油气勘探工作的进展，特别是类似济阳坳陷复式含油气区这样的陆相块断盆地，勘探了30多年，打了3800口探井，东营沾化凹陷已达 $0.11\sim0.13$ 口井$/km^2$，是高成熟勘探区。某些凹陷评价计算的资源量，虽然取了较高的聚集系数，但目前探明+控制储量竟超过了剩余资源量，出现了资源评价方法上的危机，说明了以干酪根热解为主要的晚期生油气学说，似乎难以概括济阳坳陷古近—新近纪的几千万年以来的全部油气生成历史，因此，从勘探实际、科学探索、研究深度、学说发展，都要求我们思索和重新认识一些新的问题。

1 生物体含烃对早期油气生成的贡献

现代湖泊地理指明陆相湖泊多形成于河流汇水地区，河流带来各种有机质，丰富了湖盆的营养，使湖盆中繁衍大量水生生物，形成具有陆相特色的生物群。青海湖每平方千米水生生物可达70 t，其中藻类可形成数百米的绿色堤岸。云南抚仙湖湖水面积$212km^2$，可以形成浮满湖面的葡萄藻（亦译称丛粒藻）。生物体是油气生成的物质基础；但是，干酪根生成油气学说强调生物体首先要形成干酪根，然后进入生烃门限温度才能大量生成石油烃。B.杜朗认为"在多数情况下仅占生物物质原始数量的极少一部分，没有经历完全的生物再循环和物理化学分解而进入沉积物中，这一部分就是沉积有机质的主要来源"。这些观点着重考虑了自然界各种营力作用，包括沉积地质作用，对生成油气的母质进行了改造和提炼，集中了那些对生成油气特别有价值的部分；但是它可能忽略了生物体中已存在着的低化学活性的烃类聚合物部分，特别是那些富含烃类的生物体，在沉积作用中没有完全遭受物理、化学作用的破坏，就可能不经过干酪根形成阶段，在较低的地温条件下，直接对油气生成作出贡献。也就是说在成岩作用早期，已经发生了油气的生成、运移和聚集。

生物体内含烃及烃类聚合物世界上早有报道，Ciark测定12种藻类，含正烷烃 $nC_{14}-nC_{32}$，几内亚湾海滩崖石中有"石油虫"，含油量78.8%，居民用之点灯且无烟。澳大利亚陆地上两种旺盛生长的毒草，每公顷可提取原油 65bbl。澳大利亚达尔文湖葡萄藻，报道含烃类 17%～35%。按含烃 30% 计，每年产油 3500t/km^2 [1]。我国武汉水生生物所培植的云南抚仙湖葡萄藻，氯仿抽提物 47.4%[2]。对于生物体烃类加热模拟转化为饱和烃类，国内做了不少实验。在密封高压釜内加温 320℃、15.5MPa、恒温 64h，做了 9 种生物体模拟。浮游动物样品，每克有机碳生成氯仿可溶物和总烃分别为 394mg 和 198mg，气 633mg（主要是 CO_2 和 C_1）；水生生物分别为 282mg 和 79mg、气 450mg；陆生植物为 331mg 和 83mg，气 300mg。模拟后样品饱和烃色谱一般有 nC_{15}—nC_{31} 完整系列，但特点不同，生物标记物也不尽相同[3]。近几年，笔者利用真空加热模拟方法，将云南抚仙湖和美国淡水湖两种类型葡萄藻进行 170～350℃ 加热模拟，证实从 170℃ 开始（折算 R_o 为 0.27%），原样中的总烃即成倍增加。抚仙湖藻种原样中含类异戊二烯烃—葡萄藻烯转化为 nC_{11}—nC_{31} 的饱和烃系列，同时有含 nC_1—nC_5 的 CO_2 气体产生。饱和烃系列类似孤东原油，具有双峰形（图 1）。在 170℃ 时，抚仙湖藻种每克有机碳生成氯仿抽提物和总烃分别为 400mg 和 520mg。比以前做的生物样品生烃率要高数倍（表 1，图 1 和图 2）。

表 1 葡萄藻热模产烃量及组成

编号	样品	样品量（g）	热模温度（℃）	颜色	有机碳	氯仿抽提物	饱和烃	芳香烃	非烃	沥青质	总烃	饱和烃/芳香烃	折算 R_o（%）	总烃（mg）/藻（g）	总烃（mg）/有机碳（g）
B$_1$	抚仙湖藻种	0.140	原样	黄	77.45	43.22	2.27	37.35	35.08	9.23	40.62	0.06	0.08	175.6	226.7
		0.363	170	褐	—	58.91	1.06	67.14	22.61	—	68.20	0.02	0.27	401.8	
		0.600	250	黑	74.27	49.50	39.34	23.12	23.12	3.30	62.46	1.70	0.57	309.2	416.3
		0.519	350	深黑	—	15.62	3.13	45.98	22.77	7.59	49.11	0.07	>1.30	76.7	—
B$_2$	美国藻种	0.500	原样	绿	40.97	25.18	0.44	0.44	24.44	49.78	0.88	1.00		2.2	5.4
		0.539	170	黑褐		38.37	0.40	5.56	21.43	30.95	5.96	0.07		22.9	
		0.351	250	黑		30.17	6.96	4.11	23.42	36.71	11.07	1.69		33.4	
		0.928	350	亮黑		7.52	3.03	5.56	24.75	39.90	8.59	0.55		6.5	
B$_3$	美国藻种	0.250	原样	绿	54.20	26.68	1.85	3.70	29.26	42.69	5.55	0.50		14.8	27.3
		0.248	170	黑褐		39.12	7.14	1.85	22.61	42.59	9.26	4.01		36.2	
		0.503	250	黑		38.91	8.17	2.94	27.78	31.78	11.11	2.78		43.2	
		0.757	350	亮黑		6.81		11.31	27.77	38.91	11.31	—		7.7	

注：以 UMSP-50 显微荧光分光光度计分析葡萄藻颜色光谱。用 Q 值方法和 I 型干酪根数据折算，李佩珍同志提供。

济阳坳陷内富集葡萄藻化石的地层，首先发现在孤东油田新近系馆陶组上段含油储层的夹层泥岩内（图 3）。岩性是泥岩或砂质泥岩，灰黄、绿灰、浅灰色。葡萄藻化石最多者，一块载片可达 300 粒以上。镜下见明显的放射性排列结构的球状群体，与现代葡萄藻相同。从共生的孢粉化石说明葡萄藻所处生态环境是以常绿、阔叶和针阔叶混交林为主的植被，温暖多雨的亚热带气候，湖盆处于茂盛的森林及山壑之中。湖水古盐度一般小于 10%，相对 pH 值 9 左右，极相似于云南抚仙湖和澳大利亚达尔文湖的生态环境。进而发现，古近系内包括古新统龙口组（黄县煤田）、始新统、渐新统的生油地层中都含葡萄藻化石，其富集程度、个体大小、颜色深浅都不一样，说明葡萄藻不但在早期成油作出贡献，也参与了晚期成油的干酪根形成和热降解过程。馆陶组富集葡萄藻，其生态环境表明济阳坳陷在中新世并非都是冲积平原相辫状河道沉积，坳陷东北部至垦岛浅海一带，馆陶组最大沉积厚度 900～1000m，垦东、孤岛、孤东、垦岛等油田亦围绕馆陶组的洼子分布，馆陶组上段有淡水浅湖存在。

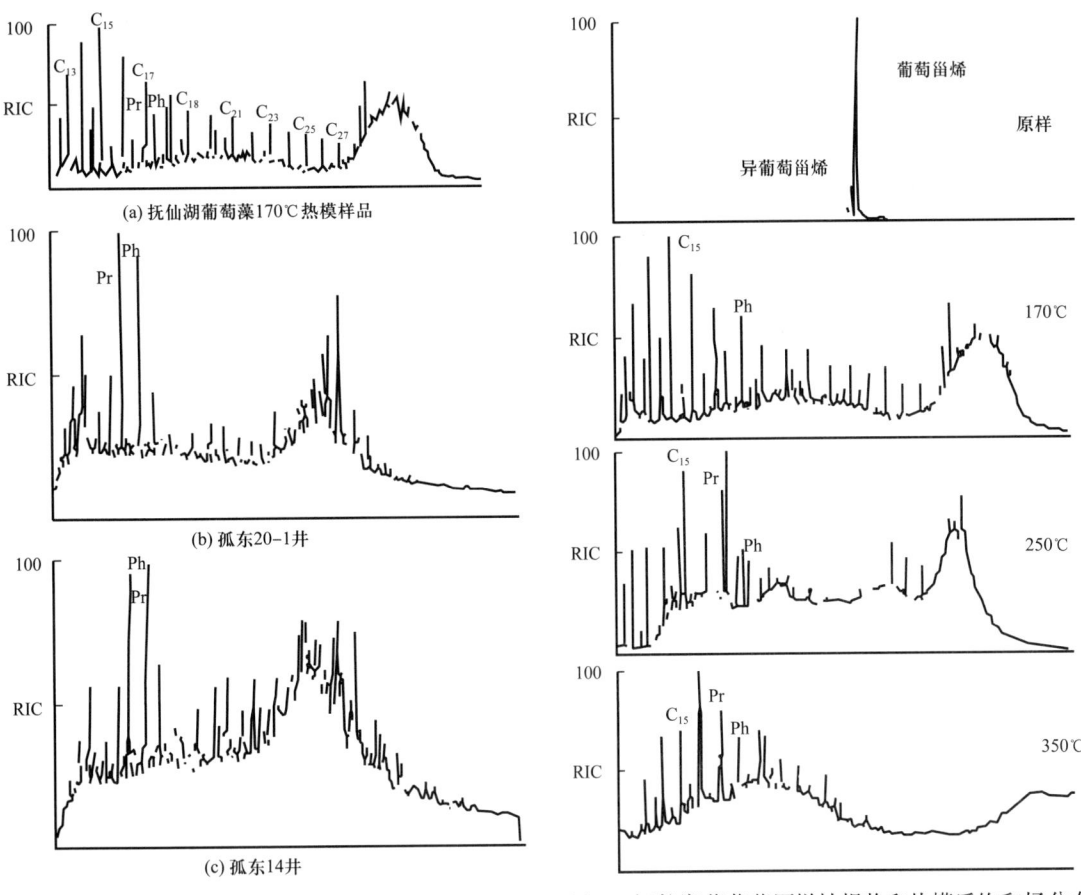

图 1　抚仙湖葡萄藻 170℃ 热模样品和孤东 20-1 井、孤东 14 井分析对比

图 2　抚仙湖葡萄藻原样抽提物和热模后饱和烃分布

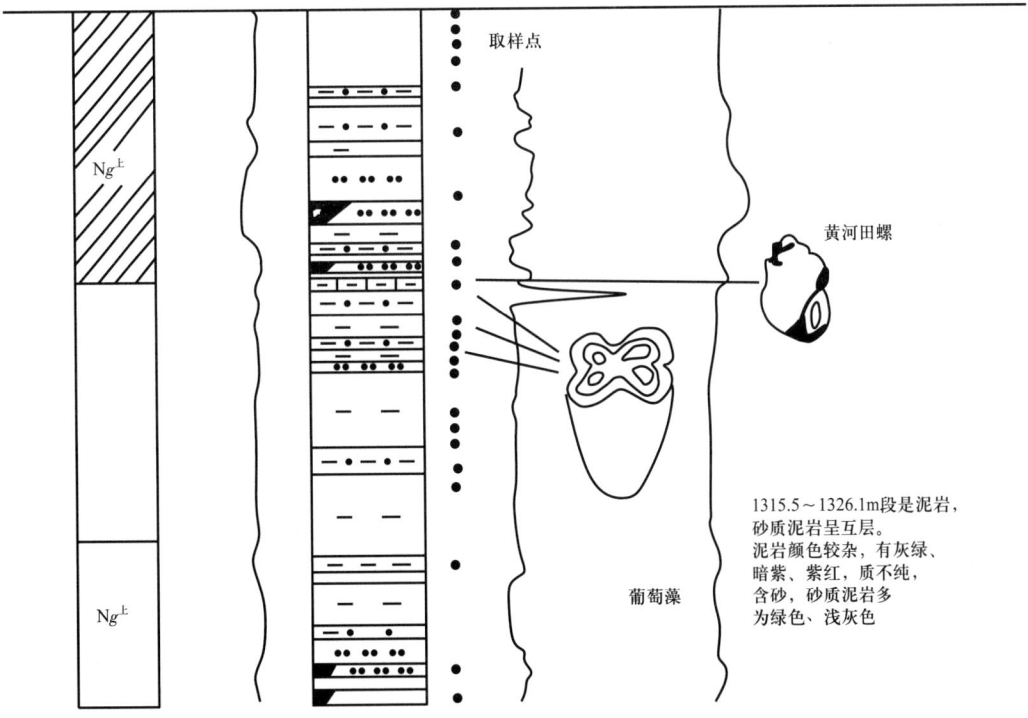

图 3　孤东 14 井的葡萄藻化石富集层

在湖盆的生油史中，由于早期生成的油已较为彻底地进行了排驱，目前残余烃产率曲线上无法显示其丰度，因此，虽然在认识上可以恢复其生成模式，但实际上定量评价却是个难题。在孤东油田解剖了 1m 厚的葡萄藻富集层，如果按现代葡萄藻的产率和模拟实验估算，1m 富集层可以生油 $2×10^8$t。这是个惊人而不准确的数字，但可以形象地告诉人们，生物体内含烃对油气生成的贡献是不能被忽视的。在新的资源评价方法中，要注意浅埋藏的地层有油气生成、排驱、聚集的可能性（表2和图4）。

表2　山东北部地区古近—新近系主要岩心剖面葡萄藻统计表

地层			地区	剖面	岩性	含量（粒/片）	特征描述		
统	组	段					颜色	群体大小（μm）	其他
中新统	馆陶组	上段	孤东	孤东34井	绿灰色砂质泥岩	20	浅黄—黄色	30~50	单个细胞2~3.5μm，放射状清晰，边缘波浪状
渐新统	东营组	三段	东营	观18井	紫红色泥岩	10	浅黄—黄色	25~60	单个细胞2~3.5μm，放射状清晰，边缘波浪状
		一段		孤东34井	灰绿色砂质泥岩及灰色、深灰色、灰褐色泥岩、油页岩	56	浅黄—褐黄色	30~70	单个细胞2.5~5μm，放射状不太清晰，边缘较平
始新统	沙河街组	二段	孤东	孤东34井	紫红色泥岩	0.5	褐黄	20~35	保存较差
		三段	东营	面5井	灰色泥岩	6	黄褐色	20~50	单个细胞3~6μm，放射状不明显，边缘平滑
		四段			灰色泥岩	19	黄褐色	30~60	单个细胞3~6μm，放射状不明显，边缘平滑
古新统	龙口组		黄县	主检查孔	灰色泥岩	15	黄褐—红褐	30~75	单个细胞3~5μm，放射状明显，边缘呈波浪状

2　未成熟生油岩中低熟原油的生成

干酪根热降解学说所积极倡导的"石油窗"和大量烃类的生成门限，在我国油气勘探实践中，对其提出的疑义越来越多。石油地质家和地球化学家无论如何也不能确信，地下油气生成存在一个截然的界线。正如傅家谟同志指出的"生油门限仅代表了有机质开始大量转化成烃的拐点，拐点上下变化是逐渐的，而非截然地变化，有时门限以上层位的沥青和烃类含量也并不低"[4]。20世纪80年代以来色质联机等现代化手段引入油气勘探，进行了大量的油源对比工作。各油田已见到不少原油的生物标志物特征与未成熟生油岩相似，于是低熟油的报道和研究也日益增多，人们正在突破"门限值"概念，使干酪根热降解成油理论有了新进展。

低熟原油应泛指那些浅于成熟门限的沉积有机质（干酪根）所生成的石油，目前可以认为是未成熟生油岩中所生成的烃类。众所周知，生油岩的成熟度是以镜煤反射率 R_o 值并参照其他地化指标而划分的。原油中不可能测定 R_o，但原油和生油岩中均有反映成熟度的生物标志化合物。笔者曾用广义对应分析方法讨论生物标志物指标，发现原油中甾烷 $5α、C_{27}ββ/(αα+ββ)$（或 C_{29}）和 $5α、C_{29}20S+20R$ 两个异构化指标有区分不同成熟度的较强能力，且能和其他成熟度指标相对应[5]。因此，以其为桥，搭接原油和生油岩，确定原油的成熟度。用济阳坳陷170个原油样品作两个指标的相关图，其回归方程为直线方程，$Y=1.0221X-0.0462$，相关系数0.86，直线反映了原油从低熟至高熟的成熟序列。对生油岩样品也作出两个指标的，相关直线，回归方程为 $Y=0.9147X-0.0620$，相关系数0.93。这样二者叠

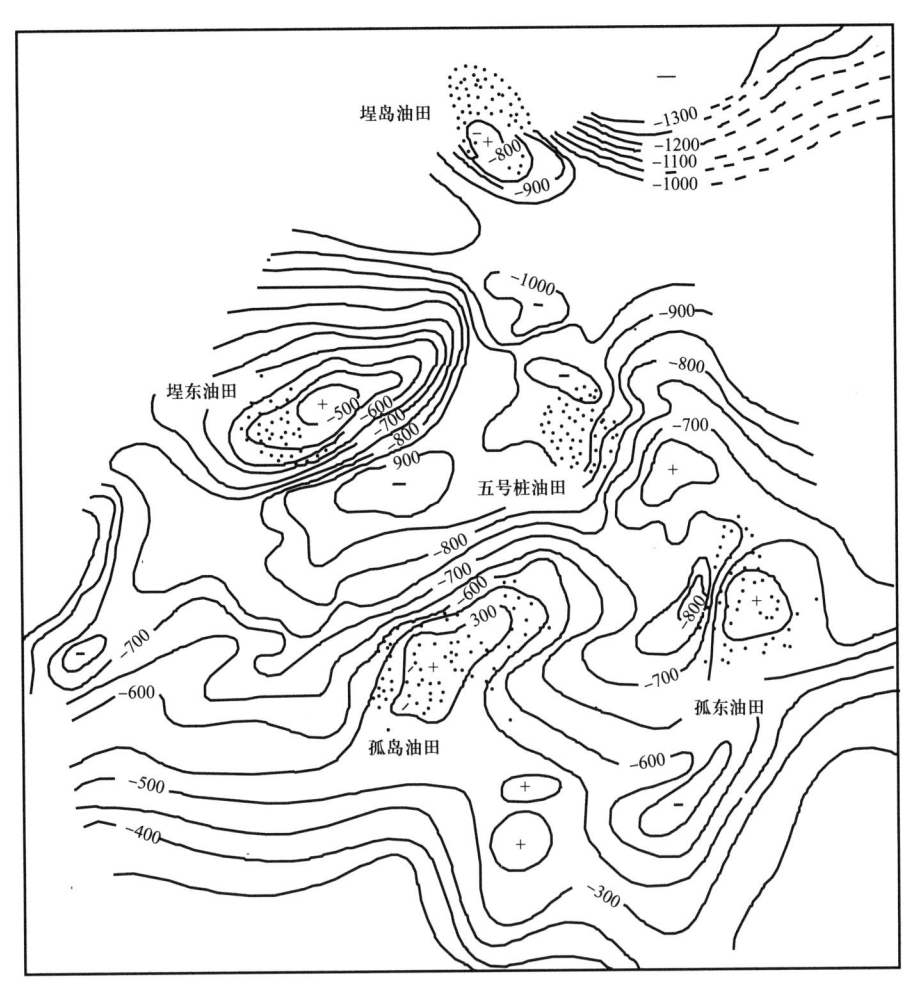

图 4 馆陶组沉积等厚图和馆陶组油藏分布图

合,按 $R_o<0.44\%$ 为界线,就可以确定低熟油和未成熟生油岩的关系。低熟原油相应的低异构化程度指标为:5α、$C_{27}\beta\beta/(\alpha\alpha+\beta\beta)<0.25$,$5\alpha$、$C_{29}20S/(20S+20R)<0.35$。在两个指标的相关图上可以划分出低熟油区(图5和图6)。

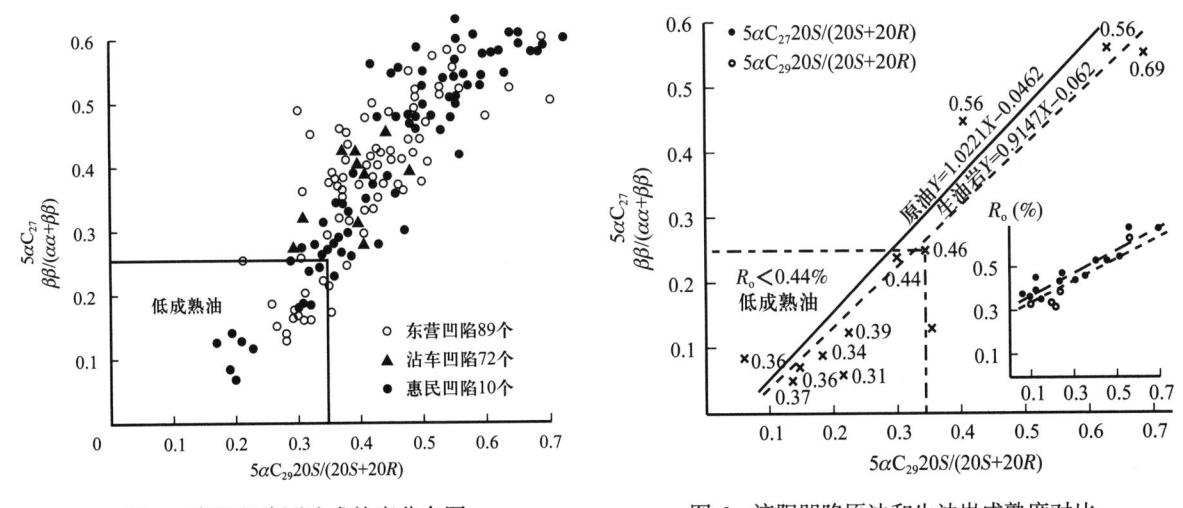

图 5 济阳凹陷原油成熟度分布图 　　图 6 济阳凹陷原油和生油岩成熟度对比

低熟原油不仅有生物标记物的低异构化特征,而且有自己的化学特征。除去一些受生物降解的低熟油样,一般表现为:

（1）烃类组成表现为饱和烃低、芳香烃高、饱和烃/芳香烃比值低，平均为3.2（17个样品）。

（2）饱和烃一般为C_9—C_{35}，但OEP变化范围大，为1.05～1.30。主峰碳多在C_{23}—C_{25}，少数还出现偶奇优势。

（3）芳香烃多为含6环以上的重芳香烃，轻芳香烃含较多的3甲基菲和2甲基菲。芳香烃红外光谱说明芳环上的长侧链（—CH_2）$_n$（$n \leq 4$）结构的720cm^{-1}处有较多吸收。芳香烃组分中的H原子，主要分布于高碳数芳香烃结构的长侧链上，组成了非特征性芳香烃。

（4）低异构化的甾烷是主要特征。低熟油的甾烷指纹简单：壬烷、重排甾烷、4甲基甾烷均不发育，主要是规则甾烷系列。低熟油的5α、$C_{27}\beta\beta/(\alpha\alpha+\beta\beta)$变化为0.05～0.25；$5\alpha$、$C_{29}20S/(20S+20R)$为0.15～0.35。低限约相当生油岩$R_o=0.30\%$。藿烷不发育，大部分低熟油只含少量的三环二萜烷，但伽马蜡烷都比较发育。

胜利油区自1986年提出浅层可能有低熟油藏富集[5]以来，在勘探中不断发现低熟原油。现在油源对比研究已经确定，济阳块断湖盆主要生油层沙一段、沙三段、沙四段，都有低熟原油生成，各具生物标志物特征。渤南油田沙一段自生自储的白云岩中的低熟原油（埋深2800m），以含5α甾烷C_{26}—C_{29}系列、5β甾烷C_{27}—C_{29}较高的伽马蜡烷为特征，生油岩干酪根为Ⅰ型。东营凹陷南坡的低熟油以八面河油田为代表，油源岩为牛庄洼陷中的沙四段，干酪根为Ⅰ型和Ⅲ型。原油（埋深1300～1700m，沙四段、沙三段）中含高丰度植烷、β-胡萝卜烷和类胡萝卜烷系列（$C_{14}H_{28}$—$C_{31}H_{62}$）是重要标志。此外，二环倍半萜发育，主要构型是8β（H）的C_{15}锥满烷和高锥满烷，C_{14}二烷烃含量高。伽马蜡烷，升藿烷C_{35}、C_{34}含量大于C_{33}。生物标志物某些特点反映了油源岩的强还原环境和较高盐度的生态环境，与沙四段生油岩特征是一致的。最近在临清坳陷北部的德一井发现低熟原油（埋深2400m），确定油源岩为沙三段，干酪根为混合型。该原油含蜡高（37%），有宽范围（C_{11}—C_{33}）的正烷烃分布，主峰碳在C_{28}，甾烷低异构特点。这些情况说明不同类型干酪根的沉积有机质都有低熟成油阶段，而不同类型的低熟原油，又都带有母源岩有机质的生物标志物特征。

济阳坳陷的低熟原油分布在中生界、古近系的沙四段、沙三段、沙一段、东营各组段及新近系馆陶组储层，仅沙二段三角洲相砂体储层未见到。低熟油埋深为1000～3000m，以1000～2000m居多。但是从各组段油气生成古湖盆演化来看，低熟原油大部分分布在湖盆边缘上倾超覆的地层中。东营凹陷的沉降中心和沉积中心在古近系全部沉积中继承性好，南部斜坡的羊角沟、八面河、草桥一带，在沙三段、沙四段、馆陶组的上倾地层中形成了低熟油藏的聚集。沾化凹陷渤南油田沙一段低熟油藏今埋深2800m，但原处于沙一段古湖盆的边部，在白云岩透镜体储层中储集了低熟原油。

依据低成熟原油成熟度低于生油门限和在湖盆边缘浅处储集的地质特点，推测低成熟原油形成在干酪根热降解大量成烃作用之前，秦匡宗教授称之为"热解聚阶段"。未熟干酪根具有大分子多聚物性质，在热解聚阶段中其活化能比热降解生油要低得多，因此可形成解聚烃类。随着压实作用，早期解聚的烃更具有排驱通畅的条件，因此常在湖盆边部储层中聚集。低熟油藏聚集量的定量估算也是个难题，还需对不同类型的未熟生油岩做大量热模实验以求得定量参数。不过，从目前东营凹陷已找到的探明+控制储量中，约有1/6是低熟油，占整个地质预测储量（聚集量）的1/10。折算低熟油生油量为$40 \times 10^8 t$。

3 干酪根热降解学说应用的进展

从20世纪70年代开始，陆相生油学说已经完全接受了干酪根是生油母质的概念。20世纪80年代初，各油田都陆续发表了不同干酪根类型的烃类生成演化曲线，并将有机质丰度（有机碳和氯仿抽提物）、类型（干酪根分为三类或四类）、成熟度（成油门限，上限和下限）这三个基本要素，作为定性和定量评价盆地油气生成潜力的主要地球化学指标。1984年由北京勘探开发科学研究院地质所汇总了各油田生油岩评价成果，统一划分了有机质丰度、类型和成熟门限的数值界限。以氯仿"A"法，对陆上具有生油评价条件的 25 个盆地（80 个生油凹陷），计算了生油量和预测了油气资源量。与此同时，胜利石油管理局地质科学研究院、北京勘探开发科学研究院、海洋局研究中心等引进和发展了盆地数值模拟评价油气资源量的方法，干酪根热降解生烃的地球化学模式更加得到充分的应用。

笔者有下列几点新的认识：

（1）主力生油层段控制了大部分生油量，要选取主力生油层段的样品，表征生油组段的丰度、有机质类型和烃产率曲线。

过去评价一个生油组段，不注意选择代表性样品或是采取平均方法计算参数，故不能正确地反映丰度、类型和成熟度，给资源评价带来误差。近年笔者解剖分析了东营凹陷牛庄洼陷牛 38 井 606m 沙三段中—下部暗色生油岩岩心，共取样 96 个，发现有机质不是均匀的，有机碳含量 0.46%～3.4%，最下段 90m 明显是富集层，藻类化石极其丰富，氯仿"A"最高可达 0.48%。其生油量占 333m 生油层段的 50% 左右。济阳坳陷古近—新近系大段暗色泥岩中有很多生物富集层，如沙四段枝管藻灰岩，沙三段的介形虫层（称芝麻饼），沙一段颗石藻层、生物灰岩层，馆陶组葡萄藻层、螺灰岩层等，都可能成为主力生油层。通过钻井、测井和地震地层学资料，确定一个组段内有几个主力生油层段，再测定地化参数，这样比采取大平均值评价要准确、合理。

（2）采取有机岩石学方法，对干酪根组分深入研究，提高确定生油组段有机质类型的准确度。

在显微镜下观察生油岩干酪根组分，据其组分比例计算类型指数，以划分干酪根类型，这是常用的方法。类型的优劣，固然受控于湖盆沉积物中输入生物体的性质，但类型准确与否，直接影响着烃产率曲线及门限值的选择。

目前，国内观察、鉴定干酪根有两种分类基础，即孢粉学和煤岩学的分类体系；但两种方法都割裂了有机物和岩石无机物的联系。笔者提倡采用有机岩石学的全岩分析，以透射光、反射光、荧光综合观察，确定生油岩有机质类型。已有的两种分类都把 I 型干酪根中富集的无定形体视为对生油最有利的组分，但无定形体有富氢和贫氢两种，以透射光和荧光观察，能区分出来源于水生藻类和高等植物两种无定形体，从而修正了原来鉴定的类型。早期生油如葡萄藻类残余和提供低熟烃类的有机残体，也需要在干酪根的镜下观察中仔细确认，以确定最有利于生油的有机质类型。

（3）块断湖盆地温场的差异性大，凹陷中不可能有统一的成熟门限，以小洼陷为评价单元，才能提高评价精度。

1980 年笔者确定东营凹陷沙三段生油岩成熟门限为 2200m，相应地温 93℃、R_o=0.44%。尔后在济阳坳陷作数值模拟评价时，已感到四个凹陷不能用统一的门限深度。近几年研究更加证实，在一个凹陷内没有统一的门限深度（温度）。东营凹陷的滨南油田北部洼陷，以叶绿素和卟啉确定的生油门限深度为 1500m 左右；临南洼陷用芳香甾烷等新指标确定的门限值为 2800m；沾化凹陷中的孤南洼陷沙一段门限深度为 2000m。总之，块断湖盆由于既分割又统一的基底状况，其地温场是复杂的，以坳陷或凹陷作为数值模拟评价单元，势必掩盖了差异，不能提高定量评价的精度。

研究结果说明，应用干酪根热降解研究成烃模式是可以发展的。对于济阳坳陷这种陆相块断湖盆，进行油气资源数值模拟评价，应以小洼陷为计算和评价单元，首先确定各生油组段的主力生油层，准确地取得丰度、类型、成熟度等参数，才能提高定量评价的精度。最近笔者团队与南京大学合作，建立以单井数值模拟评价为基础的定量评价方法，将有利于发展干酪根热降解成烃地球化学模式的应用。

4 陆相块断湖盆成烃的地球化学模式

济阳坳陷是渤海湾盆地中有代表性的古近—新近系陆相块断湖盆。中生代以后，它以持续沉降、快速堆积、有机质大量富集为特色，在四千多万年内演绎出一部绚丽的油气生成、运移、聚集史。其油气生成的地球化学模式归纳为早、晚两期成烃史（图 7）。

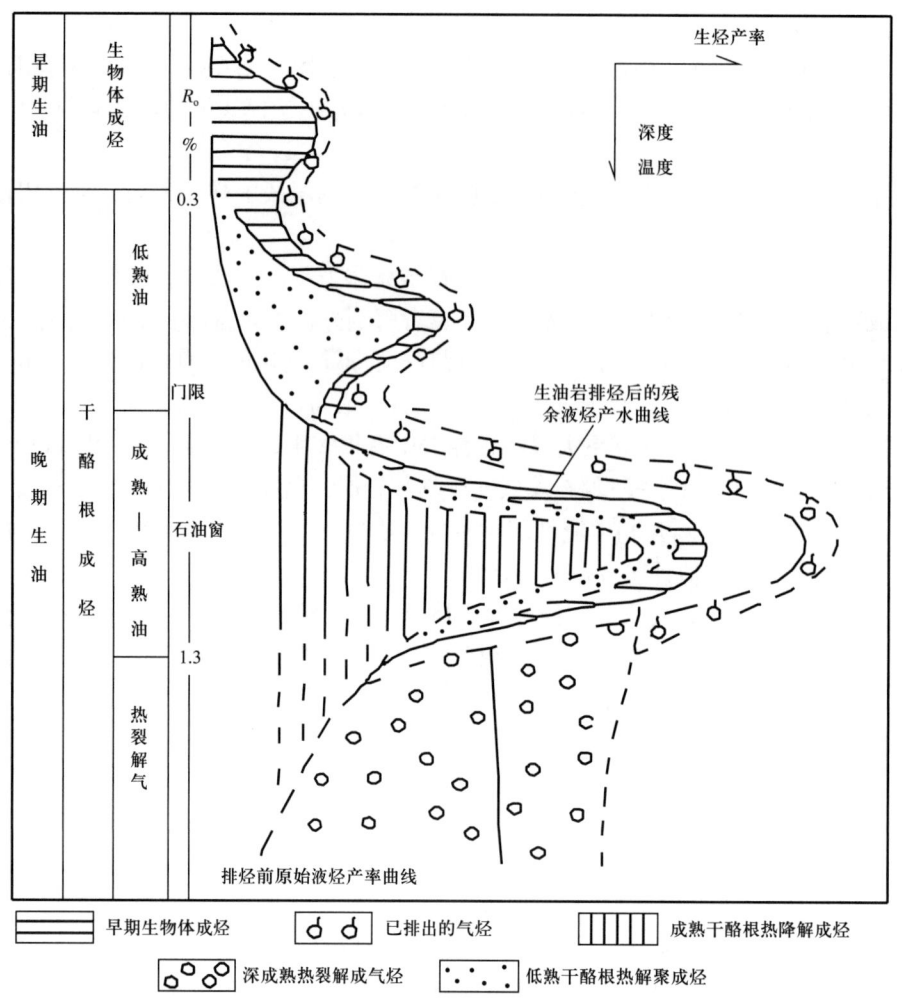

图 7　油气生烃史

湖盆形成早期，局部地区汇水，淡水或盐度不高的水体适于富烃藻类或植物的发育，形成了早期生油的基础。富烃的有机体，在快速沉降和堆积的地质条件下，没有遭受微生物或其他物理、化学营力的完全破坏，于成岩作用早期，即受地温影响而转化为烃类。通畅的水动力条件非常有利于压实排驱，在疏松的储层中形成早期油气藏的聚集。济阳坳陷的油气聚集有 1/3 储量在浅于 1500m 的地层中，在没有充足的从深部大规模油气运移证据的前提下，早期成烃可能是一种符合实际的认识。

成岩过程中，有机质经一系列的物理、化学变化形成了干酪根。在未达到大量降解生烃的埋藏深度（温度）之前，低活化能的大分子聚合物由于热解聚作用，也可生成一定数量的低熟烃类。这部分烃类在合适的湖盆地质条件下，压实排驱至上倾超覆的浅部储层中，也可形成相当规模的油气藏。

当不同类型的有机质富集层，分别埋藏达到一定的深度时，即依据各自所需的活化能及反应的频率因子条件而产生大量烃类。由于地史时期所处的压力场和应力场的空间位置不同，产生了不同类型的油气运移和聚集。块断湖盆油气生成、运移、聚集的全部历史，实际上是沉积有机质在不同时空条件下，与湖盆沉积物的温度场、压力场和应力场相互作用和制约的复杂过程，也是形成复式油气田的内涵所在。

陆相块断湖盆的油气生成地球化学模式应是早期生油和晚期生油的二元论，它为油气勘探工作展示了广阔的前景；但是如模式图所示，当前地层中的残余烃产率曲线已是油气生成地史作用的结果，早期的和低熟的烃类已经发生了运移、聚集，这就造成了在定量评价上的困难，需要进一步研究，为数值模拟定量评价求取一些古参数。

参 考 文 献

[1] HILLEN L W, WAKE L V. Soiar-oil-liquid hydrocarbon fuels from soiar energy via algae, air national conference [J]. Newcastle, 1979, 5（8）: 5-9.

[2] 许常虹, 俞敏娟. 成油藻——布朗葡萄藻的研究 [J]. 水生生物学报, 1988, 12（1）: 90-93.

[3] 王新州. 烃类类型及其生物成因探讨——生物相模拟热解试验 [J]. 石油实验地质, 1982, 4（3）: 200-205.

[4] 傅家谟, 汪本善, 史继扬, 等. 有机质演化与沉积矿床成因（Ⅰ）——油气成因与评价 [J]. 沉积学报, 1983, 1（3）: 40-58.

[5] 周光甲. 常用的甾烷、萜烷类生物标志物指标应用有效性探讨 // 有机地球化学和陆相生油 [M]. 北京: 石油工业出版社, 1986.

原文章发表于《石油与天然气地质》1992年第4期

东营凹陷油气场环对应分布论

刘兴材[1]　钱　凯[2]　吴世祥[2]

(1.胜利石油管理局；2.石油勘探开发科学研究院廊坊分院)

摘　要：东营凹陷油气环带状分布与古生物场、古地温场、古应力场及古水势场的性质、强度存在明显的内在联系，"场环对应理论"可很好地解释并进一步深入认识其内在规律。古生物场决定沉积有机质的性质与丰度；古地温场提供有机质烃类转化的能量；古水势场及古应力场为烃类运移提供动力和储集空间。因此，"四场"的环状分布控制着油气的环状分布，围绕"四场高势区"的圈闭带寻找油气富集区可作为油气勘探的一条指导原则。

1　区域地质背景

东营凹陷是渤海湾盆地济阳坳陷内的次一级构造单元。凹陷长90km，宽65km，面积5700km²，古近—新近系沉积厚度达万米。目前已发现油气田30多个，并且天然气资源有很大的潜力。

该凹陷是在太古宇泰山群结晶变质岩基底之上发展起来的，经地台盖层发育阶段（ϵ~J_{1+2}）、中生代地堑式的断陷发育阶段J_3~K）、古近纪箕状断坳发育阶段（E）、新近纪断裂较弱的坳陷发育阶段（N），最终形成现今的构造格局。

在凹陷内又可划分为古近—新近系构造带、潜山披覆构造带、洼陷，以及斜坡等次一级单元。其中古近—新近系构造带是形成复式油气聚集带的基本单元，包括断裂伴生构造带、塑性拱张背斜带、断裂构造带、断阶带、断鼻带等类型。

凹陷内油源丰富，孔店组二段，沙河街组四段、三段、一段及东营组均有生油能力，其中以沙河街组三段为主，以Ⅰ—Ⅱ$_1$型混合干酪根为主，生油中心为利津洼陷、牛庄—六户洼陷大部及博兴洼陷的一部分。

凹陷内储集层系多，自下而上有14套含油岩系，但以沙河街组四段、二段为主要储集层段，其储集岩类型及储集空间多种多样，并且多层、多类储层平面上连片分布，纵向上下叠置，从而形成自生自储、下生上储、新生古储等多种成油组合[1]。

2　油气分布聚集规律

平面上，油气藏围绕主要油源区呈环带状分布，其中以利津洼陷生油量最大，围绕洼陷有胜坨、宁海、东辛、现河、利津等16个油田组成完整的环状分布。同时，各层系油气的分布也具有环状、半环状的特点。例如，沙河街组四段（Es$_4$）油气分布于单家寺、滨南、尚店、平方王、小营、纯化、乐安、八面河、广利、永安等油田，整体上组成一个较完整的环带，围绕凹陷中心分布。

总之，东营凹陷平面油气分布可分为四个带，由内向外有内环带、中内环带、中外环带和外环带（图1）。

东营凹陷油气主要富集于4种复式油气聚集带内，它们是古近—新近系构造带为主体的复式油气聚集带、潜山披覆构造带为主体的复式油气聚集带、斜坡为主体的复式油气聚集带（还可进一步细分为陡坡带与缓坡带）和以洼陷（向斜）为主体的复式油气聚集带，其中以第一类油气聚集带占绝对优势。

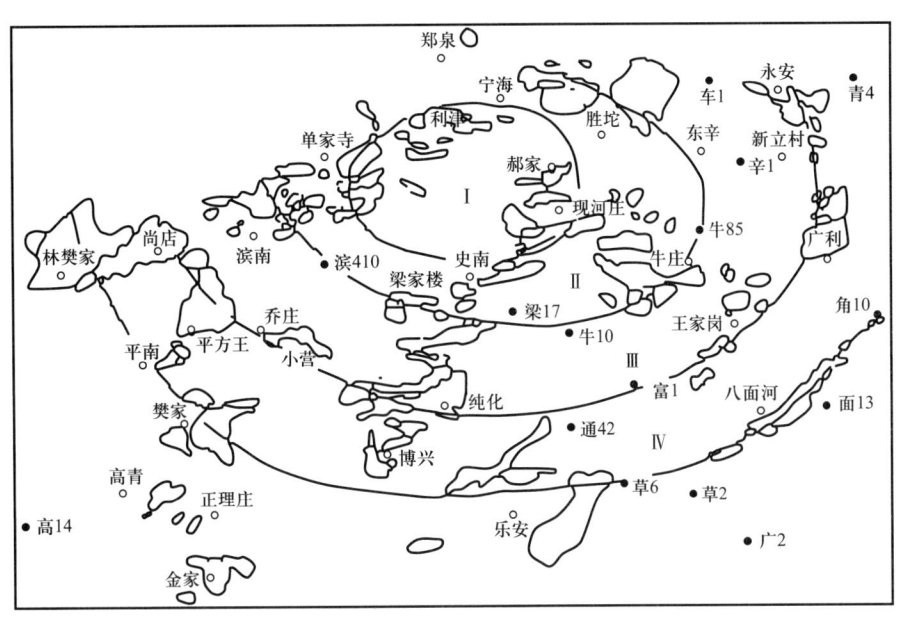

图 1　东营凹陷含油面积及环带分布略图
Ⅰ—内环带；Ⅱ—中内环带；Ⅲ—中外环带；Ⅳ—外环带

凹陷内潜山披覆构造油气聚集带在凹陷边缘分布零星，如平方王、尚店、广利地区；洼陷油气聚集带主要分布于牛庄洼陷及梁家楼—乔庄地区；斜坡油气聚集带主要分布于凹陷东南部斜坡带上，如金家、草桥、王家岗、八面河和羊角沟等油田；古近—新近系构造油气聚集带全区均有分布，并以胜坨—永安、滨南—利津、临邑等断裂伴生构造带和中央隆起带为代表（图 2）[1-2]。

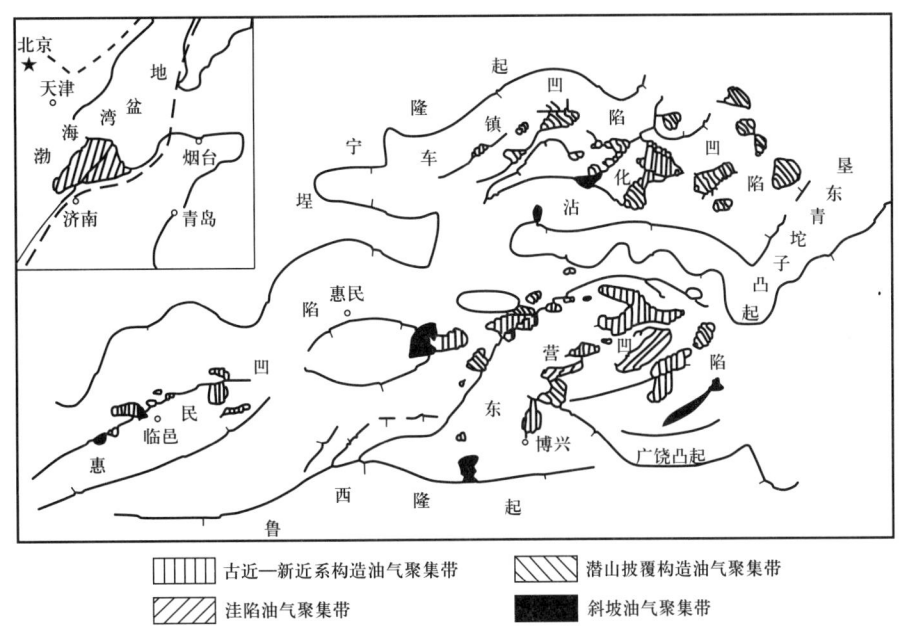

图 2　济阳坳陷复式含油气区略图

3　油气场环对应分布论

东营凹陷油气的环带状分布究竟受哪些因素的影响呢？带着这个问题，胜利油田研究院、中国地质大学能源系和水文系、中国科学院地质研究所及中国石油天然气总公司勘探开发科学研究院廊坊分院从古生物场、古地温场、古应力场及古流压场（古流体势）等方面出发进行了联合研究，事实进一步证明"场环对应论"是有其深层次依据的。

3.1 古生物场与油气富集

济阳坳陷新生代陆相湖盆沉积环境及古生物发育特征说明该坳陷古生物场有三大系统，即气圈陆地生物场系统、水圈湖泊生物场系统、沉积圈细菌生物场系统（图3）。

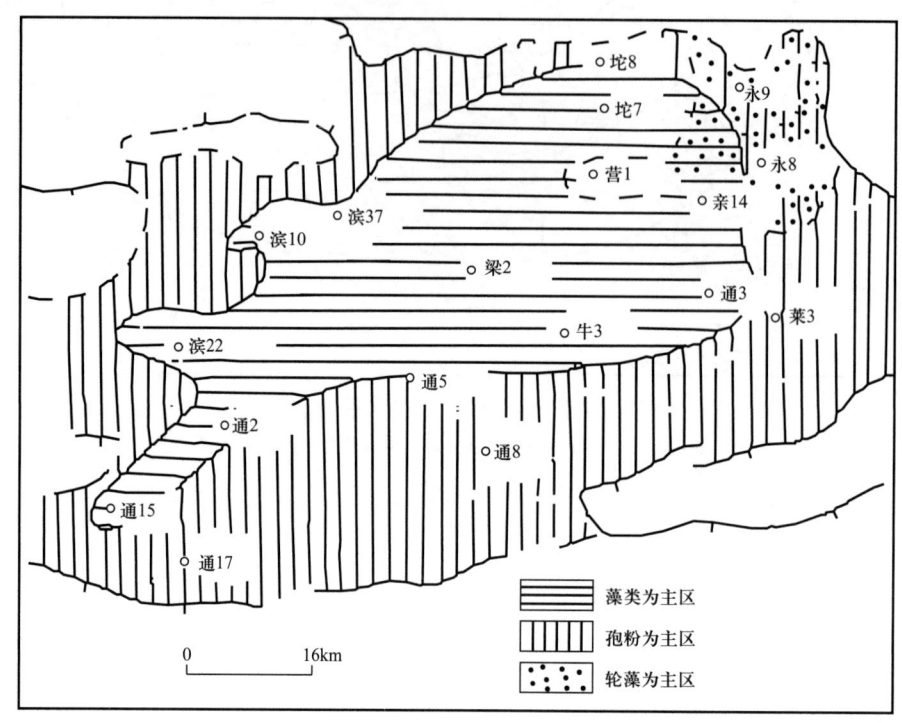

图3 东营凹陷沙河街组三段藻类和孢粉化石分布图

湖盆的内环带主要为无定形藻类生物组合，构成向烃类转化率最高的原始有机物富集区，所以油气最丰富，东营凹陷的中央隆起带的油气都属该范畴；湖盆的中环带，生物组合属藻类与腹足类、孢粉类的角质体、木栓体及树脂体等共存区，沉积后也能形成较丰富的有机质，所以油气较丰富，如东营凹陷的王家岗—广利—永安—滨南—平方王—博兴油气富集带；湖盆的外环带，生物组合以孢粉类、介形类的镜质组和惰质体生物组合为特征，油气分布较少，并主要以长距离运移的油气为主，如东营凹陷的草桥—八面河—盐家—郑家—单家寺—林樊家—高青花沟—金家油气聚集区带。

东营凹陷烃源层的母质类型，明显由中心部位的腐泥及偏腐泥型过渡到四周的混合型，这主要是古生物场的环带分布所造成的。油气分布呈现出内环几乎都是油藏，中环油气藏都有，而外环（包括凸起上的古近—新近系层系）以气藏为主也与之有一定关系。

3.2 古地温场与油气富集

济阳坳陷的地温场，在平面上有自东向西地温梯度及热流值均由高变低的趋势，变化原因主要是由于岩石圈断裂作用及相应的热效应东强西弱所造成。此外与基底埋深和岩石圈厚度变化也有一定关系（图4）。

济阳坳陷中—新生代火山活动较为频繁，其南部的东营及惠民凹陷古近—新近纪火山岩分布主要有5个地区，即临盘—玉皇庙、阳信、林樊家—平方王、高青—正理庄及草桥—八面河地区，而该5个地区正是天然气分布最为丰富的地区。

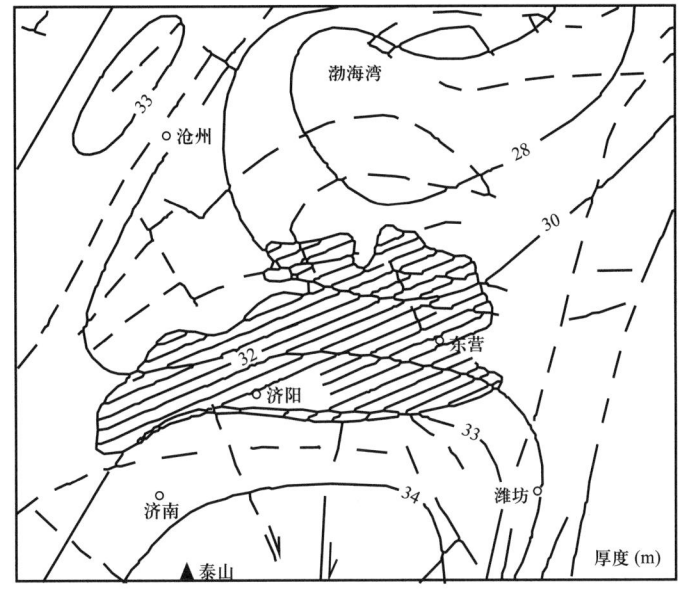

图 4　山东地区岩石圈厚度图

3.3　古应力场与油气富集

油气一般分布在古应力场相对稳定的低值区，古应力集中区出现的油气藏，其比例远远小于稳定低值区。稳定低应力区与油气分布区具有较好的对应关系，说明油气在古应力场作用下，由高应力区（1级区）向低应力区（2～3级区）运移。总体上以利津、牛庄、博兴等应力高值的洼陷为中心，油气向凹陷周边应力低值区运移，呈发散状（图5）。

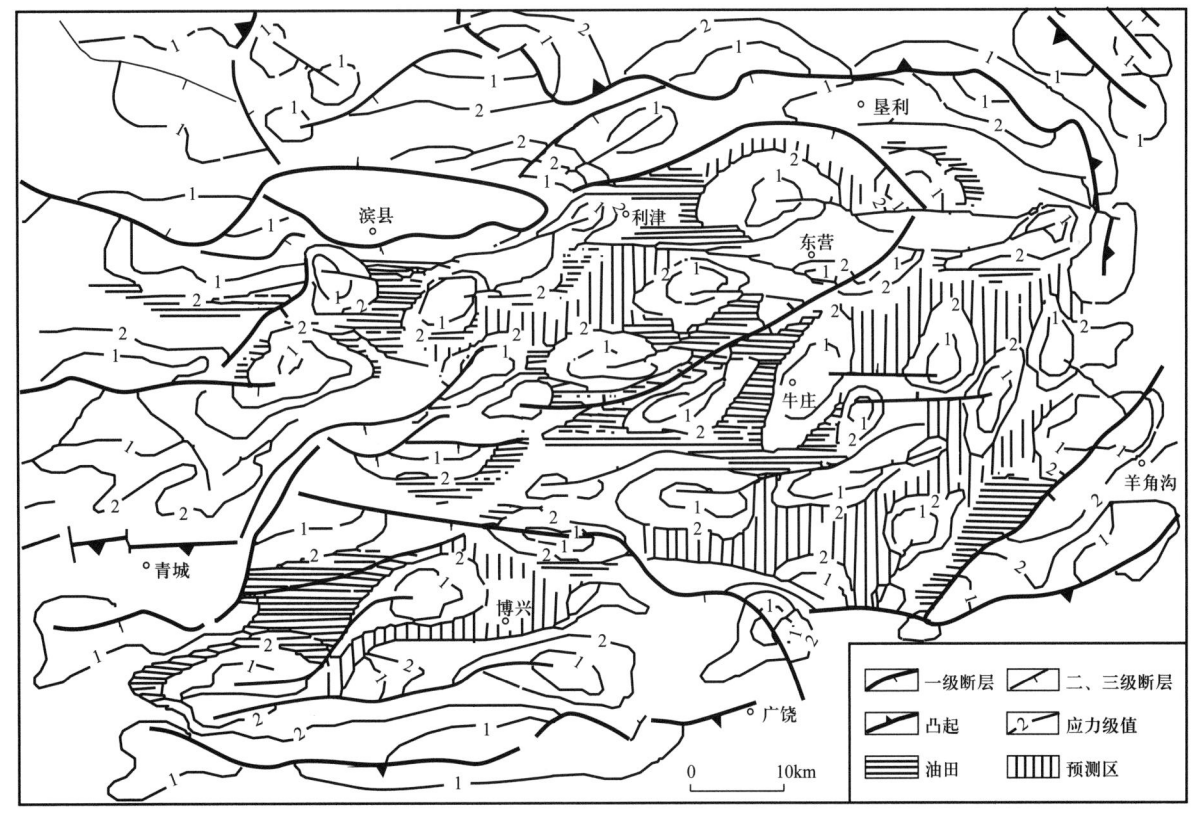

图 5　东营凹陷沙河街组三段底面古应力场应力级值与油气关系图

3.4 古水势场与油气富集

整体上可将东营凹陷看作一个含水系统，地下水由凹陷中心向边缘流动，具有离心状流动特征。以利津和牛庄—六户洼陷为中心，向凹陷周边水位降低，水势下降，形态上呈不对称的环状（图6），其油气运移也必将由洼陷的高势区指向周缘的低势区。

3.5 油气富集的场环对应理论

3.5.1 "四场"是油气形成的内在动力机制

古生物场提供了沉积有机质，古地温场提供了有机质向烃类转化的主要能量，是烃类生成的决定性因素。古水势提供了烃类初次运移及二次运移的外营力。古应力场所制约地质因素更多，大的方面控制区域构造特征及沉积环境，即决定储层、盖层的发育；小的方面，控制着圈闭的形成，并是油气的初次、二次运移外营力及运移通道形成的主要制约因素。同时，古应力场的时效还影响所形成圈闭在成藏上的有效性。

总之，"四场"构成了油气藏形成的内在动力机制，其良好的发育及有效系统组合是油气富集的本质原因。

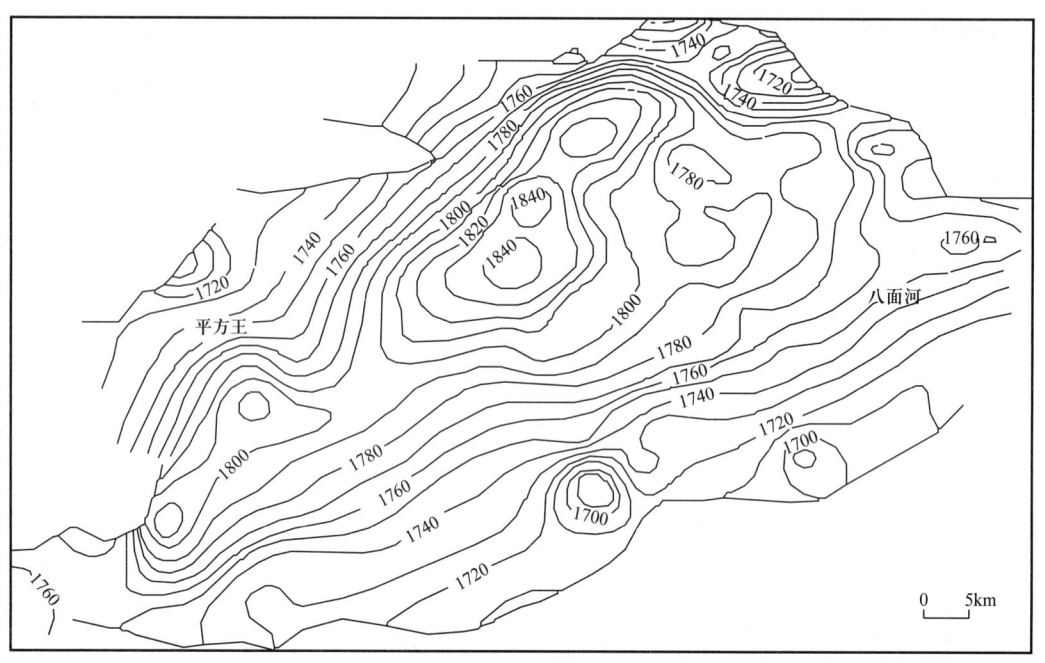

图6 东营凹陷沙河街组三段模拟水位等值线图

3.5.2 围绕"四高"寻找油气富集带

古生物场及古地温场的高势区有利于大量油气的形成，古水势场及古应力场的高势区向低势区过渡地带到稳定低势区有利于圈闭形成及油气聚集，而烃源岩生成的大量油气要有油气运移、聚集的过程才能大量富集，所以邻近高势区油气源丰富，而过渡带聚集条件最佳，这就是"围绕四高定带"理论的基础。

4 结论

前述"四场"的由高势区向低势区过渡的区带最有利于油气富集，"四场"以凹陷为中心常呈环带分布，这就是形成油气的环带状分布的本质。而凹陷中的复式构造带，如东营凹陷古近—新近系构造带，往往刚好处于该过渡带内，是油气运移的指向，从而形成复式油气聚集带。

中国东部中—新生代陆相湖盆沉积体系，多数是开阔型的古湖盆地貌，其古生物场、古地温场、古水势场、古应力场的高势区大多以湖盆中心呈环状场或半环状场，因而油气多呈环状或半环状分布，如大民屯凹陷、廊固凹陷、饶阳凹陷、歧口凹陷、齐家古龙凹陷、高邮凹陷等。因此，"场环对应"理论对我国油气勘探具有普遍指导意义。

参 考 文 献

[1] 王秉海，钱凯，周光甲. 胜利油区地质研究与勘探实践 [M]. 东营：石油大学出版社，1992.
[2] 胡见义，黄第藩，徐树宝. 中国陆相石油地质理论基础 [M]. 北京：石油工业出版社，1991.

原文发表于《石油与天然气地质》1996年第3期

陆相断陷盆地石油地质理论

断陷盆地隐蔽油气藏勘探理论

济阳坳陷构造演化及其大地构造意义

宗国洪[1]　肖焕钦[1]　李常宝[1]　施央申[2]　王良书[2]

（1.胜利石油管理局；2.南京大学地球科学系）

摘　要： 济阳坳陷由负反转盆地、右旋扭张盆地及主动裂谷三个原型叠加而成，并在中—新生代经历了四个演化阶段。三叠纪为板内造山作用阶段，济阳坳陷曾为五条NW向的以逆冲断层为主的压性构造带占据，早—中侏罗世造山作用结束；晚侏罗世—早始新世为负反转盆地阶段，三叠纪NW向逆冲断层发生反向伸展；中始新世—渐新世为右旋扭张盆地阶段，NE、ENE向扭张断裂发育，并进而成盆接受沉积，NW向断裂反向伸展活动受到抑制而渐趋消亡；中新世—全新世为主动裂谷阶段，"拗陷运动"取代"断陷运动"。济阳坳陷构造演化的阶段特征表明了郯庐断裂中—新生代的剪切运动史，即三叠纪右旋剪切，晚侏罗世—早始新世左旋剪切，中始新世—渐新世右旋剪切，中新世—全新世作弱右旋压剪。

济阳坳陷位于山东省东北、渤海湾西南部，属渤海湾盆地东南隅，为一典型的"北断南超"箕状断陷盆地[1]，分布面积约29000km²。本文依据济阳坳陷大量的地质、地球物理和地球化学勘探资料，以盆地分析理论为指导，从济阳坳陷41条主断裂（图1）几何学、运动学特征出发，提出一个多期成盆动力学概念模型（表1）。

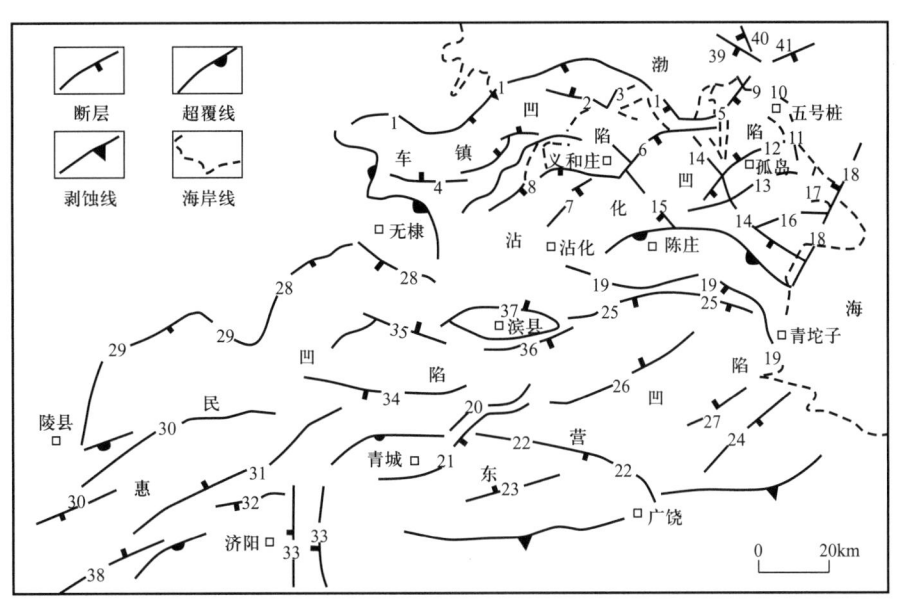

图1　济阳坳陷主断裂分布图

断层代号及名称：车镇凹陷：1—埕南断层；2—大1断层；3—大王东断层；4—曹庄断层；沾化凹陷：5—埕东断层；6—义东断层；7—邵家断层；8—义南断层；9—桩南断层；10—五号桩断层；11—长堤断层；12—孤北断层；13—孤南断层；14—孤西断层；15—罗西断层；16—垦利断层；17—孤东断层；18—垦东断层；东营凹陷：19—陈南断层；20—平南断层；21—高青断层；22—石村断层；23—博兴断层；24—八面河断层；25—胜永断层；26—中央断层；27—陈官庄断层；惠民凹陷：28—阳信断层；29—滋镇断层；30—临商断层；31—夏口断层；32—曲堤断层；33—仁凤断层；34—林北断层；35—林南断层；36—滨南断层；37—滨北断层；38—齐广断层；埕岛地区：39—埕北断层；40—埕北20断层；41—埕北30断层

在郯庐断裂中—新生代活动史研究方面，近十余年来文献报道颇多。其中，万天丰[2-3]及徐嘉炜[4-5]的观点有代表性，但他们在郯庐断裂中—新生代运动学及动力学认识上又存在较大差异。本文根据济阳坳陷实际构造地层资料推断出郯庐断裂中—新生代的剪切运动史，即三叠纪右旋剪切，晚侏罗世—

早始新世左旋剪切，中始新世—渐新世右旋剪切，中新世—全新世弱右旋压剪。该观点与前人有所不同，希望能够对郯庐断裂中—新生代活动史研究有所启示。

表1 济阳坳陷构造层简表

构造层序	地层层序		地震标志层	绝对年龄(Ma)	沉积速率(mm/ka)	火成岩特性(中—新生代)	断层及褶皱几何学
顶层		Qp		20	225	以霞石碱玄岩为主，次为碱性玄武岩，局部安山岩	断层活动弱，披覆背斜发育
		Nm	T_0	5.1	335		
		Ng			45		
		Ed	T_1	24.6			
上层	Kz	$Es_1^{上}$	T_2		129	碱性玄武岩为主，次为霞石碱玄岩，拉斑玄武岩	NE、ENE、NW、WNW、SN和EW向断层及其组合断层带发育，断层带内滚动背斜、同沉积褶皱、调节地垒、走向斜坡及调节背斜发育。早期NE向断裂带伴有SN向逆冲断层
		$Es_2^{下}$					
		Es_2	T_3	37			
		Es_3	T_6	42	237		
		Es_4	T_7	45			
下层		Ek_1	T_8			拉斑玄武岩为主，其次为碱性玄武岩	NW向负反转断层为主，间以SN向左旋扭张断层，局部地区可能存在ENE向压性构造（如逆冲断层）
	Ek	Ek_2		54.9	260		
		Ek_3	T_R	65			
				100	0	钙碱性玄武岩为主，次为拉斑玄武岩及碱性玄武岩等	
	Mz	K_1		135			
		J_3		149	<30		
		J_{1-2}		190			NW向负反转断层为主
基底层		T			0	中、碱性侵入岩	NW向逆冲断层及褶皱
	Pz	C—P	Tg_1	350	<10		一般认为没有大规模断层和褶皱作用
		∈—O	Tg_2	570			
	Ar	$Ar\ t$				基性及中、酸性侵入岩	NW向逆冲断层及褶皱

1 济阳坳陷中—新生代盆地演化及其主断裂特征

1.1 三叠纪逆冲造山运动

济阳坳陷大体上曾存在5条NW向延伸的逆冲断裂带（图2），由东北向西南分别是五号桩—埕北逆冲断裂带、孤西—埕南逆冲断裂带、陈南—罗西—车西逆冲断裂带、石村—阳信逆冲断裂带及仁风—滋镇逆冲断裂带。区内断面倾向均为SW向，延伸长度60~170km不等。五号桩—埕北逆冲断裂带、孤西—埕南逆冲断裂带及陈南—罗西—车西逆冲断裂带已为一批探井揭示。其中：五号桩—埕北逆冲断裂带垂直冲断距可达2000m以上，而且伴随有倒转褶皱（桩西倒转褶皱）；孤西—埕南逆冲断裂带伴生有牵引背斜（埕东背斜）；在陈南—罗西—车西逆冲断裂带，义古14井、义古47井揭示的逆冲断距为300~500m。自东北向西南，它们的逆冲幅度有减缓之势。石村—阳信逆冲断裂带及仁风—滋镇逆冲断裂带由于埋深较大，直接证据相对较少。

本区同期伴生中、酸性岩浆活动，发育有闪长玢岩、石英闪长玢岩、花岗闪长玢岩、闪长岩、石英闪长岩、花岗闪长岩、石英斑岩、花岗斑岩等岩脉，其总体走向也是NW向，并且主要分布在逆冲构造带附近古生界中。

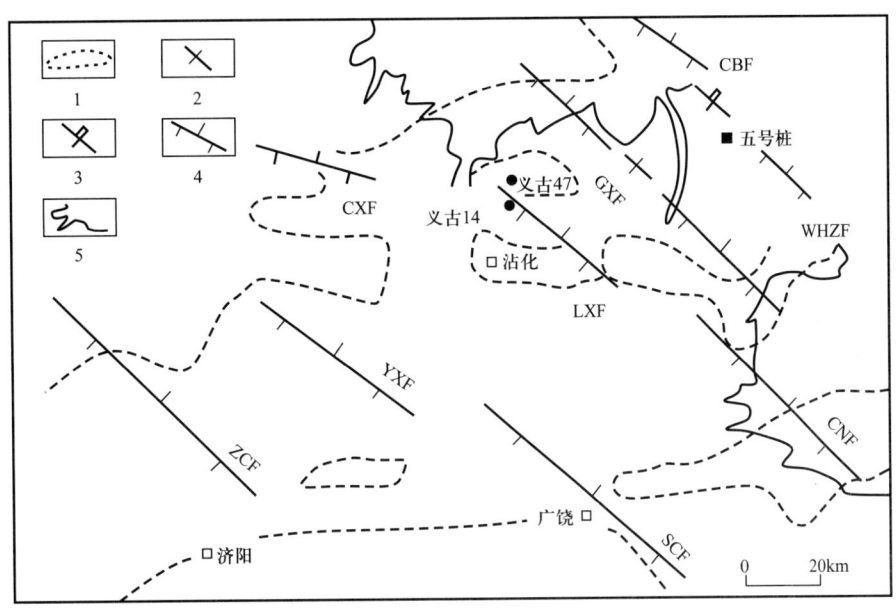

图 2 济阳坳陷三叠纪压性构造模式图

1—中始新世盆地边界；2—埕东背斜；3—桩西背斜；4—逆冲断层；5—海岸线；CBF—埕北断层；WHZF—五号桩断层；GXF—孤西断层；CXF—车西断层；LXF—罗西断层；CNF—陈南断层；SCF—石村断层；YXF—阳信断层；ZCF—滋镇断层

逆冲构造带在三叠纪末期终止活动，其上沉积了厚达 400m 的中—下侏罗统煤系地层，反映为区域性准平原化作用。

1.2 晚侏罗世至早始新世负反转盆地

上述断裂活动主要表现为 NW 向逆冲断层的反向伸展，并形成了 5 条规模较大的半地堑（图 3）。在 NW 向半地堑间穿插着 SN 向高角度断裂，如仁风断裂和长堤断裂。NW 向和 SN 向断裂共同控制沉积充填。上侏罗统和白垩系沉积充填厚度可达 2500m，早始新世孔店组（$E_{1-2}k$）最大沉积充填厚度 5000m。上侏罗统和白垩系主要为河流相，孔店组中部出现氧化浅湖沉积。

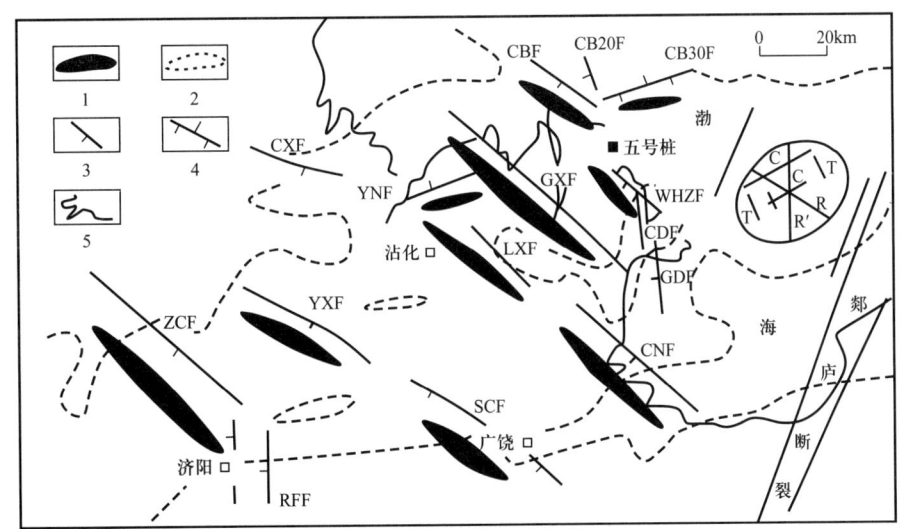

图 3 济阳坳陷晚侏罗世—早始新世构造模式图

1—半地堑主体；2—中始新世盆地边界；3—负反转断层；4—逆冲断层；5—海岸线；R—同向里德尔剪切；R'—反向里德尔剪切；T—正断层；C—压性构造；CBF—埕北断层；WHZF—五号桩断层；GXF—孤西断层；CXF—车西断层；LXF—罗西断层；CNF—陈南断层；SCF—石村断层；YXF—阳信断层；ZCF—滋镇断层；CDF—长堤断层；GDF—孤东断层；RFF—仁风断层；CB20F—埕北 20 断层；CB30F—埕北 30 断层；YNF—义南断层

盆地内钙碱性玄武岩、安山岩及碱性粗面岩发育。其下白垩统火山岩更为集中。据东营凹陷青城地区玄武岩及玄武安山岩岩石化学分析资料：二氧化硅含量 50.4%～53.42%，碱质 5.03%～5.53%，富含钠质（3.15%～3.43%），里特曼指数 $\sigma=2.7$～3.3。微量元素丰度特征与大陆环境之拉斑玄武岩和玄武安山岩的重元素丰度特征相似，稀土元素（$\sum LREE=84.93\times10^{-6}$～$90.60\times10^{-6}$）地球化学特征反映为地幔橄榄岩部分融熔的产物，$\sum LREE/\sum HREE=6.99$～6.24，$\delta Eu=0.96$～1.06，$\delta Ce=0.81$～0.90。而锶同位素 $^{87}Sr/^{86}Sr$ 比值介于地幔物质和地壳物质之间，为 0.705197。因此，推测火山岩源自上地幔，是经地壳物质混染的大陆钙碱性岩浆[6]。

1.3 中始新世至渐新世右旋扭张盆地

盆地形成期即为沙河街组（$E_{2-3}s$）和东营组（E_3d）沉积期。沙河街组可进一步划分为沙一段（E_3s_1）、沙二段（$E_{2-3}s_2$）、沙三段（E_2s_3）及沙四段（E_2s_4）。沙四段（E_2s_4）至沙二段（$E_{2-3}s_2$）下部属中—晚始新世，沙二段（$E_{2-3}s_2$）上部至东营组（E_3d）属渐新世，相应地存在两个构造沉积旋回。

就断裂构造而言，本区主要表现为多组走向新断层的形成和老断层的消亡及转换（图4）。新产生的断层按走向划分有四组：NE、ENE、EW、WNW。其中以 NE 向及 ENE 向为主。前期 NW 向负反转断层有的渐渐消亡，有的方向偏转到 WNW 向，SN 向断层也呈消亡之势。总体上，老断层的消亡顺次是由 SW 向 NE 向推进，即越向 NE 方向，老断层继承性活动的时间越长。上述多组断层在平面上按多种方式组合而成复式断层，将济阳坳陷切割成大大小小、形态各异的多个断块体，并控制沉积沉降。例如，沾化凹陷西北边界断层为平面上按左阶步雁行排列的 NE 向断裂系，包括埕东断层、义东断层及邵家断层，均为高角度扭张断层（倾角 70°左右）；在这一复合断裂系的控制之下，沾化凹陷进一步派生出 ENE 向的孤南断层和孤北断层、EW 向的桩南断层和垦利断层，这一系列新断层与早期的罗西断层、孤西断层、五号桩断层及 SN 向的长堤—孤东断层相互穿插，致使沾化凹陷内部支离破碎。老断层自西向东渐次消亡，罗西断层在先（沙四段沉积早期），其次为孤西断层（沙三段中部沉积期），再次为五号桩断层和长堤断层（沙二段沉积期）。与老断层相反，新断层活动性不断加强，在沙三段沉积期达到极盛。因此，沾化凹陷在空间上形成多个沉积沉降中心，即多个洼陷带，且每一个洼陷都有其独特的构造岩相组合。

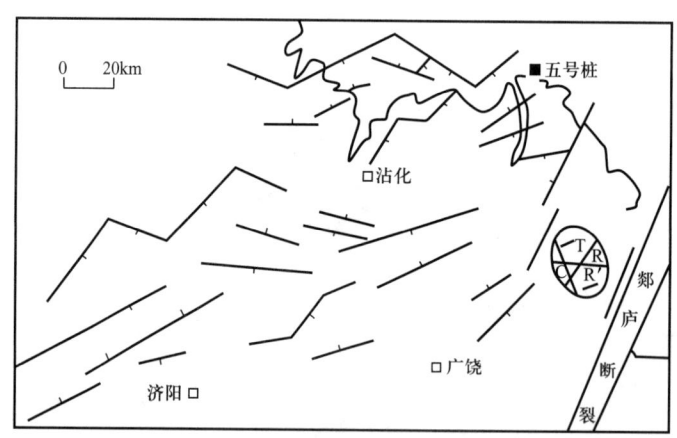

图4 济阳坳陷中始新世至渐新世构造模式图
R—同向里德尔剪切；R'—反向里德尔剪切；T—正断层；C—压性构造

沾化凹陷仅是复式凹陷的一个典型，事实上其他三个凹陷都是复式凹陷。东营凹陷断裂边界的主体是 ENE 向断裂，由陈南断层（ENE 转 WNW）、高青断层（ENE 转 NE）组合而成，凹陷内部叠加了 NE 向的基底卷入性八面河断层及 NW 向的石村断层。车镇凹陷边界断层是 NW 向转 NE 向，再转 NW 向，也是一条复合断层控制的沉积凹陷。惠民凹陷北部边界类似于车镇凹陷，但以内部 ENE 向断裂系为主。

该阶段以碱性玄武岩为主。据阳信地区岩石化学分析资料，CIPW标准矿物，石英含量0~0.33%，霞石为0，橄榄石含量0~6.45%，顽火辉石3.21%~5.72%，紫苏辉石4.21%~7.04%，为石英拉斑玄武岩及橄榄拉斑玄武岩，特点是二氧化硅含量高（43.28%~49.29%），而碱质含量较低（2.88%~6.15%），且富钠（2.25%~4.54%）。

1.4 中新世至全新世主动裂谷

即古近—新近系河流相馆陶组（N_1g）、明化镇组（N_2m）及第四系平原组（Qp）沉积阶段。地质年龄24.6Ma至今。差异特征为坳陷式沉积沉降的统一性取代。馆陶组沉积阶段，北部砂砾岩比例较高，而南部较低，沉积速率小，为45mm/ka。明化镇组，总体上为细碎屑沉积，一般在粉砂级以下，而且有海相夹层，说明开始有海水侵入，沉积速率335mm/ka，明显高于馆陶组，说明沉积条件发生了较大变化。平原组为非固结黄土层。新近纪以来火山活动有增强之势，但岩石碱度明显提高。馆陶组沉积期间，临商断裂带、高青断裂带、八面河断裂带都有火山活动，以平静溢流为主。明化镇组沉积期火山活动减弱，个别地区规模大；如青城地区有100km²的强碱性溢流玄武岩。更新世火山活动更弱，仅发现无棣大山一处。据惠民凹陷岩石化学分析资料，馆陶组沉积期玄武岩的特征是，二氧化硅含量39.11%~43.72%，碱质3.51%~6.25%，钠质2.20%~3.70%，CIPW标准矿物的石英为0，霞石0.036%~8.81%，橄榄石7.28%~25.78%，透辉石7.93%~31.85%，顽火辉石0~2.56%，紫苏辉石为0，岩石定名为霞石碱玄岩。新近纪以来断裂活动失去了古近纪的活力，但NE、ENE、NW—WNW向的断层仍持续活动，虽不似古近纪有千米以上的落差，但仍有50~300m的断距，有些断层明显延续到了明化镇组，特别是向渤中坳陷有增强之势。

2 济阳坳陷构造运动与边界作用

2.1 前侏罗纪陆—陆碰撞与板内造山运动

济阳坳陷前侏罗纪NW向压性构造的形成可能主要与两种动力源相关。其一是华北板块与扬子板块的聚敛运动。聚敛造成的巨大的北（北）东向挤压力导致NW向压性构造的形成及广泛分布。其二是郯庐断裂带的右旋剪切作用；文献[7]推论鲁东地体及鲁西地体此时以"停靠式"右行拼贴在一起，笔者认同这一推断[8]。因此，济阳坳陷前侏罗纪NW向压性构造形迹的存在应当是上述两种动力有机统一、共同作用的结果。如果郯庐断裂带此时的运动方式为左旋剪切，则不利于济阳坳陷前侏罗纪NW向压性构造的形成和发展。因为郯庐断裂带运动方式为左旋剪切时，其导生的引张力与华北板块和扬子板块的聚敛运动产生的NW向挤压力相为抵消。反之，郯庐断裂带运动方式为右旋剪切时，则导生NE向的挤压力，与华北板块和扬子板块的聚敛运动产生的NW向挤压力相为加强，更利于济阳坳陷前侏罗纪NW向压性构造的形成和发展。两相比较"相为助长"的可能性更大。事实上，在济阳坳陷前侏罗纪五条NW向压性构造线中，以埕北逆断层—桩西逆断层和埕南东段逆断层—孤西逆断层两个更靠近郯庐断裂带的逆冲构造带挤压作用更为强烈。不仅逆冲幅度较大（垂向幅度达2000m），而且伴有倒转褶皱。反映三叠纪挤压造山的地质纪录在济阳坳陷外围多处为探井资料揭示。NW向埕北凸起上的埕北20井井剖面中，中—下侏罗统与泰山群接触；NW向的沙垒田凸起上，海中8井也见有中—下侏罗统覆盖于泰山群；类似的情形还出现在鲁西隆起坊子地区。可见，三叠纪陆内造山运动波及渤中坳陷、济阳坳陷、埕宁隆起及鲁西隆起等相邻的广大地域，绝不是济阳坳陷特有的现象，它们是同一时代受相同的北东—南西向挤压应力场的作用而发生的构造应变。

2.2 郯庐断裂侏罗纪以来的剪切运动和济阳坳陷的形成与发展

郯庐断裂在济阳坳陷东部地段的走向大致为10°～25°。按有限均匀剪切模式[9-10]分析（图3和图4），在郯庐断裂作左旋剪切的边界约束条件下，断裂带外部当包括：近SN向左旋扭性断裂、WNW向右旋扭性断裂、NW向张性断裂及ENE向压性构造。而在以郯庐断裂的右旋剪切为边界约束条件时，将产生下列构造类型：NE向右旋扭性断裂、WNW向左旋扭性断裂、ENE向张性断裂及NNW向压性构造。将郯庐断裂理论左旋和右旋力偶产生的剪切构造应变进行对比可见，除了WNW向扭性断裂有可能继承性发展之外，其他诸构造线是不相容的，SN向断裂是左旋剪切应力场特有的产物，而NE向断裂只属于右旋剪切应力场中的特殊应变，NW向及ENE向构造线性质在两种应力场中是性质相反的构造类型，或为张性断层，或为压性构造（逆断层和褶皱）。

再对比济阳坳陷断裂几何学及运动学（表2）特征，不难发现理论左旋剪切应变与晚侏罗世至早始新世孔店组沉积期的构造样式一致（图3），而理论右旋剪切应变符合晚始新世至渐新世的构造风格（图4）。因此，可以引出这样的推论，即郯庐断裂在晚侏罗世至早始新世以左旋剪切活动为主，并进而控制济阳坳陷此时的NW向断层的负反转活动。鉴于晚侏罗世至白垩纪时沉积速率低，而早始新世沉积速率高出前期数十倍（表1），笔者认为，古新世至早始新世（距今65～45Ma）是郯庐断裂左旋剪切平移最活跃的时期。中始新世至渐新世是郯庐断裂右旋剪切运动的时期。由于中—晚始新世沉积速率及扭张量均较大（表1和表2），因此中—晚始新世（距今45～37Ma）是郯庐断裂右旋活动最强烈的时期。进而又可以推论，古新世至始新世（距今65～37Ma）是郯庐断裂走滑平移运动最强烈的时期。

表2 济阳坳陷中—新生代基底伸展量统计表

地质时代			南北向构造剖面（628.7地震测线）					
			东营凹陷		沾化凹陷		总计	
Kz	N	N—Q	1.0/1	1.0/1	0.6/2	0.6/2	1.6/1.5	1.6/1.5
	E	Es_1—Ed	1.4/2	18.8/38	1.4/4	6.2/19	2.8/3	25.0/31
		Es_3—Es_2	6.4/11	17.8/36	2.2/6	5.6/17	8.6/9	23.4/29
		Es_4	10.0/20		2.0/6		12.0/15	
Mz		J_3—Ek	5.4/2	6.0/14	1.8/6	2.2/8	7.2/10	8.2/11
		$J_{1～2}$	1.8/4		1.2/4		3.0/4	
		T	-1.2/3		0.8/3		-2.0/3	
AnMz基底长度（km）			43.6		30.0		73.6	

注："6.0/14"—伸展量（km）/伸展率（%）。

新近纪以来，郯庐断裂控制下的各序次同生断层的活动强度大大降低，"坳陷"运动与郯庐断裂活动的关系已不密切，地壳与地幔间重力均衡作用占主导地位。一方面，古近纪的块断翘倾运动可能导致地壳减薄，随之发生莫霍面调整性上升；另一方面，太平洋板块对于亚洲东部WNW向强烈俯冲有可能产生远俯冲边界的小规模热卷流而加剧早期的地幔上升。

上述表明了济阳坳陷自三叠纪以来的多种构造动力学环境及其多期演化特征，该区构造变动与中国大陆内部的重要构造线郯庐断裂及华北板块南缘的构造活动密切相关，区域与局部、边界与内部构造作用及其变化是高度统一的。同时也表明，以单一成因机制的构造动力学假设来总领济阳坳陷中—新生代的差异发展，往往是不理想的，这也是学术界在渤海湾盆地成因机制认识上长期争论不休的症结所在。由于笔者的动力学假设综合了挤压、剪切及地幔垫作用多种机制，而且将它们以时间为线索有机地结合在一起，因而更合理地解释了济阳坳陷复杂而演变有序的构造现象。按这一思路，研究类似于济阳坳陷的含油气盆地应当更有裨益；特别是渤海湾含油气区的勘探已进入高成熟阶段，本文提出的构造模式对于选择深层勘探方向和加深老区成藏认识都有指导意义。

走滑边界作为盆地动力学条件是 20 世纪 90 年代国内外构造研究新动向[11]，而盆地研究带来的新信息必然对一些传统观点提出挑战。加深郯庐断裂中—新生代运动学特征及动力学条件的认识不仅在理论上意义重大，而且对在郯庐断裂带矿产资源勘探开发（特别是油气勘探）具有重要指导意义。

参考文献

[1] 任安身，杜公仅. 济阳坳陷构造特征及油气勘探//中国含油气区构造特征[M]. 北京：石油工业出版社，1989.
[2] 万天丰. 山东省构造演化与应力场研究[J]. 山东地质，1992，8（2）：70-101.
[3] 万天丰，朱鸿. 郯庐断裂带的最大左行走滑断距及其形成时期[J]. 高校地质学报，1996，2（1）：14-27.
[4] 徐嘉炜. 郯庐断裂带的平移运动及地质意义[C]. 国际交流地质学术论文集1，1980，129-142.
[5] 徐嘉炜，马国峰. 郯庐断裂带研究的十年回顾[J]. 地质论评，1992，38（4）：316-324.
[6] 冯有良. 阳信洼陷构造岩浆演化与油气聚集[J]. 石油与天然气地质，1994，15（2）：173-179.
[7] 何永明，施央申. 山东地体构造及其拼贴运动学研究[M]. 南京：南京大学出版社，1993.
[8] 宗国洪，施央申，王秉海，等. 济阳盆地中生代构造特征与油气[J]. 地质论评，1998，44（3）：289-294.
[9] 陈景达. 板块构造大陆边缘与含油气盆地[M]. 东营：石油大学出版社，1989.
[10] MIALL A D. Principles of Sedimentary Basin Analysis [M]. New York：SpringerVerlag，1984.
[11] 吴福元，葛文春，孙德有. 走滑构造对中国东部中生代地质研究的意义[J]. 世界地质，1994，3（1）：105-112.

原文发表于《高校地质学报》1999 年第 3 期

东营凹陷下第三系地层异常高压体系及其石油地质意义

郑和荣　黄永玲　冯有良

（胜利石油管理局地质科学研究院）

摘　要：东营凹陷是渤海湾裂谷盆地内典型的下第三系大型宽缓箕状凹陷，下第三系普遍发育异常高压。异常高压及其形成的油气"压力封存系统"与油气的运移、聚集关系密切，对于油气的勘探、开发意义重大，因此，有必要对地层内异常高压带的分布特征及其对油气的控制作用进行探讨。

1　研究方法

目前，识别、预测异常流体压力的常用方法有试油测压、RFT、地震层速度和测井资料分析。声波测井较密度测井、电阻率测井等受井眼、地层条件等因素影响小，比地震纵向分辨率高，而且资料丰富、易取。因此，用声波时差资料结合试油测压数据定量计算地层压力，得到的结果具有代表性和普遍性。用声波时差资料研究泥岩压实并计算地层异常压力，包括测井数据的选取、正常压实趋势的建立、地层流体压力的计算等。

1.1　选取测井数据

本次研究的对象以泥岩为主，泥岩在测井曲线上反映为自然电位处于基线位置、低电阻率、高电导率、高声波时差、高自然伽马、低中子伽马和井径扩大。取值时综合利用各种测井曲线和录井图，尽可能用相对纯净的泥岩段，取值密度控制在25m以内，泥岩段厚度最好在2～9m，避免严重扩径泥岩段，在临界压实深度以上不取值，泥岩段的声波时差读取平均值。

1.2　建立正常压实趋势方程

在正常压实条件下，砂泥岩剖面中声波时差值随深度的增加而减小，与深度的关系可表示为：

$$\Delta t = \Delta t_0 e^{-kH} \tag{1}$$

等式两边取自然对数，得：

$$\ln \Delta t = \ln \Delta t_0 - kH \tag{2}$$

式中：H为深度，m；Δt为H深度的声波时差值，μs/m；Δt_0为地表的声波时差值，μs/m；k为常数。

理论上，在没有出现异常压力以前，在单对数坐标中声波时差值随深度的增加而减小的曲线近似一条直线。只有当异常高压出现时，地层孔隙度偏大，声波时差才偏离正常趋势值。

从声波测井得到地表和各层段的时差值，并消除水化及钙质的影响，按式（2）进行回归，求出东营凹陷的正常压实趋势方程：

$$\ln \Delta t = \ln 660 - 0.00032H \tag{3}$$

建立适合东营凹陷的区域正常压实趋势线（图1）。

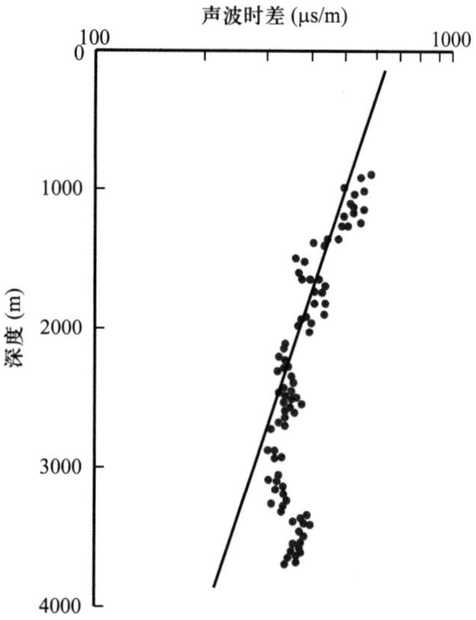

图1　东营凹陷正常压实曲线与欠压实关系图

1.3 地层压力计算方法

根据等效深度法求地层压力值：

$$p = R_w H_e + R_{bw}(H - H_e) \quad (4)$$

式中：p 为 H 深处的地层流体压力值，MPa；H_e 为等效深度，m；R_w 为上覆地层的平均静水压力梯度，本区取 0.1（kg/cm³）·m；R_{bw} 为上覆岩层平均压力梯度，本区取 0.231（kg/cm³）·m。

一般情况下，用剩余压力描述地下流体势（剩余压力在本质上与流体势相同，它只是渗流动力和方向的函数）。在异常高压层段，剩余压力（Δp）为：

$$\Delta p = p - R_w H \quad (5)$$

推导得：

$$\Delta p = 0.131 H - 409.375 \ln\left(\frac{660}{\Delta t}\right) \quad (6)$$

1.4 预测效果分析

表 1 为东营凹陷 22 口井的试油测压数值与计算压力值对比，计算压力与实测压力的比值为 97%~109%，符合程度较高，说明笔者建立的正常压实趋势方程较合理，同时也说明用声波测井资料预测地层压力这一方法比较有效。

表 1 东营凹陷地层计算压力与实测压力对比表

井号	层位	地层深度（m）	实测压力（MPa）	实测压力系数	计算压力（MPa）	计算压力系数	计算压力/实测压力（%）
滨657	$Es_3^{下}$	2931	32.4	1.11	33.2	1.13	102.5
纯36	$Es_4^{上}$	2453	33.5	1.36	33.2	1.35	99.4
樊101	$Es_3^{下}$	3269	40.5	1.24	42.1	1.29	104.0
高31	$Es_4^{上}$	2524	28.2	1.12	30.2	1.20	107.2
郝7	$Es_3^{中}$	2963	36.5	1.23	37.2	1.26	101.9
河54	$Es_3^{下}$	2946	41.3	1.40	41.5	1.41	100.5
河87	$Es_3^{中}$	3245	51.9	1.63	61.5	1.59	99.2
河144	$Es_3^{中}$	2954	37.6	1.27	37.1	1.26	98.7
利51	$Es_3^{上}$	2804	37.5	1.34	38.8	1.38	103.5
利90	$Es_3^{中}$	3063	45.4	1.48	44.6	1.47	98.2
梁8	$Es_3^{中}$	2648	38.1	1.44	41.2	1.56	108.1
梁23	$Es_3^{中}$	2811	39.4	1.40	41.6	1.48	105.6
梁217	$Es_4^{下}$	3089	37.8	1.22	38.4	1.23	101.6
牛34	$Es_3^{中}$	3246	48.6	1.50	48.2	1.49	99.2
史101	$Es_3^{中}$	3266	45.1	1.38	47.8	1.46	106.0
史106	$Es_3^{中}$	3295	48.8	1.48	48.6	1.48	99.6
史深100	$Es_3^{中}$	3321	45.6	1.37	46.6	1.40	97.8

续表

井号	层位	地层深度（m）	实测压力（MPa）	实测压力系数	计算压力（MPa）	计算压力系数	计算压力/实测压力（%）
通81	$Es_4^{上}$	2721	34.2	1.26	34.5	1.27	100.9
辛96	$Es_3^{中}$	3138	42.4	1.35	44.7	1.43	105.4
营67	$Es_3^{下}$	3071	43.5	1.42	44.3	1.44	101.8
营68	$Es_3^{下}$	3051	42.2	1.38	42.6	1.40	101.0
坨110	$Es_3^{上}$	2258	31.5	1.40	34.1	1.51	108.3

2 异常压力带发育特征及形成机制

2.1 欠压实带的发育特点

分析东营凹陷300余口探井的声波资料，发现欠压实带发育有以下特点：各井欠压实开始出现的深度不一，但层位有一定的规律，欠压实一般从 $Es_3^{上}$ 亚段开始发育，由洼陷中心向边缘，层位逐渐下移到 $Es_3^{中}$ 或 $Es_3^{下}$（图2）。纵向上，欠压实的高幅度对应岩性剖面中的泥岩发育段，低幅度对应岩性剖面中的砂岩发育段，欠压实带层位包括 $Es_3^{上}$、$Es_3^{中}$、$Es_3^{下}$ 和 $Es_4^{上}$。横向上，深洼区欠压实的幅度最大，向构造高部位，欠压实幅度逐渐减小，甚至消失；平面上，按欠压实幅度可分为严重欠压实区（发育在深洼区）、欠压实区（发育在斜坡带）和正常压实区（发育在构造较高部位）。

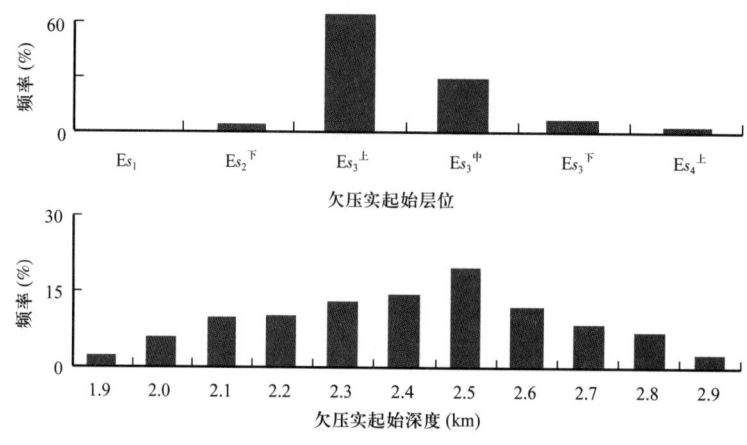

图2 东营凹陷欠压实起始层位、深度频率图

2.2 异常高压带分布特征

在单井剩余压力剖面上，剩余压力随深度增加而逐渐增大，且具有旋回性，每一个剩余压力的高峰对应一个压力封存系统。在剩余压力剖面（图3）上，凹陷深洼区的剩余流体压力值最大，向洼陷边缘和构造高部位，随着泥岩的减少、砂岩的增加及断层的切割，剩余流体压力逐渐减少直至消失。不同性质的断层对异常压力控制作用不同，控盆断层对异常流体压力的控制表现在对沉降幅度及岩性的控制，从而控制异常地层压力，断层内侧地层压力异常，外侧地层压力正常。在高压体系内部，同生断层对异常压力具有分隔作用，后期断层对异常压力不分隔。

剩余压力值在利津、博兴、牛庄、民丰这4个洼陷深陷区最大，向洼陷边缘剩余压力减小；在各凹陷的陡坡带剩余压力等值线密集，凹陷的缓坡带剩余压力等值线稀疏，并且异常压力分布范围内存在一系列的相对低压区（图4）。与欠压实带相对应，异常高压带的空间分布与生油洼陷基本一致，分布于深洼陷、斜坡前缘及较大型盆倾断层下降盘的稳定湖相及前三角洲泥岩沉积物中。

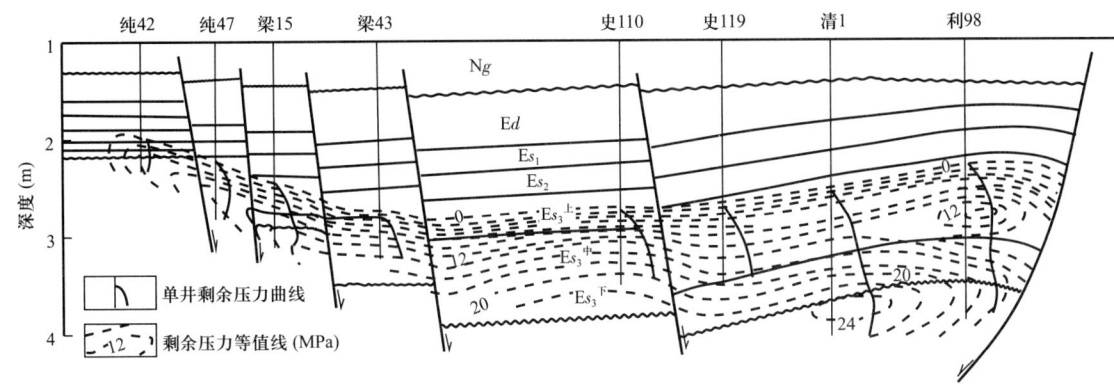

图3　东营凹陷剩余压力南北向剖面图

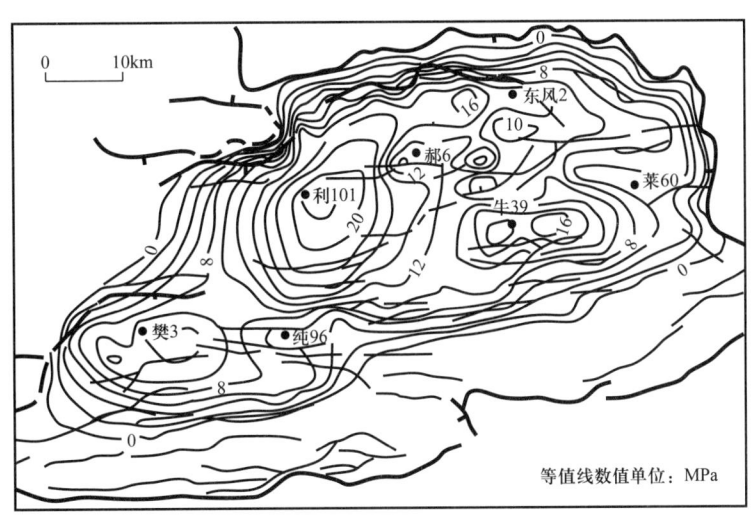

图4　东营凹陷 $Es_3^{中}$ 剩余流体压力平面分布图

2.3　异常高压带的形成机制探讨

分析发现，东营凹陷下第三系异常高压在以下因素共同作用下形成：(1) 欠压实。当沉积速度比孔隙水压力散失快时，发生压实不平衡，过剩的水被俘获。东营凹陷 $Es_4^{上}$—$Es_3^{中下}$ 沉积了大套暗色泥岩，在压实过程中，随着埋深的增加，泥岩的孔隙度、渗透率降低，封闭性增强，孔隙水排出困难，压力难以释放，造成欠压实。(2) 黏土矿物脱水。据镜下分析，当埋深小于2100m时，以絮状蒙皂石为主；当埋深为2100～2700m时，蒙皂石逐步转化为伊利石，较少絮状蒙皂石，边缘较多片状的伊利石；当埋深大于2700m时，以片状透明结晶的伊利石为主。蒙伊转化带与异常高压的出现一致。在此过程中，蒙皂石转化大量脱水，增加了孔隙流体压力。(3) 烃类的生成。东营凹陷生油门限深度为2200m，此时 R_o 值大于0.5%，干酪根大量热降解生成烃，增加了孔隙流体体积，引起地层高压。(4) 水热增压。东营凹陷成岩作用研究表明，早期成岩阶段（埋深小于2100m）地温为85℃以下，中期成岩阶段（埋深2100～2700m）地温为90～130℃。随埋深增加地温增高，岩石骨架与流体受热膨胀，形成异常压力。

其中最初的因素主要是欠压实，尔后的因素主要是蒙伊转化排出的大量层间水、烃类生成及其相态转化。异常高压带的分布范围与模拟生烃量的分布区间、蒙伊混合带及烃源岩体有很好的对应关系就是最好的证据。另外，东营凹陷 $Es_3^{上}$ 亚段一套靠近东营三角洲块状砂岩的泥岩在压实成岩过程中排水充分，形成致密层；$Es_4^{下}$—Ek 发育一套巨厚的盐岩、石膏层，分别形成了高压带的顶、底封闭层，加上边界控盆断层的封闭，对异常压力的形成均起到了积极的作用。

3 异常高压带与油气藏分布规律

3.1 异常高压带的石油地质意义

对异常高压体系及其内部泥岩（烃源岩）流体幕式压裂和幕式排烃研究，为油气的运移、成藏提供了新的解释。（1）异常高压是油气运移、聚集的动力；（2）异常高压体系内相对低压区是能量和高压流体的宣泄区，也是油气的聚集区；（3）流体压裂和幕式排烃为油气的初次运移提供了通道，也为油气提供了储集空间；④东营凹陷发育在异常高压体系内的底辟构造带、断裂构造带是高压油气及流体由深部向浅部运移的通道，也是油气聚集的最有利部位。

3.2 异常高压带的流体压裂及幕式排烃机理

东营凹陷异常高压带虽然顶、底及侧向均有封闭层，是一个相对独立的地质单元，但是它在地质历史时期的演化过程中并不是永恒不变的。随着沉积作用的持续进行，异常高压带上覆负荷不断增加，异常高压带内部地温持续升高、烃类大量生成且其相态也由单相态变为多相态，使异常压力不断升高。高压带底界的盐、膏层受热上凸引起顶封盖层开始拱张。当流体压力接近或超过其上覆岩层的破裂压力时，其内部沉积物与顶部封盖层均要发生流体压裂现象，产生裂缝或断层，烃源岩内的油气和流体通过裂缝或断层向外排放；当油气及流体排出到一定程度时，高压带内部的压力下降，顶封盖层再次封闭；随着埋深的继续加大，高压带内部再次开始增压，顶封盖层再次上拱至破裂，油气和流体再次排出。

3.3 异常高压体系与油气藏分布规律及预测

东营凹陷的大部分探明储量分布在异常高压带顶界面以上的 Es_2—Ng 的储层中，油源分析表明油来自 Es_3 异常高压生烃泥岩。据前人研究，东营凹陷油气大量生成开始于晚第三纪馆陶组沉积期，之后没有大的构造运动，因此，异常高压体系内生成的油气是通过异常高压带的幕式排烃运移到高压带外部的。

3.3.1 上部可形成规模较大的构造油藏

东营凹陷下第三系主要烃源岩均处于高压体系，在盆地中央形成的 NEE 向展布的东营—东辛盐底辟构造是东营凹陷一个非常重要的油气聚集带。该带的形成与高压带底部 $Es_4^{下}$—Ek 的盐、膏层受热上拱，以及高压带内部泥岩的密度较低和易流动有关。该带是深部含烃流体沿断层和裂隙从深部高压区进入浅部低压区成藏的输导体系，油气沿断层两侧呈多层楼式分布，形成规模较大的构造油藏（图 5）。同时，输导体系将异常高压向上传递，使该区变成了异常高压体系中的相对低压区。

3.3.2 内部形成中、小型岩性油藏或与岩性有关的油藏

在异常高压体系内部发育有中、小型透镜状浊积岩、低位扇等储集体，它们直接与烃源岩接触，具有近水楼台的油源条件。油气以异常高压为动力、以蒙伊转换排出的层间水为载体从烃源岩中排出时，进入这类储集体即可成藏，形成砂岩透镜体油藏、断层切割封挡型油藏。另外，高压带内部由于高压流体的压裂形成泥岩裂缝，为油气提供了储集空间，形成泥岩裂缝油藏，这类油藏也具备一定的产能，如钻于高压泥岩裂缝油藏的河 54 井日产油 83t。

3.3.3 下部有可能形成新生古储油藏

在高压体系内部的最大剩余压力界面之下，存在油气向下运移的压差势能，靠近异常高压带下界面附近的储层有较好的油源供给条件，有可能形成新生古储油藏。这为深层勘探提供了重要的理论依据。

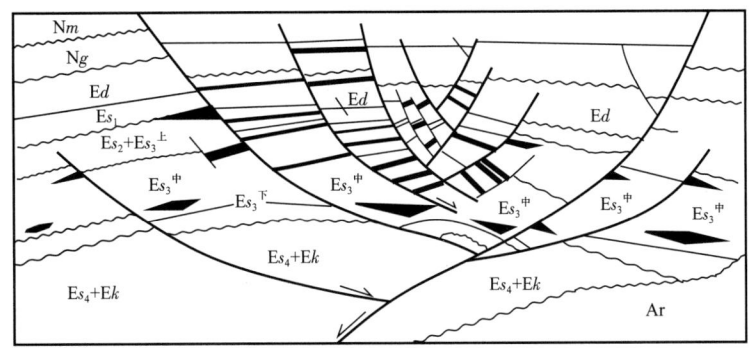

图 5 东营凹陷底辟构造带油藏剖面图

3.4 异常高压带内部有利目标区预测

生产实践证明，油气并非是在三维空间等效运移，而是被限制在一定的输导体系内运移聚集。在异常高压体系内部，油气以异常高压为主要动力，由高势区向低势区运移。东营凹陷的油气分布现状也证实了异常高压体系内部的低剩余流体压力区与构造坡折带、储层发育区及油气聚集区有很好的相关性。这些低剩余流体压力区是能量和高压流体的泄压区，也是油气聚集的有利地区。因此，下一步的勘探方向是中央隆起区的塑性拱张构造带的较深层位（$Es_3^{中下}$—$Es_4^{上}$）。另外，在异常高压体系内部的相对低压区，均是油气运移、聚集的有利区。

4 结论

（1）东营凹陷下第三系普遍存在异常压力，尤其在剧烈沉降区特别发育。

（2）异常高压带分布范围与生油洼陷基本一致，分布于深洼陷、斜坡前缘及较大型盆倾断层下降盘的稳定较深湖及前三角洲泥岩沉积物中。其形成与构造、沉积、成岩和生烃作用关系密切。

（3）异常高压是油气初次运移、二次运移的主要动力，也是形成东营凹陷中央隆起带塑性拱张构造的动力之一。

（4）异常高压体系内的相对低压区与构造坡折带、储层发育区有很好的相关性，是能量和高压流体的宣泄区，也是油气的有利聚集区。

（5）在沉积盆地由异常高压形成的"压力封存系统"中，流体幕式压裂产生的裂缝或断层为排烃和油气的运移提供了通道。

（6）东营凹陷中央隆起带的塑性拱张构造既是异常高压体系的泄压区，也是油气聚集的最有利区，塑性拱张构造的较深层位（$Es_3^{中下}$—$Es_4^{上}$）是今后油气勘探的有利目标。

参 考 文 献

［1］陈荷立，汤锡元.东营凹陷泥岩压实作用及油气初次运移问题探讨［J］.石油学报，1983，4（2）：9-16.
［2］彭大均，李仲东，刘兴材，等.济阳盆地沉积型异常高压带及深部油气资源的研究［J］.石油学报，1988，9（3）：13-19.
［3］真柄钦次.压实与流体运移［M］.陈荷立，译.北京：石油工业出版社，1981.
［4］胡济世.异常高压、流体压裂与油气运移（上）［J］.石油勘探与开发，1989，16（2）：16-23.
［5］胡济世.异常高压、流体压裂与油气运移（下）［J］.石油勘探与开发，1989，16（3）：16-23.

原文发表于《石油勘探与开发》2000年第4期

济阳断陷湖盆层序地层学及砂砾岩油气藏群

潘元林 宗国洪 郭玉新 姜秀芳 卓勤功

(中国石化胜利油田有限公司)

摘 要:以古近纪始新世至渐新世的强烈块断为特征的济阳湖盆的勘探面积为 $26×10^4 km^2$,资源发现率达到60%,在20世纪90年代中期进入以岩性油藏为主的隐蔽油藏勘探阶段。应用层序地层学基本原理,在古近纪湖相沙河街组和东营组划分出6个三级层序。它们具有完整的体系域构成,并可以进一步划分为深断陷和浅断陷两种类型。深断陷型三级层序湖扩展体系域油页岩有机质丰富,烃转化率高,是优质烃源岩。深断陷型三级层序低位体系域扇体包括浊积扇、扇三角洲等,它们与湖扩展体系域油页岩构成良好的生储配置,其含油率高达90%。这些扇体主要沿断裂坡折带发育,并且成群成带出现,形成砂岩隐蔽油气藏群,预测其远景资源量约为 $10×10^8 t$。近年来在济阳断陷湖盆应用"断裂坡折带低位扇成藏"理论指导勘探,获得了 $2.35×10^8 t$ 隐蔽油藏地质储量,且已生产原油 $288×10^4 t$。

层序地层学应用于划分等时地层单元和预测有利储集砂体,在其初创阶段的研究和成功实例主要集中在与我国陆相盆地差异较大的海相盆地[1-4]。但是,近年来对典型的陆相断陷盆地济阳坳陷隐蔽油气藏的勘探实践表明,层序地层学的基本原理和技术方法,对陆相盆地同样具有重要的理论价值和实际意义。

1 区域构造背景

中—新生代断陷盆地济阳坳陷属于渤海湾盆地的一个次级构造单元(图1)。它由东营、惠民、沾化和车镇4个主要凹陷和若干个分割凹陷的凸起组成,总面积约为 $2.6×10^4 km^2$。各个凹陷均表现为北断南超的半地堑结构,并与向北或西北倾伏的"单面山"式的半地垒凸起相间排列[5]。

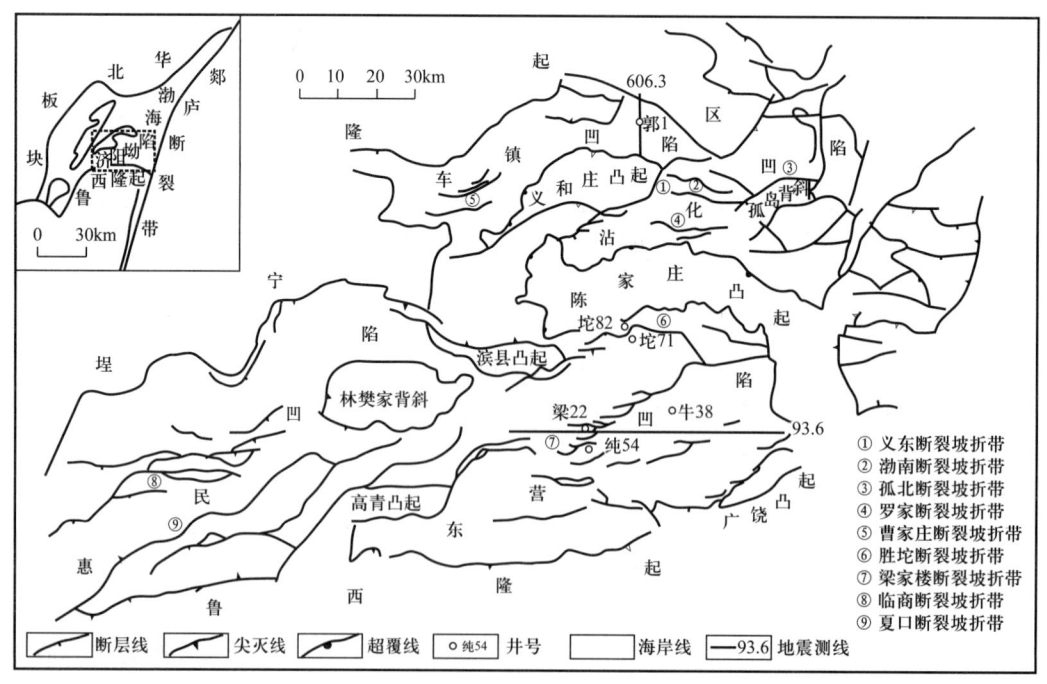

图1 济阳坳陷构造位置及分区

济阳坳陷经历了以下 4 个演化阶段：前侏罗纪挤压造山运动，侏罗纪—早始新世负反转运动，中始新世—渐新世扭张运动，中新世以来的坳陷运动。实质上它是由负反转盆地、右旋扭张盆地及主动裂谷 3 个原型叠加而成，是一个典型的复合盆地。盆地内断裂类型多样，在古近纪主要发育了北东向、北西向、北西西向、北东东向、东西向和南北向 6 组伸展断层，它们分别具有右旋扭张、左旋扭张、直角拉张和反转性质[6-7]。

济阳坳陷古近系具有典型的差异断陷充填特征，根据发育的区域性不整合、断裂活动特征和沉积发育特征，可划分为 4 个断陷幕，即：Ⅰ幕（$E_{1-2}k$），Ⅱ幕（E_2s_4），Ⅲ幕（E_2s_3—$E_2s_2^下$），Ⅳ幕（$E_3s_2^上$—E_3d）。

断陷Ⅰ幕处于负反转阶段后期，地层的展布明显受北西向断裂控制，发育了一套干旱气候条件下的浅湖、滨湖相和冲积环境下的砂砾岩夹红色泥岩沉积。

断陷Ⅱ幕处于右旋扭张盆地发育阶段早期，北西向断层开始活动，充填地层下部发育泥岩、膏岩，上部为碳酸盐岩、钙质泥岩和油页岩。

断陷Ⅲ幕是右旋扭张盆地的伸展发育鼎盛期，北西向、北北西向和东西向断裂活动强烈，盆地总体构造格局呈北东向，北西向和南北向断层基本消亡。以河流、三角洲、浊积扇砂体和油页岩为主。

断陷Ⅳ幕为右旋扭张盆地萎缩活动期，断裂活动减弱，沉积厚度中心由东营凹陷转向沾化凹陷，盆地沉积南北差异增大。在坳陷南部发育了一套以浅湖相和河流冲积相为主的沉积组合。在北部发育了一套以湖相、三角洲相为主的沉积。

在新近纪整体坳陷阶段，沉积地层为河流相夹湖相，地层厚度横向稳定。

2 古近系层序地层学

2.1 古近系层序地层格架

在断陷湖盆中，断裂活动、气候变化和物源供给速率等是层序地层发育的控制要素。不同级别的构造活动控制了不同级别的层序形成[8-9]。

根据层序地层学原理，层序为以不整合面或与不整合面相对应的整合面为界的一套相对整合的、成因上相互关联的地层序列。识别层序的关键是识别不整合面及不整合面的级别。不同级次的不整合面对应着不同级次的层序界面。在断陷湖盆中，一级层序对应的不整合面面积超过盆地或占据盆地大部分区域，二级层序对应的不整合面分布在盆地边缘，三级层序对应的不整合面仅分布于局部地区。

对 1800 口钻井和 41000km 地震剖面进行了综合解释和对比，结合大量岩心、古生物和测试分析资料，将古近系划分为 1 个一级层序、4 个二级层序，其中 E_2s_4—E_3d 又被细分为 6 个三级层序（表1）。各三级层序可以进一步划分出低位体系域、湖扩展体系域和高位体系域，其中低位体系域在横向上分布不稳定，且岩相类型复杂多变。

古近纪断陷构造运动控制了一级层序及界面的发育。4 个断陷幕和二级气候旋回分别对应了 4 个二级层序：$E_{1-2}k$，E_2s_4，E_2s_3—$E_2s_2^下$，$E_3s_2^上$—E_3d。其中，E_2s_3—$E_2s_2^下$ 沉积时期强烈的差异块断活动产生了两个重要的不整合面，层序底界面为沙四段（E_2s_4）与沙三段（E_2s_3）之间的不整合面（42Ma），顶界面为沙二下亚段（$E_2s_2^下$）与沙二上亚段（$E_3s_2^上$）之间的不整合面（37Ma）。受盆内幕式构造运动及气候的三级旋回控制，该二级层序内发育了 2 个三级层序界面，相应地划分出 3 个三级层序，即 $E_2s_3^下$、$E_2s_3^中$、$E_2s_3^上$—$E_2s_2^下$。依据相同标准，$E_3s_2^上$—E_3d 可以划分出 2 个三级层序。

层序界面具有如下特征。

一级层序界面：古近系顶、底界面为一级层序界面，地震剖面上分别对应着 T_1、T_R。以古近系底界（T_R）为例，表现为区域性角度不整合面，在全坳陷范围内发育。下伏地层有中生界、古生界或更老的地层。

表 1 济阳坳陷构造层序及要素

构造层序	地层层序		地震标志层	绝对年龄(Ma)	沉积速率(mm/ka)	三级层序	火成岩特征	断层及褶皱几何学	构造演化阶段
顶层		Qp	T_0	20	225		以霞石碱玄岩为主，次为碱性玄武岩，局部安山岩	断层活动弱，披覆背斜发育	坳陷阶段
		Nm		5.1	335				
		Ng	T_1	24.6	45				
上层	Kz	Ed	T_2	37.0	129	6	碱性玄武岩为主，次为霞石碱玄岩、拉斑玄武岩	NE、ENE、NW、WNW、SN和EW向断层及其组合断层带发育，断层带内滚动背斜、同沉积褶皱、调节地垒、走向斜坡及调节背斜发育。早期NE向断裂带伴有SN向逆冲断层	断陷Ⅳ幕
		Es_1				5			
		Es $Es_2^{上}$							扭张断陷阶段
		$Es_2^{下}$	T_3			4			断陷Ⅲ幕
		Es_3	T_4		237	3			
			T_6	42.0		2			断陷Ⅱ幕
		Es_4	T_7	45.0		1			
下层		Ek_1	T_8	54.9	260		拉斑玄武岩为主，其次为碱性玄武岩	NW向负反转断层为主，间以SN向左旋扭张断层，局部地区可能存在ENE向压性构造(如逆冲断层)	断陷Ⅰ幕
	Ek	Ek_2							
		Ek_3	T_R	65.0					负反转阶段
	Mz	K_2		100	?		钙碱性玄武岩为主，次为拉斑玄武岩及碱性玄武岩等		
		K_1		135					
		J_3		149	<30			NW向负反转断层为主	
		J_{1-2}		190					
基底层		T	Tg_1	0				NW向逆断层及褶皱	逆冲造山阶段
	Pz	C—P		350	<10		中、酸性侵入岩	一般认为没有大规模断层和褶皱作用	被动大陆边缘
		ϵ—O	Tg_2	570					
	Ar	Art					基性及中、酸性侵入岩	NW向逆断层及褶皱	安第斯造山阶段

二级层序界面：古近系发育4个二级层序。二级层序界面在盆缘带为不整合接触关系。例如，东营凹陷南坡和东部沙三下亚段与沙四上亚段之间存在明显的角度不整合。在古生物组合方面，沙四上亚段南星介发育，而沙三下亚段则出现大量华北介。车镇凹陷郭1井沙四上亚段顶部发育砾岩和紫红色泥岩，为暴露地表的标志。在郭1井的606.3测线地震剖面上，这一界面可见削蚀现象。沙二上亚段与沙二下亚段间的不整合，表现为在盆地北部多处出现沙二上亚段超覆于沙三下亚段或沙三中亚段之上，且在沙二上亚段底砾岩中发现有沙三段岩屑。岩屑中有华北介标准分子，而填隙物中含沙二上亚段标准生物，如方形平顶螺等。

三级层序界面：沙三段（E_2s_3—$E_2s_2^{下}$）二级层序内发育了沙三上亚段底界面和沙三中亚段底界面2个三级层序界面，它们在局部地区呈不整合接触关系。以沙三上亚段界T_4为例，在93.6地震剖面上，西部T_4反射轴不连续段是由微弱河流下切造成的，为不整合面，在凹陷中部为连续沉积。在东营凹陷东部，T_4轴下还可见到顶超现象。沾化凹陷这种顶超现象见于沙三中亚段与沙三下亚段之间（图2）。

体系域界面：与海相层序相似，陆相三级层序同样具有三分性，即包括低位体系域、湖扩展体系域和高位体系域。初始湖泛面与最大湖泛面是体系域的分界面。

最大湖泛面的识别：最大湖泛面是指在湖平面上快速上升、岸线不断向陆地迁移、至最大限度时湖平面所处的位置，它是湖扩展体系域和高位体系域的分界面。在东营三角洲发育区，地震上识别最大湖泛面的显著标志为其同相轴的下超现象，厚度可达250m，岩性为砂岩和块状泥岩。界面以下为1~2个相位的强振幅、连续性好、中频率的反射，全区分布稳定，易于追踪对比，厚度约为80m，岩性主要为褐灰色油页岩、油泥岩等，局部夹有深水浊积岩。三角洲不发育的地区以厚层块状泥岩与油页岩集中段的垂向叠加为特征，综合利用钻井、测井和地震资料可以连续追踪并加以分别。

初始湖泛面的识别：初始湖泛面为湖扩展体系域与低位体系域的分界面，即油页岩集中段与分布不连续、规模不等的各类砂体的岩性分界面。因而在地震剖面上，初始湖泛面之上的地震相为平行、亚平行反射，连续性中等偏好；在初始湖泛面之下，地震相较杂乱或呈空白反射。

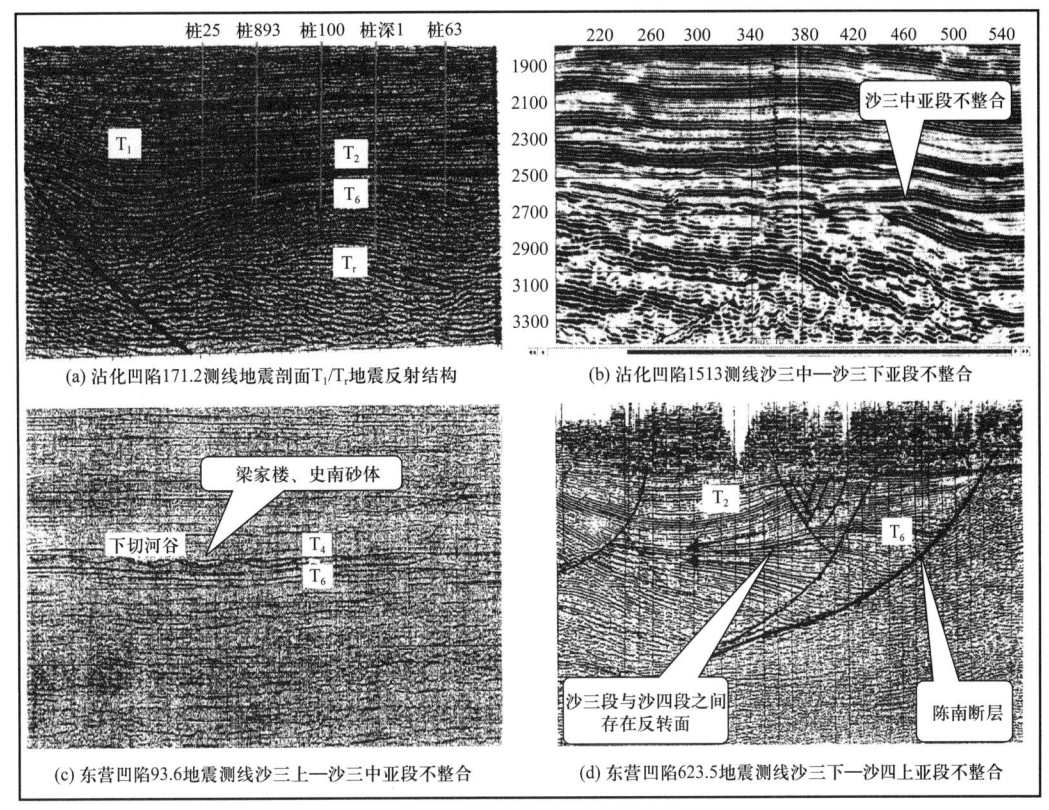

图 2　三级层序界面地震反射界面特征

2.2　层序类型及层序构成模式

2.2.1　层序类型

由于盆地演化不同阶段在构造条件上的差异，从沉积特征上看，存在着两种基本的层序类型，即：深断陷型和浅断陷型。

深断陷型层序：以沙四段—沙二下亚段的层序为代表，它是在断陷伸展期快速沉降条件下形成的。主要特点为：（1）断陷活动强烈，物源丰富，使单一层序沉积时间短、厚度大；（2）深水环境以细粒沉积为主，优质生油岩发育；（3）低位体系域扇体小、类型多，岩性油藏发育。

浅断陷型层序：以沙二上亚段—东营组的层序为代表，它是在裂陷收敛期形成的，沉降速度相对较慢，沉积可容空间较小。凹陷中心部分主要是浅水湖泊，三角洲快速进积，通常淤积速度较快。

2.2.2　深断陷型层序的构成模式

以沙三段 3 个深断陷型的三级层序较为典型。它们处于盆地的断陷活动鼎盛期，气候极为湿润，物源供给充分，层序的发育主要受控于多期幕式断陷作用，相似的地质背景形成了具有相似体系域构成的层序。每个层序可划分成位于层序底界面和初始湖泛面之间的加积型式的低位体系域、位于初始湖泛面与最大湖泛面之间的退积型式的湖扩展体系域和最大湖泛面与层序顶界面之间的进积型式的高位体系域（图 3）。

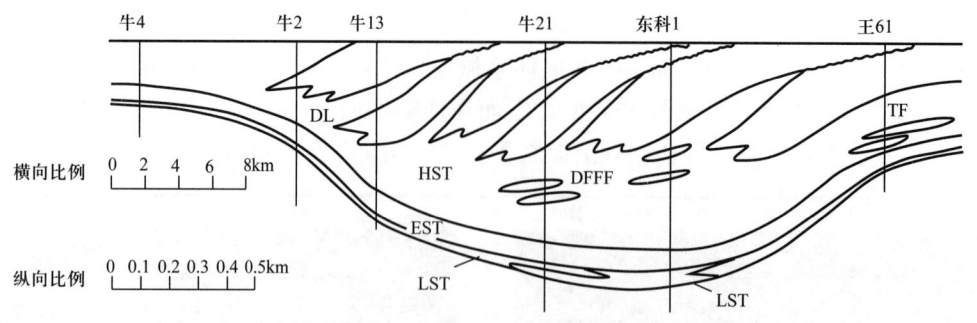

图 3 深断陷型三级层序构成模式

HST—高位体系域；EST—湖扩展体系域；LST—低位体系域；DL—三角洲叶状体；
TF—浊积扇；DFFF—三角洲前缘滑塌浊积扇

低位体系域（LST）：主要由下切水道充填和低位扇两类砂砾岩体构成，属事件性沉积。下切水道充填是由河流下切湖岸或滨湖区形成的，随后被河道滞留物及河道砂体充填而形成带状砂砾岩沉积体。低位扇是低位体系域所形成扇体的总称。低位扇主要包括水下冲积扇、大型浊积扇、小型低位三角洲、低位扇三角洲等。

湖扩展体系域（EST）：由深湖泥岩、油页岩、白云岩和滨浅湖相组成的湖泊体系、退积型三角洲、扇三角洲和曲流河体系构成，其分布极为广泛，覆盖整个湖盆。

高位体系域（HST）：由巨厚的三角洲—滑塌浊积岩、浊积扇和扇三角洲体系组成。在每个层序的进积型高位体系域内可进一步划分出多个四级层序。如在东营凹陷沙三中亚段三级层序的高位体系域内可划分出6个四级层序。早期高位体系域沉积时期，在湖盆较深部位仍可形成有一定生油能力的凝缩段和深水浊积扇。

3 断裂坡折带及其低位扇成因模式

3.1 断裂坡折带的概念

由同沉积断裂长期活动引起的沉积斜坡突变的地带称为断裂坡折带。济阳坳陷断裂坡折带对低位扇形成和分布有重要的控制作用。当沉积基准面快速下降时，断裂坡折带反应最为敏感，在该带就会发育一套特有的低位体系域沉积组合与之响应。在盆地不同部位，断裂坡折带低位扇发育也有区别，形成陡坡和缓坡两种断裂坡折带低位扇成因模式。

3.2 陡坡断裂坡折带低位扇成因模式

在箕状断陷北部发育控盆边界断裂，其上盘往往发育1条或2条同向伴生断裂，形成陡坡断裂坡折带。陡坡断阶断裂坡折带发育特定的低位扇成因模式：浊积扇及扇三角洲远端部分分布在低台阶，扇三角洲主体、下切谷充填分布在高台阶，更高处为三角洲近端部分及冲积扇。较为典型的有东营凹陷胜坨断裂坡折带、沾化凹陷义东断裂坡折带、惠民凹陷临商断裂坡折带和夏口断裂坡折带等。其中，胜坨陡坡断裂坡折带发育在东营凹陷北部陈南、胜北北西西向展布的坪—坡式构造带上（图4），落差较大的2个断阶对湖平面升降变化极为敏感。当湖平面快速下降时，在高台阶上产生下切谷，发育不整合面，在低台阶上发育近岸浊积扇。而后随着湖平面的上升，更高台阶发育了冲积扇—三角洲平原。高台阶发育下切谷充填及扇三角洲主体沉积，而低台阶发育扇三角洲远端部分及滑塌浊积岩，它们构成了胜坨陡坡断阶断裂坡折带的低位体系域扇体组合。这套低位体系域扇体在地震上可见到明显的楔形反射。

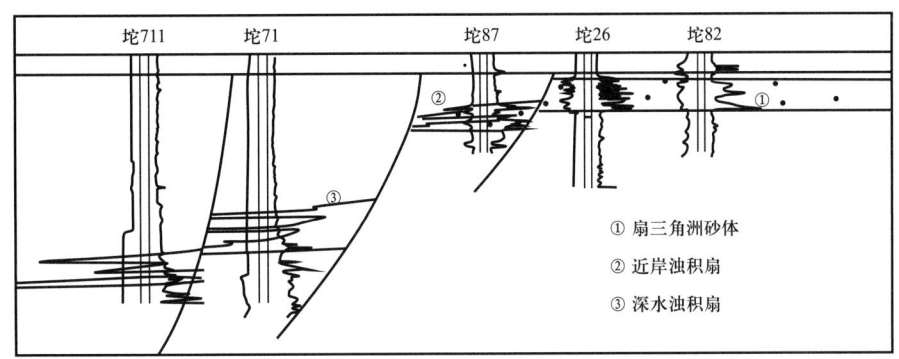

图 4　陡坡断裂坡折带低位扇相剖面

在无断阶的单一控盆断裂带,沿下降盘一侧粗碎屑体系垂向加积。在低水位期,可形成低水位的进积三角洲沉积体。而与边界断层直交和斜交的次生断层通常控制扇三角洲或浊积扇的展布和厚度,例如,南北走向长堤断裂带的下降盘砂体分布受东西走向的次级断层的控制。

3.3　缓坡断裂坡折带低位扇成因模式

各凹陷缓坡带盆倾主断层通常构成缓坡断裂坡折带,例如:车镇凹陷曹家庄断层带,沾化凹陷罗家、渤南、孤北缓坡断阶,东营凹陷梁家楼、陈官庄、博兴缓坡断阶。其特点是断层规模小,断面较平直;各断层中段断距较大,两端减小。这就在平面上使断阶坡折带的中部有利于发育低位体系域砂体。

梁家楼缓坡断裂坡折带由北东东向右旋张扭断层组成(图5)。当沉积基准面快速下降时,断裂坡折带向岸一侧暴露水上,产生下切水道及其充填,坡折带向湖盆一侧形成了水下冲积扇砂体。随着沉积基准面上升,坡折带之下进一步发育了水下冲积扇砂体和远岸浊积扇砂体,它们构成了缓坡断裂坡折带低位扇组合。

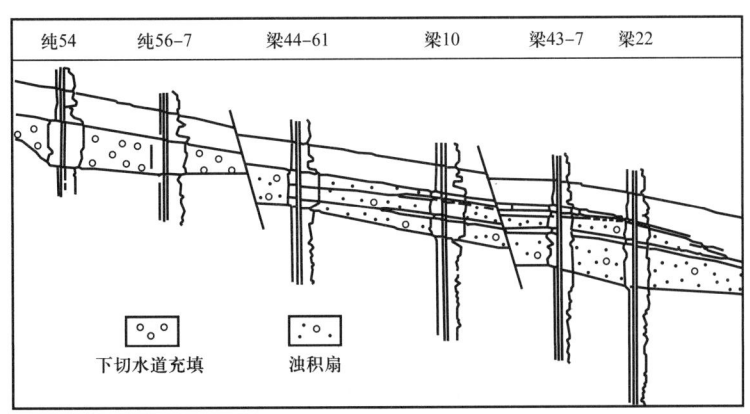

图 5　缓坡断裂坡折带低位扇相剖面

缓坡断裂坡折带规模不同可发育不同类型的低位扇。当断裂坡折带规模较小、坡降也相对较小时,河流仅下切到滨线附近,在坡折带及附近形成小型低位三角洲。当断裂坡折带规模较大、坡降也较大时,河流对坡折带下切明显,洪水可通过坡折带上的浅水区到达深湖区,所携带的沉积物在低洼地沉积下来而形成远岸浊积扇。

4　陆相断陷盆地层序地层学与油气勘探

济阳陆相断陷湖盆的勘探实践表明,深断陷型三级层序是重要的隐蔽油藏勘探对象。据统

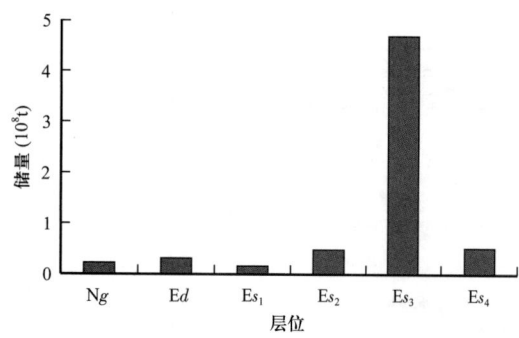

图 6 济阳坳陷探明岩性油气藏储量分布

计，在深断陷型三级层序中已探明的岩性油藏石油地质储量占到80%，而浅断陷型三级层序中只占10%（图6）。对于深断陷型三级层序而言，其低位体系域各类砂体含油率占90%，已探明的岩性油藏石油地质储量占70%以上，且地下仍蕴藏着$10×10^8$t以上的潜在资源量。其次是湖扩展体系域的深水浊积砂体，其高位体系域大型三角洲发育，一般形成规模较大的构造油藏，从20世纪60年代到90年代初期，就已对它们进行了勘探工作。目前，构造油藏的发现率已远低于隐蔽油藏，该盆地在2001年探明的石油地质储量中，隐蔽油藏占88%。由此可见，深断陷型三级层序低位体系域各类砂体具有较好的勘探前景。

4.1 湖扩展体系域泥质岩高效生烃特性

深断陷型三级层序湖扩展体系域的暗色泥岩、油页岩和油泥岩具有良好的生烃能力[10-13]。其特征是：（1）沉积期属深湖—半深湖环境，构造活动较弱，湖盆碎屑沉积处于欠补偿态，藻类繁盛，形成富含有机质的泥质沉积；（2）上覆地层厚度大，使富含有机质的泥质沉积埋藏深，因而有机质热演化具备了良好的深度和温度条件。相比之下，深断陷型三级层序高位体系域以滨浅湖环境为主，碎屑沉积处于过补偿态，形成大量粗碎屑沉积充填，不利于藻类繁殖，有机质质量和数量均受到限制。牛38井沙三中亚段岩心分析资料就是很好的证明。牛38井位于东营凹陷南部的牛庄洼陷，于沙三中亚段2770～3376m连续取心606m。其上部（2770～3260m）为沙三中亚段三级层序的高位体系域，沉积相从下至上由深湖相渐变为浅湖相，微量元素Mn/Fe值逐渐减小，反映为水退环境。岩性为深灰色泥岩、砂质泥岩夹浅灰色粉砂岩、棕褐色细砂岩。其下部（3260～3376m）为湖扩展体系域的上部，沉积相为深湖相，微量元素Mn/Fe值最大，向下有降低的趋势。这说明此时水体最深，应为最大湖泛期。其岩性为深灰色泥灰岩及棕褐色、深灰色油页岩与深灰色泥岩互层。

牛38井岩心油页岩集中段有机质丰度最大。高位体系域泥岩中有机碳含量为0.46%～1.9%，氯仿沥青"A"含量为0.007%～0.17%；油页岩集中段的有机碳含量为2%～18.6%，氯仿沥青"A"含量为0.24%～2.28%。另外，高位体系域层段常见菱铁矿条带或少量分散状黄铁矿，而油页岩集中段多见球状黄铁矿颗粒，反映出湖盆水体由深变浅、沉积环境由弱还原相渐变为强还原相的态势。从化石组成上看，上部层段碳化的植物茎屑最发育，随着水体的加深而逐渐减少，至油页岩密集段处，高等植物碎屑稀少；而藻类及水生生物的变化趋势相反，上部稀少、下部发育。说明自上而下生物群由陆源植物碎屑占优势过渡为低等水生生物为主，证明油页岩集中段有机质类型良好。油页岩集中段油页岩、泥岩干酪根组成中，腐泥组分高达91.66%，角质体和镜质组各占4.36%，惰质体仅占0.13%，属典型的Ⅰ类干酪根。高位体系域泥岩干酪根组成中，腐泥组占31.4%～56.47%，镜质组占20.33%～48.17%，惰质体占2.07%～3.52%，干酪根类型上部为Ⅲ—$Ⅱ_2$型，下部转化为$Ⅱ_2$—$Ⅱ_1$。上述特征从而定量地证明了湖扩展体系域油页岩和泥岩有机质类型比高位体系域泥岩有机质类型好。

4.2 成烃超压与油气运移

利用声波测井和测压资料定量描述和研究发现，深断陷型层序具有异常超压特征[14-24]。异常超压大体上可以分为两种类型：一是高位体系域中发育的成岩超压，它主要与三角洲前缘沉积及成岩作用有关；另一种就是"成烃超压"，平面上主要分布在生油洼陷内部。纵向上，成烃超压与湖扩展体系域生烃层段相对应，主要发育两个峰值：$E_2s_3^{中}$和$E_2s_3^{下}$—$E_2s_4^{上}$三级层序生烃层段。

尽管形成超压因素较多，但在济阳断陷湖盆中成烃作用是形成异常超压的主导因素。200多口钻遇"泥岩裂缝油藏"的探井显示，这种"泥岩裂缝"主要发育于深断陷型层序湖扩展体系域的油页岩和油泥岩中，它们均具有超压特征，压力系数为1.2～1.8，初始产量一般比较高，有的达到100t/d，且不含水。由此可见，深断陷型层序湖扩展体系域的油页岩和油泥岩确实是重要的烃源岩，其中生成的烃类可产生高压而成为油气运移的动力。

利用储层流体包裹体分析方法对东营凹陷梁家楼油田的研究发现，油气运移是多幕次的，其中沙三中亚段烃源岩发生一次运移，沙三下亚段和沙四上亚段烃源岩发生两次运移。运移时间分别对应于东营组沉积末期、馆陶组沉积末期和明化镇组沉积末期。精细构造解释还发现，这3个时期存在微弱断裂活动，由此证明：幕式构造活动控制了幕式油气运移。

4.3 断裂坡折带与砂砾岩隐蔽油藏群

济阳断陷湖盆砂砾岩隐蔽油藏分布主要受断裂坡折带及低位扇的控制，具有成群成带分布的特点，且不同类型的断裂坡折带隐蔽油藏具有不同的分布特征。陡坡断裂坡折带一般表现为多层系叠合连片，断裂坡折带向湖岸一侧发育的是受冲积相控制的小型不整合或断块型油气藏，而向湖盆一侧发育的是受近源浊积扇控制的小型岩性油藏。缓坡断裂坡折带由于扇体规模较大，向湖岸一侧发育的是受下切水道充填砂体控制的小型岩性油藏，而向湖盆一侧发育的则是受远源浊积扇控制的中小型岩性和断块油藏（图7）。

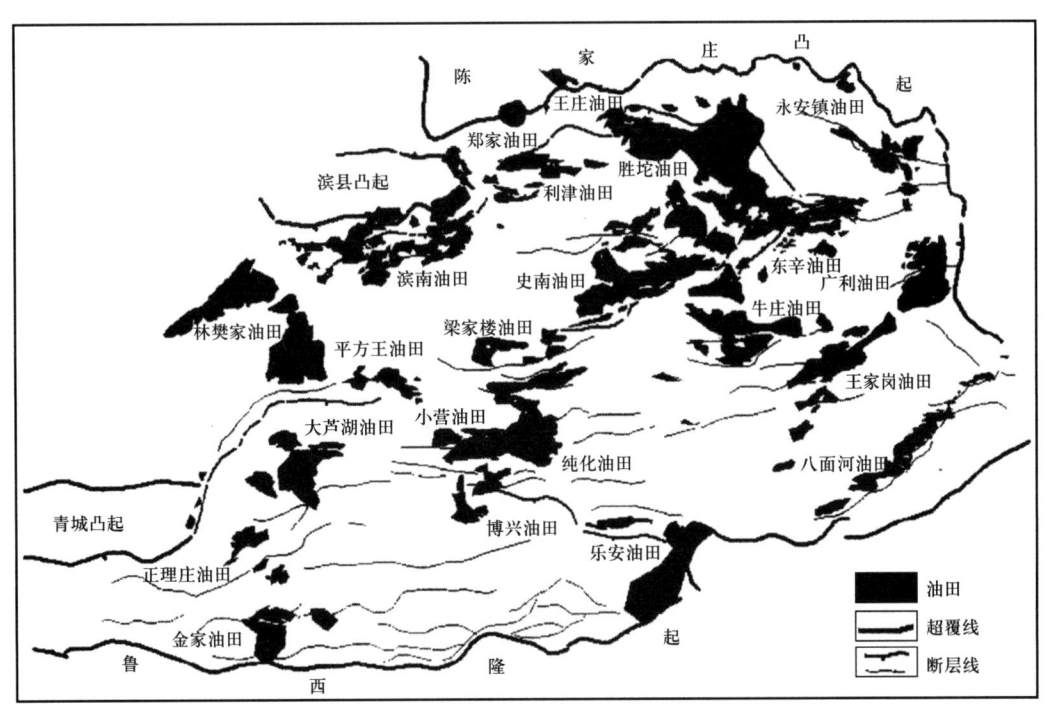

图7 断裂坡折带砂砾岩隐蔽油藏群分布图

4.4 砂砾岩隐蔽油藏勘探实践

陆相断陷湖盆层序地层学在砂砾岩隐蔽油藏勘探中的运用取得了显著效果。近4年来，针对济阳断陷盆地砂砾岩隐蔽油藏勘探共部署了探井148口，探井成功率提高了11%以上。共发现了91个砂砾岩隐蔽油藏，地质储量为$2.35×10^8t$，已产油$288×10^4t$。

济阳坳陷油气勘探成功经验可以归结为"四定"：（1）定带，根据同沉积断裂的研究和解剖确定断裂坡折带及其类型；（2）定层，通过三级层序的划分确定层序类型，并进一步划分体系域；（3）定砂体，进行体系域尺度的沉积相研究，特别是湖扩展体系域生油岩与低位扇的配套关系研究，选择潜在含油砂体;(4)定钻探目标,利用地震描述技术,对含油砂体空间分布特征进行定量描述,确定其圈闭要素。

5 结论

(1)济阳陆相断陷盆地具有清晰的三级层序格架,具有深断陷型和浅断陷型2种三级层序模式。

(2)湖相三级层序可划分为低位体系域、湖扩展体系域和高位体系域。其中深断陷型三级层序低位扇发育,它们具有良好的含油性。

(3)断裂坡折带控制低位扇分布和岩性油气藏群的发育与分布,并发育陡坡断裂坡折带、缓坡断裂坡折带2种成藏模式。

(4)深断陷型三级层序湖扩展体系域油页岩和油泥岩是良好的烃源岩,发育成烃超压,它是油气运移的主要动力。

参 考 文 献

[1] C.K.威尔格斯.层序地层学原理—海平面变化综合分析[M].徐怀大,魏魁生,洪卫东,等译.北京:石油工业出版社,1991.

[2] VAN WAGONER JC, POSAMENTIER H W, MITCHUM R M, et al.Siliciclastic sequence stratigraphy in well, cores and outcrops: Concept for high-resolution correlation of times and facies [C].AAPG Methods in exploration series, 1990, 7.

[3] GALLOWAY W E. Genetic stratigraphic sequence in basin analysis I: Architecture and genetics of flooding surface bounded depositional units[J]. AAPG Bulletin, 1989, 73(8): 125-142.

[4] MIALL A.D-Stratigraphic sequences and their chronostrati graphic correlation [J].Journal of sedimentary petrology, 1991, 25(61): 497-506.

[5] 王秉海,钱凯.胜利油区地质研究与勘探实践[M].东营:石油大学出版社,1992.

[6] 宗国洪,肖焕钦,李常宝,等.济阳坳陷构造演化及其大地构造意义[J].高校地质学报,1999,5(3):275-282.

[7] 宗国洪,施央申,王秉海,等.济阳盆地中生代构造与油气[J].地质论评,1998,44(3):289-294.

[8] 胡受权,郭文平,颜其彬,等.断陷湖盆陆相层序中体系域四分性探讨[J].石油学报,2000,21(1):23-28.

[9] 邹金华,张哲,王柏轩.内陆凹陷层序地层的关键界面及其有关问题[J].地层学杂志,2000,24(1):78-83.

[10] 刘立,王东坡.湖相油页岩的沉积环境及其层序地层学意义[J].石油实验地质,1996,18(3):311-316.

[11] 杨剑萍,姜在兴,陈发亮,等.惠民凹陷下第三系湖相沉积密集段特征[J].石油大学学报(自然科学版),1998,22(4):21-24.

[12] 张世奇,纪友亮,宁学功.东营凹陷下第三系湖相密集段特征[J].石油大学学报(自然科学版),1997,21(2):47-52.

[13] 朱玲,樊太亮.密集段的识别标志及地质意义[J].石油与天然气地质,1997,18(2):161-164.

[14] 彭大钧,李仲东,刘兴材,等.济阳盆地沉积型异常高压带及深部油气资源的研究[J].石油学报,1988,9(3):9-17.

[15] 谯汉生.渤海湾地区异常高压与烃的生成及运移[J].石油勘探与开发,1985,12(3):1-4.

[16] 解习农,刘晓峰.超压盆地中泥岩的流体压裂与幕式排烃作用[J].地质科技情报,1998,17(4):59-64.

[17] 张金功,王定一,邸世祥,等.异常高压泥岩中的开放裂隙的分布和油气的初次运移[J].石油与天然气地质,1996,17(1):27-31.

[18] 陈荷立,罗晓容.砂泥岩中异常高流体压力的定量计算及其地质应用[J].地质论评,1988,34(1):54-63.

[19] 胡济世.异常高压、流体压裂与油气运移(上)[J].石油勘探与开发,1989,16(2):16-23.

[20] 胡济世.异常高压、流体压裂与油气运移(下)[J].石油勘探与开发,1989,16(3):16-23.

[21] 李明诚.断陷盆地中油气运移研究方法的探讨[J].石油实验地质,1988,10(2):95-101.

[22] 陶一川.油气运移聚集的流体力学机理问题[J].石油与天然气地质,1983,4(3):254-268.

[23] 昝立声.声波时差曲线对确定生油岩高压带和地层剥蚀厚度的应用[J].中国海上油气(地质),1989,3(4):37-41.

[24] 曾溅辉,郑和荣,王宁.东营凹陷岩性油气藏成藏动力学特征[J].石油与天然气地质,1998,19(4):326-329.

原文发表于《石油学报》2003年第3期

Exploration of Subtle Trap in Jiyang Depression

Li Pilong   Zhang Shanwen   Xiao Huanqin   Wang Yongshi   Qiu Guiqiang

(Shengli Oilfield Ltd)

Abstract: This article analyses the procedure of exploration of the Tertiary subtle trap in Jiyang depression and divides the Tertiary subtle trap into 3 types (lithologic reservoir, stratigraphic reservoir and fractured reservoir) and 8 groups, then summarizes the common feature and founding discipline of the subtle trap and finds 4 accumulating modes including steep slope mode, depression mode, center anticline mode and gentle slope mode. Its main exploration methods are explicated from the viewpoint of reservoir geological modeling, description of recognizing traps and comprehensive evaluation of reservoir and so on.

1 Introduction

The definition of a subtle reservoir was brought out by American geologist Leverson in the 1970s and it referred to the reservoir that was difficult and complex to find. In this paper, the subtle trap refers specifically to the reservoir that is difficult to find by using common technology and mainly for lithologic reservoir and stratigraphic reservoir, according to the feature of subtle trap in the continental rifted basin of China.

The exploration of the subtle trap in the Jiyang depression can be roughly classified into three cases:

Accidental finding (1960s~middle 1970s): In well Ying 2 high-production industrial oil flow of 555 tons per day was found in the lithologic body of Sha3 section on September 23, 1962. It started the exploration of subtle traps in the Shengli Oilfield. Then Yong 1 gravel-sand fan reservoir, Yi 13 intrusion reservoir and other subtle trap reservoirs were found. In this case the exploration was focused on tectonic reservoirs and the finding of subtle trap reservoir was accidental and the sum of reservoirs was small.

Accompanying exploration target case (middle 1970s ~ early 1990s): The compound oil reservoir accumulation theory was produced by this case. By actively utilizing seismic stratigraphy, sequence stratigraphy and other newly formed theories, it is inevitable for the oilfield to explore subtle traps and begin to overcome the difficulties in the description of reservoirs. Then in succession a series of small oilfields and other bigger subtle reservoirs were found in Zhuangxi, Niuzhuang, Bonan, Wuhao-zhuang and so forth. But in the component of proven reservoirs, the subtle trap reservoirs are less than 1/3 and in a secondary place.

Main target exploration case (the 1990s to date): Subtle trap reservoirs are the main exploration target, occupying a leading position in proven reservoirs. The "slope break belt-lowlying fan" theory begin to take shape, and the oil reservoir description technology is applied in different types of subtle reservoirs, proving successful in such places as Daluhu Oilfield in the Boxing sag, the north steep slope gravel-sand fan reservoir in the Dongying depression, the Chengdao, Guangrao and Futai buried-hill oil reservoirs, and Shang 741, Luo151 and Binnan igneous reservoirs.

The exploration practice of subtle reservoirs in the Jiyang depression stated earlier with great input (such as a great deal scale of 3-D seismic and drilling technologies, the widely-used FMI and nuclear magnetic resonance and other advanced technologies). The subtle reservoirs found are various and the reserves are also huge. The subtle reservoirs have typical meanings, which is the main exploration target of nowadays and future. Therefore, a summary of the cognition of subtle reservoirs and related methods is important to described exploration in old areas and to the strengthening of new areas.

2 Type of subtle reservoirs

Subtle reservoirs can be divided into three kinds——lithologic reservoir, stratigraphic reservoir and fractured reservoir, according to the formation type of the trap and in view of their easy operation. Compound reservoirs are not listed separately, which is classified according to their main controlling factors. The fault lithologic reservoir, for instance, can be included in a lithologic reservoir type (Fig. 1).

Reservoir classification	Kind	Mode	Example
Lithologic reservoir	Lithologic updip pinch-out reservoir		Tuo 142
	Lithologic lenticular reservoir		Ying 11
	Ancient fluvial channel sandstoue reservoir		Zhuang 106, Chun 47
	Organic reef reservoir	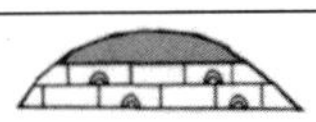	Pingfangwang
	Physical sealing reservoir		Yong 921
Stratigraphic reservoir	Stratigraphic overlap reservoir		Chenjiangzhuang
	Unconformity barrier reservoir		Chengke 1
Fractured reservoir	Fractured reservoir		Shang 741, He 54

Fig.1 Types of the tertiary subtle trap reservoirs in the Jiyang Depression

As a typical continental rifted basin, subtle reservoirs in the Jiyang Depression have their own features mainly in the following aspects:

(1) Many kinds and wide distribution: These type of reservoirs include not only the clastic rocks, carbonate rocks, but also igneous rocks, metamorphics and mudstone fracture reservoirs in view of the reservoir type; seen from the type of trap, it includes all kinds of lithologic reservoirs and other kinds of stratigraphic reservoirs and has a wide distribution in different tectonic areas of the basin.

(2) Large differences in the scale of reservoirs: The scales of individual reservoirs are quite different. For example, a small single fan of a slump turbidite lithologic lenticular reservoir can occupy an area of less than 1km^2, with a reserve of only several hundred thousand tons; whereas a big single fan can be over 10km^2, with a reserve of over ten million tons (in Ying11 lenticular lithologic reservoir).

This means: (1) The exploration potential in the continental rifted basin is great and its percentage of reserve is larger than that of a marine facies basin; (2) The exploration of the continental rifted basin is a difficult and long-term job. Because of the complexity of the reservoir types and the small scale, it requires the geological modeling to be accurate and descriptive, and the exploration methods diversified. At the same time, it makes the exploration a long repeated procedure of practice and understanding.

3 Distribution of subtle reservoirs

The distribution of subtle reservoirs in the Jiyang Depression has a close relationship with the second-order positive or negative structural belt, and a series or groups of distribution. Accumulation modes of the four zones are set up in the Dongying Depression as an example according to the tectonic change and sedimentary feature in its secondary tectonic belt in combination with the relationship between time and space of generating rock in such aspects as generating, expelling, transferring and accumulating.

3.1 Accumulating mode of the steep slope reservoir

The controlling fault on depression that has developed over a long period can control the Tertiary sedimentation, and, because of the gravity and transt-ensional stress field, form all kinds of tectonic styles, such as the Tuo-Sheng-Yong fault associated anticline belt. The Chennan huge fault is an almost west-east ancient fault erosion surface, with its dip between 15°~30°. Near the wide sedimentary depression is formed an ancient landform with ditches and cambers between each other. It can be found to be a low or high, wide or narrow fault terrace, because of the continual development of a second fault. This special ancient landform determined the characteristic of this sedimentary belt with the near source, many sources, the large width of sedimentary bodies (3000~5000m) and rapid change of facies. There are mainly delta, alluvial fan and turbidity fan sedimentary styles, corresponding to are six gravel-sand fans formed in different places, namely braided river deltas, fan deltas, alluvial fans, coastal subsurface fans, steep slope deep water turbidity fans and costal sand frontal slump turbidity fans.

On the steep slope belt are mainly four kinds of reservoirs whose distribution is regular (Fig. 2). In the deep water of the lake basin are lithologic reservoirs (such as Tuo 71 lenticular reservoir and Tuo142 sandbody updip pinch-out reservoir); in the fault terrace of the lake basin are tectonic-lithologic reservoirs (like Tuo 121, Yan 16, Yan 18 and Li 371 reservois); at the edge of the lake basin are stratigraphic overlap reservoirs (like Shanjiasi and Wang-zhuang gravel-sand fan stratigraphic reservoirs); bpuried-hill reservoirs and upper Tertiary tectonic reservoirs are easily formed at the bulge. Moreover, the main controlling fault has intense actions, which can lead to deeper magma invasion or blowout and form a medium or small-scale igneous rock reservoir (like Bin 674 reservoir and so on).

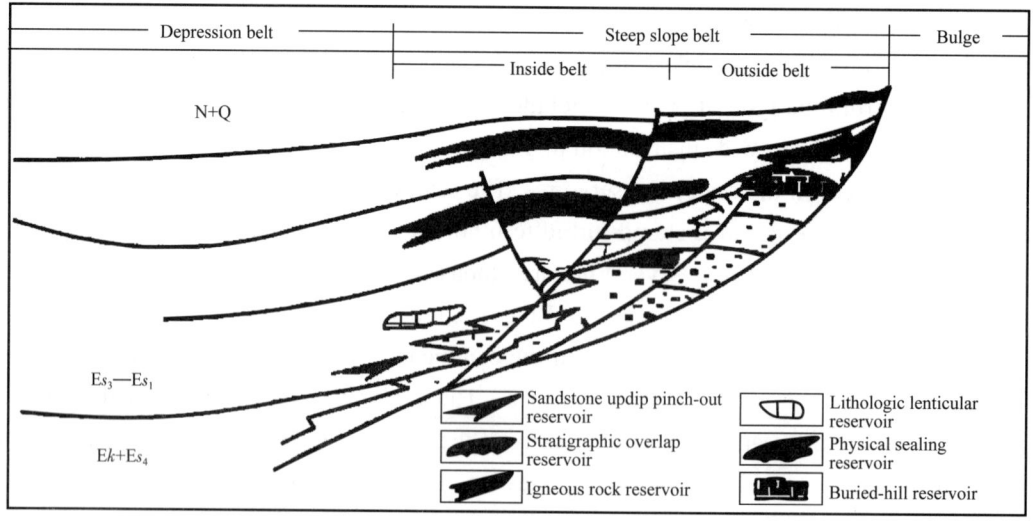

Fig.2 Accumulating mode of a steep slope belt reservoir

3.2 Accumulating mode of the depression reservoir

A depression belt is a negative secondary tectonic belt widely distributed in the Jiyang Depression. In the Dongying Depression are Lijin, Minfeng, Boxing and Niuzhuang 4 secondary depressions formed because of the isolation of the central uplift. This belt is the sedimentary center of the basin and usually a deep lake facies sedimentary area and also the center of source in the basin. Gentle slope belt, central uplift delta and fan delta front sandbody slumping sedimentation can develop a large sum of turbidity sandbody and form many fine particle primary sandstone lenticular reservoirs (like Niuzhuang, Daluhu and Feng 11 reservoirs and so on). The scale of the reservoirs is related directly to the size of depression and sandbody (Fig. 3). Big depression and big sandbody can form big oilfield; small depression and small sandbody can form small oilfield. The generating and expelling of hydrocarbon is intense in the depression, making it easy to form different scales of mudstone fracture reservoirs (like He 54, Yong 54 and Li 983 and so on) in the transitional area of the positive tectonic belt.

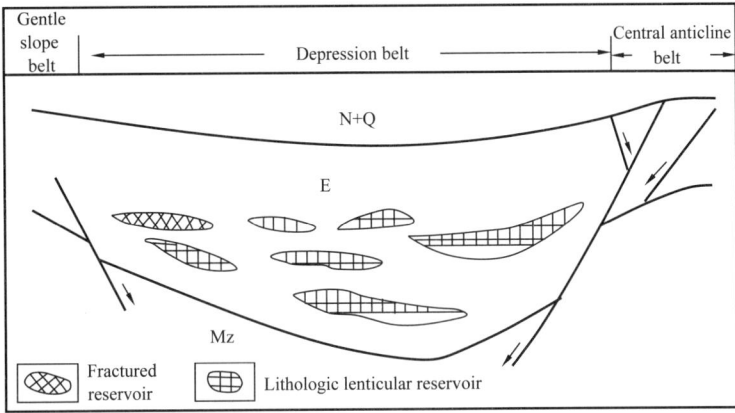

Fig.3 Accumulating mode of a central anticline reservoir

3.3 Accumulating mode of the Central anticline reservoir

The rift of the Cenozoic is intense in the Jiyang Depression, where formed many contem-poraneous faults with the Tertiary sedimentation and also formed a large-scale central uplift in the opening depression. The central anticline belt of the Dongying Depression is formed by the action of the Chennan fault that leads to the plastic uplift of Sha 4 section salt rock. On top of the central anticline there are many groups of northeast and northwest faults. Because of the fault well development, the outlook of tectonics is so complex that many kinds of traps are formed, such as anticline, nosing structure and fault block. The evolution of the central anticline has the characteristic of contemporaneous deposition uplift near the depression, usually located in the shallow lake-deep lake area of the sedimentary basin and also is a suitable places for the deltaic deposit. Therefore, it is good for sedimentary reservoir. Large-scale delta front sandbody is directly overlapping on the top of early source rocks or inserted into the hydrocarbon-generating depression from both sides. Then it will be a good source-reservoir-migration-accumulation system and create good conditions for the formation of medium-sized and big oilfields (like Dongxin, Xianhezhuang and Haojia reservoir and so on).

This belt is a compound reservoir accumulation belt that is made mainly of tectonic reservoirs (Fig. 4). But the recent exploration demonstrates that in the bed under Sha 3 section are widely distributed lithologic reservoirs, such as Ying931, He89 and Xin158, most of which are lenticular reservoirs with high pressures and high outputs, and on the sides there are also sandbody updip pinch-out reservoirs developed.

3.4 Accumulating mode of the gentle slope reservoir

The gentle slope belt is a secondary tectonic belt which well developed in the Jiyang Depression. There are outside uplifts and inside depressions in this tectonic belt and the slope is of a low angle (0°~30°). The tectonic activity lasted a long-time, leaving a large nosing structure and basin dip faults. There are also many unconformities and alluvial fans, fan deltas and bioclastic limestone and so on.

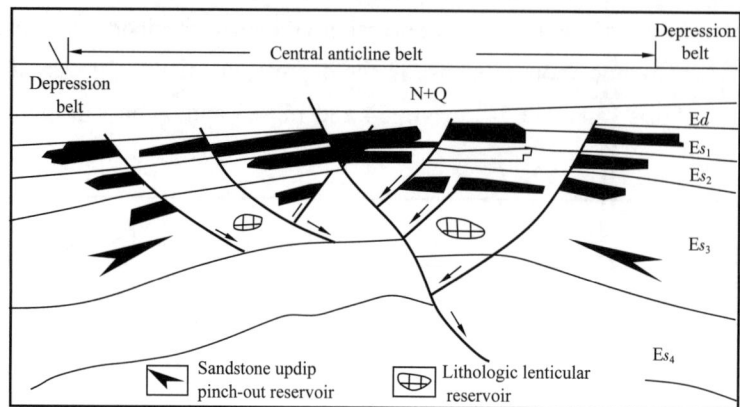

Fig.4 Accumulating mode of a central anticline

Because the tectonic belt is wide and there exists an inhomogeneity of the tectonic belt evolution and sedimentation, it can be classified into an inside belt, a middle belt and an outside belt from the depression to the salient direction. The outside belt is near the salient and has many large-scale gentle slope alluvial fans, several unconformities and stratigraphic pinch-out belts, which are mainly formed medium-sized and large scale stratigraphic and lithologic heavy oil reservoirs (such as Le'an, Jinjia and Bamianhe oilfields). The middle belt is the main body of the gentle slope, with many faults developed and also a best-developed place of fluvial fades (Fig.5). The fault and the sandbody of fluvial fades together can usually form small and medium-sized lithologic-block oil pools (like Wangjiagang reservoir), and downcutting fluvial channel sandbody reservoir (like Chun 47 reservoir). The inside belt is near the subsided center, and has a lot of basin dip faults, which to some extent control the sediment. There are many fan deltas and low-lying fans in this area, which is the best place to look for medium-sized updip pinch-out and lenticular lithologic reservoirs (like Liangjialou and Qiaozhuang oilfields).

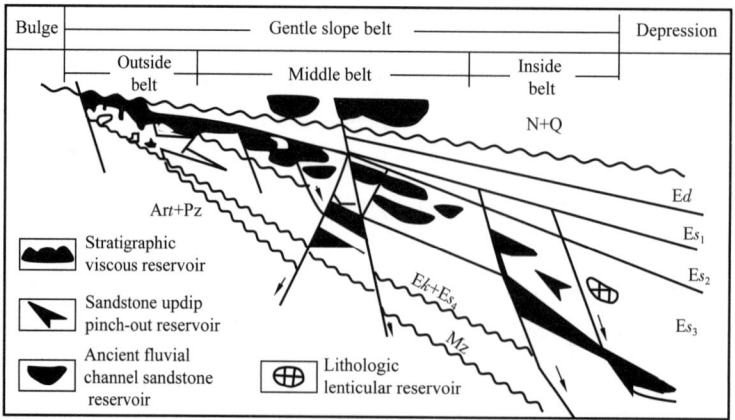

Fig.5 Accumulating mode of a gentle slope reservoir

3.5 Net carpet reservoir system

"Net carpet reservoir system" ("net carpet" called for short below) is a secondary reservoir array in the basin formed by the net carpet transportation and accumulation (Fig. 6). The so-called "net" means the oil source passage net bed under the system (which is made of fault and unconformity that passes through the reservoir source beds) and the upper reservoir accumulating net beds (which are made of dendritic sandstone lenticular connected with the secondary fault net); the "carpet" means that the stable-distribution transporting bed is like a carpet, and hydrocarbon from other sources transported by the source fault accumulates like a carpet. Because the oil source fault net activity is a kind of curtain activity, the transporting of the hydrocarbon from other sources to the storage bed has occurred many times. An accumulating reservoir in the storage bed can spread and be transported at different periods and also has accumulated transport along the secondary fault net upward onto the upper reservoir accumulating net. At last, it is transported to the trap and forms a pool along the cubic distribution sandbody-fault transporting net. The net carpet system can be classified into 3 levels: The first class is a reservoir-forming system, and a sole reservoir storing unit which includes one or more reservoir-forming arrays; the second class is a reservoir-forming structure, and is made of a oil source passage net bed, a storage bed and a reservoir accumulating net bed from top to bottom; the third class is the key factor of reservoir formation. Each level has its specific controlling factors and connection ways. The three can affect and connect with each other. The Jiyang Depression is an oil-rich depression in the Bohai Bay basin, and the reservoir in the upper Tertiary has the characteristic of "net carpet reservoir system".

It has been proven by experiments that, under the conditions of oil-water two-phase curtain flooding, the oil under the storage bed enters the storage bed along the oil source fault. First it forms carpet accumulation and migration. With the increase of input oil, the oil will be transported vertically along all kinds of faults, laterally along the highly permeable Sandbody above the barrier bed and along the storage bed under the barrier bed. Then it forms a reservoir in a suitable place (Fig. 7).

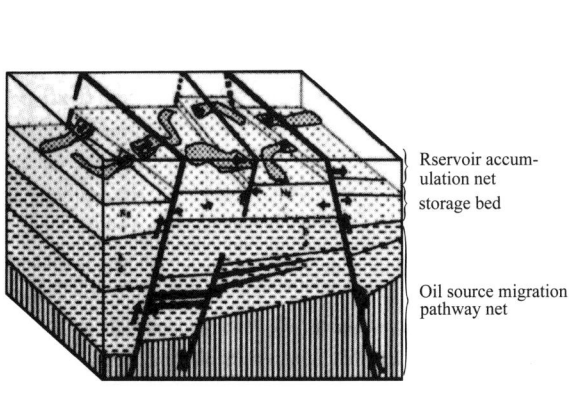

Fig.6 Reservoir-forming mode of net carpet migration and accumulation

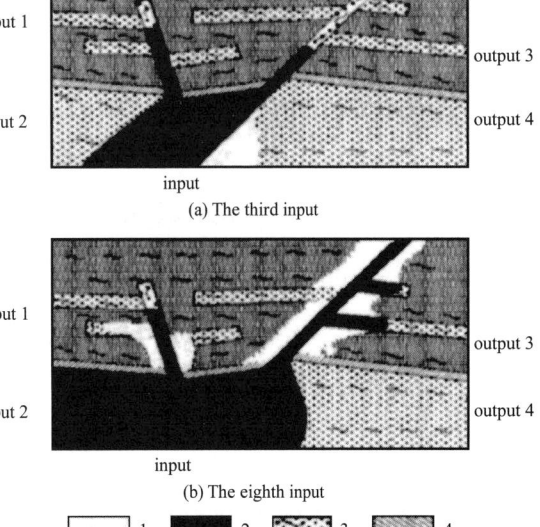

Fig.7 Oil transportation and accumulation process under oil-water two-phase curtain flooding condition

1, 2—Different oil saturation reservoir (from 1-2 oil saturation increase); 3—Water bed; 4—Cap formation, mudstone or barrier

The upper Tertiary net carpet reservoir-forming system in the Jiyang Depression has a three-level structure: lower oil source passage net bed can provide abroad source for the upper Tertiary; in the middle is the storage bed where the oil forms carpet accumulation; the upper bed is an oil accumulating net bed, where the oil is transported and accumulated through a sandbody-fault transporting net. This lithofacies is decided by the size of accommodation space, which grows from small to large in the process of the fluvial sequence development. Under the control of source fault curtain activity, source rock cyclically transports the oil upward along the fault, first into the storage bed, then transported in a carpet like radiating way. Through the accumulating net forming reservoir, there can be formed the reservoir-forming array of a buried-hill drape tectonic style, a lithologic style and a stratigraphic style. The existence of the thick carpet transporting bed below and the dendritic sandstone lenticular above the fluvial sequence structure is the premise of a net carpet reservoir-forming system; there are source fault net and connecting fault net between the storage bed and the oil accumulating net bed in the net carpet reservoir-forming system, they are the key factors of abroad source transporting upward; there are traps between the storage bed and the oil accumulating net bed, it is the core of forming a secondary reservoir. This new petroleum geology theory brings out a new way to explore secondary reservoirs.

Although there are a lot of Tertiary subtle reservoirs developed in the Jiyang Depression, its distribution is not equable and disciplined in view of the belt, or the sequence or the type, for example, by the end of 2000, of the proven reserves of the subtle reservoir in the Dongying Depression, the steep slope belt accounts for 26.4%, the depression for 14.1%, the central anticline belt for 34.9% and the gentle slope belt for 24.6%. The reservoir is deep and subtle in the depression belt, and exploration is also late, so it is usually the backup exploration field in thebasin; from the view of thesequence, the target beds above Shang4 section have high-level of exploration and 94.6% of the subtle reservoir has been proven, but in the deep bed there is still great exploration potential; from the view of the type, in the proven subtle reservoir reserves, the lithologic updip pinch-out reservoir accounts for 56.6%, the stratigraphic overlap reservoir for 23.9%, the lithologic lenticular reservoir for 8.4% and the unconformity barrier reservoir for 7.4%, whereas the ancient fluvial channel sandstone reservoir, the organic reef reservoir, the physical barrier reservoir and the crack reservoir occupy a small percent in the proven reserves (3.7%), because of its small scale and great subtlety.

4 Exploration technique of the subtle reservoir

4.1 Technique of geological modeling

The establishment of a geological model is the basis of reservoir description, which includes the analysis of geologic origin facies, seismic facies and logging facies.

4.1.1 Analysis of geologic origin facies

It is crucial to seriously analyze the origin facies combination of the lithologic body, conform the advantageous origin facies to the reservoir, when it is carried on the academic facies analysis of high-resolution sequence stratigraphy. The working process begins at the facies analysis from a single well, and extends to both the section profile and plane profile.

4.1.2 Analysis of seismic facies

The so-called seismic facies is a series of seismic reflection units within distribution limitation, whose seismic reflection parameter (such as reflection construction, geometric profile, amplitude, frequency, continuity and interval velocity) is different from the neighbor one. For the sedimentary body, the seismic facies can be interpreted as the sum of the principal characteristics of sedimentary facies against the seismic reflection section. The research of seismic facies is the sufficient complementarity to the sedimentary facies research that started from a single well. An advantageous geologic body and reservoir body can be identified by utilizing the seismic facies characteristics.

4.1.3 Analysis of logging facies

Logging facies is the sum of logging reflection characteristics, which is related to the sedimentary facies and the reservoir characteristics. The research of logging facies must be based on the research of basic geologic information, mainly the description of sedimentary micro-facies and the formation's vertical change characteristics.

The final result is a "combination of the geologic origin facies, seismic facies and logging facies", verifying and matching each other, then establishing the real 3-dimensional geologic model.

4.2 Technique of trap identification and description

4.2.1 High-resolution seismic technique

The subtle reservoir is often thin and difficult to identify and describe, so improving the seismic resolution is an efficient method to identify the subtle trap.

The Shengli Oilfield has carried on the work of acquisition and processing on high-resolution 3-dimensional seismic information. The obtained high-resolution 3-dimensional seismic information improved the forecasting accuracy of a sandstone body and helped to find a large amount of lithologic reservoirs such as Shi128, Niu101, Xin101 and other lithologic reservoirs in the Shinan-Niuzhuang area of the Dongying Depression. Re-acquisition and re-processing of high-resolution seismic information in Linyi-Tianjia area of the Huimin Depression improved the quality of the information, resulting in the finding of Shang 543 and other large-scale lithologic reservoirs, extending the Jishan sandbody oil-bearing range to the west.

4.2.2 Analysis technique of high-resolution sequence stratigraphy

Performing a high-resolution sequence formation analysis by utilizing high-resolution 3-dimensional seismic information, researching an isochronal formation frame and a reservoir 3-dimensional model, are very important for the research of oil generation, storage and accumulation, which is the base of a complex subtle reservoirs accumulation system analysis. On the basis of an isochronal formation frame, sedimentary facies and sedimentary micro-facies, we may dimensionally plot different kinds of sedimentary bodies, establish the model of a subtle trap and its reservoir rock distribution, then forecast the characteristics and the scale of a low-exploratory-degree area and the subtle trap.

By analyzing a high-frequency sequence in the Dongying delta and the research of delta turbidity rock distribution, the blindness of exploratory on lithologic reservoirs was reduced sufficiently, to some extent it is very important to increase the success rate of exploratory wells and the benefit of exploration. It achieves a fine effect on deciding the space distribution, seek the optimal target for drilling through sandbody tracing and description. With the expansion of the oil-bearing range, the proven oil-bearing area is 38.6km^2, and the geological reserve is 31.1 million tons.

4.2.3 Log constraining inversion reservoir forecasting technique

Wave impedance inversion technique is a method that has been employed widely in recent years. Log constraining wave impedance inversion is a method that, based on logging information and controlled by the seismic information, carries on correlation analyses with the logging information through a well-side channel, after obtaining the best matching relationship of sound and impedance, to extrapolate from the well point step by step. This technique has made use of the vertical high-resolution of logging and the horizontal continuity of seismic information, improving the resolution and accuracy of formation identification. Nowadays it has been employed for the forecasting of a clastic reservoir to determine its scope and thickness. For example, by forecasting in Chengdao area of the fluvial facies of the Guan upper section in Laohekou area, a fine effect has been achieved with the use of log constraining inversion, 30 sandbodies of 8 wells in Chengdao checked (Fig. 8). Results showed that the maximum depth error was 7.8m, the average depth error 3.0m, the maximum thickness error 4.6m, and the average thickness error 4.6m. The effect was obviously good.

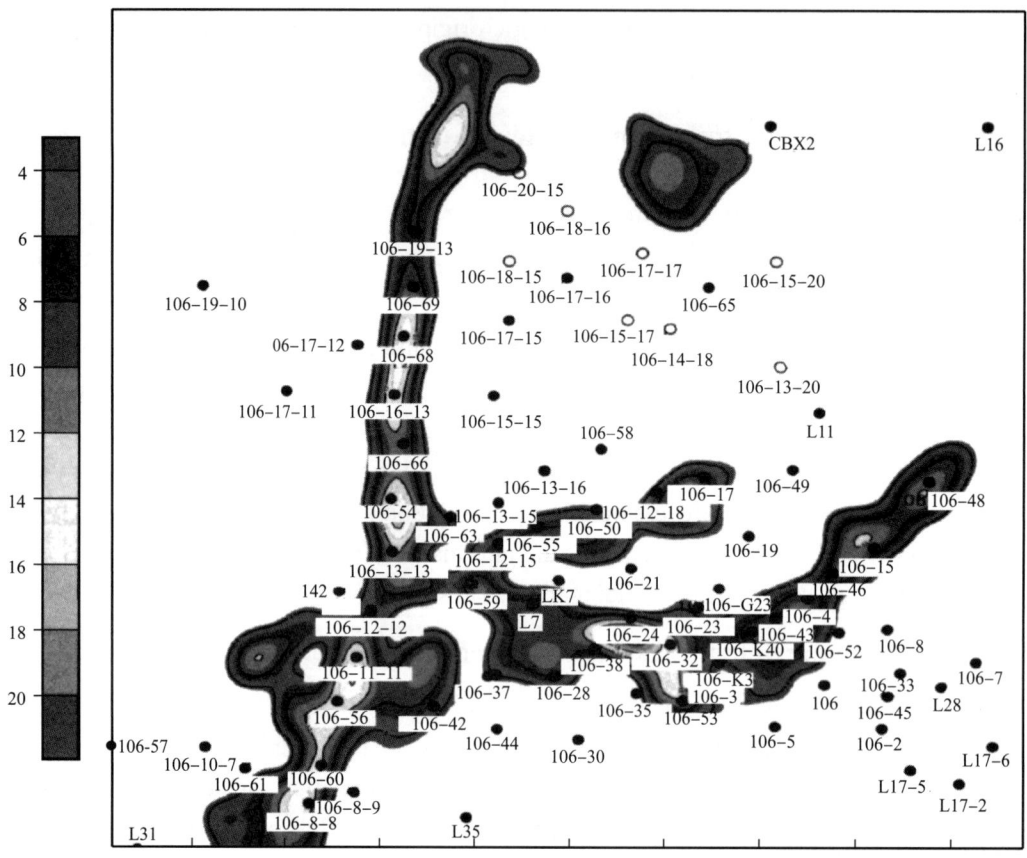

Fig.8　Logging constraining seismic inversion results of Guantao suite meandering river sandbody in Lao Hekou area

4.3　Aggregated evaluation technique of the reservoir

Aggregated evaluation technique of the reservoir includes the aggregated evaluation technique of the subtle trap and storage bed, the identification and description technique of reservoir, and the formation pollution damage logging evaluation technique.

4.3.1　Aggregated evaluation technique of the subtle trap

Aggregated geological evaluation and screening of all the lithologic traps resulted from geological-geophysical description. The main content of the evaluation is oil bearing in the trap, predicting the scale of the reserve and the risk of exploration. On the basis of aggregated geological evaluation, classifying and optimally seeking exploratory targets, deciding the advantageous exploratory target is the main reason of exploratory deployment. By gathering all the advantageous lithologic reservoir targets to form a lithologic reservoir group, the specific exploratory deployment is made, after researching the overall exploratory deployment on the basis of the target group.

4.3.2 Aggregated evaluation technique of the storage bed

Aggregated evaluation technique of the storage bed is used to identify high-frequenay sequence sedimentary facies and micro-facies and to determine the general type of reservoir origin according to the research of lithologic facies, logging facies and seismic facies. By studying the sandbody's continuity and geometric profile, the formation's inner, interstratal and plane heterogeneities and its main influential factor, analyzing and controlling the main element of change, and summarizing its relationship with oil and gas accumulation, different kinds of subtle reservoir's geological models are established.

The "three element" reservoir aggregated evaluations method is applied on the intrusive rock formation. It comprehensively includes the three main factors that influence the development of the intrusive rock fracture (Fig. 9), which are the lithofacies (lithofacies element), the fractures (fracture element) and the flexural deformations of the formations (flexural deformation element) formed by the later tectonic stress. This technique has a sufficient geological base, it is fit for an early qualitative evaluation of the intrusive fracture formation, it may be used to manage the work of exploratory and rolling wells.

4.3.3 Identification and description technique of the reservoir

The subtle reservoir is very heterogenous, making it difficult to characterize its storage series and decide its hydrocarbon-bearing status. For some specific formations such as gravel-sand body, gray rock, igneous rock, mudstone fracture, a new logging technology (FML acoustic imaging, nuclear magnetic resonance logging, and so on) is used to reach the aims to identify the reservoir accurately, obtain the reservoir parameters and recognize the hydrocarbon-bearing status.

The imaging logging method can reflect the inner micro-structure of the formation exactly, directly and conveniently, and provides the detailed geological characteristics. In the exploration in the Chengnan fracture belt and the northern area of Dongying, it is very useful for the formation evaluation and structure, the research of sedimentary facies, and for solving the sedimentary source orientation of the gravel-sand body (Fig. 10).

The nuclear magnetic resonance logging can offer directly the content of fluid and pore distribution, especially the amount of free fluid. It also can estimate the permeability exactly. It has an obvious advantage and applied potential on the part of logging evaluation of identifying a gravel-sand oil reservoir, feasible for performing formation classification directly. After analysis and processing, combined with regular logging information, it may increase and improve the computing accuracy of the formation parameters and the exactness of explanation and evaluation of oil, gas and water.

4.3.4 Formation pollution damage logging evaluation technique

The formation pollution damage logging evaluation technique includes the static mechanism diagnose and the analysis of oil formation damage and the sensitivity analysis of a dynamic flow test. The successful forecasting software system used for computing oil formation damage can characterize the oil formation damage types automatically, provide a plan for oil formation protection, with a veracity over 70%. Its success is very important to the increase of the economic benefit of the oil field. Its utilization in Chexi, Gubei, Lijin and other places also is very successful.

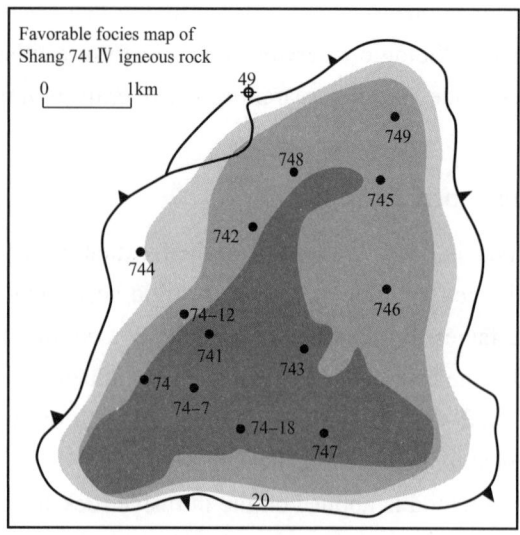
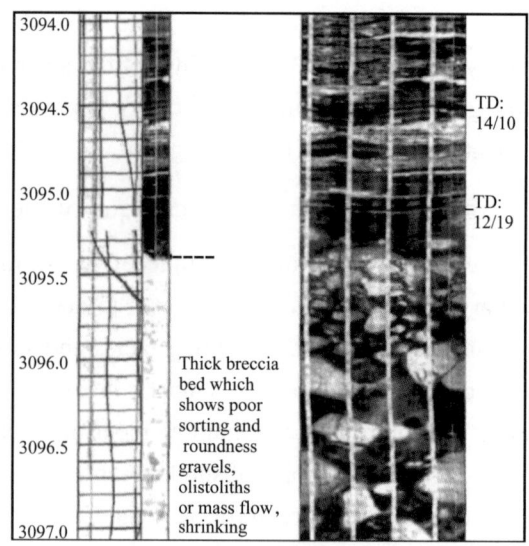

Fig.9 Comprehensive evaluation of igneous rock three-element reservoir bed

Fig.10 Well Tuo 711 imaging log

Acidization is a conventional method for solving barrier and reconstructing of oil formation. Recently the rotating high-pressure water jetting technique, multilevel injected closed acidization technique and other ones have been developed and utilized on the project of a 4000m deep well acidization for more than 200 times, and the successful rate is over 96%, achieving fine economic results.

5 Conclusions

(1) The tertiary subtle reservoir of the Jiyang depression developed widely. It can be divided into three types and eight terms and regularly distributed in each secondary tectonic belt, and different oil accumulation models exist on different secondary tectonic belts.

(2) The base of a subtle reservoir exploration is establishing a fine geological model respectively for different kinds of reservoir rock. The core content of a subtle reservoir exploratory technique is the forecasting and descripting of the reservoir. The aggregated application, confirming and complementing each other among different kinds of techniques is crucial to the success of a subtle reservoir exploration.

(3) The theory and exploratory technique of subtle reservoir have found their wide application. 347.98 million tones of reserve is obtained in the subtle reservoir of the Jiyang depression during the Ninth Five-Year plan period, which is nearly 60% of the total reserve. These regular recognition and matured matching techniques formed in the long-term exploratory practice is significant and valuable for exploration here after in the Jiyang depression and other continental rifted basins.

原文发表于《Petroleum Science》2004年第2期

东营凹陷深陷期构造坡折带与低位扇序列

隋风贵 郭玉新 王宝言 曹建军

(中国石化胜利油田地质科学研究院)

摘　要：以钻井剖面相分析资料为基础，结合岩性、测井、地震响应特征及层序类型分析，研究东营凹陷深陷期层序的构成，着重探讨其中低位扇的沉积相类型、发育的控制因素及沉积序列。认为低位扇与构造坡折带有密切的成生关系，坡折带类型、规模和发育部位控制了低位扇的类型、规模和分布，形成了典型的陡坡型和缓坡型低位扇沉积序列。陡坡型低位扇体在"有限后退或持续下陷型"边界断裂控制下，从盆缘到中心依次发育了冲积扇、扇三角洲、近岸水下扇和深水浊积扇序列；缓坡型低位扇体在断裂坡折带控制下，发育了盆缘陆上下切谷充填及低位辫状三角洲、扇三角洲及缓坡深水浊积扇序列。

　　断陷盆地深陷期广泛发育的低位扇砂体的生储盖匹配关系极佳，在陆相断陷盆地隐蔽油气藏的勘探中被广泛关注[1-8]。近年来，对东营凹陷原发现的梁家楼沙三上亚段砂体[9]和五号桩沙三中亚段砂体的沉积与层序特征的深入研究证实，它们均属低位扇，为胜利油区最大的岩性油气藏；松辽盆地东南隆起区有68%左右的油气储量位于低位体系域。运用经典的层序地层学方法预测海相盆地低位扇砂体油气藏分布已有相当多的成功实例[10-11]，但目前在陆相断陷盆地中的突破还少。低位扇是陆相断陷盆地未来增产稳产的重要领域，开展低位扇的研究具有重要的理论与实践意义。

1　东营凹陷深陷期沉积充填特征

　　东营凹陷总体走向为近东西向，北部边界断裂活动强烈，控制了整个凹陷的沉积演化[12]，平面划分为北部陡坡带、中央洼陷带和南部缓坡带（图1）。

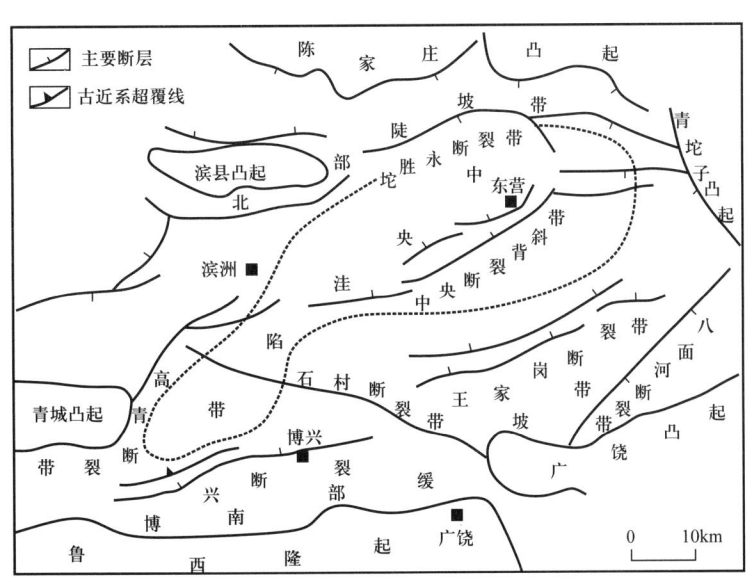

图1　东营凹陷构造单元及构造带展布图

　　裂陷（谷）盆地都表现为断陷盆地[13]，通常经历了初始裂陷期、深陷期、萎缩期三个基本演化阶段。但有的裂陷盆地萎缩期尚未进行彻底，又可再次扩张或再裂陷，形成多幕的裂陷—充填旋回，如渤海湾盆地就经历了早期裂陷、深陷、再裂陷、裂陷减弱等演化过程[14]。

深陷期是断陷湖盆快速沉降的主要发展阶段，整体处于气候湿润—潮湿期的二级气候影响时期，湖水较深，深湖—半深湖亚相范围大（一般可占整个凹陷面积的70%～90%），层序的发育主要受控于多期幕式断陷作用。如东营凹陷的深陷期为沙三段—沙二下亚段沉积期，根据其内部发育的三级层序界面，可以划分出 SQ_3^1、SQ_3^2、SQ_3^3 和 SQ_3^4（分别相当于沙三段的下亚段、中亚段、上亚段和沙二下亚段）等4个体系域构成特征几乎相同的三级层序[15]（图2），每个层序均可划分为加积准层序组（层序底界面和初始湖泛面之间）、退积准层序组（初始湖泛面与最大湖泛面之间）和进积准层序组（最大湖泛面与层序顶界面之间），分别对应于层序的低位体系域、湖扩展体系域和高位体系域。

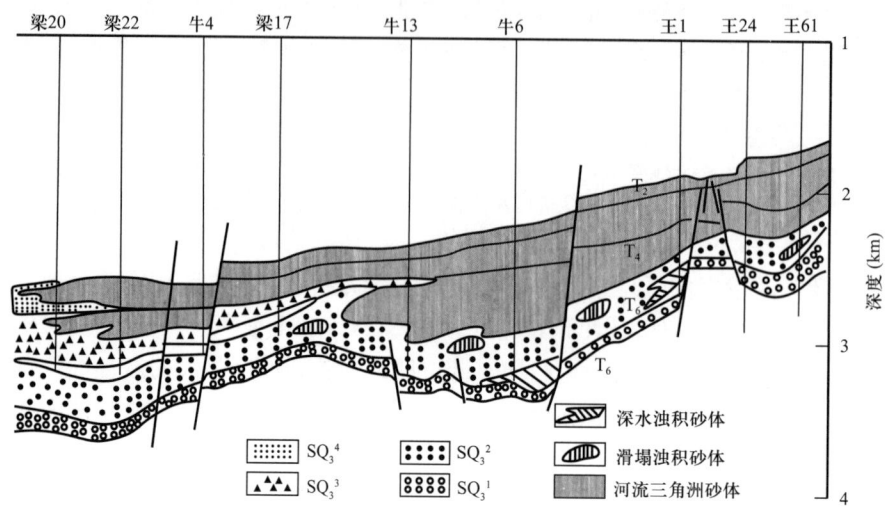

图2　东营凹陷93.6测线构造—层序地层剖面图

低位体系域发育期，物源区主要位于湖盆短轴方向，断层及其活动影响着砂体的类型和规模（图3）。在发育控盆断层的陡岸一侧，陆源碎屑直接进入浅湖形成近岸水下扇，并在前方较深水中形成浊积扇；若陡岸一侧直接为深湖—半深湖沉积环境时，则往往形成近岸洪水浊积扇。对于有2个以上断层作用下形成的陡坡断阶带，断阶之上水体较浅，可形成扇三角洲；断阶之下水体较深，多形成洪水浊积扇或扇三角洲前缘滑塌浊积扇。湖盆缓坡带多形成小型扇三角洲，当缓坡发育有构造坡折时，构造坡折带控制了低位体系的沉积范围。来源于缓坡并携带大量陆源碎屑的洪流沿下切谷注入盆地，在坡折带内侧较深水区形成洪水浊积扇；在水体较浅时，形成扇三角洲或三角洲。

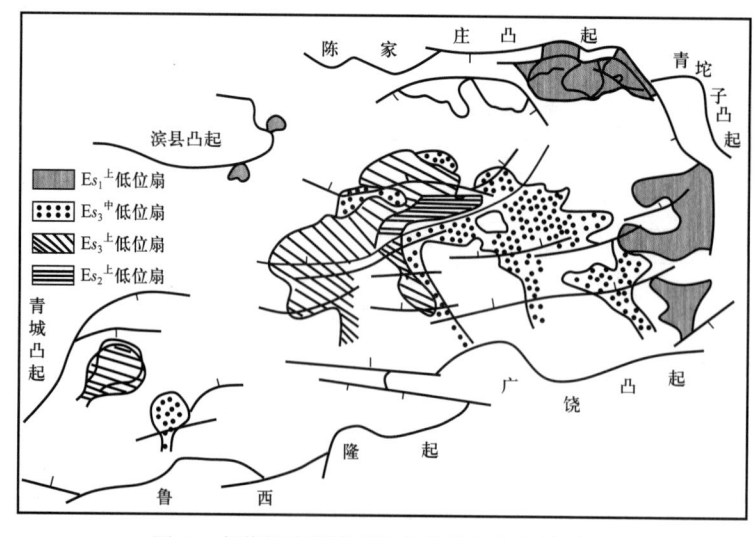

图3　东营凹陷断裂系统与低位扇发育关系图

湖扩展体系域发育期，湖水越过构造坡折带，形成初始湖泛并至最大，沉积物供给仍然主要为短轴方向。缓岸陆源碎屑供给较少，多形成滨浅湖滩坝沉积；陡岸物源区附近可形成小型扇三角洲和滑塌浊积扇；湖盆中心主要发育较深水相泥岩和油页岩。

高位体系域发育期，相对湖平面开始下降，湖盆面积收缩，但早期水体仍较深，湖盆短轴、长轴方向均是物源供给的主要方向。陡坡带常形成扇三角洲或近岸水下扇—浊积扇体系；缓坡带多形成小型扇三角洲或三角洲沉积；长轴方向往往发育大型河流并携带大量陆源碎屑入湖，形成三角洲沉积，前方常形成滑塌浊积扇，浊积扇岩性一般偏细，成分成熟度和结构成熟度均较高。

综上所述，从湖盆的陡岸到缓岸，深陷期层序的沉积体系组成依次为冲积扇—扇三角洲或近岸水下扇—浊积扇—深湖、半深湖（浊积扇）—滨浅湖（滩坝）—扇三角洲或三角洲。因此深陷期烃源岩发育，砂砾岩扇体数量多、分布比较分散，可出现在多种沉积环境中。

2 低位扇沉积相类型

低位扇是沉积层序中低位体系域内发育的不同成因类型砂砾岩扇体的总称，应从成因上正确、合理地划分其类型，并明确其与构造坡折带的关系，这是认识其分布规律、预测有利砂体的基本前提[3-8, 16-18]。本文以钻井剖面相分析资料为基础，结合岩性、电性、地震响应特征及层序类型分析，认为东营凹陷深陷期低位扇主要发育有下切水道充填、辫状河三角洲、扇三角洲、近岸水下扇、浊积扇等5类砂砾岩扇体（表1）。

表1 东营凹陷深陷期层序低位扇沉积类型及特征

相类型	发育位置	岩性特征	沉积构造	电性特征	地震反射特征
下切水道充填	构造坡折之上	含砾砂岩、砂岩	冲刷面、块状层理、板状交错层理	箱状、钟形	顶平底凸
辫状河三角洲	构造坡折之上	中细砂岩、粉砂岩等，夹碳质页岩	透镜状，块状，水平、浪成沙纹及脉状层理	漏斗形	向盆地方向可见叠瓦式前积反射结构
扇三角洲	陡坡构造坡折之下	砾岩、含砾砂岩到粉砂岩、泥岩	冲刷构造、平行、交错、沙纹、粒序、波状层理	漏斗形	楔形，内部前积反射结构
近岸水下扇	陡坡构造坡折之下	含砾粗、中砂岩，粉砂岩、泥岩等	粒序、平行、水平、块状层理及冲刷构造	漏斗形、钟形、箱形	丘形、楔形，较连续反射结构
浊积扇	构造坡折之下	角砾岩、含砾砂岩、粗砂岩等	变形层理、水平层理、冲刷构造等	箱形、低幅指形	丘形、内部层状、波状、杂乱反射

2.1 下切水道充填

下切水道是河流下切湖岸或滨湖区湖底形成的，其充填物是河道滞留物及河道砂体充填而形成的带状砂砾岩沉积体，主要发育在构造坡折带之上的陆地暴露部位，位于层序界面之上并与层序界面同期形成，因此是层序界面的重要标志，也是一种重要的储集体类型。砂体通常具有多砂层叠置结构，底部发育冲刷面。砂体规模不等，厚度可达20~80m，宽度可达100m以上。

2.2 辫状河三角洲

低位辫状河三角洲是低位体系域晚期沉积基准面开始缓慢上升时发育在构造坡折之上的前积楔状体。与普通三角洲相比，低位三角洲缺失三角洲平原亚相，代之以河道冲刷面及其之上发育的较深湖泥岩、碳质泥岩。

2.3 扇三角洲

低位扇三角洲主要发育在断陷盆地的陡坡断阶状构造坡折部位，是由被水流携带的粗碎屑沿水道入湖后沉积在陡坡断阶状构造坡折而形成的前积楔状体。低位扇三角洲也可划分为3个亚相，即扇三角洲平原、扇三角洲前缘和前扇三角洲，但与通常所称的扇三角洲沉积相比，更具有岩石颜色变化大、岩石类型多样、沉积构造多样的特征。

2.4 近岸水下扇

近岸水下扇是当沉积基准面快速下降时，下切水道把粗粒沉积物搬运到构造坡折带之下的浅湖区域而形成的扇体，通常分布在下切水道的前方。由于物源较充分，与水进体系域和高位体系域发育的扇体相比，近岸水下扇分布面积大、砂岩粒度粗，并发育较厚的下切水道充填沉积。剖面上发育在代表湖扩展的深湖相油页岩层、灰质泥岩、泥质白云岩之下。总体沉积序列为正粒序，平面上各相带逐渐向凸起方向迁移。

2.5 浊积扇

低位浊积扇是重力流沿下切水道把粗粒沉积物搬运到构造坡折带之下的深湖区域而形成的扇体，夹于较深湖相泥岩之中[19]。低位浊积扇有别于同时期发育的近岸水下扇体，砂体走向与断崖冲沟走向一致，常与岸线斜交，较深水部位呈无根状分布。随着湖水的加深，扇体也不断沿主水流方向向后退却，甚至叠加在近岸水下扇体之上。可划分为内扇、中扇、外扇3个亚相，扇体沉积厚度大，纵向上旋回性明显，向上变细。

3 构造坡折带对低位扇沉积的控制

构造运动是影响砂砾岩扇体发育、演化的主要因素。由于生长断层的差异，升降活动通常造成古地形突变带，即构造坡折带，对低位体系域砂砾岩扇体的时空展布的控制作用明显，该带之上、下分别是低位期陆架侵蚀区和Ⅰ类层序的低位体系域发育区[20]。具有断陷盆地特色的断裂构造坡折带主要具有以下特征：

（1）构造坡折带是湖盆内部的重要分界线。低位体系域发育期，坡折带是低位扇发育区与陆架侵蚀区的分界线，控制着低位扇的发育分布范围；高位体系域发育期，则是浅水区与深水区的分界线。湖盆陡坡部位的构造坡折带结构比较简单，以单断式或2~3条断层组成的阶梯式为特征；缓坡部位的构造坡折带往往是一系列阶梯状断裂组合形成的台阶区。

（2）构成坡折带的坡折面通常为断层面。在低水位期，坡折面之上一般持续位于水上，紧邻物源区；坡折面以下是深湖—半深湖沉积区。一般在低位期和湖侵期断层活动强度大，可容空间增加；高位期断层活动减弱，湖盆被充填，可容空间减小。

（3）构造坡折带是砂岩厚度和层数加厚的地带。在坡折带向湖的一侧，扇体及砂岩的厚度往往突然增大，湖侵期或高位期泥岩往往覆盖其上形成良好的盖层。因而，构造坡折带是含油气圈闭形成的有利部位。

由此可见，构造坡折带对沉积相和砂体的控制是通过其对沉积基准面和古构造斜坡的影响而实现的。湖盆内部发育低位扇通常需要两个必要条件，一是长期快速沉降条件，以保持深湖或半深湖发育区存在，二是存在重力流加速的斜坡条件和基准面下降时的大面积斜坡暴露条件，二者分别提供了低位扇发育的可容空间和物质条件。

4 低位扇沉积序列

深陷期的砂砾岩扇体分布规律主要受构造活动（尤其是断层活动）、水动力条件和物源供给等因素的影响，断层强烈活动是低位体系域砂砾岩扇体发育的主控因素。断层强烈活动导致湖盆迅速下陷，水体位于断裂坡折带以下，山高坡陡、沟梁相间，给砂砾岩扇体的沉积提供了极为有利的条件。由于断层的级别、规模不同，以及不同级别构造单元的物源、沉积环境、水动力条件和沉积体系有差异，因此凹陷内不同构造部位的构造坡折带样式和发育的低位扇序列特征有较大不同。就断陷湖盆而言，主要有两类低位扇沉积序列。

4.1 陡坡型低位扇沉积序列

断陷湖盆陡坡带一般发育多条主控断层，控制沉积的基岩断裂在发育过程中，沿着2~3条主断裂持续下陷，形成后退式或前进式湖盆边界。陡坡带断层与砂体之间是一种侧列式组合控砂体关系，其典型剖面特征是在盆缘凸起向盆内倾没的斜坡上，发育了高低不一、宽窄不同的断阶，构成了陡坡区的断裂坡折带，并控制了陡坡型低位扇的发育与分布[21-24]（图4）。

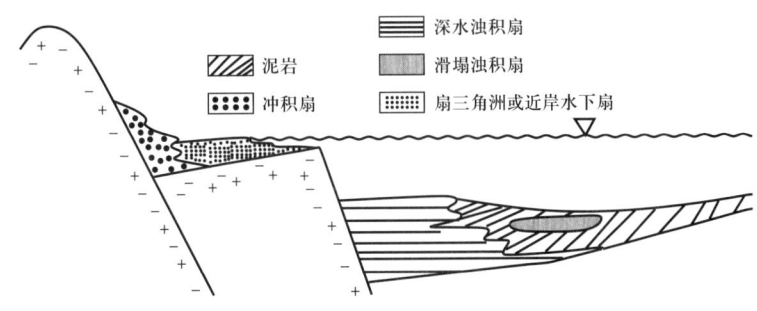

图4 陡坡低位扇体沉积序列示意图

东营凹陷自沙三段沉积初期开始强烈断陷，到沙三段沉积末期裂陷减弱，该时期的层序及体系域特征最能代表凹陷陡坡的沉积特征。因此，本文重点讨论陡坡带 SQ_3^1、SQ_3^2、SQ_3^3（分别相当于沙三段的下亚段、中亚段和上亚段）这3个三级层序沉积时期形成的低位扇体沉积序列。在东营凹陷，低位体系域形成于各三级层序发育的早期，位于层序的底部；其下为层序界面，此界面常为明显的不整合面；其上为初始湖泛面，湖泛层与低位体系域呈上超关系。

由于低位体系域发育时期湖水范围较小，湖盆和周围物源区的高差大，洪水期洪水携带大量物质迅速入湖，在湖盆陡坡边缘形成冲积扇沉积体系。在边界断层活动的诱导下，前期未固结的沉积物可以沿坡折带斜坡滑塌，形成近岸水下扇[18]。

断陷湖盆陡坡发育的低位扇有独特之处，但在一定程度上可以与海相的深切谷、低位进积楔、斜坡扇、盆底扇对比，如盆底扇的概念涵盖了陡坡深水浊积扇的内容，低位进积楔与低位扇三角洲有一定可比性。通常，断陷湖盆陡坡的低位扇主要发育在陡坡带岸线边缘凸起一侧，发育完全出露地表的洪积扇体系，在物源充沛的条件下，形成冲积扇并进一步向水下进积。若陡坡边界不太陡，形成陡坡扇三角洲，准层序组以加积、进积为特征，这种类型的沉积以陈家庄凸起南坡中部的沙三段最为典型；而在陡坡边界相对陡峭时，冲积扇完全进入水体，形成近岸水下扇体系，同时发育有沟道的陡坡深水浊积扇，准层序组以加积、退积为主，这种类型以盐家、胜北地区最为典型。不论哪种类型的陡坡，在扇体前端，沿坡折带下均发育有陡坡滑塌浊积岩。

总之，陡坡型低位扇的构成包括陆上洪积扇、低位扇三角洲、近岸水下扇、滑塌浊积岩及陡坡深水浊积扇，且主要发育于沙三段沉积期。总体上看，扇体规模较小但厚度较大，如东营凹陷北部陡坡带的胜北低位扇。

陡坡型低位扇是陡坡带油气勘探的重要目标,其中近岸水下扇有最好的封盖条件,又最靠近油源,砂体以重力流沉积为主,有很好的孔渗性,已证明是最有前景的找油目标。东营凹陷北侧坨71扇体的发现及其较高的产能表明低位体系域砂体有良好的成藏条件。

4.2 缓坡型低位扇沉积序列

与陡坡带情况有明显不同,缓坡带的生长断裂活动造成了展布范围较大的构造坡折带,控制了缓坡低位扇的沉积(图5),在构造坡折带的低部位通常形成大型浊积扇、水下扇[25],如梁家楼、王家岗、史南等大型低位扇。在构造坡折带之上斜坡带宽缓的沟谷中可发育下切谷充填及低位辫状三角洲、扇三角洲沉积。

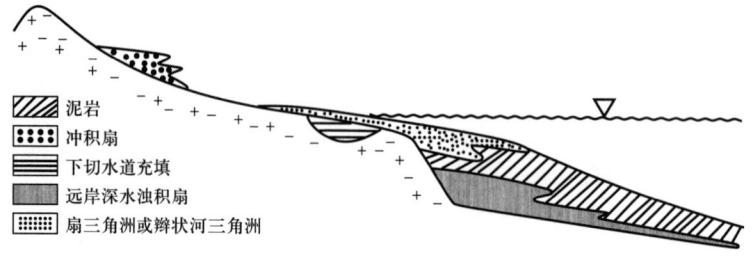

图5 缓坡低位扇体沉积序列示意图

深陷期缓坡带的宽缓性决定了其沉积体系特征不同于其他窄陡的陆相断陷盆地。如东营凹陷主要发育冲积扇—辫状河三角洲—缓坡远岸浊积扇—湖泊沉积体系;同时,由于东营凹陷南坡的宽缓性,使之形成的砂体规模大、分布广。缓坡带冲沟处主要发育冲积扇,在其前缘至滨浅湖区域发育为数不多、规模较小的辫状河三角洲和扇三角洲。在洪水季节,洪水携带的大量碎屑物质在辫状河三角洲前缘、构造坡折带向湖一侧的半深湖、深湖区沉积,形成规模较大的缓坡远岸浊积扇,通常扇根下切水道砂体沉积特征明显,扇端与湖相暗色泥岩、油页岩呈指状交互式接触。

东营凹陷南部缓坡沉积体系自下而上表现为由东南向西北迁移。在不同时期和不同构造部位,由于断裂活动的差异,形成的断裂坡折带也有较大不同。

总体上看,从 SQ_3^1 到 SQ_3^3 沉积期,缓坡带断裂构造活动从南东向北西迁移,其暴露面积和低位扇的规模也逐渐增大,由八面河断裂带、陈官庄—王家岗断裂带和梁家楼—现河弧形断裂带所控制的缓坡构造坡折带分别控制了 SQ_3^1、SQ_3^2 和 SQ_3^3 低位扇的分布。SQ_3^1 沉积期,缓坡带低位扇主要发育于凹陷东南部的八面河及其以北地区,规模较小。SQ_3^2 沉积期,陈官庄—王家岗断裂带的强烈活动使缓坡带变陡,控制了牛庄—王家岗低位扇和史南低位扇的分布,断裂坡折带之上为平原相,发育下切水道;断裂坡折带之下是半深湖—深湖区,也是低位扇沉积的主要部位,扇体面积和厚度均明显增大。SQ_3^3 沉积期,低位扇受现河构造坡折带控制,在断层下降盘,砂体和低位扇厚度明显增大;向湖盆内部方向变薄尖灭,初始湖泛面(T_4)与 SQ_3^3 层序底界面(SB_3^3)合为一体。从地震剖面图上可见,SB_3^3、T_4 和高位三角洲体系构成的层序结构型式非常完整。

由于低位扇发育于三级层序界面之上,并受断裂坡折带的控制,因此,预测新的低位扇砂体要注意在地震剖面上进行层序界面的标定和追踪,特别是地震剖面上的强反射轴一般并非层序界面,大多是层序内部的湖泛面,层序界面一般在该界面之下1~2个地震反射相位处,以不整合为特征;在湖盆中心,这两个界面常常重合。断裂坡折带控制了扇体的加厚带,因此一旦确定了控制砂体发育的构造坡折带,在碎屑体系供给部位可能找到规模较大的低位扇。低位扇发育、演化的规律性为找寻东营凹陷的低位扇提供了新思路。

5 结论

初始裂陷期、深陷期、萎缩期是东营凹陷构造演化的3个基本阶段,深陷期是其中最重要的演化阶段。构造运动是影响砂砾岩扇体发育、演化的主要因素;特别是生长断裂活动形成的构造坡折带,对低位扇体的时空展布具有明显的控制作用[26]。

深陷期的砂砾岩扇体以低位扇非常发育为特征。受构造坡折带的类型、规模和发育部位控制,低位扇体的分布、类型和规模不同,主要形成陡坡型和缓坡型低位扇体沉积序列。东营凹陷低位扇体主要发育于沙三段沉积期,陡坡型低位扇体的主要类型有陆上洪积扇、低位扇三角洲、近岸水下扇、陡坡深水浊积扇及滑塌浊积扇,扇体规模较小,但厚度较大,数量较多;缓坡带的生长断裂活动造成了展布范围较大的构造坡折带,因此缓坡通常形成大型浊积扇和辫状河三角洲等低位砂砾岩扇体。

参考文献

[1] 冯有良.东营凹陷下第三系层序地层格架及盆地充填模式[J].地球科学,1999,24(6):635-642.

[2] 邓宏文,王宏亮,李小孟.高分辨率层序地层对比在河流相中的应用[J].石油与天然气地质,1997,18(2):90-95.

[3] 宋国齐,纪友亮,赵俊青.不同级别层序界面及体系域的含油气性[J].石油勘探与开发,2003,30(3):32-35.

[4] 李群,王英民,邱以刚,等.层序单元体系域划分及勘探意义[J].石油勘探与开发,2003,30(3):23-25.

[5] 张善文."跳出框框"是老油区找油的关键[J].石油勘探与开发,2004,31(1):12-14.

[6] 贾承造,赵文智,邹才能,等.岩性地层油气藏勘探研究的两项核心技术[J].石油勘探与开发,2004,31(3):3-9.

[7] 张善文,王英民,李群.应用坡折带理论寻找隐蔽油气藏[J].石油勘探与开发,2003,30(3):5-7.

[8] 陆建林.南阳凹陷北部坡折带隐蔽油气藏勘探[J].石油勘探与开发,2004,31(3):38-40.

[9] 陈淑珠.山东梁家楼地区下第三系水下扇[J].石油勘探与开发,1986,13(5):45-51.

[10] 徐怀大.寻找非构造油气藏的新思路[J].勘探家,1996,1(1):43-47.

[11] STEVEN, LORRAINE, EGLINTON, et al.Vertical and lateral fluid flow related to a large growth fault, SouthEugene island block330 field, offshoreLouisiana[J].AAPG Bulletin,1999,83(2):244-276.

[12] 漆家福,肖焕钦,张卫刚.东营凹陷主干边界断层(带)构造几何学、运动学特征及成因解释[J].石油勘探与开发,2003,30(3):8-12.

[13] 张功成,徐宏,王同和,等.中国含油气盆地构造[M].北京:石油工业出版社,1998.

[14] 李德生.渤海湾含油气盆地的构造格局[J].石油勘探与开发,1979,6(2):1-10.

[15] 张宗檩,操应长,高永进,等.东营凹陷沙三段—沙一段层序地层与油气[J].石油勘探与开发,2003,30(3):29-31.

[16] 史淑玲,魏魁生,石玉军.南海盆地宝岛—松涛凹陷低位体系域时空组合特征及其与油气赋存关系[J].石油勘探与开发,2004,31(4):32-35.

[17] 赵忠新,王华,陆永潮.断坡带对沉积体系的控制作用——以琼东南盆地为例[J].石油勘探与开发,2003,30(1):25-27.

[18] 中国石油天然气总公司勘探局.层序地层学原理及应用[M].北京:石油工业出版社,1998.

[19] 李春光.东营盆地浊积岩原生油气藏[J].石油勘探与开发,1992,19(1):7-12.

[20] 林畅松,潘元林."构造坡折带"——断陷盆地层序分析和油气预测的重要概念[J].地球科学(中国地质大学学报),2000,25(3):260-266.

[21] 王志刚.东营凹陷北部陡坡构造岩相带油气成藏模式[J].石油勘探与开发,2003,30(4):10-12.

[22] 孙向阳,任建业.东营凹陷北带转换带构造与储集体分布[J].石油勘探与开发,2004,31(1):21-23.

[23] 胡受权,颜其彬,张永贵.断陷湖盆陡坡带陆相层序体系域与油气藏成藏类型[J].石油勘探与开发,1999,26

（1）：13-17.

[24] 张善文，王永诗，纪友亮. 义东地区陡岸扇体沉积特征及相模式 [J]. 石油勘探与开发，1997，24（2）：41-45.

[25] 郭旭升. 高青地区沙三段砂体成因与油气成藏分析 [J]. 石油勘探与开发，2000，27（6）：35-36.

[26] 马丽娟，解习农，任建业. 东营凹陷古构造对下第三系储集体的控制作用 [J]. 石油勘探与开发，2002，29（2）：64-66.

原文发表于《石油勘探与开发》2005年第2期

济阳坳陷第三系隐蔽油气藏勘探理论与实践

张善文

（中国石油化工股份有限公司胜利油田分公司）

摘　要：作为典型的陆相断陷盆地，济阳坳陷经受了复杂的构造活动和沉积作用，隐蔽油气藏十分发育。通过隐蔽油气藏形成机制的研究，提出了三个重要的理论认识：其一，断裂主导的盆地构造活动形成的陡坡和缓坡断阶、盆内和凸缘坡折控制了储集岩的形成与分布，成为隐蔽圈闭目标区带优选的基础，亦即"断坡控砂"；其二，网毯式、"T"型、阶梯型、裂隙型等输导类型在盆地特定的时空域发育和产生作用，构成了复杂的油气输导网络体系，成为隐蔽油气藏勘探方向评价的条件，亦即"复式输导"；其三，相（接受条件）、势（动力条件）存在的耦合关系，决定了油气成藏的基本条件和不同特点，成为勘探目标评价的关键，亦即"相势控藏"。这三个观点构成了陆相断陷盆地隐蔽油气藏勘探思维的核心，有力地指导了"十五"期间济阳坳陷的隐蔽油气藏勘探。

　　隐蔽油气藏通常是指以地层、岩性为主要控制因素、常规技术手段难以发现的油气藏[1]。济阳第三系断陷盆地构造活动强烈，沉积作用及其演变复杂，隐蔽油气藏十分发育，并成为重要的勘探对象。

　　济阳坳陷隐蔽油气藏伴随着胜利油田的勘探而发现。1964年9月完成的营2井首次获得555t/d的高产工业油流，为大规模勘探济阳坳陷的战略决策提供了依据，其主要类型也就是沙河街组三段的浊积岩油藏[2]。但限于隐蔽油气藏的复杂性和当时的技术条件，之后的20余年之中一直没有引起足够的重视。20世纪80年代后期，在"复式油气聚集"[3]理论指导下，应用地震地层学等新兴技术，对构造翼部的隐蔽油气藏进行了一些有益的探索，发现了以牛庄为代表的岩性、地层型油田。但总体上隐蔽油气藏仍属于区域兼探阶段，在新增探明储量构成中居于次要地位。

　　进入"九五"以来，随着勘探程度的提高，勘探面临着迅速增大的难度：资源探明比例和隐蔽油气藏、低渗透油气藏比例显著提高；构造油藏的发现率、单元油藏储量规模、有效圈闭储备量不断下降。这意味着济阳坳陷将进入隐蔽油气藏为主的勘探阶段。然而，由于隐蔽油气藏形成、分布的复杂性，油气勘探还面临一系列需要解决的理论问题，如：隐蔽圈闭的形成机制及控制因素，烃源岩、储层和输导体系对油气成藏的主控作用，隐蔽油气藏成藏机理和预测评价的依据和技术，等等。

　　"十五"期间，加大了隐蔽油气藏形成机制与分布规律的研究力度。在济阳坳陷构造、沉积作用时空演化的背景上，深入研究了断陷盆地储集岩分布、油气运聚和油气成藏的主要机制，提出了以"断坡控砂""复式输导"和"相势控藏"为核心的隐蔽油气藏勘探理论认识和预测评价技术，发现和勘探了江家店等油田和宁海鼻状构造、车66等一批整装区块，有力地促进了济阳坳陷油气勘探领域向隐蔽油气藏的转变，并展现了良好的勘探前景。

1　断坡控砂与储集岩预测

1.1　断坡与断坡控砂

　　沉积古地貌是控制沉积作用的贯穿始终的关键因素，"坡折"一词较好地表达了沉积古地貌梯度的变化。在层序地层学中，"坡折"被认为是低位体系域，甚至沉积体系的重要控制因素[4-5]。近年来，部分学者强调了断陷盆地主要同沉积断裂的作用，提出了"断裂坡折带"的概念，并把它与低位扇等沉积体系所控制的储集岩重要变化联系起来[6]。

研究发现,陆相断陷盆地沉积古地貌变化虽然直接受控于断裂活动、沉积和侵蚀作用、沉积物压实等多种因素,但归根到底是由以断裂为主要方式的盆地构造活动所产生和决定的。因此,把由断裂为主导的陆相断陷盆地构造活动所造成的沉积古地貌突变统称为"断坡"。断坡在陆相断陷盆地的发育历史中普遍存在,随着盆地演变而不断变化,通过改变沉积古地貌而控制了沉积作用的方式与发生的地点,从而控制了盆地沉积体系的类型和时空分布,决定了储集岩类型的多样性。断坡对储集岩类型与分布状态的控制作用简称为"断坡控砂"。

1.2 断坡的类型和分布

按主控因素的特点及对沉积体系的控制作用,"断坡"可以划分为两个大类、4种基本类型(图1):

1.2.1 同沉积"断—坡"

同沉积"断—坡"发育于同沉积断裂持续活动、产生明显沉积地貌突变的古构造枢纽带,按其发育部位分为陡坡断阶和缓坡断阶。

陡坡断阶主要发育于断陷盆地陡坡带,是由陡坡主要同沉积断裂持续活动所产生的"阶状"沉积地貌突变。由于断陷盆地陡坡带断裂活动强烈,陡坡断阶常常具有较大的地貌起伏(图1a)。

缓坡断阶是由于缓坡带调节断层间歇活动产生的"阶状"沉积古地貌突变,呈带状分布于断陷盆地缓坡带(图1b)。

1.2.2 前沉积"断—坡"

前沉积"断—坡"是在早期活动的断裂或古破碎带背景上,由于风化侵蚀作用和沉积作用造成的沉积地貌突变。按其发育部位可分为盆内坡折和凸缘坡折。

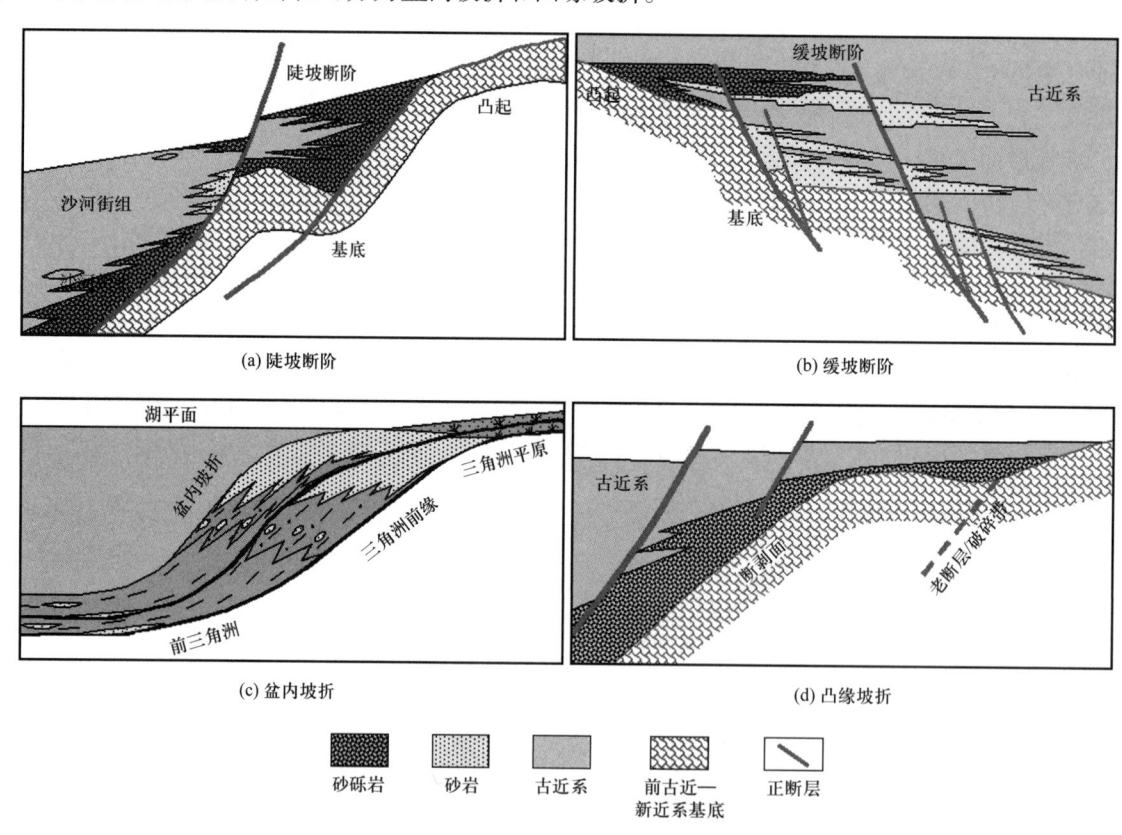

图1 断陷盆地的主要断坡类型示意

盆内坡折是在主控断裂活动控制的盆地古地貌背景上，由于沉积速率差异而造成的地形坡度突变，呈带状分布于盆内大型沉积体系前方，如三角洲平原与前缘的结合部（图1c）。

凸缘坡折是指湖盆边缘溯源侵蚀作用造成的地貌突变，呈带状分布于凸起边缘部位，沿着古破碎带或早期活动的断裂带发育（图1d）。

这4种断坡还可按内部形态和地貌坡折组合方式继续细分为9个亚类，分别与特定的沉积类型相关（表1）。

表1 断坡类型划分及对沉积控制作用

断坡类型	亚类	控制的沉积体系及沉积特点
陡坡断阶	板式断阶	近岸水下扇和洪积扇沉积，缺少隔层，平面分布窄，相带变化快
	铲式断阶	冲积扇、扇三角洲及浊积扇沉积，不同期次之间被泥岩分隔
	阶梯式断阶	洪积扇—辫状河三角洲—水下冲积扇—滑塌浊积扇和深水浊积扇沉积，期次明显
缓坡断阶	平行式断阶	以发育低位三角洲（滑塌浊积扇）沉积为主
	斜列式断阶	远岸浊积扇沉积为主，规模较大
盆内坡折	走向坡折	远源河流三角洲沉积为主，进积作用强，分期性明显
	垂向坡折	扇三角洲沉积为主，发育期次较少，分期性不明显
凸缘坡折	凸缘坡折	以发育洪积扇、冲积扇沉积为主
	凸缘沟槽	控制了物源体系的入口及发展方向

陆相断陷盆地中断裂等构造活动的差异性和有序性，也就决定了断坡的发育程度和分布的规律性。在断陷盆地（如济阳坳陷）中，不同类型和成因机制的断坡在平面上构成了环绕盆地沉积中心分布的断坡"圈带"。从盆地边缘到沉积中心，分别发育凸缘坡折、陡坡断阶和缓坡断阶、盆内坡折，在不同层次上控制了沉积作用。

1.3 断坡对沉积作用的控制

可容空间及其变化决定了沉积作用。断坡对沉积作用的控制正是通过对可容空间变化的影响而发生的。一方面，断坡决定了沉积作用发生时不同地理位置的可容空间大小和底部形态，也就决定了沉积作用发生的地点和先后关系；另一方面，断坡的变化造成了可容空间变化，这种变化影响了可容空间与沉积物供给速率的比值，控制了地层的叠置样式。具体地讲，主要表现在以下方面：

1.3.1 断坡控制沉积物供给

对于凸缘坡折、陡坡断阶和缓坡断阶来讲，坡顶的地势和断坡落差大小，决定了物源区与汇水区的势能差异和坡顶地层的剥蚀状态，对沉积物性质及供给数量具有控制作用。不同类型和规模的断坡的控制作用也各有差别（图2）。以盆缘坡折为例，凹陷陡坡和缓坡位置发育的盆缘坡折在坡度、规模上存在较大的差异，决定了各自不同的沉积物供给特点：陡坡一侧山高坡陡，主要发育了粒度相对较粗的冲积扇、扇三角洲等沉积类型；缓坡侧盆缘坡折坡度和落差相对较小，有利于形成沉积物粒度相对较细的辫状河及湖盆滨岸类沉积。

断坡控制沉积物供给的另一个方面在于凸缘沟槽对沉积物分散体系的注入点和推进方向的控制。凸缘沟槽是沉积区与物源区联系的主要通道，一方面与物源区的山间水系相接，成为沉积物汇聚的主要方向；另一方面沉积物主体顺沿沟槽搬运，起到了沉积通道的作用。

1.3.2 断坡控制沉积类型及分布特点

沉积物越过断坡发生沉积作用时,由于可容空间和沉积能量场的变化,沉积方式常常产生重要的变化,这种变化常常成为隐蔽储层的成因之一。具体地说,断坡之下,储集岩沉积的类型发生重要变化,厚度明显加大、层数增多、相带分布更具规律。

宏观上看,断陷盆地特有的断坡圈层结构控制了沉积体系发育的圈层特点(图2)。盆地外层的凸缘坡折主要控制了冲积扇、河流和(扇)三角洲平原、滨浅湖等沉积类型,靠近盆地中心的沉积坡折控制了不同类型的浊积岩(扇)等深水沉积,而其间的陡坡断阶、缓坡断阶控制了三角洲前缘、滨浅湖滩坝、水下扇等浅水沉积。

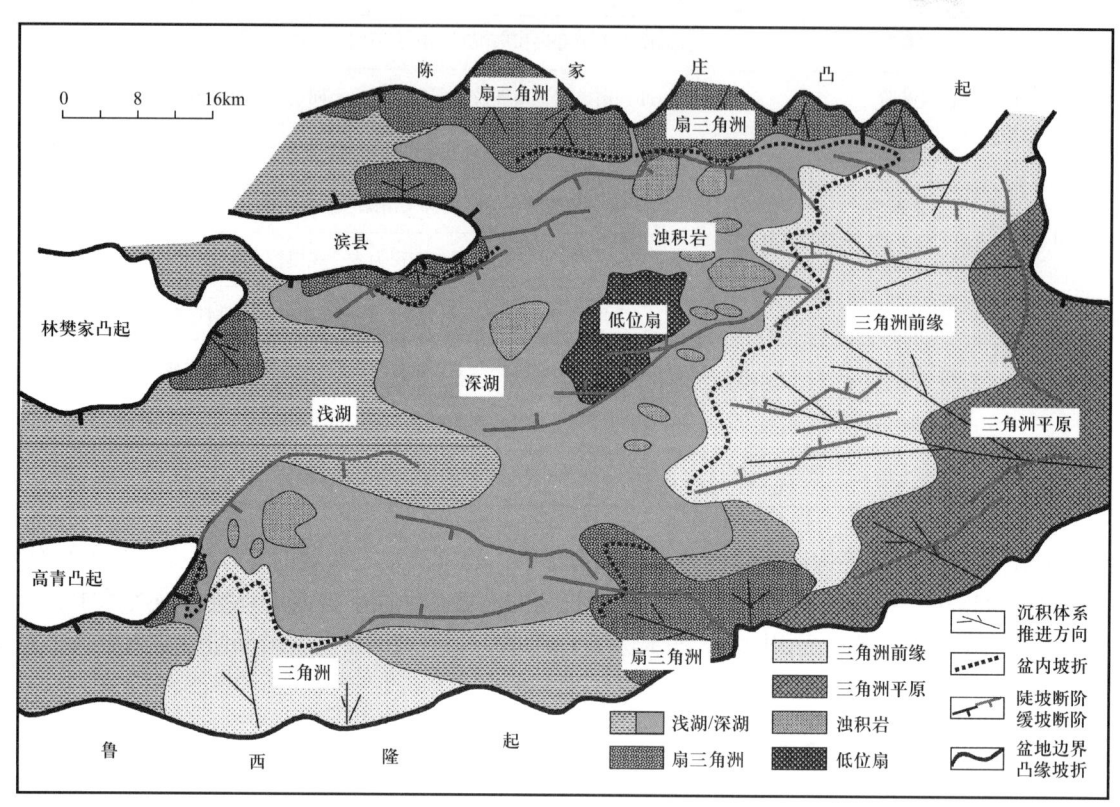

图 2　东营凹陷沙河街组三段中沉积时期的断坡类型与沉积体系分布关系

具体到每一种断坡,由于发育特点不同,对沉积作用的控制也各不相同(表1)。陡坡断阶具有较高的地貌梯度、较大的地貌落差,控制的砂砾岩体厚度巨大、不同期次垂向叠置为主、近源粗粒沉积为主、沉积机制变化迅速、沉积相带较窄和岩相变化剧烈;缓坡断阶地貌梯度和落差较小,控制的辫状河三角洲或滨浅湖等沉积体系相带宽展、厚度较薄、沉积相分异明显;盆内坡折则通过地貌梯度的大小控制了浊积岩发育的规模,当地貌梯度小于一定数值时,浊积岩和浊积扇就难以形成。

2　复式输导体系及其成藏组合

油气输导体系是指连接烃源岩与圈闭的油气运移通道的空间组合体,其静态要素包括:骨架砂体(储层)、层序界面(不整合面)、断层及裂缝[7]。断陷盆地多期次构造运动形成了广泛分布、不同级次和组合样式的断裂网络,而断坡控制了储集体的分布,二者相互依存、影响和补充,形成了纵横交错的运移通道,共同构筑了济阳坳陷第三系不同特点的油气输导体系。

研究认为,断陷盆地发育的油气输导要素,按照特定方式组合起来,分别构成了网毯式、"T"型、阶梯型、裂隙型等四种基本的输导体系类型(图3)。在盆地构造—沉积格架的控制下,这些类型的输导体系在特定的时空域内有序分布和发挥作用,构成了断陷盆地的"复式输导体系"。同时,不同的输导体系生成于各自的构造—沉积环境,与特定的构造区带和圈闭群体相关联,形成了各具特色的油气藏组合,因此,研究输导体系的类型与分布,对于勘探方向和目标区带的预测具有重要意义。

2.1 网毯式输导体系

以往,济阳坳陷浅层勘探强调了披覆背斜等大型构造主控断裂的垂向油气输导作用[3],对于盆地充填后期的广泛分布的厚层储层在油气横向运移中的作用没有引起重视。位于缓坡部位的老河口油田的勘探表明,这种厚层储层与不同级次的断裂构成了以横向运移为特色的网毯式油气输导体系。

网毯式油气输导体系是指来自古近系烃源岩或油气藏的它源型油气,通过油源断裂网络进入新近系,在馆陶组下段稳定分布的巨厚块状砂砾岩临时聚集后,再依赖浮力运移到新近系的各类圈闭中成藏(图3a)。所谓"网",是指体系下部的油气源通道网层(切至油源的主要断裂)和上部的油气聚集网层(次级断裂及其连通的枝状砂体);"毯"是指呈"毯状"稳定分布的巨厚块状砂岩,以及油源断裂输送上来的油气临时储存在其中,状如"毯状"。因此,这种块状砂岩又称为"仓储层"。网毯式输导体系内部,仓储层蓄积的油气可继续横向运移,也可沿次级断裂网垂向进入上部的油气聚集网层,在有圈闭条件的部位形成油气藏。

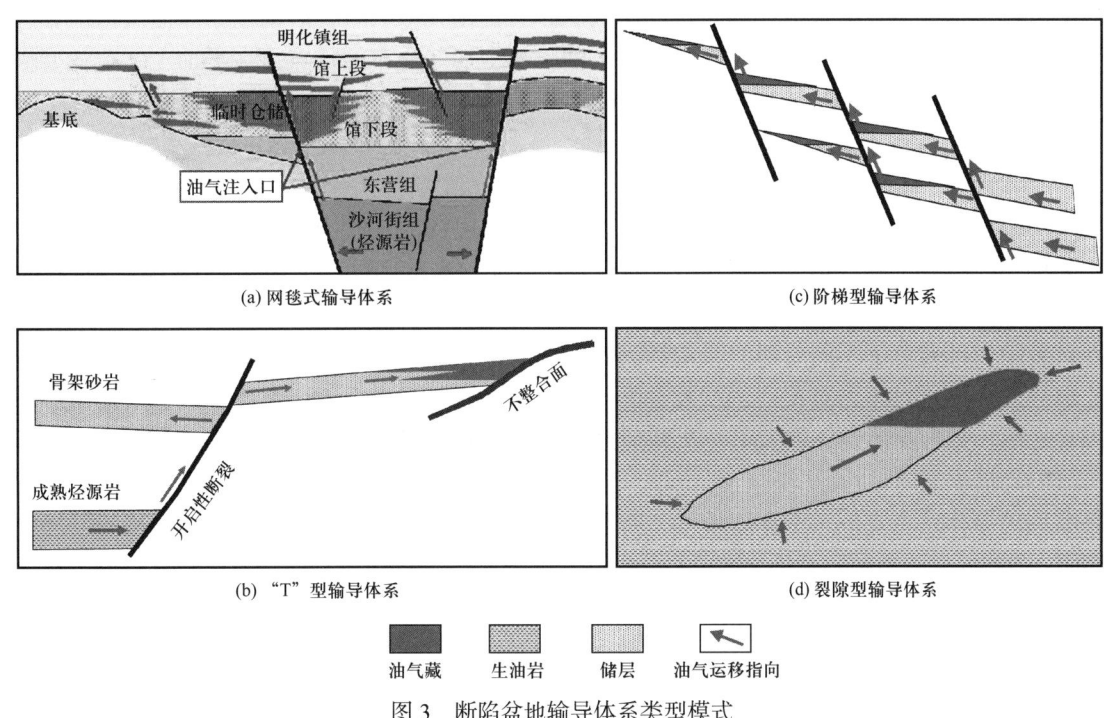

图3 断陷盆地输导体系类型模式

网毯式输导体系本身是一个含油气实体单元,在不同的构造带形成不同的油气藏组合,分别为:(1)凸起或潜山顶部的大型(披覆)构造油气藏组合;(2)凸起边缘构造—地层油气成藏组合;(3)缓斜坡部位岩性、岩性—构造油气成藏组合。

2.2 "T"型输导体系

"T"型输导体系描述了油源断层和骨架砂岩等要素之间"T"型的空间配置关系(图3b)。油气首先沿油源断裂垂向运移,遇到骨干砂岩后向两侧横向运移。在盆地边缘,油气可直接被输送到鼻状构造背景上的地层圈闭中形成地层油藏。因此,"T"型输导体系是油气进入大中型地层圈闭的主要方式,研究"T"型输导体系对于地层油藏的勘探至关重要。

"T"型输导体系主要形成地层为主的油气藏组合。对于盆缘大型鼻状构造，这种油藏组合包括地层尖灭带附近的地层油藏、鼻状构造低部位的断层构造油藏、地层—构造—岩性复合油藏。油气藏的发育除了受"T"型输导体系的制约外，还受到大型鼻状构造、多期发育的不整合面的控制。

在济阳坳陷，断陷末期与坳陷初始期之间的过渡时期——"断—坳转换期"，是盆地构造样式和充填方式发生重要变化的特殊地质时期。古近系、新近系间长时期的抬升侵蚀、盆缘大型鼻状构造、后期持续活动的油源断裂、受凸缘坡折控制发育的小型扇体，为地层圈闭的形成提供了有利的条件。东营凹陷北部王庄—宁海鼻状构造的发现和勘探即是断—坳转换期"T"型输导体系研究和应用的典型实例。

2.3 阶梯型输导体系

阶梯型输导体系是指由阶状断层和带状骨架砂岩共同组成的油气由高势区向低势区连续运移的油气输导系统（图3c）。沉积物在向沉积中心汇聚的过程中，常形成带状骨干砂体；同时，盆地沉降过程中，走向性断裂，特别是阶梯状组合的盆倾断裂，更容易在成藏期持续活动。二者在空间上相互配置，使油气顺沿断裂和带状储层进行垂向、横向运移，具体的途径具有阶梯状特点。

阶梯型运聚体系多发育于断陷盆地的斜坡带。与之相关的油气藏包括构造、断层—岩性和岩性尖灭等类型。在阶梯型输导体系中，地层砂泥比例、砂岩变化关系、断裂活动性、断面渗透性等因素决定了油气是继续运移还是形成油藏，也就决定了断阶带中油气分布的特点。在平面上，阶梯型输导体系形成的油气藏常与主运移指向一致，呈串珠状分布，如东营南坡王家岗油田的孔店组油藏。

2.4 裂隙型输导体系

裂隙型输导体系是指烃源岩排出的油气沿着孔隙、微层理面和微裂隙等"隐性"通道，以多种方式向相邻储集体运移的输导体系（图3d）。油源对比表明，东营凹陷沙河街组三段中亚段没有断裂切割的浊积岩油藏的油源多为下伏的沙河街组三段下亚段和沙河街组四段上亚段的烃源岩。岩心分析也已发现微裂隙内部残留了不同时期的原油和沥青。实验证明，泥质沉积物埋藏到一定深度，形成的不连通孔隙会产生高压。压力蓄积到岩石破裂阈值后，不连通孔隙将由于压裂而形成连续的微裂隙，排出流体。之后，微裂隙闭合，进入下一个循环过程[8]。这种压裂排液是间歇性的，间歇的时间即为不连通孔隙中能量积累的时间。

裂隙型输导体系主要分布于洼陷带中，常与压力封存箱相伴生，在岩性透镜体油藏的勘探中具有重要作用。

2.5 输导体系发育模式

陆相断陷盆地构造活动和沉积作用决定了输导要素的时空配置规律，也就决定了不同类型输导体系的空间分布（图4）。横向上，受控于特定的地质结构，断陷盆地陡坡带常常发育"T"型输导体系，中央断裂背斜带以网毯式输导体系为主，洼陷带以裂隙型输导体系为特点，缓坡带主要分布阶梯型输导体系；纵向上，受控于不同发育阶段的特定构造沉积特点，断陷初期有利于阶梯型输导体系的形成，深陷期促进了裂隙型输导体系的发育，断陷充填期和坳陷期使网毯式输导体系的基本要素优先具备，断陷—坳陷转换时期则决定了"T"型输导体系的发育条件。

3 相势控藏与隐蔽圈闭成藏条件

油气成藏一直是石油地质学家极力解决的关键问题。多数学者强调了成藏动力方面的重要性，对于成藏阻力方面的研究相对较少[9-12]。济阳坳陷的研究表明，成藏动力和阻力作为矛盾的双方，共同决定了油气成藏的基本条件，亦即"相势控藏"。

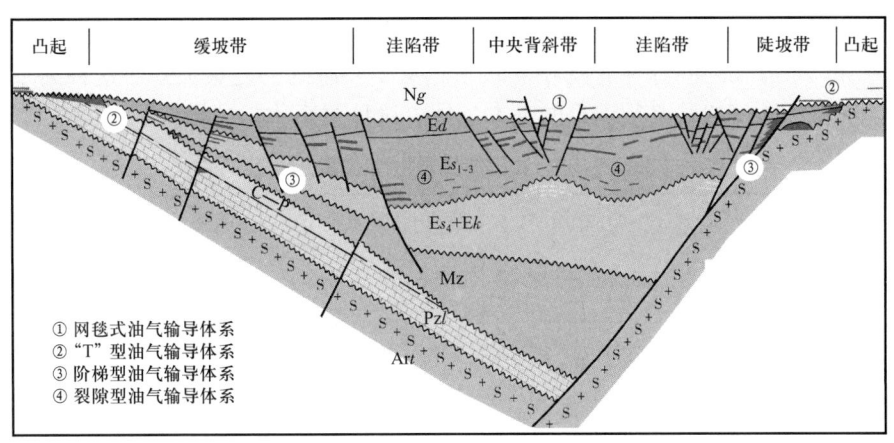

图 4 断陷盆地油气输导体系分布模式

3.1 异常高压（势）与油气藏分布

沉积盆地油气藏分布宏观上是由地层压力、浮力、水动力、构造应力等因素控制的流体动力条件综合作用的结果。大多数沉积盆地内部都包含着两个以上重叠的水文地质系统：较浅的系统通常分布在整个盆地，呈现正常的静水压力；较深的系统则由一系列具有独立水动力系统的封存箱组成，具有高异常的流体压力[13]。沉积盆地的这种流体动力特点直接控制着油气成藏的类型及其分布。

济阳坳陷东营凹陷的压力分布也具有类似特征，并控制着油气藏类型及分布。异常高压体系内部，岩性体被生油岩所包围，形成自生、自储、自盖的组合模式，地层压力等是油气成藏的主要动力。在箱内高压构成的动力条件下，砂岩透镜体圈闭富含油气，如牛庄洼陷。异常压力不发育的地区，岩性透镜体则难以成藏，如滋镇洼陷；高压流体封存箱之外，不同类型的输导体系沟通烃源岩与储集体，形成旁生侧储或下生上储的储盖组合，随着离开生油中心的距离增加，成藏的主要动力逐渐成为油气的浮力。这时的隐蔽油气藏主要为岩性尖灭、地层超覆和剥蚀面油藏。

3.2 沉积体系（相）与油气藏分布

盆地沉积体系类型同样也是控制隐蔽油气藏类型及空间展布的主要因素。如三角洲—浊积体系控制了原生岩性油气藏形成和分布，近岸水下扇体系控制了地层—岩性油气藏形成和分布。

其他成藏条件相似的情况下，油气成藏常常由储集岩性质决定。东营凹陷坨76井沙河街组四段浊积扇中部的砾状砂岩物性较好，岩心中含油饱和度高，具有工业产能；而扇根砾岩成熟度低，非均质性强，孔渗性能差，岩心观察含油不均匀，测试仅获低产。惠民凹陷的基山砂岩，同一砂层内由于物性差异，表现为含油和不含油两种截然不同的状态。这说明，不同的沉积相带和同一相带内，由于储集岩渗透性能的差异，储层的含油性存在着明显的差别。

进一步的研究表明，储集岩本身存在一个物性临界值，只有在物性高于这个临界值时，才有可能储集油气。根据胜坨、宁海、王庄、利津、郑家等5个油田287个区块的油藏实际统计资料，孔隙度下限分别为12%～28%、渗透率下限1～100mD。总的趋势是：同一构造带，不同的沉积体系（岩相），层位越老，埋深越大（地层压力越高），孔隙度下限越低（表2）。

3.3 相势耦合关系及其控藏作用

综上所述，含烃流体动力和储集岩物性都是决定油气是否成藏的基本要素。用"势"来代表油气运聚的基本动力条件（主要是地层压差、浮力、毛细管力等），用"相"来代表油气接收条件（主要是储集岩的渗透性能），则油气成藏的过程也就成为"势"所代表的动力不断克服"相"所代表的阻力的过程。具体地说，油气成藏动力充足，一些较差的储集岩也会成藏，也就是成藏所需要的储层渗透性能下限也就相应降低；相应地，储集岩渗透性能好，要求的成藏动力条件就可以适当降低。反之亦然（图5）。因此，"相""势"之间存在着既相互联系、又相互制约的复杂关系，这种关系在油气成藏上统一起来，共同决定了油气成藏必须满足的基本条件。这种关系称为"相势耦合关系"。

表2 部分油田储集岩物性下限统计表

油田名称	区块	深度（m）	组段	砂组	储量（10⁴t）	孔隙度下限（%）	渗透率下限（mD）
胜坨	三区	1653	沙一段	1	342	28	89.0
胜坨	三区	1764	沙一段	4	57	25	72.5
胜坨	二区	1826	沙二段上亚段	1	1945	25	72.5
胜坨	二区	1865	沙二段上亚段	3	881	23	61.5
胜坨	二区	1948	沙二段上亚段	6	238	22	56.0
胜坨	三区	2080	沙二段下亚段	10	547	21	50.5
胜坨	三区	2164	沙二段下亚段	12	78	20	45.0
利津	利32-33	2075	沙二段	3	310	21	50.5
利津	店子	2236	沙二段	2	44	16	23.0
利津	店子	2321	沙二段	4	50	16	23.0
利津	利古3	2550	沙四段上亚段	1	106	13	6.5
利津	利882	2610	沙三段中亚段		15	16	23.0
宁海	坨85	2523	沙三段中亚段		189	13	6.5

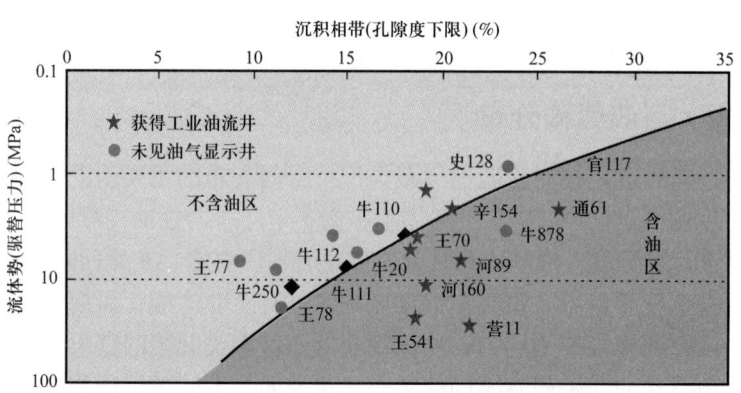

图5 东营凹陷利津洼陷和牛庄洼陷岩性圈闭的相势关系

实线是利津洼陷统计的结果；所列井号是在牛庄洼陷验证的情况

"相势耦合关系"准确地把握了油气成藏的核心内容，即成藏动力与阻力的关系，因而是油气成藏研究及勘探家作出圈闭含油性判断的一个主要出发点。这里，简单地用驱替压力和孔隙度分别代表油气成藏时所要达到的流体动力和储集岩物性条件，以讨论东营凹陷利津洼陷部分圈闭的"相势耦合关系"与油气成藏。经过大量实例的统计分析后，得出下面的关系式：

$$y=7619x^{-3.2991} \tag{1}$$

式中 y——流体势，MPa；

x——储层孔隙度下限，%。

关系式（1）代表了利津洼陷油气成藏所必须满足的基本条件，具体反映在图5中。以图5中的实线为界,"相势偶合关系"将不同位置和储集性质的油气圈闭分为两个状态,即含油或不含油:投影到左上部的圈闭,其相势指标均较低,难以形成油气藏;而右下部的圈闭则易于形成油气藏。

关系式(1)在济阳坳陷其他地区也得到较好的验证。如牛庄油田沙河街组三段中亚段埋深 2930~3375m 的 12 个含油砂体,通过公式(1)计算孔隙度下限 12%~13%,实际测得的含油岩心孔隙度下限为 13.5%(如图 5 中的牛 20 井、王 541 井),小于该值的岩性体难以成藏(如图 5 中的牛 110 井、王 77 井)。埕岛油田馆陶组埋深 1200~1400m 的曲流河砂体孔隙度下限计算值与实际均为 28%。这反映了"相势耦合关系"控制油气成藏的普遍性。

进一步的研究也表明,在保证油源和输导条件的前提下,满足这种"耦合关系"的相势条件越充分,圈闭的油气充满程度也就越高。例如,牛庄油田的牛 25-C 砂体,油层中部埋深 3250m,地层压力系数 1.68,主要储集岩孔隙度在 16%~20% 之间,平均空气渗透率 260mD,具有高"势"、中等"相"的成藏条件。经油气开发验证,该砂体的油气充满度接近 100%。又如王 70-A 砂体,储集岩平均孔隙度 22.1%、空气渗透率 260mD,相对好于牛 25-C 砂体,但由于处于洼陷边缘正常压实的泥岩中,压力系数仅 1.14,具有低"势"、中等"相"的成藏条件,砂体的充满度仅 26%。这说明"相势"条件与圈闭含油程度有着密切的关系。对"相势"关系的深入研究,将成为定量或半定量预测圈闭油气充满程度的重要途径。

4 勘探实践及下步工作方向

4.1 隐蔽油气藏勘探思路

断坡控砂、复式输导、相势控藏三个具有因果关系的基本观点,构成了陆相断陷盆地隐蔽油藏勘探的系统和完整的认知体系(图 6),其中,断坡控砂是基础、复式输导是条件、相势控藏是关键。

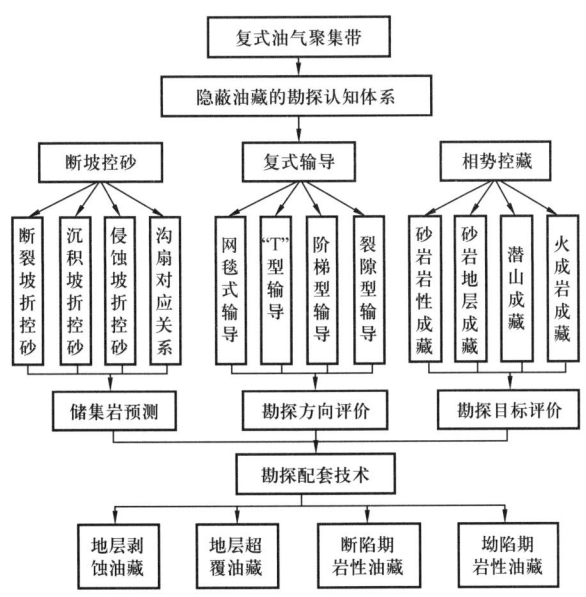

图 6 隐蔽油气藏勘探理论及思路示意

在其指导下,隐蔽油气藏勘探的主要思路是:在高精度地层格架内,研究盆地控砂—输导—成藏的规律和特点,确定不同的油气运聚模式,通过勘探配套技术的运用,优选和评价勘探目标。

(1)隐蔽油气藏勘探首先要解决的是目标区隐蔽圈闭发育规律,而储集岩预测是其中的关键。通过断坡控砂的研究,不仅能够预测储集岩的发育与分布,也能评价储集岩与其他成藏条件的配置关系,从而为优选勘探区带提供依据。

（2）隐蔽油气藏勘探成功与否，重要的条件是勘探方向的选择。由于输导体系决定了油气藏组合及分布的不同特点，选择勘探方向就要建立在对输导体系有效性和具体输导路径进行评价的基础上。清楚了输导体系构成方式，也就清楚了查找隐蔽圈闭的主要方向。

（3）勘探目标的评价历来是勘探成败的焦点问题。按照相势耦合控藏的要求，评价流体势和储集岩性能两个相关联的因素，以此决定勘探策略和井位部署方案，是实现隐蔽油气藏勘探效益的关键。

4.2 勘探效果分析

"十五"期间，济阳坳陷隐蔽油气藏勘探以断坡控砂、复式输导、相势控藏等理论认识为指导，按照隐蔽油气藏勘探的具体思路，加强储集岩、控藏模式、含油性评价和配套技术攻关，取得了显著成效。

（1）在中高勘探程度下，济阳坳陷年度探明、控制和预测石油地质储量均过亿吨，油气资源序列趋于合理，探井成功率、单元储量规模、单位储量成本等指标均较"九五"有所提高，初步实现了油气勘探的良性循环。证明隐蔽油气藏勘探理论的认识较好地指导了老区油气勘探实践。

（2）发现和勘探了江家店、阳信2个油田，以及以宁海大型地层油藏、牛871岩性油藏群、高89滩坝砂岩油藏、东营凹陷中央断裂背斜带浅层、车镇凹陷车66深层、垦东凸起北部浅层等为代表的整装储量区块，部分油田和区块迅速投入了开发，成为胜利油田油气产量保持稳定的主要支撑。

（3）明确了洼陷带浊积岩油藏、盆缘地层油藏、缓坡带和浅层构造岩性油藏、陡坡带复杂砂砾岩油藏、深层复杂低渗透油藏等六大勘探方向，为济阳坳陷油气勘探的深化发展奠定了基础。

4.3 存在问题与研究方向

济阳坳陷第三系发育了多套优质烃源岩，具有多次构造运动、多物源、多沉积类型的特点，对形成隐蔽油气藏极为有利。与世界上一些勘探程度较高的盆地类比，以资源探明程度80%、隐蔽油气藏占50%以上计算，济阳坳陷隐蔽油气藏资源量达33×10^8 t以上。仍然具有较大的勘探潜力。

"十五"期间，济阳坳陷新增探明石油地质储量中，隐蔽油气藏储量所占比例增加到了69%，且随着勘探程度的提高，这个比例不断加大。与勘探程度的提高相对应，隐蔽油气藏这个勘探对象会越来越复杂，对勘探理论和技术也提出了更高的要求。"十五"期间济阳坳陷探井失利原因分析表明，圈闭有效性、储层质量、油气运移条件等问题，仍然是探井失利的首要因素，表明老区挖潜还有诸多的问题需要解决。面对未来隐蔽油气藏的勘探需求，需要在理论发展和勘探实践两个方面不断开拓。

勘探理论上，将从陆相断陷盆地输导体系、隐蔽油气藏的成藏机理和模式、油气藏评价3个方向深入开展，贯彻量化、动态、历史的研究思路，突出对不同成藏要素、成藏机理、成藏模式的量化和历史分析，重点解决油气运聚的基础科学问题，提高成藏研究理论水平及勘探精度。

勘探实践上，"十一五"期间将主要立足于济阳坳陷的2个陡坡带、4个缓坡带、6个洼陷带和3个潜山披覆构造带，深浅并进，加强隐蔽油气藏勘探新领域的探索，为油气勘探持续稳定发展作出积极贡献。

参 考 文 献

[1] 李丕龙，庞雄奇.陆相断陷盆地隐蔽油气藏形成——以济阳坳陷为例[M].北京：石油工业出版社，2004.
[2] 帅德福，潘元林，张善文，等.济阳坳陷油气勘探[M].北京：石油工业出版社，2004.
[3] 王秉海，钱凯.胜利油区地质研究与勘探实践[M].东营：石油大学出版社，1992.
[4] VAN WAGONER J C, MITCHUM R M, CAMPION K M, et al.Silici-clastic sequence stratigraphy in well, cores and outcrops-conceptfor high-resolution correlation of times and facies[A].Methods in Exploration Series, AAPG 1990, 7.
[5] 王英民，金武弟，刘书会，等.断陷湖盆多级坡折带的成因类型、展布及其勘探意义[J].石油与天然气地质，2003，24（3）：199-203.

[6] 郑和荣,孔凡仙,潘元林,等."构造坡折带"——断陷盆地层序分析和油气预测的重要概念[J].地球科学—中国地质大学学报,2000,25(3):260-264.

[7] 张照录,王华,杨红.含油气盆地的输导体系研究[J].石油与天然气地质,2000,21(2):133-135.

[8] 李明诚.石油与天然气运移[M].北京:石油工业出版社,1994.

[9] 庞雄奇,李丕龙,金之钧,等.油气成藏门限研究及其在济阳坳陷中的应用[J].石油与天然气地质,2003,23(2):204-209.

[10] 孙冬胜,金之钧,吕修祥,等.沉积盆地超压体系划分及其与油气运聚关系[J].石油与天然气地质,2004,25(1):14-20.

[11] 郝芳,邹华耀,姜建群.油气成藏动力学及其研究进展[J].地学前缘,2000,7(3):11-21.

[12] 王连进,叶加仁.沉积盆地超压形成机制评述[J].石油与天然气地质,2001,22(1):17-20.

原文发表于《石油与天然气地质》2006年第6期

陆相断陷盆地断－拗转换体系与地层超覆油藏"T-S"控藏模式

——以济阳拗陷第三系为例

宋国奇

（中国石化胜利油田分公司）

摘 要：根据盆地构造活动的阶段性及其在油气成藏中的共性，提出了陆相断陷盆地断－拗转换期与断－拗转换体系的基本概念，分析了该体系的构造、沉积特征及油气藏类型。认为以油源断裂和骨架砂体（不整合面）构成的陡坡带"T"型输导体系、缓坡带复式"T"型输导体系和具"S"型的古地貌是控制地层超覆油气藏形成的关键。

济阳拗陷位于山东省北部，是一个以太古界和古生界为基底的中—新生代沉积盆地。其南邻鲁西南隆起，东接郯庐断裂，北部和西部以埕宁隆起为界（图1）。

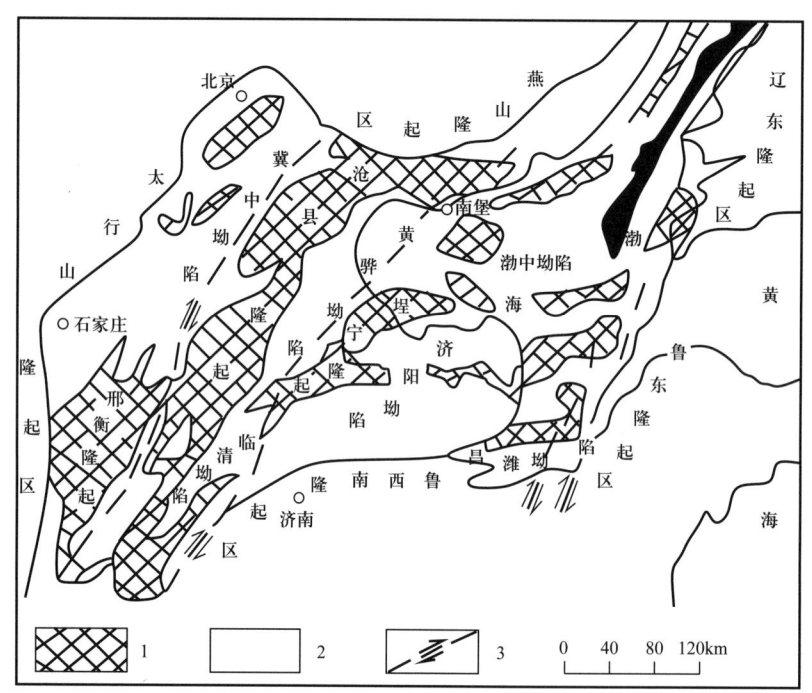

图1 济阳拗陷构造位置示意图
1—隆起区；2—拗陷区；3—主要走滑断层

作为渤海湾盆地的一部分（图1），济阳拗陷经历了中生代裂陷期、古近纪断陷期和新近纪拗陷期。断陷期可分为断陷初始期（孔店组沉积时期）、断陷发展期（沙四段沉积时期）、断陷鼎盛期（沙三段至沙二段下部沉积时期）及断陷萎缩期（沙二段上部至东营组沉积时期）4个阶段；拗陷期可分为拗陷初始期（馆陶组下段沉积时期）和拗陷稳定期（馆陶组上段至第四系沉积时期）。

盆地发育的阶段性和继承性决定着断陷萎缩期和拗陷初始期在断层活动性、沉积充填方式及现存构造样式和油气成藏条件等方面具有较多的共性。在济阳拗陷已发现的古近纪、新近纪地层不整合油藏中，与上述两期有关的地层类储量占该类总储量的77.6%。因此，从盆地性质、演化特点和勘探的实际出发，将断陷萎缩期和拗陷初始期合称为"断－拗转换期"（图2），其间形成的沉积体系及产生的构造样式简称为"断－拗转换体系"。前人对断陷期和拗陷期的构造、沉积和油气成藏等都已取得了大量的成果[1-2]，但对断－拗转换期作为一整体体系的研究成果很少[3]。

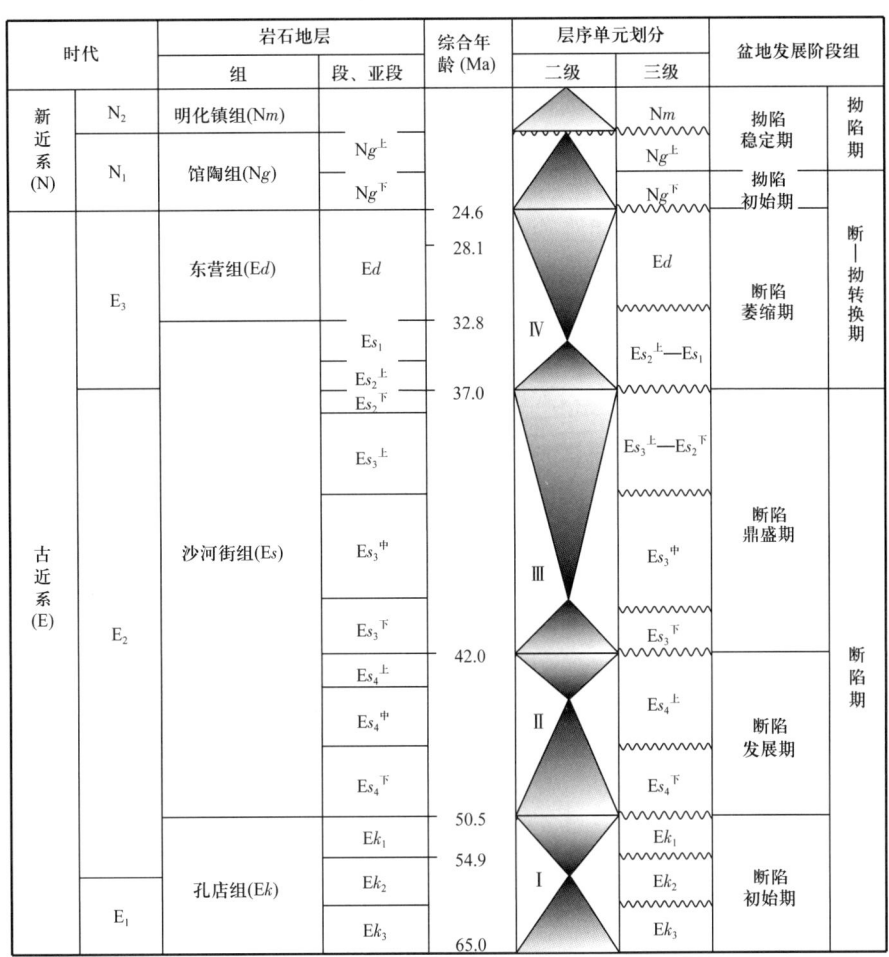

图2 济阳拗陷断－拗发展阶段示意图

1 断－拗转换体系的基本特征

1.1 构造转型形成了大型区域不整合面

断－拗转换期是盆地发育阶段的转化时期。中新世早期的东营运动（喜马拉雅运动Ⅱ幕），使济阳断陷盆地受挤压而抬升，从而结束了断陷阶段，并向拗陷阶段过渡。据测算，东营运动在济阳拗陷大约造成了11Ma的沉积间断，表现为呈近水平产状的新近纪地层超覆于下伏老地层之上[4-5]。其间形成的区域不整合面及其上下岩性组合和底板构造形态具有非常重要的石油地质意义。

1.2 盆地结构由不对称半地堑向近对称性转化

燕山构造运动使郯庐断裂的山东段发生了明显的左旋走滑，鲁西南隆起随之发生顺时针旋转，形成了北西西向断裂构造体系。喜马拉雅运动导致地幔上隆和郯庐断裂的右旋走滑，使得渤海湾地区大规模拉张，形成了整体不对称的半地堑结构（图3）。这种不对称结构在济阳拗陷表现为孔店组、沙四段、沙三段具有"北断南超"的箕状凹陷的基本特征。至断－拗转换期（特别是东营组沉积以来），随着盆地的不断充填及边界断裂（特别是北西向断裂）活动的降低，这种不对称半地堑结构逐步弱化，呈现出近对称性的结构特点（图3）。

1.3 沉积环境由（半）深湖相向稳定浅水湖泊及河流相转化

盆地转型导致沉积环境变化。在断陷主要发育阶段形成的"箕状凹陷"控制下，济阳拗陷各陡坡带形成了以冲积扇、近岸水下扇为主的沉积体系，洼陷区以三角洲—浊流沉积体系为主，缓坡带则广布滩、坝相沉积。在断陷萎缩期，随着断裂活动的减弱及盆地充填的进一步加剧，济阳拗陷整体进入稳定的浅水湖泊—河流相沉积环境，虽然在陡坡带发育有小型的水下扇粗碎屑沉积（沙一段），但主要以近湖岸相生物灰岩滩、坝、滨浅湖相滩砂和缓坡小型冲积扇及广大半深湖、浅湖区的暗色泥岩、油页岩沉积为主。进入拗陷初始期，水体更浅，地势更为平坦，拗陷开始普遍接受河流相沉积（图3）。

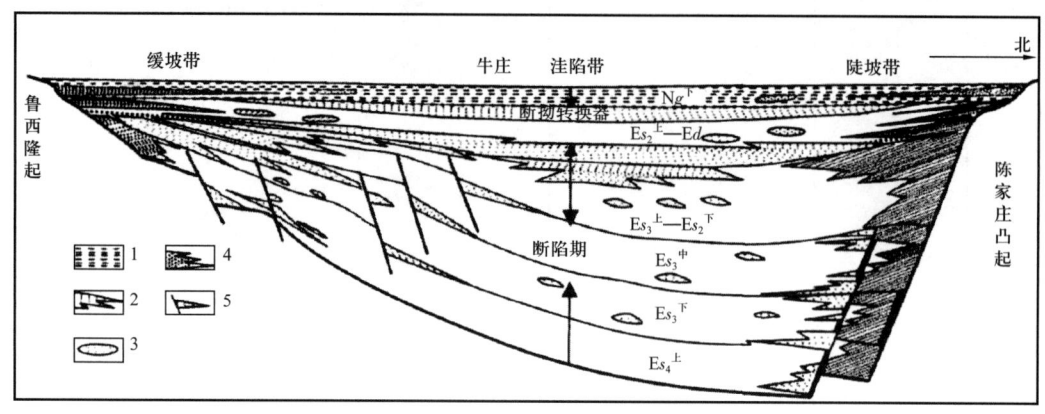

图3 东营凹陷盆地结构及沉积演化示意图

1—河流相沉积；2—河流三角洲砂体；3—滨浅湖和浊积成因的砂体；4—盆缘冲积扇及扇三角洲砂砾岩体；
5—同沉积断层及水下扇、低位扇

2 断－拗转换体系油气成藏模式与主控因素

2.1 主要油藏类型及空间展布

综上所述，陆相断陷盆地断－拗转换期具有特殊的构造和沉积体系类型：盆缘地层超剥带与鼻状构造的配置控制了大中型地层圈闭的发育；扇三角洲—河流相为主的充填过程形成了优质的储集岩系；不同类型的输导体系与古地形（圈闭）的有利配置成为断－拗转换体系大规模含油的基础。因此，分布于盆地周缘的地层油藏（包括地层超覆不整合油藏和地层剥蚀不整合油藏）及与其有关的复合型油藏是陆相断陷盆地断－拗转换体系主要的油藏类型（图4）。

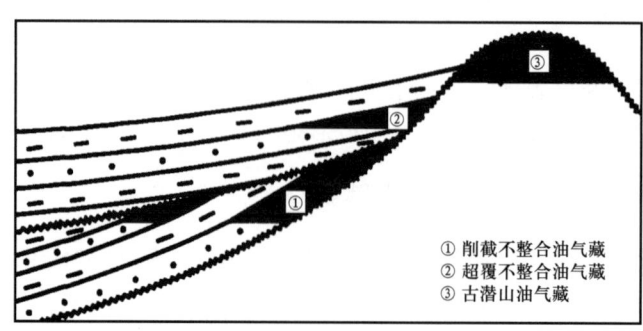

图4 不整合油藏剖面示意图

2.2 地层超覆圈闭"T-S"输导控藏模式

2.2.1 "T"型输导体系

油气是一种流体矿床,从生成到聚集成藏往往需要进行复杂的长距离的运移,因而,输导体系是在油气成藏过程中最为关键的要素之一。关于输导体系类型划分及其输导机理前人已进行过许多研究。谢泰俊等[6]在研究南海北部大陆边缘盆地时,根据不同类型通道在运移中的作用和具体地质情况,划分了四类运移通道体系:以断裂带为主的运移通道体系、与古构造脊相关的运移通道体系、与活动热流体底辟作用相关的通道体系和与不整合有关的运移通道体系;张照录等[7]将输导体系按油气运移主干道的不同分为四种基本类型:断层型、输导层型、裂隙型、不整合面型。付广等[8]按照构成输导体系构成要素(连通孔隙、裂缝和孔隙—裂缝)的复杂程度将输导体系分为由单独要素构成的简单输导体系和多要素组合构成的相对复杂的复合输导体系。张善文[9]根据通过对济阳坳陷新近系大量油藏的解剖结合物理模拟实验,提出了"网毯式"输导体系的基本概念,并对其在油气成藏过程中的作用进行了系统阐述。

济阳坳陷是一个典型的断陷盆地,烃源岩主要形成于断陷阶段的沙河街组三段、四段的湖相沉积,而断-坳转换体系内的地层超覆圈闭主要位于盆地的边缘,距生油母岩较远,因而应该具有特殊的输导体系类型以沟通烃源岩与圈闭。对陡坡带而言,地层超覆圈闭大都位于烃源岩侧上方,因此,由烃源岩—活动性断层—骨架砂岩(不整合面)—圈闭构成的"T"型输导体系是油气进入该类地层圈闭的主要方式。即油气在异常高压的作用下首先沿开启性的断层向上做垂向运移,之后遇到具有高孔渗的骨架砂岩或不整合面再做横向运移,最后在地层圈闭中聚集成藏。图5是油气充注物理模拟实验结果,表明油首先沿主断层向上运移,充注两侧砂体,随后沿骨架砂层顶部或不整合面侧向运移。济阳坳陷东营凹陷北部陡坡带郑家—王庄油田Ng、Es_1组油藏油气输导即属典型的"T"型体系(图6)。

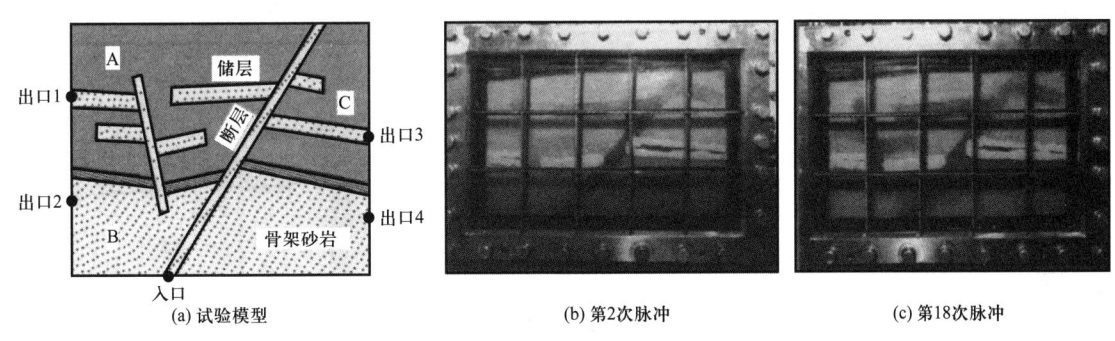

图5 "T"型输导物理模拟实验图示

试验说明:模型中A为致密材料,代表泥岩;断层和骨架砂岩B的渗透性高于储层C。采用单一油相、脉动式注入方式,注入速率45mL/次,总注入量为904.33mL、20次。图中的暗色部分显示了油充注的过程和到达的位置

缓坡带地层超覆圈闭不但在垂向上远离烃源岩,在平面上与源区也有相当大的距离。断陷阶段发育的多条张性断层和多级次骨架砂体及不整合为油气运移提供了多梯次良好的通道。油气从烃源岩出发,经过断层向上运移,遇到砂体做侧向运移,形成第一级"T"型输导,侧向(垂向)运移的油气遇到开启性断层(骨架砂体及不整合)进一步垂向(侧向)运移,条件具备即可形成第二级、第三级"T"型输导,直至新近系地层超覆圈闭,这样即可形成连接古近系烃源岩和新近系圈闭的由多级构成的复合(式)"T"型输导体系,从而使油气聚集成藏,济阳坳陷东营凹陷南坡金家油田地层不整合油藏输导过程即属此类(图7)。

2.2.2 地层超覆不整合油藏"S"型控藏模式

关于不整合面与油气成藏的关系,前人进行过许多研究。吴亚军等[10]研究了塔里木盆地不整合类型与油气成藏的关系;吴孔友等[11]通过研究认为准噶尔盆地二叠系不整合面不仅是油气运移的重要

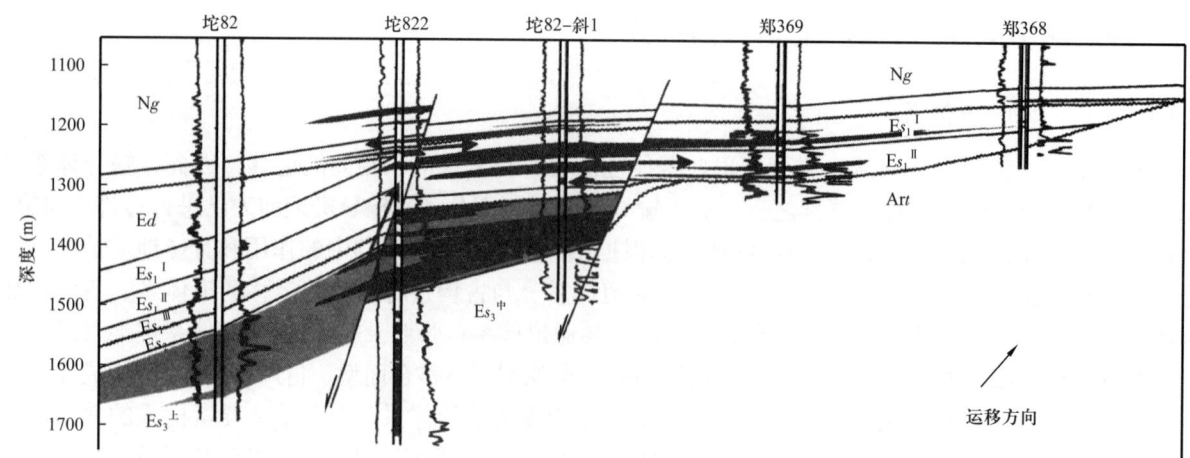

图 6　郑家—王庄油藏剖面图

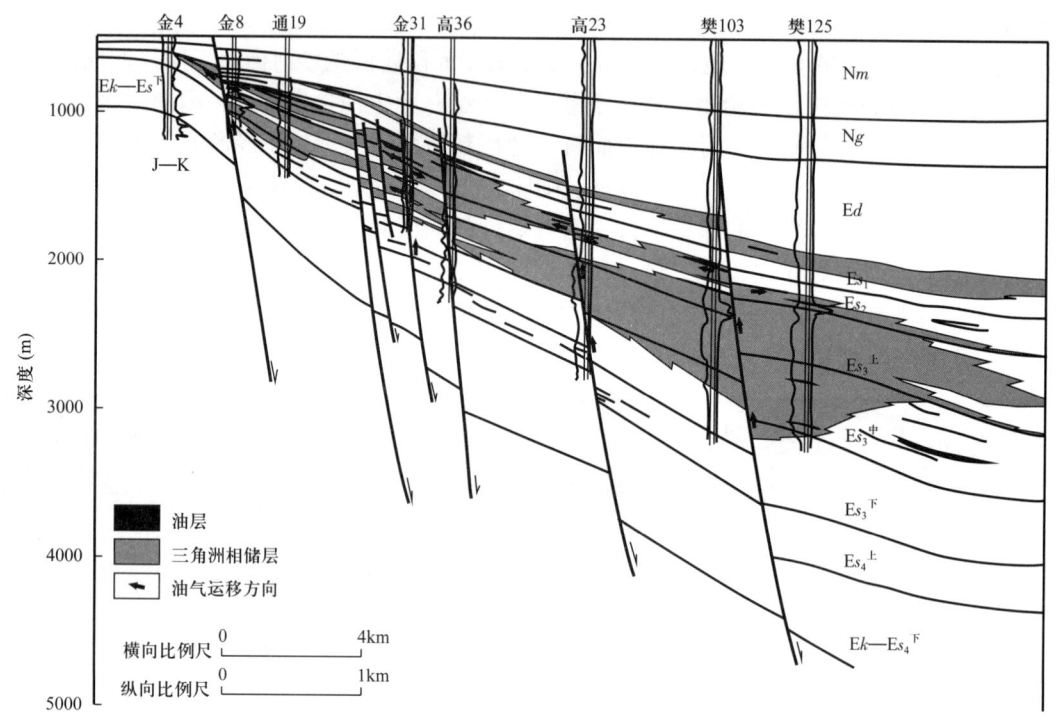

图 7　金家地区油藏剖面图

通道，而且是油气聚集的良好场所，超覆不整合圈闭集中分布在盆地周缘斜坡；肖乾华等[12]根据不整合面上下地层的岩性配置将不整合面划分为 9 类，并对其中的 6 类进行了系统的分析；张善文等[13]提出了应用坡折带理论寻找隐蔽油气藏的观点。

上述观点无疑对不整合油气藏的研究与勘探提出了新的思路和方法，但都是针对某一种特殊的盆地结构和（或）油藏类型。陆相断陷盆地断-拗转换期地层超覆不整合圈闭大都发育于盆地的周缘，由于构造运动和地层抗剥蚀能力的差异，古地貌大都具有横向上沟梁相间、纵向上坡度快速变化的基本特征，即无论是在剖面上还是在平面上，都具"S"状的古地貌。

图 8a 是东营凹陷北带郑家—王庄地区沙一段地震属性时间切片图，可以清楚地看到盆地边缘地形具"S"状的古地貌（箭头处），图 8b 是穿过该区的剖面图，油藏下方的古地貌也具有"S"状。

笔者通过对济阳拗陷已发现的郑家—王庄（凹陷陡坡带）、太平、林樊家（凹陷缓坡带）等油田解剖发现：地层超覆不整合圈闭虽然发育于凹陷的不同部位（陡坡、缓坡），但能否成藏和（或）规模大小却都与上述古地形有关：底板具"S"状比平板状的地层超覆圈闭更易于成藏，较陡的坡度不但易于成藏，而且含油高度也相对较大。造成上述现象的主要原因有以下两点：

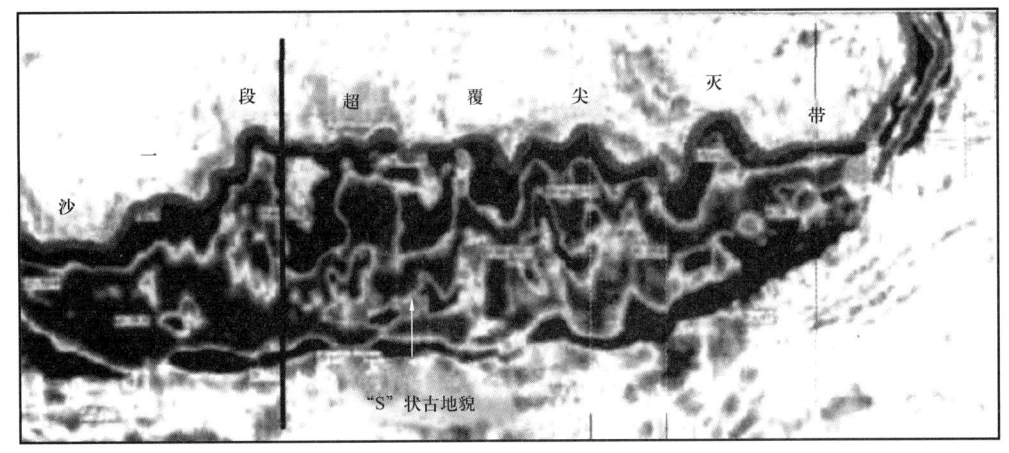

(a) 地震属性切片图

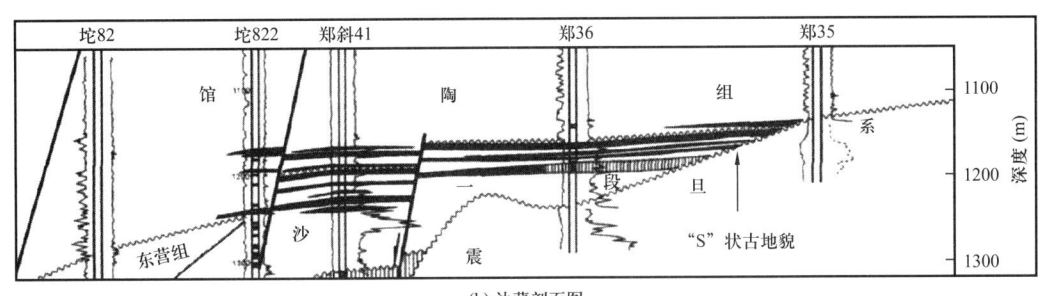

(b) 油藏剖面图

图 8 "S"状古地貌控藏示意图

（1）油气运移动力条件。油气在常压地层中运移的动力主要是浮力，运移的主要路径是沿阻力最小的方向运移，也就是沿着流体势变化最快的方向由高势区向低势区运移，而构造的陡缓在一定程度上决定着流体势变化的快慢，也就影响了油气运移方向和聚集的有利部位。相比较而言，地形突然变陡处是流体势变化较快的区域，在其他外界条件相同的情况下，是油气优先的运移通道。

（2）储集与封堵条件。储盖条件控制着油藏分布和富集。对于分布在盆地边缘的地层超覆圈闭而言，古地貌的变化首先影响了圈闭中储层的发育程度。平面上，具"S"状的古地貌恰恰是"沟扇对应"沟的反映，是"扇体"发育的有利部位；在平面上，地层倾角较大的地方，相应的储层更发育，这也是"断坡控砂"的主要内涵，储集物性相对更好。另外古地貌形态在一定程度上反映了地层的抗风化能力，即相对较陡的部位风化较弱，对油气的侧向封堵能力更强，对油气的聚集成藏意义重大。胜利油田的太平、郑家—王庄、林樊家油田新近系地层超覆油藏的底板皆属此类，三个油田累计探明新近系地层超覆油藏储量 4458.56×10^4 t。

3 结论

陆相断陷盆地断-拗转换体系中，大型地层超剥带和继承性鼻状构造带的结合部位是大中型地层油藏的主要勘探方向，而沟通优质烃源岩的高效（复式）"T"型输导体系、"S"状古地貌的有机配置是盆缘地层超覆油藏成藏的关键。济阳拗陷的勘探实践及其认识对其他陆相断陷湖盆断-拗转换期该类油藏的勘探具有现实的指导意义。

参 考 文 献

[1] 潘元林，张善文.济阳断陷盆地隐蔽油气藏勘探［M］.北京：石油工业出版社，2003.
[2] 蔡进功.陆相断陷盆地沉积体系与油气分布（卷二）［M］.北京：石油工业出版社，2003.
[3] JIANG Z, et al. Transformation of accommodation space of the Cretaceous Qingshankou Formation, the Songliao Basin, NE China [J]. Basin Research, 2005, 17 (6): 569-582.
[4] 任安身，杜公仅.济阳坳陷构造特征及油气勘探［M］.北京：石油工业出版社，1989.
[5] 王秉海，钱凯.胜利油区地质研究与勘探实践［M］.东营：石油大学出版社，1992.
[6] 谢泰俊，潘祖荫，杨学昌.油气运移动力及通道体系［M］.北京：科学出版社，1997.
[7] 张照录，王华，杨红.含油气盆地的输导体系研究［J］.石油与天然气地质，2000，21（2）：133-135.
[8] 付广，薛永超，付晓飞.油气运移输导系统及其对成藏的控制［J］.新疆石油地质，22（1）：24-26.
[9] 张善文，王永诗，石砥石，等.网毯式油气成藏模式——以济阳坳陷新近系为例［J］.石油勘探与开发，2003，30（1）：1-8.
[10] 吴亚军，张守安，艾国华.塔里木盆地不整合类型与油气藏的关系［J］.新疆石油地质，1998，19（2）：101-105.
[11] 吴孔友，查明，柳广第.准噶尔盆地二叠系不整合及其油气运聚特征［J］.石油勘探与开发，2002，29（2）：53-57.
[12] 肖乾华，李美俊，彭苏萍，等.辽河东部凹陷北部不整合类型及油气成藏规律［J］.石油勘探与开发，2003，30（2）：43-45.
[13] 张善文，王英民，李群.应用坡折带理论寻找隐蔽油气藏［J］.石油勘探与开发，2003，30（3）：5-7.

原文发表于《地质学报》2007年第9期

油气成藏"相—势"耦合作用探讨

——以渤海湾盆地济阳坳陷为例

王永诗

（中国石油化工股份有限公司胜利油田分公司地质科学研究院）

摘 要：渤海湾盆地济阳坳陷的勘探实践表明，同一成藏动力条件下，油气充注成藏过程中油气等流体突破储层进/出口界面的抵抗力（突破压力）存在差异，导致选择性地进入储集体和孔隙。将油气的这种突破作用和选择性充注归因于储层介质属性（相）、流体流动能力（势）和两者之间的耦合作用，重点探讨其作用机制，建立"相—势"耦合控藏模型，揭示储层有效接纳油气的临界条件，指出随着储层变浅，远离烃源岩，浮力和烃源岩剩余排替压力降低，油水界面张力增加，储层介质接纳油气的临界渗透率和临界孔隙度逐渐变大，从而建立油气成藏的临界条件预测模型，进一步丰富断陷盆地油气勘探理论与方法。

多孔介质在自然界和工程应用中广泛存在。地质历史条件下，油、气等流体在储层介质中渗流、驱替水，必需突破储层进/出口界面的抵抗力，并受到相际界面的复杂作用，使得油藏中流体分布复杂化，含油气性变化大。但是，在现有油气成藏理论和模式中，没有充分重视这种突破效应，无疑增加了油气勘探实践的风险。本文将这种突破作用归因于流体和介质之间的耦合作用，重点探讨了其作用机制，丰富了油气成藏理论。

1 油气勘探中值得思考的现象

渤海湾盆地济阳坳陷是我国油气藏分布的重要地区，烃源岩丰富且优质[1-3]，储集体类型丰富，物性条件好，油气接纳空间充足[4-6]。烃源岩中的油气能否在有效驱替动力作用下，通过输送通道抵达、充注储集体并聚集成藏，是油气成藏研究的核心。勘探实践的不断深入和认识的不断深化，促使地质学家不断完善已有成藏理论，探索新的成藏模式[7]，如济阳坳陷发育多种类型的储集体，主要包括近岸水下扇体、三角洲砂体、浊积扇体、滩坝砂体和河道砂体等，勘探实践表明，同一成藏动力环境下，储集体中油层、水层分布及成藏特点相差很大[8]。当前各种测试和实验方法（如流体包裹体测试、物理模拟实验等）可以再现地质历史时期油气生成、运移和成藏等过程，给已有油气成藏理论提出诸多新问题和现象，促使该问题研究更理性、更深化。

1.1 储层临界物性下限差异

济阳坳陷东营凹陷胜坨、宁海、王庄、利津、郑家等5个油田287个含油气单元实际统计资料表明，各油田的油层孔隙度、渗透率等物性参数存在一个最小临界值。储集砂体只有满足一定的临界条件，油层孔隙度、渗透率大于相应的临界值后，才能有效接纳运移的油气（表1）。孔隙度下限从13%至28%、渗透率下限从6.5mD至89mD不等，总的趋势是：同一构造带，不同沉积体系（岩相），油层越深，临界孔隙度和临界渗透率就越低。

1.2 不同物性储层含油性差异

埕岛油田馆陶组油层是河流相储层，不同孔隙度的油层含油饱和度差异明显。以CB22井馆陶组油层为例，孔隙度为 30% 的储层的含油率与孔隙度为 36% 的储层的含油率相差 20%（图 1）。孔隙度不同的油层含油率变化很大。

表 1　渤海湾盆地东营凹陷油层物性下限

油田	区块	深度（m）	层位	孔隙度下限（%）	渗透率下限（mD）
胜坨	二区	1826	沙二上亚段 1 砂组	25	72.5
		1846	沙二上亚段 2 砂组	24	67.0
		1865	沙二上亚段 3 砂组	23	61.5
		1948	沙二上亚段 6 砂组	22	56.0
	三区	1653	沙一段 1 砂组	28	89.0
		1764	沙一段 4 砂组	25	72.5
		2035	沙二下亚段 8 砂组	22	56.0
		2080	沙二下亚段 10 砂组	21	50.5
		2193	沙二下亚段 12 砂组	20	45.0
		2164	沙二下亚段 12 砂组	20	45.0
利津	利 32-33	2075	沙二段 3 砂组	21	50.5
		2042	沙二段 1 砂组	20	45.0
	店子	2236	沙二段 2 砂组	16	23.0
		2321	沙二段 4 砂组	16	23.0
	利古 3	2550	沙四上亚段 1 砂组	13	6.5
	利 882	2610	沙三中亚段	16	23.0
宁海	坨 85	2523	沙三中亚段	13	6.5

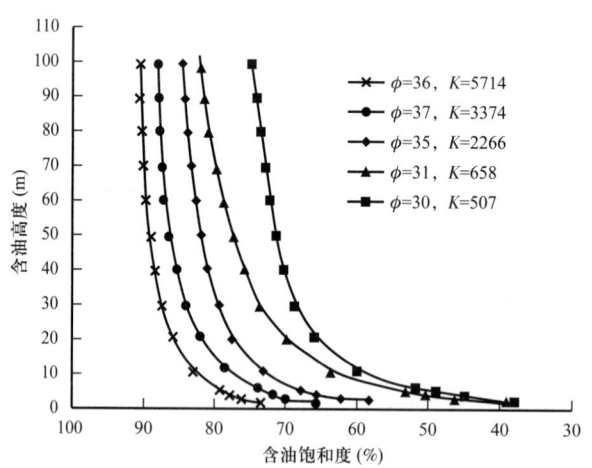

图 1　渤海湾盆地济阳坳陷埕岛油田 CB22 井馆陶组含油饱和度与含油高度关系

ϕ—孔隙度，%；K—渗透率，mD

利津油田为砂砾岩油藏，以利 85 块为例，位于砂砾岩扇体根部的利 852 井，储层中饱含地层水，无油气显示；位于扇中部位的利 85 井、利 853 井及位于扇端部位的利 54 井、利 92 井，储层输导性能好，油气成藏过程中，地层水被运移而来的油、气驱替和置换，油层饱含油气，试井获工业油流。在油藏的不同部位，油水层分布变化大。

正理庄油田高89块沙四段为滩坝砂储集体，含油性则随孔隙度的增大而变好。当孔隙度小于8%时，储层不含油。在含油集中段，油层含油性随孔隙度存在明显的分选现象。樊137井油层孔隙度下限为10%，而在高89井这个值则是好的含油层，说明油气成藏下限也并不是一成不变的（图2）。

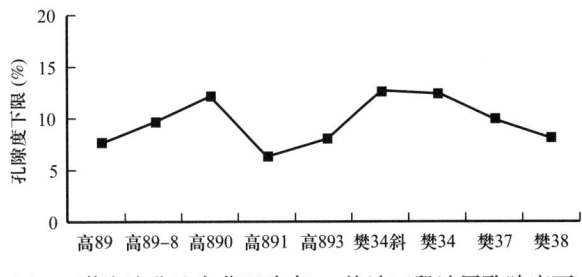

图2 渤海湾盆地东营凹陷高89块沙四段油层孔隙度下限分布

这些现象表明，同一成藏动力环境下，油气充注成藏过程中油气等流体选择性地进入储集体和孔隙，使储集体的不同位置、不同孔隙中的含油特征变化很大[9-10]。油气藏中的这些特点是目前已有成藏模式难以解决的。

2 油气"相—势"耦合成藏

庞雄奇等[11]研究了岩性油气藏成藏过程，并将其分为油气在烃源岩孔隙中运移、在砂泥岩界面通过孔隙和喉道渗流，以及在砂体内富集等阶段。流体势成藏理论也认为，油气在低势能区聚集、成藏。但上述理论和体系仅仅考虑了油气等流体渗流、运移的可能性，并没有涉及不同阶段油气和储层介质之间应满足什么样的条件油层中才能有效地接纳运移而来的油气。烃源岩生成的分散油滴、油珠从烃源岩孔隙中进入输导体系，在浮力作用下克服流体流动黏滞阻力、储层界面抵抗力和相界面阻力，方能排替砂体内的地层水，并富集成藏，这是流体渗流与储层介质性质的综合作用，是渗流流体与储层介质的耦合作用，而油藏介质中油层和水层则是耦合效果，油气成藏过程则是耦合过程。

渗流流体与储层介质的耦合系统应包含储层介质属性（相）、流体流动能力（势）和两者之间的耦合作用。

2.1 油气成藏过程中的相控作用

通俗地讲，"相"是指储集体类型及物性条件。在地质学应用中，"相"是指在一定条件下形成的、能够反映特定环境或过程的产物。应用到油气成藏中，"相"的概念应该理解为油气运聚成藏的介质条件。

孔隙度、渗透率是反映储层介质属性最直接的定量参数，其大小和均质性制约着岩石介质接纳油气的能力，可称为岩石介质的物理相，反应油气运聚成藏的介质条件。岩石介质中油气渗流和地层水驱替就受该微尺度物理相控制，造成油藏中油层和水层错综复杂，含油特征变化很大。

油气只有突破储层进/出口界面的抵抗力，才能顺利进入储层介质。这种抵抗是一种突破压力，是非浸润流体单方向挤压饱和多孔介质内的浸润流体时，多孔介质自发产生的抵抗，是由浸润流体向介质内部凹陷形成弯曲界面而产生的。

突破压力是反映流体渗流通过多孔介质时固有的特征压力，在油气成藏过程中是一种阻力，只有当输导层中的油气等非浸润流体压力克服了突破压力时，储层方能有效地接纳运移而来的油气。储层中突破压力为：

$$\Delta p = \frac{2\sigma \cos\theta}{r_e} \qquad (1)$$

式中：Δp为突破压力，Pa；σ为界面张力，N/m；θ为接触角；r_e为孔隙中油水界面曲率半径，m。

储层突破压力的本质是由孔隙结构决定的。分析表明，砂岩孔隙性储层中微孔隙体积与砂岩总孔隙度之间关系十分密切（图3），微孔隙体积百分含量与总孔隙度及突破压力呈负相关关系。对于某一特定砂岩，其微孔隙大小是岩石本身的固有参数，与其他因素关系不大。如果岩石含油气，也是该岩石束缚水含量的最小值。一般情况下，储层束缚水含量大于该值，具体为多少则取决于成藏动力。

2.2 油气成藏过程中的势控作用

早在20世纪40—50年代，Hubbert[12-13]就用流体势的概念阐述和表达了地下流体（油、气、水）的运动规律，他把流体所具有的能量定义为流体势，以表征流体的流动能力。油气运移过程中，流体的有效渗流和有效驱替能力来源于烃源岩排烃的剩余排替压力（流体的动能）和浮力。对于距烃源岩较远的储层，浮力是输导层中烃类运移的主要动力[14]（图4），那么：

$$\Phi = f(\Delta \rho g z V) + f\left(m \frac{q^2}{2}\right) \quad (2)$$

式中：Φ 为流体势，J；$\Delta \rho$ 为流体在深度 z 处的密度差，kg/m³；g 为重力加速度，m/s²；z 为研究点到基准面间的距离，m；V 为流体相对某点的距离，m；m 为单位流体质量，kg；q 为地层流体速度，m/s。

随着原油在输导体中运移，能量不断散失，轻质烃类组分越来越少，原油密度越来越大，浮力也越来越小。源自深层的油气在向浅层运移、渗流过程中流体势逐渐降低。

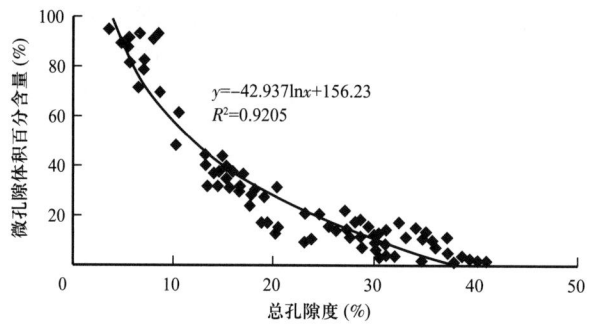

图3 渤海湾盆地济阳坳陷砂岩储层微孔隙体积百分含量与总孔隙度关系

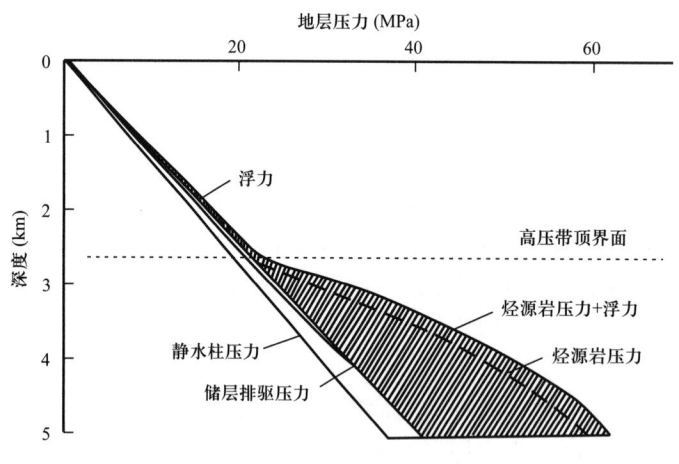

图4 油气运移动力剖面

2.3 油气成藏过程中的"相—势"耦合作用

油气成藏过程中，油气进入储层介质的动力为浮力和烃源岩剩余排替压力，进入储层介质的阻力则是界面抵抗力，只有当流体势克服了储层突破压力时，储层孔隙中的地层水才能被驱替，孔隙才能成为接纳油气的有效空间[15]。

因此，油气成藏过程中的"相—势"耦合作用就是运移流体克服储层介质突破压力的过程。即：

$$\Phi \propto \Delta p : f(\Delta\rho gzV) + f\left(m\frac{q^2}{2}\right) \propto \frac{2\sigma\cos\theta}{r_e} \quad (3)$$

运移过程中，油气进入储层介质的临界条件为：

$$\Phi \geqslant \Delta p : f(\Delta\rho gzV) + f\left(m\frac{q^2}{2}\right) \geqslant \\ \frac{2\sigma\cos\theta}{r_e}\pi r^2 = 2\pi r\sigma\cos\theta \quad (4)$$

式中：r 为孔隙半径，μm。

孔隙半径与渗透率、孔隙度参数有下列函数关系：

$$K=\frac{\phi r^2}{8\tau^2} \quad (5)$$

式中：K 为渗透率，D；ϕ 为孔隙度，%；τ 为孔道迂曲度。

那么临界条件则为：

$$\Phi \geqslant \Delta p : f(\Delta\rho gzV) + f\left(m\frac{q^2}{2}\right) \geqslant \\ 2\pi r\sigma\cos\theta = 2\pi\sigma\cos\theta\tau\sqrt{\frac{8K}{\phi}} \quad (6)$$

只有满足临界条件的储层才能有效接纳运移而来的油气，油气成藏过程中，油气等流体选择性地进入储层介质。

临界孔隙度、临界渗透率等物性参数与油层深度的关系表明，油层浅，远离烃源岩，原油中烃类轻质成分越来越低，原油密度越来越大，浮力越来越小，同时烃源岩的剩余排替压力也逐渐降低。另一方面，油水界面张力越来越大，油气进入储层介质所受的毛细管阻力就越来越大，这使接纳油气的储层介质的临界渗透率和临界孔隙度逐渐变大[16]。

济阳坳陷东营凹陷已发现油气藏的流体势与储层物性下限的关系表明（图5），两者呈负相关关系。势能高，孔隙度下限低；势能低，孔隙度下限高。势能大小与沉积相带的耦合决定储层的含油性。"相—势"耦合控制了不同类型油气藏的形成和分布。

根据"相—势"控藏理论所得出的各区块成藏物性界限，较好地解释了不同深度储层的物性下限差异，并在其他区块得到了较好的验证。沾化凹陷埕岛油田馆陶组河道砂体，储层埋深1200～1400m，实际有效厚度孔隙度下限为28%，本法计算孔隙度下限为28%，吻合较好；东辛油田营11区块沙三中亚段砂体，埋深3100m，实际有效厚度孔隙度下限为13.5%，本法计算孔隙度下限12%；牛庄油田沙三中亚段含油砂体，埋深2930～3375m，实际有效厚度孔隙度下限为13.5%，本法计算孔隙度下限12%～13%。

综上所述，断陷盆地油气藏的形成受"相—势"控制。无论何种储集体类型，只有当其"相—势"耦合时，才能成藏。压力封存箱内形成高势岩性油藏，压力封存箱外形成常势地层、岩性油藏。

3 油气"相—势"耦合成藏的地质意义

有效储层的孔隙度随埋藏深度增加而减小，为深部油气勘探提供指导。利用"相—势"控藏概念，随埋藏深度增加，地层压力增高[17]，成藏势能增大，储层临界物性下限就可以降低。只要有油气来源和通道，在相对低势区就有油气聚集。东营凹陷丰深 1 井油气藏埋深在 4000m 以下，储层孔隙度 4%～5%，仍获得了高产工业油气流。

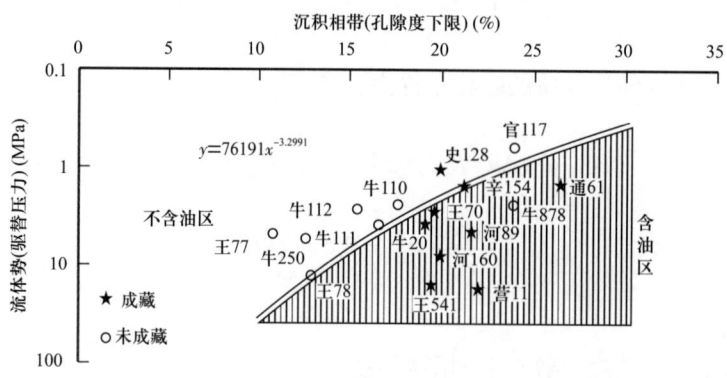

图 5　渤海湾盆地东营凹陷"相—势"耦合控藏关系

高势背景条件下油气也能够成藏，为寻找岩性油气藏提供依据。油气聚集在相对低势区，比如局部构造高点、盆地边缘、断层压力释放带[18]和相对高孔渗的砂岩体内。在高势背景下的局部低势区，油气也能聚集成藏。如牛庄洼陷沙三中亚段存在异常高压，但内部由于浊积砂岩体的存在，在泥岩内的高界面能内生成的油气具有向浊积体低界面能运聚成藏的条件，因此，在深凹陷高势背景下形成了大量岩性油气藏。

恢复地质历史时期的"相""势"条件是油气成藏研究的根本。"相—势"控藏揭示了油气成藏的根本规律，油气藏分布归根结底取决于油气成藏期的"相—势"耦合关系，因此恢复地质历史时期的"相""势"条件是油气成藏研究的根本。不同性质流体（正常油、稠油、天然气）成藏的"相""势"条件存在较大差异，应分别建立其"相—势"耦合关系。

4　结论

胜利油区勘探实践表明，同一成藏动力条件下，油气充注成藏过程中油气等流体选择性地进入储层和孔隙。

油气突破储层进/出口界面的抵抗和相际界面作用进入储层成藏是一个复合动力与阻力相互作用的过程，是"相—势"耦合过程。

"相—势"耦合模型表明，油气等流体选择性地进入储层介质，储层介质接纳运移而来的油气需要一定的临界条件。

断陷湖盆油气成藏受"相—势"耦合作用控制。油气只有突破储层进/出口界面的抵抗力，"相—势"耦合，储层介质才能有效地接纳油气，成为有效储集空间。统计与计算表明，随着油层变浅，远离烃源岩，浮力和烃源岩剩余排替压力降低，油水界面张力增加，储层介质接纳油气的临界渗透率和临界孔隙度逐渐变大。

参 考 文 献

[1] 王永诗，金强，朱光有，等.济阳坳陷沙河街组有效烃源岩特征与评价[J].石油勘探与开发，2003，30（3）：53-55.

[2] 周杰，庞雄奇，李娜.渤海湾盆地济阳坳陷烃源岩排烃特征研究[J].石油实验地质，2006，28（1）：59-64.

[3] WANG Y S，LI M W，PANG X Q，et al.Fault-fracture mesh petroleum plays in the Zhanhua Depression, Bohai Basin, Part 1：Source rock characterization and quantitative assessment[J].Organic Geochemistry，2005，36（8）：183-202.

[4] 赵澄林，张善文，袁静.胜利油区沉积储层与油气[M].北京：石油工业出版社，1999.

[5] 马立驰,王永诗,姜在兴,等.断陷盆地碳酸盐岩潜山储层模式:以渤海湾盆地济阳坳陷为例[J].石油实验地质,2006,28(1):21-24.

[6] 李丕龙,姜在兴,马在平,等.东营凹陷储集体与油气分布[M].北京:石油工业出版社,2000.

[7] 李丕龙,张善文,宋国奇,等.济阳成熟探区非构造油气藏深化勘探[J].石油学报,2003,24(5):10-15.

[8] 李丕龙,张善文,宋国奇,等.断陷盆地隐蔽油气藏形成机制:以渤海湾盆地济阳坳陷为例[J].石油实验地质,2004,26(1):3-10.

[9] 庞雄奇,陈冬霞,李丕龙,等.砂岩透镜体成藏门限及控油气作用机理[J].石油学报,2003,24(3):38-41.

[10] 张善文,王永诗,石砥石,等.网毯式油气成藏体系:以济阳坳陷新近系为例[J].石油勘探与开发,2003,30(1):1-8.

[11] 庞雄奇,姜振学,李建青,等.油气成藏过程中的地质门限及其控油气作用[J].石油大学学报,2000,24(4):53-57.

[12] HUBBERT M K.The theory of groundwater motion[J].J Geol,1940,48(5):785-944.

[13] HUBBERT M K.Entrapment of petroleum under hydrodynamic conditions[J].Am Assoc Pet Geol,1953,37(8):1954-2026.

[14] 庞雄奇,金之钧,左胜杰.油气成藏动力学模式成因与分类[J].地学前缘,2000,7(4):507-514.

[15] 邱楠生,张善文,金之钧.东营凹陷油气流体运移模式探讨:来自沸腾包裹体的证据[J].石油实验地质,2001,23(4):403-407.

[16] 王永诗,张善文,曾溅辉,等.沾化凹陷上第三系油气成藏机理及勘探实践[J].油气地质与采收率,2001,8(6):32-34.

[17] 许晓明,刘震,谢启超,等.渤海湾盆地济阳坳陷异常高压特征分析[J].石油实验地质,2006,28(4):345-349.

[18] 陈宝宁,白全明,周香翠,等.陆相断陷盆地断裂系统与异常压力分布特征初探:以济阳坳陷东营凹陷为例[J].石油实验地质,2005,27(6):601-605.

原文发表于《石油实验地质》2007年第5期

网毯式油气成藏体系在勘探中的应用

张善文[1]　王永诗[1]　彭传圣[2]　石砥石[2]

（1. 中国石化胜利油田有限公司；2. 胜利油田有限公司地质科学研究院）

摘　要： 网毯式油气成藏体系是在济阳坳陷30多年油气勘探的实践中，对新近系油气成藏机理研究的基础上提出来的。这种油气运聚方式决定了那些与洼陷内油源断层直接相接的继承性披覆背斜构造带是油气运移成藏的主要部位。在盆缘，如果发育较稳定的盖层，仓储层会形成地层超覆圈闭，在油源大断层发育而次生断层不发育的情况下，油气在仓储层中横向运移后易形成地层超覆油气藏；在盆内，那些与大油源断层直接相接的次生断裂带，或者具备油源断层与仓储层相接，且次生断裂与仓储层和有利储盖组合的储层相接的区带，可形成岩性油气藏。根据该理论，深入分析了网毯式油气成藏体系各要素，使济阳坳陷的新近系盆缘地层超覆油气藏与盆内岩性油气藏勘探均取得了突破性的进展。

在济阳坳陷新近系勘探过程中，根据洼陷内油源断层与继承性披覆背斜构造相匹配可形成大型油气田的论断，发现了孤岛、孤东和埕岛等大油田[1-4]。目前该类构造均已钻探，在无有利聚油背景的情况下，依据网毯式油气成藏体系将新近系勘探由披覆背斜延伸到凸起边部乃至盆内洼陷，从油源大断层拓展到局部小断层，扩大了勘探领域，实现了从构造油藏到岩性、地层类油藏的转变[5-6]，开创了浅层新近系勘探的新局面。

1　网毯式油气成藏体系的内涵

网毯式油气成藏体系[5, 7-8]是指下伏层系的他源油气通过油源断裂网的运移、毯状仓储层的临时仓储及油气聚集网的纵、横向再次运聚形成的次生油气藏组合（图1）。该体系的油气运聚过程已得到了物理模拟实验的证实[9]，通过对油源通道网层、毯状仓储层和油气聚集网层等关键要素及相互关系的研究，可以确定出有利的成藏类型及其分布。

根据油气成藏理论，那些与洼陷内油源断层直接相接的继承性披覆背斜构造仍然是油气运移的最主要方向和成藏的主要部位。但是，由于油气幕式充注条件下毯状仓储层的油气临时仓储及再次纵、横向运移分配作用，在不发育与烃源岩直接相接的大油源断层的区域，仍然可以有油气的聚集。从济阳坳陷馆陶组的沉积岩相展布特征来看，馆陶组下亚段为巨厚辫状河流相块状砂砾岩体，但向上具有泥岩隔层增加、砂层厚度变薄、岩性变细的特点，且该套地层向盆缘部位呈现层层超覆，发育超覆圈闭。油气如果沿仓储层侧向运移，则可形成地层超覆油气藏。馆陶组上亚段为辫状河流相—曲流河相的块状砂砾岩—砂岩和泥岩

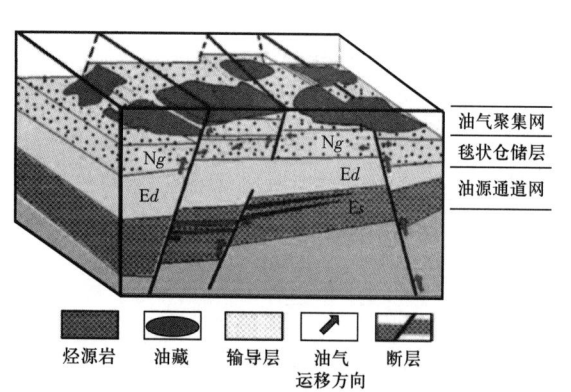

图1　网毯式油气成藏体系概念模式

互层结构或曲流河相的砂岩和泥岩互层结构，发育众多岩性圈闭；若仓储层中临时存储的油气通过各次级断层纵向运移，则可形成岩性油气藏。因此，盆缘馆陶组下亚段地层油气藏和盆内馆陶组上亚段岩性油气藏可能广泛分布于济阳坳陷。

2 盆缘地层超覆油气藏

盆缘是馆陶组地层超覆圈闭发育的区带，根据网毯式油气成藏体系，如果某地区发育较稳定盖层，仓储层在盆缘形成地层超覆圈闭，在油源大断层发育而次生断层不发育的情况下，油气通过仓储层的横向运移易形成地层超覆油气藏。因此，通过对网毯式油气成藏体系各要素的分析，可以明确有利于油气成藏的盆缘区。在济阳坳陷近些年的盆缘勘探中，已先后发现了太平、陈家庄、垦东、郑家—王庄等新近系地层油气藏富集区。

太平油田位于济阳坳陷义和庄凸起的东翼，南为邵家洼陷，西为义和庄凸起主体，北、东分别为大王庄鼻状构造、四扣洼陷（图2），勘探面积约400km²。太平油田发现于1972年，至1986年底，共探明石油地质储量1162×10⁴t，探明的层位为馆陶组和东营组（探明时的分层）。此后连续15年未部署探井，勘探工作停滞不前。2000年后，根据网毯式油气成藏体系的基础理论，对义和庄凸起新近系的油源网、仓储层及圈闭等成藏特征进行了研究。结果表明，该带具备形成盆缘地层超覆油藏的条件。据此部署的义古74井和沾181井等相继钻探成功，太平油田勘探获得巨大进展，新增探明石油地质储量2658×10⁴t。

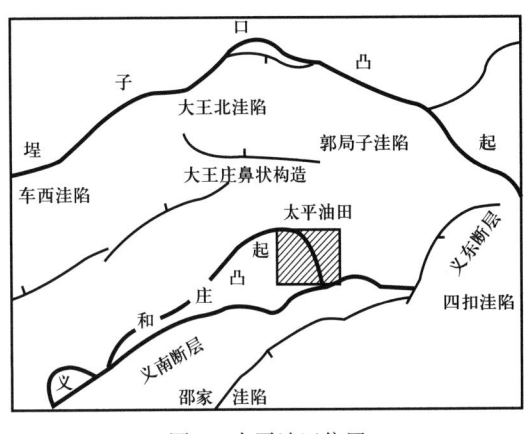

图2 太平油田位置

2.1 仓储层特征

依据岩电性及沉积构造及旋回性特征，在太平油田所发现的含油层系应归属于馆陶组下亚段，属于河流相的辫状河沉积，且自下而上可划分为5个砂层组。该套地层受古地貌背景影响，各砂组向凸起主体部位呈超覆式沉积，由V砂组到I砂组沉积范围逐渐增大，在凸起的高点处全部缺失（图3）。与东营组呈前积特征的三角洲沉积具有很大差异[10]。

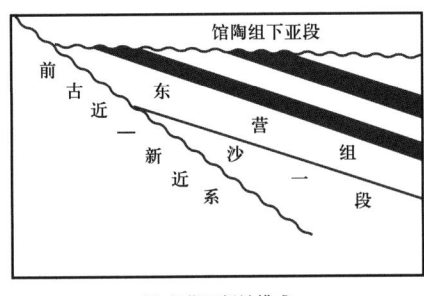
(a) 东营组削蚀模式

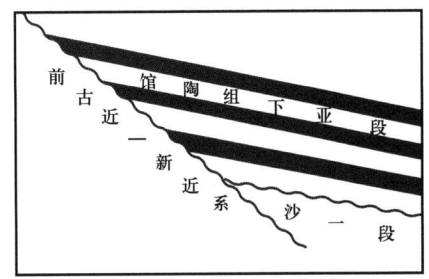
(b) 馆陶组下亚段超覆模式

图3 两种不整合圈闭模式

馆陶组下亚段岩性包括砾岩、含砾砂岩、砂岩、粉砂岩和泥岩，厚度大（平均厚100m，最大厚度为150m），相互叠置的砂砾岩连通性好。埋藏较浅，一般为1000～1500m，具有原生孔隙度较大、渗透率高的特点。对沾46井、沾14-3井和沾14-6井58块样品的物性分析表明，孔隙度为21.41%～38.35%，平均为30.04%；渗透率为412～8654mD，平均为1705mD，是油气横向运移的良好通道。

2.2 油源网特征

网毯式成藏体系中油源通道网层中存在将古近系与新近系沟通的油源大断裂，是新近系圈闭聚集古近系油气的前提[6]。当欠压实烃源岩孔隙流体压力增加到一定程度时，垂向有效应力降低而使断裂带开启，烃源岩内早先形成原生油气藏的油气即向断裂带快速运移汇集[11-14]，在很短的时间内被断裂带直接输导到馆陶组下亚段渗透性地层。

义和庄凸起的边界断裂包括义东断层、义南断层，这两条断层不仅控制了四扣洼陷、邵家洼陷的沉降中心和沉积中心，同时也断至新近系，对馆陶组油气的运移、聚集和成藏起控制作用。义东断层总体上呈北东走向，延伸达20km以上。平面上为一弧形断裂带，剖面上为典型的犁形，在新近系其倾角为60°～70°。进入古近系和前古近系基底后，倾角约为25°，最大断层落差达2900m。

围绕义和庄凸起的车西洼陷、大王北洼陷、郭局子洼陷和四扣洼陷都是很好的生油洼陷，均可能为太平地区提供油源。古近系发育了沙四段、沙三段和沙一段3套生油层系，其暗色生油岩厚达1200～1600m，以沙三段和沙一段为主，局部发育沙四段烃源岩。油源对比结果表明，太平油田油气来自四扣洼陷古近系沙四段烃源岩[15]。义东断层是四扣洼陷古近系烃源岩生成的油气垂向运移的唯一通道，油气可以沿义东断层向上运移，进入物性及连通性好的馆陶组下亚段仓储层。

2.3 圈闭特征

济阳坳陷经历了多次强烈的构造运动。从古近纪开始，义和庄凸起长期出露水面。前古近系遭受风化剥蚀，除局部沟谷中保留部分石炭系和二叠系外，大部分地区被剥至下古生界碳酸盐岩[10]，形成沟梁相间的古地貌形态。由于对地层归属的重新认识，新近系馆陶组超覆、披覆于潜山之上，而不是传统上认为的古近系东营组三角洲沉积。因此，圈闭类型是在基岩古地形斜坡背景下形成的具有良好侧向封堵条件的大中型地层超覆圈闭或岩性—地层超覆圈闭，而不是馆陶组封堵条件差的地层削蚀不整合圈闭（图3）。而且从前述的馆陶组岩性组合特征来看，馆陶组下亚段各砂组尽管以块状砂岩发育为特征，但存在将砂岩隔开的泥岩隔层，各砂组均具备形成多层超覆的储盖组合条件。

2.4 油气成藏特征及分布

油气运移的方向总是由洼陷中心的高势区指向边缘的低势区[16-18]。因此，位于义东断层上升盘义和庄凸起中部的太平油田是四扣洼陷油气运移和聚集的重要指向，义东断层是古近系烃源岩生成的油气垂向运移的主要通道。按照网毯式成藏体系理论，四扣洼陷古近系烃源岩排出的油气，沿义东断层向上运移。由于馆陶组下亚段仓储层储集物性、横向连通较好，而且新近系断裂系统不发育，因此油气在馆陶组下亚段仓储层内横向运移，在超覆带附近形成以地层超覆油藏为主的油气聚集带（图4）。

太平油田馆陶组下亚段油气藏分布受古地貌背景、地层超覆边界、岩性等多种因素的控制。义和庄凸起前古近系基岩顶面凸凹不平，发育多条不同方向的沟谷和古梁，呈现沟梁相间的古地貌特征。馆陶组沿北、东、南3个方向从低部位向高部位超覆，在各砂组地层尖灭线附近形成了在平面上呈条带状展布的地层超覆圈闭，从低部位到高部位依次为Ⅴ、Ⅳ、Ⅲ、Ⅱ、Ⅰ含油砂组。馆陶组披覆在相对较高的部位，形成披覆背斜油藏（图4）。同时，馆陶组下亚段河流相心滩砂体平面上分布范围小、横向连续性差、相变较快，单砂体呈透镜状分布的独立分布。聚集油气后，形成岩性地层油藏。

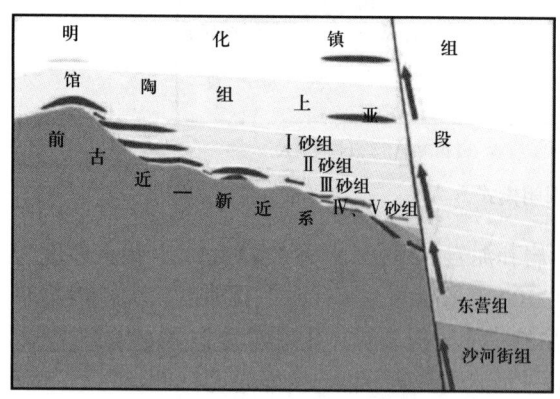

图4 太平油田油气运移与成藏模式

3 盆内岩性油气藏

利用网毯式油气成藏体系拓宽的另一勘探领域为盆内岩性油气藏。由网毯成藏体系理论可知,在古近系盆内,那些与大油源断层直接相接的次生断裂带,或者具备油源断层与仓储层相接,且次生断裂与仓储层和有利储盖组合的储层相接的区带,可形成岩性油气藏。在济阳坳陷的勘探实践中,埕北凹陷的老河口油田、飞雁滩油田、红柳与孤东油田的接合部,以及孤南洼陷的东部均发现了大规模的新近系岩性油气藏。

老河口油田位于埕北凹陷内,发现于 1986 年,是钻探凹陷内新近系断鼻构造圈闭时发现的。该断鼻南部断层与古近系烃源岩沟通,可向上输导油气。至 1993 年探明了馆陶组上亚段断鼻油藏储量 $337 \times 10^4 t$(图 5)。在后期的开发过程中,断鼻油藏的油水边界外仍钻遇了馆陶组的油气藏,这些油气藏没有与古近系烃源岩沟通的断层相接,属于岩性油气藏。网毯式油气成藏体系很好地解释了其成藏过程,并在发展河流相储层描述技术的基础上,向北部大胆勘探洼陷带的岩性油气藏,部署钻探的老 163 井、老 168 井等探井均取得了成功。目前已探明了新近系石油地质储量 $3912 \times 10^4 t$,使老河口油田与北部埕岛潜山披覆油气藏含油连片。

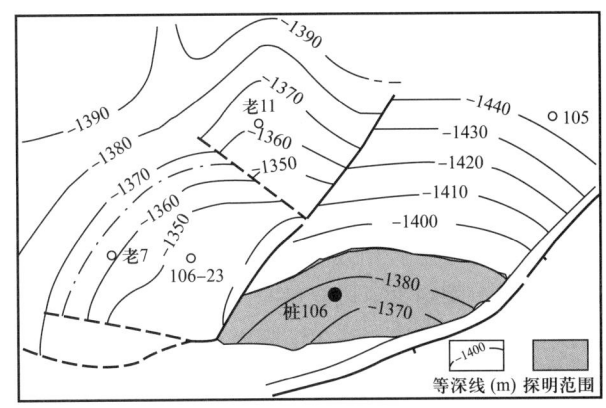

图 5 老河口油田桩 106 井馆陶组顶面构造及探明范围

3.1 仓储层及储盖组合特征

老河口地区馆陶组下亚段为厚层大块砂岩,以砂岩、含砾砂岩沉积为主,泥岩隔层少。石英含量为 38%~50%,长石含量为 33%~37%,岩屑 15%~27%。该套储层埋藏浅,压实程度低,胶结物含量低,以接触式及孔隙—接触式胶结为主。储层物性好,孔隙度大,渗透率高。对本区样品分析表明,平均孔隙度为 37%,平均渗透率为 6098mD。砂岩类地层厚度为 200~300m,可以作为良好的仓储层。

馆陶组上亚段发育多期曲流河河道砂体,夹于多层泥岩中,为"泥包砂"沉积结构。受构造的影响,平面上储层呈近南北向和东西向展布,呈条带状,由条带中央向两侧减薄(尖灭)。同一条带中央又分布多个次级砂体分布中心,呈现明显的曲流河沉积规律。在同一砂组内,砂体横向变化大,连通性差。

纵向上,馆陶组上亚段自下而上分为 7 个砂组,储层发育逐渐变差。其中砂组 6 和砂组 7 以低可容空间曲流河沉积为主,发育砂包泥的储盖组合,也可作为油气横向输导层之一;砂组 3、砂组 4 和砂组 5 为主要油层。单层厚度为 8~15m,砂岩百分比为 5%~30%,砂体沿河道方向分布较为稳定,连续性较好,地震剖面上易于追踪和识别。在垂直于河道方向,砂体变化大,并迅速减薄至尖灭。据粒度分析及薄片样品统计,本区储层岩性为岩屑质长石粉、细砂岩。粒度中值一般为 0.05~0.25mm;分选性好,分选系数为 1.2~1.5。孔隙度一般为 32%~37%,渗透率为 2000~8000mD,平均为 4737.9~6098mD。砂组 1 和砂组 2 则以泛滥平原泥岩沉积为主,是良好的区域盖层。

馆陶组上亚段沉积特征使砂组 3、砂组 4 和砂组 5 具有良好的储盖组合条件,易形成岩性圈闭。

3.2 油源网特征

老河口地区位于埕东断层的上升盘,东侧发育的埕东断层和北侧的埕北断层分别为埕东凸起与沾化凹陷、埕岛凸起与埕北凹陷的分界断层,控制了本区古近系的发育和分布,形成了北断南超的构造格局。老河口油田西部构造简单，整体构造面貌为一向南抬升的被几条北西或近东西向次级断层复杂化的单斜构造。在中生代古地貌的背景上，继承性发育了埕古3井—桩106井和埕112井—老45井这2个鼻状构造。其中桩106井鼻状构造规模较大，比较完整。2个构造以鞍部相接，呈现沟梁相间的地层分布格局。

老河口油田南部发育了近北西向的断层。倾向北东，在该区分别延伸6km左右。该断层为同生断层，于沙河街组沉积时期开始活动，消失于馆陶组沉积末期。既控制了下降盘沙三段和沙四段的分布，又对油气的运移、油藏的侧向封堵起到关键作用。北部埕北断层自中生代开始活动，为同生断层；主体走向北西，倾向南西，断面呈铲状，延伸达60km以上。该断层古近纪早期及晚期发生2次强烈活动，新近纪以来活动减弱，第四纪基本不活动。在扭张作用力下形成了由3条以上分支断层构成的断裂带，呈雁行式排列。中生界顶面构造落差大于2000m，控制本区古近系沉积。馆陶组沉积时期落差为20~100m，至明化镇组沉积时，埕北断层基本停止活动。

对桩106井与位于埕北凹陷北侧的埕北18井馆陶组原油标志化合物分析均表明，伽马蜡烷含量低，四甲基甾烷含量较高，异构化程度高，且十分相似。与埕东断层下降盘桩34井源自孤北洼陷的原油的标志化合物特征有一定差异，说明老河口油气源自埕北凹陷，因此，油气主要通过老河口南、北两条断层向上运移。

除了与烃源岩相接的断裂外，在凹陷内还发育了多条仅发育于新近系内的小断层，这些断层可以作为沟通馆陶组下亚段仓储层与馆陶组上亚段岩性圈闭的油气通道，使得临时聚集于仓储层内的油气再次发生输导运移，并在馆陶组上亚段岩性圈闭中聚集成藏（图6）。

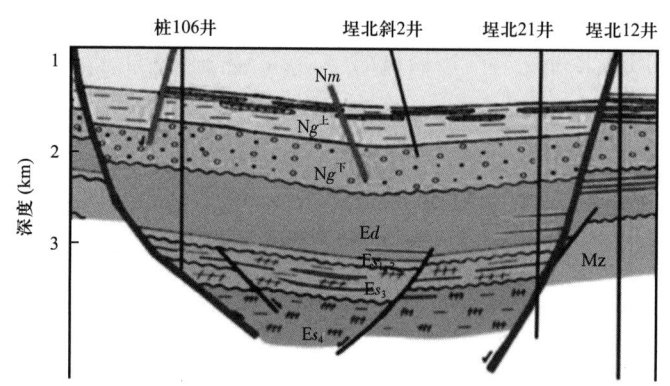

图6 老河口地区地质结构及成藏剖面

3.3 油气成藏特征

在油源断裂网、仓储层及储盖组合条件配置下，老河口油田以馆陶组上亚段为主力含油层系，油藏类型以鼻状构造背景上的构造—岩性油气藏和岩性油气藏为主。馆陶组上亚段砂组3、砂组4和砂组5为砂泥互层沉积，砂泥比小于30%；砂组1、砂组2和明化镇组属于高弯度曲流河沉积，砂岩极少发育，泥岩横向发育比较稳定，厚度变化小，构成本区馆陶组上亚段油藏的区域性盖层，因而油气主要分布在第3至第5砂组中。

老河口油田油气主要源于埕北凹陷，油气通过北部埕北断层运至馆陶组仓储层，再经新近系内的次级断层向上运移聚集。由于斜坡带断层发育较少，且断层落差多小于10m，油气很难进行大规模纵向运移。因此，南部主体部位含油层系比较单一。由于部分油气沿埕北断层纵向运移的过程中直接进入馆陶组上亚段曲流河道砂体中，再横向运移，因此北部地区含油层系较多。

宏观上，该区油层平面分布受鼻状构造背景控制，已发现油气主要分布在桩106鼻状构造及其翼部，宏观油水界面为1480m。高于该界面的砂组4一般都含油。微观上，在同一构造部位由于储层的横向不稳定性，油气分布又受岩性控制，砂岩的发育和连通情况影响油层的发育。单个砂体或者满砂含油，或者砂体的高部位含油，低部位可能含水，但由于各期河道砂体相互叠置，平面上呈现叠合含油连片特征（图7）。

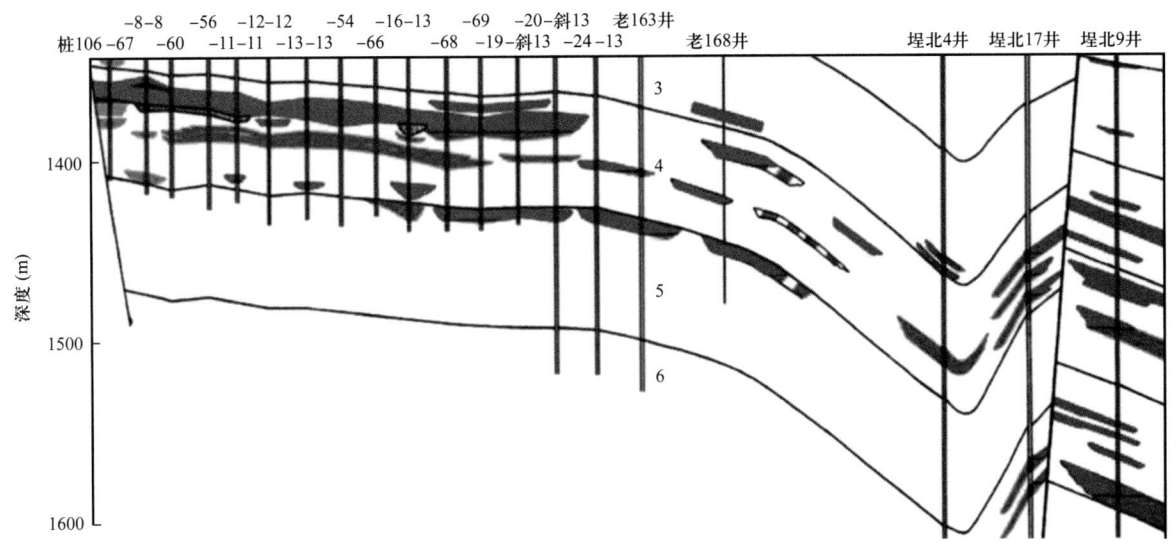

图7 老河口—埕岛油田近南北向油藏剖面

4 结论

网毯式油气成藏体系分析方法主要突出浅层油气藏的成藏结构及分布，特别是对仓储层的特征、输导体系及成藏作用的分析，扩大了勘探领域。对于他源型油气藏，应该特别注意对断层、不整合面或者具备较强横向输导能力的输导层等输导体系的分析，在勘探中关注每个发育此类输导体系的地区。如东营凹陷古近系沙二段河流相块状砂岩发育，分布广，构成了古近系网毯式油气藏成藏体系的仓储层，古近系东营组形成聚集系统，可以形成沙二段—东营组网毯式成藏体系。在此基础上，通过精细的圈闭描述，很可能寻找到有利的成藏区和各类油气藏。该理论同样适合于挤压型盆地，如我国西部准噶尔盆地西缘车排子地区新近系地层油气藏及岩性油藏，就是由二叠系和侏罗系烃源岩生成的油气通过断层向上运移至新近系沙湾组三段扇三角洲厚层砂岩中，再通过厚层砂岩横向运移或通过断层纵向运移至沙湾组二段滩坝砂岩中聚集成藏。

此外，网毯式油气成藏体系的提出与应用实践表明，无论是低程度勘探区还是高程度勘探区，油气勘探仍存在许多未知的领域。对老油区更应该敢于突破框框，不断深化勘探程度。

参 考 文 献

［1］胜利石油地质志编写组.中国石油地质志（卷六）［M］.北京：石油工业出版社，1987.
［2］束青林.孤岛油田馆陶组河流相储层隔夹层成因研究［J］.石油学报，2006，27（3）：100-103.
［3］束青林，张本华，徐守余.孤岛油田河道砂储集层油藏动态模型及剩余油研究［J］.石油学报，2005，26（3）：64-67.
［4］赵文智，池英柳.渤海湾盆地含油气层系区域分布规律与主控因素［J］.石油学报，2000，21（1）：10-15.
［5］张善文，王永诗，石砥石，等.网毯式油气成藏体系——以济阳坳陷新近系为例［J］.石油勘探与开发，2003，30（1）：1-10.
［6］王广利，王铁冠，张林晔.济阳坳陷渤南洼陷湖相碳酸盐岩成烃特征［J］.石油学报，2007，28（2）：62-68.
［7］ZHANG S W, WANG Y S, SHI D S, et al.Fault-fracture mesh petroleum plays in the Jiyang Super depression of the Bohai Bay Basin, Eastern China［J］.Marine and Petroleum Geology, 2004, 21（6）：651-668.

[8] 李丕龙,张善文,宋国奇,等.济阳成熟探区非构造油气藏深化勘探[J].石油学报,2003,24(5):10-15.
[9] 王永诗,张善文,曾溅辉,等.沾化凹陷上第三系油气成藏机理及勘探实践[J].油气地质与采收率,2001,8(6):32-34.
[10] 王秉海,钱凯.胜利油区地质研究与勘探实践[M].东营:石油大学出版社,1992.
[11] 张文昭.中国陆相大油田[M].北京:石油工业出版社,1997.
[12] 华保钦.构造应力场、地震泵和油气运移[J].沉积学报,1995,13(2):77-85.
[13] 谭秀成,王振宇,田景春,等.利用储层岩石学研究油气运移期次[J].石油学报,2007,28(3):63-67.
[14] 郝芳,邹华耀,方勇,等.断—压双控流体流动与油气幕式快速成藏[J].石油学报,2004,25(6):38-43,47.
[15] 王广利,朱日房,陈致林,等.义和庄凸起及其北部斜坡带油气运聚研究[J].油气地质与采收率,2001,8(4):12-14.
[16] 汪劲草,刘平,倪金龙,等.变形分解对柴达木盆地北缘油气运聚的影响[J].石油学报,2007,28(3):27-31.
[17] 李明诚.对油气运聚研究中一些概念的再思考[J].石油勘探与开发,2002,29(2):13-16.
[18] 刘震,赵政璋,赵阳,等.含油气盆地岩性油气藏的形成和分布特征[J].石油学报,2006,27(1):17-23.

原文发表于《石油学报》2008年第6期

断陷盆地多样性潜山成因及成藏研究
——以济阳坳陷为例

李丕龙[1]　张善文[1]　王永诗[2]　马立驰[2]

（1.中国石化胜利油田有限公司；2.胜利油田有限公司地质科学研究院）

摘　要：以区域动力系统为背景，以构造的时空演化为主线，以断陷盆地为单元，提出了潜山的成因及结构分类方案，研究了断陷盆地潜山成因的动力学机制，揭示了潜山类型的多样性、分带性及时空展布规律。探讨了潜山内幕层状储层形成机理，提出了内幕层状油气成藏理论新概念，建立了潜山多样性油气成藏模式。

潜山油气藏是断陷盆地油气勘探的重要组成部分。在济阳坳陷已发现了义和庄、广饶、富台等潜山油田或油藏和一批含油气构造[1]，探明石油地质储量 1.5×10^8 t。济阳坳陷下古生界潜山勘探经历了探索、徘徊、发展 3 个阶段。在 1976 年前，潜山勘探处于探索阶段，以较为简单、易于发现的潜山为主要勘探对象，发现了义和庄、垦利、平南、套尔河等油田，但对潜山成藏规律的认识尚处于探索阶段；在 1976—1995 年，潜山勘探处于徘徊阶段，1978 年在桩 82 井奥陶系获得 31.4t 的工业油流，发现了渤海湾盆地第一个褶皱型潜山油藏——桩西油田。由于缺乏对断陷盆地潜山成因、成藏规律的系统认识，尚未形成断陷盆地潜山的勘探配套技术，因而没有解决其复杂的潜山内幕构造、储层，以及油气分布等实质问题，长期未申报探明储量，使济阳坳陷潜山勘探处于徘徊阶段。1996 年至今为潜山勘探发展阶段，系统研究了潜山类型的多样性和分带性及与断陷湖盆形成演化的成因联系，建立了多样性潜山带的储集系统模式及成藏模式，形成了勘探配套技术，发现了富台、桩海 10、渤深 6 等潜山油藏，取得了济阳坳陷潜山勘探的大发展。

1　潜山类型的多样性及分带性

1.1　潜山类型的多样性

济阳坳陷下古生界潜山的形成和演化主要经历了 3 个阶段[2]，即三叠纪（印支期）褶皱隆升阶段、侏罗纪—白垩纪（燕山期）块断抬升阶段和古近—新近纪（喜马拉雅期）拉张块断改造及覆盖掩埋阶段。按照潜山的成因类型，将其划分为拉张型、挤压—拉张型、侵蚀型；按照潜山的形态，将其划分为块断山、断块山、滑脱山、残丘山；按照潜山内幕结构划分为内幕单斜、内幕褶皱。其划分出了四类 8 种类型潜山（图 1）。其中，拉张作用形成内幕单斜块断山、内幕单斜断块山、内幕单斜滑脱山；挤压—拉张作用形成内幕褶皱块断山、内幕褶皱断块山、内幕褶皱滑脱山；侵蚀作用形成内幕单斜残丘山、内幕褶皱残丘山。

1.2　潜山的分带性

陆相断陷盆地构造运动的多期多样性决定了潜山类型的多样性。不同时期、不同应力性质的构造叠合形成了断陷盆地潜山带发育的分布模式。济阳坳陷北断南超的构造格局形成了陡坡带、凹陷带、中央隆起带、缓坡带、凸起带等不同的构造单元[3]。与之相对应，下古生界潜山自北向南形成了陡坡带的滑脱潜山带、洼陷带内部的块断潜山带、斜坡带的断块潜山带和凸起带的残丘潜山带（图 2）。在济阳坳陷东部，受郯庐断裂带的活动影响强烈，挤压型内幕褶皱潜山带发育。

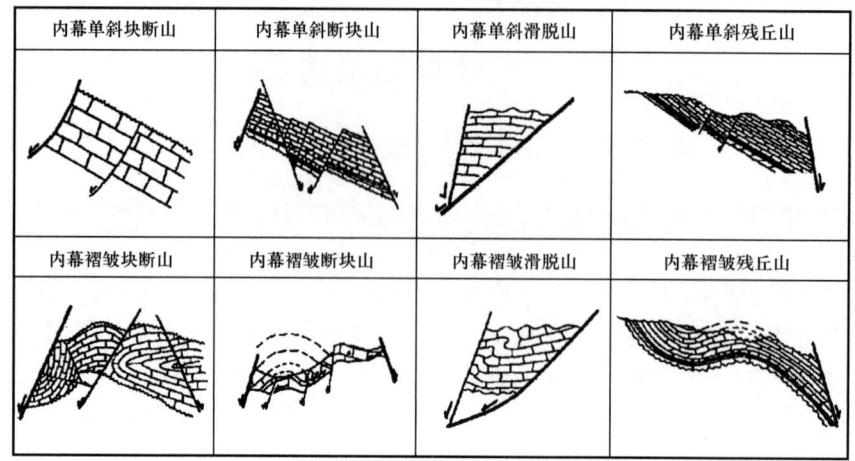

图 1 济阳坳陷下古生界潜山成因—结构分类

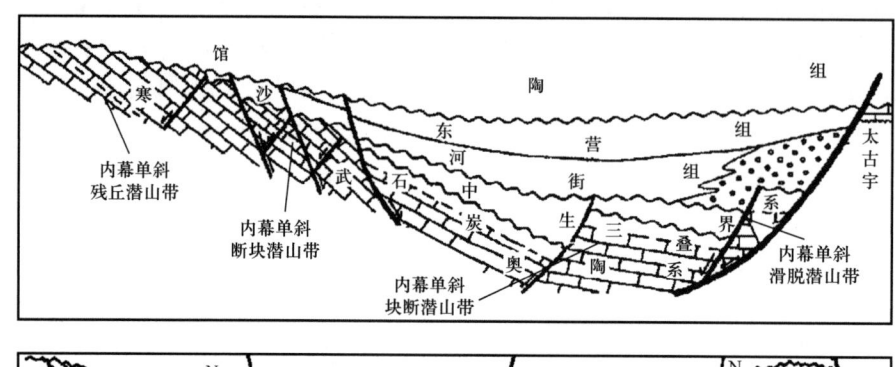

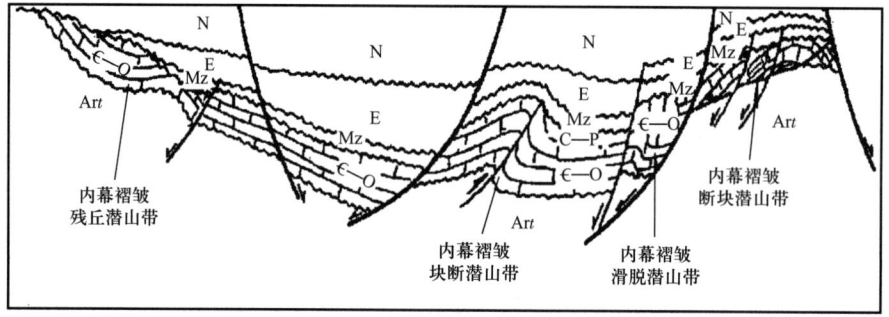

图 2 断陷盆地潜山带分布模式

2 储层的多样性及分布规律

2.1 储集空间类型

下古生界碳酸盐岩具有储集空间类型多、结构复杂、分布极不均匀等特点，储层发育受岩性及岩石结构、成岩后生作用、构造活动强度等因素控制[4]。按其成因储层可分为三大类，即次生孔隙、溶蚀孔洞和构造裂缝，并可进一步细分为晶间孔隙、晶间溶孔、溶蚀洞穴、充填溶洞、晶簇洞、开启裂缝、溶蚀裂缝、全充填裂缝及压溶缝等 9 种。也可划分为孔隙型、溶洞型和裂缝型 3 种基本类型及裂缝—孔隙型、裂缝—溶洞型复合类型。

2.2 储集系统

按照储层的产状及储集空间类型，可将济阳坳陷下古生界潜山储集系统划分为不整合面型和潜山内幕型。

2.2.1 不整合面岩溶型储集系统

不整合面型储集系统又分为不整合面岩溶型和不整合面裂缝型两种类型。不整合面岩溶型储层与渗滤作用、构造运动和湖平面变化有关。济阳坳陷多期构造活动和湖平面的变化，形成了多期不同高度的潜水面，造成了多层水平洞穴系统，以及多期垂直潜流带和水平渗流带综合作用的下古生界不整合面岩溶型储层；不整合面裂缝型储层中的裂缝包括构造缝和非构造缝。非构造缝主要由风化等地表机械破坏作用所致，多分布在不整合面附近，常被泥质、矿物质等充填。这类裂缝在充填之前可为岩溶作用提供良好的条件。构造裂缝以高角度裂缝发育最好，斜交缝、水平缝及网状微裂缝次之。各种角度的构造裂缝密集共生时，呈现出镶嵌状的角砾化现象。构造裂缝主要分布在主断层附近和褶皱构造轴部。

2.2.2 潜山内幕孔洞型储集系统

实践证明，断陷盆地潜山存在内幕层状储层。特定岩性（白云岩）是内幕储层形成的基础，湖水面升降与潜山滑脱沉降"耦合"是内幕层状储层发育的必要条件。岩性是内幕层状储层孔隙发育的基础[5]。白云岩化作用形成晶间孔隙，使寒武系顶部凤山组和奥陶系底部的冶里—亮甲山组成为比较稳定的储层。潜水面变化形成溶蚀孔洞[6]。断陷盆地潜山经历了多期构造运动，特别是滑脱断层的多期活动和湖平面升降引起的多期不同高度的潜水面变化，形成了多层垂直渗流带和水平渗流带组成的下古生界潜山内幕层状裂缝—孔洞型储层。

以往对济阳坳陷古潜山勘探大都将目的层集中在潜山顶面的风化壳，对潜山内幕型储集系统的理论认识有助于进一步扩大古潜山的勘探领域。

2.3 储集体分布规律

不整合面型和潜山内幕型储集系统组合形成了复式的立体储集空间，从总体上讲，可以分为内幕孔洞带、断裂溶蚀带、构造裂缝带、垂直渗流带、水平溶蚀带和风化壳淋滤带6个储集体发育带[7]。

在层系上，济阳坳陷下古生界奥陶系八陡组、马家沟组孔洞缝发育，形成不整合面岩溶型储集系统；奥陶系冶里—亮甲山组、寒武系凤山组、张夏组和馒头组下部至府君山组储层较为发育，形成潜山内幕孔洞型储集系统。

从潜山类型角度讲，块断型、断块型潜山主要发育不整合面岩溶型储层。滑脱型潜山的显著特点是次级断层附近受侧向溶蚀改造的潜山内幕型储层发育；内幕褶皱型潜山内幕裂缝型储层发育；残丘型潜山一般仅发育不整合面岩溶型储层。

3 油气成藏模式的多样性

潜山类型的多样性决定了油藏类型的多样性，不同类型潜山具有不同的成藏条件和成藏模式。

3.1 拉张型潜山成藏模式

拉张型潜山的内幕单斜滑脱山、内幕单斜断块山和内幕单斜块断山以不整合面型储集系统和潜山内幕溶孔型储集系统为主，下古生界以断层面（断剥面）直接与烃源岩系接触，形成受断块控制的油藏。济阳坳陷大多数潜山油藏（如富台、垦利、义和庄）均为这种模式成藏，其中内幕单斜滑脱山以风化壳块状油藏和内幕层状油藏共存为特色，潜山内幕层状油藏是主要的富集高产层系，如富台油田

（图3）。块断山以风化壳块状油藏为主，油藏规模较大，具有统一的油、水底界，油藏高度受主控断层断距控制，反向屋脊高部位富集高产油层，如垦利油田。断块山以风化壳块状油藏为主，油藏规模较小，断块破碎，各块具有独立的油、水界面，油藏高度受控于主控断层落差，断块高部位及断裂带富集高产油层，如义和庄油田[7]。

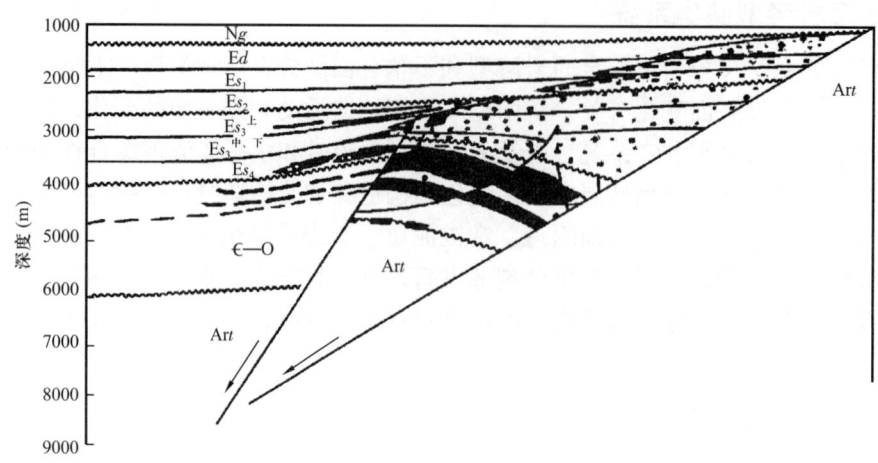

图3　内幕单斜滑脱山油气藏模式

3.2　挤压—拉张型潜山成藏模式

挤压型潜山的内幕褶皱块断山和内幕褶皱断块山以裂缝型储层为主，形成非均质性强、油气分布规律复杂的不规则状潜山油气藏[8]。其中内幕褶皱块断山油藏属典型的裂缝性油藏，非均质性强，油藏高度大，沿褶皱构造轴部及断层发育带富集高产油层，如桩西油田。内幕褶皱断块山油藏储层发育，古生界与太古宇为统一的油藏，具有统一的含油底界，油藏高度大，产能高，油藏规模大，如埕北30潜山油藏。

3.3　侵蚀型潜山成藏模式

侵蚀残丘潜山以不整合面型储集系统为主，油气经断层—不整合面（或高渗透性砂岩体）运移至潜山圈闭中聚集成藏。油藏沿风化壳分布，无统一的油水界面，风化壳发育程度及盖层条件控制油气平面分布，如广饶潜山油藏（图4）。

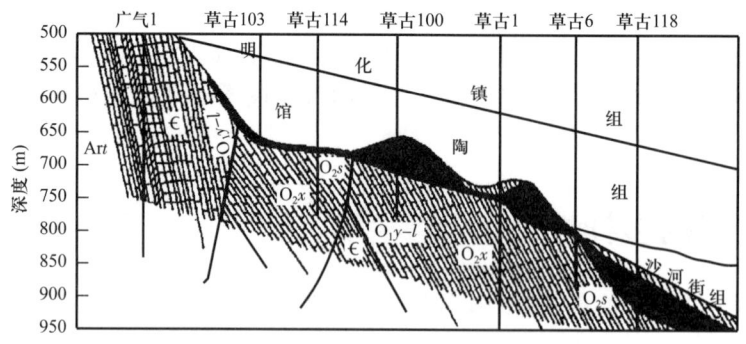

图4　内幕单斜残丘山油气藏模式

4　潜山多样性理论体系

断陷盆地潜山成因、成藏多样性体系由3个层次、8个部分、22个要素、31个因子组成（图5）。

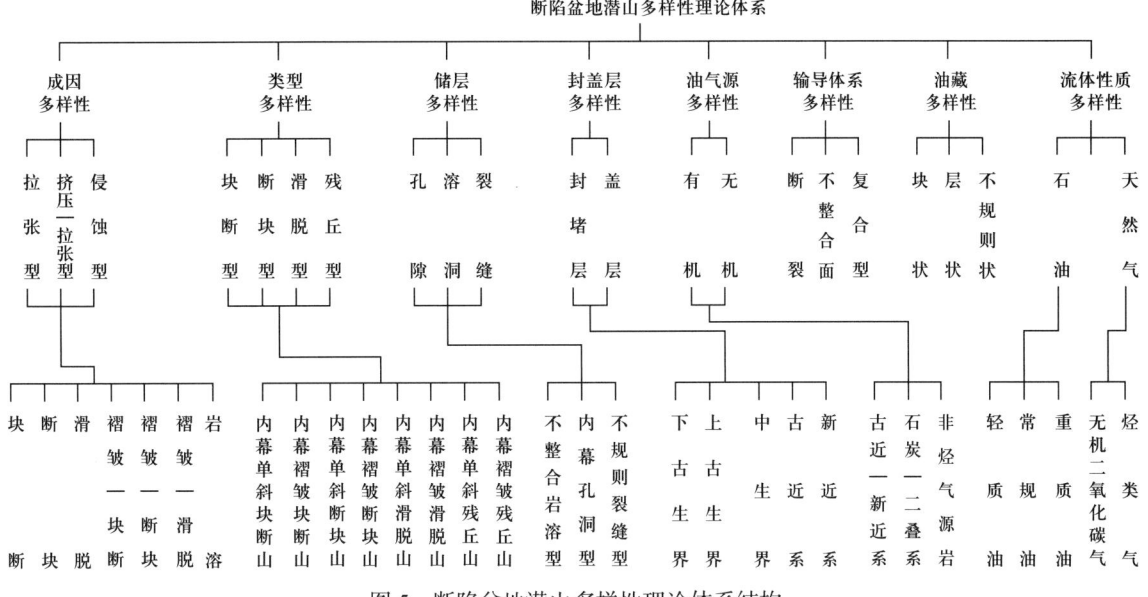

图 5 断陷盆地潜山多样性理论体系结构

5 结论

断陷盆地潜山成因、成藏多样性体系的建立，实现了潜山勘探由"单山勘探"到"整带评价部署"、由"风化壳找油"到"潜山内幕勘探"、由"有机单源找油"到"有机—无机油气综合勘探"的突破。

1996年以来，以断陷盆地多样性潜山带的成因与成藏理论为指导，在济阳坳陷相继发现了富台油田及桩海亿吨级潜山含油目标区，突破了渤南深层潜山油藏，探明了广饶、埕北30和桩西潜山油藏，开拓了潜山内幕层状油藏的勘探。同时还发现了八里泊潜山和梁村潜山无机成因二氧化碳气藏，取得了潜山勘探的大发展。

参 考 文 献

［1］王秉海，钱凯.胜利油区地质研究与勘探实践［M］.东营：石油大学出版社，1991.
［2］宗国洪.济阳坳陷构造演化及其大地构造意义［J］.高校地质学报，1999，5（3）：275-282.
［3］翟光明.中国石油地质志（卷一）［M］.北京：石油工业出版社，1996.
［4］宋国奇.胜利油区古生界地质特征及油气潜力［M］.北京：中国地质大学出版社，2000.
［5］冯增昭.碳酸盐岩岩石学及岩相古地理［M］.北京：石油工业出版社，1989.
［6］杜韫华，刘守义.济阳坳陷洞穴型高产储集岩［J］.石油与天然气地质，1986，13（2）：12-17.
［7］李丕龙，张善文，宋国奇，等.济阳成熟探区非构造油气藏深化勘探［J］.石油学报，2003，24（5）：10-15.
［8］王允诚.裂缝性致密储集层［M］.北京：地质出版社，1992.

原文发表于《石油学报》2004年第3期

陆相断陷盆地石油地质理论

断陷盆地油气精细勘探理论

箕状断陷盆地形成机制、沉积体系与成藏规律

——以济阳坳陷为例

宋国奇[1,2] 郝雪峰[3] 刘克奇[3]

（1. 中国石化胜利油田分公司；2. 中国石油大学地球科学与技术学院；
3. 中国石化胜利油田分公司地质科学研究院）

摘 要：中国大陆东部自进入地台活化阶段以来形成的诸如济阳坳陷等沉积盆地，主要表现为箕状断陷形式，剖面为典型的"断超结构"。其成因与太平洋板块向中国大陆俯冲，引起地壳拉张减薄，进而导致一系列断裂发生伸展活动有关；箕状断陷盆地陡坡带、洼陷带和缓坡带构造活动强度不同，受其控制的沉积体系及其组合，表现出与古地貌背景的对应性；受构造—沉积充填特征控制，盆地内圈闭类型、输导体系、成藏动力等成藏要素分布的有序性，决定了盆地油藏类型分布的有序性；不同构造岩相带成藏主控因素及其组合样式的差异性，衍生出区带油气富集与控藏模式的差异性。对应于不同区带的代表性隐蔽油气藏，陡坡带以砂砾岩体成岩封堵成藏模式为主，洼陷带以浊积扇体压力—隐蔽输导控藏模式为主，缓坡带以滩坝砂岩三元控藏模式为主。总之，中国东部古近纪箕状断陷盆地具有明显的石油地质"四性"特征，即箕状断陷盆地形成的必然性、沉积体系发育的对应性、油藏类型分布的有序性，以及成藏主控因素的差异性。

中国东部发育了一系列新生代含油气盆地，这些盆地横跨不同古构造和古气候带，如东营凹陷、东濮凹陷、泌阳凹陷、高邮凹陷、潜江凹陷等，这些盆地和凹陷构成了我国东部重要的油气聚集区。这些断陷盆地形成演化主要受控于多次区域性板块构造运动重组事件及深部过程，其构造格架、沉积充填既存在着相似性，又存在着差异，箕状断陷是其主要的表现形式[1-2]。其中，济阳坳陷的油气类型多、勘探程度高、勘探潜力大。同时，济阳坳陷与渤海湾盆地油气分布特征最为相似。本文以济阳坳陷为代表，结合多年的勘探实践，论述了箕状断陷盆地沉积体系类型及空间展布、油气藏类型及分布样式、区带主要成藏模式等方面的普遍性的认识。即中国东部新生代箕状断陷盆地形成具有必然性，沉积充填具有对应性，同一箕状断陷盆地的不同区带油气成藏则分别具有有序性及差异性。

1 箕状断陷盆地形成机制

渤海湾盆地在地理上包括华北平原、渤海海域和下辽河平原3个区域，其西部和北部边界分别为太行山和燕山山脉，南邻鲁西南隆起，东侧为郯庐断裂带所限，总面积约 $20 \times 10^4 km^2$。盆地内新生代地层沉积厚度几百至几千米，最厚可达 12000m，油气资源丰富，是我国东部重要的油气产区。根据渤海湾盆地古近系的纵向和横向分布，通常把渤海湾盆地划分为冀中、黄骅、临清、济阳、渤中、昌潍和下辽河—辽东湾7个坳陷和沧县、邢（台）衡（水）、埕宁和内黄4个隆起。坳陷和隆起由更次一级的凸起和凹陷构成[3-5]。

渤海湾盆地济阳坳陷及相邻的其他坳陷，如冀中坳陷、黄骅坳陷、下辽河—辽东湾坳陷，均有一个由早期不对称半地堑向晚期坳陷转化的演化过程。一方面，渤海湾盆地东、西边界分别受北北东向太行山山前断裂和郯庐断裂的控制，南北边界受北西西向构造带控制；另一方面，其演化与上地幔上隆形成的裂谷作用有关。在中生代末期，库拉板块沿北北西向俯冲，产生了北东向左旋剪切，形成北西向的正断层和半地堑。从古新世开始，太平洋板块由中生代的北北西向俯冲转变为北西西向俯冲，导致郯庐断裂发生右旋剪切，在渤海湾地区引起拉分作用（盆地呈不规则菱形即是拉分的结果），这种

拉分作用沿早期构造薄弱带——早期断裂带进行，且在盆地的不同部位，拉分作用的方向不同。同时，由于构造上的引张导致的地幔软流圈上隆和区域岩浆活动又加剧了岩石圈的伸展。在上述两种应力场的作用下，在盆地的不同位置必然会形成不同方向的箕状断陷：如在盆地西部，拉张方向主要为北东向，形成了由多个西断东超的箕状断陷组成的冀中、黄骅坳陷；在盆地东部，拉张作用方向主要为北西，形成了东断西超的辽河—辽东湾箕状坳陷；在中部的济阳地区，发生近南北方向的拉张，形成了由4个北断南超的箕状断陷组成的济阳坳陷[6-8]（图1）。

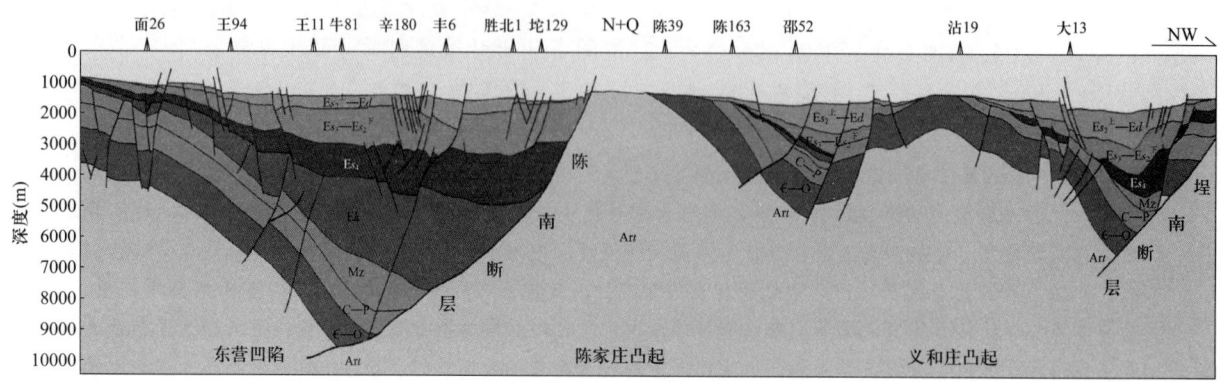

图1 济阳坳陷南北向现今构造剖面示意图

2 箕状断陷盆地沉积体系

由于箕状断陷盆地陡坡带、缓坡带和洼陷带构造活动强度不同，造成不同构造带沉积体系组合的差异[9-13]，表现出与古地貌特征的对应性（图2）。下面以济阳坳陷东营凹陷为例进行论述。

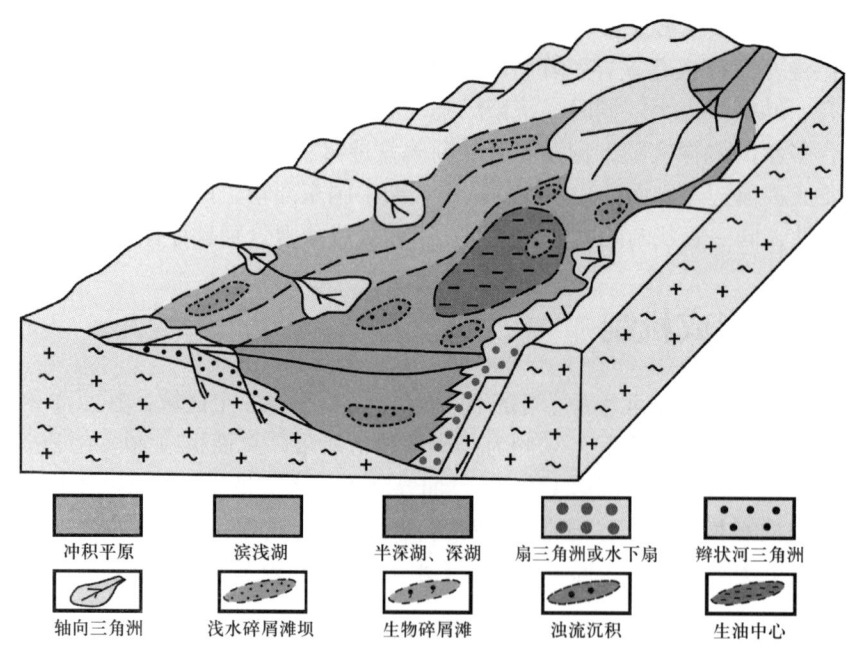

图2 断陷盆地沉积体系发育模式

2.1 陡坡带沉积体系及其演化

箕状断陷盆地的陡坡带，是控盆边界断层发育的位置，构造活动剧烈，具有坡度陡、近物源、粒度粗等特点[14-19]。

断陷早期，湖盆水体较浅，陡坡带滨浅湖较发育；由于湖盆沉降速度与沉积速度大致相当，在邻近湖岸地带主要发育了近源快速沉积的洪积扇体，滨浅湖地带则主要沉积扇三角洲、辫状河三角洲体系。断陷中期（鼎盛期），陡坡带主断裂坡度加大，湖盆的沉降速度大于沉积速度，成为欠补偿性沉积湖盆，沉积体系主要为近岸水下扇、浊积扇，纵向上呈现出正旋回特征。断陷晚期，边界断裂活动减弱，湖盆的沉降速度小于沉积速度，物源补给充分，湖盆逐步进入过补偿状态，陡坡带各种扇体呈现出反旋回的特征，湖盆逐渐被三角洲、洪积扇体系所占据。

2.2 洼陷带沉积体系及其演化

断陷早期，由于水体较深，物源供给少，洼陷带大部分地区沉积半深湖—深湖相泥岩和油页岩，仅在轴向靠近物源部位发育小型三角洲沉积；断陷中期，由于湖盆的进一步扩张，造成地形高差加大，物源供给相对增多，洼陷带不但继续沉积深湖—半深湖相泥岩和油页岩，而且还发育有大型轴向三角洲，以及前方数量众多的滑塌浊积扇和来自盆地缓坡带的深水浊积扇；断陷晚期，湖盆大部分处于浅湖环境，物源供给充足，深湖相细粒沉积物不发育，三角洲强烈进积，占据了盆地的大部分面积，并广泛发育三角洲平原相沉积[20-22]。

2.3 缓坡带沉积体系及其演化

与陡坡带相比，缓坡带构造活动相对较弱，且持续稳定。因此，造成沉积体系类型较多，沉积物粒度较细[23-26]。

断陷早期，随着控凹边界大断层的不断活动，地层的翘倾形成了宽缓的斜坡带。由于水体相对较浅，冲积扇和扇三角洲成为主要的沉积体系类型；断陷中期，湖盆沉降速度大于沉积速度，水体逐渐加深，半深湖—深湖沉积范围不断扩大，在缓坡带形成了广泛分布的与暗色泥页岩呈互层状的滩坝砂沉积，在水下高地，往往形成碳酸盐滩坝，在沟谷处，短轴三角洲及与之对应的浊积扇沉积也会出现；断陷晚期，构造活动减弱，湖盆的沉降速度小于沉积速度，物源补给充分，湖盆成为过补偿状态，湖盆相对萎缩，在斜坡带上主要发育了三角洲和辫状河三角洲沉积。

3 箕状断陷盆地成藏规律

3.1 油藏类型分布的有序性

箕状断陷盆地内的构造演化和沉积充填特征，决定了成藏要素发育的规律性，形成了不同类型油藏分布的有序性[27-33]。这种有序性由圈闭类型分布、成藏动力构成及输导体系组合的有序性决定。

3.1.1 圈闭类型分布的有序性

箕状断陷盆地广泛发育有三角洲—浊流沉积体系、滨浅湖相滩坝砂和陡坡带各类扇体，同时，盆地斜坡中部断层发育，斜坡边部不同级别的不整合面大量存在，因而，从盆地中心到边缘，圈闭类型往往存在着岩性—岩性—构造—构造—岩性—地层圈闭的有序变化[34]（图3）。

3.1.2 成藏动力构成的有序性

研究表明，箕状断陷盆地深部大规模超压是在欠压实成因的基础上叠加生烃增压[35]，因而从生烃洼陷到盆地边缘，压力由超压系统—过渡系统—常压系统有序演化[36]。与此对应，超压环境下的油气成藏动力以异常高压为主；压力过渡带的油气成藏动力为压力和浮力联合作用；常压环境下的油气成藏动力以浮力为主（图4）。

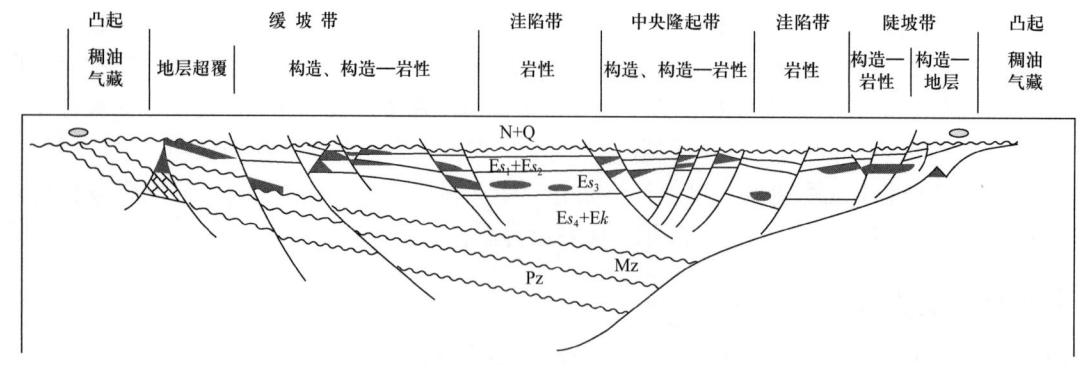

图 3 东营凹陷主要圈闭类型划分示意图

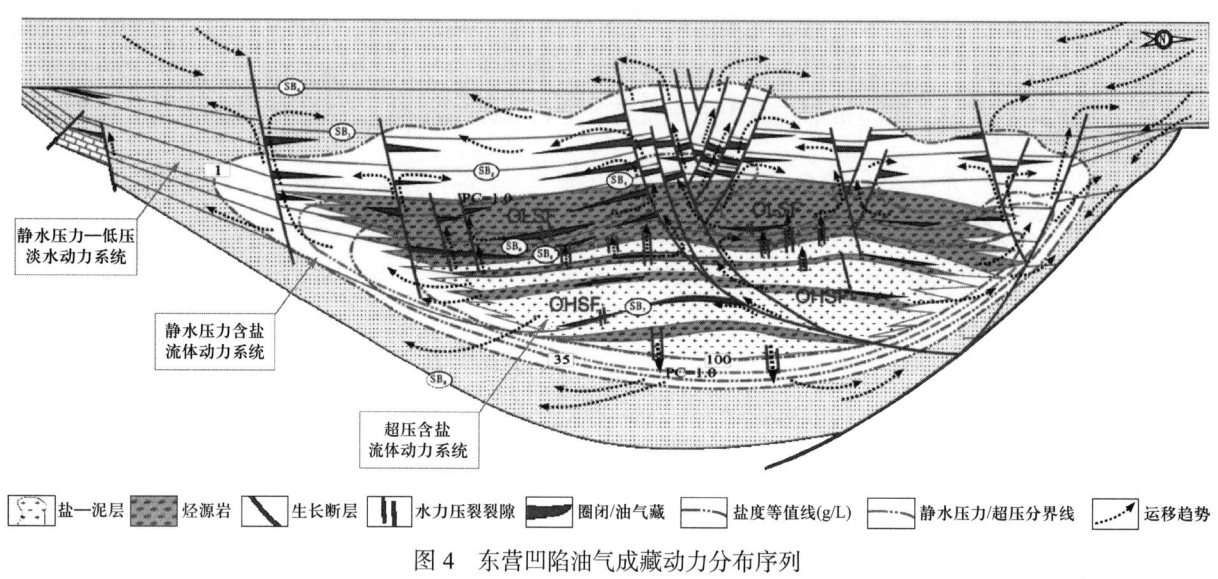

图 4 东营凹陷油气成藏动力分布序列

3.1.3 输导要素组合的有序性

箕状断陷盆地发育有不同沉积类型的砂体及不同级别的不整合面，它们与众多的断层一起构成了复杂的油气输导体系。大量实践证明，箕状断陷盆地的剖面结构虽然具不对称性，但输导体系的构成却呈对称分布，即不同凹陷带不同层位的输导体系在平面上呈有序环带状分布。从盆地中心到边缘，输导体系往往存在着裂缝＋控烃断层型—断层＋砂体型—砂体＋不整合型的有序变化[37-41]。

箕状断陷盆地圈闭类型、成藏动力、输导体系的有序演化，决定了盆地内不同类型油藏分布的有序性。即从洼陷中心到边缘，油藏类型呈现出岩性油藏—构造—岩性油藏—构造油藏—地层油藏的分布状态，且具有纵向叠置，横向毗邻，叠合连片的特征（图 5）。

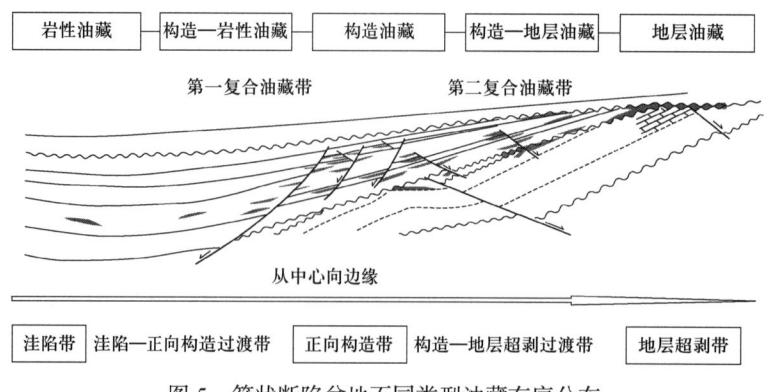

图 5 箕状断陷盆地不同类型油藏有序分布

油藏分布有序性认识深化了对东营凹陷油气藏类型及空间分布规律的科学预测和评价,实现了从三角洲平原构造油藏到前三角洲浊积岩岩性油藏勘探的主动转移。该模式在沾化、惠民等凹陷的洼陷带浊积岩精细勘探中也见到了显著成效。

3.2 成藏主控因素的差异性

箕状断陷盆地油气藏分布的有序性是宏观层面上的油气分布规律,而盆地内不同区带(层系)地质要素的空间配置、内部结构、成藏动力及其作用过程的变化导致油气藏类型及主控因素存在着明显的差异性[14-18]。根据济阳坳陷大量的勘探成果和深入的综合分析,以东营凹陷陡坡带砂砾岩扇体、洼陷带浊积岩和缓坡带滨浅湖滩坝砂岩为例,阐述断陷盆地油气成藏主控因素的差异性。

3.2.1 陡坡带砂砾岩体成岩封堵成藏模式

"十一五"以来,东营凹陷北部陡坡带砂砾岩体已完钻探井96口,其中90口见到油气显示(解释油气层井70口)。目前,陡坡带砂砾岩共发现油田9个,累计上报探明石油地质储量3.5×10^8t。在含油性系统统计的基础上,从沉积组构、压实过程、盆地演化、地层流体性质等方面分析了扇根封堵的内在机理,形成了成岩封堵的油气成藏模式[16]。由于成岩环境在纵向上明显不同,导致其扇根的封堵能力存在着很大的差异,相应的油藏类型也随之变化(图6)。

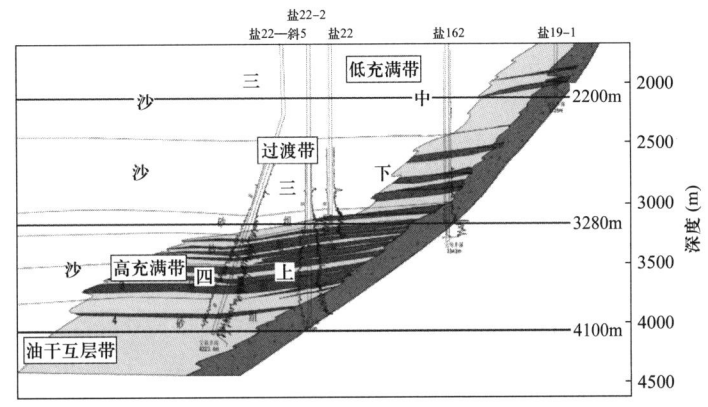

图6 东营凹陷陡坡带砂砾岩体成藏模式(盐22井—盐19-1井近南北向油藏剖面)

低封堵能力的构造油藏带:埋深介于1700~2300m,成岩作用处于早成岩A阶段,扇根的封堵能力较差,油藏类型多为靠断层封堵的构造油藏,油气的充满度较低,水多油少,含油高度一般在10~70m,油藏的宽度一般介于200~1000m。

中等封堵能力的构造—岩性油藏带:埋深介于2300~3280m,成岩作用处于早成岩B阶段,扇根的封堵能力较上部有了明显的改善,油藏类型为构造—岩性油藏,油气充满度中等,油水间互,含油高度在20~90m,油藏的宽度一般介于300~1500m。

高封堵能力的岩性油藏带:埋深介于3280~4300m,成岩作用处于中成岩A阶段,扇根的封堵能力强,油藏类型为成岩封堵的岩性油藏,油气充满度高,油藏非油即干,含油高度在80~190m,油藏的宽度一般介于600~2500m。

3.2.2 洼陷带浊积岩压力—隐蔽输导控藏模式

洼陷带浊积岩含油性取决于3个方面:提供油气及成藏动力的烃源岩,作为输导体系构成要素的断裂(裂缝)的发育程度及岩性透镜体的有效储集条件。统计分析表明,当排烃强度大于350×10^4t/km^{2}时,烃源岩区普遍发育异常高压,更有利于透镜体成藏(勘探实践中超过3/4的成藏岩性体地层压力系数大于1.2);源外透镜体砂岩成藏范围,即距离烃源岩距离,向上约200m(图7)[20]。

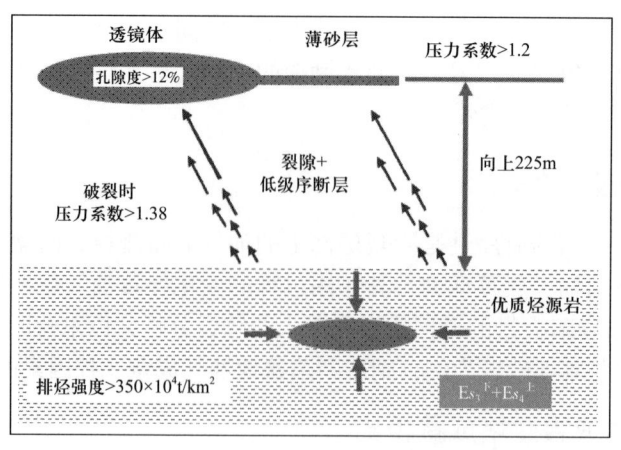

图 7　东营凹陷洼陷带浊积岩压力—隐蔽输导控藏模式

洼陷带断层往往不太发育，因而，在浊积岩油藏成藏过程中，裂缝系统起着重要的输导作用。岩石承受的流体压力超过了其破裂强度后，就可产生裂隙。东营凹陷泥岩破裂深度门限为 2900～3000m（压力系数大于 1.38），即在该深度以下（这也是砂岩透镜体成藏的门限深度），地层孔隙流体异常压力可以导致岩石破裂，这些裂缝与为数众多的三角洲前缘浊积性薄砂层构成了隐蔽性油气输导网络，成为浊积岩岩性油气藏形成的另一关键要素。

3.2.3　缓坡带滩坝砂岩三元控藏模式

东营凹陷南部缓坡带沙河街组四段上亚段广泛发育滩坝砂，已探明储量近 2×10^8t。通过对滩坝砂岩成因、成藏的综合研究，形成了包含断裂构造、有效储层、流体压力等要素的"三元控藏"的成藏模式。即构造（背景）、断裂控制成藏部位；有效储层决定成藏规模；压力高低控制油藏充满程度（图 8）[23]。

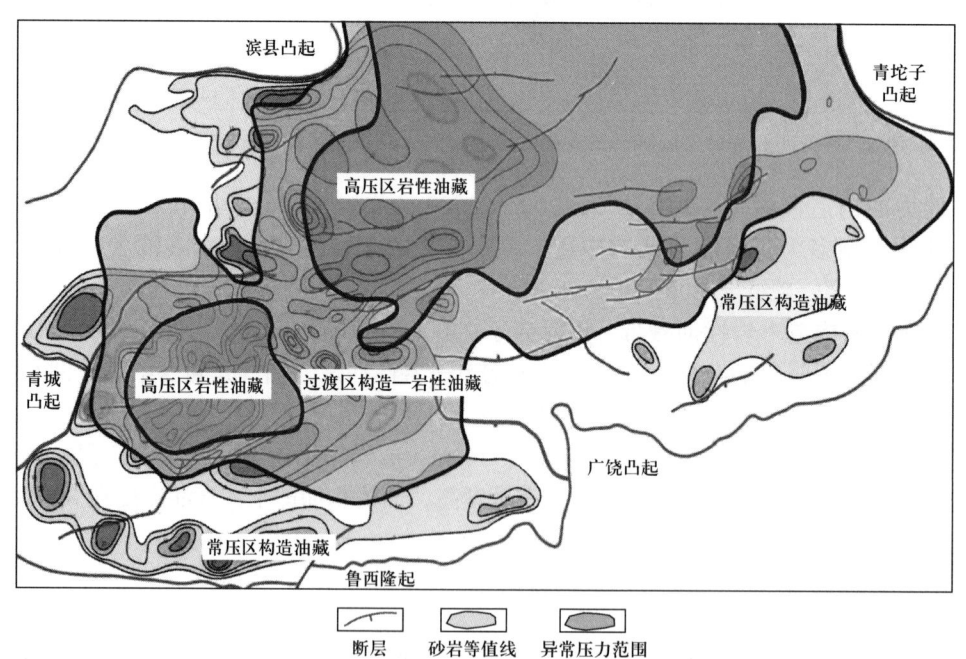

图 8　东营凹陷缓坡带滨浅湖滩坝砂岩成藏模式

构造背景是油气成藏的基础地质条件，大型的正向构造带（鼻状构造）更易于成藏；断裂具有封闭、输导和分配油气的作用，二级、三级主断层控制含油区块，四级、五级小断层一般不改变压力系统，利于油气输导和改善储层。

有效储层是决定滩坝砂岩油藏规模的关键因素，滩坝砂岩油层分布和产能的高低明显受有效储层的控制。沉积微相、成岩过程和灰质含量控制着滩坝砂体储层的有效性，单层厚、物性好的坝砂最易富集成藏，单层薄、灰质含量低的滩砂也具有较好储集性能。

异常高压是滩坝砂岩成藏的源动力，决定着油气藏的充满程度。烃源岩的排烃强度导致异常高压围绕生烃中心呈内高外低的"环带状"分布，从而控制着油气富集（充满）程度和油藏类型的变化。

滩坝砂油藏在横向上具有3种成藏模式：靠近洼陷高压区，地层压力大，油气充满度高，油藏类型以岩性油藏为主，油气藏无明显的边底水，非油即干；盆地斜坡中部，为地层压力过渡区，油藏类型以构造—岩性油藏为主，油气充满度较高，局部可见油水间互；盆地边缘为常压区，具鼻状构造背景的高部位油藏类型相对单一，以构造油藏为主，油气充满度相对较低，油水间互现象比较普遍，具有明显的边底水。

4 结论

（1）基于渤海湾盆地的基本特征，揭示了盆地结构及成藏要素的相似性，成为凹陷和区带勘探优化选择的出发点，不同盆地和相邻层系之间，勘探经验和技术可以相互借鉴，是指导三新领域勘探的基本原则。

（2）以济阳坳陷东营凹陷为解剖对象，提出了凹陷内油藏特征及分布的有序性，凹陷内不同类型油藏连续有序分布，是成熟探区实现勘探目标的主动转移，发现规模储量的指导方针。

（3）以盆地成藏要素构成差异性研究为基础，明确了成藏动力及油气富集的差异性，是指导盆地内不同区带、不同层系油气藏勘探部署思路及关键技术攻关、实现油藏高效勘探的关键。

参 考 文 献

[1] 杨克绳.中国中新生代沉积盆地箕状断陷类型、形成机理及含油性［J］.石油与天然气地质，1990，11（2）：144-155.

[2] 王秉海，钱凯.胜利油区地质研究与勘探实践［M］.东营：石油大学出版社，1992.

[3] 朱夏.中国东部板块内部盆地形成机制的初步探讨［J］.石油实验地质，1979，1（1）：1-9.

[4] 胡朝元.渤海湾盆地的形成机理与油气分布特点新议［J］.石油实验地质，1982，4（3）：161-167.

[5] 赵重远.渤海湾盆地的构造格局及其演化［J］.石油学报，1984，5（1）：1-8.

[6] 王世虎，夏斌，陈根文，等.济阳坳陷构造特征及形成机制讨论［J］.大地构造与成矿学，2004，28（4）：428-434.

[7] 王颖，赵锡奎，高博禹.济阳坳陷构造演化特征［J］.成都理工学院学报，2002，29（2）：181-186.

[8] 史卜庆，郑凤云，周瑶琪，等.济阳坳陷济阳运动的动力学成因试析［J］.高校地质学报，2002，8（3）：356-362.

[9] 吴亚军.东部地区箕状断陷盆地构造演化与沉积充填特征［J］.天然气工业，2004，24（3）：28-31.

[10] 田景春.箕状断陷湖盆陡坡带砂体特征、演化及控制因素——以胜利油区东营凹陷北带沙河街组为例［J］.矿物岩石，2001，21（3）：56-63.

[11] 林畅松，张燕梅，李思田，等.中国东部中新生代断陷盆地幕式裂陷过程的动力学响应和模拟模型［J］.地球科学，2004，29（5）：583-588.

[12] 漆家福，张一伟，陆克政，等.渤海湾新生代裂陷盆地的伸展模式及其动力学过程［J］.石油实验地质，1995，17（4）：316-323.

[13] HSIAO L Y，GRAHAM S A，TILANDER N.Seismic reflection imaging of a major strike-slip fault zone in a rift system：Paleogene structure and evolution of the Tan-Lu fault system，Liaodong Bay，Bohai，offshore China［J］.AAPG Bulletin，2004，88（1）：71-97.

[14] 闫长辉，王安，严曙梅，等.砂砾岩扇体成藏过程的定量化分析——以东营凹陷胜坨油田为例［J］.油气地质与采

收率，2010，17（1）：9-11.

[15] 隋风贵，操应长，刘惠民，等.东营凹陷北带东部古近系近岸水下扇储集物性演化及其油气成藏模式［J］.地质学报，2010，28（2）：246-256.

[16] 刘鑫金，宋国奇，刘惠民，等.东营凹陷北部陡坡带砂砾岩油藏类型及序列模式［J］.油气地质与采收率，2012，19（5）：20-23.

[17] 秦永霞，姜素华，王永诗.斜坡带油气成藏特征与勘探方法——以济阳坳陷为例［J］.海洋石油，2003，23（2）：14-20.

[18] 王永诗，鲜本忠.车镇凹陷北部陡坡带断裂结构及其对沉积和成藏的控制［J］.油气地质与采收率，2006，13（6）：5-8.

[19] 郭玉新，隋风贵，林会喜，等.时频分析技术划分砂砾岩沉积期次方法探讨——以渤南洼陷北部陡坡带沙四段—沙三段为例［J］.油气地质与采收率，2009，16（5）：8-11.

[20] 卓勤功，向立宏，银燕，等.断陷盆地洼陷带岩性油气藏成藏动力学模式——以济阳坳陷为例［J］.油气地质与采收率，2007，14（1）：7-10.

[21] 李明刚，庞雄奇，漆家福，等.东营凹陷砂岩岩性油气藏分布特征及成藏模式［J］.油气地质与采收率，2008，15（2）：13-15.

[22] 王居峰，蔡希源，邓宏文.东营凹陷中央洼陷带沙三段高分辨率层序地层与岩性圈闭特征［J］.石油大学学报，2004，28（4）：7-11.

[23] 王永诗，刘惠民，高永进，等.断陷湖盆滩坝砂体成因与成藏：以东营凹陷沙四上亚段为例［J］.地学前缘，2012，19（1）：100-107.

[24] 方玉斌，刘秋生，刘淑，等.缓坡坡折带——箕状断陷的精华［J］.断块油气田，2003，10（1）：15-17.

[25] 袁红军.东营凹陷博兴洼陷滨浅湖相滩坝砂岩储层预测［J］.石油与天然气地质，2007，28（4）：497-503.

[26] 阳孝法，林畅松，刘景彦，等.博兴洼陷沙四段滩坝沉积体系及其主控因素［J］.油气地质与采收率，2009，16（3）：22-25.

[27] 潘元林，张善文，肖焕钦，等.济阳断陷盆地隐蔽油气藏勘探［M］.北京：石油工业出版社，2003.

[28] 李思田，潘元林，陆永潮，等.断陷湖盆隐蔽油藏预测及勘探的关键技术——高精度地震探测基础上的层序地层学研究［J］.地球科学，2002，27（5）：592-598.

[29] 沈守文，彭大钧，颜其彬，等.层序地层学预测隐蔽油气藏的原理和方法［J］.地球学报，2000，21（3）：300-305.

[30] 张德武，冯有良，邱以钢.东营凹陷下第三系层序地层研究与隐蔽油气藏预测［J］.沉积学报，2004，22（1）：67-72.

[31] 李丕龙，张善文，宋国奇，等.断陷盆地隐蔽油气藏形成机制——以渤海湾盆地济阳坳陷为例［J］.石油实验地质，2004，26（1）：3-10.

[32] 林畅松，潘元林，肖建新，等."构造坡折带"——断陷盆地层序分析和油气预测的重要概念［J］.地球科学，2000，25（3）：260-265.

[33] 张善文，王英民，李群.应用坡折带理论寻找隐蔽油气藏［J］.石油勘探与开发，2003，30（3）：5-7.

[34] 郝雪峰.陆相断陷盆地沉积相律与油藏类型序列类比分析［J］.油气地质与采收率，2006，13（5）：1-6.

[35] GUO X W，HE S，LIU K Y，et al.Oil generation as the dominant overpressure mechanism in the Cenozoic Dongying depression, Bohai Bay Basin, China［J］.AAPG Bulletin，2010，94（12）：1859-1881.

[36] 郭小文，何生，宋国奇，等.东营凹陷生油增压成因证据［J］.地球科学，2011，36（6）：1085-1093.

[37] ALLAN U S.Model for hydrocarbon migration and entrapment within faulted structures［J］.AAPG Bulletin，1989，73（7）：803-811.

[38] 宋国奇，卓勤功，孙莉.济阳坳陷第三系不整合油气藏运聚成藏模式［J］.石油与天然气地质，2008，29（6）：716-720.

[39] 刘金，宋国奇，郝雪峰，等.惠民凹陷临盘油区断裂胶结带基本特征及形成机制［J］.地球科学，2011，36（6）：1119-1124.

[40] SU J B, ZHU W B, WEI J, et al.Fault growth and linkage: Implications for tectonosedimentary evolution in the Chezhen Basin of Bohai Bay, eastern China [J].AAPG Bulletin, 2011, 95 (1): 1-26.

[41] LAMPE C, SONG G Q, CONG L Z, et al.Fault control on hydrocarbon migration and accumulation in the Tertiary Dongying depression, Bohai basin, China [J].AAPG Bulletin, 2012, 96 (6): 983-1000.

原文发表于《石油与天然气地质》2014年第3期

东营凹陷北部陡坡带深层砂砾岩扇体成岩圈闭有效性评价

刘惠民[1]　刘鑫金[1,2]　贾光华[1]

（1.中国石化胜利油田分公司勘探开发研究院；2.中国石化胜利油田分公司博士后科研工作站）

摘　要：东营凹陷北部陡坡带深层砂砾岩扇体发育扇根封堵的成岩圈闭岩性油藏，圈闭的形成受不同沉积相带沉积组构与成岩作用差异的影响，而圈闭有效性评价是预测圈闭含油气性的关键。为了有效预测成岩圈闭的含油气性，从扇根地质特征和油藏特征分析入手，剖析研究区扇根封闭机制和圈闭评价原则，在此基础上，利用不同勘探阶段的相关资料，建立适用的圈闭有效性评价方法。研究结果表明：扇根亚相泥质杂基含量高、压实与杂基重结晶作用强烈，纵向上叠置的扇根可作为侧向封堵层与局部盖层；成岩圈闭的主要封闭机制是物性封闭，扇根与扇中之间的突破压力差决定了封堵油气的高度；利用全直径取心油驱水实验数据对压汞实验测定的汞驱气突破压力进行校正，并分别利用核磁共振测井和常规物性资料建立油驱水突破半径的计算方法，进而求得油藏条件下油驱水的突破压力差，对圈闭的有效性进行评价。应用结果表明，建立的圈闭有效性评价方法合理、可行，可有效指导勘探部署。

盖层的封闭机制研究是圈闭有效性评价的核心内容。Berg 在 1975 年提出了物性封闭的概念及其在烃类运移和圈闭中的作用[1]，Schowalter 对物性封闭机理的作用进行了详细阐述[2]，袁玉松等认为物性封闭是盖层最普遍的封闭机理，烃浓度封闭不具有普遍性[3]，何玉光等提出物性封闭是普遍机理，压力封闭和烃浓度封闭是特殊机理[4]。目前研究认为封盖层封闭油气的主要机理是物性封闭、烃浓度封闭和孔隙水压力封闭[5]，周雁等提出针对油气盖层的研究经历了 5 个阶段，由早期侧重于盖层物性研究发展到变形过程及成藏过程中的盖层有效性研究，认为尽管发现毛细管物性封闭、超压封闭和毛细管多相封闭等多种封闭类型，但是毛细管物理封闭作用是最基本的封闭机制[6]；董忠良等认为上倾方向有封盖层的油气藏封盖机制是物性封闭、超压封闭和烃浓度封闭（抑制封闭作用、替代封闭作用和延缓作用），上倾方向没有盖层的深盆气藏的封闭机制包括水体封闭、低渗透砂岩阻止气体上浮，以及不断补给、散失以达到平衡的动态封闭机制[7]。曲长伟等提出浅层埋藏小、时代新、结构松散的盖层也存在物性封闭，并选取渗透率参数对其进行评价，证明物性封闭的普遍性[8]。

东营凹陷北部陡坡带深层砂砾岩扇体发育扇根封堵的成岩圈闭岩性油藏[9-10]，前人对成岩圈闭的成因及主控因素等进行了深入探讨，但针对扇根封堵成岩圈闭的封闭机制及有效性评价方法却未见报道。笔者首次从扇根的地质特征分析入手，论述扇根的封闭性能及其影响因素；然后通过剖析扇根的空间分布模式，以及扇根封堵成岩圈闭的成藏特征，确定成岩圈闭有效性的评价原则；最终利用不同勘探阶段的相关资料，建立适用的圈闭有效性评价方法。典型区块成岩圈闭的有效性评价结果显示，建立的成岩圈闭有效性评价方法切实可行，对同类型油藏的勘探具有重要的指导意义。

1　扇根的地质特征

盖层的分类很多，从岩性来看主要分为三大类，即泥页岩、蒸发岩和致密灰岩[4]；其中泥页岩的封闭性仅次于盐岩和石膏，是形成优质盖层的有利岩性[11-14]。砂砾岩扇体的扇根并非传统意义上的优质封盖层，但实践表明其能作为有效封盖层封堵油气主要取决于扇根独特的岩相特征及分布模式。

1.1 岩相特征

砂砾岩扇体扇根的岩相为杂基支撑砾岩相和颗粒支撑砾岩相，以杂基支撑砾岩相为主，偶见颗粒支撑砾岩相[9]。杂基支撑砾岩相主要由棱角状—次棱角状的砾石组成，砾石成分复杂，以喷发岩、变质岩为主，其次为少量的砂岩和泥岩砾，砾石直径一般为0.5～5cm，少量砾石直径大于10cm，砾石呈漂浮状，表现为一种覆模态结构，仅有直径为1～2cm的砾石具有磨圆现象，且可见直立及定向排列的砾石，颗粒表现为无分选，整体呈块状层理；其杂基为泥质或粉砂质等，含量高达40%，有时为砂质杂基。研究区盐100-3井镜下薄片观察结果显示，扇根杂基含量较高，颗粒接触关系为点接触，泥质含量高，可达30%～40%，呈鳞片状，大部分呈基底式胶结碎屑颗粒（图1a），仅局部为孔隙式胶结；由于埋藏较浅，胶结作用微弱，碳酸盐岩胶结不发育，偶见增生石英；孔隙有粒间孔及填隙物内孔，总面孔率较低，约为5%，其中原生孔隙与次生孔隙的面孔率均为1%～3%，但整体孔隙不发育，连通性较差。盐162井镜下薄片观察发现，其扇根颗粒多为次棱角状，颗粒之间以线接触为主，泥质以星点状分布的高岭石为主（图1b），泥质与白云石碎屑混杂分布，杂基多为鳞片状结构，表明当埋深达到2700m时，泥质杂基已开始大量发生重结晶作用，白云石、铁白云石具有显微—微晶结构，可见含铁碳酸盐岩的局部胶结（图1c），亦可见交代颗粒（图1d）或胶结长石溶解孔隙；孔隙有颗粒溶孔及残余粒间孔，连通性较差，且其总面孔率很低，多数小于1%。

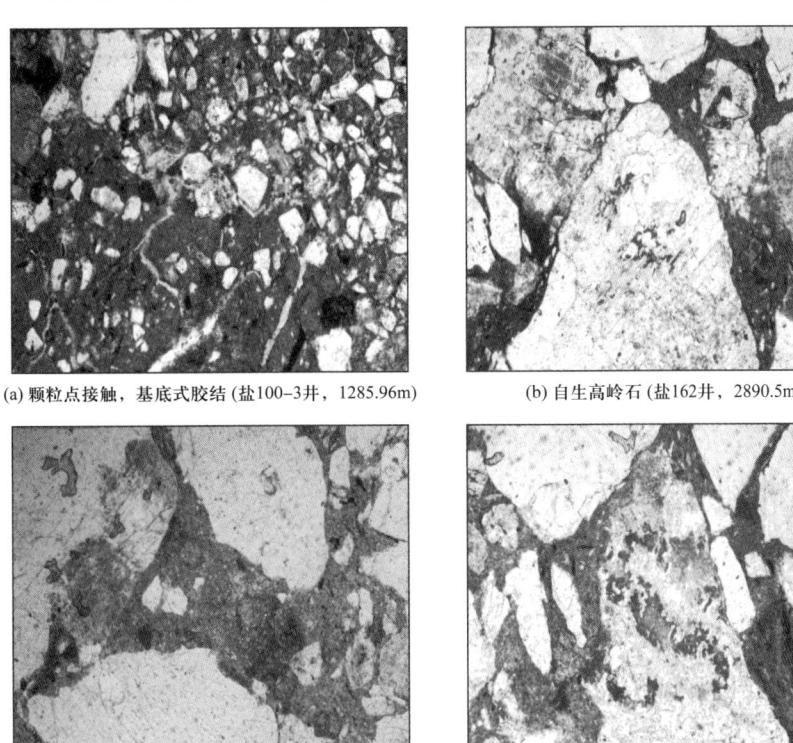

(a) 颗粒点接触，基底式胶结 (盐100-3井，1285.96m)　　(b) 自生高岭石 (盐162井，2890.5m)

(c) 微含铁白云石局部胶结 (盐162井，2897m)　　(d) 铁方解石交代颗粒 (盐162井，2897m)

图1　东营凹陷北部陡坡带砂砾岩扇体扇根镜下显示特征

1.2 分布模式

东营凹陷北部陡坡带砂砾岩扇体的扇根与扇中的岩相复杂，根据岩石组构参数在垂向上的递降度可将扇根岩石组构类型划分为Ⅰ-1型和Ⅰ-2型，扇中岩石组构类型划分为Ⅱ-1型、Ⅱ-2型和Ⅱ-3型[9]。明确岩石组构类型在空间上的分布模式是开展圈闭评价的基础。综合岩屑录井、密度、中子、声波、深侧向电阻率、自然伽马等测井资料，对单井岩石组构类型进行识别，根据近岸水下扇沉积成因模式，恢复砂砾岩扇体的岩石组构分布剖面。结果（图2）表明，扇根砾岩相为块状堆积，致密均一；扇中表现为多岩相疏密相间、互层叠置的特征。单砂层中的砂砾岩扇体呈由厚减薄的楔形体，多砂层组叠置的砂砾岩扇体整体呈现出持续后退的特点；扇根的岩石组构表现为Ⅰ-1型和Ⅰ-2型叠置，其间缺少泥质隔层，常具有冲刷减薄现象，这种垂向叠置样式为侧向封堵提供了必要条件；扇根与扇中交接处表现为Ⅰ-2型与Ⅱ-1型、Ⅱ-2型的垂向间互叠置，其中Ⅰ-2型与Ⅱ-1型之间的接触面可作为成岩圈闭有效性评价的封盖转换面。

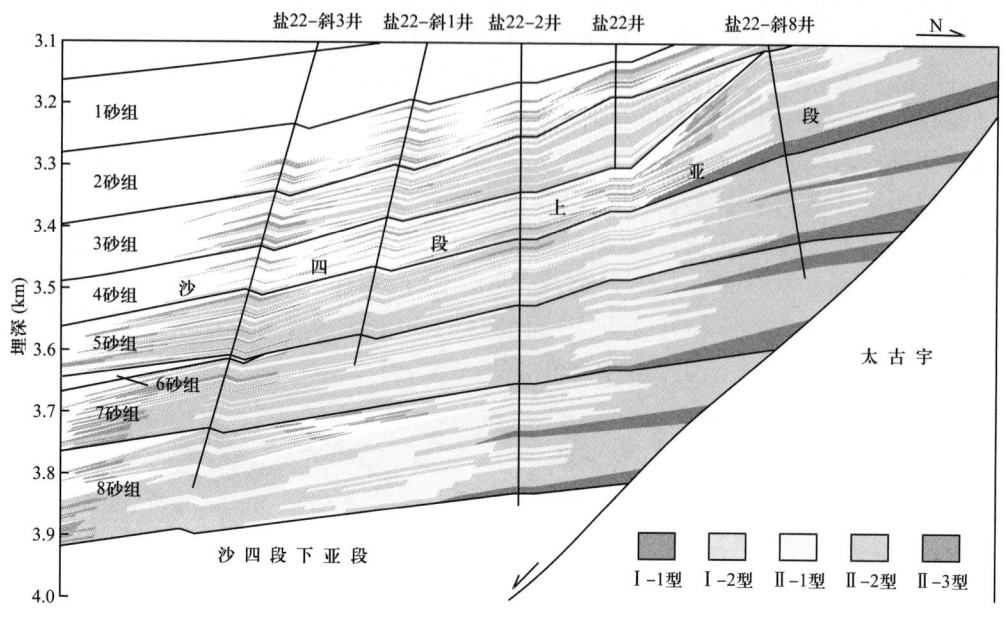

图2　东营凹陷北部陡坡带盐22井区沙四段上亚段砂砾岩扇体近南北向岩石组构分布剖面

综上所述，扇根具有覆模态结构特征，且泥质杂基含量高、压实与杂基重结晶等成岩作用强烈，使扇根可以成为有效封堵层；此外，扇根位于扇中有效储层的上倾方向，与扇中呈指状接触，因此纵向上叠置的、致密均一的扇根可以成为侧向封堵层和局部盖层。

2　扇根的封闭机制

东营凹陷北部陡坡带深层砂砾岩扇体紧邻民丰洼陷烃源岩，成藏条件有利。前人研究结果表明，民丰洼陷沙四段和沙三段下亚段发育异常高压，沙四段下亚段发育多套膏岩层，可形成流体封存箱，产生异常压力[15-17]，但与烃源岩直接接触的砂砾岩扇体岩性油藏却不属于异常压力系统。分析东营凹陷北部陡坡带盐家地区实测地层压力及压力系数与埋深的关系发现，其油藏实测地层压力与埋深具有很好的线性关系，压力系数为0.8~1.2，主要集中于0.95~1.0，属于正常压力系统。利用盆地模拟软件恢复研究区关键油气成藏期的地层压力剖面，结果（图3）表明，洼陷带沙四段下亚段、沙四段上亚段纯下次亚段和纯上次亚段烃源岩在明化镇组沉积末期发育超压系统，其中沙四段下亚段剩余地层压力主要为15~30MPa，沙四段上亚段纯下次亚段和纯上次亚段剩余地层压力为5~10MPa，但是紧邻的砂砾岩扇体内部为正常压力系统，烃源岩与砂砾岩扇体之间存在一个明显的压力快速变化带。由此可见，大套砂砾岩扇体纵向叠置厚度大，宏观上自下而上为一个连通体系，缺乏稳定的泥岩隔层，难以形成稳定的超压系统，在漫长的地质历史时期内，油气在砂砾岩扇体内部主要以浮力驱动，油气聚集仅须平衡浮力；因此，成岩圈闭的主要封闭机制是物性封闭，不存在明显的烃浓度封闭和异常压力封闭。

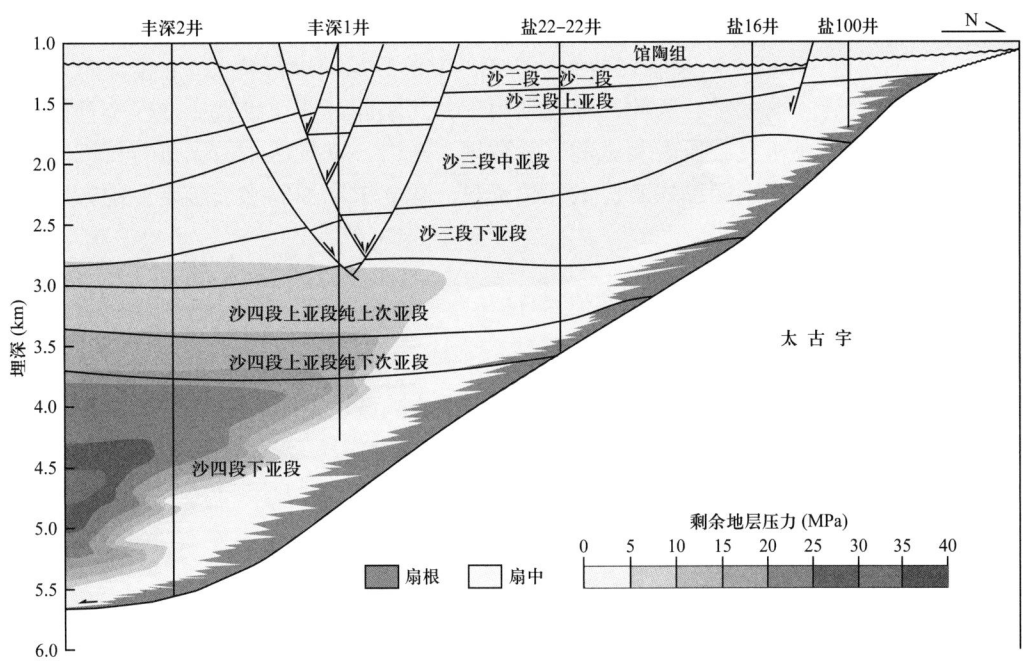

图 3　东营凹陷北部陡坡带盐家地区明化镇组沉积时期地层压力分布剖面

3　圈闭有效性评价方法

针对物性封闭圈闭的评价方法有很多[18]，例如付广等认为物性封闭的主要评价参数是盖层与储层的排替压力差，压力封闭的评价参数是盖层与储层的压力系数差，烃浓度封闭的评价参数为是否进入生烃门限，是否具有流体超压，流体超压是否大于流体饱和压力，并选取盖层的岩性、单层厚度、累积厚度、沉积环境和成岩程度等参数，利用加权平均法对盖层的封闭能力进行评价[19]。谈玉明等选取孔隙度、渗透率、排替压力和孔径4个参数，利用加权平均法建立盖层评价标准[20]；王欢等选取盖层的岩性、沉积环境、最大单层厚度、累积厚度、砂岩含量，以及储层与盖层的排替压力差作为参数，分别赋予相应的权值和权重，对泥岩盖层的封闭性进行综合评价[11]。赵新民等利用测井方法评价盖层的垂向封闭性和储层的侧向封堵性，探讨欠压实、超压发育情况对储层侧向封堵性的影响[21]。

扇根侧向封堵的机理是物性封闭，因此，扇根封盖油气的力学平衡式可以表示为：

$$F_b = \Delta p_c S \quad (1)$$

其中

$$\Delta p_c = p_{ca} - p_{cb} \quad (2)$$

$$p_c = \frac{2\delta \cos\theta}{R_t} \quad (3)$$

式中：F_b 为油气受到的浮力，N；Δp_c 为扇根与扇中之间的突破压力差，Pa；S 为单位面积，m²；p_{ca} 为扇根的突破压力，Pa；p_{cb} 为扇中的突破压力，Pa；p_c 为突破压力，Pa；δ 为烃与水之间的界面张力，N/m；θ 为接触角度，(°)；R_t 为突破半径，μm。

封堵层封闭油柱的高度受封堵层与渗透层突破压力差控制，突破压力是指开始进入岩样所需的最低压力，是非润湿相开始进入岩样最大连通孔喉而形成连续流所需的启动压力，也称为阈压或门槛压力。在突破压力下，非润湿相能进入的孔喉半径即岩样的最大孔喉半径。利用压汞实验求得的突破压力是汞驱气的突破压力，而实际油气成藏是油驱水的过程，与实验测定的汞驱气突破压力存在较大差异。汞驱气条件下，δ 为 480N/m，θ 为 140°，$\cos\theta$ 为 0.766；而油藏条件下，δ 为 19.8N/m，θ 为 30°，$\cos\theta$ 为 0.866；由于 δ 和 θ 不同，对汞驱气条件下获得的实验数据须进行校正。油驱水突破压力的求取是扇根封闭圈闭有效性评价的关键，为此，笔者利用东营凹陷北部陡坡带盐家地区全直径取心油驱水突破压力测试及小样品气驱水突破压力测试的实验数据，对岩心常规压汞数据进行校正，得到油驱水突破半径的计算公式，并根据不同勘探阶段的相关资料，建立求取油驱水突破半径的方法，进而求取油藏条件下的突破压力。

3.1 利用压汞实验数据求取油驱水突破半径

为了模拟实际地层温度、压力条件下的油气封堵情况，分别选取研究区 16 块全直径取心样品进行油驱水突破压力测试，选取 32 块小样品进行气驱水突破压力测试，结果表明，气驱水突破压力值偏小，因此首先需要利用油驱水突破压力测试数据校正小样品气驱水突破压力测试数据，通过拟合全直径取心油驱水突破压力和小样品气驱水突破压力测试数据（表1），得到油驱水突破压力的校正公式为：

$$p_{CYS}=-10.323p_{CQS}^4+30.333p_{CQS}^3-25.372p_{CQS}^2+11.712p_{CQS}+0.32, \quad R^2=0.9966 \tag{4}$$

式中：p_{CYS} 为油驱水突破压力，Pa；p_{CQS} 为气驱水突破压力，Pa。

通过校正得到 32 块小样品的油驱水突破压力，从而获得 48 块样品的油驱水突破压力数据，并计算相对应的油驱水突破半径。结合岩心常规压汞汞驱气测试数据，建立利用压汞实验汞驱气突破半径计算油驱水突破半径的转换公式为：

$$R_t=0.0042R_d+0.0099, \quad R^2=0.8473 \tag{5}$$

式中：R_d 为压汞实验汞驱气突破半径，μm。

将计算得到的油驱水突破半径代入式（3），即可获得油驱水突破压力。

表 1 全直径取心油驱水突破压力和小样品气驱水突破压力测试数据

井号	埋深（m）	层位	沉积亚相	含油性	气驱水突破压力（MPa）	油驱水突破压力（MPa）
盐 16	2004.80	沙三段下亚段	扇中	油层	0.003	0.13
盐 222	3905.38	沙四段上亚段纯上次亚段	扇中	干层	1.078	7.52
盐 222	3906.20	沙四段上亚段纯上次亚段	扇中	油层	0.460	2.81
盐 222	4161.70	沙四段上亚段纯上次亚段	扇根	干层	0.037	0.88
盐 22-22	3381.10	沙四段上亚段纯上次亚段	扇中	干层	0.053	0.84
盐 22-22	3401.00	沙四段上亚段纯上次亚段	扇中	油层	0.333	2.39
盐 22-22	3438.85	沙四段上亚段纯上次亚段	扇中	油层	0.507	2.97
盐 22-22	3476.90	沙四段上亚段纯上次亚段	扇中	油层	0.117	1.40
盐 22-22	3510.00	沙四段上亚段纯上次亚段	扇中	干层	0.025	0.80
永 920	3374.00	沙四段上亚段纯上次亚段	扇中	油层	0.096	1.04
永 920	3586.50	沙四段上亚段纯上次亚段	扇根	干层	0.212	1.89
永 928	3844.30	沙四段上亚段纯下次亚段	扇中	油层	0.137	1.54
永 928	4007.10	沙四段上亚段纯下次亚段	扇根	干层	0.567	3.26
永 928 侧	3945.05	沙四段上亚段纯下次亚段	扇根	干层	0.839	5.09
永 930	3755.30	沙四段上亚段纯下次亚段	扇中	干层	0.407	2.75
永 930	9332.20	沙四段上亚段纯下次亚段	扇根	油层	0.070	1.10

3.2 利用核磁共振测井资料求取油驱水突破半径

由于未取心的井段无法进行压汞实验，因此，尝试利用核磁共振测井资料来拟合压汞曲线，进而利用拟合的压汞曲线求取油驱水突破半径。核磁共振测井是目前唯一可以评价储层孔隙结构的测井方法，其利用氢原子核自身的磁性及其与外加磁场的相互作用，通过测量地层岩石孔隙中氢核核磁共振弛豫信号的幅度和弛豫速率，探测与地层岩石孔隙结构和孔隙流体的相关信息。核磁共振测井提供的原始数据是随时间衰减的自旋回波串，包含储层物性、孔隙类型、孔径、流体类型及其分布等信息。由核磁共振弛豫机理可知，在均匀磁场中测量的横向弛豫时间的表达式为：

$$\frac{1}{T_2} = \frac{1}{T_{2B}} + \rho_2 \frac{S}{V} \tag{6}$$

式中：T_2为横向弛豫时间，ms；T_{2B}为流体的体积（自由）弛豫时间，ms；ρ_2为岩石横向表面弛豫率，是表征岩石物理性质的参数，μm/ms；S为孔隙表面积，μm^2；V为孔隙体积，μm^3。

地层流体的T_{2B}值通常大于2000ms，而实际测量岩石骨架的T_2值通常为50～200ms，地层流体的T_{2B}值远大于岩石骨架的T_2值，因此式（6）可以表示为：

$$\frac{1}{T_2} \approx \rho_2 \frac{S}{V} \tag{7}$$

式（7）中S/V为孔隙的比表面，与孔隙的大小和几何形状有关，可以综合反映岩石的孔隙结构特征[9]。T_2与孔隙的比表面成反比，与孔喉半径具有近似的正比关系，因此孔喉半径可以表示为：

$$r = CT_2 \tag{8}$$

式中：r为孔喉半径，μm；C为比例系数，其值可由孔隙结构分析资料确定[8]。

由于核磁共振T_2谱分布与压汞孔喉半径分布具有相似性，因此尝试利用核磁共振T_2谱分布构建压汞曲线。首先以累计汞饱和度为横坐标、孔喉半径为对数纵坐标，调整压汞曲线；然后提取核磁共振T_2值，以核磁共振T_2谱累计幅度为横坐标、T_2值为对数纵坐标，构建与压汞曲线类似的拟合压汞曲线。汞驱气突破半径为压汞曲线的平台切线对应的孔喉半径，利用核磁共振T_2谱分布构建的拟合压汞曲线的平台切线对应的T_2值来拟合汞驱气突破半径（图4）。

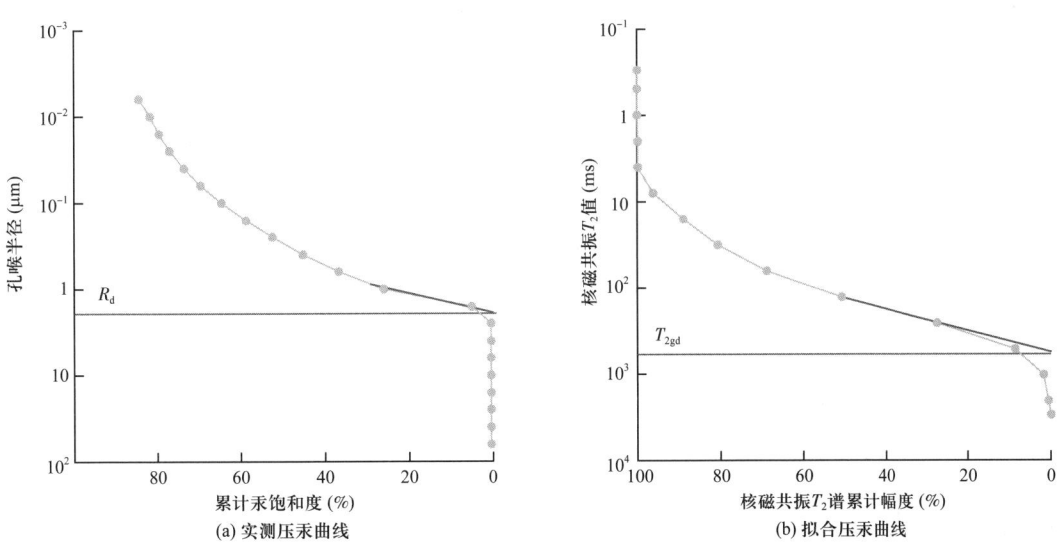

图4 盐22-22井核磁共振T_2谱分布构建的拟合压汞曲线与实测压汞曲线对比

由于核磁共振测井获得的是全井段数据，因此可以利用核磁共振测井资料拟合相对应深度点的压汞曲线，确定利用核磁共振T_2谱分布构建的拟合压汞曲线的平台切线对应的T_2值，进而建立该值与压汞实验汞驱气突破半径之间的关系式为：

$$R_d = 0.0053 T_{2gd} - 0.309 \tag{9}$$

式中：T_{2gd} 为利用核磁共振 T_2 谱分布构建的拟合压汞曲线的平台切线对应的 T_2 值，ms。

将计算得到的压汞实验汞驱气突破半径代入式（5），即可得到油驱水突破半径，进而计算油驱水突破压力。

3.3 利用渗透率与孔隙度比值求取油驱水突破半径

针对研究区大量没有压汞实验数据和核磁共振测井资料的区块，上述 2 种方法均不适用。前人研究表明，渗孔比（渗透率与孔隙度的比值）与储层的孔喉半径之间存在定量关系[22]，张程恩等将渗孔比的开方定义为储层品质指数，认为该指数可以综合反映储层孔隙结构的品质[23]。因此，可以建立油驱水突破半径与储层品质指数的关系式为：

$$R_t = 0.0966 \text{RQI} - 0.0045 \tag{10}$$

其中

$$\text{RQI} = \sqrt{\frac{K}{\phi}} \tag{11}$$

式中：RQI 为储层品质指数，μm；K 为渗透率，mD；ϕ 为孔隙度，%。

进而根据计算得到的油驱水突破半径，利用常规物性资料计算得到油驱水突破压力。

4 圈闭有效性评价结果

根据实测常规物性及核磁共振测井资料可以计算各种岩相的油驱水突破压力，构建对应岩相的油驱水突破压力与埋深的关系曲线，获得任意岩相组合不同埋深的油驱水突破压力差，定量评价扇根的封闭能力，进而根据实际地质剖面上某一圈闭封堵油气的岩相组合类型，对成岩圈闭的有效性进行评价。

由东营凹陷北部陡坡带盐家地区砂砾岩扇体岩石组构分布模式可知（图2），垂向上控制油气封堵的岩相组合主要为Ⅰ-2型砾岩和Ⅱ-1型含砾砂岩、Ⅰ-2型砾岩和Ⅱ-2型砂岩，侧向上控制油气封堵的岩相组合主要为Ⅰ-2型砾岩和Ⅱ-1型含砾砂岩，真正决定封闭能力的是突破压力差最小的Ⅰ-2型砾岩和Ⅱ-1型含砾砂岩。根据木桶原理，选取突破压力差最小的Ⅰ-2型砾岩和Ⅱ-1型含砾砂岩岩相组合进行成岩圈闭有效性评价。结果表明，埋深为 2800m 处Ⅰ-2型砾岩和Ⅱ-1型含砾砂岩之间的突破压力差为 0.15~0.2MPa，取原油密度为 0.8g/cm³，封堵油柱高度为 80~120m；埋深为 3200m 处Ⅰ-2型砾岩和Ⅱ-1型含砾砂岩之间的突破压力差为 0.3~0.4MPa，封堵油柱高度为 180~200m；埋深为 3600m 处Ⅰ-2型砾岩和Ⅱ-1型含砾砂岩之间的突破压力差为 0.45~0.55MPa，封堵油柱高度为 230~250m；因此，储盖转换面之间的突破压力差均随着埋深的增加而增大，成岩圈闭的封闭能力逐步增强。在定量计算成岩圈闭封堵油柱高度的基础上，根据砂砾岩扇体油藏顶面倾角，可以计算油藏的平面宽度。以盐 22 块沙四段下亚段 5 砂组为例，计算含油高度为 213m，实测含油高度为 197m，相对误差为 7.68%；计算油藏平面宽度为 2144m，实测油藏平面宽度为 2010m，相对误差为 6.67%；因此评价结果与勘探实践结果相吻合，证明该评价方法是合理、可行的。

5 结论

东营凹陷北部陡坡带深层砂砾岩扇体发育扇根封堵的成岩圈闭岩性油藏。扇根具有覆模态的结构特征，泥质杂基含量高，压实与杂基重结晶等成岩作用强烈，使扇根可以作为有效封堵层。扇根位于扇中有效储层的上倾方向，与扇中呈指状接触，纵向上叠置且致密均一的扇根可以作为侧向封堵层和局部盖层；砂砾岩扇体内部为正常压力系统，烃源岩与砂砾岩扇体之间存在明显的压力快速变化带，因此，油气在砂砾岩扇体内部主要以浮力驱动，油气的聚集亦仅需平衡浮力，成岩圈闭的主要封闭机制是物性封闭。扇根与扇中之间的突破压力差决定了封堵油气的高度，通常利用压汞实验求得的突破压力是汞驱气的突破压力，实际油气成藏是油驱水的过程，与压汞实验测定的汞驱气突破压力存在较大差异，利用全直径取心油驱水实验数据对压汞实验获得的汞驱气突破压力进行校正，并建立利用核磁共振测井和常规物性资料求取的油驱水突破半径的计算方法，进而得到油藏条件下的油驱水突破压力差。利用上述评价方法对东营凹陷北部陡坡带砂砾岩扇体成岩圈闭的含油性进行预测，取得了较好的应用效果，于坨128-10块上报探明石油地质储量为1789.22×10^4t。研究结果表明，建立的成岩圈闭有效性评价方法适用于对正常压力系统砂砾岩扇体成岩圈闭进行有效性评价，对东营凹陷北部陡坡带及埕南断裂带的砂砾岩扇体勘探具有重要的指导意义；但对于发育异常压力系统的砂砾岩扇体成岩圈闭，还须考虑异常压力系统对圈闭封闭能力的影响。

参 考 文 献

[1] BERG R R.Capillary pressures in stratigraphic traps［J］.AAPG Bulletin，1975，59（6）：939-956.

[2] SCHOWALTER T T.Mechanics of secondary hydrocarbon migration and entrapment［J］.AAPG Bulletin，1979，63（5）：723-760.

[3] 袁玉松，范明，刘伟新，等.盖层封闭性研究中的几个问题［J］.石油实验地质，2011，33（4）：336-340，347.

[4] 何光玉，张卫华.盖层研究现状及发展趋势［J］.世界地质，1997，16（2）：28-33.

[5] 林春明，王彦周，黄志诚，等.中国东南沿海平原晚第四纪超浅层生物气藏盖层研究［J］.高校地质学报，1999，5（1）：92-99.

[6] 周雁，金之钧，朱东亚，等.油气盖层研究现状与认识进展［J］.石油实验地质，2012，34（3）：234-244.

[7] 董忠良，张金功，王永诗，等.油气藏封盖机制研究现状［J］.兰州大学学报（自然科学版），2008，44（专辑）：49-53.

[8] 曲长伟，张霞，林春明，等.杭州湾地区晚第四纪浅层生物气藏盖层物性封闭特征［J］.地球科学进展，2013，28（2）：209-220.

[9] 宋国奇，刘鑫金，刘惠民.东营凹陷北部陡坡带砂砾岩体成岩圈闭成因及主控因素［J］.油气地质与采收率，2012，19（6）：37-41.

[10] 刘鑫金，宋国奇，刘惠民，等.东营凹陷北部陡坡带砂砾岩油藏类型及序列模式［J］.油气地质与采收率，2012，19（5）：20-23.

[11] 王欢，王琪，张功成，等.琼东南盆地梅山组泥岩盖层封闭性综合评价［J］.地球科学与环境学报，2011，33（2）：152-157.

[12] 石鸿翠，江晨曦，孙美静，等.鄂尔多斯盆地南部上古生界泥岩盖层封闭性能评价［J］.油气地质与采收率，2015，22（2）：9-16.

[13] 刘军锷，尚墨翰，董宁芳，等.陈家庄凸起北坡稠油地层油藏扇体侧向封堵性分析［J］.油气地质与采收率，2014，21（4）：19-22.

[14] 马中远，黄苇，张黎，等.塔中北坡柯坪塔格组泥岩盖层特征及控油作用［J］.特种油气藏，2014，21（1）：64-67.

[15] 刘士林，郑和荣，林舸，等.渤海湾盆地东营凹陷异常压力分布和演化特征及与油气成藏关系［J］.石油实验地质，2010，32（3）：233-237，241.

[16] 李星，黄文娟，孙旭东，等.东营凹陷地层异常压力的成因机制与动态模拟［J］.地质科技情报，2012，31（6）：28-33.

[17] 张守春，张林晔，查明，等.东营凹陷压力系统发育对油气成藏的控制［J］.石油勘探与开发，2010，37（3）：289-295.

[18] 朱伟,米茂生,曹子剑.基于模糊数学的湘中凹陷圈闭评价[J].特种油气藏,2014,21(6):1-5.

[19] 付广,陈章明,万龙贵.塔中地区石炭系泥岩盖层封闭性能研究[J].新疆石油地质,1996,17(4):380-384.

[20] 谈玉明,任来义,张洪安,等.深层气泥岩盖层封闭能力的综合评价——以东濮凹陷杜桥白地区沙河街组三段泥岩盖层为例[J].石油与天然气地质,2003,24(2):191-195.

[21] 赵新民,李国平,石强,等.泥岩盖层纵向封闭性及砂岩储层侧向封堵性测井分析[J].油气井测试,2003,12(4):17-19.

[22] 高永进,王永诗,于永利,等.东营凹陷南坡成藏期油气运移动力与阻力耦合关系:以金8—滨188剖面为例[J].现代地质,2010,24(6):1148-1156.

[23] 张程恩,潘保芝,刘倩茹.储层品质因子RQI结合聚类算法进行储层分类评价研究[J].国外测井技术,2012(4):11-13.

原文发表于《油气地质与采收率》2015年第5期

深层复杂储集体优质储层形成机理与油气成藏

——以济阳坳陷东营凹陷古近系为例

王永诗　王　勇　郝雪峰　朱德顺　丁桔红

（中国石化胜利油田分公司勘探开发研究院）

摘　要： 综合运用岩心观察、薄片分析、岩石物性测试、同位素测试，以及试油、试采结果分析等方法，对济阳坳陷东营凹陷古近系深层复杂储集体优质储层形成机理与油气成藏过程进行了研究。研究表明，酸—碱流体交替溶蚀作用形成的次生孔隙在一定程度上改善了深层局部储层物性，是深层优质储层形成的关键。深层不同层序沉积物原始组分、流体环境、源—储配置等条件的不同，使优质储层的形成机理存在差异。初始裂陷层序河流—冲积扇红层优质储层发育于碱性环境，且与烃源岩侧向接触，不仅发生大量的长石和碳酸盐岩溶蚀，石英也发生强烈的溶蚀。扩展裂陷层序陡坡扇三角洲、水下扇砂砾岩优质储层与烃源岩呈指状接触，且通过控盆断层与深部碱性流体沟通，主要表现为长石和碳酸盐岩溶蚀，石英只是局部少量溶蚀。扩展裂陷层序滩坝砂和浊积岩优质储层大部分分布于烃源岩中，主要表现为长石和碳酸盐岩的溶蚀。缓坡断阶带处于流体优势运移通道，与烃源岩对接的红层优质储层有利于成藏。陡坡带扇根遮挡的扇中砂砾岩优质储层有利于油气成藏。处于生烃增压烃源岩中，发生成岩耗水的滩坝砂和浊积岩优质储层有利于成藏。

近年来，随着勘探程度的不断提高，勘探重点逐步向深部复杂储集体转移，大量研究表明，深层复杂储集体优质储层成为制约油气富集成藏的关键[1]，而深部优质储层的形成往往与溶蚀次生孔隙有关，因此，对深层溶蚀作用形成机理的关注度逐渐增加，相继提出了有机酸溶蚀机理、H_2S溶蚀机理、淋滤溶蚀机理、碱性流体溶蚀机理[2-3]，这些理论的相继提出，一定程度上促进了深部复杂储集体油气的勘探。

东营凹陷位于济阳坳陷东南部，勘探面积约为5700km²，属于典型的继承性单断盆地，从北向南依次发育陡坡带、洼陷带、中央隆起带、洼陷带和缓坡带，其中古近系沙河街组四段上亚段（沙四上亚段）和沙河街组三段下亚段（沙三下亚段）为主力烃源岩发育段。目前，已发现油气田34个，截止到2014年探明石油地质储量24.3×10⁸t，探井平均密度高达0.5口/km²，属于高成熟探区，油气勘探的难度越来越大，勘探逐渐向深层方向发展。近年来，深层的勘探力度在不断增大，深层陡坡带的砂砾岩体、缓坡带的滩坝砂和红层砂体油气勘探均取得重大突破，截至目前，砂砾岩体的探明储量为8463.56×10⁴t、滩坝砂探明储量为63740.96×10⁴t、红层砂体探明储量为2663×10⁴t。勘探开发实践表明，受盆地埋藏演化、水—岩作用、能量场环境等因素的影响，深层储层物性整体偏差，大部分为低孔—特低渗透储层，因此，如何在这些低孔—特低渗透储层中寻找优质储层成为该区深层油气勘探的关键。本文紧密结合"十一五"和"十二五"的勘探实践，开展了陆相断陷湖盆深层复杂储集体优质储层形成机理与油气成藏研究。

1　层序控制下的沉积特征

依据构造、沉积环境、沉积体系、古生物和地震反射特征，将东营凹陷古近系划分为初始裂陷、裂陷扩展和裂陷收敛3个二级层序（图1）。

初始裂陷层序顶界为沙四上/下亚段（T_7）区域不整合面[4]，绝对年龄约45.0Ma，底界为T_R不整合面，既是二级层序界面，也是全区性的一级层序界面，绝对年龄约65Ma，层序跨越时限约20Ma。

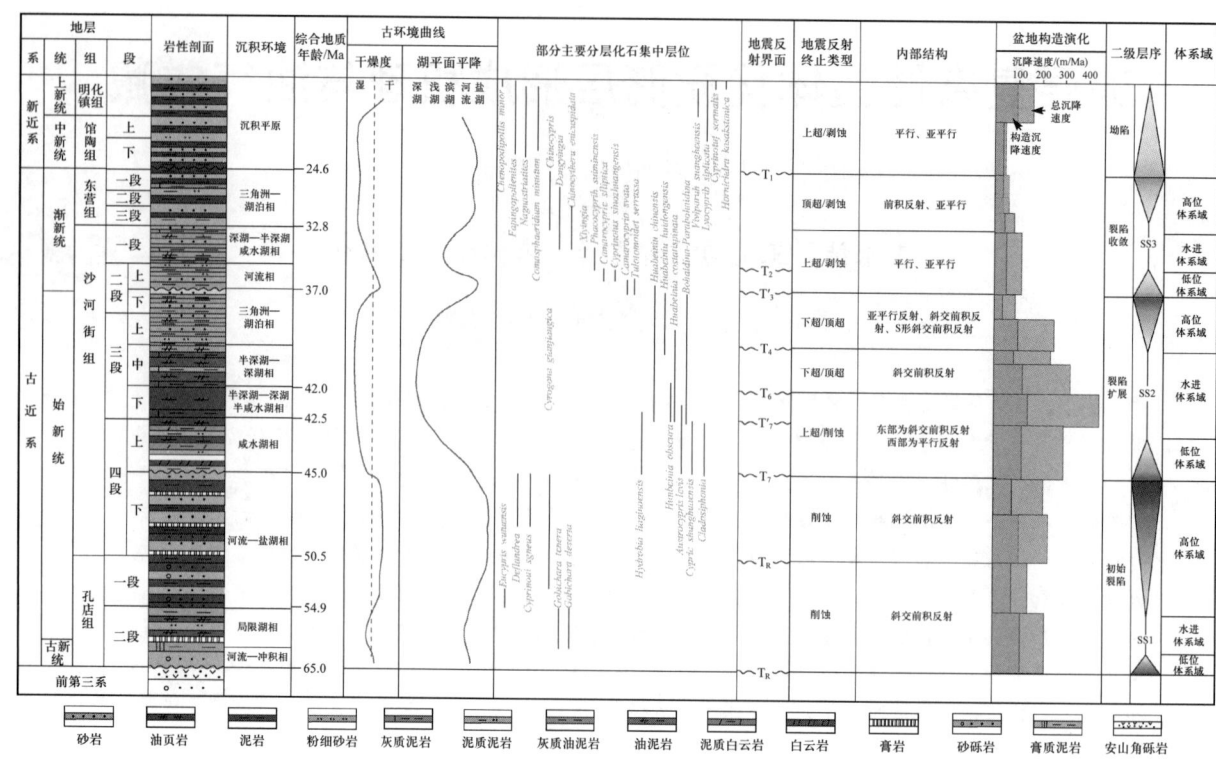

图 1 东营凹陷古近系层序

该层序属闭流、控盆断裂开始强烈活动、气候干旱、物源供应充分、水体咸化的沉积产物。低位体系域主要发育砾岩、砂岩夹泥岩为主的冲积相沉积。湖进体系域主要发育灰质泥岩、油页岩、白云岩和滩坝砂体为主的局部湖泊沉积。高位体系域主要发育紫红色、灰绿色泥岩夹薄层碳酸盐岩和砂岩的河流—盐湖相沉积。受盆地形成期北东断南西超的控制，碎屑沉积主要发育在湖泊的西部和南部，膏岩盐主要发育在湖泊的东北部。

裂陷扩展层序顶界为沙二上/下亚段（T'_2）区域不整合面，绝对年龄约37.0Ma，底界面为沙四上/下亚段（T_7）区域不整合面，层序跨越时限约8Ma。该层序形成期，近东西、北东向控盆断层数量增多，活动强度增大，且持续活动使湖盆发生深陷，加之气候由半干旱向潮湿转化，东南部和东部河流供应充分，湖泊水体迅速加深，沉积体系发育较全。低位体系域南部斜坡带主要发育滩坝沉积，洼陷带主要发育半深湖—深湖泥页岩沉积，北部陡坡带主要发育扇三角洲砂砾岩沉积。湖进体系域南部斜坡带主要发育小型三角洲沉积，洼陷带主要发育半深湖—深湖泥页岩沉积，北部陡坡带主要发育扇三角洲和水下扇砂砾岩沉积。高位体系域南部斜坡带主要发育自东向西推进的大型三角洲沉积，洼陷带主要发育半深湖—深湖泥岩和浊积岩沉积，北部陡坡带主要发育扇三角洲、水下扇砂砾岩沉积。

裂陷收敛层序顶界为馆陶组/东营组（T_1）区域不整合面，也是一级层序界面，绝对年龄约24.6Ma，底界面为沙二上/下亚段（T'_2）区域不整合面，层序跨越时限约12.4Ma。该层序形成期，湖盆发生整体抬升，由断陷向坳陷转化，凹陷水体相对较浅，气候处于温湿状态。低位体系域主要发育河道、三角洲沉积。湖进体系域主要发育一套分布广泛的泥页岩夹浅湖滩坝、生物碎屑灰岩为主的沉积。高位体系域发育以进积作用为主的辫状河三角洲沉积。

2 深层优质储层形成机理

不管是初始裂陷层序南部缓坡带发育的河流—冲积扇红层储集体，还是裂陷扩展层序陡坡带发育的扇三角洲、水下扇砂砾岩储集体，以及南部斜坡发育的滩坝砂储集体，岩性主要为长石岩屑砂岩、岩屑长石砂岩和岩屑砂岩（图2），均具有岩石类型多、组分复杂、成分成熟度低、高岩屑和高钙质的特点，为后期发生强烈成岩作用提供了物质基础。储层孔隙恢复结果表明，压实和胶结作用是深层储集体物性变差的主要原因，而局部的溶蚀作用是深层储层性能改善的主要因素，一定程度上控制着深层优质储层的发育程度，如北带裂陷扩展期发育的水下扇扇中压实作用损失孔隙度19.3%，胶结作用损失孔隙度8.14%，而溶蚀作用增加孔隙度8.7%，使扇中成为有效储层，成为油气富集的主要相带。

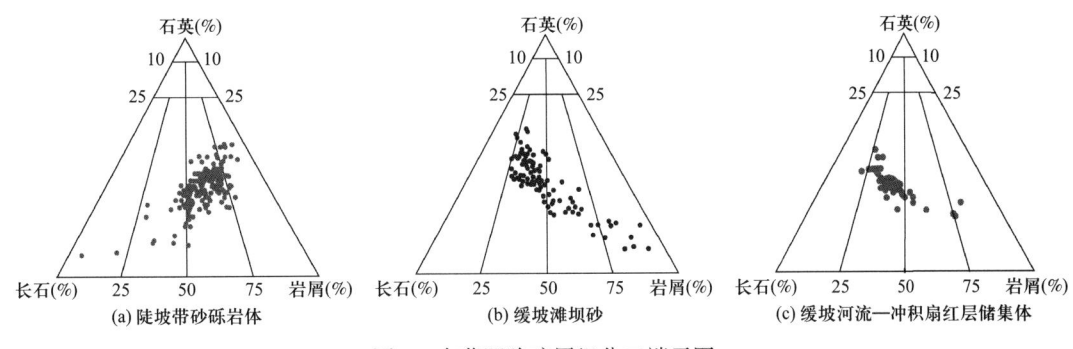

图2 东营凹陷碎屑组分三端元图

由于深层不同层序沉积环境、沉积物组合、流体性质及流体运移形式等因素的不同，不同层序溶蚀孔隙的形成条件、成因机理存在差异。就东营凹陷深层的两个层序而言，初始裂陷型层序是盐湖环境的沉积产物，发育大量膏盐岩沉积，沉积流体整体偏碱性[5]，由于胶结物类型多（膏盐岩类、碳酸盐岩类）、含量高，原生孔隙损失严重，砂体中流体的循环能力有限，一定程度上制约了后期溶蚀作用对储集性能的改善。据统计，原始孔隙与次生孔隙呈明显的正相关关系。裂陷扩展层序主要为咸湖—淡水湖沉积，优质烃源岩发育。受生烃的影响，地层中流体以酸性为主，加之生烃高压的驱动，流体循环加剧，一定程度上促进了溶蚀作用对储层的改善程度。

2.1 初始裂陷层序深层红层优质储层成因机理

从10余口红层储层的孔隙演化过程分析发现，在深部3550~3750m普遍存在一个物性变好的层段，据统计，该层段溶蚀孔隙含量大于60%，长石、石英和碳酸盐岩都发生不同程度的溶蚀，对次生孔隙均有贡献（表1）。其中，长石溶蚀孔隙占50%，石英和碳酸盐岩溶蚀孔隙各占25%左右。长石、石英和碳酸盐岩都发生溶蚀的现象表明，储集空间演化过程中发生酸—碱性流体交替的溶蚀过程，其中碱性流体可能与红层沉积期原始地层水呈碱性及后期膏岩成岩演化释放的碱性流体增强碱性有关[6]。东营凹陷孔一段—沙四下亚段沉积时期，气候干旱，整体以蒸发环境为主，发育了3套厚层膏岩层，石膏沉淀的物理化学条件为pH值大于7.8的环境，可以推断孔一段—沙四下亚段红层沉积时期的原始地层水为碱性—弱碱性[7]。酸性流体与其侧向接触的沙四上亚段烃源岩烃演化，以及膏岩成岩晚期发生硫酸盐热化学还原作用形成有机酸和硫化氢有关。由于酸性流体大量形成时间稍早于碱性流体排出时间[8]（沙四上亚段烃源岩大量排出有机酸时间42.5—32Ma和18.2—7.8Ma；沙四下亚段膏盐层脱水时间42—7.6Ma）。因此，东营凹陷红层储集体溶蚀作用的成因演化过程是在前期弱碱性沉积水体环境下保留的原生粒间孔隙基础上演化而来的。距今39.1Ma至距今28.7Ma，沙四上亚段烃源岩顶界地层温度由40℃增加至77℃，底界地层温度由75℃增加至120℃，该时期有机质已开始成熟，有机质演化过程中释放大量有机酸，地层温度处于有机酸浓度最大温度范围或有利保存温度范围，有机酸控制了地层水的pH值，使地层水转化成酸性，酸性环境为长石蚀变成高岭石提供了条件。该时期主要发生长石溶蚀和石英次生加大，以及高岭石沉淀。至距今24.6Ma，烃源岩顶界地层温度达到110℃、底界地层温度达到140℃，该时期有机酸已开始发生脱羧作用生成CO_2和烃类，有机酸浓度降低，而石膏进入大规模脱水阶段，石膏脱出的大量碱性水控制了地层水的pH值，地层水呈碱性，如石英溶蚀颗粒边缘发育大量方沸石胶结物、石英溶蚀段黏土矿物主要以伊利石为主（高岭石含量很低），以及硬石膏基底式胶结的特点，均说明了碱性流体的大量存在。由于红层储集体是咸化沉积环境的产物，碱金属离子丰富，碱金属离子的吸附削弱了 Si—O—Si 键强度，使之更容易断裂，与之相应的是石英溶解速率的增大，也就是所谓的"盐效应"[9]。在"盐效应"作用的影响下，石英颗粒发生溶蚀，同时发生碳酸盐胶结[10-12]。距今 24.6Ma 至距今 10Ma，地层经历了抬升变浅到再次沉降的过程，地层顶界温度由 110℃ 变至 92℃、底界温度由 140℃ 变至 120℃，该时期有机质生烃减缓，但是有机酸处于有利保存温度范围内，有机质演化可再次生成大量有机酸，使地层水成酸性，该时期主要发生长石、碳酸盐岩溶蚀，特别是后期铁白云石、铁方解石溶蚀（图 3）。总体而言，红层深层优质储层是成岩过程中酸—碱性流体交替溶蚀的结果。

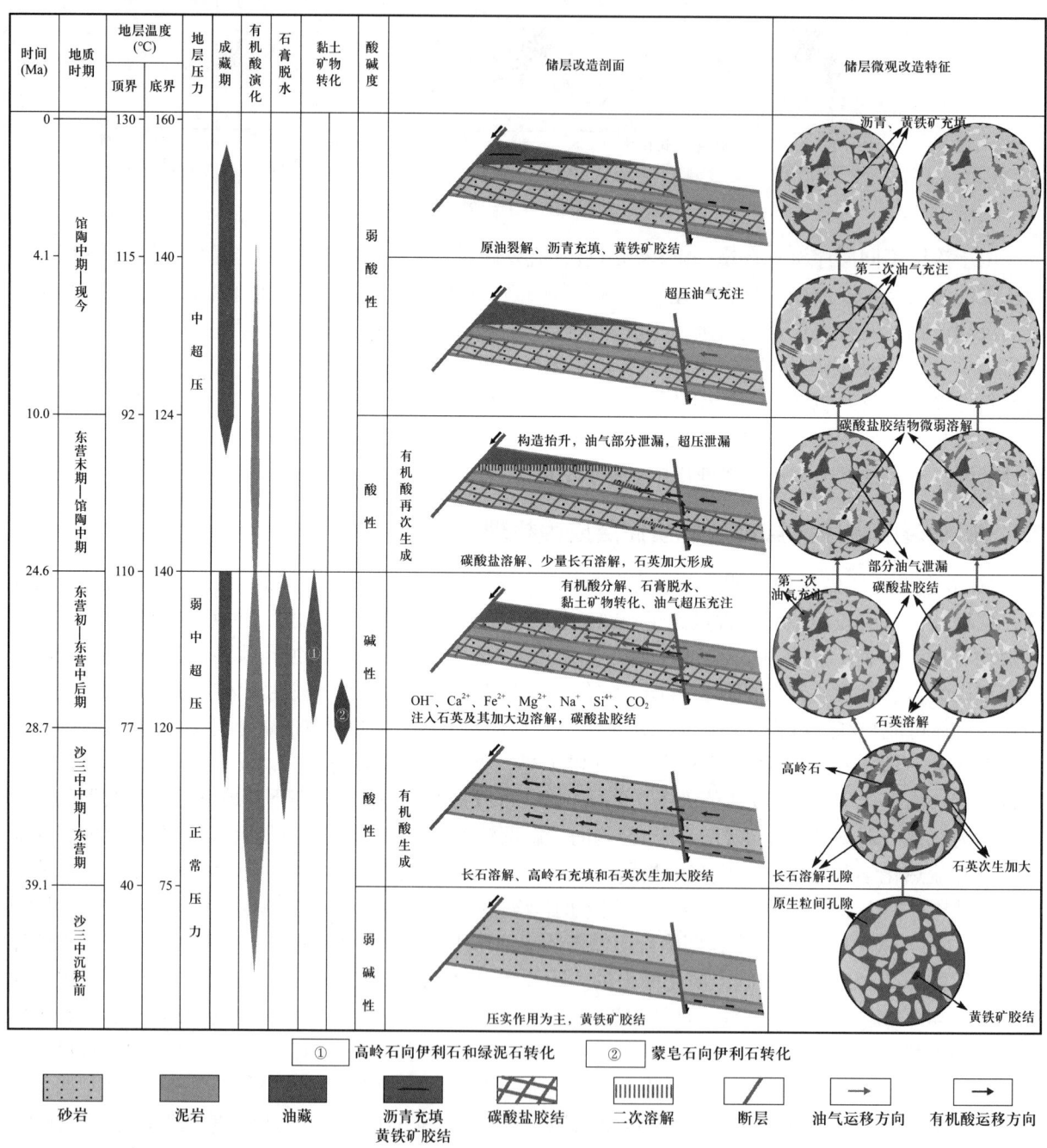

图 3　东营凹陷红层深层优质储层成因模式

表1 东营凹陷红层储层成岩演化与孔隙演化关系

深度（m）	时间（Ma）	流体性质	成岩作用	孔隙贡献量（%）	真实孔隙度（%）
1850	39.1	碱性	压实	-16.2	21.8
2650	28.7	酸性	长石溶解	8.0	21.3
			石英加大	-4.6	
			压实	-3.9	
3000	24.6	碱性	石英溶解	4.0	13.7
			碳酸盐胶结	-10.0	
			压实	-1.6	
3400	4.1	酸性	碳酸盐溶解	4.1	14.5
			压实	-3.3	
3750	0	弱酸性	压实	-3.0	11.5

2.2 裂陷扩展层序深层陡坡砂砾岩体优质储层成因机理

东营凹陷陡坡带扇三角洲、水下扇砂砾岩体3000m以下普遍存在3～4个物性变好的层段，但受砂砾岩体强烈非均质性的影响，物性较好层段的深度不统一。大量薄片资料统计表明，砂砾岩有效储层溶蚀孔隙发育，且以长石溶孔和碳酸盐溶孔为主，石英溶蚀孔隙为辅（图4），反映了酸性流体和碱性流体同时活动，以酸性流体活动为主的特征。该类储集体长石溶蚀孔最为发育，包裹体测试数据和埋藏史恢复结果表明，长石溶蚀发生在距今约42Ma，这与其侧接的沙四上亚段烃源岩的有机酸高峰浓度期（沙四上亚段烃源岩大量排出有机酸时间42.5～32Ma和18.2～7.8Ma）相对应，表明烃源岩生烃演化过程中形成的酸性流体促进了长石溶蚀，形成了大量次生孔隙。在研究中还发现，膏盐层上覆100多米白云岩中发现大量的硬石膏脉，显示硬石膏化流体的向上运移，表明该区带具有碱性流体活动。储集体碳酸盐胶结强度随深度增大而增强的趋势，以及北部断裂带地层水主要来自深层的特征，均表明碱性流体主要来自初始裂陷层序的沙四下亚段膏岩盐层系。研究区碳、氧同位素测试显示两大氧同位素负飘移点群（图5）：其一，碳同位素相对于沉积碳酸盐略有升高，反映碱性流体作用下重结晶、阳离子交换等作用；其二，碳同位素明显降低，反映有机成因二氧

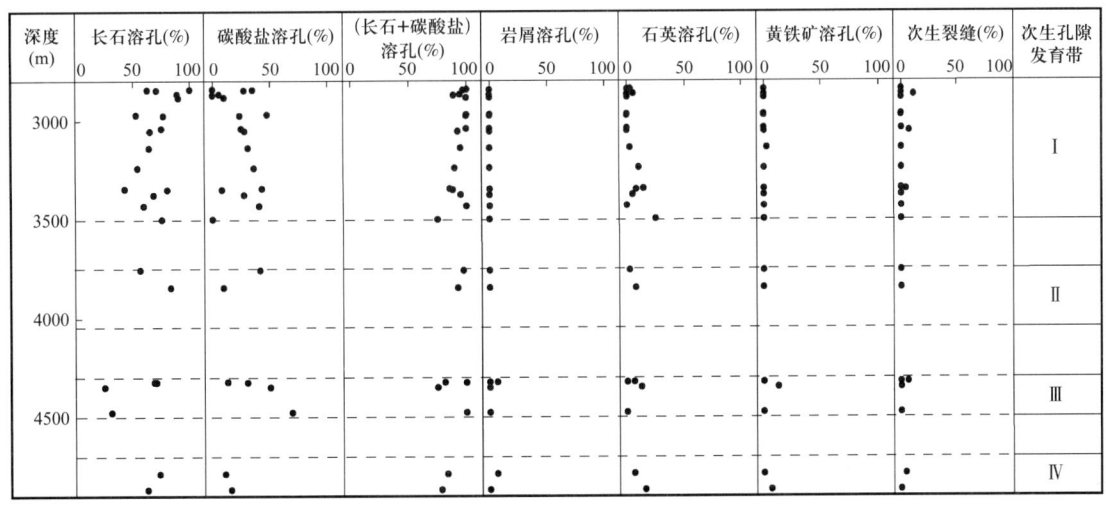

图4 东营凹陷民丰洼陷深层砂砾岩储层溶蚀次生孔隙演化

化碳加入、阳离子交换等作用。碳、氧同位素也显示深层陡坡砂砾岩储集体存在碱性流体、有机成因二氧化碳酸性流体的交替注入特点[13]。进一步说明，裂陷扩展层序北带砂砾岩体次生孔隙是酸、碱流体交替溶蚀的结果（图5）。总体而言，陡坡带砂砾岩体优质储层是酸—碱流体交替溶蚀作用的结果，酸性流体的贡献相对较大，其形成过程是早期北带砂砾岩体尚未充分压实，物性较好，控沉积断裂继续活动时期，在早成岩阶段，当地温增大时，初始裂陷发育的大套膏盐层发生硬石膏化，释放大量高矿化度的碱性水进入扇体后，可穿过扇根，沿断层向上排泄，也可在扇体内以跨层流动的方式向上排泄，碱性流体虽然使石英发生溶蚀，但更重要的是导致较强碱交代与胶结作用，使得深层扇根部位砂砾岩体的孔隙度和渗透率大幅度下降。随着埋藏深度的加大，与其侧向接触的沙四上亚段优质烃源岩开始

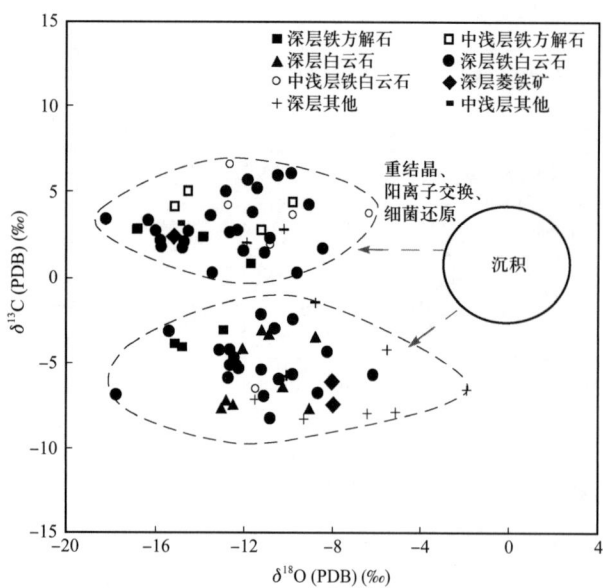

图5　东营凹陷民丰洼陷盐18井氧同位素（$\delta^{18}O$）和碳同位素（$\delta^{13}C$）交会图

生成大量的有机酸和二氧化碳，在生烃高压的驱动下，这些酸性流体不断向砂砾岩体充注，砂砾岩中的酸溶性组分长石、碳酸盐岩开始大量溶蚀形成次生孔隙，局部优质储层形成。

2.3 裂陷扩展层序深层滩坝砂和浊积岩优质储层成因机理

东营凹陷裂陷扩展层序发育的远岸滩坝砂和浊积岩距离烃源岩较近，优质储层形成演化受烃源岩的生烃演化控制明显，主要与生烃演化过程中酸性流体演化有关。镜下薄片鉴定表明，该类储层储集空间以长石次生溶蚀孔隙为主，仅保留少量的原生残余孔隙，且往往在长石次生溶蚀孔隙发育的区域见有大量次生高岭石。进一步研究发现，孔隙和高岭石含量在纵向上具有一致性（图6），表明生烃过程中形成的酸性环境为长石蚀变成高岭石提供了条件（长石蚀变高岭石化条件：温度60～150℃；pH值小于6.5[14]），大量长石在蚀变成高岭石的过程中形成微孔，大大改善了该类储层的储集性能[15]。张善文"十一五"期间专门就东营凹陷滩坝砂长石溶蚀过程进行过详细的研究[16]，认为酸性条件不仅能够改善储集性，还消耗大量的地层水（经计算，研究区滩坝砂体有效耗水区间带滩坝砂体的耗水量约为$68×10^8$t），降低流体压力，压力降低导致了外来酸性流体的再次充注，促进了多期酸性流体长时间溶蚀。经模拟实验计算，钾长石蚀变为高岭石后，岩石体积缩小率为（217.2-99.2-92.3）/217.2×100%=11.83%，钠长石蚀变为高岭石后，岩石体积缩小率为（203.9-99.2-92.3）/203.9×100%=6.08%（表2）。

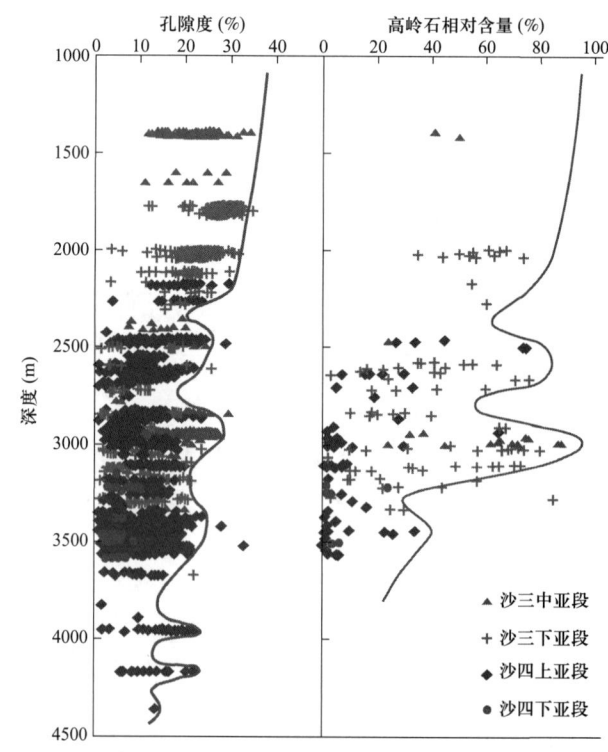

图6　东营凹陷滩坝砂孔隙度和高岭石相对含量纵向演化

表2　东营凹陷钾长石和钠长石蚀变高岭石体积变化

岩石	体积变化	反应前			反应后	
		2KAlSi$_3$O$_8$	2H$_2$CO$_3$	Al$_2$Si$_2$O$_5$(OH)$_4$	2KHCO$_3$	4SiO$_2$
钾长石	摩尔数	2	2	1	2	4
	摩尔克数（g）	278×2	62×2	258	100×2	60×4
	密度（g/cm³）	2.56	1.05	2.60	2.17	2.60
	反应前后固相体积（cm³）	217.2		99.2		92.3
钠长石	摩尔数	2	2	1	2	4
	摩尔克数（g）	262×2	62×2	258	84×2	60×4
	密度（g/cm³）	2.57	1.05	2.6	2.19	2.6
	反应前后固相体积（cm³）	203.9		99.2		92.3

3 深层优质储层油气成藏

3.1 初始裂陷层序深层红层油气成藏

油源对比结果表明，初始裂陷层序红层储集体的油气主要来源于裂陷扩展层序沙四上亚段的烃源岩，如博兴、纯化和陈官庄局部地区红层油气均来自沙四上亚段烃源岩，仅王家岗地区红层油气同时来自沙四上亚段与孔店组烃源岩（混合型）[17]。由于深层红层尚不发育大规模有效储层，砂体的输导能力较为有限[18]，因此，油气主要通过断裂进入有效储层，通常情况下，与烃源岩直接接触的储层才能富集油气成藏，即源储对接油气成藏模式。但并非与烃源岩对接的储层都能成藏，处于流体优势运移通道的砂体（如断阶带砂体）由于流体循环条件好，酸—碱性流体控制下的溶蚀作用强烈，往往是次生孔隙发育带，物性相对较好，容易富集成藏，如博兴洼陷南坡断阶带的高94区块，高94井孔店组储层（3775.5～3788.8m），平均孔隙度为13.9%，平均渗透率为17.1mD，试油获日产5.75t。但处于樊家鼻状构造部位的樊深1井对应的孔店组（3998.80～4043.35m井段），平均孔隙度为2.5%，平均渗透率为0.1mD，虽然录井油气显示较为活跃（油斑、荧光级别），但试油结果为干层和含气水层（图7），这可能与该区流体循环不畅未形成优质储层有关。目前，东营凹陷该类储层已累计上报探明储量2663×10⁴t，控制储量836.9×10⁴t，预测储量365.73×10⁴t，且主要分布在南部斜坡具有鼻状构造的断阶带。

3.2 裂陷扩展层序深层砂砾岩油气成藏

裂陷扩展层序陡坡带深层砂砾岩扇体，由于扇根部位分选差，岩屑组分含量高，又紧邻深大断裂体系（深层碱性流体的通道），成岩过程中压实和胶结作用强烈，储层物性差。而扇中不仅残余原生孔隙发育，而且酸性—碱性流体交互溶蚀作用形成的次生孔隙也发育，物性较好，因此，易形成扇根遮挡的成岩圈闭。受成岩耗水作用（长石高岭石化过程）的影响，深层砂砾岩圈闭古压力多为常压或低压[19]，与其侧接的沙四上亚段、沙三下亚段两套优质烃源岩成烃演化过程中形成超压，表现为两套烃源岩开始大量生烃的深度与压力出现超压的深度吻合，在源—储压差作用下，深层生成的油气源源不断充注于扇中成岩圈闭中富集，最终形成扇根封堵的油气成藏。但并不是所有的深部砂砾岩体都能形成扇根封堵油藏，往往在隔层发育，既受深层碱性流体影响，又受侧向多期烃源岩排烃影响的深部扇体扇根封堵油藏最为发育，研究区这类油藏一般位于3000m以下深度。受生烃演化的控制，深层不仅发育扇根封堵的岩性油藏，在其更深的部位往往还发育扇根封堵的凝析气藏（图8）。因此，确定致密

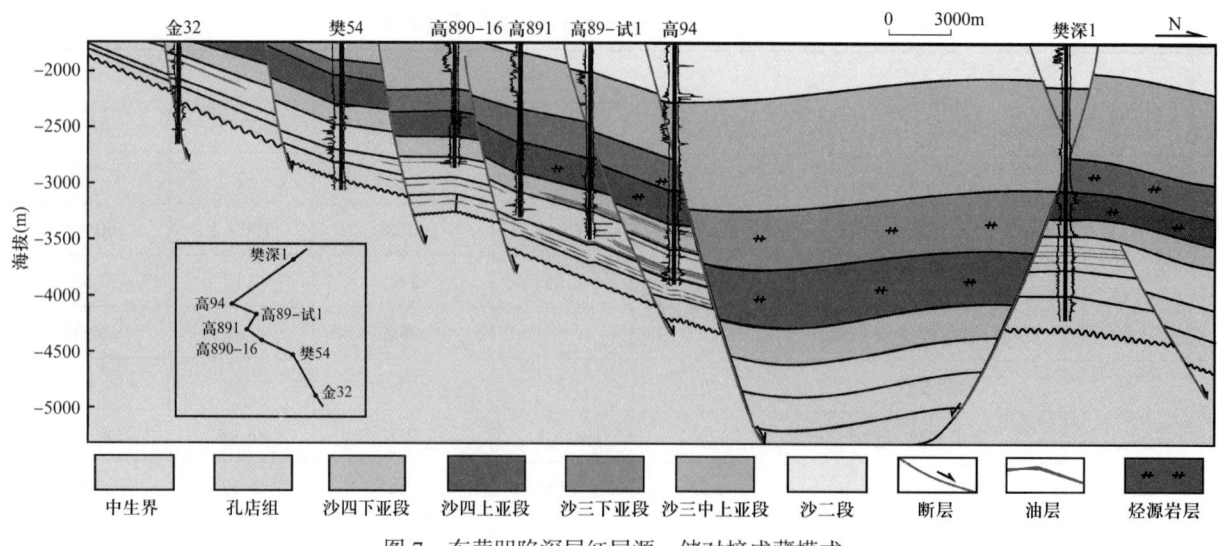

图 7 东营凹陷深层红层源—储对接成藏模式

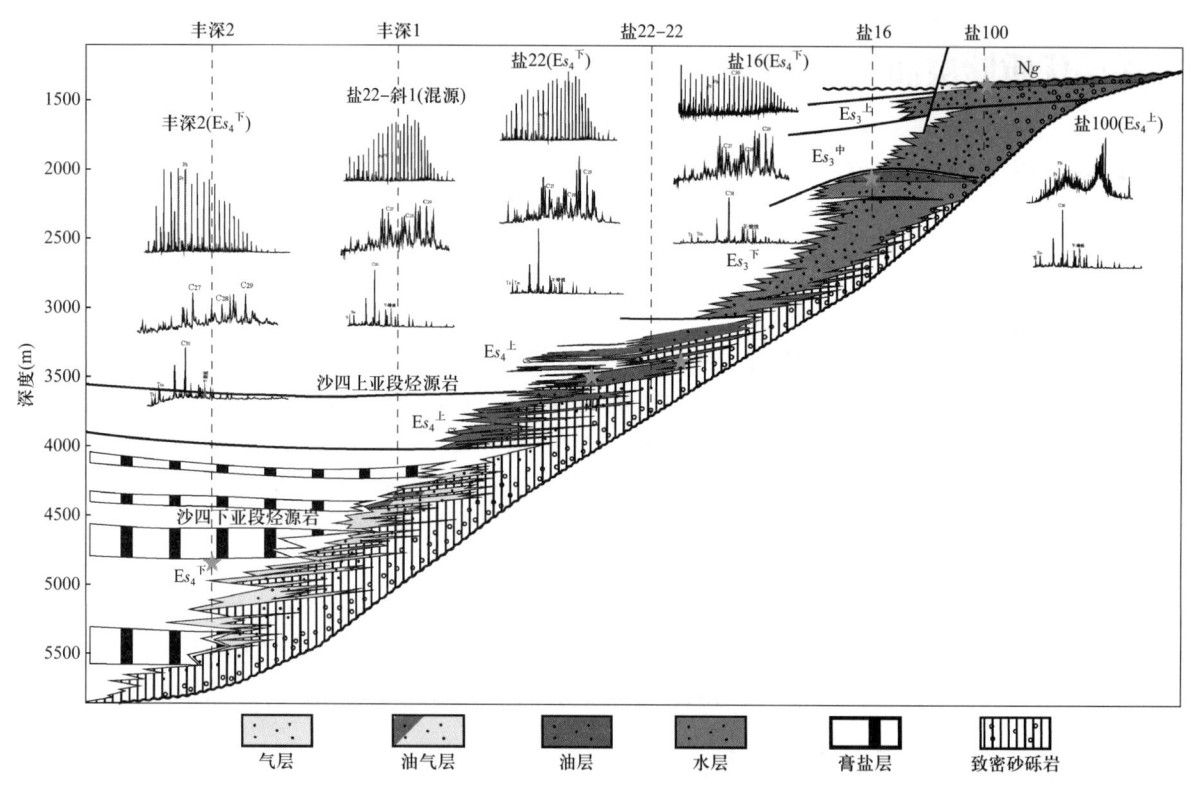

图 8 东营凹陷深层砂砾岩成藏模式

扇根发育程度和范围成为深层砂砾岩体勘探的一项主要任务。主要依据探井油气显示情况和试油成果，通过建立扇体埋藏深度与致密扇根宽度的关系，结合地震响应特征，进行致密扇根的确定。目前，东营凹陷已上报探明储量 $8463.56×10^4t$，控制储量 $10241.88×10^4t$，预测储量 $3985×10^4t$，且主要分布在膏岩盐相对发育的北带中段、东段。

3.3 裂陷扩展层序深层滩坝砂和浊积岩油气成藏

不管是深层远岸滩坝砂还是浊积岩油藏，砂体越厚、物性越好、相应的产量也越高。这可能与厚层砂体分布较广，容易造成断裂切割和流体分异，有利于先期酸性流体的溶蚀和后期油气充注有关，表现为深层滩坝储层次生孔隙与含油饱和度和日产油量都呈明显的正相关关系，相关系数分别为

0.8和0.85。进一步研究表明，次生孔隙不仅是深层有效储层的主控因素，同时，在这些次生孔隙形成的过程中还消耗大量的水，使得储层往往含水很低，甚至不含水，勘探过程中经常遇到非油即干的现象，由于深层为封闭的水体循环系统，往往会导致孔隙发生亏空，形成低压[8]。生烃形成的异常高压与储层改善过程中形成的低压所产生的压力差，为该类储集体油气充注提供了动力，最终形成砂体发育规模决定成藏规模，烃源岩广泛超压控制充满程度的"压吸"油气富集特征（图9）。目前，东营凹陷已实现了近1200km², 12个油田同一层系的整体含油，发现了2×10⁸t级规模的大型滩坝砂油藏，且主要发育在二级、三级断裂发育的东营凹陷南坡西段。

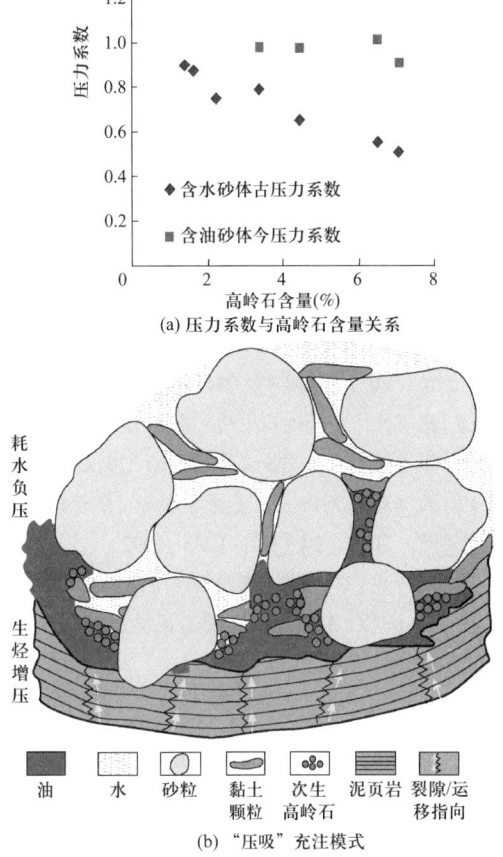

图9 东营凹陷深层滩坝成藏模式

4 结论

（1）层序控制下的有效储层是深层油气富集成藏的重要控制因素，其中酸—碱流体交替溶蚀改造作用是优质储层形成的关键。

（2）东营凹陷深层发育的两个层序由于沉积、流体环境，以及成岩等条件的差异，不同层序优质储层的形成机理不尽相同。初始裂陷层序红层优质储层为碱—酸性流体交替溶蚀改造的产物。裂陷扩展层序陡坡带砂砾岩优质储层亦为碱—酸性流体交替溶蚀的结果，但以酸性流体溶蚀为主；而裂陷扩展层序的滩坝砂和浊积岩优质储层主要为酸性流体溶蚀改造的结果。

（3）受优质储层、成藏动力、输导条件的控制，初始裂陷层序深层红层主要发育源储对接的油气成藏模式，扩展裂陷层序深层砂砾岩体主要发育扇根封堵油气成藏模式，扩展裂陷层序深层滩坝主要发育"压吸"充注油气成藏模式。

参 考 文 献

[1] 秦伟军，李娜，付兆辉．高邮凹陷深层系有效储层形成控制因素[J]．石油与天然气地质，2015，36（5）：788-792.

[2] 黄洁，朱如凯，侯读杰，等．深部碎屑岩储层次生孔隙发育机理研究进展[J]．地质科学情报，2007，26（6）：76-82.

[3] 曲希玉，陈修，邱隆伟，等．石英溶解型次生孔隙的成因及其对储层的影响——以大牛地气田上古生界致密砂岩储层为例[J]．石油与天然气地质，2015，36（5）：804-813.

[4] 宋国奇，王永诗，程付启，等．济阳坳陷古近系二级层序界面厘定及其石油地质意义[J]．油气地质与采收率，2014，21（5）：1-9.

[5] 邱隆伟，姜在兴，操应长，等．泌阳凹陷碱性成岩作用及其对储层的影响[J]．中国科学（D辑），2001，31（9）：752-759.

[6] 王健，操应长，高永进，等．东营凹陷古近系红层储层成岩作用及成岩相[J]．中国石油大学学报（自然科学版），2013，37（4）：23-30.

[7] 李小强，赵彦超．东濮凹陷柳屯洼陷盐湖盆地超压成因[J]．石油与天然气地质，2013，33（5）：686-694.

[8] 游国庆,潘家华,刘淑琴,等.东营凹陷古近系砂岩成岩作用与孔隙演化[J].岩石矿物学杂志,2006,25(3):237-242.

[9] 朱世发,朱筱敏,吴冬,等.准噶尔盆地西北缘下二叠统油气储层中火山物质蚀变及控制因素[J].石油与天然气地质,2014,35(1):77-86.

[10] 邱隆伟,姜在兴,陈文学.一种新的储层孔隙成因类型——石英溶解型次生孔隙[J].沉积学报,2002,20(4):621-627.

[11] 施振飞,张振城,叶绍东,等.苏北盆地高邮凹陷阜宁组储层次生孔隙成因机制探讨[J].沉积学报,2005,23(3):429-436.

[12] 陈忠,罗蛰潭,沈明道,等.由储层矿物在碱性驱替剂中的化学行为到砂岩储层次生孔隙的形成[J].西南石油学院学报,1996,18(2):15-19.

[13] 韩元佳,何生,宋国奇,等.东营凹陷超压顶封层及其附近砂岩中碳酸盐胶结物的成因[J].石油学报,2012,33(3):385-393.

[14] 董果果,黄文辉,万欢,等.东营凹陷北部陡坡带沙四上亚段砂砾岩储层固体—流体相互作用研究[J].现代地质,2013,27(4):941-948.

[15] 张善文.成岩过程中的"耗水作用"及其石油地质意义[J].沉积学报,2007,25(5):701-707.

[16] 张善文.再论"压吸充注"油气成藏模式[J].石油勘探与开发,2014,41(1):37-45.

[17] 孟江辉,刘洛夫,姜振学,等.东营凹陷南斜坡沙四下亚段—孔店组原油地球化学特征及成因分类[J].现代地质,2010,24(6):1085-1092.

[18] 刘传虎,韩宏伟.济阳坳陷古近系红层沉积成藏主控因素与勘探潜力[J].石油学报,2012,33(1):63-70.

[19] 伍松柏.东营凹陷北带不同类型砂砾岩扇体"相—势"控藏作用[J].油气地质与采收率,2008,15(3):39-42.

原文发表于《石油与天然气地质》2016年第4期

咸化湖盆深部优质储集层形成机制与分布规律
——以渤海湾盆地济阳坳陷渤南洼陷古近系沙河街组四段上亚段为例

孟 涛[1,2]　刘 鹏[2]　邱隆伟[1]　王永诗[2]　刘雅利[2]　林红梅[2]　程付启[1]　曲长胜[1]

（1. 中国石油大学（华东）地球科学与技术学院；2. 中国石化胜利油田分公司勘探开发研究院）

摘　要：以渤海湾盆地济阳坳陷渤南洼陷古近系沙河街组四段上亚段为例，基于钻井取心，开展岩心常规分析、铸体和普通薄片鉴定、扫描电镜分析，以及流体包裹体测试，依据所获数据资料系统研究咸化湖盆成岩环境演化及深部优质储集层发育主控因素。该咸化湖盆储集体经历了先碱后酸、碱酸交替的成岩环境，早期碱性成岩环境下大量碳酸盐胶结物充填原生孔隙，使储集体孔隙度由初始37.30%锐减至8.77%，也使原生孔隙免于压实，保留可溶蚀空间。中后期酸性成岩环境下，早期碳酸盐胶结物溶蚀增孔10.59%，深部优质储集层得以形成。膏盐岩、烃源岩、断裂体系及沉积体展布共同控制优质储集层分布，渤南洼陷沙河街组四段上亚段深部优质储集层位于北部陡坡带，岩性以近岸水下扇扇端细砂岩和部分扇中细砾岩为主。

前人对深部优质储集层研究较关注构造作用形成的裂缝带[1]，以及碳酸盐岩中的溶蚀孔洞[2]，普遍认为碎屑岩严重致密化[3-4]，不发育有效储集层，深部缺乏优质碎屑岩储集层的传统认识一直指导着渤南洼陷的油气勘探。渤南洼陷为渤海湾盆地济阳坳陷的一个次级构造单元，其62%的探明储量储藏于中浅层古近系沙河街组三段（简称沙三段）2000～3200m深度的次生孔隙带中，但随着油气勘探向以沙河街组四段上亚段（简称沙四段上亚段）为代表的咸化湖盆深层转变，发现沙四段上亚段储集层并不遵循沙三段2000～3200m深度段次生溶蚀孔隙较发育的规律，反而在2800～3200m深度段出现了大量方解石胶结造成的异常低孔带。由于烃源岩热演化过程中产生的有机酸易使方解石胶结物溶蚀[5-7]，从而在深部储集层中可能存在次生孔隙带。由此，本文以渤南洼陷古近系沙四段上亚段为例，利用钻井取心开展了沉积、储集层和地球化学方面的分析测试，依据所获数据，以咸化湖盆成岩环境演变分析为主线，开展深部优质储集层形成机制与分布规律研究，以期指导咸化湖盆深层油气勘探。

1　研究区概况

渤南洼陷位于中国东部渤海湾盆地济阳坳陷东北部，是一北断南超的箕状洼陷，受多期构造运动的影响，发育北东、北东东向及一系列近东西向断裂。洼陷内充填古近系的孔店组、沙河街组、东营组、新近系馆陶组、明化镇组及第四系平原组。沙四段上亚段沉积期水体盐度较高[8]，为一咸化湖盆，自下而上发育低位体系域、湖侵体系域和高位体系域，构成一套完整的三级层序，存在近岸水下扇扇三角洲、砂岩滩坝、碳酸盐岩滩坝、盐湖等沉积类型（图1）。沙四段上亚段2800～3200m深度段储集层普遍发育大量方解石胶结物充填原生孔隙（图2a～e），同时也存在绿泥石及丝片状伊利石等碱性成岩环境下形成的黏土矿物胶结物（图2f），由于方解石充填孔隙空间，使原生孔隙免于压缩（图2b～c，e），从而保存了可溶蚀空间，为咸化湖盆深层优质储集层的发育奠定基础。

2　咸化湖盆成岩环境主控因素

渤南洼陷沙四段上亚段致密胶结带中的碳酸盐胶结物与早期沉积的膏盐岩产生的碱性流体有关，而碳酸盐胶结物能否被溶蚀并形成次生孔隙则与中后期酸性流体的活动相关。酸、碱性流体的活动时间及浓度共同决定深部优质储集层形成的时间和规模。

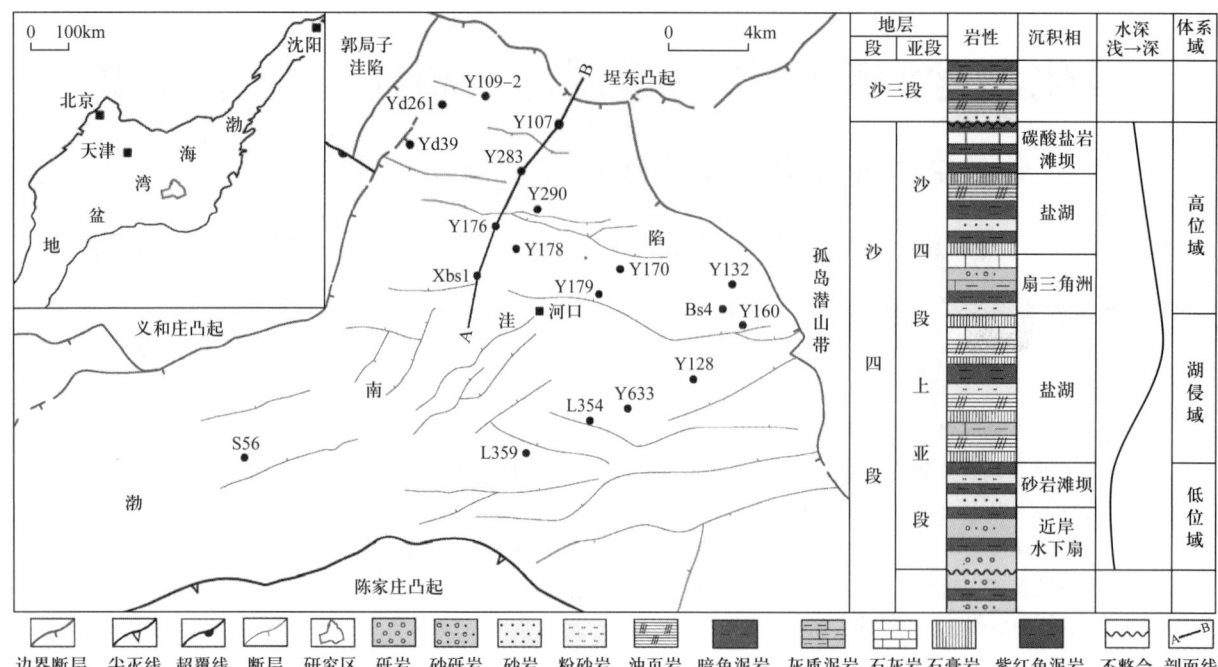

图 1 渤南洼陷区域位置及沙四段上亚段综合柱状图

图 2 渤南洼陷沙四段上亚段早期碱性环境下碳酸盐及黏土矿物胶结照片（取样点平面位置见图 1）

（a）Y633 井，2834.6m，方解石胶结物（Cc）充填粒间孔隙，阻碍压实；（b）L354 井，2961.7m，大量方解石胶结物充填原生孔隙，压实较弱；（c）Y170 井，3011.5m，方解石胶结物充填原生粒间孔隙，残留原生孔隙稀少；（d）Y160 井，3127.47m，方解石胶结物充填原生孔隙，颗粒点—线接触；（e）Y132 井，3155.43m，方解石胶结物充填原生孔隙，保留了原生孔隙格架；（f）Y170 井，3012.03m，丝片状伊利石，发育充填孔隙（Ⅰ）

2.1 膏盐岩演化决定碱性流体

碱性流体的来源有 2 种：（1）咸化湖盆中碱层和碱卤水的存在维持着同生期和准同生期碱性成岩环境[9-10]，同时沉积的石膏向硬石膏转化过程中产生的碱性流体维持着早、中成岩期的碱性环境[9,11]，由于咸化湖盆环境有"深水"和"浅水"之分，湖盆中的盐类物质来源也众说纷纭[12]，因此又衍生出断裂活动造成深部地层碱性热液上涌[13]、海侵遗留的盐类物质形成碱卤水[12]、长期干旱环境形成巨厚碱层等学说[9]；（2）有机质在高成熟状态下产生凝析油和湿气，破坏有机酸组成，使流体酸性减弱并向碱性转化[13]，晚期成岩环境为弱碱性，但该机制对碱性流体浓度影响较小。

渤南洼陷沙四段上亚段碱性流体的产生主要归因于咸化湖盆的沉积特点。首先大量硫酸盐类及少量氯化物的沉积[8]标志着这一时期碱层和碱卤水广泛存在，为准同生期乃至早期成岩阶段碱性成岩环境的形成与维持提供了物质基础[9]。因此，渤南洼陷沙四段上亚段碱层和碱卤水沉积层段的孔隙水性质在沉积初期受沉积环境影响呈碱性。随着沉积、埋藏直至早期成岩作用发生，碱性流体与非碱性流体交换，碱性流体浓度不断降低（图3）。当埋深接近800m、古地温高于42℃时，石膏开始向硬石膏转化并产生碱性流体，转化的第1阶段脱去大量吸附水[9]（图4a），转化产物为生石膏（$CaSO_4·2H_2O$），这一阶段维持着高浓度碱性流体（图3）；当埋深超过2000m、古地温高于90℃时，生石膏向熟石膏（$CaSO_4·\frac{1}{2}H_2O$）转化，这一阶段脱结晶水（$\frac{3}{2}H_2O$）（图4a），脱水量小于脱吸附水阶段[14]，在水体交换影响下碱性流体浓度继续降低（图3）；当埋深超过4300m、古地温超过150℃时，熟石膏最终脱掉剩余结晶水（$\frac{1}{2}H_2O$），向硬石膏（$CaSO_4$）转化[14]（图4a），脱水量的进一步减少使碱性流体浓度降低速率加快（图3）。总体上，受膏盐岩沉积及成岩演化影响，碱性流体浓度呈高—低—高—低变化（图3）。

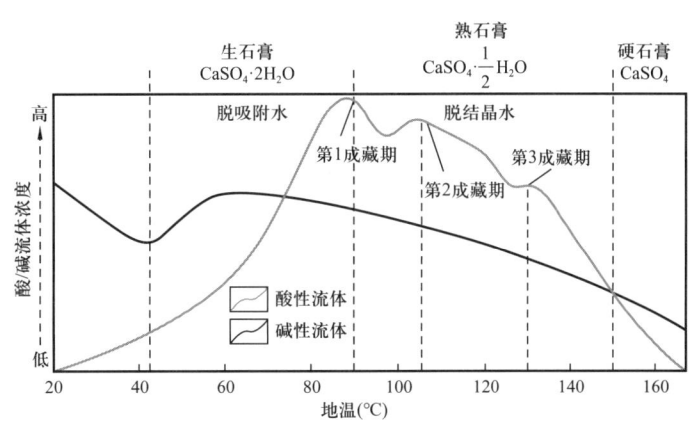

图3 渤南洼陷沙四段上亚段酸、碱性流体演化模式

2.2 烃源岩演化控制酸性流体

成岩环境中的酸性流体主要与烃源岩生烃过程中优先排出的有机酸有关[15]，因此成岩过程中的酸性流体活动往往与成藏期次密切相关。据渤南洼陷成藏期次研究，沙四段上亚段存在3期成藏，分别是东营组沉积期、馆陶组沉积末期，以及明化镇组沉积末期[16-18]，3期成藏对应的主力烃源岩层系的古地温分别为90℃、105℃，以及130℃[16-18]。同时，据获得的烃类包裹体所伴生盐水包裹体均一温度测试数据可知：现今主力烃源岩层系（埋深3000～3700m）样品的包裹体均一温度集中于85～95℃、100～110℃和120～135℃这3个温度区间（图5a），分别对应东营组沉积期、馆陶组沉积期，以及明化镇组沉积期（图4），与前人认识基本一致[16-18]。

渤南洼陷沙四段上亚段埋藏初期古地温较低，在埋深浅于1200m、古地温小于60℃时沉积有机质处于生物化学生气阶段（图4b），在厌氧细菌的作用下产生腐殖酸、富非酸等，酸性流体浓度不断升高[19]（图3）。随沉积物埋深超过1200m、古地温超过60℃，有机质在埋藏演化过程中产生大量短链羧酸[20]（图4b），75～90℃是短链羧酸浓度最大时期。古地温达到90℃时烃源岩开始排烃，对应着第1成藏期[16-18]。由于大量有机酸的排出往往在烃类排出之前，因此古地温未到90℃时酸性流体浓度达到最高点（图3）；当埋深超过2100m、古地温超过90℃，初次成藏后烃源岩压力释放，随埋

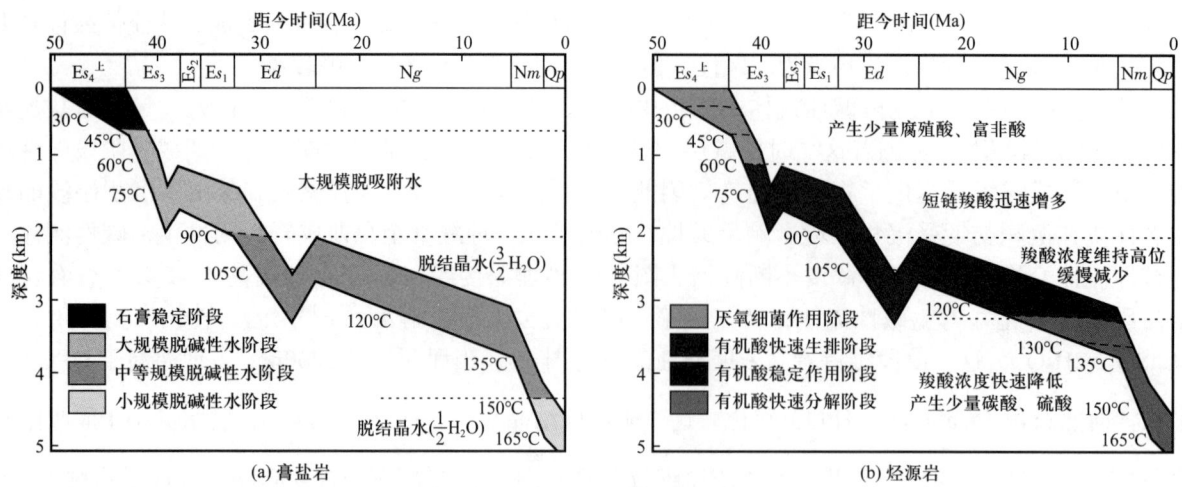

图 4　Bs4 井膏盐岩与烃源岩演化过程及其伴生流体变化（井位见图 1）

$Es_4^{上}$—沙河街组四段上亚段；Es_3—沙河街组三段；Es_2—沙河街组二段；Es_1—沙河街组一段；Ed—东营组；Ng—馆陶组；Nm—明化镇组；Qp—平原组

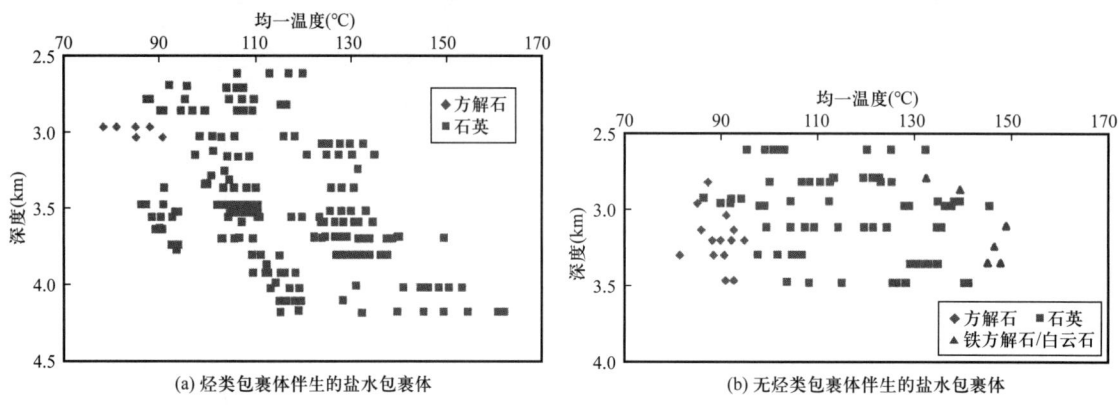

图 5　渤南洼陷沙四段上亚段流体包裹体均一温度分布

深增加烃源岩热演化继续（图 4b），但有机酸不再大量排出，酸性流体浓度呈下降趋势（图 3）。随埋深继续增大，烃源岩热演化程度进一步升高，古地温达到 105℃ 时发生第 2 期成藏，酸性流体浓度又出现局部峰值（图 3）。值得一提的是酸性流体浓度最高的古地温区间为 80～120℃（图 3），这是因为温度过低的情况下细菌分解有机酸，而温度超过 120℃ 时羧酸阴离子发生热脱羧作用则转变成烃类和 CO_2[20]。第 2 期成藏后，有机酸不再排出，酸性流体浓度逐渐降低，并在古地温超过 120℃ 时出现急剧下降趋势（图 3）。随着第 3 期成藏开始，酸性流体浓度急剧下降的趋势得到抑制，并出现短暂回升（图 3），古地温超过 130℃，大量羧酸阴离子再次发生热脱羧作用转变成烃类和 CO_2（图 4b），有机酸浓度进一步降低。有机酸除在烃源岩热演化过程中直接生成外，还可在晚期成岩阶段（R_o 值大于 1.3%）由烃类与硫酸盐的热化学还原反应生成[21-23]。渤南洼陷沙四段上亚段咸化湖盆广泛沉积硫酸盐沉积物，因此当埋深超过 4400m、古地温大于 150℃ 时，硫酸盐热化学反应可生成大量中高含硫天然气[23]，反应产生的 H_2S 溶于水形成少量硫酸，但由于羧酸不断转化为 CO_2，使酸性流体浓度依然呈快速下降趋势，在古地温大于 160℃ 时酸性流体演化已近尾声（图 4）。总体上，受烃源岩热演化阶段控制，酸性流体浓度呈低—高—低变化。

2.3　酸、碱性流体控制下的成岩环境

酸、碱性流体活动规律证实咸化湖盆成岩早期受沉积环境影响，在沉积、埋藏直到古地温小于 70℃ 时地层水性质为碱性（图 3），碳酸盐胶结物大量发育，至今在相对较浅地层中仍能见到方解石胶

结物充填原生孔隙的现象（图2）。究其原因主要是埋藏较浅，中后期生排烃过程中产生的酸性流体难以波及，方解石胶结物未被溶蚀或溶蚀较弱。此外在一些未成藏的储集层中发现的低温盐水包裹体，其宿主矿物多为方解石胶结物（图5b），也证实了早期古地温较低时碱性成岩环境的存在。随时间的推移、埋深的增大，古地温超过70℃时，酸性流体浓度超过碱性流体浓度，使得浓度更高、量更大的酸性流体中和浓度相对较低、量相对较少的碱性流体，流体性质总体表现为酸性，酸性成岩环境持续到古地温150℃时（图3），酸性成岩环境下石英次生加大出现（图6a），长石溶蚀形成的书页状高岭石胶结物也有出现（图6b），同时普遍可见早期方解石胶结物的溶蚀现象（图6c～g）。均一温度跨度较大、深度分布较广的流体包裹体都寄生于石英次生加大部分这一现象表明酸性成岩环境的作用时间较长、影响范围较广（图5b）。当埋深超过4400m时，古地温普遍大于150℃（图4），酸性流体浓度的快速降低使成岩后期再次经历碱性成岩环境（图3），后期碱性成岩环境下少量铁质碳酸盐胶结物出现（图6h～i），同时铁质碳酸盐胶结物中流体包裹体均一温度相对较高也反映出后期碱性成岩环境的存在（图5b）。

图6 渤南洼陷沙四段上亚段中期酸性环境与晚期碱性环境下成岩照片（取样点平面位置见图1）

（a）S56井，3233.31m，酸性成岩环境下出现石英（Q）次生加大；（b）Yd39井，3155.90m，酸性成岩环境下书页状高岭石胶结物（K）出现；（c）Y179井，3506.70m，早期方解石胶结物（Cc）在中期酸性成岩环境下被溶蚀，形成次生孔隙（蓝色铸体）；（d）Y160井，3612.02m，酸碱成岩环境交替作用下，早期方解石胶结物在成岩中后期被溶蚀，溶蚀孔隙被黑色沥青充填；（e）Y178井，3664.90m，方解石被溶蚀形成一系列晶间孔；（f）Y290井，3807.51m，方解石胶结物溶蚀殆尽后发生长石、岩屑溶蚀，溶蚀空间被黑色沥青充填；（g）Y283井，3960.30m，颗粒之间的胶结物溶蚀形成次生孔隙，残留沥青质充填孔隙空间；（h）Yd261井，4021.49m，早期碱性环境形成方解石胶结物、中后期酸性环境胶结物遭受溶蚀，晚期弱碱性成岩环境下少量铁白云石胶结（Ank），见黑色残留沥青质充填孔隙空间；（i）Yd261井，4105.10m，晚期碱性成岩环境下铁方解石胶结物（Fer）出现

综上所述，渤南洼陷沙四段上亚段储集体从沙四段上亚段沉积初期（距今约50Ma）到沙三段沉积中期（古地温70℃、距今约40Ma）为碱性成岩环境，自沙三段沉积中期到明化镇组沉积晚期（古

地温 150℃、距今约 2.5Ma）为酸性成岩环境，明化镇组沉积晚期以来再次经历碱性成岩环境（图 3 和图 4）。受此控制，其成岩演化序列为方解石胶结物产生—石英次生加大出现—方解石胶结物溶蚀—长石、岩屑溶蚀—铁质碳酸盐胶结物出现（图 2、图 5b、图 6）。

3 成岩环境控制下的深部优质储集层

3.1 储集层成因机制及其特征

由咸化湖盆酸、碱性流体活动规律可知，咸化湖盆储集体在早期成岩过程中多发生碱性成岩作用，同时多成藏期伴随的有机酸幕式注入又控制着中后期酸性成岩作用[16-18]。早期碱性成岩作用的强弱影响着中后期酸性成岩作用发生的时间，是深部优质储集层形成的关键。早期较强的碱性成岩环境下发育大量碳酸盐胶结物，充填原生孔隙，有效阻碍压实作用，使原生孔隙空间得以保存（图 2）。中后期酸性流体注入到少量未被早期胶结物充填的孔隙中，由于酸性流体与可溶于酸的矿物接触面积局限，在有机酸注入较长时间内仅少量碳酸盐胶结物发生溶蚀，产生的次生孔隙较少。但随时间推移，溶蚀空间逐渐增大，可容纳更多的酸性流体，因此多期成藏过程中有机酸的幕式注入既维持酸性成岩环境，又与溶蚀空间增大构成良性循环，使得在成岩中后期产生大量溶蚀孔隙（图 6c~h），具有"早期强胶结、后期强溶蚀"的成岩演化规律。

酸性成岩环境作用下，储集体的成岩演化过程可划分初始溶蚀阶段、快速溶蚀阶段、稳定溶蚀阶段、快速压实阶段（图 7）。初始溶蚀阶段为有机酸注入初期，少量碳酸盐胶结物发生溶蚀，目前研究区埋深 2800~3200m 储集体对应于这一阶段。快速溶蚀阶段和稳定溶蚀阶段是有机酸注入与次生溶蚀孔隙增大的良性循环阶段，大量碳酸盐胶结物发生溶蚀并伴随石英次生加大现象，埋深在 3400~3700m 的储集体次生孔隙发育程度达到峰值（图 7）。随着埋深的不断增大，地层压力逐渐大于

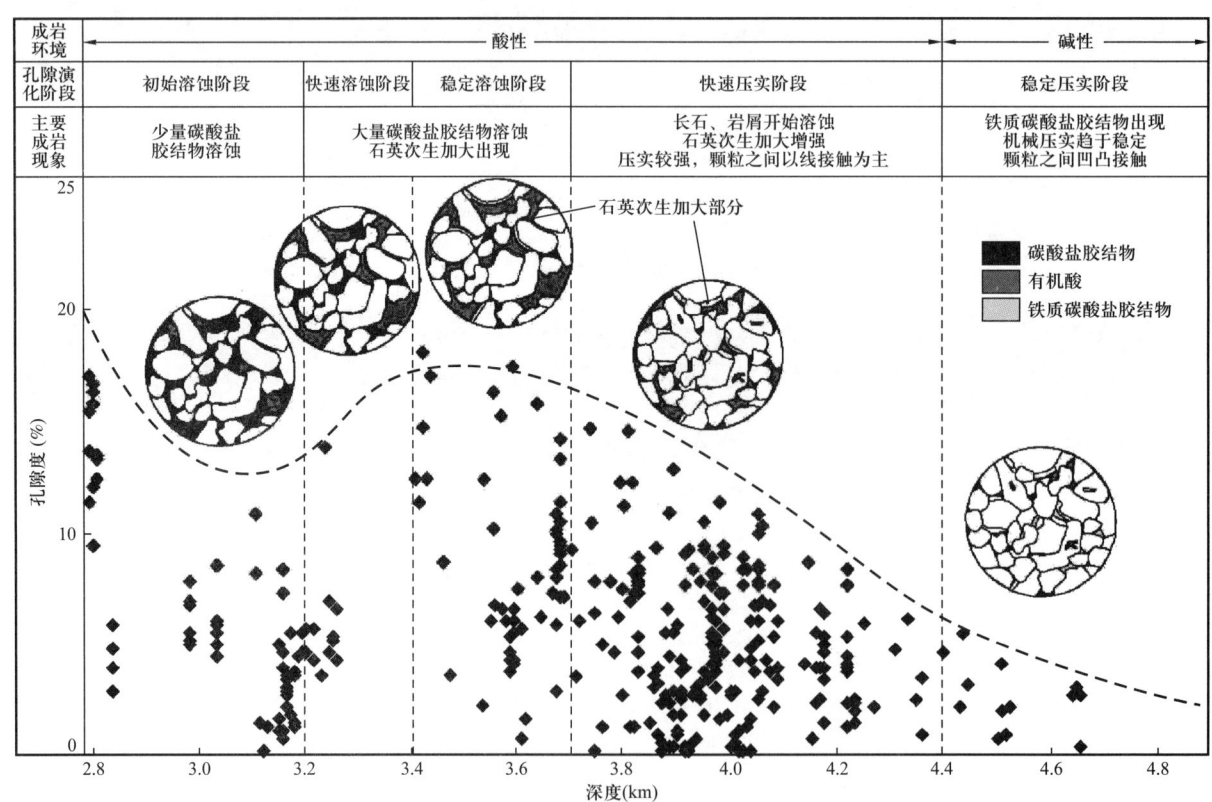

图 7　渤南洼陷沙四段上亚段中深部储集层孔隙演化阶段划分（371 个样品）

次生溶蚀孔隙中的流体压力，次生孔隙被快速压实，流体排向低压区，这一阶段虽有酸性溶蚀作用发生，但压实作用更为强烈，总体呈现出压实减孔效应。埋深达4400m时，颗粒排列已非常紧密，机械压实作用已趋于极限，达到稳定压实阶段，伴随着晚期弱碱性成岩环境的出现，这一阶段出现铁质碳酸盐胶结物，储集体孔隙度普遍小于5%，储集层致密。总体上，咸化湖盆储集体在有机酸注入后发生大规模溶蚀的时间较晚，溶蚀孔隙大量出现的层位埋深较大，从而在深部形成次生孔隙发育的优质储集层。

渤南洼陷深层发育的优质储集层多属于近岸水下扇扇端中细砂岩，少部分扇中细砾岩也发育优质储集层，其储集空间主要为酸性流体溶蚀形成的次生孔隙（图6b~h），孔隙类型包括粒间溶孔、粒内溶孔，以及铸模孔等。常规物性分析表明深层发育的优质储集层物性相对较好，孔隙度主要介于10%~20%，渗透率介于1~100mD，总体上属于中—低孔、中—低渗透储集层。

3.2 储集层孔隙演化

渤南洼陷沙四段上亚段储集体孔隙演化过程分析是以岩心取样做大量分析化验为基础的，由于碳酸盐岩储集体原始孔隙度较难求取，本文主要据样品分析化验资料对碎屑岩储集体的孔隙演化进行初步定量分析。由于研究区碎屑岩储集体出现的交代作用多为方解石交代长石，储集空间变化甚微，因此孔隙定量演化的研究主要关注压实、胶结和溶蚀3种成岩作用。

由渤南洼陷沙四段上亚段成岩环境分析可知，沙三段沉积中期之前整体处于碱性成岩环境，属早成岩期（图8）。选取早成岩期对应深度范围内的样品点，样品的初始孔隙度可利用Sneider图版据分选系数求得均值为37.30%，而早成岩期对应埋深范围内的样品点，其现今孔隙度据岩心测定均值为18.77%，早成岩期碱性成岩环境下未出现大量石英溶蚀现象，而是以碳酸盐胶结为主，因此由溶蚀增加的孔隙度可视为0。通过镜下观察统计，胶结作用减少的孔隙度可据胶结物含量估算出，均值为15.52%，由初始孔隙度37.30%减去现今实测孔隙度18.77%再扣除胶结作用减少的孔隙度15.52%，可得由压实作用减少的孔隙度为3.01%。

早成岩期大量碳酸盐胶结物充填原生孔隙空间，形成欠压实现象，但当储集体埋深到2000m以下时，主力烃源岩层系埋深可达2800m，R_o值大于0.5%，烃类开始生成，进入中成岩A期。选取中成岩A期对应埋深范围内的样品点，中成岩A期的初始孔隙度可视为早成岩期结束时孔隙度（18.77%），由中成岩A期溶蚀面孔率与孔隙度之间拟合关系可估算出溶蚀增加孔隙度为4.67%。此外中成岩A期，早期碳酸盐胶结物为酸性流体溶蚀的主要对象，因此可据面孔率与残留的碳酸盐胶结物含量之和估算出经历了早成岩期和中成岩A期后胶结作用减少的孔隙度为16.46%，此值减去早成岩期胶结作用减少的孔隙度15.52%可得中成岩A期胶结作用减少的孔隙度为0.94%，再由中成岩A期的初始孔隙度18.77%减去现今实测孔隙度17.80%，再减去胶结作用减少的孔隙度0.94%，然后加上溶蚀作用增加的孔隙度4.67%，便可得压实作用减少的孔隙度为4.70%（图8）。依据这一方法可分别获得中成岩B期和晚成岩期孔隙的定量演化特征，其中中成岩B期溶蚀增加孔隙度为5.92%（图8），综合中成岩A、B两期，碳酸盐胶结物溶蚀增孔可达10.59%，此外由于中成岩B期及晚成岩期酸性流体的溶蚀对象不但有早期碳酸盐胶结物，还有长石等矿物，所以应分别在镜下估算出胶结物溶蚀孔隙与长石溶蚀孔隙各占比例。

3.3 储集层分布规律

酸、碱性流体的交替作用影响着大规模次生孔隙发育的时间，因此对深部优质储集层形成与分布起决定作用的是酸、碱性流体浓度及其影响范围，由于早期碱性流体影响范围与膏盐岩分布、断裂体系的展布等因素密切相关，中后期酸性流体的影响范围则与烃源岩分布和断裂输导有关，而沉积体展布又是酸、碱流体先后作用的物质基础，因此咸化湖盆深部优质储集层的发育主要受控于膏盐岩分布、烃源岩分布、断裂体系及沉积体展布4种因素。

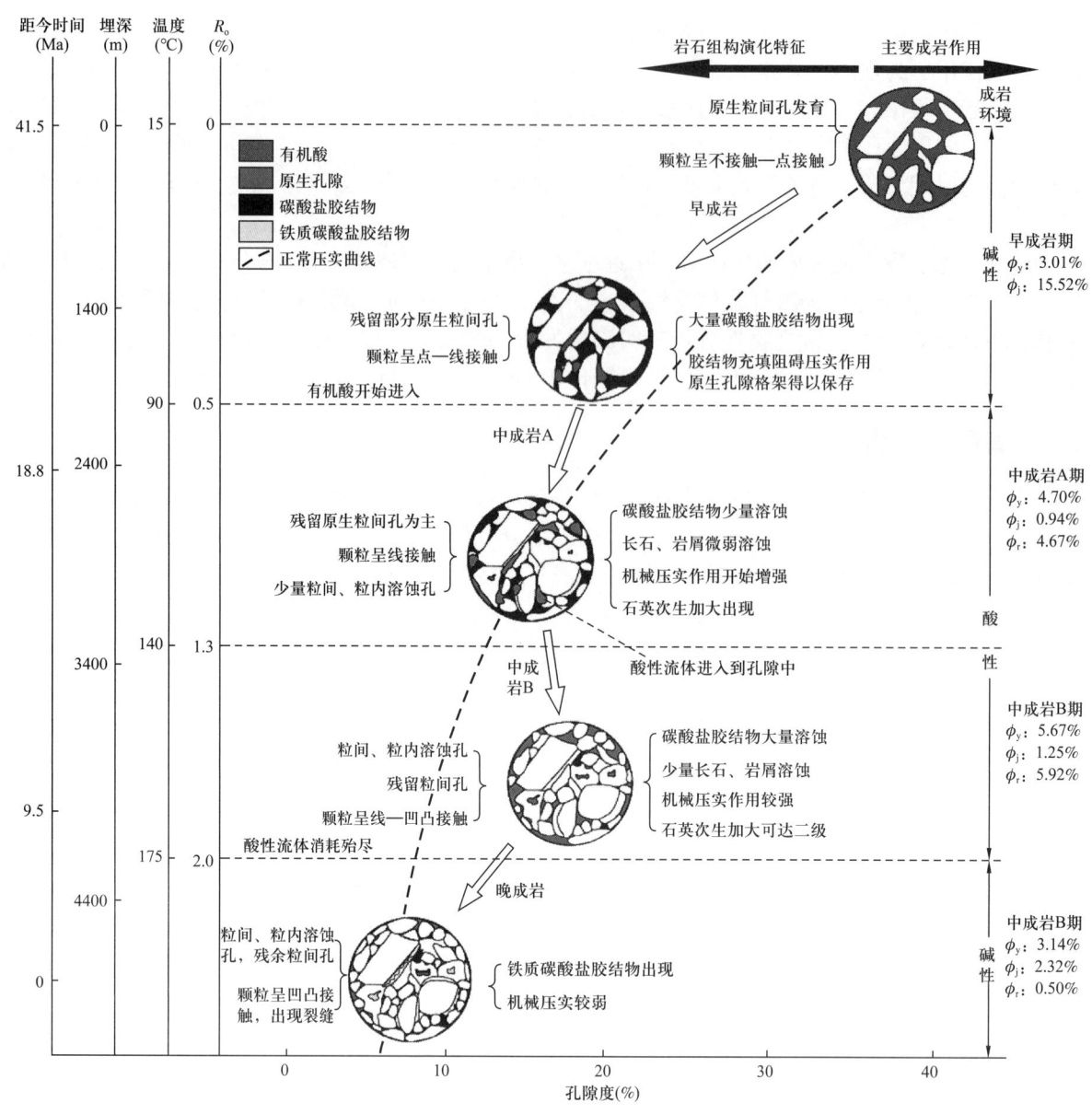

图 8 咸化湖盆深部优质储集层形成模式与孔隙演化

ϕ_y—压实作用减少的孔隙度；ϕ_j—胶结作用减少的孔隙度；ϕ_r—溶蚀作用增加的孔隙度

渤南洼陷沙四段上亚段膏盐岩沉积所需的盐类物质来源于地下热卤水，热卤水伴随着火成岩的侵入沿断裂上涌进入湖盆[24]，在湖底地形的控制下盐类物质首先流向低洼处，因此渤南洼陷东、西次洼膏盐岩厚度最大（图9）。由于湖盆边缘有大型近岸水下扇扇体入湖，产生向湖中心的水流，在水流冲积下盐类物质无法继续向北部深洼带流动，因此膏盐岩主要集中在渤南洼陷中南部地区（图9）。受控于温暖潮湿的气候环境[25]，渤南洼陷沙四段上亚段沉积期形成厚层烃源岩，最厚可达300m，由渤南洼陷北部向南厚度逐渐变薄，其展布范围和膏盐岩基本相当（图10）。由于烃源岩的形成伴随着沙四段上亚段沉积期的始终，而膏盐岩的形成多集中于沙四段上亚段沉积的中晚期，因此在纵向上膏盐岩夹杂在烃源岩之中（图11），二者可视为统一整体。膏盐岩和烃源岩在热演化过程中形成的酸、碱性流体主要通过3种方式进行纵、横向运移进入到砂体中。首先层理和页理面可使酸、碱性流体横向运移，同时断层两盘膏盐岩、烃源岩与砂体的直接对接也可使酸、碱性流体进入到砂体中，此外一系列近东西向与北东向断裂的发育也可为其纵向迁移提供通道（图1）。因此可由膏盐岩展布、烃源岩展布，以及断裂展布三因素确定受酸、碱性流体影响的区域，而渤南洼陷沙四段上亚段沉积体受控于物

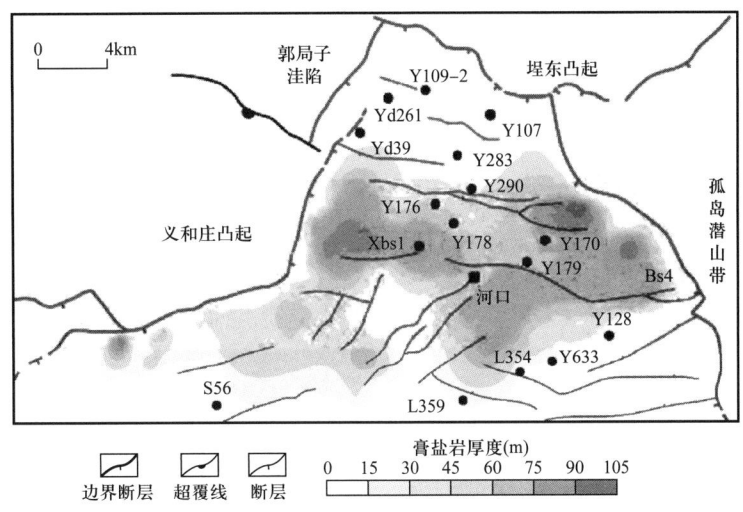

图 9 渤南洼陷沙四段上亚段膏盐岩厚度分布图

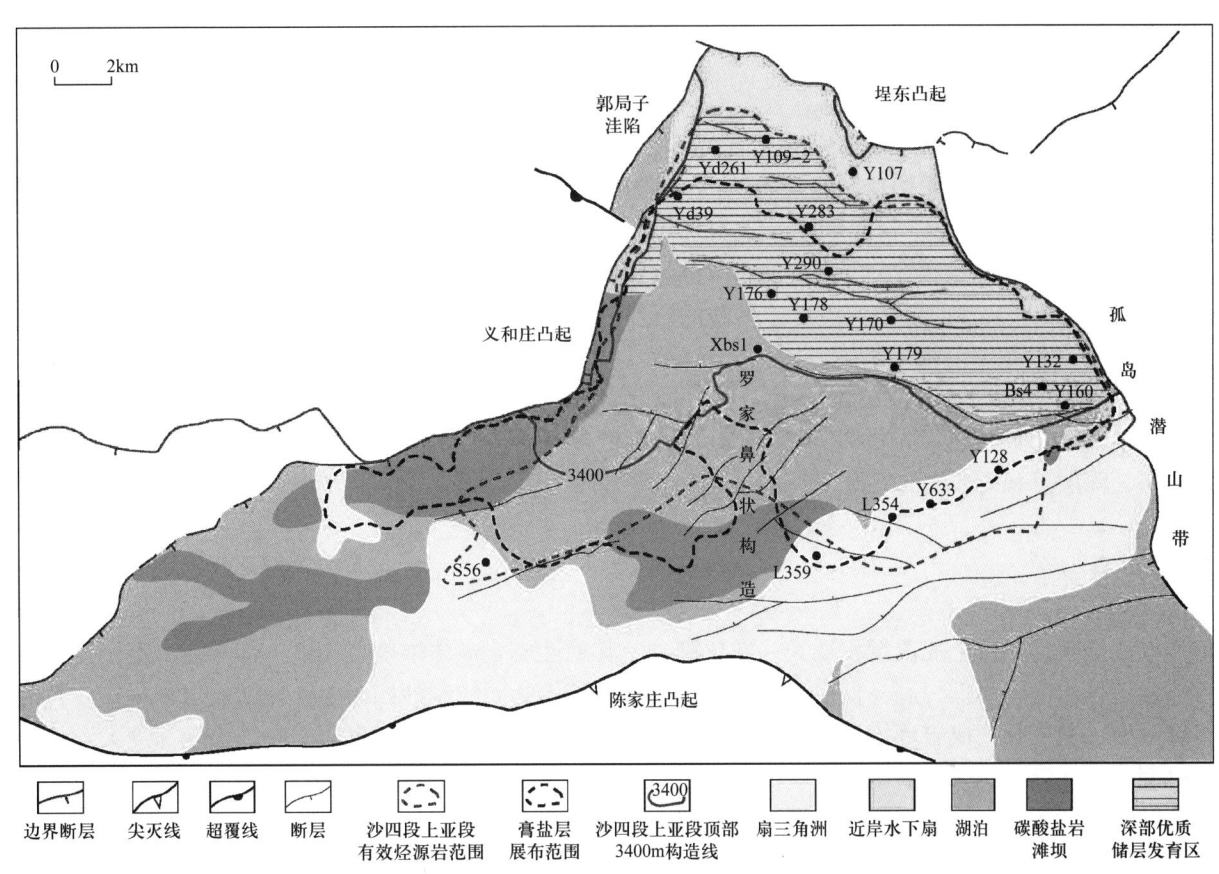

图 10 渤南洼陷沙四段上亚段深部优质储集层分布图

源和地貌[8]，主要分布在洼陷南北两侧，所以酸、碱流体在断裂体系等输导通道的沟通下可波及的沉积体主要集中于北部近岸水下扇扇体中、前端，以及罗家鼻状构造东部的扇三角洲扇体前端（图10），但据深部优质储集层形成机制研究表明，南部地区浅于3400m的地层还未开始发生大规模酸性溶蚀，渤南洼陷沙四段上亚段深部优质储集层中的"甜点"应主要集中于3400~4400m受酸、碱流体影响的北部地区近岸水下扇扇体中、前端（图10），储集空间类型以早期碳酸盐胶结物被溶蚀形成的次生溶蚀孔隙为主（图6c~d）。

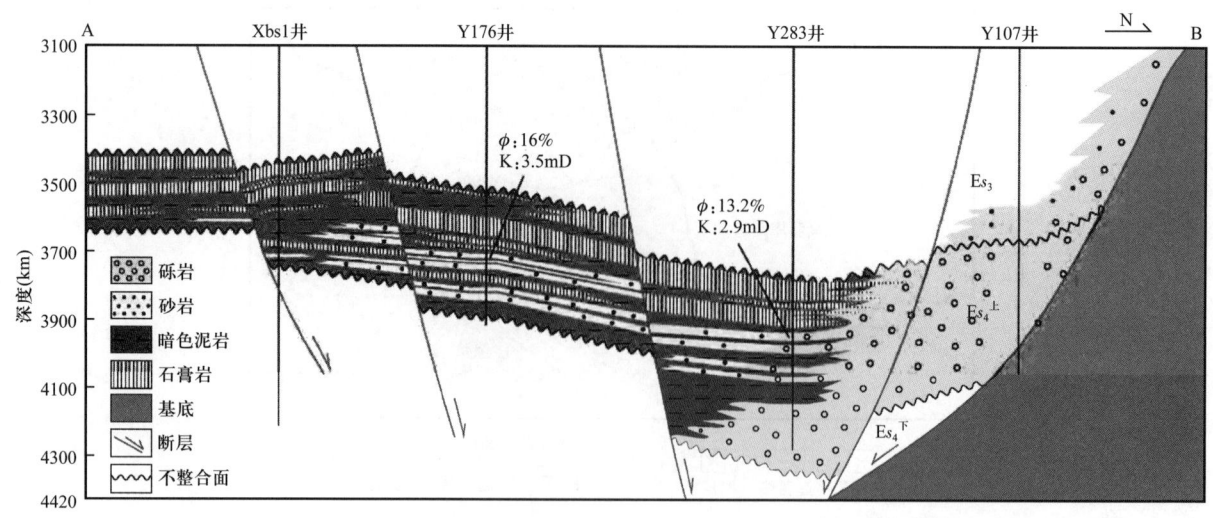

图 11 渤南洼陷沙四段上亚段近南北向沉积剖面图（剖面位置见图 1）

Es₃—沙河街组三段；Es₄^上—沙河街组四段上亚段；Es₄^下—沙河街组四段下亚段；ϕ—孔隙度；K—渗透率

3.4 油气勘探发现

咸化湖盆深部发育优质储集层的认识在勘探实践中得到验证。近年在渤南洼陷北部深洼带沙四段上亚段近岸水下扇扇中非构造圈闭部署钻探了 Y283 井，该井 3957~3962m 取心井段细砾岩孔隙度为 13.2%、渗透率为 2.9mD，物性良好（图 11），测试获日产 15.2t 的工业油流。为确定该扇体延伸范围及扇根封堵位置，相继在 Y283 井南、北两侧钻探的 Y290 井、Y109-2 井等井均获成功（图 10），由此控制了 Y283 区块沙四段上亚段上千万吨的石油地质储量。据深部优质储集层主控因素认为沙四段上亚段底部扇三角洲前缘中细砂岩也为优质储集层发育区，先后部署了 Y176 井、Y178 井、Y179 井等探井，其中 Y176 井 3698~3705m 细砂岩孔隙度为 16%、渗透率为 3.5mD（图 11），测试获日产 5.2t 的工业油流，由此探明了 Y176 区块上千万吨的石油地质储量。钻探结果证实咸化湖盆深部发育优质储集层，深层有利于形成油气藏。

4 结论

渤南洼陷沙四段上亚段沉积期为一咸化湖盆，其碱性成岩流体浓度经历高—低—高—低变化，酸性成岩流体浓度经历低—高—低变化。酸、碱性成岩流体共同控制沙四段上亚段的成岩环境，使其经历碱—酸—碱变化。成岩环境控制下咸化湖盆储集体具有"次生孔隙发育时间晚、出现深度大"的成岩机制，受此影响，大规模次生孔隙产生的时间较晚、埋深较大，从而在深部储集体中形成次生孔隙发育的优质储集层。深部优质储集层展布形成与分布受控于膏盐岩、烃源岩、断裂体系，以及沉积体展布四大因素，北部近岸水下扇扇端中细砂岩和少部分扇中细砾岩储集体为渤南洼陷沙四段上亚段深部优质储集层的"甜点"，渤南洼陷沙四段上亚段深部千万吨石油地质储量的发现证实了深部优质储集层"甜点"的存在。

参 考 文 献

[1] 樊建明，屈雪峰，王冲，等.鄂尔多斯盆地致密储集层天然裂缝分布特征及有效裂缝预测新方法[J].石油勘探与开发，2016，43（5）：740-748.

[2] 白国平，曹斌风.全球深层油气藏及其分布规律[J].石油与天然气地质，2014，35（1）：19-25.

[3] 蒽克来，操应长，王艳忠，等.低渗透储集层成岩作用与孔渗演化：以准噶尔盆地中部1区侏罗系三工河组为例

[J].石油勘探与开发,2015,42(4):434-443.

[4] LI K K, CAI C F, JIA L Q, et al.The role of thermochemical sulfate reduction in the genesis of high-quality deep marine reservoirs within the central Tarim Basin, western China[J].Arabian Journal of Geosciences, 2015, 8(7): 4443-4456.

[5] 朱东亚, 张殿伟, 张荣强, 等.深层白云岩储集层油充注对孔隙保存作用研究[J].地质学报, 2015, 89(4): 794-804.

[6] 黄成刚, 袁剑英, 曹正林, 等.咸化湖盆储集层中咸水流体与岩石矿物相互作用实验模拟研究[J].矿物岩石地球化学通报, 2015, 34(2): 343-348.

[7] ZHAO F, HE W Y, HUANG C G, et al.Saline fluid interaction experiment in clastic reservoir of lacustrine basin[J]. Carbonates&Evaporites, 2017, 32(2): 1-9.

[8] 刘鹏, 宋国奇, 刘雅利, 等.渤南洼陷沙四上亚段多类型沉积体系形成机制[J].中南大学学报(自然科学版), 2014, 45(9): 3234-3243.

[9] 邱隆伟, 赵伟, 刘魁元.碱性成岩作用及其在济阳坳陷的应用展望[J].油气地质与采收率, 2007, 14(2): 10-15.

[10] 祝海华, 钟大康, 姚泾利, 等.碱性环境成岩作用及对储集层孔隙的影响: 以鄂尔多斯盆长7段致密砂岩为例[J].石油勘探与开发, 2015, 42(1): 51-59.

[11] 袁剑英, 黄成刚, 夏青松, 等.咸化湖盆碳酸盐岩储层特征及孔隙形成机理: 以柴西地区始新统下干沟组为例[J].地质论评, 2016, 62(1): 111-126.

[12] 高红灿, 陈发亮, 刘光蕊, 等.东濮凹陷古近系沙河街组盐岩成因研究的进展、问题与展望[J].古地理学报, 2009, 11(3): 251-264.

[13] 董果果, 黄文辉, 万欢, 等.东营凹陷北部陡坡带沙四上亚段砂砾岩储集层固体—流体相互作用研究[J].现代地质, 2013, 27(4): 941-948.

[14] 吴胜和.储集层表征与建模[M].北京: 石油工业出版社, 2010: 210-215.

[15] 唐鑫萍, 黄文辉, 李敏, 等.利津洼陷沙四上亚段深部砂岩的成岩环境演化[J].地球科学—中国地质大学学报, 2013, 38(4): 843-852.

[16] 徐兴友, 徐国盛, 秦润森.沾化凹陷渤南洼陷沙四段油气成藏研究[J].成都理工大学学报(自然科学版), 2008, 35(2): 113-120.

[17] 卢浩, 蒋有录, 刘华, 等.沾化凹陷渤南洼陷油气成藏期分析[J].油气地质与采收率, 2012, 19(2): 5-8.

[18] 刘鹏.渤南洼陷古近系早期成藏作用再认识及其地质意义[J].沉积学报, 2017, 35(1): 173-181.

[19] HUANG C G, ZHAO F, YUAN J Y, et al.Acid fluids reconstruction clastic reservoir experiment in Qaidam saline lacustrine Basin, China[J].Carbonates&Evaporites, 2015, 31(3): 319-328.

[20] SURDAM R C, CROSSEY L J, SVENHAGAN E, et al.Organic-inorganic interaction and sandstone diagenesis[J]. AAPG Bulletin, 1989, 73(1): 1-23.

[21] 单秀琴, 张宝民, 张静, 等.古流体恢复及在储集层形成机理研究中的应用: 以塔里木盆地奥陶系为例[J].石油勘探与开发, 2015, 42(3): 274-282.

[22] DEUTSCH C V, JOURNEL A G.The application of simulated annealing to stochastic reservoir modeling[J].SPE Advanced Technology, 1994, 2(2): 222-227.

[23] 罗厚勇, 刘文汇, 王万春, 等.四川盆地彭水地区五峰组黑色页岩中硫酸盐热化学还原反应矿物学研究[J].矿物岩石地球化学通报, 2015, 34(2): 330-333.

[24] 孟昱璋, 刘鹏, 王玲, 等.渤南洼陷沙四上亚段膏盐岩成因探讨[J].高校地质学报, 2015, 21(2): 300-305.

[25] 于洋, 刘鹏, 宋国奇, 等.渤南洼陷沙四上亚段多类型储集体沉积成岩差异性分析[J].中南大学学报(自然科学版), 2015, 46(6): 2162-2170.

济阳坳陷太古界潜山储集体发育模式

张鹏飞[1]　刘惠民[1]　王永诗[1]　曹忠祥[1]　贾光华[1]　韩　敏[1,2]

（1. 中国石化胜利油田分公司勘探开发研究院；2. 中国石化胜利油田分公司油气勘探管理中心）

摘　要：为了建立济阳坳陷太古界潜山储集体发育模式，综合运用岩心、测井、试油及露头资料对太古界储集体微观储集空间及宏观分布规律进行研究，认为太古界潜山发育了风化壳和内幕两套储集体，两类储集体形成的主控因素及发育特征有差异。结果表明：风化壳储集体主要受控于断裂改造程度、岩石矿物组成与风化体保存程度等三大因素，潜山顶面岩石矿物组成的差异影响风化壳储集体的平面分布，断裂改造则影响了风化壳储集体的纵向规模，而风化体保存程度控制了风化壳储集体的最终储集性能。内幕储集体主要受控于构造改造程度、岩石矿物组成、潜山岩石结构等三大因素，济阳坳陷太古界潜山岩石矿物组成差异较小，构造改造程度为控制内幕储集体发育程度的最关键性因素，潜山岩石结构为重要的调节性因素。

与成层性较好的沉积岩潜山相比，太古界潜山由于其岩石构成以岩浆岩、变质岩为主[1]，故潜山内部结构、构造更加复杂多变，这一特征对太古界潜山储集体形成机制、分布规律研究提出了严峻挑战。钻井证实，济阳坳陷太古界以混合花岗岩类为主，同时还发育了少量变质岩包体[2]。岩石特征与华北、东北地区太古界基本一致[3]，但也有少量报道指出个别地区太古界发育大量副变质岩，如张家口—大同一带的早太古宙孔兹岩系露头[4]，这可能与太古界地壳增生、岩浆构造热事件在不同地区的强弱差异有关。正是这种复杂的潜山岩石结构使济阳坳陷太古界储集体不具备层状特征，故本文中称之为"储集体"。除风化壳储集体外，很多学者指出太古界潜山还发育了潜山内幕储集体[5]，内幕储集空间以构造裂缝为主[6]。多数观点认为自潜山顶面向下储集物性逐渐变差[7-8]。太古界储集体发育的影响因素包括构造运动、岩石组成、风化淋滤等[9]。总之，前人针对太古界潜山储集体开展了大量研究工作，但目前还没有提出一套对太古界潜山勘探部署具有指导作用的储集体发育模式。笔者近年来对济阳—鲁西地区太古界进行持续研究，探讨济阳坳陷太古界潜山储集体发育模式。

1 地质背景

济阳坳陷是在前寒武系结晶岩和古生界碳酸盐岩及含煤碎屑岩组成的稳定地台基础上发展起来的中—新生代陆相断陷湖盆[10]。太古界作为盆地基底经历印支、燕山等多期构造事件叠加改造，形成了埕北、埕东、义和庄、郑家—王庄等十大潜山带（图1，据姜慧超等修改[11]）。截至目前，济阳坳陷有520口井钻遇太古界，其埋深变化大，从数百米至五千余米不等；因其为非重点勘探层系，太古宙岩石揭露普遍较薄，最厚者仅约1000m。

基于70口取心井千余块薄片资料，将太古宙岩石划分为两大类，第一种为泰山岩群区域变质岩，为一套沉积—火山建造经受中压角闪岩相区域变质形成的岩系，济阳坳陷残留很少，呈包体状产出，岩石类型主要

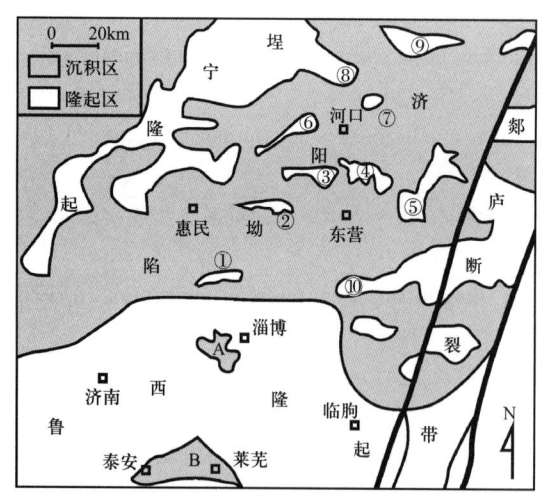

图1　鲁西—济阳地区构造略图
①青城—平方王潜山带；②滨县潜山带；③郑家—王庄潜山带；④盐家潜山带；⑤垦东—青坨子潜山带；⑥义和庄潜山带；⑦孤岛潜山带；⑧埕东潜山带；⑨埕北潜山带；⑩广饶—潍北潜山带；A—淄博凹陷；B—莱芜凹陷

包括黑云角闪变粒岩及斜长角闪岩类；第二种为新太古代岩浆构造活动形成的岩浆岩，主要包括二长花岗岩、钾长花岗岩、片麻状花岗岩类及片麻状闪长岩类等。根据鲁西露头区太古界相变规律和钻井资料，济阳坳陷太古界分布具有如下特征：区域变质岩系主要位于西部宁津凸起地区；西南部惠民凹陷发育含大量中基性包体的花岗岩体；向东至东营凹陷—义和庄凸起—车西一线包体数量大幅减少，局部发育较小规模闪长岩岩体；埕北—桩西地区为多期次多类型岩体发育区，除普遍发育的二长花岗岩外，闪长岩、正长花岗岩岩体规模也较大（图2）。

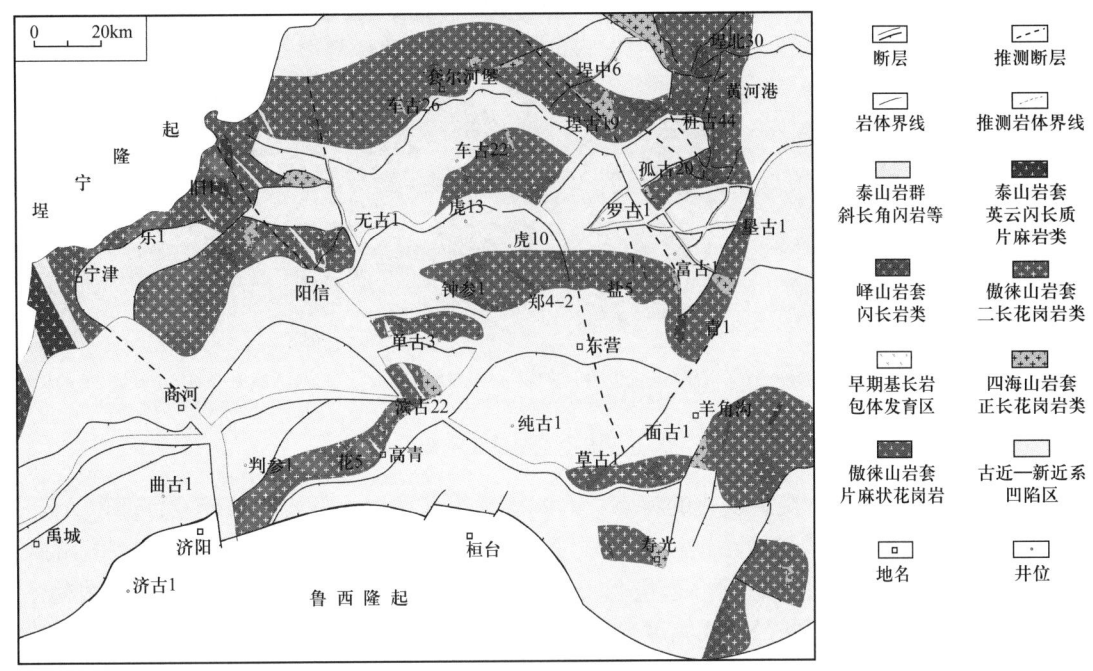

图 2 济阳坳陷太古界岩性分区

2 储集空间发育特征

济阳坳陷太古界构成主要为混合花岗岩类及古老变质岩系，原岩非常致密，几乎不发育原生孔隙，孔隙度仅为 0.3%～0.7%。太古界储集体储集空间基本都为次生，主要包括次生溶孔和裂缝，裂缝又可分为机械风化成因的网状缝、溶蚀扩大缝和构造裂缝（图3）。钻井证实上述多类型储集空间在太古界潜山中的发育具有一定规律性。受潜山暴露期大气淡水淋滤、地表温度变化等地质营力影响，次生溶孔和机械风化缝主要发育于潜山顶部储集体。而构造裂缝与溶蚀扩大缝分布则较为普遍，随着距潜山顶面距离的逐渐增大，潜山内部由于受地表地质营力影响小，故构造裂缝与溶蚀扩大缝为其主要储集空间。

3 储集体测井响应特征

基于多类型储集空间发育规律，在纵向上将太古界潜山划分为风化壳和内幕两种储集体。成像测井资料揭示风化壳储集体普遍发育溶蚀增强高导缝（图4a），而内幕储集体则主要发育连续或不连续高导缝（图4b），次生溶蚀现象较少。运用岩心、成像测井对常规测井资料进行标定，明确了两类储集体常规测井响应特征的差异性。通常位于风化壳储集体最顶部的风化—破碎储集带井径曲线幅度大，为连续的大井径段；声波时差曲线呈锯齿状，幅度变化较大；岩石体积密度曲线呈短小锯齿状，幅度逐渐变小；中子孔隙度逐渐增大，呈锯齿状，为连续的高孔隙段（图5）。向下进入风化壳储集体下部，

(a) 盐5井，1300.8m，溶蚀孔洞 (距潜山顶15m)　(b) 郑606井，1306.5m，机械风化网状缝 (距潜山顶6m)　(c) 郑362井，1230.40m，不规则风化缝 (距潜山顶14m)

(d) 埕古19井，2776.7m，高角度构造缝 (距潜山顶994m)　(e) 埕北古100井，2675.4m，高角度裂缝，沿裂缝串珠状溶蚀 (距潜山顶90m)　(f) 车古26井，3743m，成组发育的低角度构造缝 (距潜山顶60m)

图 3　太古界潜山主要储集空间类型

其井径曲线表现为高、低幅度交替变化的特点，高幅度为大井径段，是岩石破碎发育部位，反之则为破碎轻微部位；声波时差曲线呈短小锯齿状，幅度变化不等，在岩石破碎部位发生"周波跳跃"；岩石体积密度幅度在破碎部位变小，其形态呈刺刀状；中子孔隙度在岩石破碎较弱部位曲线趋于平直。再向下进入潜山内幕致密带，井径曲线幅度变化小，呈平直状；声波时差曲线幅度变化大，趋于平直；岩石体积密度大；中子孔隙度曲线呈平直状态，或因岩性变化而略有起伏，但数值低。部分揭示太古界厚度较大的探井，当在潜山内幕钻遇储集体时，井径曲线显示扩径程度相对较低，声波时差变化剧烈，有"跳跃"现象，密度有微弱降低，中子孔隙度曲线呈"尖峰状"，值较高。

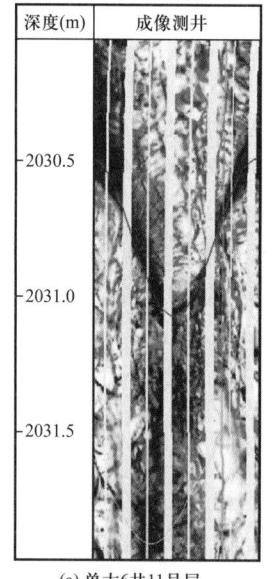 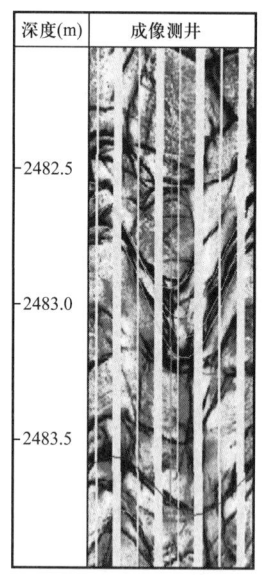

(a) 单古6井11号层 (距潜山顶60m)　(b) 单古6井36号层 (距潜山顶510m)

图 4　太古界潜山风化壳及内幕储集体成像测井特征　　图 5　济阳坳陷太古界潜山储集体纵向分布

4 储集体发育控制因素

综合分析济阳及周边太古界储集体发育规律，同时结合前人关于太古界储层控制因素的认识，认为太古界储集体的发育主要受控于构造改造程度、岩石矿物组成、潜山岩石结构与风化体保存程度等4个控制因素。但不同类型的储集体，其影响因素也存在差异。

4.1 潜山内幕储集体

潜山内幕储集体主要受控于构造改造程度、岩石矿物组成、潜山岩石结构等三大因素。其中潜山岩石矿物组成为基础性因素，通过对272块太古界岩石薄片观察发现，从二长花岗岩到钾长花岗岩，再到闪长岩类，裂缝发育程度依次变差（表1）。

表1 济阳坳陷太古界主要岩石类型裂缝统计

岩石类型	统计井数（口）	薄片统计数量	见裂缝薄片比例（%）	最大裂缝数（条）	最小裂缝数（条）	平均裂缝数（条）
钾长花岗岩	5	28	46.4	125	2	15
二长花岗岩	15	149	66.4	110	1	26
闪长岩类	9	95	44.1	60	1	11

已有研究表明，裂缝发育潜力主要决定于岩石脆性。用实验所测脆性系数定量反映岩石脆性，脆性系数为最大弹性应变与临界状态时总应变的比值。6口井16块不同岩石样品的岩石力学测试数据表明二长花岗岩脆性系数最大，其次为花岗闪长岩和钾长花岗岩，英云闪长岩和斜长角闪岩脆性系数最小（图6）。测试结果与裂缝统计结果基本一致，表明岩石矿物组成为储集体发育的重要控制因素之一。

潜山岩石结构为潜山内幕储集体发育的重要影响因素。试验数据证实整体状岩体结构强度大，层状结构岩体强度小、易于形成裂缝[12]。前人对沉积岩的裂缝发育规律研究证实，岩石单层厚度控制裂缝密度，裂缝密度与层厚呈负相关性[13-15]，这一普遍规律应同样适用于太古宙岩石。就太古界潜山而言，浅色岩相与暗色岩相组成的互层状潜山其形成裂缝的潜力要好于大型的块状潜山。脆性不同的岩石互层搭配有利于后期的构造改造，可在潜山内幕形成较大规模储集体。钻井取心收获率是反映储层裂缝发育程度的一个重要参考数据，通常收获率越低，说明裂缝发育程度越高。通过对系统取心井Z4-2井岩心的观察发现，不同岩相组合取心收获率差异很大。其中花岗岩与闪长岩互层相发育段的收获率最低，平均仅有约50%，其次为花岗岩夹闪长岩或夹角闪岩相，收获率最高的为单一闪长岩相或闪长岩夹花岗岩相（图7）。这一特征充分说明潜山岩石结构是内幕储集体发育的一个重要影响因素。

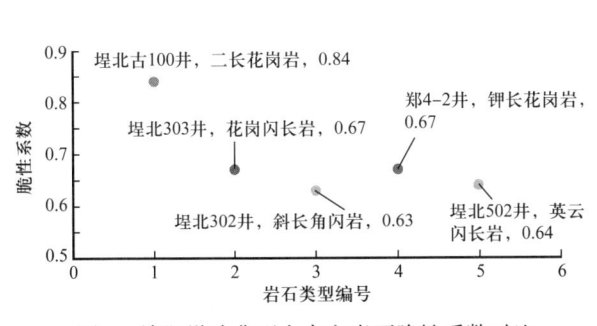

图6 济阳坳陷典型太古宙岩石脆性系数对比

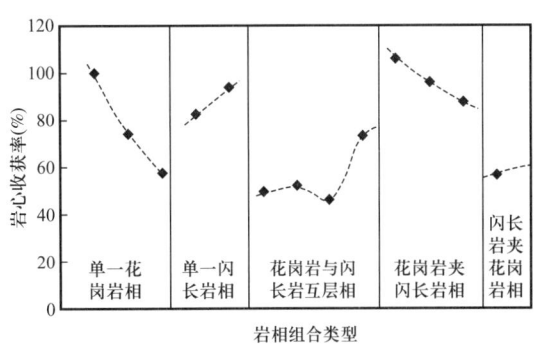

图7 不同岩石结构类型的岩心收获率

构造改造程度为控制内幕储集体发育的最关键因素。辽河坳陷兴隆台潜山之所以发育大型潜山内幕储集体，是由其所处区域中—新生代以来强烈的构造活动所决定的。潜山所处区域的构造活动强度可用区域差应力值来反映。前人研究表明板块碰撞带或大断层附近差应力值增大，而在板块内部则逐渐变小[16]，与济阳坳陷及鲁西地区相比，辽河坳陷所处的位置更靠近于郯庐断裂带。对比前人通过超显微构造估算法得出的各期构造事件区域差应力值，辽河及周缘地区普遍大于济阳及邻区[17]（表2）。因此，区域构造活动强弱的差异可能是导致济阳太古界潜山内幕储集体发育规模、储集性能不及兴隆台潜山的一个重要原因。其次，就济阳坳陷内部而言，东部靠近郯庐断裂带的区域，如埕北潜山、桩西潜山，无论是从潜山宏观断裂发育程度还是从潜山储集体裂缝发育程度，均明显好于西部的郑家—王庄潜山。这些现象都说明构造改造程度为控制内幕储集体发育的最关键因素。

表2 不同构造期辽河周缘地区与济阳周缘地区差应力值对比

构造期	辽河及周缘地区	济阳及鲁西地区
燕山中期	吉林大黑山：112.5MPa	山东蒙阴：82.6MPa
燕山晚期	吉林大黑山：102.1MPa 辽宁阜新：94.2MPa	山东西部：77.8MPa
喜马拉雅Ⅰ幕	辽河油田：72.8MPa	济阳坳陷：43MPa

4.2 潜山风化壳储集体

风化壳储集体主要受控于构造改造程度、岩石矿物组成与风化体保存程度等三大因素，此处重点分析风化体保存程度对风化壳储集体的控制作用。太古界在构造运动中抬升至地表，经历表生阶段机械风化、大气淡水淋滤等多种物理化学作用，形成潜山风化壳，本文中暂将表生阶段所经历的所有物理化学过程统称为风化改造作用。前人针对与太古界岩石特征类似的火山岩风化壳进行的大量研究表明，风化淋滤时间达到约45Ma时，风化体厚度趋于稳定[18-20]，而太古界风化淋滤时间非常漫长，即使从印支运动起始，风化淋滤时间也达到了49~208Ma（表3），因此影响太古界风化壳储层的关键是风化体的后期保存。

表3 济阳坳陷典型太古界潜山风化改造时间

典型潜山带	潜山上覆地层	距今年龄（Ma）	与中三叠世末期时间差（Ma）
垦东	侏罗系坊子组	173	49
孤东	侏罗系坊子组	173	49
埕北30	侏罗系坊子组	173	49
桩西	侏罗系坊子组	173	49
埕东	侏罗系坊子组	173	49
高青	侏罗系坊子组	173	49
平方王	古近系孔店组	53	169
义和庄	古近系沙四段	45	177
郑4	古近系沙四段	45	177
富台	古近系沙三段	40	182
青坨子	新近系馆陶组	14	208
滨县	新近系馆陶组	14	208

续表

典型潜山带	潜山上覆地层	距今年龄（Ma）	与中三叠世末期时间差（Ma）
郑家—王庄	新近系馆陶组	14	208
胜坨—盐家	新近系馆陶组	14	208
广饶	新近系馆陶组	14	208

针对太古界风化壳发育特征，在鲁西地区进行了专项野外考察，在章丘、临朐、沂源等地筛选了8个观测点进行风化壳发育特征观测（表4）。野外观测表明，可以将太古界风化壳自上而下划分为风化成因土壤层、强风化带和弱风化带3个层段（图8）。土壤层以次生矿物为主，成土状，厚度0.3~5m不等；强风化带主体岩石风化强、疏松，锤轻击便碎，网状风化缝、溶缝孔较发育，见风化较强的碎块（形状有角砾状、块状、片状等），该带厚度0.5~20m不等；弱风化带主体岩石呈浅灰色，风化弱、较致密，见风化较强的碎块（形状以块状为主），捶击不易打碎，风化缝孔少见，仅见不同方向、不同角度节理缝。该带厚为10~20m。

表4 鲁西地区风化壳特征观测点位置

GPS点号	地理位置	地层或岩体
62	章丘团元沟	山草峪组黑云变粒岩
79	临朐沂山	蒙山岩套中粒含黑云角闪英云闪长质片麻岩
150	章丘垛庄	傲徒山岩套二长花岗岩
158	临朐沂山	蒋峪单元黑云母二长花岗岩
198	沂源上枝	松山单元中粒二长花岗岩
199	沂源潍坊界	松山单元中粒二长花岗岩
205	临朐西桃花	峰山岩套片麻状粗中粒含角闪黑云花岗闪长岩
200	沂水刘家泉	傲徒山岩套弱片麻状中粒含黑云二长花岗岩

图8 山东沂源太古界风化壳储集体纵向结构特征

覆盖区测井资料表明，不同潜山部位太古界风化壳结构有明显差异，潜山顶面坡度影响风化壳储层保存。平缓潜山面有利于风化体保存，风化体结构完整，储集性能较好。如郑家潜山顶部的郑古1井（图9），在潜山顶面钻遇良好储层，试油获液量72.2m³。断剥面坡度陡，则不利于风化体保存，往往缺失土壤层及部分强风化带，因此储集性能较差，如位于胜坨潜山断坡的坨137井（图9），在进入潜山后钻遇干层或差储层，试油仅获液量0.34m³。对不同潜山不同部位47口井的试油资料统计发现，平缓潜山顶面的太古界储集体，其储集性能普遍优于陡峭的潜山斜坡（图10）。

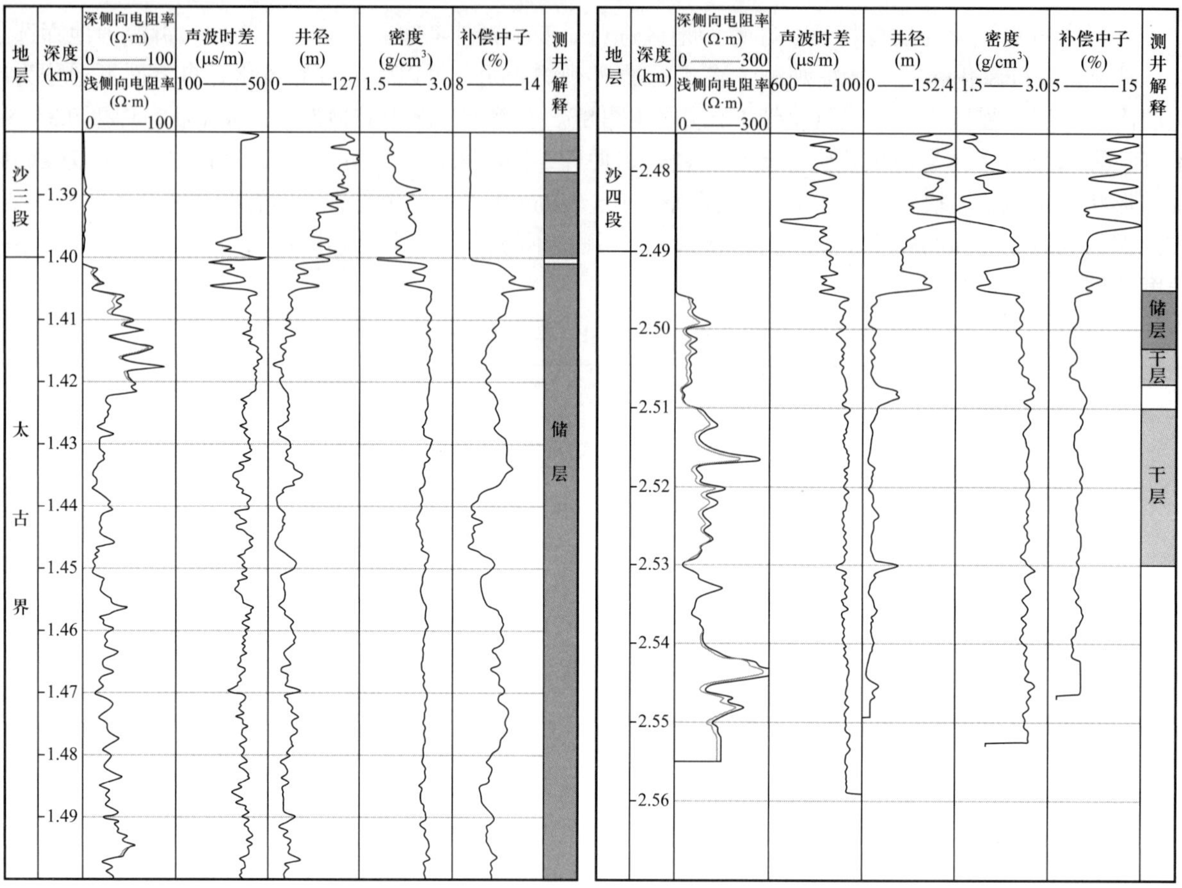

(a) 郑古1井　　(b) 坨137井

图9　潜山顶部与断坡典型探井风化壳储层发育特征

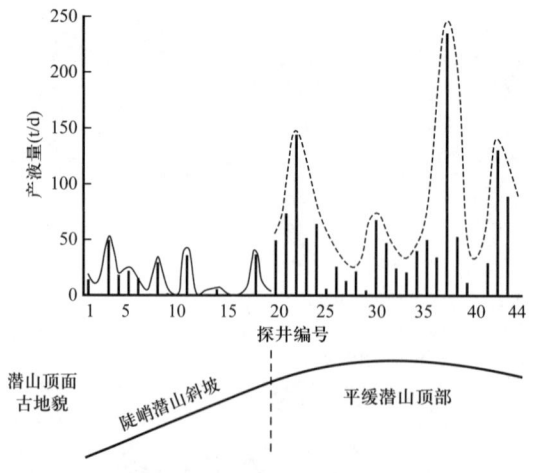

图10　平缓潜山面与陡峭断剥面太古界储集体储集性能差异性

5 储集体发育模式

5.1 内幕储集体发育模式

在分析内幕储集体发育控制因素的基础上，建立了内幕储集体发育模式（图11）。济阳坳陷太古界潜山内幕储集体发育主要受构造改造程度和内幕断层控制，济阳东部构造改造强的潜山，内幕储集体较为发育，如埕北潜山。内幕断层上盘可形成优质内幕储集体，对断层下盘改善作用较小。潜山结构是内幕储集体形成的重要影响因素。济阳坳陷太古界以混合花岗岩类为主，但闪长岩及角闪岩等暗色岩相发育有差异，这种差异造成了平面上不同潜山带潜山结构的差异性，暗色岩相夹层或包体较多的潜山带，潜山结构好，有利于内幕储集体发育；岩性单一的潜山，结构较差，储集体发育也较差。在构造改造程度同等的情况下，结构较好的潜山形成内幕储集体的潜力要高于结构差的潜山。因此就潜山内幕储集体而言，构造改造程度为控制储集体发育的最关键性因素，潜山岩石结构为一种重要调节性因素。

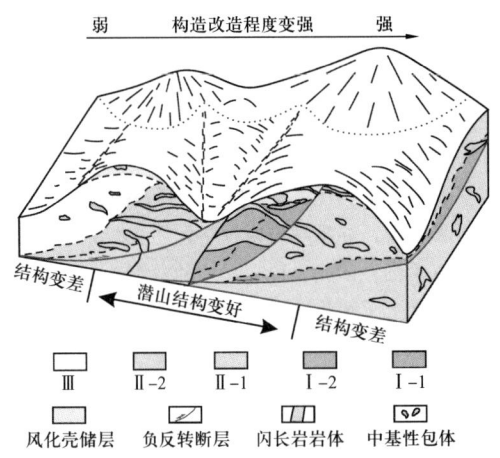

图11 济阳坳陷太古界潜山内幕储集体发育模式

5.2 风化壳储集体发育模式

在分析太古界风化壳储集体发育控制因素的基础上，建立了风化壳储集体发育模式（图12）。潜山顶部岩相特征差异，造成了风化壳储集体在横向上发育程度的差异。暗色矿物为主的岩相（闪长岩或角闪岩包体）发育区储集性能往往较差。断裂发育程度往往决定了风化壳储集体在纵向上的发育厚度，大型断裂对风化壳储集体的改善作用非常明显，往往可形成厚度大、储集性能好的风化壳储集体，尤其对断层的上盘物性改善作用很大，如郑4潜山。风化体保存程度是风化壳储集体储集性能优劣的最终决定因素，潜山顶面较为平缓的区域，风化体的三层结构保存较为完整，储集性能较好，坡度较为陡峭的区域，由于风化体保存较差，储集性能一般或较差。整体而言，潜山顶面岩石矿物组成差异影响风化壳储集体的平面分布，断裂改造则影响风化壳储集体的纵向规模，风化体保存程度则控制了风化壳储集体的最终储集性能。

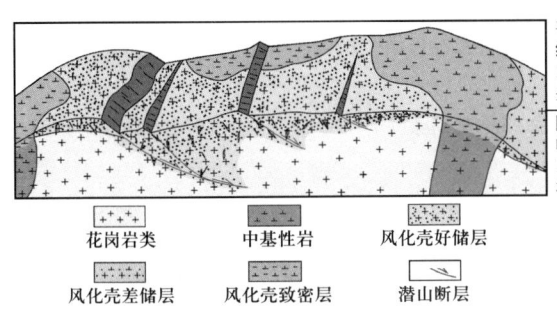

图12 济阳坳陷太古界潜山风化壳储集体发育模式

6 结论

（1）济阳坳陷太古界潜山发育了风化壳和潜山内幕两类储集体，构造裂缝在两类储集体中普遍发育，而机械风化缝与次生溶蚀孔洞主要发育于风化壳储集体。

（2）潜山内幕储集体主要受控于构造改造程度、岩石矿物组成、潜山岩石结构等三大因素，济阳坳陷太古界潜山岩石矿物组成差异较小，构造改造程度为控制内幕储集体发育程度的最关键性因素，潜山岩石结构为一种重要的调节性因素。

（3）风化壳储集体主要受控于断裂改造程度、岩石矿物组成与风化体保存程度等三大因素，潜山顶面岩石矿物组成差异影响风化壳储集体的平面分布，断裂改造则影响风化壳储集体纵向规模，而风化体保存程度则控制了风化壳储集体的最终储集性能。

参考文献

[1] 史浩，周心怀，孙书滨，等.渤海JZS潜山油藏储层发育特征研究[J].石油地质与工程，2008，22（3）：26-32.

[2] 张鹏飞，刘惠民，曹忠祥，等.太古宇潜山风化壳储层发育主控因素分析：以鲁西—济阳地区为例[J].吉林大学学报（地球科学版），2015，45（5）：1289-1298.

[3] 张家辉，金巍，王亚飞，等.鞍山地区太古宙早期地壳生长及重熔：来自始—古太古代片麻岩杂岩的岩石学及年代学证据[J].地质学报，2015，89（7）：1195-1209.

[4] 翟明国，郭敬辉，阎月华，等.太古宙克拉通型下地壳剖面：华北怀安—丰镇—尚义的麻粒岩—角闪岩系[J].岩石学报，1996，12（2）：222-238.

[5] 孟卫工，陈振岩，李湃，等.潜山油气藏勘探理论与实践：以辽河坳陷为例[J].石油勘探与开发，2009，36（2）：136-143.

[6] 周廷全，郭玉新，孟涛，等.济阳坳陷太古界岩浆岩常规测井综合识别[J].油气地质与采收率，2011，18（6）：37-41.

[7] 刘海艳，王占忠，刘兴周.海外河地区变质岩潜山储层特征研究[J].断块油气田，2009，16（6）：37-39.

[8] 邹华耀，赵春明，尹志军.辽东湾JZS潜山变质岩风化壳识别及储集特征[J].天然气地球科学，2015，26（4）：599-607.

[9] 周心怀，项华，于水，等.渤海锦州南变质岩潜山油藏储集层特征与发育控制因素[J].石油勘探与开发，2005，32（6）：17-20.

[10] 李丕龙，张善文，王永诗，等.多样性潜山成因、成藏与勘探：以济阳坳陷为例[M].北京：石油工业出版社，2003.

[11] 姜慧超，张勇，任凤楼，等.济阳、临清坳陷及鲁西地区中新生代构造演化对比分析[J].中国地质，2008，35（5）：963-974.

[12] 程良奎，段振西，刘启琛，等.锚杆喷射混凝土支护技术规范：GB50086-2001[S].北京：中国计划出版社，2001.

[13] 王瑞飞，吕新华，国殿斌，等.东濮凹陷三叠系砂岩油藏裂缝特征及主控因素[J].吉林大学学报（地球科学版），2012，42（4）：1003-1010.

[14] 周进松，童小兰，冯永宏.柴窝堡背斜储层构造裂缝发育特征及控制因素[J].石油学报，2006，27（3）：53-56.

[15] 刘金华，杨少春，陈宁宁，等.火成岩油气储层中构造裂缝的微构造曲率预测法[J].中国矿业大学学报，2009，38（6）：815-819.

[16] 万天丰，赵维明.论中国大陆的板内变形机制[J].地学前缘，2002，9（2）：451-462.

[17] 万天丰，曹秀华.中国三叠纪中晚期—早更新世构造应力值的估算[J].地球科学—中国地质大学学报，1997，22（2）：145-152.

[18] 张奎华，林会喜，张关龙，等.哈山构造带火山岩储层发育特征及控制因素[J].中国石油大学学报（自然科学版），2015，39（2）：16-22.

[19] 何辉，李顺明，孔垂星，等.准噶尔盆地西北缘二叠系佳木河组火山岩有效储层特征与定量评价[J].中国石油大学学报（自然科学版），2016，40（2）：1-12.

[20] 候连华，罗霞，王京红，等.火山岩风化壳及油气地质意义：以新疆北部石炭系火山岩风化壳为例[J].石油勘探与开发，2013，40（3）：257-265.

原文发表于《中国石油大学学报（自然科学版）》2017年第6期

富油凹陷油气分布有序性与富集差异性
——以渤海湾盆地济阳坳陷东营凹陷为例

王永诗[1] 郝雪峰[2] 胡 阳[2]

（1.中国石化胜利油田分公司；2.中国石化胜利油田分公司勘探开发研究院）

摘　要：以渤海湾盆地济阳坳陷东营凹陷为对象，在精细地质建模的基础上，以关键成藏要素演化为主线，开展压力—流体—储集性等成藏要素的联动演化及其耦合控藏作用研究，揭示油气分布有序性及富集差异性的内在机制。断陷盆地沉积体系有序性的发育是油藏有序性分布的基础，压力结构的连续性是控制油藏有序性分布的关键。从凹陷中心到边缘，凹陷、二级层序及大规模沉积体系内油藏类型均呈岩性油藏—构造油藏—地层油藏有序分布的特征。酸碱交替作用控制了陡坡带砂砾岩体扇中优质储层的发育，形成了扇根封堵、扇中富集的油气富集模式，其中扇根与扇中之间的突破压力差决定了油藏富集程度；酸性流体作用控制了滩坝砂和浊积岩优质储层的发育，烃源岩生烃超压与储层改善过程中形成的低压所产生的压力差为油气充注提供动力，形成了烃源岩超压控制油气充满度的"压吸"充注机制。研究结果对于成熟探区的精细勘探具有指导和借鉴意义。

断陷盆地油气分布规律与富集模式是油气藏预测的关键，一直以来备受石油地质学界的关注[1-2]。自20世纪60年代以来，中国石油地质工作者先后提出了源控论[3]、复式油气聚集带理论[4-5]、油藏"环带状"分布[6,7]、隐蔽油气藏理论[8]、富油气凹陷论[9]、满凹含油论[10-11]等油气成藏理论，反映了石油地质学研究从现象表征到机理探求不断发展的过程。随着勘探实践和地质认识的不断深入，石油地质家开始重新思考断陷盆地油藏分布规律，如富油凹陷油藏最终宏观分布规律是什么？油气富集受何因素控制？这些问题不仅是陆相断陷盆地石油地质学的研究目标，同时在勘探实践中发挥着至关重要的作用。目前中国东部陆相断陷盆地大都进入中—高勘探程度[12]，勘探对象日益复杂，如何实现油气储量的不断发现，是成熟探区精细勘探、效益勘探的需求。此外，新一轮油气资源评价结果表明，东部成熟探区仍具有较大剩余资源量，勘探潜力大。因此，本文以东营凹陷为例，以关键成藏要素演化为主线，在精细地质建模的基础上，开展压力—流体—储集性等成藏要素的联动演化及其耦合控藏作用研究，揭示油气有序性分布及差异性富集的内在机理，进而有效指导成熟探区勘探实践。

1　油气分布的有序性及富集的差异性

1.1　油气分布的有序性

勘探实践表明，东营凹陷油气具有有序性分布的特点，如岩性、构造、地层等油藏类型在空间上横向毗邻、纵向叠置，不同油藏类型之间往往有过渡类型存在，但在不同地区、不同构造单元油藏分布序列存在差异。从凹陷、二级层序和沉积体系来看，油气有序性分布具有普遍性。

在凹陷层次上，东营凹陷主要发育4个生油洼陷，自每个洼陷中心到边缘，依次发育岩性油藏、构造—岩性油藏、岩性—构造油藏、构造油藏、地层油藏，油藏类型在平面上分布是有序的，且围绕洼陷中心呈环带状分布（图1）。

在二级层序层次上，以东营凹陷主力含油层系古近系沙河街组四段上亚段—沙河街组二段下亚段（$Es_4^{上}$—$Es_2^{下}$）为例，自洼陷中心至边缘，依次发育岩性油藏、构造油藏和地层油藏，不同油藏类型之间还发育构造—岩性、岩性—构造等过渡油藏类型，油藏分布序列较完整（图2）。其他二级层序内油藏序列不完整，油藏类型分布样式存在明显差异，反映了不同二级层序与烃源岩空间配置关系的差异。

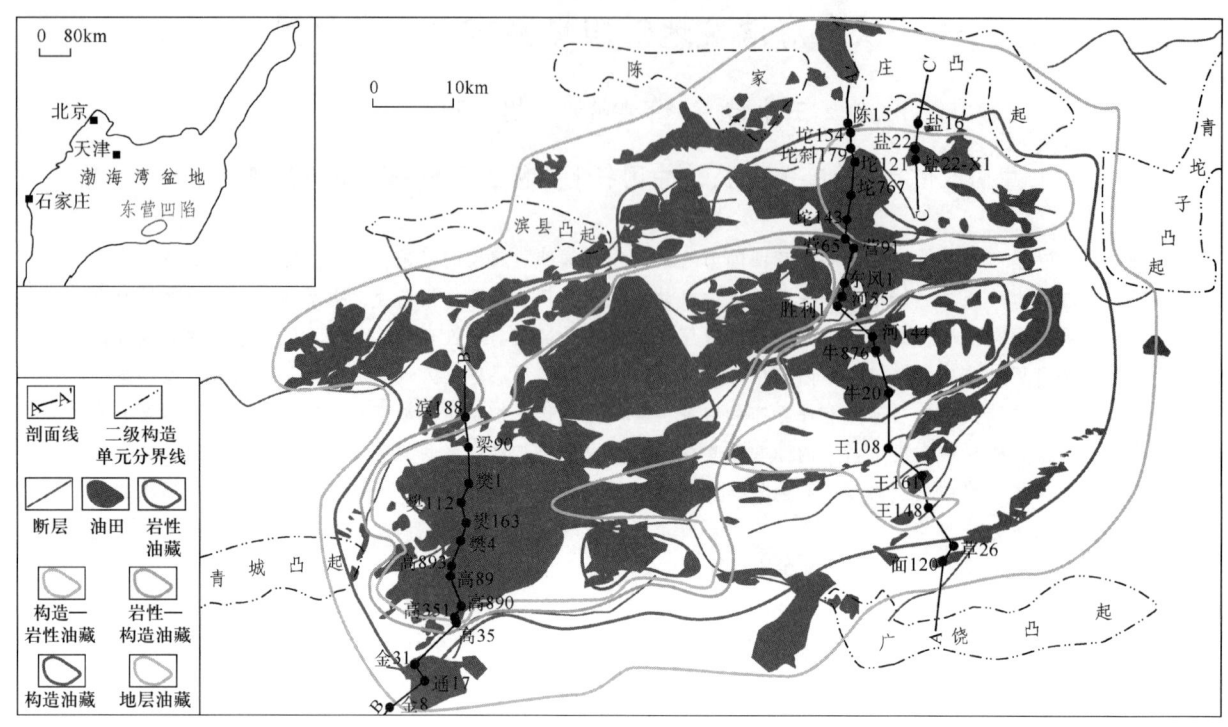

图1 东营凹陷不同油藏类型平面分布图

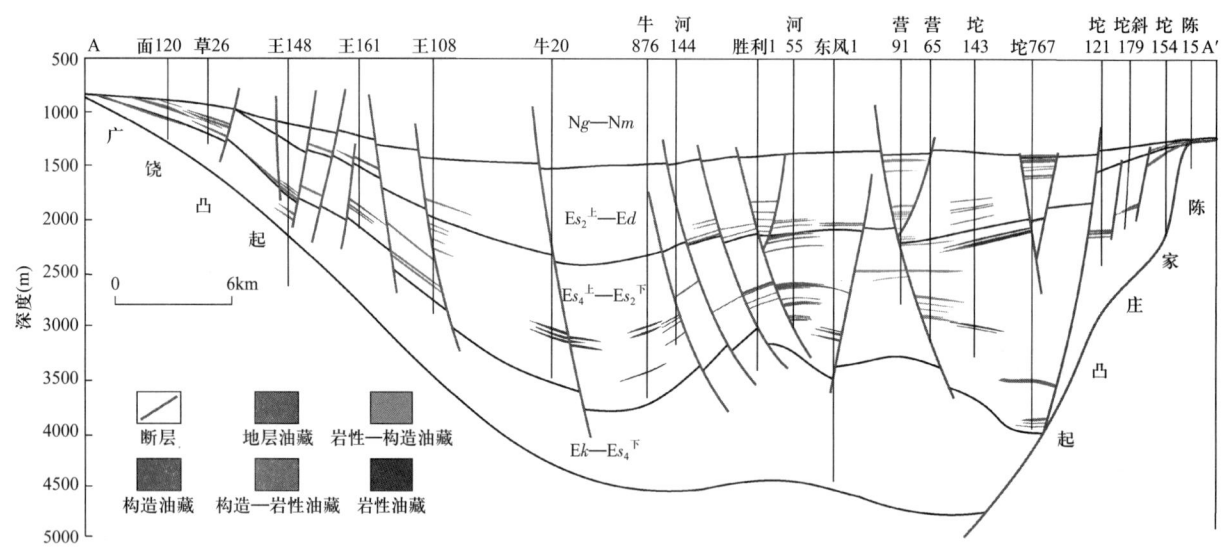

图2 东营凹陷二级层序不同油藏类型分布图（据文献［13］修改，剖面位置见图1）

Nm—明化镇组；Ng—馆陶组；Ed—东营组；$Es_2^{上}$—沙河街组二段上亚段；$Es_2^{下}$—沙河街组二段下亚段；$Es_4^{上}$—沙河街组四段上亚段；$Es_4^{下}$—沙河街组四段下亚段；Ek—孔店组

在沉积体系层次上，以东营三角洲为例，三角洲沉积体系主要由前三角洲亚相（滑塌浊积砂体）、三角洲前缘亚相（河口坝砂体）、三角洲平原亚相（分流河道砂体）组成，自洼陷中心至边缘依次发育岩性油藏、构造—岩性油藏、构造油藏（图3），有序性分布特征明显。同时东营凹陷滩坝砂体和砂砾岩扇体油藏类型也具有类似的有序分布特征[13-14]。

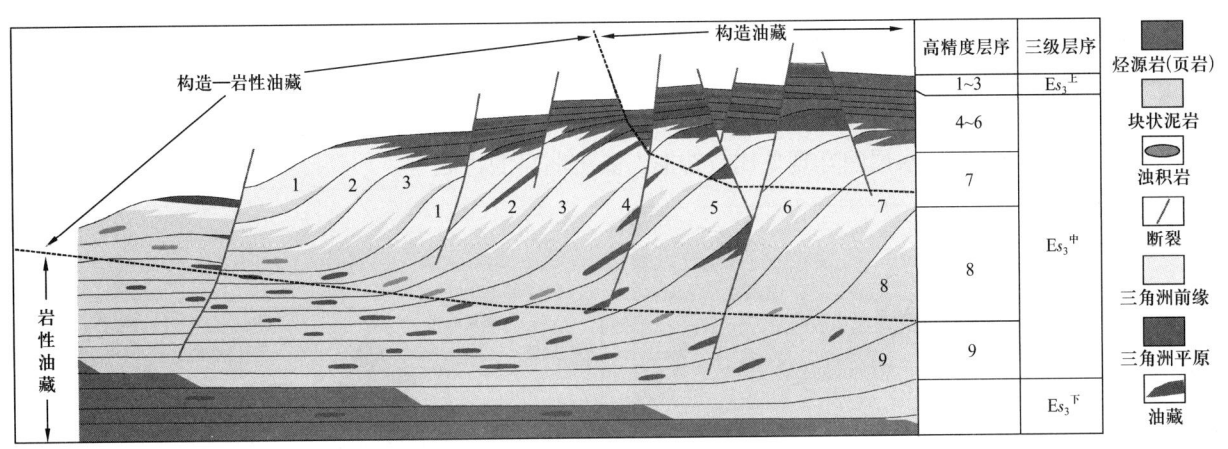

图 3 东营凹陷三角洲沉积体系油藏类型分布图

$Es_3^上$—沙河街组三段上亚段；$Es_3^中$—沙河街组三段中亚段；$Es_3^下$—沙河街组三段下亚段

综上所述，断陷盆地油藏类型在凹陷、二级层序和沉积体系等层次上有序分布、横向毗邻、纵向叠置。油藏类型分布的有序性认识促进了对油藏空间分布的科学预测和评价，指导了不同区带（层系）主要勘探对象的主动转移。

1.2 油气富集的差异性

油气分布的有序性是盆地内油藏空间分布的规律，而盆地内不同构造岩相带油气成藏主控因素的不同，在油气富集模式上则体现出明显的差异性。就东营凹陷而言，古近系发育了陡坡带砂砾岩、凹陷带浊积岩和缓坡带滩坝砂等不同类型储集体，其成藏主控因素不同，导致油气富集模式有着明显的差异[14-18]。在大量油藏解剖的基础上，建立了油气成藏及差异富集的模式。

陡坡带砂砾岩油藏：具有扇根封堵、扇中有利相带控制油气富集的成藏模式（图4）。横向上，就同一期砂砾岩扇体而言，具有扇缘裂缝输导、扇根侧向封堵、扇中油气富集的特征；纵向上，对于多期叠置的砂砾岩扇体而言，可以划分为高充满度带、过渡带和低充满度带。埋深3280～4100m为高充满度带，扇根的封堵能力强，油藏类型为扇根封堵的岩性油藏，油藏非油即水，油气充满度高，含油高度为80～190m，油藏宽度为600～2500m。埋深2500～3280m为过渡带，扇根的封堵能力中等，油藏类型为构造—岩性油藏或岩性油藏，油水间互，油气充满度中等，含油高度为20～90m，油藏宽度为300～1500m。

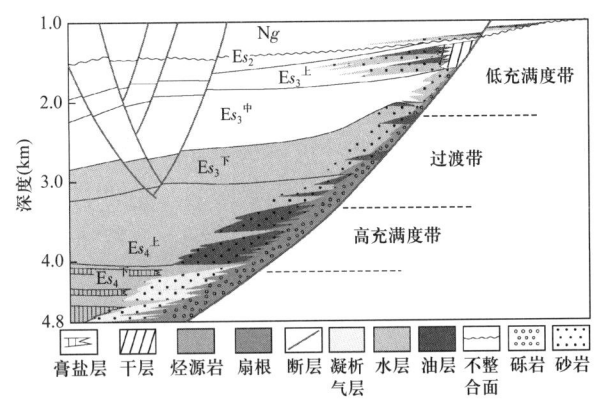

图 4 陡坡带砂砾岩油气富集模式

埋深1700～2500m为低充满度带，扇根封堵能力较差，多为背斜自圈闭构造油藏和地层油藏，油气充满度低，以含油水层为主，含油高度为10～70m，油藏宽度为200～1000m。

凹陷带浊积岩油藏：具有压力—隐蔽输导的油气富集模式（图5）。统计结果表明，当烃源岩排烃强度大于$350×10^4 t/km^2$时，烃源岩区普遍发育异常高压，有利于源内浊积岩透镜体成藏；勘探实践中超过四分之三的岩性体油气藏地层压力系数大于1.2（属于超压），超压区岩性体圈闭的油气充满度高，油气富集程度较高；源外浊积岩透镜体成藏取决于与烃源岩的距离，断裂和裂隙带垂向输导油气，目前已发现浊积岩油藏主要分布于烃源岩向上约225m的范围内，源外浊积岩油藏油气充满度随着与烃源岩距离的增加而逐渐降低。

缓坡带滩坝砂油藏：具有"压吸"充注的油气富集模式（图6），其中烃源岩广泛超压控制了油气富集。靠近凹陷中心烃源岩高压区，油藏类型以岩性油藏为主，油气充满度高，油气藏无明显的边底水，表现为非油即干特征。凹陷斜坡中部的压力过渡区，油藏类型以构造—岩性油藏为主，油气充满度也较高，局部可见到油水间互。凹陷边缘构造高部位的常压区，油藏类型以构造油藏和地层油藏为主，油气充满度较低，油水层间互现象比较普遍，具有明显的边底水。

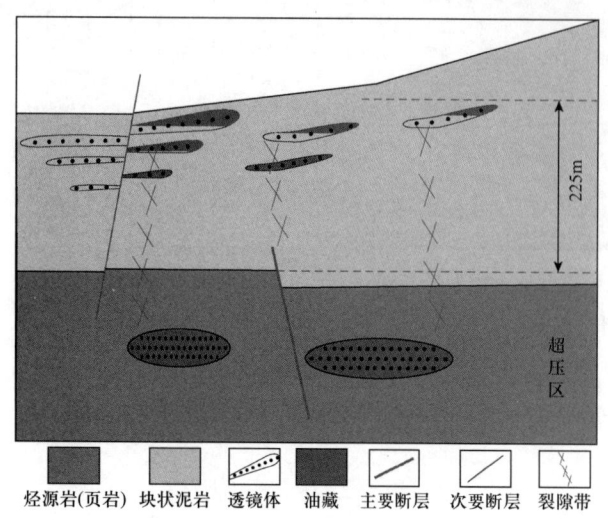

图 5 洼陷带浊积岩油气富集模式

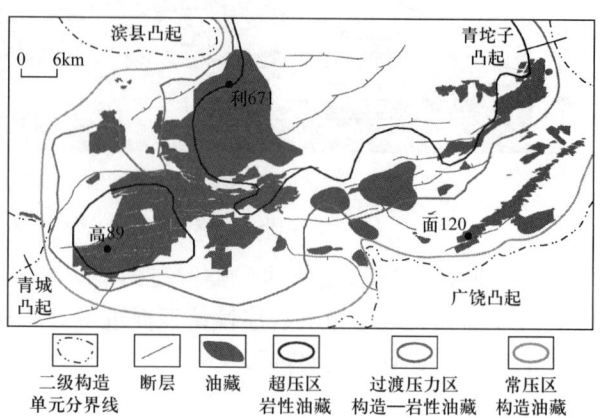

图 6 缓坡带滩坝砂油气富集模式

2 油气分布有序性及富集差异性的控制机制

盆地沉积充填和压力结构的有序性控制了油气有序性分布，而盆地内不同构造带油气富集的差异性则受到压力—流体—储集性耦合作用的控制。

2.1 断陷盆地沉积体系发育有序性是油气分布有序性的基础

渤海湾盆地新生界的发育演化整体受控于太平洋板块俯冲和印度板块挤压碰撞的共同作用[19-20]，作为渤海湾盆地内部三级构造单元，东营凹陷于新生代经历了裂陷和裂后坳陷两大演化阶段，盆地结构整体表现为北断南超的箕状凹陷。受凹陷构造格局的控制，沉积体系从凹陷中心到边缘依次发育深水浊积扇、前三角洲、三角洲前缘、三角洲平原、河流和冲积扇，呈现有序展布的特征。纵向上典型二级层序内部或整个断—坳层序格架内，沉积体系类型变化基本上也呈有序性变化（图7）。

统计结果表明，东营凹陷不同沉积体系发育的主要油藏类型存在差异，凹陷中心深水浊积扇、前三角洲是岩性圈闭主要组成部分，也是凹陷内输导体系的重要组成，主要发育岩性油藏；三角洲前缘则发育断层—岩性圈闭，主要发育构造—岩性油藏和构造油藏；三角洲平原不仅是大型构造油藏的主力储层，同时也是盆地横向输导体系的主要组成部分，主要发育构造油藏；河流主要发育构造油藏和岩性—构造油藏；冲积扇则主要发育地层油藏（图8）。可见，从凹陷中心到边缘沉积体系的有序性决定了成藏静态要素有序分布的基础条件，即沉积充填的有序性控制了圈闭类型、输导体系等成藏要素的连续性特征，进而决定了油气分布的有序性。

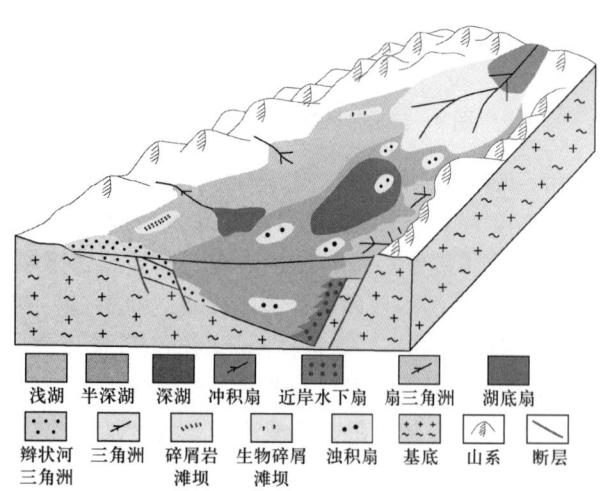

图 7 东营凹陷古近系沉积体系发育模式图

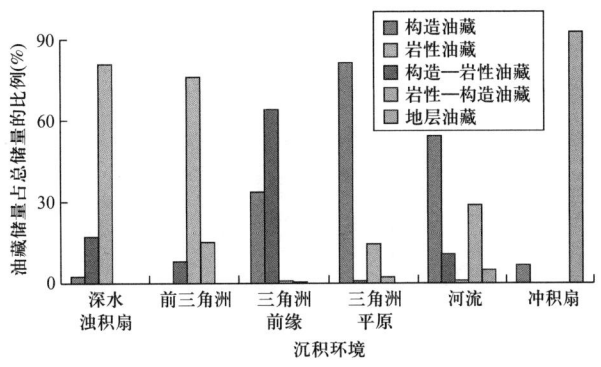

图 8 东营凹陷不同沉积环境主要发育的油藏类型

2.2 断陷盆地压力结构是油气分布有序性的关键

地层超压在油气的生成—运移—聚集过程中具有重要的作用。据钻井 DST 和 MDT 测试压力数据表明，东营凹陷超压主要发育于沙三段和沙四段，与烃源岩发育层系一致，而上覆沙二段、沙一段、东营组、馆陶组和明化镇组，以及下伏孔店组均为常压系统，整体表现为单超压特征[21]。超压中心多位于凹陷沉积（沉降）中心，超压幅度大，压力系数可达 2.0，向凹陷边缘地层压力逐渐过渡为常压区（图 9）。

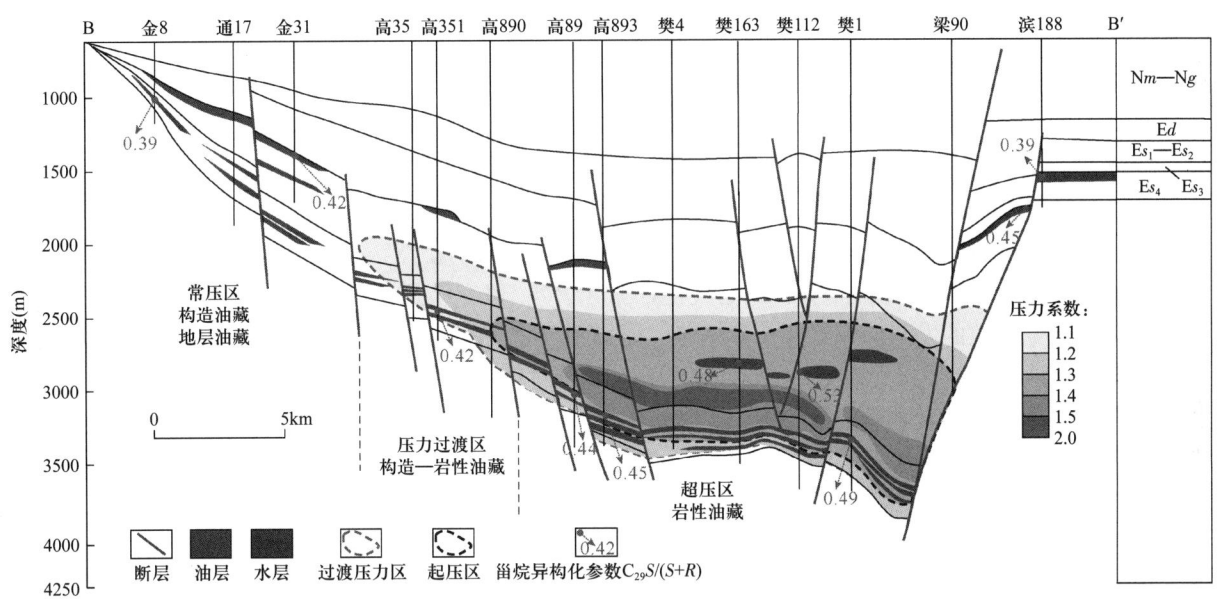

图 9 东营凹陷沙河街组四段滩坝砂岩油藏分布剖面图（剖面位置见图 1）

Nm—明化镇组；Ng—馆陶组；Ed—东营组；Es_1—沙河街组一段；Es_2—沙河街组二段；Es_3—沙河街组三段；Es_4—沙河街组四段

缓坡带滩坝砂勘探实践表明，地层压力结构的有序性控制油藏类型的有序性分布。超压区内主要发育岩性油藏（图 10），从油藏地球化学特征来看，油气成熟度地球化学参数差异不大（图 9），显示出高压驱动为主的成藏特点。虽然岩性油藏中代表成藏阻力的排驱压力和饱和度中值压力值最大（表 1），但超压环境为油气充注提供充足动力，为岩性圈闭的油气富集提供有利条件。常压区以构造油藏发育为主（图 10），油气成熟度地球化学参数呈明显有序性分布，下部成熟度高、上部成熟度低（图 9），体现出常压区以浮力驱动为主的成藏特点。构造油藏成藏阻力较小（表 1），油水密度差所产生的浮力驱替毛细管孔隙中的水，使烃类在圈闭中聚集成藏。断层是压力过渡区垂向泄压的主要通道，储层是油气横向运移通道，油气成熟度地球化学参数发生倒转（图 9），表现为超压—浮力联合驱动为主的成藏特点，油藏类型多样化，但多以构造—岩性油藏为主（图 10）。

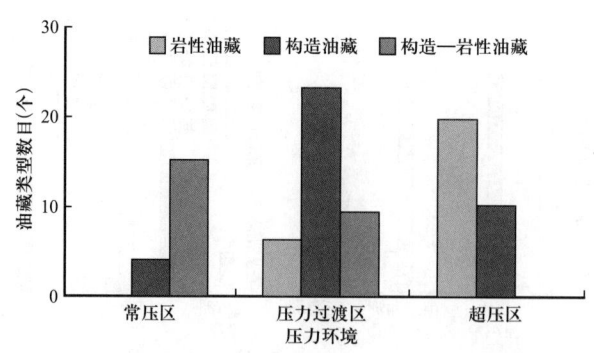

图 10 东营凹陷滩坝砂压力环境与油藏类型对应关系

表 1 东营凹陷不同类型油藏属性统计结果

油藏类型	排驱压力（MPa）		饱和度中值压力（MPa）		压力系数	
	主要区间	平均值	主要区间	平均值	主要区间	平均值
地层油藏	0.005~0.100	0.05	0.03~0.15	0.10	0.90~1.00	0.99
构造油藏	0.010~0.120	0.08	0.10~0.50	0.42	0.90~1.16	1.02
岩性油藏	0.050~1.000	0.38	0.50~5.00	2.79	1.30~1.60	1.49

2.3 压力—流体—储集性耦合控制油气富集差异性

不同构造岩相带位置的差异具有不同构造沉降、沉积充填样式及成岩演化过程，进而决定了压力—流体—储集性作用机理、演化过程的不同（图11），决定了油气成藏过程中不同的耦合方式，以及最终的油气藏富集样式差异性。

就陡坡带砂砾岩而言，具有近物源、快速堆积、粗细混杂的特点，抗压实能力较弱，储层非均质性强，优质储层是控制砂砾岩油气成藏的关键因素[22-24]。研究结果表明，酸碱流体交替作用控制了砂砾岩储层次生孔隙的发育。东营组沉积末期，下伏孔店组—沙河街组四段下亚段膏盐层脱水形成的碱性流体主要通过缺少泥岩隔层的扇根亚相及靠近扇根的扇中部分向上运移，扇根亚相除了发生强压实作用外，还形成硬石膏和碳酸盐强胶结，原始孔隙消耗殆尽，以至于伴随烃源岩生烃形成的酸性流体难以大规模对扇根储层进行溶蚀，扇根储层物性逐渐变差（图12）。而扇中亚相原始沉积条件较好，抗压实能力强，泥岩隔层发育，碱性流体作用范围有限，形成部分碳酸盐胶结物，保存了部分原生孔隙，为后期酸性流体注入提供了空间，酸性流体对长石颗粒及早期碳酸盐胶结物进行溶蚀，进一步改善了扇中亚相储集空间（图12）。可见，扇中储层物性变好，扇根储层物性进一步变差，形成了扇根封堵的成岩圈闭。馆陶组沉积末期至今，烃源岩经历了东营组沉积末期的构造抬升及后期沉降，烃源岩二次生烃排出的有机酸对扇中储层再次溶蚀，进一步改善扇中储集空间，而扇根持续遭受压实作用，储层逐渐致密，油气封堵能力增强，成岩圈闭逐渐定型。油气地球化学指标对比表明，砂砾岩体不同油藏、同一油藏不同部位油气来源存在明显差异。砂砾岩油藏的油气主要来自沙四段烃源岩，但不同层位砂砾岩油藏、同一油藏不同部位油气来源存在明显差异。沙四段上亚段靠凹陷一侧（如盐22-X1井）油气源于沙四段下亚段烃源岩和沙四段上亚段烃源岩，具有混源的特征（图13a）；沙四段上亚段靠近扇根一侧（如盐22井）和沙三段（如盐16井）油气均来自沙四段下亚段烃源岩（图13b~c）。两套含油气系统虽然在空间上纵向叠置，但油气沿扇体纵向运聚成藏受控于扇根成岩演化程度。在早期沙四段下亚段烃源岩生排烃阶段，砂砾岩扇体扇根部位储集物性较好，可作为垂向输导层使油气运移至浅层，在以盐16井为代表的沙三段构造圈闭中聚集成藏。而在晚期沙四段上亚段烃源岩生排烃阶段，随着埋深加大，扇根部位储集物性逐渐变差，封堵能力增强，沙四段上亚段油气多以横向运移为

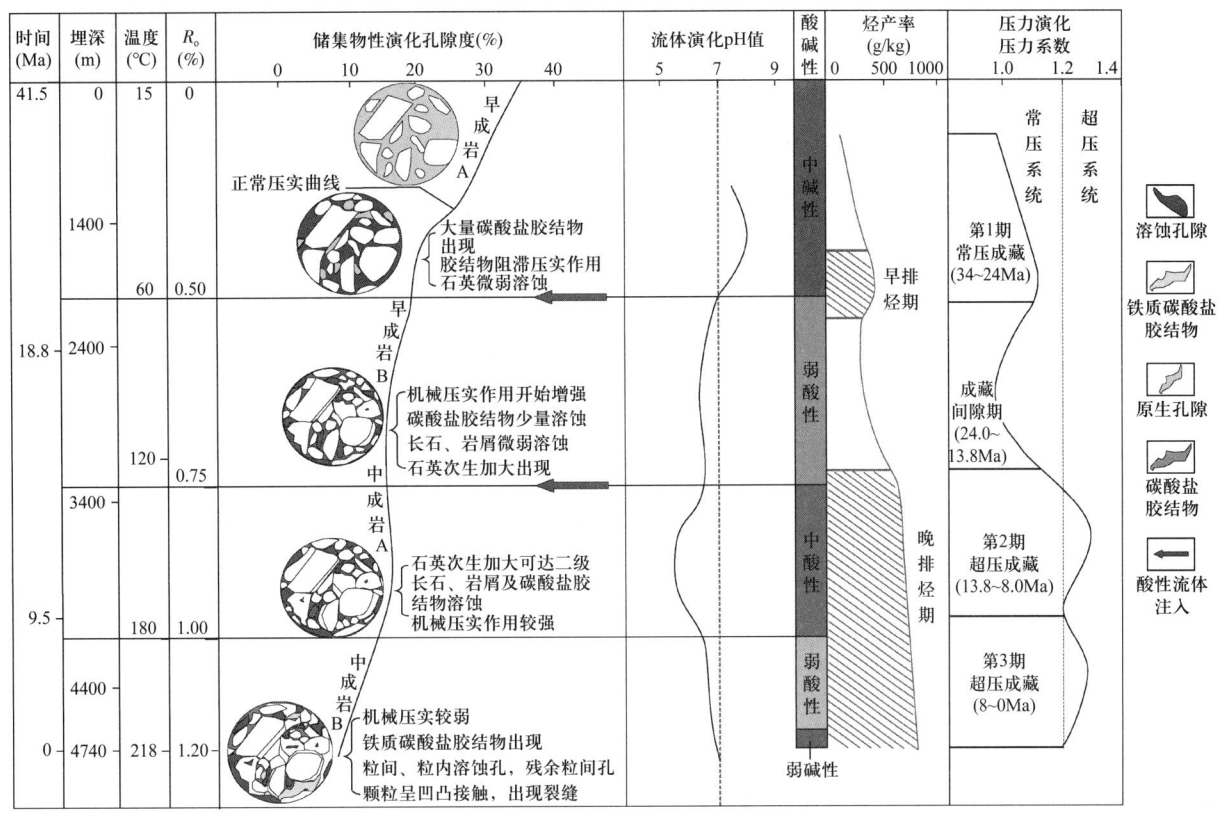

图 11 压力—流体—储集性联动演化及其耦合作用示意图

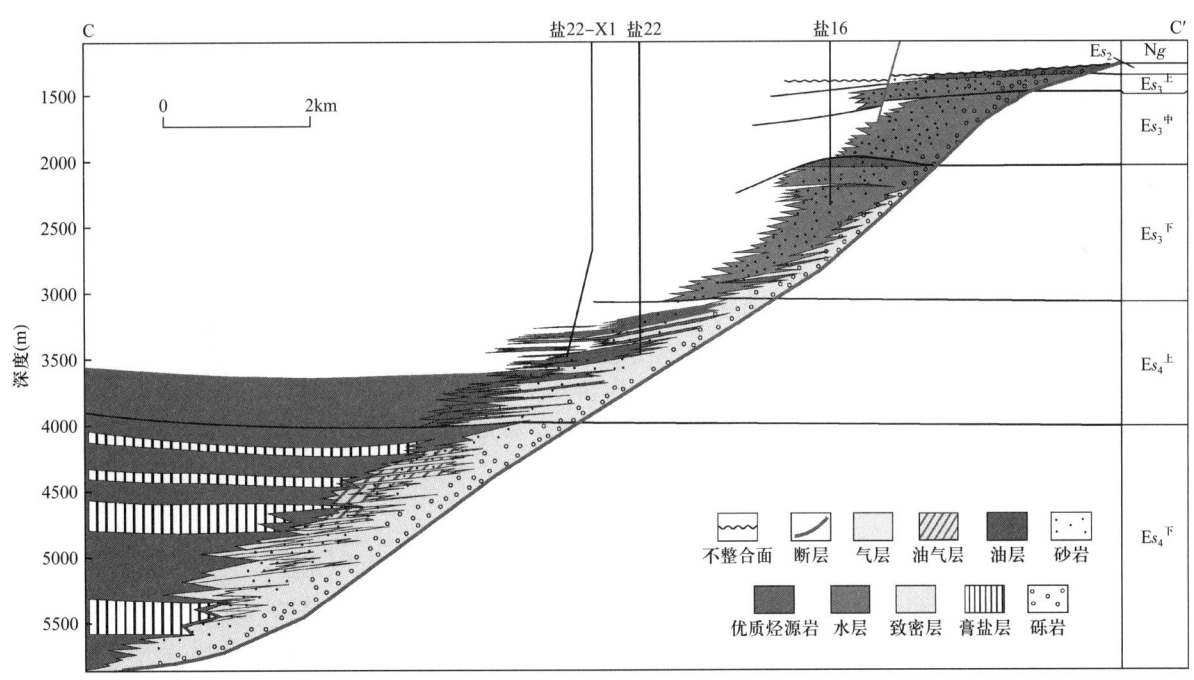

图 12 东营凹陷砂砾岩扇体油气富集机制（剖面位置见图 1）

主，在靠近沙四段上亚段烃源岩成岩圈闭中聚集成藏。因此，在靠近扇根部位和浅层油藏的油气主要来自沙四段下亚段烃源岩，而靠近扇端部位油藏的油源则具有沙四段上亚段烃源岩和沙四段下亚段烃源岩混源特征，显示出扇根由开启向封闭转化的过程。由于砂砾岩扇体紧邻沙四段烃源岩，烃源岩生烃增压为油气充注提供动力，但目前已发现的多为常压砂砾岩油藏，表明扇体内油气运移以浮力驱动为主。在油源充足的条件下，砂砾岩扇根与扇中之间突破压力差决定了油藏富集程度。

洼陷带浊积岩和滩坝砂多包裹于烃源岩中或紧邻烃源岩，储层形成演化与烃源岩生烃演化过程中排出酸性流体有关。酸性流体造成酸性不稳定矿物（长石和碳酸盐矿物）的溶蚀，形成大量次生溶蚀孔隙（图14），改善了深部储层储集性能。烃源岩生烃增压作用导致烃源岩内部形成异常压力封存箱，包裹于异常压力封存箱内的砂体受超压保护，地层超压使得孔隙流体承载一部分的负载压力，抑制了压实作用，有利于储层物性的有效保存[25]，同时酸性环境下长石蚀变消耗大量地层水[26-27]，在深层封闭系统内耗水反应使其内部压力降低，进而有效改善了储集空间。烃源岩生烃增压与储层耗水降压所形成巨大的压力差为油气充注提供动力，形成烃源岩超压控制油气充满度的"压吸"充注的油气运聚模式（图14）。

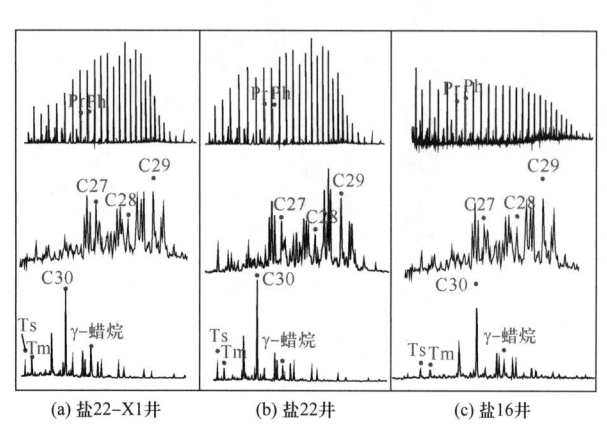

图13　盐22-X1井、盐22井、盐16井原油生物标志物谱图

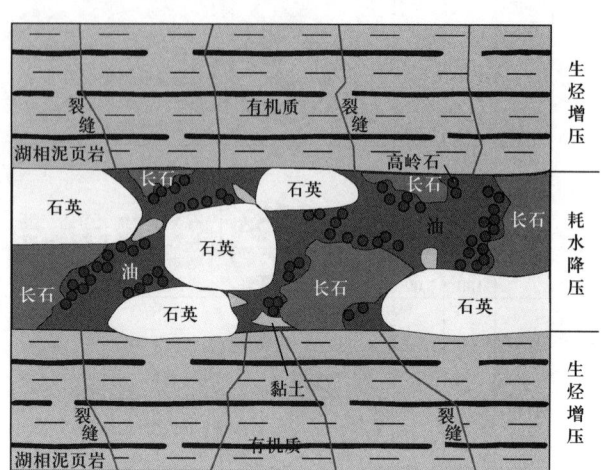

图14　东营凹陷滩坝砂油气充注机制

3　油气分布有序性及富集差异性的勘探意义

东营凹陷作为中国东部陆相断陷盆地的典型代表之一，其油气分布有序性及富集差异性的特征可以为类似盆地的油气勘探提供借鉴。盆地内油气分布的有序性揭示了同一成藏系统下油气分布的规律性和不同层系储量空白区的勘探潜力，为成熟探区的勘探选区提供指导。区带间油气富集模式的差异性揭示了盆地内不同类型油气藏控制油气富集的关键要素、勘探思路及关键技术的不同，针对控制油气富集的关键要素进行攻关，进而开展精细地质建模和量化评价，为实现高效勘探提供保障，是实现高效勘探的关键。这种认识适用于不同层次的勘探过程，有力支持含油气盆地群、含油气盆地、油气聚集带勘探的科学部署，支撑成熟探区的稳定持续发展。

3.1　转变高勘探程度空白区勘探思路

针对高勘探程度盆地储量空白区的勘探，首先在盆地构造演化、沉积充填及其成藏要素的综合分析基础上，建立油气分布的有序性模式，预测储量空白区可能发育的油藏类型，进而有效指导宏观勘探选区。在优选重点评价区带的基础上，通过对已发现油藏的精细解剖，明确油气成藏主控因素，结合失利井分析，剖析储量空白区形成原因，进而通过类比储量区和储量空白区，明确制约该区勘探的关键成藏要素及耦合作用的差异性。从关键控藏要素入手，开展精细地质建模和定量评价，开展目标优选和勘探部署，从而实现主力含油层系探明储量叠合连片。

3.2　勘探实践效果

以缓坡带滩坝砂勘探为例介绍勘探部署思路转变及勘探实践效果。以往滩坝砂油藏的勘探主要集

- 190 -

中在高部位鼻状构造及其翼部，但由于对砂体分布和油气藏类型认识不清，在低斜坡区和深洼带存在大量储量空白区（图15a），储量空白区内有多口钻井（如高89井）见到良好的油气显示，说明滩坝砂在低斜坡区和深洼带具有较大的勘探潜力。从沉积体系上看，缓坡带滨浅湖滩坝砂广泛分布，具有储层大面积连片分布的特点，为油气有序性分布提供了物质基础，同时滩坝砂体多与烃源岩超压中心侧接，超压为滩坝砂体大面积成藏提供条件。依据油气有序性分布模式，推测自凹陷边缘向中心依次发育构造油藏、构造—岩性油藏和岩性油藏，预测深洼带可能发育岩性油气藏，进而优选深洼带储量空白区作为重点评价区带。针对深洼带异常高压区岩性油藏，从储层分布和压力特征入手，开展精细地质建模和重新评价，相继部署完钻探井68口，分别在樊东地区和利津洼陷发现了樊159、樊147、梁75、梁76等整装储量区块，新增探明储量1.94×10^8t，实现了东营凹陷原有12个油田同一层系滩坝砂岩油藏的整体含油连片（图15b）。

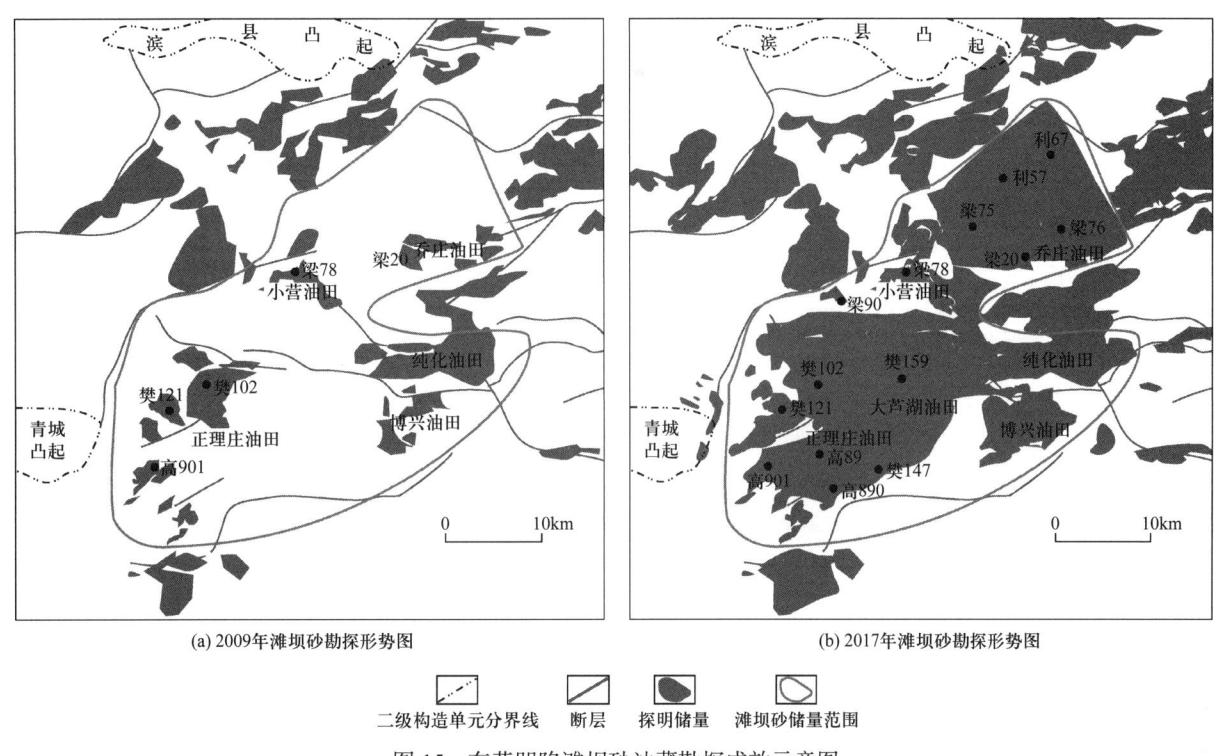

图15 东营凹陷滩坝砂油藏勘探成效示意图

4 结论

断陷盆地沉积体系有序性的发育是油藏有序性分布的基础，压力结构的连续性是控制油藏有序性分布的关键。从凹陷中心到边缘，凹陷、二级层序及大规模沉积体系内油藏类型均呈岩性油藏—构造油藏—地层油藏有序分布的特征，不同类型中间往往存在构造—岩性、岩性—构造等过渡油藏类型，油藏类型有序性分布具有普遍性。

受压力—流体—储集性耦合作用的控制，不同构造带的油气富集特征存在差异。酸碱交替作用控制了陡坡带砂砾岩体扇中优质储层的发育，形成了扇根封堵、扇中富集的油气富集模式，其中扇根与扇中之间的突破压力差决定了油藏富集程度；酸性流体作用控制了滩坝砂和浊积岩优质储层的发育，烃源岩生烃超压与储层改善过程中形成的低压所产生的压力差，为油气充注提供动力，形成了烃源岩超压控制油气充满度的"压吸"充注的油气充注机制。

断陷盆地油藏类型分布有序性揭示了同一成藏系统下油气空间分布的规律性，是成熟探区进行油气预测的基础。区带间油气富集的差异性揭示了不同类型油藏控制油气富集的关键要素不同，是实现精细勘探、高效勘探的关键。

参考文献

[1] 刘震，陈艳鹏，赵阳，等.陆相断陷盆地油气藏形成控制因素及分布规律概述[J].岩性油气藏，2007，19（2）：121-127.

[2] DU J H, YI S W, LU X J, et al. "Complementarity" feature of hydrocarbon distribution in oil-rich sag[J].Petroleum Science, 2004, 1（2）：79-86.

[3] 胡朝元.生油区控制油气田分布：中国东部陆相盆地进行区域勘探的有效理论[J].石油学报，1982，3（2）：9-13.

[4] 胡见义，徐树宝，童晓光.渤海湾盆地复式油气聚集区（带）的形成和分布[J].石油勘探与开发，1986，13（1）：1-8.

[5] 李德生.渤海湾盆地复合油气田的开发前景[J].石油学报，1986，7（1）：1-21.

[6] 刘兴材，钱凯，吴世祥.东营凹陷油气场环对应分布论[J].石油与天然气地质，1996，17（3）：185-189.

[7] 李丕龙.富油断陷盆地油气环状分布与惠民凹陷勘探方向[J].石油实验地质，2001，23（2）：146-148.

[8] 李丕龙，张善文，宋国奇，等.断陷盆地隐蔽油气藏形成机制：以渤海湾盆地济阳坳陷为例[J].石油实验地质，2004，26（1）：3-10.

[9] 袁选俊，谯汉生.渤海湾盆地富油气凹陷隐蔽油气藏勘探[J].石油与天然气地质，2002，23（2）：130-133.

[10] 赵文智，邹才能，汪泽成，等.富油气凹陷"满凹含油"论：内涵与意义[J].石油勘探与开发，2004，31（2）：130-142.

[11] 赵贤正，金凤鸣，王权，等.陆相断陷盆地洼槽聚油理论及其应用：以渤海湾盆地冀中坳陷和二连盆地为例[J].石油学报，2011，32（1）：18-24.

[12] 程喆，徐旭辉，邹元荣，等.中国东部部分富油断陷盆地增储潜力与勘探对策[J].石油实验地质，2013，35（2）：202-206.

[13] 郝雪峰，尹丽娟，林璐.济阳坳陷油藏类型及属性分布有序性[J].油气地质与采收率，2016，23（1）：8-13.

[14] 王永诗，刘惠民，高永进，等.断陷湖盆滩坝砂体成因与成藏：以东营凹陷沙四上亚段为例[J].地学前缘，2012，19（1）：100-107.

[15] 刘鑫金，宋国奇，刘惠民，等.东营凹陷北部陡坡带砂砾岩油藏类型及序列模式[J].油气地质与采收率，2012，19（5）：20-23.

[16] 张善文，王永诗，石砥石，等.网毯式油气成藏体系：以济阳坳陷新近系为例[J].石油勘探与开发，2003，30（1）：1-10.

[17] 王永诗，鲜本忠.车镇凹陷北部陡坡带断裂结构及其对沉积和成藏的控制[J].油气地质与采收率，2006，13（6）：5-8.

[18] 卓勤功，向立宏，银燕，等.断陷盆地洼陷带岩性油气藏成藏动力学模式：以济阳坳陷为例[J].油气地质与采收率，2007，14（1）：7-10.

[19] 吴智平，李伟，任拥军，等.济阳坳陷中生代盆地演化及其与新生代盆地叠合关系探讨[J].地质学报，2003，77（2）：280-286.

[20] 郝雪峰.陆相断陷盆地沉积相律与油藏类型序列类比分析[J].油气地质与采收率，2006，13（5）：1-6.

[21] 郝雪峰.东营凹陷沙三—沙四段砂岩储层超压成因与演化[J].石油与天然气地质，2013，34（2）：167-173.

[22] 操应长，远光辉，李晓艳，等.东营凹陷北带古近系中深层异常高孔带类型及特征[J].石油学报，2013，34（4）：683-691.

[23] 王永诗，王勇，朱德顺，等.东营凹陷北部陡坡带砂砾岩优质储层成因[J].中国石油勘探，2016，21（2）：28-36.

[24] 孟涛，刘鹏，邱隆伟，等.咸化湖盆深部优质储集层形成机制与分布规律：以渤海湾盆地济阳坳陷渤南洼陷古近系沙河街组四段上亚段为例[J].石油勘探与开发，2017，44（6）：896-906.

[25] 金凤鸣, 张凯逊, 王权, 等. 断陷盆地深层优质碎屑岩储集层发育机理: 以渤海湾盆地饶阳凹陷为例 [J]. 石油勘探与开发, 2018, 45 (2): 247-256.
[26] 张善文. 成岩过程中的"耗水作用"及其石油地质意义 [J]. 沉积学报, 2007, 25 (5): 1-6.
[27] 张善文. 再论"压吸充注"油气成藏模式 [J]. 石油勘探与开发, 2014, 41 (1): 37-44.

原文发表于《石油勘探与开发》2018年第5期

成熟探区"层勘探单元"划分与高效勘探

宋明水[1]　王永诗[1]　李友强[2]

（1.中国石化胜利油田分公司；2.中国石化胜利油田分公司勘探开发研究院）

摘　要：针对济阳坳陷面临的高勘探程度阶段继续开展高效勘探、实现可持续发展等难题，立足济阳坳陷勘探实践，研究了符合当前地质规律认识与勘探精细程度的成藏—地质评价方法。首先提出"层勘探单元"概念，并将其定义为断陷盆地同一个构造层或构造亚层中具有相对完整统一的构造体系、沉积体系和油气运聚体系的勘探地质单元；进而建立了"层勘探单元"划分和优选评价方法，将济阳坳陷划分为305个"层勘探单元"，实现了地质认识与部署思路的精细化和立体化；开展基于"层勘探单元"的剩余资源精细劈分和勘探目标效益评价，明确了济阳坳陷古近系沙四段上亚段—东营组、新近系馆陶组—明化镇组、古生界潜山、古近系孔店组—沙四段下亚段等四大领域66个高效"层勘探单元"为近中期增储和突破的重要方向，为"十三五"高效勘探提供依据。

1　勘探概况

1.1　问题的提出

济阳坳陷位于渤海湾盆地东南部（图1），是中国东部典型的陆相断陷盆地[1]。1961年勘探获得突破，已经历了近60年的油气发展历程。截至2016年底，济阳坳陷整体探井密度为0.23口/km^2，探明程度为51.9%；自下而上发现了太古宇、古生界、中生界、新生界的孔店组—沙四段下亚段（以下简称沙四下）、沙四段上亚段（以下简称沙四上）、沙河街组三段（以下简称沙三段）、沙河街组二段（以下简称沙二段）、沙河街组一段（以下简称沙一段）、东营组、馆陶组—明化镇组等10余套含油气层系，其中沙四上及以上主力增储层系探明程度总体达60%以上，按照中国石化推荐的勘探程度划分标准，已达到高—特高勘探程度[2-3]。

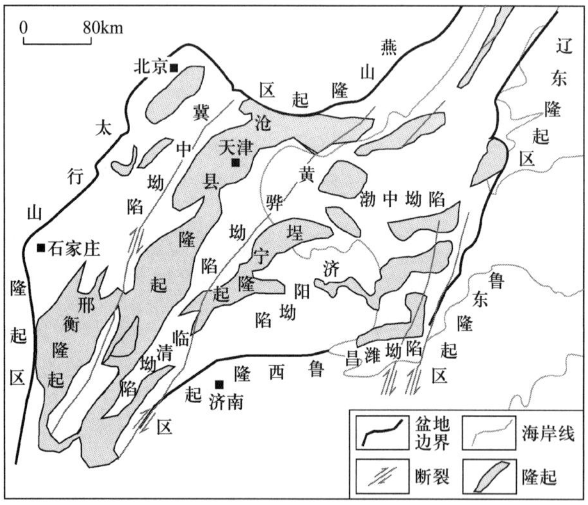

2014年以来，国际油价断崖式下跌，并长期低位徘徊，使得油气上游企业面临空前严峻的新形势。新的形势要求油气勘探工作必须注重新增石油地质储量的经济性和可动性，实现由地质储量向可动储量的转变。济阳坳陷油气勘探进入"效益优先、高效勘探"的新阶段，精细勘探成为断陷盆地成熟探区的必然要求。剩余效益油气资源在哪里？如何优选评价高效勘探区带？这些问题已成为当前勘探工作急需解决的课题[3-5]。

图1　渤海湾盆地济阳坳陷构造位置图

1.2　济阳坳陷的勘探历程

勘探区带是勘探生产的工作基础，勘探区带划分的尺度原则是地质认识和勘探程度的综合反映。科学划分和优选区带是每个勘探阶段的主要任务之一。

从济阳坳陷勘探实践来看，随着地质认识不断深入，勘探程度不断提高，勘探区带也是不断变化的。济阳坳陷的勘探大致经历了4个历史阶段：第1阶段（1960—1982年），主要以二维地震资料及相关技术为手段，围绕东营凹陷、沾化凹陷、车镇凹陷、惠民凹陷等4个凹陷展开以背斜构造油藏为主要目标的区域勘探；第2阶段（1983—1995年），以复式油气聚集带勘探理论为指导，以三维地震资料及勘探技术为手段，围绕26个二级构造带展开复式油气聚集带勘探；第3阶段（1996—2012年），以隐蔽油气藏勘探理论为指导，以高精度三维地震资料及勘探配套技术为手段，围绕26个二级构造岩相带，开展以岩性、地层、复杂断块、潜山等多类型隐蔽油气藏为主要目标的区块勘探；第4阶段（2013年以来），以断陷盆地富油凹陷油气藏分布有序性、差异性为指导，以叠前时间偏移或叠前深度偏移高精度三维地震资料及重点领域勘探配套技术为支撑，以"层勘探单元"为工作基础，开展复杂隐蔽油气藏精细勘探。

1983—2012年，济阳坳陷实现了连续30年年新增探明石油地质储量均过亿吨，创立了陆相断陷盆地的勘探典范。2013年以来，在低油价与高勘探程度叠加的新形势下，实现了年均新增控制石油地质储量5000×10^4 t以上，且均为优质可动用储量。采用与盆地勘探发展相适应的区带划分尺度，是科学认识盆地质特征、评价资源潜力，并进行科学勘探部署、实现高效勘探的前提。

当前，济阳坳陷成熟勘探阶段的精细勘探、效益勘探要求更精准把握成熟探区剩余资源潜力，更准确了解低勘探程度区或层系资源潜力及制约勘探的关键问题，要求在更精细的勘探单元、更聚焦的勘探目的层系上开展研究与部署，如以"层勘探单元"为基本工作单元的勘探综合评价研究。

2 "层勘探单元"概念及划分方法

2.1 "层勘探单元"概念

勘探实践证明，济阳坳陷作为陆相断陷盆地，断裂构造发育，圈闭类型多样，储集体分布复杂，具有多期成盆演化、多套主力烃源岩、多期油气运聚成藏、多种油藏类型、复式油气聚集的特征[1]，是典型的陆相断陷复式油气聚集区。这种特征决定了济阳坳陷不仅在平面上，而且在纵向不同层系之间油气成藏规律存在较大差异，这种差异性决定了不同地区、不同层系油气富集程度，也预示着油气勘探的方向变化。对这种差异性的把握是勘探认识的核心内容之一，而不同勘探阶段勘探单元的变化正是地质认识与部署思路发展的集中体现[6-8]。

当前探区尽管整体处于成熟勘探阶段，但不同层系之间在勘探程度、认识程度、资源发现程度上均存在较大的勘探不均衡性。这种不均衡性既是断陷盆地石油地质特征复杂性的表现，也是由勘探主观认识规律共同决定的。

"层勘探单元"是指断陷盆地同一个构造层或构造亚层中，具有相对统一的构造体系、沉积体系、油气运聚体系的勘探地质单元。它既是一个具有相对完整的地质特征和成藏特征、带有相对完善的地质认识和勘探技术体系的基本地质单元，也是一个具有相对统一的勘探思路、部署方案的基本勘探工作单元。"层勘探单元"不仅对成熟探区平面勘探区域进一步聚焦，更将勘探方向明确到纵向的某一个层系，使得勘探区域和方向更加精细化、具体化。

2.2 "层勘探单元"划分方法

"层勘探单元"的划分应综合考虑成藏条件、勘探程度、勘探理论技术、勘探思路、部署方案等多个因素。纵向上要细分目的层系，平面上要细分勘探区块。勘探工作具有延续性，勘探理论技术既继承又发展。"层勘探单元"的划分，原则上应在区块勘探单元基础上进行划分。

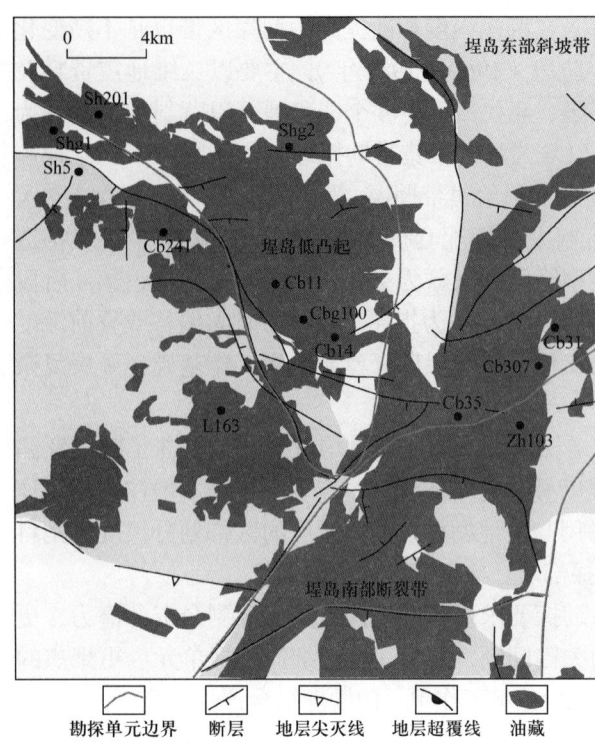

图 2 埕岛地区勘探单元划分图

2.2.1 平面细分勘探区块

平面勘探单元划分尺度决定了对区带认识的精细程度。勘探单元是具有相对独立的构造体系、沉积体系和油气运聚体系的地质单元,是可进行相对统一的勘探研究和工作部署的基本工作单元。勘探单元的划分应充分考虑构造体系、沉积体系、输导体系等要素,此外,还应考虑勘探程度的差异。

以埕岛地区为例,它是一个相对独立的大型潜山披覆构造带(图2)。西部以埕北断层为界,北部和东部为探区边界,南部以埕北15断层为界与桩西洼陷分隔,是一个典型的披覆背斜构造带。其西靠埕北凹陷、东邻渤中凹陷、北部为沙南洼陷、南部为桩西洼陷,油气成藏条件优越。多年来,作为1个复式油气聚集带开展勘探。依据构造体系、成藏体系、沉积体系、勘探程度可将埕岛地区划分为3个勘探单元:埕岛低凸起、埕岛南部断裂带、埕岛东部斜坡带(图2)。其中,埕岛低凸起为披覆背斜主体区,构造相对单一,古近—新近系整体披覆于前古近系之上,油源条件优越,是埕岛地区油气最富集的区带。新近系河道砂是主力勘探对象,勘探程度较高,古近系、中生界、古生界、太古宇也有发现,但勘探程度均较低。埕岛东部斜坡带构造也相对简单,但勘探目的层主要以古近系为主,以地层、岩性油藏为主;由于埋藏较深,导致勘探程度较低。埕岛南部断裂带构造复杂,断块众多,油气资源相对丰富,勘探目标以新近系河道砂、中生界碎屑岩潜山、古生界碳酸盐岩潜山为主。总体来看,不同勘探单元构造体系不同、主力勘探目标沉积体系不同、油气成藏也存在差异。

当然,对于勘探程度较低、成藏体系相对独立的外围小洼陷或凸起区,如里则镇洼陷带、流钟洼陷带、青坨子凸起等,可作为一个整体,便于区域地质研究和部署。

按此办法,可将济阳坳陷划分为72个区块勘探单元(表1)。

表 1 济阳坳陷不同勘探历史阶段各凹陷勘探区带对比表

凹陷/地区	构造油藏阶段区带个数	复式聚集带—隐蔽油气藏阶段区带个数	当前阶段区带个数	
			勘探单元	层勘探单元
东营凹陷	1	4	20	93
沾化凹陷	1	8	20	103
车镇凹陷	1	2	9	39
惠民凹陷	1	7	11	39
滩海地区	1	5	12	31
小计	5	26	72	305

2.2.2 纵向细分目的层系

不同勘探层系,勘探程度、构造体系、沉积体系、成藏体系、勘探技术、部署思路等存在一定差异。济阳坳陷已发现的12套含油气层系可划分为坳陷期馆陶组—明化镇组，断陷初始期孔店组—沙四下，断陷鼎盛期沙四上、沙三段、沙二段，断陷萎缩期沙一段—东营组，裂陷期中生界、古生界，基底层太古宇等9套主要目的层。按照勘探程度及油气发现程度划分，新近系馆陶组—明化镇组、古近系沙四上、沙三段、沙二段为勘探成熟层系，沙一段—东营组为高钻遇、低认识程度层系，古近系孔店组—沙四下、中生界、古生界、太古宇为低勘探程度层系。馆陶组—明化镇组勘探程度高，主要发育河流沉积体系，埋藏浅，物性好，是效益勘探的重要方向，油气成藏模式以箱外"网—毯式"运聚为主；沙四上为主要生烃层系，主要发育近源扇体及湖相沉积，如陡坡近岸水下扇、缓坡滩坝砂岩沉积，油气成藏模式以箱侧砂砾岩扇根封堵成藏、箱侧滩坝砂"三元"控藏为主；沙三段为断陷鼎盛期沉积，沉积体系类型多样，既发育长轴三角洲—浊流沉积体系，又发育短轴近岸扇体沉积体系，油气成藏模式以箱内浊积岩隐蔽输导控藏模式、箱侧砂砾岩扇根封堵成藏模式等为主；沙二段以三角洲平原—河流沉积体系为主，油气成藏以构造控藏模式为主；沙一段—东营组为断坳过渡期沉积层系，主要发育湖相碳酸盐岩、远源三角洲沉积体系，远离生烃层系，储层、圈闭控制油气藏规模与富集程度，钻遇程度高，但整体认识程度较低；孔店组—沙四下主要为咸化环境沉积，沉积体系类型与断陷期相似，但由于顶部盐膏层发育，反而具有相对独立的含油气系统；中生界主要发育陆相碎屑岩沉积体系，局部发育火山岩，古生界则主要发育下古生界海相沉积体系和上古生界海陆过渡相沉积体系，太古宇则主要为片麻岩潜山，目前认为中生界、古生界、太古宇主要为新生古储型含油气系统，勘探程度低。

构造部位、沉积储层、成藏模式的不同，决定了不同勘探目的层系勘探部署思路、勘探技术手段的差异，这也是造成不同层系勘探程度存在差异的原因。但不同构造部位的地层发育及展布也存在差异（图3）。应根据勘探单元的实际情况，确定勘探目的层系。

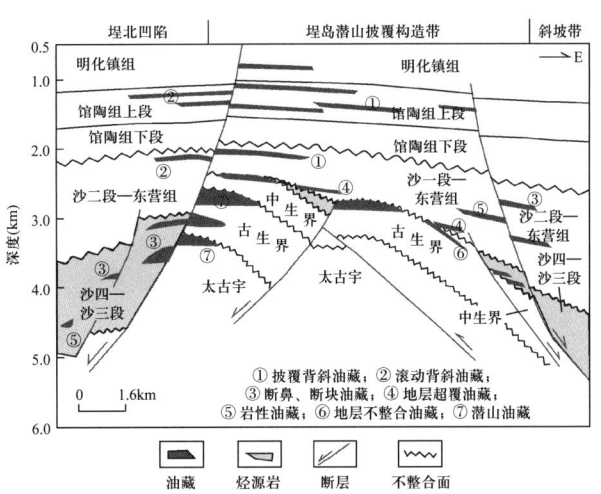

图3 埕岛及周边地区油藏模式

2.2.3 "层勘探单元"划分

勘探目的层与勘探单元的合理匹配，即为"层勘探单元"。仍以埕岛地区为例，根据勘探单元内勘探目的层系情况，可划分出9个"层勘探单元"，分别为：（1）埕岛低凸起新近系，（2）埕岛低凸起古近系（主要为沙一段—东营组），（3）埕岛低凸起中生界，（4）埕岛低凸起古生界，（5）埕岛低凸起太古宇，（6）埕岛东斜坡古近系（沙一段—东营组），（7）埕岛南部断裂带新近系，（8）埕岛南部断裂带中生界，（9）埕岛南部断裂带古生界（图4）。

按此方法，初步将济阳坳陷72个勘探单元划分为305个"层勘探单元"（表1和图5）。以"层勘探单元"作为基础，开展剩余资源评价及高效勘探方向优选，可为勘探精细评价和管理决策提供科学依据。

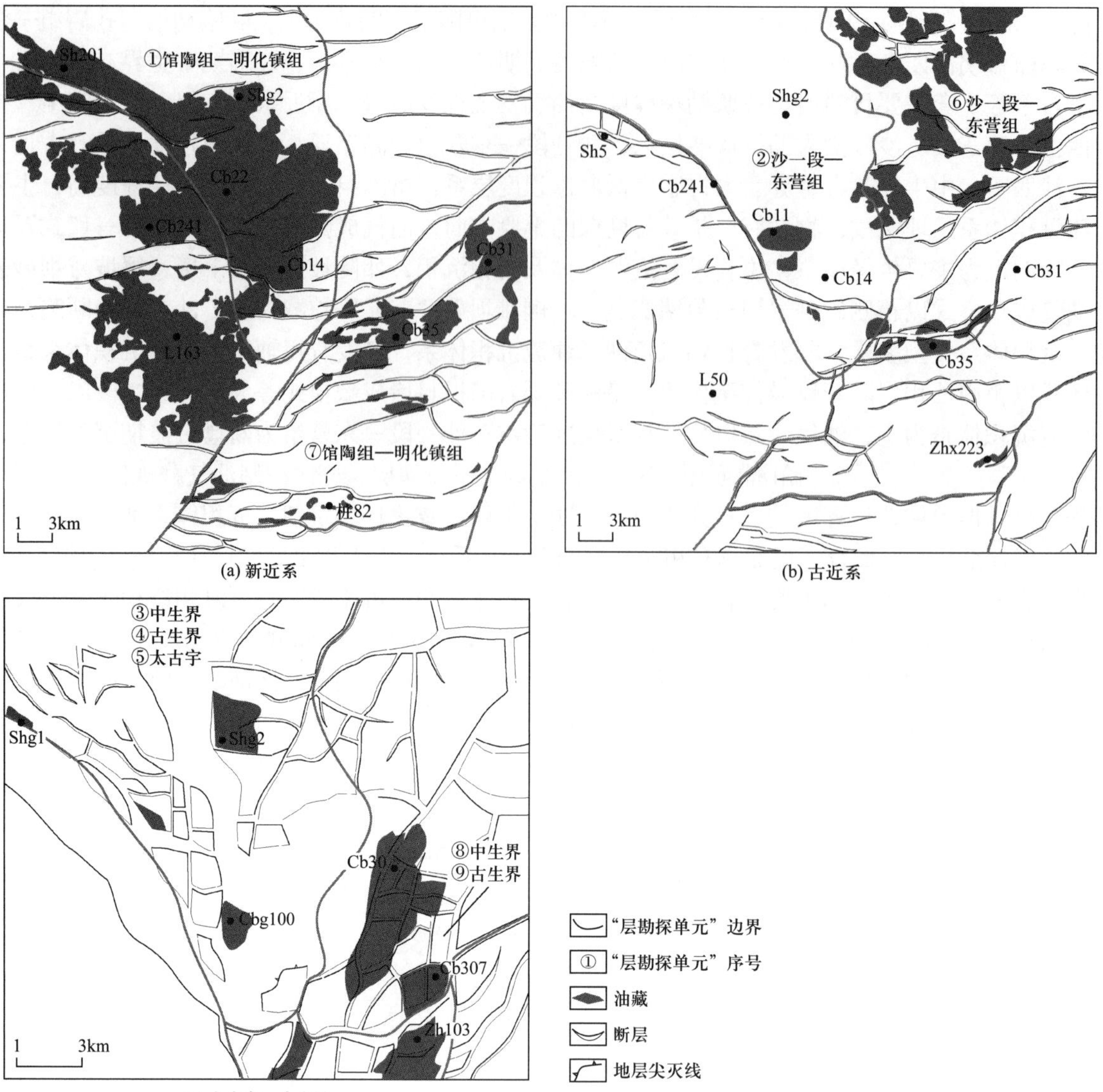

图 4 埕岛地区"层勘探单元"划分示意图

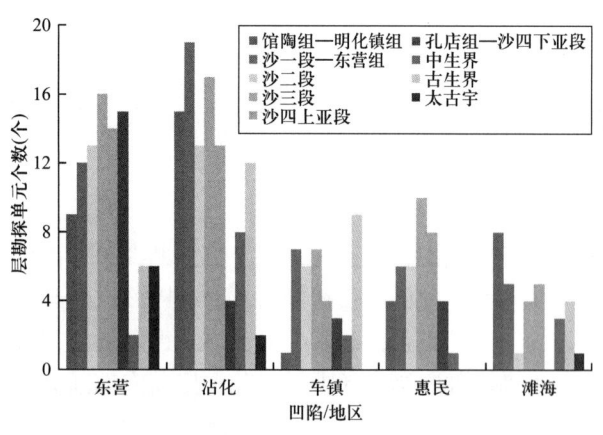

图 5 济阳坳陷不同凹陷"层勘探单元"划分柱状图

由于陆相断陷盆地的复杂性，不同含油层系在平面上的分布是不均一的。据统计，济阳坳陷几乎没有一个区块能够涵盖所有的含油气层系。因此，"层勘探单元"划分的总数不是含油气层系的数量与区块数量的简单乘积，而要与勘探实践相结合进行合理划分。需要指出的是，"层勘探单元"不是一成不变的，是根据勘探实践变化而动态变化的：针对主力增储凹陷勘探程度相对较高的、具有多个勘探目的层系的，不同层系间勘探程度、成藏条件存在较大差异的复式油气聚集区，可细分至每一个层组，甚至在层组内可以进一步细分至段、亚段，如济阳坳陷沙河街组，自下而上可划分为沙四段、沙三段、沙二段、沙一段，而沙四段又可划分为沙四下、沙四上；而勘探程度较低的，或者具有单一勘探目的层系或者勘探层系间差异较小的探区，可根据勘探实践需要进行粗略划分，如里则镇洼陷，由于其勘探程度较低，据目前的认识，仅划分出沙四上1个"层勘探单元"。从勘探发现的角度来讲，"层勘探单元"相对于开发单元要粗一些，但较勘探区带、区块要精细，是相对适当的成熟探区勘探研究和管理决策的工作基础。

3 "层勘探单元"剩余资源潜力评价

成熟探区"层勘探单元"的勘探价值取决于其剩余资源量及经济性，其次是当前的理论技术及地面条件是否适合勘探开发。

"层勘探单元"的基础是"区块"，因此，其剩余资源潜力评价应在区块资源分析基础上展开。在没有新的资源评价结果的情况下，"层勘探单元"资源量应该以当前公认的资源评价结果为依据，正演和反演相结合进行劈分。具体须遵循以下基本原则：（1）"层勘探单元"资源量必须大于其已发现的储量之和；（2）"层勘探单元"资源量应考虑储量探明区外"出油点"资源量、储备圈闭资源量及未评价区可能资源量；（3）须结合"层勘探单元"所在区块已形成的油气成藏及富集规律的基本认识及近中期勘探需求，如主力富油气"层勘探单元"、次要增储"层勘探单元"、可能增储"层勘探单元"应区别对待；（4）须考虑"层勘探单元"探井密度、资源发现程度。因此，"层勘探单元"资源量等于"层勘探单元"已探明储量、控制储量、预测储量与含油气圈闭资源量、储备圈闭资源量、未评价区可能资源量之和。而"层勘探单元"剩余资源量等于"层勘探单元"资源量减去已探明储量与控制储量之和。

遵循以上原则和方法，对济阳坳陷305个"层勘探单元"进行了资源量计算，明确了济阳坳陷剩余资源量的分布。整体来看，"层勘探单元"剩余资源规模大于1000×10^4t的有147个、剩余资源丰度大于20×10^4t/km^{2}的有19个。仍然具有较大剩余资源基础和较高的剩余资源丰度，但不同层系存在差异。

4 高效"层勘探单元"优选

高效勘探的前提是选准高效"层勘探单元"。所谓"高效"是指发现的资源有较高经济效益，依靠当前的勘探理论技术即可实现动用，地面条件允许（在经济日益发达的东部地区尤其显得重要），其中经济效益是前提，技术适应是关键，地面条件允许是基础。因此，需要开展"层勘探单元"剩余资源的综合评价优选，具体方法如下。

第1步，经济风险评价。不同勘探程度"层勘探单元"其勘探的目的也不同，应区别对待。增储领域以商业发现为重心，注重落实资源品质及商业油流率，可应用平衡油价和商业油流标准两个指标进行评价；突破领域以资源发现为重心，注重资源潜力及其在勘探领域的带动意义，评价时应考虑资源规模和工业油流标准两方面因素。经过经济评价，从济阳坳陷305个"层勘探单元"中筛选出103个有效益的"层勘探单元"。

第2步，理论技术风险评价。"十一五"以来济阳坳陷勘探实践表明，储层因素、圈闭因素、输导因素及构造部位低是造成探井失利的主要原因。这里面有地震资料品质原因，有沉积储层发育规律、油气成藏及富集规律认识的原因，也有地球物理技术预测方法的原因。由此可见，"层勘探单元"勘探目标地质规律的认识是否可靠或目前的勘探技术是否适应，直接关系到勘探目标落实程度及探井成功率。地质认识的可靠性应主要考虑"层勘探单元"烃源岩、沉积体系及有效储层发育规律、油气藏类型及富集规律等因素。地球物理技术适应性应主要考虑资料品质对目标的可识别能力、地球物理方法合理性、对勘探目标的识别精度，以及勘探实际应用符合率等因素。地质认识可靠性、地球物理技术适应性可根据不同影响因素进行分级赋值定量评价（图6）。通过初步评价，103个有经济效益的"层勘探单元"中，理论技术可行的有92个。

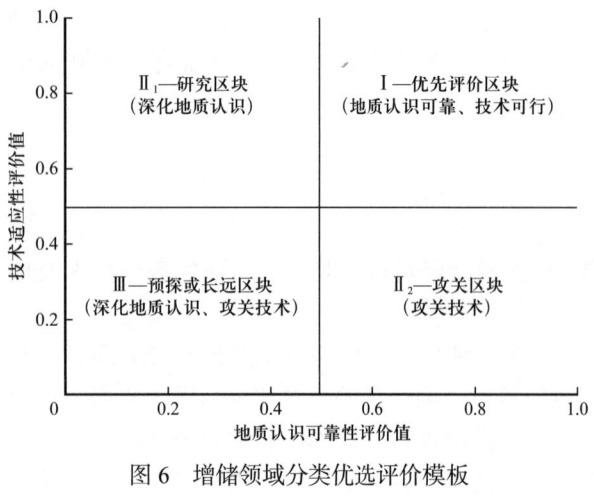

图 6 增储领域分类优选评价模板

第 3 步,地面条件评价。中国东部陆相断陷盆地多处于经济相对发达的地区,随着勘探的不断深入,经济社会发展更快,城镇更密集,地面条件更苛刻。此外,国家对自然环境保护力度加大,也一定程度上限制了勘探开发空间。济阳坳陷东部临海,陆地主体为山东省东营市、滨州市等经济发达地市,地面环境受限区主要包括黄河三角洲自然保护区、海域功能区、城市开发区、养殖区、机场、车站等城市功能区划。

经评价,92 个"层勘探单元"中有 66 个地面条件有利,见表 2。综上所述,这 66 个"层勘探单元"应作为济阳坳陷高效勘探重点评价对象。

表 2 济阳坳陷"层勘探单元"优选评价表

序号	领域	层勘探单元	油藏类型	理论技术可靠性评价	"十三五"后 3 年	
					控制储量 (10^4t)	预测储量 (10^4t)
1	近期增储	盐家—永安镇沙四上	岩性	I	1000	
2		利津断裂带沙四上	岩性	II_1	500	
3		胜坨断裂带沙四上	岩性	II_2	300	
4		盐家—永安镇沙三段	构造—岩性	I	500	
5		车西北带沙三段	岩性	II_1	500	
6		渤南北带沙三段	构造—岩性	I	300	
7		滨县凸起周缘沙三段	构造—岩性	I	300	
8		大王北北带沙三段	岩性	II_1	300	
9		套儿河北带沙三段	岩性	II_1	300	
10		垦西沙四上	构造—岩性	II_2	500	
11	沙四上—东营组(构造转换带)	垦西沙三段	岩性—构造	II_2	500	
12		大王庄沙四上	岩性—构造	I	300	
13		江家店—瓦屋沙三上	构造	I	300	
14		肖庄沙三段	构造	II_1	400	
15		陈官庄—王家岗沙四上	构造	I	400	
16		商河沙四上	构造	II_1	300	
17		义和庄凸起沙四上	构造—岩性	I	300	
18		陈官庄—王家岗沙二段	构造	I	300	
19		商河沙二段	构造	I	200	
20		胜坨沙二段	构造	I	100	
21		大王庄沙二段	构造	I	500	

续表

序号	领域	层勘探单元	油藏类型	理论技术可靠性评价	"十三五"后3年 控制储量（10^4t）	"十三五"后3年 预测储量（10^4t）
22	近期增储	邵家—四扣沙四上	岩性	II_2	600	
23		渤南沙三段	构造—岩性	I	500	
24		牛庄沙三段	岩性	II_1	500	
25		江家店瓦屋沙三段	构造—岩性	I	300	
26		民丰洼陷沙三段	岩性	I	300	
27	沙四上—东营组（沉积储层复杂带）	渤南洼陷沙二段	岩性	II_1	500	
28		博兴洼陷沙二段	岩性	II_1	400	
29		博兴洼陷沙一段	岩性	II_2	300	
30		广利沙二段	构造—岩性	II_1	300	
31		大王庄沙一段	构造—岩性	II_1	300	
32		滨县凸起周围沙二段	构造—岩性	II_1	200	
33		垦西沙二段	构造—岩性	II_1	200	
34		青坨子周缘沙三段—馆陶组	地层	II_1	700	2000
35		陈家庄北坡东段沙三段—馆陶组	地层	II_1	600	1500
36		钱官屯沙河街组	地层	II_1	500	1000
37	沙四上—东营组（地层突变带）	高青地区沙三段—沙一段	地层	II_1	300	500
38		义和庄凸起周围沙二段—沙一段	地层	I	300	500
39		孤北南斜坡沙三段—沙二段	地层	II_1	200	500
40		王家岗地区沙三段	地层	I	200	400
41		柳桥—草桥沙三段	地层	II_2	200	400
42		埕岛地区主体东、西翼馆陶组	构造、岩性	I	1500	2000
43	明化镇组—馆陶组	桩海地区馆陶组	构造	I	1500	
44		垦东北部馆陶组	构造	I	2000	3000
45		垦东东部馆陶组	构造	I	1000	
46		三合村地区馆陶组	构造、岩性	II_2	400	
47		青城凸起上古生界	潜山	II_2	500	1500
48		陈官庄—王家岗上古生界	潜山	II_1	400	1000
49	预探突破 古生界（潜山）	尚店平方王下古生界	潜山	II_1	500	1000
50		套尔河下古生界	潜山	II_1	200	500
51		大王庄下古生界	潜山	II_1	300	500
52		车西北带古生界	潜山	II_1	1000	2500

续表

序号	领域	层勘探单元	油藏类型	理论技术可靠性评价	"十三五"后3年 控制储量（10^4t）	"十三五"后3年 预测储量（10^4t）
53	古生界（潜山）	义北下古生界	潜山	II_1	300	500
54	古生界（潜山）	陈家庄凸起北坡东段下古生界	潜山	II_1	300	500
55	古生界（潜山）	埕岛潜山下古生界	潜山	II_1	2000	1000
56	古生界（潜山）	垦东潜山下古生界	潜山	I		500
57	古生界（潜山）	长堤潜山下古生界	潜山	I		500
58	预探突破 孔店组—沙四下亚段	尚店—平方王地区沙四下	他源构造油藏	I	300	
59	预探突破 孔店组—沙四下亚段	博兴洼陷带沙四下	他源构造油藏	I	200	
60	预探突破 孔店组—沙四下亚段	陈官庄—王家岗孔店组—沙四下	自源凝析油藏	II_1		1000
61	预探突破 孔店组—沙四下亚段	盐家—永安镇沙四下	自源凝析油藏	II_1		1000
62	预探突破 孔店组—沙四下亚段	义176—渤深4沙四下	自源凝析油藏	II_1		800
63	预探突破 孔店组—沙四下亚段	广利—青南孔一段	自源凝析气藏	II_1		500
64	预探突破 孔店组—沙四下亚段	东营中央带孔二段	自源凝析气藏	II_1		
65	预探突破 孔店组—沙四下亚段	利津沙四下	自源凝析气藏	II_1		
66	预探突破 孔店组—沙四下亚段	大王北沙四下	他源构造油藏	II_1		

5 "十三五"高效勘探领域

以上优选出的66个"层勘探单元"，从勘探领域上分类，主要包括馆陶组—明化镇组、沙四上—东营组、古生界潜山、孔店组—沙四下等四大领域。根据勘探程度及认识程度的不同，进一步细分为近期增储和预探突破两个层次。

5.1 近期增储领域

沙四上—东营组、馆陶组—明化镇组勘探程度、认识程度较高，一直是济阳坳陷增储主要领域。

沙四上—东营组是济阳坳陷主力断陷期发育的层系，是主力烃源岩发育层系，也是当前主力增储层系，勘探程度高。但储量间"空白区"面积仍有4100km²，占储量包络线内面积近一半，"空白区"中有大量未上报储量的油流井，是潜力增储区。勘探实践表明，主力断陷期，盆地内沉积体系、输导体系、流体压力具有连续有序分布特征，决定了油气藏类型具有从洼陷到斜坡依次发育岩性、构造—岩性、构造、地层油气藏的有序分布特征；不同二级层序内油气藏类型也具有类似有序性分布特征，这种有序性有效指示了勘探"空白区"的油气藏类型[9-12]。储量"空白区"主要分布于构造转换带、沉积储层复杂带、地层突变带，分别发育复杂断块类、复杂岩性类、地层类为主的油气藏。经评价，这3类"空白区"中，41个有效"层勘探单元"有望为"十三五"贡献储量规模$2.1×10^8$t以上。

馆陶组—明化镇组是济阳坳陷坳陷期发育的层系，主要发育河道砂沉积，油藏埋藏浅、物性好，是高效增储层系[13]。大型披覆构造带主体勘探程度高，当前勘探重点是披覆构造带翼部，砂体薄、油气充满度较低，需逐个描述砂体，并进行含油气检测。经优选评价，埕岛地区、桩海地区等5个"层勘探单元"有望贡献储量规模$1.1×10^8$t以上。

5.2 预探突破领域

古生界潜山、孔店组—沙四下的勘探、认识程度相对较低，是济阳坳陷预探突破的重要方向。

古生界潜山是济阳坳陷富集高产层系。济阳坳陷潜山具有北西向断层控带、北东向断层控山，从南部缓坡到北部陡坡，潜山类型有序分布的地质特征，储层物性基本不受深度影响。沙三下、沙四上主力烃源岩与石炭—二叠系煤系烃源岩双源供烃[14]，油气充注底界即为油气成藏底界，处于油源对接窗口之上的潜山圈闭均有成藏条件。烃源岩范围与潜山分布相叠合，运用优选评价方法，落实埕岛潜山、垦东潜山、青城凸起潜山等11个有效"层勘探单元"，预计"十三五"储量规模1.5×10^8 t以上。

孔店组—沙四下是济阳坳陷初始断陷层系，沉积时期气候干旱，水体较浅，发育3套分布广、厚度大的稳定盐膏层。盐膏层良好的封盖作用，使孔店组—沙四下形成相对独立的含油气系统。咸化环境烃源岩具有高效生排烃能力[14-22]。自源油气藏是近中期重要探索方向。主探自源体系的凝析油气藏，兼顾他源体系的构造油气藏，评价出广利—青南孔店组、盐家—永安镇沙四下等9个有利"层勘探单元"。

6 结论

断陷盆地成熟探区开展"层勘探单元"尺度的精细划分和高效勘探方向优选评价，可进一步聚焦效益勘探目标，从源头上降低勘探风险，提高勘探成效。

"层勘探单元"既是断陷盆地高勘探程度阶段的勘探工作基本单元，也是具有相对完整的构造、沉积及油气运聚体系的基本地质单元，反映了客观地质条件与主观认识的相对统一，为老区精细勘探提供了新思路。

"层勘探单元"剩余资源量合理劈分、剩余资源经济效益评价、当前已形成的地质模式与勘探技术对"层勘探单元"剩余资源中蕴含勘探领域目标的适应性评价及地面工程技术评价等构成了"层勘探单元"高效勘探方向优选评价工作的基本内容。

对济阳坳陷开展"层勘探单元"划分与高效勘探方向预测研究，将济阳坳陷划分为305个"层勘探单元"。优选评价出66个当前形势下有经济效益、地质认识相对可靠、技术相对适应、地面条件允许的有效"层勘探单元"，为济阳坳陷"十三五"勘探提供了决策依据。

参 考 文 献

[1] 潘元林，张善文，肖焕钦，等.济阳断陷盆地隐蔽油气藏勘探[M].北京：石油工业出版社，2003.

[2] 曹忠祥，李友强.济阳坳陷"十一五"期间探井钻探效果及对策分析[J].油气地质与采收率，2013，20（6）：1-5.

[3] 郭元岭.成熟探区勘探发展基本特征[J].石油实验地质，2011，33（4）：332-335.

[4] 肖焕钦，郭元岭.油气勘探可持续发展能力及评价体系[J].石油实验地质，2008，30（1）：98-102.

[5] 于葆华.试论油气勘探工作中的几个辩证关系[J].油气地质与采收率，2013，20（6）：6-9，14.

[6] 张善文.成熟探区油气勘探思路及方法：以济阳坳陷为例[J].油气地质与采收率，2007，14（3）：1-4.

[7] 张善文."跳出框框"是老油区找油的关键[J].石油勘探与开发，2004，31（1）：12-14.

[8] 宋国奇.哲学与油气勘探：济阳坳陷现阶段地质研究的思维方法探讨[J].油气地质与采收率，2010，17（1）：1-5.

[9] 王永诗.石油地质研究中的特征与规律浅析[J].油气地质与采收率，2012，19（3）：1-5.

[10] 宋国奇，王永诗，程付启，等.济阳坳陷古近系二级层序界面厘定及其石油地质意义[J].油气地质与采收率，2014，21（5）：1-7.

[11] 姜素华，林红梅，王永诗，等.陡坡带砂砾岩扇体油气成藏特征：以济阳坳陷为例[J].石油物探，2003，42（3）：313-317.

[12] 王永诗，赵乐强.隐蔽油气藏勘探阶段区带评价方法及实践：以济阳坳陷为例[J].油气地质与采收率，2010，17（3）：1-5.

[13] 马立驰.曲流河河道砂体油气选择性充注原因:以济阳坳陷新近系为例[J].油气地质与采收率,2013,20(4):17-19.

[14] 李增学,曹忠祥,王明镇,等.济阳坳陷石炭—二叠系埋藏条件及煤型气源岩分布特征[J].煤田地质与勘探,2004,32(4):4-6.

[15] 王学军,郭玉新,杜振京,等.济阳坳陷石油资源综合评价与勘探方向[J].中国石油勘探,2007,12(3):7-12.

[16] 隋风贵,刘庆,张林晔.济阳断陷盆地烃源岩成岩演化及其排烃意义[J].石油学报,2007,28(6):12-16.

[17] 侯读杰,张善文,肖建新,等.济阳坳陷优质烃源岩特征与隐蔽油气藏的关系分析[J].地学前缘,2008,15(2):137-146.

[18] 孟涛,刘鹏,邱隆伟,等.咸化湖盆深部优质储集层形成机制与分布规律:以渤海湾盆地济阳坳陷渤南洼陷古近系沙河街组四段上亚段为例[J].石油勘探与开发,2017,44(6):896-906.

[19] 金强,朱光有,王娟.咸化湖盆优质烃源岩的形成与分布[J].中国石油大学学报(自然科学版),2008,32(4):19-23.

[20] 王永诗,李友强.胜利油区东部探区"十二五"中后期勘探形势与对策[J].油气地质与采收率,2014,21(4):5-9.

[21] 刘占国,朱超,李森明,等.柴达木盆地西部地区致密油地质特征及勘探领域[J].石油勘探与开发,2017,44(2):196-204.

[22] 宋明水.东营凹陷南斜坡沙四段沉积环境的地球化学特征[J].矿物岩石,2005,25(1):67-73.

原文发表于《石油勘探与开发》2018年第3期

济阳坳陷孤北斜坡带中生界碎屑岩有效储层成因机制

巩建强

(中国石化胜利油田分公司勘探开发研究院)

摘　要：综合运用岩心观察、铸体薄片鉴定及扫描电镜分析等技术手段，在储集空间特征研究的基础上，分析济阳坳陷孤北斜坡带中生界有效储层物性控制因素，总结有效储层成因机制，建立有效储层成因模式。结果表明，储集空间以次生孔隙为主。辫状河三角洲前缘的水下分流河道及冲积扇的扇中辫状河道砂岩是有效储层形成的物质基础。研究区经历了"一次中埋—抬升剥蚀—二次深埋"的构造演化过程，早期碳酸盐岩胶结保护原生孔隙，是有效储层形成的主控因素。二次深埋后的油气充注形成大量的次生孔隙，是有效储层形成的关键要素。

渤海湾盆地是中国东部中—新生代裂谷盆地，除高凸起主体缺失中生界外，其他构造带中生界比较发育。中生界油气藏在陆域及海域都有所发现，但目前都没有形成一定的规模和产能[1-2]。沾化凹陷为继承性发育的复合扭张断陷，具有北断南超、东西双断、断层发育、分割强烈、凹凸相间的特点[3-7]，孤北斜坡带位于济阳坳陷沾化凹陷中部，南以孤北断层与孤岛凸起相隔，西以孤西断层与渤南洼陷相连，向东、向北缓坡过渡至孤北西次洼[3]，面积约200km²，截至目前有15口井钻遇中生界，其中有5口井见到油气显示（图1），表明该区中生界具有较大的勘探潜力，但目前针对孤北斜坡带中生界储层的研究薄弱，制约了该区的勘探进展。

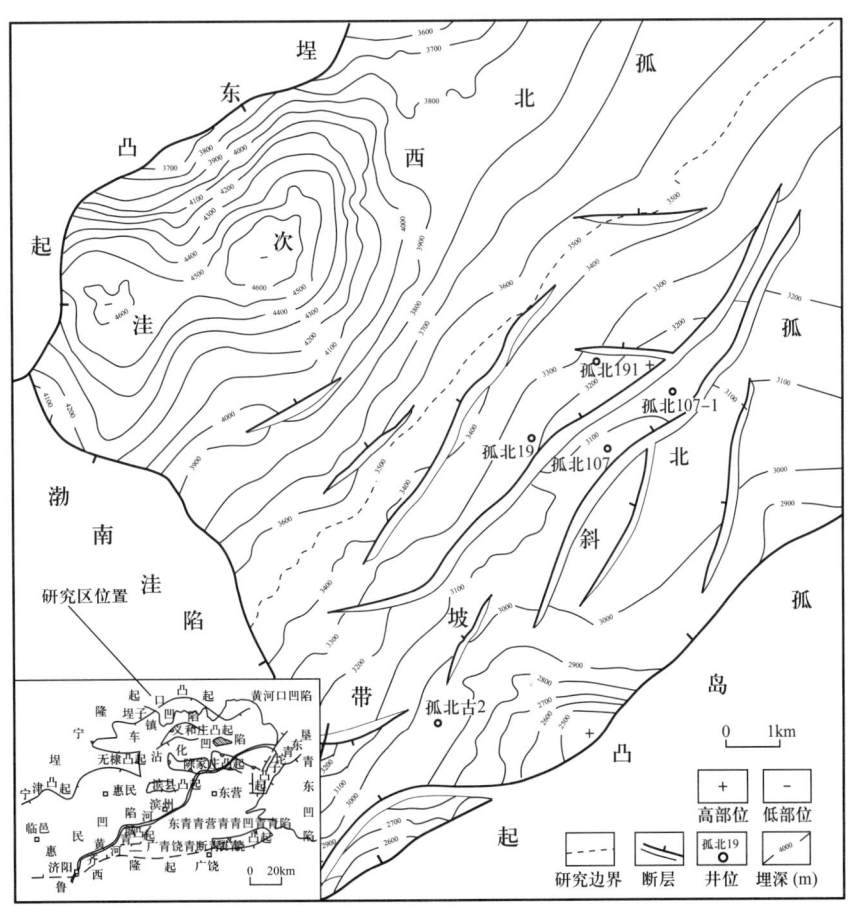

图1　孤北斜坡带构造位置及构造格局

济阳坳陷 40 多年的勘探历程表明，中生界碎屑岩储层中蕴藏着丰富的油气资源[8-12]。然而不论是白垩系还是侏罗系，勘探程度都非常低。目前针对中生界储层的勘探主要集中在构造凸起高部位，以寻找有利的断块油藏为主，对斜坡带和洼陷带储层缺乏深入研究。由于中生界储层经历了长期构造改造及成岩演化，储层岩石类型多样、储集空间组合复杂，储层往往在成藏前就变得致密化，导致对优质储层的分布规律认识不清，进而制约了对油气运聚规律的研究，导致油气勘探至今尚未有大的突破。笔者拟以孤北斜坡带中生界碎屑岩储层为研究对象，分析斜坡带中生界碎屑岩储层的演化过程，明确有效储层的成因机制，为下一步油气勘探开发指明方向。

1 储层基本特征

1.1 储层岩石学特征

济阳坳陷中生界为一套陆相碎屑岩沉积，底部为较厚的含煤层泥岩，之上为砂、泥岩不等厚互层[13-14]。按照岩石类型，碎屑岩储层在中生界各组段均有分布，主要为砂岩类储层，岩性以岩屑长石质砂岩或长石岩屑质砂岩为主，其次为含砾砂岩或砂砾岩。填隙物主要为泥级细杂基（包括灰泥、云泥、黏土泥基）和砂级、粉砂级粗杂基；胶结物以碳酸盐为主，也有黏土矿物和石膏等。碎屑颗粒分选多为中等—中等偏差，形状以次棱角状为主，少数为次棱角—次圆状。综合来看岩石的成分成熟度和结构成熟度均较低。通过岩心观察常见正粒序、反粒序等递变层理，其层面上常见冲刷构造等沉积构造。

1.2 储层成岩作用特征

成岩作用是指沉积物埋藏后由于温压及地下流体性质变化，导致岩石结构、物质组分重新组合、孔隙类型及其结构改变的过程。中生界储层经历了多期次构造运动的抬升—剥蚀，埋藏深度差异较大，成岩作用类型多样，是影响储层储集性能的重要因素[15-17]。通过薄片分析、扫描电镜、图像分析等手段，发现孤北斜坡带主要成岩作用类型包括机械压实作用、胶结作用、溶蚀作用和裂缝作用。

1.2.1 机械压实作用

沉积物在上覆负荷压力作用下内部水分逐渐排出，岩石总体积不断下降、密度逐渐增加，颗粒之间有效应力不断增加，随即产生一系列压实成岩现象，在高温高压异常带会有压溶现象出现。孤北107-1 井可见到长石颗粒压裂、颗粒间呈凹凸接触（图 2a、b），都说明孤北斜坡带经历了一定程度的压实作用。

1.2.2 胶结作用

通过薄片和扫描电镜观察，发现孤北斜坡带中生界碎屑岩早期胶结作用非常发育，根据胶结物类型可以将胶结作用划分为长石加大边、硅质胶结、绿泥石胶结等（图 2c~e）。

1.2.3 溶蚀作用

方旭庆等[18]研究认为沾化凹陷中生界经历了 2 次埋藏作用，抬升期的淡水淋滤（无机酸）与埋藏期的有机酸流体都将引起储层中某些组分的溶解。如在孤北 107-1 井可见到方解石交代长石、石英溶解和石英颗粒加大边的溶解（图 2f, h~i），在孤北 191 井可见到方解石溶解等，都表明孤北斜坡带经历了广泛的溶蚀作用。镜下观察发现长石溶蚀孔隙被方解石充填、方解石又被溶蚀现象，菱铁矿溶蚀氧化现象，这些现象说明该地区经历了 2 期溶蚀作用，结合构造演化分析，认为 2 期溶蚀分别为早期无机酸溶蚀和晚期有机酸溶蚀。

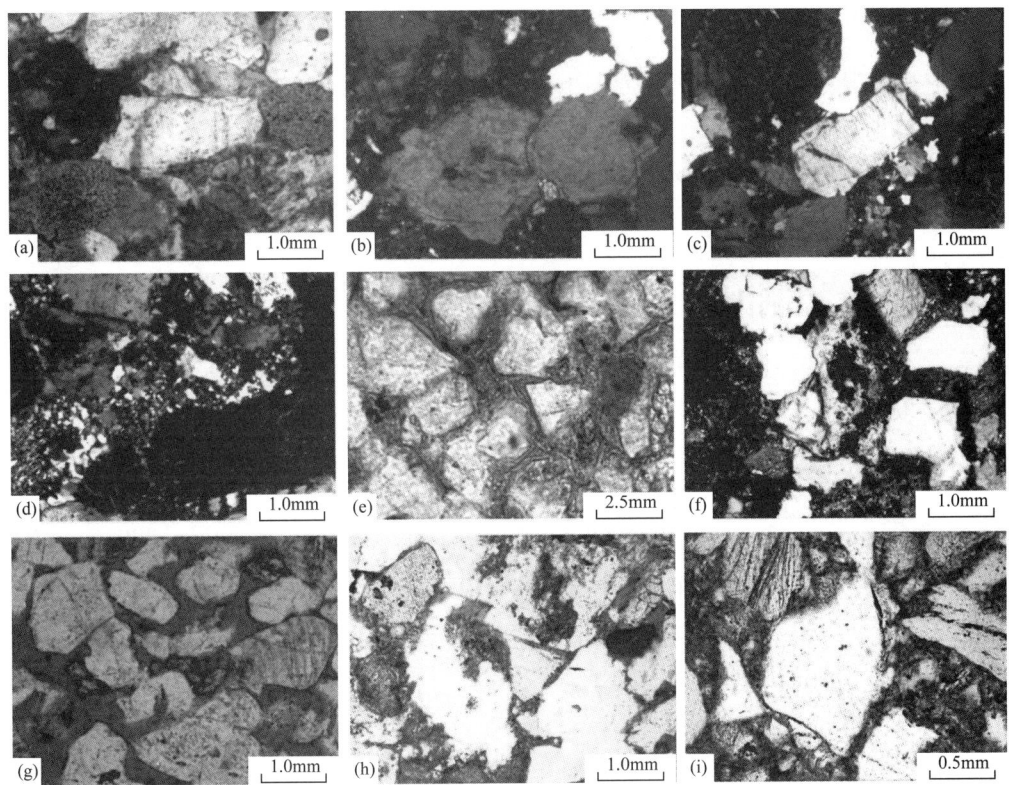

图 2 孤北斜坡带中生界碎屑岩成岩作用特征

（a）长石颗粒压裂，孤北107-1井，2845.3m，单偏光；（b）颗粒间凹凸接触，孤北107-1井，2831.07m，（+），单偏光；（c）长石加大边，孤北107-1井，2840.5m，（+）；（d）颗粒间硅质胶结物，孤北107-1井，2831.07m，（+）；（e）绿泥石栉壳状胶结，孤北191井，3031.3m，（-）；（f）方解石交代长石，孤北107-1井，2812.9m，（+）；（g）方解石溶蚀残余，孤北191井，3101.7m，（-）；（h）石英溶蚀，孤北107-1井，2812.9m，单偏光；（i）石英颗粒及其加大边的溶蚀，孤北107-1井，2817.95m，（-）

1.2.4 裂缝作用

主要表现为构造作用产生裂缝，对储层储集性能的改善具有积极意义；岩心观察发现各组段普遍发育裂缝（图3g），以高角度裂缝最为普遍，且多为方解石、粉砂、泥质等充填。另见少量开启缝、半充填缝和压溶缝。

图 3 孤北斜坡带中生界碎屑岩储集空间类型

（a）方解石晶间孔，孤北191井，3103.3m，（-）；（b）粒间溶蚀孔，孤北191井，3025.3m，（-）；（c）长石颗粒粒内溶蚀孔，孤北107-1井，2840.5m，（-）；（d）方解石溶蚀残余孔隙，孤北191井，3101.7m，（-）；（e）长石解理缝，孤北107-1井，2832.5m，（-）；（f）长石颗粒压裂缝，孤北107-1井，2847.79m，（-）；（g）构造微裂缝，孤北古2井，3549m；（h）褐铁矿化，孤北19井，3251.81m，（-）

1.3 碎屑岩储集特征

根据岩石铸体薄片观察，孤北斜坡带中生界碎屑岩储层储集空间包括残余原生粒间孔、溶蚀孔、微孔隙和裂缝，原生孔隙主要为压实残余孔和杂基微孔隙，次生孔隙主要有溶蚀孔和各种裂缝，最常见的是长石及岩屑颗粒被溶蚀为港湾状、蚕食边状，以及长石溶蚀形成铸模孔，裂缝主要有压裂缝和构造裂缝（图 3f～g）。储集空间以后期改造次生溶蚀孔为主，所占比例在 70% 以上。

2 有效储层物性控制因素

孔隙度和渗透率是储层分类评价的主要依据，对 24 口井的 258 个样品实测物性统计表明，孤北斜坡带中生界碎屑岩储层物性差别较大，孔隙度介于 5%～30% 之间，孔隙度低于 15% 的样品占 57.8%，平均孔隙度为 15.1%；渗透率介于 0.1～200mD 之间，平均渗透率为 7.87mD；属中孔—中低渗透储层。

2.1 岩性与物性

对孤北斜坡带中生界内发育的不同粒度碎屑岩储层孔隙度分析发现，物性以中砂岩和细砂岩为最好，粉砂岩和砾岩稍差。对不同成分砂岩类储层孔隙度和面孔率分析发现，岩屑质长石砂岩平均孔隙度和面孔率最大，是最优质的储层，长石砂岩和长石质岩屑砂岩次之，长石岩屑质石英砂岩最差（图 4）。

2.2 沉积相与物性

根据实测数据统计，孤北斜坡带内不同沉积相砂体物性非均质性较强，河流相和三角洲相物性最好，冲积扇相、滨浅湖相及扇三角洲相物性较差（图 5）。

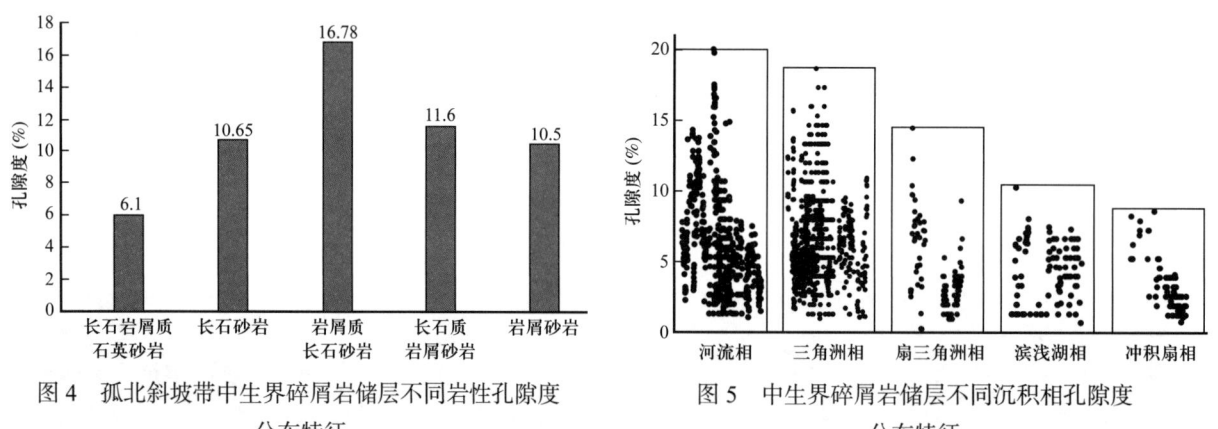

图 4 孤北斜坡带中生界碎屑岩储层不同岩性孔隙度分布特征　　图 5 中生界碎屑岩储层不同沉积相孔隙度分布特征

孤北斜坡带碎屑岩储层主要为辫状河三角洲平原砂砾岩、三角洲前缘水下分流河道及河口坝中细砂岩、冲积扇扇中辫状河道砂砾岩及滨浅湖滩坝细砂岩等类型。统计发现优质储层主要分布于辫状河三角洲前缘的水下分流河道及冲积扇的扇中辫状河道砂岩中，而冲积扇扇根、辫状河三角洲平原相储层物性较差（表 1）。

2.3 成岩作用与物性

压实作用和胶结作用是降低储层物性最主要的成岩作用类型[19-20]。孤北斜坡带中生界碎屑岩压实作用与胶结作用对原始孔隙度的影响统计结果表明（图 6），二者的减孔作用是此消彼长的过程，相对而言原生孔隙受压实作用而降低，胶结作用则次之。

表1 孤北斜坡带中生界不同沉积亚(微)相物性统计特征

沉积相		孔隙度(%)		
相	亚(微)相	最小值	最大值	平均值
河流	主河道	8.1	19.8	11.5
三角洲	三角洲平原	1.6	9.4	5.2
	三角洲前缘水下分流河道	5.3	18.3	12.3
	三角洲前缘河口坝	6.3	15.6	11.9
扇三角洲	扇三角洲平原	0.6	7.3	4.3
	扇三角洲前缘	3.6	12.3	6.3
湖泊	滨浅湖滩坝	3.7	10.5	6.1
冲积扇	冲积扇扇中辫状水道	5.5	8.9	7.5
	冲积扇扇根	1.6	5.4	2.6

溶蚀作用是研究区重要的增孔作用，不稳定可溶组分在有机酸、碳酸等孔隙水的作用下均可发生溶蚀作用，形成次生孔隙，物性变好。酸性溶蚀一方面与不整合面附近的风化淋滤（即无机酸溶蚀）有关，另一方面与近油源的烃类充注（有机酸溶蚀）有关。

2.4 不整合面（风化淋滤）与物性

济阳坳陷中生界顶面经历过强烈的剥蚀作用，孤北地区中生界顶面剥蚀量最大可达2000m，现今埋藏深度2500～4200m，大多在3000m左右[21]。不整合面附近碎屑岩储层明显遭受以菱铁矿褐铁矿化等作为标志的风化淋滤作用，该表生成岩现象可见于孤北19井区（图3h）。含CO_2的大气淡水或地表水在重力作用下渗流入碎屑岩孔隙系统，发生无机酸—岩石反应，促使长石、方解石胶结物等酸溶性组分发生溶蚀，同时抑制早期胶结物的形成，因此不整合面附近碎屑岩常缺乏碳酸盐矿物胶结。

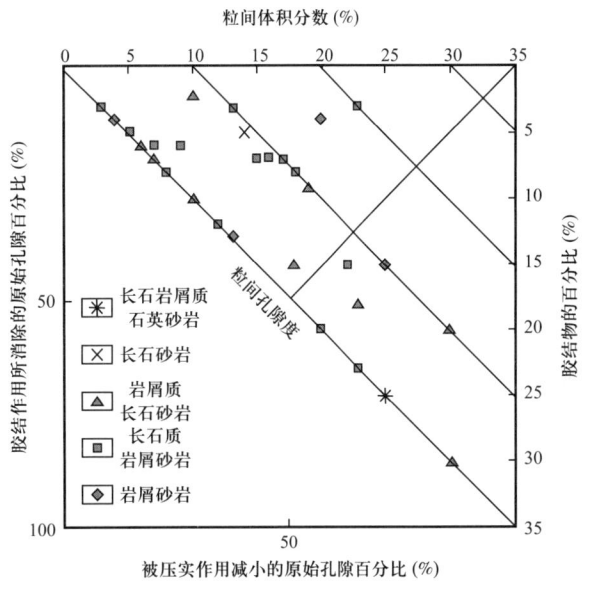

图6 压实作用与胶结作用的减孔效应

2.5 烃类充注（深部溶解）与物性

烃类充注一方面在残余原生孔隙基础上对深部储层进行改造（以溶蚀为主）形成混合孔隙，另一方面延缓压实、抑制胶结而保存孔隙[22]。孤北斜坡带油气主要来自北部的孤北洼陷，油气大规模充注发生在馆陶组沉积末期至明化镇组沉积期，相对而言油气充注时间较晚。镜下观察发现孤北107井粒间充填或浸染黑色沥青（图7），表明该井段次生溶蚀孔发育。

图7 孤北107井烃类充注标志——溶蚀孔边缘见黑色沥青

3 有效储层成因机制

3.1 埋藏阶段划分

发育在华北地台上的济阳坳陷，基底为太古宇泰山群（Ar*t*），经历了印支期褶皱隆升、燕山期块断切割差异升降和喜马拉雅期掀斜翘倾改造及掩埋三大发展阶段[23]。济阳坳陷由早期NW向逆冲—反转断裂体系、中生界沉积后期具有先断陷后走滑特征的NE向断裂体系、晚期叠加具有张性特征的NEE向断裂体系，3组断裂叠加组合形成现今中生界复杂的构造格局。济阳坳陷中生界主要经历了早—中白垩世的快速沉降、晚白垩世—古新世早期的抬升剥蚀，以及始新世之后再次埋藏的构造演化阶段，孤北斜坡带作为济阳坳陷的一部分，中生界经历了复杂的构造活动和成岩历史，与构造演化对应大致可划分为3个阶段：初次埋藏阶段、抬升（风化淋滤）阶段和二次埋藏阶段。

3.1.1 初次埋藏阶段（距今137.6—98.5 Ma）

中生界碎屑岩埋藏厚度小于2400m，在本阶段成岩作用类型主要为压实作用、早期碳酸盐胶结作用和泥质充填作用。压实作用表现为沉积初期颗粒间填隙物较少，随着埋藏深度增大，压实作用增强，颗粒间以线—凹凸接触为主。早期碳酸盐胶结作用和泥质充填作用主要与沉积相类型有关：前者主要分布在砂质滩坝、三角洲前缘等沉积相带，地层水盐度较大，埋藏初期容易形成早期碳酸盐连晶式或嵌晶式胶结，抵御压实作用的进行，颗粒间主要表现为以点接触或不接触为主；后者主要分布在河道间、河漫滩等弱水动力条件沉积相带，沉积期泥质杂基含量高，碎屑颗粒常呈基底式胶结，颗粒间以点接触、线接触或不接触为主。

3.1.2 抬升（风化淋滤）阶段（距今88.3—50.5Ma）

中生界碎屑岩最大剥蚀厚度达400m，由地表水风化淋滤作用形成的储层即为风化淋滤型储层；风化淋滤作用在近地表带最为发育，但也可因裂缝或断裂沟通深度较大，因此不宜单纯以距风化壳距离来界定。毋庸置疑，风化淋滤型储层发育在潜水面以上。岩性是影响风化作用的另一重要因素：长石、石英在大气水条件下溶解度远较碳酸盐低，因此碳酸盐岩风化壳相对更为发育；但是不同碳酸盐矿物在近地表和中深层条件下溶解度也不同，在近地表条件下方解石溶解度大于白云石，而在中深层（地温大于70℃）条件下白云石溶解度则大于方解石。

3.1.3 二次埋藏阶段（距今50.5Ma至今）

中生界碎屑岩最大埋深达3500m，主要发育2种成岩作用类型：碳酸盐胶结作用和溶蚀作用。在二次埋深阶段，随着埋深增大，地层水矿化度增加，岩石粒间会重新沉淀以碳酸盐为主的自生矿物；

在存在与新近系和古近系烃源岩沟通条件下，一方面烃源岩生烃早期排出的有机酸可改善储层物性，另一方面油气充注可抑制成岩作用的进行，保护储层物性。

3.2 储层成因类型

基于构造演化与孔隙成因分析，将孤北斜坡带中生界有效储层划分为风化壳型、溶蚀型和裂缝型3类。

3.2.1 风化壳型储层

风化壳储层位于中生界不整合面附近。碎屑岩常以溶孔缝发育为标志。

古近系沉积前，在合适的构造部位，中生界经历了长期暴露和风化剥蚀作用，含CO_2的大气淡水或地表水在重力作用下渗流进入碎屑岩孔隙系统，发生无机酸—岩石反应，促使长石、方解石胶结物等酸溶性组分发生溶蚀。

孤北斜坡带中生界顶面普遍存在风化淋滤作用，碎屑岩风化淋滤的结果是形成较厚的土壤层。统计结果表明，中生界顶面风化壳一般发育在距其150m范围内。就不同岩石类型抗风化淋滤作用而言，粒度越粗，抗风化能力越强，土壤带越薄，半风化或弱风化带越厚而物性越差；相反，粒度越细，抗风化能力越弱，土壤层越厚，半风化带或弱风化带越薄而物性越好。

3.2.2 溶蚀型储层

主要指内幕型储层。溶蚀型储层的储集空间主要与有机酸深部溶解有关。

在埋藏成岩过程中，长石类矿物的成岩变化主要有溶蚀、碳酸盐化、高岭石化及伊利石化、钠长石化等；在地层温压场下，成岩时期孔隙水的pH值及二氧化碳浓度（CO_2分压）对长石溶蚀起控制作用。

有机质热演化形成的含有机酸的地层流体可以溶蚀易溶矿物，形成次生孔隙。烃类侵位后，携带的有机酸溶蚀会改造储层原生孔隙，从而形成较好的次生孔隙[24-26]。以孤北107井为例，该井在一次埋藏时期为中等埋藏，压实较弱，早期胶结明显；构造抬升时期抬升相对较弱，风化淋滤溶蚀弱；在二次埋藏时期为深埋，受早期胶结影响，压实较弱，有机酸充注溶蚀并抑制晚期胶结，特别是长石颗粒受有机酸溶蚀作用明显。

3.2.3 裂缝型储层

这类储层主要发育在新生代活动强烈的断层附近，中生界经历了多期构造运动，各级断层和裂缝发育，不仅直接提供了储集空间而且可以促进风化淋滤作用、埋藏溶蚀作用的进行。根据野外考察、岩心观察和镜下鉴定，按照成因，中生界储层裂缝可分为风化作用缝、断层伴生的构造缝2类。

4 有效储层成因模式

储层埋藏演化史表明，孤北斜坡带经历了"一次中埋—抬升剥蚀—二次深埋"的复杂演化过程，距今137.6—98.5Ma，随着下白垩统的快速沉积，中生界经历了快速埋藏压实，泥质杂基含量高，碎屑颗粒常呈基底式胶结，由于最大埋深不到2400m，压实程度较弱，碎屑颗粒间以点接触、线接触或不接触为主；距今117.2—86.5Ma，随着压实作用的进行，早期胶结作用随即开始，砂泥岩接触界面附近发生强烈的碳酸盐胶结，保存了大量的原生粒间孔隙；距今88.3—50.5Ma，济阳坳陷发生了强烈的抬升剥蚀，孤北斜坡带最大剥蚀厚度可达400m，期间经历了强烈的风化淋滤，形成了大量的风化裂隙和孔洞；距今50.5Ma，古近纪断陷发育，中生界再次进入二次深埋藏期，原生孔隙进一步减少；距今38.3Ma，泥岩中伊利石向绿泥石转化，地层水变为碱性，发生晚期碳酸盐胶结作用；距今12.3Ma，随着烃源岩成熟排烃，有机酸大量生成，随油源断层运移至原生孔隙发育的储层中，长石、中酸性喷出岩岩屑和碳酸盐胶结物发生溶蚀作用，携带的有机酸溶蚀改造储层原生孔隙，形成大量的次生孔隙（图8）。

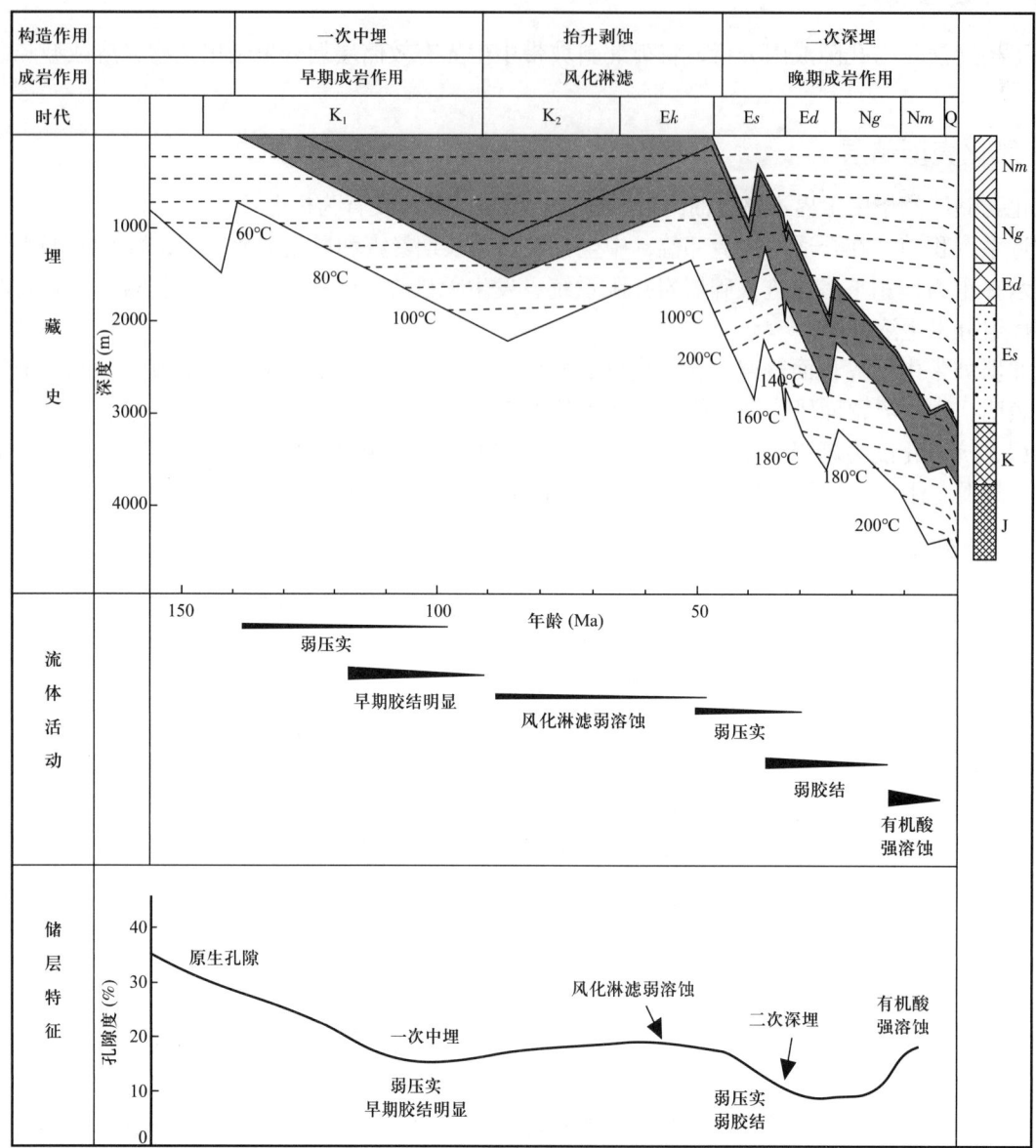

图 8　孤北斜坡带中生界碎屑岩有效储层成因模式

K_1—早中白垩世；K_2—晚白垩世；Ek—孔店组沉积期；Es—沙河街组沉积期；Ed—东营组沉积期；
Ng—馆陶组沉积期；Nm—明化镇组沉积期；Q—第四纪

5　结论

（1）孤北斜坡带中生界碎屑岩储层储集空间类型以次生孔、缝为主，占比大于50%。辫状河三角洲前缘的水下分流河道及冲积扇的扇中辫状河道砂岩中杂基含量少，是有效储层形成的物质基础。

（2）孤北斜坡带中生界碎屑岩储层经历了"一次中埋—抬升剥蚀—二次深埋"的构造演化过程，早期碳酸盐胶结保护原生孔隙，是有效储层形成的主控因素。二次深埋后的油气充注形成大量的次生孔隙，是有效储层形成的关键要素。

参考文献

[1] 王毓俊,田在艺.华北东部盆地油气勘探潜力与发展方向[J].石油学报,2003,24(4):7-12.

[2] 林会喜.沾化四陷区中生界构造—沉积演化与油气成藏特征[D].北京:中国地质大学(北京),2006.

[3] 雷超,任建业,吴梅莲,等.济阳坳陷孤西负反转断层形成演化定量研究及其油气地质意义[J].大地构造与成矿学,2008,32(4):64-71.

[4] 王永诗,吴智平.济阳坳陷中—新生代叠合盆地及油气成藏[J].地质科技情报,2009,28(5):53-59.

[5] 苏向光,邱楠生,柳忠泉,等.济阳坳陷惠民凹陷热演化史分析[J].天然气工业,2006,26(10):15-17.

[6] 任建业.济阳坳陷新生代褶皱—冲断构造的厘定及其动力学背景分析[J].地质科技情报,2004,23(3):1-5.

[7] 吴智平,李伟,任拥军,等.济阳坳陷中生代盆地演化及其与新生代盆地叠合关系探讨[J].地质学报,2003,77(2):280-286.

[8] 杜学斌,解习农,任建业,等.济阳坳陷中生代盆地演化及其与新生代盆地叠合关系探讨[J].地质科技情报,2005,24(2):22-25.

[9] 孙耀庭,李辉,孙超,等.济阳坳陷桩西地区中生界火成岩岩相序列[J].矿物岩石地球化学通报,2015,34(1):120-127.

[10] 丁圣,钟思瑛,高国强,等.测井地质结合定量评价低渗透储层成岩相[J].西南石油大学学报(自然科学版),2012,34(4):83-87.

[11] 王健,操应长,高永进,等.东营凹陷古近系红层储层成岩作用及成岩相[J].中国石油大学学报(自然科学版),2013,37(4):23-28.

[12] 李春堂.深层砂砾岩成岩演化与次生孔隙分布规律研究:以东营凹陷陡坡带古近系为例[D].青岛:中国石油大学(华东),2012.

[13] 彭传圣.济阳坳陷孤北低潜山煤成气成藏条件及特征[J].中国海洋大学学报(自然科学版),2005,35(4):670-676.

[14] 刘菊.孤北低潜山前和缄系煤成气储层地质研究[D].青岛:中国石油大学(华东),2007.

[15] DOVE P M.The dissolution kinetics of quartz in aqueous mixed cation solution[J].Geochimica et Cosmochimica Acta,1999,63(22):3715-3728.

[16] BEARD D C,WEYL P K.Influence of texture on porosity and permeability of unconsolidated sand[J].AAPG Bulletin,1973,57:349-369.

[17] HUOSEKNECHT D W.Assessing the relative importance of compaction processes and cementation to reduction of porosity in sandstone[J].AAPG Bulletion,1987,71:633-642.

[18] 方旭庆,蒋有录,罗霞,等.济阳坳陷断裂演化与油气富集规律[J].中国石油大学学报(自然科学版),2013,37(2):21-27.

[19] 袁义东,张金功,刘林玉,等.断陷湖盆砂砾岩储层特征与成因[J].地质科技情报,2018,37(2):192-197.

[20] 黎盼,孙卫,高永利,等.致密砂岩储层差异性成岩演化对孔隙度定量演化表征影响:以鄂尔多斯盆地马岭地区长81储层为例[J].地质科技情报,2018,37(1):135-141.

[21] 孙耀庭,徐守余,张世奇,等.沾化凹陷多元供烃成藏特征及成藏模式[J].中国石油大学学报(自然科学版),2015,39(6):42-49.

[22] 常国贞,毕彩芹,林红梅.低潜山反转构造演化、成藏体系与勘探——以胜利油区孤北低潜山为例[J].断块油气田,2002,9(5):19-23.

[23] 孙耀庭,徐守余,刘静,等.桩西潜山构造演化与油气成藏[J].高校地质学报,2016,22(4):670-678.

[24] 蒽克来,操应长,赵贤正,等.霸县凹陷古近系中深层有效储层成因机制[J].天然气地球科学,2014,25(8):1144-1155.

[25] 郑俊茂,庞明.碎屑储集岩的成岩作用研究[M].武汉:中国地质大学出版社,1989.

[26] 应凤祥,罗平,何东博,等.中国含油气盆地碎屑岩储集成岩作用数值模拟[M].北京:石油工业出版社,2004.

济阳坳陷下古生界潜山油气藏特征及成藏模式

王 勇[1] 熊 伟[1] 林会喜[2] 伍松柏[1] 安天下[1]
刘瑞娟[1] 向立宏[1] 尹丽娟[1] 孟 伟[1] 张 顺[1]

（1.中国石油化工股份有限公司胜利油田分公司勘探开发研究院；
2.中国石油化工股份有限公司石油勘探开发研究院）

摘 要：济阳坳陷下古生界潜山具有多样性、复杂性的特点，潜山差异性的形成演化、油气成藏主控因素和控藏模式不明确，严重制约了该区潜山油气勘探。在潜山分类的基础上，综合利用系统恢复、分类对比和典型解剖等方法，揭示了济阳坳陷下古生界不同类型潜山的形成演化过程和油气成藏主控因素差异性，分类建立了油气成藏模式。研究表明，济阳坳陷下古生界主要发育高位新盖侵蚀残丘潜山、中位古盖拉张断块潜山、中位新古盖拉张剪切断块潜山、中位中古盖挤压拉张断块潜山和低位古盖拉张滑脱断块潜山5种潜山类型。不同类型潜山的形成演化和油气成藏各具特色，其中，高位新盖侵蚀残丘潜山的发育受隆升、侵蚀作用控制，油气成藏主要受控于油源和盖层条件，表现为"单向供烃、砂体—不整合岩溶体联合输导、残丘控藏"的成藏模式；中位古盖拉张断块潜山的发育受掀斜、断裂作用控制，油气成藏主要受控于储集条件，表现为"单向供烃、顺向断层输导、反向断层控藏"的成藏模式；中位新古盖拉张剪切断块潜山的发育受反转、翘倾和走滑切割作用控制，油气成藏主要受控于输导条件，表现为"多源供烃、断溶体立体输导、断裂控藏"的成藏模式；中位中古盖挤压拉张断块潜山的形成受强烈挤压、拉张滑脱作用控制，油气成藏主要受控于储集条件，表现为"多源供烃、断缝体输导、断褶控藏"的成藏模式；低位古盖拉张滑脱断块潜山的形成受强烈拉张滑脱作用控制，油气成藏主要受控于输导条件，表现为"顶部供烃、断缝体输导、断裂控藏"的成藏模式。

随着济阳坳陷油气勘探的不断深入，浅部层系的勘探程度不断提高，勘探目标越来越小，也越来越复杂隐蔽，急需其他勘探领域的突破来维持产能[1-3]。深部的下古生界潜山剩余资源量为 $11×10^8 t$，探明程度仅为25.8%，勘探潜力巨大。近年来，在开展高精度三维地震深度域偏移处理技术攻关的基础上，评估剩余资源量，基于构造、沉积和储层的综合深化研究，先后在埕岛、车镇和高青等地区获得重大突破。近3年，下古生界潜山年均上报储量均在千万吨以上，共上报探明储量和控制储量 $3300×10^4 t$，预示着下古生界潜山成为济阳坳陷重要的增储方向。济阳坳陷下古生界潜山具有多期性、复杂性和多样性的特点[4-6]，决定了不同地区、不同类型潜山的油气成藏要素、油气富集机理和富集规律的差异性。济阳坳陷已发现十多个下古生界含油气潜山，油气富集程度差异巨大，探明储量为（57～4200）$×10^4 t$。基于前人对埕岛、乐安、义和庄、富台等下古生界潜山油藏特征、成藏控制因素、油气运聚和富集样式的研究认识[7-11]，笔者从系统恢复、分类对比和典型潜山油气藏解剖的角度，揭示不同类型潜山的形成过程、油气富集要素的差异特征，明确不同类型潜山差异性成藏富集模式，该研究将为济阳坳陷下古生界碳酸盐岩潜山油气勘探提供理论依据。

1 基本地质概况

古生代以来，济阳坳陷经历了加里东、印支、燕山和喜马拉雅4期大规模构造运动，这些构造运动不仅控制着盆地的沉积建造，也控制着潜山的形成[12]。早古生代构造稳定，主要发育稳定台地碳酸盐岩沉积建造，中奥陶世—晚奥陶世加里东运动导致华北地块抬升，地层遭受剥蚀，缺失上奥陶统、志留系和泥盆系。晚三叠世印支运动使扬子板块向北俯冲，NNE向挤压华北板块，导致华北地台东部地区拱升，剥蚀严重，经历了陆表海—海陆过渡相—陆相的沉积建造演化。早侏罗世—中侏罗世，受太平洋板块和扬子板块多向俯冲的影响，华北板块多向挤压抬升，"截凸填凹"夷化作用明显，主要发育河湖相碎屑岩沉积建造；晚侏罗世—早白垩世，太平洋板块俯冲，地幔上涌产生拱张裂陷和差异断陷，主要发育河湖相碎屑岩沉积建造；晚白垩世，太平洋板块向华北地块NWW向挤压，整体隆升剥蚀，主要发育河湖相碎屑岩沉积建造。新生代喜马拉雅运动，太平洋板块俯冲，亦对前期形成的潜山具有明显的改造作用。济阳坳陷不同地区构造应力场及其演化的差异，形成复杂多样的潜山（图1）。

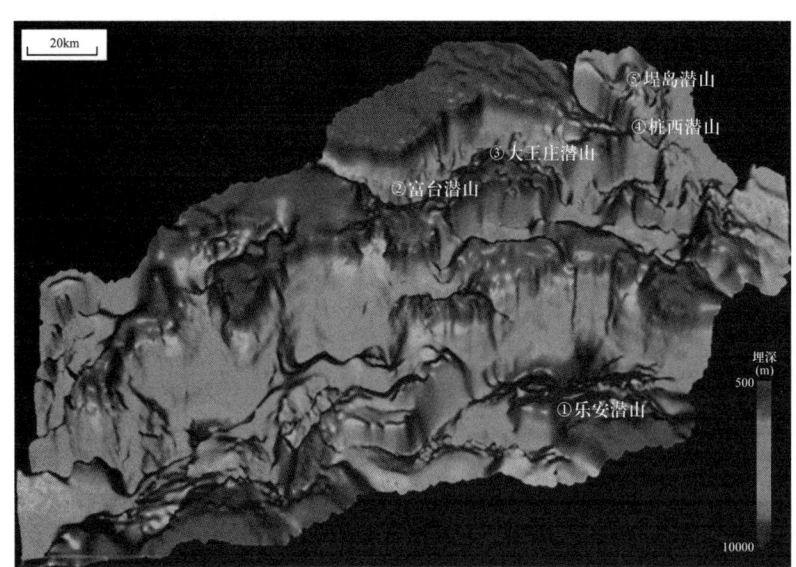
(a) 济阳坳陷下古生界顶面古地貌

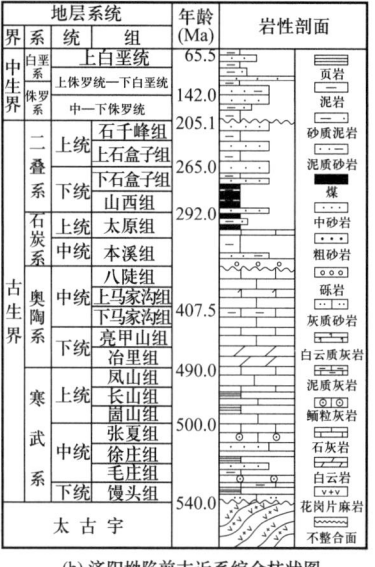
(b) 济阳坳陷前古近系综合柱状图

图1 济阳坳陷下古生界顶面古地貌和前古近系综合柱状图

2 潜山类型及特征

碳酸盐岩潜山已经历几十年的研究，在分类和命名上几乎都遵循一个共同原则，即在成因分类基础上根据特征差异做进一步分类[13]。所有潜山都至少经历过地壳隆升剥蚀和地壳下降埋藏两个阶段，以剥蚀面为界，剥蚀面以下为潜山构造，以上为盖层或披覆构造，因此，潜山类型划分应该同时考虑潜山构造和盖层两个方面[13]。综合潜山构造的形成演化、发育位置和盖层特征，并结合济阳坳陷潜山油气藏的勘探实践，笔者将济阳坳陷下古生界碳酸盐岩潜山划分为高位新盖侵蚀残丘潜山、中位古盖拉张断块潜山、中位新古盖拉张剪切断块潜山、中位中古盖挤压拉张断块潜山和低位古盖拉张滑脱断块潜山5种类型（表1）。不同类型潜山的分布具有一定的规律性，从盆地缓坡凸起带到陡坡带依次发育高位新盖侵蚀残丘潜山、中位古盖拉张断块潜山和低位古盖拉张滑脱断块潜山，中位新古盖拉张剪切断块潜山和中位中古盖挤压拉张断块潜山主要发育在不同盆地的结合部（图2）。

济阳坳陷下古生界不同类型的碳酸盐岩潜山均经历中—晚奥陶世整体抬升、晚三叠世NE向挤压逆冲（拱张）、侏罗纪—白垩纪拉张反转裂陷、古近纪NW向强烈断陷和新近纪沉降定型多期构造演化阶段[14-19]。不同类型的潜山形成位置和局部应力场的不同造就了各具特色的潜山演化史（表2）。

（1）高位新盖侵蚀残丘潜山主要分布在盆地斜坡凸起带，在形成过程中一直位于较高部位，长期处于隆升、翘倾状态，风化剥蚀强烈，经历加里东、印支、燕山和喜马拉雅多期风化剥蚀，最终表现为一系列残丘山。由于剥蚀强烈，上覆的上古生界和中生界剥蚀殆尽，下古生界直接被新生代地层覆盖。

（2）中位古盖拉张断块潜山主要分布在盆地的斜坡带，受燕山运动掀斜、断裂作用控制明显，燕山Ⅱ幕不仅使印支运动期产生的逆冲断层发生反转、斜坡带地层发生强烈掀斜，还形成一系列反向断裂。由于该类潜山位于缓坡带地层翘倾旋转的轴部，虽然古生界剥蚀严重，但部分上古生界仍得以保存。

表 1 济阳坳陷下古生界碳酸盐岩潜山类型及特征

潜山类型	成因	直接盖层	烃源岩	储层	源储配置	输导体系	油藏类型	典型油田
高位新盖侵蚀残丘潜山	隆升、侵蚀	明化镇组泥岩	沙河街组四段上亚段、沙河街组三段下亚段泥岩	奥陶系碳酸盐岩	下生上储	砂体岩溶体断缝体	风化壳	乐安陈家庄
中位古盖拉张断块潜山	掀斜、断裂、侵蚀	二叠系煤岩、泥岩	沙河街组三段下亚段泥岩	奥陶系—寒武系碳酸盐岩	侧接	岩溶体断缝体	风化壳内幕	大王庄套尔河
中位新古盖拉张剪切断块潜山	反转、翘倾、走滑切割、侵蚀	东营组泥岩二叠系煤岩、泥岩	沙河街组三段下亚段和沙河街组一段泥岩	奥陶系—寒武系碳酸盐岩	侧接	断溶体断缝体	风化壳内幕	埕岛桩海
中位中古盖挤压拉张断块潜山	挤压、拉张、滑脱、侵蚀	侏罗系泥岩二叠系煤岩、泥岩	沙河街组三段下亚段泥岩	奥陶系—寒武系碳酸盐岩	侧接	断溶体断缝体	内幕风化壳	桩西
低位古盖拉张滑脱断块潜山	拉张、滑脱、侵蚀	二叠系煤岩、泥岩	沙河街组三段下亚段泥岩	奥陶系—寒武系碳酸盐岩	上生下储	断缝体	内幕风化壳	富台邵家

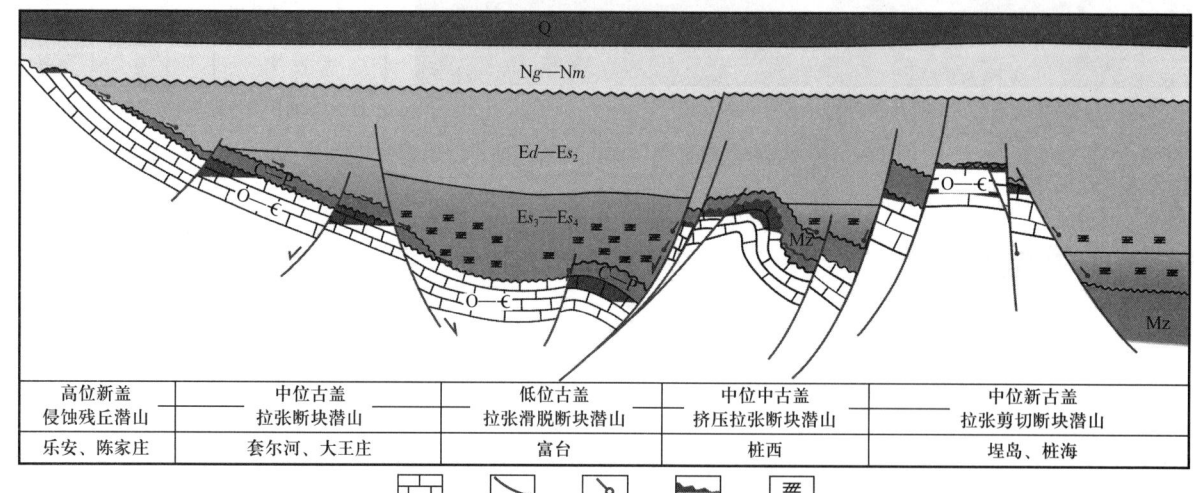

图 2 济阳坳陷下古生界不同类型潜山分布

Q—第四系;Ng—馆陶组;Nm—明化镇组;Ed—东营组;Es$_2$—沙河街组二段;Es$_3$—沙河街组三段;Es$_4$—沙河街组四段;Mz—中生界;C—石炭系;P—二叠系;O—奥陶系;∈—寒武系

表 2 不同期次构造运动对潜山形成的控制作用

潜山类型	潜山位置	加里东运动	印支运动	燕山运动	喜马拉雅运动
高位新盖侵蚀残丘潜山	斜坡凸起带	整体抬升	隆升	翘倾、隆升	翘倾、隆升、埋藏
中位古盖拉张断块潜山	斜坡带	整体抬升	逆断推覆	掀斜、断裂	断裂、埋藏
中位新古盖拉张剪切断块潜山	盆间低隆带	整体抬升	隆升	反转、翘倾、走滑切割	反转、翘倾、走滑切割、埋藏
中位中古盖挤压拉张断块潜山	盆间低隆带	整体抬升	逆断推覆、褶皱	反转、褶皱	反转、断裂、埋藏
低位古盖拉张滑脱断块潜山	陡坡带	整体抬升	隆升	翘倾、断裂	翘倾、埋藏

（3）中位新古盖拉张剪切断块潜山主要分布在济阳坳陷东北部郯庐走滑断裂体系附近的盆间低隆带，潜山形成于"挤压—拉张—走滑"叠加应力场环境。相对其他类型潜山而言，该类潜山的形成受郯庐断裂走滑影响较大，发育燕山期的左旋和喜马拉雅期的右旋2期走滑断裂体系，燕山期左旋走滑主要形成近NW向和近NS向断裂体系，喜马拉雅期右旋走滑主要形成NE向断层。走滑断裂体系往往对印支期挤压应力场发育的NW向逆冲断层系和燕山早期拉张应力背景形成的NW向逆断裂系切割改造[17]，表现为平面上不同性质、不同方向多组断裂体系网格状错综发育，剖面上呈花状和"Y"字形构造样式组合。

（4）中位中古盖挤压拉张断块潜山主要分布在济阳坳陷东北部的盆地结合部，经历挤压造山到伸展滑脱造山解体的复杂演化过程；潜山经历印支期和燕山期2次强烈的逆断推覆运动，受推覆挤压构造影响严重，潜山内部地层发生挠曲褶皱、褶皱、翘倾，甚至部分地区发生强烈的地层反转；燕山期和喜马拉雅期大规模的拉张滑脱构造活动使该类潜山结构更加复杂化，表现为褶皱构造、反向正断层和逆断层并存的复杂断裂系统。

（5）低位古盖拉张滑脱断块潜山主要分布在盆地陡坡带，其形成演化过程受陡坡控盆大断裂强烈活动的影响，燕山末期和喜马拉雅期潜山地层发生强烈的滑脱翘倾，最终形成二台阶滑脱断块潜山带。

3 不同类型潜山油气成藏要素差异性

基于典型油藏精细解剖和系统对比分析，认为济阳坳陷下古生界不同类型碳酸盐岩潜山的油源、储层、盖层和输导条件存在明显的不同，控制了潜山油气富集程度的差异性。

3.1 油源条件

济阳坳陷碳酸盐岩潜山油气藏的油气均来自古近系烃源岩，具有它源成藏的特点。不同潜山距油源的距离、供烃方式和烃源岩生烃条件等存在差异，导致油源条件不同，油源条件优劣顺序依次为中位新古盖拉张剪切断块潜山、中位中古盖挤压拉张断块潜山、中位古盖拉张断块潜山、低位古盖滑脱断块潜山和高位新盖侵蚀残丘潜山（表3）。中位新古盖拉张剪切断块潜山具有近源、多层系和多向供烃的特点，如埕岛潜山，离油源较近，位于油气运聚的主要指向区，四周被埕北、黄河口和沙南—渤中富生油凹陷包围，各凹陷均发育了沙河街组三段（沙三段）烃源岩，沙南—渤中凹陷还发育沙河街组一段（沙一段）烃源岩，每套烃源岩面积均在1000km^{2}以上，厚度为50～500m，总有机碳含量（TOC）为1%～5%，生烃强度为（80～500）×10^{4}t/km^2，油源充足。中位中古盖挤压拉张断块潜山具有近源和多向供烃的特点，如桩西潜山，三面环凹，周边的桩东、孤北和埕北凹陷均发育沙三段下亚段烃源岩，烃源岩面积均在500km^{2}以上，厚度为50～400m，TOC为1%～5%，生烃强度为（80～250）×10^{4}t/km^2，均可从不同方向为桩西潜山提供充足的油源。中位古盖拉张断块潜山距油源较近，是油气运聚的主要指向区和过渡区，如大王北潜山，油气主要来自与潜山侧接的大王北洼陷沙三段下亚段烃源岩，烃源岩面积为200km^{2}以上，厚度为100～300m，TOC为1%～4%，生烃强度为（100～280）×10^{4}t/km^2，能够为一定范围的潜山提供油气。低位古盖滑脱断块潜山离油源较近，通常位于油源的下方，油气通常通过倒灌运聚成藏，具有上生下储的特点，如车镇凹陷的富台潜山，油气主要来自车西洼陷和套尔河洼陷沙三段下亚段烃源岩，各洼陷烃源岩面积均为150km^{2}以上，厚度为150～300m，TOC为1%～4%，生烃强度为（80～200）×10^{4}t/km^2，生成的油气只有在倒灌运聚的条件下，才可能供给潜山。高位新盖侵蚀残丘潜山油源条件最差，具有远离油源和单方向供烃的特点，如乐安潜山，油气主要来自北部的牛庄洼陷沙河街组四段（沙四段）上亚段和博兴洼陷沙三段下亚段，各洼陷烃源岩面积均为800 km^{2}以上，厚度为50～350 m，TOC为1.5%～4.5%，生烃强度为（100～300）×10^{4}t/km^2，生成油气充足的条件下，才可能供给潜山。

表3 不同类型潜山烃源岩特征统计

潜山类型	典型油田	烃源岩层位	烃源岩面积（km²）	烃源岩厚度（m）	TOC（%）	生烃强度（10⁴t/km²）	源—储配置关系
高位新盖侵蚀残丘潜山	乐安	牛庄洼陷沙四段上亚段	950	100～350	1.5～4.5	100～300	远离油源、源—储分离、下源上储、单向供烃
		博兴洼陷沙三段下亚段	800	50～300	1.5～4.5	150～250	
中位古盖拉张断块潜山	大王庄	大王北洼陷沙三段下亚段	200	100～300	1.0～4.0	100～280	近源、源—储侧接、单向供烃
		埕北凹陷沙三段下亚段	1000	50～250	1.0～4.5	80～250	
中位新古盖拉张剪切断块潜山	埕岛	沙南—渤中凹陷沙一段	1000	50～220	0.5～3.5	100～280	近源、多层系、多向供烃
		沙南—渤中凹陷沙三段下亚段	1050	300～500	1.0～5.0	100～350	
		黄河口凹陷沙三段下亚段	1000	100～300	1.0～3.5	200～500	
中位中古盖挤压拉张断块潜山	桩西	孤北洼陷沙三段下亚段	500	100～400	1.5～5.0	150～250	近源、多向供烃
		桩东凹陷沙三段下亚段	1050	100～300	1.0～3.5	100～250	
		埕北凹陷沙三段下亚段	1000	50～250	1.0～4.5	80～250	
低位古盖拉张滑脱断块潜山	富台	车西洼陷沙三段下亚段	600	200～300	1.0～4.0	80～200	较近油源、源—储分离、上源下储、单向供烃
		套尔河洼陷沙三段下亚段	150	150～300	1.0～4.0	50～200	

整体上，济阳坳陷下古生界潜山具有近油源、多层系、多向供烃油气富集的特点，预示着深层多套烃源岩发育区的潜山，也具有较大的勘探潜力，将是下一步勘探有利方向。

3.2 储集条件

碳酸盐岩潜山储层储集性能的好坏直接取决于孔、缝和洞的发育程度，这与碳酸盐岩潜山的岩溶作用和构造作用密不可分[20-21]。济阳坳陷下古生界碳酸盐岩潜山遭受风化、淋滤、溶蚀及构造运动的频繁改造，孔、洞、缝十分发育，储集空间以裂缝、次生溶蚀孔和洞为主，其次为碳酸盐矿物晶间孔、角砾间孔隙[22]。由于不同类型潜山所处构造位置、岩性、构造历程和岩溶作用存在差异，储集性能存在明显的不同，按优劣顺序依次为高位新盖侵蚀残丘潜山、中位中古盖挤压拉张断块潜山、中位新古盖拉张剪切断块潜山、低位古盖滑脱断块潜山和中位古盖拉张断块潜山（图3）。

（1）高位新盖侵蚀残丘潜山储集物性最好，孔隙度为1.3%～12.6%，平均为6.9%；渗透率为0.12～12.68mD，平均为4.90mD。储集性能与该类潜山长期处于隆升溶蚀状态有关，如乐安潜山，发育加里东、印支、燕山和喜马拉雅4期大型岩溶作用，岩心观察过程中发现大量的风化壳、落水洞和地下径流岩溶体，钻井过程中钻井液漏失井数多、漏失量大，共钻遇漏失井段11井次，漏失量为15～6000t。

（2）中位中古盖挤压拉张断块潜山储层孔隙度为0.1%～24.6%，平均为3.7%；渗透率为0.6～22.0mD，平均为3.4mD。该类潜山的储层发育不仅与加里东和印支2期岩溶作用有关，而且与断溶体有关，钻井过程中钻井液漏失井数多、漏失量大，共钻遇漏失井段24井次，漏失量为23～4191t。另外，该类潜山由于受挤压、拉张不同应力作用，裂缝发育，岩心裂缝线密度为4～31条/m，裂缝发育带岩溶作用也发育，表现为裂缝体和岩溶体协同发育的特征。

（3）中位新古盖拉张剪切断块潜山储层孔隙度为0.7%～12.2%，平均为2.9%；渗透率为0.51～8.10mD，平均为1.40mD。该类潜山受走滑断裂影响明显，发育一系列高角度裂缝，且多开启含油。

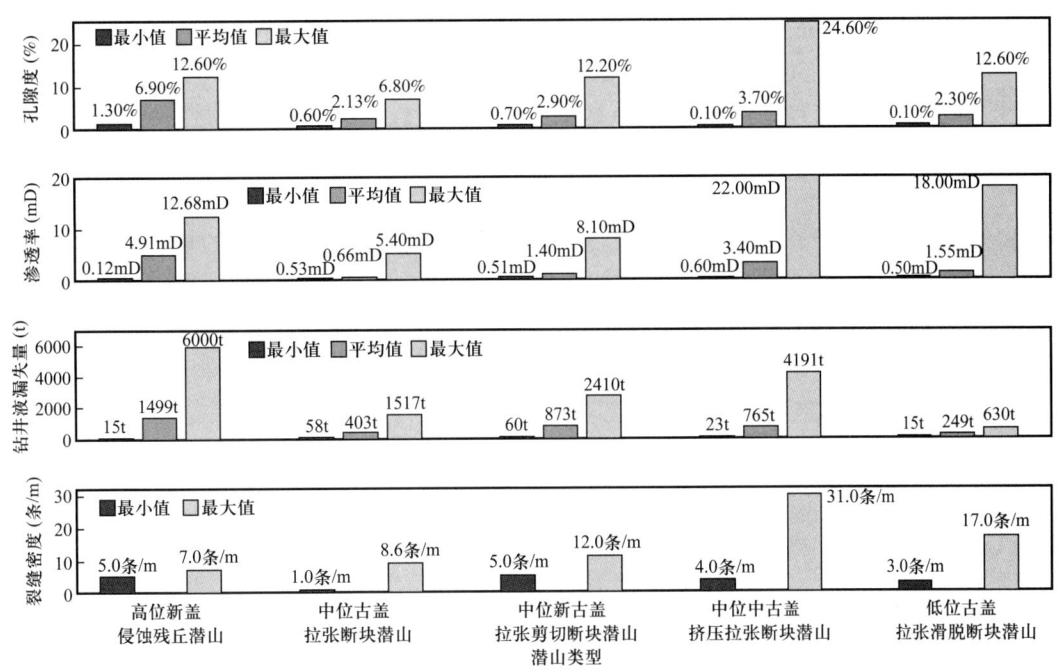

图 3 不同类型潜山储集特征对比

（4）低位古盖滑脱断块潜山储集性相对较好，孔隙度为 0.1%～12.6%，平均为 2.3%；渗透率为 0.50～18.00mD，平均为 1.55mD。该类潜山主要发育加里东期岩溶作用，凤山组、冶里组和亮甲山组岩溶改造较强，八陉组和马家沟组岩溶改造较弱。受滑脱构造作用的影响，断裂发育，发育 4 组不同产状的裂缝，对改善储层具有较大的贡献。

（5）中位古盖拉张断块潜山储集物性相对最差，孔隙度为 0.60%～6.80%，平均为 2.13%；渗透率为 0.53～5.40mD，平均为 0.66mD。该类潜山主要发育加里东期岩溶作用，岩溶作用相对较弱，构造作用也相对较弱，靠近大断层的区域裂缝发育，而远离大断层的区域裂缝不发育。

整体上，岩溶期次多、构造作用强烈的潜山储层发育，预示着岩溶作用和构造作用是优质储层的形成关键。

3.3 盖层条件

不同类型的潜山在形成演化、埋藏深度、披覆地层等方面存在明显的差异，潜山盖层的封盖能力也有所不同。研究区下古生界碳酸盐岩潜山的盖层条件优劣顺序依次为低位古盖拉张滑脱断块潜山、中位古盖拉张断块潜山、中位中古盖挤压拉张断块潜山、中位新古盖拉张剪切断块潜山和高位新盖侵蚀残丘潜山（表 4）。

（1）低位古盖滑脱断块潜山盖层条件最优，沙三段下亚段发育厚层泥岩，连续厚度达 100m 以上，且正处于生烃高峰阶段，不仅具有烃浓度封盖作用，也具有异常压力封盖作用[23]，是该类潜山的区域性盖层。此外研究区上古生界底部为一套分布稳定的铝土矿，厚度为 2～4m，构成一套良好的直接盖层。多套盖层为该类潜山油藏提供了良好的封盖条件。

（2）中位古盖拉张断块潜山上覆区域性分布的沙三段厚层泥岩，连续厚度达 50～200m，且正处于生烃阶段，不仅具有烃浓度封盖作用，也具有异常压力封盖作用。区内上古生界下二叠统泥岩和煤系地层发育，且均不同程度生烃，具有烃浓度封盖机理，可作为良好的直接盖层。整体上该类潜山盖层封盖性较好。

（3）中位中古盖挤压拉张断块潜山封盖条件较好，下古生界碳酸盐岩上覆中生界侏罗系房子组下部的泥岩和碳质泥岩，构成全区发育的直接盖层，盖层条件好。沙一段—东营组一段（东一段）横向分布稳定的泥岩厚度在 100m 以上，是该类潜山重要的区域性盖层。

（4）中位新古盖拉张剪切断块潜山上覆东营组大套泥岩，连续厚度达 100～200m，构成直接盖层。局部地区沙一段泥岩和下二叠统泥岩、煤系地层与下古生界碳酸盐岩潜山直接接触，也可作为盖层，且具有一定的生烃能力，具有烃浓度封盖作用。总体上，多套盖层为该类潜山油藏提供了较好的封盖条件。

（5）高位新盖侵蚀残丘潜山盖层条件相对较差，该类潜山通常位于碎屑的物源区或剥蚀区，上覆的馆陶组厚度较薄，沉积物粒径相对较粗，加之地层埋藏浅，胶结致密化程度很弱，盖层条件相对较差。该类潜山油藏多为稠油油藏，且部分潜山上覆的砂砾岩油藏与潜山风化壳油藏属同一油水系统。

表 4 不同类型潜山盖层条件对比

潜山类型	典型油田	区域盖层	直接盖层	致密程度	封盖机理
高位新盖侵蚀残丘潜山	乐安	明化镇组大套泥岩	明化镇组泥岩、含砾泥岩、砂质泥岩	致密化程度弱，埋深小于 1000m	毛细管压力封盖
中位古盖拉张断块潜山	大王庄	沙三段大套泥岩	二叠系煤岩、泥岩，厚度 3～20m	致密化程度较强，埋深大于 2500m	区域盖层烃浓度封盖、异常压力封盖，直接盖层毛细管压力封盖、烃浓度封盖
中位新古盖拉张剪切断块潜山	埕岛	东营组大套泥岩	东营组/二叠系煤岩、泥岩	致密化程度较强，埋深大于 2500m	区域盖层毛细管压力封盖，直接盖层毛细管压力封盖、烃浓度封盖
中位中古盖挤压拉张断块潜山	桩西	东营组、沙一段大套泥岩	中—下侏罗统大套泥岩、煤岩，厚度 1～10m	致密化程度强，埋深大于 3500m	区域盖层毛细管压力封盖，直接盖层毛细管压力封盖、烃浓度封盖
低位古盖拉张滑脱断块潜山	富台	沙三段大套泥岩	二叠系底部铝土矿，厚度 2～4m	致密化程度强，埋深大于 3500m	区域盖层烃浓度封盖、异常压力封盖，直接盖层毛细管压力封盖

综上分析，除高位新盖侵蚀残丘潜山之外，其他类型潜山均具有良好的盖层条件，预示着盖层条件不是中深层潜山成藏的主控因素，勘探过程不应着重考虑。

3.4 输导条件

不同类型潜山油藏的源储配置不同，输导条件也存在明显的差异（图 4）。

（1）高位新盖侵蚀残丘潜山油藏的源储分离且相距较远，油气输导体系相对复杂。油气首先通过古近系大套砂体运移至潜山带，再通过风化壳不整合岩溶体进入潜山储层，后期沿着潜山内部岩溶体和断缝体进一步调整。表现为新盖侵蚀残丘潜山风化壳岩溶体油气富集、绝大部分裂缝中富含油，以及局部潜山风化壳油藏与上覆砂岩油藏的油水界面一致等特点。

（2）中位古盖拉张断块潜山油藏的源储侧向对接，烃源岩生成的油气沿油源断层倾向直接注入潜山，再通过岩溶体和断缝体进一步调整。由于中位古盖拉张断块潜山内部往往发育一系列新生界反向不活动的断层，封堵能力强。潜山内油气一般不会沿风化壳发生大规模长距离运聚，表现为与油源断层相邻的潜山群油气富集，且油气主要富集在风化壳岩溶带和裂缝带。

（3）中位新古盖拉张剪切断块潜山油藏的储层与烃源岩相距较近，一部分储层与油源对接，一部分构造位置相对较高、不能与油源直接对接。与烃源岩对接的储层，油气通常沿油源断层倾向直接注入。不能与油源直接对接的储层，油气一般沿走滑断层走向的断溶体系输导至潜山，后期沿着潜山内部断缝体进一步调整，表现为大型走滑断裂（走滑断距大、活动时间长、延伸至烃源岩区）附近且岩溶体和断缝体发育的该类潜山油气较富集。

（4）中位中古盖挤压拉张断块潜山储层与烃源岩相距较近，油气首先通过长期活动并分割潜山与生油洼陷的边界大断层和推覆断裂带运移至潜山，后期沿着潜山内部断缝体进一步调整。逆冲断裂带溶蚀作用强、岩溶体发育，岩溶体和断裂体协同发展，且油气富集。

（5）低位古盖滑脱断块潜山储层与烃源岩的距离相对较远，长期活动的二台阶断裂系统构成该类潜山的主要输导体系，由于二台阶断裂体系的活动时间长且断至沙三段下亚段的烃源岩超压层，后期构造运动必将在其下部邻近的、脆性较大的潜山地层产生大量微裂缝，且受沙三段下亚段烃源岩排出的有机酸溶蚀作用的影响，断裂带形成大量的溶蚀孔洞，为油气输导提供良好的运移通道。因此，断裂活动时间越长，附近的低位古盖滑脱断块潜山油气越富集。

潜山类型	输导体系类型					输导体系岩心照片
	砂体	岩溶体	断溶体	断缝体	体系	
高位古盖侵蚀残丘潜山	√	√		√	砂体 断缝体 风化壳岩溶体	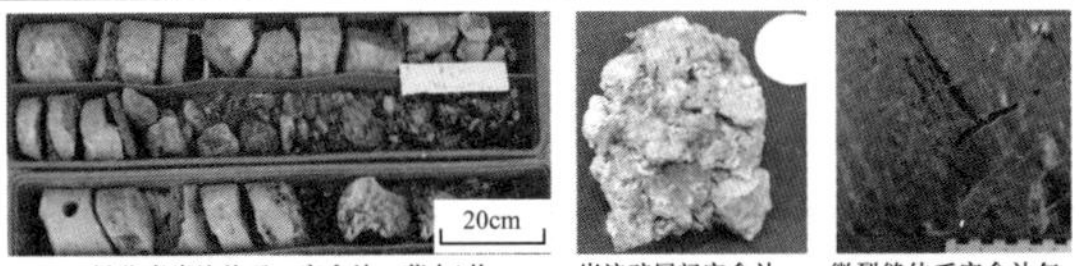 风化壳岩溶体系，富含油，草古1井677.38~678.50m；岩溶碎屑间富含油，草古1井675.90m；微裂缝体系富含油气，草古1井695.30m
中位古盖拉张断块潜山		√		√	岩溶体、断缝体	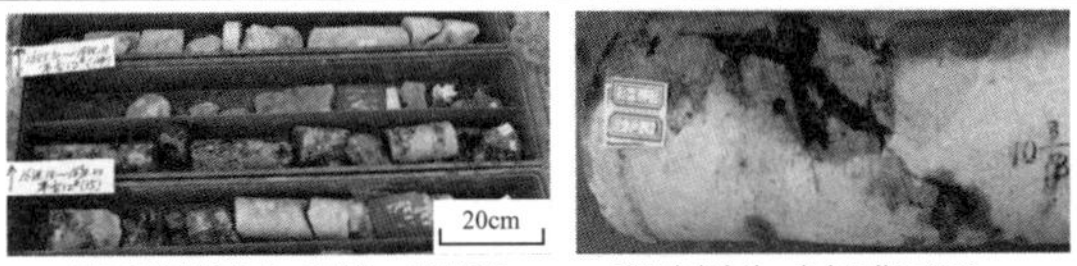 地下径流岩溶体系，富含油，草古12井1688.18~1689.20m；裂缝中富含油，车古12井1672.30m
中位新古盖拉张剪切断块潜山			√	√	断溶体、断缝体	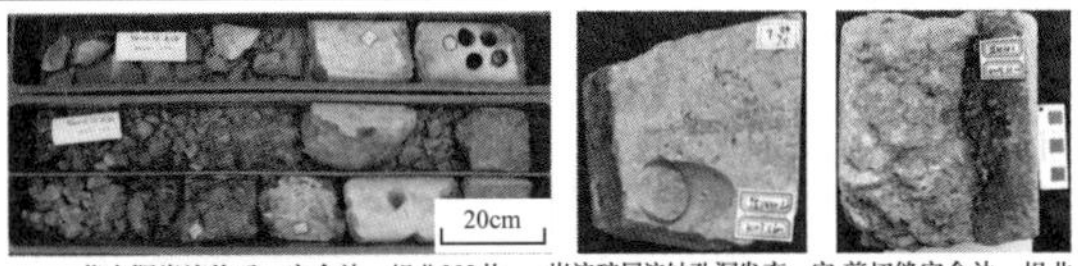 落水洞岩溶体系，富含油，埕北302井4005.23~4006.60m；岩溶碎屑溶蚀孔洞发育，富含油，埕北302井4007.26m；剪切缝富含油，埕北302井4005.66m
中位中古盖挤压拉张断块潜山			√	√	断溶体、断缝体	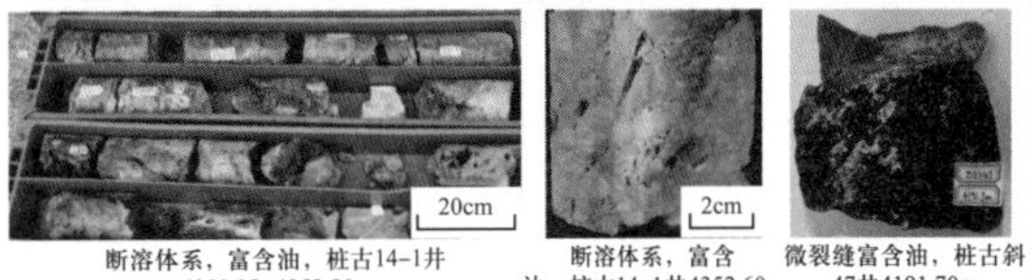 断溶体系，富含油，桩古14-1井4350.05~4352.80m；断溶体系，富含油，桩古14-1井4352.60m；微裂缝富含油，桩古斜47井4191.70m
低位古盖拉张滑脱断块潜山				√	断缝体	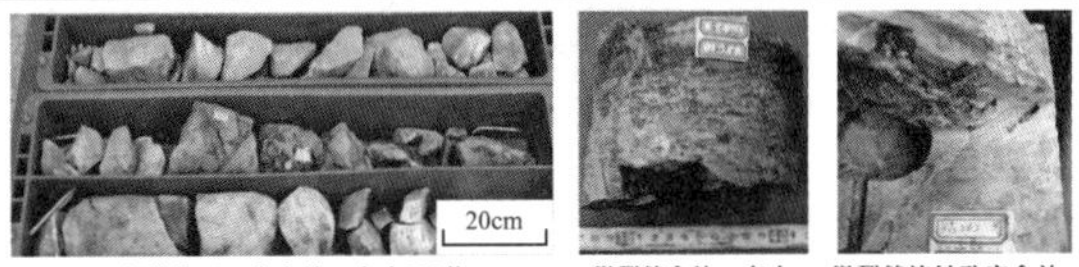 断缝体系，富含油，车古202井3175~3178m；微裂缝含油，车古202井3809.60m；微裂缝溶蚀孔富含油，车古202井3809.60m

图4　不同类型潜山成藏输导体系

综上分析，断缝体是研究区下古生界碳酸盐岩潜山油藏的主要输导体系类型之一，是潜山油藏成藏的关键因素，在潜山油气勘探过程中，裂缝体系的识别与表征显得尤为重要。

4　不同类型潜山油气成藏模式

4.1　高位新盖侵蚀残丘潜山

高位新盖侵蚀残丘潜山埋藏浅，油气运移距离长，封盖条件差，潜山油气富集程度低，含油饱和度一般为35%～50%，含油高度一般小于25m。油气主要沿风化壳岩溶带分布，相对富集在盖层条件较好的岩溶残丘山。不同残丘油藏的油水界面不统一，油气的富集过程和富集程度也存在差异，表明每一个残丘山往往是一个相对独立的成藏单元。油藏类型以风化壳不整合岩溶体油藏为主，油气的运聚过程和分布情况明显受控于风化壳和上覆储层。

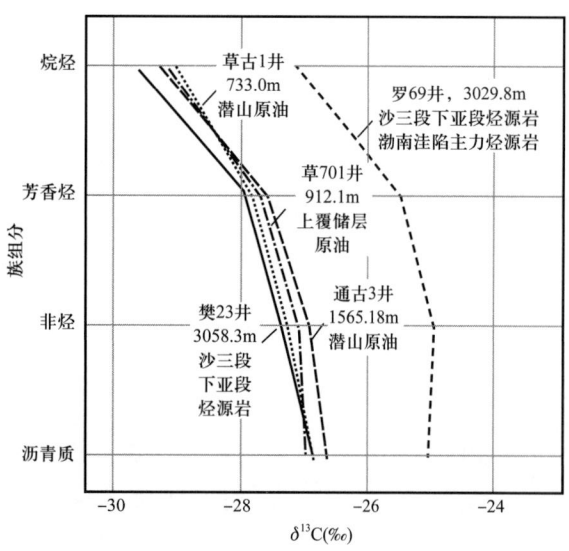

图 5 乐安潜山油藏油源碳同位素对比

乐安潜山是研究区典型的高位新盖侵蚀残丘潜山，碳同位素对比显示，潜山和上覆馆陶组原油与潜山北部深洼沙三段下亚段的烃源岩族组分碳同位素曲线形态相似且相互靠近（图5），指示其油气来源于北部深洼区。乐安潜山4个残丘山油藏的油水界面不统一，自北向南依次升高，分别为1020m（C20残丘山）、960m（Cg100残丘山）、770m（Gq2残丘山）和580 m（Cg125残丘山），但与部分上覆馆陶组油藏的油水界面一致。综合潜山及上覆油藏的油源、油水界面和油气宏观分布特征，认为油气自北向南依次充注乐安潜山的4个残丘山[24]。馆陶组沉积末期，北部生油洼陷生成的油气通过沙四段大套砂岩不断向南部的乐安潜山运移，首先在乐安潜山北部的C20残丘山成藏，随着充满度升高，一部分油气沿沙四段砂体和不整合继续向南部运移至Cg100残丘山成藏，随着Cg100残丘山含油高度升高，一部分油气突破盖层毛细管压力封堵，在Cg100残丘山上覆C27块砂体中成藏，并沿着C27块砂体依次注入Gq2残丘山和Cg125残丘山成藏。整体上，该类潜山表现为"单向供烃、砂体—不整合联合输导、残丘控藏"的油气成藏模式（图6）。

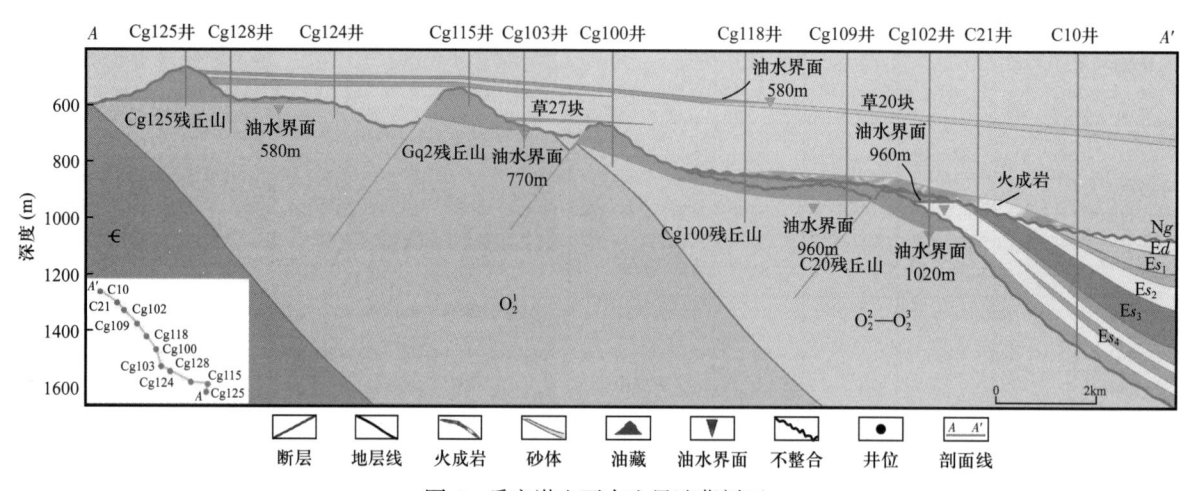

图 6 乐安潜山下古生界油藏剖面

Ng—馆陶组；Ed—东营组；Es_1—沙河街组一段；Es_2—沙河街组二段；Es_3—沙河街组三段；Es_4—沙河街组四段；O_2^1—下马家沟组；O_2^2—上马家沟组；O_2^3—八陡组；$\in$—寒武系

4.2 中位古盖拉张断块潜山

中位古盖拉张断块潜山油气富集程度较高，平均含油饱和度为65%，含油高度为70~190m。油气主要分布在靠近油源断层的潜山断块群，具有垒块富集和平面成排分布的特点。风化壳和潜山内幕均发现油藏，具有多个含油层系，主要发育构造—不整合油藏。断裂对油气成藏的控制明显，一方面，断裂通常切割油藏呈块状，各断块间无统一的油水界面；另一方面，断层的侧向封堵性能控制着圈闭的有效性，通常情况下反向断层封堵性好，可封堵油气并成藏，而顺向断层封堵差，难以封堵油气，但顺向盆倾的大断裂往往切穿烃源岩，从而起到输导油气作用。

以车镇凹陷大王庄潜山油藏为例，油气来源于大王北洼陷沙三段下亚段烃源岩（图7），主要分布在潜山顶部的奥陶系八陡组—上马家沟组上部的风化壳岩溶储层，以及少量凤山组、冶里组和亮甲山组内幕储层，以构造—不整合油藏为主。区内断裂控制着油气的分布和运聚过程，在生烃压力的驱动下，油气沿着油源大断层大1断层注入潜山，首先在大1断层附近的大古671反向断块聚集成藏，后期由于潜山内断裂活动，沿断缝体在潜山内部进一步调整，表现为断裂活动较弱的区带油气富集，而断裂活动较强的区带油气以输导为主。整体上，该类潜山表现为"侧向供烃、顺向断层输导、反向断层控藏"的油气成藏模式（图8）。

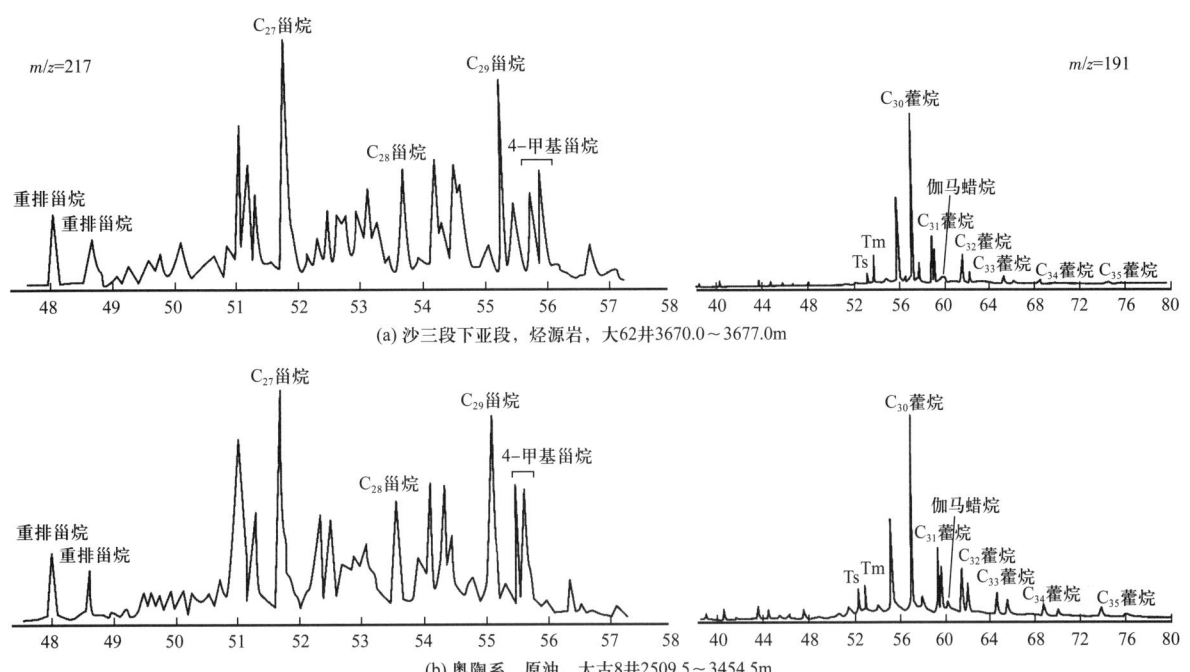

图7 大王北下古生界潜山油源对比

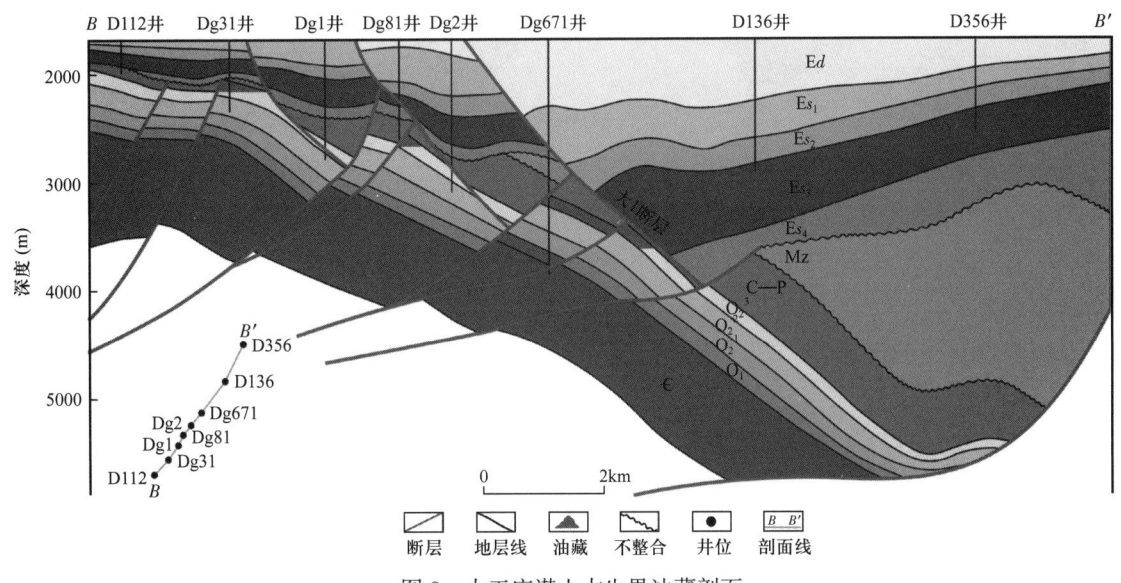

图8 大王庄潜山古生界油藏剖面

Ed—东营组；Es_1—沙河街组一段；Es_2—沙河街组二段；Es_3—沙河街组三段；Es_4—沙河街组四段；Mz—中生界；
C—石炭系；P—二叠系；O_1—下奥陶统；O_2^1—下马家沟组；O_2^2—上马家沟组；O_2^3—八陡组；€—寒武系

4.3 中位新古盖拉张剪切断块潜山

中位新古盖拉张剪切断块潜山油藏为凝析油藏，油气富集程度高，含油饱和度为70%~80%，含油高度为100～350m。油气主要分布在大型走滑断裂附近，具有沿走滑断裂条带状分布的特征，通常富集在与走滑断裂相交的反向断裂交汇的构造高部位，风化壳和潜山内幕均可成藏，发育多套含油层系。该类潜山主要发育断层—不整合油藏和内幕断块油藏，断裂对储层和油气成藏过程具有重要的控制作用，不仅控制了断溶体系类储层的发育和展布，不同方向断裂的相互切割也控制形成了诸多的断块圈闭。

埕岛中排潜山是研究区典型的中位新古盖拉张剪切断块潜山，油气主要分布在埕北20拉张走滑断层上升盘的CBG11井—SHG2井—CB275井一带和埕北古4拉张走滑断层上升盘的CBG4井—CBG403井—CBG406井一带，主要富集在潜山顶部的奥陶系八陡组—上马家沟组上部的风化壳岩溶储层和凤山组、冶里组、亮甲山组的内幕储层。区内断裂控制着油气的分布和运聚过程，埕北20断层和埕北4断层均属于大型拉张走滑断裂，形成于印支期，消亡于中生代晚期，断距均大于2000m，延伸15km以上，从埕岛潜山构造的高部位一直延伸到沙南—黄河口凹陷，为断溶体系的发育提供了有利条件，已在CBG403井和CBG5井的岩心中发现有大型断溶体。沙南—黄河口凹陷沙三段下亚段和沙一段生成的油气，在生烃高压和浮力的驱动下，沿着埕北20和埕北古4断溶体运移至潜山，在反向断块圈闭发育区富集成藏。自北向南，CBG11井、SHG3井、SHG2井和CB275井原油的Ts/Tm比值逐渐减小，依次为1.52、1.23、0.85和0.64，$C_{29}S/(S+R)$比值也逐渐减小，依次为0.48、0.41、0.38和0.37。此外，沿埕北20断层走向方向，潜山油藏的含油高度由北向南逐渐降低，而原油黏度和密度逐渐加大，均指示来自北部沙南—渤中凹陷的油气主要沿断层走向自北向南运移。整体上，该类潜山表现为"多源供烃、断溶系统立体输导、断裂控藏"的油气成藏模式（图9）。

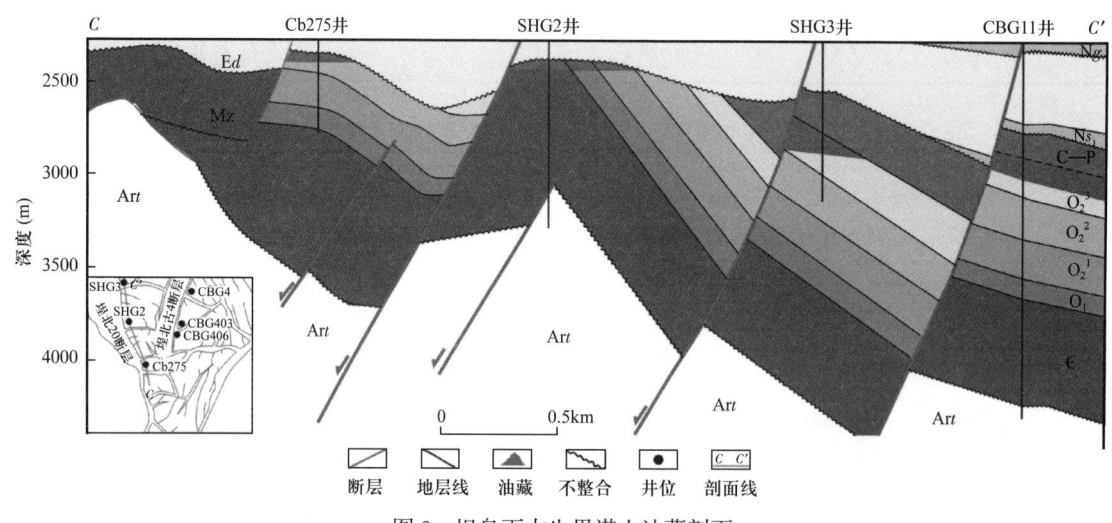

图9 埕岛下古生界潜山油藏剖面

Ed—东营组；Ng—馆陶组；Es$_1$—沙河街组一段；Mz—中生界；C—石炭系；P—二叠系；O$_1$—下奥陶统；O$_2^1$—下马家沟组；O$_2^2$—上马家沟组；O$_2^3$—八陡组；∈—寒武系；Art—太古宇

4.4 中位中古盖挤压拉张断块潜山

中位中古盖挤压拉张断块潜山油藏为轻质油和凝析油藏，油气充注动力强，油气富集程度最高，压力系数为1.01～1.36（其他类型潜山压力系数为0.92～1.14），含油饱和度为75%～95%，含油高度为110～400m。油气主要分布在裂缝发育的褶皱轴部及断裂复杂带，平面上具有明显的方向性和成带性，风化壳、内幕储层均发育，具有多个含油层系。主要发育风化壳不整合油藏、断层遮挡型层状油藏和裂缝型块状油藏。断层和裂缝对油气富集起着重要作用，断层切割油藏呈块状，断层对油藏封堵、分割作用明显，各层系油藏无统一的油水界面，同一含油层系不同断块油水界面也不一致；裂缝发育区断溶体系发育，储集物性好，油气富集高产。

桩西潜山是研究区典型的中位中古盖挤压拉张断块潜山,油气来源于桩东、孤北和埕北3个凹陷的沙三段下亚段烃源岩(图10),沿着桩东、桩古40和桩西南断层注入潜山,后期在潜山内部沿断缝体进一步调整,并在多个层系富集,形成多种类型的油藏。在八陡组—上马家沟组山头、山坡部位发育地层不整合遮挡油藏,在下奥陶统冶里组、亮甲山组和寒武系张夏组的白云岩层段发育储层断层遮挡型层状油藏,在马家沟组构造变形最为强烈的褶皱和逆断层的石灰岩地层发育裂缝型油藏。潜山油气富集高产主要受裂缝系统的控制,裂缝发育的褶皱轴部油气富集高产,已钻遇ZG9井、ZG10井、ZG14井、ZG15井和ZG21井等多口千吨井,高产段裂缝极为发育,对应地层系数(Kh)平均为5815mD·m,有效渗透率平均为86.8mD。整体上,该类潜山表现为"多源供烃、断缝输导、断褶控藏"的油气成藏模式(图11)。

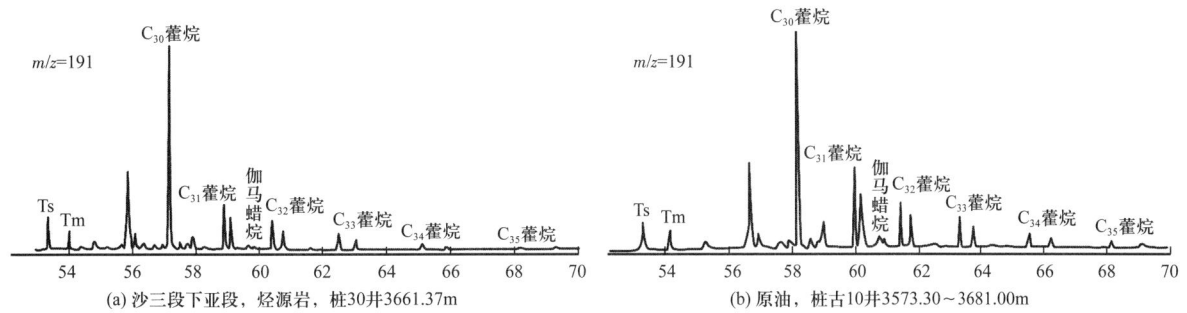

图10 桩西下古生界潜山油源对比

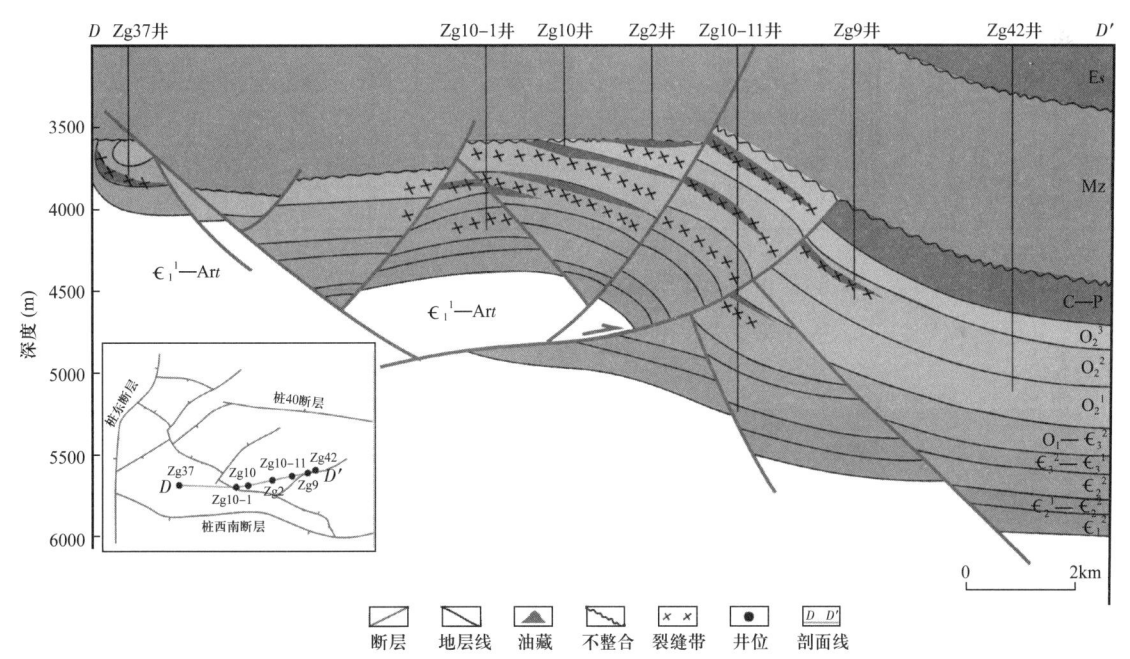

图11 桩西下古生界潜山油藏剖面

Ed—东营组;Es—沙河街组;Mz—中生界;C—石炭系;P—二叠系;O_2^1—下马家沟组;O_2^2—上马家沟组;O_2^3—八陡组;ϵ_1^1—下寒武统下部;ϵ_1^2—下寒武统上部;ϵ_2^1—中寒武统下部;ϵ_2^2—中寒武统上部;ϵ_3^1—上寒武统下部;ϵ_3^2—上寒武统上部;Art—太古宇

4.5 低位古盖滑脱断块潜山

低位古盖滑脱断块潜山油藏成藏动力较强,富集程度较高,压力系数为1.08~1.14,含油饱和度为65%~70%,含油高度为80~300m。油气主要分布在构造变形较大、裂缝发育的构造高部位。主要发育内幕层状油藏和不整合风化壳油藏。断裂将油藏分割呈块状,不同断块受断层活动性和封闭性的影响,油气富集程度存在明显的差别。

以研究区典型低位古盖滑脱断块潜山——富台潜山为例，油源为车西、套尔河洼陷的沙三段下亚段烃源岩（图12），在生烃高压的驱动下，油气沿着切入烃源岩并长期活动的二台阶断层倒灌运移至潜山，后期在潜山内幕沿断缝体进一步调整，最终在构造变形强烈的二台阶断层附近的车古201区块富集。富台潜山发育多个含油层系，形成多种类型的油藏，在八陡组和马家沟组石灰岩风化壳形成不整合油藏，在冶里组、亮甲山组和凤山组的白云岩地层形成内幕断块油藏。按实际地层剩余压力计算，油气可沿断层向下排聚至少在900m以上，与目前钻遇的最深层油藏的深度基本一致，指示油气具有倒灌富集成藏的特点。整体上，该类潜山表现为"顶部供烃、断缝体输导、断裂控藏"的油气成藏模式（图13）。

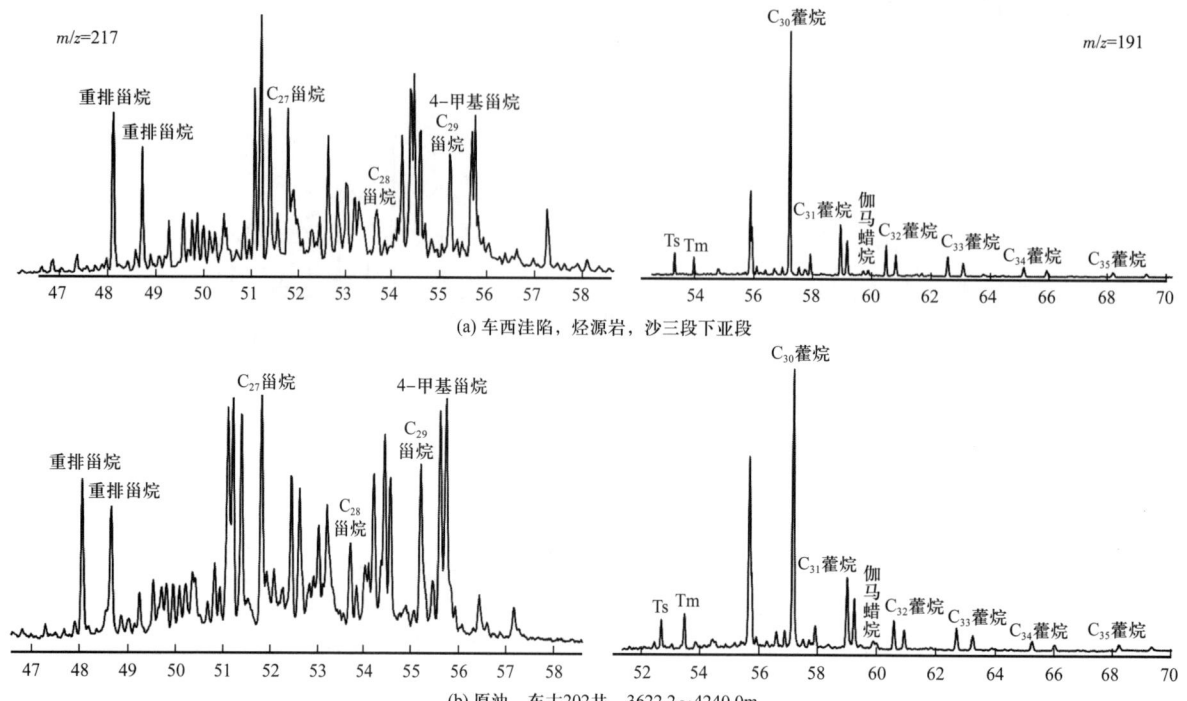

图12 富台下古生界潜山油源对比

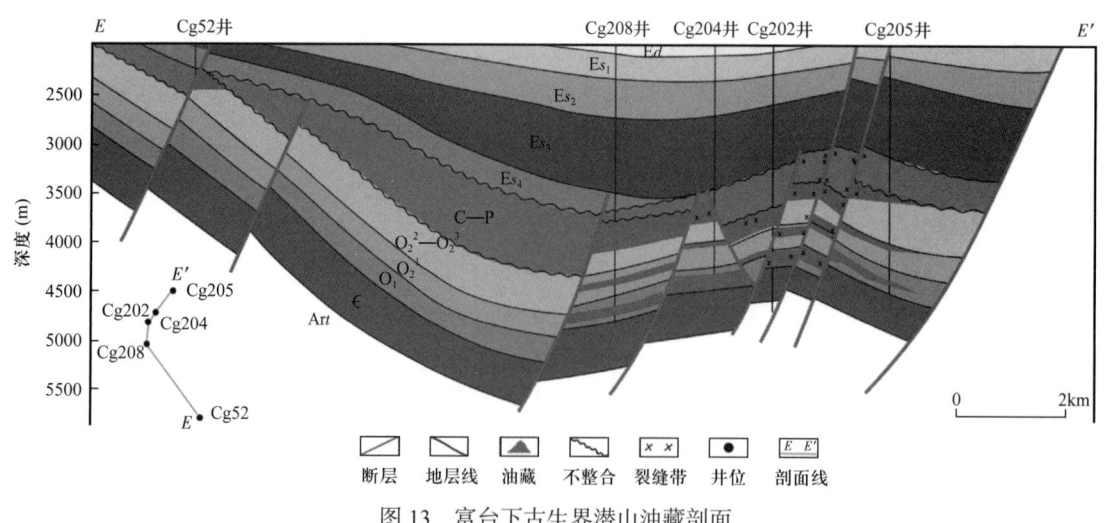

图13 富台下古生界潜山油藏剖面

Ed—东营组；Es$_1$—沙河街组一段；Es$_2$—沙河街组二段；Es$_3$—沙河街组三段；Es$_4$—沙河街组四段；C—石炭系；P—二叠系；O$_1$—下奥陶统；O$_2^1$—下马家沟组；O$_2^2$—上马家沟组；O$_2^3$—八陡组；∈—寒武系；Art—太古宇

5 结论

（1）济阳坳陷下古生界发育高位新盖侵蚀残丘潜山、中位古盖拉张断块潜山、中位新古盖拉张剪切断块潜山、中位中古盖挤压拉张断块潜山和低位古盖拉张滑脱断块潜山5种碳酸盐岩潜山类型。高位新盖侵蚀残丘潜山的发育受隆升和侵蚀控制明显，中位古盖拉张断块潜山的发育受掀斜、断裂控制明显，中位新古盖拉张剪切断块潜山的发育受反转、翘倾和走滑切割控制明显，中位中古盖挤压拉张断块潜山的发育受挤压、伸展滑脱控制明显，低位古盖拉张滑脱断块潜山的发育受强烈拉张滑脱控制明显。

（2）济阳坳陷下古生界不同类型碳酸盐岩潜山的油源、储层、盖层和输导体系存在明显的不同，决定了不同类型潜山的油气成藏的主控因素存在明显差异。高位新盖侵蚀残丘潜山油气成藏主要受控于油源条件和盖层条件；中位古盖挤压拉张断块潜山和中位中古盖挤压拉张断块潜山油气成藏主要受控于储集条件；中位新古盖拉张剪切断块潜山和低位古盖滑脱断块潜山油气成藏主要受控于输导条件。

（3）高位新盖侵蚀残丘潜山油气主要沿风化壳岩溶带分布，富集在盖层条件相对较好的岩溶残丘山，表现为"单向供烃、砂体—不整合岩溶体联合输导、残丘控藏"的成藏特征。中位古盖拉张断块潜山油气主要分布在靠近油源大断层的潜山断块群，表现为"单向供烃、顺向断层输导、反向断层控藏"的成藏特征。中位新古盖拉张剪切断块潜山油气主要分布在大型走滑断裂附近，多沿走滑断裂带带状分布，通常富集在与走滑断裂相交的反向断裂交汇的构造高部位，表现为"多源供烃、断溶体立体输导、断裂控藏"的成藏特征。中位中古盖挤压拉张断块潜山油气主要分布在裂缝发育的褶皱轴部及断裂复杂带，在平面上具有明显的方向性和成带性，表现为"多源供烃、断缝体输导、断褶控藏"的油气成藏特征。低位古盖滑脱断块潜山油气主要分布在构造变形较大、裂缝发育的构造高部位，表现为"顶部供烃、断缝体输导、断裂控藏"的成藏特征。

参 考 文 献

[1] 宋明水,王永诗,李友强.成熟探区"层勘探单元"划分与高效勘探[J].石油勘探与开发,2018,45(3):520-527.

[2] 郭小文,陈家旭,袁圣强,等.含油气盆地激光原位方解石U-Pb年龄对油气成藏年代的约束——以渤海湾盆地东营凹陷为例[J].石油学报,2020,41(3):284-291.

[3] 操应长,杨田,宋明水,等.陆相断陷湖盆低渗透碎屑岩储层特征及相对优质储层成因——以济阳坳陷东营凹陷古近系为例[J].石油学报,2018,39(7):727-743.

[4] 李丕龙,张善文,王永诗,等.多样性潜山成因、成藏与勘探——以济阳坳陷为例[M].北京:石油工业出版社,2003.

[5] 杨明慧.渤海湾盆地潜山多样性及其成藏要素比较分析[J].石油与天然气地质,2008,29(5):623-631.

[6] 赵凯,蒋有录,刘华,等.济阳坳陷孤岛与埕岛潜山油气差异富集原因分析[J].地质力学学报,2018,24(2):220-228.

[7] 赵凯,蒋有录,胡洪瑾,等.济阳坳陷潜山油气分布规律及富集样式[J].断块油气田,2018,25(2):137-140.

[8] 王延龙.车西地区下古生界油气运移动力学条件及成藏模式[D].东营:中国石油大学(华东),2016.

[9] 张家震,王永诗,王学军,等.富台油田下古生界潜山油藏特征[J].油气地质与采收率,2003,10(4):23-25.

[10] 孔凡仙,林会喜.埕岛地区潜山油气藏特征[J].成都理工大学学报(自然科学版),2000,27(2):116-122.

[11] 邱子娟.山东东营凹陷草桥古潜山油藏地质特征及控制因素研究[D].昆明:昆明理工大学,2016.

[12] 杨超,陈清华,吕洪波,等.济阳坳陷晚古生代—中生代构造演化特点[J].石油学报,2008,29(6):859-984.

[13] 王颖.济阳坳陷古生界潜山的形成过程及与油气成藏的关系[D].成都:成都理工大学,2002.

[14] 高侠.东营凹陷南斜坡下第三系油气输导体系研究[D].东营:中国石油大学(华东),2004.

[15] 朱海龙,杜威,李晓庆.济阳坳陷车镇凹陷大王庄缓坡带同生断层与油气聚集[J].贵州大学学报(自然科学版),2010,27(5):29-33.

[16] 张家震, 王永诗, 王学军. 渤海湾盆地义和庄凸起北坡成藏特征与油藏分布规律[J]. 石油实验地质, 2003, 25（4）: 362-365.

[17] 付兆辉, 陈发景, 刘忠胜, 等. 渤海湾盆地埕岛油田缝洞型潜山油气藏构造及储层特征[J]. 海相油气地质, 2008, 13（1）: 37-44.

[18] 陈俊侠. 济阳坳陷桩西潜山构造演化及其对储层的影响[D]. 焦作: 河南理工大学, 2011.

[19] 金强, 毛晶晶, 杜玉山, 等. 渤海湾盆地富台油田碳酸盐岩潜山裂缝充填机制[J]. 石油勘探与开发, 2015, 42（4）: 454-462.

[20] 吴和源, 汪建国, 王培玺, 等. 渤海湾盆地南堡凹陷中—下寒武统白云岩成因及储层形成机理[J]. 石油学报, 2018, 39（4）: 416-426.

[21] 崔宇, 李宏军, 付立新, 等. 歧口凹陷北大港构造带奥陶系潜山储层特征、主控因素及发育模式[J]. 石油学报, 2018, 39（11）: 1241-1252.

[22] 林会喜. 济阳坳陷桩西埕岛地区下古生界潜山储层岩溶作用[J]. 成都理工大学学报（自然科学版）, 2004, 31（5）: 490-497.

[23] 首皓, 黄石岩. 渤海湾盆地济阳坳陷潜山油藏分布规律及控制因素[J]. 地质力学学报, 2006, 12（1）: 31-36.

[24] 高侠, 王建伟. 东营凹陷广饶潜山周缘油气聚集规律研究[J]. 西南石油大学学报（自然科学版）, 2015, 37（5）: 40-46.

原文发表于《石油学报》2020年第11期

渤海湾盆地济阳坳陷油气勘探新领域、新类型及资源潜力

刘惠民[1]　高　阳[2]　秦　峰[2]　杨怀宇[2]

（1. 中国石油化工股份有限公司胜利油田分公司；
2. 中国石油化工股份有限公司胜利油田分公司勘探开发研究院）

摘　要：济阳坳陷是中国东部典型陆相断陷盆地，发育多期次烃源岩、多种类型储层、多类型圈闭，常规和非常规油气资源丰富。经过60年勘探已进入高勘探程度阶段，中—浅层常规油气藏发现难度逐渐增大，亟须寻找油气勘探接替新领域、新类型。通过系统分析济阳坳陷油气成藏的地质条件，以及近期勘探形势和增储领域，认为济阳坳陷具有可持续发展的资源基础，明确了中—浅层常规油气、深层常规油气、页岩油、致密油和煤层气五大领域是未来济阳坳陷稳定增储的主要领域、类型。其中，中—浅层常规油气待发现资源约 $10 \times 10^8 t$，是老区稳定持续增储的重要领域，深层常规油气领域预测资源量超过 $10 \times 10^8 t$，是拓展储量阵地的关键，页岩油原地资源量超过 $100 \times 10^8 t$，是实现资源战略接替的现实领域，致密油和煤层气是资源战略接替的后备阵地。通过梳理、分析各领域勘探现状及关键问题、新认识与勘探进展、资源规模和勘探潜力，提出了济阳坳陷下一步的勘探方向，从而为中国东部陆相断陷盆地高质量、可持续勘探提供借鉴。

济阳坳陷隶属于渤海湾盆地，是叠置在古生代华北克拉通盆地之上的中生代—新生代断陷—坳陷叠合盆地[1]，是中国东部陆相断陷盆地的典型代表。济阳坳陷油气资源丰富，"十三五"（2016—2020年）资源评价常规石油原地资源量约为 $100 \times 10^8 t$[2]，天然气原地资源量约为 $9000 \times 10^8 m^3$。截至2022年底，已探明原油地质储量约为 $50 \times 10^8 t$、天然气地质储量为 $410 \times 10^8 m^3$，累计产油量超过 $12 \times 10^8 t$，累计天然气产量为 $120 \times 10^8 m^3$，常规油气资源探明率达到53.1%，成熟层系的平均探井密度达到0.23口/km^2，已进入高勘探程度阶段。

随着勘探程度的提高，常规油气藏单个油藏规模逐渐减小、发现难度增大，亟须寻找油气勘探接替新领域、新类型。"十三五"以来，济阳坳陷油气勘探一方面深化中—浅层成熟领域地质认识，寻找新的类型；另一方面，积极探索深层油气和非常规领域，在新认识指导下不断获得油气勘探的战略性突破和新发现，展现出济阳坳陷在高勘探程度阶段仍有巨大的油气勘探潜力。笔者系统梳理、分析了济阳坳陷勘探形势和增储领域，提出了济阳坳陷下一步油气勘探思路，通过总结各领域勘探现状及关键问题、近期新认识和勘探进展，分析了各领域的资源规模和勘探潜力，明确了济阳坳陷下一步勘探方向，也为中国东部陆相断陷盆地勘探提供借鉴。

1　区域地质概况

济阳坳陷东以郯庐断裂为界与鲁东隆起相隔，西、北以埕宁隆起与黄骅坳陷、渤中坳陷相邻，南以兰聊—齐广断裂与鲁西隆起分界，坳陷内部多凹多凸，呈现西南收敛、向东北撒开的构造格局，由惠民凹陷、车镇凹陷、沾化凹陷和东营凹陷，以及滨县凸起、义和庄凸起、陈家庄凸起等构造单元组成（图1）。

济阳坳陷基底由前寒武系混合花岗岩、花岗片麻岩等变质岩组成[3]，沉积盖层为古生界、中生界和新生界，从太古宇到新近系共发育12套含油气层系，其中古近系沙河街组四段（沙四段）上亚段及以上层系是主力含油层系，勘探程度高，为中—浅层常规油气勘探领域；沙四段下亚段及以下层系

深大多超过 3500m，资源探明程度低，为深层油气勘探领域；页岩油、致密油主要分布在沙四段、沙河街组三段（沙三段），资源潜力大，目前处于勘探突破和评价阶段；煤层气主要发育在上古生界石炭系—二叠系，勘探和认识程度较低，尚处于勘探起步阶段（图 2）。

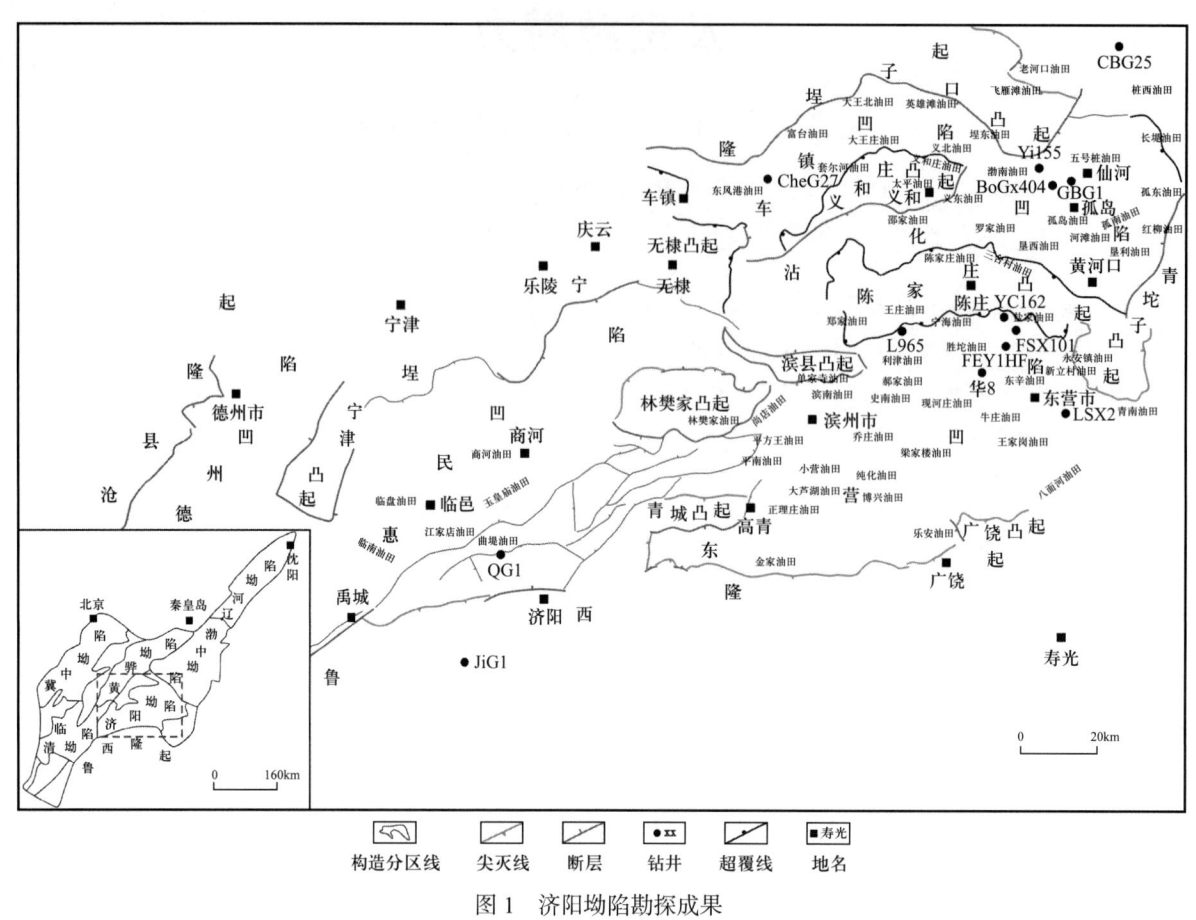

图 1　济阳坳陷勘探成果

2　油气勘探历程

作为典型的陆相断陷盆地，济阳坳陷的成盆、成烃、成储、成藏的复杂性，决定了其蕴含的勘探领域及类型的多样性，也决定了其勘探开发过程的长期性、主要勘探对象的阶段性及储量增长的持续性。

自 1961 年 4 月华 8 井在馆陶组获得 8.1t/d 工业油流、宣告胜利油田的发现以来，济阳坳陷勘探开发经历了 5 个阶段。

2.1　构造油藏勘探阶段（1961—1982 年）

以"源控论"[4]"背斜找油论"为指导，围绕生烃中心，寻找大型背斜圈闭，发现了胜坨、孤岛、盘河等亿吨级油田，产油量在 1978 年达到 1946×10^4t/a，阶段产油量为 1.9×10^8t。

2.2　复式油气藏勘探阶段（1983—1995 年）

以"复式油气聚集带"[5]理论为指导，提出了"五环式"油气分布模式[6]，大量应用三维地震勘探技术，寻找油气聚集背景上相关联的多种类型油气藏，发现了孤东、埕岛等亿吨级油田，1991 年产量最高达 3355×10^4t/a，阶段产油量为 3.9×10^8t。

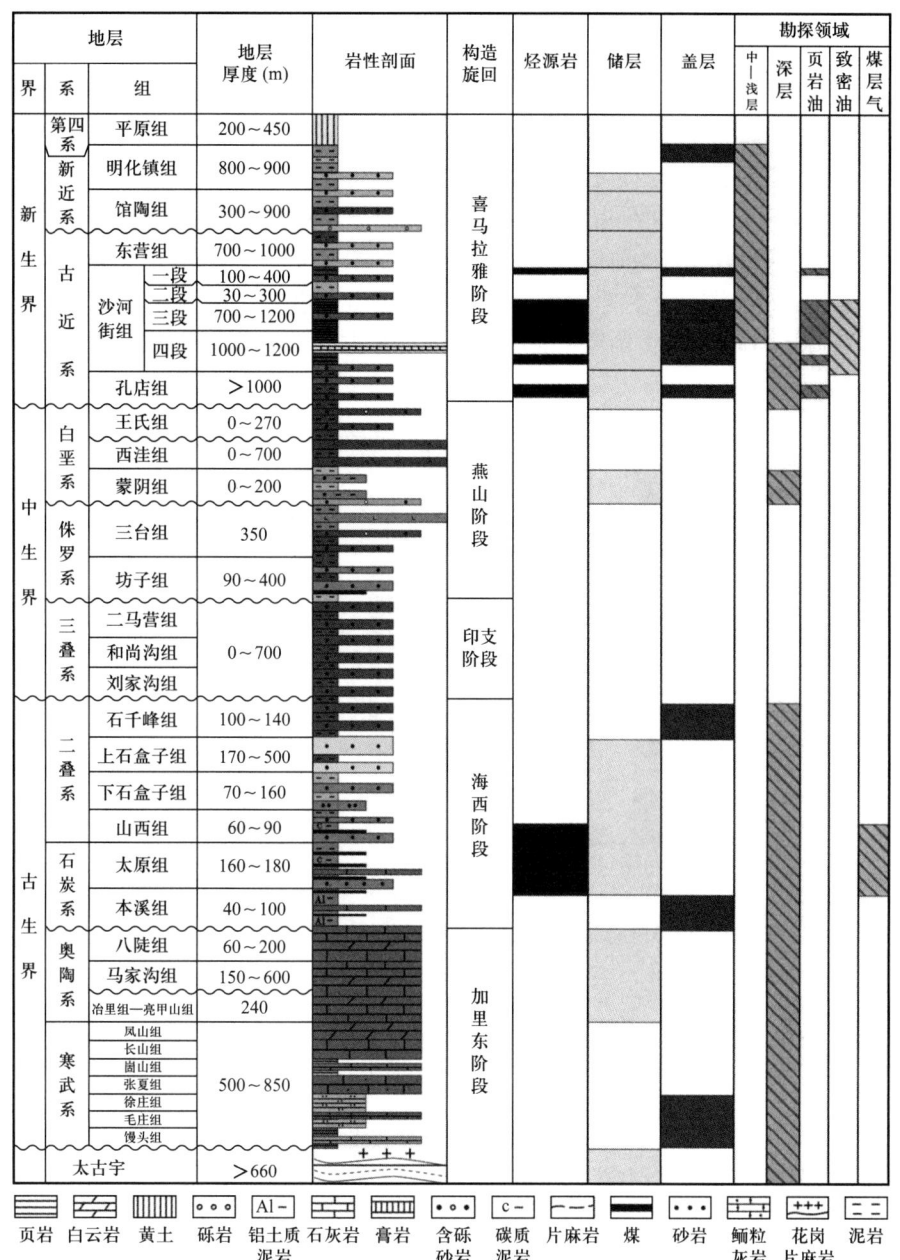

图 2 济阳坳陷地层综合柱状图

2.3 隐蔽油气藏勘探阶段（1996—2012 年）

以"隐蔽油气藏勘探理论"为指导[7-8]，形成了"断坡控砂、复式输导、相势控藏"的理论认识[9-11]，寻找邻近烃源岩的岩性类隐蔽油气藏，发现了陡坡带砂砾岩体、缓坡带滩坝砂岩、洼陷带浊积砂岩等大量岩性油藏，产量稳定在 2700×10^4t/a，阶段产油量为 4.6×10^8t。

2.4 复杂隐蔽油气藏精细勘探阶段（2013—2020 年）

以"断陷盆地精细勘探理论"为指导，形成了"咸化富烃、酸碱控储、有序成藏、精细勘探"为核心的断陷盆地勘探理论技术[12-17]，注重油气运移路径上复合圈闭的勘探，发现了青南、三合村两个新油田，原油产量稳定在 2340×10^4t/a，阶段产油量为 2.0×10^8t。

2.5 "常非"并重勘探阶段(2021年至今)

历经 60 余年的勘探开发,济阳坳陷整体达到成熟勘探阶段,勘探目标更加复杂多样。通过统计 2013 年以来济阳坳陷年度新增探明和控制储量勘探目标类型构成发现,自 2015 年以来,中—浅层常规油气仍是主要的增储阵地,但规模发现难度逐渐加大,储量贡献占比有所下降,孔店组—沙四段下亚段、前古近系潜山等深层油气储量占比逐年增加,成为增储的新方向。2021 年以来,勘探认识的突破及工程工艺技术的发展,促进了页岩油勘探取得战略突破,页岩油作为济阳坳陷新的资源类型、新领域成为了现实的资源接替阵地,并带动致密油勘探取得重要进展。2022 年济阳坳陷页岩油、致密油等非常规油气储量与常规油气储量贡献占比基本相当,标志着胜利油田进入"常非"并重勘探新阶段(图 3)。

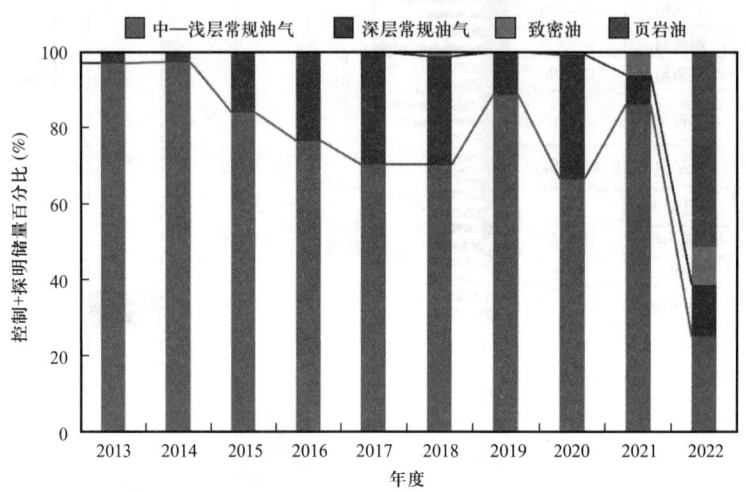

图 3 2013 年以来济阳坳陷控制和探明储量勘探目标类型构成

3 油气地质条件

济阳坳陷经历了复杂的构造演化过程,多期次的构造和沉积旋回形成了多期次发育的烃源岩、多种类型的储层和多套储—盖组合,使得油气藏类型多样,油气成藏条件复杂。

3.1 烃源岩条件

济阳坳陷自下而上发育石炭系—二叠系煤系烃源岩、古近系孔店组二段(孔二段)、沙四段下亚段、沙四段上亚段、沙三段下亚段和沙河街组一段(沙一段)6 套区域性烃源岩。

石炭系—二叠系广泛发育海陆交互相煤系烃源岩,其中煤层厚度为 0~40m(图 4),为中等—好程度烃源岩,暗色泥岩厚度为 50~300m,为差—中等程度烃源岩(表 1),是济阳坳陷煤成烃勘探的主力烃源[18-21]。

古近系发育孔二段、沙四段下亚段、沙四段上亚段、沙三段下亚段和沙一段 5 套暗色泥岩,沉积中心由南向北迁移。孔二段和沙四段下亚段暗色泥岩分布局限,主要发育在坳陷南部的东营凹陷和沾化凹陷,其中孔二段暗色泥岩为一套成熟—过成熟差品质烃源岩[22-23](图 5 和表 1),沙四段下亚段暗色泥岩为一套中等—优质品质烃源岩[24](图 6a 和表 1),这两套烃源岩是古近系深层油气重要的烃源。沙四段上亚段和沙三段下亚段发育大面积稳定分布的优质烃源岩,是济阳坳陷主力烃源岩[25-26](图 6b~c 和表 1)。沙一段暗色泥岩厚度中心位于坳陷北部的沾化凹陷和车镇凹陷,品质好、分布面积大,但整体埋藏浅,演化程度较低[27](图 6d 和表 1),其中 $R_o>0.5\%$ 的暗色泥岩分布面积仅有 1285km^2。

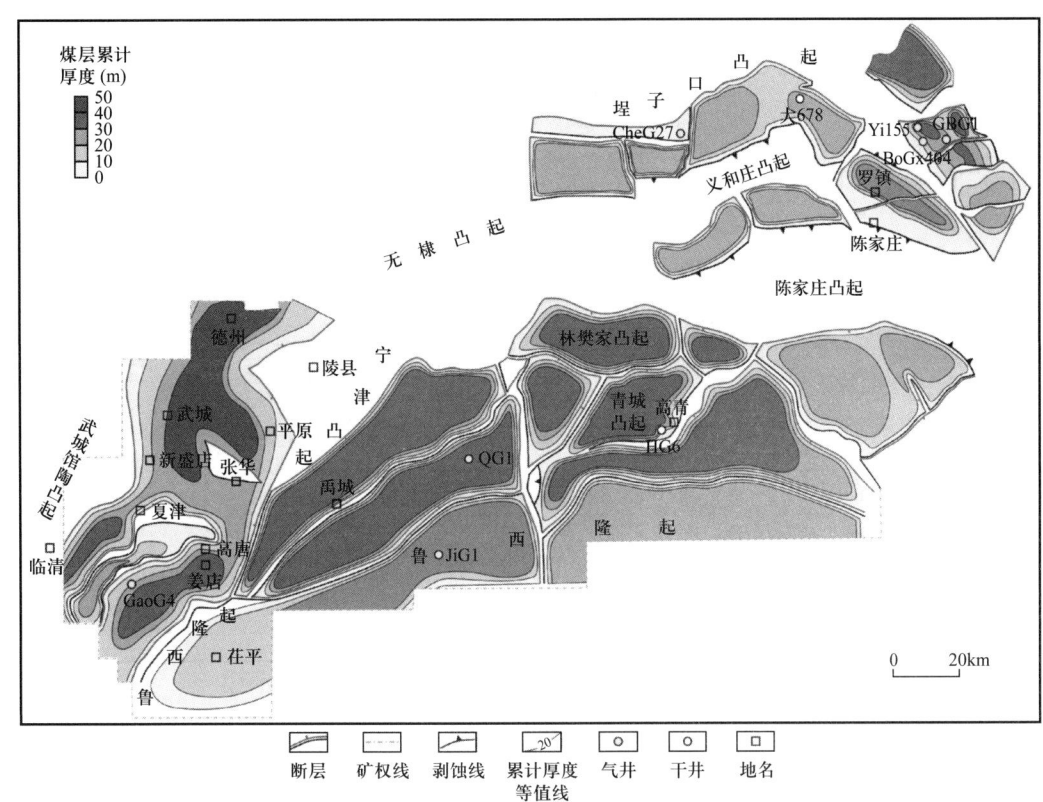

图 4 济阳坳陷石炭系—二叠系煤层累计厚度等值线（据文献 [16] 修改）

表 1 济阳坳陷主要烃源岩分布与地球化学参数

层系	岩性	累计厚度（m）	分布面积（km²）	有机质类型	总有机碳含量（%）	氢指数（mg/g）	R_o（%）	综合评价
石炭系—二叠系	煤	0～40	8300	Ⅲ	41.2～84.7/65.5	58.3～396.2/230.4	0.5～2.9	中等—好
	碳质泥岩、泥岩	50～300		Ⅱ₁—Ⅲ	0.1～5.9/1.9	3.2～698.2/107.0		差—中等
孔二段	泥页岩	0～400	1050	Ⅱ₁—Ⅲ	0.1～1.4/0.5	2.0～322.0/20.5	0.7～4.2	差—中等
沙四段下亚段	泥页岩	50～400	2100	Ⅰ—Ⅱ₁	0.1～4.3/1.3	1.7～279.3/88.9	0.5～2.0	中等—好
沙四段上亚段	泥页岩	0～400	6800	Ⅰ—Ⅱ₁	0.2～9.4/2.4	9.5～934.4/426.8	0.3～2.1	好
沙三段下亚段	泥页岩	50～450	7300	Ⅰ—Ⅱ₁	0.1～13.0/3.7	19.2～1041.8/428.9	0.3～1.5	好
沙一段	泥页岩	50～450	9600	Ⅰ—Ⅱ₁	0.1～13.4/4.6	53.3～1525.0/876.4	0.3～0.9	中等—好

注："/"后为平均值。

3.2 储层条件

济阳坳陷储层类型多样，包括碳酸盐岩潜山储层、碎屑岩储层和泥页岩储层三大类。碳酸盐岩潜山储层主要发育在下古生界寒武系和奥陶系，经历了长期的构造运动和成岩改造，主要储集空间为晶间孔、晶间溶孔、溶洞、溶蚀裂缝和构造裂缝[28-29]，岩溶作用和白云石化作用是形成有效储层的重要成因机制[30]。碎屑岩储层发育在上古生界、中生界和新生界，主要为冲积扇、河流、扇三角洲、三角洲、湖泊相的砂砾岩和砂岩。这些碎屑岩物性随埋深增加逐渐降低，浅于3500m时为常规储层，孔隙度大于10%，渗透率大于1mD，主要储集空间为原生粒间孔隙；埋深超过3500m为致密储层，主要

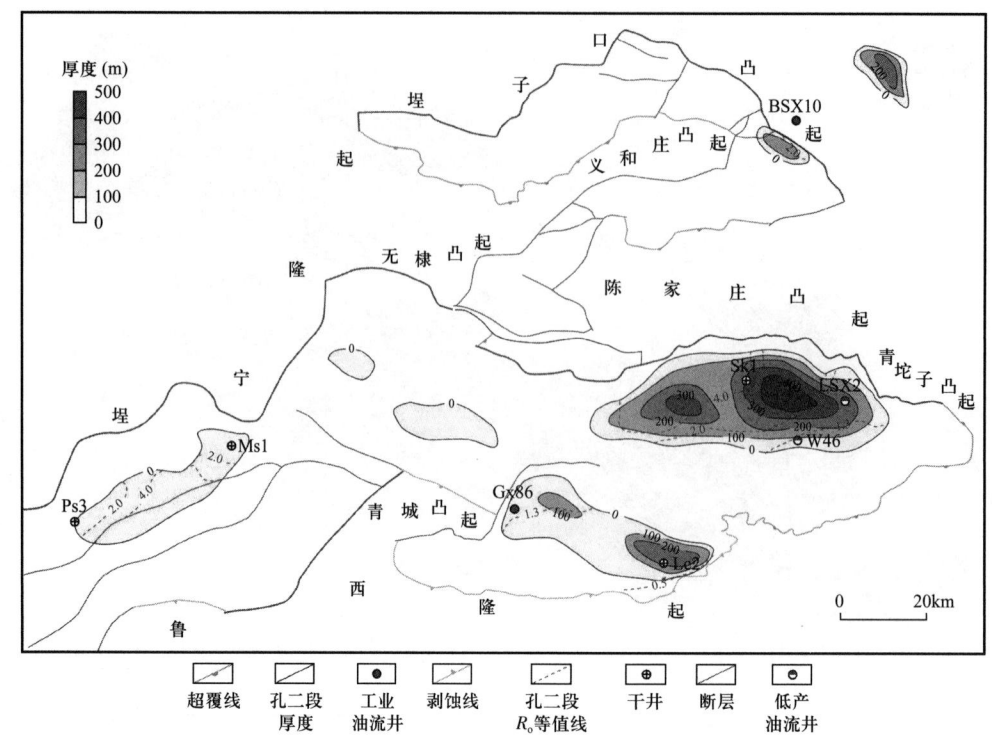

图 5 济阳坳陷古近系孔二段暗色泥岩累计厚度和 R_o 等值线

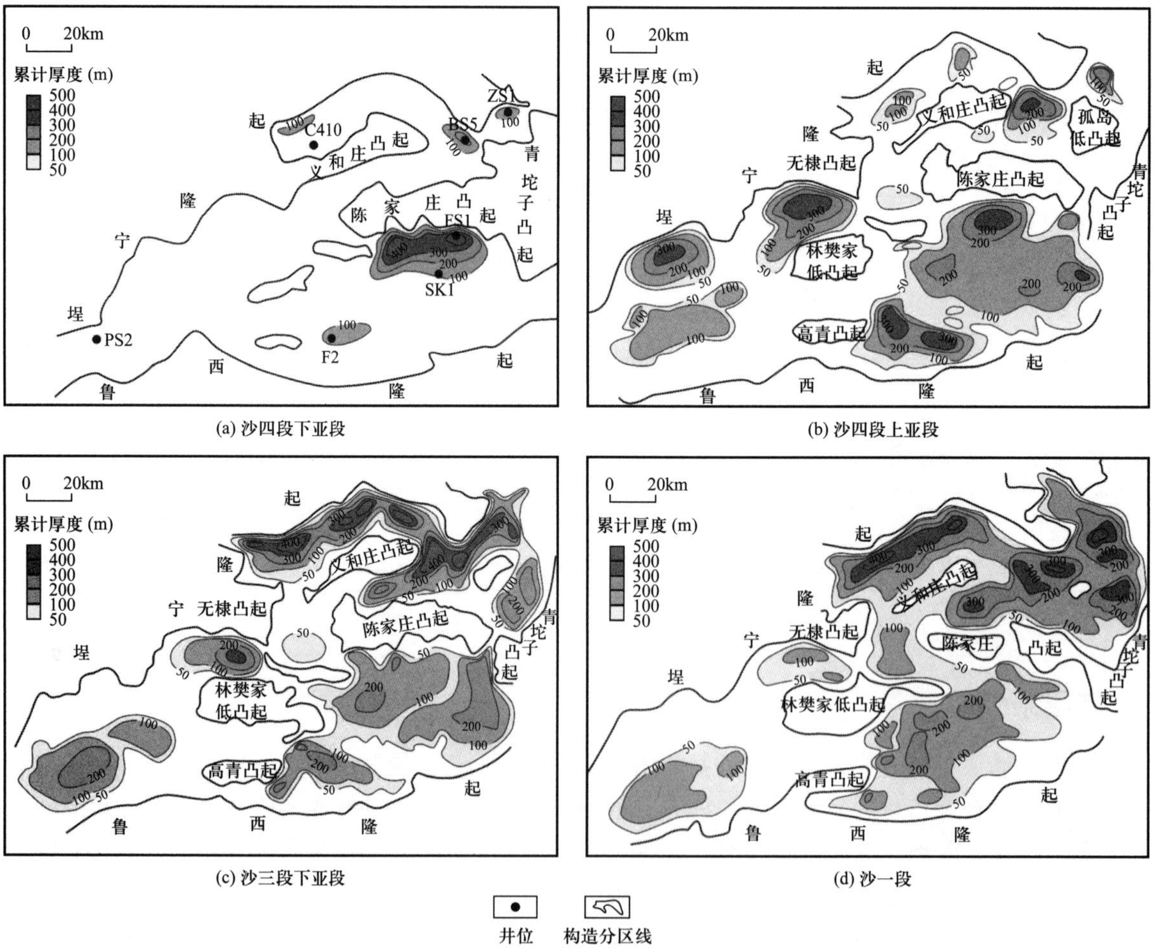

图 6 济阳坳陷古近系沙河街组暗色泥岩厚度等值线

储集空间为残余粒间孔隙、次生溶蚀孔隙和裂缝[31-32]，次生溶蚀作用和裂缝是控制深部有效储层发育的重要机制[33]。泥页岩储层主要储集空间为粒间孔、晶间孔、溶蚀孔、有机质演化孔、构造缝、层理缝、生烃增压缝[34]，次生溶蚀、矿物转化、重结晶作用和裂缝是形成优质储层的重要机制[35]。

3.3 盖层条件

济阳坳陷自下而上发育馒头组—徐庄组页岩、本溪组铝土质泥岩、石千峰组泥岩、沙四段膏盐岩、沙三段—沙四段泥页岩、沙一段泥页岩、明化镇组泥岩等多套分布稳定的区域盖层，其中，石千峰组泥岩是上古生界煤成烃的重要盖层[36]，古近系发育的5套区域性烃源岩和沙四段发育的膏盐岩与碎屑岩储层形成了多套储—盖组合[37]，有利于油气成藏。

4 油气勘探新领域、新类型及资源潜力

持续深化地质规律、资源潜力认识，开展勘探实践综合分析，梳理明确阶段增储领域，是断陷盆地保持高效勘探的重要手段。在构造岩相带勘探基础上，综合考虑"构造—沉积—运聚"提出了断陷盆地"勘探层单元"理论认识、划分方案及综合评价方法[38]。根据勘探层单元评价结果，济阳坳陷仍具有广阔的勘探前景和规模增储潜力，其中的中—浅层常规油气领域有94个资源规模千万吨级以上的勘探层单元，仍是未来相当长时期内效益增储的主阵地。深层常规油气领域有56个资源规模千万吨级以上的勘探层单元，是规模增储的重要领域。

济阳坳陷蕴含丰富的页岩油、致密油、煤层气等非常规油气资源，勘探潜力巨大，但认识程度、资源探明程度低。资源评价结果表明，济阳坳陷页岩油原地资源量超过$100×10^8$t，且已在牛庄、博兴、渤南、民丰、利津等地区取得勘探突破，将逐渐成为重要的增储接替领域。济阳坳陷致密油已探明储量约为$6×10^8$t，还有相当规模待升级的控制储量和预测储量，随着"甜点"评价和预测技术、工程工艺技术的不断进步，近两年对新增探明储量贡献的比例不断提高（图3），致密油将成为重要的增储新领域。济阳坳陷上古生界煤系烃源岩广泛发育，局部已获低产煤层气流，但由于埋藏深、认识程度低，尚未突破。受近期鄂尔多斯盆地、准噶尔盆地深部煤层气突破启示，积极开展煤层气勘探，有望形成有益的资源补充。

基于上述认识，未来济阳坳陷仍然具有可持续发展的油气资源基础和稳定增储的新领域、新类型，现阶段勘探工作应该按照"立足全区、决胜深层、常非并重、统筹推进"的思路展开，重点围绕中—浅层常规油气、深层常规油气、页岩油、致密油和煤层气五大领域和类型开展系统研究和评价部署。

4.1 中—浅层常规油气

年度新增探明储量统计结果表明，中—浅层常规油气一直是重要的增储领域（图3）。现阶段，随着勘探程度的增加，油气勘探难度逐渐增大，已有认识难以指导规模油气发现，必须重新认识沉积体系以找到新的勘探方向。近期通过对缓坡带、陡坡带沉积体系的再认识，发现了新的含油气圈闭类型，找到了中—浅层常规油气藏规模发现的新方向。

4.1.1 缓坡带滩坝砂岩

滩坝砂岩广泛分布于箕状断陷湖盆缓坡带，是以风浪搬运、沉积作用为主要成因的砂体[39]。济阳坳陷滩坝砂岩主要分布在东营凹陷、惠民凹陷、沾化凹陷沙四段上亚段，以及车镇凹陷沙河街组二段，油气源为沙四段上亚段和沙三段下亚段泥页岩，目前已探明储量约为$3×10^8$t，其中在东营凹陷占88%（图7）。

"十一五"（2006—2010年）期间，在系统研究古物源、古地貌、古水动力，以及沉积基准面旋回对滩坝砂体成因与分布控制作用的基础上，建立了"三古控砂、时空一体"的沉积模式[40]。在断裂

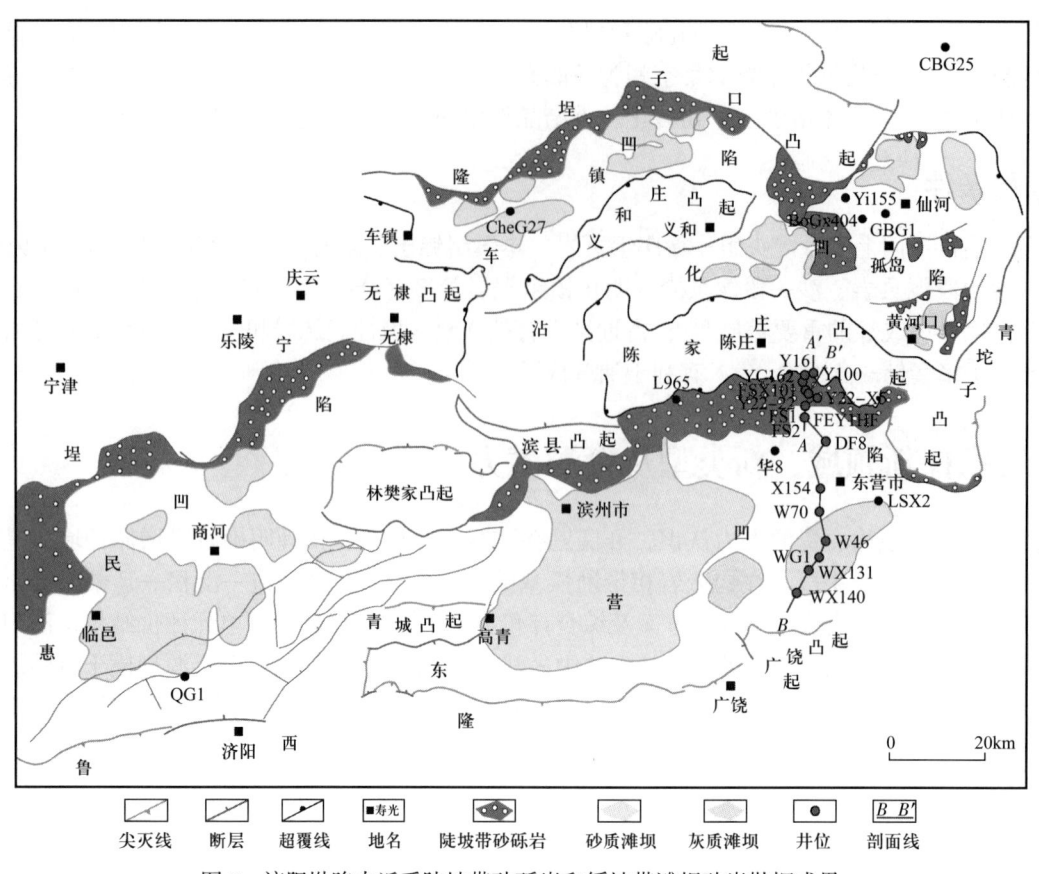

图 7 济阳坳陷古近系陡坡带砂砾岩和缓坡带滩坝砂岩勘探成果

裂隙、有效储层和烃源岩压力等油气成藏要素分析基础上，提出了"三元控藏、压吸充注"的成藏模式[41]，明确滩坝砂岩具有大面积分布、大面积成藏的特点。在该认识指导下，实现了东营凹陷西部1200km² 范围内 12 个油田滩坝砂岩油藏整体含油连片。但随着勘探程度的不断提高，滩坝砂岩油藏发现规模逐渐变小，需要深化滩坝砂岩沉积类型的认识，以实现该类油藏的持续增储。

根据勘探层单元评价结果，待发现缓坡带滩坝砂岩油藏资源潜力超过 $3×10^8$t，仍具有较大的勘探潜力。"十四五"（2021—2025 年）以来，通过大量岩心观察、储层精细对比，以及精细油藏解剖，提出在滩扇结合部发育的薄层滩坝砂体具有较好含油性的新认识，使滩坝砂岩油藏勘探范围进一步向盆地边缘扩展。通过"风—源—盆"耦合研究[42]，在古地貌、古水深、古风向、古风浪研究的基础上，以现代湖泊实测数据为基础，基于总有机碳（TOC）含量与古水深之间的关系，计算出东营凹陷沙四段上亚段低位体系域沉积期正常浪基面水深约为 10m，提出在古水深为 15~22m 以下发育风暴浪控滩坝的新认识，拓展了滩坝砂岩勘探空间，实现了由滨岸带向远岸带寻找滩坝的转变。在新认识的指导下，向盆内延伸探索风暴滩坝新类型，向盆缘拓展探索滩扇结合部，在东营凹陷西部的利津、博兴洼陷部署 13 口探井，其中 12 口获得工业油流，新增滩坝砂岩油藏控制储量和探明石油地质储量约为 $4500×10^4$t。预测东营凹陷、惠民凹陷和沾化凹陷深洼区及滩扇结合部也发育相似成因的滩坝砂岩沉积，拓展了滩坝砂岩油藏的勘探空间。

4.1.2 陡坡带砂砾岩

砂砾岩是指发育于断陷湖盆陡坡带的近物源、快速堆积的粗碎屑重力流沉积物，主要包括冲积扇、近岸水下扇、扇三角洲和深水浊积扇，具有沟扇对应、多期叠加的分布特征，已探明储量近 $2×10^8$t，已发现油藏主要分布在东营凹陷和沾化凹陷陡坡带（图 7）。

济阳坳陷砂砾岩体油藏勘探始于 1993 年，早期以勘探浅层大型古冲沟控制的扇体背斜油藏为主，"十五"（2001—2005 年）和"十一五"期间勘探逐渐转向深层，以砂砾岩大型成岩圈闭岩性油藏为主要勘探对象。"十二五"（2011—2015年）期间，中—浅层构造油藏和中—深层成岩圈闭岩性油藏已基本探明[43-44]，砂砾岩勘探进入瓶颈期，需要寻找新的圈闭类型以实现更大发展。

鉴于砂砾岩多紧邻烃源岩，成藏条件优越，"十三五"以来，围绕沙三段下亚段砂砾岩，以"源—汇"体系分析为基础，对古冲沟开展精细刻画，认为大沟内部、大沟侧翼、鼻状构造等部位广泛发育小型古冲沟，小型古冲沟控制下的砂砾岩横向连片、不连接，纵向叠置不连通。与古冲沟主体相比，侧翼及鼻状构造前方砂砾岩体泥岩隔层更为发育，泥岩隔层与小型古冲沟控制下的砂砾岩构成良好的储—盖组合，形成扇体上倾尖灭、泥岩隔层遮挡的岩性构造圈闭等新的圈闭类型，成为砂砾岩油藏勘探的新方向（图8）。在东营凹陷盐家地区和利津地区部署YC162井和L965井等均获成功，展示了中—浅层砂砾岩勘探新的增储领域，根据勘探层单元评价结果，预测陡坡带砂砾岩油气藏资源潜力超过4×10^8t，资源潜力大。

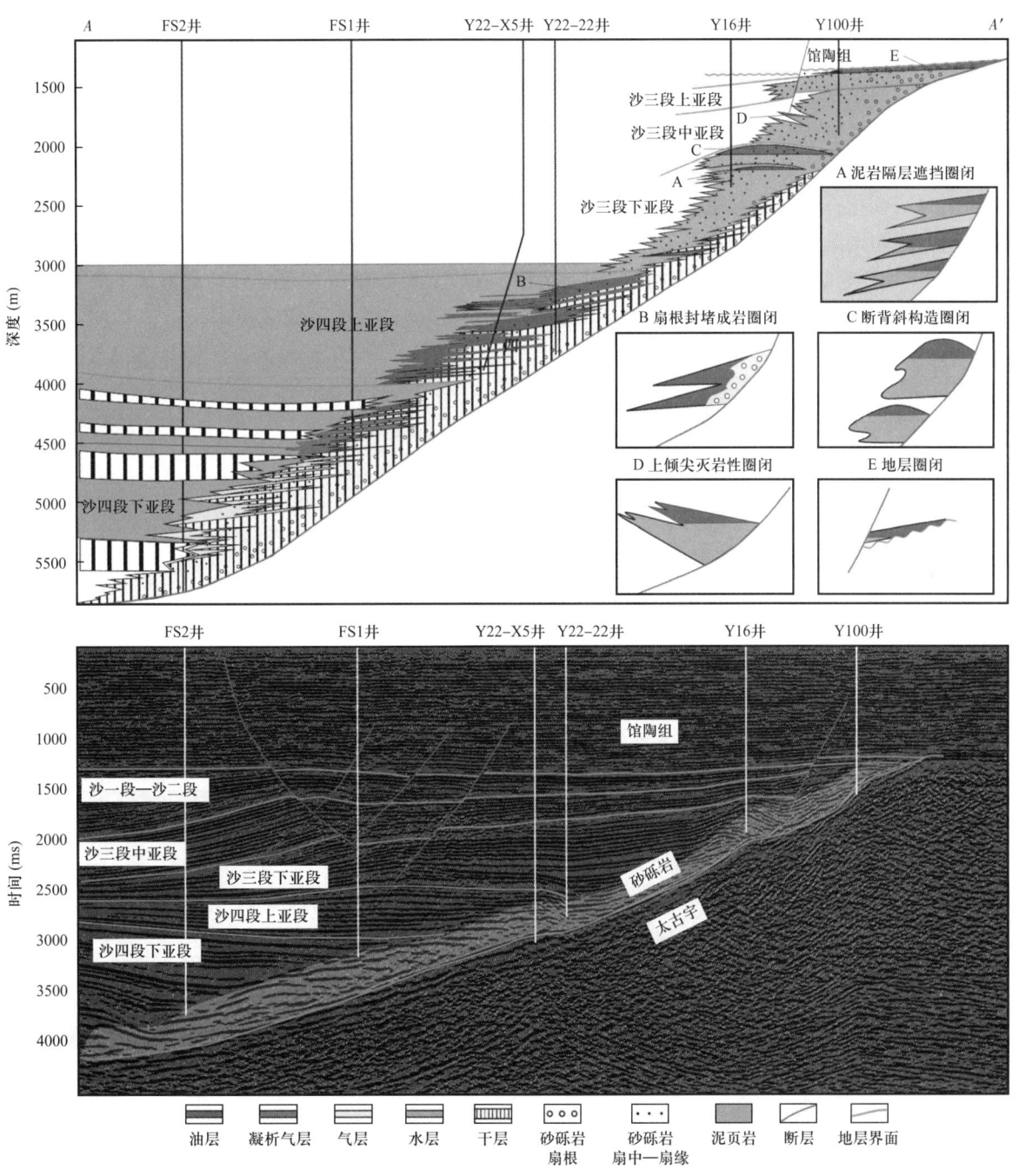

图8 东营凹陷北部陡坡带砂砾岩成藏模式（剖面位置见图7，据文献[31]修改）

4.2 深层常规油气

4.2.1 古近系深层

济阳坳陷深层是指埋深超过3500m[45]的勘探层系,与中—浅层成熟勘探层系相比,勘探和认识程度低。近年来,通过加大深层勘探力度,发现了沙四段下亚段和孔二段两套新的含油气系统。2019年钻探的FSX101井在沙四段下亚段4227.7~4254.5m(垂深)致密砂砾岩中试油获得产油量为16.8t/d、产气量为27968m³/d的工业油气流。油源对比结果表明,油气来自沙四段下亚段盐间泥页岩和含膏泥岩[46]。2021年钻探的LSX2井对孔二段4182~4190m(垂深)暗色泥岩试油,获得了低产油气流,表明深层孔二段也具备生烃能力和油气成藏潜力[47]。制约古近系深层油气勘探的关键问题是深层孔店组烃源岩品质、分布范围,以及资源潜力不清晰,深层生烃史、成藏期和源—圈时空匹配的差异性不明确。

基于源—汇体系分析开展原型盆地恢复,认为在孔店组和沙四段下亚段沉积期,济阳断陷湖盆整体发育盐湖—浅湖环境,湖盆边缘发育冲积扇—漫湖三角洲等红色碎屑岩沉积,洼陷区发育稳定暗色泥岩。利用成因法和统计法相结合计算孔二段和沙四段下亚段常规油气原地资源量约为 12×10^8 t,明确了深层烃源岩资源潜力。

利用多系列化合物生物标志物绝对定量分析技术,开展源—藏精细对比和混源油来源判识的研究结果表明,济阳坳陷深层油气来源复杂,存在孔二段、沙四段下亚段、沙四段上亚段和沙三段下亚段4套烃源岩[48],油气运移具有源储对接、侧向运移、垂向运移、油气倒灌4种运聚方式(图9),形成了源内成藏体系、源外横向运移成藏体系和源外垂向运移成藏体系3种成藏模式。

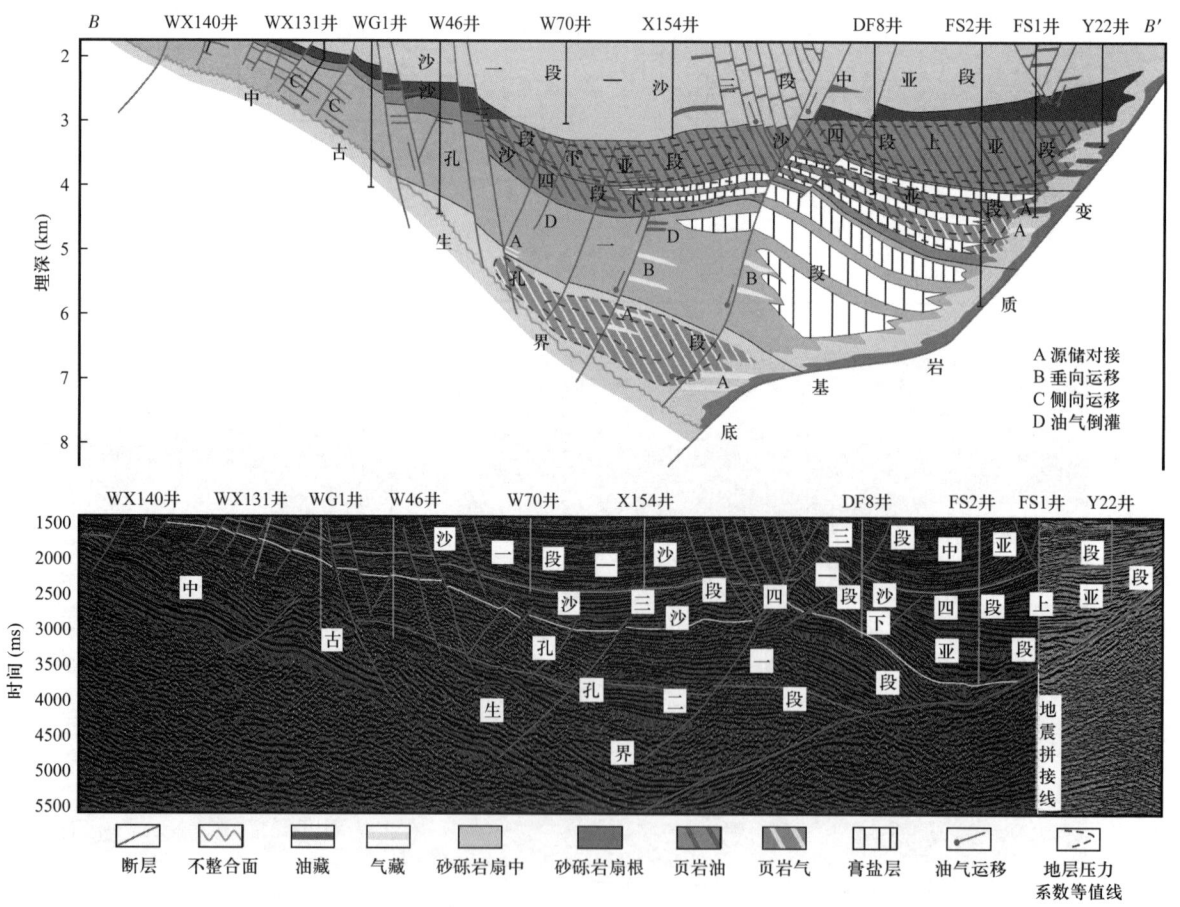

图9 东营凹陷深层油气成藏模式(剖面位置见图7,据文献[47]修改)

基于深层烃源岩的重新落实、高成熟油源对比及成藏模式新认识，落实东营凹陷、沾化凹陷深层源内成藏体系圈闭资源量达 1.2×10^8t，通过深层源外垂向运移及中—浅层烃源岩油气倒灌运移成藏圈闭资源量达 1.0×10^8t。通过评价部署，2021—2023 年对孔店组—沙四段下亚段申报原油地质储量超过 4000×10^4t，实现了深层常规油气领域的规模新发现。通过深化深层高成熟—过成熟度烃源岩生烃机制研究及深层有效储层发育规律研究，为向深层进一步拓展油气勘探领域、寻找规模储量提供支撑。

4.2.2 深层潜山

前古近系潜山是济阳坳陷重要的增储领域之一，也是富集高产领域。截至 2018 年底，中生界—古生界潜山油藏已探明储量近 2.5×10^8t，已有百吨井 73 口、千吨井 11 口。济阳坳陷在历经残丘潜山勘探、断块潜山勘探、多样性潜山勘探后，经历了近十年的勘探低谷，近期在潜山成山、成储、成藏方面有了新的认识，在深部斜坡部位和负向构造带的隐蔽潜山勘探取得突破。

济阳坳陷前古近系潜山经历印支期、燕山期、喜马拉雅期多期构造运动，受 NW 向、NEE 向及 NNE 向三大断裂体系叠加改造，形成"七纵四横"构造格局，自断陷盆地缓坡带到陡坡带依次发育残丘山、断块山、滑脱山等潜山类型[48]。碎屑岩潜山储层受原始沉积、构造活动、地层流体等作用影响，具有"岩性—构造—流体"三元控储特点[30, 49]；下古生界碳酸盐岩潜山受原始沉积—岩相古地理演化及白云石化作用影响，在局限台地沉积区发育颗粒滩相白云岩，利于形成岩性圈闭。受多期构造叠合作用控制，潜山源储配置关系复杂，形成"自源""他源"等成藏体系，受圈闭、油源、不整合及断裂等地质因素控制，与潜山构造样式相匹配，自缓坡带到陡坡带依次发育残丘山油藏、断块山油藏、滑脱山油藏等类型，具有序分布、差异富集的成藏规律[49]（图 10）。

在潜山油气成藏新认识的指导下，近年来济阳坳陷潜山油藏勘探实现了从潜山山头到潜山低部位、从潜山风化壳到潜山内幕、从拉张断块到挤拉滑断块、从潜山断块圈闭向岩性圈闭的 4 个转变，地堑带、斜坡区成为有利勘探区带，新增三级地质储量约为 3000×10^4t，极大拓展了潜山勘探空间，实现了潜山的高效勘探。

总体来看，前古近系潜山具有较好勘探潜力。从类型来看，逆冲断块山、走滑断块山及滑脱断块山是重要的勘探方向。从层系上来看，中生界、下古生界、太古宇风化壳和内幕均发育有利勘探区带，上古生界也具有煤成油气藏勘探潜力。目前在孤西、义和庄、桩海、高青—平方王、垦南断裂带等潜山带新发现逆冲断块山、走滑断块山、滑脱潜山圈闭面积为 179.6km²，圈闭资源量为 1.8×10^8t。在垦岛潜山带太古宇风险探井 CBG25 井潜山内幕钻遇较好储层并富集成藏，证实太古宇具有较大的勘探潜力，通过落实太古宇构造、储层及油源条件，在垦岛、桩西、垦东、义和庄、高青—平方王等潜山带新发现圈闭面积为 108.3km²，圈闭资源量为 1.0×10^8t。

4.3 页岩油

济阳坳陷页岩油主力勘探层系为沙四段上亚段和沙三段下亚段，岩性以泥页岩为主，砂岩和粉砂岩夹层单层厚度小于 1m，累计厚度仅占总厚度的 10%，按照《页岩油地质评价方法》（GB/T38718—2020）是典型的页岩油[50]。泥页岩具有岩相类型多样且空间变化快、有机质丰度高、成岩及热演化程度低的特点。泥页岩岩相类型多样，包括富碳酸盐页岩、混合页岩、富长英页岩和富黏土页岩，盆地不同构造位置发育不同岩相类型页岩（图 11），泥页岩含油性好，S_1/TOC 为 2.18～619.00mg/g（S_1 为液态烃含量）、平均为 133.00mg/g，孔隙度为 0.6%～19.5%、平均为 6.7%，目前泥页岩地层温度为 120～200℃，R_o（镜质组反射率）为 0.5%～1.3%[51]，初步估算济阳坳陷页岩油资源量超过 100×10^8t，其中 R_o 小于 0.9% 的资源量占总资源量的 89%。受岩相变化快、热演化程度低等因素影响，济阳坳陷页岩油有利岩相预测难、有效储集空间不明确、页岩油富集机理不清楚，且缺乏配套的勘探目标评价体系及增产改造措施。

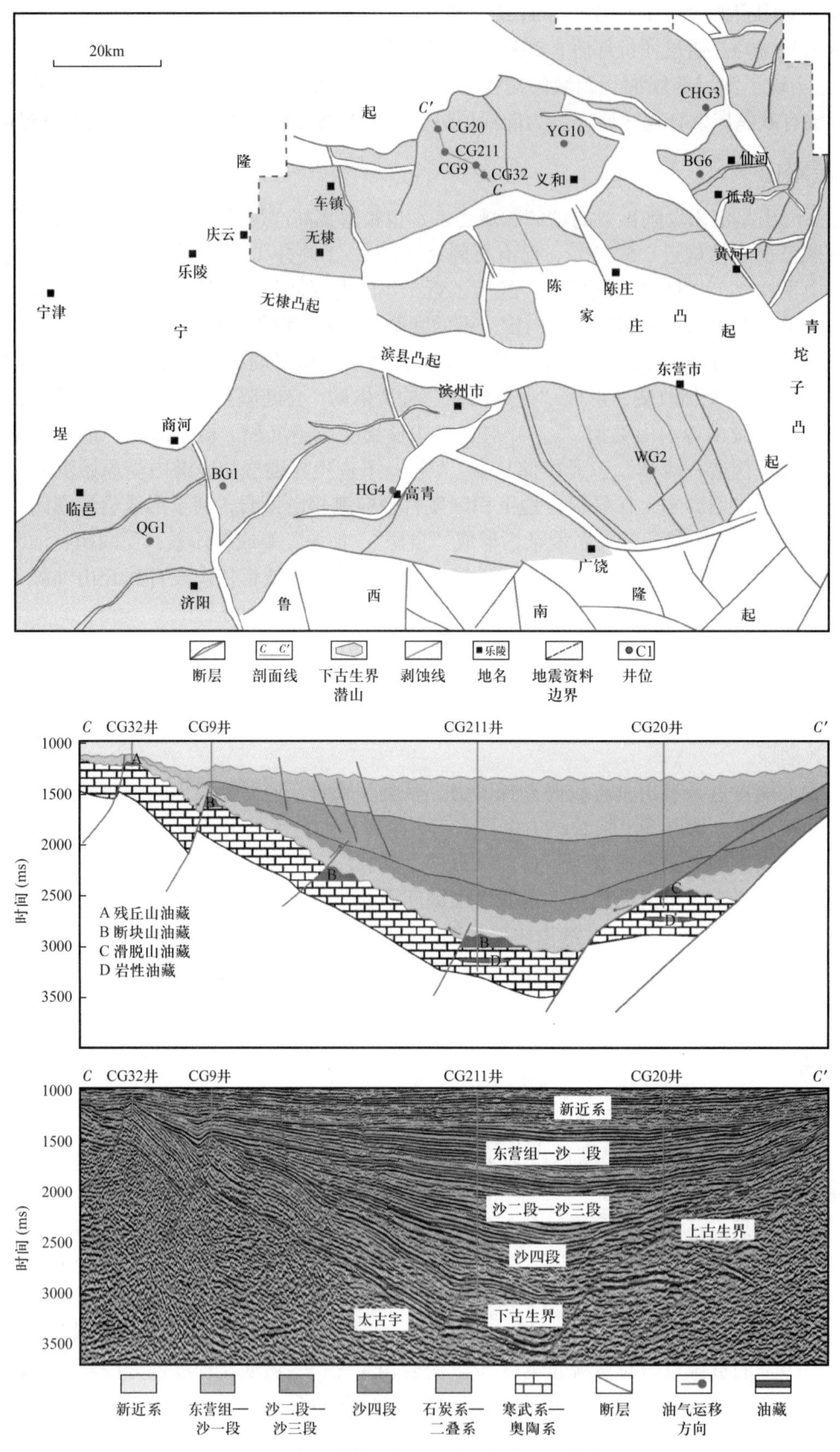

图 10 济阳坳陷下古生界潜山分布及成藏模式

针对岩相预测难的问题，建立了泥页岩"三端元四要素"岩相划分方案[52-53]，基于矿物组成、沉积构造、结晶程度和有机质丰度开展泥页岩岩相划分，有效指导了济阳坳陷古近系页岩油评价研究。利用断陷湖盆古环境量化恢复技术，揭示了泥页岩岩相与沉积古环境之间的成因关系，建立了受古气候、古水介质、古地貌和古物源控制的泥页岩岩相"环带"分布模式[54]，解决了泥页岩岩相空间展布的预测问题。

针对低演化程度泥页岩不发育有机孔、有效储集空间不明确的问题，集成核磁共振冻融、FIB-FESEM、X射线小角散射测试等技术，实现了从微米到纳米多尺度孔缝系统的量化表征[55]，刻画了济阳坳陷古近系泥页岩储集空间构成。通

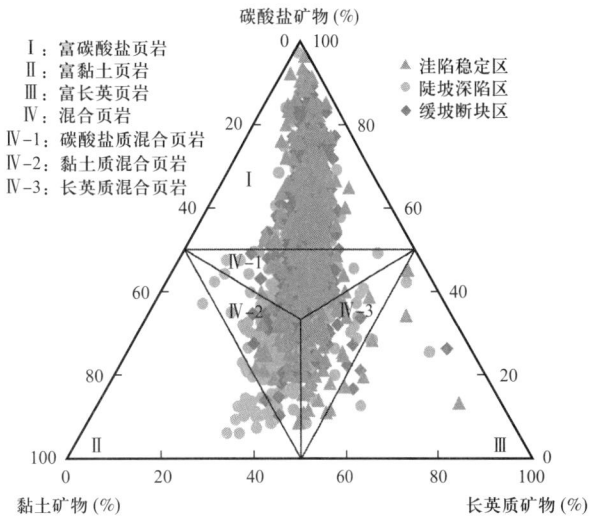

图 11 济阳坳陷沙三段下亚段—沙四段上亚段页岩组分三角图

过研究明确了济阳坳陷泥页岩储集空间具有孔、缝并存的特点，不同尺度的孔隙网络逐级叠加，构成多尺度孔、缝网络。整体上，济阳泥页岩孔隙度为4.0%~16.0%，水平渗透率为0.01~3.60mD[56]，储集空间以无机孔缝为主（图12），占比在95%以上[34, 55]，通过指明陆相断陷盆地页岩油有效储集空间，指导了"甜点"区的预测。

  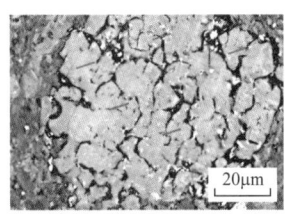 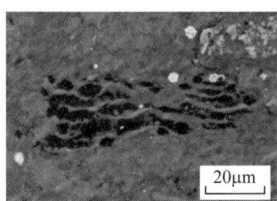

(a) 富碳酸盐页岩，白云石晶间孔，孔隙度为2.5%，FEY1HF井3628.43m

(b) 碳酸盐质混合页岩，粒间孔、粒缘缝，孔隙度为7.7%，FEY1HF井3783.50m

(c) 碳酸盐质混合页岩，方解石晶间溶蚀孔缝，孔隙度为4.5%，FX184井3466.47m

(d) 富碳酸盐页岩，颗粒溶蚀孔隙，孔隙度为1.5%，YY1-1VF井4693.20m

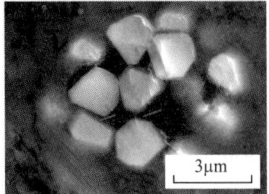 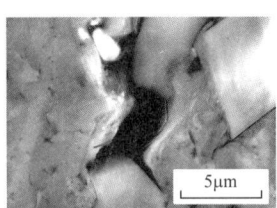  

(e) 富碳酸盐页岩，黄铁矿晶间孔，孔隙度为6.0%，FX184井3428.62m

(f) 富碳酸盐页岩，方解石晶间孔，孔隙度为3.7%，FX184井3414.40m

(g) 碳酸盐质混合页岩，自生石英粒间孔隙，孔隙度为9.9%，FEY1HF井3579.50m

(h) 长英质混合页岩，层间缝，孔隙度为9.2%，FEY1HF井3596.20m

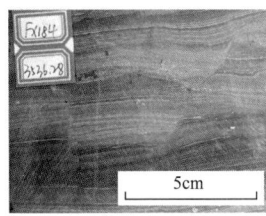 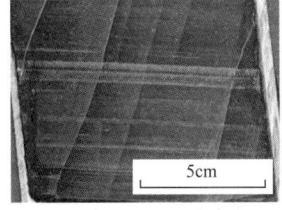 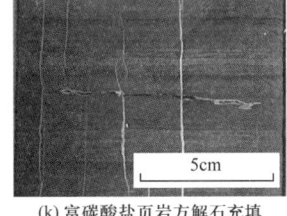 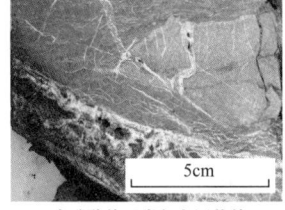

(i) 富碳酸盐页岩微断层，孔隙度为4.5%，FX184井3536.28m

(j) 碳酸盐质混合页岩高角度裂缝，孔隙度为11.0%，LY2-1HF井4386.75m

(k) 富碳酸盐页岩方解石充填高角度裂缝，孔隙度为3.3%，FX184井3455.30m

(l) 富碳酸盐页岩复杂网状缝，孔隙度为6.0%，FX184井3493.50m

图 12 济阳坳陷页岩油微观孔、缝特征

济阳坳陷页岩地质年代新、热演化程度低，大多数页岩 R_o 小于0.9%。通过泥页岩生物标志化合物分析和生烃模拟实验发现，济阳坳陷古近系沙三段下亚段—沙四段上亚段页岩形成于咸化—半咸化

水体环境，其有机质中75%为非共价键缔合结构，生烃活化能低，具有早生烃、生烃量大的特点，结合泥页岩中游离油量实验定量分析[57]，认为济阳坳陷R_o在0.6%～0.9%的泥页岩中游离油含量超过10mg/g，最大可达38mg/g，表明济阳坳陷古近系咸化环境烃源岩在R_o小于0.9%的情况下，页岩油仍可大规模富集可动。

基于这些新认识，结合大量实验分析测试成果，创建了以含油性评价确定有利区、以储集性评价确定有利层、以可动性评价确定地质"甜点"、以可压性评价确定工程"甜点"的陆相断陷盆地页岩油"四性四定"目标评价体系，配套形成了岩相、裂缝、脆性的测井评价和地球物理预测技术，实现了地质"甜点"、工程"甜点"评价和钻前预测，指导了页岩油勘探目标评价。

济阳坳陷古近系多个洼陷、不同岩相类型、不同演化程度的页岩油勘探取得突破并获商业产能，并且具有压裂后放喷见油快、峰值产量高、长期稳产的特征。如2021年钻探的FEY1HF井初期产油量为229.7t/d，生产第1年累计产油量超过3×10^4t、累计产气量超过550×10^4m³，预测单井EUR达到7×10^4t。目前已在渤南、博兴、牛庄、利津、民丰5个富油洼陷发现亿吨级页岩油增储阵地，证实了页岩油是济阳坳陷未来最现实的资源接替领域。

页岩油勘探要树立发育有效烃源岩的地方就有页岩油的理念，开展全盆地研究、分类型评价，一体化部署加快增储建产节奏，实现页岩油勘探的快速发展。具体来讲：（1）战略展开渤南、博兴、牛庄、利津、民丰5个富油洼陷，培育整装增储区块；（2）战略突破临南、车西、大王北、郭局子、孤北等主力洼陷，拓展页岩油勘探开发新阵地；（3）以"常非一体"的勘探思路，兼探侦查富林、阳信、青南、滋镇等外围小洼陷，寻求外围小洼陷油气勘探新突破（图13）。

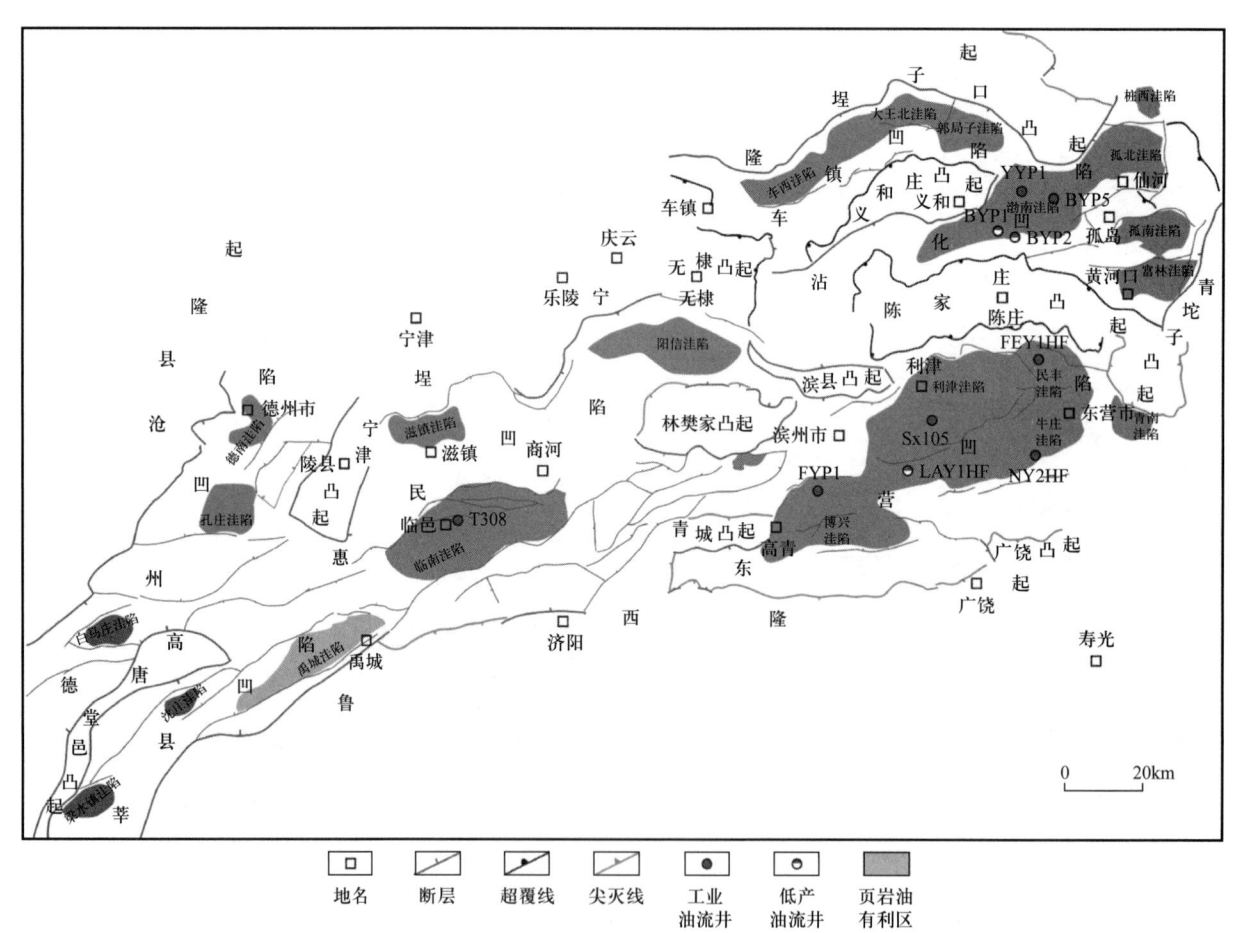

图13 济阳坳陷页岩油勘探形势

4.4 致密油

致密油是指夹在或紧邻优质生油层系的致密碎屑岩或碳酸盐岩等储层中，未经过长距离运移而形成的石油聚集[58]。济阳坳陷古近系蕴含丰富的致密油资源，按照储层沉积成因可划分为致密砂砾岩、致密滩坝砂岩、致密三角洲前缘砂岩和致密浊积砂岩，分布在东营、沾化和惠民凹陷的沙三段下亚段和沙四段上亚段[59]。

济阳坳陷致密砂岩储层平均孔隙度为7%，平均空气渗透率为0.64mD，孔隙半径平均值为128.7～150.9μm，喉道半径平均值为342～1834nm，主流喉道半径为55～2117nm，表现为微米级孔隙、次微米级—纳米级喉道，平均孔喉配位数为2～5，储层非均质性强[59]。

济阳坳陷致密油源、储时空匹配关系复杂，按照源、储空间配置关系分为源储侧接型、上生下储型、下生上储型和源夹储型。通过典型井烃源岩生烃演化、成藏充注和致密砂岩储层孔隙演化过程，发现济阳坳陷古近系致密砂岩油藏多为边致密边成藏型或先致密后成藏型。在早成岩B期，砂岩平均孔隙度已经降低至10%～15%，而根据包裹体分析，油气主要充注期为馆陶组沉积期以来（14—0Ma），此时砂岩储层已致密，油藏的含油性取决于油气充注动力和储层的毛细管阻力（图14），源储压差越大、储层物性越好，致密油藏含油饱和度越高，勘探的关键问题是寻找成藏动力充足、含油饱和度高、物性好的"甜点"储层。

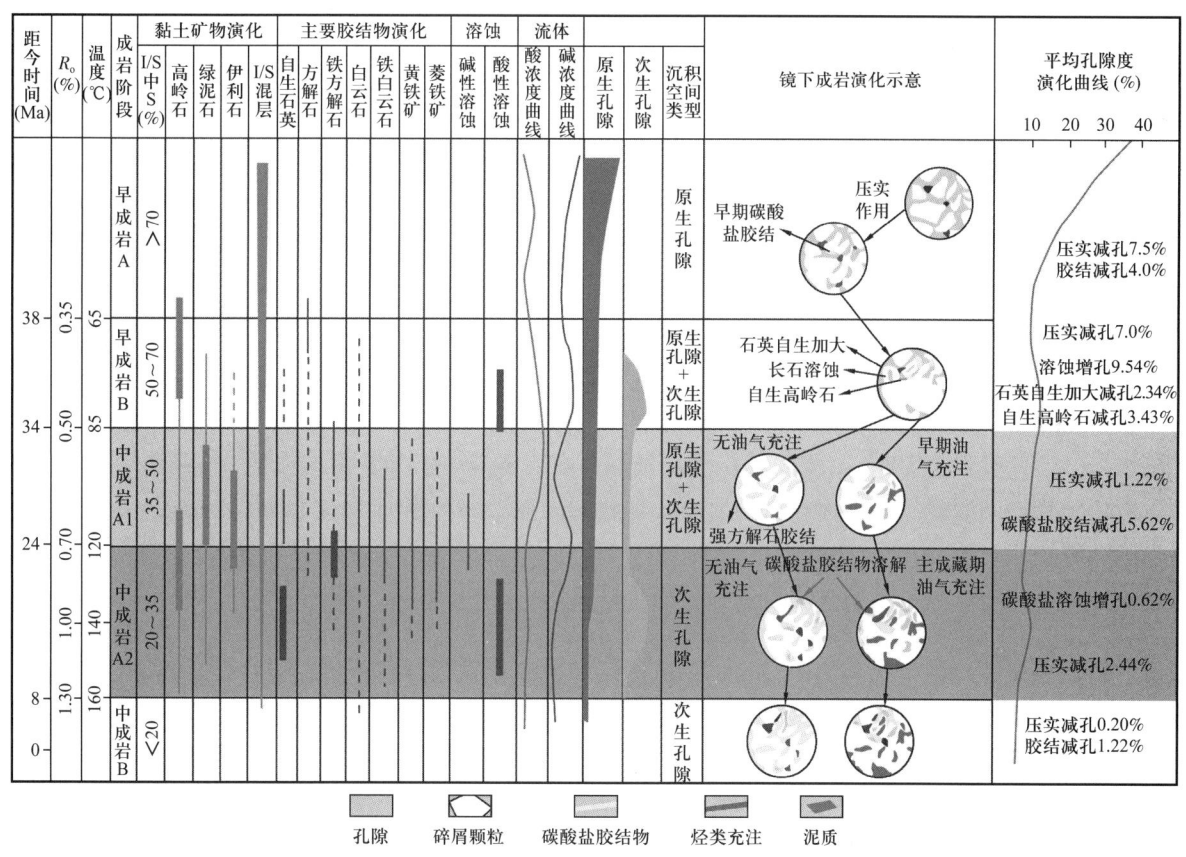

图14　济阳坳陷典型致密砂岩油藏烃源岩生烃与储层孔隙演化关系

针对济阳坳陷致密油的特点，根据常规压汞实验分析结果，结合试油结果建立了以孔喉半径平均值、含油饱和度为核心评价参数的储层表征和分类评价方案（表2）[59]，并基于高压压汞、恒速压汞、二维核磁共振实测数据，建立了孔喉半径平均值和含油饱和度地球物理评价和预测模型，叠合压力系数优选"甜点"。利用上述方法对济阳坳陷古近系致密油预测和控制储量区块进行分类评价，优选出Ⅰ类+Ⅱ类"甜点"发育区开展评价部署，升级控制储量约为$4000×10^4$t，升级探明储量约为$400×10^4$t，取得了良好的勘探效果。

目前济阳坳陷待升级动用的致密滩坝砂岩油藏、致密三角洲前缘—浊积砂岩油藏和致密砂砾岩油藏控制和预测储量约为 $4\times10^8 t$，其中致密滩坝砂岩油藏主要分布在东营凹陷博兴洼陷和惠民凹陷临南洼陷的沙四段上亚段，致密三角洲前缘—浊积砂岩油藏主要分布在惠民凹陷临南洼陷、东营凹陷和沾化凹陷的沙三段，致密砂砾岩油藏主要分布在东营凹陷、沾化凹陷、车镇凹陷的北部陡坡带沙三段和沙四段。针对上述地区开展致密油含油性评价、储层物性评价和生烃动力研究，对"甜点"分级分类评价，优选Ⅰ类＋Ⅱ类"甜点"发育区、发育层组，开展压裂工艺攻关，将地质与工程相结合，实现济阳坳陷致密油储量规模升级和经济动用。

表2 济阳坳陷古近系致密砂岩储层分类方案（据文献[59]修改）

储层分类	孔隙度（%）	空气渗透率（mD）	孔喉半径平均值（μm）	含油饱和度（%）	压力系数
Ⅰ类	>13	1.0～3.0	0.6～1.0	>60	>1.3
Ⅱ类	10～13	0.8～1.0	0.4～0.6	40～60	1.1～1.3
Ⅲ类	6～10	0.3～0.8	0.2～0.4		1.0～1.1
Ⅳ类	<6	<0.3	<0.2	<40	<1.0

4.5 煤层气

济阳坳陷煤系含油气系统的勘探始于20世纪90年代，早期在潜山油气藏的勘探过程中发现了Yi155等构造煤成气藏，1990—2003年针对高台阶构造圈闭部署了一批探井，发现了QuG1古生新储煤成气、JiG1浅层煤成气藏；2004年至今，针对低台阶构造圈闭部署了GBG1井等12口煤成气专探井，发现了GBG1、GaoG4、CheG27等一批构造煤成气藏，并上报煤成气控制储量为 $68\times10^8 m^3$（图4）。勘探实践证实：济阳坳陷构造煤成气藏具有近源成藏的特点，富集成藏受控于烃源岩二次生烃强度、二次生烃期与圈闭演化匹配性、储层物性、后期断裂活动强度和盖层封盖能力，成藏条件苛刻，气藏规模小。通过统计钻遇煤层的钻井气测显示发现，有31口井在钻遇石炭系—二叠系煤层时具有气测异常，其中CheG27井、BoGx404井太原组煤层的气测值超过40%；JiG1井在602.8～667.0m太原组煤层排水采气，产气量为 $103 m^3$，发育浅层煤层气藏，表明济阳坳陷深层和浅层煤层气都具备勘探潜力。基于上述认识，对煤层气的勘探部署，应该积极转变勘探思路和方向，由寻找源外构造气藏向探索源内煤层气藏转变。

济阳坳陷石炭系—二叠系煤系烃源岩经历了印支期、燕山期、喜马拉雅期多期构造运动，生烃演化过程复杂[60-61]。中三叠世早期，石炭系—二叠系煤系烃源岩未进入生烃门限（R_o约为0.5%）。晚侏罗世—早白垩世，受中生代裂陷运动影响，区内烃源岩演化呈现差异化特征，在中生界断陷的凸起带和斜坡带，石炭系—二叠系煤系烃源岩进入生烃门限，但未大量生烃（图15a，c），中生界断陷洼槽内石炭系—二叠系煤系烃源岩开始大量生烃（图15b），中生代末期再次整体抬升停止生烃。古近纪以来，济阳坳陷进入强烈断陷期，在断陷的不同构造部位，石炭系—二叠系煤系烃源岩生烃演化过程、二次生烃量进一步呈现差异化特征，当烃源岩在古近纪—新近纪再埋藏地层温度超过中生代埋藏最大古温度时开始再次生烃（图15a，c）。

浅层煤层气资源主要分布在济阳坳陷与鲁西隆起之间的斜坡带，以及坳陷内的凸起带和潜山带，煤层分布区面积近 $1300 km^2$，根据邻区煤矿测试资料[62]，煤层中含气量为3～10 m^3/t，估算浅层煤层气资源量为 $(1600～4100)\times10^8 m^3$。根据生烃史分析，浅层煤层气不发育二次生烃过程，煤层中的天然气为中生代生成，因此研究区浅层煤层气勘探的关键在于保存条件，需要加强煤层气顶底板条件、侵入岩侵入范围、断裂构造破坏作用、水文地质条件方面的评价，优选保存条件好的地区开展勘探部署。

深部煤层气（埋深为1500~3500m）资源主要分布在现今构造的斜坡带、低潜山和周缘小洼陷。当煤层埋藏超过3000m时，大多数煤层开始二次生烃，二次生烃提高了煤层的含气性，对于深部煤层气意义重大。目前鄂尔多斯盆地大宁—吉县区块[63]、准噶尔盆地侏罗系[64]的深部煤层气开采实践表明，深部煤层中富含游离气，煤层中吸附气和游离气总量达到15~20m³/t。济阳坳陷目前埋深3000~3500m且处于二次生烃范围内的煤层有利勘探面积约为2200km²，估算深部煤层气资源量为（10000~14000）×10⁸m³。

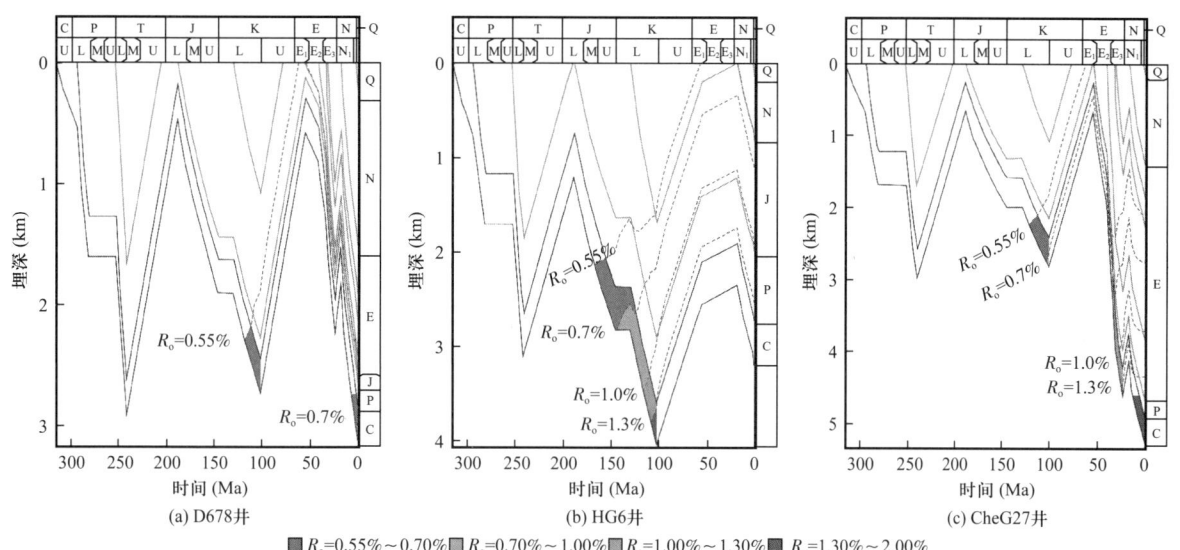

图15 济阳坳陷不同构造部位煤层埋藏史和生烃史

C—石炭系；P—二叠系；J—侏罗系；E—古近系；E_1—古新统；E_2—始新统；E_3—渐新统；N—新近系；N_1—中新统；Q—第四系；U—上统；M—中统；L—下统

目前济阳坳陷煤层气勘探仍处于起步阶段，理论研究薄弱、技术适应性低、投资回报率低、开发规模小，面临诸多瓶颈和挑战，勘探工作要进一步强化基础理论研究、研发适应性工程工艺技术，采用煤系"多气合采"的立体勘探开发思路，进一步提高资源利用效率，实现综合效益最大化。

5 结论及展望

（1）济阳坳陷具有多期次烃源岩、多种类型储层、多套生—储—盖组合、多类型圈闭和多期复合成藏的特征，油气资源丰富，常规和非常规油气勘探均具有较大潜力。

（2）济阳坳陷中—浅层常规油气尚有94个千万吨级勘探层单元，有待发现的资源有近$10×10^8$t。通过重新认识沉积体系分布规律、深化成藏模式研究，预测在陡坡带砂砾岩油藏、缓坡带滩坝砂岩油藏等岩性油气藏待发现的资源约为$7×10^8$t。由此可见，精细评价中—浅层常规油气仍是高勘探程度老区稳定持续增储的重要领域。

（3）济阳坳陷深层新发现孔二段和沙四段下亚段两套含油气系统，预测常规油气资源量超过$10×10^8$t。通过深化资源认识，聚焦成烃、成储、成藏主控因素研究，预计在古近系深层、深层潜山领域可新发现油气资源约为$5×10^8$t，成为下一步勘探拓展储量阵地的关键领域。

（4）济阳坳陷古近系页岩油资源丰富，初步估算页岩油原地资源量超过$100×10^8$t。近期济阳页岩油勘探开发取得重大进展，济阳陆相断陷湖盆页岩油国家级示范区稳步推进，是下一步实现资源战略接替的现实领域。

（5）济阳坳陷致密油和煤层气具有较大的资源规模，其中致密油藏有约$4×10^8$t有待动用，煤层气资源有$(1.0~1.8)×10^{12}$m³有待发现，成为下一步资源战略接替的后备领域。但这类资源勘探开发面临诸多瓶颈和挑战，仍需进一步强化基础理论研究，加快研发适应性工程工艺技术攻关。

（6）中国东部陆相断陷盆地经历了60年的大规模勘探开发，取得巨大的勘探成果，为国家能源安全作出重大贡献。济阳坳陷作为进入中—高勘探阶段的老油区，仍有巨大的勘探潜力。济阳坳陷油气勘探类型上从常规为主向常规、非常规并重转变，层系上从中—浅层向深层转变，区域上从富油凹陷向全探区转变，这是济阳坳陷进入"常非并重"新勘探阶段后，不断实现油气勘探新发现、新突破必须遵循的工作思路，从而保障济阳坳陷油气勘探持续规模稳定增储，在保障国家能源安全方面继续发挥老油区的"压舱石"作用。

参 考 文 献

[1] 王世虎，夏斌，陈根文，等.济阳坳陷构造特征及形成机制讨论[J].大地构造与成矿学，2004，28（4）：428-434.

[2] 王学军，郭玉新，杜振京，等.济阳坳陷石油资源综合评价与勘探方向[J].中国石油勘探，2007，12（3）：7-12.

[3] 张鹏飞，曹忠祥，刘惠民，等.太古界潜山内幕储层发育主控因素分析——以鲁西—济阳地区为例[J].中国矿业大学学报，2016，45（1）：96-104.

[4] 胡朝元.生油区控制油气田分布——中国东部陆相盆地进行区域勘探的有效理论[J].石油学报，1982，3（2）：9-13.

[5] 胡见义，徐树宝，童晓光.渤海湾盆地复式油气聚集区（带）的形成和分布[J].石油勘探与开发，1986，13（1）：1-8.

[6] 刘兴材，杨申镳.济阳复式油气区大油田形成条件及分布规律[J].成都理工学院学报，1998，25（2）：276-284.

[7] 李丕龙，张善文，宋国奇，等.济阳成熟探区非构造油气藏深化勘探[J].石油学报，2003，24（5）：10-15.

[8] 张善文.中国东部老区第三系油气勘探思考与实践：以济阳坳陷为例[J].石油学报，2012，33（S1）：53-62.

[9] 李丕龙，张善文，宋国奇，等.断陷盆地隐蔽油气藏形成机制：以渤海湾盆地济阳坳陷为例[J].石油实验地质，2004，26（1）：3-10.

[10] 张善文.济阳坳陷第三系隐蔽油气藏勘探理论与实践[J].石油与天然气地质，2006，27（6）：731-740.

[11] 庞雄奇，李丕龙，张善文，等.陆相断陷盆地相-势耦合控藏作用及其基本模式[J].石油与天然气地质，2007，28（5）：641-652.

[12] 蔡希源.成熟探区油气精细勘探理论与实践[M].北京：地质出版社，2014.

[13] 金强，朱光有.中国中新生代咸化湖盆烃源岩沉积的问题及相关进展[J].高校地质学报，2006，12（4）：483-492.

[14] 王永诗，陈涛，张鹏飞，等.济阳坳陷古近系轻质原油油藏勘探潜力与方向[J].石油学报，2021，42（12）：1605-1614.

[15] 宋明水，李友强.济阳坳陷油气精细勘探评价及实践[J].中国石油勘探，2020，25（1）：93-101.

[16] 王永诗.济阳坳陷不同领域油气勘探思路与方向[J].油气地质与采收率，2021，28（5）：1-12.

[17] 宋明水.济阳坳陷勘探形势与展望[J].中国石油勘探，2018，23（3）：11-17.

[18] 李增学，曹忠祥，王明镇，等.济阳坳陷石炭二叠系埋藏条件及煤型气源岩分布特征[J].煤田地质与勘探，2004，32（4）：4-6.

[19] 王惠勇，陈世悦，李红梅，等.济阳坳陷石炭—二叠系煤系页岩气生烃潜力评价[J].煤田地质与勘探，2015，43（3）：38-44.

[20] 杨显成，李文涛，陈丽，等.济阳坳陷上古生界天然气资源潜力评价[J].天然气工业，2009，29（4）：30-32.

[21] 姚海鹏.济阳坳陷石炭—二叠系太原组有效烃源岩分析[J].山西煤炭，2015，35（2）：4-7.

[22] 陈建渝，彭晓波，张冬梅，等.济阳坳陷古新世孔店组生烃潜能评价[J].石油勘探与开发，2002，29（3）：17-20.

[23] 陈婷，罗睿，王君泽.济阳坳陷沙河街组和孔店组烃源岩地球化学特征[J].重庆科技学院学报：自然科学版，2011，13（6）：23-25.

[24] 高阳.东营凹陷北部沙四段下亚段盐湖相烃源岩特征及展布[J].油气地质与采收率,2014,21(1):10-15.

[25] 朱光有,金强,张水昌,等.东营凹陷沙河街组湖相烃源岩的组合特征[J].地质学报,2004,78(3):416-427.

[26] 张林晔,孔祥星,张春荣,等.济阳坳陷下第三系优质烃源岩的发育及其意义[J].地球化学,2003,32(1):35-42.

[27] 李丕龙.济阳坳陷"富集有机质"烃源岩及其资源潜力[J].地学前缘,2004,11(1):317-322.

[28] 徐国盛,李国蓉,王志雄.济阳坳陷下古生界潜山储集体特征[J].石油与天然气地质,2002,23(3):248-251.

[29] 马立驰,王永诗,吕建波.济阳坳陷下古生界潜山内幕油气藏勘探[J].油气地质与采收率,2004,11(1):26-27.

[30] 库丽曼,刘树根,徐国盛,等.济阳坳陷下古生界碳酸盐岩储层形成机理和发育特征[J].成都理工大学学报(自然科学版),2007,34(2):111-120.

[31] 蔡进功,谢忠怀,田芳,等.济阳坳陷深层砂岩成岩作用及孔隙演化[J].石油与天然气地质,2002,23(1):84-88.

[32] 王永诗,王勇,郝雪峰,等.深层复杂储集体优质储层形成机理与油气成藏——以济阳坳陷东营凹陷古近系为例[J].石油与天然气地质,2016,37(4):490-498.

[33] 朱筱敏,王英国,钟大康,等.济阳坳陷古近系储层孔隙类型与次生孔隙成因[J].地质学报,2007,81(2):197-204.

[34] 刘惠民,张顺,包友书,等.东营凹陷页岩油储集地质特征与有效性[J].石油与天然气地质,2019,40(3):512-523.

[35] 巩建强.渤海湾盆地济阳坳陷沙河街组泥页岩储集空间演化过程分析[J].中国石油大学胜利学院学报,2019,33(1):23-29.

[36] 韩思杰,桑树勋,刘伟.济阳坳陷石炭——二叠系致密砂岩气形成条件与成藏模式[J].石油天然气学报(江汉石油学院学报),2014,36(10):50-54.

[37] 王一军.济阳坳陷第三系泥质岩盖层类型及分布[D].西安:西北大学,2012.

[38] 宋明水,王永诗,王学军,等.成熟探区"勘探层单元"研究及其在渤海湾盆地东营凹陷的应用[J].石油与天然气地质,2022,43(3):499-513.

[39] 姜在兴,王俊辉,张元福.滩坝沉积研究进展综述[J].古地理学报,2015,17(4):427-440.

[40] 唐东.东营凹陷沙四段滩坝砂体沉积特征及储层预测[D].青岛:中国石油大学(华东),2010.

[41] 王永诗,刘惠民,高永进,等.断陷湖盆滩坝砂体成因与成藏:以东营凹陷沙四上亚段为例[J].地学前缘,2012,19(1):100-107.

[42] 姜在兴,王俊辉,张元福,等."风-源-盆"三元耦合油气储集体预测方法及其应用——对非主力物源区储集体的解释与预测[J].石油学报,2020,41(12):1465-1476.

[43] 孔凡仙.东营凹陷北带砂砾岩扇体勘探技术与实践[J].石油学报,2000,21(5):27-31.

[44] 宋国奇,郝雪峰,刘克奇.箕状断陷盆地形成机制、沉积体系与成藏规律——以济阳坳陷为例[J].石油与天然气地质,2014,35(3):303-310.

[45] 宋明水,王永诗,郝雪峰,等.渤海湾盆地东营凹陷古近系深层油气成藏系统及勘探潜力[J].石油与天然气地质,2021,42(6):1243-1254.

[46] 周肖肖,隋风贵,王学军,等.东营凹陷民丰地区沙四段下亚段油气成藏过程研究[J].地质论评,2023,69(S1):316-318.

[47] 杨怀宇,张鹏飞,邱贻博,等.东营凹陷深层自源型油气成藏模式与勘探实践[J].中国石油勘探,2023,28(2):92-101.

[48] 李丕龙,张善文,王永诗,等.断陷盆地多样性潜山成因及成藏研究——以济阳坳陷为例[J].石油学报,2004,25(3):28-31.

[49] 王勇,熊伟,林会喜,等.济阳坳陷下古生界潜山油气藏特征及成藏模式[J].石油学报,2020,41(11):1334-1347.

[50] 国家市场监督管理总局,国家标准化管理委员会.页岩油地质评价方法:GB/T38718—2020[S].北京:中国标

准出版社，2020.

[51] 刘惠民，李军亮，刘鹏，等.济阳坳陷古近系页岩油富集条件与勘探战略方向[J].石油学报，2022，43（12）：1717-1729.

[52] 宋明水.济阳坳陷页岩油勘探实践与现状[J].油气地质与采收率，2019，26（1）：1-12.

[53] 李阳，赵清民，吕琦，等.中国陆相页岩油开发评价技术与实践[J].石油勘探与开发，2022，49（5）：955-964.

[54] 刘惠民，王勇，李军亮，等.济阳坳陷始新统页岩岩相发育主控因素及分布特征[J].古地理学报，2023，25（4）：752-767.

[55] 刘惠民.济阳坳陷古近系页岩油地质特殊性及勘探实践——以沙河街组四段上亚段—沙河街组三段下亚段为例[J].石油学报，2022，43（5）：581-594.

[56] 沈云琦，金之钧，苏建政，等.中国陆相页岩油储层水平渗透率与垂直渗透率特征——以渤海湾盆地济阳坳陷和江汉盆地潜江凹陷为例[J].石油与天然气地质，2022，43（2）：378-389.

[57] 刘惠民.济阳坳陷页岩油勘探实践与前景展望[J].中国石油勘探，2022，27（1）：73-87.

[58] 贾承造，邹才能，李建忠，等.中国致密油评价标准、主要类型、基本特征及资源前景[J].石油学报，2012，33（3）：343-350.

[59] 王永诗，高阳，方正伟.济阳坳陷古近系致密储集层孔喉结构特征与分类评价[J].石油勘探与开发，2021，48（2）：266-278.

[60] 李政.济阳坳陷石炭系—二叠系烃源岩的生烃演化[J].石油学报，2006，27（4）：29-35.

[61] 朱建辉，胡宗全，吕剑虹，等.渤海湾盆地济阳、临清坳陷上古生界烃源岩生烃史分析[J].石油实验地质，2010，32（1）：58-63.

[62] 崔训才.黄河北煤田与济阳坳陷石炭—二叠系煤成气气源岩评价[D].青岛：山东科技大学，2004.

[63] 杨秀春，徐凤银，王虹雅，等.鄂尔多斯盆地东缘煤层气勘探开发历程与启示[J].煤田地质与勘探，2022，50（3）：30-41.

[64] 杨敏芳，孙斌，鲁静，等.准噶尔盆地深、浅层煤层气富集模式对比分析[J].煤炭学报，2019，44（S2）：601-609.

原文发表于《石油学报》2023年第12期

东营、沾化凹陷压力结构差异及其影响因素

邱贻博 王永诗 高永进 贾光华

（中国石化股份胜利油田分公司勘探开发研究院）

摘　要：根据东营、沾化凹陷的实测地层压力的统计、泥岩声波时差测井响应，以及超压剖面发育特征的研究，将东营、沾化2个凹陷的超压划分为单一强超压和复合超压2种超压系统。单一强超压系统分布在东营凹陷，纵向上发育1个超压系统（沙三—沙四段），超压系统发育规模大、分布范围广、超压幅度强，压力系数可达2.0。复合超压系统分布在沾化凹陷，纵向上发育3个超压系统，上超压系统位于沙一段，超压幅度较弱，最大压力系数不超过1.4；中超压系统位于沙三段，超压幅度较强，压力系数可达到1.8；下超压系统位于沙四下亚段，超压幅度也较强。压力结构的差异性与烃源岩的发育层系、热演化的程度、压力封闭层的分布，以及断裂活动密切相关。

济阳坳陷内2个重要的富烃凹陷东营和沾化凹陷发育复杂的压力环境及成藏组合。自20世纪60年代东营凹陷的营4井首次在沙三段发现超压油气藏以来，该区超压及成藏的问题一直是众多学者关注和研究的热点[1-7]，尽管东营、沾化凹陷在凹陷结构、地质要素，以及异常压力的形成和演化方面具有相似特征，但实际的勘探表明，2个凹陷在压力及成藏方面存在着差异性。这种差异性主要体现在压力结构、分布特征，以及控制油气的因素等方面[8-10]。本文利用大量的钻、测、录、试井等资料，对2个凹陷的实测地层压力、泥岩声波时差压力计算、超压剖面发育特征及其控制因素进行了深入分析，详细地剖析了2个凹陷压力结构的差异性及影响因素。

1　区域地质概况

东营、沾化凹陷分别位于济阳坳陷的南部、北部，中间被陈家庄凸起分割，是济阳坳陷中典型的北断南超箕状断陷盆地。其中东营凹陷由利津、博兴、牛庄、民丰4个洼陷及北部陡坡带、中央隆起带和南部斜坡带组成，以"盆地形态开阔舒展、二级构造特征鲜明"所著称。沾化凹陷由四扣—渤南、孤北、孤南—富林洼陷及孤岛凸起组成，具有"东西双断、分割强烈、凹凸相间"的特点（图1）。古近纪为湖盆的断陷期，东营、沾化盆地内沉积了巨厚的以沙河街组为主的地层，纵向上发育了多套烃源岩层系，其中东营凹陷烃源岩层系主要为沙三段、沙四段，而沾化凹陷烃源岩层系为沙一段、沙三段，以及沙四段。这3套烃源岩普遍具有沉积速率高、沉积厚度大、生烃能力强的特点，为研究区异常压力的形成提供了条件。

2　实测地层压力特征

根据东营、沾化凹陷3000多个实测地层压力数据统计结果（图2）可知，东营、沾化凹陷超压现象非常普遍。按照压力的划分标准（以郝芳[11]的划分方案：压力系数0.9~1.06为常压，1.06~1.27为弱超压，1.27~1.73为超压，大于1.73为强超压），东营凹陷沙二段以上地层、孔店组以下地层主要发育常压（压力系数在1.0附近），沙三段、沙四段出现超压现象（压力系数普遍大于1.2），随着埋深的增大，地层压力系数有明显增大趋势，沙三段和沙四段压力系数最高可达2.0。从深度上看，沙三段、沙四段2200m以上地层发育常压，明显的超压出现在2200~4500m深度，而2800m以下超压强度进一步增强。

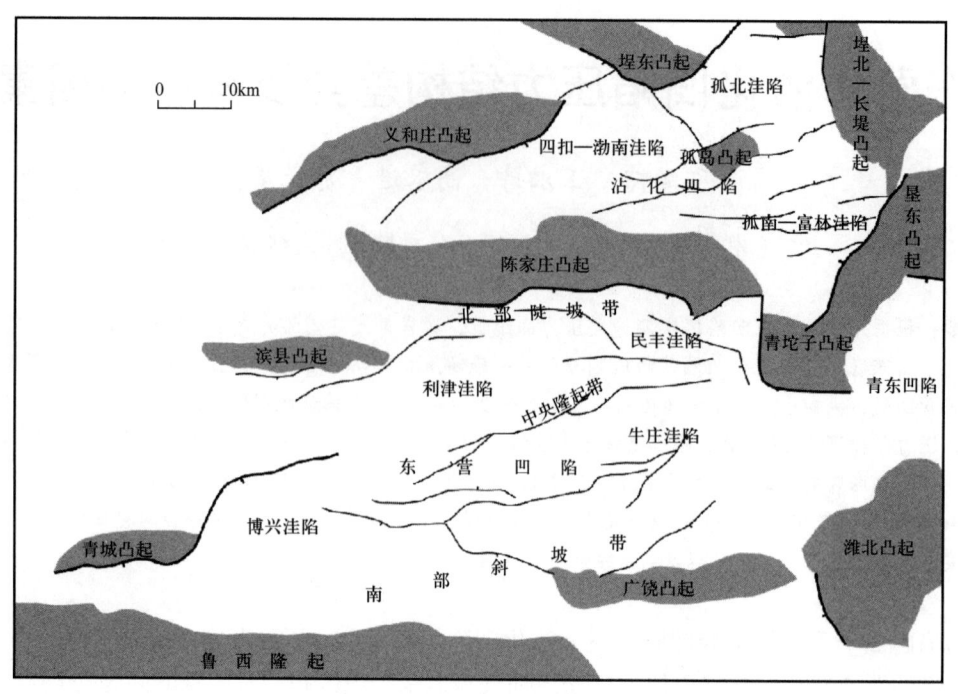

图1 东营、沾化凹陷构造单元划分平面图

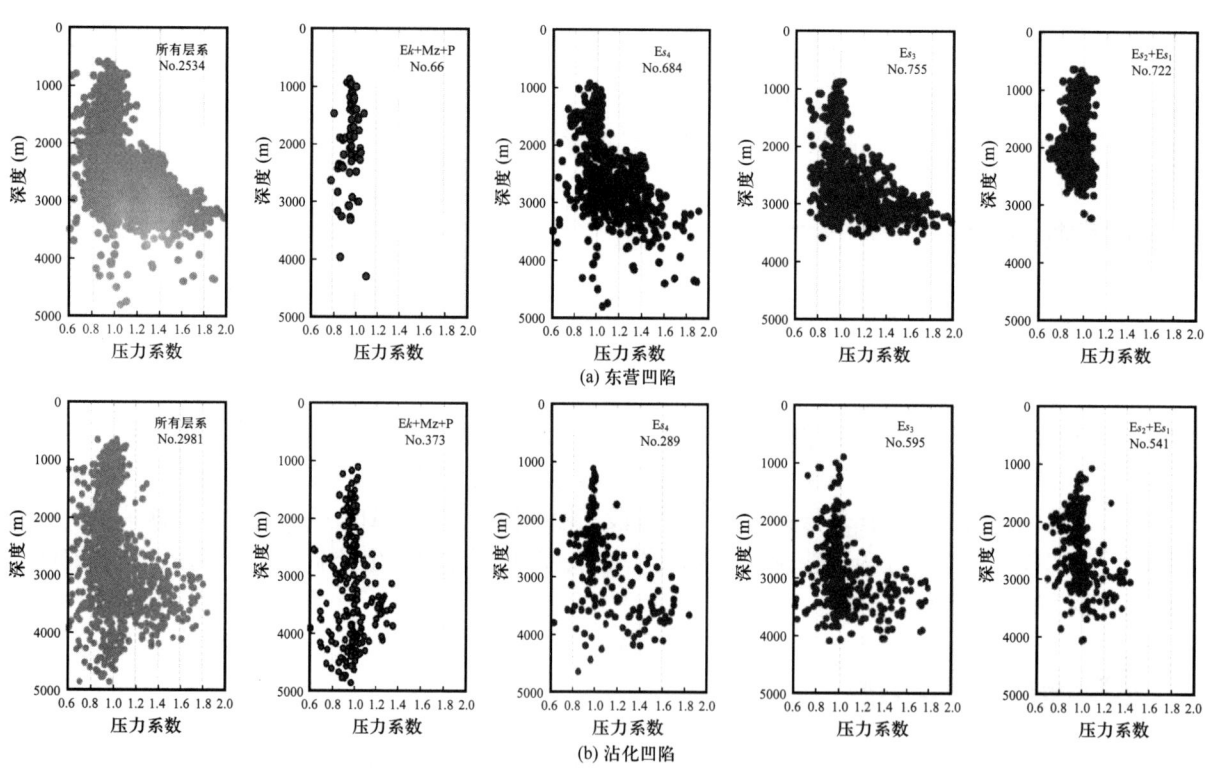

图2 东营、沾化凹陷实测地层压力与埋深关系

沾化凹陷压力分布与东营凹陷相比,既有相似性又有差异性。从层系上来看,沾化凹陷超压发育的层系主要分布在沙三段和沙四段,超压强度较大,压力系数可达1.8。除了沙三段和沙四段外,沾化凹陷的沙一段、孔店组也发育部分弱超压—超压,超压的强度有所减弱,压力系数基本上都小于1.4。从深度上来看,沾化凹陷超压发育的深度主要在2300~4300m,在2300m以上、4300m以下的深度主要发育常压(图2)。

3 泥岩超压测井响应特征

超压发育层系往往在测井曲线响应特征上具有高声波时差、高孔隙度、低速度、低密度等特征[12]。Eaton 提出的伊顿公式基本原理是基于岩石的应力—应变关系在测井曲线上的响应[13]，利用声波时差偏离正常趋势线的大小来反映异常压力的强弱。东营凹陷和沾化凹陷的单井泥岩声波时差、密度曲线能够很好地反映超压在纵向上的发育特征[14-15]。在超压特征识别过程中，考虑到东营、沾化凹陷超压发育的一致性，分别从 2 个凹陷的深洼区选取了利 67 井、义深 10 井这 2 口代表井进行泥岩超压测井响应特征分析。整体上来看，东营凹陷在垂向上压力特征较为简单，超压主要发育在沙三段、沙四段，具有单一强超压系统（图 3）；沾化凹陷在垂向上压力特征相对复杂，沙一段、沙三段、沙四段超压相互独立，形成多个超压系统（图 4）。

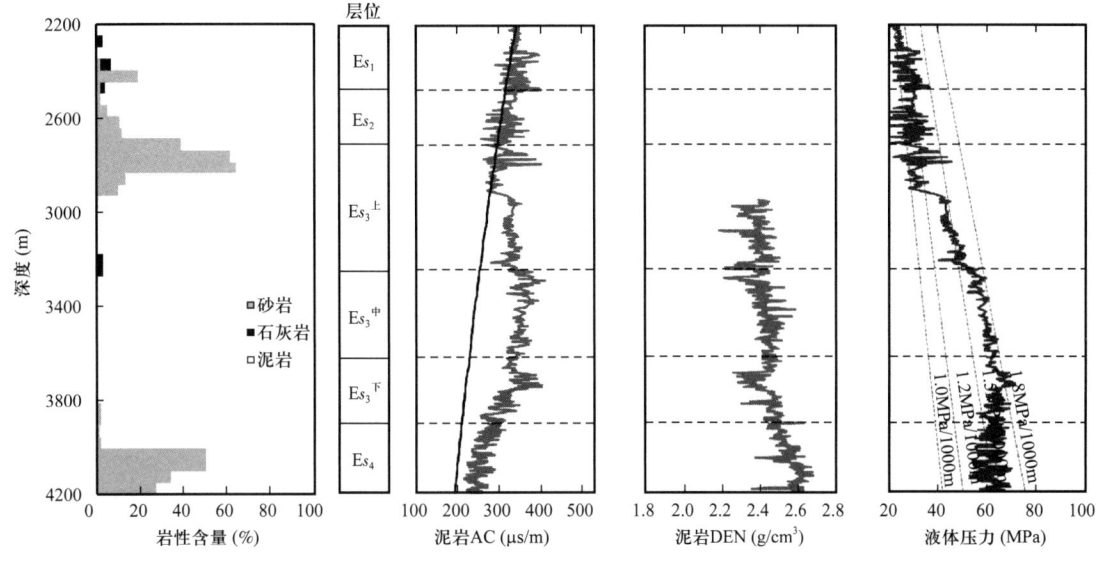

图 3 利 67 井压力测井响应曲线

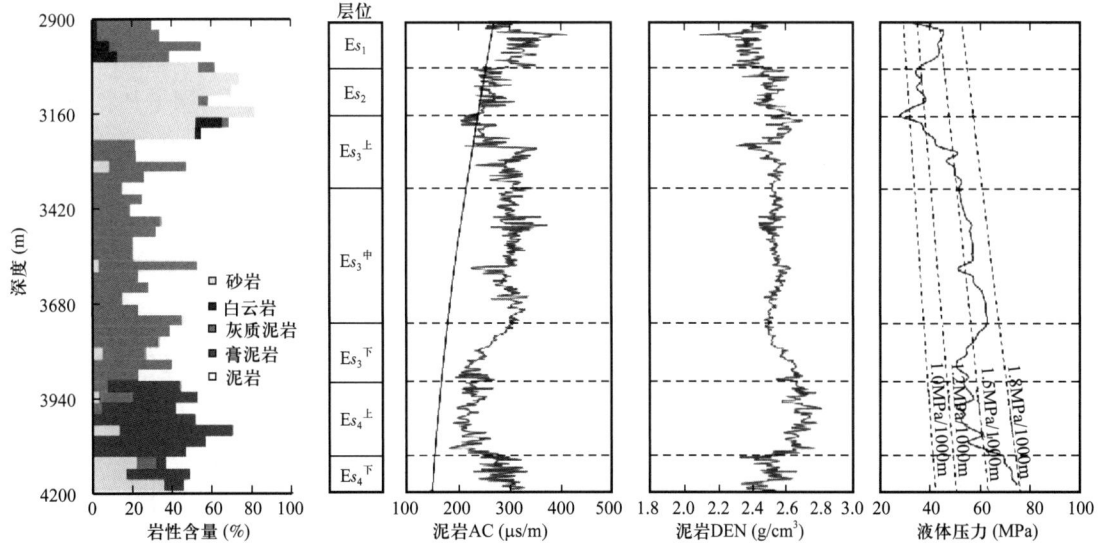

图 4 义深 10 井压力测井响应曲线

3.1 东营凹陷单一强超压测井响应特征

利67井位于东营凹陷利津洼陷深洼区，层位钻到沙四上亚段，为发育单超压带的代表井。从该井的泥岩声波时差曲线（图3）来看，纵向上泥岩高声波时差出现在沙三段和沙四段，曲线十分明显地偏离正常压实趋势线，计算泥岩压力证实泥岩高声波时差段为强超压带，最大压力系数可达到1.8；从泥岩密度测井曲线来看，泥岩低密度带与泥岩高声波时差带呈现镜像关系，与超压强弱为负相关关系。超压带顶界深度约在3000m，为沙三上亚段的暗色泥岩段；超压带主体即强超压范围发育在沙三中亚段、下亚段，厚度约700m，是烃源岩主要发育带，其间没有明显的封隔层；到沙四段，随深度增加，泥岩声波时差曲线逐渐降低、密度曲线逐渐增大，地层压力曲线逐渐向净水压力曲线接近。

3.2 沾化凹陷复合超压测井响应特征

义深10井位于沾化凹陷义东断裂带下降盘，层位钻到沙四下亚段，为发育三超压带的典型井（图4）。纵向上，泥岩高声波时差带主要发育在沙一段、沙三段和沙四下亚段，相对应的泥岩密度曲线呈现3个低密度带，其中沙二段—沙三上亚段的高密度带（砂岩）和沙四上亚段的高密度带（膏泥岩）分割了沙一段、沙三段和沙四下亚段的低密度带。所计算的泥岩压力曲线也反映沙一段、沙三段和沙四下亚段为超压带，沙二段的砂岩、白云岩，以及沙三下亚段底部至沙四上亚段厚层膏泥岩层分隔了压力系统，在纵向上发育3个相互独立的超压带，即出现上、中、下3个超压带。上超压带发育在沙一段，超压顶界面深度为2900m，厚度约150m，超压幅度相对较弱，压力系数在1.2~1.5；中超压带发育在沙三段，超压带的主体在沙三中亚段，超压幅度较强，压力系数可达到1.6；下超压带发育在沙四下亚段，超压幅度最强，计算的压力系数可达到1.8，超压底界该井未揭示，按照压力线变化趋势，下部地层仍具有超压现象。

4 超压结构剖面发育特征

本文主要选择横切过东营、沾化主要构造单元的东西向剖面来反映单超压和多超压系统在剖面上的发育特征。

滨436井—盐16井剖面是一条横穿东营凹陷近东西走向的大剖面（图5），自西向东依次经过平方王凸起、利津洼陷、民丰洼陷、陈家庄凸起。从地层压力剖图可以看出，东营凹陷主要发育沙三—沙四段1个超压系统。纵向上来看，超压主要发育在沙三中—沙四上亚段层段，为典型的单超压系统，分布范围受生烃层系和深度控制，向上从沙二段开始地层压力逐渐过渡为常压，向下从沙四下亚段逐

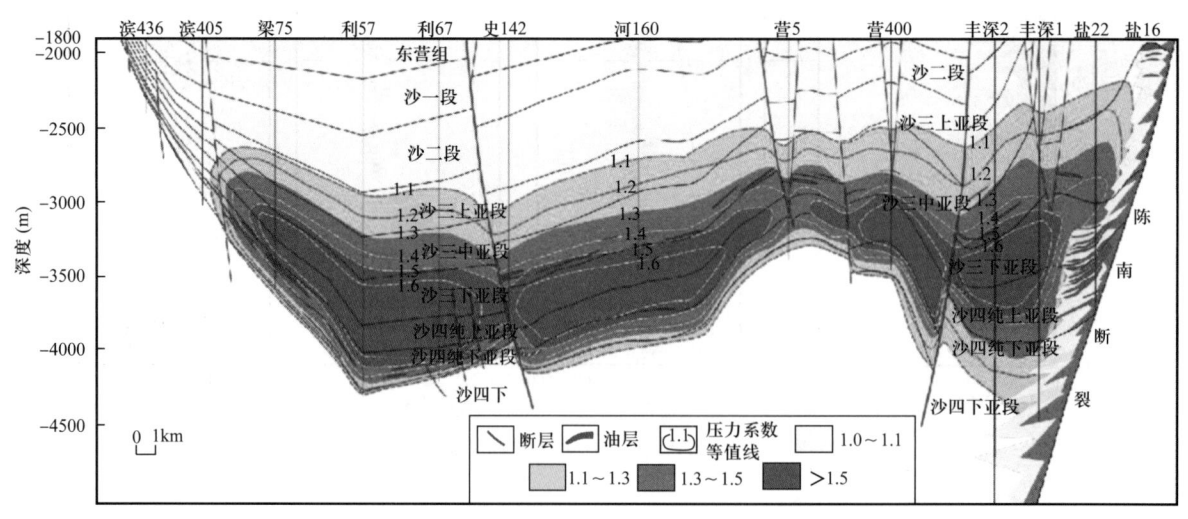

图5 东营凹陷北东—南西向地层压力剖面

渐过渡为常压；横向上来看，超压系统发育规模大、分布范围广、超压幅度强，超压带主体位于盆地的深洼区，各深洼区具有统一的超压系统，向盆地边缘地层压力逐渐过渡为常压区。

义深3井—义160井剖面是一条横穿沾化凹陷近东西走向的大剖面（图6），全长约30km，自西向东依次过义和庄凸起、四扣洼陷、渤南洼陷、孤岛凸起。从地层压力系数等值线图可以看出，沾化凹陷自上而下可以分为上、中、下3个超压系统。上超压系统主要发育在沙一段，沙一段的超压带分布范围较小，超压幅度较低，最大压力系数不超过1.3。中超压系统主要发育在沙三段中，沙三段超压带规模大、分布范围广，超压幅度高，超压幅度可以达到1.5以上。下超压系统主要分布在沙四下亚段中，纵向分布范围受到沙四上亚段顶部膏岩封闭层的控制，平面分布范围较广，在洼陷带广泛发育，超压幅度也较大。

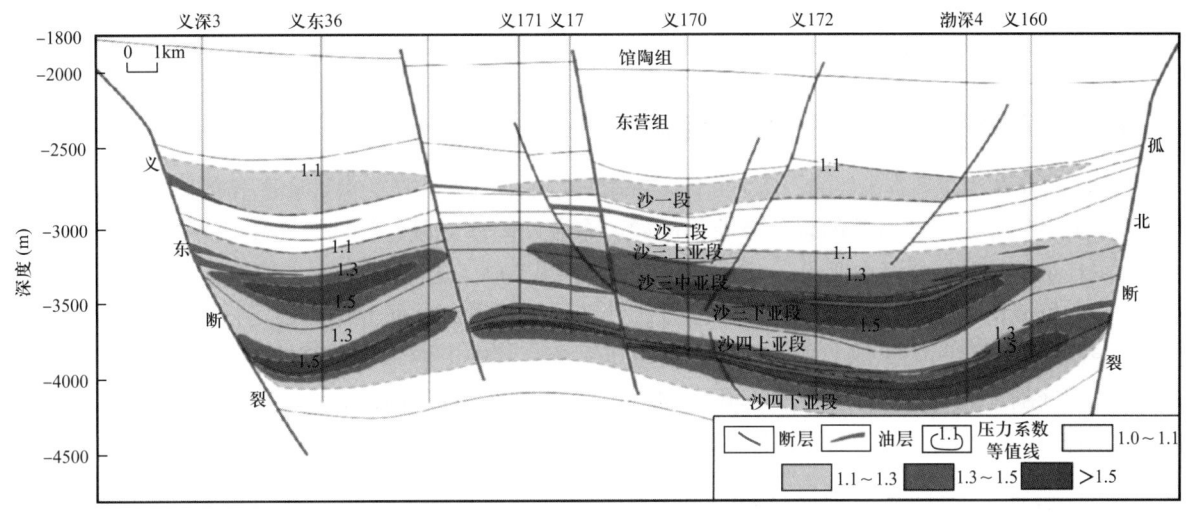

图6 沾化凹陷东西向地层压力剖面

5 超压结构差异性的影响因素

超压的存在是多种因素控制的结果，其中烃源岩发育层系、范围、埋深、厚度及热演化是现今超压形成的主要因素，同时压力封闭层、断裂活动等又对超压空间分布和内部结构调整产生重要的影响[16-22]。

5.1 烃源岩分布、热演化程度对超压的形成和分布的控制

东营凹陷超压发育的层系主要在沙四段、沙三段，沾化凹陷超压发育的层系主要在沙四段、沙三段，以及部分沙一段，分布在深洼陷2200~4500m深度范围内，超压带主体处于成熟烃源岩发育带[16-18]。超压发育的幅度与烃源岩厚度、有机质热演化程度具有较密切的关联性（表1）。东营凹陷深洼区沙三段、沙四段烃源岩累计厚度可达1000m，实测最大压力系数可以达到2.0；沾化凹陷深洼区沙三段、沙四段烃源岩累计厚度在600~800m，实测最大压力系数在1.8左右。随着烃源岩埋深的增大，热演化程度增高，大量生排烃，形成的超压幅度增高，这一现象在东营凹陷和沾化凹陷表现非常明显，东营凹陷压力系数大于1.6的范围主要分布在利津洼陷、民丰洼陷，以及牛庄洼陷的深洼区，相应镜质组反射率大于0.8%，压力系数小于1.4的范围主要位于盆地的斜坡区和盆缘，相应镜质组反射率小于0.6%。沾化凹陷沙一段压力系数基本小于1.4，相应烃源岩镜质组反射率最大值在0.6%左右；沙三段、沙四段超压非常明显，压力系数可达1.8，相应烃源岩镜质组反射率分布范围也较广，最大值达到1.0%[18]。

表 1 东营、沾化凹陷烃源岩特征与地层压力

地区	烃源岩层系	烃源岩厚度（m）	有机质演化程度 R_o（%）	压力系数
东营凹陷	沙三段、沙四段	800～1000	0.6～0.8	1.4～1.6
			0.8～1.0	1.6～1.8
			1.0～1.2	1.8～2.0
沾化凹陷	沙一段	100～200	<0.6	<1.4
	沙三段、沙四段	600-800	0.6～0.8	1.4～1.6
			0.8～1.0	1.6～1.8

5.2 压力封闭层对超压顶底界面的控制

超压体的存在往往是有条件的，压力封闭层和输导层的存在对超压的保存和逸散起到控制作用[19-20]。压力的封闭层往往与一些特殊的岩性有关，例如，东营凹陷沙三段、沙四段超压顶界面主要位于沙三中亚段、上亚段，这与沙三中亚段、上亚段沉积时期沉积的大套块状层理为主的深灰色泥岩、砂泥岩，以及大套三角洲体系厚层砂岩有关，而沙三段、沙四段超压系统的底界面可能与沙四下亚段发育的多套膏盐层有关。沾化凹陷纵向上主要发育 3 套超压系统，其中，沙一段底部的白云岩和沙四上亚段顶部的膏盐层分割了这 3 套超压系统，尤其是渤南洼陷沙四上亚段顶部的膏盐、膏泥岩发育较广，是一套比较稳定的区域分隔层，分隔层在保存油气的同时，也对中、下超压系统起封闭作用。

5.3 深大断裂对超压系统内外横向边界的控制

断裂对超压的保存和分布有着重要的影响，断层既可作为压力释放的一种通道，又可作为高压流体的封闭体[20-22]。东营、沾化凹陷发育的边界断裂和洼陷内部众多的断层对超压系统的影响主要表现在两个方面：一是连通深层超压封存箱与浅层常压区，作为超压垂向泄压和流体大规模运移的通道，断裂活动使得断裂带附近超压发生骤然变化，流体发生幕式运移，同时也控制了浅层的油气聚集；另一方面，断裂尤其是控制沉积的长期、继承性大断层控制了超压体系的边界，断裂带内部的断层岩、泥岩涂抹等作用，都可形成超压封存箱的侧向封闭，遮挡油气[21-22]。例如，东营凹陷北部陡坡带的陈南断裂、沾化凹陷西部的义东断裂，以及东部的孤北断裂都控制了超压系统的边界（图 5 和图 6），断层的下降盘发育超压，上升盘为常压。

6 结论

（1）东营、沾化凹陷的超压划分为 2 种超压系统：单一强超压系统、复合超压系统。其中，单一强超压系统分布在东营凹陷，纵向上发育沙三—沙四段 1 个超压系统，超压系统发育规模大、分布范围广、超压幅度强；复合超压系统分布在沾化凹陷，纵向上发育沙一段、沙三段、沙四段 3 个相对独立的超压系统。上超压系统位于沙一段，超压幅度较弱，最大压力系数不超过 1.4；中超压系统位于沙三段，超压幅度较强，压力系数可达到 1.8；下超压系统位于沙四下亚段，超压幅度也较强。

（2）东营、沾化凹陷压力结构的差异性与烃源岩的发育层系、热演化的程度、压力封闭层的分布，以及断裂活动密切相关。超压发育层系、幅度与烃源岩发育层系、有机质热演化程度具有较大的关联性，超压带主体主要处于沙一段、沙三段、沙四段成熟烃源岩发育带，随深度增加，有机质热演化程度升高，超压幅度越来越大。压力封闭层的存在对超压体的保存起控制作用，其中沾化凹陷沙一

段底部的白云岩和沙四上亚段顶部的膏盐层分割沙一段、沙三段、沙四段三套超压系统。断层既可作为压力释放的一种通道，又可作为高压流体的封闭体，从而影响超压系统内外横向边界。

参 考 文 献

[1] 郑和荣，黄永玲，冯有良.东营凹陷下第三系地层异常高压体系及其石油地质意义[J].石油勘探与开发，2000，27（4）：67-70.

[2] 邱桂强，凌云，樊洪海.东营凹陷古近系烃源岩超压特征及分布规律[J].石油勘探与开发，2003，30（3）：71-75.

[3] 刘晓峰，解习农.东营凹陷流体压力系统研究[J].地球科学—中国地质大学学报，2003，28（1）：78-86.

[4] 张守春，张林晔，查明，等.东营凹陷压力系统发育对油气成藏的控制[J].石油勘探与开发，2010，37（3）：289-296.

[5] 蒋有录，谭丽娟，荣启宏，等.东营凹陷博兴地区油气成藏动力学与成藏模式[J].地质科学，2003，38（3）：413-424.

[6] 隋风贵.东营断陷盆地地层流体超压系统与油气运聚成藏[J].石油大学学报（自然科学版），2004，28（3）：17-21.

[7] 张善文，张林晔，张守春，等.东营凹陷古近系异常高压的形成与岩性油藏的含油性研究[J].科学通报，2009，54（11）：1570-1578.

[8] 许晓明，刘震，谢启超，等.渤海湾盆地济阳坳陷异常高压特征分析[J].石油实验地质，2006，28（4）：345-349.

[9] 包友书，张林晔，李钜源，等.济阳坳陷古近系超高压成因探讨[J].新疆石油地质，2012，33（1）：17-21.

[10] 肖焕钦，刘震，赵阳，等.济阳坳陷地温-地压场特征及其石油地质意义[J].石油勘探与开发，2003，30（3）：68-70.

[11] 郝芳.超压盆地生烃作用动力学与油气成藏机理[M].北京：科学出版社，2005.

[12] 罗胜元，何生，金秋月，等.渤南洼陷超压系统划分及结构特征[J].吉林大学学报（地球科学版），2015，45（1）：37-51.

[13] EATON B A. Graphical method predicts geopressures worldwide[J]. World Oil, 1976, 183(1): 100-104.

[14] 杨姣，何生，王冰洁.东营凹陷牛庄洼陷超压特征及预测模型[J].地质科技情报，2009，28（4）：34-40.

[15] 王冰洁，何生，宋国奇，等.东营凹陷不同超压成因的有效应力特征[J].地质科技情报，2012，31（2）：72-79.

[16] 何生，宋国奇，王永诗，等.东营凹陷现今大规模超压系统整体分布特征及主控因素[J].地球科学—中国地质大学学报，2012，37（5）：1029-1041.

[17] 王乐闻，刘四兵，王鹏，等.沾化凹陷烃源岩地球化学特征分析[J].重庆科技学院学报（自然科学版），2011，13（6）：26-29.

[18] 杨晓敏.沾化凹陷古近系地层压力分布特征及其控制因素[J].中国石油大学学报（自然科学版），2012，36（4）：25-31.

[19] 王天福，操应长，王艳忠.渤南洼陷古近系深层异常压力特征及成因[J].西安石油大学学报（自然科学版），2009，24（2）：21-30.

[20] 陈中红，查明.东营凹陷流体超压封存箱与油气运聚[J].沉积学报，2006，24（4）：607-614.

[21] 付晓飞，许鹏，魏长柱，等.张性断裂带内部结构特征及油气运移和保存研究[J].地学前缘，2012，19（6）：200-212.

[22] 高君，吕严防，田庆丰.断裂带内部结构与油气运移及封闭[J].大庆石油学院学报，2007，31（2）：4-7.

原文发表于《西安石油大学学报（自然科学版）》2017年第4期

陆相断陷盆地石油地质理论

西部叠合盆地油气勘探理论

准噶尔盆地车排子地区"油亮点"形成机理及识别方法

任新成[1]　王　睿[2a]　魏秀萍[2a]　马艳君[2b]

（1. 中国石化胜利油田分公司西部新区研究中心；
2. 中国石油新疆油田分公司　a. 实验检测研究院，b. 采油一厂）

摘　要：准噶尔盆地车排子地区排2井在新近系沙湾组获得高产工业油流，排2井油藏在地震剖面上具有油亮点特征。利用正演检测确定了油亮点的地震反射特征，并通过分析影响油层及其围岩波阻抗变化的因素，明确了油亮点的形成机理。利用地震振幅属性描述技术、分频检测技术和叠前 AVO 属性技术对油亮点进行识别，并结合勘探实践总结了3种常见的假亮点。

2005年在位于准噶尔盆地西缘车排子凸起东部的排2井于新近系沙湾组（N_1s）获得自喷 62.79m³/d 的高产油流。排2井沙湾组油藏在地震反射特征、地震属性等方面具有比较明显的亮点特征。通过对油亮点的识别与描述，部署的6口滚动勘探井均钻遇油藏，扩大了沙湾组的含油面积。但随后又部署的5口预探井均未成功，究其原因，一方面是因为该区油气成藏条件具有一定的复杂性，另一方面是对油亮点的认识还不够深入。因此，分析油亮点的形成机理和地球物理响应特征对进一步扩大准噶尔盆地浅层油气勘探具有重要意义。

1 "油亮点"的地震特征

地震"亮点"一般是指浅层气的地震反射特征，当砂岩透镜体含气时，形成声波衰减，含气层的速度低于围岩速度，引起地震反射波振幅相对增强，即形成气层"亮点"[1-2]。在车排子地区排2井区，由于含油砂岩以透镜体形式出现，并在地震剖面上形成"亮点"反射，在正极性剖面上呈现"双波"反射特征，在负极性剖面上则表现为单波强峰，称之为"油亮点"。这是该地区浅层含油砂体的重要识别标志之一。

1.1 正演检测亮点

一般情况下，地下地质体都有相应的地震反射特征，不同岩石物理性质和沉积特征产生的地震反射特征不同。通过正演模型，可以判定和认识这种对应关系及其反射特征，从而建立起正确的地质体检测标志。通过对已知的排2井、排8井等井沙湾组油藏的分析，该区沙湾组油藏储集体为滩坝砂体，砂体沉积厚度不大，其围岩为大套稳定的滨浅湖相泥岩，呈"泥包砂"的结构。利用声波测井资料分析，排2井含油砂岩的速度为2000m/s左右，围岩速度在2300~2500m/s。综合以上分析，建立了排2井含油砂体地质模型并进行正演模拟来验证油层反射特征。

根据排2井区三维地震资料频谱分析，该区具有较宽的地震频带（0~140Hz），地震反射主频达到60~70Hz。选用60Hz零相位雷克子波进行正演，明确了含油砂体在地震剖面上的响应特征（图1）：（1）含油砂体形成强反射，而且具有"双波"特征，具有一定的垂向影响范围；（2）含水砂岩与围岩界面的地震反射能量明显小于含油砂岩与围岩的反射能量，具有理论上的油水分界识别能力；（3）含油砂岩地震反射与厚度有一定的关系，向砂层减薄的方向，反射能量减弱。

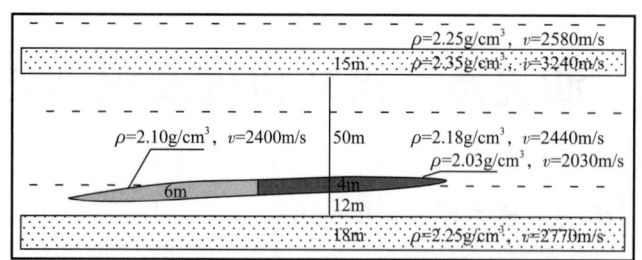 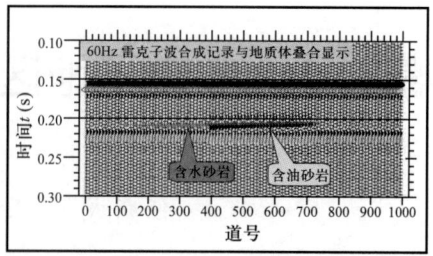

图1 排2井油层地质模型及正演模拟结果

1.2 振幅属性平面特征

在地震剖面上的高部位含油砂体也具有强能量的亮点特征，向低部位能量由强变弱。这反映了由高部位到低部位，砂体由含油到含水直至岩性变为泥岩的特征。这种特征在地震属性平面图上表现得更为直观。从图2可以清楚地看出，排2井砂体向北抬升呈双弧形尖灭，低部位由于油砂和水砂的能量突变，出现了明显的油水界面，清楚地显示出"油亮点"具有反映油水界面、砂体平面体态的"下平上凸"的平面振幅属性特征。"上凸"反映了滩坝砂与滨浅湖相泥岩的交切关系，恰好满足了形成岩性圈闭的必要条件；"下平"则反映了滩坝砂油层振幅能量分布的底界线与油层顶面或底面的构造等高线平行，恰好反映了滩坝砂油藏的油水界面。上述特征在排2井滩坝砂油藏开发井的钻探中已经得到了证实[3]。

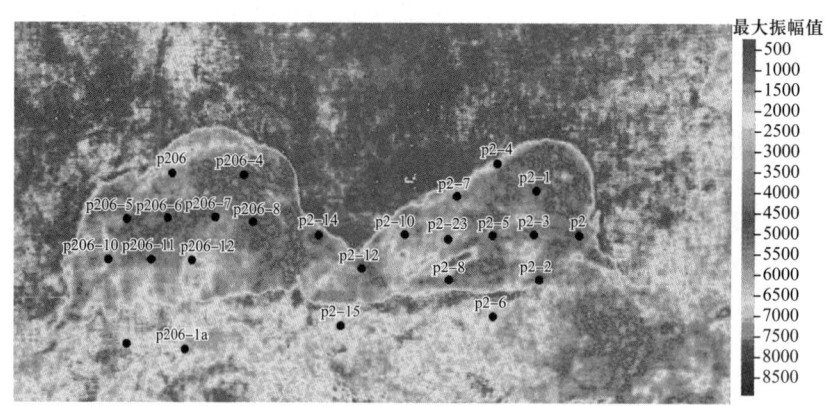

图2 排2井油层振幅属性平面分布

1.3 频率衰减特征

油气的存在通常引起地震资料高频信号的衰减，从而引起平均瞬时频率低异常区。排2井区油层和水层的频率具有较为明显的差异。经过统计，3口水井的水层频率都保持在72～73Hz，而9口油井的油层频率段均保持在60～67Hz，油层的最高频率与水层的最低频率差值为5Hz，油层有明显的频率衰减现象。

2 油亮点形成机理

2.1 排2井区储盖层波阻抗特征

界面的反射系数决定于岩石的波速和密度，而速度和密度又与岩石的孔隙度和孔隙中的流体有密切关系。这些关系的时间平均方程为：

$$\frac{1}{v} = \frac{\phi}{v_f} + \frac{1-\phi}{v_r} \tag{1}$$

式中：v 为岩石的波速，m/s；ϕ 为孔隙度，%；v_f 为孔隙中流体的波速，m/s；v_r 为岩石基质的波速，m/s。

从式（1）可知：（1）由于地震波在流体中的传播速度比在岩石基质中的速度小，因而岩石孔隙中含有流体将使岩石波速降低；（2）由于地震波在油中特别是气中的传播速度比在水中的速度小，因而岩石孔隙中含油特别是含气时，岩石的波速将明显降低；（3）当岩石中含油或含气时，岩石的波速将随孔隙度的增大而减小。因此，排2井含油砂体能够形成亮点是在流体、储层和围岩等多种地质条件共同作用下引起地震反射振幅相对增强形成的。

2.1.1 特殊的流体和高含油饱和度

排2井区地面原油密度为 0.7991g/cm³，黏度 1.64mPa·s，凝固点 1.5℃，为低密度、低黏度、低凝固点的轻质原油，具有较高的含油饱和度。根据钻测井资料分析，排2井的含油饱和度为85%，排2-15井的含油饱和度为82%，其余多口开发井的含油饱和度也达到了70%以上。在明确了储层含油特征的基础上，利用流体替换的方法来求取虚拟测井曲线。经分析，高含轻质油砂体的纵波速度比中质油及水层有明显降低。

2.1.2 特高孔特高渗透的储层

排2井区沙湾组油藏储层岩性以细砂岩为主，由于埋藏较浅（平均埋深1100m），以及受到早期油气快速充注的影响，成岩作用差，物性好。排2-1井沙湾组 991.4~996.0m 含油砂岩 42 个样品孔隙度为 15.7%~39.7%，平均 32.9%；渗透率为 55.8~9490mD，平均 3280.7mD。总体分析，沙湾组含油砂岩储层为特高孔、特高渗透的好储层。较高的岩石孔隙度将引起流体波速的降低。

2.1.3 特殊的地层结构

排2井区储层为扇三角洲前缘砂体受湖浪改造形成的滩坝砂体，砂岩薄，多数厚度在 2~5m。砂岩上部与下部均有一定厚度的泥质隔层，具典型的"泥包砂"结构。当储层与围岩形成较大的波阻抗差时，这种简单的地层结构在地震上容易引起较明显的反射。

在以上3个地质要素共同作用的基础上，排2井区含油砂体与围岩形成了明显的波阻抗差。由排2井区多口开发井声波曲线分析，含油砂岩声波时差为 42.7~48.8m/μs，含水砂岩（排2-6井）的声波时差为 38.7m/μs，速度差十分明显。根据排2井区实测的砂泥岩密度、速度（饱含油砂取平均声波值 45.7m/μs，水砂取 38.7m/μs），可以得出：$\rho_{水砂}v_{水砂}/\rho_{油砂}v_{油砂}=1.22$；$\rho_{泥}v_{泥}/\rho_{水砂}v_{水砂}=1.05$；$\rho_{泥}v_{泥}/\rho_{油砂}v_{油砂}=1.29$。含油砂体与周围泥岩的波阻抗差异最大，后者是前者的1.29倍，而含水砂体与含油砂岩差异也较大，为1.22倍，反而是泥岩与含水砂岩波阻抗非常接近，二者倍数关系为1.05倍，接近1。由此可见，含油砂岩同泥岩之间的界面波阻抗差最大，能够形成具有亮点的较强反射特征，油水界面由于较大的速度差其反射界面也较明显，含水砂岩与泥岩的界面波阻抗差最小，形成地震反射的强度较弱。

2.2 高分辨率地震资料

"亮点"是含油砂体的反射在地震剖面上的一种表现方式，因此会受到地震分辨率的影响。排2井区已被三维地震覆盖。该区块资料的处理中，在保证信噪比的前提下，对地震数据进行了宽频带高分辨率处理，有效频宽为 0~140Hz，主频为 60~70Hz，有利于砂体的地震综合识别。经过处理后岩性信息得到明显加强，突出了剖面上砂岩"亮点"反射特征，在平面振幅属性特征上亮点更加突出，背景更加干净，有效地分辨出了岩性油气藏。在该区的二维地震资料上则基本上识别不出目前已发现的"亮点"油藏。高分辨率的三维地震资料是该区浅层油气勘探取得一系列成果的保障。

3 油亮点识别方法

（1）振幅属性技术 强振幅是"油亮点"的主要地震属性特征之一，因此可以利用三维地震资料提取振幅属性来对油亮点进行识别。"油亮点"在地震剖面上表现为以下明显特征：① 正极性剖面上呈双波反射，负极性剖面上呈强振幅短轴状反射；② 油藏边界强振幅突然中断；③ 砂层含油后，在地震剖面上波形特征表现为强波谷—强波峰的组合关系。结合对油层顶面的精细地震解释，利用沿层振幅属性提取或制作层拉平振幅切片，结合振幅属性"上凸下平"的平面特征，可以较好地识别"油亮点"。

（2）分频检测技术 由于地层对地震信号的调谐和吸收作用，不同地质体对地震不同频率波段的敏感程度不同。地震波分频技术可以沿着目的层将各种频率成分对应的能量扫描出来，通过对生成的不同频率切片相对应的振幅能量体的分析浏览，结合对沉积模式的认识，就可以得到目的层段储层的横向变化。这种分析方法排除了时间域内不同频率成分的相互干扰，从而可得到高于传统分辨率的解释结果[4]。分频检测提高了对薄储层的识别能力，突破了传统的1/4波长的限制，对识别薄层岩性体具有独特效果。

针对春光油田沙湾组滩坝砂横向变化快、纵向厚度薄、分布面积小的特点，对排2井区沙湾组二段进行了分频检测。从图3中颜色的变化可以清晰地看到，在较为广泛分布的较强振幅区中，相当于"亮点"的强振幅分布，指示了可能油气藏的存在。排2井油层在60Hz分频切片上反映最清楚，而排206-x15井油层在110Hz分频反映最清楚。这主要是由油层厚度决定的。排2井、排206-x15井、排2-15井油层平均厚度分别为3.2m、2.3m和2.0m，较薄的油层在更高频的切片上反映较好。2.0m的油藏能够被刻画出来，说明分频检测技术对薄层砂体的识别效果较好。

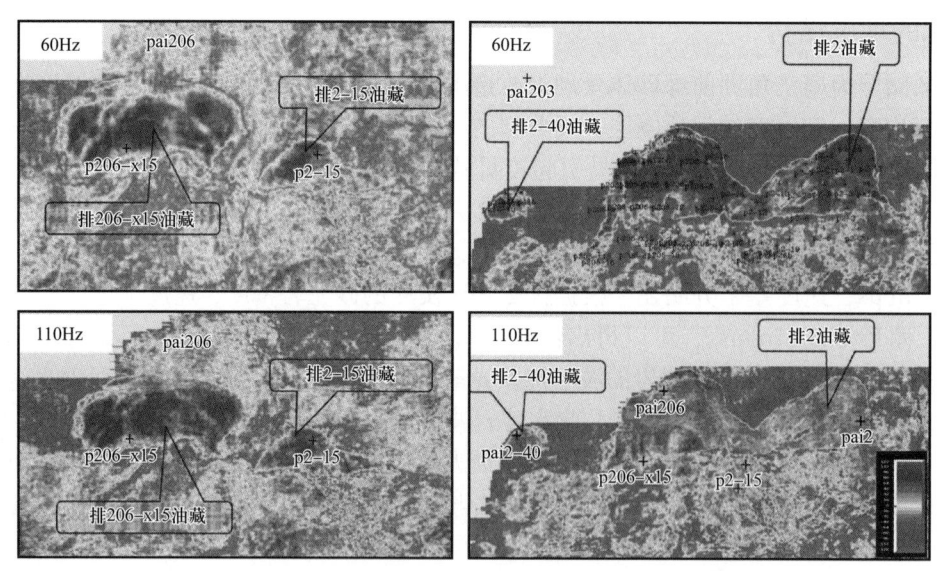

图3 排2井区沙湾组油层分频检测60Hz、110Hz振幅属性

（3）叠前振幅随偏移距变化属性检测流体 振幅随偏移距的变化（AVO）技术是近几十年发展起来的一项直接利用地震反射振幅和炮检距的关系来寻找油气的一项地震属性分析技术[5-7]。它利用的是反射系数随入射角变化的基本原理。反射系数随入射角变化与界面上、下岩层的泊松比或纵横波速度比有关，而泊松比与岩性、气藏等有密切关系。

正演结果表明，车排子地区沙湾组含油砂体有明显的AVO现象，排2井区饱含油砂岩振幅随偏移距增大而增大。在AVO属性体上沿油层反射轴上下开时窗提取沿层泊松比属性，可以看出，该属性与钻探结果吻合程度很高，排2井、排206井和排2-30井等油井都在有利范围内，属性图上具有明显的"亮点"特征，排 2-6 井、排 202 井和排 208 井等水井没有在泊松比有利范围内（图 4），说明该属性较好地预测了该层段油气分布范围。与传统地震属性分析结果相比，叠前属性指示岩性与含油气性更为准确，与钻探吻合程度更高，描述的有利储层分布范围更加清楚。

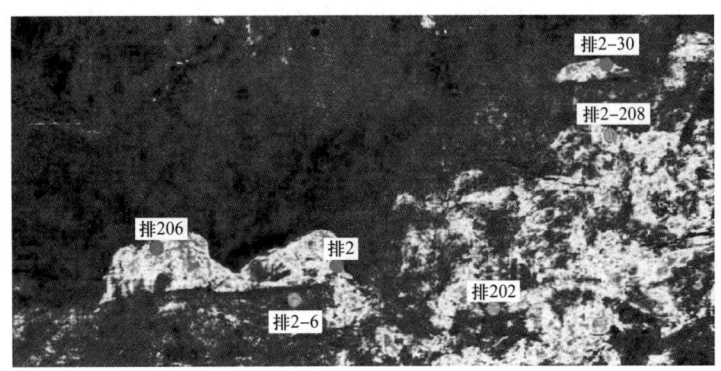

图 4　排 2 井区沙湾组油层平面泊松比属性分布

4 "亮点"陷阱

4.1 厚层水砂

在特殊的地质条件下，水层可以形成具有类似油层"亮点"的地震特征。该区排 16-1 井目的层砂体在地震剖面和平面振幅属性上具有"亮点"特征。从测井资料上分析，排 16-1 井目的层砂体自然伽马呈低脉冲值、自然电位呈较高幅度负异常，声波时差大，密度低，反映了疏松纯净砂岩的特征。该砂层速度较低，与围岩形成了较大的速度差（砂岩速度 2556m/s，围岩速度 2779m/s），在正极性剖面上能形成较强的双波反射。"水亮点"与"油亮点"的岩石物理性质相近，无本质的区别，只有量的差异[6]。在调谐振幅内当含水砂体的厚度逐渐增大时，其振幅也逐渐增大，将逐渐接近"油亮点"的振幅强度，其振幅特征、AVO 特征与"油亮点"相似。分频检测技术对于厚层含水砂体的识别有一定的效果。此外利用纵波、横波联合勘探可有效地识别厚层含水砂体。

4.2 特殊的砂泥岩薄互层组合

大量的勘探实践已经证实，薄互层可以通过调谐振幅形成强振幅反射。薄互层组内的单层在地震上不易分辨，其地震反射所表现的是砂层组特征。由于薄层调谐作用，决定薄互层反射特征的主要因素不是岩性或油气而是薄互层的结构。与薄互层结构相比，岩性与油气对反射特征的贡献要小很多。排 9 井是在排 2 井成功以后部署的 1 口继续探索"油亮点"的探井。该井钻探经过测录井资料分析，其目的层段是多套薄层砂泥岩组合，而不是像排 2 井一样的大套泥岩包薄层砂岩。通过对排 9 井目的层段正演模型分析，其"亮点"反射特征是由于调谐效应引起的假"亮点"。

4.3 地震资料的分辨能力不足

高分辨率资料是地震上能够识别出"油亮点"的重要因素之一。当分辨率较低时，在特定的地质条件下可能会形成类似"亮点"的特征，对于低分辨率资料上的"亮点"需慎重对待。

5 结论

（1）赋存轻质油的极疏松储层在高分辨率地震剖面上能够形成类似气"亮点"的反射特征，称为

"油亮点"，这已经被车排子地区新近系沙湾组石油勘探实践所证实。

（2）利用振幅属性描述技术、分频检测技术和叠前AVO检测技术可以较好地识别"油亮点"。

（3）"亮点"是砂体含油的必要而非充分条件，所以不能过分依赖"油亮点"。除了难以准确识别的"亮点"陷阱，圈闭的有效性也是评价车排子地区岩性油藏的重要因素之一。尊重勘探规律，加强地质规律研究，结合各种地球物理方法，是下步实现"油亮点"较高勘探成功率的主要方向。

参 考 文 献

［1］陆基孟.地震勘探原理（下册）[M].东营：石油大学出版社，2006.

［2］周家雄，刘蕽蕽，孙月成，等.小于地震分辨率极限的薄储集层预测技术[J].新疆石油地质，2010，31（5）：554-556.

［3］向奎，鲍志东，庄文山.准噶尔盆地滩坝砂石油地质特征及勘探意义[J].石油勘探与开发，2008，35（2）：195-200.

［4］王离迟，洪太元，江洪.强振幅地震属性分析技术在车排子地区油气检测中的应用[J].新疆地质，2006，24（3）：310-313.

［5］彭晓波，严丽萍，张庆堂，等.AVO油气勘探技术[J].油气田地面工程，2010，29（2）：67-68.

［6］王兴谋，韩文功，李红梅，等.浅层岩性气藏地震检测的陷阱分析[J].石油大学学报（自然科学版），2003，27（1）：19-22.

［7］齐宇，刘震，魏建新，等.基于小波变换的谱分解技术在地震模型解释中的应用[J].新疆石油地质，2010，31（4）：417-419.

原文发表于《新疆石油地质》2012年第5期

准噶尔盆地车排子凸起新近系"网毯式"成藏机制剖析及其对盆地油气勘探的启示

张善文[1] 林会喜[2] 沈扬[2]

（1.中国石化胜利油田分公司；2.中国石化胜利油田分公司西部新区研究中心）

摘 要：与油气通常近源聚集不同，准噶尔盆地西部车排子凸起新近系为特殊的远源成藏。其成藏的机制是什么？是否具有普遍性？如何进行勘探？本文从其充注特征和输导体系入手，剖析了成藏机制与富集特征，进而系统描述评价了准噶尔盆地宏观输导格架，预测此类油气藏的勘探潜力与有利方向。研究表明，车排子凸起新近系远源成藏是"网毯式"体系高效输导的结果，准噶尔盆地多期构造运动与"砂—泥二元结构"沉积背景促使普遍发育网毯式输导体系。网毯式输导体系控制了准噶尔盆地50%以上数量的油气聚集，网毯式成藏是盆地内一种非常重要的成藏类型。毯—源关系表现为侧向或纵向直接沟通样式、断层沟通或接力样式、断层—中转层接力样式、断层—不整合接力样式等4种样式。分析毯—藏空间关系，存在毯边、毯尖、毯中削截、毯中背斜、毯中坡折、毯中断块、毯上断块、毯上岩性、毯上地层等9种毯砂油气藏与毯上相关油气藏类型。准噶尔盆地网毯式油气藏具有很大的勘探潜力，应重视并采取以网毯输导体系刻画评价为核心的研究与部署思路，大力推进此种类型油气藏的勘探。

自2005年排2井新近系沙湾组获得突破以来，准噶尔盆地西部车排子凸起区已先后发现了春光、春风两个油田（图1），截至2011年底探明石油地质储量 $7189 \times 10^4 t$，控制石油地质储量 $1122 \times 10^4 t$，预测石油地质储量 $5123 \times 10^4 t$，合计 $13434 \times 10^4 t$。该区远离烃源区，距离昌吉凹陷—南缘断褶带供烃区65～140km，距离四棵树凹陷供烃区40～70km[1]，而且源储高度分离，油源来自侏罗系和二叠系，而储层为新近系沙湾组。

传统上最佳油气勘探区为烃源岩成熟区，像车排子这种远离烃源岩的浅层依然能成藏并形成大规模富集的情况较为少见。在车排子油气突破后，众多研究者对车排子地区的特殊的油气成藏现象，从油源期次、砂体分布、输导体系、成藏机制与富集规律等多个不同角度开展了较为深入研究[2-5]。

研究者基本上仅探讨了车排子这一局部地区的成藏特征与形成机制，而没有对盆地层面整体性思考。车排子凸起新近系这种成藏富集是否具有普遍性，有多大的勘探潜力？准噶尔盆地哪里还能找到类似的油气藏？在油气勘探部署中应该采取何种勘探思路？本文从车排子新近系油气藏的充注特征与输导体系入手，剖析其成藏机制与富集特征，进而对准噶尔盆地宏观输导格架展开描述评价，预测此类油气藏的勘探潜力与有利方向。

1 车排子凸起新近系成藏机制和富集特征

1.1 基本地质条件

车排子凸起区位于准噶尔盆地的西部隆起南段，其西面和北面邻近扎伊尔山，南面为四棵树凹陷，向东以红车断裂带与昌吉凹陷相接。车排子凸起整体上看为一三角形凸起，其主体走向为北西—南东向。车排子凸起为晚海西期发育形成的凸起，先后经历了强烈隆升、缓慢沉降、快速沉降等几个发育阶段，现今为一宽缓的斜坡。基底为石炭系，埋深150～2300m，自下而上发育了侏罗系、白垩系、古近系、新近系及第四系，缺失了二叠系、三叠系。各时代地层厚度较薄，向西北尖灭。新近系可细分为沙湾组和塔西河组，而沙湾组自下而上分为三段。在车排子凸起区一段以厚层砂岩为主，二段以砂泥间互为主，三段为大套泥岩。

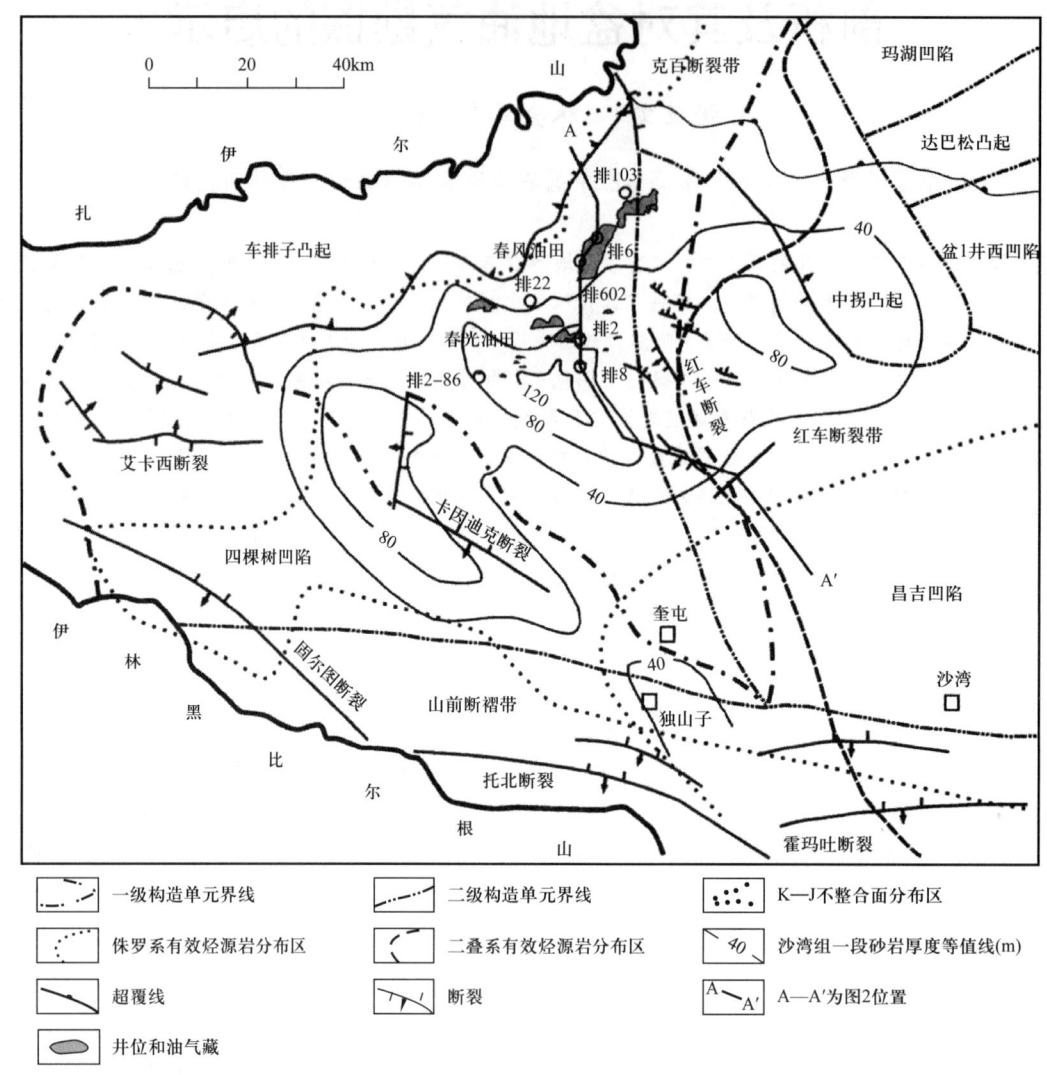

图 1 准噶尔盆地西南部构造单元分布与车排子新近系网毯式输导体系平面组合图

1.2 油气充注特征

在各系地层都见到了油气显示，其中新近系、白垩系和石炭系见工业油气流，新近系沙湾组是主力产层。大量地球化学证据表明沙湾组油气源主要来自侏罗系，混有部分二叠系[6-8]，主要的烃源灶为昌吉凹陷—南缘断褶带，少部分来自四棵树凹陷东北部。新近系为典型的晚期成藏，油气充注期为喜马拉雅期（塔西河组沉积后至现今），可细分 3 个亚期，方向为东南到西北[8]。

1.3 输导体系与成藏模式

岩石学、包裹体表明红车断裂是油气凹陷区向凸起区垂向运移的主要通道[9-11]，进一步的工作证实红车断裂是车排子地区的油源断裂[5]。对与红车断裂形成对接关系的横向输导体进行精细厘定，排除了多数不整合面和砂岩层，它们或分布局限，或输导性欠佳，只有新近系沙湾组一段各项条件最好。

新近系沙湾组一段底块砂厚度为 10～120m，单层厚度大，埋深浅，成岩作用弱。该砂层主体为扇三角洲前缘沉积，测井解释为一套特高—高孔渗性储层。该砂层在准噶尔盆地西南缘大面积分布，面积可达14000km²，是一套区域上稳定分布的厚砂层，其向东与红车油源断裂形成直接对接关系。油气分布特征及地球化学对比证实为一套有效的输导体[8]，目前发现的1.3×10⁸t三级储量皆与其有成因关系，因此沙湾组一段厚砂层为典型的毯状仓储层（图2）。

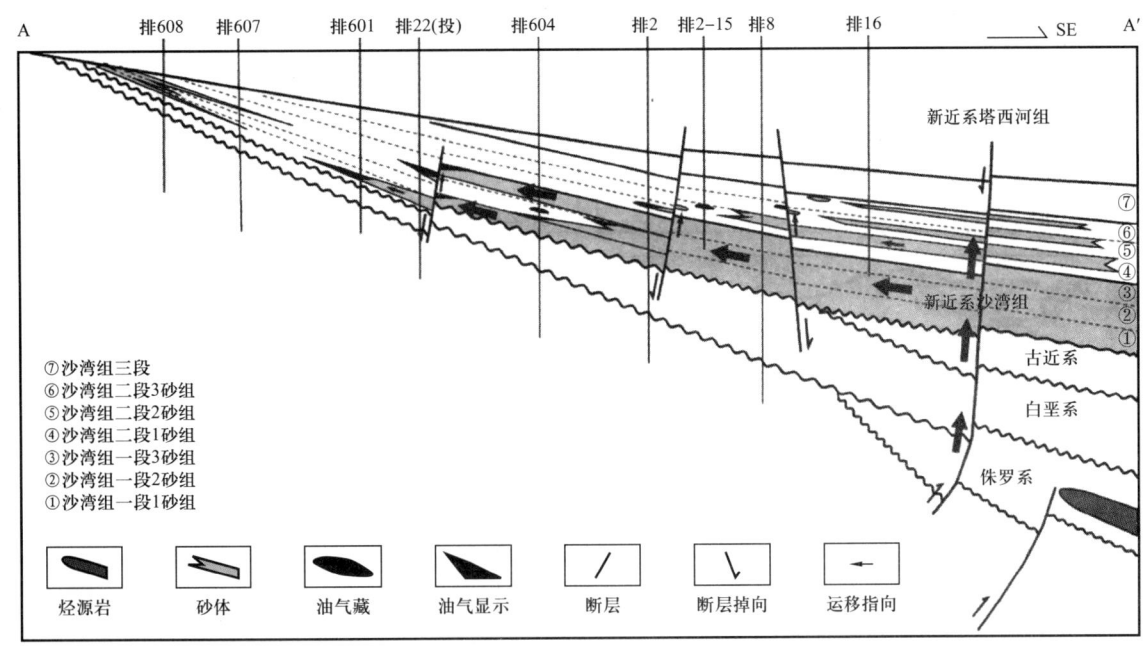

图2 车排子地区新近系沙湾组毯状仓储层与油气分布图（剖面位置见图1）

车排子地区新近系的油气成藏表现为典型的网毯式成藏体系特征[12-17]，凹陷区白垩系侏罗系等不整合面和凹陷边部红车断裂构成了油源通道网，凸起区沙湾组一段厚砂层为毯状仓储层，成为油气运聚的集散地，而上覆的岩性体和大量沟通性小断层构成了油气聚集网（图1）。车排子地区新近系的成藏模式可以概括为多源多期、网毯输导、复式成藏。存在两套有利油气藏组合：毯砂输导—毯边毯尖聚集、断层调节—毯上岩性成藏（图2）。

1.4 远源型油气成藏与富集主控因素

剖析车排子远源成藏，结合国内外实例，远源型油气成藏与富集主控因素主要有3个：

（1）富烃凹陷提供物质基础：富烃凹陷能提供充足的数量抵消沿途中的大量散失消耗。

（2）高效输导保障远距运移：大型油源断层和区域分布的毯状输导层形成油气从深洼区到凸起区长距离横向运移的高速通道。

（3）有利时空配置促进成藏：纵横向输导格架的空间配置、输导体系与烃源体的时空配置控制了各时期油气分布。

在烃源物质基础和时空匹配关系已基本清楚的情况下，网毯等高效输导体系就决定了油气成藏与富集。以网毯式输导体系为核心，可以深入探讨车排子这类油气藏形成机制、分布规律与勘探方向。

2 准噶尔盆地网毯式输导体系发育特征

2.1 网毯输导体系发育背景

（1）油源断层发育：准噶尔盆地是海西、印支、燕山、喜马拉雅等多期构造运动形成的叠合盆地。构造演化划分为石炭纪—早二叠世盆地基底形成、中—晚二叠世裂陷、三叠纪—侏罗纪扭压挠曲、白亚纪—古近纪均衡挠曲和新近纪—第四纪压陷等五个阶段[18-19]。各构造期的断裂发育程度及分布区域各具特色，也造就了长期活动的大型断层，构成了各级别构造单元的边界断层，对油气纵向运移起到至关重要的作用，成为有效的"油源断层"。

（2）毯砂发育：准噶尔盆地挤压期与间歇期的多轮转换形成了典型的"砂—泥二元结构"。应力突然释放，湖平面快速下降，发育低位体系域粗碎屑体系（下切谷、扇三角洲）。缓慢挤压阶段应力缓慢集中，湖平面逐渐上升，发育滨岸退积上超、盆中细碎屑沉积[20-21]。这种周期性低位体系域背景为大面积毯砂的发育创造了极为优越的条件，"砂—泥二元结构"的多次叠加形成多套优质的储盖组合。这种二元结构比"砂—泥—砂"三元结构更有利于发育毯砂，准噶尔盆地多套层系，如新近系、白垩系、侏罗系发育毯砂[22-23]不是偶然或者巧合，而是存在其必然性，因为基于相似的构造应力环境周期变化。推测准噶尔盆地广泛发育毯砂，将来应当会有更多的勘探层系被发现。

根据网—毯发育情况推断，准噶尔盆地的油气成藏和油气分布必定在很大程度上受到网毯输导体系的控制。

2.2 网毯输导体系分布

2.2.1 断层发育特点与平面分布

准噶尔盆地海西晚期、印支期、燕山期、喜马拉雅期4期断裂系统的发育程度存在较大的差异（图3）。海西期断裂除了昌吉凹陷外，盆地其他区域广泛发育逆断裂。印支期断裂活动减弱，分布萎缩，主要在西北缘、乌伦古与准东北部。燕山期断裂发育程度显著强化，各构造单元广泛分布，在昌吉凹陷、四棵树凹陷明显较其他时期发育。喜马拉雅期断裂仅发育于车排子凸起—红车断裂带和南缘山前断褶带，盆地其他区域断裂不发育。

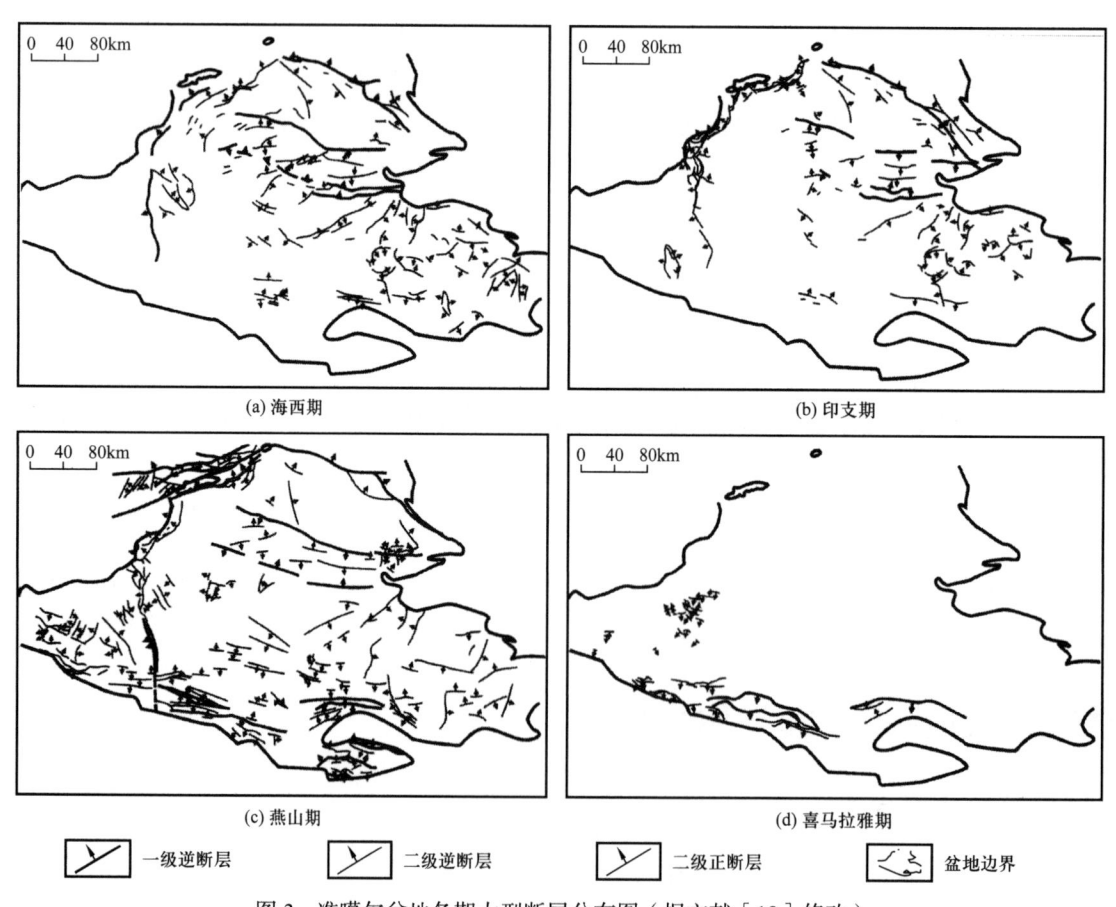

图3 准噶尔盆地各期大型断层分布图（据文献[18]修改）

2.2.2 毯砂

即使是像准噶尔这样毯砂极为发育的盆地，也不是每套油气储层都能称为毯。只有大段发育、分布稳定、横向具有足够连通概率，可起输导作用的砂层才可能称为毯。类似下白垩统底块砂之上的大套细碎屑沉积薄砂层就不是毯。综合沉积、储层、盖层多项资料精细厘定，在准噶尔盆地新近系—二叠系中，识别出来 16 套毯砂（图 4）。按照上覆盖层发育程度、砂体面积大小，结合砂体厚度、岩性粗细、物性可以对毯砂进行分级评价（表 1）。经过厘定，准噶尔盆地有 I_1 级毯砂 3 套，I_2 级毯砂 1 套，II_1 级毯砂 6 套，II_2 级毯砂 3 套，III 级毯砂 3 套（表 2）。I 级毯砂皆分布于区域盖层之下，II—III 级毯砂分布于局部盖层之下。

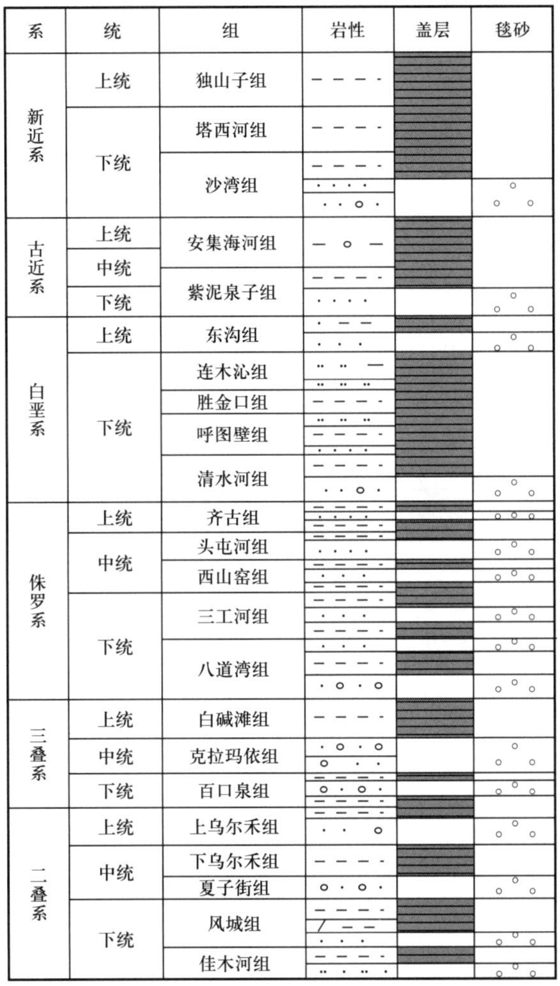

系	统	组	岩性	盖层	毯砂
新近系	上统	独山子组		■	
	下统	塔西河组		■	
		沙湾组			○
古近系	上统	安集海河组		■	
	中统				
	下统	紫泥泉子组			○
白垩系	上统	东沟组			○
	下统	连木沁组		■	
		胜金口组		■	
		呼图壁组		■	
		清水河组			○
侏罗系	上统	齐古组			○
	中统	头屯河组		■	
		西山窑组		■	
	下统	三工河组		■	
		八道湾组			○
三叠系	上统	白碱滩组		■	
	中统	克拉玛依组			○
	下统	百口泉组			○
二叠系	上统	上乌尔禾组			○
	中统	下乌尔禾组		■	
		夏子街组			○
	下统	风城组		■	○
		佳木河组			○

图 4 准噶尔盆地毯砂发育层系图

表 1 准噶尔盆地毯砂分级标准

盖层类型	面积（m²）	岩性	级别
区域	≥30000	砂岩—砂砾岩	I_1 级
	<30000	砂岩—砂砾岩	I_2 级
局部	≥30000	砂岩—砂砾岩	II_1 级
	<30000	砂岩—砂砾岩	II_2 级
局部	<30000	细砂岩—粉砂岩	III 级

表 2 准噶尔盆地毯砂评价表

名称	上覆盖层	厚度（m）	面积（10⁴km²）	主要分布区	相关油气田	评价
① 中新统沙湾组中—下部砂岩	沙湾组泥岩局部盖层及塔西河组湖相泥岩区域盖层	0~200（83）	1.40	环昌吉凹陷	春光、春风	I₂级
② 古新统—始新统紫泥泉子组下部冲积扇、辫状河冲积砂体	紫泥泉子组上部及安集海组泥岩局部盖层	10~400（93）	4.71	盆地中北—中南部	卡因迪克	II₁级
③ 上白垩统东沟组砂岩	东沟组顶部泥岩、泥岩风化壳局部盖层	25~400（165）	2.10	陆梁、西北缘、南缘		II₂级
④ 下白垩统清水河组底部砂岩	连木沁组—清水河组泥岩区域盖层	10~300（96）	4.93	腹部、西北缘中段、准东	陆梁、永进、卡因迪克	I₁级
⑤ 上侏罗统齐古组	齐古组顶部泥岩局部盖层、安集海组湖相泥岩区域盖层	0~150（33.5）	2.70	西北缘、南缘、乌伦古、准东	风城、红山嘴、车排子、卡因迪克	III级
⑥ 中侏罗统头屯河组	头屯河组和齐古组泥岩隔层组成的局部盖层	0~100（21）	3.22	中央坳陷周边、乌伦古坳陷	陆梁、石南、莫索湾、阜东	II₁级
⑦ 中侏罗统西山窑组下部砂岩	西山窑组上部泥岩及煤层局部盖层	10~100（22.5）	5.00	中央坳陷周边、乌伦古坳陷	陆梁、石南、石西、莫北、莫索湾、永进、彩南	II₁级
⑧ 下侏罗统三工河组中部砂岩	三工河组上部泥岩区域盖层	5~95（29）	7.27	腹部、准东、南缘	中拐、石南、石西、莫北、莫索湾、西庄、彩南	I₁级
⑨ 下侏罗统八道湾组上部砂岩	三工河组下部、八道湾组上部泥岩及煤层局部盖层	10~260（67）	4.60	盆地中西—中东部、南缘	春晖、风城、克拉玛依、红山嘴、中拐、小拐、车排子、莫北、莫索湾、彩南	II₁级
⑩ 下侏罗统八道湾组下部砂岩	八道湾组中下部泥岩及煤层局部盖层	20~350（122）	6.08	盆地中西—中东部、南缘		II₁级
⑪ 中三叠统克拉玛依组砂砾岩	白碱滩组泥岩区域盖层	20~320（52）	3.21	中央坳陷周边	乌尔禾、夏子街、百口泉、克拉玛依、红山嘴	I₁级
⑫ 下三叠统百口泉组冲积扇—扇三角洲砂砾岩	中—下三叠统中砂砾岩层之间的泥岩隔层组成的局部盖层	10~410（74）	4.71	中央坳陷周边	乌尔禾、夏子街、百口泉	II₁级
⑬ 上二叠统上乌尔禾组冲积扇—扇三角洲砂砾	百口泉组底部及上乌尔禾组顶部泥岩组成的区域盖层	0~300（85）	2.30	西北缘、南缘、准东	克拉玛依、中拐	II₂级
⑭ 中二叠统夏子街组	下乌尔禾组泥岩组成的局部盖层	20~1000（175）	2.80	西北缘、南缘、准东	夏子街、乌尔禾、中拐、车排子	II₂级
⑮ 下二叠统风城组冲积扇—扇三角洲砂岩	风城组白云质泥岩，芦草沟组/平地泉组泥岩局部盖层	10~550（77）	1.22	西北缘、南缘、莫索湾	风城、百口泉、中拐	III级
⑯ 二叠统佳木河组冲积扇—扇三角洲砂砾	佳木河组顶部泥岩风化壳局部盖层	30~850（180）	2.90	西北缘、陆梁西部—莫索湾	小拐、车排子	III级

注："厚度"一列数据格式为"最小值~最大值（平均值）"。

从毯砂分布图（图 5）看，毯砂分布具有很强的共性特征，即多数毯砂分布于现今盆地边部或者古沉积区边部地区，其发育规模受控于基准面高低及沉积相带类型。

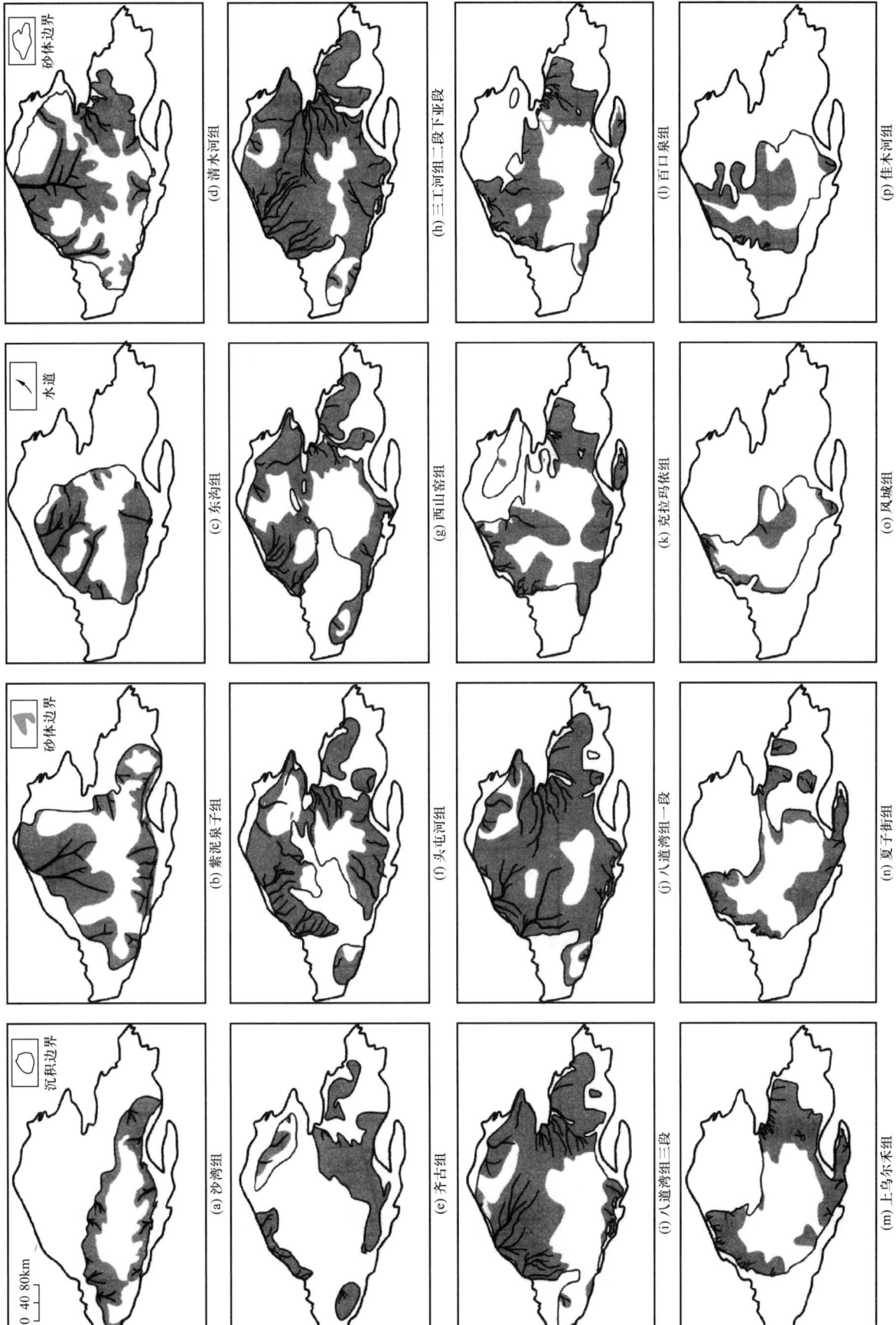

图 5 准噶尔盆地毯砂分布图

2.2.3 网—毯配置与组合关系

将毯砂与断穿该层的断层结合起来，可以基本弄清网毯式输导体系空间分布特征与配置关系。从叠合后匹配关系统计表（表3）看，侏罗系与三叠系的几套毯砂与断层的配置关系最好，其他层系呈现为地区性发育。

表3 准噶尔盆地网—毯匹配关系评价表

名称	断—毯匹配地区	总体评价
①中新统沙湾组中—下部砂岩	西北缘南段、准南、阜东	较好
②古新统—始新统紫泥泉子组下部冲积扇、辫状河冲积砂体	西北缘南段、准南、阜东	较好
③白垩统东沟组砂岩	西北缘、陆梁、准南	较好
④白垩统清水河组底部砂岩	西北缘、陆梁、准南、准东西部	最好
⑤侏罗系齐古组	西北缘、乌北、四棵树、准南东段、准东西部	较好
⑥侏罗统头屯河组	乌北、乌东、陆西、陆东、准南、昌吉东、准东西部	最好—好
⑦侏罗统西山窑组下部砂岩	西北缘中南段、乌北、乌东、陆梁、准南、准东西部	好
⑧侏罗统三工河组中部砂岩	西北缘中南段、乌北、乌东、陆梁、莫南、准南、准东西部	最好
⑨侏罗统八道湾组上部其间砂岩	四棵树北、准南东段	好
⑩侏罗统八道湾组下部其间砂岩	西北缘、乌北、乌东、陆梁、准南、准东西部	好
⑪三叠统克拉玛依组砂砾岩	西北缘、陆梁西部—莫索湾、准南、准东西部	好
⑫三叠统百口泉组冲积扇—扇三角洲砂砾岩	西北缘、陆梁、准南、准东中西部	好
⑬二叠统上乌尔禾组冲积扇—扇三角洲砂砾岩	西北缘局部、陆西、准南东段、准东	较好
⑭二叠统夏子街组	西北缘、准南、准东中部	较好
⑮二叠统风城组冲积扇—扇三角洲砂岩	西北缘、准南东部	较好
⑯二叠统佳木河组冲积扇—扇三角洲砂岩	西北缘、陆西—莫南	较好

3 准噶尔盆地网毯式油气成藏分析

从表1、表2可以看出，断—毯匹配有利区和已发现的油气田高度重合，说明网毯的确控制了准噶尔盆地相当大数量油气聚集。

3.1 烃源岩与网毯时空配置关系

毯砂能否成藏，不仅取决于毯自身的输导性能，更取决于油气供给条件，即与油源断裂的沟通能力或者与烃源岩侧向对接程度。两者的配置关系到网毯式输导体系的有效性。

准噶尔盆地有 E_1、K_1、J_2—T_3、P_2—P_1、C_2—C_1 等5套烃源岩层系[6,24]，将毯砂、烃源岩叠合，结合沟通毯砂—烃源岩的断层分布分析，有沟通的毯或者自身侧向为烃源岩层的毯最为有利。从准噶尔盆地网毯与烃源、油气关系模式图（图6）看，受控于断层的沟通能力，不同层系的烃源岩生成的油气分布于不同层系的毯砂中。总体的特征是老的烃源岩生成的油气分布层系偏下，新的烃源岩生成的油气分布层系偏上，如果存在次生或者中转层系，油气分布可以再上升1~2层系。C_2—C_1 生成的原生油气主要分布于石炭系储层和二叠系的毯砂，次生油气可达 T—J。P_2—P_1 生成的原生油气主要分布于 P—J_2 的毯砂，次生油气可达白垩系。J_2—T_3 生成的原生油气主要分布于侏罗系的毯砂，次生油气可达新近系。K_1 与 E_1 烃源岩分布局限，油气生成有限，油气充注层位较少，分别为 K—E 和 E—N。因此不同层系毯砂关联于不同层系烃源岩。

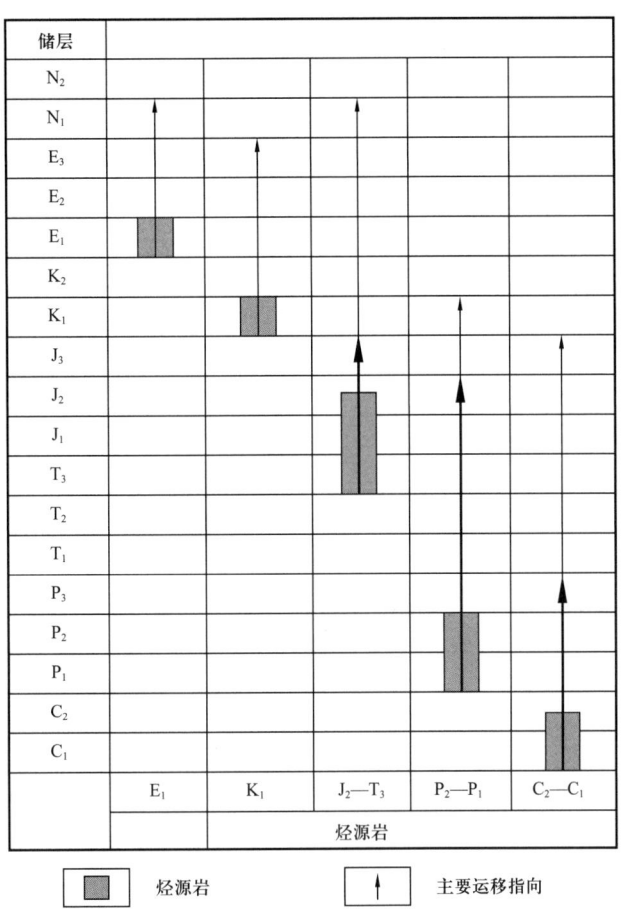

图 6　准噶尔毯砂与油气层关系图

此外，也必须考虑几套烃源岩生排烃高峰期的流体动力与断层活动时间、毯砂的致密化的匹配关系，即网毯式输导存在有效期及有效范围，如腹部超深层侏罗系几套输导层早期有效、晚期局部有效[25]。现今八道湾组在盆地很多地方都已作为"致密气"的勘探目标。

3.2　网毯式油气成藏与分布

从输导与油气成藏看，准噶尔盆地的网毯式油气成藏表现为复杂的样式，如白垩系网毯可分为上沟通型断裂输导体等 9 种类型[22-23]。考虑整个盆地的宏观结构和更好的操作性，结合与烃源岩的对接关系，可以分解为 4 种基础样式：侧向或纵向直接沟通样式、断层沟通或接力样式、断层—中转层接力样式、断层—不整合接力样式（图 7）。实际情况可以出现多个基础样式的组合，形成较为复杂的复合样式。

从油气分布看，可分为两大类：毯砂油气藏与毯上相关油气藏。毯砂油气藏主要有毯边地层、毯尖岩性、毯中坡折地层、毯中断块、毯中削截、毯中背斜等类型。毯上相关油气藏有断块、岩性、地层，以及复合类型（图 8）。因此两者也遵循从盆地腹部到盆缘，油气藏类型从岩性到构造到地层变化的规律[26]，总体来说，毯中以运移为主，毯边、毯尖、毯上以聚集为主。处于盆地边部或者一级构造单元边部上倾方向为最优。

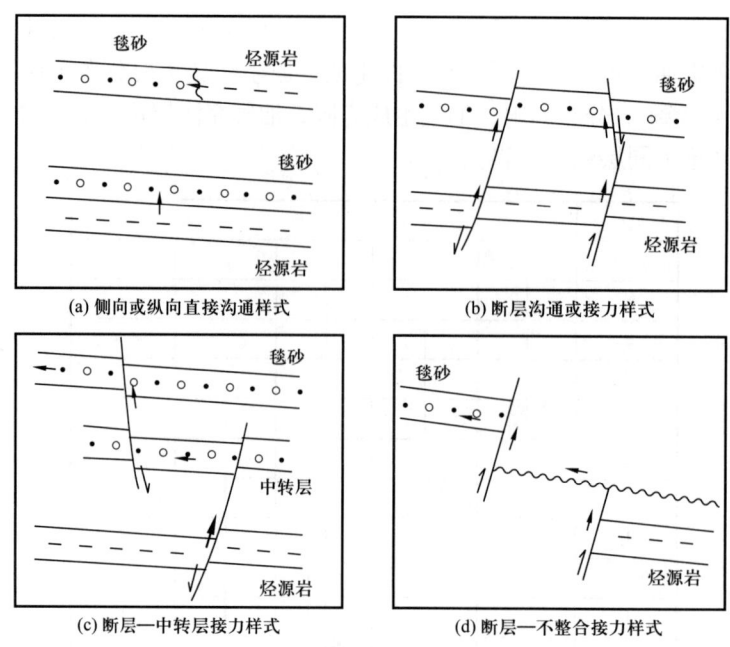

图 7 准噶尔盆地网毯宏观结构样式

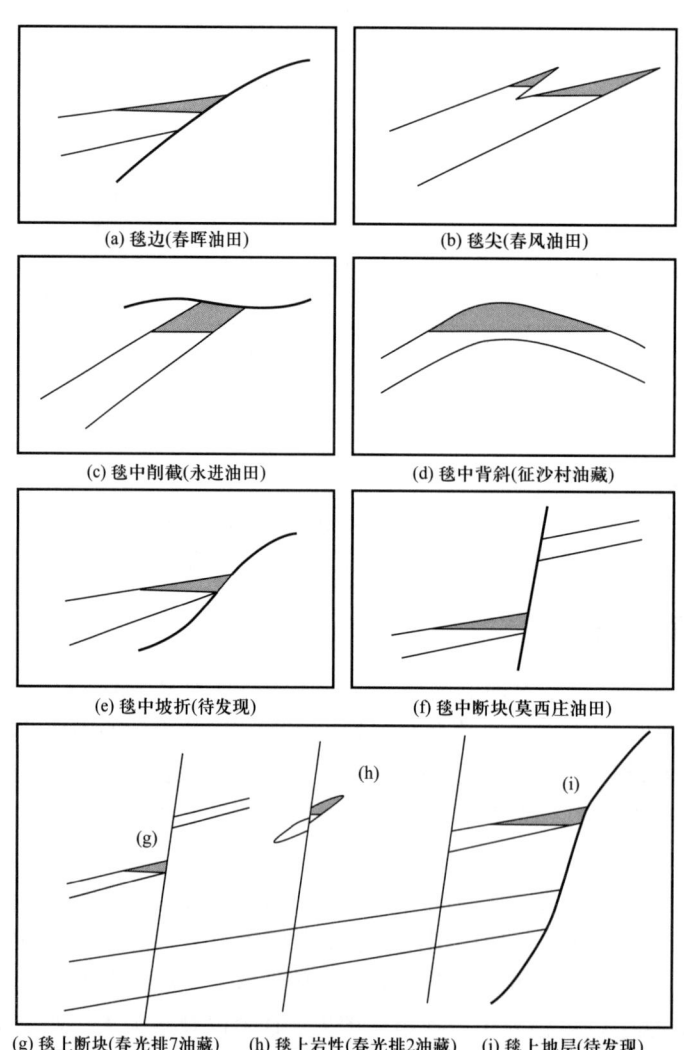

图 8 准噶尔盆地毯及相关油气藏分布类型示意图

3.3 网毯式油气成藏实例

除了车排子春光、春风等新近系网毯式成藏，准噶尔盆地还有大量的实例（表1），比如陆梁—彩南 K_1 油气藏、哈山春晖 J_1b 油气藏，还有腹部众多的 J_1s 油气藏。这些油气藏可归属于网毯宏观结构样式（图7）和分布类型中的细分类型（图8），都是以网毯式输导为纽带，将众多油气藏串在同一个成藏体系下，呈现为复式成藏的特征。

再进一步分析，这些网毯式成藏也有不少个性，有树冠式、瓜蔓式、阶梯式。这和毯砂的空间位置有关，是由于毯—源距离的远近、毯—源空间关系的不同造成的。

4 准噶尔盆地"网毯式成藏"勘探展望

4.1 勘探潜力

准噶尔盆地有复合型的网毯，以及单一型的构造、不整合、潜山、岩性等多种成藏体系类型。通过梳理和厘定，网毯成藏体系占据着非常重要的位置，与其密切相关的油气田比例超过50%（表4），而且不同程度作用于其他成藏体系类型。

表4 准噶尔油气田与网毯成藏相关性统计表

是否为网毯式成藏	油气田名称	数量
典型，远距离输导	夏子街、春晖、风城、乌尔禾、百口泉、克拉玛依、红山嘴、小拐、春光、春风、车排子、卡因迪克、陆梁、石南、石西、莫北、莫索湾、莫西庄、彩南	18
一般，起到一定输导作用	独山子、霍尔果斯、玛河、吐谷鲁、呼图壁、齐古、沙北、沙南、北三台、三台	10
较差，近源成藏	玛北、五彩湾、克拉美丽、火烧山	4

网毯类型可概括为远源网毯、近源网毯。近源网毯，如在下白垩统、下侏罗统三工河组等地层获得了不少发现，而远源网毯由于远离烃源岩区，不属于传统源控论[27]找油的范畴，最易被忽视。基于准噶尔网毯特别发育的情况，有相当比例的油气在远离烃源灶的地方富集。以前准噶尔盆地油气资源研究成果对远源油气运聚的估计不足[28]。油气运聚系统的远源比例严重偏低，比如红车断阶带计算的油资源量为 3.8×10^8t，而目前春风、春光和车排子油田的三级储量已有 3.69×10^8t，说明以前的资源量计算并不准确。腹部源上网毯成藏如昌吉凹陷也存在一定程度低估。

因此，除了现今已发现的油气田外，还有不少层段和地区的勘探潜力待发掘。中国石化、中国石油近期新发现的一些油气田与网毯有关，如哈山春晖油田八道湾组油气藏、阜东地区头屯河组油气藏。其中春晖油田的发现就是依据网毯成藏理论认识和勘探理念取得的又一成果。

4.2 有利勘探方向

除了现已发现的油气田还有哪些地方有潜力呢？结合其他地质条件，考虑经济效益，以勘探目的层4500m以上，提出近期有利勘探方向（表5）。历经多年勘探的准噶尔盆地由于勘探程度的非均衡性，仍有不少地区具有发现网毯式油气藏的潜力，如阜东地区新近系、陆东地区白垩系、乌伦古—准南—准东地区的侏罗系。

4.3 勘探研究思路

以车排子新近系为代表的网毯式成藏体系作为一种成藏体系类型有其自身的特点及规律。基于上述阐述分析，可以总结"网毯式成藏体系"的勘探研究思路。

表5 准噶尔盆地网—毯式油气藏有利区预测表

名称	评价	断—毯匹配地区	油气田	潜在有利区
① 中新统沙湾组中下部砂岩	I_2级	西北缘南段、准南、阜东	春光、春风、独山子	准南、阜东
② 古新统—始新统紫泥泉子组下部冲积扇、辫状河冲积砂体	II_1级	西北缘南段、准南、阜东	卡因迪克、呼图	西北缘南段、阜东
③ 白垩统东沟组砂岩	II_2级	西北缘、陆梁、准南	呼图	西北缘、陆梁
④ 白垩统清水河组底部砂岩	I_1级	西北缘、陆梁、准南、准东西部	陆梁、永进、卡因迪克	西北缘、陆梁、准东西部
⑤ 侏罗统齐古组	III级	西北缘、乌北、四棵树、准南东段、准东西部	风城、红山嘴、车排子、卡因迪克	准南东段、准东西部
⑥ 侏罗统头屯河组	II_1级	乌北、乌东、陆西、陆东、准南、昌吉东、准东西部	陆梁、石南、莫索湾、齐古、阜东	乌北、乌东、准南、昌吉东
⑦ 侏罗统西山窑组下部砂岩	II_1级	西北缘中南段、乌北、乌东、陆梁、准南、准东西部	陆梁、石南、石西、莫北、莫索湾、永进、彩南、五彩湾、齐古	西北缘中南段、乌北、乌东、准南、准东西部
⑧ 侏罗统三工河组中部砂岩	I_1级	西北缘中南段、乌北、乌东、陆梁、莫南、准东西部	中拐、石南、石西、莫北、莫索湾、莫西庄、彩南、齐古	西北缘中南段、乌北、乌东
⑨ 侏罗统八道湾组上部其间砂岩	II_1级	四棵树北、准南东段	春晖、风城、克拉玛依、红山嘴、中拐、小拐、车排子、莫北、莫索湾、彩南、五彩湾、齐古	四棵树北、准南东部
⑩ 侏罗统八道湾组下部其间砂岩	II_1级	西北缘、乌北、乌东、陆梁、准南、准东西部		乌北、乌东、陆梁、准南、准东西部
⑪ 三叠统克拉玛依组砂砾岩	I_1级	西北缘、陆梁西部—莫索湾、准南、准东西部	乌尔禾、夏子街、百口泉、克拉玛依、红山嘴、齐古	陆梁西部、准南东部、准东西部
⑫ 三叠统百口泉组冲积扇—扇三角洲砂砾岩	II_1级	西北缘、陆梁、准南、准东中西部	乌尔禾、夏子街、百口泉、玛北、沙南	陆梁、准南东部、准东中西部
⑬ 二叠统上乌尔禾组冲积扇—扇三角洲砂砾岩	II_2级	西北缘局部、陆西、准南东段、准东	克拉玛依、玛北、中拐、北三台、沙南	准东
⑭ 二叠统夏子街组	II_2级	西北缘、准南、准东中部	夏子街、乌尔禾、中拐、车排子	准东中部
⑮ 二叠统风城组冲积扇—扇三角洲砂岩	III级	西北缘、准南东部	风城、百口泉、中拐	准南东部
⑯ 二叠统佳木河组冲积扇—扇三角洲砂岩	III级	西北缘、陆西—莫南	小拐、车排子	

研究上：

（1）以网毯式输导体系刻画为核心：针对盆缘/古沉积区边部等毯的发育区，精细开展毯的厘定与刻画、沟通性油源断层的识别与刻画。分析网毯结构组成与样式，总结毯及相关圈闭分布规律。

（2）注重网毯与烃源岩时空配置分析及输导有效性评价：系统分析成藏关键期网毯与烃源岩的配置关系，结合油气运移动力与指向研究，以及地球化学证据，评价有效性，指出有利成藏部位。沉积时地形低部位与成藏时构造高部位的叠加往往是最为有利的。

（3）深入总结网毯式成藏与富集规律：根据成藏机制，分析油气输导样式，总结油气富集规律，建立成藏模式。进行有利目标综合评价与优选。

勘探上：

需高度重视网毯式成藏体系的勘探。应采取"断砂匹配、追边定向、甩开探索、滚动拓展"的部署思路，大力推进这种类型油气藏的勘探。

展望准噶尔盆地的油气勘探，必将发现更多更大的网毯式油气藏。

5 结论

（1）高效网毯输导体系是准噶尔西部车排子凸起新近系远源成藏的重要原因。

（2）准噶尔盆地多期构造运动与"砂—泥二元结构"沉积背景促使盆地普遍发育网毯式输导体系。

（3）准噶尔盆地存在16套毯砂，可细分为3个级别。不同层系毯砂关联于不同层系烃源岩。毯—源关系可以分为"侧向或纵向直接沟通样式"等4种样式。

（4）宏观网毯输导格架控制了准噶尔盆地50%以上数量的油气聚集，可形成"毯边"等9种毯砂油气藏与毯上相关油气藏。

（5）准噶尔盆地网毯油气藏具有很大的勘探潜力有待发掘，应重视并采取针对性的勘探研究思路。

参 考 文 献

[1] 沈扬,宋国奇.源外地区油气成藏特征、主控因素及地质评价——以准噶尔盆地西缘车排子凸起春光油田为例[J].地质论评,2010,56（1）：51-59.

[2] 张枝焕,李伟,孟闲龙,等.准噶尔盆地车排子隆起西南部原油地球化学特征及油源分析[J].现代地质,2007,21（1）：133-140.

[3] 向奎,鲍志东,庄文山.准噶尔盆地滩坝砂石油地质特征及勘探意义——以排2井沙湾组为例[J].石油勘探与开发,2008,35（2）：195-200.

[4] 庄新明.准噶尔盆地车排子凸起石油地质特征及勘探方向[J].新疆地质,2009,27（1）：70-74.

[5] 沈扬,赵宏亮.准噶尔盆地西部车排子凸起新近系沙湾组成藏体系与富集规律[J].地质通报,2010,29（4）：11-18.

[6] 孔祥星.准噶尔盆地南缘西部山前断褶带油源分析[J].石油勘探与开发,2007,34（4）：413-418.

[7] 徐兴友.准噶尔盆地车排子地区油气成藏期次研究[J].石油天然气学报,2008,30（3）：40-49.

[8] 沈扬.准噶尔盆地西缘车排子凸起成藏体系及富集规律研究[D].南京：南京大学,2010.

[9] 张义杰.新疆准噶尔盆地断裂控油气规律研究[D].北京：中国石油大学（北京）,2002.

[10] 曹剑,胡文瑄,张义杰,等.准噶尔盆地红山嘴—车排子断裂带含油气流体活动特点地球化学研究[J].地质论评,2005,51（5）：591-599.

[11] 崔炳富,王海东,康素芳,等.准噶尔盆地车拐地区石油运聚规律研究[J].新疆石油地质,2005,26（1）：36-38.

[12] 张善文,王永诗,石砥石,等.网毯式油气成藏体系——以济阳坳陷新近系为例[J].石油勘探与开发,2003,30（1）：1-10.

[13] 张善文.济阳坳陷第三系隐蔽油气藏勘探理论与实践[J].石油与天然气地质,2006,27（6）：731-740,761.

[14] 李丕龙,张善文,宋国奇,等.济阳成熟区非构造油气藏深化勘探[J].石油学报,2003,24（5）：10-15.

[15] 李丕龙,张善文,宋国奇,等.断陷盆地隐蔽油气藏形成机制——以渤海湾盆地济阳坳陷为例[J].石油实验地质,2004,16（1）：3-10.

[16] 姜素华,查明,张善文,等.网毯式油气成藏体系的动态平衡研究[J].石油大学学报（自然科学版）,2004,28

(4): 16-20.

[17] 姜素华, 张善文, 王永诗, 等. 网毯式油气成藏体系的仓储层定量评价探讨——以东营凹陷为例 [J]. 油气地质与采收率, 2004, 11 (3): 22-24.

[18] 漆家福. 准噶尔盆地构造演化与重点区带构造变形机制研究 [C]. 乌鲁木齐: 中国石化西部新区指挥部科研报告, 2007.

[19] 李丕龙, 冯建辉, 陆永潮, 等. 准噶尔盆地构造沉积与成藏 [M]. 北京: 地质出版社, 2010.

[20] 金鑫, 陆永潮, 卢林. 准噶尔盆地车排子地区中、新生界沉降史分析 [J]. 海洋石油, 2007, 27 (3): 51-56.

[21] 陆永潮. 准噶尔盆地中新生界层序地层、沉积体系、古地貌高效储层研究及隐蔽油气藏预测 [C]. 乌鲁木齐: 中国石化西部新区指挥部科研报告, 2007.

[22] 刘桠颖, 徐怀民, 张健, 等. 网毯式成藏体系结构与油气成藏特征 [J]. 石油大学学报 (自然科学版), 2010, 34 (2): 19-23, 30.

[23] 刘桠颖, 徐怀民, 姚卫江, 等. 准噶尔盆地网毯式油气成藏输导体系 [J]. 石油大学学报 (自然科学版), 2011, 35 (5): 32-36, 50.

[24] 陈建平, 邓春萍, 梁狄刚, 等. 彩南油田: 一个典型三元混合油田 [J]. 沉积学报, 2004, 22 (B6): 91-97.

[25] 郝芳. 准噶尔盆地中石化重点区带油气成藏机理与油气富集规律和分布预测 [C]. 乌鲁木齐: 中国石化西部新区指挥部科研报告, 2007.

[26] 李丕龙. 陆相断陷盆地油气地质与勘探 (卷四) [M]. 北京: 石油工业出版社, 地质出版社, 2003.

[27] 胡朝元, 孔志平, 廖曦. 油气成藏原理 [M]. 北京: 石油工业出版社, 2002.

[28] 况军, 王绪龙, 杨海波, 等. 准噶尔盆地第三次油气资源评价 [C]. 乌鲁木齐: 新疆油田公司勘探开发研究院科研报告, 2000.

原文发表于《地质论评》2013年第3期

准噶尔盆地西北缘中国石化探区勘探突破实践

隋风贵

（中国石化胜利油田分公司西部新区研究中心）

摘　要：位于准噶尔盆地西北缘斜坡带的中国石化探区西缘区块和北缘 1 区块，构造简单，较大规模断层不发育，地层超剥叠置，远离烃源岩，勘探难度很大。在综合研究的基础上，确认研究区具有远烃源供油气基本特征。北缘二叠系生油岩向北扩延到哈拉阿拉特山逆掩构造带之下，车排子西缘区块具有双源双向供油特征。通过分析评价油气输导条件，建立了"断—毯输导"的远源成藏模式，落实了岩性、地层—岩性等主要圈闭类型；在综合研究评价的基础上，选择车排子凸起南侧环带滩坝砂体上倾尖灭岩性油藏东侧地层—岩性油气藏和哈拉阿拉特山南侧地层—岩性油气藏为勘探突破方向，并形成了相应的配套勘探技术，从而在车排子和哈阿拉特山地区发现了 2 个亿吨级规模的含油区，实现了重大勘探突破。

1　勘探概况及困惑

准噶尔盆地西北缘位于加依尔山—哈拉阿拉特山东南侧山前带，呈条带状北东向展布。沿走向自南而北可划分为南段车排子凸起（包括红车断裂带）、中段克拉玛依—百口泉构造带和北段乌尔禾—夏子街构造带（本文称哈山构造带）3 个次一级构造单元。而中国石化西缘区块和北缘 1 区块分别位于南段的车排子凸起和北段的哈山构造带上（图1）。

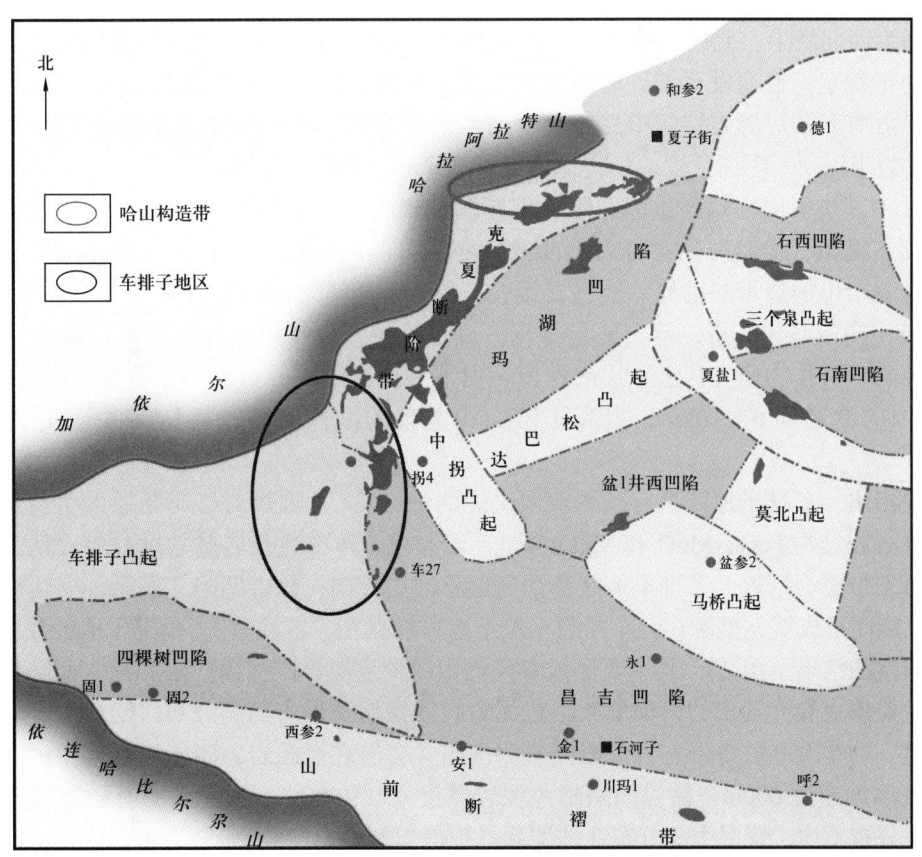

图1　准噶尔盆地西北缘构造位置

准噶尔盆地西北缘的勘探始于 20 世纪 50 年代。2000 年中国石化介入该区勘探，哈山构造带新疆油田完钻探井 19 口，虽在多口探井中的白垩系、侏罗系见油气显示，但总体勘探成果较差。

西北缘南段车排子地区，1958 年 6 月 25 日新疆油田钻探了该区第一口探井——户 1 井，此后 8 年又钻探了红 1 井、红 2 井和车 4 井等探井，都见到了油气显示，但未获工业油流。20 世纪 80 年代和 90 年代勘探重点放在红车断裂带的下盘，相继发现了车排子、小拐和红山嘴油田，而在车排子凸起仅钻井 8 口，其中车浅 5 井等 5 口井见油气显示，但均未获工业油流，显示红车断裂带上盘的车排子凸起油质稠，采出困难，勘探价值低，被列为矿权弃置区。2000 年以后，开展了大量的综合研究和勘探部署工作。首先，对研究区油源条件进行分析评价，落实烃源区；其次，烃源落实后，分析评价油气输导条件，建立主要成藏模式，落实主要圈闭类型，从前人以构造圈闭为主要目标转为以岩性、地层—岩性为主攻目标；最后，在综合研究评价的基础上，选择正确的突破方向，车排子凸起南侧主攻环带滩坝砂体岩性上倾尖灭油藏，哈山构造带浅层、车排子凸起东侧主攻地层—岩性油气藏。在上述研究思路和勘探部署的基础上，取得了一定的理论认识，形成了配套勘探技术，并在车排子和哈山构造带相继获得了重大勘探突破，先后发现了春光、春风和春晖油田，展现了 2 个亿吨级规模储量的勘探大场面。

2 勘探思路与方法

2.1 对比油源特征，明确"远源供烃"的成藏基础条件

通过钻井、油气显示及烃源对比，车排子地区和哈山构造带具有远源或源外油气供给的特征。其中烃源以二叠系风城组、乌尔禾组烃源岩为主，次为侏罗系烃源岩。生油凹陷不同，各套烃源岩分布及地球化学特征也不尽相同[1-5]。

玛湖凹陷为西北缘中、北段二叠系的主要供油区，油源特征基本一致。玛湖凹陷下二叠统风城组沉积期构造趋于稳定，普遍发育细碎屑岩夹碳酸盐岩沉积，岩性主要为黑灰色泥岩、白云质泥岩等，形成了一套十分有利的烃源岩层。中二叠统下乌尔禾组沉积期，玛湖凹陷为淡水浅湖—半深湖沉积，南部昌吉凹陷为半深湖—深湖环境，相应地形成了 2 个独立的生烃中心。

尽管北缘 1 区块也面临玛湖生油凹陷，但新疆油田公司资源评价表明，二叠系烃源岩仅分布于哈拉阿拉特山东南侧，而哈拉阿拉特山山前的二叠系可能是粗相带，加之乌夏冲断带的影响，油源问题一直困扰着哈山构造带的勘探。经过二维、三维地震施工，结合野外考察、重磁电震联合解释，地质构造建模，构造演化分析，落实地层结构，确定哈拉阿拉特山逆冲推覆体可能存在原生或准原生二叠系烃源岩，可作为研究区上覆层的侏罗—白垩系地层圈闭及石炭—二叠系火山岩储层的油源，由此生烃范围向北延伸 6~10km，提高了哈山构造带的勘探前景。后经钻井证实这一推断是正确的。

综合研究指出，车排子地区具有双源双向供烃的特点[6-7]。通过对红车断层的生长指数，红车断层上下盘方解石胶结物 FeO、MnO 和 MgO 含量，岩脉包裹体颜色及岩脉盐度分析后认为，断裂上盘流体性质与断裂带更为接近，车排子地区是油气运移的主方向；昌吉凹陷二叠系油气运聚成藏期要早于车排子地区圈闭形成期，推测在红车断裂东侧下盘可能存在"古油藏"，车排子地区沙湾组成藏，是古油藏破坏调整的结果（图 2），其主要形成春风油田的稠油层；四棵树凹陷和昌吉凹陷中—新生界也提供油源，主要形成春光油田的稀油层，暗色泥岩在四棵树—昌吉凹陷分布广泛，发育侏罗系八道湾组和西山窑组、白垩系吐谷鲁群、古近系安集海河组 4 套潜在烃源岩，四棵树凹陷中—下侏罗统沉积中心暗色泥岩厚度超过 600m，昌吉凹陷暗色泥岩厚度 400~800m。侏罗系所有层段均分布有碳质泥岩，但各层段分布不均，煤层主要分布在侏罗系八道湾组和西山窑组。

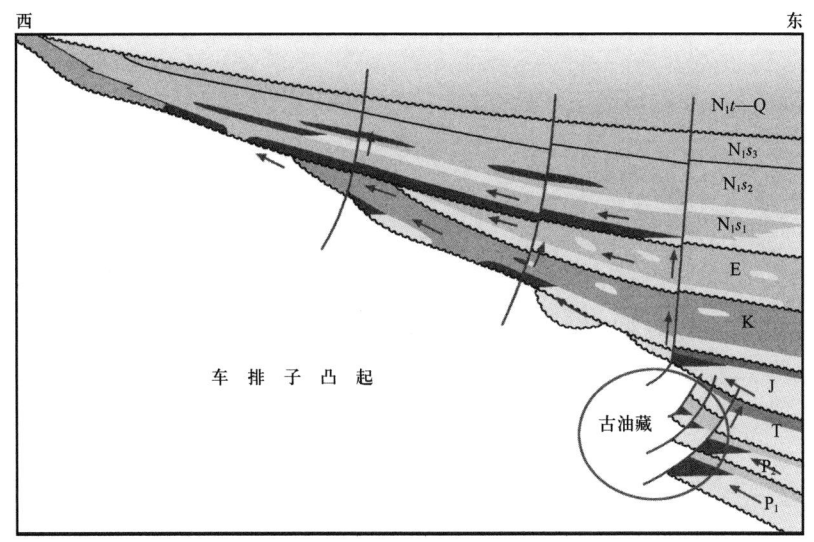

图 2　准噶尔盆地西北缘车排子地区浅层油气成藏模式示意图

四棵树凹陷生烃能力的落实，对于西缘区块的勘探具有重要的作用。多年来，四棵树凹陷能否生油一直是争论的焦点，经过多次油源对比和成藏期构造演化的分析，认为四棵树凹陷具有一定的生烃潜力。为证实这一认识，在 P2 区块三维地震实施后，先向西部署了 P2 区块西三维地震，后部署了位于 P2 区块北侧的 P6 区块三维地震。钻探证实 P2 区块西三维地震区油层是存在的，并成为近期扩大勘探沙湾组油层的主要方向之一。

2.2　研究输导样式，建立"断—毯输导"的远源成藏模式

针对研究区远离主力烃源岩、以晚期成藏为主的特点，通过对不整合、油源断层、输导砂体等的输导性评价研究[8-10]，建立了远源供烃、"油源断层 + 底板砂砾岩 + 调整断层"的"断—毯"输导体系。

（1）不整合面盆地西北缘构造活动强烈，区域性升降运动频繁，主要形成 N_1s/E、E/K、K/J（C）、J/T（C）等多期区域性不整合。岩心、测井和录井及野外地质露头表明，不整合面具有明显的层状结构[11-12]，底砾岩、水进砂体、风化壳泥岩和半风化淋滤岩层发育。根据不整合面上、下岩性组合关系，分为渗透层与非渗透层、渗透层与渗透层、非渗透层与渗透层、非渗透层与非渗透层 4 种。

车排子地区多为渗透层与非渗透层、非渗透层与非渗透层对接，仅局部地区形成渗透层与渗透层对接，这样就造成有些部位运移阻力大，使油气沿不整合面作"线状"运移。车排子地区为源外长距离成藏，充注动力不足，制约着油气高效运移，单靠不整合难以形成较大规模的油气运移，必须与骨架砂体、断层形成有效的空间配置，才能形成油气的大规模运移。

（2）骨架砂体研究区中—新生代总体经历了多期沉降—抬升剥蚀的构造演化，发育多期正旋回叠加沉积。哈山构造带侏罗系八道湾组自下而上为湿地扇—辫状河—滨浅湖相沉积演化序列；下白垩统清水河组、呼图壁河组表现为辫状河三角洲—滨浅湖相演化特征。沉积旋回早期，在宽缓的斜坡背景下发育了区域稳定分布的低位体系域快速水进砂砾岩沉积，八道湾组一段和清水河组二段砂体单层厚度大，一般为 20～50m，横向上分布稳定，连通性好；平面上叠合连片。储层埋藏浅，成岩作用弱，以原生粒间孔为主，孔隙度一般为 20.9%～33.3%，渗透率为 28.01～680.29mD，为中高孔中渗透性储层。厚砂层分布稳定，可形成油气横向运移的毯状输导层（图 3）。车排子地区沙湾组沙一段砂体分布连续，单层厚度大，埋藏浅，成岩作用弱，砂体南部厚达 100m，向北、西北方向变薄尖灭。岩性总体上以含砾砂岩、砂岩等粗碎屑岩为主，孔隙度达 20% 以上，具有高孔高渗透的物性特点。3 期骨架砂体是油气横向运移的有利通道。

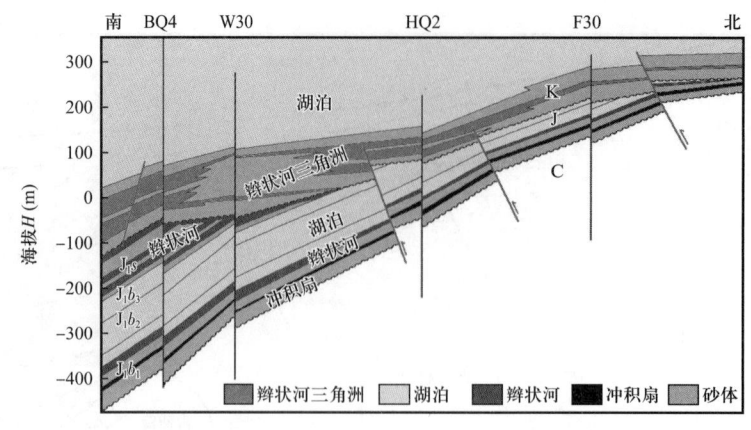

图 3　西北缘哈山构造带"毯状"输导层示意

（3）断裂是油气纵向运移的重要通道，控制了含油气流体的运移方向和分布。按照断裂在成藏过程中的作用，划分为下部油源断裂和上部油藏断裂。下部油源断裂沟通深部的烃源岩，为下部烃源岩生成的油气向上垂向运移提供通道；上部油藏断裂多为次级调整的小断层，为油气调整成藏提供通道。

哈山构造带下部乌尔禾断层等为油源断裂，形成早、断距大、平面延伸长、继承性发育。平面上，断层走向主要为北西、北西西向，主要呈平行式、雁列式和斜交式等断层组合，断面北倾或北西倾；剖面上多呈叠瓦状、"Y"字形等组合，断穿层位多，深部断穿风城组烃源岩，浅部与白垩系底、侏罗系底不整合面或砂体形成空间上的对接。乌尔禾断裂为主要油源断裂之一，具有长期活动的特点，主要活动期开始于海西运动晚期，持续至燕山运动末期，断裂长期活动与烃源岩生排烃期形成了良好配置，为油气大规模向上运移提供了运移通道。

哈山构造带上部油藏断裂以 4 级、5 级逆冲断裂为主，局部发育小型正断层，垂向断距及平面延伸距离不大，断面倾角大、开启性强、活动期晚，一般仅断开侏罗系和下白垩统，与砂层配合可形成台阶状运移通道，断裂静止期对油气又可起到封堵作用，为该区重要的油藏断层。

车排子地区下部断裂系统是海西运动晚期形成的石炭系内幕压扭性逆断层，其中红车断裂是车排子地区主要的油源断层，为"古油藏"二次调整提供通道。上部断裂体系是喜马拉雅运动期形成的贯穿新近系张扭性正断层及负反转断层，新近系断层倾角大，开启性强，是油气运聚调整成藏的重要通道（图 2）。

2.3　分析构造、沉积演化，确定油气成藏模式

盆地西北缘斜坡带远源油气输导成藏，需要多种输导要素在三维空间上组合形成输导体系，构成油气运移的路径。通过断层活动性及与烃源岩、储盖组合的匹配关系研究，落实了车排子、哈山构造带远源供烃、"油源断层 + 底板砂砾岩 + 调整断层"的"断—毯输导"特征。

通过对"多旋回正序叠加"的底板砂砾岩发育展布特征、物性特征、运移指数、荧光定量分析及对不整合结构、输导性能评价研究，明确了 N_1s 底、K_1 底和 J 底 3 套低位体系域板状砂砾岩是相对稳定的区域性高效毯状横向输导层，乌尔禾断裂、红车等主油源断裂长期活动，沟通了深部的烃源岩和浅部的毯状厚砂体，后期发育的次级小断裂沟通了下部毯状砂体和上部的孤立砂体，形成了油气垂向运移的调整网（图 2），而沟通底板砂砾岩的次级断层具有垂向调节作用。油源断层与底板砂砾岩"输导毯"组合为主要输导体系，多套"断—毯输导"组合为"网状"输导体系，为油气长距离横向运移提供了通道，控制了含油气层位与油气藏分布，"输导毯"岩性、物性和鼻状构造背景控制油气富集。

在哈山构造带，白垩系和侏罗系底部的输导砂体与深浅 2 套断裂系统构成了油气运移的网毯输导网，形成了斜坡带源外供烃，沿梁"断—毯"式输导的成藏模式（图 4），油气垂向上叠置、平面上连片的分布特征。一是毯内成藏，由南部油源断裂运移来的深部油气进入浅部的不整合面上部的毯状厚

砂层，沿斜坡带上倾方向运移，在后期次级断裂的遮挡作用下大面积成藏；二是毯上成藏，毯内的油气通过次级断层垂向调整，进入毯上的孤立砂体成藏；三是毯缘成藏，油气沿输导毯向北、向西运移，在砂体尖灭端聚集成藏。

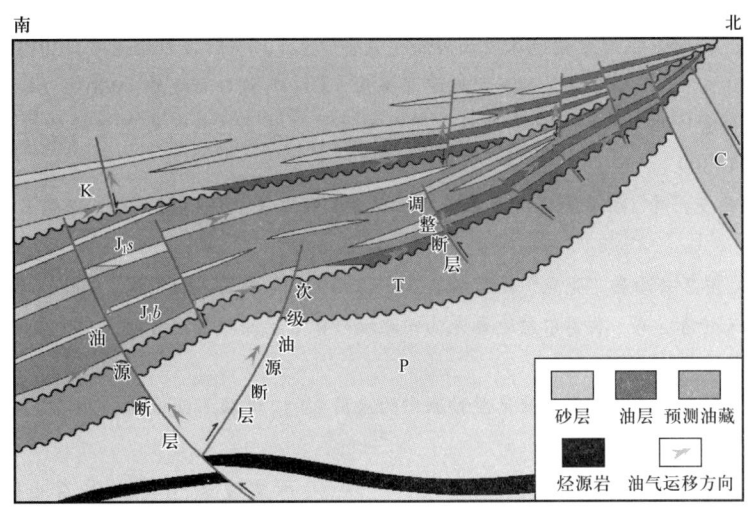

图 4 哈山构造带斜坡带"断—毯输导"成藏模式

3 结论与认识

在准噶尔盆地西北盆缘斜坡带，以扎实、严谨、精细的工作为基础，以油气富集规律及圈闭发育模式为指导，选择正确的勘探突破方向，优选有利圈闭目标，取得了比较丰硕的勘探成果和创新认识，形成了远源盆缘斜坡带油气勘探的研究思路和技术方法，实现了重大勘探突破。

（1）基于区带构造沉积演化研究，确定了斜坡区圈闭发育分布规律，选择上部浅层地层—岩性圈闭为主攻方向、兼探深层构造裂缝圈闭；以成藏控制因素等多因素叠合，评价部署有利勘探区带及有利目标，以精细地质模型及控砂机制研究为基础、油气运移研究为重点、成藏控制因素研究为核心、适应技术攻关为手段，实现了该区勘探的突破。这些经验和认识可广泛应用于我国西部斜坡带的油气勘探，对指导国内外其他盆地的油气藏勘探也具有较大的借鉴意义。

（2）针对准西盆缘斜坡带远源岩性、地层—岩性圈闭背景，以沉积规律分析毯缘、毯上砂体分布特征；以地震模拟方法外推确定毯缘地层—岩性圈闭边界、地震属性和反演确定毯上岩性圈闭边界；以主控因素分析判定毯缘鼻凸控运、物性控油，毯上断层开启控运、离毯距离控油的成藏特征；充分利用流体识别技术，地震属性、等时切片分析毯缘含油，"油亮点"、分频检测毯上含油特征，确定有利钻探目标[13-15]。

参 考 文 献

[1] 方朝合，刘人和，王红岩，等.新疆风城地区油砂地质特征及成因浅析[J].天然气工业，2008，28（11）：127-130.

[2] 谢正霞，王伟锋，陈刚强，等.乌夏地区侏罗系稠油性质与稠变机理探讨[J].新疆地质，2009，27（1）：53-57.

[3] 霍进，吴运强，赵增义，等.准噶尔盆地风城地区稠油特征及其成因探讨[J].特种油气藏，2008，15（2）：25-27.

[4] 姜向强，柳广弟，高岗，等.准噶尔盆地克百断裂带油源分析[J].石油与天然气地质，2009，30（6）：754-767.

[5] 张立平，王社教，瞿辉.准噶尔盆地原油地球化学特征与油源讨论[J].勘探家，2000，5（3）：30-35.

[6] 王振奇，支东明，张昌民，等.准噶尔盆地西北缘车排子地区新近系沙湾组油源探讨[J].中国科学，2008，38

(11): 97-104.

[7] 陈玉芳.准噶尔盆地车排子地区油气成藏规律研究[D].青岛:中国石油大学(华东),2011.

[8] 石昕,张立平,何登发,等.准噶尔盆地西北缘油气成藏模式分析[J].天然气地球科学,2005,16(4):460-463.

[9] 袁玲,任新成,穆玉庆,等.准噶尔盆地春风油田油气输导体系[J].新疆石油地质,2012,33(3):288-289.

[10] 张卫海,查明,曲江秀.油气输导体系的类型及配置关系[J].新疆石油地质,2003,24(2):118-121.

[11] 杨勇,查明.准噶尔盆地乌尔禾—夏子街地区不整合发育特征及其在油气成藏中的作用[J].石油勘探与开发,2007,34(3):304-309.

[12] 陈中红,查明,吴孔友,等.陆梁隆起白垩系底部不整合面特征与油气运聚[J].新疆石油地质,2002,23(4):283-285.

[13] 宋传春.准噶尔盆地排2井油层"亮点"地震响应及其识别[J].中国石油勘探,2007(4):49-52.

[14] 石好果,刘国宏,宋传春,等.准噶尔盆地春光油田滩坝砂体岩性油藏描述方法[J].石油天然气学报,2012,34(2):71-75.

[15] 宋传春.地震沉积学在春风油田白垩系储集层预测中的应用[J].新疆石油地质,2012,33(3):347-349.

原文发表于《新疆石油地质》2013年第2期

准噶尔盆地中部车莫古隆起对油气的控制作用

乔玉雷 隋风贵 林会喜 宋传春

(中国石化胜利油田分公司西部新区研究中心)

摘 要：多数学者认为准噶尔盆地中部车莫古隆起对油气起着重要的控制作用，在其波及区发育原生油气藏和掀斜调整型油气藏，油气勘探潜力评价不高。通过构造演化分析，明确了车莫古隆起主要发育形成在白垩系（K）沉积前，至晚白垩世（K_2）初已基本被埋藏，掀斜改造成单斜状构造形态；落实了K_2—第四纪（Q）为油气主成藏期，制作了早白垩世（K_1）末成藏期的古构造图，并与车莫古隆起和现今构造进行对比，认为仅莫西庄地区油气成藏受车莫古隆起控制，发育原生油气藏和掀斜调整型油气藏，大部分地区不受其控制，原生油气藏未被破坏，并指出征1—沙1鼻状构造带和莫西庄地区是油气富集区。

准噶尔盆地中部含中国石油化工股份有限公司4个勘探区块（中部1区块、中部2区块、中部3区块和中部4区块），车莫古隆起分布于其中，是早期发育的近东西向展布的鼻状构造带（图1），南北向剖面呈背斜构造形态，现今已演化为单斜形态，是一个隐伏的古构造。关于该构造的主发育期及掀斜改造展平期认识上还存在一定差异，需要通过构造演化分析进一步明确。另外，在控制油气成藏方面，多数人认为，早期受车莫古隆起控制，油气富集在古隆起及其周围，在南北两翼发育地层、岩性等油气藏，在隆起核部发育构造和岩性等油气藏（图2a），后期因地层向南掀斜，原构造油气藏、北翼的地层油藏等遭到破坏，油气再次调整形成掀斜调整型的油气藏（图2b），而岩性油气藏和南翼的地层油气藏等还可保存，即为所说的原生油气藏。按照该认识，油气富集无论调整前还是调整后皆受古隆起控制，且研究区油气勘探潜力评价不高，但该结论与目前的油气分布和富集不符，制约了研究区的勘探开发。那么，油气是否受车莫古隆起的完全控制还值得探讨，对于今后明确油气富集方向

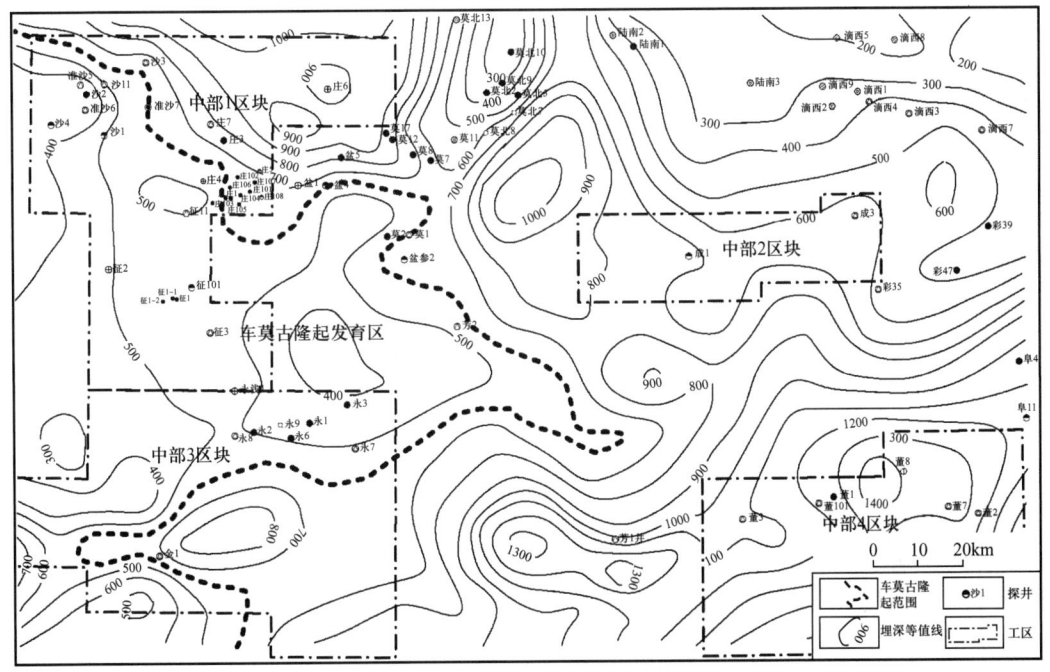

图1 准噶尔盆地中部地区白垩系沉积之前侏罗系西山窑组（J_2x）底面埋深图

具有重要意义。为此，笔者从车莫古隆起构造演化和主成藏期次分析入手，对比分析车莫古构造、成藏期古构造和现今构造特征，明确车莫古隆起与油气的关系，指明了勘探方向。

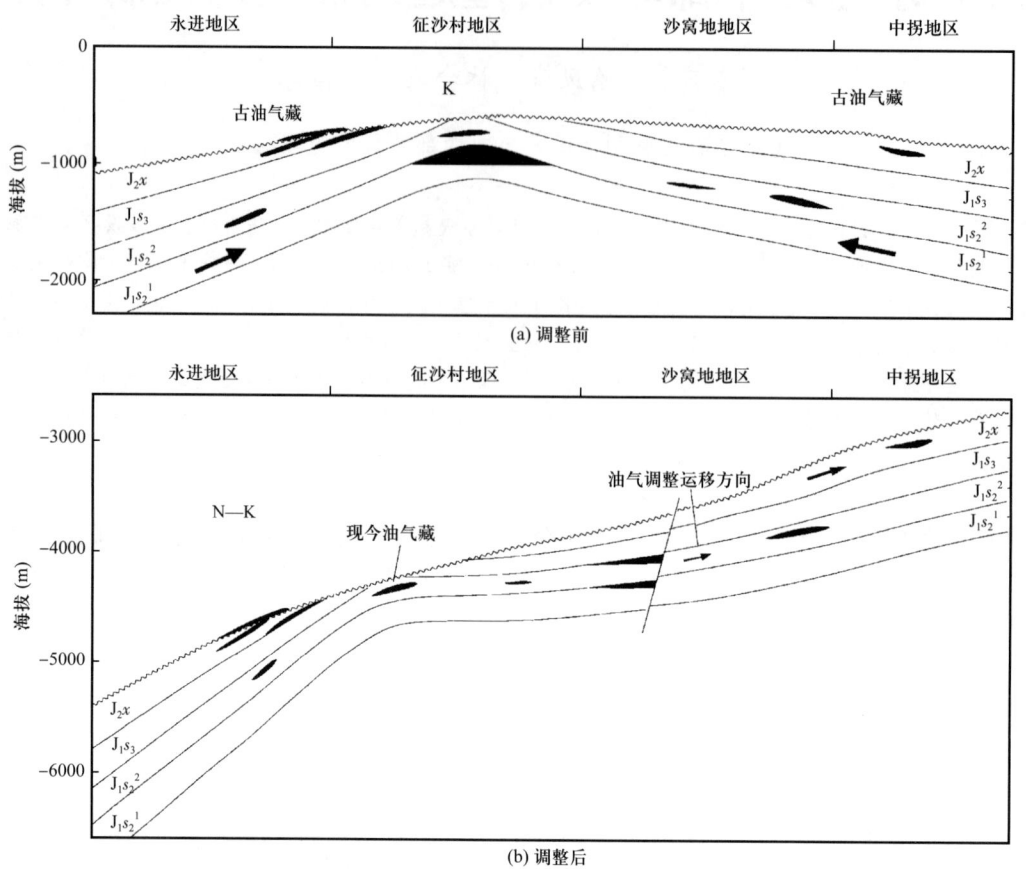

图 2　准噶尔盆地中部1、3区块侏罗系油藏调整前后模式图

N—K—新近系—白垩系；J_2x—侏罗系西山窑组；J_1s_3—侏罗系三工河组三段；$J_1s_2^2$—侏罗系三工河组二段上亚段；$J_1s_2^1$—侏罗系三工河组二段下亚段

1　车莫古隆起发育演化阶段

车莫古隆起为燕山期形成的横跨准噶尔盆地的大型隆起，归纳其发育演化阶段划分方法有4种：第1种是三段式划分方法[1]——J_2x—J_3隆起形成发育期，K—E隆起为埋藏期，Nt—Q隆起为消失期；第2种是四段式划分方法[2]——J_1为初始形成阶段，J_3为强烈发育阶段，K—E为隐伏埋藏阶段，N—Q为掀斜消亡阶段；第3种也是四段式划分方法[3]——J_1s—J_2x为初始发育阶段，J_2x—K为强烈隆升剥蚀改造阶段，K—N_1s为稳定沉降阶段，N_1s—Q为掀斜改造阶段；第4种是六段式划分方法[4]——J_1s为初始发育阶段，J_2x末为第1次强隆升阶段，J_2t为相对稳定沉积阶段，J_3为第2次强隆升阶段，K—E为隐伏埋藏阶段，N—Q为掀斜消亡阶段。

对比分析以上4种划分方式，相同之处是存在4个演化阶段——初始形成阶段、强烈隆升剥蚀阶段、隐伏埋藏阶段和掀斜消亡阶段；差异之处在于各阶段的具体时期不同。为了便于研究古隆起的发育演化对沉积和成藏的控制作用，笔者在近几年勘探实践的基础上，根据构造特征和构造演化剖面，进一步明确了4个演化阶段的具体时期。

（1）$J_1s_2^1$沉积末期为初始形成期（图3a）。该时期低幅度水下隆起已形成，$J_1s_2^2$地层超覆、披覆其上（图4）。

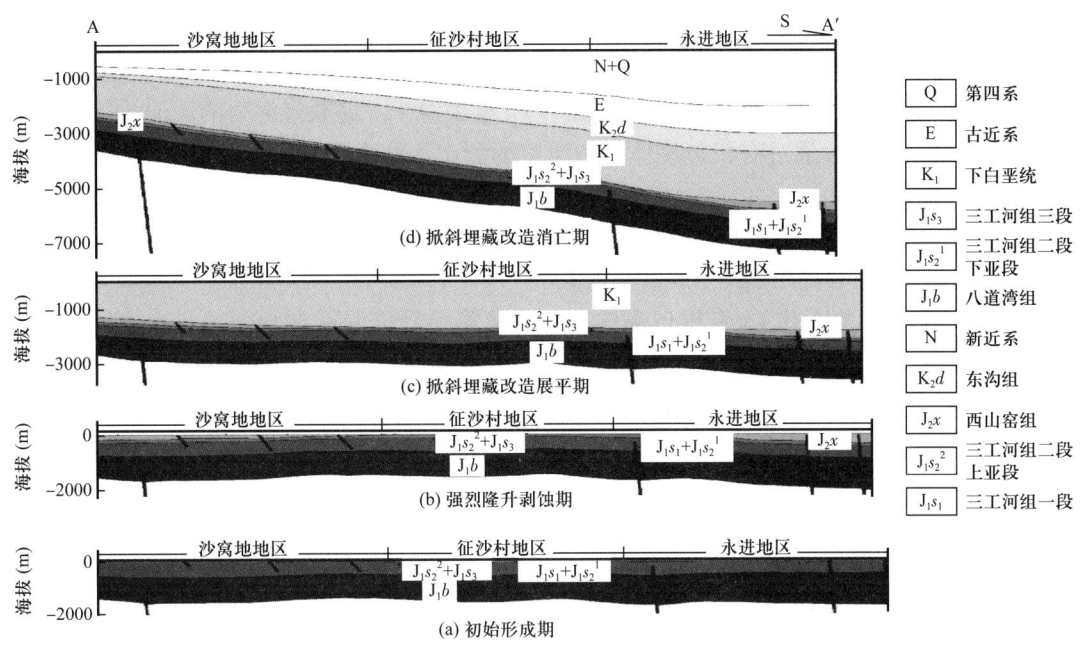

图 3　准噶尔盆地中部地区近南北向构造演化剖面（AA′位置见图 5）

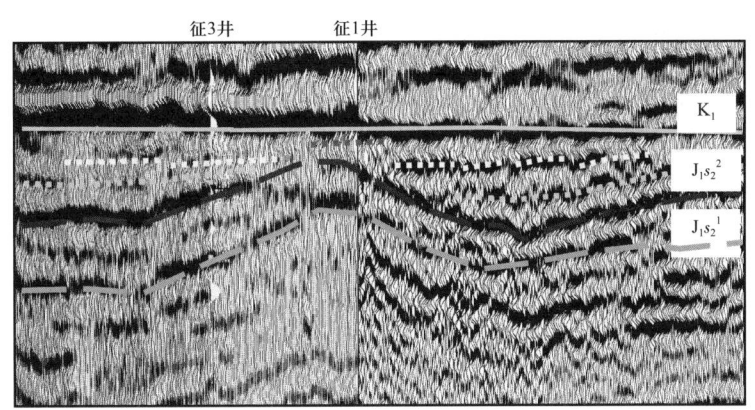

图 4　车莫古隆起近南北向连井地震剖面

（2）J_2t 沉积末期至 K 沉积前为强烈隆升剥蚀期（图 3b）。J_1s_3、J_1x、J_2t 地层横向近似平行沉积，只是在隆起顶部 J_1x、J_2t 遭受剥蚀地层变薄至尖灭，无 J_3 沉积或该沉积仅在隆起周围局部沉积。

（3）K_1q 沉积期为掀斜埋藏改造展平期（图 3c）。地层边掀斜边沉积，使中部隆起背斜构造两翼展平改造成呈近水平状或近南倾的单斜，只是在莫西庄地区（庄 1 井区）仍保留隆起鼻状构造形态，不同于前人认识，该时期车莫古构造不仅被沉积埋藏，而且被掀斜展平。

（4）K_2d—Q 沉积期为掀斜埋藏改造消亡期（图 3d）。该时期地层继续掀斜沉积，使单斜地层倾角更大，莫西庄背斜构造完全改造成单斜形态。

2　烃源岩与主成藏期厘定

准噶尔盆地中部有 4 套烃源岩［下二叠统风城组（P_1f）、夏子街组（P_1x），中二叠统下乌尔禾组（P_2w），下侏罗统八道湾组（J_1b）］[5]，但从目前已发现的油气地化特征对比看，不同区块的油气来源是不同的。根据已钻井原油生物标志物与碳同位素分析，车莫古隆起的中部 2、4 区块原油三环萜烷含量低，C_{27}、C_{28}、C_{29} 甾烷呈反"L"形，原油碳同位素总体偏重，和 J_1b 烃源岩特征相似，为来源于侏罗系烃源岩的原油。车莫古隆起的中部1区块原油，三环萜烷含量高，C_{27}、C_{28}、C_{29}甾烷呈直线上升型，原油碳同位素总体偏轻，和P_2w烃源岩特征相似，为来源于二叠系烃源岩的原油；车莫古隆起的中部3区块原油，既有来源于侏罗系烃源岩的原油，又有来源于二叠系烃源岩的原油。

在厘定油源的基础上，通过有机包裹体均一温度的测定，结合埋藏史、热史分析，确定了各区块油气主成藏期。

（1）中部1区块征1井J_1s_2有机包裹体均一温度第一峰值温度在90℃左右，根据征1井热史模拟，来自P_2w烃源岩的油气在目的层J_1s_2主成藏期为K_2—Q。

（2）中部2、4区块董2井J_1x有机包裹体均一温度第一峰值温度在95℃左右，根据董2井热史模拟，来自J_1b烃源岩的油气在目的层J_1x主成藏期为E—Q，较二叠纪更晚。该结论与多数学者认识是一致的，与少数学者认为主成藏期在J_2x末—K末[6]是不同的。

3 主成藏期古构造特征

笔者根据成藏期的厘定，通过地层压实厚度校正，对准噶尔盆地中部地区主成藏期早期（选定K_1末）主勘探目的层$J_1s_2^2$底古构造进行了恢复（图5）。图5表明，主成藏期准噶尔盆地中部整体呈向南倾的单斜构造，南部较低，向北、向东、向西地层抬高。与K沉积之前的车莫古隆起构造（图1）对比，除莫西庄地区还保留小幅度的车莫古隆起构造外，原近东西向的车莫古隆起已基本消失，呈南倾的单斜构造，且发育了近南北向的征1—沙1微幅鼻状构造带。而现今构造（图6）与古成藏期构造（图5）对比，倾斜角度更大，且成藏期局部保留的莫西庄小幅度车莫古隆起构造也已消失，全部演化成为单斜构造，且近南北向的征1—沙1鼻状构造幅度更大。

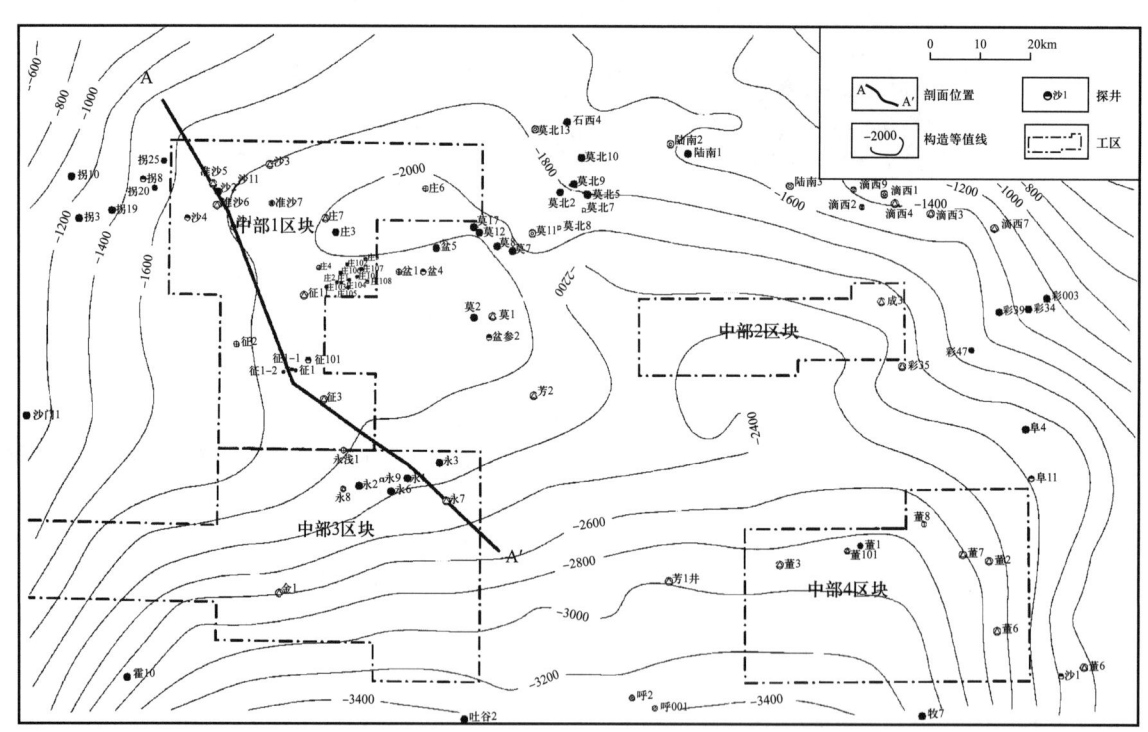

图5 油气主成藏期早期（K_1末）目的层$J_1s_2^2$底古构造图

根据笔者提出的车莫古隆起发育演化划分阶段，主成藏期位于构造演化的第3阶段（掀斜埋藏改造展平期）末，车莫古隆起背斜构造两翼已展平改造成呈近水平状或近南倾的单斜，这与成藏期古构造图特征是相同的。第4阶段为掀斜埋藏改造消亡期，该时期地层继续掀斜沉积，使单斜地层倾角更大，莫西庄背斜构造完全改造成单斜形态，与现今构造图是符合的。

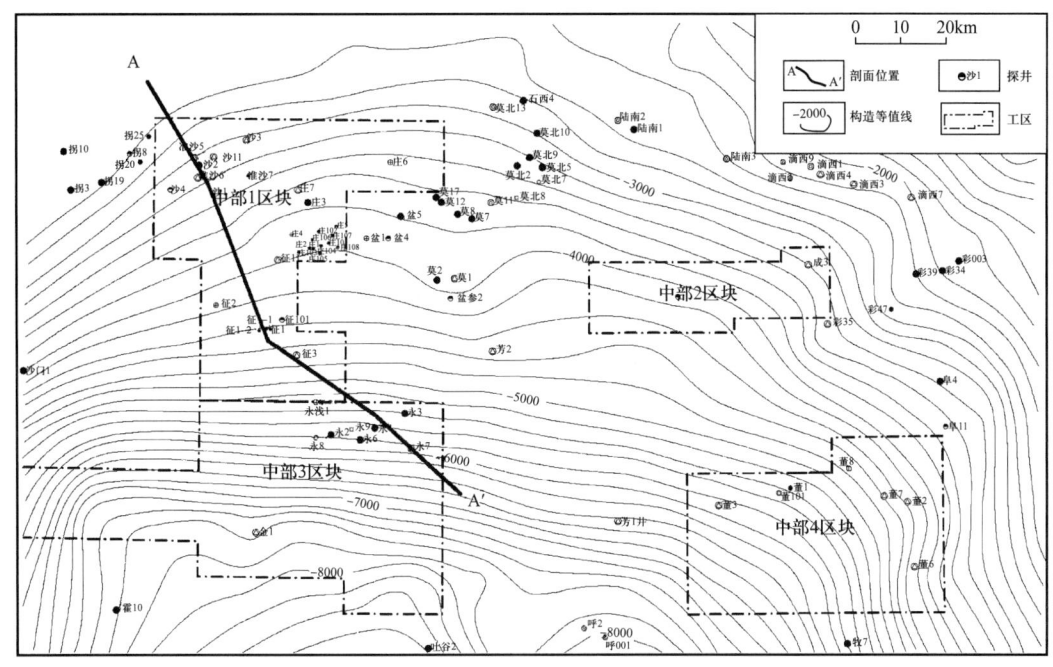

图6 目的层 $J_1s_2^2$ 底现今构造图

4 车莫古隆起与油气的关系

少数学者认为主成藏期在 K 前，该时期车莫古隆起是发育存在的，所以认为油气受车莫古隆起控制，但从现在的油气分布来看，与车莫古隆起的关系不大，车莫古隆起不控制油气成藏。

多数学者认为主成藏期为 K_2—Q[7]，尽管和笔者在成藏期认识上是一致的，但未制作该成藏期古构造图，成藏分析仍使用 K 前古构造，或按照前人构造演化划分方式（K—E 为车莫古构造隐伏埋藏阶段，该时期车莫古构造未被破坏），所以认为油气成藏也受车莫古隆起控制，形成车莫古隆起油气聚集带[8]，后期随古构造的掀斜改造而被破坏，这与现今油气的分布是不符合的。

笔者根据各时期古构造特征对比分析认为，准噶尔盆地中部地区成藏期和现今构造都为南北倾的单斜，只是后期单斜的倾角更大，因此早期（成藏期）的成藏在后期（现今）并未遭到破坏，大部分地区发育原生油气藏，准噶尔盆地中部地区仍存在较大的勘探潜力。车莫古构造成藏期已经消失，因此不控制成藏，与油气分布富集没有关系，仅局部地区（如莫西庄地区）在成藏期保留车莫古隆起特征，控制油气分布富集，这也与莫西庄地区已钻井含油饱和度相对较高是符合的。尽管后期莫西庄鼻状构造的北翼也受到掀斜，部分构造、地层油气藏遭到破坏改造，但仍可保留一些原生油气藏，因此，莫西庄地区特别是古隆起构造南翼是有勘探潜力的油气富集区。准噶尔盆地中部地区成藏期和现今构造继承性发育近南北向的征 1—沙 1 鼻状构造，根据已钻井，在该鼻状构造带上含油饱和度相对较高，因此认为该鼻状构造对油气起一定的控制作用，因此，该鼻状构造带是另一有勘探潜力的油气富集地区。

5 结论与建议

（1）准噶尔盆地中部地区成藏期车莫古隆起已消失，车莫古隆起不控制油气分布和富集；成藏期与现今构造特征基本一致，成藏期形成的各类油气藏在后期未被破坏，大部分地区发育原生油气藏，准噶尔盆地中部存在较大勘探潜力。

（2）准噶尔盆地中部地区成藏期与现今继承性发育近南北向的征1—沙1鼻状构造带，是一个有勘探潜力的油气富集地区；莫西庄地区成藏期保留的车莫古隆起构造控制着油气富集，尽管后期古隆起构造北翼遭到掀斜，但可保留部分原生油气藏，也是一个有勘探潜力的油气富集区。

参 考 文 献

［1］贾庆素，尹伟，陈发景，等.准噶尔盆地中部车—莫古隆起控藏作用分析［J］.石油与天然气地质，2007，28（2）：257-265.

［2］朱允辉，孟闲龙.准噶尔盆地车莫古隆起的形成演化及其对腹部油气成藏的影响［J］.中国西部油气地质，2005，1（1）：55-57.

［3］赵宏亮.准噶尔盆地车莫古隆起演化及其控藏规律［J］.新疆石油地质，2006，27（2）：160-162.

［4］张福顺，余滢帆，朱允辉，等.车—莫古隆起形成演化与油气分布［J］.中国西部油气地质，2007，3（1）：9-16.

［5］王京红，杨帆.车莫古隆起对油藏及油气调整控制作用［J］.西南石油大学学报，2012，34（1）：49-57.

［6］袁海峰，徐国盛，董臣强，等.准噶尔盆地中部第3区块侏罗系、白垩系油气成藏主控因素［J］.新疆石油地质，2007，28（6）：700-703.

［7］尹伟，郑和荣.准噶尔盆地中部油气成藏期次及勘探方向［J］.石油实验地质，2009，31（3）：216-220.

［8］蒋锐，李君，吴勇，等.准噶尔盆地中部油气成藏过程分析［J］.石油天然气学报（江汉石油学院学报），2011，33（10）：53-56.

原文发表于《石油天然气学报（江汉石油学院学报）》2013年第12期

准噶尔盆地石炭系不同类型烃源岩生烃模拟

林会喜[1]　王圣柱[1,2]　李艳丽[1]　张奎华[1]　金　强[2]

（1.中国石化胜利油田分公司西部新区研究中心；2.中国石油大学（华东）地球科学与技术学院）

摘　要：以往对准噶尔盆地石炭系烃源岩生烃潜力的研究主要是采用静态地球化学指标进行的，目前尚无对生烃动态特征的系统评价，因而制约了对该区烃源岩潜力的客观认识和资源战略选区。为此，选取不同沉积环境发育的多种类型的烃源岩样品，通过烃源岩生烃热模拟实验，对比分析了不同类型烃源岩的生烃产物、产率特征及生烃演化规律。实验结果表明：（1）该区石炭系不同沉积环境发育的烃源岩产烃能力差异较大，最大烃产率从高到低依次为弧间盆地深浅海相泥岩、弧后盆地潟湖相泥岩、残留洋盆滨浅海相泥岩、弧后盆地潟湖相沉凝灰岩；（2）烃源岩的产烃率大小受控于其母质与埋藏热演化条件，有机质类型越好，产烃率相对越高，而受火山作用影响越剧烈，则产烃率越低；（3）下石炭统广泛发育的弧间、弧后盆地暗色泥质岩类烃源岩具备高产烃率特征。最后指出乌伦古坳陷和滴水泉地区在早石炭世分别为弧间盆地火山活动间歇期泥质岩与潟湖环境泥岩有利烃源岩发育区，是准噶尔盆地以石炭系为烃源灶的有利勘探区。

准噶尔盆地为一个典型的大型多旋回复合叠加盆地，近年来的油气勘探证实石炭系具有良好的勘探前景，发现了准东五彩湾气田、克拉美丽气田和滴北地区泉1井区等多个以石炭系为烃源岩的油气田（藏）。油气源分析表明，目前发现的油气主要来源于下石炭统滴水泉组（C_1d）和上石炭统巴塔玛依内山组（C_2b）烃源岩[1-3]。整体上，上述两套烃源岩有机质丰度高、有机质类型好，具有较好的生烃潜力[4-6]。岩相古地理分析表明，该区在石炭纪主要处于海相或海陆交互相沉积环境，发育了残留洋盆、弧后盆地、弧间盆地和潟湖等多种烃源岩沉积环境，同时伴随有强烈的火山活动，形成了沉积岩与火成岩共生的复杂沉积建造[7-8]。准噶尔盆地石炭系勘探领域广阔，油气成藏表现为近源成藏的特点，有效烃源岩的分布控制了油气（藏）的分布[2-3]。因此，开展烃源岩生烃潜力评价，厘定有效烃源岩分布范围，对于该区石炭系有利勘探方向的选择起着决定性作用。但目前对研究区石炭系烃源岩潜力认识更多的是针对有机质丰度、类型、热解等静态参数指标的评价，尚无生烃动态特征的系统评价，对不同沉积环境发育的烃源岩生烃产物及不同生烃演化阶段的生烃产物、生烃量等认识还不清楚，严重制约了对石炭系烃源岩潜力的客观评价。

笔者以烃源岩生烃热模拟实验为基础，对准噶尔盆地石炭系不同沉积背景、不同岩石类型的烃源岩生烃潜力进行系统研究，明确优质烃源岩的发育环境，为客观评价烃源岩生烃规律、资源潜力等提供依据。

1　样品与实验

1.1　样品情况

石炭系经历了漫长的地质时期，无论是钻井岩心还是地表露头，烃源岩的热演化程度相对较高。为了保证模拟数据的准确性和代表性，选取排67井（P67）、乌参1井（WC1-1、WC1-2）和滴水泉露头剖面（DSQ）成熟度相对较低的样品进行热模拟实验。P67样品处于残留洋盆滨浅海相，烃源岩母质以陆源高等植物供给为主，干酪根类型为腐殖型（Ⅲ型）。DSQ样品处于弧后盆地潟湖相沉积环境，受陆源供给影响较大，干酪根类型以偏腐殖混合型（Ⅱ$_2$型）为主。为了分析火山活动强度对烃源岩品质的影响，选取了同为弧间盆地滨浅海相的 WC1-1 和 WC1-2 两个样品，其中 WC1-1 样品形成于火山强烈活动期，受火山活动影响明显，岩性为深灰色沉凝灰岩，有机碳含量为 0.48%，为高等植物和低等水生生物的偏腐殖混合型（II_2 型）干酪根；WC1-2 样品为火山喷发间歇期正常沉积的深灰色泥岩，有机碳含量为 1.09%，有机质类型为以低等水生生物为主的偏腐泥混合型（II_1 型，见表1）。

表1 石炭系烃源岩模拟样品地球化学特征表

样品编号	样品岩性	井段(m)	层位	TOC 原岩(%)	TOC 干酪根(%)	T_{max}(℃)	S_1(mg/g)	S_2(mg/g)	R_o(%)	干酪根类型
WC1-1	深灰色沉凝灰岩	5460～5470	C_1d	0.48	10.0	441	0.27	0.37	1.33	II_2
WC1-2	深灰色泥岩	5666～5676	C_1d	1.09	63.7	446	2.90	8.42	1.15	II_1
DSQ	深灰色泥岩	—	C_1d	1.67	63.3	457	0.33	1.54	0.81	II_2
P67	灰黑色泥岩	1119.6	C_2b	0.72	57.8	443	0.05	0.61	0.57	III

1.2 黄金管热模拟实验

样品实验在中国科学院广州地球化学研究所有机地球化学国家重点实验室完成。首先将样品粉碎至粒径100目，依次加入 HCl 和 HF 处理，用蒸馏水洗至中性后经重液浮选分离得到干酪根，然后将制备好的干酪根样品进行 MAB 三元溶剂抽提，除去其中的可溶有机质，最后在烘箱中 100℃ 条件下干燥 24h。热解模拟实验在分体式黄金管—高压釜热模拟装置中进行。

首先，在氩气保护下用氩弧焊将金管一端封闭，然后在开口端装入一定质量的样品，将装好样品的金管固定在冷水槽中，用氩气排尽管内空气，用焊机将金管开口端封闭。待金管冷却后称重，最后将金管分别放入指定的反应釜中设定温度程序进行实验，实验结束后，将金管再次称重以确保未发生泄漏。为了进行不同样品的生烃特征对比研究，将上述4个样品分成平行样同时进行热解实验。首先将样品快速（1h）加热至 300℃，然后恒温 30min 后，分别以 2℃/h 和 20℃/h 的升温速率对高压釜加热至 600℃。每个升温速率设置 12 个测试温度点，测定各温度点的液态和气态产物的产率。反应釜的温度及升温速率通过计算机终端程序设定和控制，温度误差小于 1℃，高压釜反应体系的压力设定为50MPa，通过压力泵自动控制，误差范围小于 1MPa。实验热模拟产物分析及仪器具体见金管模拟实验流程[9]。

2 实验结果与讨论

2.1 烃源岩热模拟总产物特征

热模拟实验表明，研究区石炭系不同类型烃源岩热模拟产物特征具有相似的生烃演化规律（图1）。总产气率随着模拟温度的升高逐步增大，在较高的热演化温度（600℃）条件下仍有少量干酪根裂解气生成，说明烃源岩在高成熟演化阶段，仍具有一定的生烃能力。液态烃产率先随着温度的升高而增加，在 360～400℃ 时达到最大值，之后随着温度的升高，产率降低，表明烃源岩的产油量先增后减，在高成熟演化阶段早期生成的原油进一步裂解，使得产油率下降。快速和低速升温速率两种实验条件对比分析，两者的烃源岩产率变化趋势具有一定的相似性，快速升温速率（20℃/h）比低速升温速率（2℃/h）产气率低，且液态烃产率高峰明显滞后，说明烃源岩生烃过程中时间和温度具有相互补偿的关系。

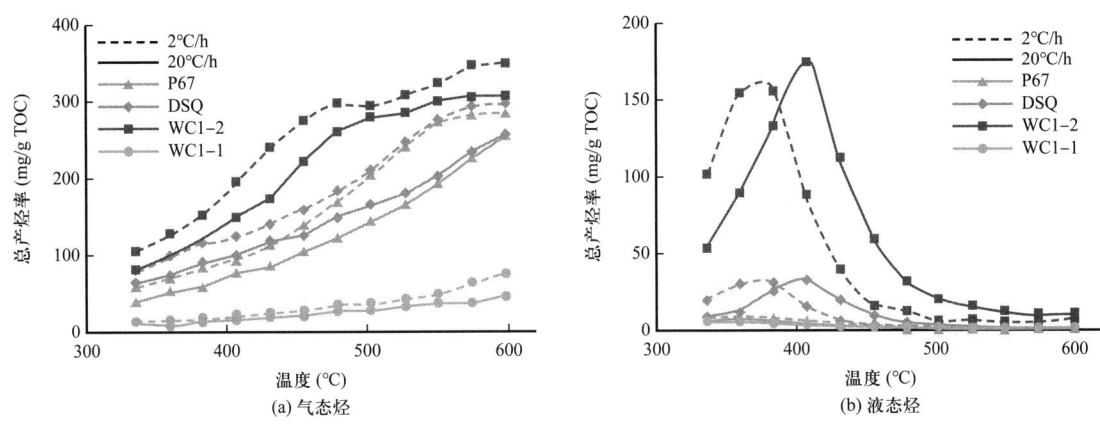

图 1 不同类型烃源岩热模拟总产物特征图

实验结果表明，虽然不同沉积环境的烃源岩生烃演化规律相似，但是其各自的最大产气率和产油率存在显著差别（图1）。弧间盆地滨浅海相泥岩类烃源岩（WC1-2为代表）的产气量和产油量最高，最大产率分别为350mg/g和175mg/g左右。弧后盆地潟湖相泥岩类烃源岩（DSQ为代表），其最大产气量为298.9mg/g，最大产油量在30mg/g左右，其仅为WC1-2产油量的17.1%。残留洋盆滨浅海泥岩类烃源岩（P67为代表）最大产气量为284.8mg/g，与DSQ产率相当，但产油量极低。弧后盆地潟湖相沉凝灰岩类烃源岩（WC1-1为代表），产气量与产油量均最低。

2.2 气态烃组分特征

不同热模拟升温速率，烃类气体产物各组分随温度变化的规律基本相同。以升温速率2℃/h为例，总烃气和甲烷量随着温度的升高而增加；重烃气 C_{2-5} 的产率随着温度的升高先增大后减小，重烃气 C_{2-5} 产率峰值对应温度区间为440～460℃。当小于峰值温度时，重烃气产率随着温度的升高而增大，这部分气态烃应主要来自干酪根的裂解，其可占到总烃气体积分数的46%左右。当高于峰值温度时，重烃气开始热裂解成甲烷，在550℃左右基本上全部裂解，重烃产烃率下降。当温度升至550℃以上时，甲烷累积产率仍呈上升趋势，说明此时仍有干酪根裂解甲烷的产生。分析认为，甲烷气体主要有两个来源：(1) 烃源岩高成熟演化阶段干酪根裂解生成的甲烷；(2) 烃源岩在低温阶段热解生成的液态烃、沥青或者干酪根发生缩聚再结合作用形成的具有较高热稳定性的产物，在高温阶段（400～500℃）再次裂解生成的甲烷[10-11]。因而，烃源岩表现为"宽"的生气门限。热模拟烃类气体组分特征表明石炭系烃源岩的生气过程可以分为3个阶段：在相对低成熟度阶段，烃类气体主要来源于干酪根裂解生成的重烃气和甲烷；随着成熟度的增加，除干酪根裂解产生甲烷外，重烃气和原油裂解也可以产生甲烷；在更高的温度（超过550℃）条件下，则以干酪根裂解气为主。

不同类型的烃源岩产烃率和产烃组分存在较大差异（图2）。WC1-2、DSQ和P67以生成烃类气为主，而WC1-1以生成非烃类气为主。总烃气和甲烷的最大产率依次为WC1-2>DSQ>P67>WC1-1，WC1-2、DSQ和P67的烃类气体产率占自身总产气量的比重大，而烃类气体中以甲烷气体为主（图2a～b），WC1-2的甲烷和重烃最大产量分别为230.0mL/g和48.7mL/g。DSQ和P67虽然也有一定量的甲烷和重烃气产生，但是产甲烷量在100mL/g左右，仅为WC1-2甲烷产量的50%，重烃气产量均不超过10.0mL/g。

不同类型的烃源岩热模拟产物中非烃类气体有 CO_2、H_2S、H_2、N_2 等，且均以 CO_2 为主（图2d），并有少量的 H_2 产生（图2e），其含量多少与烃源岩所处沉积环境有着密切关系。其中，CO_2 和 H_2 的产率随温度的升高呈增加的趋势；H_2S 则表现为先增加后减少的趋势。WC1-1样品的 CO_2 和 H_2 产量在所测试的样品中均最低，但是却占了其总产气量的70%以上，说明该类烃源岩以产非烃类气体为主，产烃类气的能力有限。WC1-1和WC1-2样品有少量的 H_2S 气体产生（图2f），说明弧间盆地岛弧背景下受火山活动影响，使得烃源岩中硫化物的含量相对于其他沉积环境明显增高，而硫化物的存在对干酪根的裂解生烃有催化作用，有利于提高干酪根的热解生烃产率[12]。这可能是WC1-2样品具有相对高烃产率的重要原因。

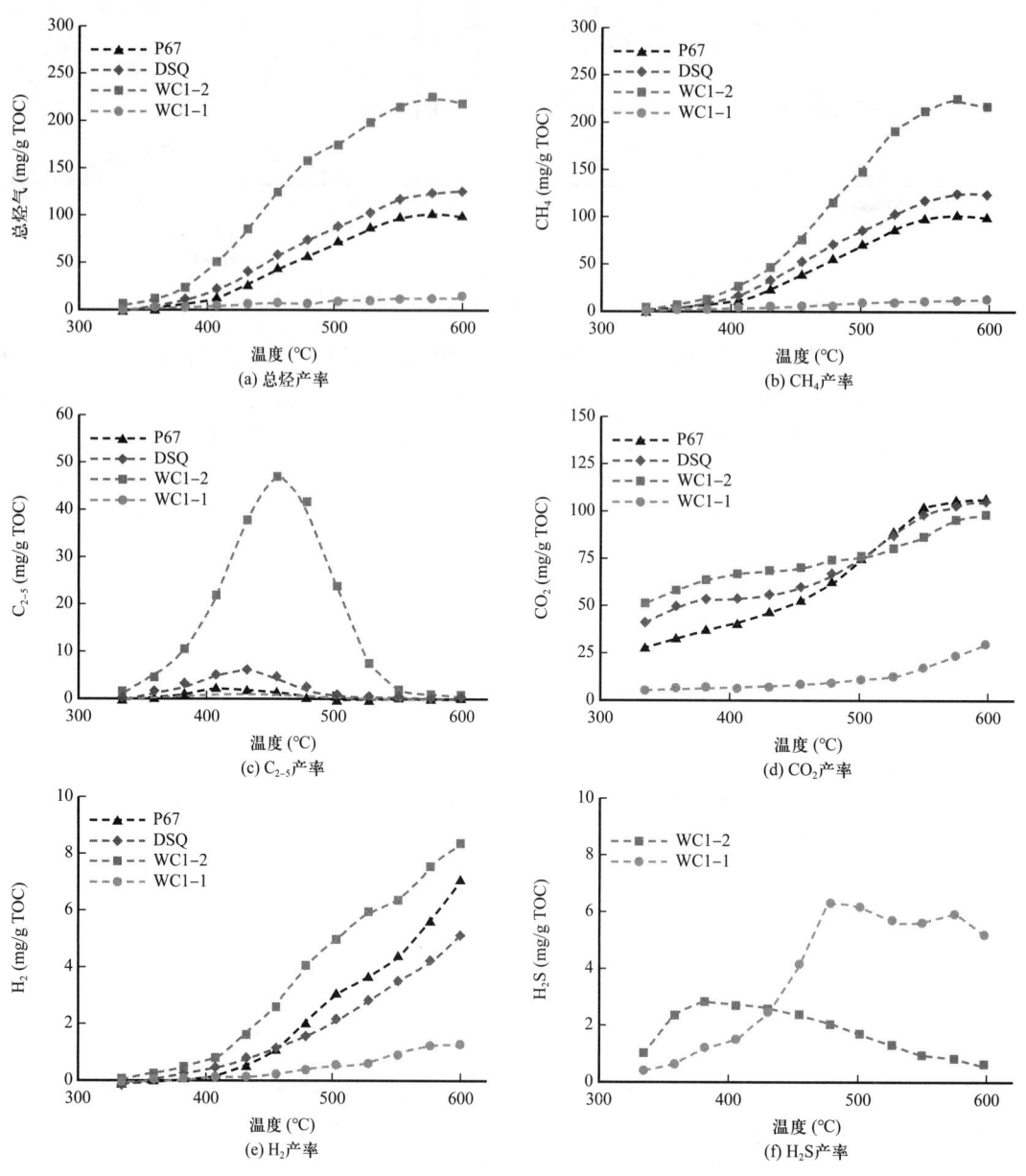

图2 不同类型烃源岩热模拟气体产率特征图（2℃/h）

2.3 液态烃组分特征

不同样品热模拟实验，轻烃（C_{6-14}）和重烃（C_{14+}）产物均以WC1-2最高，其次为DSQ，并且上述两类烃源岩在产气的同时，也有一定数量的液态烃生成。WC1-2样品的最大重烃产量和最大轻烃产量分别为126.4mg/g和37.5mg/g，展示出较强的生油能力。WC1-1和P67样品无论是轻烃还是重烃产量均很低，最高产烃量均小于5mg/g，生油能力甚低（图3）。

从烃源岩生烃演化规律分析，WC1-2和DSQ样品具有相似的轻烃和重烃生成演化规律，即随着温度的升高，烃产率迅速增加，达到产率高峰后，随着温度的继续升高烃产率反而下降。C_{14+}重烃的高峰值对应温度为360℃左右，而C_{6-14}轻烃的高峰值对应的温度为380~400℃，明显滞后于重烃，说明在温度高于360℃时液态烃中的重烃进一步裂解成轻烃，当温度超过480℃时，几乎不再有液态烃的产生。

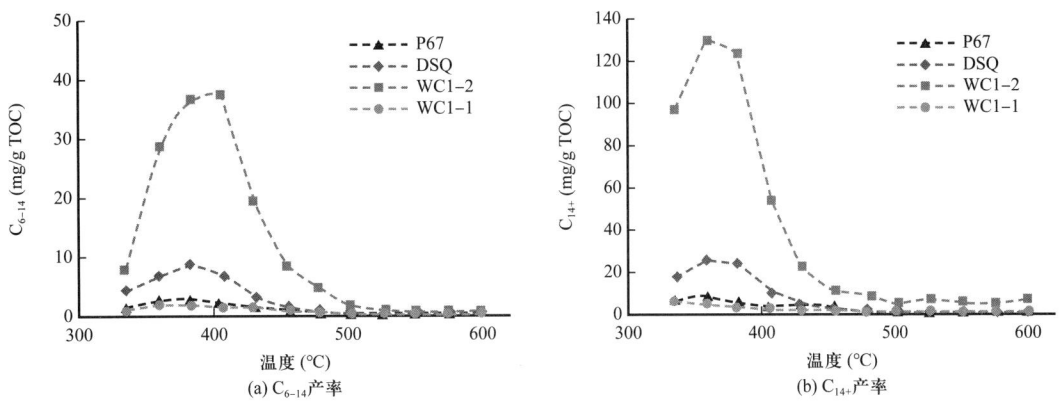

图3 不同类型烃源岩热模拟液态烃产率特征图（2℃/h）

2.4 烃源岩生烃潜力评价

烃源岩热模拟产烃特征分析，不同类型的烃源岩生烃产物、产烃率均存在明显差异，其主要与烃源岩原始有机质类型密切相关，有机质类型越好，其无论是生油量，还是生气量则越高。WC1-2样品为弧间盆地的泥岩类烃源岩，有机质类型为 II_1 型，处于较高的热演化阶段（R_o=1.15%），相对其他沉积环境的烃源岩仍具有高的产油率和产气率，表明烃源岩具有良好的原始生烃潜力。分析认为，该套烃源岩的高生烃潜力不仅与其较好的有机质类型密切相关，而且与其特殊的沉积背景有关。WC1-2样品为多岛弧沉积背景下弧间盆地火山活动间歇期发育的泥质岩类烃源岩，火山活动为有机质的发育创造了特殊条件：一方面，火山活动为沉积盆地中的水生生物带来了丰富的营养物质，为古生产力繁盛及优质烃源岩的发育提供了条件[13]，因而烃源岩有机母质中水生生物贡献较大；另一方面，火山物质带来的Fe、Mn、Zn等金属元素，以及 H_2、H_2S 等气态物质具有一定的催化作用，使烃源岩热演化生烃能力明显增强[14-15]。相对而言，弧后盆地潟湖相的DSQ样品有机质类型为 II_2 型，有机母质陆源高等植物所占比例明显增加，其产烃总量虽少于WC1-2样品，但仍具有较高的生气量，是重要的气源岩。以P67样品为代表的残留洋盆滨浅海相，虽然其有机质成熟度相对于其他样品明显偏低（R_o=0.57%），且有机质丰度较高，但有机质类型差，有机母质以陆源高等植物占绝对优势，生气为主，生烃潜力相对较差。WC1-1样品为大套火山岩中的沉凝灰岩、凝灰质泥岩薄夹层，有机质类型为 II_2 型，有机质丰度与热模拟产烃量均最低，造成烃源岩生烃潜力差的主要原因也是火山活动影响，强烈的火山活动导致母质中低等水生生物组分降低，有机质类型变差，同时大量的火山物质对有机质起到一定的"稀释"作用。此外，烃源岩产烃能力还受烃源岩热演化的影响，强烈的火山活动带来大量的热量使WC1-1烃源岩样品热演化程度明显增高，甚至高于下部埋深更大的WC1-2样品。上述两方面因素共同影响致使烃源岩生烃能力有限。

3 结论

石炭系烃源岩生烃热模拟研究表明，不同沉积背景发育的烃源岩生烃潜力差异显著，其主要受控于烃源岩形成沉积环境和热演化。乌伦古坳陷和滴水泉地区早石炭世分别为弧间盆地火山活动间歇期泥质岩与潟湖环境泥岩有利烃源岩发育区带，为准噶尔盆地以石炭系为烃源灶的有利勘探区。

（1）弧后和弧间盆地滨浅海相火山喷发间歇期暗色泥岩烃源岩，其母质类型以低等水生生物为主，有机质含量丰度高，具有高的产气率和产油率，是最具生烃潜力的优质烃源岩。

（2）弧后盆地潟湖相烃源岩母质由于有陆源高等植物的输入，有机质类型以混合型为主，产油能力有限，但具有较高的产气率，是具备生气潜力的好烃源岩。

（3）残留洋盆滨浅海相烃源岩受陆源输入影响较大，生烃母质以高等植物为主，有机质类型为腐殖型，产油量极低，具备一定的生气能力，是生烃能力较差的烃源岩。

（4）弧间和弧后盆地强烈火山活动期，近火山岛弧混入大量火山灰物质的暗色凝灰质泥岩类烃源岩，其生油率与生气率均很低，生烃能力有限，为差烃源岩。

参 考 文 献

[1] 刘洪军，张枝焕，秦黎明. 准噶尔盆地滴北1井区油气成藏分析[J]. 西安石油大学学报（自然科学版），2011，26(3)：1-5.

[2] 何登发，陈新发，况军，等. 准噶尔盆地石炭系烃源岩分布与含油气系统[J]. 石油勘探与开发，2010，37(4)：397-408.

[3] 杨迪生，陈世加，李林，等. 克拉美丽气田油气成因及成藏特征[J]. 天然气工业，2012，32(2)：27-31.

[4] 贺凯，庞瑶，何治亮，等. 准东地区石炭系烃源岩评价及重要意义[J]. 西南石油大学学报（自然科学版），2010，32(6)：41-45.

[5] 王绪龙，赵孟军，向宝力，等. 准噶尔盆地陆东—五彩湾地区石炭系烃源岩[J]. 石油勘探与开发，2010，37(5)：523-530.

[6] 陈学国. 准噶尔盆地石炭系烃源岩地球化学特征研究[J]. 西安石油大学学报（自然科学版），2012，27(6)：12-18.

[7] 毛海波，谷新萍，朱明，等. 滴南凸起石炭系火山岩储层地震识别与描述[J]. 天然气工业，2012，32(2)：23-26.

[8] 靳军，张朝军，刘洛夫，等. 准噶尔盆地石炭系构造沉积环境与生烃潜力[J]. 新疆石油地质，2009，30(2)：211-214.

[9] 耿新华，耿安松，熊永强，等. 海相碳酸盐岩烃源岩热解动力学研究：气液态产物演化特征[J]. 科学通报，2006，51(5)：582-588.

[10] MAHISTEDT N, HORSFIELD B, DIECKMANN V. Second order reactions as a prelude to gas generation at high maturity [J]. Organic Geochemistry, 2008, 12: 1125-1129.

[11] ERDMANN M, HORSFIELD B. Enhanced late gas generation potential of petroleum source rocks via recombination reactions: evidence from the Norwegian North Sea [J]. Geochimica et Cosmochimica Acta, 2006, 70: 3943-3956.

[12] 秦艳，彭平安，于赤灵，等. 硫在干酪根裂解生烃中的作用[J]. 科学通报，2004，49(S1)：9-16.

[13] SIMINEIT B R T. Aqueous high-temperature and highpressure organic geochemistry of hydrothermal vent systems [J]. Geochimica et Cosmochimica Acta, 1993, 57 (12): 3231-3243.

[14] 郭占谦. 火山活动与石油、天然气的生成[J]. 新疆石油地质，2002，23(1)：5-10.

[15] 王鹏，潘建国，魏东涛，等. 新型烃源岩——沉凝灰岩[J]. 西安石油大学学报（自然科学版），2011，26(4)：19-22.

原文发表于《地质勘探》2014年第10期

准噶尔盆地周缘隆起带油气成藏模式

隋风贵　林会喜　赵乐强　张奎华　乔玉雷

（中国石化胜利油田分公司西部新区研究院）

摘　要：基于大量地质与地震资料，分析总结了准噶尔盆地周缘隆起带地质结构及地层充填特征，研究了隆起带圈闭、烃源岩及输导体系空间配置关系后指出，准噶尔盆地周缘隆起带发育着持续隆升、先坳后隆、隆坳反复等3种垂向演化类型，对应形成3种地质结构。持续隆升型隆起具有"旁源侧圈"空间配置关系，先坳后隆型、隆坳反复型隆起具有"下源上圈""圈源同位""旁源侧圈"等空间配置关系，不同的圈源配置关系有不同的输导体系。受不同地质结构控制下圈团、烃源岩、输导体系发育特点及其空间配置关系的影响，盆地周缘隆起带具有3种油气成藏模式。盆地周缘隆起带的车排子南部、哈山地区—红旗坝、木垒等地区资源潜力较大，应是今后勘探的有利方向。

准噶尔盆地为晚石炭世以来历经多期构造运动而成的大型叠合盆地[1]。按照中生界沉积前的构造格局，可划分为西部隆起、东部隆起、陆梁隆起、中央坳陷、乌伦古坳陷、北天山山前冲断带等6个一级构造单元及44个二级构造单元[2]（图1）。盆地周缘隆起带包括西部隆起、东部隆起，面积约25000km²。先后在盆地周缘隆起带发现了克拉玛依、红山嘴、乌尔禾、北三台等10多个油田，勘探成果显著。这些发现主要集中在隆起带靠近生烃坳陷的部位，但在靠近盆缘地区虽也曾钻过多口探井，但无油气发现，曾一度被认为远离烃源区，勘探前景不被看好。近几年中国石化在车排子与哈山地区、准东地区等获得突破，先后发现了春晖、春风和阿拉德3个油田，其储量达2×10⁸t以上[3]，可见，深入研究盆地周缘隆起带地质结构及油气成藏条件具有重要意义。

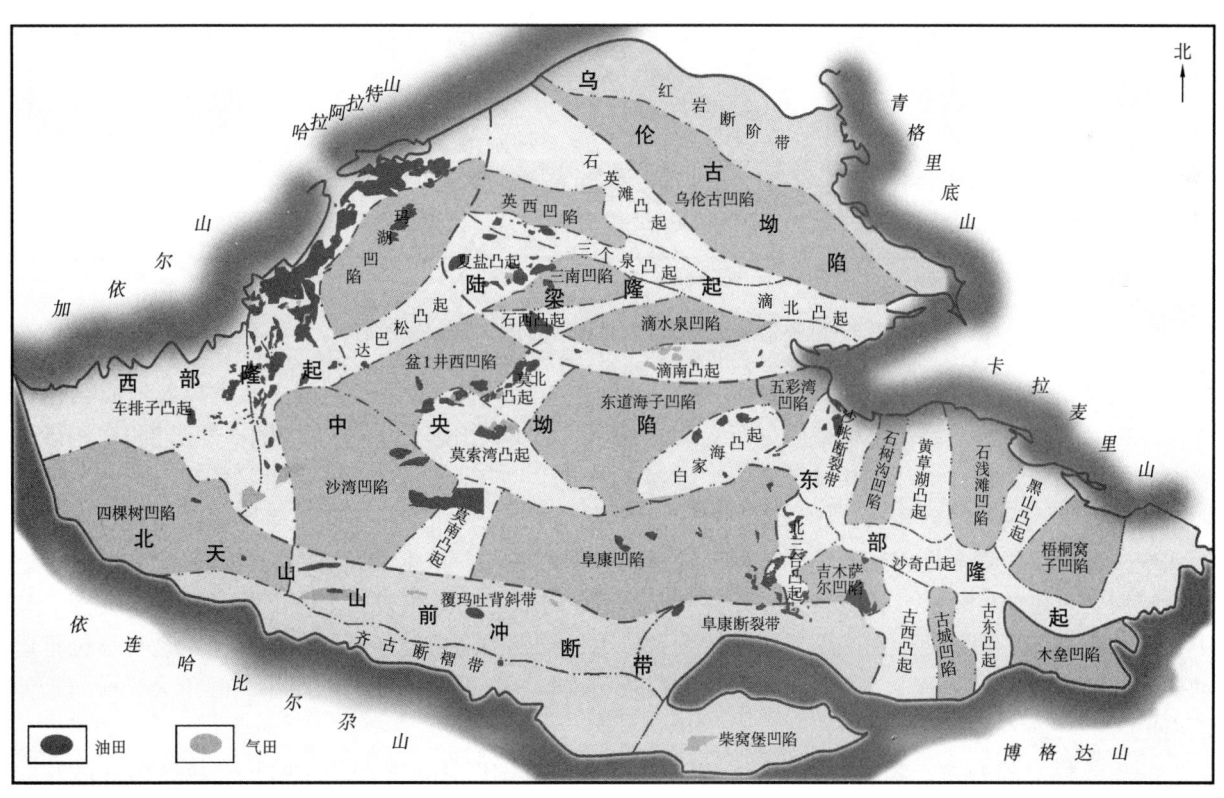

图1　准噶尔盆地构造单元区划及已发现油气田分布（据文献[2]）

1 构造演化类型及地质结构

准噶尔盆地盖层经历了 4 个演化阶段，即晚石炭世—早二叠世的海相或残留海相裂陷盆地阶段、中—晚二叠世的陆相前陆盆地阶段、三叠纪—白垩纪的陆内坳陷阶段、古近纪—第四纪的类前陆盆地阶段。

根据中生界沉积前构造单元叠加演化方式，盆地周缘隆起带可分为 3 种类型，对应形成 3 种地质结构和 3 种成藏模式（图 2）。

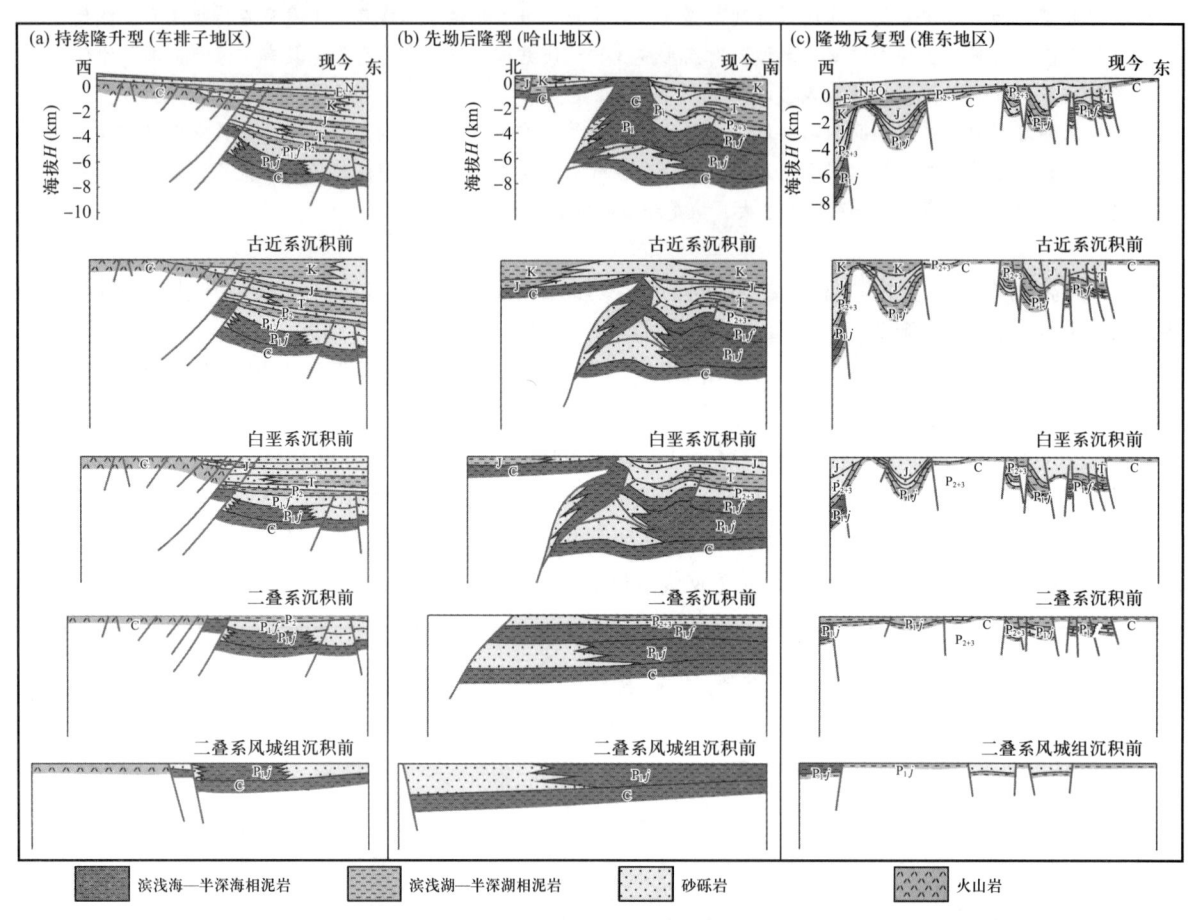

图 2 准噶尔盆地周缘隆起带构造演化类型及地质结构

（1）持续隆升型为二叠纪持续发育的隆起，主要位于车排子地区及周围。该类隆起地质结构分为上、中、下 3 个构造层：下构造层为石炭系海相碎屑岩及火山岩；中构造层为侏罗系冲积扇相砂砾岩，白垩系扇三角洲—滨浅湖相的砂砾岩、砂岩和泥岩；上构造层为古近—新近系的扇三角洲、辫状河三角洲及滨浅湖相的砂砾岩、砂岩和泥岩。侏罗系、白垩系、古近—新近系等平缓超覆在石炭系之上。中—新生界发育多期正旋回叠加沉积。每套沉积旋回底部，基本都发育一套含砾砂岩和砂岩。这些粗碎屑岩单层厚度较大，横向较为连续，平面呈毯状分布。隆起带发育上、下 2 套断裂体系[3]。其中，下部断裂体系为海西运动晚期形成并持续到燕山运动期的压扭性逆断层，上部体系是喜马拉雅运动期形成的主要发育在新生界中的张扭性正断层及负反转次级断层，断层断距小、倾角大、横向延伸距离短。

（2）先坳后隆型为先坳陷后强烈挤压逆冲抬升而形成的隆起，主要位于哈拉阿拉特山地区及周围。该区早二叠世为拉张坳陷，沉积范围较大，推测中二叠世以来被强烈挤压逆冲、逆掩，推移到现今位置，推移距离约30km[4]。隆起带地质结构可分为上、下2个构造层。下构造层为石炭系海相火山岩，下二叠统佳木河组（P_1j）海相火山岩及碎屑岩，风城组（P_1f）海相暗色泥岩、白云质岩及扇三角洲相粗碎屑岩和火山岩；上构造层为三叠系扇三角洲—滨浅湖相碎屑岩，侏罗系湿地扇—辫状河相碎屑岩，白垩系辫状河三角洲—滨浅湖相碎屑岩。各层以超剥形式覆盖在隆起区之上。中生界发育多期正旋回沉积，每套旋回底部，同样为一套较厚、分布较稳定的砂砾岩。隆起带发育上、下2套断裂体系。下构造层受多期构造挤压，被强烈改造成3部分构造地质体，分别为准原地叠加系统、前缘冲断系统及外来推覆系统，断裂及裂缝发育，其中规模较大的逆冲断层就有5条，这些断层又派生出多个分支断层。上构造层变形微弱，只在局部发育一些调整性小断层，一般仅断开侏罗系和下白垩统，垂向断距及平面延伸距离小，断面倾角大。

（3）隆坳反复型为二叠纪经历隆起—坳陷—隆起演化过程的隆起，准东地区为此类型。该区在早二叠世主要为隆起区，只在局部地区发育下二叠统；中—晚二叠世区域性沉降成为统一湖盆，广泛发育中—上二叠统；晚二叠世末期，该区发生差异性隆升，统一湖盆分解成多个大小不一的凹陷和凸起，这种格局在三叠纪—侏罗纪得到进一步强化。凹陷区地层保存较好，自下而上依次为中—上二叠统湖相暗色泥岩、油页岩及白云质岩，三叠系及侏罗系为扇三角洲、辫状河三角洲及滨浅湖相碎屑岩，新生界为河流相碎屑岩，凸起区二叠系基本被剥蚀殆尽，新生界直接覆盖在石炭系之上。凸起与凹陷之间、凹陷内部发育一些断距几十米至上千米、近乎直立的逆断层，多切穿二叠系、三叠系及侏罗系。

2 油气成藏要素及其空间配置

前人认为，准噶尔盆地周缘隆起带的油气主要源于盆内邻近坳陷，圈源空间配置关系具有"旁源侧圈"的特点，圈闭与烃源岩之间需要断层、砂体、不整合沟通才能成藏。笔者通过对准噶尔盆地周缘隆起带地质结构与地层剖析，结合钻井、油气显示及烃源岩对比，发现先坳后隆型、隆坳反复型的隆起区在坳陷阶段往往有利于烃源岩的发育，尽管后期隆升致使这些烃源岩生烃受到抑制或发生不同程度的剥蚀，但由于空间演化的差异性，一些地区或层段仍会有烃源岩被保留下来。这极大地丰富了盆地周缘隆起带圈闭与烃源岩的空间配置关系。除了有"旁源侧圈"这一基本配置关系之外，另外还有"下源上圈""圈源同位"等2种配置关系。其中，"下源上圈"是指隆起带内下部为烃源岩、上部为圈闭的空间关系，圈闭、烃源岩之间以断层直接沟通。"源圈同位"是指隆起带内圈闭与烃源岩处于同一层段同一位置时的空间关系，圈闭与烃源岩直接接触。

（1）持续隆升型隆起由于持续隆起，下构造层石炭系长期处于暴露环境，风化壳厚30～150m，裂缝及孔隙发育，易形成地层圈闭；中、上构造层的中新生界超剥频繁，不整合发育，具有多套储盖组合，易形成地层、岩性圈闭。隆起自身不发育烃源岩，油气供给主要为旁侧沙湾凹陷的二叠系风城组、下乌尔禾组和中—下侏罗统烃源岩，以及四棵树凹陷的中—下侏罗统烃源岩。钻井及地化指标分析证实，这些凹陷内的烃源岩岩性主要为湖相暗色泥岩、碳质泥岩，厚100～800m，有机碳含量0.55%～1.70%，镜质组反射率为0.7%～1.3%，均为优质有效烃源岩。断层、砂体及不整合是重要的油气输导体系[4]。通过对断层活动性、砂体展布、不整合结构、物性特征、运移指数、定量荧光等分析表明，隆起边界的红车断层、卡6断层、上覆层中的调整型小断层、中—新生界各旋回底部毯砂、各级不整合等有效组合，形成"油源断层＋毯砂、不整合＋调整断层"为基本形式的输导体系[5]。其中，红车断层、卡6断层的下部断裂体系沟通了深部的烃源岩和浅部的毯状厚砂体，为车排子地区主要的油源断层；上部断裂体系沟通了下部毯状砂体和上部的孤立砂体，形成了油气垂向运移的调整断层。侏罗系底部、白垩系底部、沙湾组沙一段砂砾岩单层厚度一般5～80m，埋藏浅，成岩作用弱，以原生粒间孔为主，孔隙度一般为20.9%～33.3%，渗透率为28.0～39.1mD，具中—高孔、中—高渗透特点，横向上连通性好。目前在这3套毯状砂砾岩中均见到很好油气显示，表明毯砂是油气横向运移的有利输导层。车排子地区形成新近系与古近系、古近系与白垩系、白垩系与侏罗系（或石炭系）、侏罗系与三叠系（或石炭系）等多个区域性不整合。不整合顶板砂砾岩、风化黏土层、半风化岩石较发育[2]。其中，不整合顶板砂砾岩多对应于每个沉积旋回底部砂砾岩，从而形成一个沿不整合分布的具较好输导性能的横向连通体。对于半风化火山岩，风化后物性改善明显，可成为很好的运移通道或储层。目前，车排子地区石炭系顶部半风化火山岩中见到大量油气显示，部分井试油产量达到70m³/d，已上报控制储量及预测储量合计5000×10⁴t，充分展现出半风化火山岩的重要输导及储集作用。而对于砂泥岩互层的半风化岩石，由于泥岩风化前后物性变化不大，渗透性差，总体上不利于油气的横向穿层运移。

（2）先坳后隆型隆起受后期多期构造变形的影响，下构造层断层、裂缝极为发育，易形成大量构造、裂缝性圈闭；上构造层中生界超剥频繁，具有多套储盖组合，形成地层、岩性圈闭。坳陷阶段发育的风城组烃源岩在晚二叠世进入生烃门限，二叠纪末期以来发生推覆隆升，一部分风城组烃源岩被冲断抬升，生烃停滞。如哈浅6井风城组暗色泥岩样品现今埋深3000m，有机碳含量为0.65%～1.89%，氯仿沥青"A"含量0.0178%～0.1672%，镜质组反射率为0.82%～0.89%。根据该地区构造演化、古地温梯度等分析，认为哈浅6井处的烃源岩刚开始进入生油高峰，就因冲断抬升导致生烃停滞。另一部分风城组烃源岩则存在于准原地系统中，地层埋深超过6000m，热模拟表明，镜质组反射率达到1.2%～1.5%，仍处于有利于生烃高峰期。哈深2井、哈深3井、哈山1井在下构造层的石炭系及二叠系钻遇几十米油层，试油产量10.3m³/d。从油源色谱质谱图来看（图3），哈山地区上、下构造层原油为植烷优势；β胡萝卜烷丰度较高，C_{20}，C_{21}，C_{23}三环萜烷相对丰度逐渐增加，均表现为上升型；孕甾烷与升孕甾烷丰度较低，规则甾烷C_{29}相对丰度较高；与哈山地区及周围的风城组烃源岩特征基本吻合，证实哈山地区原油均来自风城组烃源岩。从C_{29}甾烷S/C_{29}甾烷$(S+R)$，C_{29}甾烷$\beta\beta/C_{29}$甾烷$(\beta\beta+\alpha\alpha)$等生物标志物参数来看（图4），哈山地区前缘超剥带原油C_{29}甾烷S/C_{29}甾烷$(S+R)$与C_{29}甾烷$\beta\beta/C_{29}$甾烷$(\beta\beta+\alpha\alpha)$的值均相对较高，与玛湖、乌尔禾地区原油相似，推测为玛湖凹陷热演化程度较高的烃源岩所生油气经过长距离运移而来；哈山地区外来推覆体原油C_{29}甾烷S/C_{29}甾烷$(S+R)$与C_{29}甾烷$\beta\beta/C_{29}$甾烷$(\beta\beta+\alpha\alpha)$的值均较小，反映烃源岩热演化程度较低，且为近距离运移，推测为外来推覆体或准原地系统中风城组烃源岩早期生成的油气。

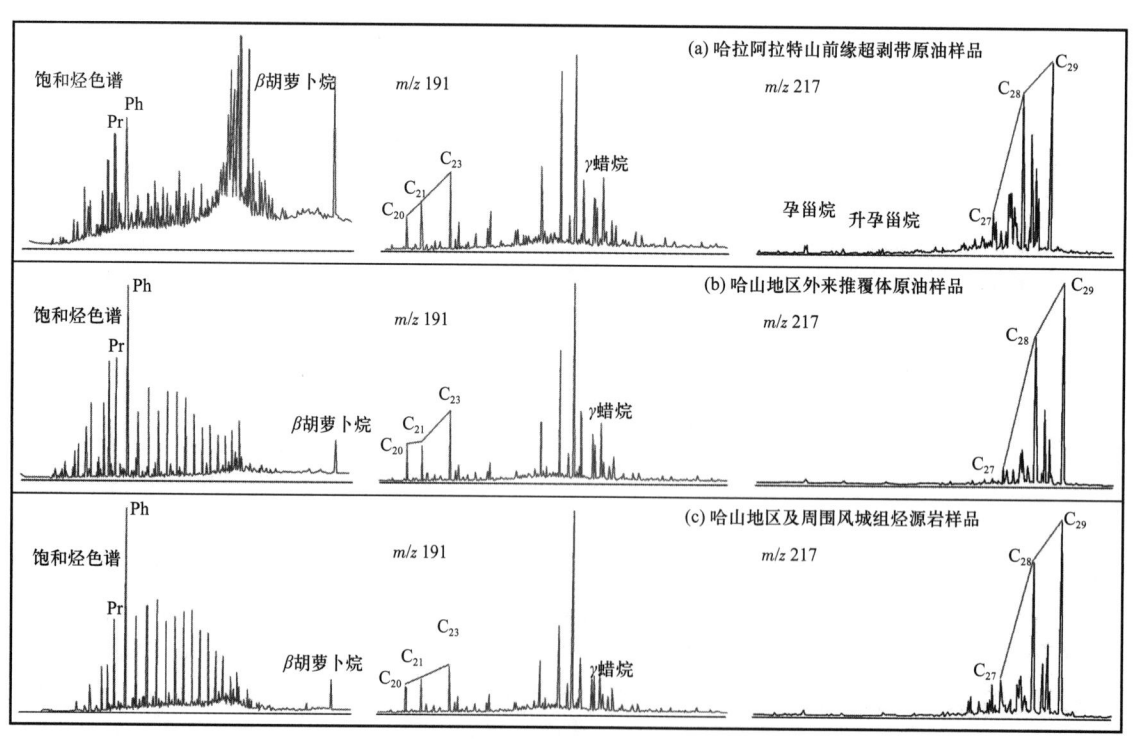

图3 哈山地区及周围原油与烃源岩抽提物色谱质谱

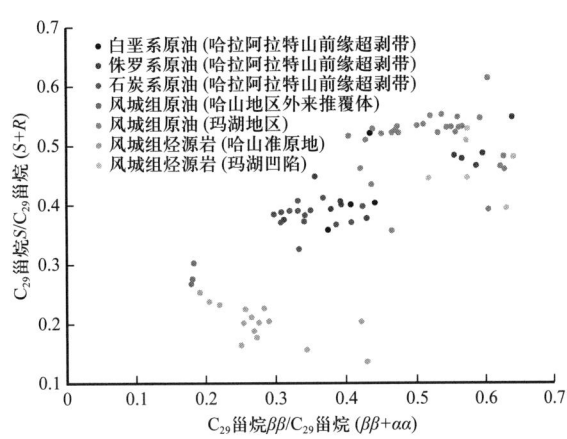

图 4　哈山地区及周围油源 C_{29} 甾烷 S/C_{29} 甾烷（$S+R$）与 C_{29} 甾烷 $\beta\beta/C_{29}$ 甾烷（$\beta\beta+\alpha\alpha$）相关性

上述的"下源上圈""圈源同位""旁源侧圈"等 3 种空间配置关系，往往由不同的输导体系连通。其中，下构造层的前缘冲断系统及外来推覆系统的圈闭与准原地叠加系统的烃源岩形成"下源上圈"配置关系，圈闭、烃源岩之间以下构造层中的树枝状断层连通，形成断层型输导体系。从钻遇断层的哈浅 6 井和哈山 1 井来看，油气在断层附近显示丰富；运移参数分析表明，油气具有沿断层自下而上运移的趋势（图 5）。准原地叠加系统自身发育的圈闭与烃源岩直接接触，可形成"圈源同位"空间配置关系。上构造层中圈闭与旁侧玛湖凹陷烃源岩形成"旁源侧圈"关系中，圈闭与烃源岩之间则以油源断层、调整型断层、毯砂及不整合连通，同样形成"油源断层 + 毯砂、不整合 + 调整断层"为基本形式的输导体系。其中，哈山地区与玛湖凹陷之间的乌尔禾断层为油源断裂。该断层断穿层位多，深部断穿风城组烃源岩，浅部与三叠系底部不整合或砂体形成空间上的对接，为油气大规模向上运移提供了运移通道。哈山地区上部局部发育的小型正断层沟通侏罗系与白垩系，为油气调整性断层，与砂层配合可形成台阶状运移通道。三叠系、侏罗系和白垩系底部发育的 3 套毯砂，单层厚度一般为 10～45m，埋藏浅，成岩作用弱，孔隙度一般为 20.1%～33.4%，渗透率为 26.3～59.1mD，为重要的横向输导层。不整合顶板砂体横向连通性好，在局部地区也可作为横向输导层。

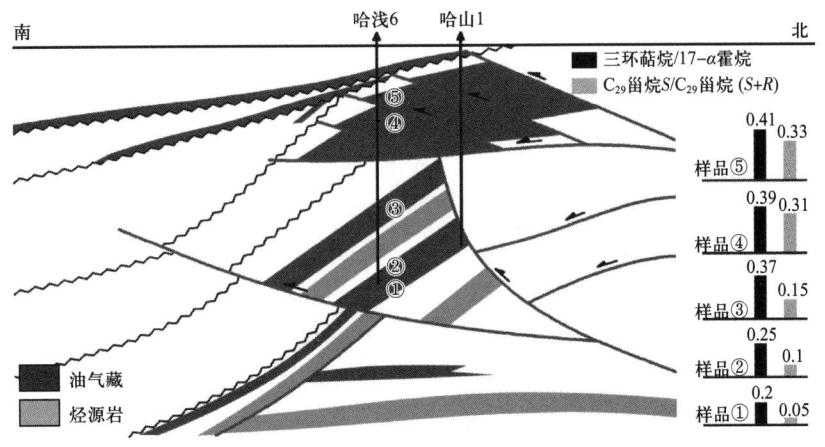

图 5　哈山地区油气沿断层运移参数变化

（3）隆坳反复型隆起中二叠统烃源岩受地区差异性改造，在凸起区被剥蚀殆尽，在凹陷区则被较好地保存下来。从吉木萨尔、木垒等凹陷内的多口钻井揭示来看，中二叠统暗色泥岩及油页岩厚 50～300m，有机碳含量 0.75%～2.83%，氯仿沥青"A"含量 0.0288%～0.2672%，实测镜质组反射率 0.8%～1.1%，为一套优质有效烃源岩。凹凸相间格局对圈闭发育同样也产生重要影响。残留凹陷内各套地层发育较全，中二叠统具有自生自储特点，形成岩性圈闭；上二叠统及以上层系形成一些构造、岩性及地层圈闭；凸起区由于中—新生界超剥频繁，并与基底石炭系直接接触，易发育地层圈闭。隆起带残留凹陷内的圈闭与烃源岩配置关系有 2 种：一种为中二叠统内的"圈源同位"型；另一种为中二叠统烃源岩与上覆层圈闭形成的"下源上圈"型，圈闭与烃源岩之间以断层连通。残留凹陷是最主要的油气富集区，目前吉木萨尔凹陷已发现了以中二叠统烃源岩为油气来源的亿吨级规模储量，其他凹陷也均见到好的油气显示。隆起带圈闭与旁侧坳陷烃源岩、隆起带内部凸起上的圈闭与残留凹陷内烃源岩配置关系主要为"旁源侧圈"型，圈闭与烃源岩之间以断层、毯砂及不整合连通。

3 隆起带油气成藏模式

前人研究认为，准噶尔盆地周缘隆起带已发现油气藏的油气主要源自下二叠统、中二叠统和下—中侏罗统 3 套烃源岩，规模较大的油气充注期主要发生在 T_3—J，K_2—E，N—Q[6-11]。笔者根据不同地质结构隆起带油气成藏剖析，总结出以下 3 类隆起带的油气成藏模式（图 6 和表 1）。

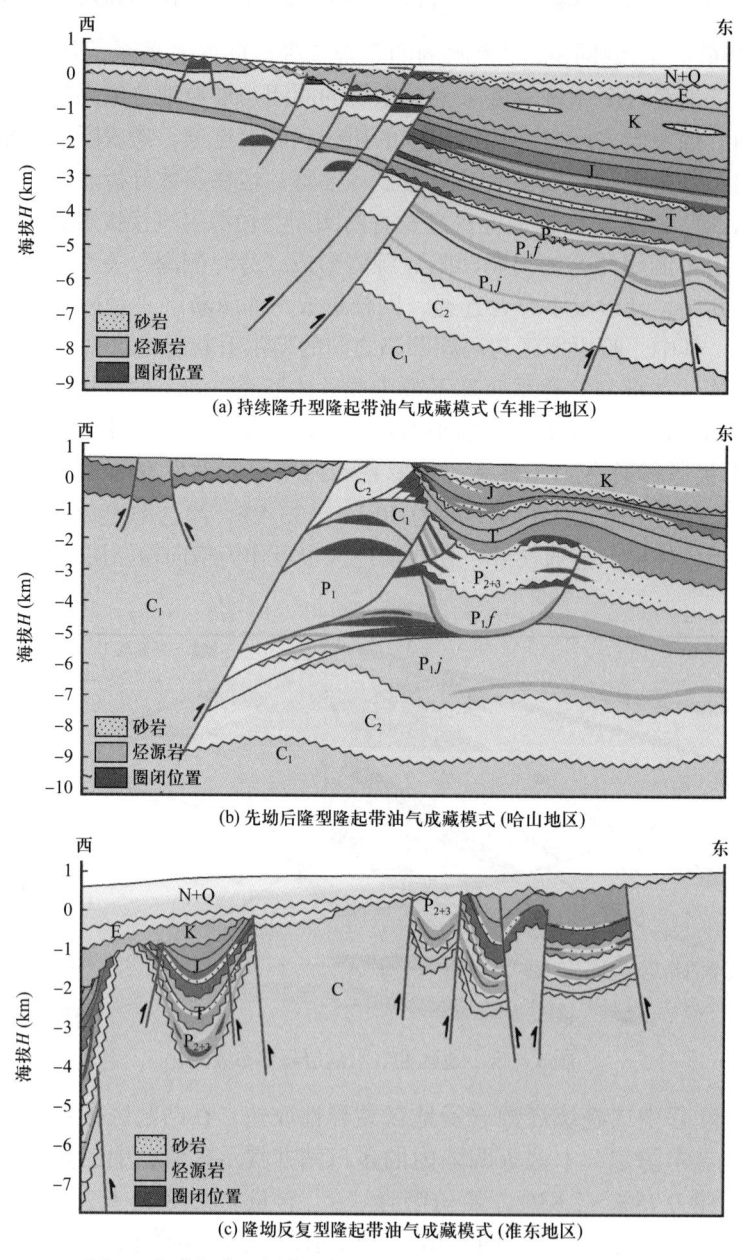

(a) 持续隆升型隆起带油气成藏模式 (车排子地区)

(b) 先坳后隆型隆起带油气成藏模式 (哈山地区)

(c) 隆坳反复型隆起带油气成藏模式 (准东地区)

图 6 准噶尔盆地周缘不同地质结构隆起带油气成藏模式

表 1 准噶尔盆地周缘隆起带部分油藏（田）原油来源及充注期次

构造单元	油田	含油层位	圈闭类型	原油来源（层位）	油藏原油充注期	资料来源
西部隆起	春晖油田	白垩系	地层超覆	玛湖凹陷（下二叠统风城组）	K_2—E	本次研究
		侏罗系八道湾组	地层超覆	玛湖凹陷（下二叠统风城组）	K_2—E	
		侏罗系八道湾组	不整合遮挡	哈山地区（下二叠统风城组）	K_2—E	
		侏罗系八道湾组	地层、构造	哈山地区（下二叠统风城组）	K_2—E	
		石炭系、二叠系	构造、裂缝	哈山地区（下二叠统风城组）	T_3—J_{1+2}，K_2—E	
	阿拉德油田	白垩系	地层超覆	玛湖凹陷（下二叠统风城组）	K_2—E	本次研究
		侏罗系西山窑组	地层、构造	玛湖凹陷（下二叠统风城组）	K_2—E	
		侏罗系西山窑组	地层、构造	哈山地区（下二叠统风城组）	K_2—E	
		三叠系百口泉组、克拉玛依组	地层、构造	玛湖凹陷（下二叠统风城组）	K_2—E	
		石炭系、二叠系	构造、裂缝	哈山地区（下二叠统风城组）	T_3—J_{1+2}，K_2—E	
	风城油田	侏罗系八道湾组、齐古组	地层、岩性	玛湖凹陷（中二叠统下乌尔禾组）	J_3—K_1	参考文献[2，6]
		侏罗系八道湾组、齐古组	地层、岩性	玛湖凹陷（下二叠统风城组）	J_3—K_1	
	乌尔禾油田	三叠系百口泉组、克拉玛依组	地层、岩性	玛湖凹陷（中二叠统下乌尔禾组）	T_3—J，K_2—E	
		三叠系百口泉组、克拉玛依组	地层、岩性	玛湖凹陷（下二叠统风城组）	T_3—J，K_2—E	
	百口泉油田	三叠系百口泉组、克拉玛依组	地层超覆	玛湖凹陷（中二叠统下乌尔禾组）	J_{1+2}	参考文献[2]
		三叠系百口泉组、克拉玛依组	地层、构造	玛湖凹陷（下二叠统风城组）	T_3—J_{1+2}	
	克拉玛依油田	侏罗系	地层、岩性	玛湖凹陷（下二叠统风城组）	K_2—E	参考文献[2，7-8]
		石炭系、二叠系、三叠系	地层、岩性	玛湖凹陷（中二叠统下乌尔禾组）	T_3—J，K_2—E	
		石炭系、二叠系、三叠系	不整合遮挡	玛湖凹陷（下二叠统风城组）	T_3—J，K_2—E	
	红山嘴油田	侏罗系八道湾组、齐古组	地层超覆	沙湾凹陷（中二叠统下乌尔禾组）	K_2—E，E_2—Q	
		侏罗系八道湾组、齐古组	不整合遮挡	沙湾凹陷（下二叠统风城组）	K_2—E，E_2—Q	
	春风油田	新近系	地层、岩性	沙湾凹陷（下侏罗统）	N—Q	本次研究
		新近系	地层、岩性	四棵树凹陷（下侏罗统）	N—Q	
		新近系	地层、岩性	沙湾凹陷（中二叠统下乌尔禾组）	N—Q	
		白垩系	地层超覆	沙湾凹陷（下侏罗统）	N—Q	
		白垩系	地层超覆	沙湾凹陷（中二叠统下乌尔禾组）	K_2—Q	
		侏罗系八道湾组	地层、岩性	沙湾凹陷（中二叠统下乌尔禾组）	K_2—Q	
		石炭系	地层	沙湾凹陷（中二叠统下乌尔禾组）	K_2—Q	
	春光油田	新近系	地层、岩性	沙湾凹陷（下侏罗统）	N—Q	参考文献[9-10]
		新近系	地层、岩性	四棵树凹陷（下侏罗统）	N—Q	
	车排子油田	侏罗系八道湾组、齐古组	地层超覆	沙湾凹陷（下侏罗统）	N—Q	
		侏罗系八道湾组、齐古组	不整合遮挡	沙湾凹陷（中二叠统下乌尔禾组）	K_2—Q	
		侏罗系八道湾组、齐古组	不整合遮挡	沙湾凹陷（下二叠统风城组）	J_3—K_1	

续表

构造单元	油田	含油层位	圈闭类型	原油来源（层位）	油藏原油充注期	资料来源
东部隆起	三台油田	侏罗系八道湾组	地层超覆	阜康凹陷（下侏罗统）	N—Q	参考文献[11]
		侏罗系八道湾组	不整合遮挡	阜康凹陷（下侏罗统）	N—Q	
		二叠系梧桐沟组	地层超覆	阜康凹陷（中二叠统）	K_2—E	
		二叠系梧桐沟组	不整合遮挡	阜康凹陷（中二叠统）	K_2—E	
	昌吉油田	三叠系、侏罗系	构造、岩性	吉木萨尔凹陷（中二叠统）	K_2—E	
		中二叠统	岩性	吉木萨尔凹陷（中二叠统）	K_2—E	

（1）持续隆升型隆起带油气成藏模式。昌吉凹陷的下二叠统、中二叠统和下—中侏罗统烃源岩、四棵树凹陷的侏罗系烃源岩向隆起带以侧位方式远距离供烃。油气充注主要发生在 J_3—K_1，K_2—E，N—Q。其中，J_3—K_1 为下二叠统烃源岩向该区充注，K_2—E 为中二叠统烃源岩向该区充注，N—Q 为中二叠统和下—中侏罗统烃源岩向该区充注。各时期烃源岩排出的油气通过红车断层、卡6断层等油源断层垂向运移至石炭系不整合、中—新生界毯砂，再进行横向运移，部分经调解断层进入到上部更浅的新生界中，最终充注到石炭系、中生界和新生界的地层—岩性圈闭中聚集，垂向上形成"三层楼"式油气分布特点。该隆起带油气成藏模式可概括为"三源一位供烃，三期充注，一类方式输导，地层—岩性圈闭聚集，'三层楼'式分布"。

（2）先坳后隆型隆起带油气成藏模式。隆起带下构造层自身发育的下二叠统烃源岩、邻近玛湖凹陷的下二叠统、中二叠统烃源岩分别从下部、旁侧等位置向隆起区供烃。油气充注主要发生在 T_3—J_{1+2}，J_3—K_1，K_2—E。晚三叠世—早侏罗世，隆起区准原地系统下二叠统烃源岩向该区充注油气，一部分油气沿断裂垂向进入到前缘冲断系统及外来推覆系统的构造或裂缝圈闭中聚集成藏，另一部分则在准原地系统中形成自生自储式岩性油藏。晚侏罗世—早白垩世，隆起区准原地系统下二叠统烃源岩再次向该区充注，玛湖凹陷中的下二叠统、中二叠统烃源岩开始向该区充注。其中，来自隆起区准原地系统下二叠统烃源岩的油气大部分仍主要通过断裂垂向进入到前缘冲断系统及外来推覆系统的构造或裂缝圈闭中聚集成藏，少部分则进入到上构造层三叠系地层—岩性圈闭中聚集；来自玛湖凹陷下二叠统和中二叠统烃源岩的油气则主要通过乌尔禾断层垂向进入到三叠系、侏罗系底部毯砂中进行横向运移，遇到地层—岩性圈闭则聚集成藏。晚白垩世—古近纪，主要为早期形成的三叠系、侏罗系油藏部分被调解断层沟通，进入到上部更浅的白垩系地层—岩性圈闭中聚集成藏，垂向上形成"两层楼"式油气分布特点。该隆起带油气成藏模式可概括为"两源三位供烃，三期充注，两类方式输导，构造、地层岩性圈闭聚集，'两层楼'式分布"。

（3）隆坳反复型隆起带油气成藏模式。油气主要来自隆起带残留生烃凹陷中二叠统烃源岩及盆内坳陷中二叠统和下—中侏罗统烃源岩。残留生烃凹陷成藏基本各成体系，凹陷中中二叠统烃源岩在晚白垩世—古近纪排烃，大部分就近充注到与中二叠统烃源岩所直接接触的砂体中，形成岩性油藏，少部分通过断层向上充注到上二叠统、三叠系、侏罗系中，形成构造油藏、地层—岩性油藏，凹陷内油气分布具有多层含油，叠合连片的特点。来自盆内坳陷烃源岩的油气充注发生在晚白垩世—古近纪、新近纪—第四纪。前者为中二叠统烃源岩的油气主充注期，后者为侏罗系烃源岩的油气主充注期。这两源两期充注的油气通过油源断层垂向进入到上覆层毯砂、不整合中进行横向运移，在邻近坳陷的凸起上聚集，形成地层油气藏，凸起上油气具有"两层楼"式分布特点。该隆起带油气成藏模式可概括为"两源三位供烃，两期充注，三类方式输导，岩性、构造及地层圈闭聚集，'凹陷满洼含油、凸起两层楼式'分布"。

4 有利勘探方向预测

综上所述，笔者认为，在盆地周缘除了已经有油气发现的地区外，还有3个地区潜力大，应是今后有利的勘探方向：一是车排子南部地区，属于持续隆升型隆起，邻近的沙湾凹陷、四棵树凹陷均发育有效烃源岩，可对隆起带进行双向供烃，下构造层的石炭系、中构造层的中生界是有利的目的层系，下步应重点加强毯砂与不整合的横向输导方向及效率研究，明确油气运聚方向；二是哈山地区—红旗坝地区，属于先坳后隆型隆起，隆起带自身及邻近玛湖凹陷均发育有效烃源岩，隆起带下构造层的石炭系及二叠系，上构造层的三叠系、侏罗系及白垩系是有利的目的层系，下步应重点加强下构造层断层样式、结构及活动性研究，评价各断层的油气输导性，明确油气聚集部位；三是木垒凹陷，属于隆坳反复型隆起背景上的残留生烃凹陷，凹陷的二叠系及中生界与烃源岩直接接触或邻近，是有利的目的层，下步应重点加强烃源岩潜力评价，落实有利目标区。

参 考 文 献

[1] 李丕龙，冯建辉，陆永潮，等.准噶尔盆地构造沉积与成藏[M].北京：石油工业出版社，2010.

[2] 张善文.准噶尔盆地盆缘地层不整合油气成藏特征及勘探展望[J].石油实验地质，2013，35（3）：231-237.

[3] 隋风贵.准噶尔盆地西北缘中国石化探区勘探突破实践[J].新疆石油地质，2013，34（2）：129-132.

[4] 张善文.准噶尔盆地哈拉阿拉特山地区风城组烃源岩的发现及石油地质意义[J].石油与天然气地质，2013，34（2）：145-152.

[5] 张善文，林会喜，沈扬.准噶尔盆地车排子凸起新近系"网毯式"成藏机制剖析及其对盆地油气勘探的启示[J].地质论评，2013，59（3）：489-500.

[6] 吴孔友.准噶尔盆地乌夏地区油气成藏期次分析[J].石油天然气学报，2009，31（3）：18-24.

[7] 曹剑，胡文瑄，姚素平，等.准噶尔盆地西北缘油气成藏演化的包裹体地球化学研究[J].地质论评，2006，52（5）：700-707.

[8] 陈建平，查明，周瑶琪，等.准噶尔盆地克拉玛依油田油气运聚期次及成藏研究[J].中国海上油气（地质），2002，16（1）：19-22.

[9] 徐兴友.准噶尔盆地车排子地区油气成藏期次研究[J].石油天然气学报，2010，31（5）：40-44.

[10] 沈扬，宋国奇.源外地区油气成藏特征、主控因素及地质评价——以准噶尔盆地西缘车排子凸起春光油田为例[J].地质论评，2010，56（1）：51-59.

[11] 曾军，康永尚，韩军，等.准噶尔盆地北三台西南斜坡带油气成藏分析[J].西南石油大学学报（自然科学版），2008，30（5）：53-58.

原文发表于《新疆石油地质》2015年第1期

哈山构造带火山岩储层发育特征及控制因素

张奎华[1,2]　林会喜[1,2]　张关龙[2]　许文国[2]

（1.中国石油大学（华东）地球科学与技术学院；
2.中国石油化工股份有限公司胜利油田分公司西部新区研究院）

摘　要：利用薄片、岩石元素全分析、扫描电镜等多种分析测试手段，结合测井资料分析，开展准西北缘哈拉阿拉特山（哈山）造山带火山岩发育背景、岩性组合、储层成因及控制因素研究。结果表明：研究区上石炭统火山岩形成于陆缘岛弧及大洋岛弧背景，发育火山角砾岩、凝灰岩、玄武岩、安山岩及流纹岩组合；主要储集空间类型为构造裂缝及溶蚀孔缝；岩性岩相是成储基础，成岩作用控制了储层演化，构造演化是火山岩成储的主控因素和关键；在推覆体前翼、构造转折端和多期次断层交汇处的凝灰岩、火山角砾岩发育区，以及受长期风化淋滤作用改造的火山角砾岩及火山熔岩发育带，为火山岩储层有利发育区。

哈拉阿拉特山（以下简称哈山）位于新疆北部准噶尔盆地西北缘。近年来，哈山造山带外来推覆系统石炭系火山岩勘探取得较大突破[1]，且优质储层控藏作用明显。目前在火山岩储层评价及预测方面尚未形成成熟的技术体系[2-4]，在一定程度上制约了该区及类似复杂构造区带的进一步勘探部署。前人研究[5-10]主要侧重于盆地构造稳定区带岩性岩相及风化淋滤作用对火山岩储层的控制作用，对复杂造山带火山岩储层发育特征及主控因素研究甚少。笔者以哈山复杂山前构造带火山岩储层为研究对象，重点剖析山前构造带火山岩成因、储层类型及控制因素。

1　哈山构造发育特征及火山岩形成地质背景

1.1　哈山地区构造发育特征

哈山构造带处于哈山—德伦山构造带的西端，南邻乌夏断阶带及玛湖凹陷，北以达尔布特断裂带与和什托洛盖盆地相接，整体呈北东—南西向展布[1]。由于位于准噶尔盆地西北缘前陆褶皱冲断带，哈山地区经历了复杂的构造演化过程，整体发育多期次逆冲推覆构造[1,11-12]。其构造演化过程大致可划分为3个阶段：第一阶段为早二叠世末期原地冲断阶段，第二阶段为中二叠世—三叠纪逆冲推覆阶段，第三阶段为喜马拉雅期走滑阶段[1]。在多期次构造活动控制下，研究区内发育了6期推覆体。其中推覆体Ⅱ、Ⅲ、Ⅳ及Ⅵ中主要充填石炭系火山岩（图1，据文献［1］修改），且多口探井见到丰富油气显示。

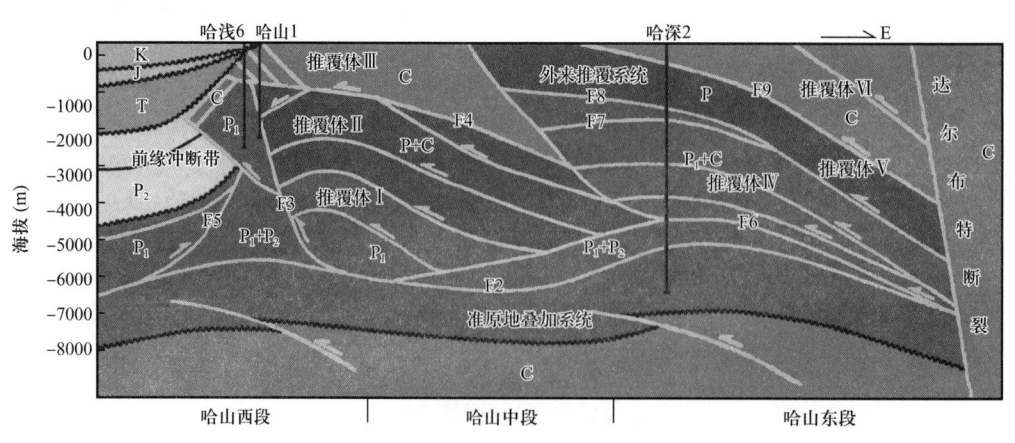

图1　哈山构造带东西向地质结构剖面

1.2 火山岩形成地质背景

哈山及周缘地区上石炭统哈拉阿拉特山组火山岩较为发育。对113个火山岩钻井样品及露头样品的主量和微量元素测试结果综合分析表明，研究区火山岩以中基性为主，硅质含量高，富钠，FeO含量高，整体以碱性火山岩占绝对优势；微量元素构造环境判识结果表明，火山岩发育于岛弧或与大洋中脊有关的岛弧环境（图2）。结合区域构造及古地理背景[13]，综合判断该套火山岩形成于陆缘岛弧或与残留洋盆有关的岛弧背景。

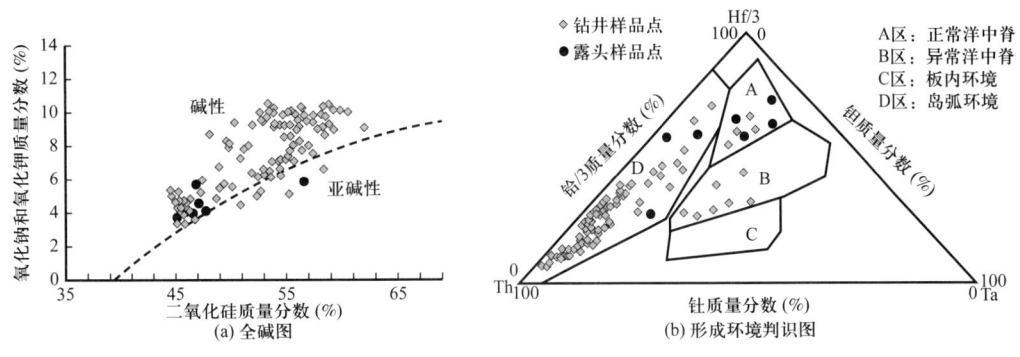

图2 火山熔岩成分判识全碱图及形成环境判识图

2 储层岩石学特征及储集空间类型

2.1 储层岩石学特征

在岩心观察、普通薄片及元素分析的基础上，结合测井响应特征，对研究区火山岩储层岩石学特征进行精细研究，结果表明研究区主要发育玄武岩、安山岩、流纹岩、火山角砾岩及凝灰岩等5种类型火山岩。其中玄武岩发育斑状结构，斑晶以辉石和橄榄石为主，基质以基性斜长石为主，发育气孔杏仁构造，分布于哈浅6、哈山2及哈山露头区；安山岩发育斑状及交织结构，斑晶以长石及角闪石为主，基质以中基性斜长石为主，常见环带结构及蚀变形成的溶蚀结构，含暗色矿物角闪石、辉石及黑云母等；流纹岩发育斑状结构，斑晶以酸性长石和石英为主，溶孔较发育，在测井曲线上突出表现为高自然伽马值，主要发育于露头区及哈浅102、哈浅3等井区；火山角砾岩发育典型的火山角砾结构，角砾搭成格架，格架间充填细粒火山灰物质，在后期地质作用下火山灰被碱性流体溶蚀、交代而形成自形、半自形方解石等碳酸盐矿物，为后期溶蚀孔洞的形成奠定物质基础；凝灰岩多发育熔结结构，含有岩屑、晶屑及玻屑，且三者含量变化较大，在露头区及多口钻井中均广泛发育。此外研究区还发育少量橄榄玄武岩、安山玄武岩、英安岩及辉绿岩等类型火成岩。

在此基础上，利用常规测井曲线主成分分析法，优选出对岩性识别灵敏度较高的6条曲线，即自然伽马（GR）、深侧向电阻率（RLLD）、密度（DEN）、声波时差（AC）、铀（U）和钍（Th），开展了火山岩测井岩性识别。对不同岩性的测井曲线响应特征进行分析，将其中相关程度高的曲线组合，可以较好地区分不同岩性（图3）。对全区多口探井火山岩进行了岩性识别，统计结果表明火山岩整体以火山角砾岩及凝灰岩为主，其次为玄武岩、安山岩和流纹岩（图4）。

2.2 储集空间类型

火山岩储层不具有岩石类型的专属性[4]，石炭系火山岩经历了漫长的成岩演化过程，储集空间类型较为复杂。宏观观察及铸体薄片、扫描电镜等微观分析表明，研究区的火山岩储集空间类型按照成因可划分为原生孔隙、次生孔隙、原生裂缝及次生裂缝等4大类12种类型。其中，原生孔隙包括气孔、晶间孔及砾（粒）间孔，次生孔隙包括晶间溶孔、晶内溶孔、砾（粒）间溶孔、超大溶孔和基质溶孔等，原生裂缝包括冷凝收缩缝和斑晶炸裂缝，次生裂缝包括构造缝及溶蚀缝等（图5）。从统计结果来看，研究区火山岩储层储集空间类型整体以次生构造裂缝和溶蚀孔缝为主，构成了火山岩主要的储集空间，约占整个储集空间的70%。进一步研究发现，构造裂缝和溶蚀孔缝的发育具有较强的非均质性，那些形成期较晚且未被成岩矿物完全充填的孔缝为有效的储集空间，形成油气富集区。

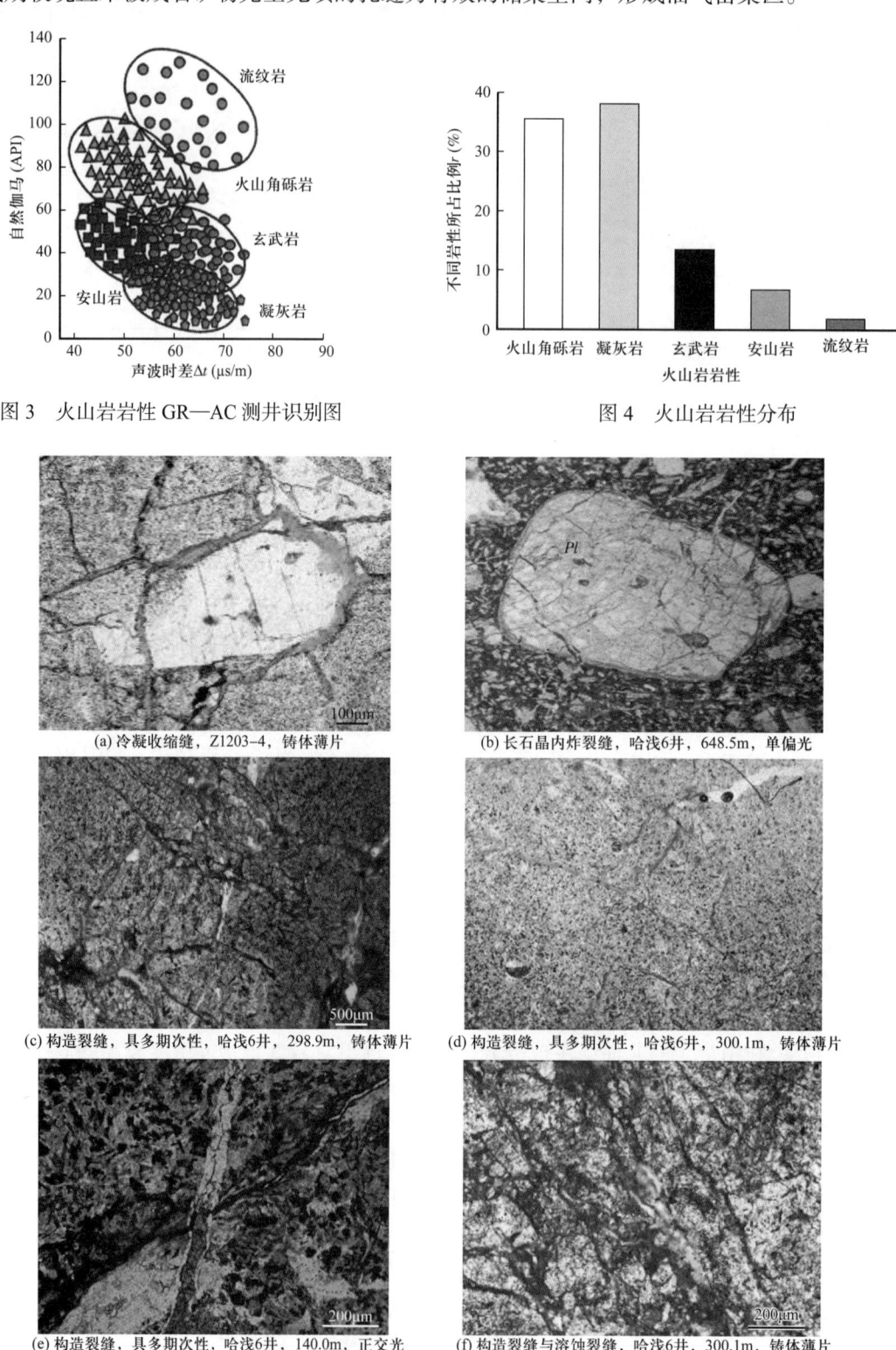

图3　火山岩岩性GR—AC测井识别图　　　　　图4　火山岩岩性分布

图5　石炭系火山岩裂缝类型及特征

3 储层控制因素

3.1 岩性岩相特征

不同成因火山岩在火山机构类型、喷发方式、岩性组合及早期成岩作用类型方面存在较大差异性。这些差异性决定了不同类型火山岩的抗风化能力、溶蚀孔隙的发育潜力及造缝能力，也决定了储层物性条件。

从哈山地区研究结果来看，火山角砾岩及中酸性火山熔岩较凝灰岩具更有利的组构条件而更易形成溶蚀孔隙；在相同的构造条件下凝灰岩和火山角砾岩较火山熔岩则具有更强的造缝能力。哈山地区火山岩发育于陆缘岛弧和大洋岛弧背景，以爆发相的凝灰岩和火山角砾岩为主，溢流相所占比例小。火山角砾岩从组构上来看与粗碎屑岩类似，砾（粒）间火山玻璃、火山灰等非稳定型物质易交代形成各类碳酸盐矿物，为后期遭受进一步溶蚀形成各类溶蚀孔隙奠定了物质基础。凝灰岩具有致密的凝灰结构，成分混杂、粒度细，成岩后地层水难以在内部有效流动，致使岩石内外缺少物质的带入和带出，后期溶蚀改造作用较弱，难以形成有效溶蚀空间；同时，正是由于其致密的结构使之成为最易发育构造裂缝的火山岩。从统计结果来看，哈山地区5类火山岩后期溶蚀作用发育难易程度顺序为凝灰岩＞安山岩＞玄武岩＞流纹岩＞火山角砾岩，后期造缝能力由强及弱的顺序为凝灰岩＞火山角砾岩＞流纹岩＞安山岩＞玄武岩（图6），整体反映了岩性岩相对储层物性及有效性的控制作用。另外，从研究区内不同岩性含油性统计结果中可看出，爆发相凝灰岩及火山角砾岩更易于发育裂缝及溶蚀孔缝，含油性最好；中基性熔岩玄武岩和安山岩难以形成大规模溶蚀，后期造缝能力也一般，致使整体储层物性较差，油气显示也较差（图7）。

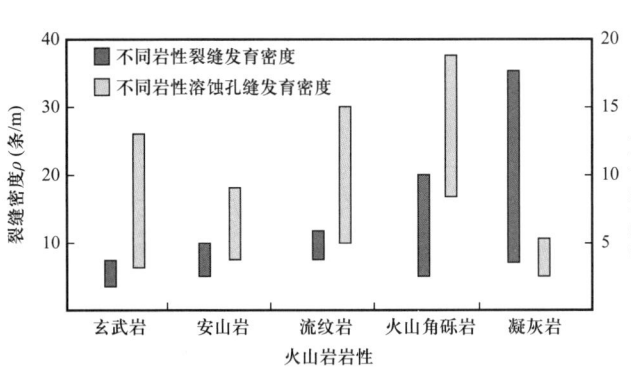

图6 不同岩性火山岩与发育储集空间统计

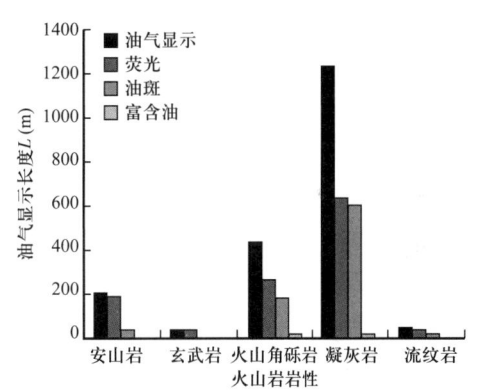

图7 火山岩含油性与岩性分布

3.2 构造作用

晚海西期以来，哈山构造带经历了复杂构造演化过程[1]。每期构造变动对石炭系火山岩储层的发育演化均有较大影响。总体来看，由于推覆体Ⅰ和Ⅳ处于逆冲推覆转折褶皱区和断裂交汇区，地质体发生局部转折致使裂缝最为发育。推覆体Ⅱ的下部及推覆体Ⅲ的前翼由于不同期次不同级别断层相互切割，裂缝也较发育。推覆体Ⅴ和Ⅵ裂缝处于推覆体后翼，主要表现为板状或整体的逆冲，地质体整体受到构造应力的拖曳作用，总体上裂缝发育较差。由此可见，不同构造区带在造山带复杂构造演化过程中所受到构造应力的规模不同，在宏观上控制了不同区带火山岩裂缝的发育程度。从野外及钻井数据统计结果来看，一级大断裂（图1中F2、F3、F4断裂）可控制裂缝发育范围为2～3km，一级大断裂派生的二级断层可控制裂缝发育范围为0.5～1.0km，随着与断裂距离的增大，裂缝规模变小、密度逐渐降低。处于逆冲推覆前翼带的推覆体Ⅲ中的哈浅6井区裂缝规模及密度较大；处于逆冲推覆后翼推覆体Ⅳ中的哈深 2 井区裂缝规模及密度相对较小（图 8）。可见，哈山逆冲推覆带火山岩储层的发育程度主要受到构造作用控制。

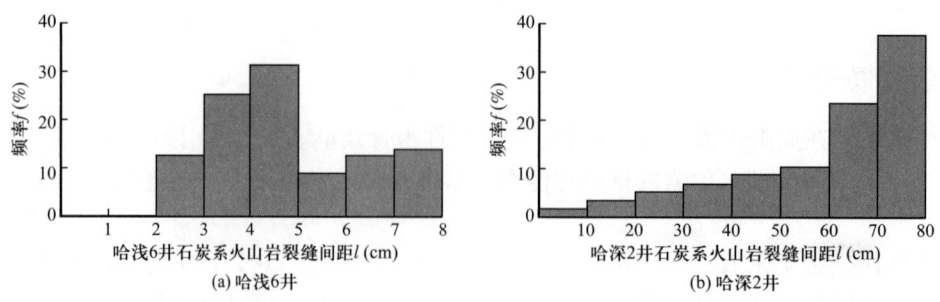

图 8　推覆体Ⅲ哈浅 6 井、推覆体Ⅳ哈深 2 井火山岩裂缝密度频率统计

3.3　成岩作用

火山岩成岩作用主要划分为早期成岩作用和后生成岩作用[14]。研究区火山岩系包括火山熔岩和火山碎屑岩，早期成岩作用对火山熔岩主要表现为冷凝固结作用，对火山碎屑岩主要表现为压实固结或熔结作用，可见早期成岩作用对储层物性整体具有破坏性作用；后生成岩作用则对火山岩储层物性具有决定性作用，既可以充填孔缝使储层物性变差，也可以在溶解作用或断裂作用下形成次生孔缝而改善储层物性。

从微观发育特征来看，哈山地区火山岩后生成岩作用主要表现为构造、风化淋滤、溶蚀、充填及蚀变作用。其中在多期次构造活动影响下形成的多期次生构造成缝作用、在裂缝沟通下发生的多期次溶蚀作用和逆冲推覆作用将火山岩抬升至近地表处的风化淋滤作用，对火山岩储层的发育具有建设性作用；而压实及充填作用对储层的发育具有破坏性作用。各种成岩作用下储层物性呈现复杂演化过程，晚石炭世早期火山岩形成以来，在复杂构造运动控制下火山岩储层物性呈现晚石炭世末期得到改善、物性变好到二叠纪物性受到破坏，物性变差，再到二叠纪末期以来物性不断改善、逐渐变好的演化过程（图 9）。

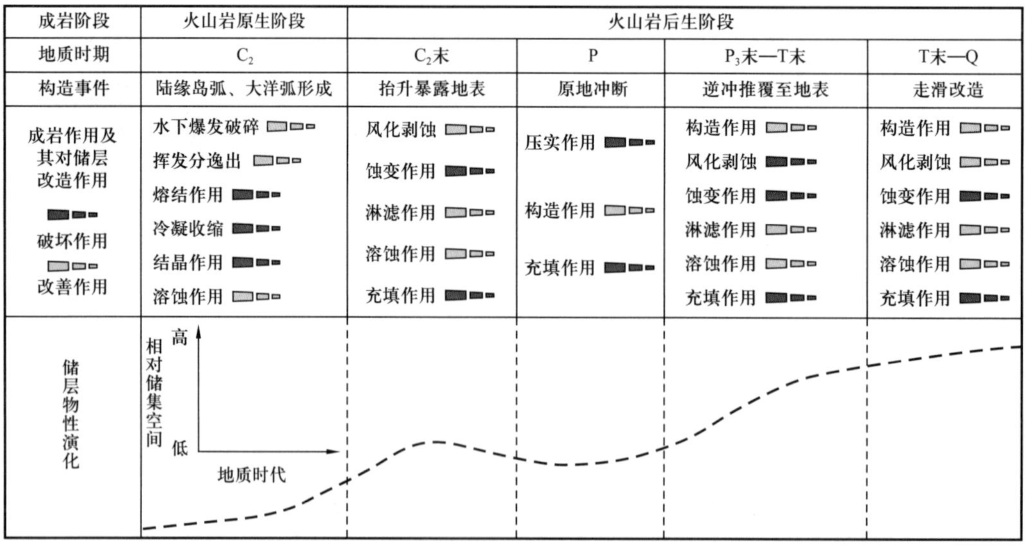

成岩阶段	火山岩原生阶段	火山岩后生阶段			
地质时期	C_2	C_2末	P	P_3末—T末	T末—Q
构造事件	陆缘岛弧、大洋弧形成	抬升暴露地表	原地冲断	逆冲推覆至地表	走滑改造
成岩作用及其对储层改造作用　□■□ 破坏作用　□■□ 改善作用	水下爆发破碎 □■□ 挥发分逸出 □■□ 熔结作用 □■□ 冷凝收缩 □■□ 结晶作用 □■□ 溶蚀作用 □■□	风化剥蚀 □■□ 蚀变作用 □■□ 淋滤作用 □■□ 溶蚀作用 □■□ 充填作用 □■□	压实作用 □■□ 构造作用 □■□ 充填作用 □■□	构造作用 □■□ 风化剥蚀 □■□ 蚀变作用 □■□ 淋滤作用 □■□ 溶蚀作用 □■□ 充填作用 □■□	构造作用 □■□ 风化剥蚀 □■□ 蚀变作用 □■□ 淋滤作用 □■□ 溶蚀作用 □■□ 充填作用 □■□
储层物性演化					

图 9　哈山外来推覆体火山岩储层成岩作用及物性演化

哈山复杂山前造山带火山岩储层发育主控因素较为复杂，火山岩岩性岩相特征为储层发育的内因，为后期构造作用及多种成岩作用奠定了基础。不同火山岩差异组构决定了后期储层演化及最终储集性能，而构造演化过程控制了整个外来推覆系统火山岩成岩过程及成岩作用类型，是火山岩储层发育的

决定性因素。多期次抬升地表遭受风化淋滤、溶蚀作用及多期次冲断、逆冲推覆作用而形成的多期次构造裂缝是形成优质火山岩储层的关键因素。在推覆体多期次冲断及逆冲推覆过程中，推覆体前翼、转折处、断层交汇处为裂缝及溶蚀孔洞发育有利区，推覆体后翼则不利于裂缝发育。在推覆体前翼、转折端、断层交汇处凝灰岩、火山角砾岩发育区，以及受长期风化淋滤作用改造的火山角砾岩及火山熔岩发育区，均有利于火山岩储层发育，应该引起油气勘探者的重视。

4 结论

（1）哈山山前带外来推覆系统火山岩主要形成于晚石炭世陆缘岛弧或与残留洋盆相关的岛弧背景，主要由火山熔岩与火山碎屑岩组成，包括火山角砾岩、凝灰岩、玄武岩、安山岩及流纹岩等5种岩性，其中以爆发相火山角砾岩和凝灰岩为主。

（2）火山岩主要发育储层空间包括原生孔隙、次生孔隙、原生裂缝、次生裂缝4大类和气孔、晶间孔、砾（粒）间孔、晶间溶孔、晶内溶孔、砾（粒）间溶孔、超大溶孔、基质溶孔、冷凝收缩缝、斑晶炸裂缝、构造缝、溶蚀缝等12种类型，其中以构造裂缝和溶蚀孔缝为主要储集空间类型。

（3）哈山复杂山前造山带火山岩储层发育主控因素较为复杂，火山岩岩性岩相为储层发育的内因，为后期复杂构造作用及成岩作用控制成储奠定了基础。构造演化过程控制了整个外来推覆系统火山岩成岩过程及成岩作用类型，是火山岩储层发育的决定性因素。成岩过程控制了储层物性的演化过程。三因素综合分析认为，在哈山推覆体前翼、构造转折端、断层交汇处凝灰岩、火山角砾岩发育区，以及受长期风化淋滤作用改造的火山角砾岩及火山熔岩发育区，均有利于火山岩储层发育，是油气勘探有利区带。

参 考 文 献

［1］于洪洲.准噶尔盆地西北缘哈拉阿拉特山山前复杂构造带建模技术［J］.天然气地球科学，2014，25（S1）：91-97.

［2］邹才能，赵文智，贾承造，等.中国沉积盆地火山岩油气藏形成与分布［J］.石油勘探与开发，2008，35（3）：257-270.

［3］张玉广，刘永健，霍进杰，等.中国火山岩油气资源现状及前景预测［J］.资源与产业，2009，11（3）：23-25.

［4］石磊，李书兵，黄亮，等.火山岩储层研究现状与存在的问题［J］.西南石油大学学报（自然科学版），2009，31（5）：68-72.

［5］侯连华，罗霞，王京红，等.火山岩风化壳及油气地质意义：以新疆北部石炭系火山岩风化壳为例［J］.石油勘探与开发，2013，40（3）：257-265.

［6］秦小双，师永民，吴文娟，等.准噶尔盆地石炭系火山岩储层主控因素分析［J］.北京大学学报（自然科学版），2012，48（1）：54-60.

［7］姚卫江，范存辉，党玉芳，等.准噶尔盆地西北缘中拐凸起石炭系火山岩储层特征及主控因素［J］.石油天然气学报，2011，33（9）：32-36.

［8］林潼，焦贵浩，孙平，等.三塘湖盆地石炭系火山岩储层特征及其影响因素分析［J］.石油天然气学报，2009，20（4）：513-517.

［9］冯子辉，邵红梅，童英.松辽盆地庆深气田深层火山岩储集层控制因素研究［J］.地质学报，2008，82（6）：760-768.

［10］SRUOGA P, RUBINSTEIN N, HINTERWINMMER G. Porosity and permeability in volvanic rocks: a case study on the serie Tobifera, south Patagonia, Argentina［J］. Journal of Volcanolagy and Geothermal Reseach, 2004, 132: 31-43.

［11］胡杨，夏斌.哈山地区构造演化特征及对油气成藏的影响［J］.西南石油大学学报（自然科学版），2013，35（1）：35-40.

［12］孙自明，洪元太，张涛.新疆北部哈拉阿拉特山走滑—冲断复合构造特征与油气勘探方向［J］.地质科学，2008，

43（2）：309-320.

[13] 吴晓智，齐雪峰，唐勇，等.新疆北部石炭纪地层、岩相古地理与烃源岩［J］.现代地质，2008，22（4）：549-557.

[14] 高有峰，刘万洙，纪学雁，等.松辽盆地营城组火山岩成岩作用类型、特征及其对储层物性的影响［J］.吉林大学学报（地球科学版），2007，37（6）：1251-1257.

原文发表于《中国石油大学学报（自然科学版）》2015年第2期

准噶尔盆地西北缘超剥带圈闭含油性量化评价

宋明水[1]　赵乐强[2]　宫亚军[2]　曾治平[2]　沈扬[2]　陈雪[2]

（1.中国石油化工股份有限公司胜利油田分公司；
2.中国石油化工股份有限公司胜利油田分公司勘探开发研究院西部分院）

摘　要：准噶尔盆地西北缘超剥带圈闭总体上具有分布广、埋藏浅、圈—源距离较远、圈闭含油性差异大等特点。圈闭含油性主要受控于断层—砂体（断－砂）输导体系的输导性能、油气运移距离、储－盖物性差等因素。其中，断层、砂体的输导性能分别可用断层启闭指数、砂体输导指数进行表征，油气运移距离可用圈—源平面距离表征，圈闭储集性能可用遮盖层与储层孔隙度差值进行表征。圈闭是否含油取决于断层—砂体输导指数是否超过临界值，圈闭含油程度与断层—砂体输导指数、圈闭储－盖孔隙度差呈较好正相关关系，而与圈—源平面距离呈负相关关系。在圈闭含油性与单因素关系分析基础上，通过多因素综合，建立了超剥带圈闭含油性多参数拟合关系式，应用结果表明，该拟合关系式预测值与实际值吻合度较高，可用来对准噶尔盆地西北缘超剥带圈闭含油性进行量化评价。

圈闭的含油气性属于圈闭评价的范畴[1]，其含油性预测对于钻前储量评估、井位部署等具有重要意义，也有学者对此开展了大量的相关研究[2]。目前，地质评价的基本思路是，基于圈闭成藏地质条件分析，确定圈闭含油气性的主控因素及其量化指标，建立圈闭含油气性的定量模型，但这个思路仍然没有解决如下问题：（1）圈闭含油气性主控因素是什么？如何有效量化表征主控因素？圈闭含油气性（充满度及高度）如何求取及预测？（2）地区适用性问题，现有的研究对象多集中在成熟探区洼陷烃源岩内岩性圈闭上[3-6]，对远离烃源岩的盆缘圈闭含油性问题涉及很少。

近几年，中国石油化工股份有限公司（简称中国石化）在长期勘探未果的准噶尔盆地西北缘超剥带（准西超剥带）获得多个重要油气发现，新增探明与控制储量为 2.6×10^8 t，展现了该领域较大的勘探潜力。由于盆缘超剥带圈闭远离烃源岩，油气成藏过程复杂，目前对盆缘超剥带圈闭含油性的预测基本上还处于定性判断阶段，据笔者统计，准噶尔盆地西北缘超剥带圈闭近几年的失利探井中，大约40%的探井是因为圈闭含油性预测不准确所致。鉴于上述情况，笔者立足于准噶尔盆地西北缘超剥带已钻圈闭分布及含油性特点，从油气输导聚集过程分析入手，确定圈闭含油性主控因素及其相应量化表征参数，进而在含油性与单因素关系分析基础上，多因素综合，建立盆缘超剥带圈闭含油性量化预测模型，该模型可对圈闭含油性进行较准确量化评价。

1 已钻圈闭分布及含油性特点

近五年来，准噶尔盆地西北缘超剥带中国石化探区中生界、新生界中已钻的圈闭43个，其中35个见油气。圈闭和油藏主要有以下特点：（1）圈—源分离，位于有效烃源岩之外（图1），圈—源距离最小7km，最大达50km，平均距离达26km。（2）埋藏较浅，并受不整合界面所控制。超剥带具有长期古隆起背景，埋藏深度多在2000m以上，受不整合控制，地层下削上超，发育地层超覆、地层削截、地层岩性等圈闭，平面上主要分布在砂体尖灭线、地层超覆线及削截线附近，纵向上位于新近系底等区域不整合面附近，呈"条带状、多层楼"式展布（图1），不整合附近的圈闭数占总统计数的86%，探明与控制储量的比例占81%。（3）储层物性好，油质较差。由于地层埋藏较浅，储层物性较好，孔隙度在9.1%～37.4%，平均为23.41%，渗透率0.9～128mD，平均61.4mD，属于高孔、高渗透储层，但油气易受到降解作用改造，地面原油密度在0.8031～0.9788g/cm³，并以高密度、高黏度油气为主。

（4）圈闭充满度小、油藏含油高度低。统计来看，油藏的含油高度要普遍低于圈闭幅度，充满度主要在30%～65%，平均41%，含油高度在7～450m，主要在30～120m，平均约57m。

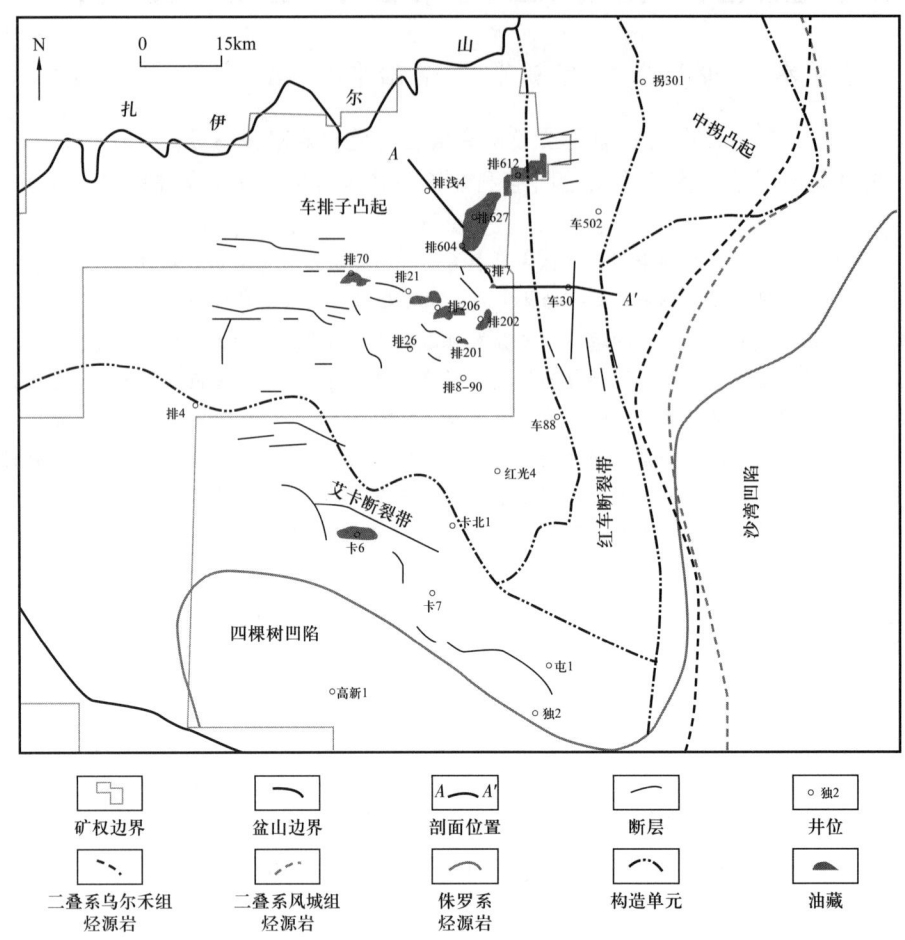

图1 准噶尔盆地车排子地区油藏分布与主力烃源岩展布

2 圈闭含油性主控因素及其量化表征

2.1 圈闭含油性主控因素

圈闭含油性有两方面含义：(1) 圈闭是否含油气；(2) 圈闭含油气多少。圈闭含油性多少用充满度及含油高度来表示，充满度与含油高度越大表示圈闭含油性越好，圈闭含油气性问题实质上是烃源岩、输导及圈闭等条件时空有效配置的结果。准西超剥带邻近玛湖、沙湾、四棵树等凹陷，发育二叠系风城组、下乌尔禾组、侏罗系等3套主力烃源岩（图1），烃源岩持续生烃，研究区始终处于油气的有利指向上，随运移距离增大，油气散失量将会越多，圈闭含油气程度将降低[6-8]，即输导距离是远源背景下烃源岩供烃能力的重要因素。成藏研究表明工区具有断-砂输导的特征，输导体系是成藏的关键，控制了有利运移方向[9-10]，在油气有利指向上，输导体系输导性能越好，圈闭含油气程度越高。在一定烃源岩及输导条件下，圈闭保存条件对油气成藏与富集具有较大影响，封盖能力越好（物性越差）、储层储集性越好（物性越好），圈闭含油程度越高[11]。综上所述，超剥带圈—源分离，烃源岩持续生烃，以地层类圈闭为主，构造运动对圈闭影响小，"源、输、圈"三者自形成圈闭以来持续有效配置，故圈闭的含油气性主要受断-砂输导性能、输导距离及圈闭储-盖物性差等三大因素控制。

2.2 主控因素量化表征

2.2.1 断－砂输导性能

断层与砂体的输导性评价是近年来关于油气运移研究的重要进展，逐步认识到了控制其输导性的地质因素，并依据主控因子的统计分析，建立了相应的断层量化评价方法[12-16]与砂体量化评价方法[17-18]。但从本质上来看，断层、砂体的输导作用是不同输导介质内的流动行为，其输导能力是受不同输导介质控制的流体动力学行为的体现，因此其性能的大小可利用流体动力与阻力比值来表征。对于断层、砂体而言，由于其输导介质、动力与阻力构成的差异，输导性能的数学表达，即量化表征形式有所差异，但基本形式一致，即动力与阻力的比值。

（1）断层输导性能表征。

断层输导介质的动力与阻力耦合关系共同控制流体的输导性能。碎屑岩地层中，泥岩的塑性变形涂抹是断层重要的封闭机制，泥岩作为碎屑岩层中最主要的软弱层，其塑性极限变形压力越大，越难以变形并形成涂抹，断层开启程度越高，故泥岩的塑性变形压力在断层输导过程中起到动力的作用，且泥岩塑性变形压力的大小随深度呈线性变化［式（1）］[19]。因此，不同深度泥岩极限变形压力可作为断层启闭性重要指标之一，其值越大，开启程度越大。另外，研究区油源断层深部多发育超压，输导样式为受超压驱动的向盆缘方向的离心流[20-21]，断层介质中的流动属于多相涌流[8]，油气动力除常压水头压差、浮力外，超压水头也是重要的动力源，剩余压力越大，断层输导性能越好，即泥岩变形压力和流体剩余压力均起到动力的作用，两者之和可有效表征输导动力大小。

断面正压力是造成断层在垂向上紧闭的最重要因素，断层面正压力越大，断层紧闭程度越高，垂向封闭性越好，反之越差，因此断面正压力是输导阻力表征参数，而断层面正压力大小又受断面埋深、倾角、地层、地层水与岩石密度等的影响［式（2）］。此外，区域主应力也是重要的影响因素，其既可作用于地层骨架而作为输导阻力，也可作用于地层流体而作为动力。近来的研究表明，研究区的油源断层具明显走滑性质[22]，即构造主应力与断层夹角较小或接近0°，由构造应力产生的断面正压力较小，同时，作用于流体上的构造应力可有效抵消阻力作用，因此，构造应力影响有限。依据断层输导行为的动力特征分析，可建立断层输导性能的量化表征参数［式（3）］。

$$p_\mathrm{m} = 0.0036H \tag{1}$$

$$p_\mathrm{d} = 0.009876(\rho_\mathrm{s} - \rho_\mathrm{w})H\cos\theta \tag{2}$$

$$K_\mathrm{f} = (\Delta p + p_\mathrm{m})/p_\mathrm{d} \tag{3}$$

式中：p_m为塑性极限变形压力，MPa；H为断点埋深，m；p_d为断面正压力，MPa；ρ_s为岩石密度，g/cm³；ρ_w为地层水密度，g/cm³；θ为断层倾角，(°)；K_f为断层开启指数；Δp为剩余流体压力，MPa。

以过排浅4井—车30井的东西向剖面上的红车断裂为例，埋深为1300～4500m，相应的泥岩塑性变形压力为4.6～16.7MPa，断层倾角为71°～82°，剩余流体压力为0～7MPa，依据式（3）计算的断层启闭系数为1.49～1.20（图2），表明断层输导动力大于阻力，且浅层启闭性更大，利于浅部地层成藏。如表1所示，目的层段沙湾组其他圈闭的断点埋藏较浅，剩余流体压力为0，断层倾角大，断面正压力小，泥岩变形极限压力约为5MPa，当断面正压力小于5MPa，断层即开启，这一结论与前人关于浅部断层正压力小于5～10MPa即开启的结论基本一致[22-23]。

（2）砂体输导性能表征。

超剥带砂体处于常压范围，油气输导动力主要为浮力，浮力的大小与油柱高度、油—水密度差及输导层倾角呈正相关性［式（4）］。输导阻力由两部分构成：① 水动力，超剥带整体发育向盆地方向的向心流，水动力与油气运移方向相反，起阻力作用［式（5）］；② 毛细管阻力［式（6）］，与断层输导性指数类似，建立砂体输导性指数［式（7）］。以研究区沙湾组排 70 井地层岩性圈闭为例（表 1），首先，该油藏油柱高度为 89m，油密度为 0.8231g/cm³，水密度为 1.02g/cm³，地层倾角约 2.6°，依据地层倾角计算，沿地层的油体长度 2000m；其次，该圈闭处于车排子西翼，地层倾角变化较小，平均高程差为 700m，平均横向距离为 32km，水动力梯度统一取值 0.22m/100m，根据式（5），2000m 油体长度产生的水动力阻力相当于 22m 油柱高度；最后，输导层孔隙度为 22%～37%，取平均孔隙度为 29.8%，依据式（5），毛细管力产生的阻力相当于 3.7m 油柱高度，因此，动力与阻力的比值为 3.36，即砂体输导指数（K_s）值为 3.36。

$$F_f = (\rho_w - \rho_o)gh\sin\theta \tag{4}$$

$$F_w = \rho_w(\rho_w - \rho_o)X\mathrm{d}H/\mathrm{d}X \tag{5}$$

$$F_m = 2\sigma\cos\alpha/(8K/\phi)^{1/2} \tag{6}$$

$$K_s = (F_f\sin\theta)/(F_m + F_w) \tag{7}$$

式中：F_f 为油气运移浮力，N；ρ_w 为水相密度，g/cm³；ρ_o 为油相密度，g/cm³；g 为重力加速度，m/s²；h 为油柱高度，m；θ 为输导层倾角，(°)；F_w 为水动力，N；X 为油体长度，m；$\mathrm{d}H/\mathrm{d}X$ 为水动力梯度，m/m；F_m 为毛细管力，N；σ 为界面张力，N/m；α 为润湿角，(°)；K 为渗透率，mD；ϕ 为孔隙度；K_s 为砂体输导指数。

（3）输导临界值的确定。

研究区断点埋深可通过构造图读取，断层倾角可由地震剖面转换得到，地层倾角可由构造图求取，由于地层倾角变化较小，每个地区的水动力梯度基本一致，水密度为 1.02g/cm³，其他参数具体见表 1。基于上述评价指数，并统计其与油气显示级别关系，结果表明，当 K_f＞1 时，油气显示丰富，表明断层为开启；当 K_f＜1 时，断层上、下盘均为水层或上盘水层而下盘油层，表明断层为封堵（图 3a）；$K_f=1$ 为断层启闭性临界值；当 K_s＞2，砂体显示活跃；当 K_s＜2，基本无油气显示；$K_s=2$ 为砂体输导性的临界值（图 3b）。输导性临界值的存在表明油气的输导必须要求动力大于阻力，对砂体而言，由于上述模型未包含吸附力与黏滞力等，可能导致输导指数大于 2，动力要明显大于阻力，但其相对大小反映砂体输导性能大小。

当断层、砂体输导系数小于临界值时，即 K_f＜1 或 K_s＜2，输导体系无效，圈闭失利。如图 2 所示的油气运移剖面上，红车断裂启闭系数大于临界值，垂向输导，但由于排浅 4 等圈闭位于沙湾组输导砂体 K_s＜2 区域内或上倾方向，砂体输导无效，圈闭失利，相应的 K_s＜2 区域同时构成了油气运移的有效边界，控制油气藏分布，如排 627 井等沙湾组油藏。当两者同时大于临界值时，即（K_f-1）＞0 且（K_s-2）＞0，圈闭含油。为建立圈闭含油性与表征参数的统计关系，同时排除非含油圈闭的影响，后文统一采用断层与砂体输导指数减去其相应临界值。

2.2.2 运移距离

运移距离是指油气实际运移路径的总长度，圈—源距离越远，油气从烃源岩到圈闭所经过的运移距离越长。超剥带圈—源垂向距离一般在 3km 以内，而横向距离大，平均达 26km，因此，本文以砂体输导指数为约束，通过油气运移模拟技术，恢复了油气横向输导路径，并以此长度来表征油气运移距离。如图 4e～f 所示，超剥带已发现油藏在 50km 范围内，圈闭含油高度及圈闭充满度与运移距离呈负相关性，基于砂体输导性参数约束的横向输导路径长度（L）可有效表征远源背景下的油气实际运移距离大小。

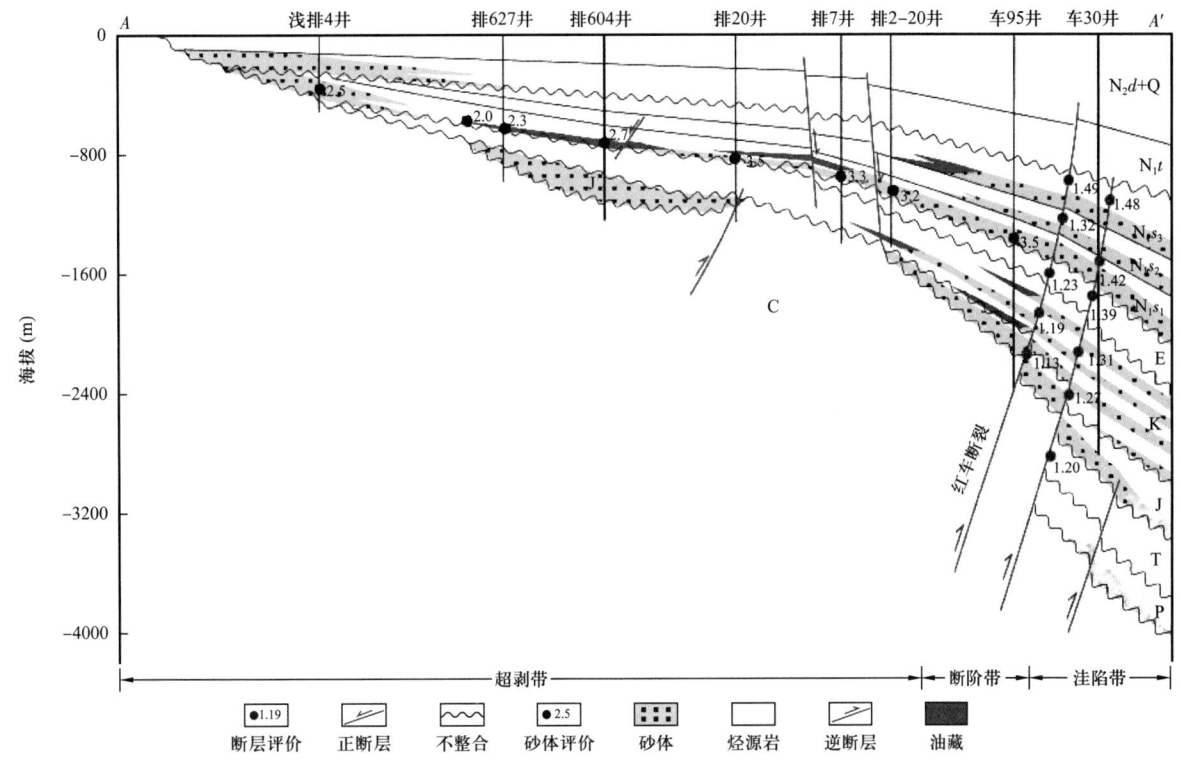

图 2 车排子地区过浅排 4 井—车 30 井 EW 向油藏剖面（剖面位置见图 1）

N_2d—东沟组；N_1t—塔西河组；N_1s_1—沙湾组一段；N_1s_2—沙湾组二段；N_1s_3—沙湾组三段

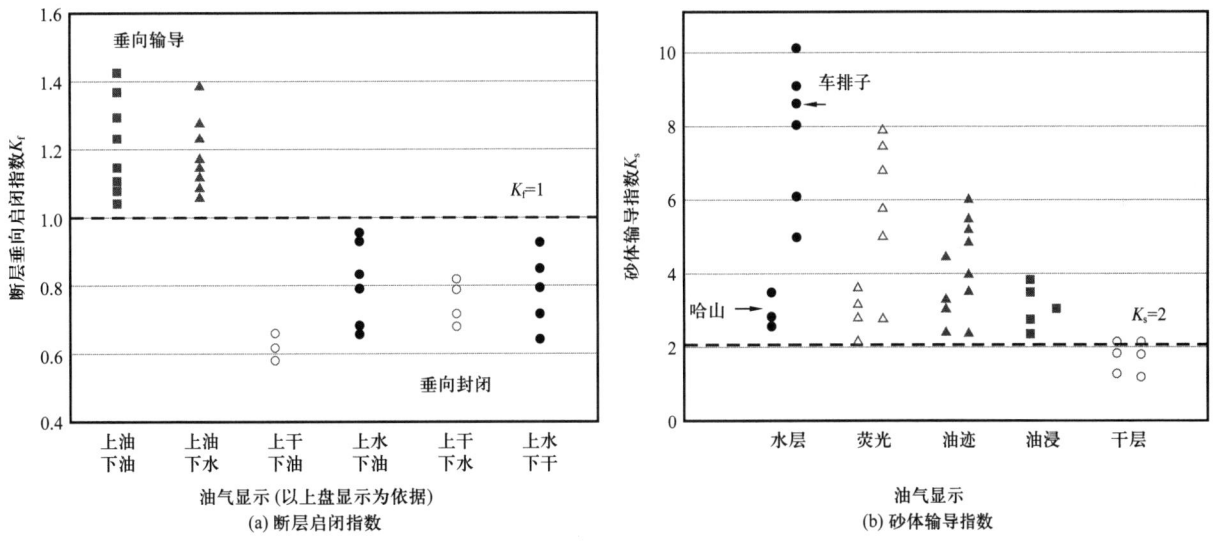

图 3 车排子地区沙湾组断层启闭指数、砂体输导指数与油气显示的关系

2.2.3 储 – 盖（或遮盖层）物性差

中国 45 个大油气田盖层的众多参数相关性分析表明遮盖层封盖能力取决于盖层的有效厚度、最小排替压力及储层压力系数，封盖能力大小与有效厚度、最小排替压力成正比，而与储层压力系数成反比[11, 24-25]。研究区均处于常压范围，遮盖层为泥岩、粉砂质泥岩等，厚度为 7～58m，绝大部分厚度约为 16m，含油高度、充满度与有效厚度、压力系数等弱相关或无明显相关性（表 1），但与反映遮盖层最小排替压力的孔隙度与储层孔隙度之间的差值具有较好正相关性（图 4g～h），因此，遮盖层与储层的孔隙度差是影响圈闭含油气性因素之一，并可较好表征圈闭封盖能力的大小。

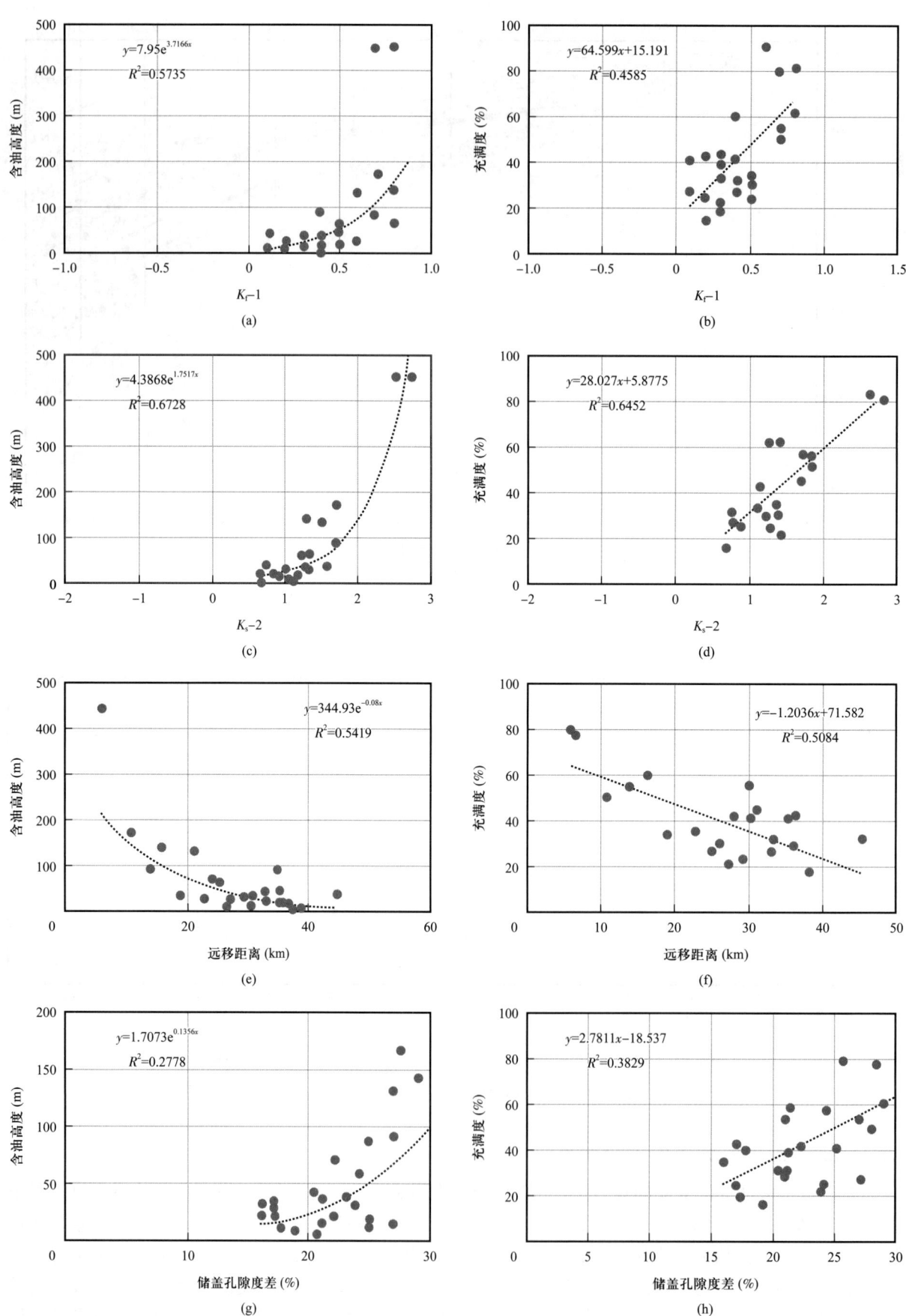

图4 含油高度及充满度与主控因素表征参数关系

表 1 准噶尔盆地西北缘超剥带车排子与哈山地区圈闭含油性评价相关参数

位置	油气藏特征					断层参数与启闭指数							砂体参数与输导指数					圈闭储-盖参数				预测值	
	油藏名称	层位	含油高度(m)	充满度(%)		断层名称	断点埋深(m)	断层倾角(°)	断面正压力(MPa)	泥岩塑性变形压力(MPa)	K_r-1	地层倾角(°)	水动力梯度(m/m)	孔隙度(%)	渗透率(mD)	临界油柱高度(m)	K_s-2	路径距离(km)	盖层厚(m)	盖层孔隙度(%)	储-盖孔隙度差(%)	含油高度(m)	充满度(%)
车排子东翼	P601	N_1s	140	61.0☆			1100	82.3	2.18	3.93	0.8	2.5	0.0019	34.04	519.4	3.1	1.28	16	57	5.1	28.9	134.52	54.65
	P602	N_1s	30	21.4			1150	79.4	3.16	4.11	0.3	3.5	0.0019	28.53	150.5	3.5	1.32	29	22	4.8	23.8	33.89	36.44
	P609	N_1s	31	33.4			1020	79.3	2.80	3.64	0.3	3.1	0.0019	19.93	230.9	3.3	1.01	19	14	4.1	15.9	35.14	34.71
	P612	N_1s	21	34.0		红车断裂	890	80.8	2.12	3.18	0.5	3.4	0.0019	19.55	150.6	3.2	1.26	23	13	3.6	16.0	22.18	43.19
	P626	N_1s	11☆	41.1			910	77.4	2.95	3.25	0.1	5.5	0.0019	21.63	295.4	4.1		30	8	4.1	17.6		
	P611	N_1s	6☆	28.7			1120	80.1	2.86	4.00	0.4	2.8	0.0019	24.78	290.6	3.9	1.11	29	21	4.5	20.7	12.63	34.79
	CH1-5	N_1s	12				960	78.5	2.86	3.43	0.2	7.8	0.0019	21.00	100.1	3.3	0.70	39	11	6.4	21.0	16.35	40.97
	P70	N_1s	89	41.3			2200	80.1	5.61	7.86	0.4	2.6	0.0022	29.88	451.7	3.7	1.36	35	7	4.9	25.0	84.64	47.86
	P2-80	N_1s	37	55.4			2100	76.1*	7.50	7.50	0.3	3.6	0.0022	29.88	221.3	3.6	1.58	30	11	5.5	21.0	34.10	61.75
	P2-86	N_1s	16	40.3			2400	79.4*	6.59	8.57	0.3	2.5	0.0022	26.50	198.7	3.9		28	10	7.7	21.0		
	P2-88	N_1s	29	19.3			2300	79.3	6.32	8.21	0.3	1.7	0.0022	28.70	265*	3.5		27	15	9.5	17.0		
	P22	N_1s	35	31.0			1900	80.1	4.85	6.78	0.4	3.1	0.0022	26.50	259.7	3.3	1.29	45	17	8.5	21.0	32.94	36.85
车排子西翼	CQ1-6	N_1s	61	59.7		艾卡断裂	1500	79.3*	4.12*	5.36	0.3	0.0	0.0022	29.50	210.1	3.5	1.20	46	24	13.7	24.1	27.47	65.39
	P2	N_1s	61	24.7			1400	80.8	3.33	5.00	0.5	2.4	0.0022	37.80	550*	2.1	1.21	25	55	7.8	24.0	52.59	29.78
	P206	N_1s	39				2300	77.4	7.47	8.21	0.1	2.4	0.0022	31.80	320*	2.2	1.00	35		4.0*	23.0*	35.45	69.45
	P2-15	N_1s	15				2100	79.4	5.77	7.50	0.3	4.3	0.0022	27.00	290*	2.9	0.90	35		5.1*	25.0*	20.85	79.51
	P8-20	N_1s	130				3120	81.4	6.96	11.14	0.6	2.6	0.0022	30.10	249*	3.5	1.50	21		5.0*	27.0*	126.54	86.09
	P8	N_1s	42	31.5			3040	80.8	7.24	10.86	0.5	2.0	0.0022	32.00	210.4	3.1	0.70	33	8	6.5	20.5	36.74	35.41
	P8-1	N_1s	22	25.1			2900	78.5	8.63	10.36	0.2	3.0	0.0022	27.00	310*	2.9	0.80	33	9	11.4	16.8	18.97	26.95

续表

位置	油气藏特征				断层参数与封闭指数						砂体参数与输导指数						圈闭储-盖参数			预测值	
	油藏名称	层位	含油高度（m）	充满度（%）	断层名称	断点埋深（m）	断层倾角（°）	断面正压力（MPa）	泥岩塑性变形压力（MPa）	K_f-1	地层倾角（°）	水动力梯度（m/m）	孔隙度（%）	渗透率（mD）	临界油柱高度（m）	K_s-2	路径距离（km）	盖层厚（m）	盖层孔隙度（%）	储-盖孔隙度差（%）	含油高度（m）	充满度（%）
车排子西翼	P8-30	N_1s	16	27.4		2700	77.4	8.77	9.64	0.1	3.4	0.0022	28.20	291*	2.7	0.70	36		3.6*	27.0*	14.37	23.95
	P8-40	N_1s	8☆	15.4		2950	78.5*	8.78	10.53	0.2	8.1	0.0022	30.60	325*	2.4	0.60	38		5.6*	19.0*	15.76	21.74
	P2-30	N_1s	22	42.3	艾卡断裂	2310	78.4	6.87	8.25	0.2	3.6	0.0022	24.60	246.3	3.1	1.04	36	9	8.7	22.0	20.57	36.53
	P2-40	N_1s	19	44.1		2240	78.1*	6.67	8.00	0.2	2.6	0.0022	30.70	410*	2.3	0.60	37	9	6.9	25.0	17.75	35.12
	P2-90	N_1s	35	90.1		2650	79.4	7.28	9.46	0.3	3.1	0.0022	31.90	510.2	2.2	1.56	31	9	9.5	17.0	32.63	38.72
	P26	N_1s	25	60.1		2537	81.4	5.66	9.06	0.6	1.8	0.0022	26.50	142*	3.1			31	6.4	31.0		
	P21	N_1s	15			2741	80.1*	6.99	9.79	0.4	3.6	0.0022	37.40	591*	2.2	1.19			4.9*	21.0*		
	P7	N_1s	70			1800	82.3*	3.57	6.43	0.8	2.7	0.0022	25.88	270*	3.2	1.30	24	12	11.4	22.0	75.84	41.18
哈山南缘	H1	J_1b	450	80.4	乌夏断裂	1204	82.3	2.39	4.30	0.8	9.7	0.0056	31.41	393.3	2.7	2.50	6	11	6.0	25.4	421.31	82.93
	H2	J_1b	450	79.3		1120	81.8	2.35	4.00	0.7	10.2	0.0056	33.69	315.3	2.6	2.70	7	11	5.3	28.4	441.07	78.73
	H22	J_2x	91	54.2		1150	81.9	2.42	4.11	117	8.2	0.0056	30.63	200.6	2.5	1.70	14	3	3.6	27.0	97.24	56.87
	H20	J_2x	170	50.4		1240	81.5	2.60	4.43	0.7	8.7	0.0056	34.30	402.8	2.1	1.70	10	4	6.3	28.0	161.21	56.43

注：N_1s—中新统沙湾组；J_1b—下侏罗统八道湾组；J_2x—中侏罗统西山窑组。

☆指数据误差较大，仅作参考；

* 指依据邻近推测或相关关系拟合得到，例如，断层倾角根据邻近地震剖面计算得到，渗透率根据孔渗关系拟合得到。

- 318 -

3 圈闭含油性量化评价模型

3.1 圈闭含油性与单因素表征参数统计关系

研究中对资料较全的 43 个已钻圈闭（其中 31 个含油圈闭）进行了逐一分析，求出了每个圈闭所对应的各主控因素的表征参数值，进而分析含油高度及充满度与各表征参数之间的统计关系，结果表明断-砂输导性能、输导距离及圈闭储-盖孔隙度差与圈闭含油气性关系密切，上述三大要素可有效表征圈闭的含油气程度。当断层、砂体输导指数大于临界值时，含油高度、充满度与断-砂输导性指数（图 4a～d）、圈闭储-盖孔隙度差（图 4g～h）成正比，而与输导距离（图 4e～f）成反比，含油高度的相关系数分别达到 0.5735、0.6728、0.5419、0.2778，充满度的相关系数达到 0.4585、0.6452、0.5084、0.3829。同时，对相关系数进行相关系数检验，样本点 n 为 29，自由度为 27，即 $n-2$，显著性水平 0.05 为 0.3672，除含油高度与储-盖孔隙度差相关系数较小外，其他相关系数均大于 0.3672，说明在 0.05 水平上显著相关。断-砂输导性能越好，含油高度或充满度相应增大，输导距离增大，含油高度或充满度降低，圈闭储-盖孔隙度差越大，油柱高度或充满度越大，由于储-盖物性差的影响程度较小，较大的储-盖孔隙度差变化仅有较小的含油高度变化，导致相关系数较小。

3.2 圈闭含油性多元拟合

由于含油高度的拟合关系呈非线性，预测模型在形式上为复杂的非线性关系，因此，有必要对模型进行简化处理。根据图 4 中的拟合关系，分别计算断-砂输导指数、运移距离及储-盖物性差的预测高度，计算所得新的 3 组预测高度数据将模型简化为三元一次方程；同时，利用 Fortran 语言编程，通过最小二乘法求取模型系数，进而给出基于主控因素的圈闭含油气性量化模型［式（8）和式（9）］。表 1 预测结果与实际值对比分析，预测的误差绝对值小于 15%，充满度的预测精度较含油高度的高，说明含油高度受圈闭闭合幅度等影响较大；另一方面也表明了充满度表征圈闭含油性更为准确。但总体上，上述因素均满足条件，圈闭含油气程度较好。

含油高度的拟合公式为：

$$H_o = 11.57e^{1.87(K_f-2)(K_s-2)} - 201.57e^{-1.08L} + 7.1e^{0.14\Phi} - 11.65 \quad (8)$$

充满度的拟合公式为：

$$S_o = 8.23(K_f-1)(K_s-2) - 1.12L + 3.50\Phi + 72.19 \quad (9)$$

式中：H_o 为含油高度，m；L 为油气运移距离，m；Φ 为圈闭储-盖物性差，%；S_o 为充满度，%。

3.3 结果讨论

运用量化模型中的式（8）与式（9），对准西超剥带地层相关油藏含油高度与充满度进行了计算，结果表明该模型对地层油藏的含油高度与充满度的预测较准确，可以作为超剥带油藏含油高度及充满度定量预测模型。但需要说明的是：（1）本文是针对具有"断-砂输导、远源成藏"的超剥带地区，在不同地区或成藏背景下，由于主控因素的不同，模型所考虑的因素并不相同；（2）断层与砂体输导性量化表征是本文含油气性评价的核心，其输导指数随区域地质条件的变化而不同；（3）含油高度与充满度的评价模型，两者并非对应，如排 26 等圈闭充满度达到 90% 左右，但其油柱高度仅 25m 左右，圈闭的类型、级别及刻画精度等对结果均有一定影响。

4 结论

(1) 准西超剥带圈—源分离,油藏含油高度与充满度受控于断-砂输导性能、运移距离、圈闭储-盖物性差等三大因素。其中,断-砂输导性能可用断层启闭指数和砂体输导指数表征,运移距离用油气输导的平面距离表征,储-盖物性差用本身的孔隙度表征。

(2) 圈闭含油高度、充满度与断-砂输导指数、圈闭储-盖物性差呈正相关,而与油气输导距离呈负相关。在含油高度及充满度与单因素表征参数统计关系分析基础上,通过多元回归,建立了圈闭含油性多参数拟合关系,运用该模型,可对超剥带圈闭含油高度及充满度进行较准确的定量预测。

(3) 模型对圈—源分离背景下的超剥带圈闭含油气性预测有普遍意义,当断-砂输导系数小于临界值,即 $K_s<2$ 或 $K_f<1$,圈闭落空;当断-砂输导系数大于临界值,即 $K_s \geqslant 2$ 且 $K_f \geqslant 1$,圈闭含油,且断-砂输导性能越好、输导距离越短、储-盖物性差越大,圈闭含油程度越大。

参 考 文 献

[1] 闫相宾,李娜,蔡利学,等.油气预探目标评价优选决策方法[J].石油与天然气地质,2014,35(4):570-576.

[2] 冷济高,庞雄奇,苏栋,等.圈闭含油气性评价研究进展[J].油气地质与采收率[J].2010,17(2):37-41.

[3] 张俊,庞雄奇,姜振学,等.东营凹陷岩性油藏含油性定量预测[J].吉林大学学报(地球科学版),2005,35(6):732-737.

[4] 曾溅辉,张善文,邱楠生,等.济阳坳陷砂岩透镜体油气藏充满度大小及其主控因素[J].地球科学—中国地质大学学报,2002,27(6):729-732.

[5] 万晓龙,邱楠生,张善文,等.济阳坳陷岩性油气藏充满度主控因素及其模糊综合评价[J].油气地质与采收率,2003,10(3):25-27.

[6] 赵乐强,宋国奇,宁方兴,等.济阳坳陷第三系油藏含油高度定量预测[J].石油勘探与开发,2010,37(1):26-31.

[7] 李明诚.石油与天然气运移[M].3版.北京:石油工业出版社,2004.

[8] 曾溅辉,金之钧.油气二次运移和聚集物理模拟[M].北京:石油工业出版社,2000.

[9] 沈扬,宋国奇.源外地区油气成藏特征、主控因素及地质评价——以准噶尔盆地西缘车排子凸起春光油田为例[J].地质论评,2010,56(1):51-59.

[10] 王圣柱,张奎华,肖雄飞,等.准北缘哈山地区斜坡带网毯式油气成藏规律[J].西安石油大学学报(自然科学版),2012,27(6):19-24.

[11] 李明诚,李伟,蔡峰,等.油气成藏保存条件的综合研究[J].石油学报,1997,18(2):41-48.

[12] 付广,刘洪霞,段海风.断层不同输导通道封闭机理及其研究方法[J].石油实验地质,2005,27(4):404-408.

[13] 张立宽,罗晓容,廖前进,等.断层连通概率法定量评价断层的启闭性[J].石油与天然气地质,2007,28(2):181-190.

[14] 张立宽,罗晓容,宋国奇,等.油气运移过程中断层启闭性的量化表征参数评价[J].石油学报,2013,34(1):92-100.

[15] 付广,杨勉,吕延防,等.断层古侧向封闭性定量评价方法及其应用[J].石油学报,2013,34(S1):78-83.

[16] 付广,王浩然,胡欣蕾.断层垂向封闭的断-储排替压力差法及其应用[J].石油学报,2014,35(4):685-691.

[17] 罗晓容,雷裕红,张立宽,等.油气运移输导层研究及量化表征方法[J].石油学报,2012,33(3):428-436.

[18] 宋国奇,宁方兴,郝雪峰,等.骨架砂体输导能力量化评价——以东营凹陷南斜坡东段为例[J].油气地质与采收率,2012,19(1):4-6.

[19] 陈劲人,彭秀美.从三轴抗剪抗压实验看埋深对区域盖层遮挡性能的影响[J].石油实验地质,1994,16(3):283-289.

[20] 李梅,金爱民,楼章华,等.准噶尔盆地地层流体特征与油气运聚成藏[J].石油与天然气地质,2012,33(4):607-615.
[21] 吴孔友,查明,王绪龙,等.准噶尔盆地成藏动力学系统划分[J].地质论评,2007,53(1):75-82.
[22] 邵雨,汪仁富,张越迁,等.准噶尔盆地西北缘走滑构造与油气勘探[J].石油学报,2011,32(6):976-984.
[23] 王朋岩,付广,王艳君,等.碎屑岩地层中形成断层垂向封闭的有利深度及确定方法[J].大庆石油学院学报,2000,24(4):12-14.
[24] 傅广,陈章明,姜振学.盖层封堵能力评价方法及其应用[J].石油勘探与开发,1995,22(3):46-50.
[25] 吕延防,张绍臣,王亚明.盖层封闭能力与盖层厚度的定量关系[J].石油学报,2000,21(2):27-30.

原文发表于《石油学报》2016年第1期

柴北缘大柴旦地区山前带构造建模及演化研究

王大华[1,2]　王金铎[2]　肖永军[2]　李军亮[1,2]　柴先平[2]　张俊锋[2]　丁丽荣[2]

（1. 中国石油大学（华东）地球科学与技术学院；
2. 中国石化胜利油田分公司勘探开发研究院西部分院）

摘　要：针对柴北缘大柴旦地区北东、北西向两组逆冲推覆断裂交汇，构造变形极其复杂，构造解析困难的问题，充分利用野外地质调查、地震、重磁电、钻井（孔）等资料，理清了研究区主要断裂体系及其组合特征与展布规律。采用地表和地下构造、浅部和深部构造、地震和非震资料相结合的方法，开展了山前带构造建模研究与构造解析。通过研究，确定了研究区发育 NW 和近 WE 向两组断层和盆缘逆冲、盆内逆冲、盆内挤压 - 走滑等 3 类断裂体系，平面上具有分区、分带性；建立了盆缘、盆内不同构造变形机制的构造解释模型；共识别出了挤压、伸展和走滑等 3 大类 8 种构造样式，明确了构造样式组合模式及其分布规律，理清了研究区"南北分带、东西分区"的构造变形特征；南西－北东向构造演化剖面分析明确了盆缘、盆内推覆构造与盆内反冲构造后展式演化时序及其对中生界残留分布的控制作用。

柴达木盆地是青藏高原东北部最大的陆相沉积盆地，其北以南祁连山—柴北缘逆冲断裂带为界，西以阿尔金走滑断裂带与塔里木盆地相邻，西南、东南分别以东昆仑断裂、鄂拉山断裂与东昆仑造山带、西秦岭造山带相接[1-2]。柴达木盆地的构造变形与演化直接受三大主控断裂的控制，盆山耦合现象明显。盆地的沉积过程完整地保存了青藏高原隆升和盆地演化的重要信息，是研究青藏高原隆升和盆山耦合效应的理想地区[3-6]。近年来，蒋荣宝等[7]、冯志朋等[8]、方世虎等[9]多位学者对柴达木盆地构造变形与演化开展了较全面的研究，在分析了构造活动时期、断裂体系展布、构造格局与变形特征的基础上，基本厘定了三期较大规模构造变形时期，主要发育以挤压为主、走滑调整下的基底卷入式构造变形，这对研究盆地构造演化历程起到了一定的指导作用。但随着油气勘探工作的不断深入，以及对柴北缘复杂的构造变形特征的认识，如何建立更为合理的构造模型、理清构造演化历程及其对地层发育与分布的控制作用等成为制约勘探的关键问题。

本文研究的大柴旦地区位于柴北缘中段，西起赛什腾山前的鱼卡凹陷，东至红山凹陷，南至马海大红沟凸起—锡铁山。大柴旦地区是以中下侏罗统为主力生烃层系的中生代含油气系统[10-14]。以侏罗系为烃源岩的油气发现主要位于柴北缘西段[15-16]，而大柴旦地区由于勘探程度低、地质结构与构造变形较为复杂，造成盆山耦合关系及构造变形特征认识不清、构造变形及其对中下侏罗统这一主力生烃层系分布的控制作用也不清楚，进而制约了该区油气勘探的进程，本文充分利用区内地震、重力、电法、钻井（孔）等资料，对中—新生代断裂体系、构造变形及构造样式进行剖析，理清构造变形与地质结构特征；并通过构造演化分析，探讨不同时期构造运动对变形、地层分布的影响。

1　断裂体系类型及展布

1.1　断裂体系划分

根据断裂发育特征及其组合样式，可将断裂划分为盆缘逆冲断裂体系、盆内逆冲断裂体系和盆内挤压 - 走滑断裂体系（表 1 和图 1）。

表 1 大柴旦地区主要断裂参数表

断裂体系划分	序号	断裂名称	级别	走向	延伸长度（km）	断裂性质
盆缘逆冲断裂体系	1	南祁连	一级	NW—WE	330	逆
	2	柴达木	二级	NW—WE	48	逆
	3	红山	三级	NW—WE	78	逆
盆内逆冲断裂体系	4	赛南	二级	NW	150	逆
	5	绿南	二级	NW	90	逆
	6	锡铁山	二级	NW	41	逆
盆内挤压—走滑断裂体系	7	陵间	三级	NW—NWW	139	逆—左旋走滑
	8	马仙	三级	WE	65	逆—左旋走滑
	9	小柴旦	二级	WE	44	逆
	10	全吉	三级	NE	21	正
	11	绿北	三级	NW	48	逆
	12	锡北	三级	NW	26	逆

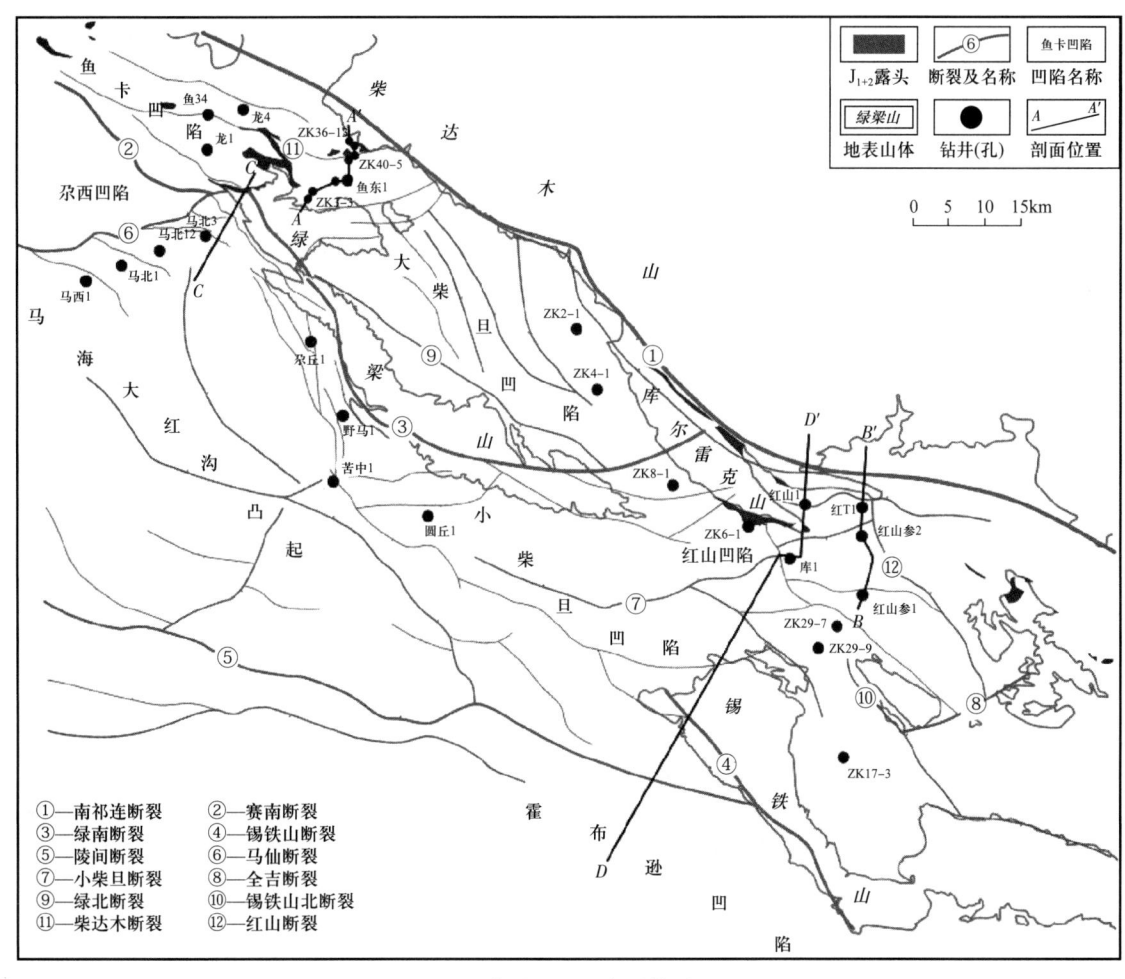

图 1 大柴旦地区断裂体系图

1.1.1 盆缘逆冲断裂体系

属祁连山南缘断裂系统，研究区内由柴达木山、库尔雷克山、红山向斜等山前逆冲断裂带组成，向东南方向散开，分为柴达木和红山断裂，延伸长度约为146km，走向自西向东由NW向逐渐转为NWW向。柴达木山断裂西段表现为低角度逆冲特征，元古宇基岩及北山侏罗系露头推覆至侏罗系之上，最大距离可达6km，形成一微型背驮盆，山前煤钻孔也证实了这一点；东段大柴旦凹陷表现为高角度冲断特征；红山大型逆冲推覆断裂的特征更为明显，其中库尔雷克山、红山向斜均为逆冲推覆体，且具有向斜成山的特征[17]。

1.1.2 盆内逆冲断裂体系

属赛南—绿南逆冲断裂系统，由赛南、绿南断裂带组成，走向NW。赛南断裂为尕西、鱼卡凹陷的分割断裂，表现为低角度逆冲推覆特征，推覆距离8~9km。绿南断裂位于绿梁山前南侧，为绿梁山前边界断裂。绿南断裂西段与马仙断裂交会于绿梁山前，延伸长度约90km，走向NW，倾角50°~80°。断裂西段与东段表现为逆冲推覆性质，中段为高角度冲断。受柴北缘右旋压扭和马仙断裂左旋压扭的共同作用，绿南断裂具有右旋压扭特征，位于其东部的大红沟凸起上发育一系列与右旋有关的羽状断裂，呈反"S"状特征。

1.1.3 盆内挤压-走滑断裂体系

研究区挤压-走滑断裂体系包括马仙断裂和陵间断裂，其中以马仙断裂最为典型。断裂西起南八仙构造北翼，向东延伸至绿梁山前，延伸长度为65km。断裂西段断面较陡，高角度冲断特征明显；断裂东段断面较缓，逆冲和走滑距离较大，并将赛南断裂与绿南断裂错开，错开距离约8km（即左旋走滑距离）。断裂发育于燕山期、强烈活动于喜马拉雅中期、定型于喜马拉雅晚期，控制了马北凸起的形成及演化。

1.2 断裂展布规律

通过对研究区三大断裂体系的分析和描述，结合断裂系统图的编制，研究区断裂分带、分区特征较为明显。

1.2.1 分带性

受控盆缘、盆内南祁连、赛南、绿南、锡铁山等控山断裂的主要作用，研究区主干断裂与其派生断裂系统具有南北分带的特征。

盆缘逆冲推覆断裂带包括盆缘南祁连断裂与其派生的柴达木、红山断裂，鱼卡东的北山侏罗系露头、库尔雷克山、红山向斜等均为夹持于断裂带之间的推覆体。盆内绿南逆冲断裂带由控山绿南与其派生的绿北、山前冲断断裂组成，走向由北西逐渐转为近东西向。盆内锡铁山断裂带由锡铁山及其派生锡铁山北、山前冲断断裂组成，呈反"Y"字形组合特征，走向北西，延伸长度40余千米。

1.2.2 分区性

研究区在南祁连右行压扭、马仙断裂左行压扭和绿南断裂右行压扭的共同作用下，被分割为一系列菱形断块，不同断块断裂发育及组合样式差异较大。

鱼卡凹陷受赛南断裂逆冲及侏罗系塑性地层的作用，凹陷内部发育一系列北西走向的低角度逆冲断裂，形成夹持于赛南、南祁连之间的封闭区，控制马海尕秀等三大背斜带的形成。

大柴旦凹陷为夹持于南祁连、绿南断裂之间的封闭块体，多发育高角度冲断断裂；受南祁连和绿南右行压扭的共同作用，断裂压扭性特征明显，剖面上表现为北北西走向的"似花状"组合样式。

红山—小柴旦凹陷不受盆内山体的影响，多以逆冲断裂为主。受盆缘至盆内基底滑脱断裂和小柴旦断裂的共同作用，发育一系列北西走向的反冲断裂，剖面上表现为"Y"字形和反"Y"字形组合样式。

受马仙左旋压扭作用，马北凸起上发育一系列与"左旋"走滑有关的伴生压扭性断裂，伴生断层向马仙断裂方向收敛，向东南方向尕丘凹陷散开，沿马仙断裂呈"帚状"分布，与马仙断裂组成一明显的左行压扭断裂体系。

2 山前带构造建模与解析

2.1 基本步骤和方法

构造建模常采用地表和地下构造、浅部和深部构造、地震和非震资料相结合的综合分析方法。首先通过地表地质图进行构造现象解译，了解区域构造轮廓，盆、山边界特征；然后根据地震和非震（重、磁、电等）勘探成果选择野外调查剖面，将野外调查结果与地震剖面、非震剖面进行综合分析，建立多种解释方案；再应用断层相关褶皱理论建立合理的构造解释模型。建立的构造模型应满足以下条件：(1) 能合理解释地表和地下构造，可近似代表构造带的构造特点；(2) 对地震解释有指导意义；(3) 可平衡复杂的构造变形；(4) 可以用以某一类构造为基础建立的构造模型预测相似类型构造[18]。

2.2 山前带构造建模

根据区内发育的三大断裂体系，选择盆缘和盆内山前最具代表性的构造带开展构造建模与变形特征分析。

2.2.1 盆缘山前构造建模

（1）柴达木山前—鱼卡东构造带。

柴达木山前出露中侏罗统大煤沟组，与柴达木山奥陶系呈冲断接触。侏罗系构造变形强烈，表现为向背斜相间结构。中侏罗统内部受煤层滑脱作用，发育小型逆冲推覆构造，煤层多发育揉皱，地层局部加厚（图2）。

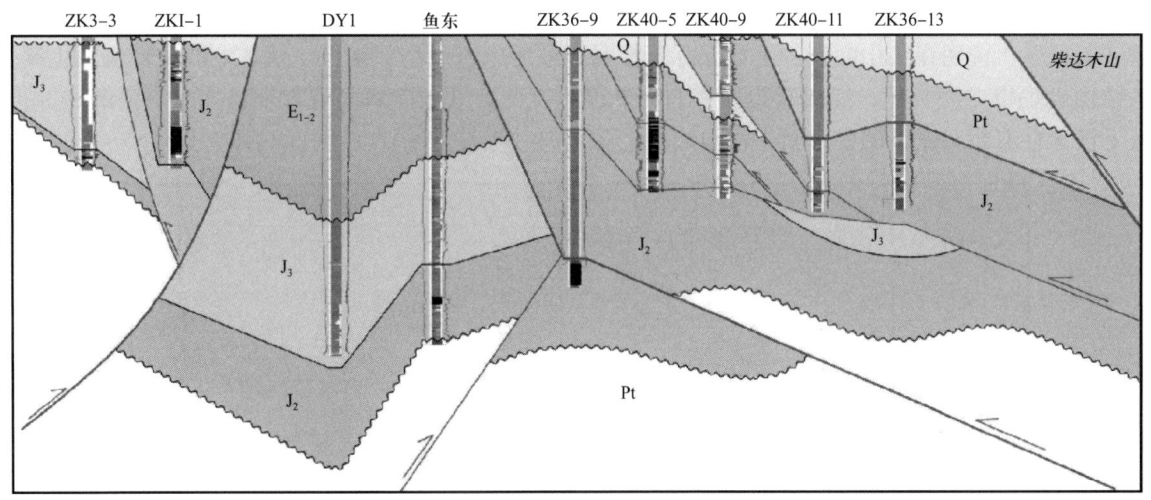

图 2 ZK3-3—鱼东1—ZK36-13连井北东向地质结构图

综合野外调查成果、地震、电法和大量煤钻孔（井）资料，通过5步法开展构造建模。① 地表构造解剖与地震结合识别大尺度断裂。通过野外地质调查，可识别出控山的南祁连断裂，具有上陡下缓特征。② 利用地震与电法相结合确定地质结构。从338线地震剖面和电法剖面上来看，鱼卡东构造带表现为似背驮盆地，与绿南反冲的绿北断裂形成双向对冲结构。③ 利用钻井、露头标定确定地层归属。柴达木山、绿梁山前侏罗系均为逆冲构造上盘，鱼东 1 孔和 DY1 孔揭示下盘原地沉积的正常地层序列。④ 钻井分析识别与刻画小尺度断裂。根据 20 余口煤钻孔的岩心描述、岩性突变和地层倾向、倾角的纵横向变化，识别侏罗系内部断层发育位置，利用断层及相关褶皱理论指导断裂组合。⑤ 野外调查露头变形，指导模型建立。野外地质调查表明柴达木山前发育逆冲推覆构造，元古宇变质岩逆冲至中侏罗统之上。ZK36-5、ZK40-11 等多口煤钻孔揭示上部变质岩和下部中侏罗统序列。中侏罗统内部发育逆冲叠瓦构造，地层产状较陡（40°～75°），多口煤钻孔揭示内部断层破碎带，断层面具挤压揉皱、刮擦现象。受绿北断裂的影响，在山前形成反冲构造，将侏罗系抬升至地表，ZK7-2 等多口钻孔揭示了反冲断裂上盘的侏罗系。侏罗系褶皱变形较为强烈，ZK3-8 揭示内部多套变质岩，说明发生多重基底卷入式构造变形；ZK1-1 揭示的侏罗系明显增厚，尤其是与邻井相比煤层厚度明显增大，说明侏罗系内部发生挤压揉皱，地层局部加厚，反映了多重叠加的结果。

通过鱼卡东构造带格架的建立，并与地震剖面相结合，建立了柴达木山前鱼卡东构造带解释模型（图 1A—A′，图 2）。总体来看，鱼卡东构造带受南祁连和绿南反冲断裂的控制，具有双向对冲结构，自盆缘至盆内方向，具有冲断→逆冲推覆→强褶皱变形特征。山前发育基底卷入式逆冲推覆构造，元古宇变质岩推覆至中侏罗统之上，最大距离可达 3km，形成背驮式逆冲推覆体。侏罗系内部以叠瓦状逆冲为主，地层多重叠加，序列较为复杂。ZK40-9 在侏罗系内部钻遇第四系砾岩，说明第四系被卷入至变形之中，反映了该区带变形时间较晚。

（2）库尔雷克山前—红山—绿草山构造带。

库尔雷克山表现为一系列北西走向的逆冲断片，南部逆冲推覆至中—新生代地层之上，东南部红山宽沟沟口处元古宇达肯达坂群变质岩逆冲推覆至中侏罗统之上。红山构造带位于库尔雷克山东侧，整体为一个 NWW 走向的长轴向斜。

该区已钻探红山 1、ZK6-1 等多口钻井（孔），利用二维地震及电法资料，分别建立了红山构造带和库尔雷克山前构造解释模型（图 1B—B′，图 3）。受南祁连前排的红山断裂控制，红山—绿草山构造带发育大型逆冲推覆构造，库尔雷克山、红山向斜均为断裂上盘的逆冲推覆体，尤其是红山地区具有向斜成山的特征。钻井、地震、电法资料均证实了逆冲推覆构造的发育，红山参 2 井从上盘上侏罗统红水沟组进入下盘古近系路乐河组，断层深度为 3950m；红山 1 井从上盘的白垩系进入下盘的中侏罗统，断层深度为 3240m；位于库尔雷克山前的 ZK8-1、ZK6-1 孔深分别为 1217m、952m，均未钻穿古近—新近系，说明在红山断裂的下盘保存着相对完整的中—新生代地层。从 428 线解释剖面上来看，这一结构表现得尤为明显，红山断裂具有上陡下缓的特征，红山向斜表现为来自北东方向的逆冲推覆体，下盘保存着相对完整的中—新生代地层。

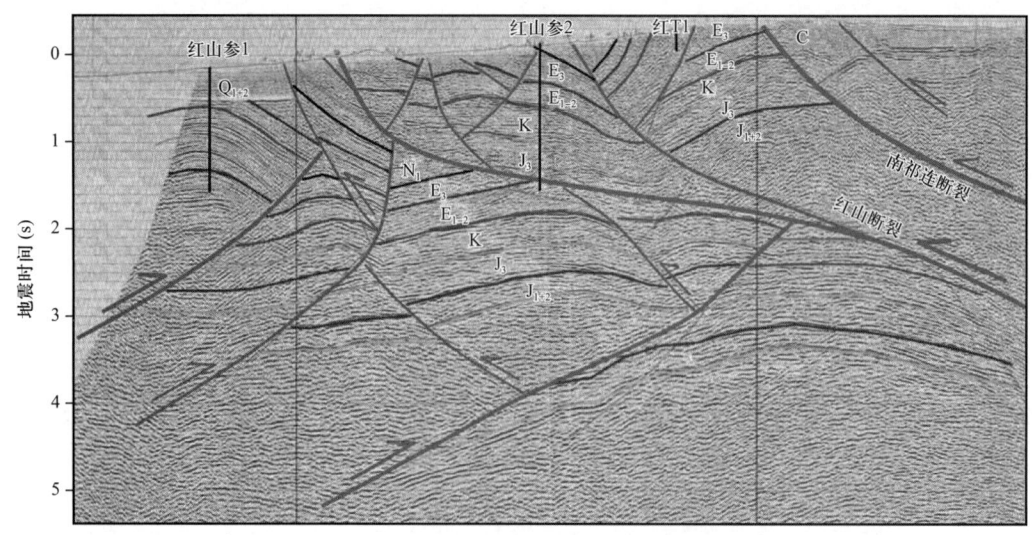

图 3　红山构造带南北向构造解释模型

2.2.2 盆内山前构造建模

盆内绿梁山、锡铁山前依次发育平顶山、尕丘、野马、小柴旦等地表构造，本文以位于绿南和马仙断裂交汇处的平顶山构造带为例进行构造解析与建模。

平顶山构造地表发育平顶山北西走向的长轴状背斜构造，表现为向背斜相间的结构特征。综合三维、电法、重力等资料，通过对平顶山构造带的解剖，建立了该区带的构造解释模型，从328线地震解释剖面上来看（图1C—C'，图4），该构造带自下而上发育三层地质结构，即马仙断裂下盘的中—新生界原地沉积体（尕西凹陷）、马仙与绿南F1逆冲断裂之间的元古宇、中生界三角楔推覆体和古近—新近系原地沉积体、绿南F1断裂上盘的平顶山背斜地表推覆体，以及绿南断裂上盘的绿梁山推覆体。

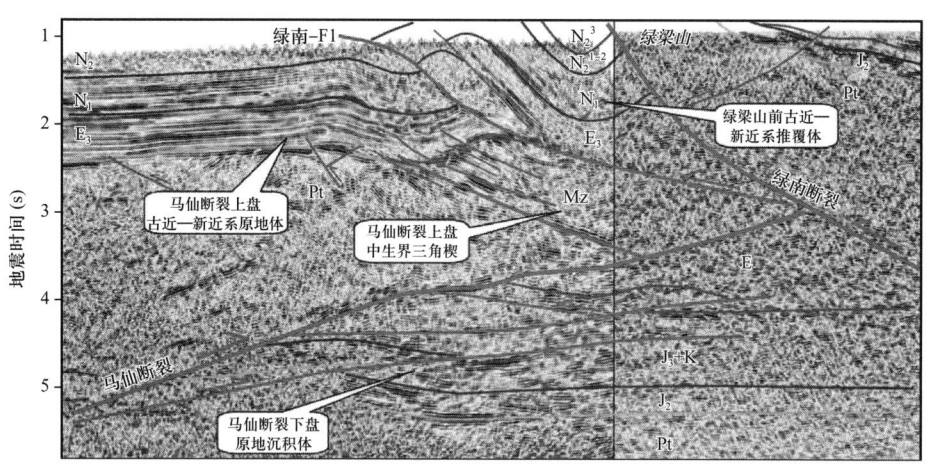

图4 绿梁山前平顶山构造带南西－北东向构造解释模型

针对该解释模型的合理性，利用重—震联合反演的方法进行验证。从重—震模型反演来看，根据已钻井实测数据，将元古宇基岩充填密度（D）2.72g/cm³、尕西凹陷中生界2.60g/cm³、古近—新近系2.35～2.42g/cm³，同时将前古近—新近系三角楔推覆体充填2.55g/cm³，反演结果显示模型计算重力异常曲线与实测重力异常曲线吻合度较好，也进一步验证了该解释模型的合理性（图5）。

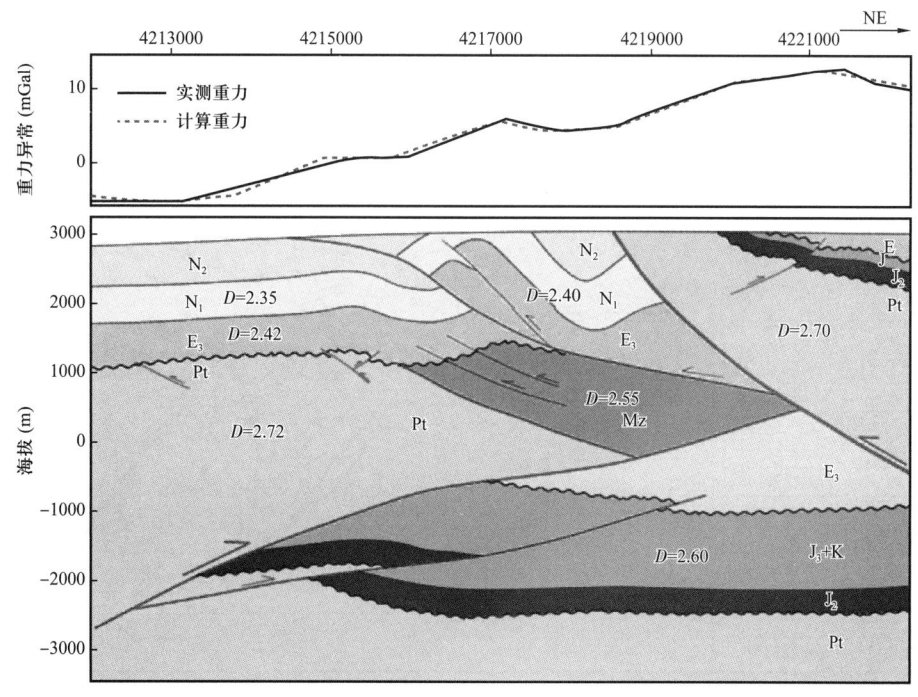

图5 绿梁山前平顶山构造带南西－北东向重力约束反演

通过以上模型反演可以看出，在马仙断裂上盘，除古近—新近系低密度体外，前古近—新近系推覆体的密度高于古近—新近系、低于元古宇，因此推测该三角楔为燕山晚期受马仙断裂控制所形成的中生界推覆体。

3 构造样式类型与分布

3.1 构造样式类型

经野外露头区实地调查和地震、电法综合解释，可将大柴旦地区的构造变形分为挤压构造样式、伸展构造样式和走滑构造样式三种类型，一些复杂构造带多是不同类型构造变形叠加的结果，表现出复杂的构造样式。研究区共识别出3大类、4小类，共8种构造样式，上述三大类构造变形可独立存在，也可垂向叠加[19]。即使是同类型构造变形，深浅不同层次或同一层次不同构造部位的构造样式也有明显的差异，如盆缘的鱼卡东和红山构造带。

3.2 构造样式分布规律

研究区构造样式分带分区特征明显。盆缘山前逆冲推覆带主要发育逆冲叠瓦构造，盆内逆冲推覆带主要发育双重构造；盆内山前冲断褶皱带主要发育对冲构造、冲起构造、断弯褶皱、断层传播褶皱等，盆内反冲背斜带主要发育冲起构造和断层传播褶皱；盆内马北凸起、大柴旦凹陷主要发育"似花状"构造样式（图6）。

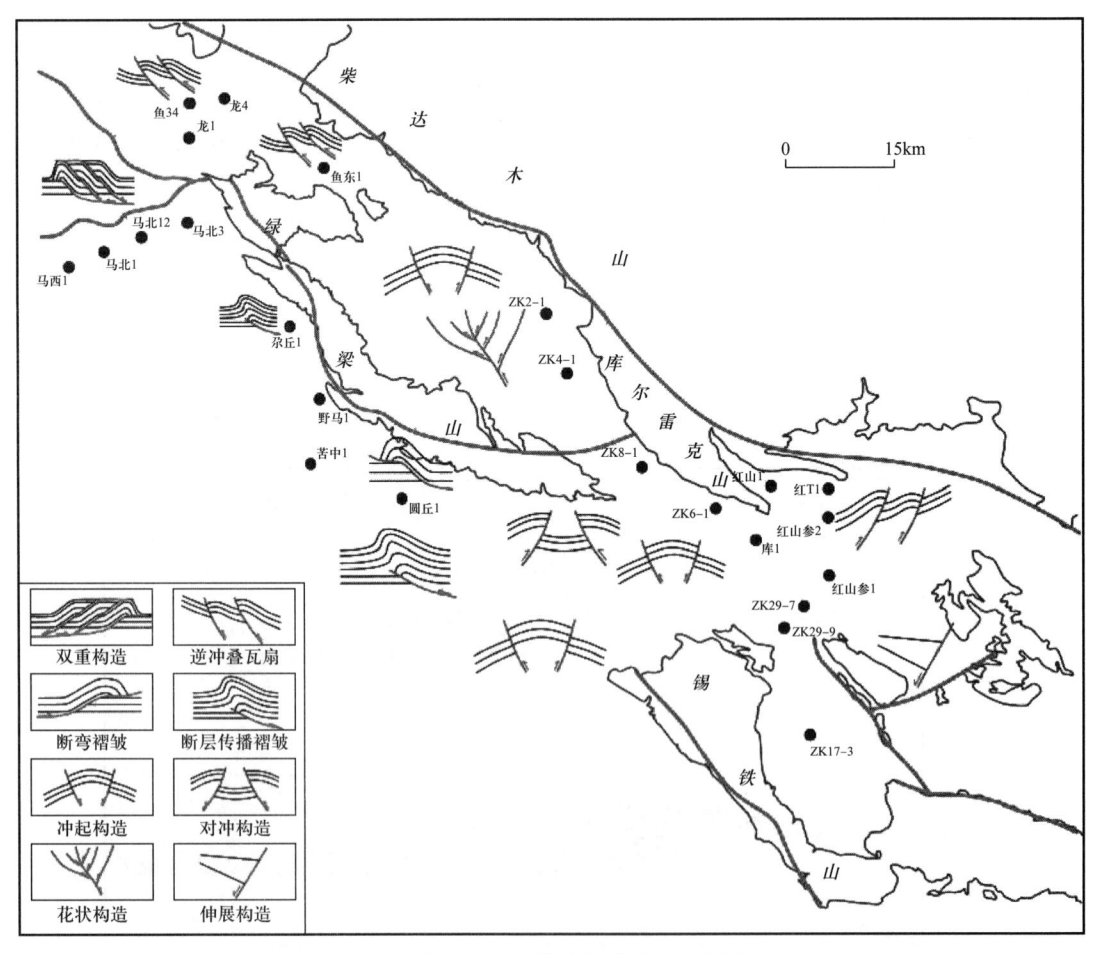

图6 大柴旦地区构造样式平面分布图

4 构造演化分析

4.1 构造演化

多期构造运动的叠加,造就了大柴旦地区"南北分带东西分块"的菱形构造格局。钻井(孔)证实不同构造单元地层分布差异较大,说明多期构造运动对不同块体的改造及变形具有较大的差异。选择霍布逊凹陷-锡铁山-红山凹陷-祁连山南西-北东向剖面开展构造演化史研究(图1D—D'),分析其对地层发育与残留分布、构造变形与地质结构的控制作用(图7)。

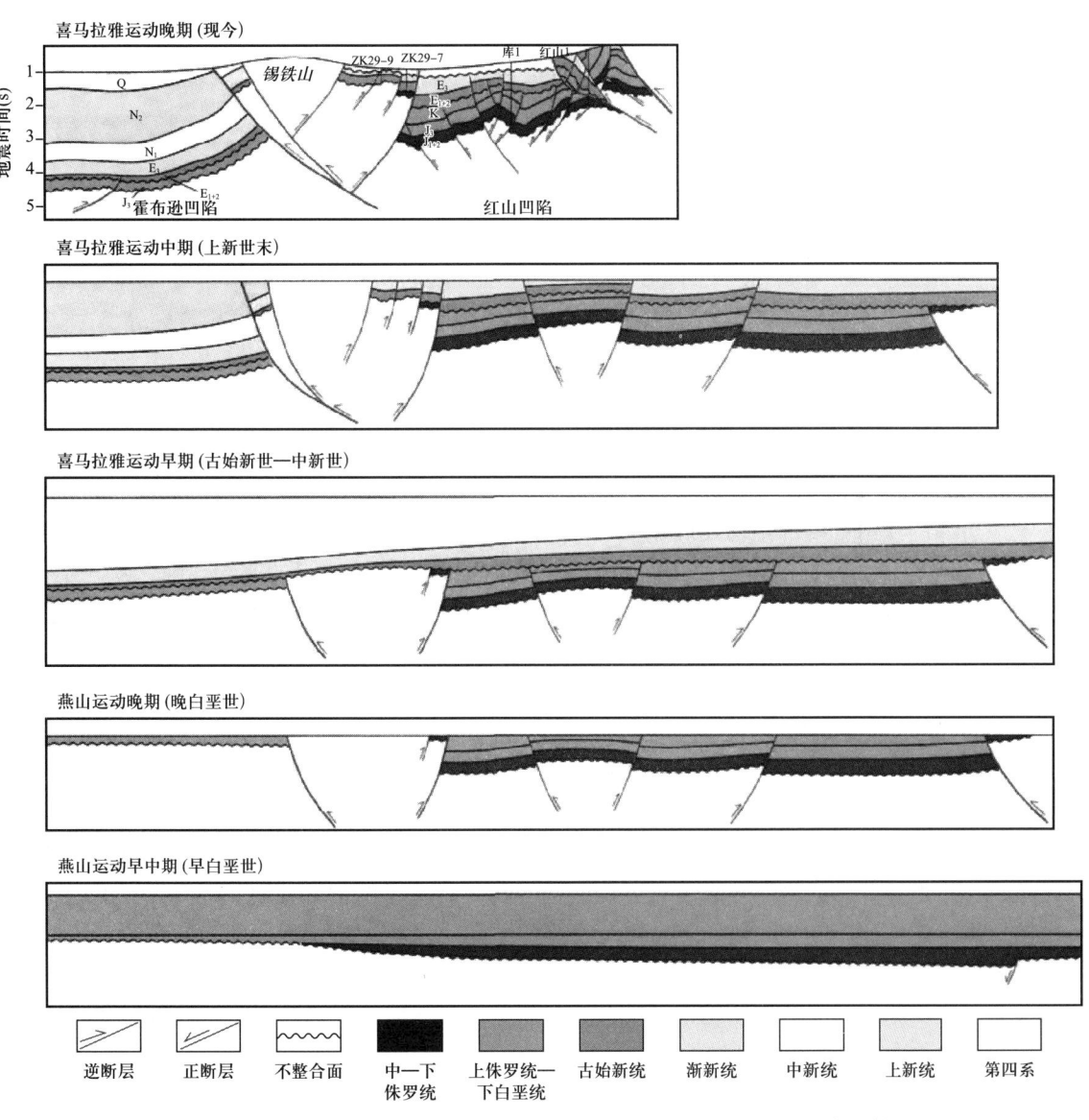

图7 霍布逊凹陷-锡铁山-红山凹陷-祁连山南西-北东向构造演化剖面

大柴旦地区中—新生代构造演化可以分为4个阶段:

第一个阶段为燕山早中期(侏罗纪—早白垩世)伸展弱断陷-挤压坳陷沉积阶段[20-24]。早侏罗世为伸展裂陷阶段,下侏罗统分布局限,仅分布于红山凹陷;中侏罗世为稳定型的坳陷湖盆沉积,沉积范围持续扩展,红山、鱼卡等凹陷开始接受沉积,红山凹陷向小柴旦地区扩展;晚侏罗世—早白垩世挤压转变为弱挤压坳陷，具有广盆沉积特征。

第二个阶段为燕山晚期（晚白垩世），受控于昆仑山及祁连山的强挤压作用，南祁连、赛南、绿南和锡南断裂强烈冲断，绿梁山、锡铁山等凸起形成；断裂上盘中生界不同程度被剥蚀，进而控制了其残留分布。

第三个阶段为喜马拉雅中期（上新世末），在北东—南西向挤压作用下，控山、控凹断裂再次大规模活动，凹陷内部断裂活动与构造变形进一步加剧；盆缘、盆内形成较为宽缓的冲断带，冲断带上盘及盆内冲起构造顶部古近系—新近系差异剥蚀，新近系大都剥蚀殆尽，形成古近—新近系与上覆第四系的区域不整合面。

第四个阶段为喜马拉雅晚期，大规模造山运动使柴达木盆地急剧收缩，盆缘祁连山，盆内绿梁山、锡铁山等山体隆升，山体之间、山前带等均发生较大规模的挤压褶皱变形；盆缘山前多以逆冲推覆构造为主，盆内多以挤压冲断为主。受盆缘、盆内控山、控凹断裂及其反冲断裂的共同作用，形成双向对冲的地质结构特征。

4.2 中生界残留分布

通过以上分析可以看出，燕山早中期构造运动控制中生界的发育与分布，燕山晚期构造运动控制中生界尤其是中下侏罗统主力生烃层系的残留分布，喜马拉雅晚期构造运动控制地质结构与构造格局的形成。

4.2.1 晚白垩世挤压逆冲控制中下侏罗统残留分布

柴北缘晚白垩世的区域性构造事件，使整个盆地缺失上白垩统[25-26]。晚白垩世的构造变形主要为受块断控制的整体抬升，下白垩统和其他中生代层序受到的剥蚀在同一个断块中是均匀的，这就表现为新生代与中生代地层的接触关系为平行不整合或者为小角度不整合。现今盆地内部的构造隆起地区或者是盆地边缘的造山带内部，均发现零星的中生代残余地层的存在。侏罗纪沉积物分布与现今的盆地次级构造带的展布没有直接的关系，也不完全受现今柴达木盆地边界的制约。晚侏罗—早白垩世，在柴达木盆地北缘地区存在着原始的大范围的沉积过程，目前零星的地层分布是由于后期构造活动所造成的，是剥蚀的结果。

晚白垩世构造变形是中生代层序沉积后遭受的第一期改造作用——褶皱变形与剥蚀。直接结果是北西走向的中生代盆地被盆缘南祁连、绿南、马仙、锡铁山等一系列冲断层形成断面陡倾的断块和规模较大的褶皱带。中生代各套地层遭受不同程度的剥蚀后，尖灭线走向大都应为北北西走向，只要是上侏罗统或上白垩统残留的地方，具有原始沉积的中下侏罗统就会很好地得以保存，否则中下侏罗统就会遭受不同程度的剥蚀。因此，上侏罗统—下白垩统是中下侏罗统免遭剥蚀而保存的第一道屏障。研究区鱼卡、红山—小柴旦凹陷的钻井（孔）、露头所揭示的中下侏罗统残留状况就证实了这一点。

中下侏罗统残留分布与现今的凹陷带没有直接的关系，也不完全受现今凹陷形态的制约。直接证据就是中下侏罗统只是残留于部分山前带、凹陷带、斜坡带，中下侏罗统分布与现今凹陷也不是一一对应的关系。主要原因是晚燕山期构造运动对这些侏罗纪盆地群已经进行了第一轮破坏和改造，喜马拉雅期构造运动再次分割和改造了侏罗系的分布，形成了现今的残留分布格局。

4.2.2 晚喜马拉雅期控制中下侏罗统埋深

大柴旦地区现今的构造格局是晚喜马拉雅期构造运动造成的，新生代柴北缘走滑冲断作用是造成侏罗系层序形成构造"透镜体"的主要原因，导致从赛什腾山、柴达木、库尔雷克山、绿梁山前侏罗系的残留呈断夹块的产状发育，鱼卡北山、大头羊、开源、绿草山等煤矿主要是条带状或者透镜状的出露。晚喜马拉雅期盆缘、盆内山系的隆起再一次改造了侏罗系原始沉积的分布。燕山期、喜马拉雅期联合作用是形成柴北缘侏罗系构造"透镜体"、断夹块产状、条带状出露的主要因素。同时，喜马拉雅期构造运动控制了侏罗系现今残留分布的埋深，影响了烃源岩的演化程度。

5 结论

（1）研究区断裂体系划分为盆缘逆冲断裂体系、盆内逆冲断裂体系和盆内挤压－走滑断裂体系等3类，平面上具有分区、分带性。

（2）研究区中新生代构造变形分为挤压、伸展和走滑等3大类8种构造样式，盆缘山前逆冲推覆带主要发育逆冲叠瓦构造；盆内逆冲推覆带主要发育双重构造；盆内山前冲断褶皱带主要发育对冲构造、冲起构造、断弯褶皱、断层传播褶皱等；盆内反冲背斜带主要发育冲起构造和断层传播褶皱。

（3）大柴旦地区中新生代构造演化分为4个阶段：燕山早中期（侏罗纪—早白垩世）伸展弱断陷—挤压坳陷沉积阶段、燕山晚期（晚白垩世）挤压隆升阶段、古近纪—新近纪挤压坳陷阶段、喜马拉雅晚期强烈挤压推覆阶段。

（4）燕山早中期构造运动主要控制中生界原始沉积分布，燕山晚期控制残留分布，而喜马拉雅晚期主要控制不同构造单元埋深差异。

参 考 文 献

[1] MEYER B, TAPPONNIER P, BOURJOT L, et al. Crustal thickenngin Gansu-Qinghai lithospheric mantle subduction and oblique, strikeslip controlled growth of the Tibet Pateau [J]. International Geophysical Journal, 1998, 135（1）: 1-47.

[2] YIN A, RUMELHART P E, BUTLER R, et al. Tectonic history of the Altyn Tagh fault system in northern Tibet in ferred from Cenozoic sedimentation [J]. Geological Society of America Bulletin, 2002, 114: 1257-1295.

[3] METIVIER F, GAUDEMER Y, TAPPONNIER P, et al. Northeastward growth of the Tibet plateau deduced from balanced reconstruction of two depositional areas: The Qaidam and Hexi Corridor basins, China [J]. Tectonics, 1998, 17（6）: 823-842.

[4] ZHU L, WANG C, ZHENG H, et al. Tectonic and sedimentary evolution of basins in the northeast of Qinghai-Tibet Plateau and their implication for the northward growth of the Plateau [J]. Palaeogeography, Palaeoclimatology, Palaeoecology, 2006, 241（1）: 49-60.

[5] XIA W, ZHANG N, YUAN X P, et al. Cenozoic Qaidam Basin, China: A stronger tectonic inversed, extensional rifted basin [J]. AAPG Bulletin, 2001, 85（4）: 715-736.

[6] 温志新, 童晓光, 张光亚, 等. 全球板块构造演化过程中五大成盆期原型盆地的形成、改造及叠加过程[J]. 地学前缘, 2014, 21（3）: 26-37.

[7] 蒋荣宝, 陈宣华, 党玉琪, 等. 柴达木盆地东部中新生代两期逆冲断层作用的FT定年[J]. 地球物理学报, 2008（1）: 116-124.

[8] 冯志朋, 苏唔, 陈淑平. 柴达木盆地北缘断裂构造特征及其控藏模式[J]. 大庆石油学院学报, 2011, 35（1）: 21-25.

[9] 方世虎, 赵孟军, 张水昌, 等. 柴达木盆地北缘构造控藏特征与油气勘探方向[J]. 地学前缘, 2013, 20（5）: 132-138.

[10] 党玉琪, 胡勇, 余辉龙, 等. 柴达木盆地北缘石油地质[M]. 北京: 地质出版社, 2003.

[11] 胡受权, 郭文平, 曹运江. 柴达木盆地北缘构造格局及在中、新生代的演化[J]. 新疆石油地质, 2001, 22（1）: 16-21.

[12] 魏国齐, 李本亮, 肖安成, 等. 柴达木盆地北缘走滑-冲断构造特征及其油气勘探思路[J]. 地学前缘, 2005, 12（4）: 397-402.

[13] 汪立群, 徐凤银, 庞雄奇, 等. 马海—大红沟凸起油气勘探成果与柴达木盆地北缘的勘探方向[J]. 石油学报, 2005, 26（3）: 21-32.

[14] 李军亮,肖永军,林武,等.柴达木盆地东部地区中下侏罗统残留分布及控制因素[J].天然气地球科学,2015,26(10):1893-1900.

[15] 李伟,刘宝珺,白淑艳.柴达木盆地侏罗系地层沉积大迁移及成因分析[J].石油学报,2002,23(6):16-19.

[16] 陈志勇,肖安成,周苏平,等.柴达木盆地侏罗系分布的主控因素研究[J].地学前缘,2005,12(3):149-155.

[17] 付所堂,袁剑英,王立群,等.柴达木盆地油气地质成藏条件研究[M].北京:科学出版社,2014.

[18] 何登发,杨庚,管树巍,等.前陆盆地构造建模的原理与基本方法[J].石油勘探与开发,2005,32(3):7-14.

[19] 王步清,肖安成,程晓敢,等.柴达木盆地北缘新生代右行走滑冲断构造带的几何学和运动学[J].浙江大学学报(理学版),2005,32(2):225-230.

[20] 段宏亮,钟建华,马锋,等.柴达木盆地西部中生界原型盆地及其演化[J].地球学报,2007,28(4):356-368.

[21] 胡受权,曹运江,黄继祥,等.柴达木盆地侏罗纪盆地原型及其形成与演化探讨[J].石油实验地质,1999,21(3):189-195.

[22] 和钟铧,刘招君,郭巍,等.柴达木北缘中生代盆地的成因类型及构造沉积演化[J].吉林大学学报,2002,32(4):333-339.

[23] 王信国,曹代勇,占文锋,等.柴达木盆地北缘中—新生代盆地性质及构造演化[J].现代地质,2006,20(4):592-596.

[24] 曾联波,金之钧,张明利,等.柴达木侏罗纪盆地性质及其演化特征[J].沉积学报,2002,20(2):288-292.

[25] 肖安成,陈志勇,杨树锋,等.柴达木盆地北缘晚白垩世古构造活动的特征研究[J].地学前缘,2005,12(4):451-457.

[26] 王亚东,张涛,迟云平,等.柴达木盆地西部地区新生代演化特征与青藏高原隆升[J].地学前缘,2011,18(3):141-150.

原文发表于《地学前缘》2016年第5期

柴达木盆地东部侏罗纪原型盆地恢复

李军亮[1,2]　肖永军[2]　王大华[2]　林　武[2]　柴先平[2]　张俊锋[2]　田连玉[2]

（1. 中国石油大学（华东）地球科学与技术学院；
2. 中国石化胜利油田分公司勘探开发研究院西部分院）

摘　要：中下侏罗统是柴达木盆地东部中深层主力生烃层系，针对研究区前人"早—中侏罗世为广盆沉积、现今残留凹陷均有分布"的普遍认识与实际钻探的矛盾，以及侏罗系有效生烃中心不明确等问题，笔者从地面地质调查、山前冲断带构造建模入手，运用平衡剖面技术研究控凹断裂活动性及盆山演化过程，认为发育持续沉降型、构造正反转型、构造负反转型等三类凹陷；按照"七因素法"恢复了侏罗纪各时期盆地原型，认为柴东地区发育尕西—鱼卡、红山—小柴旦、霍布逊、德令哈等4个早—中侏罗世分隔性湖盆，晚侏罗世才发展为统一沉积盆地，纵向充填表现为早侏罗世伸展弱断陷、中侏罗世伸展坳陷湖沼相、半深湖相，以及晚侏罗世挤压坳陷河流冲积相逐层超覆沉积、湖盆不断扩展的特征。中、下侏罗统有效烃源岩残留分布于原始湖盆改造后的尕西等4个持续沉降型凹陷，以及鱼卡等两个构造正反转型凹陷。

　　Weeks早在1958年就提出"要了解石油的产出，就必须回到原始沉积盆地中去"。童晓光院士于2001年系统定义了原型盆地，认为不同地质时期的盆地所处的构造沉积环境不同，盆地类型与沉积充填方式、成烃环境各异，将各个地质时期的盆地称之为"原型盆地"[1]。柴达木盆地属于中—新生代叠合—改造型盆地，恢复烃源岩发育期的盆地原型对油气勘探至关重要。侏罗系是柴达木盆地东部主要的生烃层系之一，多年来一直是众多学者及勘探家关注的重点。前人研究普遍认为，柴东地区早—中侏罗世为广盆沉积，现今凹陷均有中—下侏罗统烃源岩残留分布[2-7]。但钻探结果表明，位于欧南、大柴旦凹陷的欧1井、埃北1井、ZK2-1井等探井、煤钻孔均未揭示中—下侏罗统，导致烃源岩分布规律及有效生烃中心不明确，一直制约着柴东地区油气勘探。出现前期认识与勘探实践反差的主要原因是侏罗纪原型盆地、侏罗系残留分布及控制因素认识不清。

　　由此提出了制约柴东地区侏罗系油气勘探的三个关键问题：现今残留凹陷与侏罗纪原型盆地是怎样的对应关系，后期构造变形是怎样控制侏罗系残留分布的，构造演化又是如何影响侏罗系生烃史的。总之，核心问题依然是侏罗纪原型盆地的恢复，亟须系统研究侏罗纪柴达木盆地的地球动力学背景，及其主导的沉降机制控制形成的构造—沉积体系。

1　侏罗纪盆地类型

1.1　区域构造背景

　　从区域上看，柴达木盆地早、中侏罗世盆地的分布严格受NWW向三个断裂带控制：第一带位于中祁连构造带，从木里至大通河断续分布；第二带位于宗务隆山、赛什腾山至埃姆尼克山南缘；第三带位于昆中断裂及柴南缘附近，也呈断续分布。这些沉积单元都是发育在前侏罗纪古构造带上，受构造带主干断层控制，表现为相互分隔的侏罗纪盆地群[8-9]。

1.2　侏罗纪盆地性质

　　关于柴北缘侏罗纪原型盆地的认识一直存在多种观点：第一种是从早侏罗世开始一直处于挤压构

造背景的挤压盆地或类前陆盆地[10-12]；第二种是早—中侏罗世为伸展断陷盆地，晚侏罗世—白垩纪形成挤压盆地[6-7, 13-19]；第三种是早侏罗世为伸展环境下的（箕状）断陷盆地，主要表现为一系列小型断陷盆地群，中侏罗世—白垩纪为伸展型坳陷盆地[3, 20]。以上三种观点针对侏罗纪盆地性质认识有所不同，但对侏罗纪为广盆沉积、中侏罗世整个柴北缘为大面积、连续分布的观点是一致的。

早—中侏罗世，柴达木盆地处于晚三叠世羌塘地体与巴颜喀拉山地体汇聚和晚侏罗世冈底斯地体与羌塘地体汇聚的中间相对稳定时期，这也是此时期近南北向伸展构造应力场形成的主要原因之一。沿盆地北缘的祁连山前形成了一些规模不一、分隔性较强的差异凹陷沉降带，主要分布在伊北、赛什腾、红山、霍布逊等地区，凹陷总体呈近东西向分布。在后期改造程度不强烈的地区，仍然可以看到早—中侏罗世的断—坳陷结构。从现有的地质、地球物理资料中（例如红山凹陷、霍布逊凹陷地震资料就显示了早—中侏罗世箕状断—坳陷结构特征，正断层被完整保存）可以发现，早—中侏罗世柴达木盆地形成于弱南北向伸展的构造环境，代表了后印支期的一次伸展运动，此阶段的盆地性质属伸展断—坳陷。早燕山期构造事件，使早—中侏罗世伸展断—坳型盆地的边缘断层性质发生转换，由伸展型转换为挤压型。晚侏罗世—早白垩世，受南祁连山前冲断构造体系控制，形成了挤压坳陷，这一时期的构造主要沿着前期张性断裂带附近挤压反转而成，总体表现为挤压型坳陷盆地。此时原先分隔的早—中侏罗世凹陷相继连接形成了统一的坳陷型盆地，也就是现今柴达木盆地侏罗纪盆地原型。白垩纪末的晚燕山期构造事件使盆地整体抬升，造成晚白垩世沉积间断，前期沉积地层遭受差异剥蚀，并造成了白垩系与古近系之间的区域角度不整合[21]。从实际资料出发，认为柴达木盆地侏罗纪为早侏罗世伸展弱断陷型、中侏罗世伸展坳陷型、晚侏罗世—早白垩世挤压坳陷型的断—坳复合盆地。

2 控凹断裂活动性及其影响

柴东地区构造格局主要受控于南祁连、北昆仑，以及温泉断裂体系的围限，中—新生代盆地控凹断裂有的燕山期、喜马拉雅期持续活动，有的喜马拉雅期才开始活动，受两期断裂组合控制自北向南发育五排逆冲推覆构造、盆内反冲构造，构造成因机制、整体变形特征及其对侏罗系残留地层控制因素一直认识不清。

2.1 柴东构造地层格架

以地面构造变形实测、钻井（煤钻孔）、电法、地震综合解释为基础，运用山前带重—电—震构造建模方法，建立了盆缘、盆内五排逆冲推覆构造带地质解释模型，大都属于压扭性逆冲推覆构造，以逆冲推覆为主，兼具走滑特征，主要控凹断裂推覆距离一般在 2.6～15.6km。

受控山、控凹的 NW 向逆冲断裂和马仙、陵间等压扭性断裂的共同作用，自柴北缘至盆内发育三排 NW 走向逆冲推覆构造带和一个 NW—NWW 走向的反冲背斜带，包括盆缘宗务隆山—柴达木山推覆构造带、盆内库尔雷克山—欧龙布鲁克山推覆构造带、赛什腾山—绿梁山—锡铁山—埃姆尼克山推覆构造带，呈后展式逆冲[22]；盆内反冲背斜带包括马北—大红沟凸起、小柴旦、全吉背斜等；盆地南缘昆仑山前发育昆北—宗加近 EW 向褶皱—冲断构造带。由此构建了柴东地区"南北分带、东西分区"的"菱形"构造地层格架（图1）。受此影响，研究区发育 3 排 9 个 NW 走向的背驮式凹陷群，整体表现为"八山九凹"的构造格局，现今凹陷与山体皆呈对冲结构。

2.2 控凹断裂活动性及其作用

各排逆冲推覆构造带主断裂皆为现今凹陷的主控断层之一，其活动时期和强度控制着中—新生代凹陷的形成和演化。根据断裂活动时间、强度及速率的差异，将主要控凹断裂分为三大类。第一类断层属于早—中侏罗世控凹正断层，由于燕山期、喜马拉雅期的强烈改造，现今鲜有保存，目前仅在柴东地区红山凹陷等改造较弱的地区有所发现（图2）。第二类断层属于晚侏罗世—早白垩世控凹逆断层，晚白垩世活动强度变大，持续冲断，造成上下盘中生界差异剥蚀；喜马拉雅晚期强烈逆冲推覆，造成中生界、古近系、新近系、第四系横向差异剥蚀；柴东地区祁连山南缘（柏树山、柴达木山、红山等断裂）、埃南、绿南、马仙断裂等皆属于此类断裂。第三类断层属于古新世—上新世控凹、第四纪强烈逆冲推覆的逆断层，与第二类断层共同控制了现今"八山九凹"的菱形构造格局；柴东地区喜马拉雅期开始形成的断裂有欧南、欧北、绿北、无东、陵间等断裂。

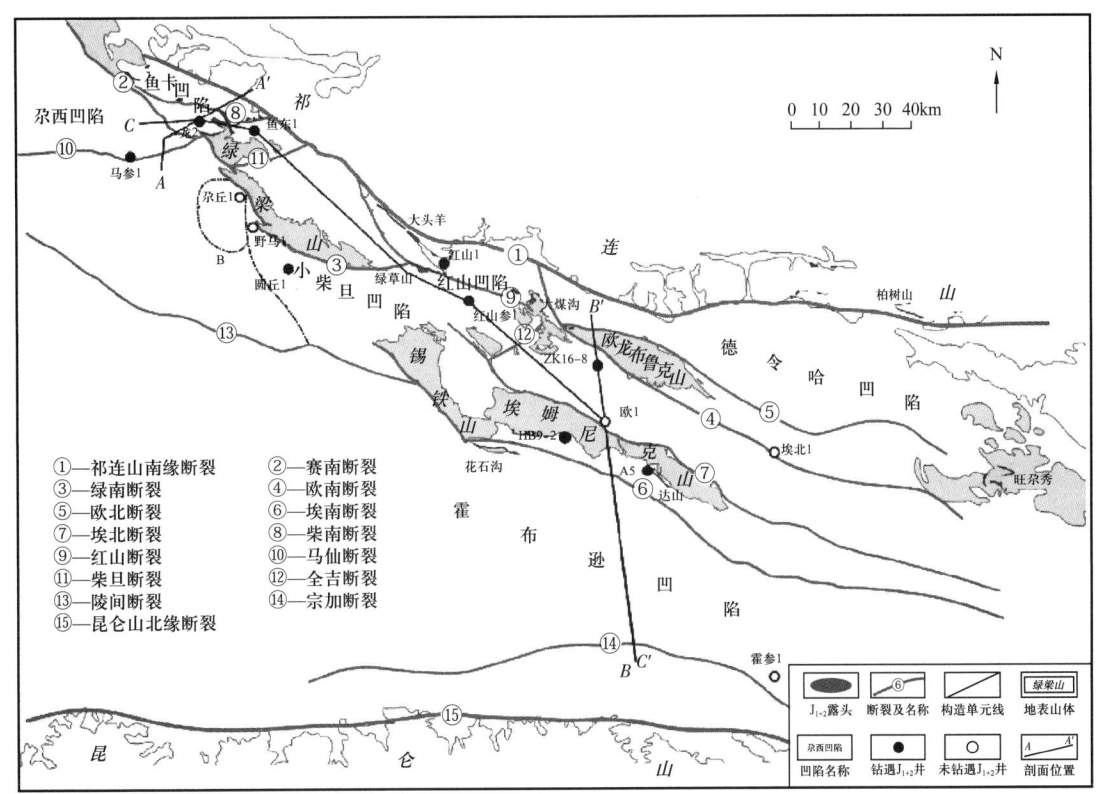

图1 柴东地区构造单元划分图

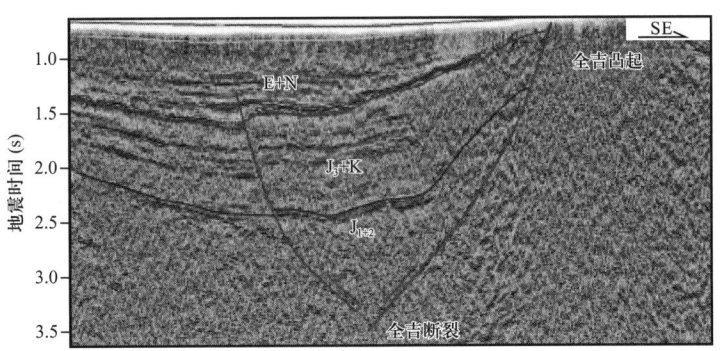

图2 红山凹陷不同性质断裂典型特征

因此，各期断裂活动的控制作用存在较大差异，早—中侏罗世伸展弱断—坳陷控制中—下侏罗统沉积，晚白垩世强烈挤压隆升控制中生界（中—下侏罗统烃源岩）残留厚度及分布；喜马拉雅期断裂活动控制中—下侏罗统埋深（生烃演化）、构造圈闭形成与成藏。

2.3 中—新生代盆–山演化重建

中生代盆地历经燕山运动与喜马拉雅运动的双重改造，原始沉积格局已不复存在。以地层格架构建、控凹断裂活动性分析、地层序列横向差异性对比为切入点，以五排逆冲推覆构造带构造地质建模为基础，编制北东向构造演化剖面，重建了柴东地区中—新生代盆—山演化过程（图3）。根据早—中侏罗世是否接受沉积，以及喜马拉雅晚期是否发生构造反转，将现今凹陷划分为持续沉降型、构造正反转型、构造负反转型三大类。

西段马北凸起—冷西凹陷—鱼卡凹陷—柴达木山演化历程（图3a）：中侏罗世鱼卡、冷西凹陷为同一沉积单元，表现为北断南超伸展弱断—坳陷型沉积，晚侏罗世—早白垩世为挤压坳陷型超覆沉积，向南超覆于马北凸起。燕山晚期，绿南断裂控制形成绿梁山凸起，马仙断裂控制马北凸起进一步抬升，绿梁山、马北凸起部位山前带侏罗系剥蚀量较大，凹陷区受赛南断裂活动较弱的影响保存相对完整。喜马拉雅期，马仙、赛南、柴南断裂持续活动，赛南断裂分割形成现今冷西、鱼卡凹陷；盆缘柴达木山前发育逆冲推覆构造，侏罗系推至地表。冷西凹陷受控于马仙、赛南断裂的双向对冲，埋深持续增大，属于持续沉降型凹陷；鱼卡凹陷位于赛南断裂上盘，受喜马拉雅期持续逆冲影响，中侏罗统埋深变浅，属于构造正反转型凹陷。

东段柴南隆起—霍布逊凹陷—埃姆尼克山—欧南凹陷—欧龙布鲁克山—红山凹陷演化历程（图3b）：早—中侏罗世，现今的欧南凹陷表现为欧龙布鲁克凸起，未接受中—下侏罗统沉积，南北两侧的红山、霍布逊凹陷发育的下—中侏罗统均超覆于该凸起之上；晚侏罗世—早白垩世，为挤压坳陷型超覆沉积，红山、欧南、霍布逊地区均接受了上侏罗统—下白垩统沉积。燕山晚期，控山的埃南、欧南断裂开始形成（活化），埃姆尼克和欧龙布鲁克凸起雏形基本形成，山前冲断带中生界剥蚀量较大。喜马拉雅晚期，埃姆尼克、欧龙布鲁克凸起持续抬升，分隔形成霍布逊凹陷、欧南凹陷、红山凹陷、德令哈凹陷。其中霍布逊、红山、德令哈凹陷沉积了较厚的新生界，埋深持续增大，属持续沉降型凹陷；欧南凹陷未沉积中—下侏罗统，喜马拉雅晚期才沉降形成，属于构造负反转型凹陷。

3 侏罗纪原型盆地恢复

通过上述侏罗纪盆地性质，以及中—新生代盆—山演化关系分析，按照"七因素法"（盆地性质、地层结构、剥蚀量、压缩量、残留沉积相、古物源、岩相古地理）恢复了柴东地区侏罗纪原始沉积分布。

3.1 地层结构类型

现今的柴达木盆地侏罗系层序结构，是在前中生界基底之上接受沉积，后期受燕山、喜马拉雅两期构造运动旋回叠加改造的结果，两期构造运动对构造变形、地层序列的改造程度存在较大差异。燕山运动影响了侏罗系早期构造变形、燕山期古构造的形成，以及侏罗系的残留分布；而喜马拉雅运动（尤其新构造运动）是现今柴东地区菱形构造格局的缔造者，影响了侏罗系的平面分布及埋深，二者共同导致了柴东地区现今凹陷地质结构的复杂性与分带性。现今凹陷结构的共同特点是五排推覆构造带主断裂及其伴生背冲断裂之间形成的对冲结构，呈北西向展布。根据地层接触关系分为超覆、剥蚀、断层等三种边界类型（图4）。

横向上，凹陷北部皆为山前冲断带，构造变形强烈，侏罗系序列复杂，沿各推覆片体呈北西向分布（柴南、红山、埃南、柏树山等山前带）；凹陷南部多为侏罗系原始沉积的超覆结构（冷西、小柴旦、霍布逊等凹陷）；东、西部以原始超覆结构和逆冲断层为界（冷西、鱼卡、红山等凹陷）。纵向上，由于侏罗纪盆地是一个连续沉积、湖盆不断扩展的沉积充填过程，各时期沉积体系沿湖盆边缘逐层超覆，整体角度不整合于前中生界基底之上，凹陷主体各套地层整合接触，凹陷边缘下侏罗统、中侏罗统、上侏罗统均于不同构造部位不整合于基底之上。晚白垩世，中生代盆地整体隆升挤压变形，遭受差异剥蚀。后中生代地层也角度不整合于中生界之上，差异剥蚀造成上、下地层组合的不同。因此，侏罗系超覆边界即原始湖盆沉积边界，断层、剥蚀边界造成侏罗系局部缺失，冷西—鱼卡、红山—小柴旦、霍布逊凹陷皆为侏罗系独立的沉积单元。

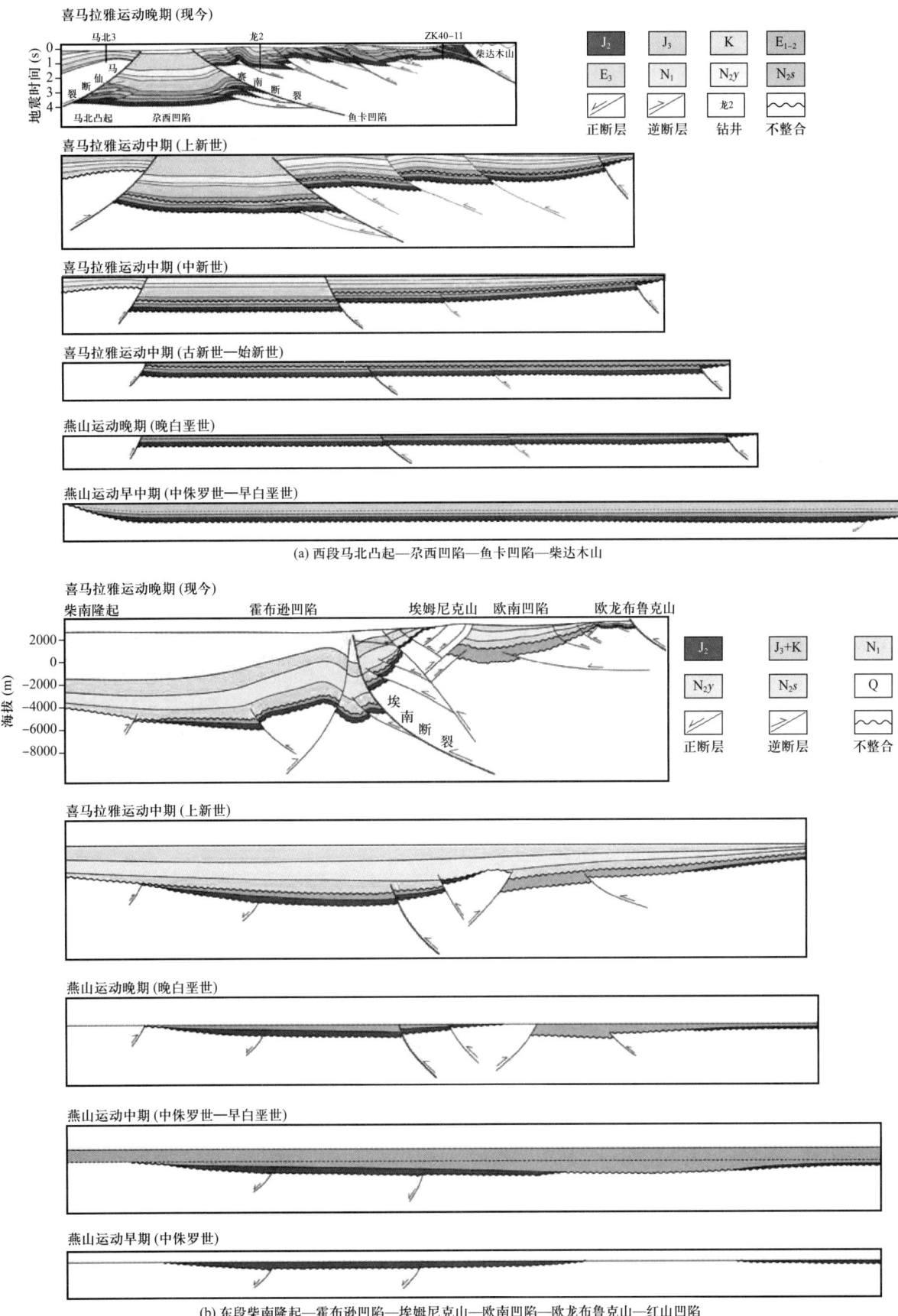

图 3 柴达木盆地东部构造演化剖面

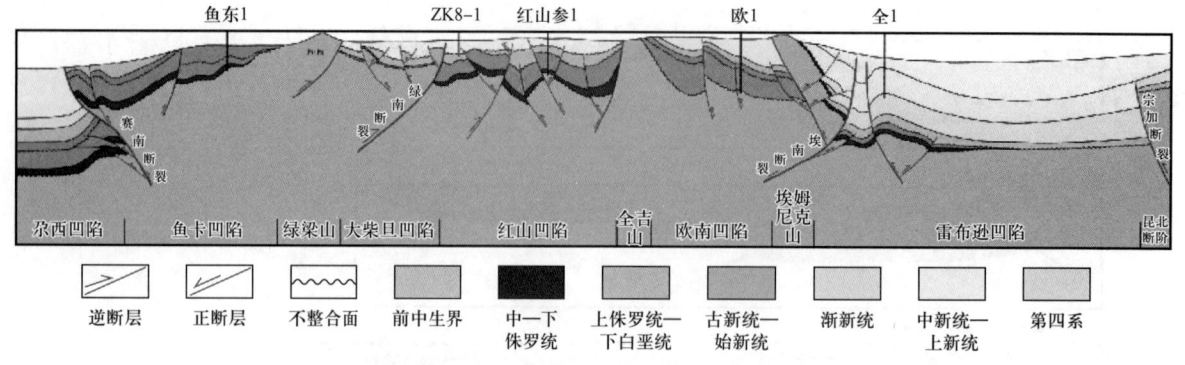

图 4 柴东地区各凹陷中新生界地层对比图（边界类型）

3.2 剥蚀量与压缩量

柴北缘现今侏罗系的分布很不均衡，导致这种差异性的原因有两个：一是侏罗纪各阶段原始沉积的差异性导致了不同地区分布各异，盆地性质的变化导致了原始厚度的差异和沉积相的不同；二是侏罗纪盆地遭受燕山晚期、喜马拉雅晚期两次强烈改造，原始沉积层序局部被剥蚀[23-24]。从前述控凹主断裂活动性分析可以得出，侏罗系仅在中—新生代继承性活动的逆冲断层上盘遭受剥蚀，下盘凹陷区保存完整。因此，侏罗系剥蚀量（厚度和宽度）的恢复可以只考虑控凹主断裂上盘的剥蚀量。以露头、钻井、煤钻孔所揭示侏罗系层段、厚度和地震层位标定为基础，利用山前冲断带地质解释模型与趋势面法推测侏罗系剥蚀厚度和剥蚀面积。例如埃南断裂上盘煤钻孔霍北9-2、A5等及花石沟、达山等露头剖面均揭示中侏罗统4～7段缺失，剥蚀厚度150～350m；地震层位趋势面法推测剥蚀面积约730km^2。马仙断裂上盘整体缺失中侏罗统，剥蚀厚度200～450m，推测向东南方向剥蚀面积约370km^2。红山凹陷改造程度最为强烈，湖盆中心被抬升至地表，大煤沟、绿草山露头均见厚层湖相油页岩，推测湖盆整体抬升剥蚀的面积达2460km^2。

侏罗系剥蚀量恢复只是局部的，而构造变形是整体性的。通过断裂活动性分析、平衡剖面技术分别计算了尕西—鱼卡、红山—小柴旦、霍布逊等凹陷原始湖盆到现今凹陷的NE—SW横向压缩量，尕西—鱼卡凹陷压缩量为39km，红山—小柴旦凹陷压缩量为50km，霍布逊凹陷压缩量为30km，德令哈凹陷压缩量为35km。

3.3 残留沉积相

3.3.1 侏罗系沉积特征

残留沉积相研究是确定原始湖盆沉积中心和沉积边界的基础。由于柴东地区早侏罗世沉积仅局限于红山凹陷，中侏罗世其他凹陷才开始接受沉积，故呈现出由断陷到坳陷超覆沉积的特点，早、中、晚侏罗世湖盆是逐渐扩大的。柴东地区大煤沟露头剖面揭示侏罗系层序最完整[25]，通过剖面实测认为，自下而上发育下侏罗统小煤沟组1～3段、大煤沟组1～3段，以及中侏罗统大煤沟组4～7段、上侏罗统采石岭组与红水沟组。

从沉积序列分析，下侏罗统小煤沟组一段发育冲积扇沉积体系，以紫红色、灰绿色泥质砾岩发育为特征，底部可见粒径1m以上巨砾层，属于典型的早期填平补齐阶段底砾岩；小煤沟组二段、三段发育辫状河沉积体系，由下部灰绿色泥质砂砾岩与上部碳质泥岩过渡为灰绿色泥岩沉积，表现为典型的河流"二元"结构特征。大煤沟组一段主要发育辫状河三角洲平原相沉积。大煤沟组二段主要发育辫状河三角洲前缘及浅湖沉积环境。大煤沟组三段主要发育辫状河三角洲及滨浅湖滩坝亚相，总体表现为三角洲砂泥互层特征（图5）。

从沉积序列分析，中侏罗统大煤沟组四段主要发育扇三角洲平原亚相，总体表现为紫红色砂砾岩与灰绿色、紫红色泥岩旋回段，表明为近源搬运和氧化沉积环境。五段主要发育扇三角洲前缘亚相和浅湖、滨浅湖滩坝亚相。六段主要发育扇三角洲前缘亚相，大套砂砾岩段正旋回与灰绿色泥岩共生。七段主要发育滨浅湖滩坝及半深湖沉积环境；下部主要发育滨浅湖滩坝亚相，上部主要发育半深湖沉积环境，深黑色、深灰色油页岩发育，代表较深水还原环境湖泊沉积（图6）。

从沉积序列分析，上侏罗统采石岭组主要发育河流相泥质砂砾岩沉积，呈黄绿色；红水沟组主要发育河流泛滥平原相红色泥岩沉积。柴达木盆地东部上侏罗统分布非常广泛，目前尕西、鱼卡、红山、小柴旦、欧南、霍布逊、德令哈等7个凹陷均有分布。

3.3.2 原始沉积中心与湖盆边界确定

由于龙1井、柴页1井等井，以及大煤沟、绿草山等露头剖面均揭示侏罗系油页岩，侏罗纪各时期沉积中心可以根据油页岩分布、单井相和地层厚度变化来确定。原始湖盆的边界可以根据原始沉积边界（超覆结构）和边缘相来确定，以红山—小柴旦凹陷中侏罗统为例进行分析。

位于红山凹陷北部逆冲推覆构造带上的大头羊、红山1、绿草山等三个地区中侏罗统岩性组合组成了红山凹陷北部物源体系完整的沉积相序列。大头羊煤矿剖面发育大煤沟组4~7段，是一套以砂砾岩、砂岩为主夹薄层泥岩、煤层的岩性组合，地层厚度约500m，反映了近物源沉积的特点。红山1井钻遇大煤沟组4~7段，发育一套扇三角洲平原相砂砾岩、砂岩、紫红色泥岩，以及扇三角洲前缘相含砾砂岩、砂岩、泥岩与滨浅湖相粉砂岩、煤、灰黑色泥岩等岩性组合。绿草山煤矿剖面发育大煤沟组4~7段，发育一套砂砾岩、暗色泥岩、碳质泥岩、煤、油页岩等岩性组合，厚约740m。横向上为，从近物源到远物源冲积扇—扇三角洲平原—扇三角洲前缘—滨浅湖—半深湖—深湖沉积序列。纵向上为，扇三角洲—滨浅湖—半深湖—深湖水进体系沉积序列。

位于红山凹陷南部鼻状构造高部位的红山参1井钻遇中侏罗统356m（视厚度），仅发育大煤沟组5~7段，地层厚度明显变薄，四段在红山参1井以北已尖灭（五段超覆其上）。总体是一套辫状河三角洲平原相沉积，发育紫红色泥岩、灰色砂岩、煤层等，其中泥岩60.5m、碳质泥岩10m、煤层33m，属于平原沼泽相成煤环境，代表了南部斜坡物源沉积体系。

综上所述，红山—小柴旦凹陷中侏罗统沉积表现出来自南北两大物源体系组合的特点，北部以近物源扇三角洲沉积体系为主，南部以远物源辫状河三角洲沉积体系为主，中部则以湖相沉积体系为主。

3.4 古物源与沉积体系

3.4.1 重矿物特征分析

古物源是恢复侏罗纪岩相古地理的重要基础，重矿物是物源分析的重要参数，以测试数据较为齐全的鱼卡、红山凹陷为重点进行物源体系分析。

红山凹陷大煤沟标准剖面中常见的碎屑重矿物以锆石、磁铁矿、白钛石、石榴石等为主，其次为电气石、磷灰石、绿泥石、绿帘石、榍石、锡石、黑云母、钛铁矿、角闪石（表1）。下侏罗统重矿物组合为不稳定矿物，中侏罗统重矿物组合为较稳定—稳定矿物，反映了碎屑搬运距离变大。不同地层组段的主要母岩不尽相同，如下侏罗统小煤沟组母岩以中酸性为主，含大量的锆石、磷灰石、黑云母等；而上侏罗统沉积时的母岩以基性火山岩为主，有一定的中低变质岩，重矿物以磁铁矿、石榴石、绿帘石、辉石等为主。中侏罗统则以沉积岩和蚀源区较远的中酸性岩浆岩为主。

鱼卡凹陷路乐河剖面中侏罗统为石榴石—电气石—锆石—独居石组合，含少量的金红石、锐钛矿、磷灰石、白钛石，无绿帘石，表明其物源主要来自西北侧的南祁连西段达肯达坂群变质岩及少量酸性岩，ZTR指数为49.91%，表明其搬运距离较远。该剖面上侏罗统矿物组合与其相似，表明物源相同，但褐铁矿含量由2.5%突增为61.7%，表明上侏罗统气候转为干燥。

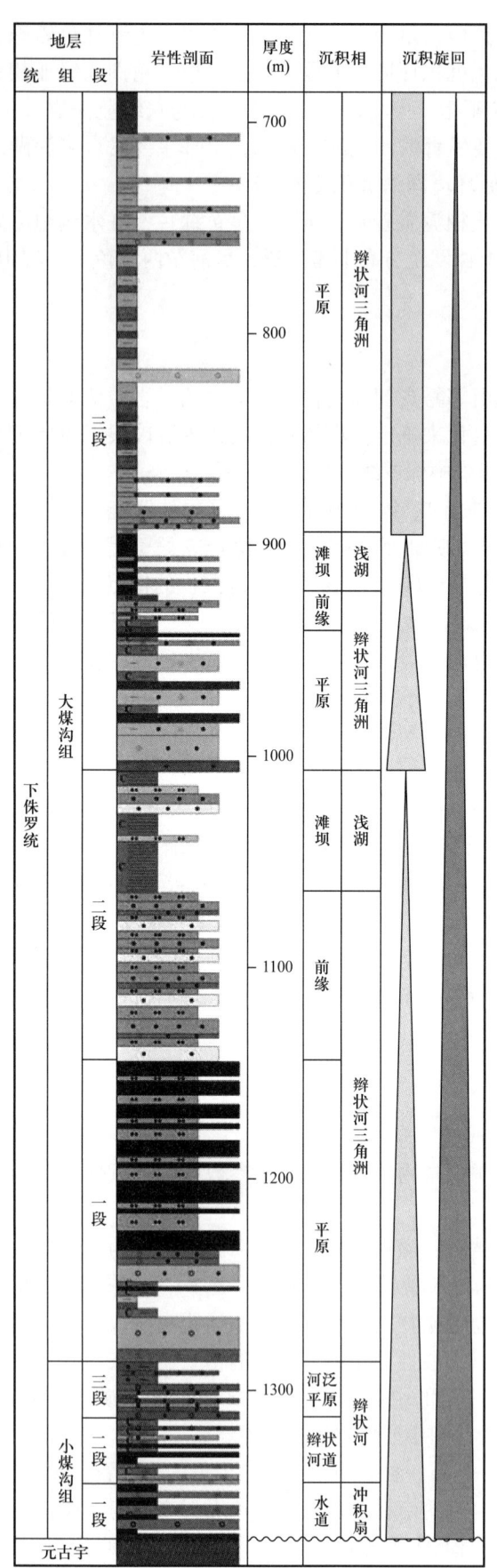

图 5　柴东地区大煤沟剖面下侏罗统地层综合柱状图　　图 6　柴东地区大煤沟剖面中—上侏罗统地层综合柱状图

表1 柴东地区侏罗系重矿物分析数据表　　　　　　　　　　　　　　　　　　　　　单位：%

凹陷	取样位置	样号	层位	ZTR指数（稳定重矿物含量）	Ati指数[磷灰石/（磷灰石+电气石）]	Gzi指数[独居石/（独居石+锆石）]	Mi指数[石榴石/（石榴石+锆石）]	母岩
红山	大煤沟煤矿	DMG-03	J_1	50.47	66.67	14.55	0	基性岩+变质岩
		DMG-07	J_1	56.42	0	36.92	0	变质岩
		DMG-11	J_1	20.79	0	81.38	13.43	变质岩+酸性岩
		DMG-15	J_1	69.62	50.63	3.51	1.08	基性岩
		DMG-19	J_2	36.16	19.35	84.85	0	变质岩+基性岩
		DMG-20	J_2	66.97	0	9.68	0	变质岩
		DMG-27	J_2	62.17	0	36.29	0	变质岩
		DMG-31	J_3	50.69	19.51	41.38	0	变质岩+基性岩
鱼卡	路乐河剖面	LLH-03	J_2	49.91	2.87	78.57	30.77	变质岩+酸性岩
		LLH-06	J_3	31.01	31.03	75.73	12.42	变质岩+岩浆岩
	鱼卡煤矿	YK-01	J_2	70.64	0	5.32	6.56	酸性岩+变质岩
		YK-06	J_2	70.95	0	9.33	2.02	变质岩+酸性岩
	龙1井	L1-01	J_2	71.15	0	0	3.32	沉积岩
		L1-03	J_2	46.55	24.00	10.26	0	基性岩+变质岩
		L1-05	J_2	51.36	5.14	8.95	4.69	变质岩+岩浆岩
		L1-07	J_2	76.84	0	0	0	沉积岩
		L1-08	J_2	69.46	0	0	2.73	沉积岩
	龙2井	L2-02	J_2	68.39	11.50	15.33	4.60	变质岩+岩浆岩

鱼卡煤矿中侏罗统为锆石—电气石—金红石—锐钛矿—白钛石组合，含少量的石榴石、独居石、磁铁矿、尖晶石，为超稳定—稳定矿物组合，ZTR指数为70.64%～70.95%。表明其母岩为酸性岩浆岩和中基性岩浆岩，可能有少量的变质岩存在，且搬运距离较远，推测其物源来自东北侧的南祁连柴达木山一带。

鱼卡中部龙1井中侏罗统为锆石—电气石—白钛石—锐钛矿—尖晶石组合，含有少量的金红石、磷灰石、石榴石、独居石，其矿物组合与鱼卡煤矿较为接近，表明其母岩以酸性岩为主，含少量中基性岩浆岩及部分接触变质岩。ZTR指数介于46.55%～76.84%，变化范围较大，表明其内部不同岩性段沉积物搬运距离差异较大，同时表明其沉积物可能比鱼卡煤矿搬运距离更远。部分样品褐铁矿含量较高，为辫状河等水上暴露环境的产物。龙2井重矿物组合特征与龙1井相近，但辉石含量较高，反映有较近的其他物源。龙3井中侏罗统以锆石为主，其次为锐钛矿、榍石、金红石、石榴石、电气石，含极少量的辉石、绿帘石，反映其母岩为酸性岩浆岩及少量低级变质岩，ZTR指数高达85.6%，远离物源区。

3.4.2 物源方向分析

红山凹陷大煤沟剖面靠近柴北缘侏罗纪湖盆北部边缘。下侏罗统大煤沟组二段古流向平均为218.4°，反映物源主要来自北东方向。中侏罗统大煤沟组六段平均古流向为119.1°，赵文智等[26]测得中侏罗统大煤沟组古流向平均为193°，表明其物源来自北方的祁连山造山带。中—下侏罗统自下而上砾石成分中中酸性岩浆岩逐渐减少、变质岩砾石成分逐渐增多，很好地对应了祁连山造山带的剥蚀历史。大头羊剖面大煤沟组四段底部平均古流向为131°，反映物源来自北西方向的祁连山。红山—小柴旦凹陷主要的物源区为北方的祁连山、南部的柴南隆起，西部的马海古隆起、欧龙布鲁克凸起为次要物源区。

鱼卡—尕西凹陷物源主要来自祁连山，部分来自马海古隆起。在凹陷西北部路乐河剖面的重矿物特征反映了祁连山西段的岩性特点；凹陷南部的鱼卡煤矿、龙1井、龙2井中侏罗统的重矿物组合相近，而与路乐河剖面明显不同，推测主要来自北东方向柴达木山的物源。

总体来看，早—中侏罗世柴东地区发育祁连山隆起、柴南隆起、马海古隆起、欧龙布鲁克凸起等四大物源区，其中祁连山隆起、柴南隆起是湖盆主物源供给区，马海古隆起、欧龙布鲁克凸起是湖盆次要物源供给区。

3.5 侏罗纪岩相古地理

通过侏罗纪盆地性质、现今凹陷结构、侏罗系剥蚀量、构造变形压缩量、残留沉积相、古物源等6方面的综合研究，认为柴东地区发育一个早侏罗世沉积湖盆——红山凹陷（1500km²），发育4个中侏罗世湖盆——尕西—鱼卡凹陷（3850km²）、红山—小柴旦凹陷（5730km²）、霍布逊凹陷（3090km²）、德令哈凹陷（8470km²），发育一个晚侏罗世湖盆——柴东凹陷（42000km²），侏罗纪三个阶段沉积凹陷叠合组成了柴东地区侏罗纪沉积盆地。与柴西地区主要发育早侏罗世湖盆相比，柴东地区早、中侏罗世湖盆是烃源岩主要发育时期，也是原型盆地恢复的重点。

早侏罗世，沉积中心位于红山地区，表现出冲积扇—辫状河—辫状河三角洲平原—辫状河三角洲前缘—滨浅湖相水进沉积旋回，湖盆不断扩展。小煤沟组二段、大煤沟组一段河流相沼泽及三角洲平原成煤环境发育煤系暗色泥岩，大煤沟组二段上部、三段中部湖泛时期发育湖相暗色泥岩、泥页岩，都是有利的烃源岩发育层段（图7）。

中侏罗世，沉积中心由红山地区扩展到尕西—鱼卡、霍布逊、德令哈等地区，表现为扇三角洲平原—扇三角洲前缘—浅湖—半深湖—深湖水进沉积旋回，湖盆进一步扩展。大煤沟组五段上部三角洲平原成煤环境发育煤系暗色泥岩（煤层厚度大于30m）；五段中部、七段下部地层对应湖泛时期，发育厚度大于20m的浅湖相暗色泥岩、泥页岩；七段上部水进沉积旋回晚期发育最大湖泛面，发育厚达百米深湖—半深湖相黑色油页岩，是烃源岩发育的最有利层段（图7）。

晚侏罗世，柴东地区中北部整体接受沉积，表现为辫状河流相河床亚相—泛滥平原水进退积沉积旋回，湖盆面积达到鼎盛时期。

4 侏罗系有效烃源岩分布

以早—中侏罗世原型盆地为约束，从中—下侏罗统露头引层、钻井与煤钻孔地震标定、地震低速异常识别入手，结合构造变形与沉积相分析，详细落实了柴东地区中—下侏罗统有效烃源岩残留分布。结果表明，主要分布于持续沉降型、构造正反转型凹陷（图8），其中下侏罗统有效烃源岩主要分布于红山凹陷（约850km²），中侏罗统有效烃源岩主要分布于尕西—鱼卡凹陷（约1280km²）、红山—小柴旦凹陷（约2450km²）、霍布逊凹陷（约1650km²）、德令哈凹陷（约2620km²）。

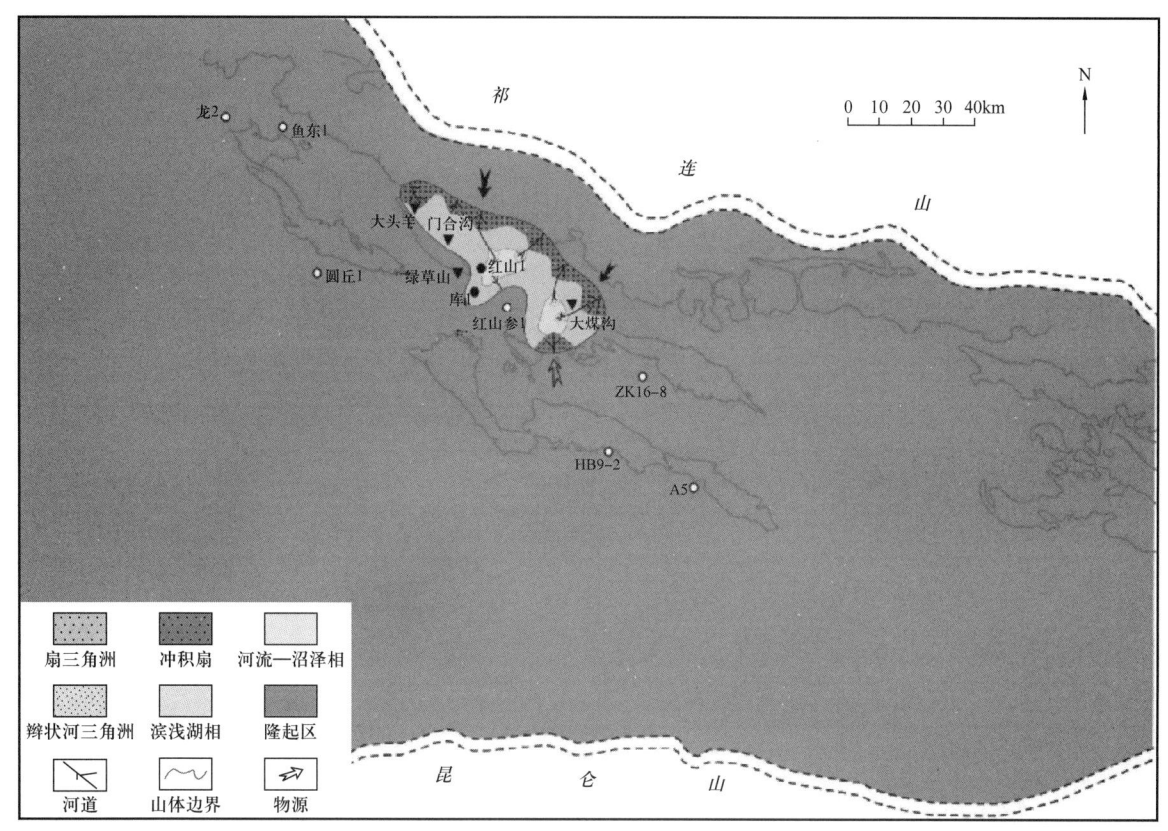

(a) 早侏罗世

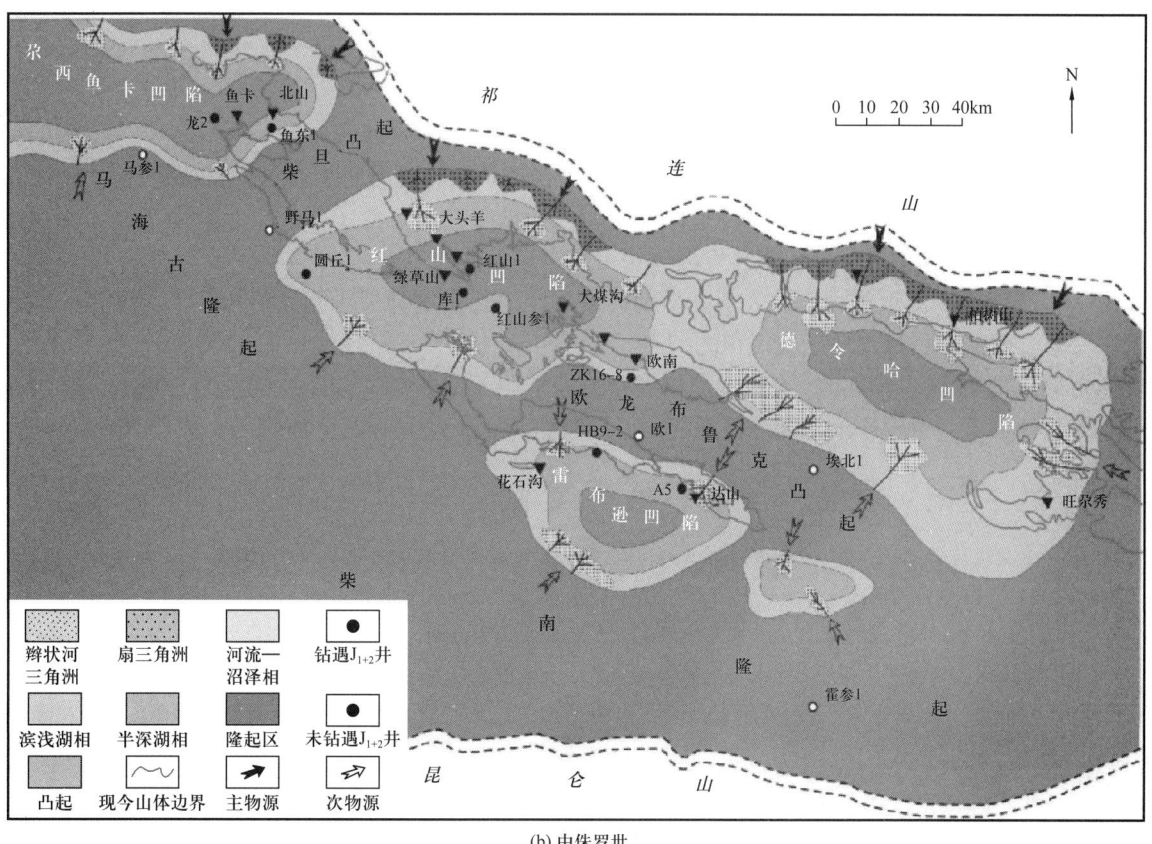

(b) 中侏罗世

图 7 柴东地区早、中侏罗世岩相古地理图

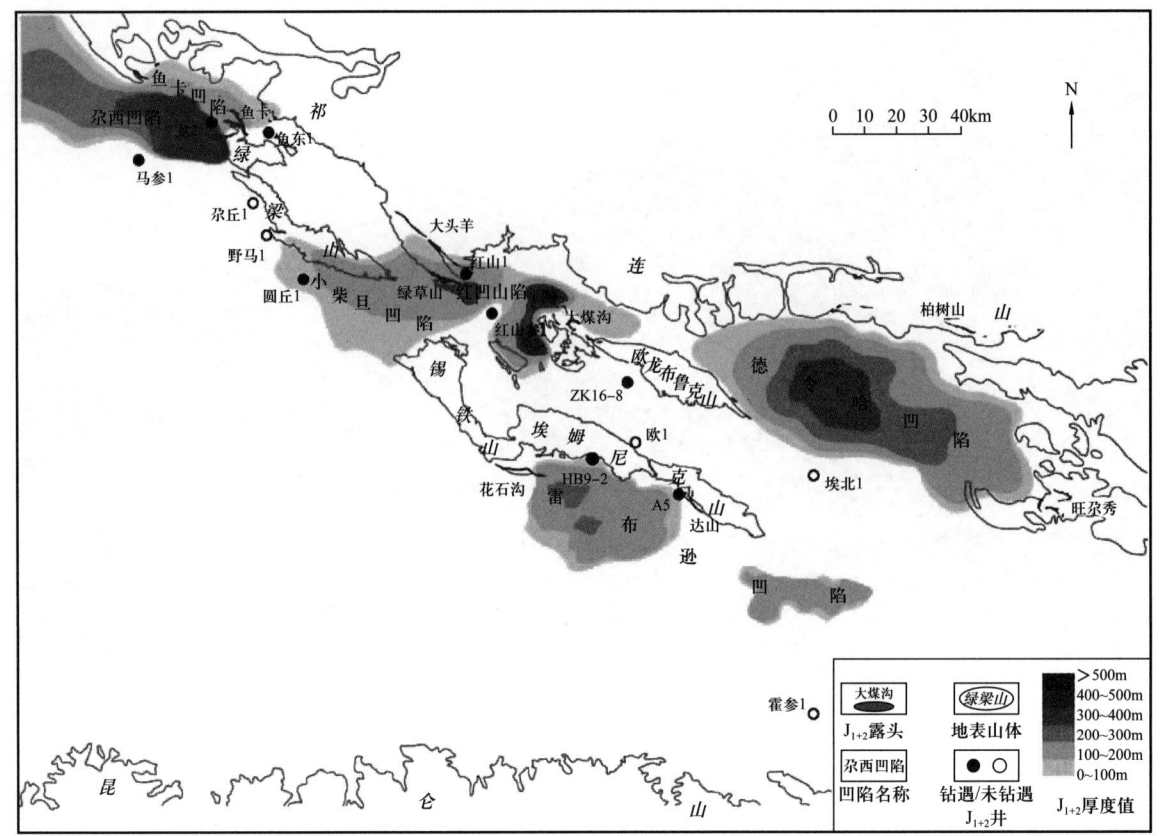

图8 柴东地区中下侏罗统有效烃源岩分布图

5 结论

（1）柴东地区发育持续沉降型、构造正反转型、构造负反转型等三种类型残留凹陷。

（2）柴东地区发育红山凹陷早侏罗世湖盆，以及尕西—鱼卡、红山—小柴旦、霍布逊、德令哈等4个中侏罗世分隔性湖盆，晚侏罗世才发展为统一沉积湖盆。

（3）柴东地区侏罗纪沉积充填表现为早期伸展弱断陷、中期伸展坳陷湖沼相、半深湖相，以及晚期挤压坳陷型河流冲积相逐层超覆沉积的特点。

（4）柴东地区中—下侏罗统有效烃源岩残留分布局限于原始湖盆改造后的尕西—鱼卡、红山—小柴旦、霍布逊、德令哈等4个持续沉降型凹陷，以及鱼卡、小柴旦等两个构造正反转型凹陷。

参 考 文 献

［1］温志新，童晓光，张光亚，等.全球板块构造演化过程中五大成盆期原型盆地的形成、改造及叠加过程［J］.地学前缘，2014，21（3）：26-37.

［2］李伟，刘宝珺，白淑艳.柴达木盆地侏罗系地层沉积大迁移及成因分析［J］.石油学报，2002，23（6）：16-19.

［3］陈志勇，肖安成，周苏平，等.柴达木盆地侏罗系分布的主控因素研究［J］.地学前缘，2005，12（3）：149-155.

［4］汪立群，徐凤银，庞雄奇，等.马海—大红沟凸起油气勘探成果与柴达木盆地北缘的勘探方向［J］.石油学报，2005，26（3）：21-32.

［5］翟志伟，张永庶，杨红梅，等.柴达木盆地北缘侏罗系有效源岩特征及油气聚集规律［J］.天然气工业，2013，33（9）：36-42.

［6］曾联波，金之钧，张明利，等.柴达木侏罗纪盆地性质及其演化特征［J］.沉积学报，2002，20（2）：288-292.

［7］段宏亮，钟建华，马锋，等.柴达木盆地西部中生界原型盆地及其演化［J］.地球学报，2007，28（4）：356-368.

[8] 魏国齐,李本亮,肖安成,等.柴达木盆地北缘走滑—冲断构造特征及其油气勘探思路[J].地学前缘,2005,12(4):397-402.

[9] 方世虎,赵孟军,张水昌,等.柴达木盆地北缘构造控藏特征与油气勘探方向[J].地学前缘,2013,20(5):132-138.

[10] 和钟铧,刘招君,郭巍,等.柴达木北缘中生代盆地的成因类型及构造沉积演化[J].吉林大学学报(地球科学版),2002,32(4):333-339.

[11] 陈世悦,徐凤银,彭德华.柴达木盆地基底构造特征及其控油意义[J].新疆石油地质,2000,21(3):234-238.

[12] 王信国,曹代勇,占文锋,等.柴达木盆地北缘中—新生代盆地性质及构造演化[J].现代地质,2006,20(4):592-596.

[13] 金之钧,张明利,汤良杰,等.柴达木中新生代盆地演化及其控油气作用[J].石油与天然气地质,2004,25(6):603-608.

[14] 吴光大,葛肖虹,刘永江,等.柴达木盆地中、新生代构造演化及其对油气的控制[J].世界地质,2006,25(4):411-417.

[15] XIA W C, ZHAN N, YUAN X P. Cenozoic Qaidam Basin, China: A stronger tectonic inversed, extensional rifted basin [J]. AAPG Bulletin, 2001, 85 (4): 715-736.

[16] SUN Z M, YANG Z Y, PEI J L, et al. Magnetostratigraphy of Paleogene sediments from northern Qaidam Basin, China: Implications for tectonic uplift and block rotation in northern Tibetan Plateau [J]. Earth and Planetary Science Letters, 2005, 237 (3/4): 635-646.

[17] ZHU L D, WANG C S, ZHENG H B, et al. Tectonic and sedimentary evolution of basins in the northeast of Qinghai-Tibet Plateau and their implication for the northward growth of the plateau [J]. Palaeogeography, Palaeoclimateology, Palaeoecology, 2006, 241 (1): 49-60.

[18] 王步清,肖安成,程晓敢,等.柴达木盆地北缘新生代右行走滑冲断构造带的几何学和运动学[J].浙江大学学报(理学版),2005,32(2):225-230.

[19] 李相博,袁剑英,陈启林,等.柴达木盆地新生代成盆动力学模式[J].石油学报,2006,27(3):6-10.

[20] 楼谦谦,肖安成,杨浩.柴达木盆地北缘中生代盆地性质研究[J].高校地质学报,2009,15(3):407-416.

[21] 肖安成,陈志勇,杨树锋,等.柴达木盆地北缘晚白垩世古构造活动的特征研究[J].地学前缘,2005,12(4):451-457.

[22] 蒋荣宝,陈宣华,党玉琪,等.柴达木盆地东部中新生代两期逆冲断层作用的FT定年[J].地球物理学报,2008(1):116-124.

[23] 王亚东,张涛,迟云平,等.柴达木盆地西部地区新生代演化特征与青藏高原隆升[J].地学前缘,2011,18(3):141-150.

[24] 牟中海,陈志勇,陆廷清,等.柴达木盆地北缘中生界剥蚀厚度恢复[J].石油勘探与开发,2000,27(1):35-37.

[25] 阎存凤,袁剑英,陈启林,等.柴达木盆地北缘东段大煤沟组一段优质烃源岩[J].石油学报,2011,32(1):49-52.

[26] 赵文智,靳久强,薛良清,等.中国西北地区侏罗纪原型盆地形成与演化[M].北京:地质出版社,2000.

原文发表于《地学前缘》2016年第5期

准噶尔盆地陆西地区石炭纪火山岩岩石学特征及其地质意义

张关龙 林会喜 张奎华 许文国

（中国石化胜利油田分公司勘探开发研究院）

摘 要：准噶尔盆地陆西地区（即陆梁隆起西部地区）构造背景复杂，石炭系火山岩广泛发育，长期以来对盆地原型认识不清，导致油气勘探程度低。对英西凹陷火山岩锆石 LA_ICP_MS 年龄、地球化学与构造环境等系统研究发现，英西凹陷英 2 井火山岩锆石 LA_ICP_MS 谐和年龄为（310.8±2.9）Ma，主量元素具有高硅、高钾、低钛含量特征，$Mg^{\#}$ 含量中等，Al_2O_3 含量较高（铝过饱和指数 A/CNK 均大于 1），总体表明该套火山岩建造为形成于晚石炭世的中钾钙碱性—高钾钙碱性酸性岩火山岩系列，且具有准铝质特征。另外，稀土元素总量中等，有轻微铕负异常，轻稀土元素较富集，$(La/Yb)_N$ 变化范围为 3.75~7.22；重稀土元素分馏不明显，$(Gd/Yb)_N$ 值介于 1.43~1.73；原始地幔标准化蛛网图指示富集 K、Rb、Ba、La 等大离子亲石元素，亏损 Nb、Ta、Ti 等高场强元素，表明英西凹陷石炭系火山岩具有壳源和幔源混合成因特征，为大洋岛弧环境形成产物。结合西准噶尔造山带露头、盆内钻井综合研究表明，西准噶尔洋持续活动到晚石炭世，并发生北西—南东向的俯冲，西准噶尔地区晚石炭世是由北东向展布的有限的西准噶尔洋盆、增生杂岩带和链状岛弧带、弧间—弧后盆地等组成，英西凹陷位于弧后盆地区，为自生自储型、古生新储型油气藏的有利勘探区。

准噶尔盆地整体呈西宽东窄的楔形展布于天山造山带和阿尔泰造山带之间（图1），是中亚型古生代盆地—造山带体系的重要组成部分，是在中亚增生造山带基础之上发育的大型叠合含油气盆地，经历了多阶段不同性质的构造演化[1-5]。其中晚古生代是准噶尔地区从活动的盆—山体系向稳定的盆地体系发展过渡的关键期，由于地处古亚洲洋构造域这一特殊的大地构造位置，古亚洲洋的持续演化和最终闭合影响了盆地晚古生代的构造沉积格局。而西准噶尔地区记录了古亚洲洋构造域最后的俯冲、闭合、陆块碰撞造山的大地构造演化历史。对西准噶尔地区晚古生代构造环境的研究，不仅关系到西准噶尔地区构造格局的恢复、地质演化历史的重建，而且对于盆地内油气资源和矿产资源的勘查与评价也具有重要意义[6-9]。因此，近年来备受关注，通过对周缘造山带的大量研究，识别厘定了多条蛇绿混杂带，发现了大量反映晚古生代构造环境和演化的证据，如蛇绿岩套、花岗岩侵入岩体等[10-20]，提出西准噶尔地区晚古生代构造格局整体受控于西准噶尔洋演化的控制等众多的成果认识[6, 11, 21-23]。西准噶尔地区的油气勘探起始于 20 世纪 50 年代，早期一直将火山岩当作基底对待，未引起重视。随着油气勘探的深入，陆续发现了克拉玛依、车排子、春风、春晖等 30 余个火山岩油气藏和布龙果尔古油藏[24-27]，证实西准噶尔地区上古生界巨大的勘探潜力。

对陆西地区晚古生代洋盆闭合时限、石炭纪—二叠纪盆地原型及边界认识存在较大分歧，主要有以下几种观点：

（1）陆壳，早期依据单一航磁资料，发现在陆西及其以南地区存在一个凸出指向盆地内部的"T"形强磁异常带，判断克拉玛依东存在一个前震旦纪已经形成的"T 形古陆块"[28-29]。

（2）岛弧有洋内弧[30]和陆缘岛弧[31]观点，同时岛弧观点对俯冲极性认识差别也比较大。

（3）板内裂谷，有学者认为陆西和陆东石炭系为统一的板内裂谷[32]。

（4）洋盆，有学者对准西盆地边缘白碱滩蛇绿岩中辉长岩进行 SHRIMP 年龄测定，测得（332±14）Ma 年龄，据此判断西准噶尔地区残余洋盆一直持续到了早石炭世晚期[33]。

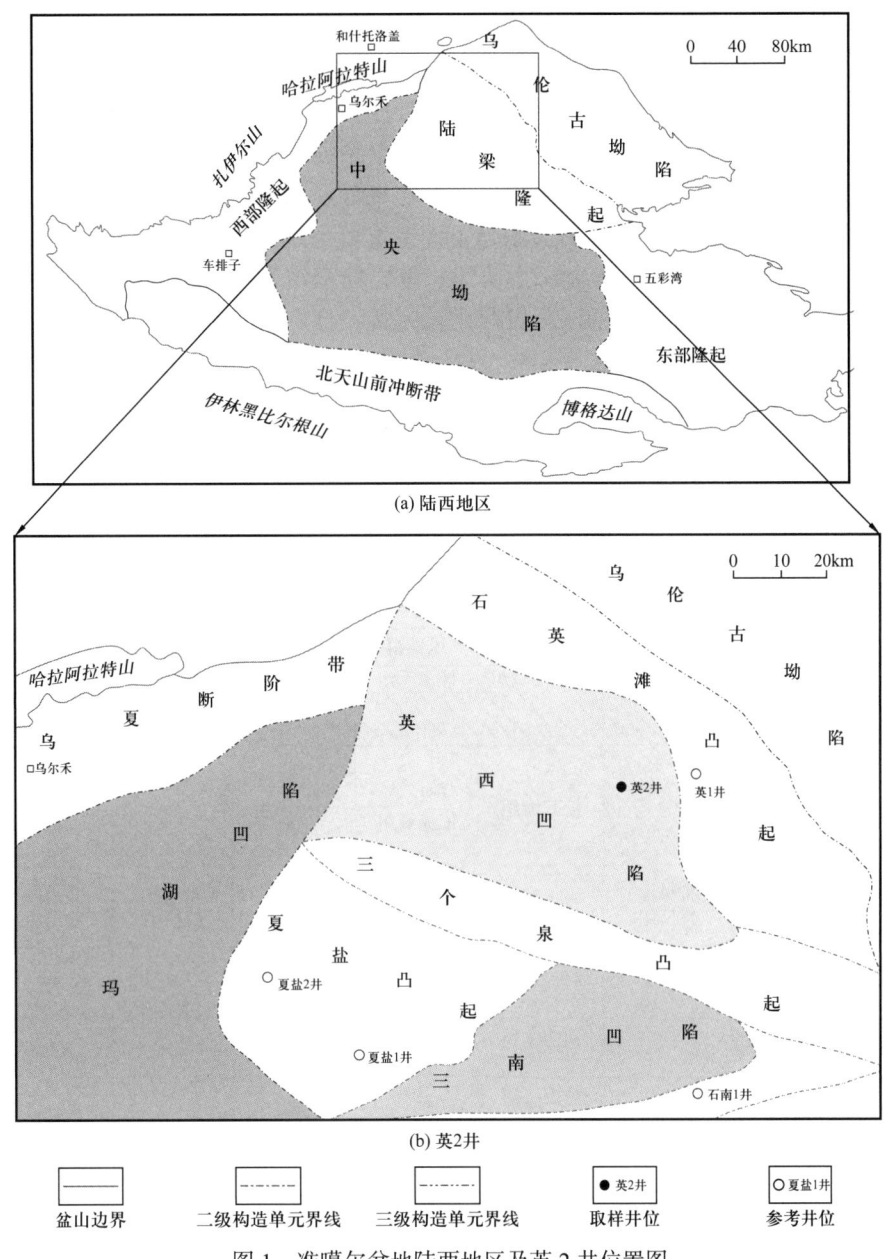

图 1 准噶尔盆地陆西地区及英 2 井位置图

陆西地区石炭系处于西准噶尔洋和东部卡拉麦里洋交接位置，是追溯古构造格局转换的关键，前期将石炭系作为盆地基底古构造格局研究精度不够，推测的成分多，不能很好满足该区油气勘探深入发展的需要。追溯西准噶尔地区晚古生代洋陆转换的过程，恢复其构造古地理格局，对晚古生代含油气盆地勘探潜力评价具有重要意义。因此，亟须开展原型盆地深入研究。根据地震资料及区域构造特征分析，结合英 2 井取心火山岩年代学、岩石学和地球化学特征等分析，对西准噶尔陆西地区石炭系残留洋闭合时限、盆地原型及边界、盆地基底性质等进行了探讨。

1 地质背景

陆西地区位于准噶尔盆地陆梁隆起西部，其所在的陆梁隆起是准噶尔盆地内分割中央坳陷和乌伦古坳陷的一个大型隆起带（图 1）。陆西地区由石英滩凸起、英西凹陷、三个泉凸起、夏盐凸起和三南凹陷五个三级构造单元组成，整体为三凸二凹格局。其东部与北部分别与陆东—五彩湾、乌伦古坳陷相邻，西部与哈拉阿拉特山、西部隆起带相接。石炭系整体勘探程度低，前期勘探主要集中于凸起区，对凹陷区勘探初步展开，本次主要对英西凹陷石炭系开展研究。

西准噶尔地区石炭纪火山—沉积建造纵向变化大且保存不完整、横向不同构造单元之间充填差异大，造成区域地层划分方案分歧比较大，给陆西地区石炭系勘探研究造成了很大的困难。近年来，通过对露头区和盆内不同构造单元地层岩石组合、古生物年龄、同位素测年系统研究，建立了西准噶尔地区统一的地层划分对比方案（表1），石炭系自下而上发育下统太勒古拉组、包谷图组和上统希贝库拉斯组、阿拉德依克赛组，分别与东准的黑山头组、姜巴斯套组和巴塔玛依内山组对应，整体为持续海相沉积。其中，下统地层在西准噶尔地区保存比较完整，且广泛分布，上统残留分布。石英滩凸起锆石同位素 U_Pb 测年年龄（329.5±3.2）Ma，夏盐凸起锆石同位素测年年龄为 323~345Ma，指示凸起区主要残留下石炭统包谷图组。

表1 西准噶尔地区石炭系地层划分对比表

年代地层单位					西准地区						东准地区
系	统	阶		年龄(Ma)	玛依力山小区	萨吾尔山小区	西准盆地覆盖区				东准盆地覆盖区
		国际阶	中国阶		玛依力山	萨吾尔山	乌夏地区	克百地区	红车地区	西准盆地	陆梁地区
二叠系	下统	萨克马尔阶	紫松阶	299	赤底组	卡拉岗组	风城组	风城组	风城组	风城组	金沟组
		阿瑟尔阶				哈尔加乌组	佳木禾组	佳木禾组	佳木禾组	佳木禾组	
石炭系	上统	格热尔阶	逍遥阶	304	/////	/////	恰其海组	阿拉德依克赛组	车排子组	阿拉德依克赛组	/////
		卡西莫夫阶	达拉阶		/////	/////					/////
		莫斯科阶	滑石板阶	315	/////	/////					/////
		巴什基尔阶	罗苏阶	323	希贝库拉斯组	吉木乃组	哈拉阿拉特山组	希贝库拉斯组	希贝库拉斯组	希贝库拉斯组	巴塔玛依内山组
	下统	谢尔普霍夫阶	德坞阶		包谷图组	那林卡拉组	?	包谷图组	包谷图组	包谷图组	姜巴斯套组
		维宪阶	大塘阶	347		南明水组					
		杜内阶	岩关阶	359	太勒古拉组	黑山头组	?	?	?	太勒古拉组	?
						和布克河组					
下伏地层					泥盆系	泥盆系	?	?	?	?	?

///// 缺失地层　　? 未钻遇地层

2 样品采集和测试

陆西地区石炭系呈残留分布特点，火山岩广泛分布，且不同构造单元间充填特征差异大。石英滩凸起区包谷图组以凝灰岩和火山角砾岩为主；夏盐凸起包谷图组以中基性玄武岩、英安岩为主；英西凹陷以中厚层火山岩和沉积岩段互层为特征，英2井钻揭顶部火山岩旋回上部，以凝灰岩为主，纵向划分为三个期次：（1）期次一以发育薄层深灰色、灰紫色、深灰色凝灰岩夹薄层灰色英安岩、灰色凝灰质泥岩组合为特征；（2）期次二以发育薄—中层紫红色凝灰岩、灰紫色凝灰岩夹薄层灰色泥岩组合为特征；（3）期次三发育中厚层灰紫色凝灰岩夹薄层灰色凝灰岩组合。镜下微观观察，凝灰岩为凝灰结构，其中晶屑含量为20%~30%，玻屑与火山灰含量为70%~80%，晶屑主要由斜长石、角闪石、辉石组成，具有脱玻化特点。英安岩为斑状结构，斑晶主要成分为中性斜长石和碱性斜长石。斜长石边缘具溶蚀结构、环带结构，局部见棱角状斜长石。

采集样品（岩屑为主，取样位置见图2）显微镜下矿物组成与结构观察，挑选未蚀变的样品作进一步分析。岩石的主量、微量和稀土元素是在吉林大学测试科学实验中心完成的。火山岩 LA_ICP_MS 锆石 U_Pb 年龄在中国科学院地质与地球物理研究所多接收等离子体质谱仪实验室（MC-ICP-MS Laboratory）进行，所用仪器为 MC-ICPMS（Neptune）193nm 激光器（Geo Las）Q-ICP-MC（Agilent7500a）。将岩石样品粉碎成60目，通过淘洗和使用重液等物理方法分离锆石，然后在双目显微镜下精选、剔除杂质，然后将其与标准锆石一起粘贴制成环氧树脂样品靶，打磨抛光并使其露出中心部位，进行反射光、透射光和阴极发光显微照相，阴极发光（CL）图像用于确定单颗粒锆石晶体的形态、结构特征，以及标定测年点。

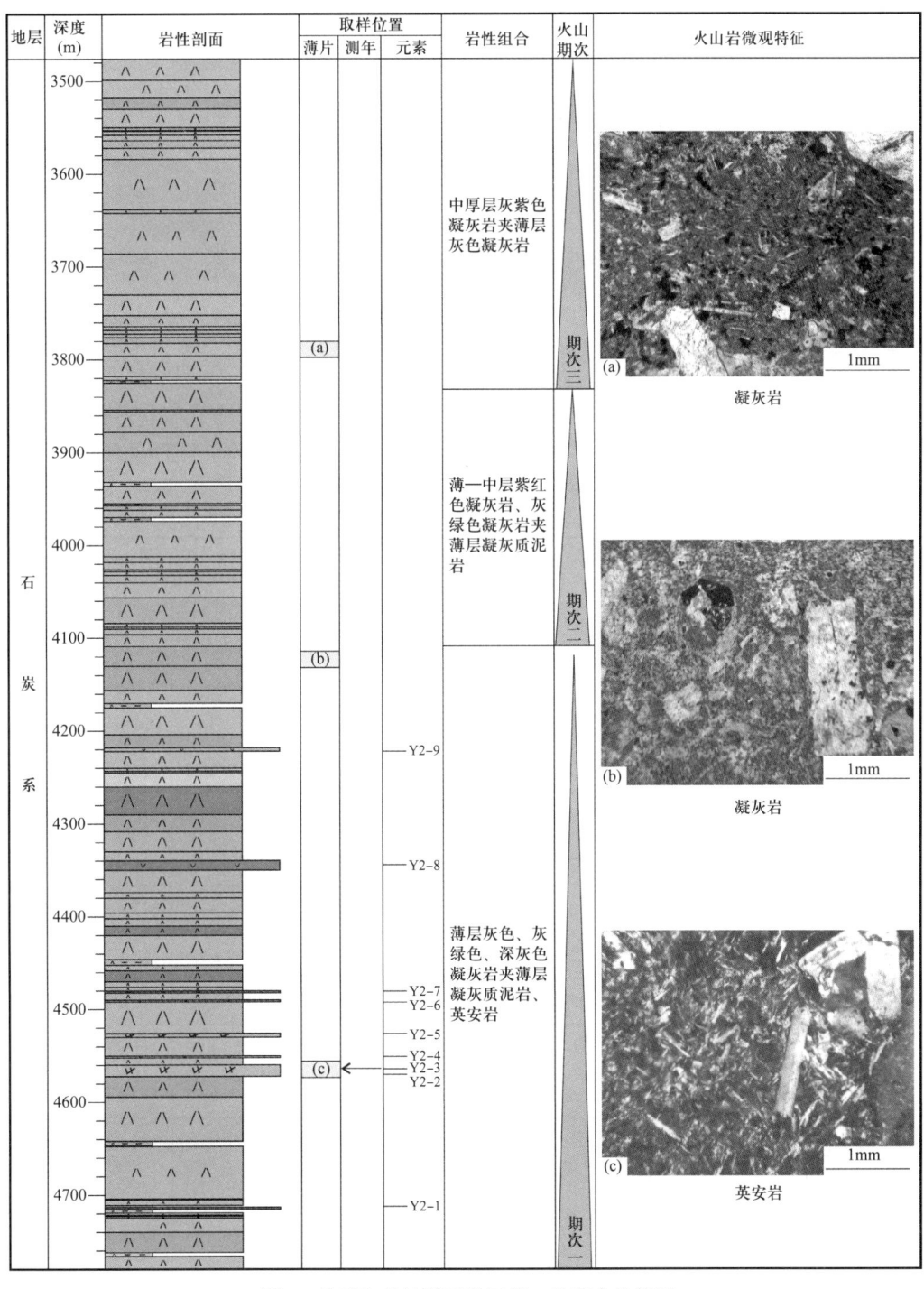

图2 准噶尔盆地陆西地区英2井综合柱状图

3 火山岩 LA_ICP_MS 锆石 U_Pb 年龄

研究中选取英安岩样品作为测试对象,英安岩样品的锆石形态以短柱状为主,长度变化介于 80~150μm 之间,长宽比多数介于 1:1~3:1 之间。阴极发光图像(图3a)显示锆石具有清晰的岩浆振荡环带,部分锆石内部含有少量暗色包裹体。通过透射光、反射光,以及阴极发光对比,选择了英2井 Y2-3 样品的 15 颗锆石进行了 LA_ICP_MS U_Pb 测试,测试结果列于表2。图3b 中显示,15 个测点中仅有一个点测试年龄值偏高,$^{206}Pb/^{238}U$ 年龄为 439Ma,可能是由老地层岩浆锆石混入所致,其余 14 个点 $^{206}Pb/^{238}U$ 年龄为 306~314Ma。在锆石 U_Pb 年龄谐和图上成群分布,分布集中,$^{206}Pb/^{238}U$ 加权平均年龄为(310.8±2.9)Ma(MSDW=0.13),表明英西凹陷火山岩形成于晚石炭世晚期阿拉德依克赛组。

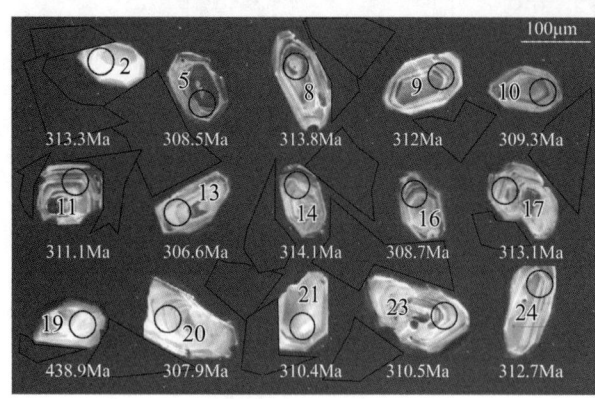
(a) 锆石阴极发光图像

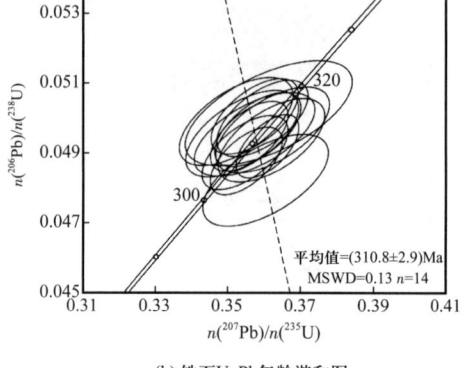
(b) 锆石U_Pb年龄谐和图

图 3 准噶尔盆地陆西地区石炭纪火山岩中锆石阴极发光(CL)图像和锆石 U_Pb 年龄谐和图

表 2 准噶尔盆地陆西地区石炭纪火山岩 LA_ICP_MS 锆石 U_Pb 分析结果(英 2 井 Y2-3)

测点号	元素含量(10^{-6})			h/U	同位素比值						同位素年龄(Ma)						谐和度(%)
	Pb	U	Th		$n(^{207}Pb)/n(^{206}Pb)$		$n(^{207}Pb)/n(^{235}U)$		$n(^{206}Pb)/n(^{238}U)$		$n(^{207}Pb)/n(^{206}Pb)$		$n(^{207}Pb)/n(^{235}U)$		$n(^{206}Pb)/n(^{238}U)$		
					测值	±%	测值	±%	测值	±%	测值 ±1σ		测值 ±1σ		测值 ±1σ		
32-2.1	30	52	78	0.71	0.05230	2.3	0.36141	1.5	0.05013	9.9	340±53		314±10		313±11		101
32-5.1	41	91	99	0.93	0.05253	1.3	0.35499	7.8	0.04900	7.0	328±163		310±27		309±6		102
32-8.1	45	85	102	0.87	0.05321	1.5	036219	9.6	0.04935	7.9	365±91		317±16		314±7		101
32-9.1	94	275	224	1.24	0.05219	1.3	0.35977	8.2	0.04998	7.2	360±55		317±11		312±6		102
32-10.1	27	68	75	0.93	0.05220	1.1	0.15615	7.0	0.04947	6.6	278±129		306±21		309±5		99
32-11.1	94	324	245	1.38	0.05234	1.2	0.35850	7.8	0.04966	7.0	297±117		310±19		311±6		99
32-13.1	78	173	195	0.93	0.05124	1.6	0.35254	10.3	0.04989	8.3	328±69		311±12		307±8		101
32-14.1	26	54	72	0.81	0.05294	1.6	0.36252	10.3	0.04965	8.1	278±57		310±10		314±8		99
32-16.1	33	47	82	0.58	0.05283	1.1	0.35532	6.5	0.04876	6.4	399±100		320±18		309±5		103
32-17.1	69	124	154	0.84	0.05325	0.9	0.36117	5.7	0.04918	6.0	273±111		308±28		313±4		98
32-19.1	72	I58	165	0.98	0.05325	1.1	0.54066	9.9	0.07039	9.3	470±55		450±11		439±7		101
32-20.1	3.1	78	89	0.87	0.05569	1.6	0.35419	10.2	0.04954	8.2	354±78		308±14		308±8		102

续表

测点号	元素含量（10^{-6}）			h/U	同位素比值						同位素年龄（Ma）			谐和度（%）
					$\frac{n(^{207}Pb)}{n(^{206}Pb)}$		$\frac{n(^{207}Pb)}{n(^{235}U)}$		$\frac{n(^{206}Pb)}{n(^{238}U)}$		$\frac{n(^{207}Pb)}{n(^{206}Pb)}$	$\frac{n(^{207}Pb)}{n(^{235}U)}$	$\frac{n(^{206}Pb)}{n(^{238}U)}$	
	Pb	U	Th		测值	±%	测值	±%	测值	±%	测值 ±1σ	测值 ±1σ	测值 ±1σ	
32-21.1	38	98	101	0.98	0.05236	1.7	0.35758	10.9	0.04952	7.9	365±58	337±12	310±8	108
32-23.1	26	65	75	0.86	0.05183	1.2	0.35766	7.9	0.05004	7.1	350±61	323±17	311±6	101
32-24.1	43	112	154	0.87	0.05424	1.9	0.16060	11.4	0.04821	8.7	393±48	327±10	313±9	103

4 火山岩地球化学特征

4.1 主量元素特征

岩石主量元素分析见表3，陆西地区火山岩具有较高 SiO_2（SiO_2=62%～63%），低钛（TiO_2=0.5%～0.65%）、低钠（Na_2O=3.5%～4.5%）、低镁（MgO=1.4%～2.8%）特点，$Mg^\#$ 介于43.4～58.4之间，K_2O/Na_2O 比值介于0.5～0.7之间。在 SiO_2—K_2O 图解上，火山喷发期次3个样品落入钙碱性系列，期次一和期次二6个落入高钾钙碱性系列范围内，从下到上具有向高钾系列转化的特征。样品中 Al_2O_3 含量较高，介于14.96%～15.72%之间，铝过饱和指数 A/CNK（1.3～1.49）均大于1，A/NK 为2.18～2.52，属准铝质高钾钙碱性系列酸性火山岩（图4）。

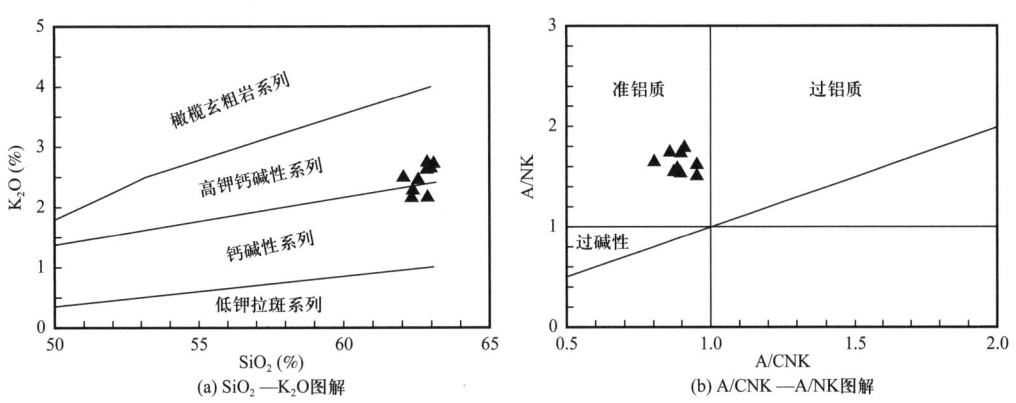

图 4 准噶尔盆地陆西地区石炭系火山岩 SiO_2—K_2O 图解和 A/CNK—A/NK 图解

4.2 微量元素特征

样品稀土元素含量中等，介于 $55.64×10^{-6}$～$89.31×10^{-6}$ 之间（表3），稀土元素曲线分布模式为轻稀土富集的右倾型，轻微的铕负异常（δEu=0.82～0.91）（图5a），大离子亲石元素 K、Rb、Ba、La、Ce 具有较高的丰度（表3和图5b）。$(La/Yb)_N$ 变化范围为3.75～7.22，重稀土分馏不明显，$(Gd/Yb)_N$ 值介于1.43～1.73之间，铈（δCe=0.98～1.12）呈弱异常，表明其是同源岩浆结晶的产物。另外，样品高场强元素丰度偏低（Nb=$4.36×10^{-6}$～$5.41×10^{-6}$；Ta=$0.12×10^{-6}$～$0.18×10^{-6}$；Zr=$192.9×10^{-6}$～$309.7×10^{-6}$），Ba/La 比值介于47.88～110.18，La/Nb 比值介于1.71～3.56。原始地幔标准化的蛛网图（图5b）显示，大离子亲石元素 Rb、Ba、Th、K 等相对富集，高场强元素 Nb、Ta、Ti 负异常明显。

表 3 准噶尔盆地陆西地区石炭系火山岩主量元素、微量元素分析结果

样品号	Y2-1	Y2-2	Y2-3	Y24	Y2-5	Y2-6	Y2-7	Y2-8	Y2-9
岩性	英安岩	英安岩	英安岩	英安岩	英安岩	英安岩	英安岩	英安岩	英安岩
深度（m）	4714~4716	4570~4572	4562~4564	4530~4532	4514~4516	4492~4494	4480~4482	4344~4346	4210~4212
SiO_2	63.08	62.92	62.06	62.82	62.80	62.54	62.32	62.86	62.24
TiO_2	0.61	0.55	0.52	0.56	0.57	0.60	0.56	0.55	0.56
Al_2O_3	15.53	15.57	15.72	15.55	15.44	15.68	15.32	15.37	14.96
Fe_2O_3	4.71	3.94	3.73	4.02	4.00	4.56	3.97	3.75	3.79
FeO	0.31	0.41	0.47	0.41	0.52	0.36	0.52	0.47	0.47
TFe_2O_3	5.05	4.40	4.25	4.48	4.57	4.96	4.54	4.27	4.31
TFeO	4.54	3.96	3.82	4.03	4.11	4.46	4.09	3.84	3.88
MnO	0.06	0.04	0.04	0.08	0.06	0.06	0.08	0.04	0.06
MgO	1.99	1.82	1.70	1.81	2.75	1.77	2.48	1.75	1.42
CaO	3.33	4.03	4.69	4.31	4.19	3.73	4.57	5.00	5.29
Na_2O	4.40	4.30	3.78	4.17	4.16	4.29	3.68	3.89	4.04
K_2O	2.74	2.71	2.52	2.77	2.66	2.47	2.30	2.18	2.19
P_2O_5	0.14	0.14	0.14	0.14	0.14	0.16	0.14	0.14	0.14
烧失	2.57	3.27	4.05	3.31	2.92	3.28	3.95	4.43	4.71
总量	99.46	99.70	99.42	99.95	100.20	99.50	99.88	100.42	99.87
K_2O/Na_2O	0.62	0.63	0.67	0.66	0.64	0.58	0.63	0.56	0.54
K_2O+Na_2O	7.14	7.01	6.30	6.94	6.82	6.76	5.98	6.07	6.23
A/CNK	1.48	1.41	1.43	1.38	1.40	1.49	1.45	1.39	1.30
A/NK	2.18	2.22	2.50	2.24	2.26	2.32	2.56	2.53	2.40
样品号	Y2-1	Y2-2	Y2-3	Y24	Y2-5	Y2-6	Y2-7	Y2-8	Y2-9
岩性	英安岩	英安岩	英安岩	英安岩	英安岩	英安岩	英安岩	英安岩	英安岩
深度（m）	4714~4716	4570~4572	4562~4564	4530~4532	4514~4516	4492~4494	4480~4482	4344~4346	4210~4212
Th	5.43	6.61	6.88	7.43	4.88	5.79	6.50	5.99	6.48
L	1.92	2.12	2.09	2.28	2.03	1.98	2.09	1.98	2.15
Nb	4.50	4.69	4.36	4.70	4.54	4.88	5.41	4.51	4.65
Ta	0.15	0.18	0.15	0.12	0.16	0.18	0.15	0.18	0.18
La	11.79	13.83	14.44	16.74	7.79	13.13	13.60	12.14	13.11
Ce	25.70	29.04	30.45	35.12	21.14	28.63	30.34	27.87	29.68
Pb	11.65	10.82	90.54	13.19	13.97	240.50	149.60	8.95	11.87
Pr	3.21	3.68	3.77	4.27	2.67	3.59	3.80	3.45	3.68
Sr	305.60	316.70	334.60	385.20	331.30	220.70	312.30	235.80	274.60
Nd	13.53	15.45	15.70	17.67	11.78	15.34	16.04	14.66	15.82
Zr	258.80	259.60	243.40	192.90	240.70	274.70	266.90	280.10	309.70
Hf	4.92	5.05	4.78	4.09	4.76	5.32	5.16	5.26	5.86
Sm	2.94	3.23	3.20	3.58	2.57	3.25	3.39	3.08	3.40
Eu	0.86	0.92	0.89	0.99	0.75	0.89	0.89	0.81	0, 90
Cd	2.86	3.12	3.06	3.36	2.47	3.07	3.28	2.95	3.26
Tb	0.43	0.48	0.46	0.49	0.39	0.47	0.50	0.45	0.48
Dy	2.54	2.81	2.69	2.88	2.39	2.80	2.94	2.63	2.88
Y	13.71	15.24	14.82	15.74	9.22	15.14	15.84	14.21	15.50
Ho	0.48	0.53	0.51	0.54	0.46	0.53	0.55	0.50	0.55

续表

样品号	Y2-1	Y2-2	Y2-3	Y24	Y2-5	Y2-6	Y2-7	Y2-8	Y2-9
岩性	英安岩	英安岩	英安岩	英安岩	英安岩	英安岩	英安岩	英安岩	英安岩
深度(m)	4714~4716	4570~4572	4562~4564	4530~4532	4514~4516	4492~4494	4480~4482	4344~4346	4210~4212
$Mg^{\#}$	47.87	49.08	48.25	48.49	58.37	45.40	56.01	48.85	43.43
σ	2.54	2.47	2.08	2.43	2.35	2.34	1.85	1.86	2.02
Sc	8.66	8.52	8.19	9.77	4.52	8.72	7.52	5.68	6.68
Cr	14.74	13.36	11.54	12.76	11.18	17.48	14.13	13.15	12.46
Mn	503.80	589.00	573.00	617.20	644.20	621.10	632.50	490.10	567.60
Cu	57.26	46.05	56.04	50.00	50.49	83.97	50.84	60.17	68.28
Zn	59.77	66.16	109.80	63.44	63.10	214.20	91.01	53.47	61.21
Ga	34.78	32.67	31.49	33.94	26.09	27.61	22.63	21.15	27.16
Ce	1.47	1.53	1.54	1.61	1.58	1.51	1.62	1.31	1.35
Gs	1.42	1.71	1.99	2.40	1.48	1.71	1.76	1.42	1.59
Rb	32.64	37.61	45.41	77.54	9.57	26.35	29.90	23.23	30.50
Ba	1299.00	1162.00	1093.00	1187.00	818.30	884.40	651.10	650.80	947.70

样品号	Y2-1	Y2-2	Y2-3	Y24	Y2-5	Y2-6	Y2-7	Y2-8	Y2-9
岩性	英安岩	英安岩	英安岩	英安岩	英安岩	英安岩	英安岩	英安岩	英安岩
深度(m)	4714~4716	4570~4572	4562~4564	4530~4532	4514~4516	4492~4494	4480~4482	4344~4346	4210~4212
Er	1.46	1.65	1.56	1.62	1.42	1.60	1.70	1.52	1.64
Tm	0.21	0.24	0.22	0.23	0.21	0.23	0.25	0.22	0.23
Yb	1.45	1.62	1.52	1.56	1.40	1.57	1.69	1.52	1.62
Lu	0.23	0.26	0.24	0.24	0.22	0.25	0.26	0.24	0.26
σEu	0.90	0.88	0.87	0.87	0.91	0.86	0.82	0.82	0.83
σCe	1.01	0.98	0.99	1.00	1.12	1.00	1.02	1.04	1.03
$(La/Yb)_N$	5.49	5.75	6.40	7.22	3.75	5.63	5.44	5.38	5.46
$(Gd/Yb)_N$	1.59	1.55	1.62	1.73	1.43	1.57	1.57	1.57	1.63
∑REE	67.69	76.83	78.72	89.31	55.64	75.36	79.23	72.03	77.52
$\frac{\sum LREE}{\sum HREE}$	6.00	6.19	6.66	7.17	5.22	6.16	6.09	6.19	6.10

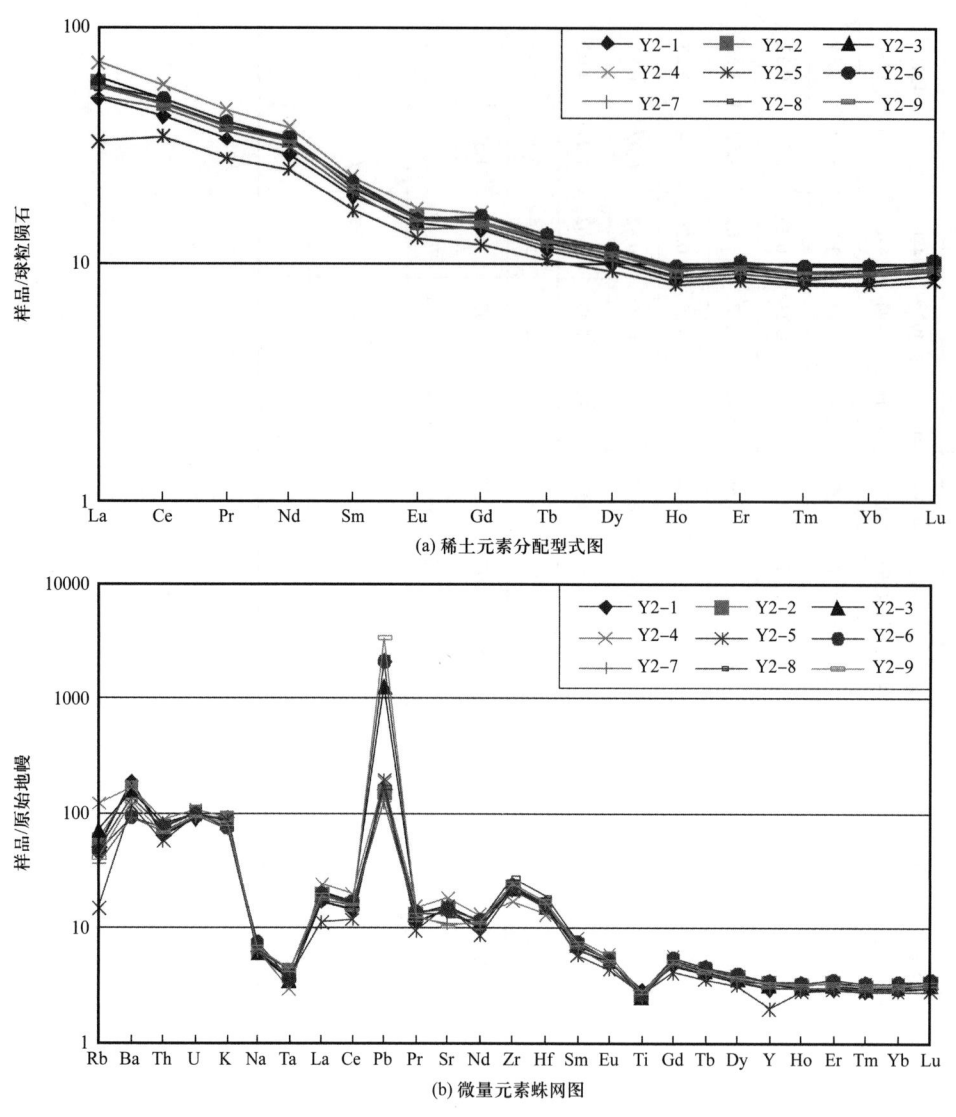

图 5 准噶尔盆地陆西地区石炭系火山岩稀土元素配分型式图（球粒陨石标准化值据 Taylor and Mclennan，1985）和微量元素蛛网图（原始地幔标准化值据 Sun and Mc Donough，1989）

5 讨论

5.1 源区与成因

陆西地区石炭系火山岩样品具有较高的 SiO_2 含量和全碱含量（K_2O+Na_2O=5.78～7.14），较低的 $Mg^{\#}$（43.4～58.4），REE 总量相对较低（平均值为 $74.7×10^{-6}$）。样品稀土元素曲线分布模式为轻稀土元素较富集的右倾型，轻微的铕负异常（δEu=0.82～0.91），表明该区火山岩可能是原始岩浆经历了一定程度分异作用的产物。主量元素 Al_2O_3 含量较高，介于 14.96%～15.72% 之间，综合判定其为准铝质高钾钙碱性系列酸性岩类，为构造体制转换地带地壳和地幔混合源的产物[34]。样品微量元素富集 Rb、Ba、K、Pb、Th 等大离子元素（LILE）（图 5b），表明其为俯冲洋壳及其沉积物俯冲到一定深度俯冲带流体或者熔体交代上覆地幔楔发生部分熔融的结果。此外，研究区火山岩元素还呈现出 Pb 强烈富集的特征（图 5b），在绿片岩—榴辉岩相俯冲板片脱水过程中 Pb 通常被视作流体活动元素，且 Pb 在流体中的浓度主要受俯冲板片厚度的控制，俯冲板片深层脱水形成的流体一般具有明显高的 Pb 含量。而高场强元素（HFSE）Ta、Nb 和 Ti 显示明显亏损，呈"TNT"负异常，也表现出了典型的消减带岩浆弧特征[35]。综合分析陆西地区石炭系火山岩形成与俯冲作用有关。

陆西地区火山岩在 Nb—Y、Rb—(Y+Nb) 判别图上，数据投影点均落入弧火山岩区内，表明其与板内环境无关；在钾质火山岩判别 Zr/Al_2O_3—TiO_2/Al_2O_3 图解中，投影点均落入"弧"环境区，表明陆西地区火山岩形成于火山弧环境（图6）。

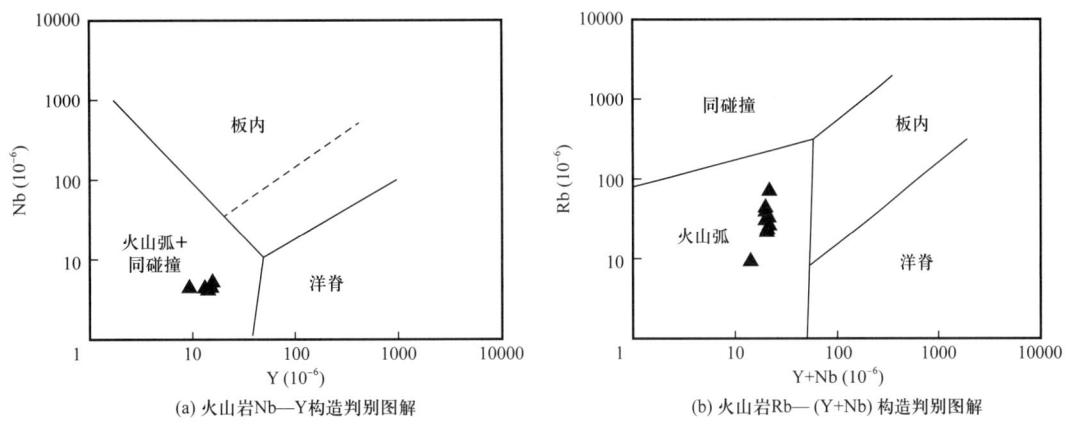

图6 准噶尔盆地陆西地区石炭系火山岩微量元素构造环境判别图解

英2井火山岩主量元素分析结果显示，绝大部分样品具有高硅特征。样品薄片观察，火山岩主要由斜长石、角闪石、辉石、黑云母等造岩矿物组成，发育下部（期次一）高硅钙碱性系列和上部高钾高硅钙碱性系列（期次二、期次三）两个系列，与阿尔泰南缘晚古生代高钾高硅熔结凝灰岩的特征具有一定的相似性，可能具有相似的成因类型。早期阶段，西准噶尔洋的俯冲导致消减板片及其沉积物脱水产生的流体导致消减带之上的地幔楔二辉橄榄岩部分熔融形成玄武质岩浆，其上升进入地壳并喷发进入地表，形成岛弧钙碱性玄武质岩浆，其上升进入地壳并喷发至地表形成英2井下部（期次一）钙碱性岛弧火山岩。晚期阶段，随着西准噶尔洋的持续消减俯冲，上覆地壳由于挤压而缩短增厚，致使进入地壳的玄武质岩浆形成的大岩浆房滞留在上地壳，岩浆房的不断增大致使其周围的地壳地热梯度增大，玄武质岩浆房顶部的地壳物质发生熔融形成高硅岩浆。同时，对流和结晶作用引起岩浆房内气泡化（岩浆房内水饱和—过饱和），导致岩浆房内岩浆及晶屑大量喷发，在地表冷却后形成上部的（期次二、期次三）高钾钙碱性富硅岛弧火山岩。

5.2 地质意义

西准噶尔地区是中亚古生代俯冲—碰撞造山带的主要组成部分[36]，古生代盆地覆盖区和周边造山带构造格局统一受控于西准噶尔洋的演化。对周缘造山带蛇绿岩带（如唐巴勒、玛依勒、洪古勒楞、达拉布特等地区）大量古生物年代学、岩石学测年研究表明，西准噶尔洋古生代经历了一个连续演化的过程。火山岩锆石测年显示西准噶尔地区南部的唐巴勒、玛依勒蛇绿岩带和北部的洪古勒楞蛇绿岩带所代表的洋盆泥盆纪已经闭合。肖序常[11]、张弛和黄萱[10]等依据克拉玛依蛇绿岩带上部硅质岩中放射虫化石认定其时代为早—中泥盆世。辜平阳等[14]在达拉布特蛇绿岩辉长岩中获得了（391±7）Ma 测年，认为其形成时代为中泥盆世。陈石等[18]依据达拉布特蛇绿岩的钉合岩体锆石 SHRIMP U_Pb 年龄（308±3）Ma，限定其侵位时限不晚于 308Ma。张继恩等[37]根据达拉布特蛇绿岩带东部切穿增生楔构造侵入岩闪长岩体判断达拉布特蛇绿岩俯冲活动持续到晚石炭世，限定达拉布特蛇绿岩代表的洋盆活动时限为泥盆纪到石炭纪。徐新等[12]在克拉玛依蛇绿岩带白碱滩段采集到蚀变辉长岩样品，锆石测年为（332±14）Ma，判定西准噶尔残余洋盆持续活动至早石炭世早期，在中亚大陆碰撞造山与深部地幔底辟共同作用下洋盆快速隆升消亡。刘希军等[15]依据达拉布特蛇绿岩浅色辉长岩进行 LA_ICP_MS 锆石 U_Pb 年龄测定（302Ma±1.7Ma），判定西准噶尔洋持续活动到晚石炭世。本次对陆西地区岛弧火山岩形成年龄研究（310.8Ma±2.9Ma），进一步证实西准噶尔洋晚石炭世晚期仍然存在，之后发生了俯冲—碰撞演化过程。

陆西地区是西准噶尔洋和东部卡拉麦里洋交接的一个关键位置，本次研究对阿拉德依克赛组岛弧火山岩确定为晚石炭世东西构造转换提供了直接的证据，揭示陆西与陆东地区并非整体统一的陆内裂谷构造背景，而是具有不同的古构造格局。陆东地区卡拉麦里洋盆于早石炭世末期关闭[22]，晚石炭世碰撞拼贴为西伯利亚板块的一部分[38]，并发展为向南的增生前锋，广泛发育陆内双峰裂谷火山岩与沼泽相沉积建造，沉积岩段见大量植物和裸子孢粉化石，海相化石不发育。王方正等[32]依据陆西夏盐凸起钻井火山岩样分析，提出陆梁隆起整体为一大型的陆内裂谷基底，但从其火山岩测试数据与陆东地区对比分析，Rb-Sr年龄（345Ma）和单粒锆石年龄（323Ma）均显示分析样品时代为下石炭统，与陆东裂谷发育时代不一致，且其稀土、微量元素特征与陆东晚石炭世样品具有较大的差异，而与西准早石炭世大洋岛弧环境更为相似。研究表明，陆西地区晚石炭世仍为洋壳俯冲相关岛弧构造环境，由于邻近西伯利亚板块前锋，导致英2井火山岩具有大陆弧性质，与陆东地区构造环境完全不同。周缘造山带露头发现了很多与俯冲作用相关的证据，达拉布特断裂东部发育晚石炭世高锶低钇的包谷图岩体[35]和I型花岗岩[39]。从高精度重磁火山岩相解析，西准噶尔地区呈北东向火山岩条带展布，与陆梁隆起东部火山岩条带东西向走向明显不同[4,40]，表明西准噶尔地区晚古生代可能存在洋壳板片俯冲形成的与达拉布特断裂平行的北东向岛弧链。曲国胜等[41]利用地球物理资料联合解释开展古生代褶皱基底和古生代结晶基底研究表明，陆西地区存在一个北西—南东向的古生代坳陷。此外，西准噶尔地区石炭系以持续海相沉积为主，广泛发育海相动植物化石。陆西地区弧火山的存在证实晚石炭世西准噶尔地区应处于大洋岛弧构造背景。

陆西地区英2井晚石炭世火山岩测年及元素分析，结合周缘造山带及岩石地球化学研究[42-43]结果表明，西准噶尔地区晚石炭世由造山带、盆地覆盖区由北东向展布的有限的西准噶尔洋盆、增生杂岩带和链状岛弧带、弧间或弧后盆地等构造单元共同组成，西准噶尔残留洋主要发生北西—南东斜向俯冲活动，其中残留的西准噶尔洋盆北东方向具有被动陆缘性质，南东方向洋壳俯冲，在后期演化过程消失殆尽。西准噶尔残留洋盆朝南东方向的持续俯冲，在环陆东所在的西伯利亚板块陆壳前锋边缘留下了陆西地区至西部隆起带的俯冲—增生弧火山记录的岛弧火山岩带，这为西部隆起带等地区石炭系火山岩油气成藏提供了重要的储层物质基础，且紧邻西准地区二叠系烃源岩，构成较好生储组合，具有寻找新生古储型油气藏的巨大潜力。同时，英西凹陷具有锥状、透镜状岛弧火山岩与厚层沉积岩组合特征（图7），为典型弧后盆地沉积，其中的沉积岩段可能发育烃源岩，使其成为寻找晚古生代自生自储型油气藏的重点勘探区。

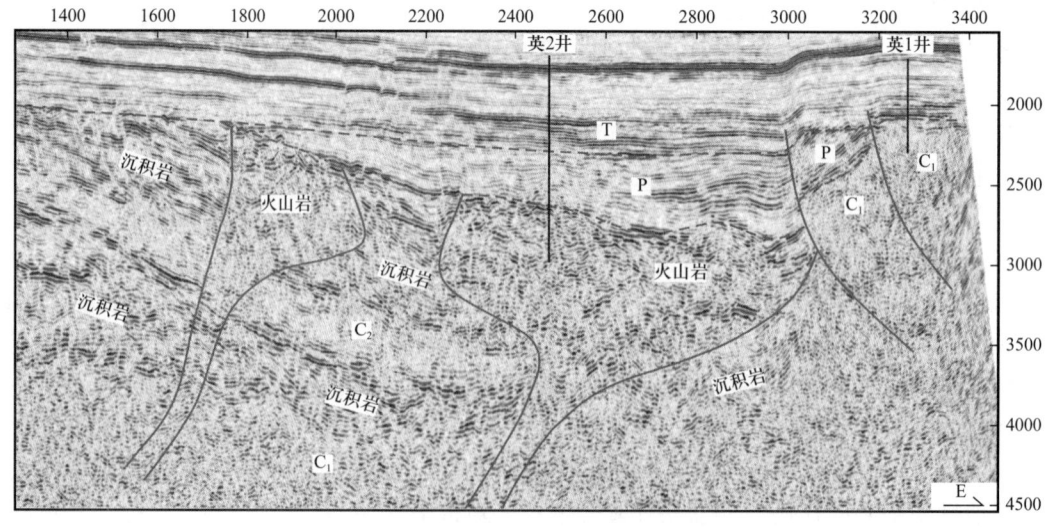

图7 准噶尔盆地陆西地区东西向地震剖面

6 结论

（1）准噶尔盆地陆西地区石炭系火山岩为大洋岛弧环境产物，主要发育厚层高硅凝灰岩和薄层英安岩，为钙碱性—高钾钙碱性系列，主微量元素指示具有地壳和地幔混源特征，并非与陆东地区为统一的陆内裂谷构造背景。

（2）英2井石炭系火山岩测定 LA_ICP_MS 锆石 U_Pb 谐和年龄为（310.8±2.9）Ma，表明陆西地区洋壳板片俯冲活动持续到了晚石炭世，该时期西准地区发生了北西—南东向的俯冲。

（3）西准噶尔地区晚古生代地层由北东向展布的西准噶尔洋盆、增生杂岩带和链状岛弧带、弧间或弧后盆地组成，英西凹陷位于弧后盆地区，发育较好的生储条件，是探索石炭系自生自储型和古生新储型油气藏的有利区带。

参 考 文 献

[1] 姜耀俭, 杨丙中, 王岫岩, 等. 准噶尔盆地东北缘构造特征、演化及与油气的关系[J]. 地质学报, 2002, 76（4）: 462-468.

[2] 陈发景, 汪新文, 汪新伟. 准噶尔盆地的原型和构造演化[J]. 地学前缘, 2005, 12（3）: 77-89.

[3] 张朝军, 何登发, 吴晓智, 等. 准噶尔多旋回叠合盆地的形成与演化[J]. 中国石油勘探, 2006, 11（1）: 47-58.

[4] 吴晓智, 齐雪峰, 唐勇, 等. 新疆北部石炭纪地层、岩相古地理与烃源岩[J]. 现代地质, 2008, 22（4）: 549-557.

[5] 隋风贵. 准噶尔盆地西北缘构造演化及其与油气成藏的关系[J]. 地质学报, 2015, 89（4）: 779-793.

[6] 肖文交, 韩春明, 袁超, 等. 新疆北部石炭纪—二叠纪独特的构造-成矿作用：对古亚洲洋构造域南部大地构造演化的制约[J]. 岩石学报, 2006, 22（5）: 1062-1076.

[7] 朱永峰, 徐新, 陈博, 等. 西准噶尔蛇绿混杂岩中的白云石大理岩和石榴角闪岩：早古生代残余洋壳深俯冲的证据[J]. 岩石学报, 2008, 24（12）: 2767-2777.

[8] 邹才能, 侯连华, 陶士振, 等. 新疆北部石炭系大型火山岩风化体结构与地层油气成藏机制[J]. 中国科学: 地球科学, 2011, 41（11）: 1613-1626.

[9] 张善文. 胜利西部探区勘探工作的几点思考[J]. 油气地质与采收率, 2012, 19（1）: 1-3.

[10] 张弛, 黄萱. 新疆西准噶尔蛇绿岩形成时代和环境的探讨[J]. 地质论评, 1992, 38（6）: 507-524.

[11] 肖序常. 新疆北部及邻区大地构造[M]. 北京: 地质出版社, 1992.

[12] 徐新, 何国琦, 李华芹, 等. 克拉玛依蛇绿混杂岩带的基本特征和锆石 Shrimp 年龄信息[J]. 中国地质, 2006, 33（3）: 470-475.

[13] 何国琦, 刘建波, 张越迁, 等. 准噶尔盆地西缘克拉玛依早古生代蛇绿混杂岩带的厘定[J]. 岩石学报, 2007, 23（7）: 1573-1576.

[14] 辜平阳, 李永军, 张兵, 等. 西准达尔布特蛇绿岩中辉长岩 LA-ICP-MS 锆石 U-Pb 测年[J]. 岩石学报, 2009, 25（6）: 1364-1372.

[15] 刘希军, 许继峰, 王树庆, 等. 新疆西准噶尔达拉布特蛇绿岩 E-Morb 型镁铁质岩的地球化学、年代学及其地质意义[J]. 岩石学报, 2009, 25（6）: 1373-1389.

[16] 董连慧, 朱志新, 屈迅, 等. 新疆蛇绿岩带的分布、特征及研究新进展[J]. 岩石学报, 2010, 26（10）: 2894-2904.

[17] 韩宝福, 郭召杰, 何国琦. "钉合岩体"与新疆北部主要缝合带的形成时限[J]. 岩石学报, 2010, 26（8）: 2233-2246.

[18] 陈石, 郭召杰. 达拉布特蛇绿岩带的时限和属性以及对西准噶尔晚古生代构造演化的讨论[J]. 岩石学报, 2010, 26（8）: 2336-2344.

[19] 赵磊, 何国琦, 朱亚兵. 新疆西准噶尔北部谢米斯台山南坡蛇绿岩带的发现及其意义[J]. 地质通报, 2013, 32

（1）：195-205.

[20] 朱永峰. 中亚成矿域地质矿产研究的若干重要问题[J]. 岩石学报，2009，25（6）：1297-1302.

[21] 何国琦，陆书宁，李茂松. 大型断裂系统在古板块研究中的意义——以中亚地区为例[J]. 高校地质学报，1995，1（1）：1-10.

[22] 李锦轶，何国琦，徐新，等. 新疆北部及邻区地壳构造格架及其形成过程的初步探讨[J]. 地质学报，2006，80（1）：148-168.

[23] 樊春，苏哲，周莉. 准噶尔盆地西北缘达尔布特断裂的运动学特征[J]. 地质科学，2014，49（4）：1045-1058.

[24] 曹剑，胡文瑄，姚素平，等. 准噶尔盆地西北缘油气成藏演化的包裹体地球化学研究[J]. 地质论评，2006，52（5）：700-707.

[25] 吴孔友，查明，王绪龙，等. 准噶尔盆地成藏动力学系统划分[J]. 地质论评，2007，53（1）：75-82.

[26] 匡立春，齐雪峰，王绪龙，等. 新疆西准噶尔布龙果尔古油藏的发现及其石油地质意义[J]. 地质学报，2011，85（2）：224-233.

[27] 林会喜，王圣柱，李艳丽，等. 准噶尔盆地石炭系不同类型烃源岩生烃模拟[J]. 天然气工业，2014，34（10）：27-32.

[28] 杨宗仁，顾焕明. 准噶尔盆地基底性质及演化[J]. 新疆石油地质，1987，8（2）：37-45.

[29] 张季生，洪大卫，王涛. 由航磁异常判断准噶尔盆地基底性质[J]. 地球学报，2004，25（4）：473-478.

[30] 杨梅珍，王方正，郑建平. 准噶尔盆地西北部克—夏基性火山岩地球化学特征及其构造环境[J]. 岩石矿物学杂志，2006，25（3）：165-174.

[31] 张顺存，石新璞，孔玉华，等. 准噶尔盆地腹部陆西地区二叠系—石炭系火山岩地球化学特征及构造背景分析[J]. 矿物岩石，2008，28（2）：71-75.

[32] 王方正，杨梅珍，郑建平. 准噶尔盆地陆梁地区基底火山岩的岩石地球化学及其构造环境[J]. 岩石学报，2002，18（1）：9-16.

[33] 徐新，周可法，王煜. 西准噶尔晚古生代残余洋盆消亡时间与构造背景研究[J]. 岩石学报，2010，26（11）：3206-3214.

[34] 肖庆辉，邱瑞照，邢作云，等. 花岗岩成因研究前沿的认识[J]. 地质论评，2007，53（S1）：17-27.

[35] 赵振华. 关于岩石微量元素构造环境判别图解使用的有关问题[J]. 大地构造与成矿学，2007，31（1）：92-103.

[36] 王章棋，江秀敏，郭晶，等. 新疆西准噶尔谢米斯台地区发现早古生代火山岩地层：野外地质学和年代学证据[J]. 大地构造与成矿学，2014，38（3）：670-685.

[37] 张继恩，肖文交，韩春明，等. 西准噶尔野鸭沟地区褶皱冲断构造的特征及意义[J]. 地质通报，2009，28（12）：1894-1903.

[38] 王启宇，牟传龙，陈小炜，等. 准噶尔盆地及周缘地区石炭系岩相古地理特征及油气基本地质条件[J]. 古地理学报，2014，16（5）：655-671.

[39] 高山林，何治亮，周祖翼. 西准噶尔克拉玛依花岗岩体地球化学特征及其意义[J]. 新疆地质，2006，24（2）：125-130.

[40] 李建忠，吴晓智，齐雪峰，等. 新疆北部地区上古生界火山岩分布及其构造环境[J]. 岩石学报，2010，26（1）：195-206.

[41] 曲国胜，马宗晋，邵学钟，等. 准噶尔盆地基底构造与地壳分层结构[J]. 新疆石油地质，2008，29（6）：669-674.

[42] 邓晋福，冯艳芳，狄永军，等. 岩浆弧火成岩构造组合与洋陆转换[J]. 地质论评，2015，61（3）：473-484.

[43] 邓晋福，刘翠，冯艳芳，等. 关于火成岩常用图解的正确使用：讨论与建议[J]. 地质论评，2015，61（4）：717-734.

原文发表于《地质论评》2018年第1期

准噶尔盆地车排子凸起区火山岩风化壳油藏油气运聚模式

赵乐强 林会喜 郭瑞超 宫亚军 闵飞琼 马骥

（中国石油化工股份有限公司胜利油田分公司勘探开发研究院）

摘　要：盆缘凸起火山岩风化壳油藏位于油源之外，油气运聚过程复杂，成藏认识程度低。本文以准噶尔盆地车排子凸起石炭系为例，利用地质与地球化学资料，总结了该区火山岩风化壳油藏油气运聚特征，剖析了油气运聚过程，建立了盆缘凸起风化壳油气运聚模式。研究表明，风化壳结构层与断层决定着凸起内石炭纪火山岩风化壳圈闭的形成与分布；石炭纪火山岩风化壳具有双源侧向供烃特点。该风化壳在晚白垩世—古近纪、新近纪—第四纪经历过2期较大规模油气充注。在油气充注过程中，油气通过"断层—毯砂""断层—风化淋滤层"及"断层—毯砂—风化淋滤层"等3种复合输导体系向凸起运移，从而在风化壳圈闭中聚集成藏。由断层—风化淋滤层输导的油气主要分布在靠近凹陷部位；由断层—毯砂、断层—毯砂—风化淋滤层输导的油气相对远离凹陷。车排子凸起石炭纪火山岩风化壳油藏油气运聚模式可概括为：双源侧向供烃，断层、毯砂及风化淋滤层复合输导，2期充注，浮力驱动，风化壳圈闭聚集。

1　研究区概况

火山岩风化壳油藏是一类重要的油藏类型[1-2]，长期以来该类油藏的油气运聚规律是石油地质研究的一个热点和难点[3-4]。国内外研究者对其进行了大量研究，取得了许多重要进展，尤其是认识到了火山岩风化壳多发育层状结构，结构层对油气的运聚具有重要影响[5-6]。但盆缘凸起火山岩风化壳油藏一般位于烃源岩之外，油气运聚过程复杂，目前对这方面的研究和认识程度较低，在一定程度上制约了该类油藏的进一步勘探。准噶尔盆地是中国含油气盆地中火山岩油气藏勘探成果最为丰富的盆地之一。近几年，在准噶尔盆地西缘车排子凸起发现了一些石炭纪火山岩风化壳油藏，其勘探潜力较大。本文通过车排子凸起石炭纪火山岩风化壳油藏油气运聚特征研究，明确了油气运聚过程，建立了运聚模式，以期为该类油藏的勘探实践提供指导。

车排子凸起属于准噶尔盆地西部隆起，构造走向大致呈北西—南东向。根据石炭系顶面构造形态，车排子凸起可分东、西2个部分，如图1所示。其中，凸起东部以红车断裂为界，与昌吉凹陷相接；凸起西部以艾卡断裂为界，与四棵树凹陷相邻。凸起地层自下而上依次发育石炭系、中生界侏罗系与白垩系、新生界古近系与新近系。石炭系在整个凸起上均有分布，厚度大于5000m，岩性以安山岩、凝灰岩、火山角砾岩为主，局部夹火山质碎屑岩。中—新生界各套地层依次超覆在石炭系之上，厚400～1400m，岩性主要为砾岩、砂岩、粉砂岩及泥岩。

车排子凸起石炭系典型储层岩心照片及对应镜下照片如图2所示。图2a～c、图2g的岩心取心位置分别在949.1m、1057.8m、1022.1m、1205.2m。

由于受到长期风化淋滤作用，车排子凸起石炭系顶部普遍发育厚度较大的风化壳。石炭纪火山岩风化壳多具层状结构，自上而下一般由风化黏土层、水解层及淋滤层构成，自身可形成较为完整的储盖组合[6]。目前在凸起上已发现石炭纪火山岩风化壳油藏11个，油藏含油高度一般为100～350m。这些油藏距离生烃凹陷一般10～50km，埋深600～1200m，在凸起东部、西部均有分布。油藏储层为风化淋滤层，厚20～80m，岩性主要为火山角砾岩和安山岩，次为玄武岩和英安岩。其中储集空

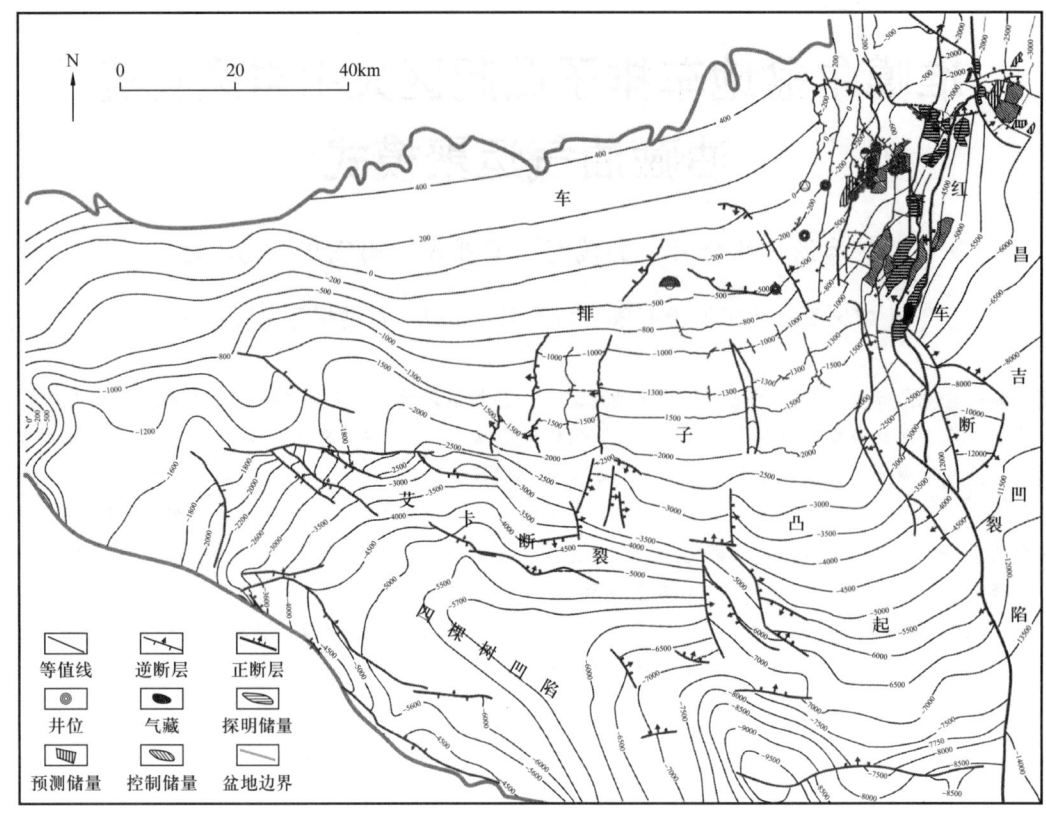

图1 车排子凸起石炭系顶面构造

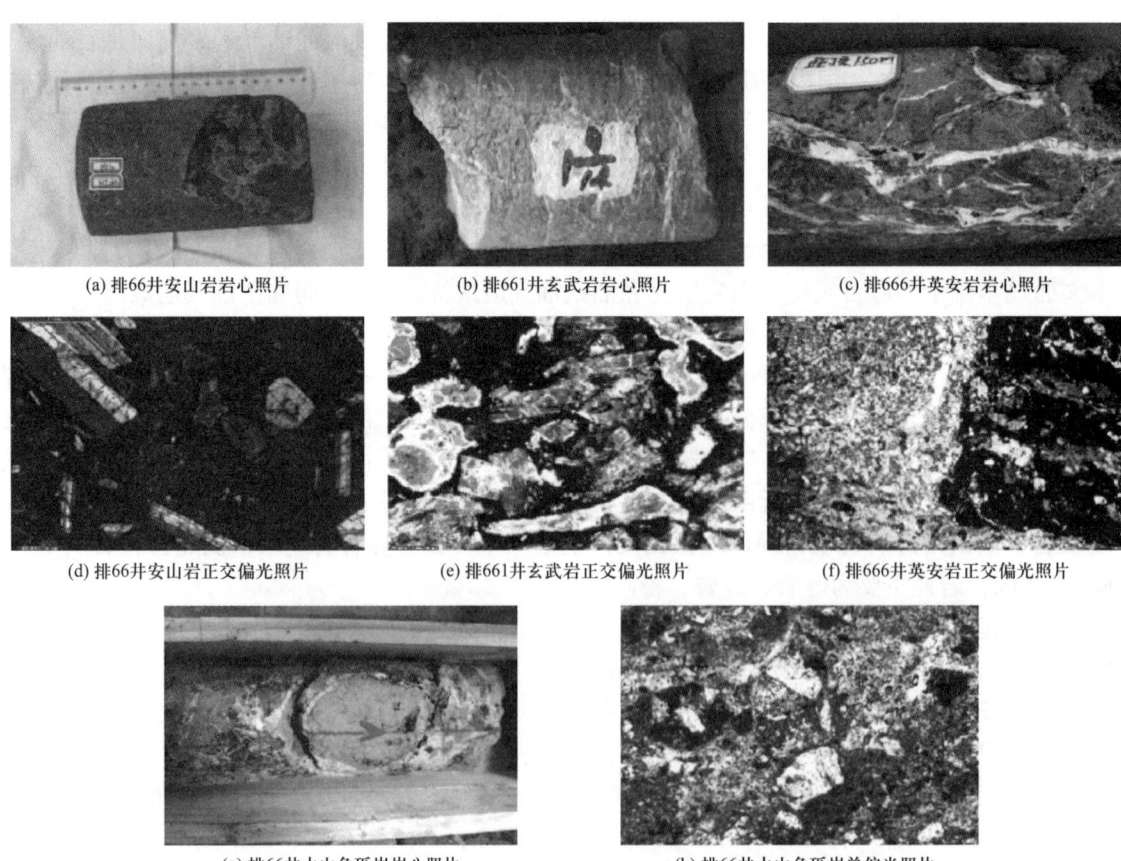

图2 车排子凸起石炭系典型储层岩心照片及对应镜下照片

间以风化作用形成的风化裂缝、次生溶孔为主，如斑晶溶孔、基质溶孔、裂缝等，安山岩与玄武岩还有气孔发育，孔隙度一般为10.0%～18.5%，部分溶蚀孔发育区的孔隙度可达20.0%以上，渗透率为0.1～500.0mD，储集空间类型为孔隙—裂缝型。盖层为风化黏土层和水解层。其中，风化黏土层厚度0～5m，分布局限；而水解层厚度一般大于15m，分布广泛，裂缝被完全充填，孔隙度小于3.5%，物理性质差，是区域性优质盖层；侧向遮挡层为石炭系内部的断层。

2 油气运聚特征

2.1 油气来源

车排子凸起周边有昌吉和四棵树2个生烃凹陷。其中，昌吉凹陷位于凸起以东，凹陷内主要发育中二叠统烃源岩；四棵树凹陷位于凸起以南，凹陷内发育下侏罗统烃源岩。2个凹陷均对凸起上的油气具有重要贡献[7-8]。

车排子凸起石炭系风化壳内油气与2个凹陷内烃源岩的地球化学指标对比表明，凸起东部石炭系风化壳内油气主要来源于昌吉凹陷的中二叠统烃源岩，凸起西部的石炭系风化壳内油气主要来源于四棵树凹陷下侏罗统烃源岩，来自2个凹陷的油气分布界线大致与石炭系顶面构造脊线一致。

凸起东部石炭系风化壳内原油的w（Pr）/w（Ph）（Pr为姥鲛烷、Ph为植烷）分布范围为0.87～1.01，平均值为0.94；三环萜烷w（C_{20}）、w（C_{21}）、w（C_{23}）呈上升型分布，w（C_{20}）相对偏低，w（C_{23}）相对偏高，w（C_{23}）略大于w（C_{21}）；伽马蜡烷含量较低，伽马蜡烷指数平均值为0.26；规则甾烷中w（C_{27}）、w（C_{28}）、w（C_{29}）呈上升型分布，以w（C_{29}）规则甾烷占优势，w（C_{27}）、w（C_{28}）相对较低；原油碳同位素组成δ（^{13}C）主要分布在-29.6‰～-29.2‰之间，平均值为-29.6‰。原油地球化学特征与昌吉凹陷钻遇的中二叠统烃源岩特征具有很好的相似性，典型的如排66、排666等油藏。

凸起西部石炭系风化壳内原油的正构烷烃分布完整，碳数分布特征为单峰态前峰型，主峰碳为nC_{16}，奇偶优势不明显，碳优势指数（Carbon Preference Index，CPI）为1.15，奇偶优势（Odd-Even Preference，OEP）为1.05，w（Pr）/w（Ph）值分别为2.25～2.27，几乎不含β-胡萝卜烷；三环萜烷含量较低，C_{29}-降藿烷含量较高，三环萜烷w（C_{20}）、w（C_{21}）、w（C_{23}）呈下降型分布，伽马蜡烷指数为0.17～0.19，w（Ts）高于w（Tm）[Ts为18α（H）-22，29，30三降藿烷、Tm为17α（H）-22，29，30三降藿烷]；孕甾烷、升孕甾烷相对含量较低，规则甾烷中w（C_{27}）、w（C_{28}）、w（C_{29}）值呈"V"形分布；$\alpha\alpha\alpha$-C_{29}甾烷20S/（20S+20R）、C_{29}甾烷$\beta\beta$/（$\alpha\alpha$+$\beta\beta$）及C_{31}升藿烷22S/（22S+22R）平均值分别为0.42、0.44、0.58；原油的碳同位素组成δ（^{13}C）偏高，为-26.6‰，其原油地球化学特征与四棵树凹陷钻遇的下侏罗统源岩特征基本一致，典型的如排70、苏13等油藏。

2.2 充注期次

根据含烃流体包裹体相关分析能够比较好地确定油气充注期次。车排子凸起石炭系含烃包裹体均一温度分布如图3所示。

从车排子凸起石炭系风化壳含烃流体包裹体特征及测温结果来看，凸起整体上有2期油气充注，2期含烃包裹体均分布在方解石脉、沸石脉及颗粒溶蚀缝内，个体较小，成群状分布，但凸起东部、西部的油气充注期次有一定差别。凸起东部2期油气充注均存在，第1期含烃包裹体呈黄褐色—浅黄色，包裹体均一温度为60～80℃；第2期含烃包裹体呈淡蓝色荧光，包裹体均一温度为110～120℃。结合车排子凸起及邻区的埋藏史与热史分析，确定油气充注时期分别为晚白垩世—古近纪、新近纪—第四纪。凸起西部只有1期油气充注，该期含烃包裹体呈黄褐色—浅黄色，均一温度为60～80℃，对应的油气充注时期为新近纪—第四纪。

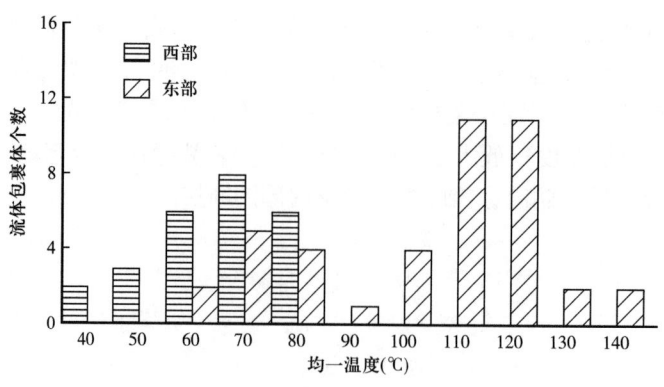

图3 车排子凸起石炭系含烃包裹体均一温度分布

2.3 运移动力

从车排子凸起钻遇石炭系顶部风化壳的探井测试分析来看，现今石炭系及上覆地层压力系数为0.99～1.05，地温梯度约为2.6℃/100m，属于正常温压系统。车排子凸起与昌吉凹陷、四棵树凹陷之间的断裂带处于超压与常压过渡带，地层压力系数为1.10～1.25。含烃包裹体古压力恢复结果表明，油气充注时期车排子凸起石炭系风化壳地层压力系数为0.95～1.01，处于常压系统，油气运移主要受浮力驱动，具有沿古构造高点运移的趋势。

2.4 输导体系及输导方式

2.4.1 断层

断层是流体从深部向浅部快速运移的垂向通道。车排子凸起与2个生烃凹陷之间的红车断裂带、艾卡断裂带均为深大断裂带。这2个断裂带由多条断裂组成，从石炭系断至新近系，分别沟通二叠系、侏罗系烃源岩。2个大断裂带分别自二叠纪、三叠纪以来长期持续活动，部分断裂最近活动期可至新近纪。2个大断裂带的存在为生烃凹陷内的油气垂向输导提供了有利条件。目前，红车断裂带有多口探井钻遇断层，断层附近油气显示丰富。从油气源对比及含烃包裹体分析看，断层附近的油气与车排子凸起石炭系风化壳中的油气具有同源、同期性，均来自昌吉凹陷二叠系烃源岩。另外，根据文献[9]的研究，在红车断裂带及其上、下盘方解石胶结物中的Fe-Mg-Mn体系，主断裂带与断裂上盘石炭系中的$w(Mn)$较高，反映昌吉凹陷深部的含烃流体自下而上，沿红车断裂带垂向运移进入车排子凸起石炭系风化壳，断层发挥着极为重要的垂向输导油气作用。

2.4.2 毯砂

"毯砂"是指厚度较大、横向分布稳定的砂砾岩或砂岩[10]。车排子凸起在新近系沙湾组底部、侏罗系八道湾组底部发育2套毯砂。前人对新近系沙湾组底部毯砂地质特征及其油气运移作用研究较多[11-14]，而对侏罗系八道湾组底部毯砂关注较少。由于侏罗系八道湾组底部毯砂与石炭系直接接触，对石炭系风化壳油藏油气横向运移有一定贡献，本文对其进行重点研究。车排子凸起侏罗系毯砂过排608井—排605井油气运移剖面，如图4所示。侏罗系八道湾组底部毯砂厚度为120～200m，横向稳定分布，在红车断裂带、艾卡断裂带处与断层对接。部分地区侏罗系"毯砂"中见到良好油气显示，显示厚度为5～40m，表明油气在其中进行过广泛的运移。颗粒荧光定量（Quantitative Grain Fluorescence，QGF）分析与油气有效运移通道指数（Hydrocarbons Migration Index effective，HMIe）分析技术为油气运移通道研究提供了很好的技术手段[15-16]。从凸起东部过排605井—排608井东西向剖面分析看，排608井的QGF指数（4.89）和HMIe（0.77）均为最大，充注端的排605井的QGF指数为 1.84、HMIe 为 0.25，指数增大表明油气有沿砂体向凸起区运移的趋势，这表明，侏罗系"毯砂"是良好的油气横向运移通道。

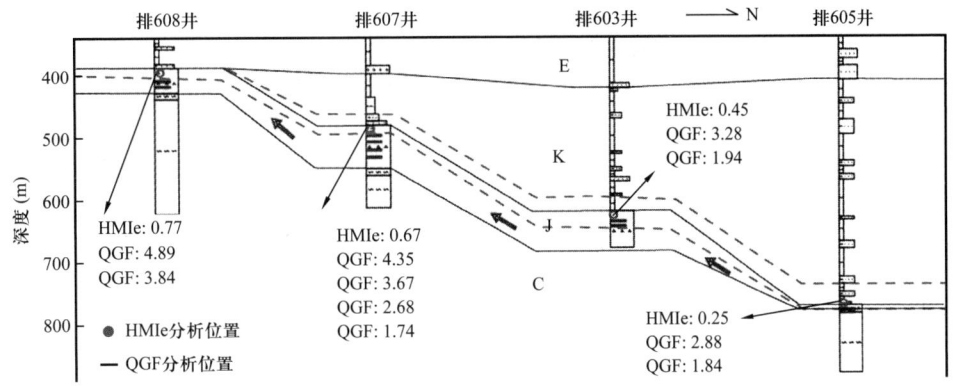

图 4　车排子凸起侏罗系毯砂过排 608 井—排 605 井油气运移剖面

在石炭系风化壳中风化黏土层、水解层不发育的地区，侏罗系"毯砂"横向与风化淋滤层直接对接，即风化壳开"天窗"，油气可由"毯砂"横向进入石炭系风化壳运聚成藏。例如排 70 井区，生物标识物、流体包裹体等的分析结果表明，侏罗系"毯砂"中的油气与石炭系风化壳原油具有同源、同期特征，均来自昌吉凹陷二叠系烃源岩，成藏期为晚白垩世—古近纪。尽管该区现今侏罗系"毯砂"孔隙度只有 11.0%～15.0%，物理性质较差，但从古物理性质恢复来看，晚白垩世—古近纪时的侏罗系"毯砂"孔隙度可达 25.0%～32.0%，属于中、高孔渗储层，具有很好的油气横向输导性。

结合整个凸起东部地区侏罗系"毯砂"中油气来源、充注期次及运移示踪分析可推断，晚白垩世—古近纪时侏罗系"毯砂"起到很好的油气横向输导作用，在侏罗系"毯砂"横向与风化淋滤层直接对接部位进入，在石炭系风化壳聚集成藏。

2.4.3　风化淋滤层

近年来，越来越多的研究者开始认识到风化淋滤层不但可以作为良好的储层，还可作为油气横向运移的良好通道[6, 17]。车排子凸起石炭纪火山岩风化壳中的淋滤层厚度大、分布广、渗透性好，多个地区见到丰富油气显示。根据已钻探井风化淋滤层内的油气显示情况、油气来源、成藏期次及含氮化合物变化等方面分析，可大致确定石炭纪火山岩风化壳淋滤层内主要油气运移路径。车排子凸起东部油气运移路径及井位如图 5 所示，车排子凸起火山岩风化壳油藏剖面如图 6 所示，火山岩风化壳淋滤层中油气含氮化合物指标变化如图 7 所示。

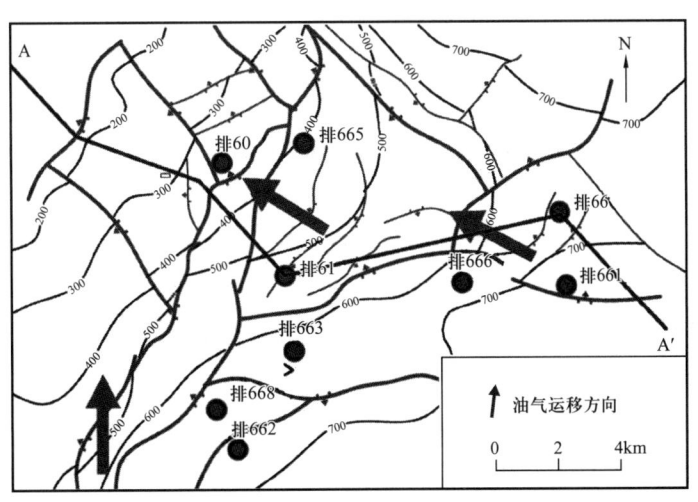

图 5　车排子凸起东部油气运移路径及井位

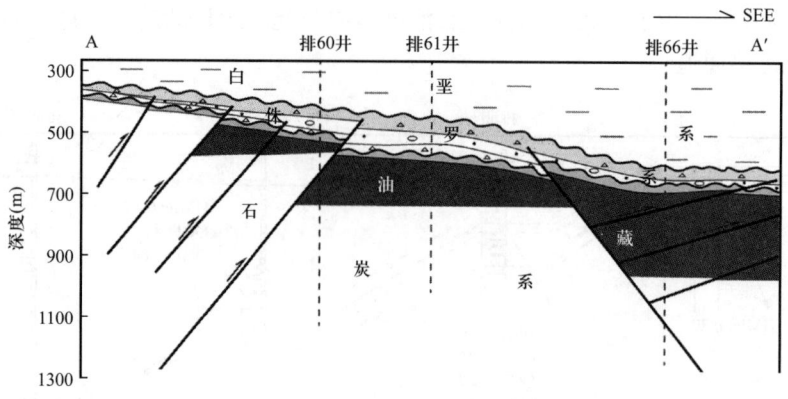

图 6 车排子凸起火山岩风化壳油藏剖面

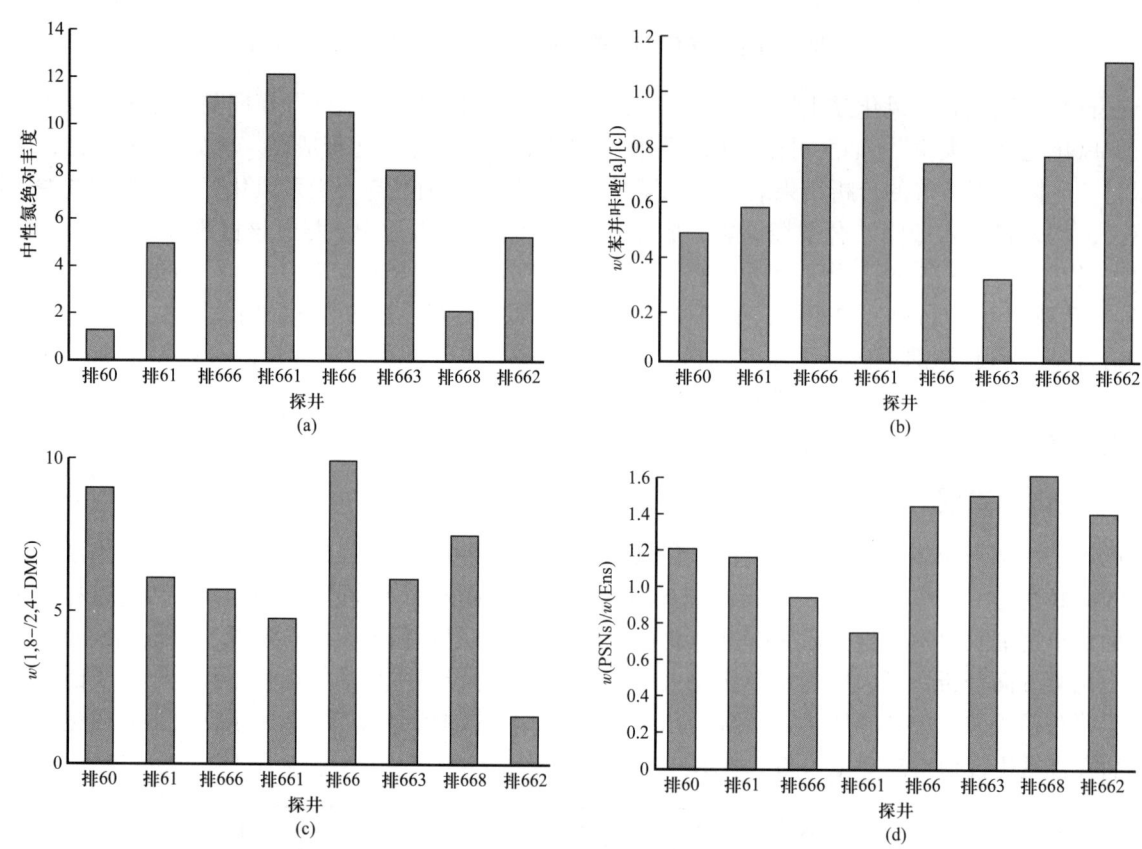

图 7 车排子凸起火山岩风化壳淋滤层中油气含氮化合物指标变化

图 5 中，凸起东部排 663 井—排 60 井近南北向和排 661 井—排 60 井的北西—南东向路径，成藏期为新近纪，来自昌吉凹陷二叠系烃源岩的油气在浮力驱动下沿淋滤层向构造高点运移，含氮化合物沿上述路径含量减小，显示了横向运移的色层效应，具体含量变化如图 7 所示。尽管该路径上的风化壳上覆层为厚度较大的侏罗系毯砂，但水解层及黏土层的存在确保了进入淋滤层的油气难以垂向散失，油气能够保持一定范围内的横向运移。

2.4.4 复合输导体系及输导方式

从已发现油藏成藏剖析来看，石炭系风化壳油藏的油气输导是通过断层、毯砂、风化淋滤层组成的复合输导体系来完成的，具体可分为断层—毯砂型、断层—风化淋滤层型、断层—毯砂—风化淋滤层型等 3 种复合输导体系。

断层—毯砂型复合输导体系是指断层为油气垂向运移通道、毯砂为油气横向运移通道的输导体系。断层向下沟通烃源岩，向上沟通石炭系风化壳顶部侏罗系毯砂。来自凹陷烃源岩的油气沿断层垂向运移，遇到侏罗系毯砂进行横向运移，在石炭系风化壳风化黏土层与水解层不发育的地区，油气由毯砂侧向直接进入风化淋滤层聚集成藏，如排701块、排70块等。

断层—风化淋滤层型复合输导体系是指断层为油气垂向运移通道、风化淋滤层为油气横向运移通道的输导体系。断层向下沟通烃源岩，向上直接沟通石炭系风化壳淋滤层。来自凹陷烃源岩的油气沿断层垂向运移，遇到石炭系风化壳淋滤层进行横向运移，当受到石炭系内断层侧向遮挡时则聚集成藏，如排66块。

断层—毯砂—风化淋滤层型复合输导体系是指断层为油气垂向运移通道、毯砂与风化淋滤层联合为油气横向运移通道的输导体系。断层向下沟通烃源岩，向上沟通侏罗系毯砂，而毯砂又侧向连接石炭系风化淋滤层，形成横向接力运移通道。其油气输导方式与断层—毯砂型不同之处在于油气由毯砂侧向进入风化淋滤层后，还要在风化淋滤层内进行一段距离的横向运移，直至遇到侧向遮挡聚集成藏，如苏13块、苏1-5块。

从统计来看，凸起已发现的11个油藏中，有2个油藏为断层—毯砂输导，主要分布在相对远离凹陷的部位；7个油藏为断层—风化淋滤层输导，2个油藏为断层—毯砂—风化淋滤层输导，均分布在相对靠近凹陷的部位。

3 油气运聚过程及模式

通过已发现油气藏特征、油气来源、成藏期次、运移—输导体系及输导方式分析，恢复了车排子凸起石炭纪火山岩风化壳油藏油气运聚过程，建立了油气运聚模式，如图8所示。

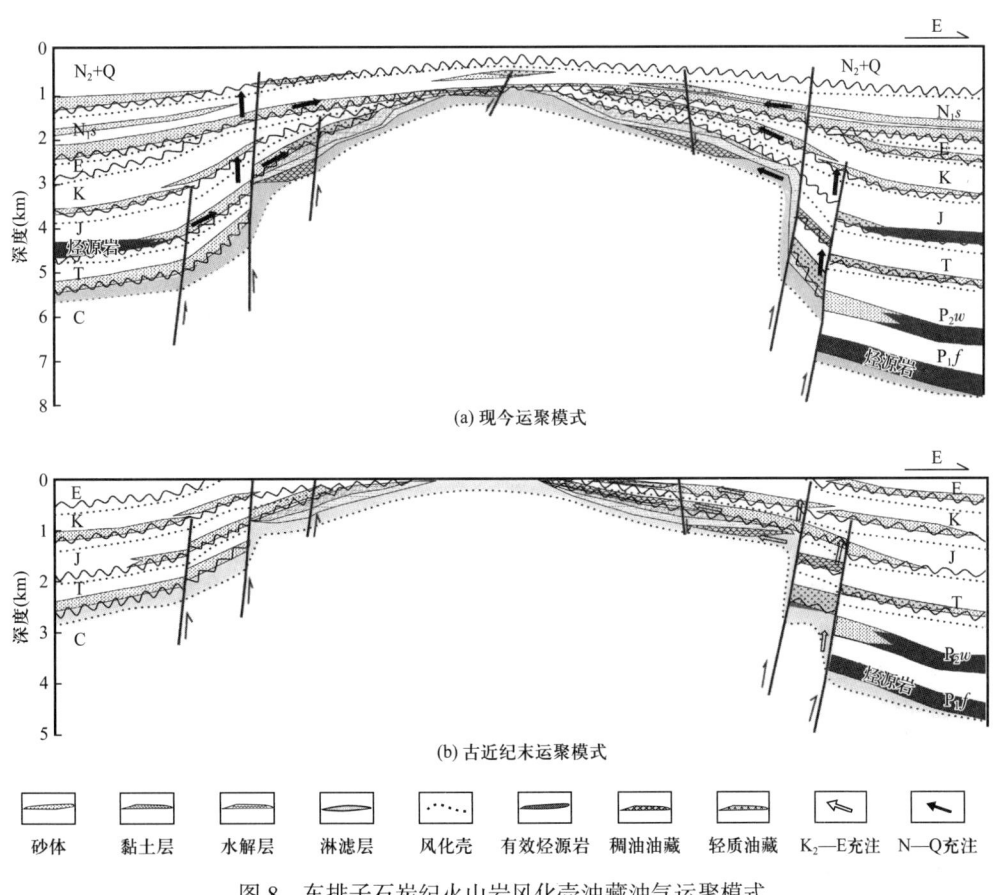

图8 车排子石炭纪火山岩风化壳油藏油气运聚模式

晚白垩世—古近纪，为第1期大规模油气运聚期，凸起以昌吉凹陷中二叠统烃源岩供烃为主。该时期红车断层活动明显，侏罗系底部毯砂物理性质好，油气经断层垂向运移进入毯砂，受浮力驱动沿毯砂发生趋向高部位的横向运移，在毯砂与风化淋滤层直接对接处，油气横向运移进入风化淋滤层。当侧向有断层遮挡时，油气则聚集成藏；当侧向没有遮挡时，油气在风化淋滤层内继续横向运移，直至遇到圈闭聚集成藏。该时期的油藏一般相对远离凹陷。

新近纪—第四纪，为第2期大规模油气运聚期，凸起具有双向供源特点。车排子凸起东部仍以昌吉凹陷中二叠统烃源岩供烃为主，该时期红车断层活动减弱，侏罗系底部毯砂物理性质变差，油气经由断层垂向运移进入上盘石炭系风化淋滤层，在浮力驱动下沿风化淋滤层横向运移，当侧向有断层遮挡时，油气聚集成藏。凸起西部以四棵树凹陷侏罗系烃源岩供烃为主，该时期艾卡断层活动明显，但侏罗系毯砂物理性质横向变化大。在侏罗系毯砂物理性质好的地区，油气经由断层进入毯砂进行横向运移，进入风化壳圈闭聚集成藏；在侏罗系毯砂物理性质差的地区，油气经由断层进入石炭系风化淋滤层进行横向运移，直至遇到圈闭聚集成藏。由于石炭系内部断层多且对油气的侧向遮挡作用明显，仅通过断层—风化淋滤层输导而成的油藏一般相对靠近凹陷，而由毯砂参与输导的油气藏相对远离凹陷。

车排子凸起石炭纪火山岩风化壳油藏油气运聚模式可概括为：双源侧向供烃，断层、毯砂及风化淋滤层复合输导，2期充注，浮力驱动，风化壳圈闭聚集。

4 结论

（1）车排子凸起石炭纪火山岩风化壳圈闭储层为风化淋滤层，盖层为水解层或风化黏土层，侧向遮挡层为石炭系内部的断层，风化壳结构层与断层决定着圈闭的形成与分布。

（2）车排子凸起石炭纪火山岩风化壳具有双源侧向供烃特点，在晚白垩世—古近纪、新近纪—第四纪分别发生2期较大规模油气充注。在浮力驱动下，油气通过"断层—毯砂""断层—风化淋滤层"及"断层—毯砂—风化淋滤层"等3种复合输导体系向凸起运移，在风化壳圈闭中聚集成藏。

（3）不同类型输导体系控制着不同的油气分布范围，其中，由断层—风化淋滤层输导的油气藏主要靠近凹陷，由断层—毯砂、断层—毯砂—风化淋滤层等输导的油气藏多远离凹陷。

参 考 文 献

[1] 姜洪福，师永民，张玉广，等.全球火山岩油气资源前景分析[J].资源与产业，2009，11（3）：20-22.
[2] 王洛，李江海，师永民，等.全球火山岩油气藏研究的历程与展望[J].中国地质，2015，42（5）：1610-1620.
[3] 康玉柱.新疆两大盆地石炭—二叠系火山岩特征与油气[J].石油实验地质，2008，30（4）：321-327.
[4] 徐宏节，陆建林，于文修，等.长岭断陷火山岩储层形成及控藏作用[J].石油实验地质，2011，33（3）：239-243.
[5] 侯连华，罗霞，王京红，等.火山岩风化壳及油气地质意义：以新疆北部石炭纪火山岩风化壳为例[J].石油勘探与开发，2013，40（3）：257-274.
[6] 宋明水，赵乐强，吴春文，等.准噶尔盆地车排子地区石炭系顶部风化壳结构及其控藏作用[J].石油与天然气地质，2016，37（3）：313-321.
[7] 肖飞，刘洛夫，曾丽媛，等.准噶尔盆地车排子东缘原油地球化学特征与油源分析[J].中国矿业大学学报，2014，43（4）：646-655.
[8] 张枝焕，向奎，秦黎明，等.准噶尔盆地四棵树凹陷烃源岩地球化学特征及其对车排子凸起油气聚集的贡献[J].中国地质，2012，39（2）：326-337.
[9] 曹剑，胡文瑄，张义杰，等.准噶尔盆地红山嘴—车排子断裂带含油气流体活动特点地球化学研究[J].地质论评，2005，51（5）：591-599.

[10] 张善文,王永诗,彭传圣,等.网毯式油气成藏体系在勘探中的应用[J].石油学报,2008,29(6):791-796.
[11] 张善文,林会喜,沈扬.准噶尔盆地车排子凸起新近系"网毯式"成藏机制剖析及其对盆地油气勘探的启示[J].地质论评,2013,59(3):489-500.
[12] 马立驰.准噶尔盆地车排子凸起沙湾组二段油气成藏特征及其主控因素[J].现代地质,2013,27(5):1147-1152.
[13] 沈扬,宋国奇.源外地区油气成藏特征、主控因素及地质评价:以准噶尔盆地西缘车排子凸起春光油田为例[J].地质论评,2010,56(1):51-59.
[14] 沈扬,林会喜,赵乐强,等.准噶尔盆地西北缘超剥带油气运聚特征与成藏模式[J].新疆石油地质,2015,36(5):505-509.
[15] 蒋宏,施伟军,秦建中,等.颗粒荧光定量分析技术在塔河油田储层研究中的应用[J].石油实验地质,2010,32(2):201-204.
[16] 邢恩袁,庞雄奇,肖中尧,等.利用颗粒荧光定量分析技术研究塔里木盆地库车坳陷大北1气藏充注史[J].石油实验地质,2012,34(4):432-437.
[17] 商丰凯,陈林,王林,等.车排子凸起火山岩油藏成藏主控因素和模式[J].东北石油大学学报,2015,39(5):13-22.

原文发表于《合肥工业大学学报》2018年第3期

"顺源型"断层与"背源型"断层对油气运聚的差异控制作用

范婕[1,2] 林会喜[2] 张奎华[2] 蒋有录[3] 赵乐强[2] 曾治平[2]

(1. 胜利石油管理局博士后科研工作站；2. 中国石化胜利油田分公司勘探开发研究院；
3. 中国石油大学（华东））

摘 要：断裂活动性和封闭性随时间的演化规律对油气的生成、运移、聚集起着重要的控制作用。目前，"断裂控藏"理论研究主要集中在断裂活动性和封闭性上，对断裂走向与油气运聚关系的研究较为薄弱。然而，从"源—汇—聚"的角度来看，断裂走向与烃源岩附近构造走向的关系亦可成为油气差异运聚的主控因素，据此将断裂划分为"顺源型"与"背源型"。当断裂走向与构造走向近乎垂直时，为"顺源型"；断裂走向与构造走向近乎平行时，为"背源型"。本文以长岭断陷龙凤山地区和东岭地区为例，通过分析断裂的活动性、封闭性，建立不同类型断裂控藏模式，以期为研究区的下一步勘探部署提供理论指导。

1 工区概况

龙凤山地区和东岭地区位于长岭断陷南部，龙凤山地区是在西部拆离断层控制下发育的北西高、南东低的大型鼻状构造，断裂走向为北北东向，与构造走向近乎垂直，为"顺源型"断层；东岭地区为北北东向断裂控制下的自西向东翘倾的单斜构造，与构造走向几乎平行，为"背源型"断层。油源对比结果表明，龙凤山地区和东岭地区的油气均来自洼陷带。

2 "顺源型"断层

2.1 断层活动性

利用断层活动速率法对龙凤山地区主干断裂不同时期的活动性进行定量评价，并将断裂活动时期与成藏期进行匹配。评价结果表明，龙凤山地区仅在第一期油气成藏早中期，大多数断裂具有活动性，对油气可起到大规模垂向输导作用；至第一期成藏末期和第二期油气成藏时，断裂不具有活动性，无法作为油气大规模垂向运移的输导通道，油气仅能沿断裂发生以浮力为主的缓慢垂向连续运移，对油气起到小规模次生调整的作用。

2.2 断层封闭性

利用SGR法、ALLAN图法，以及地震反演剖面法对龙凤山地区主干断裂封闭性进行评价可知，整体上断裂封闭性较好，可成为油气有利的侧向遮挡条件，仅F4断层营Ⅲ砂组存在封闭性较差的层段，油气可发生侧运移。

2.3 断裂控藏模式

龙凤山地区发育较多反向正断裂，断裂主要表现为侧向封闭性。研究区发育"顺源型"断层，使得两条主干封闭断裂 F4、F5 构成"走廊"空间，油气沿内部连通砂体在走廊空间内运聚成藏（图1）。在该运聚模式下，两条封闭断裂成为油气良好的遮挡条件，其封闭性的差异控制了上升盘油气的富集程度，仅在 F4 断层营Ⅲ砂组封闭性较差的层段油气侧向运移，在 B204 断层遮挡下聚集成藏。根据构造走向可知，B2 井和 B203 井应处于同一运移路径上，但由于二者物源不同，且物源范围内未发生垂向叠置，导致在二者之间形成砂体尖灭（图1），从而使得二者分别为不同的运聚单元。因此，该地区"顺源型"断层具有"顺源输导—反向遮挡—走廊运聚"控藏模式。

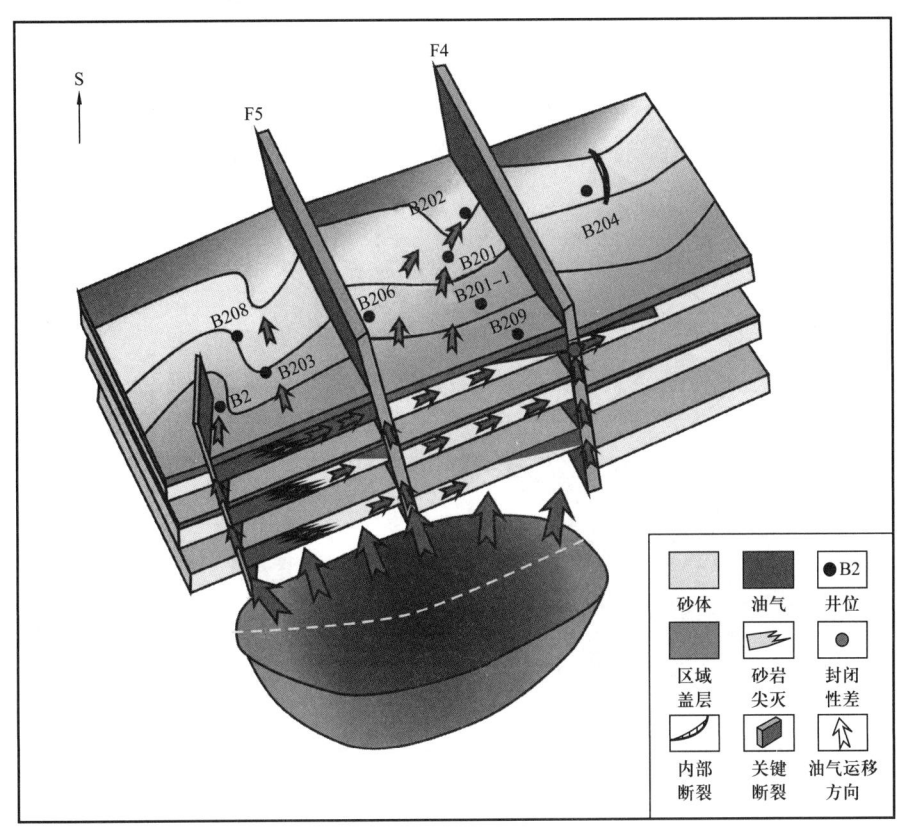

图1 龙凤山地区"顺源型"断裂控藏立体模式图

3 "背源型"断层

3.1 断层活动性

东岭地区登娄库组沉积时期断裂活动速率达到最大，第一期和第二期油气成藏早中期，断裂活动强，具有大规模垂向输导油气的能力，至第二期油气成藏晚期，断层逐渐停止活动，垂向输导能力较弱。

3.2 断层封闭性

整体上，东岭地区的侧向封闭性明显差于龙凤山地区，存在大量的侧向封闭性较差的层段，油气极易发生侧向运移。自洼陷带向斜坡带，由于泥岩含量逐渐减少，泥岩涂抹作用逐渐减弱，因此侧向封闭性逐渐减弱。

3.3 断裂控藏模式

东岭地区"背源型"断裂在成藏期活动性较强，封闭性较差，可发生侧向运移，利用天然气物性、原油物性、原油地化指标，以及原油含氮化合物等参数对油气运移路径进行示踪，指示了油气在纵向上沿断层—砂体呈阶梯式运移的特征（图2）。

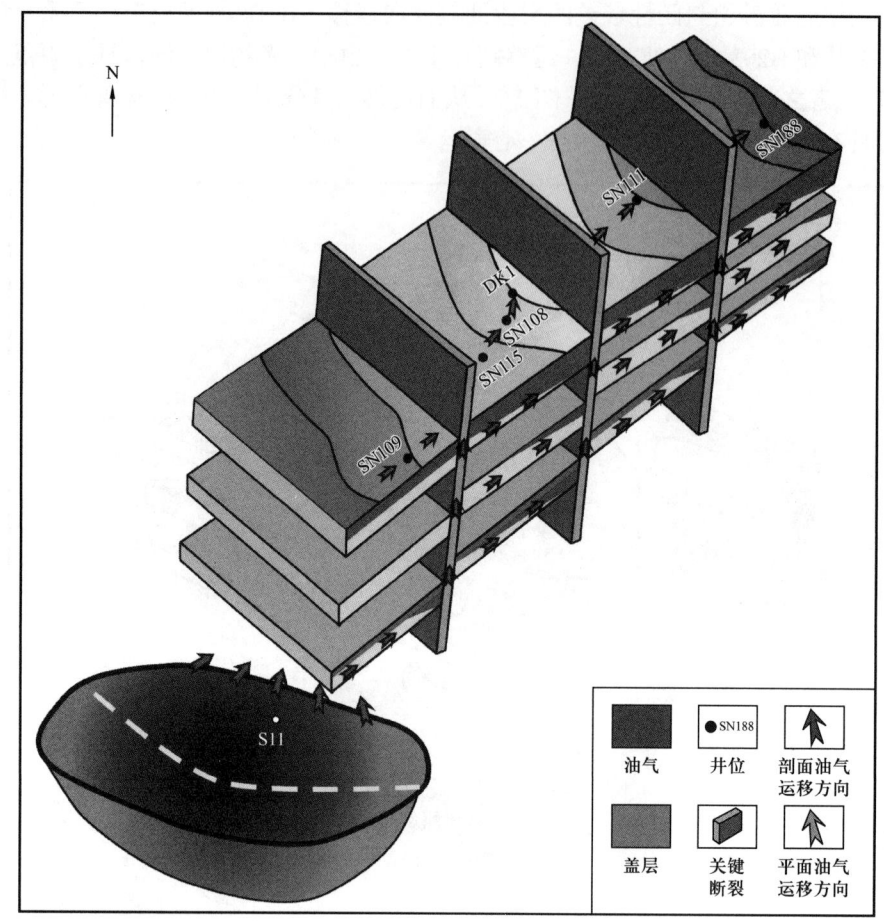

图2　东岭地区"背源型"断裂控藏立体模式图

因此，"背源型"断层具有"背源输导—断砂配置—阶梯运移"控藏模式。

4　结论

根据断裂走向与构造走向关系的差异，将断裂分为"顺源型"和"背源型"，二者对油气运聚的方式呈现明显差异性，其中，"顺源型"断层为"顺源输导—反向遮挡—走廊运聚"控藏模式；"背源型"断层为"背源输导—断砂配置—阶梯运移"控藏模式。

参 考 文 献

［1］贾光华，高永进，宋建勇. 博兴洼陷古近系红层油气成藏期"源—相—势"耦合关系——以金26井－滨斜703井剖面为例［J］. 油气地质与采收率，2015，22（3）：1-9.

［2］蒋有录，刘培，宋国奇，等. 渤海湾盆地新生代晚期断层活动与新近系油气富集关系［J］. 石油与天然气地质，2015，36（4）：525-533.

［3］刘辉，胡修权，梁家驹，等. 准噶尔盆地准中4区块侏罗系断裂特征及对油气成藏的控制作用［J］. 地质论评，2018，64（6）：1489-1504.

原文发表于《地质评论》2019年第1期

叠合盆地复杂构造带页岩油资源评价
——以准噶尔盆地东南缘博格达地区中二叠统芦草沟组为例

林会喜[1,2]　宋明水[3]　王圣柱[2]　张奎华[2]

（1.中国石化石油勘探开发研究院；2.中国石化胜利油田分公司勘探开发研究院；
3.中国石化胜利油田分公司）

摘　要：页岩油是滞留于烃源岩层系各类孔隙中的液态烃类，不同区带的保存条件优劣对页岩油散失量的影响及量化表征是目前页岩油资源评价中的薄弱环节，开展复杂构造区的页岩油资源评价方法研究，对于指导中国西部经历多期构造运动的压扭叠合盆地的页岩油勘探具有重要的现实意义。为此，以准噶尔盆地东南缘博格达地区中二叠统芦草沟组为例，在地质结构精细解剖和保存评价单元划分的基础上，根据露头剖面和钻井岩石样品总有机碳含量（TOC）、液态游离烃含量S_1及抽提氯仿沥青"A"含量实测数据，建立不同保存评价单元、不同岩相类型页岩油的保存系数相对权重量化赋值模型，实现对各评价单元页岩油散失程度的量化表征，并在原始页岩油资源量计算的基础上，确定现今残留页岩油资源量。研究表明：（1）博格达地区发育凹陷区、构造稳定、冲断改造区和地表出露区4类保存评价单元，不同单元的岩石含油率随构造变形强度的增强、保存条件的变差整体呈减小趋势；（2）页岩油储层的储集空间类型和孔隙结构控制了泥岩型和砂岩型岩相TOC与含油率的差异，泥岩型页岩油两者之间呈幂函数关系，砂岩型页岩油两者则表现为线性关系；（3）基于不同保存评价单元泥岩型和砂岩型页岩油TOC与含油率量化模型，实现了保存系数相对权重的分单元、分岩相量化赋值，为科学评价构造改造区的残留页岩油资源量奠定了基础；（4）博格达地区页岩油资源物质基础雄厚，奇台庄和柴窝堡凹陷中北部为有利的页岩油勘探靶区，芦三段砂岩型页岩油为主要的勘探层段和目标类型。

随着对能源需求量的逐步增大，以及常规油气资源勘探开发难度的不断加大，非常规油气资源的能源战略地位日益凸显，尤其是北美页岩油气的成功，极大地推动了全球页岩油气的勘探开发进程，目前油气勘探已悄然进入常规与非常规油气并重的时代[1]。中国页岩油气资源丰富，无论西部压扭叠合盆地，还是东部伸展断陷盆地均展现出巨大的勘探潜力[2-7]。中国页岩油勘探仍处于起步阶段，页岩油资源评价对于勘探初期的战略方向选择具有重要意义。

中国专家学者在有机质非均质性刻画、页岩油资源评价关键参数校正、资源量计算方法及页岩油赋存机理等基础地质方面取得了丰硕的研究成果[8-16]，有效指导了中国页岩油勘探。鉴于前期研究对象主要集中在构造相对稳定的盆地或地区，且受页岩油无运移或极短距离运移，自生自储、源储一体成藏认识的束缚[1-7]，致使在进行页岩油资源评价时忽视了保存条件对页岩油散失的影响。准噶尔盆地东南缘博格达地区露头和钻井样品的含油率与构造改造相对较弱的松辽盆地、渤海湾盆地等钻井样品的含油率相比均明显偏低[4-5,11]，且不同区带的样品含油率也存在一定差异，地表露头样品含油率则更低。经历多期构造运动改造的叠合盆地复杂构造区页岩油散失作用不容小觑，应把页岩油散失评价与页岩气散失评价置于同等重要的位置[17-19]。实际上，复杂构造区的页岩油资源量为"残留"可动页岩油资源量，与构造相对稳定区的"原始"可动页岩油资源量不同。因此，运用常规的页岩油资源评价方法进行叠合盆地复杂构造区的页岩油资源量计算存在明显的不适用性，甚至会得出错误结论而误导勘探人员，亟需针对叠合盆地地质结构复杂、保存条件差异大的特点，采用分单元评价的思路开展复杂构造区的页岩油资源评价，其关键是不同评价单元的保存系数权重的科学合理赋值。

笔者选取准噶尔盆地东南缘博格达地区中二叠统芦草沟组（P_2l）为研究对象，基于大量岩石样品的总有机碳含量（TOC）与含油率等综合分析，明确了保存条件优劣对页岩油散失的影响，建立了不同评价单元泥岩型和砂岩型页岩油的保存系数量化赋值模型，明确了研究区"残留"页岩油的资源潜力，对页岩油勘探选区具有重要指导作用；同时提出一种适用于复杂构造区的"残留"页岩油资源评价方法，以期能够起到抛砖引玉的作用，提出更优更好的评价方法，有效地推动叠合改造盆地的页岩油勘探。

1 区域地质背景

研究区位于准噶尔盆地东南缘博格达山周缘地区，主体为博格达山，南北两侧分别为柴窝堡凹陷和昌吉凹陷（图1）。自晚古生代以来，博格达地区经历了裂陷、坳陷和类前陆盆地演化阶段[20-22]。中二叠统芦草沟组沉积时期依林黑比尔根山为重要的物源区，博格达山尚未隆升成山[22]，柴窝堡凹陷与昌吉凹陷连为一体，自南向北发育扇三角洲—滨浅湖—半深湖—深湖相沉积[23]，研究区主要处于湖相区。根据红雁池、井井子沟、妖魔山、大黄山、小龙口、锅底坑等露头剖面和奇1井、新吉参1井、吉174井等钻井岩性组合特征，将芦草沟组自下而上划分为一段、二段、三段和四段，沉积物粒度整体表现为由粗变细的特点，反映湖侵演化过程，其中，三段和四段主要岩性为深灰色泥页岩、油页岩、砂质泥岩、粉砂岩，夹薄层碳酸盐岩。该套细粒泥质岩累积厚度为100～400m，干酪根类型以Ⅰ型和Ⅱ型为主，镜质组反射率（R_o）为0.7%～1.3%，具有高TOC、高氯仿沥青"A"含量和高生烃潜量等特点[24]；同时，石英、长石、白云石等脆性矿物含量高，平均值为75.3%，黏土矿物含量低，一般小于20%，具备形成页岩油气的良好条件和物质基础。受海西晚期、印支期、燕山期和喜马拉雅期构造运动的影响，先后经历晚二叠世博格达山形成雏形、晚侏罗世全面隆升造山、古近纪—新近纪和第四纪强烈造山过程，最终形成现今板内"无根"背冲型山前带[22, 25]，地层强烈褶皱变形，白垩系、古近系—新近系几乎被剥蚀殆尽，地表主要出露石炭系、二叠系、三叠系和侏罗系，整体呈南北分带、东西分段的地质结构特征[22]。

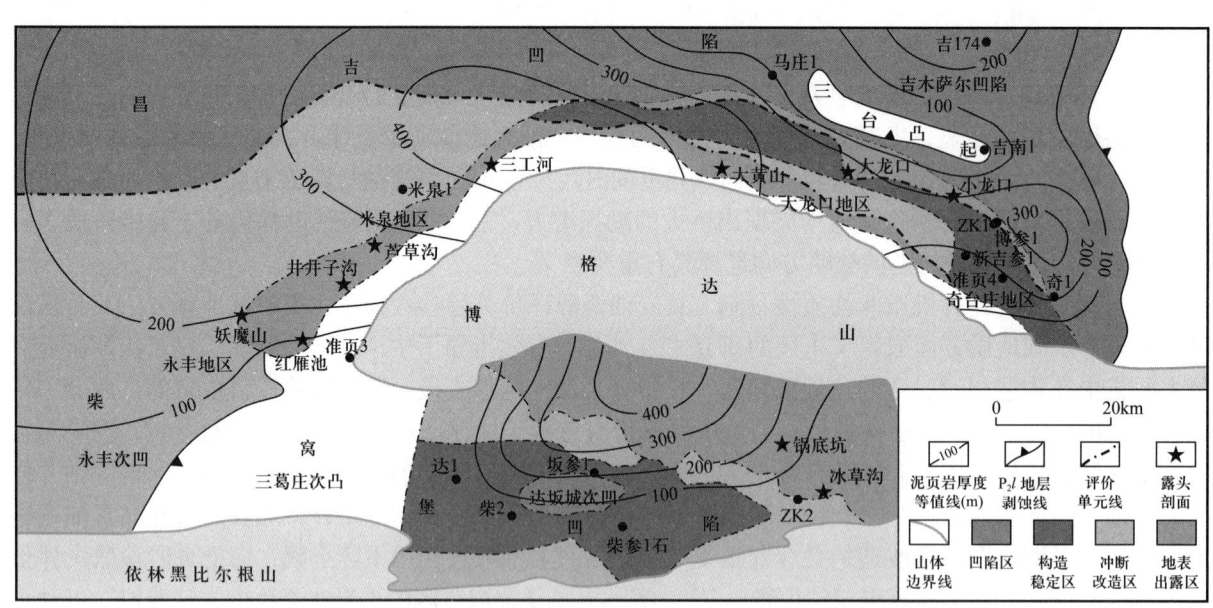

图1 博格达地区芦草沟组页岩油保存评价单元划分

2 保存评价单元划分

页岩气散失是页岩气评价的重要内容[19]，页岩油散失同样是复杂构造区页岩油资源评价的关键要素，保存条件优劣是造成页岩油散失及古今岩石含油率变化的主要原因。博格达地区地质结构复杂，保存条件差异大，有必要根据不同构造部位的保存条件进行评价单元划分，分单元开展构造改造区"残留"页岩油资源量评价。根据芦草沟组埋深、构造变形强度、断裂发育程度、上覆盖层发育情况和地层压力条件等因素，将研究区划分出凹陷区、构造稳定区、冲断改造区和地表出露区4类保存评价单元。

2.1 凹陷区

凹陷区指与博格达山造山带具有一定距离，构造变形相对较弱的区域，如吉木萨尔凹陷，同时也包括对冲构造控制下的地堑或单向冲断构造样式控制下的大型负向单元，如达坂城次凹（图2a）和阜康、妖魔山等大型推覆断层下盘（图2b），芦草沟组埋深一般超过3000m，上覆的中二叠统红雁池组（P_2h）、上二叠统梧桐沟组（P_3wt）、下三叠统韭菜园子组（T_1j）和上三叠统黄山街组（T_3h）区域性盖层发育，断层不发育，或断层仅断至白垩系及以下层位，具有较好的保存条件，地层压力系数可达1.2以上。

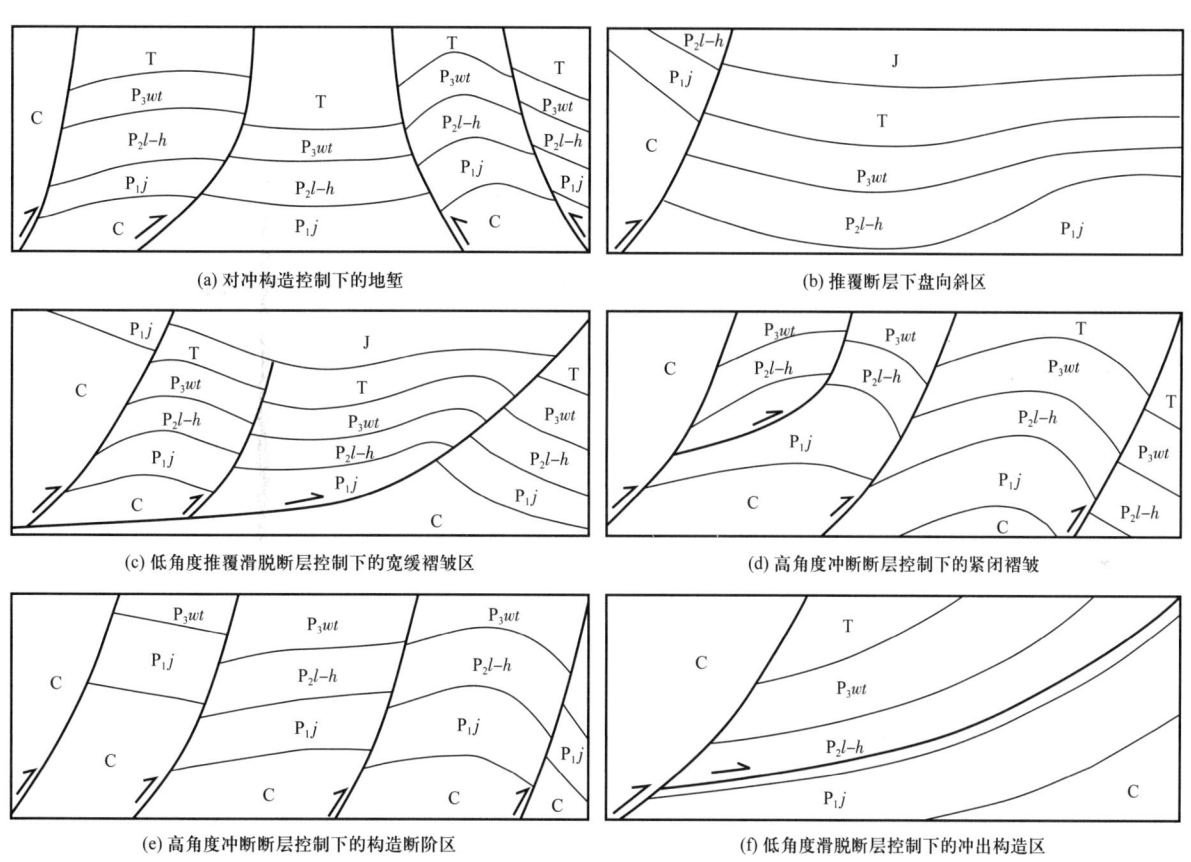

(a) 对冲构造控制下的地堑
(b) 推覆断层下盘向斜区
(c) 低角度推覆滑脱断层控制下的宽缓褶皱区
(d) 高角度冲断断层控制下的紧闭褶皱
(e) 高角度冲断断层控制下的构造断阶区
(f) 低角度滑脱断层控制下的冲出构造区

图2 博格达地区芦草沟组页岩油保存评价单元划分示意

2.2 构造稳定区

构造稳定区为低角度推覆滑脱断裂控制下的宽缓褶皱区，褶皱两翼地层倾角小于30°，构造变形相对较弱，二叠系、三叠系和侏罗系保存较为齐全，白垩系、新生界局部残留，芦草沟组一般埋深为1500～3000m，次级断裂断距小，对盖层破坏程度小，保存条件较好，为地层常压—弱超压区，如奇台庄向斜区（图2c）。

2.3 冲断改造区

冲断改造区指由一系列高角度逆冲断层、反冲断层、紧闭褶皱和断块组成的强烈构造变形区，褶皱两翼地层倾角一般超过40°，甚至超过70°，芦草沟组埋深为500～1500m，上覆的韭菜园子组和黄山街组区域性盖层几乎剥蚀殆尽，梧桐沟组盖层在构造高部位遭受不同程度的剥蚀，断裂断距较大，大部分断至地表，保存条件较差，为地层常压区，如米泉冲断区、奇台庄冲断区（图2d）。

2.4 地表出露区

地表出露区指紧邻博格达山造山带的高角度冲断断层控制下的构造断阶区（图2e）或低角度滑脱断层控制的冲出构造区（图2f），地层倾角超过60°，芦草沟组甚至下二叠统井井子沟组（P_1j）或石炭系出露地表，保存条件差。

3 不同岩相类型保存系数权重赋值

复杂构造区分评价单元页岩油资源量评价的关键是科学合理地确定不同单元的保存系数权重。研究中为了减少保存系数权重赋值的人为因素影响，同时考虑不同岩相储层孔隙结构对页岩油赋存形式的影响[25]，采用分单元、分岩相数理统计建立保存系数相对权重量化赋值的方法。该方法主要基于以下假设：（1）岩石TOC虽然受风化作用和保存条件的影响，但相对于S_1而言，其受影响程度相对较弱，因此可将岩石TOC作为"桥梁"，从而实现不同评价单元（岩相）岩石样品含油率的对比；（2）在相似的原始地质背景下，TOC相当的相同岩相，其岩石"原始"含油率基本相当，后期保存条件优劣是造成现今"残留"含油率差异的主要原因；（3）地质历史时期或样品采集后至测试分析前，不同评价单元相同岩相的岩石油气损失量与其原始含油量呈正相关关系，即损失比率一致。

3.1 不同岩相含油性特征

野外露头岩心观察、薄片鉴定、扫描电镜和全岩X衍射分析结果表明，芦草沟组岩性复杂，主要由陆源碎屑颗粒、碳酸盐矿物和黏土矿物组成，表现为混积岩特点[23]。根据沉积构造（纹层状、层状、块状）、矿物组分（石英、长石、碳酸盐矿物、黏土矿物）及孔隙结构特征，采用"岩石组分—沉积构造—有机质"岩相类型划分方案[6]，将芦草沟组划分出泥岩型（页岩、泥岩）和砂岩型（砂岩、碳酸盐岩）2种岩相。

针对页岩油储层的特殊性，在常规扫描电镜、薄片鉴定、荧光观察的基础上，结合场发射扫描电镜、氩离子抛光等技术，系统分析了不同岩相的储集空间和页岩油赋存状态。泥岩型储集空间以粒内溶孔、粒间溶孔、晶间孔、纹层理缝、黏土矿物片间孔、有机质孔和构造裂缝为主，纳米级微孔和中孔发育，原油以吸附态和游离态分别附着于干酪根和无机矿物颗粒的表面，或充填于孔隙和裂缝中；砂岩型储集空间以不稳定矿物（白云石、长石、方解石、黏土矿物）粒间溶孔、晶间孔、粒间孔和裂缝为主，微米级中孔和大孔占优势，样品抽提前后岩石S_1对比分析表明，其自身生烃能力有限，以外来烃充注为主，原油主要以游离态赋存于孔隙和裂缝中。

为了保证建立的不同评价单元、不同岩相的TOC与含油率参数（S_1、氯仿沥青"A"含量）量化模型具有代表性和可靠性，根据研究区实际地质情况，选取吉木萨尔凹陷吉174井、吉251井、吉28井、吉22井和吉17井作为凹陷区评价单元的样本点，选取奇1井、新吉参1井作为构造稳定区评价单元的样本点，选取ZK1井、准页3井、ZK2井和博参1井作为冲断改造区评价单元的样本点，选取井井子沟、红雁池、妖魔山、三工河、西大龙口、大黄山、小龙口、冰草沟、锅底坑等博格达山周缘地表露头作为出露区评价单元的样本点，完成了772块泥页岩类和327块砂岩类样品的TOC，S_1和S_2，氯仿沥青"A"抽提3类4300余项分析测试。

岩石样品TOC与含油率参数关系分析结果（图3）表明：（1）砂岩型样品TOC较泥岩型样品明显偏低；（2）凹陷区样品的含油率最高，地表出露区样品的含油率最低，且泥岩型和砂岩型两类样品的含油率整体表现为随 TOC 增加呈增大的趋势；（3）相同岩相不同评价单元内的岩石样品含油率随 TOC 的变化特征存在明显差异。研究认为，储层的储集空间类型及孔隙结构控制了不同岩相类型样品的含油率差异，其中，泥岩型样品 TOC 与含油率呈幂函数关系（图 3a，c），砂岩型样品 TOC 与含油率为线性关系（图 3b，d），具体表达式见表 1。

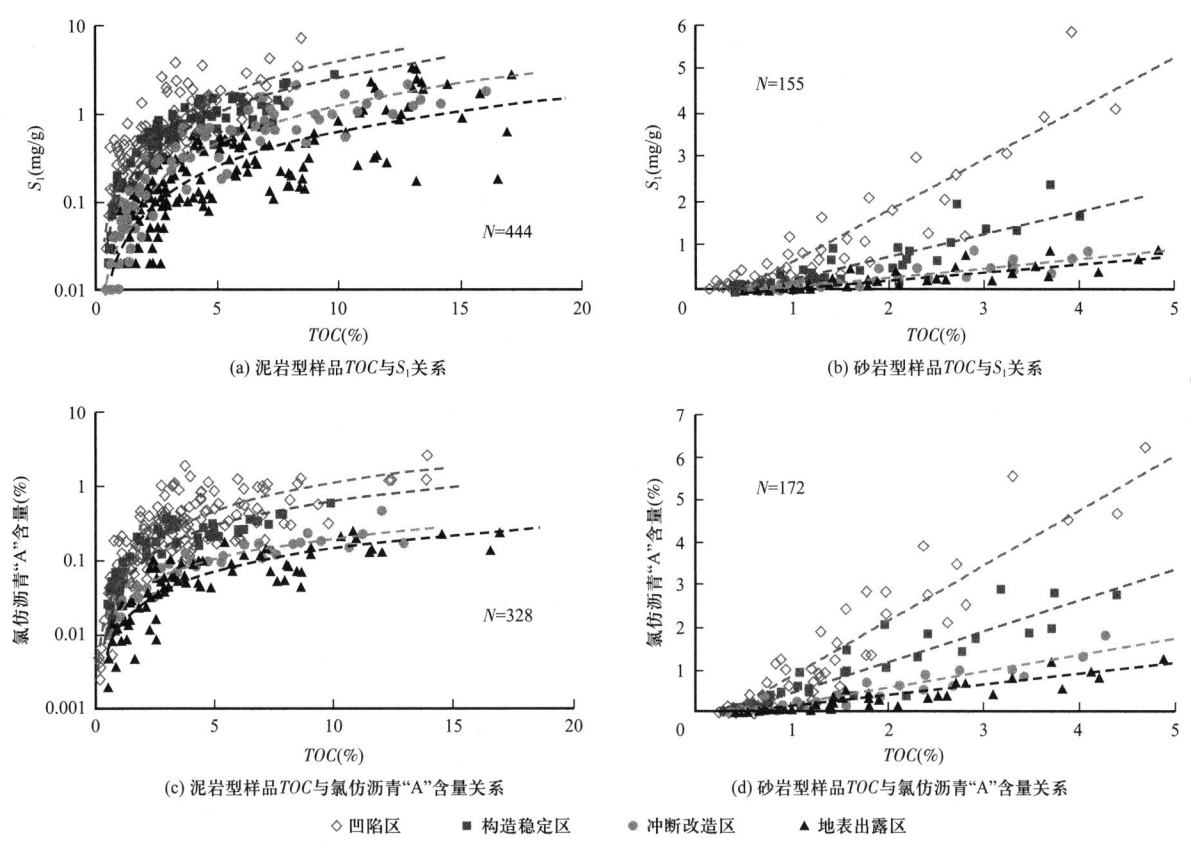

图 3　博格达地区芦草沟组不同保存评价单元、不同岩相 TOC 与含油率参数关系

表 1　博格达地区芦草沟组不同保存评价单元 TOC 与含油率的关系

方法	保存评价单元	泥岩型	砂岩型
热解烃 S_1 法	凹陷区	$S_{1凹sh}=0.1748TOC^{1.3565}$，$R^2=0.726$	$S_{1凹s}=-0.5123+1.1577TOC$，$R^2=0.606$
	构造稳定区	$S_{1稳sh}=0.1254TOC^{1.3122}$，$R^2=0.869$	$S_{1稳s}=-0.2084+0.5098TOC$，$R^2=0.672$
	冲断改造区	$S_{1冲sh}=0.0416TOC^{1.4753}$，$R^2=0.740$	$S_{1冲s}=-0.1272+0.2101TOC$，$R^2=0.685$
	地表出露区	$S_{1露sh}=0.0289TOC^{1.3364}$，$R^2=0.872$	$S_{1露s}=-0.1285+0.1824TOC$，$R^2=0.634$
氯仿沥青"A"法	凹陷区	$A_{凹sh}=0.0650TOC^{1.2298}$，$R^2=0.717$	$A_{凹s}=-0.4648+1.3015TOC$，$R^2=0.892$
	构造稳定区	$A_{稳sh}=0.0489TOC^{1.1257}$，$R^2=0.805$	$A_{稳s}=-0.3038+0.7316TOC$，$R^2=0.851$
	冲断改造区	$A_{冲sh}=0.0241TOC^{0.9237}$，$R^2=0.895$	$A_{冲s}=-0.2021+0.3824TOC$，$R^2=0.881$
	地表出露区	$A_{露sh}=0.0137TOC^{1.0231}$，$R^2=0.872$	$A_{露s}=-0.1520+0.2592TOC$，$R^2=0.851$

注：$S_{1凹sh}$—凹陷区泥岩型样品 S_1，mg/g；TOC—总有机碳含量，%；$S_{1稳sh}$—构造稳定区泥岩型样品 S_1，mg/g；$S_{1冲sh}$—冲断改造区泥岩型样品 S_1，mg/g；$S_{1露sh}$—地表出露区泥岩型样品 S_1，mg/g；$S_{1凹s}$—凹陷区砂岩型样品 S_1，mg/g；$S_{1稳s}$—构造稳定区砂岩型样品 S_1，mg/g；$S_{1冲s}$—冲断改造区砂岩型样品 S_1，mg/g；$S_{1露s}$—地表出露区砂岩型样品 S_1，mg/g；$A_{凹sh}$—凹陷区泥岩型样品氯仿沥青"A"含量，%；$A_{稳sh}$—构造稳定区泥岩型样品氯仿沥青"A"含量，%；$A_{冲sh}$—冲断改造区泥岩型样品氯仿沥青"A"含量，%；$A_{露sh}$—地表出露区泥岩型样品氯仿沥青"A"含量，%；$A_{凹s}$—凹陷区砂岩型样品氯仿沥青"A"含量，%；$A_{稳s}$—构造稳定区砂岩型样品氯仿沥青"A"含量，%；$A_{冲s}$—冲断改造区砂岩型样品氯仿沥青"A"含量，%；$A_{露s}$—地表出露区砂岩型样品氯仿沥青"A"含量，%。

3.2 保存评价单元保存系数量化赋值

为了解决复杂构造区页岩油资源量计算时不同评价单元保存系数权重绝对值难以确定的问题，提出了相对保存系数的概念和归一化处理的研究思路。

3.2.1 相对权重赋值

将距离博格达山前带较远，受构造作用影响相对较小，保存条件最为优越的凹陷区作为标准刻度区，其保存系数相对权重赋值取 1.0。根据建立的不同评价单元（岩相）的 TOC 与含油率量化模型，分别计算构造稳定区、冲断改造区、地表出露区含油率并与标准刻度区（凹陷区）进行——比对，确定其对应的保存系数相对权重赋值，具体表达式为：

$$K_{S_{1\text{单元}i\text{sh}}} = \frac{S_{1\text{单元}i\text{sh}}}{S_{1\text{标准sh}}} \tag{1}$$

$$K_{S_{1\text{单元}i\text{s}}} = \frac{S_{1\text{单元}i\text{s}}}{S_{1\text{标准s}}} \tag{2}$$

$$K_{A_{\text{单元}i\text{sh}}} = \frac{A_{\text{单元}i\text{sh}}}{A_{\text{标准sh}}} \tag{3}$$

$$K_{A_{\text{单元}i\text{s}}} = \frac{A_{\text{单元}i\text{s}}}{A_{\text{标准s}}} \tag{4}$$

式中：$K_{S_{1\text{单元}i\text{sh}}}$ 为评价单元 i 泥岩型样品热解烃 S_1 法保存系数相对权重赋值；$K_{S_{1\text{单元}i\text{s}}}$ 为评价单元 i 砂岩型样品热解烃 S_1 法保存系数相对权重赋值；$K_{A_{\text{单元}i\text{sh}}}$ 为评价单元 i 泥岩型样品氯仿沥青"A"法保存系数相对权重赋值；$K_{A_{\text{单元}i\text{s}}}$ 为评价单元 i 砂岩型样品氯仿沥青"A"法保存系数相对权重赋值；$S_{1\text{单元}i\text{sh}}$ 为评价单元 i 泥岩型样品 S_1，mg/g；$S_{1\text{标准sh}}$ 为标准刻度区（凹陷区）泥岩型样品 S_1，mg/g；$S_{1\text{单元}i\text{s}}$ 为评价单元 i 砂岩型样品 S_1，mg/g；$S_{1\text{标准s}}$ 为标准刻度区（凹陷区）砂岩型样品 S_1，mg/g；$A_{\text{单元}i\text{sh}}$ 为评价单元 i 泥岩型样品氯仿沥青"A"含量，%；$A_{\text{标准sh}}$ 为标准刻度区（凹陷区）泥岩型样品氯仿沥青"A"含量，%；$A_{\text{单元}i\text{s}}$ 为评价单元 i 砂岩型样品氯仿沥青"A"含量，%；$A_{\text{标准s}}$ 为标准刻度区（凹陷区）砂岩型样品氯仿沥青"A"含量，%。

3.2.2 综合权重赋值

为了保证不同评价单元 TOC 与含油率量化关系比对样本点具有代表性，需根据不同类型岩相 TOC 分布特征，分别选取 TOC 合理的比对区间和比对间隔，进而确定不同评价单元间比对样本点及样本数，取样本点保存系数相对权重赋值的算术平均值，作为相应评价单元对应岩相类型的保存系数综合权重赋值，具体计算公式为：

$$N = \frac{n-m}{\text{Inter}} \tag{5}$$

$$K_{\text{单元}i\text{sh综}} = \frac{\sum_{j=1}^{N} K_{\text{单元}i\text{sh}j}}{N} \tag{6}$$

$$K_{\text{单元}i\text{s综}} = \frac{\sum_{j=1}^{N} K_{\text{单元}i\text{s}j}}{N} \tag{7}$$

式中：N 为不同评价单元比对样本数，个；n 为 TOC 区间最大值，%；m 为 TOC 区间最小值，%；Inter 为 TOC 比对取值间隔，%；$K_{单元 ish综}$ 为评价单元 i 泥岩型页岩油保存系数相对权重赋值算数平均值；$K_{单元 ishj}$ 为评价单元 i 泥岩型样品第 j 个样本点保存系数相对权重赋值；$K_{单元 is综}$ 为评价单元 i 砂岩型页岩油保存系数相对权重赋值算数平均值；$K_{单元 isj}$ 为评价单元 i 砂岩型样品第 j 个样本点保存系数相对权重赋值。

研究区泥岩型和砂岩型岩石样品的 TOC 分布特征存在明显差异（图4），泥岩型岩石样品富含绿藻类生烃母质，有机质丰度高，TOC 分布区间为 0.35%～17.11%；砂岩型岩石样品虽然其自身生成烃含量较低，但受外来烃充注的影响，也表现出较高的有机质丰度特征，TOC 分布区间为 0.14%～5.01%。基于有机质含量分布特征，泥岩型选择 TOC 比对区间为（1.0，12.0］，比对间隔取 0.2%；砂岩型选择 TOC 比对区间为（0.5，4.0］，比对间隔取 0.1%。

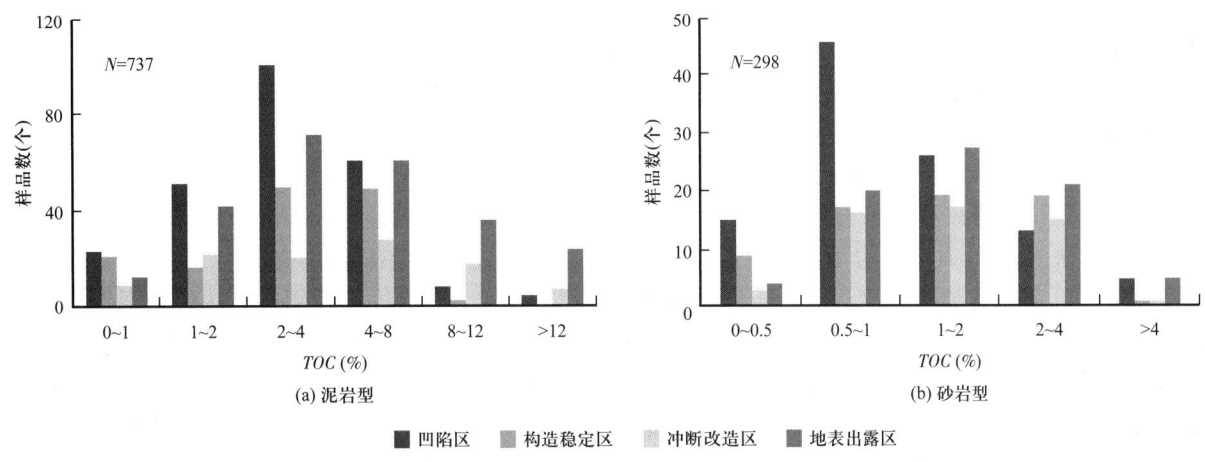

图 4 博格达地区芦草沟组泥岩型和砂岩型岩石样品 TOC 分布

根据不同评价单元、不同岩相类型页岩油保存系数相对权重综合赋值公式，分别采用热解烃 S_1 法和氯仿沥青"A"法，确定了研究区4类评价单元的泥岩型和砂岩型页岩油保存系数相对权重综合赋值，取2种方法的算术平均值作为最终的页岩油评价单元保存系数相对权重。

由计算结果（表2）可以看出，泥岩型页岩油保存系数相对权重平均值凹陷区为1.00，构造稳定区为0.66，冲断改造区为0.27，地表出露区为0.15；砂岩型页岩油保存系数相对权重平均值凹陷区为1.00，构造稳定区为0.47，冲断改造区为0.21，地表出露区为0.14。研究认为，受博格达山造山作用的影响，不同保存评价单元的保存条件优劣存在明显差异，不同类型的页岩油在地质历史时期均发生不同程度的油气散失，砂岩型页岩油以游离态赋存形式为主，散失作用更为明显，因此，相同评价单元砂岩型保存系数权重赋值较泥岩型明显偏低。

表 2 博格达地区芦草沟组不同保存评价单元保存系数权重赋值

评价单元	热解烃 S_1 法		氯仿沥青"A"法	
	泥岩型	砂岩型	泥岩型	砂岩型
凹陷区	1.00	1.00	1.00	1.00
构造稳定区	0.67	0.41	0.65	0.53
冲断改造区	0.29	0.16	0.26	0.25
地表出露区	0.16	0.13	0.15	0.16

4 页岩油资源评价

4.1 "原始"页岩油资源量计算

页岩油以游离态、吸附态,以及溶解态等多种形式存在[2-3, 26]。游离态烃类可赋存于层理缝、构造缝及成岩缝中,晶间孔、溶蚀孔等较大孔隙中也可形成连续的游离态烃类聚集,较小的纳米级粒间孔中的烃类由于黏土、石英、长石等矿物颗粒表面束缚水膜的存在,在其内部主要为游离态,部分为吸附态。吸附烃主要赋存于有机质孔、黄铁矿晶间孔和絮凝晶间孔中,附着于有机—黏土复合物和金属—有机复合物上,呈油膜或残留沥青质形式[26]。页岩油可动烃是指满足其自身饱和吸附后以游离态赋存的石油资源,页岩油原始可动资源量等于原地页岩油资源量减去饱和吸附油量,即页岩油要达到呈游离态并可动的条件必须首先满足自身的饱和吸附[11]。

页岩油吸附部分在目前技术条件下很难开采,页岩油主要指游离状态的原油,因此中国学者提出了饱和吸附系数来定量表征页岩油的吸附能力,对页岩油中可动部分进行评价[3, 12, 14, 27]。关于构造稳定区的"原始"页岩油资源量计算,中外学者开展了大量研究,提出了成因法、类比法、统计模型、递减法和数值模拟等多种评价方法,且根据泥岩型和砂岩型页岩油赋存形式不同分别提出了相应的资源量计算方法[11-13],其中泥岩型页岩油资源量计算采用热解烃 S_1 法和氯仿沥青"A"法;砂岩型页岩油资源量计算采用含油饱和度法。由于岩石热解和氯仿沥青"A"抽提实验测试方法的局限性,所测得的 S_1 存在着轻烃和重烃损失,氯仿沥青"A"含量存在轻烃损失[10-15],均不能直接用作岩石含油率指标,为了更准确地评价页岩油资源,需要对 S_1 与氯仿沥青"A"含量参数进行校正。因此,中外学者采用液氮冷冻密闭岩心轻质烃组分低温封闭抽提技术[28]、烃源岩和原油热模拟实验有机质全组分生烃动力学方法、岩石抽提前后的热解参数及自生自储油气藏中原油与烃源岩氯仿抽提物组分的差异对比等技术方法[11-15],进行 S_1 的轻烃、重烃补偿校正及氯仿沥青"A"含量的轻烃补偿校正来获取页岩油的总可动含油量。

根据芦草沟组岩石热解(含抽提后热解)和氯仿沥青"A"抽提实测数据,结合其热演化特征(R_o 值为 0.7%~1.3%),采用薛海涛等提出的含油率参数校正方法[11-15],进行了 S_1 的轻烃、重烃和氯仿沥青"A"含量的轻烃补偿校正,S_1 校正系数为 3.87~4.64,氯仿沥青"A"含量校正系数为 1.07~1.15。同时研究中根据 $S_1/(S_1+S_2)$、S_1/TOC、氯仿沥青"A"含量 $/TOC$ 和镜质组反射率等地球化学指标,确定芦草沟组的生烃门限为 2700m,排烃门限为 2900m。结合排烃门限深度及可动油地球化学判识指标(S_1/TOC 和氯仿沥青"A"含量 $/TOC$ 等),确定了芦草沟组 S_1 饱和吸附比例系数临界下限值为 0.08,氯仿沥青"A"含量饱和吸附比例系数临界下限值为 0.2(图5)。在上述页岩油资源评价相关参数确定的基础上,针对泥岩型和砂岩型页岩油特点,分别采用相应的资源量评价方法对芦草沟组的"原始"页岩油资源量进行了计算,泥岩型页岩油"原始"资源量为 28.6×10^8t,砂岩型页岩油"原始"资源量为 11.3×10^8t(图6a)。

4.2 "残留"页岩油资源量计算

受博格达山多期隆升造山作用的影响,芦草沟组页岩油在地质历史时期发生不同程度的散失,与中国东部盆地构造相对稳定区的页岩油明显不同,表现为"残留"页岩油特征。为了更客观准确地评价芦草沟组的页岩油资源潜力,充分考虑散失作用影响,在"原始"页岩油资源量计算的基础上,依据凹陷区、构造稳定区、冲断改造区和地表出露区 4 类保存评价单元的保存系数权重赋值分别进行了"残留"页岩油资源量的精细评价。

计算结果(图6)表明,博格达地区中国石化探区内泥岩型"残留"页岩油资源量为 8.11×10^8t,砂岩型"残留"页岩油资源量为 6.59×10^8t,"残留"页岩油资源量仅为"原始"页岩油资源量的 35%

左右（图6b）。对比分析发现，保存条件与页岩油散失量关系密切，保存条件越差，页岩油散失量越大，譬如博格达山北缘米泉地区，虽然"原始"页岩油资源量丰富，但该区强烈的构造作用造成了页岩油的大量散失，致使"残留"页岩油资源量大幅度降低，其仅相当于"原始"页岩油资源量的21.1%。

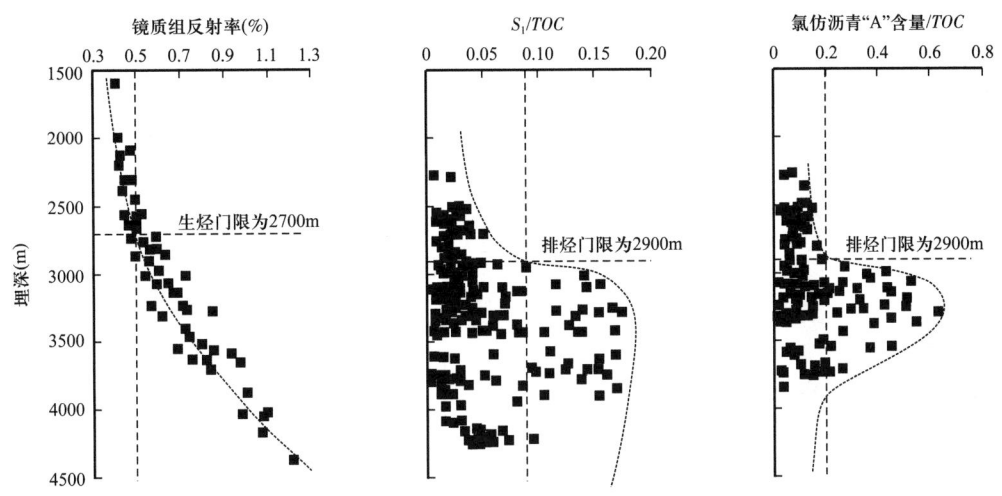

图5 博格达地区芦草沟组页岩油饱和吸附系数确定图版

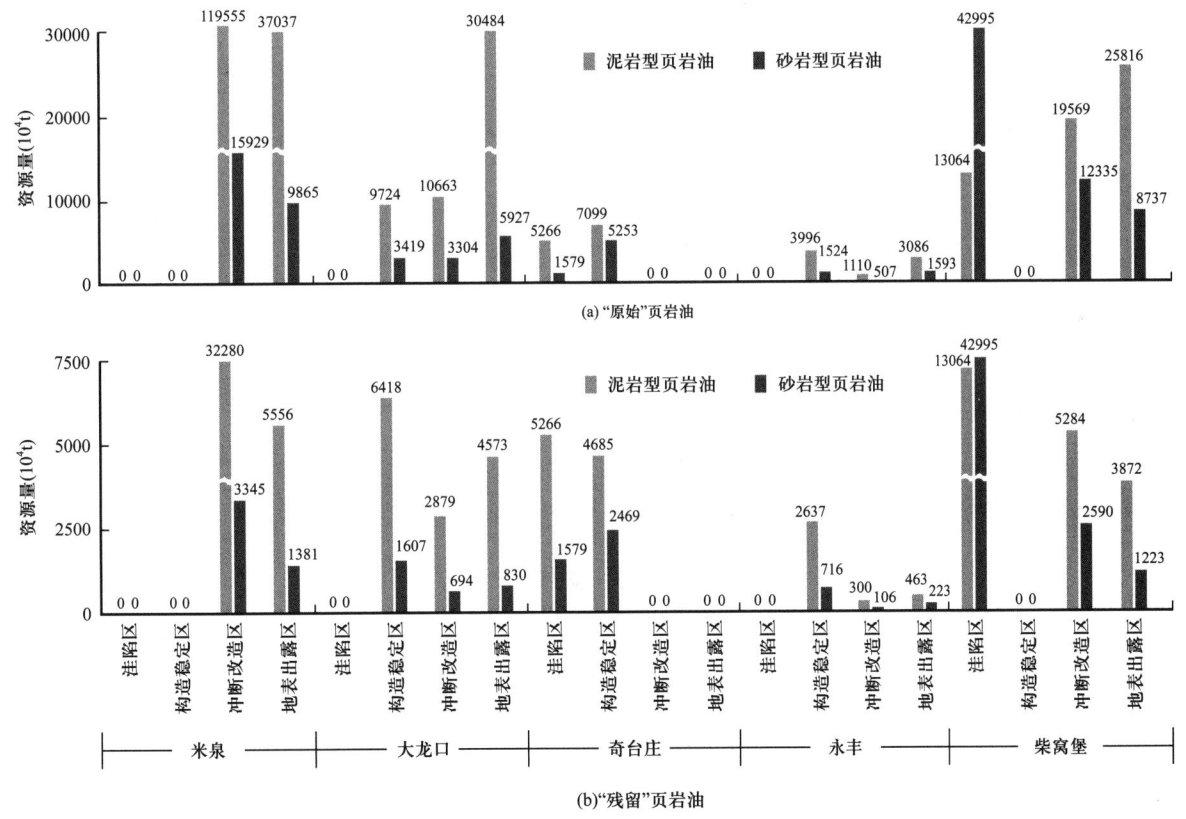

图6 博格达地区芦草沟组不同保存评价单元页岩油资源量分布

4.3 勘探潜力评价

从"残留"页岩油资源构成来看，泥岩型和砂岩型页岩油所占比例相差不大。从"残留"页岩油资源分布层段（图7a）来看，芦四段泥岩型页岩油资源量最大，芦三段砂岩型页岩油资源量最大。勘探实践证实，砂岩型页岩油是目前页岩油勘探的"甜点"目标类型[6]，因此，芦三段为研究区页岩油勘探的主力层段。由"残留"页岩油资源分布特征（图7b）可见，柴窝堡凹陷资源量最大，占探区内总资源量的46.9%，其次为米泉和大龙口地区，再者为奇台庄地区，永丰地区资源量最小。就"残留"页岩油资源丰度来看，奇台庄地区资源丰度最高，可达$116.7×10^4t/km^2$，具有"小而肥"的特点，为"甜点"勘探靶区；柴窝堡凹陷中北部处于浅湖—半深湖区，具有良好的泥岩型和砂岩型页岩油资源基础，为较有利的勘探靶区；永丰地区资源丰度最低，仅为$37.3×10^4t/km^2$，勘探潜力有限。

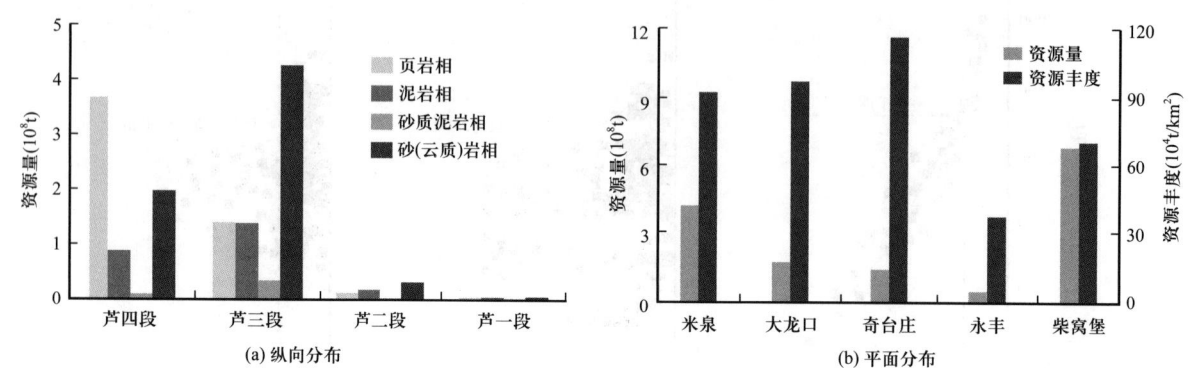

图7 博格达地区芦草沟组"残留"页岩油资源组成及其分布

5 结论

博格达地区地质结构复杂，保存条件优劣差异大，划分出凹陷区、构造稳定区、冲断改造区和地表出露区4类保存评价单元。

基于露头和钻井样品TOC和含油率参数系统测试分析，分单元、分岩相建立了TOC与含油率关系图版，实现了评价单元保存系数相对权重的量化赋值，为客观评价研究区"残留"页岩油资源量奠定了基础。

芦草沟组"残留"页岩油资源量达$14.7×10^8t$，具有雄厚的页岩油资源物质基础；奇台庄地区和柴窝堡凹陷中北部为有利勘探靶区，芦三段砂岩型页岩油为重点勘探目标类型，该认识对研究区的页岩油勘探具有重要指导作用。

分保存单元、分岩相页岩油资源评价方法相对目前流行的页岩油分级评价方法更加科学，有效解决了叠合盆地复杂构造区的页岩油资源评价难题，对相似地区的页岩油资源评价具有一定借鉴意义。

参 考 文 献

［1］贾承造，邹才能，李建忠，等．中国致密油评价标准、主要类型、基本特征及资源前景［J］．石油学报，2012，33（3）：343-350．

［2］宁方兴．济阳坳陷不同类型页岩油差异性分析［J］．油气地质与采收率，2014，21（6）：6-9，14．

［3］包友书．渤海湾盆地东营凹陷古近系页岩油主要赋存空间探索［J］．石油实验地质，2018，40（4）：479-484．

［4］吴河勇，林铁锋，白云风，等．松辽盆地北部泥（页）岩油勘探潜力分析［J］．大庆石油地质与开发，2019，38（5）：78-86．

［5］赵贤正，周立宏，蒲秀刚，等．陆相湖盆页岩层系基本地质特征与页岩油勘探突破——以渤海湾盆地沧东凹陷古近系孔店组二段一亚段为例［J］．石油勘探与开发，2018，45（3）：361-372．

［6］宋明水．济阳坳陷页岩油勘探实践与现状［J］．油气地质与采收率，2019，26（1）：1-12．

［7］邱振，卢斌，施振生，等．准噶尔盆地吉木萨尔凹陷芦草沟组页岩油滞留聚集机理及资源潜力探讨［J］．天然气地

球科学，2016，27（10）：1817-1827，1847.

[8] 赵文韬，荆铁亚，姚光华，等.复杂构造区页岩气保存条件研究[J].特种油气藏，2018，25（6）：83-89.

[9] 王瀚玮，夏宏泉，刘畅，等.页岩储层脆性指数的随钻测井计算方法研究——以威远地区寒武系筇竹寺组为例[J].油气藏评价与开发，2018，8（3）：73-78.

[10] 黄文彪，邓守伟，卢双舫，等.泥页岩有机非均质性评价及其在页岩油资源评价中的应用——以松辽盆地南部青山口组为例[J].石油与天然气地质，2014，35（5）：704-711.

[11] 薛海涛，田善思，卢双舫，等.页岩油资源定量评价中关键参数的选取与校正——以松辽盆地北部青山口组为例[J].矿物岩石地球化学通报，2015，34（1）：70-78.

[12] 宋国奇，张林晔，卢双舫，等.页岩油资源评价技术方法及其应用[J].地学前缘，2013，20（4）：221-228.

[13] 薛海涛，田善思，王伟明，等.页岩油资源评价关键参数——含油率的校正[J].石油与天然气地质，2016，37（1）：15-22.

[14] 王安乔，郑保明.热解色谱分析参数的校正[J].石油实验地质，1987，9（4）：342-350.

[15] 赖富强，冷寒冰，龚大建，等.综合矿物组分和弹性力学参数的页岩脆性评价方法[J].断块油气田，2019，26（2）：168-171，186.

[16] 卢双舫，黄文彪，陈方文，等.页岩油气资源分级评价标准探讨[J].石油勘探与开发，2012，39（2）：249-256.

[17] 唐令，宋岩，姜振学，等.渝东南盆缘转换带龙马溪组页岩气散失过程、能力及其主控因素[J].天然气工业，2018，38（12）：37-47.

[18] 张海涛，张颖，何希鹏，等.渝东南武隆地区构造作用对页岩形成与保存的影响[J].中国石油勘探，2018，23（5）：47-56.

[19] 蒲泊伶，蒋有录，王毅，等.四川盆地下志留统龙马溪组页岩气成藏条件及有利地区分析[J].石油学报，2010，31（2）：225-230.

[20] 陈发景，汪新文，汪新伟.准噶尔盆地的原型和构造演化[J].地学前缘，2005，12（3）：77-89.

[21] 蔡忠贤，陈发景，贾振远.准噶尔盆地的类型和构造演化[J].地学前缘，2000，7（4）：431-440.

[22] 崔泽宏，汤良杰，王志欣.博格达南、北缘成盆过程演化及其对油气形成影响[J].沉积学报，2007，25（1）：59-64，98.

[23] 王越，陈世悦，张关龙，等.咸化湖盆混积岩分类与混积相带沉积相特征——以准噶尔盆地南缘芦草沟组与吐哈盆地西北缘塔尔朗组为例[J].石油学报，2017，38（9）：1021-1035，1065.

[24] 齐雪峰，吴晓智，唐勇，等.新疆博格达山北麓二叠系油页岩成矿特征及资源潜力[J].地质科学，2013，48（4）：1271-1285.

[25] 冯烁，田继军，孙铭赫，等.准噶尔盆地南缘芦草沟组沉积演化及其对油页岩分布的控制[J].西安科技大学学报，2015，35（4）：436-443.

[26] 孙超，姚素平.页岩油储层孔隙发育特征及表征方法[J].油气地质与采收率，2019，26（1）：153-164.

[27] PEPPER A S，CORVI P J. Simple kinetic models of petroleum formation. Part Ⅲ：Modelling an open system[J]. Marine and Petroleum Geology，1995，12（4）：417-452.

[28] 王娟.轻质烃组分的低温密闭抽提技术及其在页岩油资源评价中的应用[J].中国石油勘探，2015，20（3）：58-63.

原文发表于《油气地质与采收率》2020年第2期

博格达地区中二叠统芦草沟组沉积相及沉积演化

张奎华[1]　曹忠祥[2]　王　越[1]　张关龙[1]　薛　雁[1]　王圣柱[1]　曲彦胜[1]　汪誉新[1]

（1. 中国石化胜利油田分公司勘探开发研究院；2. 中国石化胜利油田分公司）

摘　要：博格达地区芦草沟组为准噶尔盆地南缘重要的烃源岩发育层段，前期沉积特征研究往往针对博格达山北侧泥页岩发育区或南侧柴窝堡凹陷砂砾岩发育区，缺乏对博格达地区整体性的研究。通过对博格达山周缘典型露头的芦草沟组进行详细观察和精细测量，结合柴窝堡凹陷钻井、测井、岩心资料，详细分析该区的地层特征、沉积相类型及分布特征，明确沉积演化过程。研究结果表明：博格达地区芦草沟组自下而上可划分为一段、二段、三段与四段，主要发育近岸水下扇、浊积扇与湖泊相沉积。在芦草沟组一段、二段沉积时期，近岸水下扇在柴窝堡凹陷广泛分布，浊积扇与半深湖亚相主要分布在博格达山以北；在芦草沟组三段、四段沉积时期，相对湖平面上升，近岸水下扇与浊积扇规模减小，半深湖、深湖亚相在研究区分布广泛，发育大规模的优质烃源岩。

博格达山周缘中二叠统芦草沟组发育厚层泥页岩、油页岩[1-2]，有机碳含量与生烃潜量较高[3]，为该区重要的烃源岩层段[4-5]。前人认为中二叠世为断陷盆地的扩张期[6-10]，博格达山尚未隆升[11-12]，博格达地区在半深湖—深湖环境下发育了优质烃源岩。针对芦草沟组沉积方面的研究涵盖了油气地质条件[13-15]、沉积相类型及分布[16-19]、沉积环境[20-22]、白云岩成因[23-24]等方面。冯烁等研究认为芦草沟组沉积时期交替出现的炎热气候条件和生物大量繁盛为半深湖—深湖环境油页岩的形成提供了有利条件[14]。王正和等认为芦草沟组主要发育扇三角洲和湖泊体系，前扇三角洲至深湖亚相泥页岩具有较好的页岩油气勘探潜力[15]。李红研究认为柴窝堡凹陷芦草沟组发育扇三角洲—滨浅湖—半深湖沉积体系[16]。彭雪峰等研究认为博格达山北缘芦草沟组发育滨湖、浅湖和半深湖3种亚相，进一步划分为砂质滩坝、泥质滩坝、碳酸盐滩坝和生物礁4种微相[18]。杨志浩等通过对韭菜园子沟剖面研究，建立了芦草沟组富砂型湖泊深水沉积模式[19]。陈健等认为准南地区芦草沟组整体处于半咸水—咸水、贫氧—厌氧环境，受陆源碎屑和火山灰间歇性影响，为有机质的输入和保存提供了有利条件[20]。总体来看，前期主要针对柴窝堡凹陷或者博格达山北缘地区的沉积特征进行研究，区域整体性研究相对较少。芦草沟组地层厚度大，横向上与纵向上岩性变化复杂，等时地层单元内开展区域性的研究有利于落实烃源岩纵向发育位置及平面分布范围。

博格达地区位于盆地断陷一侧，且紧邻造山带，地震资料品质较差，难以开展精细层序地层划分工作。笔者通过对完整出露芦草沟组的剖面进行精细测量和系统取样测试，依据岩石组合、矿物组成、元素比值及有机地化等特征对芦草沟组进行组段划分，结合测井、录井资料建立地层格架，进一步详细分析芦草沟组典型沉积相的岩性组合、沉积相分布及沉积体系时空演化特征，以期为研究区页岩油气及致密油气藏的勘探与预测提供依据。

1　区域地质背景

研究区位于准噶尔盆地的东南部，包括博格达山及其周缘地区（图1）。早—中二叠世博格达山尚未隆升，研究区连续发育下二叠统石人子沟组、塔什库拉组与中二叠统乌拉泊组、井井子沟组、芦草沟组、红雁池组。晚二叠世博格达山初次隆升，在其南北两侧凹陷区自下而上发育泉子街组、梧桐沟组与锅底坑组。现今博格达山为一向北凸出的弧形复背斜，出露中—上石炭统海相火山岩、碎屑岩与碳酸盐岩，其南、北两翼出露二叠系—第四系。中二叠统芦草沟组在博格达山周缘多条剖面出露良好，易于观察。

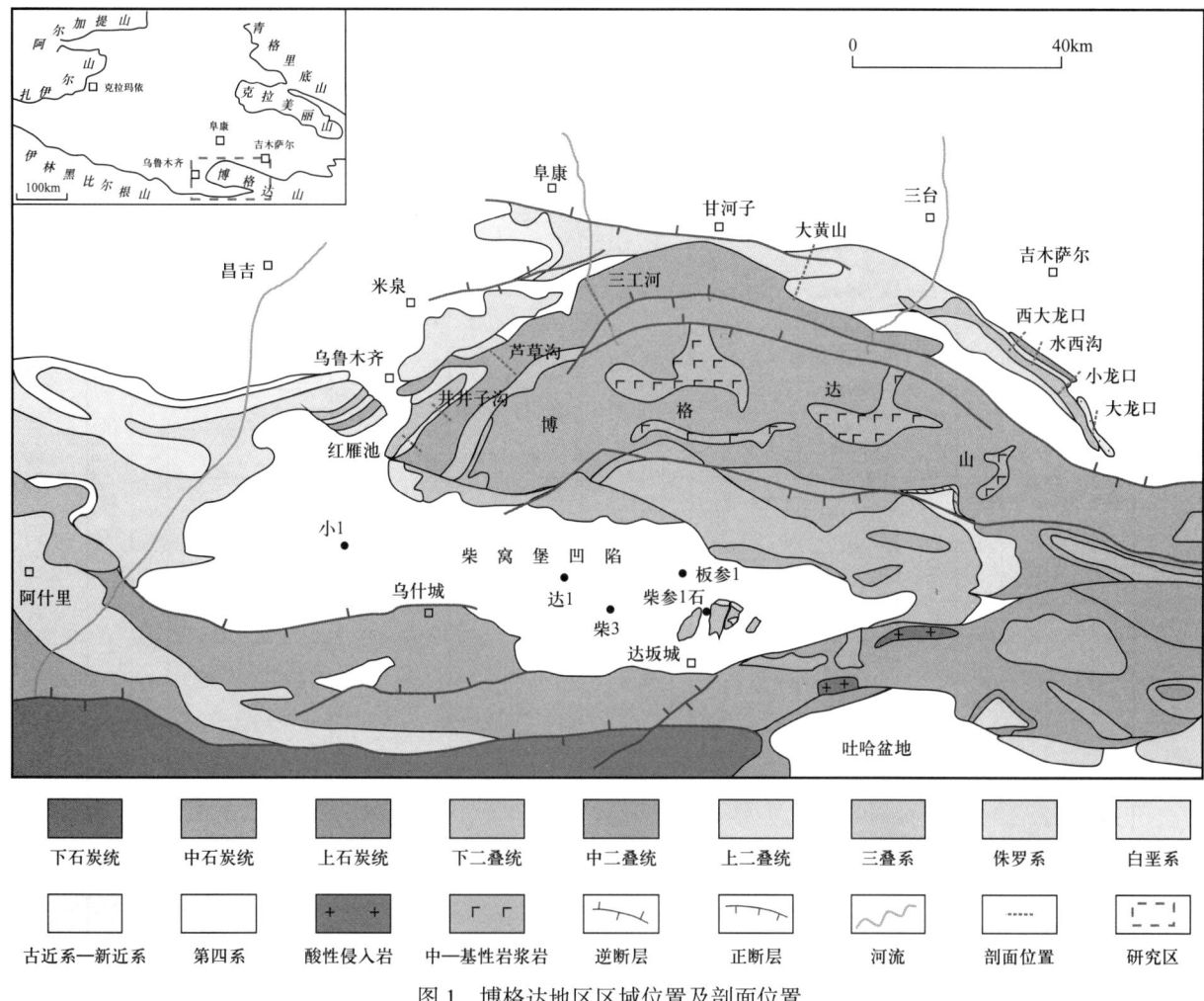

图1 博格达地区区域位置及剖面位置

博格达山南北两侧均发育芦草沟组，在柴窝堡凹陷厚度为500～750m，主要为灰色与灰绿色砾岩、砂砾岩、中粗砂岩、泥岩，纵向岩性变化特征不明显。博格达山北缘芦草沟组厚度为540～1100m，主要为灰色粉细砂岩、云质粉砂岩，以及深灰色云质泥岩、泥岩、泥页岩，自下而上岩性特征变化明显。在乌鲁木齐市以东15km处井井子沟剖面芦草沟组出露完整，岩性特征变化明显，对该剖面进行精细测量和系统取样测试。芦草沟组下部以粉细砂岩为主，夹薄层泥岩；上部以深灰色泥岩、泥页岩为主，夹薄层云质粉砂岩、粉砂岩与泥晶白云岩。Sr/Ba与V/（V+Ni）值反映芦草沟组下部沉积时期处于半咸水、贫氧沉积环境，上部为咸水、极贫氧沉积环境。岩石热解分析表明芦草沟组下部有机碳含量与生烃潜量相对较低，上部有机碳含量与生烃潜量较高，达到了优质烃源岩的标准。综合岩石类型、矿物组成、元素比值及有机地化等特征，将井井子沟剖面芦草沟组自下而上划分为一段、二段、三段与四段（图2），以该剖面为芦草沟组标准剖面对其他地区的地层划分进行约束，并建立芦草沟组地层格架。

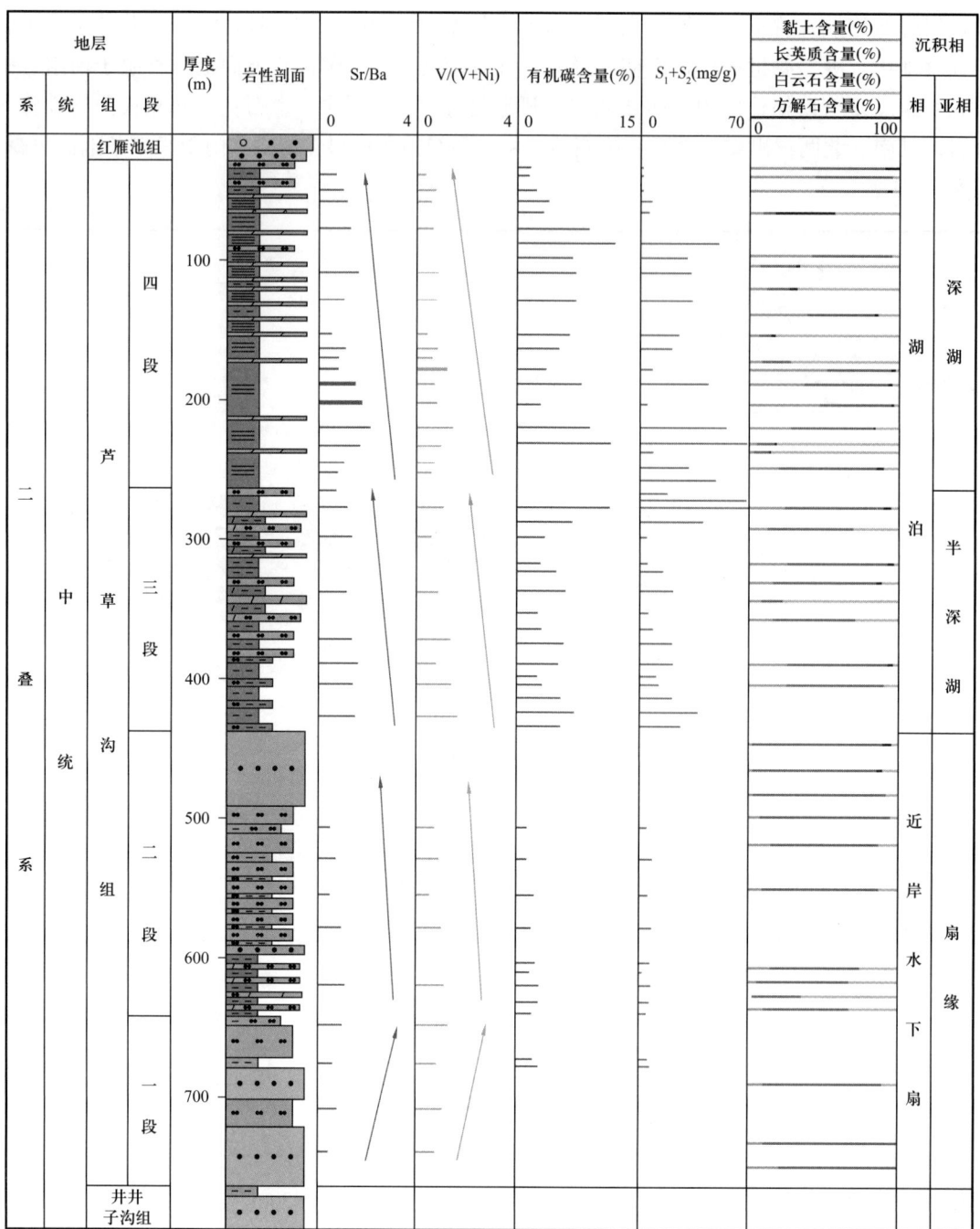

图 2　井井子沟剖面中二叠统芦草沟组地层沉积综合柱状图

全岩矿物 X 衍射在胜利油田勘探开发研究院地层古生物实验室完成，仪器型号为 D/max-2500PC 衍射仪；岩石热解数据由胜利油田勘探开发研究院地球化学实验室完成，仪器型号为岩石热解仪 ROCK-EVAL6；微量元素测试由中国石油大学（北京）油气资源与探测国家重点实验室完成，仪器型号为离子体质谱仪 ICP-MS

2　沉积相类型

在芦草沟组沉积时期，博格达地区主要发育近岸水下扇、浊积扇与湖泊 3 种沉积相。

2.1　近岸水下扇

露头与岩心综合分析结果表明，近岸水下扇主要在柴窝堡凹陷发育，以扇中和扇缘亚相为主。

近岸水下扇扇中主要以厚层灰色中砾岩、含中砾细砾岩与砂砾岩沉积为主，夹薄层深灰色粉砂质泥岩、泥岩（图3，图4a），根据岩性组合特征与沉积构造进一步划分为沟道和沟道间2个微相。沟道由多期次的砂砾岩体在垂向上叠置构成，单层厚度为2～4m，累计厚度最大约为12m，主要发育块状层理和粒序层理，测井相模式表现为箱形（图3），反映了强水动力条件。砾岩以火山岩砾石和变质岩砾石为主，粒径主要为1～4cm（图4b），最大可到8cm（图4c），呈次棱角、次圆状，多呈高角度不稳定状与砂级碎屑颗粒混杂堆积，分选极差。沟道间沉积以深灰色粉砂质泥岩、泥岩为主，厚度一般为0.5～2.0m，测井曲线较平直。综合分析可知，扇中亚相为近源深水快速沉积的产物，主要以重力流搬运为主。

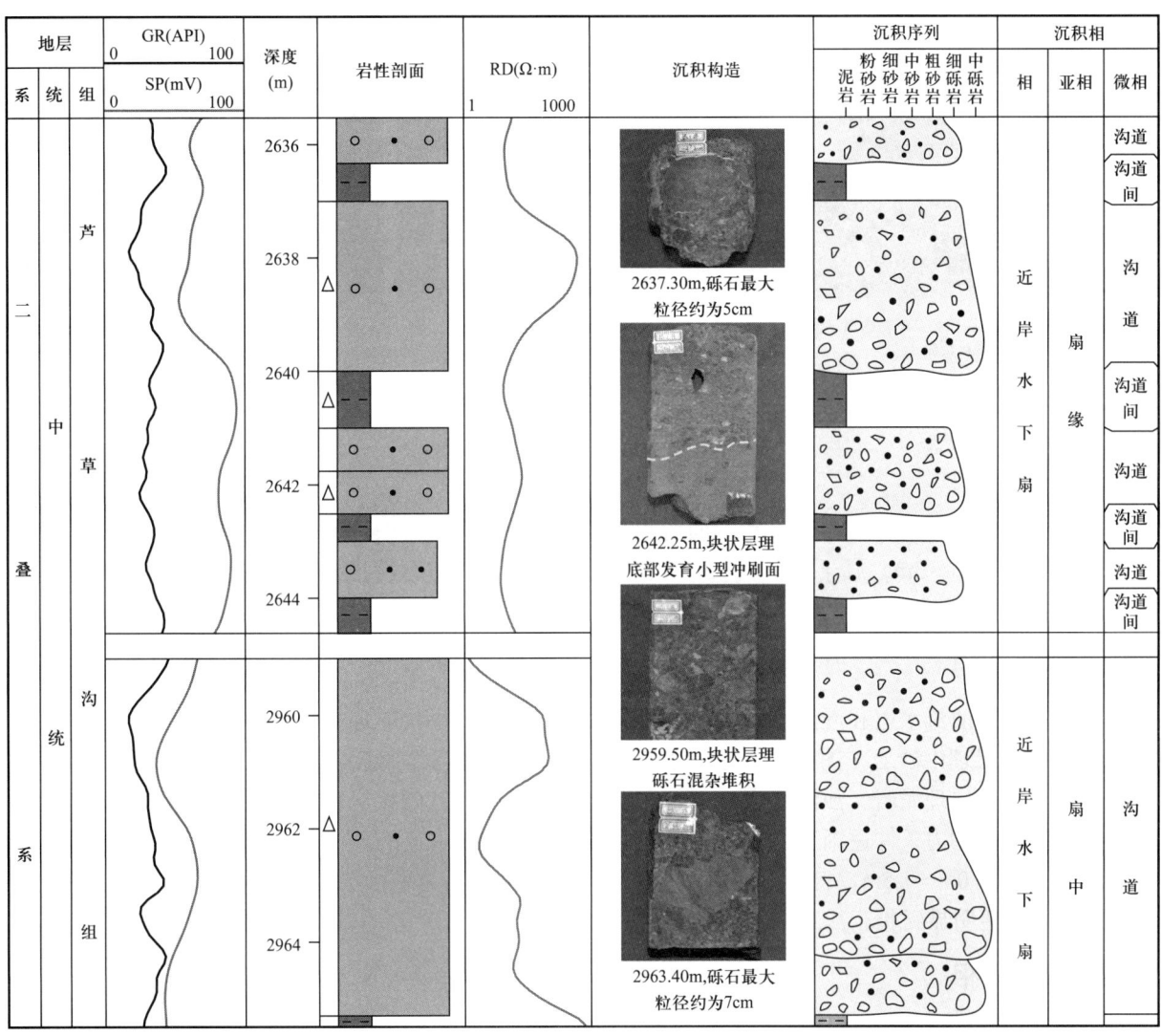

图3 达1井中二叠统芦草沟组取心段沉积特征

近岸水下扇扇缘以灰色砂砾岩、含砾粗砂岩、中粗砂岩和深灰色粉砂质泥岩、泥岩的不等厚互层为主，进一步划分出沟道和沟道间2个微相。沟道沉积的砂砾岩体厚度一般为1～3m，最大约为5m，主要发育块状层理和粒序层理，底部可见明显的冲刷面（图4d），测井相模式表现为钟形、箱形。砾石粒径主要为0.5～2cm，最大约为5cm，呈次棱角状、次圆状，分选极差（图4e，f），结构成熟度和成分成熟度均较低。沟道间沉积以深灰色粉砂质泥岩、泥岩为主，厚度一般为2～4m，以纹层状构造为主，测井相模式表现为线形（图3），反映弱水动力条件。扇缘亚相砂地比较扇中亚相小，岩性变细，反映沉积水动力条件相对减弱。

(a) 近岸水下扇扇中岩心特征，芦草沟组二段，柴1侧1井

(b) 含中砾细砾岩，芦草沟组三段，达1井

(c) 含中砾细砾岩，砾石最大粒径约为8cm，芦草沟组二段，柴3井

(d) 近岸水下扇扇缘露头特征，芦草沟组三段，锅底坑剖面

(e) 灰绿色含砾粗砂岩，芦草沟组三段，锅底坑剖面

(f) 含砾粗砂岩，芦草沟组三段，锅底坑剖面

图 4　博格达地区中二叠统芦草沟组近岸水下扇典型沉积特征

2.2　浊积扇

博格达山北缘大龙口、小龙口等剖面可见芦草沟组发育薄层砂体与深灰色泥岩互层（图5a），单层砂体厚度为0.05～3m，属于深水浊积扇沉积。根据露头岩性组合特征及沉积构造，划分出扇中与扇缘2个亚相。

2.2.1　扇中亚相

扇中亚相以浊流水道和漫溢沉积为主，浊流水道下部发育块状层理含砾粗砂岩、槽状交错层理中砂岩与正粒序层理中砂岩（图5b），受重力流和牵引流双重搬运作用控制；浊流水道上部发育水平层理粉砂岩与块状层理泥岩。浊流水道自下而上岩性由粗变细，由槽状交错层理过渡为水平层理，反映由早期到晚期水动力条件逐渐变弱。漫溢沉积主要分布在浊流水道的两侧，单期砂体表现为正旋回结构，厚度一般为0.5～1.5m，自下而上由正粒序层理中砂岩过渡为平行层理细砂岩（图5c），其水动力条件较浊流水道明显变弱。

2.2.2　扇缘亚相

扇缘亚相厚度较小，以粉细砂岩和泥岩薄互层沉积为主（图5d），粉细砂岩单层厚度为0.5～5cm，在露头及镜下可以观察到水平层理、变形构造、同生小断层（图5e）。与大龙口剖面相邻的钻井岩心可以观察到滑塌浊积岩透镜体、不明显鲍马序列、包卷层理、火焰状构造及同沉积布丁构造（图5f）。镜下观察发现粉细砂岩中泥质杂基含量极高，为15%～30%，陆源碎屑颗粒呈次棱角状、棱角状，分选较差，反映了沉积物在浊流搬运作用下快速的沉积作用。大龙口、小龙口地区大量的软沉积物变形构造反映了当时该区域古斜坡易受重力作用发生大规模的滑塌，形成砂泥岩互层沉积。

2.3　湖泊

湖泊相在博格达山北缘分布广泛，以半深湖、深湖亚相为主。

图 5 博格达地区露头与钻井中二叠统芦草沟组浊积扇典型沉积特征

(a) 中—上二叠统宏观岩性组合特征，大龙口剖面；(b) 浊积扇扇中浊流水道岩相组合特征（据文献 [19]），芦草沟组三段，大龙口剖面；(c) 浊积扇扇中漫溢沉积岩相组合特征，芦草沟组三段，大龙口剖面；(d) 浊积扇扇缘岩相组合特征（据文献 [19]），芦草沟组三段，大龙口剖面；(e) 微观尺度粉细砂岩中的变形构造，芦草沟组三段，大龙口剖面；(f) 粉细砂岩形成同沉积布丁构造，308.27m，芦草沟组三段，博参1井；(g) 粉细砂岩内泥质杂基含量较高，石英颗粒呈棱角状、次棱角状，分选较差，芦草沟组三段，大龙口剖面

2.3.1 半深湖亚相

博格达山北缘芦草沟组二段和三段发育深灰色泥岩、云质泥岩、云质粉砂岩、粉砂岩与白云岩的薄互层（图6a，b），属于半深湖沉积。泥岩、云质泥岩以块状层理为主，有机碳含量为3%~13.8%，平均为4.4%，生烃潜量为6~70mg/g，平均为23mg/g，为优质烃源岩（图2）。白云岩厚度为0.1~0.3m，由多期次透镜状泥晶白云岩叠置构成（图6c，d），白云石含量为70%~85%，陆源碎屑含

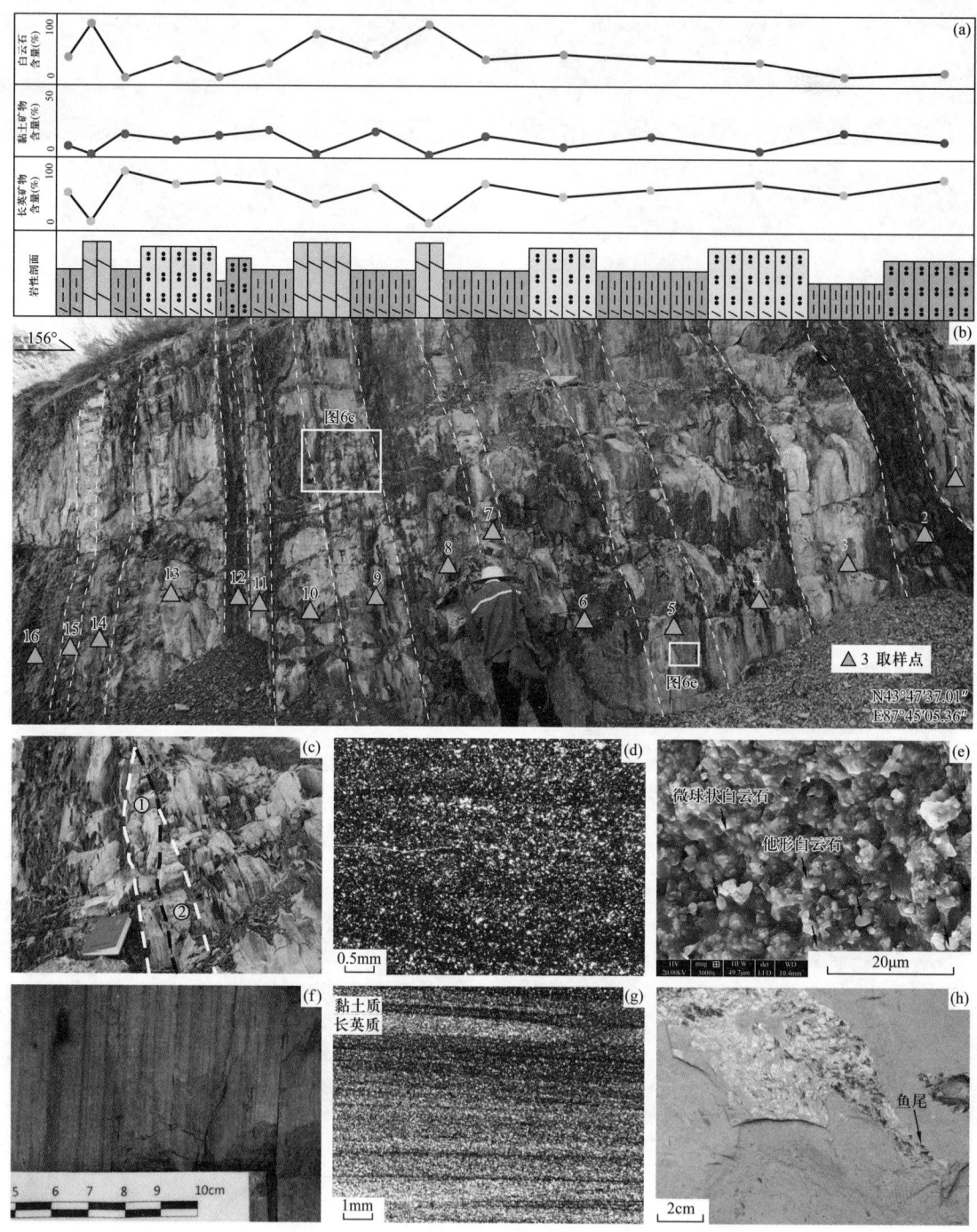

图6 井井子沟剖面中二叠统芦草沟组三段半深湖相沉积特征

（a）岩石矿物组成特征；（b）半深湖岩石组合宏观特征；（c）透镜状白云岩叠置样式；（d）泥晶白云岩微观特征；（e）微球状白云石的扫描电镜照片；（f）云质粉砂岩具水平层理；（g）云质粉砂岩中黏土矿物与长英质矿物呈纹层状分布，（-）；（h）粉砂岩中古鳕鱼化石。全岩矿物X衍射与扫描电镜分析均在胜利油田勘探开发研究院地层古生物实验室完成，仪器型号分别为D/max-2500PC衍射仪与Quanta200扫描电镜

量为 5%～15%。扫描电镜下白云石的形态主要为微球状和他形 2 类，微球状白云石直径为 1～3μm，他形白云石直径为 3～5μm（图 6e）。张晓宝等分别根据元素分析和碳氧同位素分析，认为博格达地区芦草沟组微球状和他形白云石与产甲烷菌等微生物有关的原生白云石，主要形成于深水咸化还原环境[23-24]。云质粉砂岩、粉砂岩厚度为 0.2～1.0m，以水平层理为主（图 6f），镜下可见粉砂级长英质矿物与黏土矿物呈纹层状分布，纹层间距为 0.2～0.5mm（图 6g）。此外，在粉砂岩中可见保存相对完整的古鳕鱼化石（图 6h），整体反映了相对安静的沉积环境。半深湖内优质烃源岩与泥晶白云岩、云质粉砂岩、粉砂岩构成的岩石组合，具备形成致密油的良好条件。

2.3.2 深湖亚相

博格达山北缘芦草沟组发育厚层深灰色泥页岩、油页岩夹薄层白云岩（图 7a，b），偶见薄层石灰岩，整体形成于深湖环境。泥页岩单层厚度为 2～8m（图 7c），具页状构造，纹层间距为 0.1～0.3mm（图 7d）。泥页岩主要由长英质矿物、黏土矿物组成，有机质在黏土纹层中富集（图 7e），有机碳含量为 2.8%～14.8%，平均为 5.3%，生烃潜量为 3～70mg/g，平均为 31mg/g，为优质烃源岩。白云岩厚度为 0.2～0.5m，多呈透镜状，主要为泥晶白云岩，白云石含量为 80%～95%（图 7f），陆源碎屑含量为

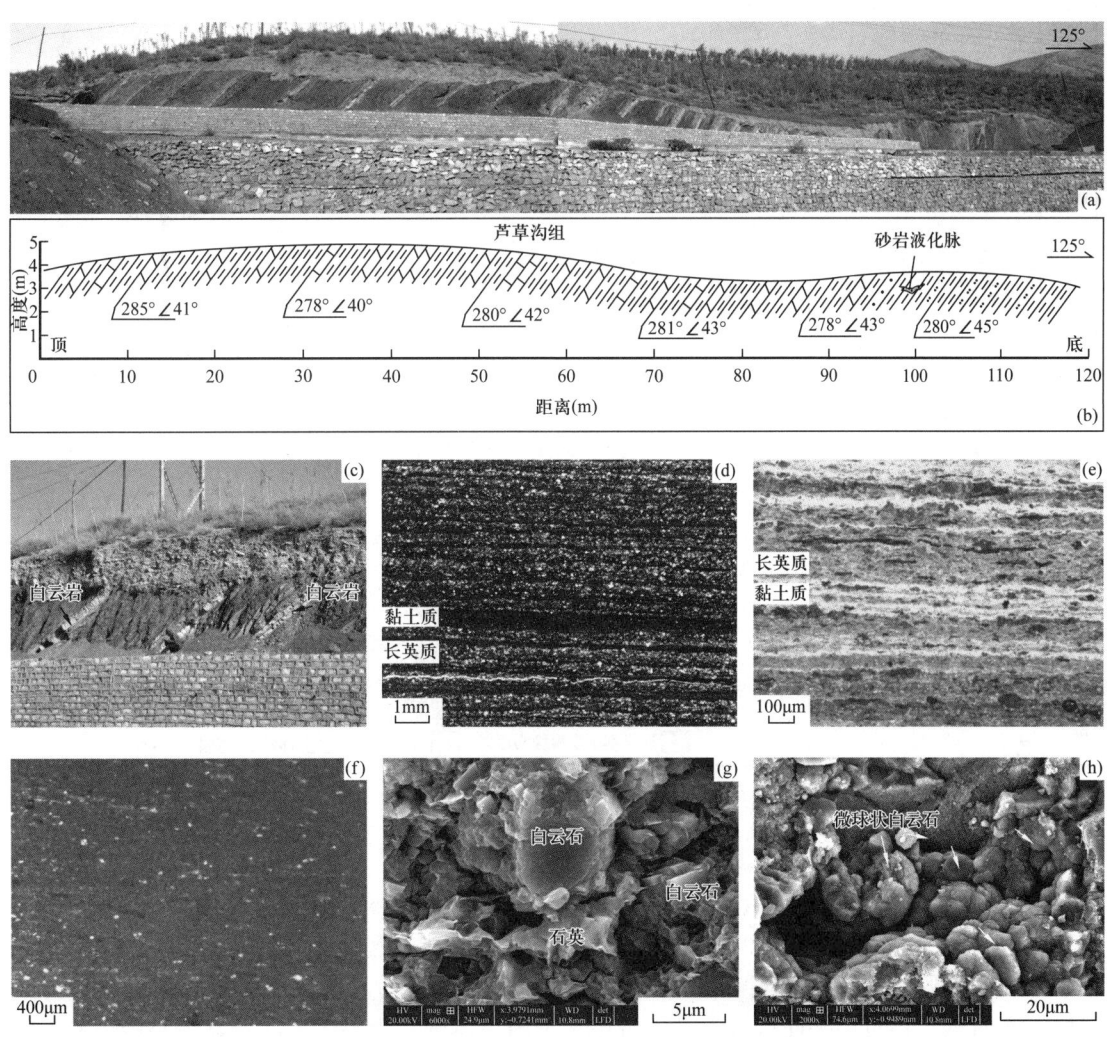

图 7 红雁池剖面中二叠统芦草沟组四段深湖相沉积特征

（a）深湖相岩性组合宏观特征；（b）岩性组合特征信手剖面图；（c）深灰色泥页岩夹层泥晶白云岩；（d）泥页岩微观特征，具纹层构造（-）；（e）泥页岩荧光特征，有机质顺黏土纹层富集（-）；（f）泥晶白云岩（-）；（g）泥晶白云岩矿物组成，扫描电镜图像；（h）泥晶白云岩主要由微球状白云石构成，扫描电镜图像。扫描电镜分析在胜利油田勘探开发研究院地层古生物实验室完成，仪器型号为 Quanta200 扫描电镜

5%～10%，主要为单晶石英颗粒（图7g）。扫描电镜下白云石的形态主要为微球状（图7h），直径为5～10μm，粒径比半深湖环境下形成的白云石颗粒大，反映其沉积水体深度更大、沉积环境更为稳定。芦草沟组四段深湖相泥页岩累积厚度最大约为200m，空间上分布广泛，有机碳含量、生烃潜量高，具备形成页岩油气的良好条件。

3 沉积演化

准噶尔盆地在中二叠世芦草沟组沉积时期发生大规模湖侵，博格达地区位于盆地断陷一侧[2]，伊连哈比尔尕山（简称伊山）为该区的主要物源[3]。柴窝堡凹陷主要发育近岸水下扇扇中和扇缘沉积（图8），现今博格达山北缘地区广泛发育半深湖—深湖、浊积扇沉积（图9），砂地比由南向北、由西向东逐渐变小，反映伊山西侧供给能力较强，由西向东供给能力减弱。

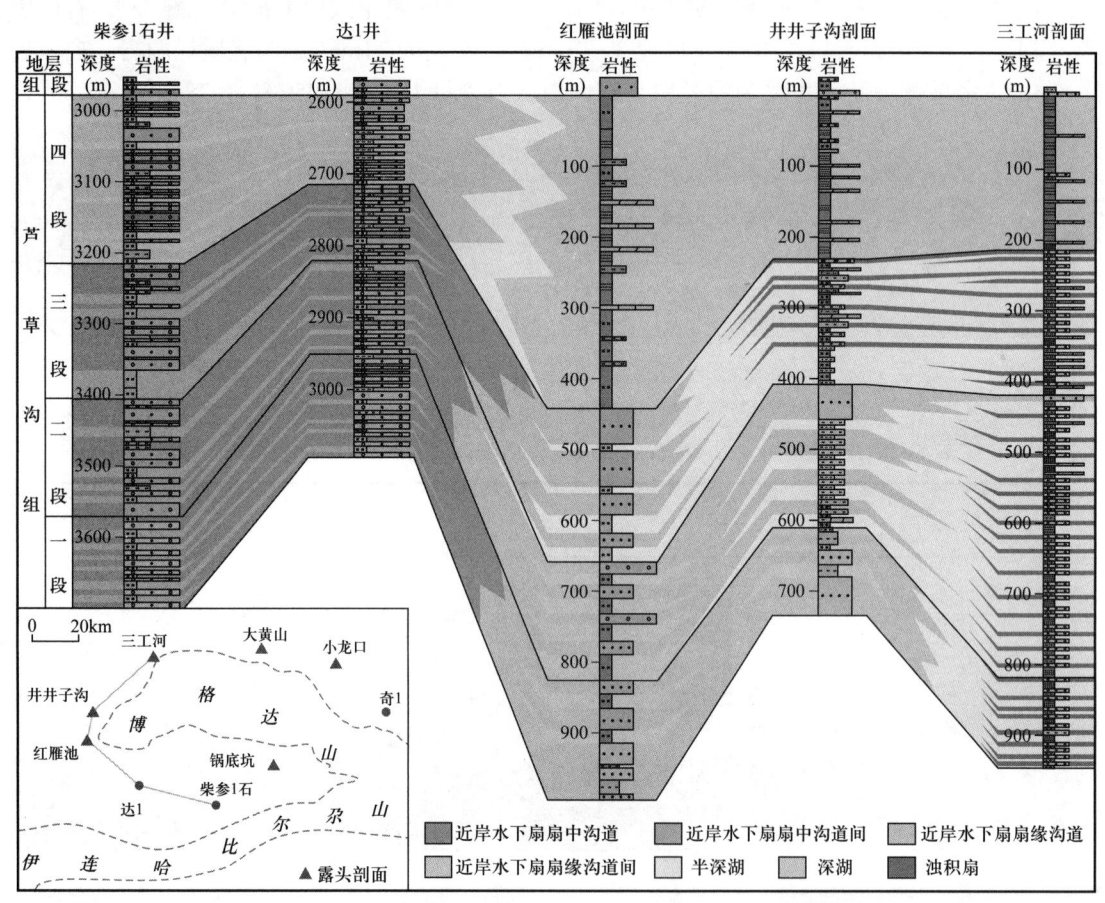

图8 博格达地区柴参1石井—三工河剖面芦草沟组沉积相对比

在芦草沟组一段沉积时期，物源供给较为充足，柴窝堡凹陷广泛发育近岸水下扇砂砾岩体，向湖盆中心推进最远距离约为60km，柴窝堡凹陷以北地区主要发育半深湖与浊积扇沉积，分布范围相对较小（图10a）。在芦草沟组二段沉积时期，相对湖平面有所上升，近岸水下扇扇体分布范围减小，尤其是近岸水下扇扇中的沉积范围明显减小，半深湖与浊积扇沉积的分布范围有所增大（图10b）。在芦草沟组三段沉积时期，相对湖平面持续上升，近岸水下扇扇体进一步萎缩，向湖盆中心推进最远距离约为40km（图10c）；半深湖分布范围明显增大，形成云质泥岩、泥岩与云质粉砂岩、粉砂岩、泥晶白云岩的频繁互层；靠近盆地腹部的区域出现深湖沉积，分布范围相对较小。在芦草沟组四段沉积时期，相对湖平面快速上升，近岸水下扇扇体大范围缩小，向湖盆推进最远距离约为20km（图10d）；半深湖分布范围变小，呈带状平行于伊山分布；深湖沉积范围达到最大，发育厚层泥页岩、油页岩夹薄层泥晶白云岩，成为重要的优质烃源岩层段。综合分析可知，芦草沟组为湖平面持续上升的沉积过程，近岸水下扇砂砾岩规模不断缩小，半深湖—深湖沉积范围不断扩大，发育大规模的优质烃源岩。

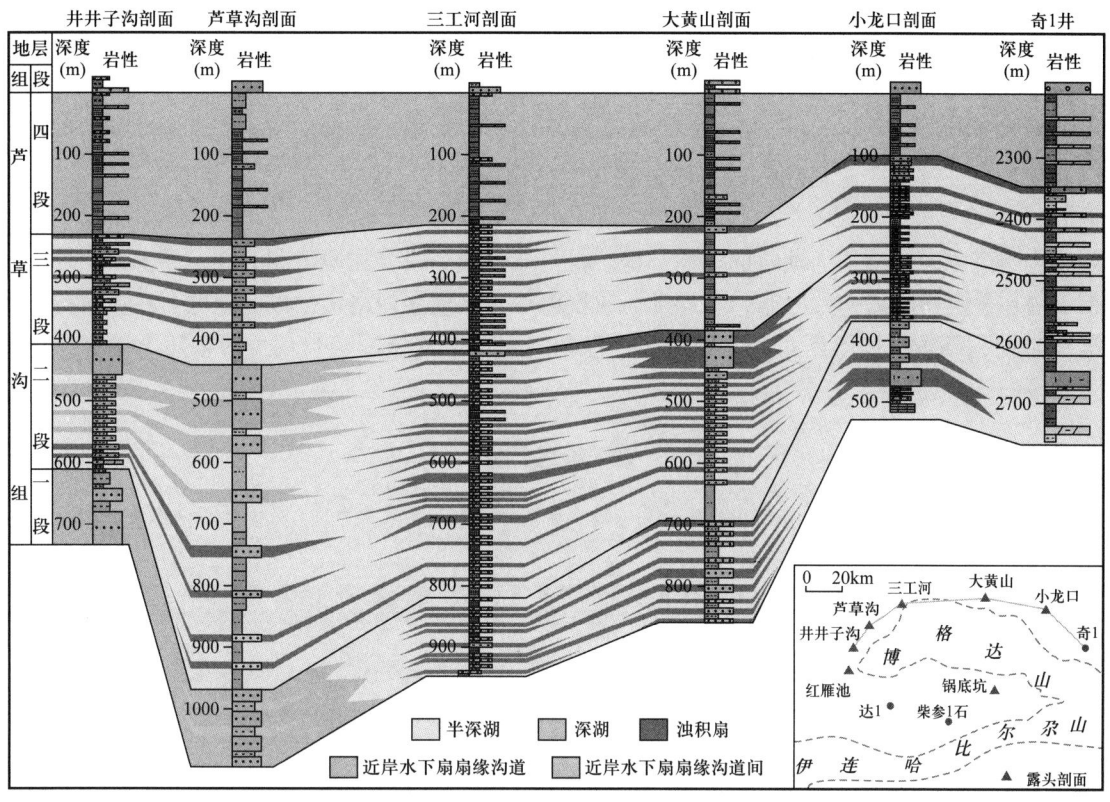

图 9 博格达地区井井子沟剖面—奇 1 井芦草沟组沉积相对比

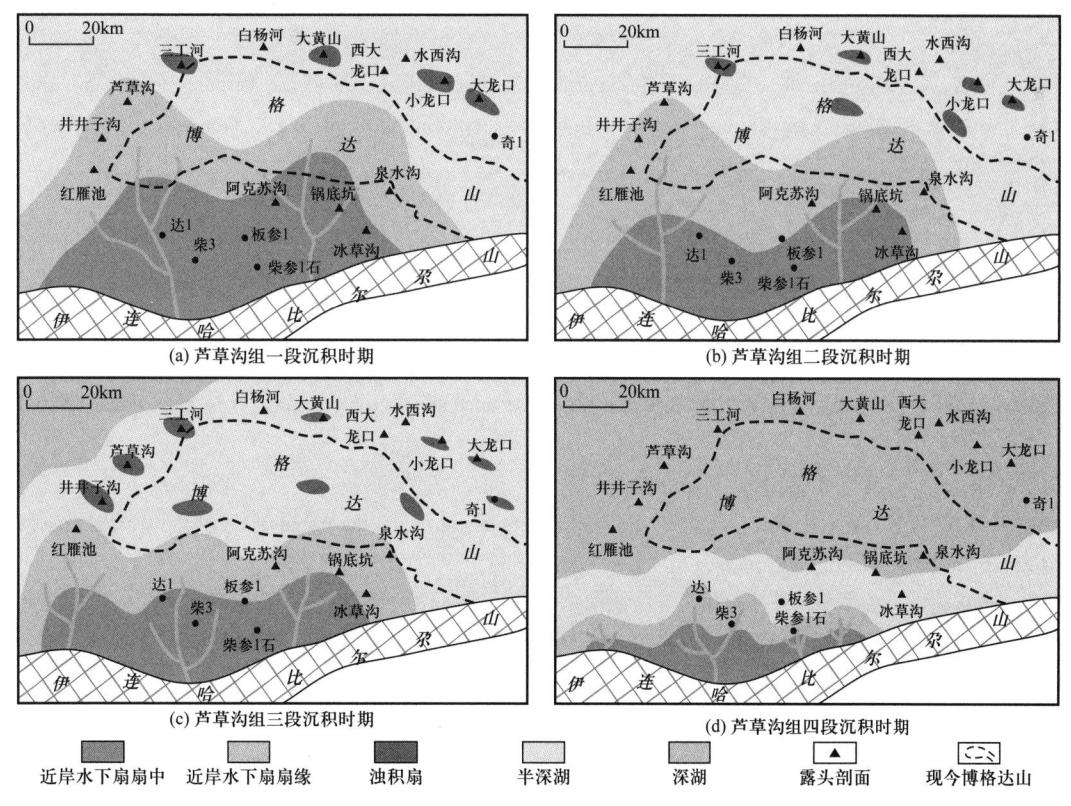

图 10 博格达地区中二叠统芦草沟组沉积相分布

4 结论

博格达地区芦草沟组自下而上分为一段、二段、三段与四段，发育近岸水下扇、浊积扇与湖泊相沉积。近岸水下扇主要发育扇中和扇缘亚相，以灰色砾岩、砂砾岩与深灰色泥岩互层为主。浊积扇主要发育扇中和扇缘亚相，分别以灰色中粗砂岩和粉细砂岩沉积为主。湖泊主要发育半深湖、深湖亚相，前者以深灰色云质泥岩、云质粉砂岩、粉砂岩与泥晶白云岩互层为主，后者以厚层泥页岩夹泥晶白云岩为主。

芦草沟组沉积时期整体为湖侵的沉积过程。在芦草沟组一段、二段沉积时期，物源供给能力较强，近岸水下扇在柴窝堡凹陷连片分布，半深湖与浊积扇分布在现今博格达山以北地区。在芦草沟组三段、四段沉积时期，湖侵规模不断扩大，半深湖、深湖沉积在柴窝堡凹陷与现今博格达山周缘广泛分布，发育大规模的优质烃源岩。

参 考 文 献

[1] 王越，张奎华，林会喜，等. 博格达山周缘芦草沟组混合沉积控制因素及模式[J]. 新疆石油地质，2017，38（6）：686-692.

[2] 王越，林会喜，张奎华，等. 博格达山周缘中二叠统芦草沟组与红雁池组沉积特征及演化[J]. 沉积学报，2018，36（3）：500-509.

[3] 王越. 博格达地区中二叠世咸化湖盆混积相带沉积特征及有利岩相预测[D]. 青岛：中国石油大学（华东），2017.

[4] 杨智，侯连华，林森虎，等. 吉木萨尔凹陷芦草沟组致密油、页岩油地质特征及勘探潜力[J]. 中国石油勘探，2018，23（4）：76-85.

[5] 林会喜，宋明水，王圣柱，等. 叠合盆地复杂构造带页岩油资源评价——以准噶尔盆地东南缘博格达地区中二叠统芦草沟组为例[J]. 油气地质与采收率，2020，27（2）：7-17.

[6] 方世虎，贾承造，郭召杰，等. 准噶尔盆地二叠纪盆地属性的再认识及其构造意义[J]. 地学前缘，2006，13（3）：108-121.

[7] WARTES M A, CARROLL A R, GREENE T J. Permian sedimentary record of the Turpan-Hami basin and adjacent regions, northwest China: Constraints on postamalgamation tectonic evolution[J]. Geological Society of America Bulletin, 2002, 114（2）: 131-152.

[8] 汪新伟，汪新文，马永生. 新疆博格达山的构造演化及其与油气的关系[J]. 现代地质，2007，21（1）：116-124.

[9] WANG J L, WU C D, ZHOU T Q, et al. Source and sink evolution of a Permian-Triassic rift-drift basin in southern Central Asian Orogenic Belt: Perspectives on sedimentary geochemistry and heavy mineral analysis[J]. Journal of Asian Earth Sciences, 2019, 181: 1-14.

[10] WANG J L, WU C D, LI Z, et al. Whole-rock geochemistry and zircon Hf isotope of Late Carboniferous-Triassic sediments in the Bogda region, NW China: Clues for provenance and tectonic setting[J]. Geological Journal, 2018, 54（4）: 1 853-1 877.

[11] 孙国智，柳益群. 新疆博格达山隆升时间初步分析[J]. 沉积学报，2009，27（3）：487-493.

[12] WANG J, CAO Y C, WANG X T, et al. Sedimentological constraints on the initial uplift of the West Bogda Mountains in MidPermian[J]. Scientific Reports, 2018, 8（1）: 1 453.

[13] 李婧婧. 博格达山北麓二叠系芦草沟组油页岩地球化学特征研究[D]. 北京：中国地质大学（北京），2009.

[14] 冯烁，田继军，孙铭赫，等. 准噶尔盆地南缘芦草沟组沉积演化及其对油页岩分布的控制[J]. 西安科技大学学报，2015，35（4）：436-443.

[15] 王正和，丁邦春，闫剑飞，等. 准南芦草沟组沉积特征及油气勘探前景[J]. 西安石油大学学报（自然科学版），2016，31（2）：25-32.

[16] 李红. 准噶尔盆地柴窝堡凹陷油气地质条件综合研究[D]. 西安：西北大学，2006.

[17]郑庆华.柴窝堡盆地中二叠统芦草沟组高分辨率层序地层与储层非均质性研究[D].西安：西北大学，2007.

[18]彭雪峰，汪立今，姜丽萍.准噶尔盆地东南缘二叠系芦草沟组沉积环境分析[J].新疆大学学报（自然科学版），2011，28（4）：395-400.

[19]杨志浩，李胜利，于兴河，等.准噶尔盆地南缘中二叠统芦草沟组富砂型湖泊深水扇沉积特征及其相模式[J].古地理学报，2018，20（6）：989-1000.

[20]陈健，庄新国，吴超，等.准噶尔盆地南缘芦草沟组页岩地球化学特征及沉积环境分析——以准页3井为例[J].中国煤炭地质，2017，29（8）：32-38.

[21]彭雪峰，汪立今，姜丽萍.准噶尔盆地东南缘芦草沟组油页岩元素地球化学特征及沉积环境指示意义[J].矿物岩石地球化学通报，2012，31（2）：121-127，151.

[22]赵仕华.新疆博格达山北麓白杨河剖面页岩地球化学特征及其地质意义[J].岩石矿物学杂志，2016，35（2）：255-264.

[23]张晓宝.准噶尔盆地南缘东部中二叠流芦草沟组黑色页岩中白云岩夹层的成因探讨[J].沉积学报，1993，11（2）：133-140.

[24]雷川，李红，杨锐，等.新疆乌鲁木齐地区中二叠统芦草沟组湖相微生物成因白云石特征[J].古地理学报，2012，14（6）：767-775.

原文发表于《油气地质与采收率》2020年第4期

车排子凸起西翼轻质原油来源分析

王千军[1]　陈林[1]　曹忠祥[2]　张日静[1]　商丰凯[1]　任新成[1]

（1.中国石化胜利油田分公司勘探开发研究院；2.中国石化胜利油田分公司）

摘　要：车排子凸起西翼紧邻四棵树凹陷，前期认为该区轻质油油藏主要来自侏罗系烃源岩。通过对多个层系已发现的原油和四棵树凹陷主要烃源岩的生物标志化合物、原油碳同位素、原油成熟度等地化指标进行综合对比分析，明确研究区轻质原油来源，并建立综合判识标准。研究区轻质原油可分为2类，Ⅰ类原油主要分布于石炭系、侏罗系、白垩系、古近系，具有规则甾烷 C_{27}、C_{28}、C_{29} 呈反"L"形、伽马蜡烷含量低、Pr/Ph 值较大、原油碳同位素重、原油成熟度相对较高的特征，其生油母质形成于弱氧化—弱还原淡水湖沼环境中，有机质来源以高等植物为主，主要来自四棵树凹陷侏罗系八道湾组烃源岩；Ⅱ类原油主要分布于沙湾组，具有规则甾烷 C_{27}、C_{28}、C_{29} 呈"V"字形、伽马蜡烷含量相对较高、Pr/Ph 值较小、原油碳同位素较轻、原油成熟度相对较低的特征，其生油母质形成于强还原的半咸水深湖相环境中，有机质来源以浮游藻类为主，主要来自古近系安集海河组烃源岩。进一步证实四棵树凹陷发育侏罗系和古近系2套有效烃源岩，且其生成的油气已经发生长距离运移。

车排子凸起的油气勘探开始于20世纪50年代，最初主要是勘探来自昌吉凹陷二叠系烃源岩生成的稠油。2000年之后，中国石化在排2等井区的浅层（新近系沙湾组二段）发现了轻质油油藏[1-2]，随后又在春22等井区沙湾组一段、苏1等井区古近系、苏3井区白垩系、春29井区侏罗系，以及苏13井区石炭系等多个层系相继发现轻质油流。前期研究多认为这些轻质原油主要来自四棵树凹陷侏罗系烃源岩[1,3-6]，主要依据有2个：（1）四棵树凹陷虽然发育侏罗系和古近系2套相对优质烃源岩，但从成熟度上来看，侏罗系烃源岩埋藏深，成熟度高，已经达到大量生排烃阶段[7-8]，而古近系烃源岩虽然品质较好，但是埋藏较浅，热演化程度偏低[8]，难以大量生排烃，因此前期一直认为古近系生成的低熟原油可能仅分布在四棵树凹陷南缘山前等古近系烃源岩深埋区的周缘[9-10]，而难以远距离运移到北部的车排子凸起区；（2）对已发现油藏进行精细油源对比发现，车排子凸起西翼的轻质油与昌吉凹陷二叠系烃源岩生成的原油具有显著差异[2]，例如二叠系烃源岩及原油在甾烷分布特征（m/z=217 谱图）上表现为 C_{28} 含量相对较高，而前期发现的车排子凸起西翼的轻质油具有 C_{28} 含量明显较低的特征。因此前期一直认为车排子凸起西翼各个层系的轻质油主要来自四棵树凹陷侏罗系八道湾组烃源岩。但是随着勘探的逐渐推进，综合研究发现，车排子凸起西翼发现的轻质油油藏其生油母质的形成环境存在较大差异，按地化特征可分为2类，其中一类与侏罗系烃源岩具有较好的母源关系，表现为其生油母质形成于弱氧化—弱还原淡水湖沼环境中、具有高等植物来源的成熟原油特征；而另一类原油则与侏罗系烃源岩特征具有较大差异，表现为其生油母质形成于强还原的半咸水深湖相环境中，具有浮游藻类来源的低成熟—成熟原油特征。因此有必要进一步细化车排子凸起西翼不同层系油藏的油气来源，为深化该区油气成藏规律及优选有利勘探方向等提供参考。

1　区域地质概况

车排子凸起构造上属于准噶尔盆地西部隆起区，其西北侧为扎伊尔山，东部以红车断阶带为分界与昌吉凹陷相连，南部以艾卡、艾卡西断裂带为分界与四棵树凹陷相接[11]。其平面形态呈倒三角形，主体走向为北西—南东向，在西北部扎伊尔山前隆起最高，向东、向南隆起幅度逐渐降低，东南部在奎屯至安集海一带逐渐隐伏消失（图1）。由于车排子凸起紧邻昌吉、四棵树2个生烃凹陷，且自晚海西期以来,长期保持正向构造形态[12],因此处于非常有利的油气聚集构造部位[13],是准噶尔盆地油气最为富集的区带之一[14-15]。目前中国石油、中国石化已经在车排子凸起东、西两翼及其周缘发现红山嘴、春风、春光、车排子、卡因迪克、独山子等一系列油田。研究区位于车排子凸起西翼的中国石化探区(图1),目前已经在石炭系、侏罗系、白垩系、古近系及新近系沙湾组(N_1s)等多套层系中钻遇油层,展现了多层系立体含油特征,具有良好的勘探前景。

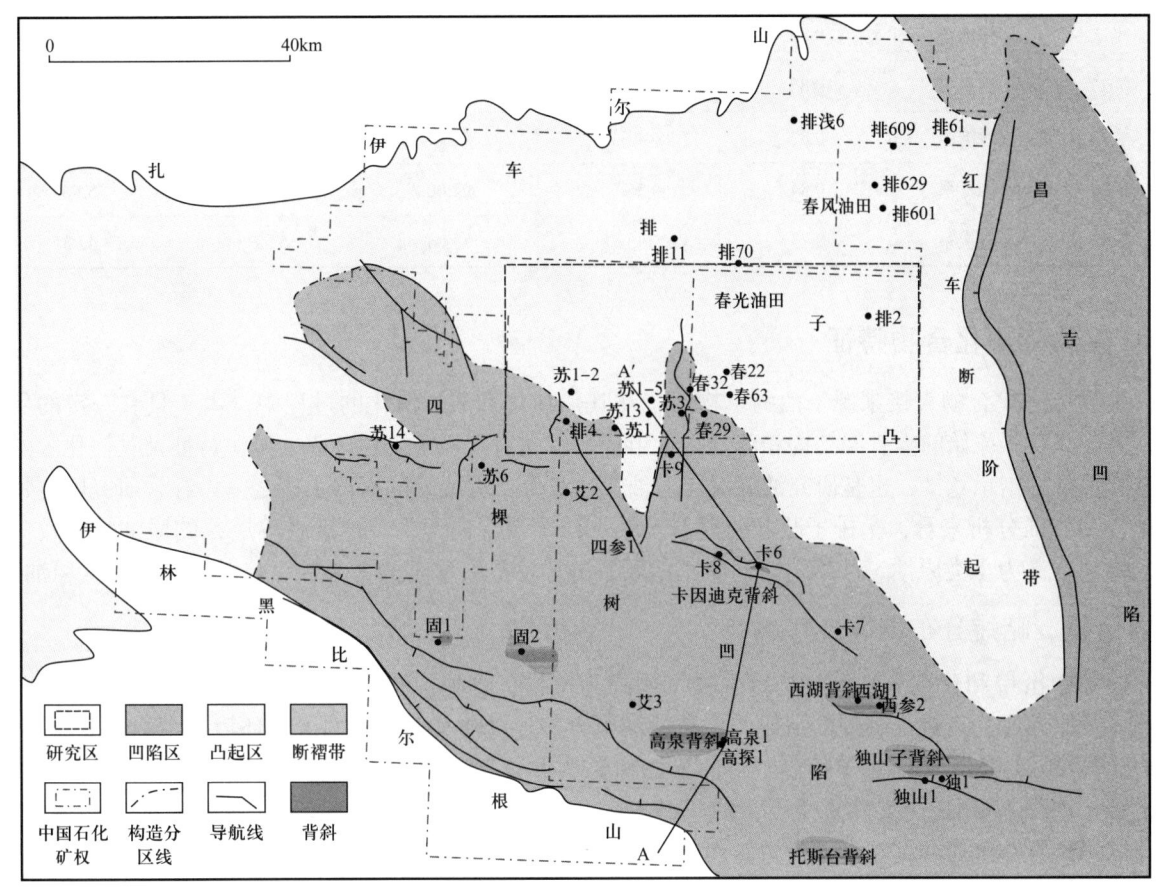

图1 准噶尔盆地西缘区域构造划分

由于车排子凸起是一个继承性隆起,多期次构造升降活动造成该区地层以超覆和削截为主。根据钻井显示,该区地层超剥复杂,展布不均衡,自下而上依次发育石炭系(C)、侏罗系[八道湾组(J_1b)、三工河组(J_1s)、西山窑组(J_2x)、头屯河组(J_2t)]、白垩系(K)、古近系[紫泥泉子组($E_{1-2}z$)、安集海河组($E_{2-3}a$)]、新近系(N)及第四系(Q),其中J,K,E分布相对局限,C,N及Q全区广泛分布。

2 原油地球化学特征及分类

2.1 原油物性及族组分特征

原油的物性和族组分反映其成分构成,受原油的母质类型、成熟度、运移分馏作用,以及成藏后的次生变化等多种因素的综合影响。车排子凸起西翼不同层系的轻质油在密度及黏度上较为相似,密度为 0.80~0.84g/cm³(20℃),黏度为1.39~5.35mPa·s(50℃),而原油族组分具有一定差异。从饱和烃含量来看,春29井侏罗系原油的饱和烃含量较高,达到92.00%,而春33井沙湾组原油饱和烃含量相对较低,仅为58.69%,其余各井区相差不大,介于73.04%~80.17%;从芳香烃含量来看,不同层系的原油差异较明显，新近系沙湾组原油芳香烃含量相对较高，为14.56%～20.66%，而石炭系、侏罗系原油芳香烃含量相对较低，仅为2.14%～5.22%；而非烃+沥青质含量相差不大，为2.01%～5.86%（表1）。

表1 车排子凸起西翼中国石化探区轻质油物性及族组分特征

井号	层系	密度（20℃）（g/cm³）	黏度（50℃）（mPa·s）	饱和烃含量（%）	芳香烃含量（%）	非烃+沥青质含量（%）
排2	沙湾组	0.80	1.39	78.66	17.80	3.53
春27	沙湾组	0.82	2.79	80.17	14.56	4.60
春33	沙湾组	0.82	4.63	58.69	20.66	2.01
春29	侏罗系	0.84	5.35	92.00	2.14	5.86
苏13	石炭系	0.83	4.08	73.04	5.22	4.93

2.2 生物标志化合物特征

生物标志化合物直接来源于活的生物体，在其热演化和成岩演化的过程中，由于具有一定的稳定性，仍然保存了原始的碳骨架结构和部分化学组分，因此对有机质沉积环境、母源特征及其演化等的认识具有重要的指示意义，也是研究油源对比、油气运移等不可或缺的重要手段之一。综合研究区生物标志化合物特征分析来看，车排子凸起西翼石炭系、侏罗系、白垩系、古近系等层系的原油特征较为相似，将其定义为Ⅰ类原油，沙湾组原油与其他层系的原油具有显著的差异性，将其定义为Ⅱ类原油。

2.2.1 甾、萜烷分布特征

原油中甾烷和萜烷分别反映真核生物（如高等植物、藻类）和原核生物（如细菌）的输入情况，烃源岩及原油中的甾烷、萜烷的组成与分布特征可较好地反映其形成时的沉积环境、生油母质的来源、热演化程度，以及生物降解等信息，目前是原油类型划分和油源对比的重要依据之一[16]。C_{27}甾烷主要来源于藻类有机体，C_{28}甾烷主要来源于硅藻，而C_{29}甾烷既可来源于藻类，又可来源于高等植物，因此煤系地层中C_{29}甾烷常常占优势；而三环萜烷系列化合物是饱和烃组分的重要组成部分，主要碳数为C_{19}—C_{29}，其中煤系烃源岩中富含C_{19}三环萜烷，而C_{23}及以上碳数的三环萜烷含量则极低。此外，伽马蜡烷常作为高盐度、还原沉积环境的标志性化合物，丰富的伽马蜡烷在原油中存在则指示有机质沉积时的强还原、超盐度条件。如伽马蜡烷指数（伽马蜡烷/C_{30}藿烷）不小于0.6代表咸水、强还原环境，介于0.25～0.6代表半咸水、还原沉积环境，小于0.25则代表淡水、弱还原沉积环境。

从研究区已发现原油的甾烷分布（$m/z=217$谱图）来看，Ⅰ类原油的C_{27}、C_{28}较低，C_{29}较高，且C_{27}低于C_{28}，C_{27}、C_{28}、C_{29}整体呈反"L"形；而Ⅱ类原油则具有C_{27}、C_{29}相对较高，而C_{28}相对较低的特征，C_{27}、C_{28}、C_{29}整体呈"V"形（图2），表明Ⅱ类原油的生油母质中浮游藻类的含量明显高于Ⅰ类原油。

从萜烷特征（$m/z=191$谱图）来看，Ⅰ类原油中三环萜烷C_{19}最高，且C_{19}、C_{20}、C_{21}呈下降型分布，C_{19}/C_{21}值较高，一般大于4（图3），高含量的C_{19}三环萜烷代表生油母质以高等植物为主；而Ⅱ类原油三环萜烷中的C_{19}含量则较低，且C_{19}、C_{20}、C_{21}多呈上升型分布（图2），C_{19}/C_{21}值则较小，一般小于2（图3a），此外，从伽马蜡烷含量来看，Ⅰ类原油明显低于Ⅱ类原油（图2），通过伽马蜡烷指数计算可见，Ⅰ类原油伽马蜡烷指数较低，为0.05～0.16，而Ⅱ类原油则相对较高，可达0.28～0.34，这一特征与独山子已发现的N_1s原油具有较大相似性（图3b）。上述分析表明，Ⅰ类原油生油母质形成环境应以淡水弱还原为主，其有机质来源以高等植物为主，而Ⅱ类原油生油母质形成环境应为半咸水—还原环境，其有机质来源主要为浮游藻类，即两类原油的生油母质在形成环境和有机质来源方面具有显著差异。

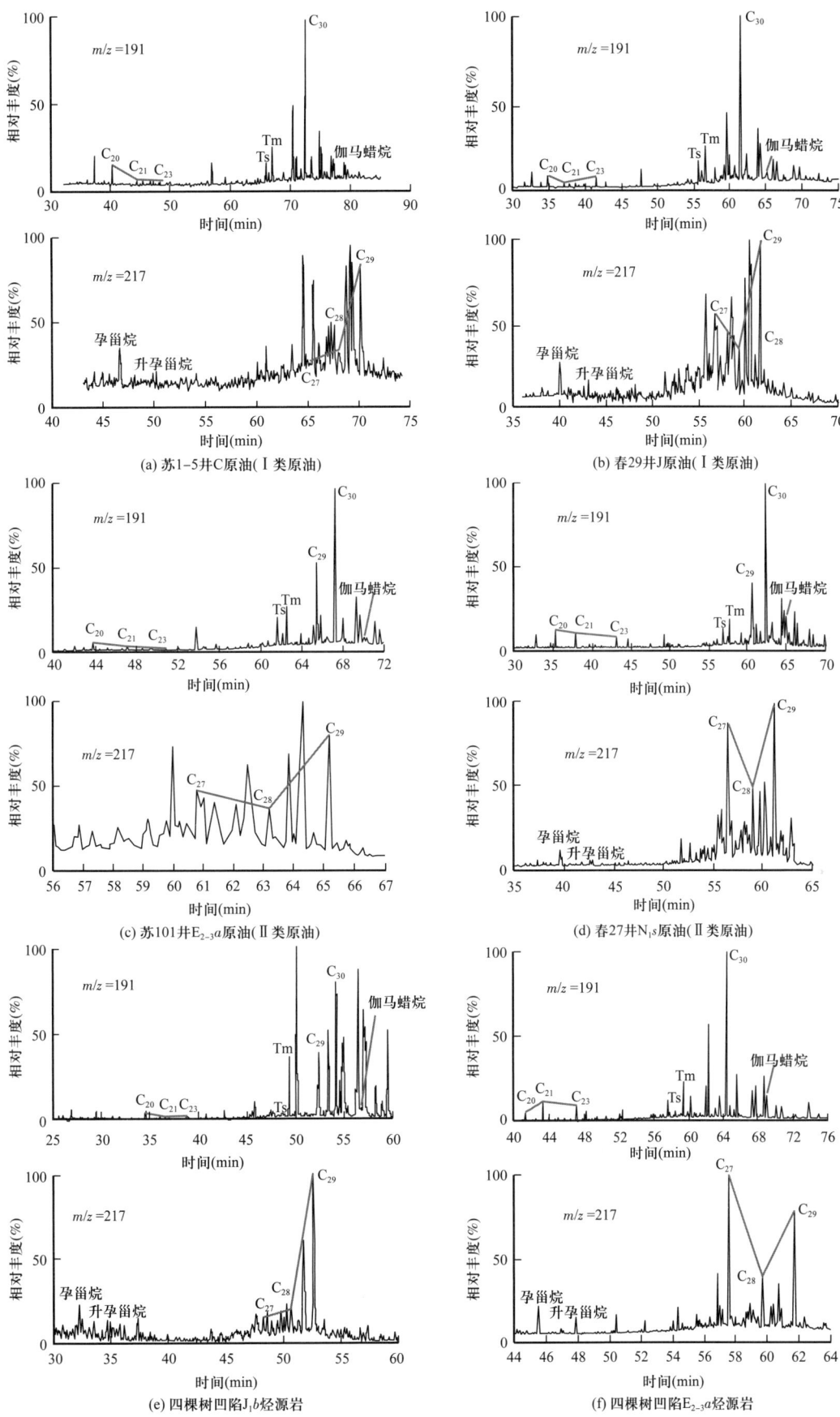

图 2 四棵树凹陷周缘不同层系原油及烃源岩色谱质谱特征

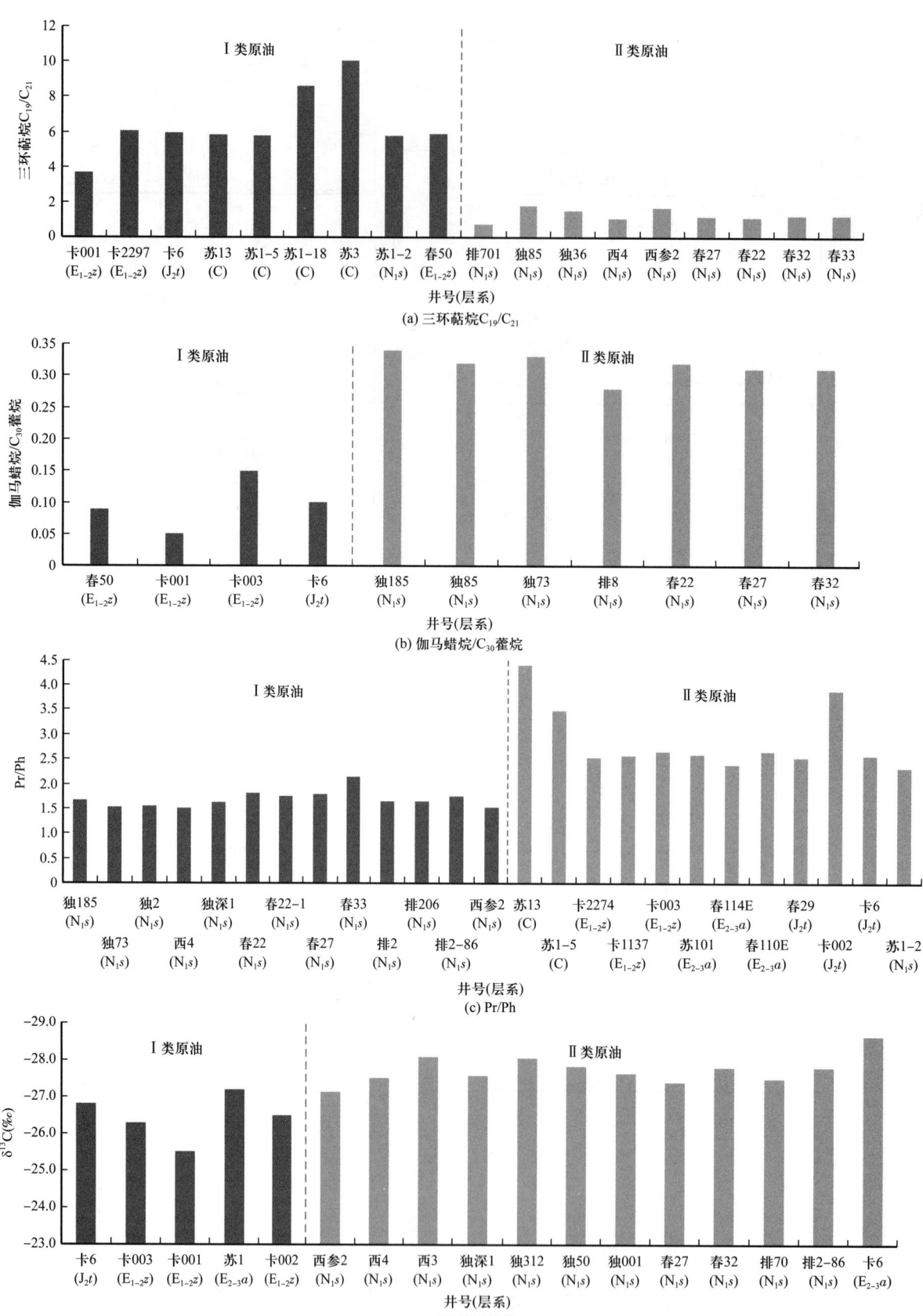

图3 四棵树凹陷周缘不同井区不同层系原油生物标志化合物特征

对四棵树凹陷 J_1b 烃源岩及 $E_{2-3}a$ 烃源岩的色谱和质谱特征分析发现，J_1b 煤系烃源岩三环萜烷 C_{21} 含量较低，甾烷 C_{27}、C_{28}、C_{29} 呈反"L"形，伽马蜡烷含量较低，与Ⅰ类原油具有较好的母源关系；而 $E_{2-3}a$ 深湖相烃源岩三环萜烷 C_{21} 含量较高，甾烷 C_{27}、C_{28}、C_{29} 呈"V"字形，伽马蜡烷含量高，与Ⅱ类原油具有较好的母源关系。

2.2.2 类异戊二烯烷烃分布特征

原油中最为常见并且具有较高丰度的为 C_{14}—C_{20} 类异戊二烯烷烃，而最常用的为姥鲛烷（Pr）和植烷（Ph），它们源自叶绿素 A 的植醇侧链。姥鲛烷和植烷的含量变化常用来反映生油母质沉积时的氧化还原环境，而姥植比（Pr/Ph）是目前较常用的标志古环境的指标之一[17-18]。如 Pr/Ph<0.6 代表了缺氧、超盐度的沉积环境，Pr/Ph>3 则代表了氧化环境、并有陆源有机质输入的特征。煤或煤系烃源岩来源的原油 Pr/Ph 值一般大于 2.8。

Ⅰ类原油 Pr/Ph 值相对较大，一般为 2~4（图 3c），反映了弱氧化—弱还原的淡水湖沼相煤系烃源岩的母源特征，而Ⅱ类原油 Pr/Ph 值相对较小，一般为 1~2.5，反映了强还原的微咸水深湖相烃源岩的母源特征。

2.3 其他地化特征

2.3.1 原油碳同位素特征

同一凹陷不同层系烃源岩由于形成时间、形成环境，以及生油母质可能存在一定差异，其有机质碳同位素可能具有差异性，因此可利用碳同位素对不同来源的油气进行厘定。从不同井区不同层系原油的碳同位素测试结果来看，两类原油碳同位素具有较为明显的差异性，Ⅰ类原油的 $\delta^{13}C$ 值为 $-26.5‰$~$-25‰$，而Ⅱ类原油的为 $-30‰$~$-27‰$，即Ⅱ类原油的 $\delta^{13}C$ 轻于Ⅰ类原油（图 3d）。

2.3.2 原油成熟度

同一凹陷不同层系烃源岩由于埋深存在差异，热演化程度具有一定差异，因此开展原油的成熟度研究对于油源对比具有一定的指导意义。甾烷和萜烷的异构化常可反映原油的成熟度特征，常用的参数主要有甾烷的 $20S/(20S+20R)$，$\beta\beta/(\alpha\alpha+\beta\beta)$，升藿烷的 $22S/(22S+22R)$、三环萜烷/藿烷和 $Ts/(Ts+Tm)$ 等[19]。Ⅰ类原油 $C_{29}\beta\beta/(\alpha\alpha+\beta\beta)$ 值为 0.5~0.6，$C_{29}20S/(20S+20R)$ 值为 0.4~0.5，以成熟原油为主；Ⅱ类原油 $C_{29}\beta\beta/(\alpha\alpha+\beta\beta)$ 值主要为 0.25~0.53，$C_{29}20S/(20S+20R)$ 值为 0.2~0.4，具有低成熟—成熟原油的特征，整体以低成熟原油为主（图 4）。

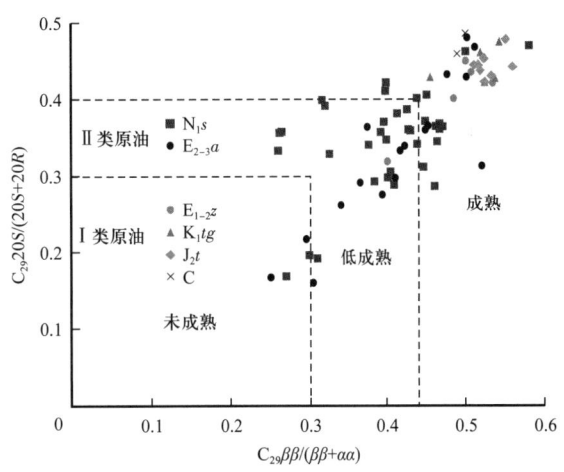

图 4　四棵树凹陷周缘不同层系油气成熟度判识

2.4 不同来源原油综合判识标准

综上分析，建立了车排子凸起西翼两类轻质原油的综合判识标准（表 2）：Ⅰ类原油主要分布于车排子凸起 C，J，K，$E_{1-2}z$，以及四棵树凹陷卡因迪克油田 J_2t、西湖背斜 J_2t、高泉背斜高探 1 井 K_1q 等层段，与四棵树凹陷 J_1b 煤系烃源岩具有较好母源关系[20-22]；而Ⅱ类原油主要分布于车排子凸起西翼 N_1s、四棵树凹陷独山子油田 N_1s，以及高泉构造带 $E_{2-3}a$ 等，与四棵树凹陷 $E_{2-3}a$ 烃源岩具有较好母源关系[9, 23]。

表2 四棵树凹陷周缘不同来源原油综合判识标准

原油类别	生物标志物及地球化学特征					原油成熟度	分布层系	主要来源
	规则甾烷	萜烷	伽马蜡烷	Pr/Ph	$\delta^{13}C$			
I类	C_{27}较低，C_{27}低于C_{28}，C_{27}，C_{28}，C_{29}呈反"L"形	三环萜烷C_{19}含量最高，C_{21}含量较低，C_{19}，C_{20}，C_{21}呈下降型分布，且C_{19}/C_{21}值一般大于4	含量较低，伽马蜡烷指数较低，为0.05~0.16	较大，为2~4	较重，为-26.5‰~-0.25‰	成熟为主	C、J、K和E，部分N_1s	J_1b烃源岩
II类	C_{27}较高，C_{27}高于C_{28}，C_{27}，C_{28}，C_{29}呈"V"形	三环萜烷C_{19}含量较低，C_{21}含量较高，且C_{19}，C_{20}，C_{21}呈上升型分布，且C_{19}/C_{21}值一般小于2	含量较高，伽马蜡烷指数相对较高，为0.28~0.34	较小，为1~2.5	较轻，为-30‰~-27‰	低成熟为主，少量成熟	N_1s及$E_{2-3}a$	$E_{2-3}a$烃源岩

3 研究意义

通过精细油源对比，明确了车排子凸起西翼N_1s轻质油主要来自$E_{2-3}a$烃源岩，而C，J，K油气主要来自J_1b烃源岩。这两套烃源岩生成的油气均已发生了长距离运移，且不同层系烃源岩生成的油气在垂向上的聚集层系具有显著差异，主要表现为J_1b烃源岩生成的油气主要分布于中—下成藏组合（C—E_{1-2}），而$E_{2-3}a$烃源岩生成的油气主要分布于中—上成藏组合（E_{2-3}—N），通过明确不同层系的油气来源，进一步明确四棵树凹陷双油源供烃的油气输导格架和成藏模式（图5）。

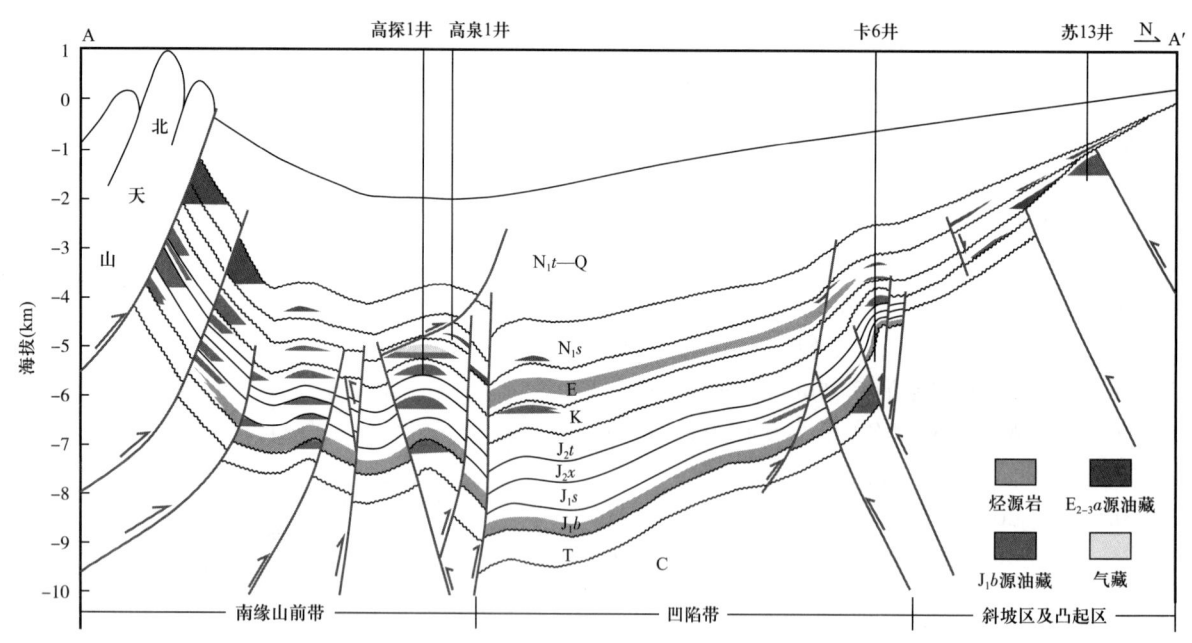

图5 四棵树凹陷近南北向油气成藏模式（A—A'位置见图1）

根据目前综合石油地质特征来看，南部山前带紧邻J_1b和$E_{2-3}a$这两套烃源岩的生烃中心（图5），前期该区主力勘探层系为中—下成藏组合，由于埋藏深度较大（一般大于5000m），受经济条件、储层条件，以及钻井工艺等限制，勘探一直未能有效展开，而$E_{2-3}a$有效烃源岩的发现，展现了该区浅层（中—上成藏组合）也可作为重要勘探层系，因此，通过上、下多层系立体勘探，可大大降低南部山前的钻探风险，有望进一步推动该区的勘探进程。

4 结论

车排子凸起西翼中国石化探区已发现的轻质原油按地化特征及来源可分为两种类型，其中Ⅰ类原油在层系上主要分布于C、J、K、E_{1-2}，具有规则甾烷C_{27}、C_{28}、C_{29}呈反"L"形、伽马蜡烷含量低、Pr/Ph值较大、原油碳同位素较重、原油成熟度相对较高的特征，为弱氧化—弱还原淡水湖沼环境下形成的具有高等植物来源特征的成熟原油，主要来自四棵树凹陷J_1b煤系烃源岩；而Ⅱ类原油在层系上主要分布于N_1s和E_{2-3}，具有规则甾烷C_{27}、C_{28}、C_{29}呈"V"形、伽马蜡烷含量相对较高、Pr/Ph值较小、原油碳同位素较轻、原油成熟度相对较低的特征，为强还原、半咸水、深湖相环境下形成的具有浮游藻类来源特征的低成熟—成熟原油，主要来自$E_{2-3}a$烃源岩。

古近系烃源岩生成的油气已经运移到车排子凸起区，表明该套烃源岩已经发生一定规模的生排烃，通过落实该层系烃源岩的生烃资源量，可进一步提升四棵树凹陷及其周缘的勘探价值，同时该烃源岩的发现有望推动南缘山前的勘探进程。

四棵树凹陷J_1b和$E_{2-3}a$这两套烃源岩生成的油气均发生了长距离运移，且不同烃源岩生成的油气在垂向上的富集层系具有显著差异性，如下部J_1b烃源岩生成的油气主要聚集在中—下成藏组合（C—E_{1-2}）的圈闭中，而上部$E_{2-3}a$烃源岩生成的油气则主要聚集于中—上成藏组合（E_{2-3}—N）的圈闭中，该认识对于深化四棵树凹陷周缘油气成藏规律、明确四棵树周缘勘探潜力、优选有利勘探突破方向，以及进一步扩大车排子凸起西翼沙湾组优质油藏勘探成果等均具有重要的指导意义。

参 考 文 献

[1] 庄新明. 准噶尔盆地车排子凸起石油地质特征及勘探方向 [J]. 新疆地质，2009，27（1）：70-74.

[2] 于腾飞. 浅层近源扇三角洲砂砾岩沉积充填模式及其对储层分布的影响——以车排子凸起沙一段为例 [J]. 油气地质与采收率，2018，25（4）：54-60.

[3] 张枝焕，李伟，孟闲龙，等. 准噶尔盆地车排子隆起西南部原油地球化学特征及油源分析 [J]. 现代地质，2007，21（1）：133-140.

[4] 沈扬，宋国奇. 源外地区油气成藏特征、主控因素及地质评价——以准噶尔盆地西缘车排子凸起春光油田为例 [J]. 地质论评，2010，56（1）：51-59.

[5] 刘洛夫，孟江辉，王维斌，等. 准噶尔盆地西北缘车排子凸起上、下层系原油的地球化学特征差异及其意义 [J]. 吉林大学学报（地球科学版），2011，41（2）：377-390.

[6] 陈林. 车排子凸起西翼石炭系火山沉积岩储层油气成藏特征 [J]. 东北石油大学学报，2018，42（3）：46-55.

[7] 程长领. 四棵树凹陷侏罗系烃源岩再认识 [J]. 新疆石油地质，2018，39（1）：119-124.

[8] 林小云，覃军，陈哲，等. 准南四棵树凹陷烃源岩评价及分布研究 [J]. 石油天然气学报，2013，35（11）：1-5.

[9] 张兴雅，马万云，王玉梅，等. 准噶尔盆地古近系生烃潜力与油气源特征研究 [J]. 沉积与特提斯地质，2015，35（1）：25-32.

[10] 冀冬生，徐亚楠，肖立新，等. 独山子背斜沙湾组油源对比分析及油气成藏模式探讨 [J]. 新疆地质，2015，33（2）：235-239.

[11] 高盾，杨少春，赵永福. 准噶尔盆地车排子地区白垩纪古地貌及其对沉积的控制 [J]. 大庆石油地质与开发，2019，38（3）：32-39.

[12] 邢凤存，陆永潮，刘传虎，等. 车排子地区构造—古地貌特征及其控砂机制 [J]. 石油与天然气地质，2008，29（1）：78-83，106.

[13] 张善文，林会喜，沈扬. 准噶尔盆地车排子凸起新近系"网毯式"成藏机制剖析及其对盆地油气勘探的启示 [J]. 地质论评，2013，59（3）：489-500.

[14] 李丕龙. 准噶尔盆地石油地质特征与大油气田勘探方向 [J]. 石油学报，2005，26（6）：7-9.

[15] 石昕，张立平，何登发，等. 准噶尔盆地西北缘油气成藏模式分析 [J]. 天然气地球科学，2005，16（4）：460-463.

［16］HAYES J M，FREEMAN K H，POPP B N，et al. Compound-specific isotopic analyses：a novel tool for reconstruction of ancient biogeochemical processes［J］. Organic Geochemistry，1990，16（4/6）：1 115-1 128.

［17］VOLKMAN J K，MAXWELL J R. A cyclic isoprenoids as biological marker［M］//JOHNS R B. Biological markers in the sedimentary record. New York：Elsevier，1986：1-42.

［18］DIDYK B M，SIMONEIT B R T，BRASSELL S C，et al. Organic geochemical indicators of palaeoenvironmental conditions of sedimentation［J］. Nature，1978，272（5650）：216-222.

［19］SEIFERT W K，MOLDOWAN J M. Applications of steranes，terpanes and monoaromatics to the maturation，migration and source of crude oils［J］. Geochimica et Cosmochimica Acta，1978，42（1）：77-95.

［20］黄家旋.准噶尔盆地南缘烃源岩热演化生烃史及油气源分析［D］.西安：西安石油大学，2017.

［21］陈建平，王绪龙，邓春萍，等.准噶尔盆地南缘油气生成与分布规律——典型类型原油油源对比［J］.石油学报，2016，37（2）：160-171.

［22］陈建平，王绪龙，邓春萍，等.准噶尔盆地南缘油气生成与分布规律——原油地球化学特征与分类［J］.石油学报，2015，36（11）：1315-1331.

［23］王勇，陈祥，林社卿，等.准噶尔盆地西缘春光探区原油地球化学特征及油源分析［J］.西安石油大学学报（自然科学版），2016，31（1）：37-44.

原文发表于《石油地质与采收率》2020年第4期

准噶尔盆地腹部下侏罗统三工河组储层物性
——含油性特征及主控因素分析

王金铎[1]　许淑梅[2,3,4]　张关龙[1]　任新成[1]　曾治平[1]　武向峰[1]　舒鹏程[2,3]　冯怀伟[5]

（1.中国石化股份公司胜利油田分公司勘探开发研究院；2.中国海洋大学海底科学与探测技术教育部重点实验室；3.中国海洋大学海洋地球科学学院；4.海洋高等研究院/深海圈层与地球系统前沿中心；5.潍坊科技学院）

摘　要：为解决准噶尔盆地腹部沙窝地、莫西庄和征沙村三地区下侏罗统三工河组砂岩储层物性—含油性差异大及控制因素不清的问题，本文通过岩心描述、铸体薄片和扫描电镜分析，依据物性数据及压汞资料，对研究区三工河组储集空间特征、孔渗特征及孔喉结构特征进行了详细的研究，通过隔夹层分析、岩屑成分及含量分析、成岩特征研究等方法探讨了制约研究区三工河组储层物性—含油性关系的主控因素，研究表明沙窝地和莫西庄小区三工河组储层埋深相对较浅，主要以中粗孔喉和较细孔喉的原生（残留）孔隙为主；征沙村小区埋藏较深，以细孔喉和微孔喉的次生孔隙及裂缝发育为特色。在此基础上探讨了三工河组储层物性的控制因素，研究认为埋藏深度为影响储层发育的主要因素；沉积微相和砂体成因类型为控制储层发育的基础；低地温梯度延迟了压实效应等，有效保存了原生孔隙；塑性岩屑含量、储层的隔层和夹层因素，即储层的非均质性在某种程度上影响砂体的储集性。

准噶尔盆地是一个经历了自晚古生代至第四纪多期构造运动而形成的大型叠合盆地，下侏罗统三工河组粗粒辫状河三角洲沉积几乎淤浅整个湖盆[1-5]，研究区位于准噶尔盆地腹部西侧，自南向北有沙窝地、莫西庄、征沙村3个小区（图1），3个小区下侏罗统三工河组具有埋深差异大，低地温梯度

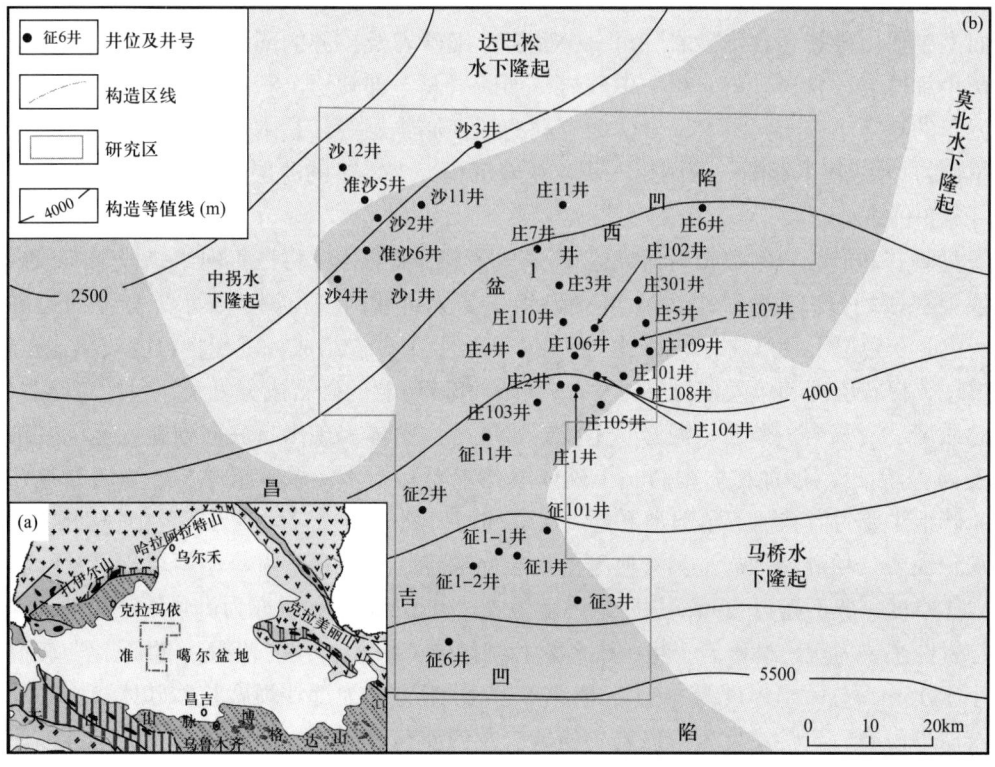

图1　准噶尔盆地腹部西侧构造单元位置及井位图
（a）构造单元位置；（b）井位图

的地质背景[6-9]。随着本区油气资源的发现，许多学者针对不同的研究目的与研究资料，对准噶尔盆地腹部地区三工河组开展了层序地层、储层成岩特征及成岩阶段、储层特征和油气成藏规律等方面的研究[4,10-21]，而对于研究区沙窝地、莫西庄和征沙村3个小区之间下侏罗统三工河组砂岩储层物性—含油性差异及主控因素缺乏系统的研究，制约本区油气资源的进一步勘探开发。

针对上述问题，本文通过研究区38口井的岩心观察，结合岩石铸体薄片观察、扫描电镜分析和压汞分析，基于储层沉积学的基本原理，在充分考虑地层差异埋深及地温梯度对三工河组辫状河三角洲砂体储层物性—含油性的影响，研究了三工河组粗粒辫状河三角洲前缘砂体的物性—含油性特征，对其主控因素进行深入系统的探讨，明确了研究区三工河组储层物性—含油性主控因素。

1 区域地质背景

准噶尔盆地为石炭纪至第四纪发展起来的板内复合叠加盆地[1-3]。侏罗系三工河组沉积期，准噶尔盆地为坡度较缓、水体较浅的半封闭湖盆，其周缘是由古生代弧盆及裂谷系演化而成的低矮造山带[22-23]。其中研究区处于准噶尔盆地腹部稍偏西位置，面积约为3648km²，主体位于盆1井西凹陷与昌吉凹陷北斜坡，东西两侧为马桥凸起、中拐凸起及达巴松凸起[24-25]。研究区自北向南划分为3个小区，依次为沙窝地、莫西庄和征沙村小区，分别位于坳陷带斜坡上部（北部）、中部和底部（南部）（图1）。3个小区的三工河组在南北向上呈现极大的埋深差异：北部沙窝地小区埋深3100～3900m，中部莫西庄小区埋深3500～4700m，南部征沙村小区埋深4300～5200m[20]。研究区三工河组为湿润气候条件下湖盆扩张期发育的一套正旋回的粗碎屑岩系，沉积厚度较大（130～560m），总体呈下细中粗上细的沉积特征，按岩性组合特征自下而上可划分为三段：三工河组一段（J_1s_1）、三工河组二段（J_1s_2）、三工河组三段（J_1s_3）。三工河组一段（J_1s_1）以灰色、深灰色泥岩、粉砂质泥岩为主，细砂岩呈薄夹层出现，纵向具有"泥包砂"的特征，自下而上"砂泥比"降低。三工河组二段（J_1s_2）为辫状河前缘三角洲砂体的主要发育层位，可进一步划分为下亚段（$J_1s_2^1$）和上亚段（$J_1s_2^2$）：下亚段总体以砂砾岩为主，自下而上主要由砾岩、含砾砂岩、粗—中砂岩、细砂岩及顶部的薄层砂质泥岩组成；上亚段自下而上包括灰色细砾岩、含砾砂岩、粗—中砂岩、细砂岩及上部互层沉积的薄层粉砂岩和泥岩，纵向具有"砂包泥"的特征。三工河组二段砂体为有利的油气储集层段，是本文研究的主要目的层段。三工河组三段（J_1s_3）为一套半深湖—深湖相深灰色泥岩沉积，夹零星的薄层粉砂岩和细砂岩层，自下而上"砂泥比"降低（图2）。

依据大量测井和取心资料数据对研究区小层进行了精细对比，将三工河组二段下亚段划分出4个砂组，二段上亚段划分出3个砂组。第1～3砂组主要为辫状河三角洲前缘水下分流河道砂体，岩性主要由浅灰色、灰色厚层细砾岩、砂砾岩、粗—中砂岩及细砂岩组成，沉积物粒度较粗，正粒序层理、槽状交错层理、板状层理和较大型斜层理发育；砾岩和砂砾岩的砾石成分复杂，包括花岗岩、白云岩、石灰岩、硅质岩、凝灰岩、砂岩、泥岩、千枚岩岩屑等，整体表现出自底向顶粒度逐渐变细、单砂体厚度逐渐变薄等特征，"砂泥比"很高。单砂体厚几米至几十米，总砂组厚50～80m，各井厚度变化不大。第4砂组主要为辫状河三角洲水下分流河道和河口坝砂体，岩性多为灰色中—细砂岩与粉砂岩，最顶部为灰色泥岩、粉砂质泥岩，具有典型的反粒序层理，另外也常见小型斜层理、沙纹状和沙波状层理，单砂体厚度一般不超过10m，总砂组厚度为5～30m。第5砂组亦为辫状河三角洲前缘水下分流河道砂体，岩性主要为灰色砂砾岩、粗—中砂岩和细砂岩，沉积物粒度较粗，"砂泥比"较高，单砂体厚度一般小于15m，总砂组厚度为5～17m。第6～7砂组主要为远沙坝席状砂砂体，水平层理、沙波层理及沙纹层理发育，岩性主要为细砂岩、粉砂岩及泥质粉砂岩，单层砂体较薄，单砂体厚大多不超过3m，总砂组厚度为4～26m（图3）。

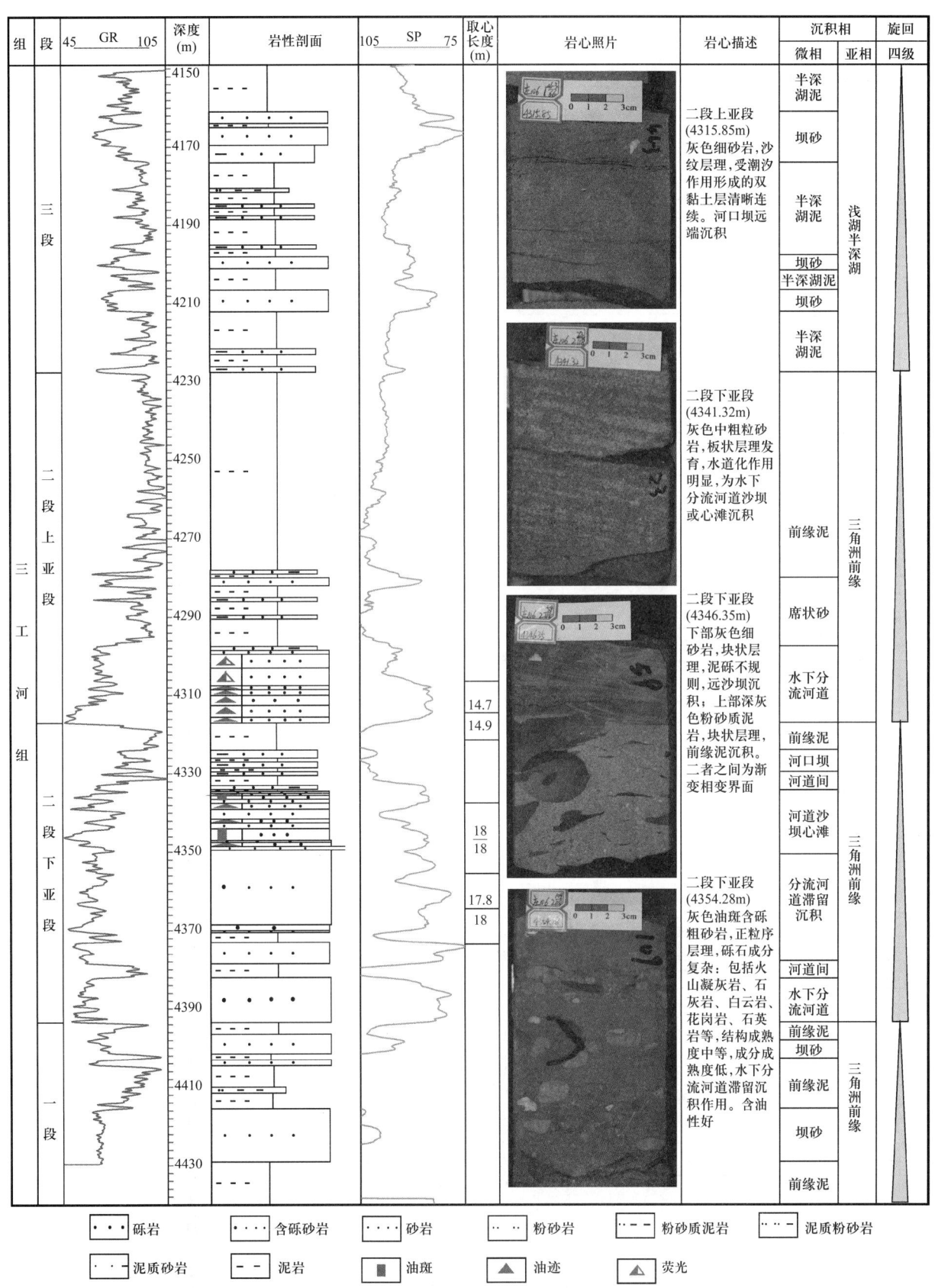

图 2 准噶尔盆地腹部西侧庄 106 井剖面旋回性划分及沉积相综合柱状图（井位见图 1b）

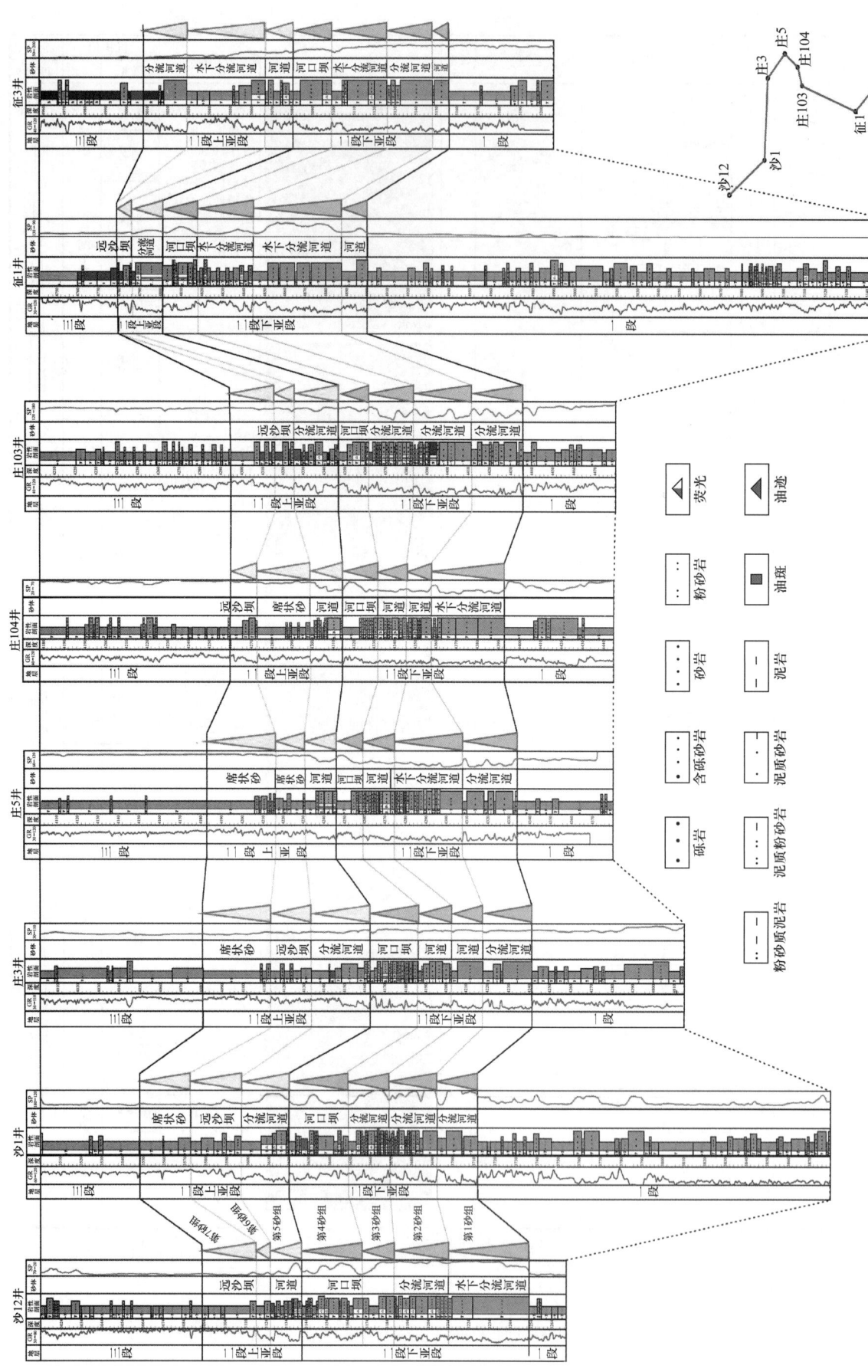

图 3 准噶尔盆地腹部西侧三工河组二段砂体连井对比剖面图

2 研究区三工河组二段储层物性—含油性特征

2.1 储集空间特征

根据对沙窝地沙 2 井中砂岩扫描电镜观察，岩性为中砂岩，分选好、磨圆中等，颗粒呈点—线接触，原生粒间空隙发育，其砂岩空隙内部及颗粒边缘无明显溶蚀，杂基含量少，图中的白色尖头指向宽大的三角形粒间空隙（图 4a，b），因此，研究区浅埋藏的北部沙窝地小区和中部莫西庄小区三工河组二段砂体以原生孔隙为主，压实作用弱。

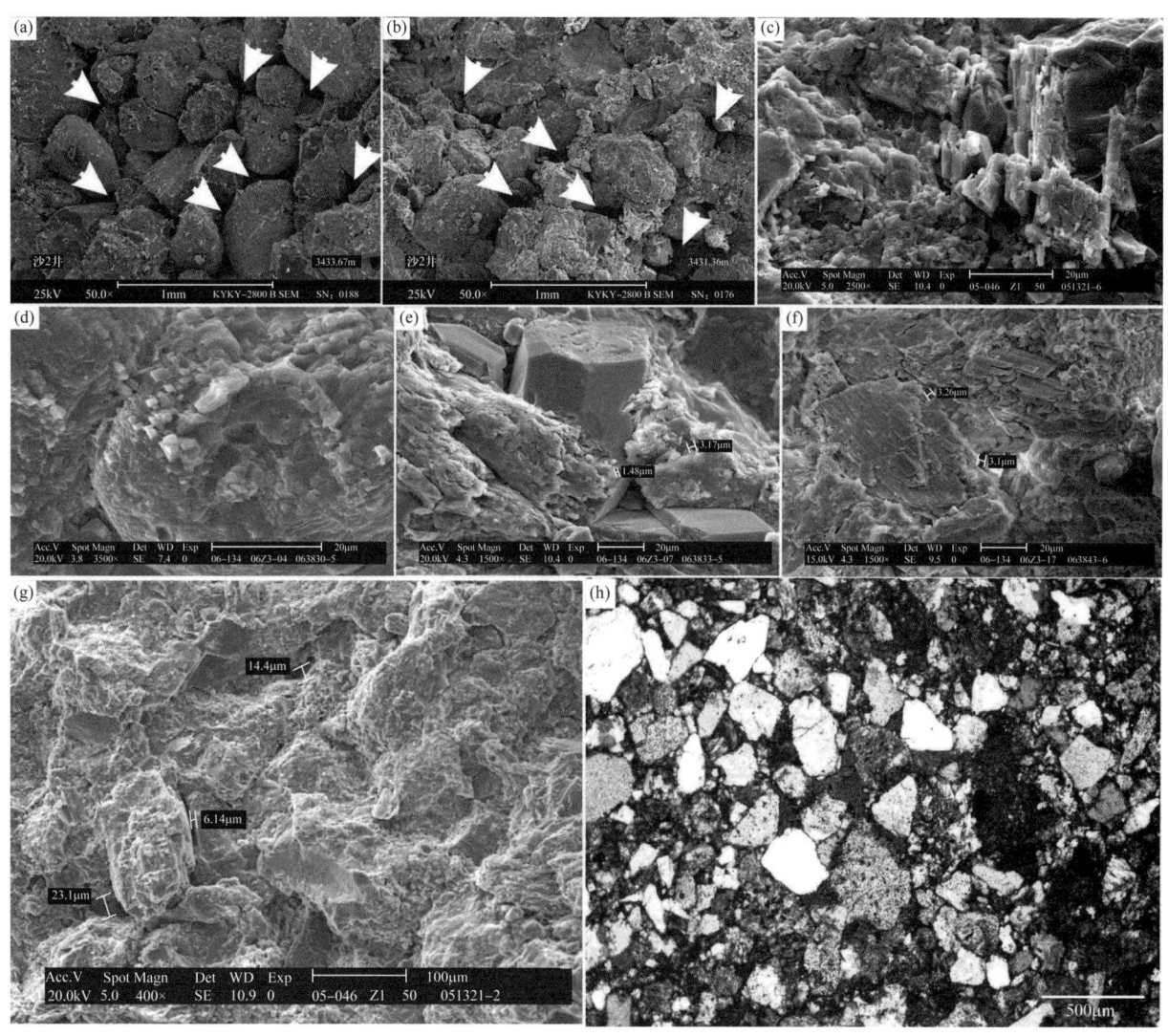

图 4 准噶尔盆地腹部西侧三工河组砂体储集空间特征照片

（a）沙 2 井，$J_1s_2^1$，3433.67m，原生粒间孔；（b）沙 2 井，$J_1s_2^1$，3431.36m，原生粒间孔；（c）征 1 井，$J_1s_2^2$，4800.85m，长石溶蚀表面黏土化，溶蚀处见石英次生加大；（d）征 3 井，J_1s_3，4969.4m，长石溶蚀产生粒内孔洞，表面长石雏晶再生长；（e）征 3 井，$J_1s_2^2$，5062.43m，长石颗粒被溶蚀，见溶蚀孔隙；（f）征 3 井，$J_1s_2^1$，5110.33m，长石溶蚀形成次生溶蚀孔隙；（g）征 1 井，$J_1s_2^2$，5062.43m，强压实形成的次生裂隙；（h）征 1 井，4800.85m，$J_1s_2^2$，中砂岩，微裂缝放大，见残余的沥青

根据对南部征沙村小区征 1 井、征 3 井、征 11 井砂岩扫描电镜及铸体薄片观察，三工河组二段碎屑颗粒呈凹凸—镶嵌状接触，砂体孔隙类型以次生孔隙和超压微裂缝为主。次生孔隙主要为碎屑颗粒的易溶组分发生溶蚀而形成，主要包括粒间溶孔（图 4b）和粒内溶孔（图 4e，f）。粒间溶孔主要为长

石颗粒和岩屑边缘发生溶解而形成的不规则状粒间溶扩孔；粒内溶孔主要见于长石颗粒及少量岩屑的内部溶蚀。征沙村小区三工河组二段常见长石，岩屑等溶蚀，以及某些自生矿物的析出和交代现象，包括粒间孔溶蚀、粒内孔溶蚀、石英次生加大、黏土矿物发育等，以粒间长石溶蚀最为常见。长石颗粒溶蚀形成次生溶蚀孔隙，溶蚀形成的孔洞内易被黏土矿物充填，长石颗粒表面黏土化，溶蚀处易出现石英次生加大现象（图4c），另外，在溶蚀孔隙内还可能出现长石等矿物的再生长现象（图4d）。相对于沙窝地和莫西庄地区，由于征沙村研究区埋藏较深，溶蚀作用较为发育，以次生孔隙发育为主（图4g），此外，征沙村三工河组二段砂岩夹于三工河组一段和三工河组三段大套厚层泥岩之间，石英等脆性颗粒破碎形成超压成因微裂缝（图4h）。

2.2 孔渗特征

通过对研究区储层物性数据统计分析，莫西庄小区三工河组储层孔隙度主要分布于5%~20%，总含量达92.2%，其中孔隙度为10%~15%的储层含量达50.94%，平均要比沙窝地高3%左右，储层以中高孔和中低孔储层为主；储层渗透率主要分布于0.1~500mD，其中0.1~1mD的储层含量为26.58%，1~10mD的储层含量为37.57%，10~50mD的储层含量为17.24%，大于50mD的储层含量为12.57%。

沙窝地小区三工河组储层孔隙度主要分布于5%~20%，总含量达94.05%，其中孔隙度为10%~15%的中孔储层含量达47.52%，以中孔储层为主；渗透率主要分布于0.1~50mD，其中1~10mD的储层含量为58.42%，大于10mD的储层含量为23.76%，储层的渗透率较高，以中渗透储层为主。

征沙村小区三工河组储层埋深大，压实作用强，储层物性差。储层孔隙度主要分布于0~15%，以特低渗透和低渗透储层为主；渗透率主要分布于0.1~10mD，其中0.1~1mD的储层含量为44.94%，1~10mD的储层含量为43.67%，储层主要为超低渗透和特低渗透储层。

2.3 孔喉结构

储层毛细管压力曲线的形态及排驱压力等参数是描述储层孔喉结构并对其进行分类的主要变量。依据排驱压力、毛细管压力中值和孔喉半径，将研究区三工河组二段储层孔喉结构分为4类（表1）。

表1 准噶尔盆地腹部西侧三工河组储层孔喉结构分类表

孔喉结构类型	中粗喉型	较细喉型	细喉型	微喉型
最大孔喉半径（μm）	10~50	5~10	1~5	<1
孔隙度（%）：最大/平均/最小	18.2/14.77/8.6	15.9/13.13/10.5	16.8/10.92/3.1	18.1/7.66/2.3
渗透率（mD）：最大/平均/最小	642/91.3/9.39	76.4/23.73/3.97	68.2/4.8/0.05	24.80/1.2/0.03
排驱压力 p_d（MPa）：最大/平均/最小	0.073/0.049/0.018	0.117/0.116/0.116	0.733/0.358/0.154	4.577/1.763/0.737
毛细管中值压力 p_{c50}（MPa）：最大/平均/最小	30.902/3.605/0.073	17.021/2.432/0.991	51.304/7.138/0.973	114.343/31.121/4.471

中粗喉型：最大孔喉半径大，平均值为18.09μm，排驱压力和毛细管中值压力均较小，平均值分别为0.049MPa和1.785MPa。该类孔喉连通性良好，主要发育于水下分流河道砂坝和心滩的中、粗砂岩中。由进汞饱和度曲线可知（平均64.62%）（图5a），中粗喉型孔喉分选好，粗歪度。具该类孔喉结构的砂岩孔隙度主要分布在10%~18%，平均值为14.77%；渗透率值主要分布在50~500mD的范围内，平均91.30mD，属于低孔中渗透型储层。

较细喉型：最大孔喉半径较大，平均值为6.34μm，排驱压力与毛细管压力中值较小，平均值分别为0.116MPa和2.432MPa。该类孔喉连通性相对较好，主要发育于河口坝细砂岩及水下分流河道滞留沉积的含砾砂岩中。由其进汞饱和度曲线可知（平均36.61%）（图5b），较细喉型孔喉分选较好，粗歪度。该类孔喉结构孔隙度主要分布在10%～15%，平均为13.13%，渗透率值主要分布在1～100mD，平均为23.73mD，属于低孔低渗透型储层。

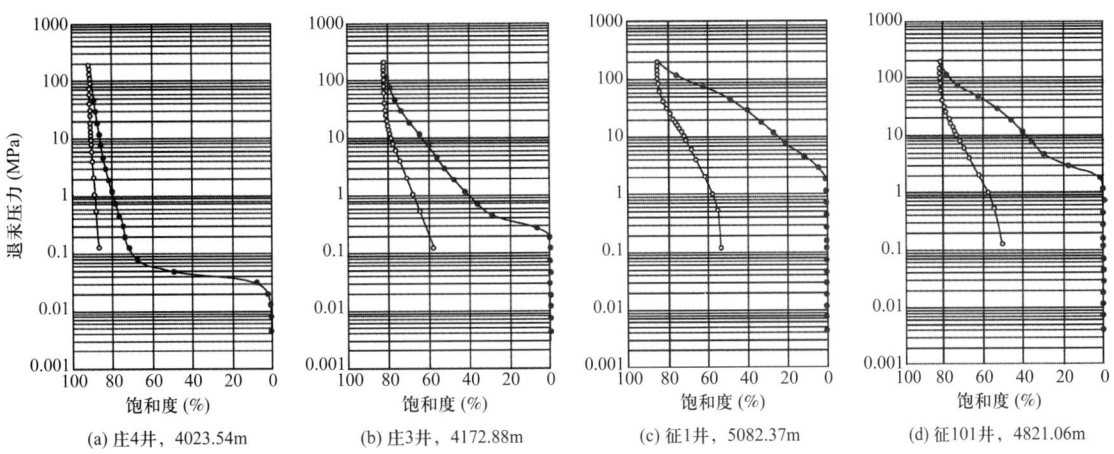

图5 准噶尔盆地腹部西侧三工河组储层压汞曲线特征（井位见图1b）

细喉型：最大孔喉半径较小，平均值为2.56μm，排驱压力与毛细管中值压力均较大，平均为0.358MPa和7.138MPa，该类孔喉连通性很差，主要发育于远沙坝及席状砂微相的细砂岩和粉砂岩。由进汞饱和度曲线可知（平均17.02%）（图5c），细喉型孔喉分选差，细歪度。该类孔喉结构孔隙度主要分布在5%～15%，平均为10.92%，渗透率主要分布在0.1～10mD。平均为4.80mD，属于低孔特低渗透储层。

微喉型：最大孔喉半径最小，平均值为0.52μm，排驱压力与毛细管中值压力均较大，平均为1.763MPa和31.121MPa，该类孔喉连通性最差，主要发育于席状砂微相的泥质粉砂岩及粉砂岩中。由进汞饱和度曲线可知（平均21.59%）（图5d），微喉型孔喉分选差，细歪度。该类孔喉结构孔隙度主要分布在1%～10%，平均为7.66%，渗透率主要分布在0.01～1mD，平均为1.20mD，属于特低孔超低渗透储层。

2.4 储层含油性特征

通过对3个小区砂体含油性厚度的统计分析发现（图6），沙窝地小区主要以荧光、油斑、油迹为主。荧光砂岩累计厚度为70.80m，平均厚度为11.80m，油迹砂岩累计厚度为22.10m，平均厚度为3.68m，油斑砂岩厚度为37.80m，平均厚度为6.30m，油浸砂岩厚度较薄，仅为2.40m；莫西庄小区各类含油砂岩较多，且分布均匀，尤以油斑砂岩厚度较大，油斑砂岩厚度累计157m，平均厚度为14.27m，荧光砂岩为81.80m，平均厚度为7.44m，油迹砂岩75.38m，平均厚度为5.38m，油浸砂岩为47.80m，平均厚度为6.83m；征沙村小区含油砂岩中，油迹及油斑砂体厚度较大，油迹砂岩厚度累计为75.76m，平均厚度为10.82m，油斑砂岩为96.03m，平均厚度为13.72m，荧光砂岩为55.7m，平均厚度为13.93m，油浸砂岩为32.47m，平均厚度为8.12m。通过对各小区含油性及含油砂岩平均厚度对比分析发现，征沙村小区三工河组二段砂岩整体含油性能良好，莫西庄小区较好，沙窝地小区较差。

从上述分析可以看出，准噶尔盆地腹部沙窝地、莫西庄和征沙村三个小区三工河组储层总体为低孔低渗透特征，但不同小区的砂体孔隙类型不同，且具有不同的孔喉结构特征。研究过程中发现，除了差异埋深这个主控因素外，盆地的沉积微相类型、低地温梯度、沉积砂体的塑性岩屑含量等也是影响储层物性的比较显著的因素。下面对这些因素逐一进行分析，进一步阐明这些因素对研究区储层物性的制约作用和影响程度。

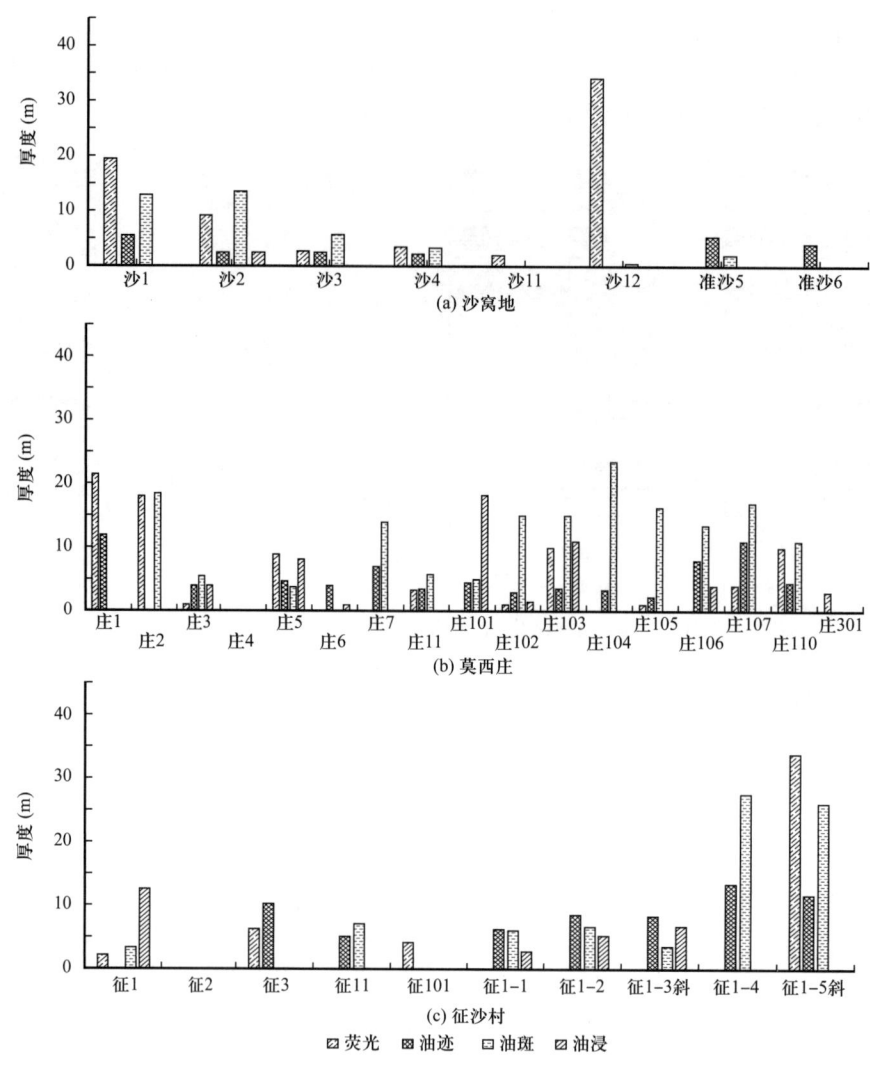

图 6 准噶尔盆地腹部西侧 3 小区含油砂岩厚度统计（井位见图 1b）

3 储层物性—含油性主控因素分析

3.1 沉积微相对储层物性的"相控"

沉积微相是影响砂体物性及储层发育的物质基础[26-27]。研究区主要为辫状河三角洲前缘亚相砂体，进一步可分为水下分流河道、河口坝、远沙坝和席状砂等微相。

笔者对各微相砂体物性进行了统计：水下分流河道砂体以粗粒碎屑岩为主，平均孔隙度和渗透率分别为 12.09% 和 32.00mD，是有利的油气储集砂体（表2）；辫状河三角洲河口坝砂体以中砂岩和细砂岩为主，平均孔隙度和渗透率分别为 6.71% 和 7.13mD，属于较有利的油气储集砂体（表2）；远沙坝和席状砂以细砂岩和粉细砂岩为主，平均孔隙度和渗透率分别为 5.50% 和 0.31mD，属于最不利的油气储集砂体（表2）。由此可见，高能环境下形成的水下分流河道砂体，砂、砾被强烈淘洗致使粒间杂基含量低，原生孔隙保存较好，孔喉结构主要为中粗喉型，且砂体发育面积广、厚度大，储层物性最好。其次为河口坝砂体，次生孔隙发育，孔喉结构主要为较细喉型，储层物性相对较好。远沙坝席状砂砂体孔隙度、渗透率较低，次生孔隙发育较差，孔喉结构以细喉型和微喉型为主，物性较差。可见，沉积微相不仅是影响砂体物性及储层发育的物质基础，而且对储层的物性及时空展布规律具有明显的控制作用。

表 2 准噶尔盆地腹部西侧三工河组沉积微相与储层物性关系表

沉积微相	主要岩性	孔隙度（%）：最大/平均/最小	渗透率（mD）：最大/平均/最小	样品数（个）
水下分流河道	粗粒碎屑岩	39.36/12.09/1.01	642/32/1.01	1049
河口坝	中砂岩和细砂岩	13.9/6.72/1.6	276/7.13/0.004	112
远沙坝、席状砂	细砂岩和粉细砂岩	6.93/5.50/2.92	1.152/0.31/0.033	29

3.2 埋深差异对储层物性—含油性的"深控"

沙窝地、莫西庄和征沙村三个小区侏罗系三工河组二段砂体埋深差异较大，北部沙窝地和中部莫西庄两个小区三工河组二段辫状河前缘三角洲砂体埋藏相对较浅（3090~4436m），为浅埋藏区。浅埋藏区碎屑砂岩压实作用中等偏强，常表现为碎屑颗粒间以点—线接触为主（图7a~f），原生粒间孔隙得以保存并成为该区的主要储集空间类型。浅埋藏区三工河组砂体孔隙度主要集中于5%~15%，平均值为11.47%，渗透率值主要集中于0.1~500mD，平均值为30.74mD。

图 7 准噶尔盆地腹部西侧三工河组砂体埋深差异下压实作用结果

（a）沙1井，$J_1s_2^1$，3662.15m，刚性颗粒间多为点接触，少量线接触；（b）沙1井，$J_1s_2^1$，3679m，刚性长石颗粒被压断；（c）沙1井，$J_1s_2^1$，3670.8m，软岩屑含量高的部分基本为线—凹凸状致密接触；（d）庄101井，$J_1s_2^1$，4341.65m，刚性颗粒的线—凹凸接触，少量长石颗粒被压断；（e）庄101井，$J_1s_2^1$，4341.65m，刚性颗粒间的点接触和线接触；（f）庄3井，$J_1s_2^1$，4169.94m，千枚岩屑在压实作用下发生强烈塑性变形；（g）征1井，$J_1s_2^2$，4813m，颗粒间多为线接触，孔隙相对减少；（h）征1-1井，$J_1s_2^2$，4785.68m，孔隙发育较差，颗粒间多以线接触为主相较于北部的浅埋藏区，南部征沙村小区三工河组二段辫状河前缘三角洲砂体埋藏深度较深，深度在4493~5080m，为深埋藏区。深埋藏区砂岩遭受强烈的压实作用，即使抗压实能力较强的石英、长石等刚性颗粒也会发生旋转、错动变形，而抗压实能力弱的塑性岩屑则易发生压弯、压扁，甚至发生假杂基化，碎屑颗粒间以线接触和凹凸接触为主（图7g，h）。强烈的压实作用使得征沙村小区三工河组砂体原生孔隙极不发育，储集空间以次生孔隙和微裂缝为主。征沙村小区三工河组砂体孔隙度主要集中于5%~10%，平均值为8.23%，渗透率值主要集中于0.1~10mD，平均值为2.30mD。因此，将浅埋藏区和深埋藏区储集空间类型与孔隙度和渗透率值相结合并进行对比分析发现，埋深差异对研究区三工河组储层物性影响极大，是导致研究区深、浅埋藏区三工河组储层孔隙类型和物性差异的首要因素。

3.3 低地温梯度对储层物性—含油性的"温控"

地温梯度的高低对原生孔隙的保存具有消极或积极的作用。准噶尔盆地与我国中、东部盆地相比属于典型的"冷"盆，地温梯度约为1.9~2.1℃/100m。中部地区的鄂尔多斯盆地地温梯度为2.5~3.0℃/100m，属于中热盆；东部地区的松辽盆地的地温梯度为3.0~4.5℃/100m，属于热盆（表3）[28]。准噶尔盆地侏罗纪低地温梯度使其储层成岩作用进程相对于正常地温梯度盆地的成岩作用进展较为缓慢，因此自然延缓了压实作用进程，从而对储层的原生孔隙起到积极的保护作用[29]。不同地热盆地的地温梯度与砂岩孔隙度关系的研究表明，砂岩原生孔隙的保存程度明显受盆地地温梯度的影响（表3）：低地温梯度的准噶尔盆地在储层埋深约4500m时，仍能具有11%的平均孔隙度；而维持11%的孔隙度，鄂尔多斯盆地砂体的埋深不能超过2800m；松辽盆地沉积砂层的埋深在2100m才能保持11%的孔隙度[30]。在相同埋深情况下（3500~5000m），高地温梯度的松辽盆地储层类型以特低孔特低渗透为主，而低地温梯度的准噶尔盆地仍然以低孔低渗透为主。因此，较低的地温梯度能够有效保存砂体孔隙，从而改善储层物性。

表3 中国东、中、西部沉积盆地不同地温梯度对孔隙度的影响（据寿建峰等，2005修改）

盆地（由东至西）	地温梯度（℃/100m）	盆地类型	不同埋藏深度条件下的孔隙度（%）				
			3500m	4000m	4500m	5000m	5500m
松辽盆地	3.0~4.5	热盆	7	4.85	3.21	1.23	0.07
鄂尔多斯盆地	2.5~3.0	中热盆	9	7	5	3	1
准噶尔盆地	1.9~2.1	冷盆	16	13	11	9	5

3.4 塑性岩屑含量对储层物性—含油性的影响

塑性岩屑或刚性组分含量决定着储层物性压实损失的大小，而砂岩碎屑成分根本上取决于母源区性质及物源条件[29]。根据岩心及镜下岩屑观察，3个小区三工河组岩屑成分与扎伊尔山、哈拉阿拉特山及克拉美丽山岩石组合基本一致。沙窝地物源主要来源于泥盆纪洋壳残片组成的扎伊尔山，而莫西庄和征沙村小区物源主要来自克拉美丽山和哈拉阿拉特山[31]。三工河组粗碎屑辫状河三角洲前缘砂体以岩屑长石砂岩和长石岩屑砂岩为主，岩屑成分复杂，包括花岗岩、白云岩、石灰岩、砂岩、硅质岩等刚性岩屑和凝灰岩、泥岩、千枚岩等塑性岩屑，成分成熟度较低、结构成熟度中等（图8）。

沙窝地小区三工河组二段油浸、油斑砂岩中塑性岩屑含量为12.19%，油迹、荧光砂岩中塑性岩屑含量为22.23%，不含油砂岩中塑性岩屑含量为27.82%。莫西庄小区三工河组二段油浸、油斑砂岩中塑性岩屑含量为15.74%，而在含油性较差的油迹、荧光砂岩中塑性岩屑含量为24.10%，不含油砂岩中塑性岩屑含量为27.05%。征沙村小区三工河组二段油浸、油斑中塑性岩屑含量为12.57%，油迹、荧光砂岩中塑性岩屑含量为18.29%，不含油砂岩中塑性岩屑含量为17.84%（表4）。三个小区含油性较好的油浸、油斑砂岩中，塑性岩屑含量均明显低于含油性较差的油迹、荧光砂岩和不含油砂岩。一定量塑性岩屑的存在使得压实作用的效果进一步增强，且随着压实作用进行塑性岩屑发生假杂基化也不利于原生孔隙的保存。随着塑性岩屑含量的升高，砂体孔隙度逐渐降低，因而导致储层含油性逐渐变差。

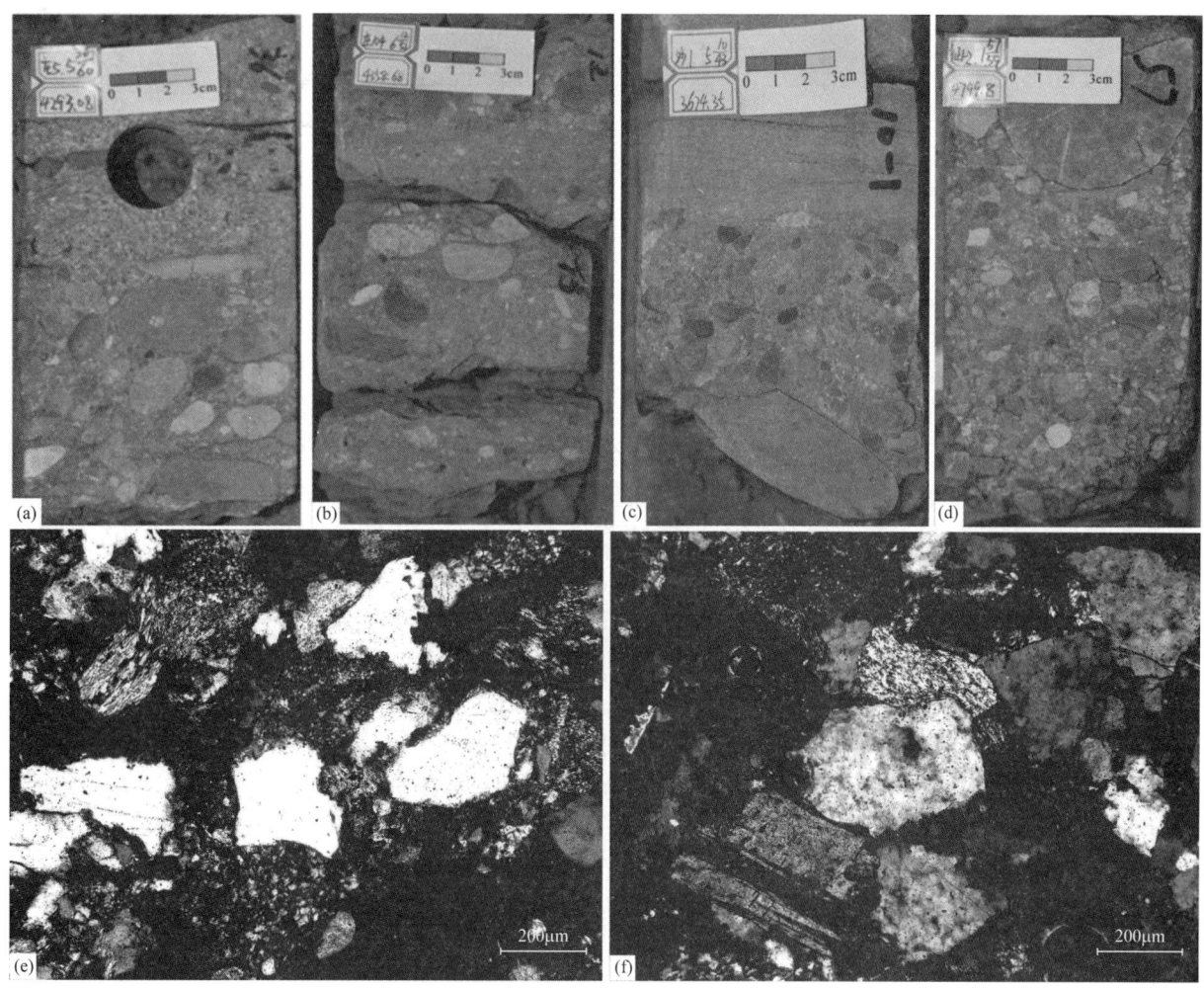

图 8 准噶尔盆地腹部西侧三工河组岩心及镜下岩屑照片

(a) 庄5井，$J_1s_2^1$，4293.08m，砂砾岩（岩屑为石灰岩）；(b) 庄104井，$J_1s_2^1$，4358.68m，砂砾岩（岩屑为石灰岩、白云岩、花岗岩和石英等）；(c) 砂1井，$J_1s_2^2$，4674.35m，砂砾岩（岩屑为石灰岩、花岗岩和石英等）；(d) 征1-2井，4799.8m，砂砾岩（岩屑为石灰岩、花岗岩和石英等）；(e) 沙1井，$J_1s_2^1$，3633.54m，中粒岩屑砂岩（岩屑为花岗岩、粉砂岩、千枚岩、火山岩）；(f) 庄105井，$J_1s_2^1$，4383.79m，含砾岩屑粗砂岩（岩屑为花岗岩、火山凝灰岩）

表 4 准噶尔盆地腹部西侧三工河组砂岩碎屑组分统计表

地区	含油性	组分含量（%）			
		石英	长石	刚性岩屑	塑性岩屑
沙窝地	油浸、油斑砂岩	37.46	19.26	29.97	12.19
	油迹、荧光砂岩	39.17	16.95	20.32	22.23
	不含油砂岩	37.22	17.43	17.53	27.82

续表

地区	含油性	组分含量（%）			
		石英	长石	刚性岩屑	塑性岩屑
莫西庄	油浸、油斑砂岩	35.82	18.97	28.61	15.74
	油迹、荧光砂岩	32.64	19.00	23.77	24.10
	不含油砂岩	34.76	19.39	17.50	27.05
征沙村	油浸、油斑砂岩	53.10	17.08	17.23	12.57
	油迹、荧光砂岩	49.25	19.25	15.96	18.29
	不含油砂岩	52.27	18.57	11.26	17.84

3.5 隔夹层对储层物性—含油性的"层控"

通过比对含油层段的隔夹层分布特征发现三工河组二段储层油气主要分布在隔夹层发育段（图9）。三工河组二段储层内部发育7套全区可对比的致密泥岩隔层，且砂体内部还发育有不同类型的夹层。隔夹层的存在会影响储层物性及油气的运移，尤其是隔层的厚度及侧向延伸长度对储层含油性的影响较大，而夹层的存在则对砂体的孔渗性能有较大影响。

第1砂组砂体厚度大，为低孔特低渗透型储层，全区36口井均无油气显示，同时第1砂组砂体顶部存在着致密泥岩隔层，该隔层厚度较小，不能对油气的运移起到很好的封闭作用，因此第1砂组砂体几乎无油气显示；第2砂组砂体厚度大，为低孔中渗透型储层，其含油性能一般，第2砂组顶部存在的致密泥岩隔层厚度较小，仅为1.5~2.5m，对油气的运移不能起到很好的封堵效果；第3砂组砂体单体厚度中等，为低孔中渗透型储层，含油性良好，主要为油迹、油斑砂岩，第3砂组砂体顶部隔层厚度为2~3m，对油气的封堵能力一般；第4砂组砂体单体厚度中等，为低孔低渗透型储层，其含油性能很好，含油砂岩主要为油迹、油斑及油浸砂岩，第4砂组砂体顶部隔层厚度为3.5~5.4m，对油气的封堵能力良好，因此第4砂组含油性能良好；第5砂组砂体单体厚度较薄，为低孔特低渗透型储层，其含油性良好，含油砂岩主要为油浸、油斑砂岩，第5砂组砂体顶部隔层厚度为6~8m，对油气的封堵能力良好，因此油气能很好地保存在第5砂组储层内；第6砂组砂体单体厚度较薄，为低孔特低渗透型储层，其含油性能一般，由于第5砂组顶部隔层的封堵，因此第6砂组砂体几乎不含油；第7砂组砂体厚度较薄，为低孔特低渗透型储层，第7砂组被两套厚度较大的隔夹层封堵，因此第7砂组在全区无油气显示。由上述统计结果可知，隔夹层的厚度对储层物性及含油性有着一定的影响。

3.6 砂岩颗粒分选及磨圆对储层物性—含油性的影响

通过对3个小区颗粒分选的对比分析发现，沙窝地和莫西庄小区砂岩的分选较好，油浸、油斑砂岩中分选好—中等所占比重较大，油迹、荧光砂岩中分选略差。由于征沙村小区颗粒分选及磨圆度数据较少，因此征沙村小区不同分选程度的砂岩，其含油性规律不明显。研究区不同含油级别砂岩的磨圆度均以次棱角状至次圆状为主，不同小区略有差异。

沙窝地小区棱角状砂岩基本为不含油砂岩，油浸油斑砂岩磨圆度主要为次棱角状；莫西庄小区油浸油斑砂岩磨圆度主要为次圆至次棱角状，荧光砂岩和油迹砂岩磨圆度主要为次圆（图10）。尽管统计数据在一定程度上受取样所限，但这一结果从一定程度上反映出研究区不同含油性砂岩在分选和磨圆上的规律性；研究区目的层砂岩均以次棱角状、次圆状砂岩为主，分选好至中等。不同含油性砂岩在结构上分异性明显，粒度较粗、分选较好、磨圆较好的砂岩中油浸油斑砂岩所占比例较高，不含油砂岩多数表现为粒度较细、分选较差、磨圆一般等特征。

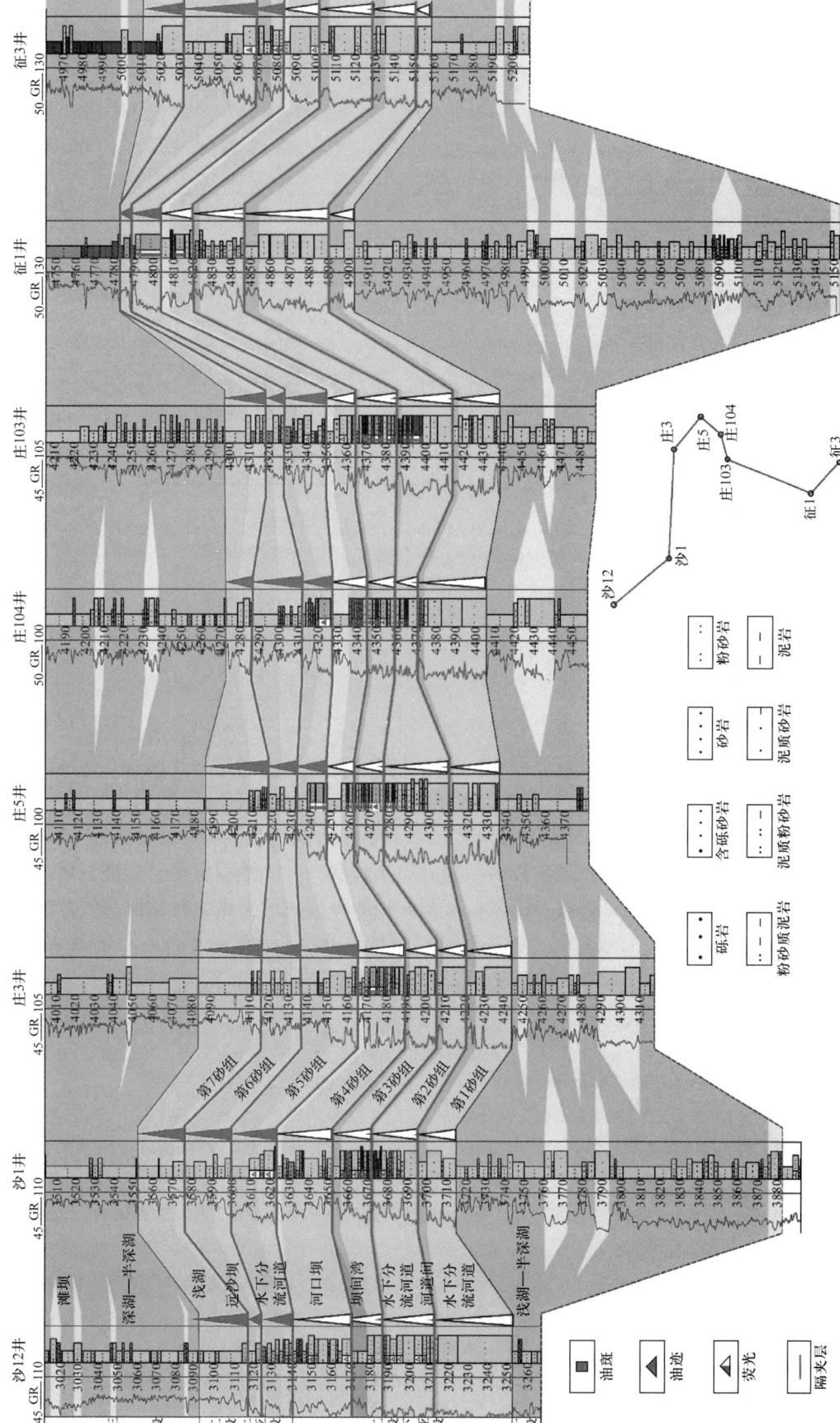

图 9 准噶尔盆地腹部西侧三工河组二段储层层内稳定分布的 7 套致密泥岩隔层

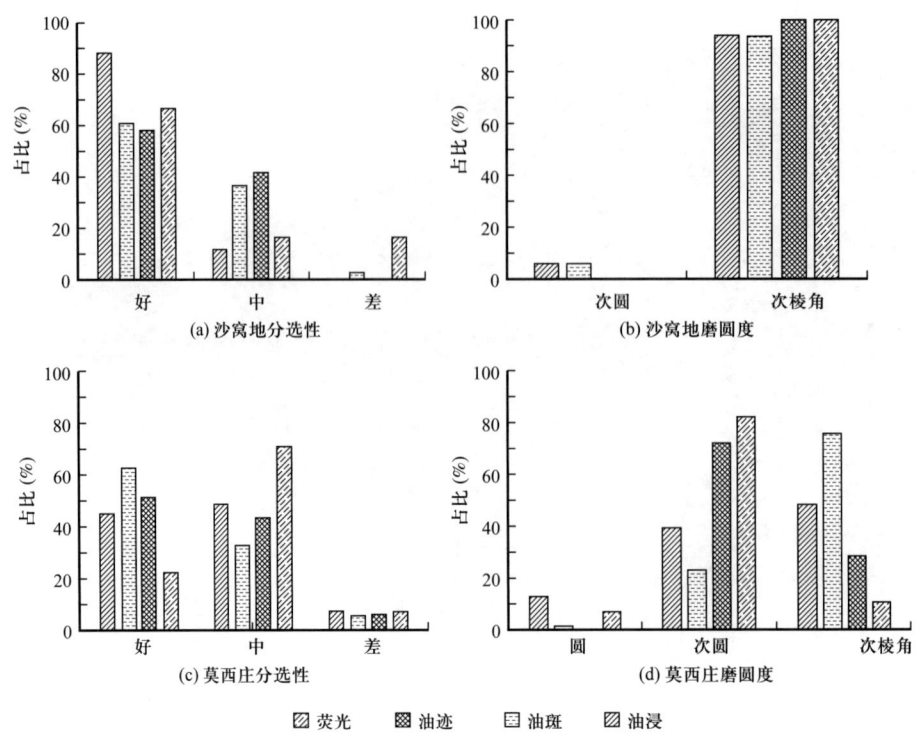

图 10 准噶尔盆地腹部西侧沙窝地和莫西庄含油砂岩分选性和磨圆度对比

4 结论

（1）准噶尔盆地腹部侏罗系三工河组主要发育辫状河三角洲沉积砂体，主要以岩屑长石砂岩和长石岩屑砂岩为主，成分成熟度较低、结构成熟度中等，整体为低孔低渗透型储层。北部沙窝地小区和中部莫西庄小区三工河组储层埋深相对较浅，主要以中粗孔喉和较细孔喉的原生（残留）孔隙为主；南部征沙村小区埋藏较深，以细孔喉和微孔喉的次生孔隙及微裂缝发育为特色。

（2）影响研究区三工河组二段储层物性的主控因素主要包括埋深差异、地温梯度、塑性岩屑含量及沉积微相等。埋藏深度为影响储层发育的首要因素；沉积微相和砂体成因类型为控制储层发育的基础；低地温梯度延迟了压实效应等，有效保存了原生孔隙；结构成熟度和成分成熟度、软岩屑含量、储层的隔层和夹层因素，即储层的非均质性在某种程度上影响砂体的储集性。

参 考 文 献

[1] 陈发景, 汪新文, 汪新伟. 准噶尔盆地的原型和构造演化 [J]. 地学前缘, 2005, 12 (3): 77-89.
[2] 马宗晋, 曲国胜, 李涛, 等. 准噶尔盆地盆山构造耦合与分段性 [J]. 新疆石油地质, 2008, 29 (3): 271-277.
[3] 赵淑娟, 李三忠, 刘鑫, 等. 准噶尔盆地东缘构造: 阿尔泰与北天山造山带交接转换的陆内过程 [J]. 中国科学: 地球科学, 2014, 44 (10): 2130-2141.
[4] 许淑梅, 李萌, 王金铎, 等. 准噶尔盆地腹部下侏罗统三工河组旋回样式及砂体叠置规律 [J]. 古地理学报, 2020, 22 (2): 221-234.
[5] 庞志超, 焦悦, 袁波, 等. 准噶尔盆地南缘二叠—三叠纪原型盆地性质与沉积环境演化 [J]. 地质学报, 2020, 94 (6): 1813-1838.
[6] 邱楠生. 中国西部地区沉积盆地热演化和成烃史分析 [J]. 石油勘探与开发, 2002, 29 (1): 6-8.
[7] 赵文智, 靳久强, 薛良清. 中国西北地区侏罗纪原型盆地形成与演化 [M]. 北京: 地质出版社, 2000.
[8] 张福顺, 朱允辉, 王芙蓉. 准噶尔盆地腹部深埋储层次生孔隙成因机理研究 [J]. 沉积学报, 2008, 26 (3): 469-478.

［9］吴海生，郑孟林，何文军，等.准噶尔盆地腹部地层压力异常特征与控制因素［J］.石油与天然气地质，2017，38（6）：1135-1146.

［10］张冬玲，鲍志东，王建伟，等.准噶尔盆地中部下侏罗统三工河组二段沉积相及储层特征［J］.古地理学报，2005，（2）：185-196.

［11］杜秀娟，刘月萍，郭莉，等.莫西庄油田三工河组油气成藏主控因素分析［J］.西南石油大学学报（自然科学版），2008，30（1）：1-4.

［12］崔金栋，郭建华，李群.准噶尔盆地莫西庄地区侏罗系三工河组层序地层学研究［J］.中南大学学报（自然科学版），2012，43（6）：2222-2230.

［13］匡立春，雷德文，唐勇，等.准噶尔盆地侏罗—白垩系沉积特征和岩性地层油气藏［M］.北京：石油工业出版社，2013.

［14］陈林，许涛，张立宽，等.准噶尔盆地中部1区块侏罗系三工河组毯砂成岩演化及其物性演化分析［J］.东北石油大学学报，2013，37（5）：10-16.

［15］张江华，刘传虎，朱桂林，等.准中1区三工河组低渗储层特征及成岩作用演化［J］.断块油气田，2014，21（5）：590-593.

［16］胡才志，张立宽，罗晓容，等.准噶尔盆地腹部莫西庄地区三工河组低孔渗砂岩储层成岩与孔隙演化研究［J］.天然气地球科学，2015，26（12）：2254-2266.

［17］金若时，程银行，杨君，等.准噶尔盆地侏罗纪含铀岩系的层序划分与对比［J］.地质学报，2016，90（12）：3293-3309.

［18］孟蕾，王敏，关丽，等.莫西庄油田侏罗系三工河组储层四性关系研究［J］.地质论评，2019，65（S1）：167-168.

［19］胡瀚文，张元元，郭召杰，等.准噶尔盆地南缘深层侏罗系储层沥青成因及其对油气成藏得启示［J］.地质学报，2020，94（6）：1883-1895.

［20］王杰青，许淑梅，任新成，等.准噶尔盆地腹部西侧侏罗系三工河组储层成岩作用及控制因素［J］.石油学报，2021，42（3）：319-331.

［21］徐小童，张立宽，冶明泽，等.深层砂岩储层成岩作用差异性及与储层质量的关系——以准噶尔盆地中部征沙村地区侏罗系为例［J］.天然气地球科学，2021，32（7）：1022-1036.

［22］李忠，彭守涛.天山南北麓中—新生界碎屑锆石U-Pb年代学记录、物源体系分析与陆内盆山演化［J］.岩石学报，2013，29（3）：739-755.

［23］徐学义，王洪亮，陈隽璐.中国天山及邻区地质［M］.北京：地质出版社，2015.

［24］路成.准噶尔盆地中部1、3区块老井测井二次解释研究［D］.乌鲁木齐：新疆大学，2016.

［25］林会喜，王建伟，曹建军，等.准噶尔盆地中部地区侏罗系压扭断裂体系样式及其空藏作用研究［J］.地质学报，2019，93（12）：3259-3268.

［26］赵虹，党犟，党永潮，等.安塞油田延长组储集层特征及物性影响因素分析［J］.地球科学与环境学报，2005，27（4）：45-48.

［27］何幼斌，王文广.沉积岩与沉积相［M］.北京：石油工业出版社，2007.

［28］寿建峰，张惠良，斯春松，等.砂岩动力成岩作用［M］.北京：石油工业出版社，2005.

［29］高崇龙，纪友亮，高志勇，等.准噶尔盆地腹部深层储层物性保存过程多因素耦合分析［J］.沉积学报，2017，35（3）：577-591.

［30］寿建峰，朱国华.砂岩储层孔隙度保存的定量预测研究［J］.地质科学，1998，33（2）：244-250.

［31］张曰静.准噶尔盆地腹部下侏罗统三工河组物源体系分析［J］.新疆石油地质，2012，33（5）：540-542.

原文发表于《地质评论》2022年第1期

准噶尔盆地腹部两类走滑断裂带及其构造变形样式

王建伟　鲍　军　曹建军　赵乐强　曾治平　宫亚军　李守济　李松涛

（中国石化胜利油田分公司勘探开发研究院）

摘　要：走滑断裂带对中国西部压扭性叠合盆地大中型油气田形成与分布具有重要的控制作用，也是研究难点之一。基于高密度三维地震资料，本文采用多种地震构造解析技术，瞄准噶尔盆地腹部侏罗系开展了精细走滑断裂带解释和变形样式分析。在燕山Ⅱ幕构造活动期，侏罗系发育了 NWW 向左行压扭性和 NE 向左行张扭性两类走滑断裂带。它们都是由 4 组剪切断层复合而成，共同遵从左行简单剪切模式，但几何学特征和构造属性差异很大。NWW 和 NE 向走滑断裂带不存在共轭剪切关系，而是在钝夹角区（135°左右）普遍具有弧形联合与归并趋势。在构造变形中，两类同期左行走滑断裂带弧形联合控制了变形区域旋扭形变和剪切破裂，构成了一个大尺度"面"状旋扭构造体系。旋扭构造变形样式对中亚陆内造山带研究具有一定借鉴意义，也为压扭盆地的油气勘探实践提供了新思路。

准噶尔盆地处于中亚造山带的西南部，其形成和演化不仅与古亚洲洋域的持续俯冲消减、多个微板块拼合等作用直接相关，同时也受到了南部特提斯域远程效应的影响[1]。长期以来盆地周缘的造山带是研究热点地区，前人也已取得了较为丰硕的成果[2-5]，但对盆地腹部认知程度相对较低。吴晓智等[6]、佟殿君等[7]在油气勘查中，开展了车—莫古隆起形成过程分析，发现盆地腹部在中—晚侏罗世存在着强烈构造运动。朱文等[8]采用碎屑锆石年代学方法进一步厘定了侏罗系主要构造活动时期为晚侏罗世，碎屑锆石年龄结果显示在 161—153Ma 之间。前期受地震资料品质限制，油气勘探研究人员更多关注腹部侏罗系隆褶带的形成与演化问题，认为侏罗系不发育断层[6]，也未开展进一步精细解释工作。

近几年在盆 1 井西、滴南、阜康及玛湖凹陷周缘大量断层被解释出来[9-11]。林会喜等[12]进一步指出走滑断层呈多个走向发育，并且组合在一起形成了多条走滑断裂带。尽管人们在多个构造单元加强了走滑断层解释，但缺乏针对不同类型断裂带的精细解析案例，典型几何学样式不明确。另外，不同类型压扭断裂带是同期构造活动形成的，抑或是叠合改造所致也值得分析，这制约了陆内构造活动特征研究。国内外学者在 20 世纪 90 年代初期就正式提出了关于陆内造山带的相关论述，对其活动特征和动力机制等方面都开展了积极探索[13-17]。准噶尔盆地腹部是开展中亚造山带陆内构造活动研究的天然实验室，加强不同类型压扭断裂带精细解释，对于认识腹部构造活动方式及成因机制具有很好的启示性。

压扭断裂带作为油气垂向输导的重要通道，控制着油气成藏与分布规律。随着准噶尔盆地油气勘探重点领域由盆缘造山带向盆地腹部转移，压扭断裂带成为了中、浅层系油气勘探潜力评价的重要区域。在准噶尔盆地腹部，侏罗系油气勘探的关键就在于断裂带有效输导油气[9]，特别是需要明确不同走向断裂带的发育特征及构造属性差异。因此，查明板（陆）内不同类型断裂带发育特征及其成因机制不仅是中亚造山带研究的一项重要内容，也是"十四五"期间在中国西部压扭性叠合盆地寻找一批大中型油气田的战略需求。

基于高密度三维地震采集区压扭断裂带的精细解析工作，本文阐明了准噶尔盆地腹部地区侏罗系两类走滑断裂带的发育特征及其展布规律，提出了一种板（陆）内构造变形样式，以期服务于油气勘探实践活动。

1　地质背景

准噶尔盆地位于中国新疆西北部，被夹持在东北缘阿尔泰造山带、南缘天山造山带和西北缘扎伊尔—哈拉阿拉特造山带之间，总体呈不规则三角形展布（图1）。盆地经历了海西、印支、燕山和喜马拉雅期构造活动的叠合演化，在中石炭世—二叠纪总体呈现造山后伸展裂陷特征[18-19]；在三叠纪—侏罗纪盆地进入陆内坳陷演化阶段，多个次级构造单元联合在一起[20]，从而形成了一个较为统一的大盆地（图1）。笔者在前期对多条区域地震剖面解释发现，侏罗系顶部存在区域性削截不整合：在东部主要剥蚀上侏罗统齐古组（J_3q），向西逐渐剥蚀中侏罗统头屯河组（J_2t）和西山窑组（J_2x），在沙湾凹陷附近已剥至下侏罗统三工河组（J_1s）（图2）。由此说明，准噶尔盆地腹部在侏罗纪末发生了一次强烈陆内构造活动。侏罗纪末陆内构造活动在东亚大陆是一个重大的变革时期，对诸多盆地的地质地貌、矿产资源和气候生态等都产生了深远影响[21]，这也对应于翁文灏[22]提出的燕山Ⅱ幕。

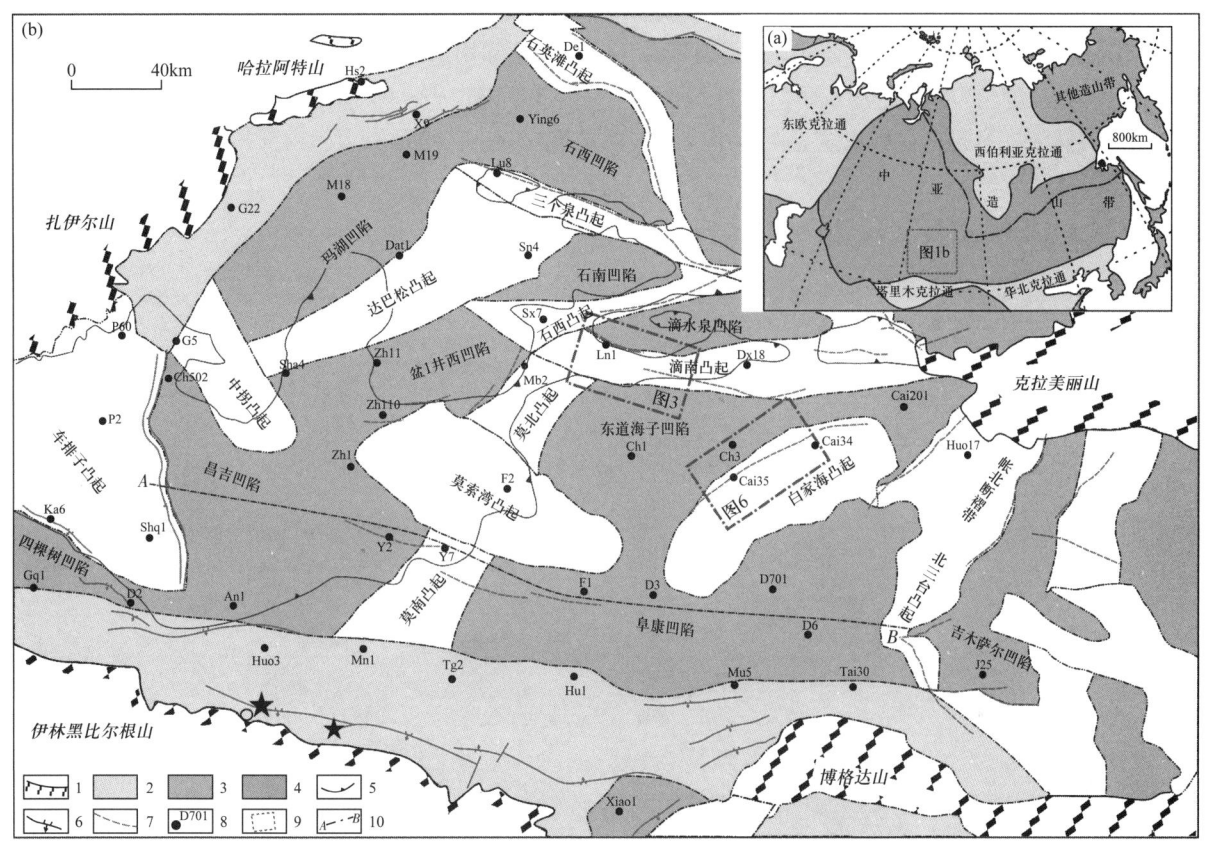

图1 中亚造山带简图（a）和研究区地理位置（b）

1—盆缘造山带；2—山前断褶带；3—盆内凹陷带；4—盆内隆褶带；5—J_2t剥蚀区界线；6—盆缘断层；7—盆内压扭断裂带；8—探井；9—断裂带精细解释区；10—剖面线位置

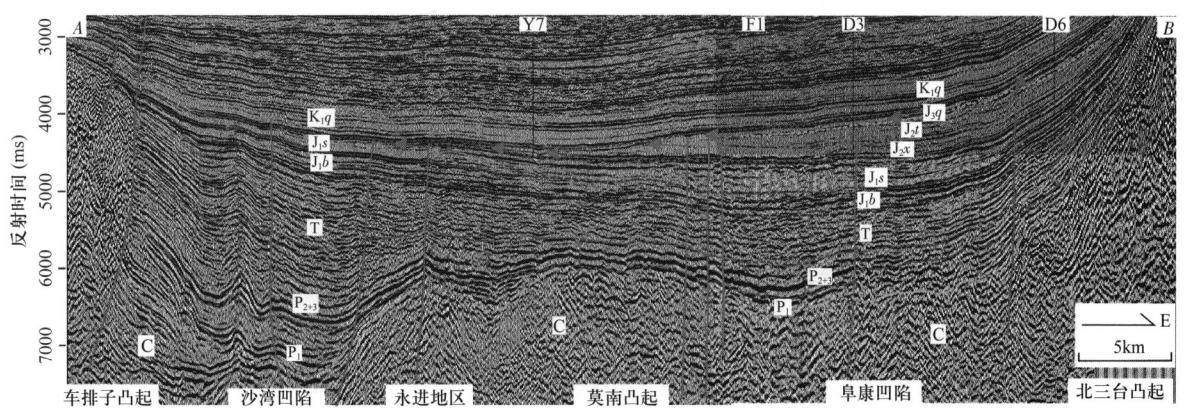

图2 准噶尔盆地南部近东西向地震解释剖面

盆地腹部存在多个石炭系继承性古凸起和凹陷，总体具有"棋盘格"状构造格局。诸多凸起呈两个走向展布：其中一组为NWW向，有三个泉、滴南、车排子、中拐和莫索湾凸起；另一组为NE向展布，如白家海、石西、莫北和达巴松凸起等。在侏罗纪末陆内构造活动中，不同走向凸起普遍发生了再次隆升，自石炭系至侏罗系多套地层被卷入其中。相比于NE向凸起，NWW向凸起隆升幅度更大，处于该构造层顶部的侏罗系剥蚀程度最高，因此很多学者将NWW向展布的车排子、中拐和莫索湾地区统称为车—莫古隆起[23]。依据腹部凸起的继承性活动特征分析，燕山Ⅱ幕构造活动的远场作用很深，是触及盆地基底的差异隆升，并引发了侏罗系顶部区域性剥蚀。

侏罗系不缺乏大型走滑断裂带，但规模较大、延伸距离较长的单条大断层并不发育[12,24]。大型断裂带主要分布在凸起和凹陷的结合部位，是由几组不同走向、高倾角的小断层复合而成。断裂带总体呈NWW和NE两个走向展布，但不同走向断裂带的几何学特征和构造属性有差异。同时，在各个凹陷内部也发育了大量高倾角小型走滑断层，只是自基底向浅层传播范围较小，尚未断至侏罗系顶部。准噶尔盆地腹部走滑断裂带发育特征比较复杂，解析难度较大，是探究陆内构造活动方式及变形样式的关键所在。

2 两类同期走滑断裂带发育特征

2.1 NWW向压扭性断裂带

与研究区NWW向展布的基底古凸起相对应，在其南、北两侧都发育了一些NWW走向的断裂带。滴南凸起的侏罗系沿层地震相干切片揭示，断裂带具有较为清晰的NWW向线状延伸特点，延伸距离可超过60km，但并不能整体贯穿NE向展布的石西凸起（图3）。断裂带主要由4组不同走向的小断

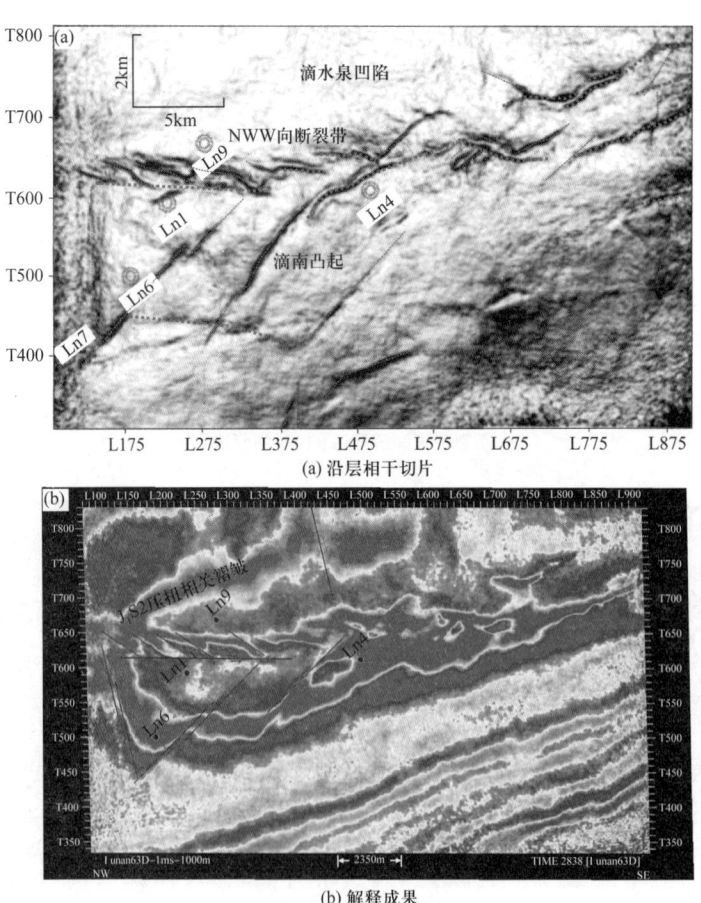

图3 NWW向压扭性断裂带沿层相干切片和等时间切片解释成果（切片位置见图1）

层复合而成：其中1组断层沿着断裂带总走向呈"分段"发育，有2组断层与断裂带总走向呈小角度斜交与归并，还有1组断层与断裂带总走向呈大角度斜交。利用等时间地震切片对4组小型断层的走滑方向进行分析，查明了与断裂带总走向呈小角度斜交的2组断层为左行走滑，而与断裂带总走向近乎垂直的1组断层为右行走滑。

从LN1井东侧一条近垂直断裂带走向地震剖面可以看出，喜马拉雅期叠合演化导致地层大规模南倾，但对白垩系底层拉平后可以恢复燕山Ⅱ幕陆内构造特征。伴随石炭系基底大规模卷入及厚皮褶皱带的形成，同期形成的几组断层共同构成了一个复合"花"状剪切破碎带（图4）。综合几何学和运动学特征来看，NWW向断裂带遵从左行简单剪切模式[25]。诸多小断层围绕走滑断裂带平面呈羽列状组合，控制了断裂带两盘剪切破碎岩块的规则排列。其中，东北盘P剪切破碎岩块沿着断裂带左列叠置，在局部地区呈现挤压叠瓦扇构造样式；西南盘R剪切破碎岩块沿着断裂带右列展布，具有"书斜"状构造特征（图5）。

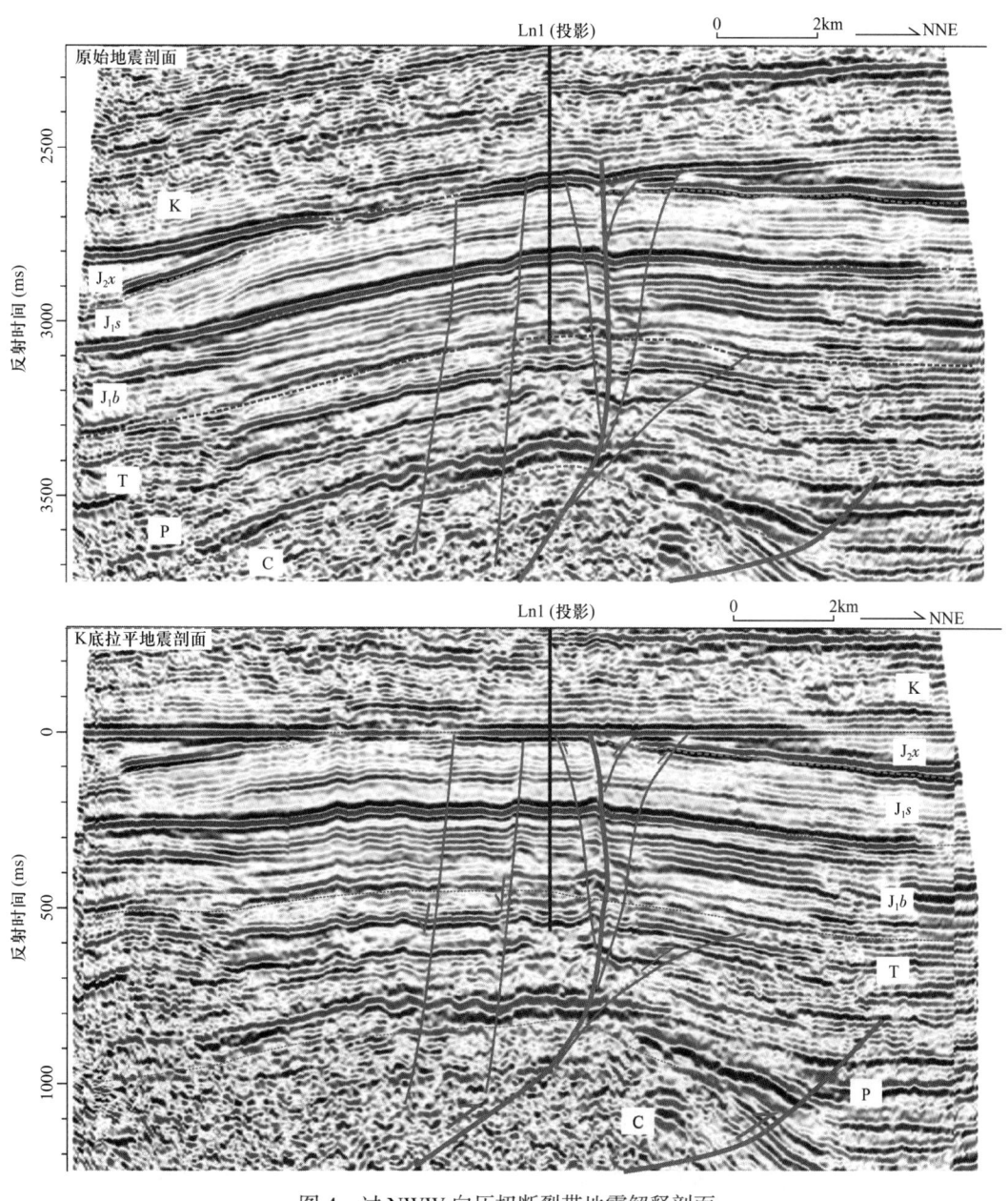

图4 过NWW向压扭断裂带地震解释剖面

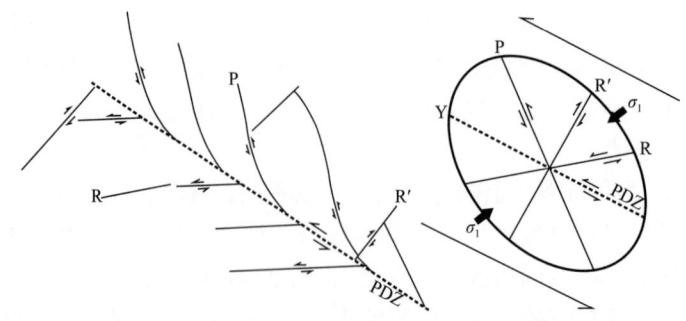

图 5 NWW 向压扭性断裂带简单剪切模式

NWW 断裂带对应压扭应变的主滑移带（PDZ），剪切破碎强烈，在其两侧大量发育了 NE 向左行 R 剪切断层和 NW 向左行 P 剪切断层，而 NNE 向右行 R′ 剪切断层相对不发育。NWW 向走滑断裂带伴有大量 P 剪切断层和压扭相关褶皱，侏罗系顶部剥蚀程度较高，展现出了明显的压扭构造属性。

2.2 NE 向张扭性断裂带

在 NE 向展布的白家海和莫北等凸起南、北两侧，发育一些 NE 向走滑断裂带。通过白垩系底层拉平技术开展了断裂带分期、配套研究，查明 NE 向和 NWW 向断裂带都是在晚侏罗世形成的，具有同期发育特点。白家海凸起周缘大量沿层相干切片和等时间切片成果资料揭示，NE 向断裂带也是由 4 组断层复合而成（图 6）。在准噶尔盆地腹部的多个次级构造单元，4 组断层走向及走滑活动基本一致，它们差异组合在一起就构成了不同走向的复杂断裂带。

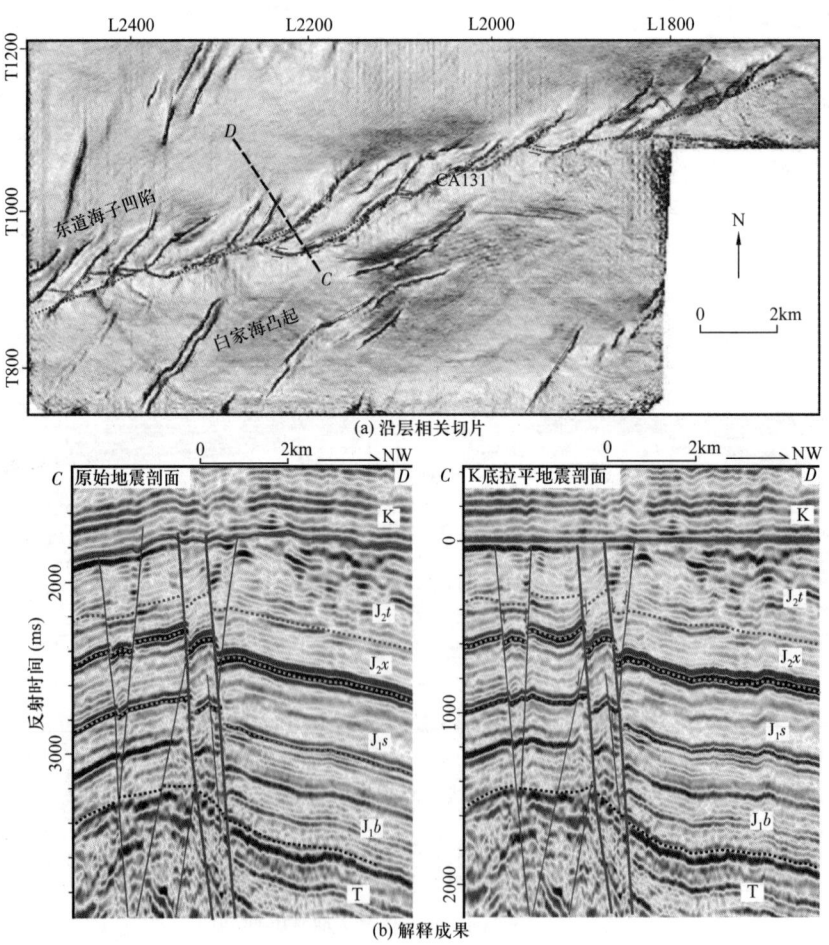

图 6 NE 向张扭性断裂带沿层相关切片及地震剖面解释成果（切片位置见图 1）

相比 NWW 向断裂带，NE 向断裂带同样遵从左行简单剪切模式，但 4 组断层发育程度和组合样式出现了很大差异（图 7）。R 左行剪切断层和反向调节 R′ 剪切断层更加发育，主滑移带（PDZ）主要发育在左行 R 剪切断层的阶区，同向 P 剪切断层相对不发育。NE 向雁列状展布的左行 R 剪切断层与 NWW 向左行主滑移带（PDZ）在阶区发生了联合与归并，导致了多个阶区被贯穿。因此，NE 向断裂带总走向并不受主滑移带（PDZ）的控制，主要是受到了雁列状左行 R 剪切断层的控制。同时，R′ 剪切断层大量发育，与 NE 向断裂带呈 30°左右夹角，在断裂带整体左行走滑过程中起到了反向调节作用。

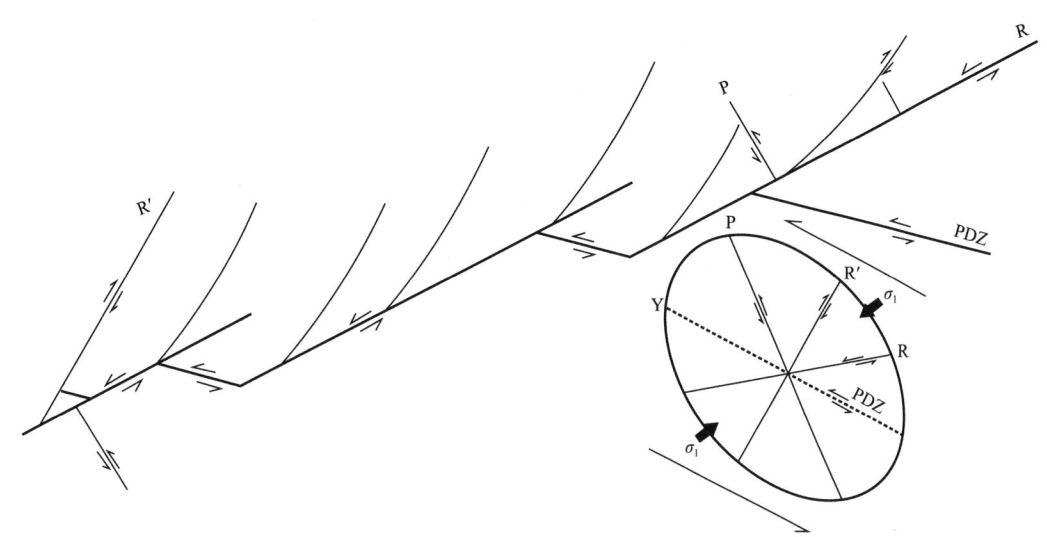

图 7　NE 向张扭性断裂带简单剪切模式

尽管整条断裂带缺乏延伸距离较长的单条大断层，但具有较为清晰的线状延伸特点，延伸距离可超过 50km。NE 向断裂带西北盘大量发育了左列 R′ 剪切断层，西南盘 P 剪切断层并不发育，因此只在西北盘呈现了羽列状组合样式。从一条 NNW 向地震剖面看，R 和 R′ 相间分布，发育多个伸展性"断阶"，局部展现出明显的"负花"状组合样式，反映了 NE 向断裂带整体具有张扭构造属性。

2.3　两类走滑断裂带平面展布特征

通过研究区东部多片三维地震连片解释发现，北东向展布的凸起区主要发育了一些 NE 向张扭断裂带，而北西向凸起区更多发育 NWW 向压扭断裂带（图 8）。两类走滑断裂带基本构成了准噶尔盆地腹部侏罗系断裂体系格架，与盆内凸、凹相间的构造格局有很好的对应关系。两类走滑断裂带总走向差异较大，钝夹角约 135°，但在平面上很少见到"X"形交叉切割关系，更多呈现弧形联合与归并的特点。例如，在白家海凸起上 NE 向断层向西延伸至莫索湾凸起附近，与 NWW 向断层归并在一起，总体构成了一条大型弧形断裂带。

无论是 NWW 向压扭性断裂带还是 NE 向张扭性断裂带都是左行走滑活动，在运动学上彼此间不存在反向调节作用，二者反向调节断层都处于 NNE 方位上（R′ 断层）。NE 向张扭性断裂带并没有被 NWW 向压扭性断裂带断开，而是在阶区与 NWW 向断裂带联合在一起，从而多个阶区被贯穿；NWW 向压扭性断裂带也没有被 NE 向张扭性断裂带切割成"X"形组合关系，而是呈羽列状组合在一起。在同一变形区域，两类剪切带更容易出现弧形联合和归并趋势，而不是相互"X"形断切，这应该与它们左行走滑性质有关，在运动学上很容易在钝夹角区归并到一起。

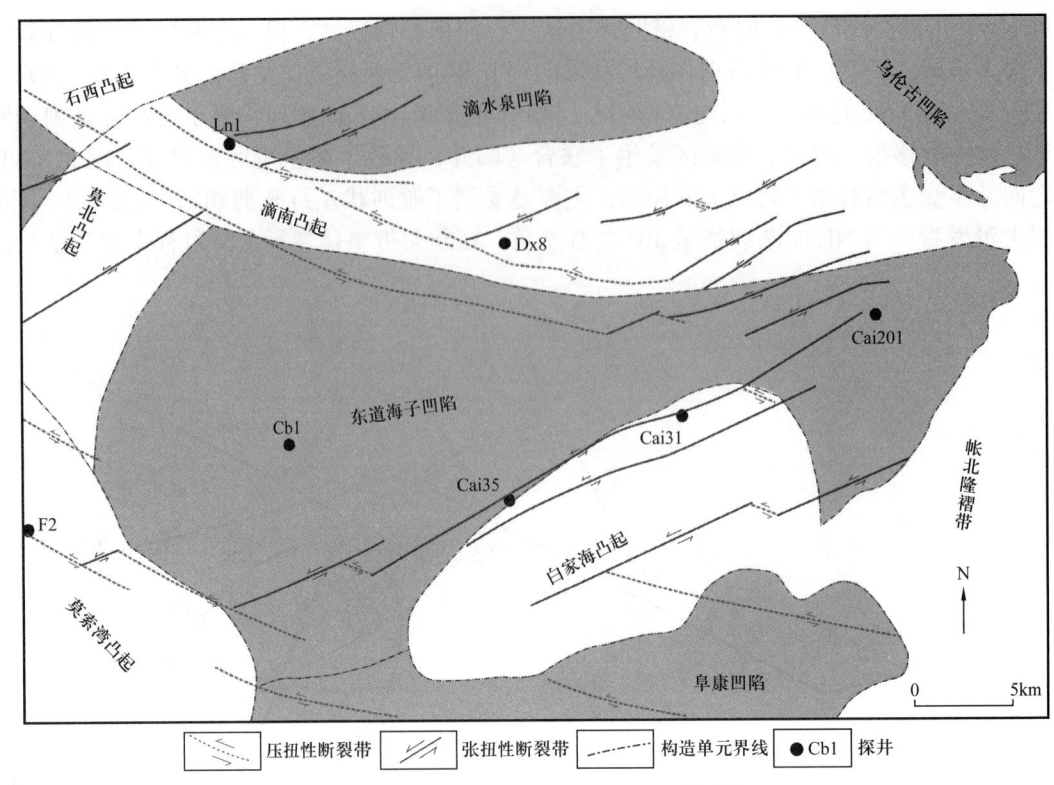

图 8 研究区东部两类同期走滑断裂带分布

3 讨论

燕山运动是东亚板块内及诸多盆地腹部发生强烈构造活动的典型，近百年来前人围绕华北地台的燕山、辽西及大别山等地区开展了大量研究工作，但对于陆内造山带的构造活动方式仍有很多分歧，众说纷纭[26-27]。板内变形是研究板块相对运动最直接依据，能够明确板块运动的方式、方向乃至运动量，这较其他的依据和推测更为可靠[15]。在准噶尔盆地腹部侏罗系所描绘的两类走滑断裂同期形成，都具有左行走滑剪切破裂特征，这为燕山Ⅱ幕陆内构造活动方式研究提供了一定依据。

3.1 关于两类走滑断裂带成因机制

走滑断裂带的形成受到区域应力场、边界条件和岩石物理性质等诸多因素共同影响，成因机制比较复杂。长期以来构造地质学领域广泛采用经典的莫尔—库仑准则来解释纯剪切断层的形成，即剪切断裂面与主压应力轴间的夹角一般为30°左右，共轭断裂面的夹角为60°左右（图9a）。Zheng等[28]通过大量野外勘查，发现一些走滑断裂带发育特征与莫尔—库仑准则存在不相容现象，进而提出了最大有效力矩准则。该准则认为最大有效力矩应出现在主应力轴（σ_1）两侧54.7°±10°区间范围内，两组共轭剪切断层的钝角分线对应着最大主应力（σ_1）方位（图9b）。无论是莫尔—库仑破裂准则还是最大有效力矩准则，主要诠释了共轭纯剪切断层（带）的成因机制问题，理论上应属于共轴挤压—伸展变形范畴。

Johnson[29]、Price和Cosgrave[30]通过对韧性剪切带的野外勘查，发现同期形成的两组韧性剪切带并不总是呈共轭剪切关系。研究区两类走滑断裂带与简单剪切模式具有较高的符合程度，说明晚侏罗世陆内构造活动方式应属于非共轴压扭变形。受燕山Ⅱ幕构造应力场控制，同期形成的两类走滑断裂带都具有左行走滑特征，运动学上不存在共轭剪切关系。最大水平主应力轴（σ_1）处于两类走滑断裂带的钝角区，但并不是位于钝角分线上，这点和最大有效力矩准则不相容。最大主应力轴（σ_1）与张扭性断裂带呈锐夹角关系，与压扭性断裂带呈钝夹角关系（图9c）。因此，两类左行走滑断裂带的形成都是受区域应力场控制，它们之间不存在从属关系。NE 向张扭性断裂带不受 NWW 向压扭性断裂带的局部应力—应变场调节，反之亦然。

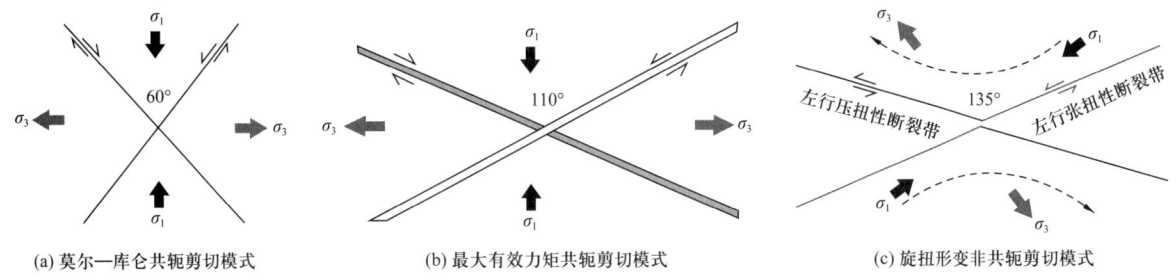

(a) 莫尔—库仑共轭剪切模式　　(b) 最大有效力矩共轭剪切模式　　(c) 旋扭形变非共轭剪切模式

图 9　同期形成两组走滑断裂带的不同成因模式

3.2　关于大尺度旋扭剪切样式

基于物理模拟实验，经典简单剪切（里德尔）模式揭示了大型线状走滑断裂带沿着主滑移带（PDZ）方位发育，并控制了区域性剪切应变[25, 31]。长期以来在经典的简单剪切模式指导下，勘探家们试图在准噶尔盆地腹部找到燕山 II 幕构造运动的主走滑（PDZ）方位，但同期发育的两类走滑断裂带给解释带来了很大困扰[32]。在诸多次级构造单元内两类走滑断裂带普遍发育，但截至目前尚未解释出能够整体贯穿研究区的 NWW 向或 NE 向大型线状走滑断裂带。两类走滑断裂带在各个次级构造单元间普遍发生归并与联合，所形成的弧形断裂带可以跨过多个次级构造单元呈区域性展布。多期构造叠合演化形成的一些弧形构造及断裂带已得到构造地质学家们的普遍认同，但同期形成的两类断裂带发生归并与联合，以及联合而成的大型弧形断裂带需给予重视，这给陆内构造活动方式研究带来了一些新启示。

弧形断裂带将准噶尔盆地腹部分割成多个顺时针旋扭块体，大尺度呈现"面"状，而不是"线"状剪切破裂。在区域性压扭构造活动中，弧形断裂带一端汇聚，另一端逃逸，这分别对应 NWW 和 NE 向两类走滑断裂带（图 10）。因此，准噶尔盆地腹部陆内构造活动方式具有同期压扭和张扭应变共

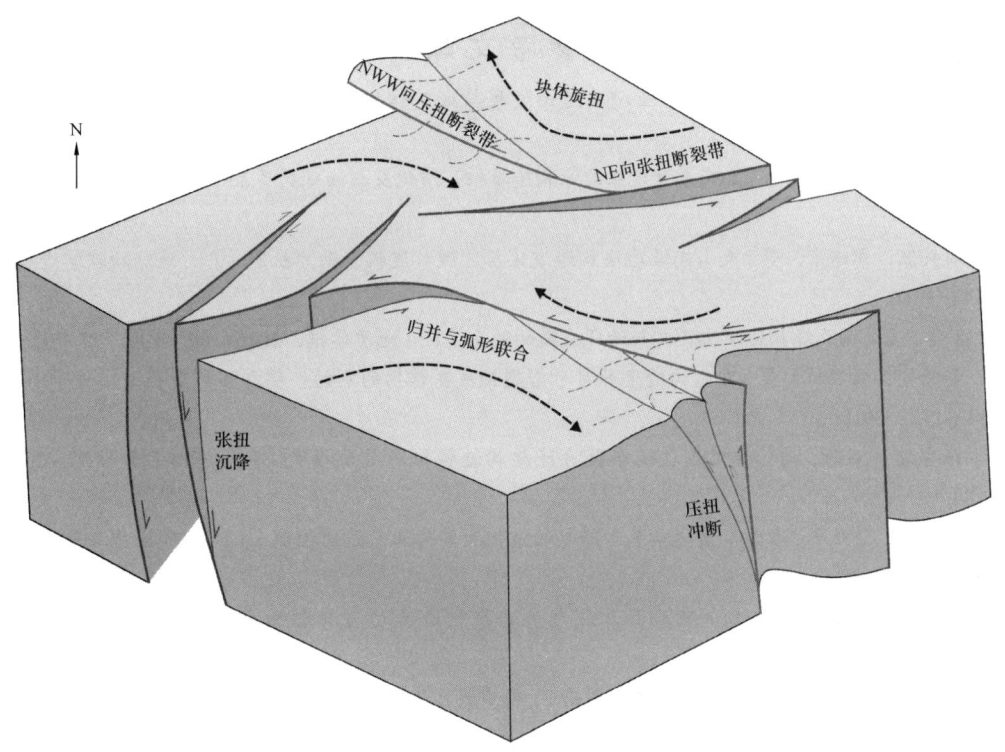

图 10　准噶尔盆地腹部大尺度旋扭构造活动示意

存的特点，而且二者所处方位并不完全垂直。宋鸿林[33]认为在华北地台燕山Ⅱ幕构造多以"面状散布"为主，没有构造运动极性特征，这与准噶尔盆地腹部侏罗系构造图像十分类似。最为典型的实例就是车—莫古隆起，有些学者认为它是受NW—SE向压扭成因控制的相关褶皱[34]；有些学者认为它是多种成因的复合构造[35]，还有学者认为它根本就不是一个皱褶[36]。依据"面"状旋扭变形样式分析，车—莫古隆起是由NWW向和NE向走滑断裂及相关褶皱联合控制的，具有"面状散布"特点，横看成岭侧成峰也是在所难免。

总之，两类断裂带弧形归并与联合是线剪切与角剪切应变协同作用的结果，就动力学机制而言更容易引起陆（盆）内大规模构造活动和形变。陆内构造活动方式是以大型"线"状剪切形变，还是以区域性"面"状旋扭形变为主导的？这很值得商榷，直接影响到中国西部大盆地腹部构造解释方案，以及流体矿产资源勘查思路的制定。

4　结论与探讨

（1）准噶尔盆地腹部广泛发育小型走滑断层，但缺乏延伸距离较远的单条大断层，它们组合在一起形成了NWW和NE向两类走滑断裂带。两类断裂带主要分布在盆地腹部凸、凹结合部位，都形成于晚侏罗世陆内构造活动时期。

（2）NWW向断裂带主要由左行主滑移带（PDZ）与同向P、R剪切断层组合而成，具有左行、压扭构造属性；NE向断裂带主要由左行雁列状R剪切断层、反向R′剪切断层及主滑移带（PDZ）组合而成，具有左行、张扭构造属性。

（3）两类左行走滑断裂带归并与联合形成的大型弧形走滑断裂带，把准噶尔盆地腹部分割成诸多顺时针旋扭块体。晚侏罗世陆内构造活动方式呈现大尺度的"面"状旋扭，但在各次级构造单元内小尺度表现为"线"状简单剪切特征。

（4）准噶尔盆地腹部油气分布规律已超出了线状走滑断裂带控藏作用的研究范畴，对于旋扭构造变形样式还有待开展更进一步分析和论证，从而更好地服务于油气勘探实践活动。

参 考 文 献

[1] 肖文交，宋东方，BRIAN F W，等.中亚增生造山过程与成矿作用研究进展[J].中国科学（D辑），2019，49（10）：1512-1545.

[2] 姜耀俭，杨丙中，王岫岩，等.准噶尔盆地东北缘构造特征、演化及与油气的关系[J].地质学报，2002，76（4）：462-468.

[3] 刘玉虎，刘兴旺，郑建京，等.天山南北地块构造演化与地幔对流耦合动力机制[J].地球物理学进展，2011，26（5）：1544-1556.

[4] 隋风贵.准噶尔盆地西北缘构造演化及其与油气成藏的关系[J].地质学报，2015，89（4）：779-793.

[5] 宋继叶，秦明宽，蔡煜琦，等.准东构造隆升对砂岩型铀成矿作用的制约：磷灰石裂变径迹证据[J].地球科学，2019，44（11）：3910-3925.

[6] 吴晓智，张年富，石昕，等.准噶尔盆地车莫古隆起构造特征与成藏模式[J].中国石油勘探，2006，11（1）：65-68，84.

[7] 佟殿君，任建业，任亚平.准噶尔盆地车莫古隆起的演化及其对油气藏的控制[J].油气地质与采收率，2006，13（3）：39-42.

[8] 朱文，王任，鲁新川，等.准噶尔盆地西北腹部燕山期构造活动与沉积响应[J].地球科学，2021，46（5）：1692-1709.

[9] 朱峰，瞿建华，于宝利，等.准噶尔盆地腹部石南21井油藏再认识[J].新疆石油地质，2017，38（6）：673-677.

[10] 程长领.准噶尔盆地中部4区块走滑断裂特征及石油地质意义[J].中国石油大学胜利学院学报，2018，32（1）：8-10.

[11] 陈永波,程晓敢,张寒,等.玛湖凹陷斜坡区中浅层断裂特征及其控藏作用[J].石油勘探与开发,2018,45(6):985-994.

[12] 林会喜,王建伟,曹建军,等.准噶尔盆地中部地区侏罗系压扭断裂体系样式及其控藏作用研究[J].地质学报,2019,93(12):3259-3268.

[13] MARTIN H. Alternative Geodynamic Models for the Damara Orogeny[C]. In: Martin, H. Eder, F. W. eds. Intracontinental Fold Belts. Springer-Verlag, Berlin, 1983.

[14] 葛肖虹.华北板内造山带的形成史[J].地质论评,1989,35(3):254-261.

[15] 李东旭.板内扭压造山机制[J].地学前缘,1999,6(4):317-322.

[16] 张长厚.初论板内造山带[J].地学前缘,1999,6(4):295-308.

[17] 舒良树.陆内造山带特征及其动力学讨论[J].地质学报,2021,95(1):98-106.

[18] 吴庆福.准噶尔盆地构造演化与找油领域[J].新疆地质,1986,4(3):1-19.

[19] 陈发景,汪新文,汪新伟.准噶尔盆地的原型和构造演化[J].地学前缘,2005,12(3):77-89.

[20] 何登发,陈新发,况军,等.准噶尔盆地车排子—莫索湾古隆起的形成演化与成因机制[J].地学前缘,2008,15(4):42-55.

[21] 董树文,吴锡浩,吴珍汉,等.论东亚大陆的构造翘变:燕山运动的全球意义[J].地质论评,2000,46(1):8-13.

[22] 翁文灏.中国东部自中生代以来的地壳运动及火山活动[J].中国地质学会志,1927,6(1):9-36.

[23] 贾庆素,尹伟,陈发景,等.准噶尔盆地中部车—莫古隆起控藏作用分析[J].石油与天然气地质,2007,28(2):257-265.

[24] 刘俊榜,李培俊,胡智,等.准噶尔盆地东部地区燕山运动期断裂控藏机制[J].新疆石油地质,2014,35(1):5-11.

[25] RIDEL W. Zur Mechanic Geologischer Brucherscheinungen[J]. Zentralblatt für Mineralogie, Geologie and Paläontologie, 1929(8): 345-368.

[26] 崔盛芹.论全球性中-新生代陆内造山作用与造山带[J].地学前缘,1999,6(4):283-293.

[27] 赵温霞.燕山式板内造山作用在北京西山的表现特征及若干启示[J].地质科技情报,2001,20(2):23-26.

[28] ZHENG Y D, WANG T, MA M B, et al. Maximum Effective Moment Criterion and the Origin of Low-Angle Normal Faults. Journal of Structural Geology, 2004, 26(2): 271-285.

[29] JOHNSON A M. Styles of Folding: Mechanics and Mechanisms of Folding of Natural Elastic Materials[M]. Elservier, Amsterdam, 1977.

[30] PRICE N J, COSGRAVE J W. Analysis of Geological Structures[M]. Cambridge: Cambridge University Press, 1990.

[31] CLOOS H. Experimente zur Inneren Tektonik[J]. Zentralblatt für Mineralogie, Geologie and Paläontologie, 1928(5): 609-621.

[32] 万天丰.论大地构造学的发展[J].地球科学,2019,44(5):1526-1536.

[33] 宋鸿林.燕山式板内造山带基本特征与动力学探讨[J].地学前缘,1999,6(4):309-316.

[34] 于福生,阿木古冷,杨光达,等.准噶尔盆地车-莫古隆起的构造演化特征及其成因模拟[J].地球学报,2008,29(1):39-44.

[35] 何登发,张磊,吴松涛,等.准噶尔盆地构造演化阶段及其特征[J].石油与天然气地质,2018,39(5):845-861.

[36] 彭希龄.准噶尔盆地车莫古隆起质疑[J].中国石油勘探,2007,12(6):63-71,77.

原文发表于《地球科学》2022年第9期

准噶尔盆地腹部征沙村地区征 10 井的勘探发现与启示

刘惠民[1] 张关龙[2,3] 范 婕[2,3] 曾治平[2,3] 郭瑞超[2,3] 宫亚军[2]

（1.中国石化胜利油田分公司；2.中国石化胜利油田分公司勘探开发研究院；
3.中国石化胜利石油管理局博士后科研工作站）

摘 要：油气勘探领域向深层—超深层拓展对准噶尔盆地增储上产具有重要的战略意义。准噶尔盆地腹部征沙村地区征10井的成功钻探，揭示了准中地区超深层巨大的勘探潜力。以征沙村地区为例，从油气藏特征入手，在分析烃源岩、储层和输导条件等成藏要素特征的基础上，明确油气成藏主控因素，建立成藏模式，并指出其深层—超深层油气勘探的新启示。研究结果表明，征沙村地区油气成藏主控因素包括3个方面：（1）低温－超压控烃机制延长了生油时窗，提高了生油转化率，极大地增加了油气资源量；（2）"冷盆、超压、颗粒包壳、沸石溶蚀"四元控储模式突破了传统的碎屑岩储层发育的深度下限，扩展了油气勘探空间；（3）断－压双控输导机制提供了高能油气输导通道，控制了油气在纵向上差异运移，保障了超深层油气高效充注。根据超深层烃源岩演化史、压力演化史、成岩演化序列、成藏期和构造演化史等多要素演化叠合特征，建立了征沙村地区"温－压控烃、四元控储、断－压控输"的油气成藏模式，以期为征沙村地区勘探部署和培育新的战略接替阵地提供理论指导和科学依据。

随着勘探程度的增加，中国油气勘探逐步向更深、更老的地层拓展，在深层—超深层油气勘探不断获得了重大突破，相继发现了塔里木、玛湖、川中和川东北等深层大型油气区和大中型油气田[1-4]。特别是中国西部盆地，由于新生代以来独特的构造活动，造就了盆地基底地壳厚度大、地温梯度低、油气藏埋深大及地层压力高的特殊油气地质背景，使得油气勘探的深度下限不断下延，深层—超深层逐步成为中国勘探开发的主战场，在油气资源结构中的占比逐年攀升，成为缓解中国对外油气高依存度的重要战略性接替资源领域。截至2019年，深层—超深层已探明油气地质储量25.5×10^8 t油当量，占油气资源量的11.6%，新增油气地质储量中超过85%来自深层—超深层，为中国石油工业的发展拓宽了领域[5-6]。

准噶尔盆地属于典型的断—坳叠合盆地，具有多期演化与改造、多期成藏与调整、多层系运聚与成藏的特征[7-9]。近年来，中国石油在玛湖、吉木萨尔等地区的二叠系—三叠系获得了重大发现，显示出良好的勘探前景[2,7,10]。中国石化准噶尔探区准中地区在过去十年一直将勘探重心放在侏罗系，上报油气地质储量近2×10^8 t；2021年以来，风险探井征10井和成6井在二叠系—三叠系试油获工业油气流，并于2022年首次上报准中地区二叠系—三叠系预测石油地质储量2552.62×10^8 t，凝析气地质储量253.26×10^8 m^3，落实区带油、气资源量分别为11×10^8 t和1000×10^8 m^3，实现了准中地区超深层的重大突破。其中，征沙村地区征10井是中国石化准噶尔探区迄今单井日产最高井，三叠系克拉玛依组日产油量峰值78.17 m^3，日产气量峰值7530 m^3，揭示了超深层的巨大勘探潜力，表明近源超深层（6500～8000 m）具备大规模富集成藏条件。本文以准噶尔盆地腹部征沙村地区为例，从油气藏特征入手，在分析烃源岩、储层和输导条件等成藏要素特征的基础上，明确油气成藏主控因素，建立成藏模式，以期为研究区准噶尔盆地腹部征沙村地区勘探部署和培育新的战略接替阵地提供理论指导和科学依据。

1 地质背景

研究区征沙村地区位于准噶尔盆地莫索湾凸起西北端，为断裂切割的低幅度鼻状构造（图1）。征10井为征沙村地区目前钻探的最深井，从该井钻揭的地层情况来看，研究区发育地层自下而上分别为：二叠系下乌尔禾组和上乌尔禾组，三叠系百口泉组、克拉玛依组和白碱滩组，侏罗系八道湾组和三工河组，白垩系清水河组。勘探成果表明，研究区多层系含油，其中三工河组、克拉玛依组和上乌尔禾组为主力含油气层段，且均发育大规模辫状河三角洲砂体，呈现多套储—盖组合纵向叠置的分布格局。研究区下乌尔禾组和八道湾组均为烃源岩发育层系，但有机质类型、成熟度和丰度等方面存在明显差异性，其中，前者的生烃强度更大，且油源对比表明，征沙村地区的油气主要来自下乌尔禾组烃源岩[10]，因此具有高度圈源分离的特征。侏罗系超压发育程度不同，压力系数分布在1.0~1.8，二叠系和三叠系普遍发育超压，压力系数最大可达2.1。

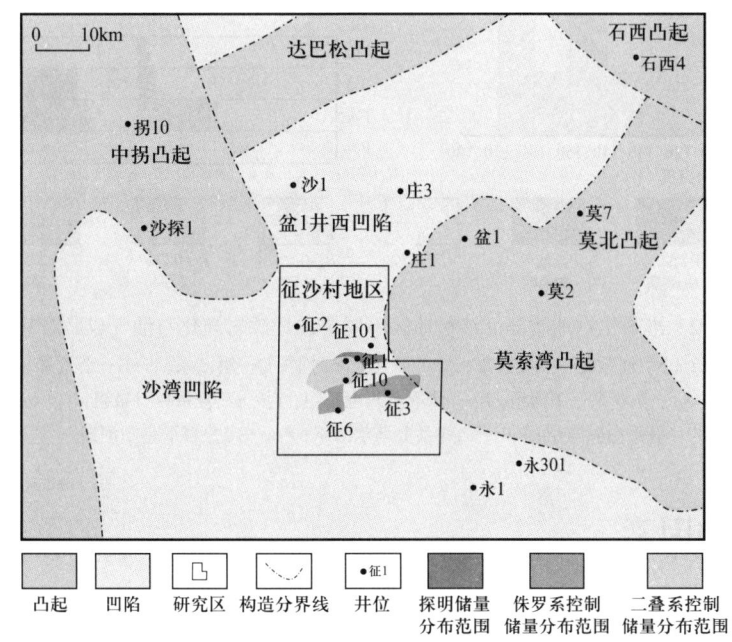

图1 准噶尔盆地腹部征沙村地区构造位置

2 油气藏特征

目前，征沙村地区已上报侏罗系石油地质储量 4517×10^8 t，然而，近年来侏罗系未获得规模性突破，面临甩不开、增储难的局面。随着对地质条件认知的增加，二叠系—三叠系超深层获得突破，其中，在三叠系克拉玛依组钻遇厚砂体，储层孔隙度高达13.2%，渗透率8.9mD，获得工业油气流，日产油量峰值78.17m³，日产气量峰值7530m³。三叠系沉积期具有典型坳陷湖盆统一沉降、沉积特征，地层呈叠状分布，其中克拉玛依组厚度横向变化较为稳定，沙窝地—征沙村地区位于沉积中心，向中拐凸起和莫索湾凸起有减薄趋势。纵向上，克拉玛依组一段为主力储层发育段，顶部发育近800m的巨厚泥岩盖层，泥质含量相对较高，起到较好的封闭作用，形成有利的储—盖组合。

利用烃源岩生、排烃期法和包裹体均一温度法等手段，对研究区征10井的油气成藏期进行了精细厘定，认为主要存在3期油气成藏，分别为早侏罗世末期—晚侏罗世中期、早白垩世中期—古近纪初期、古近纪中期—现今；对比不同层系成藏时间，克拉玛依组成藏时间最长，可持续至现今。纵向上，自下而上，成藏期开始呈现逐渐变晚的趋势（图2）。

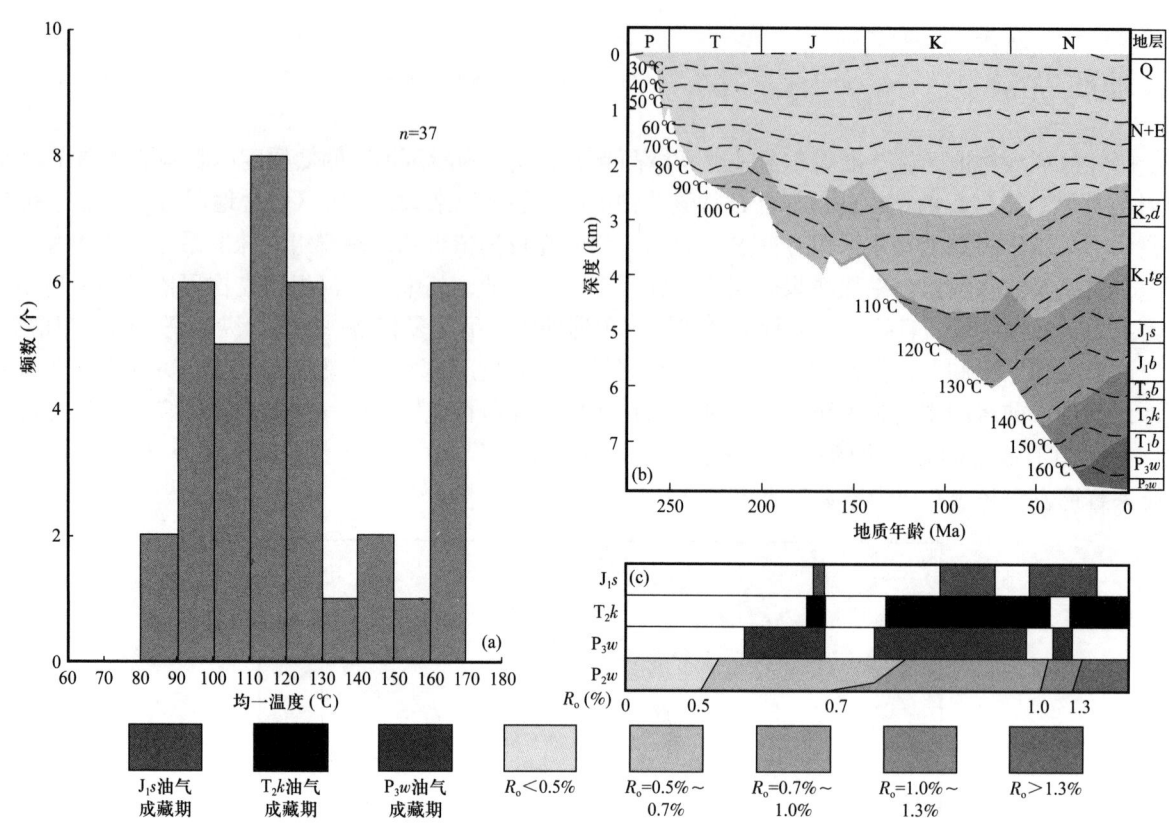

图2 准噶尔盆地腹部征沙村地区不同层位烃源岩演化与油气成藏时间

（a）流体包裹体均一温度分布；（b）埋藏史—热史恢复；（c）油气充注时期；Q—第四系；N+E—新近系+古近系；K_2d—白垩系独山子组；K_1tg—白垩系吐谷鲁群；J_1s—侏罗系三工河组；J_1b—侏罗系八道湾组；T_3b—三叠系百口泉组；T_2k—三叠系克拉玛依组；T_1b—三叠系白碱滩组；P_3w—二叠系上乌尔禾组；P_2w—二叠系下乌尔禾组

3 油气成藏主控因素

3.1 温-压控烃

低温-超压控烃机制延长了生油时窗，提高了生油转化率。目前已钻遇的征10井下乌尔禾组烃源岩，埋深超过7660m，为灰色泥岩，总有机碳含量（TOC）为1.8%~2.0%，生烃潜量（S_1+S_2）分布在13.2~16.6mg/g，有机质类型为II_1—II_2型，是一套优质的烃源岩。通过镜质组反射率（R_o）测试可知，其热演化成熟度仅为R_o=1.40%~1.49%，仍然处于生凝析油气阶段，且以生油为主，突破了传统的生烃认识。松辽盆地和渤海湾盆地等埋深超过4500m热演化程度即可达到R_o=2.0%[11-12]。利用Petromod热模拟技术，并根据实测R_o进行校正，明确了不同时期的热演化程度：克拉玛依组沉积末期—侏罗系沉积末期，R_o处于0.5%~0.7%，为低成熟阶段；白垩纪—古近纪初期，烃源岩处于成熟阶段，大量生油；古近纪中期—现今，R_o介于1.0%~1.49%，大量生凝析油气，且油多气少（图2）。通过分析，认为冷盆和超压两大要素共同控制了烃源岩热演化阶段。

冷盆的低地温梯度延缓了烃源岩的生烃演化，进而影响烃源岩的生油气门限和持续生烃时间。准噶尔盆地是典型的冷盆，地温梯度仅为17~24℃/km，明显区别于渤海湾盆地和松辽盆地等高地温梯度地区，后者的现今地温梯度分别为30~35℃/km和38~42℃/km[11-12]。"冷盆效应"主要表现为延缓热演化进程，准噶尔盆地在二叠系沉积后地温梯度快速下降，经历了由高到低的热史演化过程，有利于干酪根长期处于成熟—高熟阶段，长期生成液态烃，加之多期构造运动导致生烃多次停滞，埋深

8000m以上仍以大量生油为主，与晚期成藏特征匹配，从而形成大规模的超深层油藏。

超压延长了生油时窗，提高了生油转化率。早在1991年，国外学者通过实验发现，有效应力的增加可以刺激有机物的演化，主要原因是直接作用在岩石颗粒上的有效应力的增加会在一定程度上压碎固体有机物，从而扩大了参与反应的有机物的表面积，促进有机物质的烃类生成[13-14]，但超压环境中有机物热演化和烃生成受到抑制的程度仍然未知。本研究选取了准噶尔盆地东南缘大龙口地区低熟、高丰度Ⅰ型烃源岩的4块样品，分别在20MPa、60MPa、120MPa和180MPa的压力下开展高温—高压热模拟实验，并在不同温度节点处测试样品的R_o，对比分析不同压力条件下的烃源岩热演化过程，确定压力条件对生烃演化的控制作用。实验结果表明，不同压力条件下，各温度点热演化程度不同；超压强度不同导致了R_o的差异，具体可表现为随着压力增加，相同条件下的R_o降低。实验显示，在演化初期，压力对R_o影响并不明显，随着温度升高，热演化程度增加，常压与超压的R_o差值明显增大，在该实验中，最大差值出现在180MPa和450℃时，常压条件下R_o为2.20%，180MPa条件下R_o为1.95%，ΔR_o可达0.25%（表1和图3）。此外，在400~450℃条件下，20MPa压力下烃源岩热演化程度显著高于60~180MPa压力作用下的烃源岩；120MPa与180MPa条件下的有机质R_o差异较小。超压有效减缓有机质热演化速率，R_o影响范围在0~0.25%；初步估算，超压可延长生油时窗50~100Ma。究其本质，是由于压力的增加，导致生烃活化能的主频率逐渐降低[15]；超压可以促进重组分的裂解，并显著增加轻组分的产生，就烃产率而言，高压环境下的油产率较高，特别是烃中C_6—C_{14}组分的产率明显增加，而C_{14+}组分之间的差异相对较小，故有利于液态烃的持续生成。

表1 准噶尔盆地大龙口地区不同压力条件下高压釜模拟实验数据统计

压力(MPa)	温度							
	360℃		400℃		425℃		450℃	
	R_o(%)	ΔR_o(%)	R_o(%)	ΔR_o(%)	R_o(%)	ΔR_o(%)	R_o(%)	ΔR_o(%)
常压	1.00	0	1.40	0	1.62	0	2.20	0
60	0.98	0.02	1.35	0.05	1.58	0.04	2.10	0.10
120	0.94	0.06	1.25	0.15	1.50	0.12	2.00	0.20
180	0.92	0.08	1.22	0.18	1.45	0.17	1.95	0.25

注：表中ΔR_o表示该压力条件下R_o与常压条件下R_o的差值。

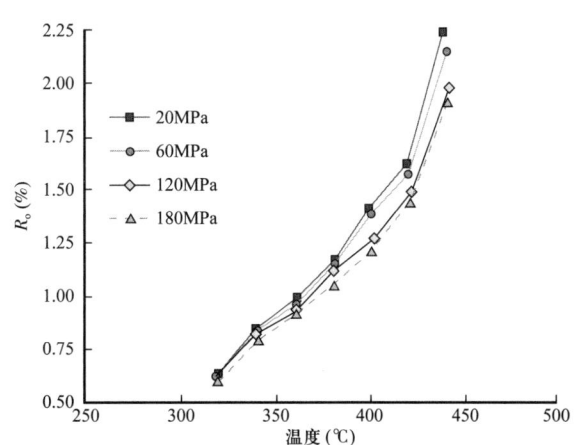

图3 准噶尔盆地大龙口地区烃源岩高压釜热模拟实验不同压力条件下温度与R_o的关系

征沙村地区钻遇的下乌尔禾组烃源岩地层压力约为160MPa，R_o仅为1.40%~1.49%，烃源岩仍处于大范围成熟、局部高成熟阶段，改变了前人认为现今二叠系烃源岩基本过熟的认识，极大地拓展了有效烃源岩的范围，增加了油气资源量，为超深层高效成烃成藏奠定了极其重要的物质基础。

3.2 "四元"控储

"冷盆、超压、颗粒包壳、沸石溶蚀"四元控储模式突破了传统的碎屑岩致密深度下限的认知。不同盆地不同地区深层—超深层储层碎屑岩成储机制和保孔机制差异较大。前人研究成果表明，在相对优质的沉积作用基础上，次生溶解成孔作用、构造成缝作用，以及早期胶结作用（颗粒包壳和砂层包壳）、中—浅层流体超压和早期烃类充注的保孔作用等是深层碎屑岩储层储集空间发育的主要成因机制[16]。分析表明，征10井储层孔隙度随深度增加逐渐降低，但在超深层出现多个异常高孔带，埋深6700~7600m，最高孔隙度可达13.2%，打破了传统的储层死亡深度线[17-18]。从储集空间来看，原生孔隙和次生孔隙并存，且以原生孔隙为主导。研究表明，征10井原生孔隙的保孔作用主要体现在两个方面：（1）宏观尺度的低温－超压背景下的抑制孔隙压实和成岩作用的进程；（2）微观尺度下的颗粒包壳的直接保孔作用。次生孔隙的增孔作用则主要取决于浊沸石的发育程度和有机酸溶蚀强度。

诸多学者的研究成果表明，地温梯度是控制储层成岩演化进程的重要宏观因素。地温梯度每增加10℃/km，砂岩孔隙度平均减少约7%；Smith研究认为地温梯度每增加2℃/km的减孔效果比埋深增加1000m还要显著。一般地，时间—温度指数（TTI）反映了岩石热成熟度，其参数值越小，越有利于发育优质储层[19]。准噶尔盆地地温梯度低，TTI数值低，砂岩孔隙度随深度降低的速率慢，同等深度条件下，其孔隙度比鄂尔多斯、渤海湾盆地和松辽盆地等地区高5%~8%[16]。

早期超压且持续多期增压有利于深层—超深层优质储层的形成。征沙村地区克拉玛依组超深层压力演化均经历了3期增压，分别形成于三叠纪末期—中侏罗世、白垩纪中期—白垩纪末期、古近纪中期—现今，现今压力系数高达1.8~2.1。根据测井响应特征判识认为，断层传导超压和欠压实超压为主要超压机制，其中，前者持续时间更长，超压期次更多。结合成岩演化序列可知，第一期超压形成时，古埋深为1500~2500m，古孔隙度为28%~35%，此时超压延缓了机械压实作用，使原生孔隙得以有效保存；随着深度的持续增加，多期持续的超压发育进一步减缓了储层的压实进程，对原生孔隙的保持具有重要的贡献（图4）。另外，超压有利于CO_2溶解度的增大和酸性流体的运移，促进长石和碳酸盐类矿物的次生溶蚀作用[20]。征沙村地区超压发育时间与烃类充注时间具有较好的匹配关系，超压延长生油窗，提高油气转换率的同时，也促进了干酪根大量生成CO_2和有机酸，并将其从烃源岩运移至储层，促进溶蚀作用形成大量次生孔隙。因此，超压对原生孔隙和次生孔隙的形成均具有重要作用。

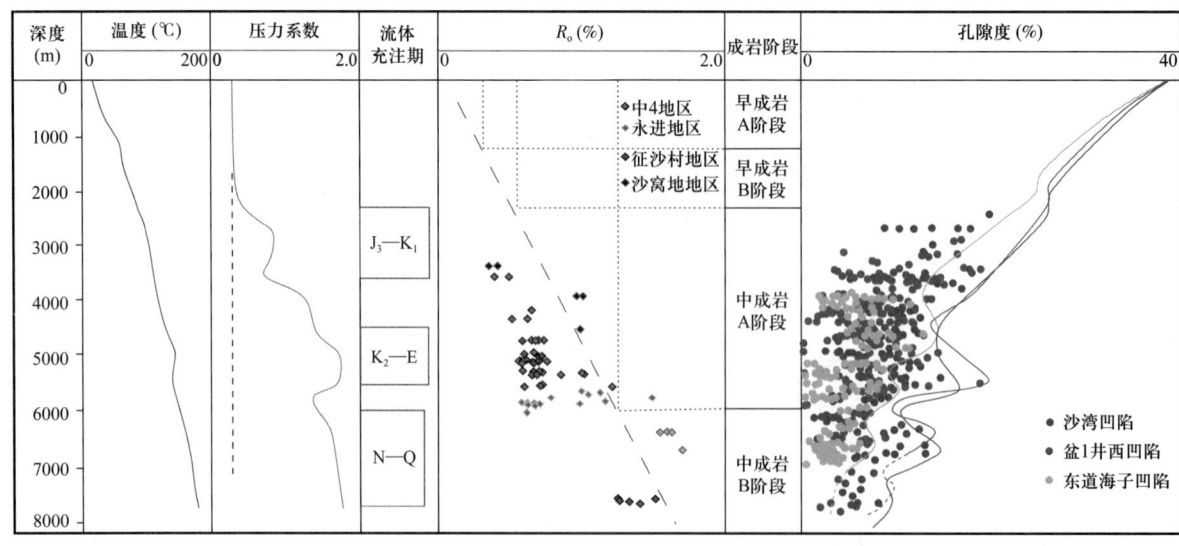

图4　准噶尔盆地低温－超压背景对储层孔隙度的控制作用

绿泥石颗粒包壳的大量发育有利于原生孔隙的保存，其保存机理主要体现在抑制压实作用和石英胶结作用上。镜下观察发现，征10井超深层发育大量黏土颗粒包壳，且以绿泥石为主。其中，高产油层孔隙度为13.2%，渗透率为9mD，颗粒包壳含量为4.5%。对比征10井绿泥石颗粒包壳和孔隙度随深度的变化规律，发现在绿泥石发育的深度都有对应的高孔带，然而包壳含量最高时，并非对应孔隙度的最大值。通过征10井储层的统计结果来看，颗粒包壳含量与原生孔隙面孔率具有良好的相关性。当颗粒包壳含量小于7.0%时，绿泥石颗粒包壳含量越高，原生孔隙面孔率越高，可达10%，之后则呈负相关关系，尤其当绿泥石颗粒包壳含量大于10.0%时，原生孔隙度均不足6.0%。因此，绿泥石颗粒包壳含量适中（3.0%~10.0%）时，有利于原生孔隙的保存（图5）。

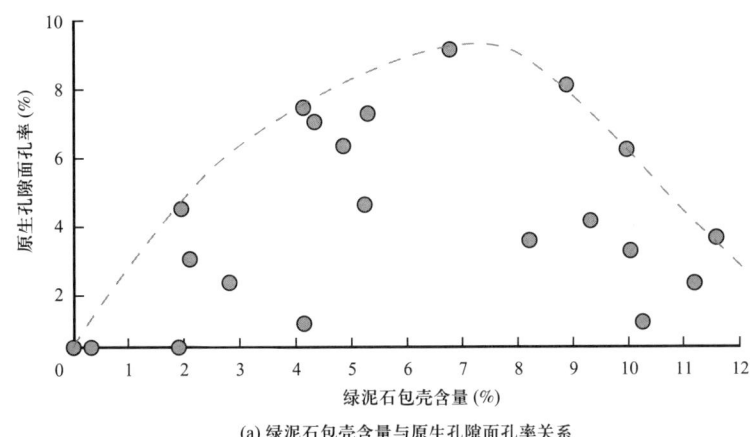

图5 准噶尔盆地腹部征沙村地区绿泥石包壳含量与原生孔隙关系

沸石溶蚀是次生孔隙的主要发育机制。征沙村地区二叠系—三叠系超深层砂砾岩处于中、晚成岩阶段，岩性主要为岩屑砂岩，岩屑中火山岩屑占比最高，岩石学上具有分选好、次棱角—次圆状磨圆特征，并发育有大量的浊沸石胶结物，沸石含量占填隙物总含量的8%~25%。通过恢复储层成岩序列可知，研究区二叠系—三叠系浊沸石形成于中成岩阶段B期，形成温度介于60~120℃，其形成与斜长石和火成岩岩屑密切相关。由于浊沸石在成岩过程中稳定性较弱，抗溶蚀能力较低，随着成岩作用的深入，浊沸石极易被酸性流体溶蚀，形成次生溶蚀孔，对储层具有重要的建设作用。通过薄片观察与鉴定，定量统计了征10井二叠系—三叠系不同深度浊沸石胶结物溶蚀面孔率，大多分布于0~6.5%，且溶蚀孔面孔率与浊沸石胶结减孔率具有一定数量关系，当浊沸石弱胶结（浊沸石含量<5%）时，溶蚀孔基本不发育；当浊沸石强胶结（浊沸石含量>15%）时，由于后期酸性流体难以进入，溶蚀程度依然较低，小于2%；只有当浊沸石处于中等胶结（浊沸石含量5%~15%）时，溶蚀孔隙显著发育，形成优质储层（图6）。

征沙村地区优质储层是温度史、压力演化史、成岩史和埋藏史共同作用的结果，"四元控储"模式的提出，打破了传统的碎屑岩储层孔隙度认知，指出在"冷盆、超压、包壳发育、沸石溶蚀"条件下，超深层亦可以发育优质储层，拓展了深层勘探的储层空间。

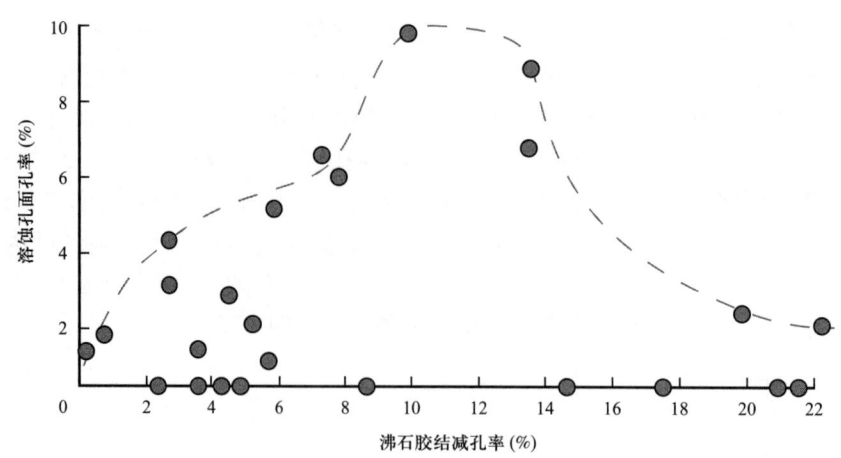

(a) 沸石胶结减孔率与溶蚀孔面孔率关系

(b) 镜下照片

图 6 准噶尔盆地腹部征沙村地区沸石胶结强度与溶蚀孔隙关系

3.3 断－压双控输导

断－压双控输导机制提供了高能油气输导通道，控制了油气在纵向上差异运移。断裂活动性评价结果表明，征沙村地区断裂自二叠系沉积期开始活动，至清水河组沉积初期活动逐渐停止。前人研究成果表明，只有在油气成藏期时的活动断裂才有可能大规模地垂向输导油气[21-22]。然而，从油气成藏期与断裂活动时间匹配关系来看，研究区油气成藏时断裂已基本停止活动，断裂垂向输导油气能力较差，因此，油气难以大规模长距离垂向运移，更有利于在烃源岩的邻层聚集成藏。

另外，"断－压双控"理论指出，断裂的纵向输导能力受超压强度和构造活动的共同控制[23-24]。当构造活动较强时，断裂开启的压力门限几乎为静水压力，即完全靠构造运动即可大规模垂向输导油气，为构造主导型流体运移；若断裂活动性较弱，则此时断裂开启的压力门限会提高，在超压和构造的共同作用下促成对油气的输导和运移，为断裂—超压联控型流体运移；若构造运动完全停止，仅依靠流体压力的积累，压力门限值将会进一步增大，当地层压力超过压力门限值时，流体通过断裂带发生一定程度的渗流，断裂即可成为超压流体二次排放的优势通道，此时为超压主导型流体运移。基于该理论，结合研究区的成藏期强超压弱构造地质背景，还应考虑断－压双控作用下是否能引起断裂再活化。首先，利用包裹体冰点均一温度法恢复不同时期古压力。通过选取征10井克拉玛依组3个样品，测试得到25个有效数据点，分析可知，克拉玛依组超深层压力演化均经历了三期增压，分别形成于三叠纪末期—中侏罗世、早白垩世中期—白垩纪末期及古近纪中期—现今。其中，第一期超压阶段，断裂具有较强活动性，可完全依靠构造运动输导油气，为典型的构造主导型；第二期和第三期超压阶段，断裂已停止活动，因此，断裂是否能够起到沟通源、储的作用完全取决于流体压力是否能够达到压力门限值。

通过调研研究区的大地构造应力及演化背景[25-28]，利用脆性断裂准则，确定了不同时期挤压背景条件下的断裂开启压力门限值。对比古压力可知，在早白垩世末期—古近纪中期及古近纪末期—现今，断裂均可在超压作用下再次开启，大规模垂向输导油气至克拉玛依组，形成超压主导型油气运移条件，这也与油气成藏期具有良好的匹配关系（图7）。同时，在三叠系巨厚盖层（近800m）下有效保存，形成超深层大规模油气聚集。而侏罗系主要为弱超压或常压系统，难以达到该压力门限值，因此油气在晚期难以垂向输导至侏罗系，这种断-压双控输导机制导致的油气纵向差异运移，为油气在超深层聚集提供了极其有利的条件。同时，大量的勘探实践证明，断-压输导通道是一个幕式瞬态流动过程，充注或成藏效率非常高[23]。

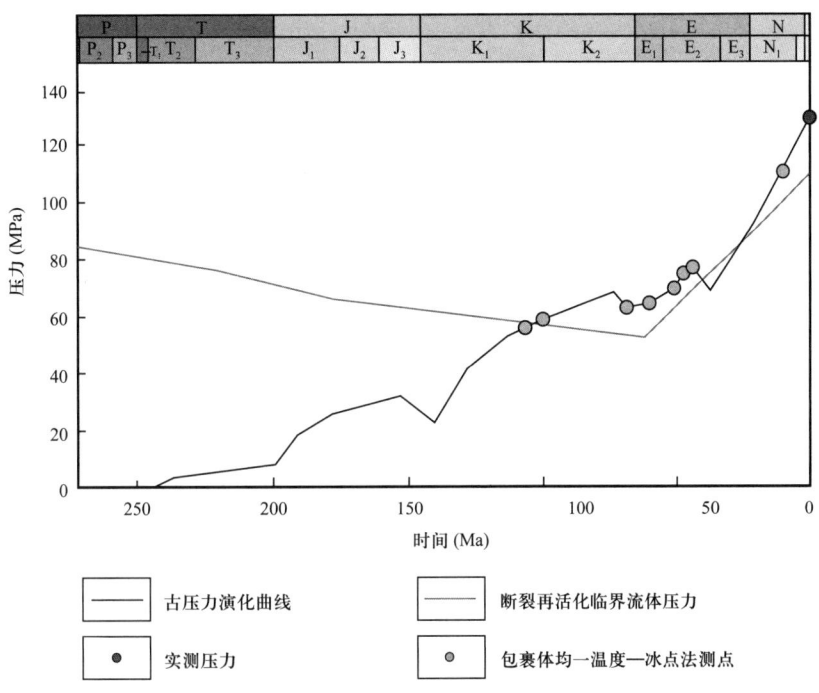

图7 准噶尔盆地腹部征沙村地区征10井克拉玛依组断-压配置关系

4 成藏模式

油气聚集成藏是一系列动态过程有效配置的产物，包括烃源岩生排烃、输导体系运移、油气充注圈闭成藏及后期的保存等环节[29-30]。针对征沙村地区克拉玛依组的油气成藏过程，综合考虑烃源岩演化、储层成岩序列、断-压输导等特征，建立了研究区超深层"温-压控烃、四元控储、断-压控输"的油气成藏模式（图8）。本次从克拉玛依组沉积末期—侏罗纪末期、早白垩世末期—古近纪初期及古近纪中期—现今3个重要的时期对不同成藏要素的动态演化过程进行精细刻画。

4.1 克拉玛依组沉积末期—侏罗纪末期

克拉玛依组沉积末期，烃源岩R_o大于0.5%，具有生油能力，但产烃量相对较低，储层具有特高孔特征；随着埋深的增加，生烃作用逐渐增强，第一期超压发育，减缓了机械压实作用，且此时绿泥石颗粒包壳的形成使得原生孔隙得以保存。断裂此时具备较强的活动性，可以在构造作用下使低熟油垂向输导至克拉玛依组储层中，但由于生烃量较小，因此油气成藏规模相对较小（图8和图9a）。侏罗纪末期由于构造抬升剥蚀，导致烃源岩生烃停滞，第一期油气充注结束。

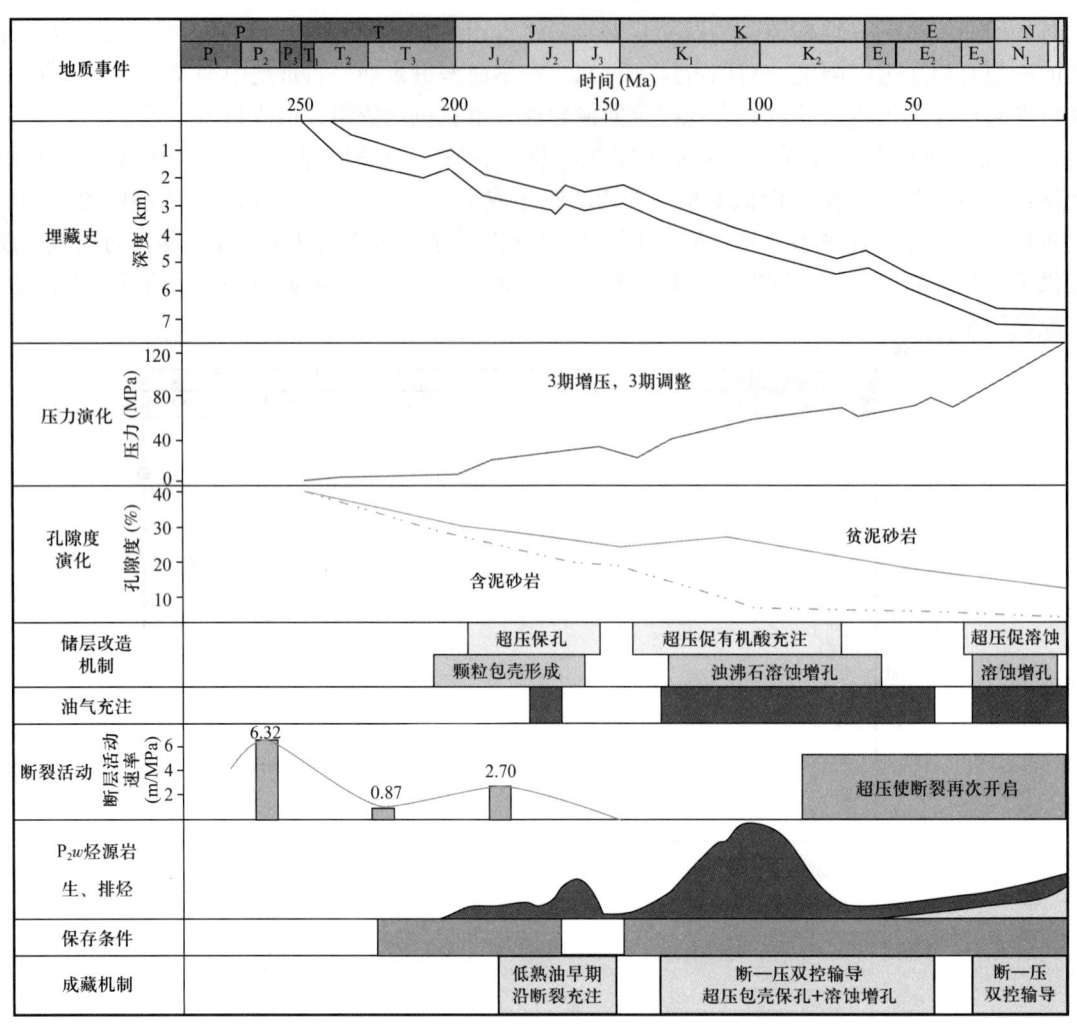

图 8　准噶尔盆地腹部征沙村地区中三叠统克拉玛依组沉积期油气成藏事件

4.2　早白垩世末期—古近纪初期

白垩纪早期，储层依然具有较高的孔隙度，可达 28%，烃源岩 R_o 为 0.7%～1.0%，开始逐渐大量生油（图 9b），有机酸和 CO_2 生成，形成酸性环境，石英发生胶结作用，孔隙逐渐减小；至古近纪，储层孔隙度已降低至 20% 左右，但是由于超压强度增大，在进一步保孔的同时，也达到了断裂开启的压力门限值，大量油气和有机酸沿断裂充注至克拉玛依组储层中，早期形成的沸石胶结发生溶蚀，形成大量次生孔隙，溶蚀增孔量可达 6%～10%，提供了良好的储集空间，油气大量聚集成藏（图 8）。随着白垩纪末期—古近纪初期的大规模掀斜作用，准中地区发生南倾，烃源岩演化进程再次中断，第二期油气充注结束。

4.3　古近纪中期—现今

古近纪末期，烃源岩进入高成熟阶段，整体以生凝析油为主，部分已达到大量生凝析气阶段（图 9c）。随着第三期压力增强，压力系数达到 1.8～2.1，一方面，长期持续超压起到了高效保孔作用，另一方面，断-压高效输导通道使得烃类和有机酸充注效率更高，沸石溶蚀作用也进一步增强，但是形成了方解石胶结，因此，在超压保孔、沸石溶蚀、方解石胶结和压实作用四者的共同作用下，埋深 7000m 处依然保持了 13.2% 的孔隙度，为晚期油气的持续充注奠定了基础，超压主导型的油气纵向差异运移为超深层高饱和度和高充满度的油气藏提供了有利的充注条件（图 8）。

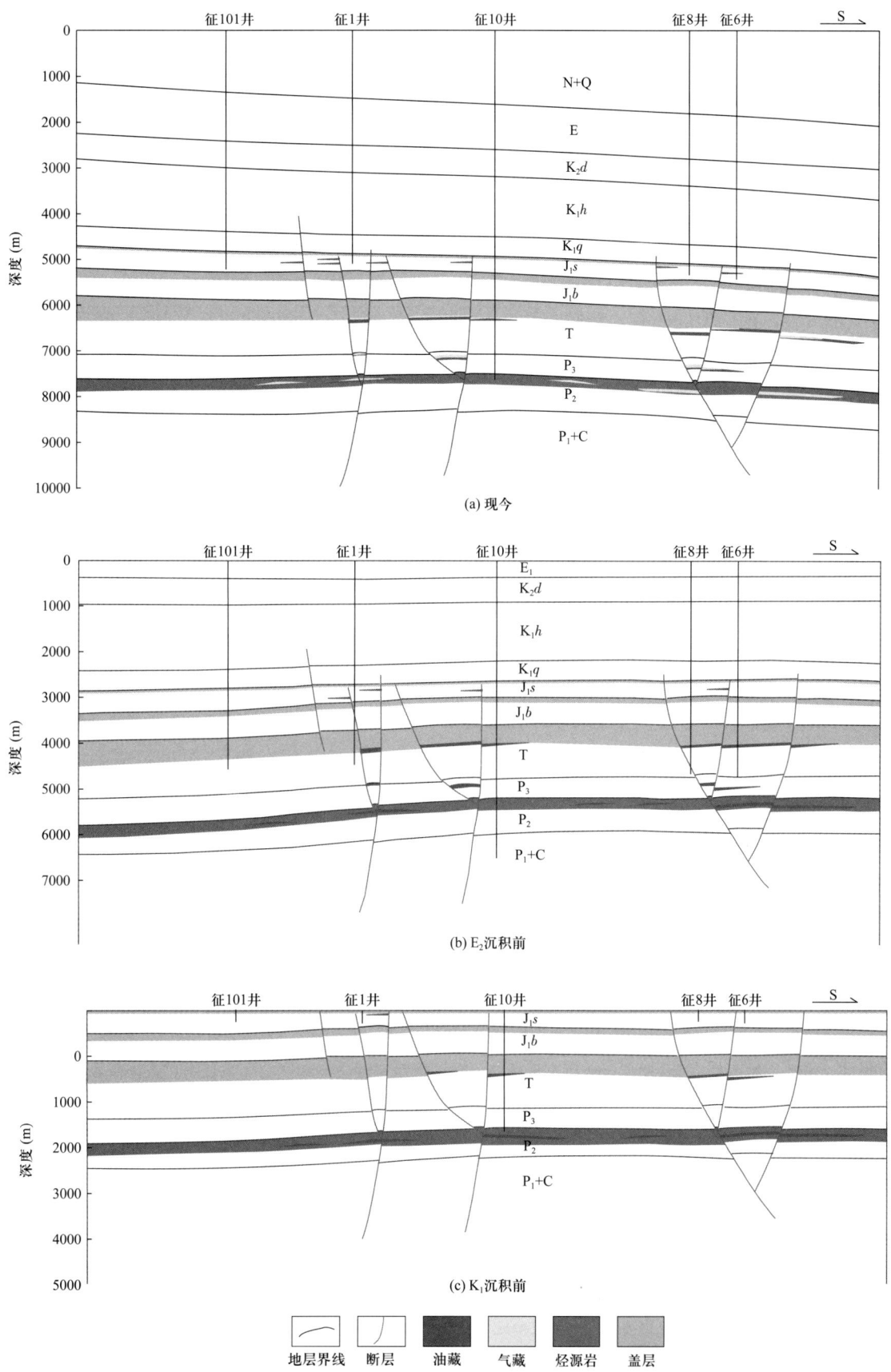

图 9 准噶尔盆地腹部征沙村地区超深层油气成藏模式

5 结论及勘探启示

（1）征沙村地区具有"温-压控烃、四元控储、断-压控输"的油气成藏模式。其中，冷盆—超压控烃机制延长了生油时窗，扩展了有效烃源岩的纵向分布范围，烃源岩埋深超过8000m仍然以生油为主，生凝析气为辅，因此，超深层资源量巨大，勘探大有可为，并以找油为主；四元控储机制拓展了优质储层的深度下限，多种保孔增孔机制共同作用下，储层埋深在7000m以下仍能保持高达13.2%的孔隙度，突破了传统的储层演化认知，超深层储层也可具备优越的储集性能；断-压高能输导通道提高了充注强度和运移效率，深层持续强超压、浅层弱超压或常压系统为断裂纵向差异输导提供了动力条件，油气在超深层大规模高效聚集成藏。

（2）征10井的成功钻探及其他盆地的勘探实践表明，超深层油气具有广阔的勘探前景。超深层油气勘探下一步的工作重点应放在以下4个方面：① 精细厘定烃源岩的生烃深度下限，精准评价油气资源量，明确超深层勘探潜力；② 根据冷盆超压地质背景下的水—岩反应机理，确定不同相态的孔隙保存极限，并根据多元要素叠合，从单井扩展到平面，刻画优质储层的空间分布范围；③ 恢复不同构造期应力场分布，利用断-压双控机理，确定油气有利的纵向富集层系；④ 征10井处于背斜的构造高点位置，在精细刻画圈闭的基础上，寻找多种类型的超深层有效圈闭，拓展规模储量阵地，进一步实现战略性突破。

参 考 文 献

[1] 孙龙德，邹才能，朱如凯，等.中国深层油气形成、分布与潜力分析[J].石油勘探与开发，2013，40（6）：641-649.

[2] 匡立春，支东明，王小军，等.新疆地区含油气盆地深层—超深层成藏组合与勘探方向[J].中国石油勘探，2021，26（4）：1-16.

[3] 李阳，薛兆杰，程喆，等.中国深层油气勘探开发进展与发展方向[J].中国石油勘探，2020，25（1）：45-57.

[4] 郭旭升，胡东风，黄仁春，等.四川盆地深层—超深层天然气勘探进展与展望[J].天然气工业，2020，40（5）：1-14.

[5] GUO X S, HU D F, LI Y P, et al. Theoretical progress and key technologies of onshore ultra-deep oil/gas exploration [J]. Engineering, 2019, 5（3）: 458-470.

[6] 李剑，佘源琦，高阳，等.中国陆上深层—超深层天然气勘探领域及潜力[J].中国石油勘探，2019，24（4）：403-417.

[7] 李建忠，王小军，杨帆，等.准噶尔盆地中央坳陷西部下组合油气成藏模式及勘探前景[J].石油与天然气地质，2022，43（5）：1059-1072.

[8] 何海清，唐勇，邹志文，等.准噶尔盆地中央坳陷西部风城组岩相古地理及油气勘探[J].新疆石油地质，2022，43（6）：640-653.

[9] 宫亚军，张奎华，曾治平，等.准噶尔盆地阜康凹陷侏罗系超压成因、垂向传导及油气成藏[J].地球科学，2021，46（10）：3588-3600.

[10] LI B C, HE D X, LI M J, et al. Biomarkers and carbon isotope of monomer hydrocarbon in application for oil-source correlation and migration in the Moxizhuang-Yongjin Block, Junggar Basin, NW China [J]. ACS Omega, 2022, 7（50）: 47317-47329.

[11] 张功成，金莉，兰蕾，等."源热共控"中国油气田有序分布[J].天然气工业，2014，34（5）：1-28.

[12] 邱楠生，左银辉，常健，等.中国东西部典型盆地中—新生代热体制对比[J].地学前缘，2015，22（1）：157-168.

[13] KHAVARI KHORASANI G, MICHELSEN J K. Geological and laboratory evidence for early generation of large amounts of liquid hydrocarbons from suberinite and subereous components [J]. Organic Geochemistry, 1991, 17（6）: 849-863.

[14] PETZOUKHA Y, SELIWNOV O. Promotion of petroleum formation by source rock deformation [M] //MANNING D A C. Organic Geochemistry Advance and Application in the Natural Environment. Manchester: Manchester University Press, 1991: 312-314.

[15] GUO R C, ZHANG G L, ZENG Z P, et al. Analysis of controlling effect of temperature-pressure conditions on hydrocarbon generation of source rocks [J]. Frontiers in Earth Science, 2022, 10: 896984.

[16] 操应长, 远光辉, 杨海军, 等. 含油气盆地深层—超深层碎屑岩油气勘探现状与优质储层成因研究进展 [J]. 石油学报, 2022, 43 (1): 112-140.

[17] PANG X Q, JIA C Z, ZHANG K, et al. The dead line for oil and gas and implication for fossil resource prediction [J]. Earth System Science Data, 2020, 12 (1): 577-590.

[18] 张兴文, 庞雄奇, 李才俊, 等. 深层—超深层高孔高渗碎屑岩油气藏地质特征、形成条件及成藏模式——以墨西哥湾盆地为例 [J]. 石油学报, 2021, 42 (4): 466-480.

[19] 孟元林, 高建军, 刘德来, 等. 辽河坳陷鸳鸯沟地区成岩相分析与异常高孔带预测 [J]. 吉林大学学报 (地球科学版), 2006, 36 (2): 227-233.

[20] 段威, 陈金定, 罗程飞, 等. 莺歌海盆地东方区块地层超压对成岩作用的影响 [J]. 石油学报, 2013, 34 (6): 1049-1059.

[21] 范婕, 蒋有录, 刘景东, 等. 长岭断陷龙凤山地区断裂与油气运聚的关系 [J]. 地球科学, 2017, 42 (10): 1817-1829.

[22] 杨率, 邬光辉, 朱永峰, 等. 塔里木盆地北部地区超深断控油藏关键成藏期 [J]. 石油勘探与开发, 2022, 49 (2): 249-261.

[23] 郝芳, 邹华耀, 方勇, 等. 断—压双控流体流动与油气幕式快速成藏 [J]. 石油学报, 2004, 25 (6): 38-43, 47.

[24] 郝芳, 刘建章, 邹华耀, 等. 莺歌海—琼东南盆地超压层系油气聚散机理浅析 [J]. 地学前缘, 2015, 22 (1): 169-180.

[25] 夏伯儒. 准中1区块深层致密储层改造技术研究及应用 [D]. 青岛: 中国石油大学 (华东), 2014.

[26] 孙连环, 鲍洪志, 杨顺辉. 准噶尔盆地中部区块地应力求取研究 [J]. 石油钻探技术, 2007, 35 (2): 18-20.

[27] 高毅, 林利飞, 尹帅, 等. 致密油储层地应力特征及其对物性的影响——以鄂尔多斯盆地上三叠统延长组为例 [J]. 石油实验地质, 2021, 43 (2): 250-258.

[28] 徐珂, 杨海军, 张辉, 等. 克拉苏构造带博孜1气藏现今地应力场和高效开发 [J]. 新疆石油地质, 2021, 42 (6): 726-734.

[29] 范婕, 蒋有录, 刘景东, 等. 松辽盆地长岭断陷龙凤山地区油气分布有序性及其主控因素 [J]. 天然气工业, 2018, 38 (5): 52-60.

[30] 朱俊章, 施和生, 龙祖烈, 等. 珠—坳陷半地堑成藏系统成藏模式与油气分布格局 [J]. 中国石油勘探, 2015, 20 (1): 24-37.

原文发表于《石油与天然气地质》2023年第5期

准噶尔盆地腹部深层
——超深层碎屑岩储层发育特征与孔隙演化定量表征

张关龙[1]　王继远[2,3]　王　斌[2,3]　刘德志[1]　郑　胜[1]　穆玉庆[1]　邱　岐[2,3]

（1.中国石化胜利油田分公司勘探开发研究院；2.中国石化石油勘探开发研究院无锡石油地质研究所；
3.中国石化油气成藏重点实验室）

摘　要：腹部下组合（二叠系—三叠系）是准噶尔盆地油气勘探重要的战略接替领域。多井钻揭6km以下优质碎屑岩储层，大大突破了传统碎屑岩有效储层埋深下限，明确储层发育状况及孔隙演化过程是确定油气能否富集成藏的关键问题。以腹部地区典型钻井为例，综合岩石薄片镜下分析、孔渗测试、图像分析技术、孔隙度演化定量表征及包裹体测温和盆地模拟等方法，从定性和定量的角度全面剖析准噶尔盆地腹部下组合深层—超深层碎屑岩储层的岩石学、物性及孔隙结构特征，并定量恢复孔隙演化过程。结果表明，腹部下组合中三叠系百口泉组砂体最为发育，二叠系上乌尔禾组及三叠系克拉玛依组次之；各层位岩石类型均以岩屑砂岩为主，含少量长石岩屑砂岩，岩屑成分主要为中—基性火山岩屑，长石、石英含量偏低，二者之和普遍低于20%；克拉玛依组原生孔隙发育，物性最好，孔隙度最高可达13.18%。上乌尔禾组和百口泉组以次生溶蚀孔为主，溶蚀物质主要为中—基性火山岩屑、浊沸石胶结物及少量长石，二者物性较其上覆克拉玛依组差；克拉玛依组孔隙演化经历较弱压实（压实减孔量21.08%）、弱胶结（胶结减孔量2.88%）和弱溶蚀（溶蚀增孔量1.4%），现今高孔隙度主要得益于弱压实、晚期弱胶结作用下原生孔隙的大量保存；百口泉组和上乌尔禾组经历强压实（压实减孔量分别为26.60%和26.43%）、强胶结（胶结减孔量分别为7.43%和11%）和中等—强溶蚀（溶蚀增孔量分别为6.32%和4.21%），溶蚀作用是二者增孔的最主要途径，但不足以弥补强压实和强胶结的减孔效应，导致二者现今孔隙度较低。

近年来，中国石油新疆油田按照"跳出断裂带、走向斜坡区"的勘探思路，在准噶尔盆地玛湖凹陷三叠系百口泉组发现规模油藏，随后勘探层系不断向近源拓展，勘探范围不断向腹部深凹区推进。勘探实践证实准噶尔盆地腹部地区资源潜力巨大，具有良好的油气资源前景。"十三五"资源评价结果显示，腹部地区地质资源量高达$54×10^8$t油当量，其中下组合的二叠系—三叠系为$34.97×10^8$t，占比65%，是准噶尔盆地目前最具潜力的勘探层系[1-5]。中国石化腹部矿权主要位于凹陷区，其下组合埋藏深度大，普遍超过6km，达到深层—超深层范畴。与中浅层相比，深层—超深层碎屑岩成藏条件复杂，优质储层是否发育是制约油气能否聚集成藏的关键指标。当前，中国石化腹部下组合的勘探尚处于初级阶段，已有部分钻井揭示良好油气成果[6]，但其下组合储层发育状况及演化特征不清。本文以准噶尔盆地腹部地区典型井为例，综合单井相、岩石薄片、扫描电镜及储层物性测试分析、包裹体测温、盆地模拟等手段，旨在明确腹部下组合储层发育及孔隙演化特征，为中国石化腹部地区下组合的下一步勘探提供支撑。

1　区域地质概况

准噶尔盆地位于新疆北部，地处天山和阿尔泰山之间，构造位置上处于塔里木板块、华北板块、西伯利亚板块和哈萨克斯坦板块交会部位，是形成于晚古生代的大型叠合盆地，油气资源丰富[7-8]。按照现今构造格局可将准噶尔盆地划分为西部隆起、东部隆起、陆梁隆起、南缘冲断带、中央坳陷和乌伦古坳陷6个一级构造单元和44个二级构造单元，盆地整体呈现"隆坳相间，凸凹相邻，东西分块，南北分带"的构造格局[8-10]。腹部地区主要包括盆1井西凹陷、沙湾凹陷、东道海子凹陷和阜康凹陷，以及莫索湾凸起、莫北凸起和白家海凸起7个二级构造单元（图1）。盆内地层发育齐全，古生界石炭系—二叠系到新生界第四系均有不同程度发育，地层沉积厚度巨大，最厚可达15km。中国石化腹部工区现有钻井主要揭示了二叠系下乌尔禾组（P_2w）、上乌尔禾组（P_3w）及三叠系百口泉组（T_1b）、克拉玛依组（T_2k）和白碱滩组（T_3b）5套地层，整体为辫状河三角洲—湖泊相沉积[10-14]。

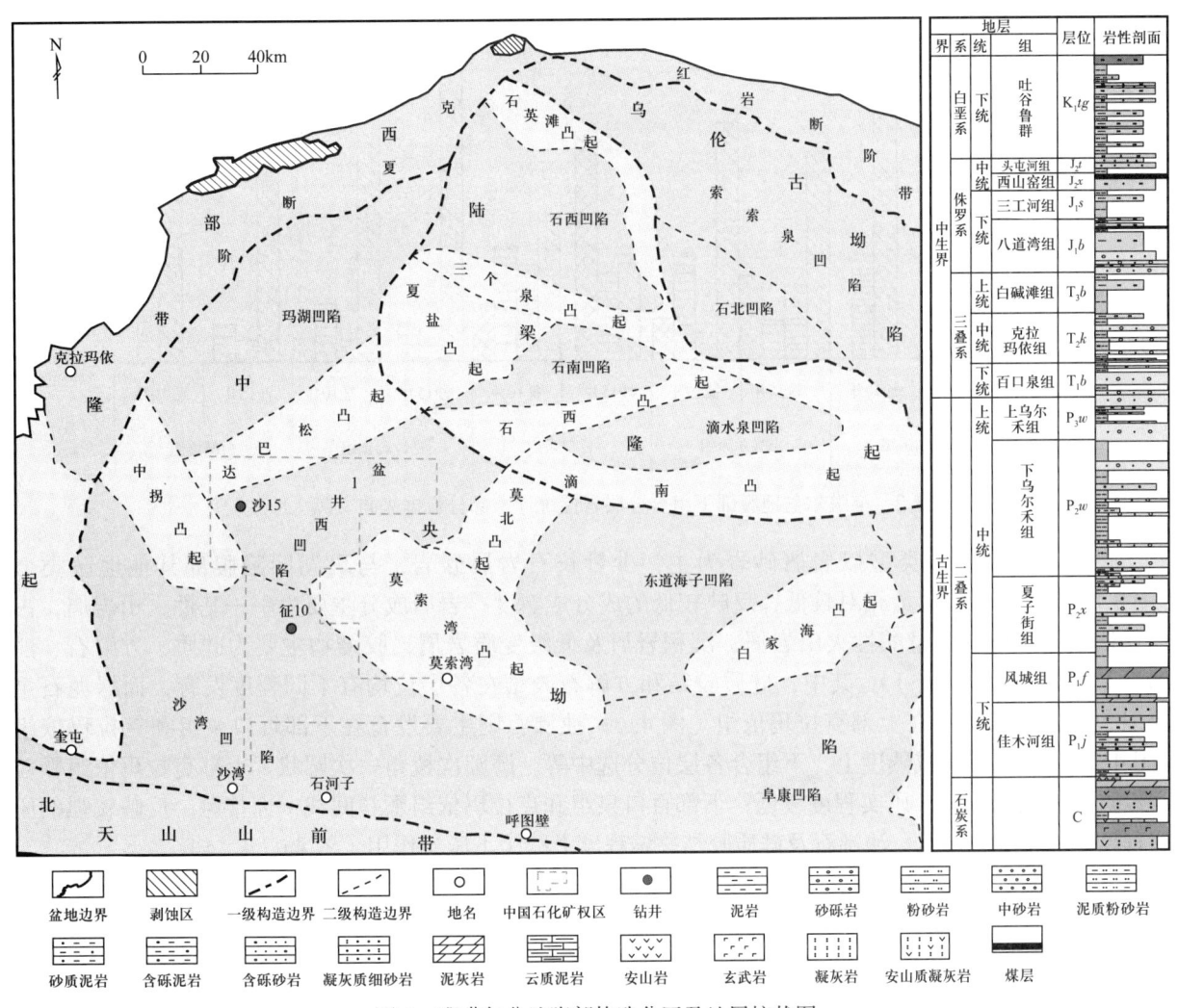

图1 准噶尔盆地腹部构造分区及地层柱状图

2 储层发育特征

2.1 岩石学特征

准噶尔盆地发育东部青格里底山—克拉美丽山、西部德仑山—哈拉阿拉特山—扎伊尔山、南部伊林黑比尔根山—博格达山三大物源体系[9]；同时，盆内还有石西凸起、达巴松凸起、莫索湾凸起等多个局部物源，物源充足，沉积物供给能力强[15-17]。沉积体系整体为三角洲—湖泊，盆缘近物源区局部发育扇三角洲沉积，腹部地区距离物源较远，主要发育辫状河三角洲—湖泊相沉积，砂体以三角洲前缘水下分流河道和河口坝微相最为发育，其次为薄层滩坝砂[14-16]。岩性上，腹部莫西庄—永进地区下组合以泥岩、粉砂岩、细砂岩和砂砾岩为主，不同层位砂体发育状况差异较大。以征10井和沙15井为例，下乌尔禾组和白碱滩组以泥岩夹薄层粉砂岩为主，砂体不发育；上乌尔禾组、百口泉组和克拉玛依组3套地层砂体相对发育，岩石类型以细砂岩和砂砾岩为主，夹泥岩和粉砂岩薄层；就砂地比而言，百口泉组砂地比最高，其次为上乌尔禾组，克拉玛依组相对最低（图2）。

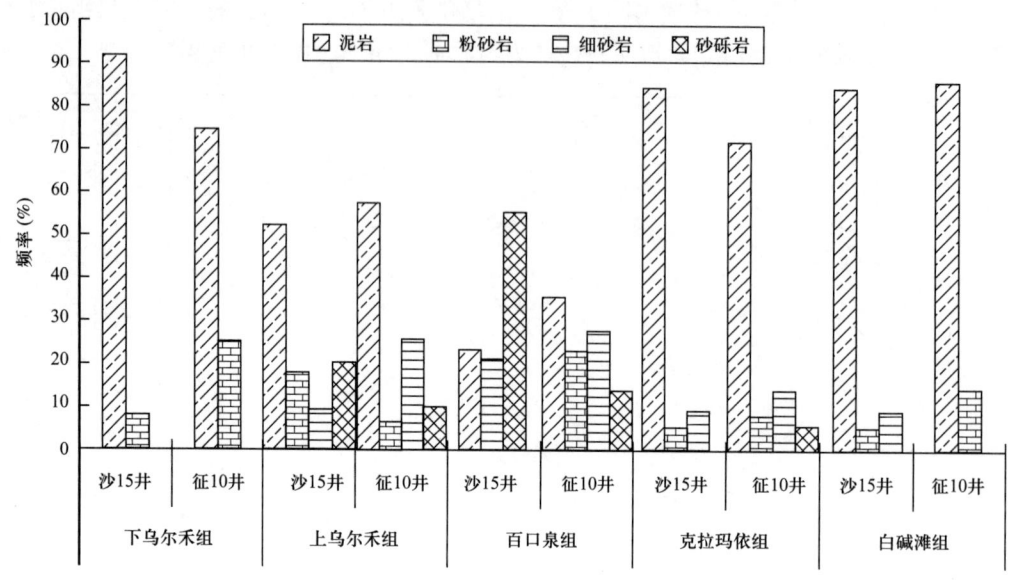

图2　准噶尔盆地腹部下组合分层岩性统计（部分数据来自文献[8]）

腹部下组合岩石类型以岩屑砂岩为主，少量长石岩屑砂岩，与玛湖凹陷腹部其他地区类似（图3）。长石和石英含量相对较低，反映较低的成分成熟度；岩屑成分主要为中—基性火山岩屑，占比普遍高于50%，少量酸性火山岩屑、沉积岩屑及低级变质岩屑，胶结物主要为硅质、方解石、浊沸石及绿泥石（图4a～i）。其中，硅质胶结和方解石胶结在各层位均有不同程度发育，而绿泥石主要以包壳式胶结分布在上部克拉玛依组（图4a）；浊沸石则主要发育在下部百口泉组和克拉玛依组（图4e，g，i）。结构成熟度上，下组合各层位分选中等，磨圆次棱角—次圆状。上部克拉玛依组颗粒间以点—线接触为主，压实程度较低；下部百口泉组和克拉玛依组颗粒间线—面接触，反映较强的压实程度，但早期方解石、浊沸石及硅质胶结一定程度上减缓了压实作用（图4a，d，g）。

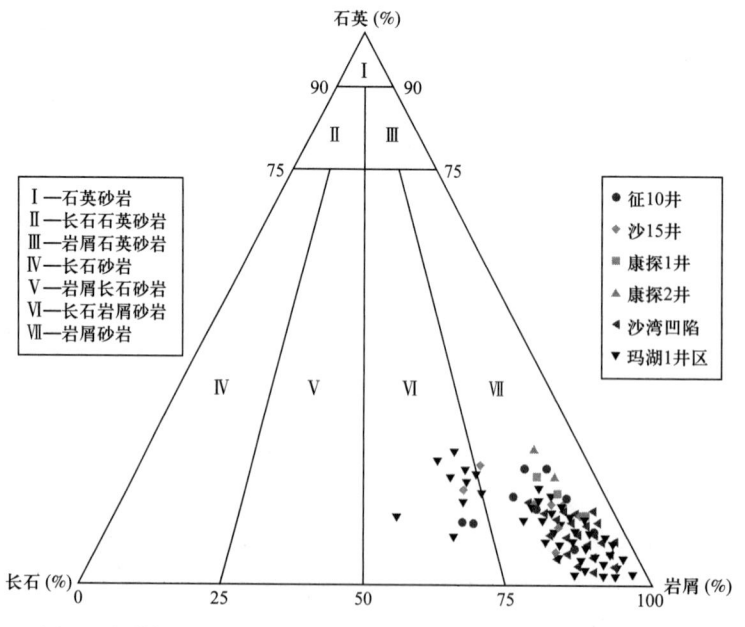

图3　准噶尔盆地腹部下组合岩石类型（部分数据来自文献[8]）

- 442 -

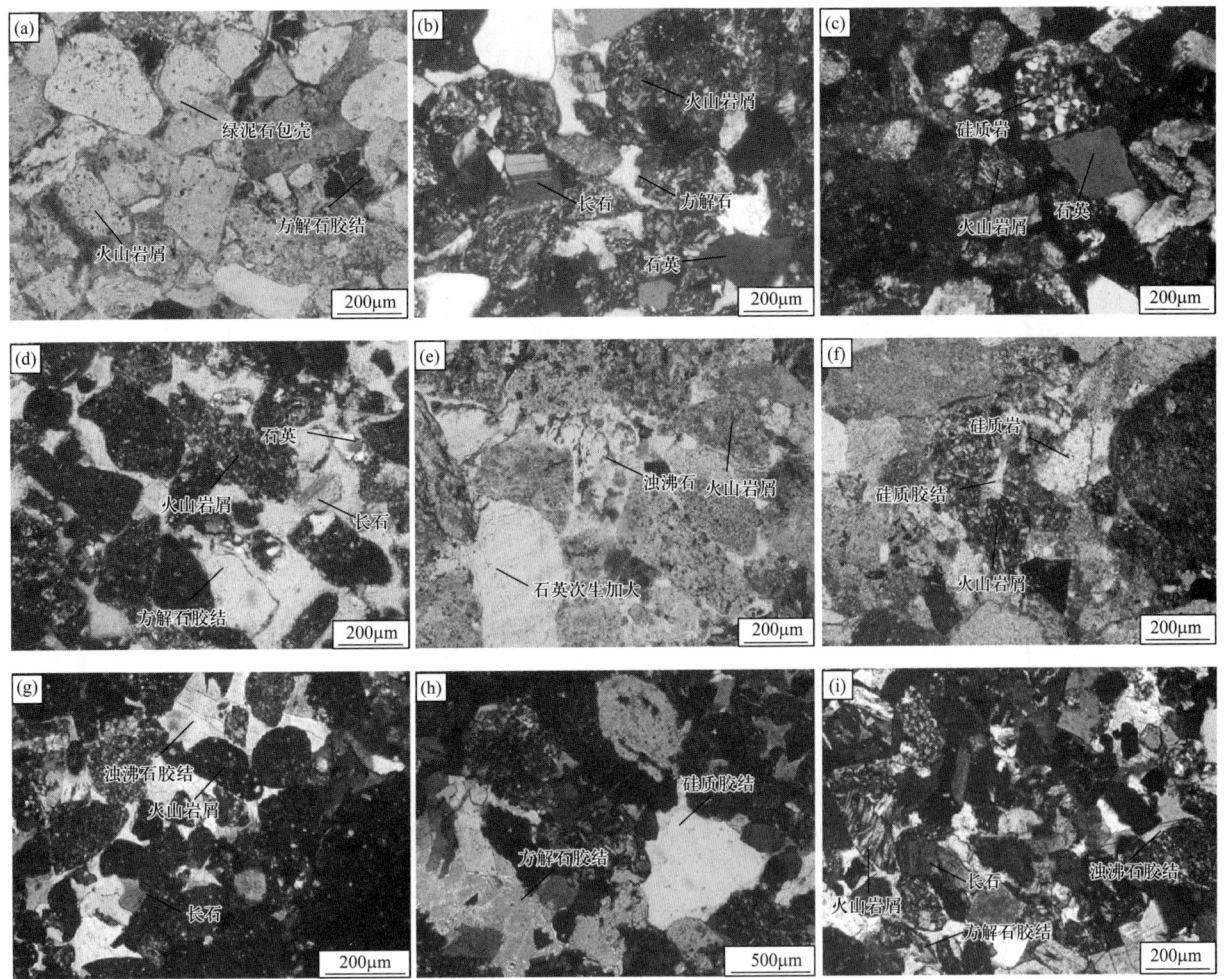

图 4 准噶尔盆地腹部下组合岩石成分镜下特征

(a) 征 10 井，6575m，T_2k，绿泥石包壳及方解石胶结，单偏光；(b) 征 10 井，6575m，T_2k，火山岩屑、少量长石、石英及方解石胶结，正交偏光；(c) 征 10 井，6580m，T_2k，火山岩屑、少量石英和方解石胶结，正交偏光；(d) 征 10 井，6801m，T_1b，少量长石，火山岩屑及大量方解石、石英胶结，正交偏光；(e) 征 10 井，6961m，T_1b，浊沸石胶结及石英次生加大，单偏光；(f) 沙 15 井，5793m，T_1b，火山岩屑及少量硅质胶结，单偏光；(g) 征 10 井，7272m，P_3w，火山岩屑及浊沸石强胶结，正交偏光；(h) 征 10 井，7418m，P_3w，方解石及硅质胶结，正交偏光、茜素红染色；(i) 沙 15 井，6147.8m，P_3w，大量火山岩屑及浊沸石胶结，长英质含量较低，正交偏光

2.2 物性特征

物性是控制深层—超深层碎屑岩能否成为优质储层的前提条件[18-21]，对于准噶尔盆地腹部下组合而言，其埋深普遍超过 6km，这一深度下能否发育优质储层是勘探过程中亟需明确的关键问题。孔渗测试结果显示，腹部下组合整体物性相对较低。以征 10 井为例，其孔隙度介于 1.53%～13.18%，平均 6.01%，渗透率介于 0.001～8.89mD，平均 1.02mD，孔隙度整体较低，但纵向上仍存在多个异常高孔段。特别是三叠系克拉玛依组埋深 6500m 以下最大孔隙度仍可达 13.18%，渗透率可达 8.935mD，表明腹部下组合的超深层碎屑岩仍存在作为优质储层的潜力（图 5）；对比而言，克拉玛依组物性最好，孔隙度介于 1.78%～13.18%，平均 7.88%；其次为百口泉组，孔隙度介于 3.34%～8.66%，平均 6.44%；上乌尔禾组物性稍差于百口泉组，其孔隙度介于 3.69%～8.39%，平均 5.72%（图 6）。

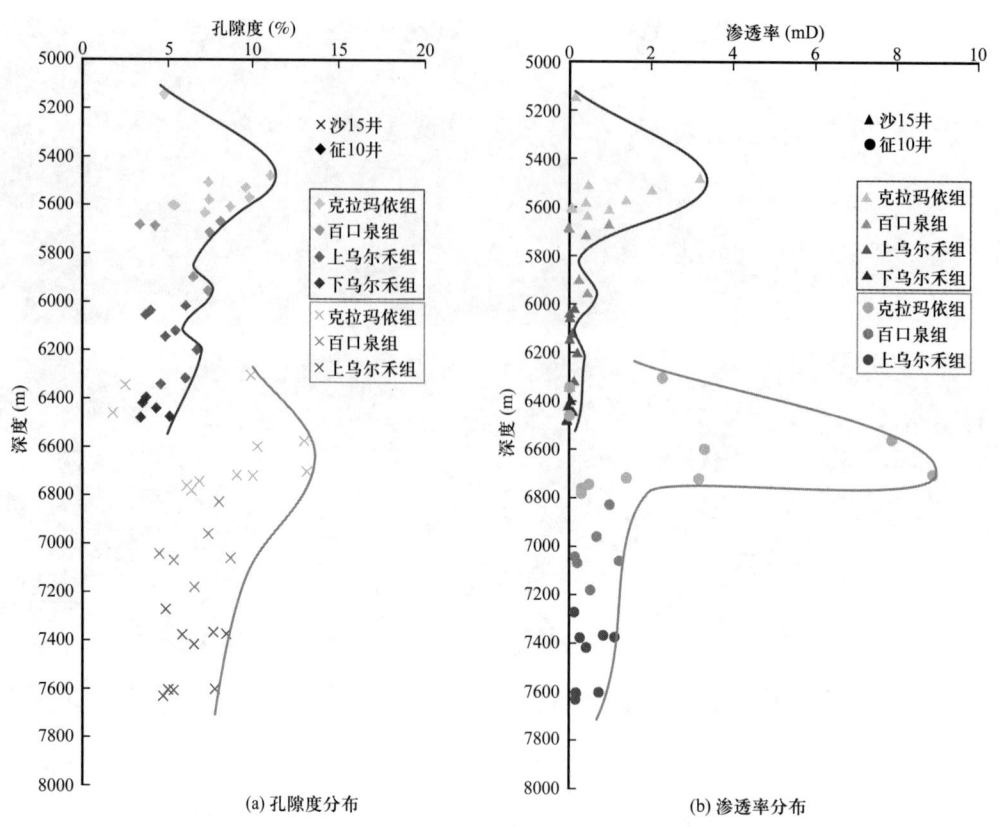

图 5 准噶尔盆地腹部沙 15 井—征 10 井下组合储层孔隙度及渗透率纵向分布

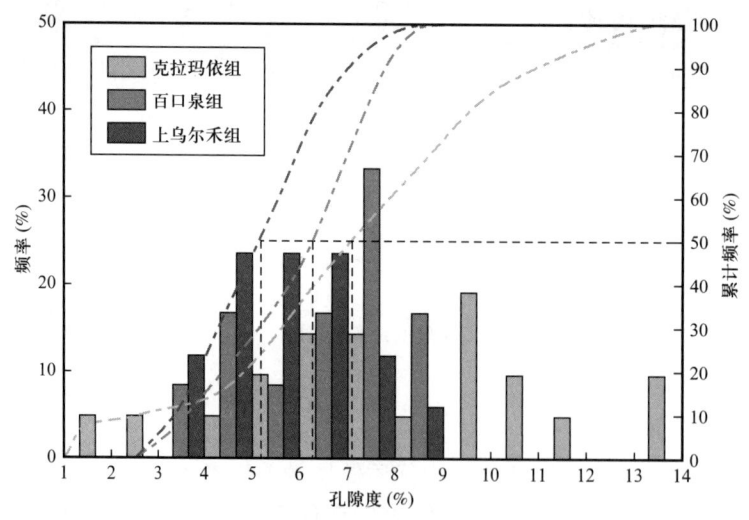

图 6 准噶尔盆地腹部下组合不同层位孔隙度分布

2.3 孔隙发育特征

腹部下组合不同层位储层发育特征差异较大，通过前文物性分析可知，三叠系克拉玛依组储层物性最优，其孔隙度、渗透率远高于下部百口泉组和上乌尔禾组。铸体薄片显微镜下特征显示，不同层位储层孔隙类型具有明显差异，其中上部克拉玛依组以原生粒间孔为主，含少量长石及中基性火山岩屑溶蚀孔（图 7a～c）；下部百口泉组及上乌尔禾组则以溶蚀孔为主，局部发育网状裂缝，原生孔隙几乎不发育，溶蚀物质主要为浊沸石胶结物、中—基性火山岩屑及长石（图 7d～i），其中长石含量较低，对储层发育贡献有限。对比百口泉组和上乌尔禾组溶蚀孔发育位置可知，二者溶蚀物质虽然基本相同，但不同物质的溶蚀强度存在一定差异，特别是浊沸石胶结物，在百口泉组溶蚀强烈，但上乌尔禾组浊沸石仅沿解理缝或在裂缝沟通下溶蚀，溶蚀程度相对较弱（图7g~i）。从孔隙类型与物性的对应关系来看，克拉玛依组原生孔隙段物性最好，次生溶蚀孔物性相对较差。

图7 准噶尔盆地腹部下组合储层孔隙类型镜下特征

（a）征10井，6711m，T_2k，原生孔发育，少量长石及火山岩屑溶蚀孔，颗粒间点—线接触，压实程度较弱，单偏光；（b）征10井，6721m，T_2k，原生粒间孔及火山岩屑溶蚀孔，局部见火山岩屑内长石强烈溶蚀，原生孔内少量硅质胶结及绿泥石包壳环绕颗粒，单偏光；（c）征10井，6796m，T_2k，原生粒间孔发育，颗粒边缘发育绿泥石包壳，少量方解石及硅质胶结，未见明显溶蚀，单偏光；（d）征10井，6961m，T_1b，浊沸石溶蚀孔发育，溶蚀孔内见沥青质残留，单偏光；（e）征10井，7059.5m，T_1b，溶蚀孔及网状缝发育，溶蚀物质主要为浊沸石及基性火山岩屑，单偏光；（f）征10井，7059.5m，T_1b，浊沸石沿解理缝强烈溶蚀，少量方解石胶结，单偏光；（g）征10井，7272m，P_3w，溶蚀孔及微裂缝，溶蚀物质主要为火山岩屑及浊沸石胶结物，单偏光；（h）沙15井，6196m，P_3w，火山岩屑溶蚀孔发育，浊沸石胶结物弱溶蚀，单偏光；（i）沙15井，6294m，P_3w，长石及火山岩屑溶蚀孔，粒间胶结物未见明显溶蚀，单偏光

3 成岩作用与孔隙演化

3.1 成岩作用类型

本次通过铸体薄片显微镜下岩石成分、结构及成岩作用的典型特征，确定了研究区碎屑岩主要经历压实、胶结和溶蚀3种类型成岩作用，不同层位各种成岩作用强度存在较大差异。

3.1.1 压实作用

压实作用贯穿整个成岩过程[22-26]，但研究区不同层位压实作用强度差异较大。克拉玛依组压实中等—弱，颗粒间以点—线接触为主，少见面接触，刚性颗粒几乎未见明显破裂（图7a）；下部百口泉组和上乌尔禾组压实强度大，除受强胶结作用影响区域外，颗粒间呈线—面接触，且刚性颗粒破裂、错位，塑性颗粒压实变形现象明显（图7f，i）。压实作用强度在一定程度上控制了储层孔隙的发育，研究区克拉玛依组在弱压实作用下原生孔隙发育，而百口泉组和上乌尔禾组在强压实作用下原生孔隙消失殆尽（图7a~i）。

3.1.2 胶结作用

胶结作用是研究区最主要的成岩作用类型之一，就胶结物成分而言，研究区可以识别出绿泥石胶结、方解石胶结、硅质胶结及浊沸石胶结4种类型（图7a~i）。其中绿泥石和浊沸石胶结具有明显的分带性，绿泥石主要以包壳式分布在克拉玛依组砂岩中，而浊沸石则发育在下部百口泉组和上乌尔禾组；方解石及硅质胶结在各个层位均有不同程度发育（图7a~i）。从胶结物类型与孔隙发育特征看，研究区对储层发育具有积极意义的为绿泥石包壳式胶结及浊沸石胶结；方解石以衬底式及孔隙式胶结发育，大量占据原生孔隙，虽然可能具有一定减缓压实的作用，但后期未经明显溶蚀，对孔隙发育起负作用。硅质胶结主要以石英次生加大边及孔隙式胶结出现，占据大量原生孔隙，可在一定程度减缓压实，但同样未经历次生溶蚀，主要起减孔作用。

3.1.3 溶蚀作用

溶蚀作用在腹部下组合各层位均有不同程度的发育。溶蚀物质上，研究区主要发育中—基性火山岩屑、浊沸石和长石3种类型溶蚀，且以前两者为主（图7d~i）。火山岩屑及长石溶蚀主要发生在颗粒内部，提供大量次生粒内溶孔（图7e，h，i）；浊沸石呈不规则状、港湾状，以及沿解理缝的条带状溶蚀分布在颗粒间（图7d~f）。溶蚀作用对研究区储层孔隙发育具有重要意义，特别是对于百口泉组和上乌尔禾组而言，强烈的压实和胶结作用导致其原生孔隙消失殆尽，储集物性变差，若未经历后期溶蚀改造则不具备储集条件。因此，火山岩屑及浊沸石溶蚀是百口泉组和上乌尔禾组最主要的增孔机制，也是其储层发育的最主要控制因素。

3.2 孔隙演化定量分析

3.2.1 基本原理

前文已经明确了储层的成岩作用类型，本节通过定量分析详细讨论不同成岩作用对储层孔隙发育的影响。关于孔隙演化的定量表征前人已经开展过大量研究，其基本原则是粒间体积不变原理，即压实达到一定程度后岩石颗粒间达到平衡状态，粒间体积不再变化[27-29]。此时的粒间体积主要由粒间孔、孔隙式胶结物及杂基构成，研究区碎屑岩杂基含量极低，本次计算中可忽略不计，因此，粒间体积主要为粒间孔及孔隙式胶结物两部分。通过铸体薄片及图像分析软件可获取胶结物面孔率、粒间孔面孔率（包括原生粒间孔及粒间溶孔）、粒内溶孔面孔率等参数；将孔隙面孔率（粒间孔和粒内孔）与实测孔隙度拟合得到面孔率与孔隙度之间的转换关系；再结合相应的面孔率即可得到胶结减孔量和溶蚀增孔量。对于压实减孔量还需要获取原始孔隙度参数与现今粒间体积参数（粒间孔体积、胶结物孔体积、粒间溶蚀孔三者之和）的差值。原始孔隙度（ϕ_0）的计算通常应用Trask分选系数S_0，基于公式$\phi_0=20.91+22.9/S_0$获取，S_0为粒度分析累积曲线上75%和25%处所对应的颗粒直径的比值[30-31]，具体计算流程如图8所示。

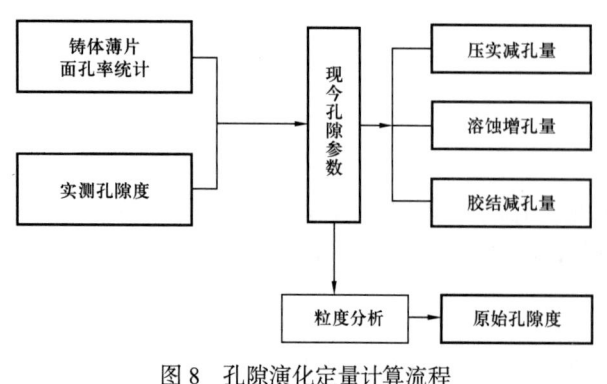

图8 孔隙演化定量计算流程

3.2.2 孔隙演化定量分析

本次分别选取腹部下组合克拉玛依组、百口泉组和上乌尔禾组典型样品定量讨论不同层位压实、胶结及溶蚀作用对孔隙发育的影响，初步探究不同层位孔隙发育的控制因素。

压实作用自沉积伊始贯穿整个成岩演化过程，前文通过岩石薄片镜下分析以颗粒之间的接触关系定性分析了不同层位的压实强度，其中克拉玛依组颗粒间点—线接触，呈弱压实状态，原生孔隙保存状况好；而其下百口泉组和上乌尔禾组颗粒间以线—面接触为主，常见塑性颗粒的压实变形，呈强压实，原生孔隙消失殆尽。本次通过岩石薄片面孔率统计与实测孔隙度拟合建立了面孔率与孔隙度转换关系（图9），随后将胶结物面孔率与溶蚀孔面孔率转换为对应的孔隙度参数[32-33]，应用铸体薄片镜下统计结果做粒度分析曲线获取分选系数，进一步求得原始孔隙度（表1）。从恢复结果来看，不同层位压实减孔量差异较大，其中克拉玛依组压实减孔量最小，为21.08%；而百口泉组和上乌尔禾组压实减孔量相差不大，分别为26.60%和26.43%。不同层位岩石矿物颗粒原始组构存在差异，导致埋藏过程中排列堆积方式不同，具体体现在分选系数上的差异，造成原始孔隙度差别较大，从而影响压实减孔量。除了上述差异，成岩强度，特别是胶结强度是影响压实效应的另一个重要因素。

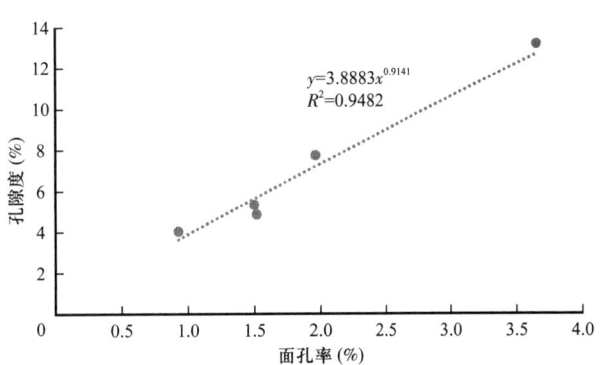

图9 准噶尔盆地腹部下组合孔隙度—面孔率拟合曲线

表1 准噶尔盆地腹部征10井不同层位孔隙演化参数恢复结果

层位	分选系数	原始孔隙度（%）	胶结物面孔率（%）	胶结孔隙度（%）	溶蚀面孔率（%）	溶蚀孔隙度（%）	现今孔隙度（%）	压实减孔量（%）
克拉玛依组	1.48	36.42	0.72	2.88	0.33	1.40	13.18	21.08
百口泉组	1.22	39.68	2.03	7.43	1.70	6.32	7.95	26.60
上乌尔禾组	1.18	40.36	3.12	11.00	1.09	4.21	4.85	26.43

研究区各层位胶结物类型及胶结强度存在较大差异，其中上部克拉玛依组以绿泥石包壳式弱胶结、方解石胶结和硅质胶结为主；而下部百口泉组和上乌尔禾组则主要为浊沸石强胶结、方解石胶结及硅质胶结。从胶结物定量统计参数来看，克拉玛依组胶结物面孔率仅为0.72%，转换为对应孔隙度参数为2.88%，即胶结物减孔量为2.88%；百口泉组胶结物面孔率为2.03%，转化为孔隙度参数为7.43%，即胶结物减孔量为7.43%；而上乌尔禾组胶结强度最高，胶结物面孔率为3.12%，转换为孔隙参数为11%。从压实减孔量的计算过程中可以看出，胶结物含量的高低极大地影响了压实减孔效应，但其占据的大量孔隙空间若未经后期溶蚀，对孔隙发育起到的仍是负面作用。

除了压实和胶结作用，溶蚀是深层碎屑岩储层增孔的最主要机制之一[34-35]。岩石薄片镜下特征显示，克拉玛依组溶蚀作用相对较弱，近局部视域下见少量岩屑及长石的粒内溶蚀。溶蚀面孔率统计结果与镜下特征具有良好的匹配关系，溶蚀面孔率仅为0.33%，转换为对应的孔隙度为1.40%，即克拉玛依组的溶蚀增孔量仅为1.40%，而其现今孔隙度为13.18%，表明大量孔隙空间均为弱压实下保存良好的原生孔，溶蚀作用的增孔效应有限。百口泉组溶蚀强度高，其溶蚀面孔率高达1.70%，转换为对应的孔隙度为6.32%，即溶蚀增孔量为6.32%，从溶蚀物质上看，浊沸石溶蚀强度最高，其次为基性火山岩屑及少量长石，而方解石未见明显溶蚀，因此，方解石的胶结主要起减孔作用。上乌尔禾组溶蚀强度中等，其溶蚀面孔率为1.09%，转化为孔隙度达4.21%，但其胶结强度极高，后期溶蚀强度又不如其上的百口泉组，导致其现今孔隙度最低（图10）。

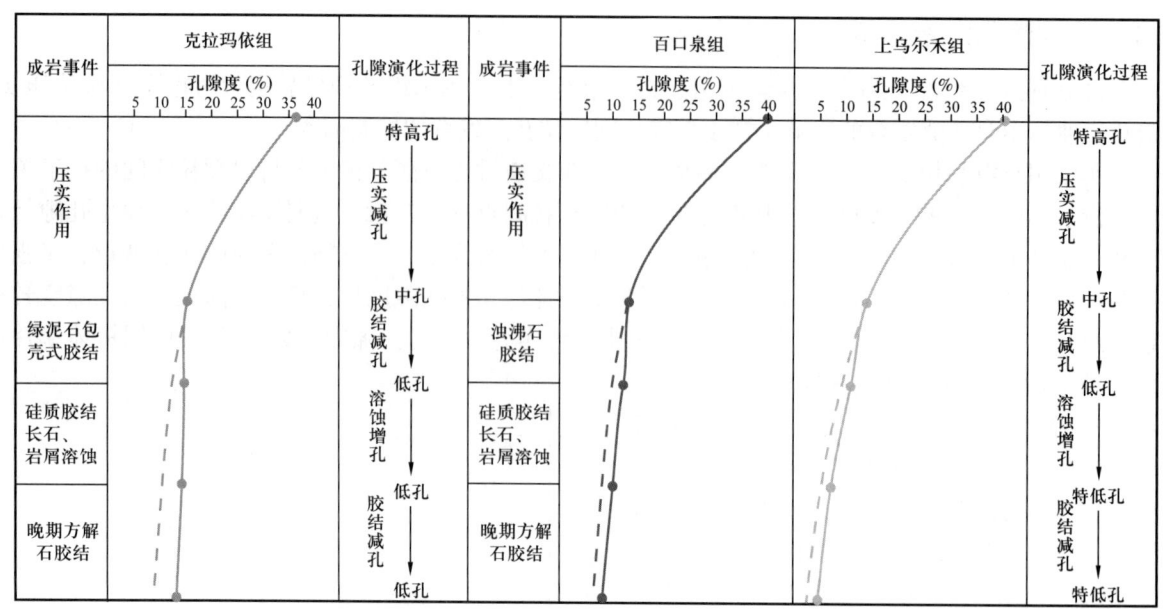

图 10 准噶尔盆地腹部征 10 井不同层位成岩作用与孔隙演化

3.3 成岩作用与孔隙演化

在上述研究的基础上，以征 10 井克拉玛依组为例，综合单井埋藏史、热史、R_o 及包裹体测温数据，标定了克拉玛依组成岩作用阶段，明确了油气充注时间，建立了埋藏—成岩—油气充注与孔隙演化的协同关系。

克拉玛依组沉积过程中整体处于持续沉降，仅在三叠纪末期、侏罗纪中后期和白垩纪末经历短期抬升，沉积速率较稳定（图 11）。实测结果显示，克拉玛依组现今 R_o 可达 1.3%，受样品资料限制未进行黏土矿物定量分析，但岩石薄片显微镜下黏土矿物以绿泥石和伊利石为主，未见高岭石的存在，石英次生加大较普遍，局部可见自生石英小锥晶分布于颗粒间（图 4 和图 7），表明克拉玛依组当前处于中成岩作用 B 期。烃源岩热演化史及包裹体测温结果显示征 10 井克拉玛依组经历 3 期油气充注，分别为白垩纪早期（K_1）、白垩纪中期（K_2）及古近纪—新近纪（E—N），其中 K_2 为主成藏期。

中三叠世—晚三叠世早期，克拉玛依组处于持续沉降阶段；晚三叠世中期—末期处于抬升阶段。此时克拉玛依组处于早成岩作用 A 期，这一时期储层以压实作用为主，胶结和溶蚀作用弱，仅少量早期绿泥石和方解石胶结，压实中等—强，但受抬升及早期绿泥石包壳的影响，一定程度上减缓压实，有利于原生孔隙的保存。早成岩作用 B 期（晚三叠世—早侏罗世），克拉玛依组仍表现为早期持续沉降、晚期抬升的演化过程，这一阶段储层以压实和方解石胶结作用为主，黏土矿物中伊/蒙混层向伊利石转化，但胶结强度整体较弱，压实作用仍是孔隙降低的最主要因素。早白垩世到古近纪末为中成岩作用 A 期，处于持续沉降过程，白垩纪末期经历短暂抬升，这一阶段以方解石、硅质胶结及溶蚀作用为主，这也是油气大量充注期。油气充注抑制了成岩作用，导致胶结作用减缓或暂停，胶结作用仍较弱，有利于原生孔隙的大量保存。古近纪末期至今为中成岩作用 B 期，处于持续沉降至稳定阶段，这一时期以晚期碳酸盐胶结为主，期间还伴随着一期油气充注，至此孔隙演化进程基本达到稳定，溶蚀作用仅在一定程度上对储层具有改善作用。总之，中等—弱压实、油气充注下的弱胶结作用是整个演化过程中原生孔隙保存的最主要机制。

综上所述，准噶尔盆地腹部下组合深层—超深层碎屑岩储层孔隙类型多样，既有原生孔隙保存良好段，又存在强溶蚀作用下的次生孔隙发育段。纵向上克拉玛依组原生孔隙保存良好，物性最高，埋藏—成岩—孔隙演化综合作用结果显示，中等—弱压实、弱胶结，以及油气充注对成岩作用的抑制是本组孔隙保存的主要因素。其次为百口泉组，虽然其受强压实和胶结作用影响原生孔隙保存较差，但浊沸石及基性火山岩屑的强溶蚀促进了次生孔隙的发育，保障了百口泉组相对较好的物性。上乌尔禾组受强压实和强胶结作用影响程度最大，后期虽然同样经历了一定的溶蚀作用，但溶蚀增孔强度有限，远不足以弥补强压实和强胶结作用的降孔效应，因此，其物性相对较差，但从油气成果来看，本组以产气为主，对储层物性要求相对较低，上乌尔禾组仍可作为天然气的有效储层。

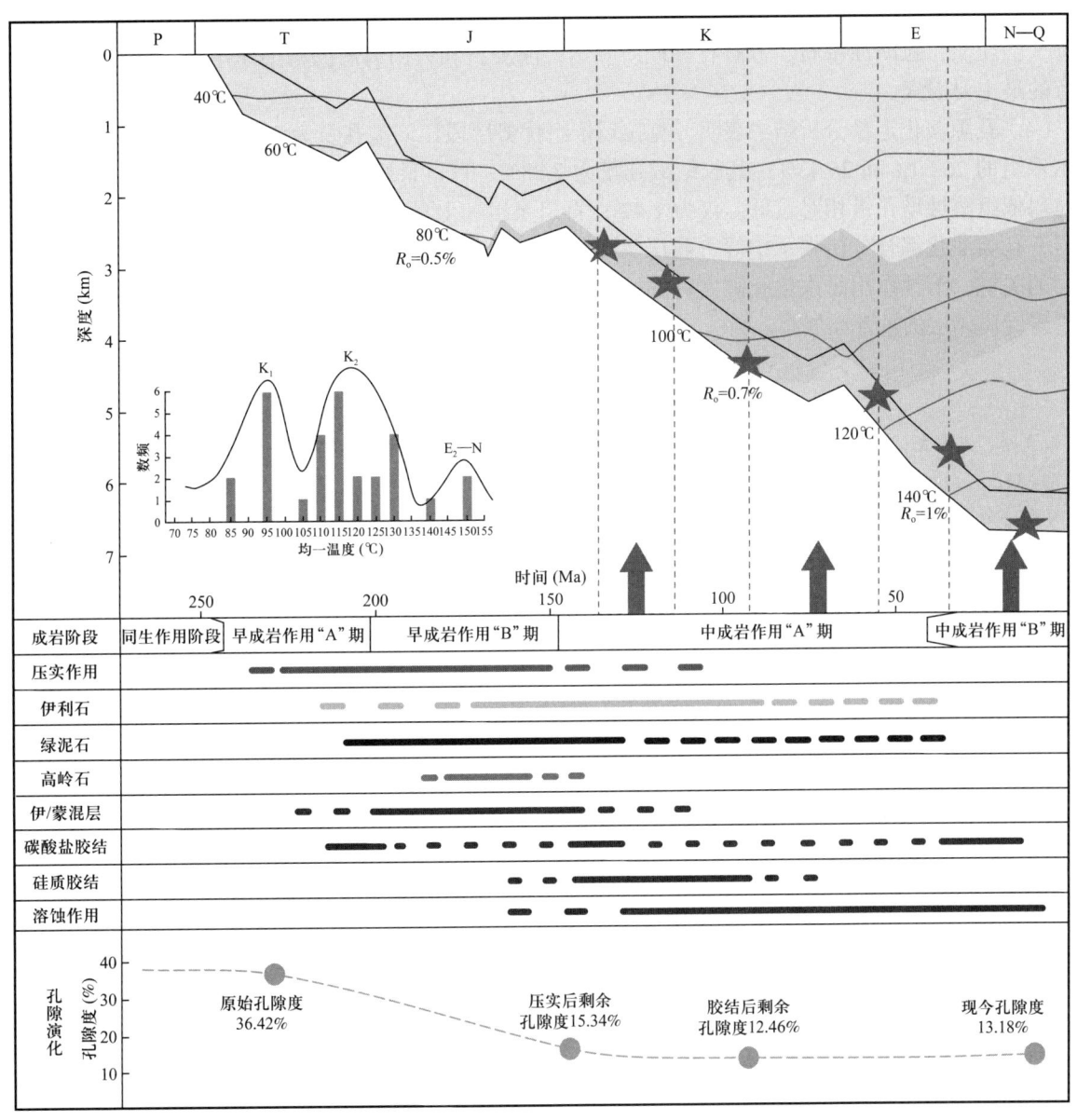

图 11 准噶尔盆地腹部征 10 井克拉玛依组埋藏—成岩—孔隙演化综合图

4 结论

（1）准噶尔盆地腹部下组合碎屑岩储层主要发育于上乌尔禾组、百口泉组及克拉玛依组底部，其中百口泉组砂体最发育、上乌尔禾组次之，克拉玛依组砂体发育相对局限；储层岩石类型以岩屑砂岩为主，含少量长石岩屑砂岩，岩屑成分以中—基性火山岩屑为主，长石、石英含量普遍低于20%；储层物性上克拉玛依组最优，孔隙度最高可达13.18%，百口泉组和上乌尔禾组物性相当，远低于克拉玛依组。

（2）腹部下组合不同层位储层孔隙发育特征差异明显，上部克拉玛依组以原生粒间孔为主，含少量溶蚀孔；百口泉组和上乌尔禾组受强烈压实及胶结作用影响，原生孔隙基本消失殆尽，孔隙类型以次生浊沸石溶孔、中—基性火山岩屑溶孔及少量长石溶孔为主。

（3）腹部下组合碎屑岩储层成岩作用以压实、胶结和溶蚀作用为主；克拉玛依组优势层段压实程度相对较弱、颗粒间发育黏土包壳式胶结、晚期方解石胶结和少量硅质胶结；百口泉组和上乌尔禾组中等—强压实，粒间浊沸石、方解石和硅质胶结，浊沸石和火山岩屑的溶蚀作用是控制二者次生孔隙发育的最主要因素。

（4）孔隙演化定量分析结果表明，克拉玛依组优势层段压实减孔量为21.08%，低于百口泉组和上乌尔禾组的26.60%和26.43%；其胶结减孔量为2.88%，百口泉组和上乌尔禾组分别为7.43%和11%；克拉玛依组溶蚀增孔量相对较低，仅为1.4%；百口泉组和上乌尔禾组分别为6.32%和4.21%。埋藏—成岩—孔隙演化综合分析揭示中等—弱压实强度和弱胶结是研究区深层—超深层碎屑岩储层原生孔隙保存的关键，溶蚀作用是次生孔隙发育的主要因素；二者的匹配关系与发育状况控制了深层—超深层碎屑岩优质储层的发育和展布。

参 考 文 献

[1] 何文军，王绪龙，邹阳，等.准噶尔盆地石油地质条件、资源潜力及勘探方向［J］.海相油气地质，2019，24（2）：75-84.

[2] 李阳，薛兆杰，程喆，等.中国深层油气勘探开发进展与发展方向［J］.中国石油勘探，2020，25（1）：45-57.

[3] 孙龙德，邹才能，朱如凯，等.中国深层油气形成、分布与潜力分析［J］.石油勘探与开发，2013，40（6）：641-649.

[4] 王小军，宋永，郑孟林，等.准噶尔盆地复合含油气系统与复式聚集成藏［J］.中国石油勘探，2021，26（4）：29-43.

[5] 贾承造，庞雄奇.深层油气地质理论研究进展与主要发展方向［J］.石油学报，2015，36（12）：1457-1469.

[6] 张仲培，张宇，张明利，等.准噶尔盆地中部四陷区二叠系—三叠系油气成藏主控因素与勘探方向［J］.石油实验地质，2022，44（4）：559-568.

[7] 殷树铮，张奎华，于洪洲，等.准噶尔盆地腹部二叠系地震波组特征及其地质意义［J］.地质科学，2023，58（1）：124-135.

[8] 何登发，张磊，吴松涛，等.准噶尔盆地构造演化阶段及其特征［J］.石油与天然气地质，2018，39（5）：845-861.

[9] 孙靖，郭旭光，尤新才，等.准噶尔盆地深层—超深层致密碎屑岩储层特征及有效储层成因［J］.地质学报，2022，96（7）：2532-2546.

[10] 李建忠，王小军，杨帆，等.准噶尔盆地中央坳陷西部下组合油气成藏模式及勘探前景［J］.石油与天然气地质，2022，43（5）：1059-1072.

[11] 陈发景，汪新文，汪新伟.准噶尔盆地的原型和构造演化［J］.地学前缘，2005，12（3）：77-89.

[12] 蔡忠贤，陈发景，贾振远.准噶尔盆地的类型和构造演化［J］.地学前缘，2000，7（4）：431-440.

[13] 况军，齐雪峰.准噶尔前陆盆地构造特征与油气勘探方向［J］.新疆石油地质，2006，27（1）：5-9.

[14] 何文军，费李莹，阿布力米提·依明，等.准噶尔盆地深层油气成藏条件与勘探潜力分析［J］.地学前缘，2019，26（1）：189-201.

[15] 郑孟林，樊向东，何文军，等.准噶尔盆地深层地质结构叠加演变与油气赋存［J］.地学前缘，2019，26（1）：22-32.

[16] 唐勇，宋永，何文军，等.准噶尔叠合盆地复式油气成藏规律［J］.石油与天然气地质，2022，43（1）：132-148.

[17] 王芙蓉，何生，何治亮，等.准噶尔盆地腹部地区深层砂岩储层孔隙特征研究［J］.石油实验地质，2010，32（6）：547-552.

[18] 黄洁，朱如凯，侯读杰，等.深部碎屑岩储层次生孔隙发育机理研究进展［J］.地质科技情报，2007，26（6）：

[19] 张振宇,张立宽,罗晓容,等.准噶尔盆地中部地区深层西山窑组砂岩成岩作用及其对储层质量评价的启示[J].天然气地球科学,2019,30(5):686-700.

[20] 操应长,远光辉,王艳忠,等.准噶尔盆地北三台地区清水河组低渗透储层成因机制[J].石油学报,2012,33(5):758-771.

[21] 操应长,远光辉,杨海军,等.含油气盆地深层—超深层碎屑岩油气勘探现状与优质储层成因研究进展[J].石油学报,2022,43(1):112-140.

[22] 曹江骏,陈朝兵,程皇辉,等.成岩作用对深水致密砂岩储层微观非均质性的影响:以鄂尔多斯盆地合水地区长7油层组为例[J].沉积学报,2021,39(4):1031-1046.

[23] 鲁新川,张顺存,蔡冬梅,等.准噶尔盆地车拐地区三叠系成岩作用与孔隙演化[J].沉积学报,2012,30(6):1123-1129.

[24] 何涛,王芳,宋汉华.苏里格气田南部盒8段储层成岩作用及孔隙演化[J].石油天然气学报,2013,35(2):31-35.

[25] 钟大康,祝海华,孙海涛,等.鄂尔多斯盆地陇东地区延长组砂岩成岩作用及孔隙演化[J].地学前缘,2013,20(2):61-68.

[26] 王芙蓉,何生,何治亮,等.准噶尔盆地腹部永进地区砂岩储层中碳酸盐胶结物特征及其成因意义[J].岩石矿物学杂志,2009,28(2):169-178.

[27] 孙全力,孙晗森,贾钧,等.川西须家河组致密砂岩储层绿泥石成因及其与优质储层关系[J].石油与天然气地质,2012,33(5):751-757.

[28] 赵承锦,蒋有录,刘景东,等.基于正演与反演结合的孔隙度演化恢复方法:以川东北地区须家河组为例[J].石油学报,2021,42(6):708-723.

[29] 王彤,朱筱敏,张自力,等.莱州湾凹陷北洼沙河街组三段砂岩储层孔隙定量演化模式[J].石油学报,2020,41(6):671-690.

[30] 赖锦,王贵文,柴毓,等.致密砂岩储层孔隙结构成因机理分析及定量评价——以鄂尔多斯盆地姬塬地区长8油层组为例[J].地质学报,2014,88(11):2119-2130.

[31] 潘高峰,刘震,赵舒,等.砂岩孔隙度演化定量模拟方法—以鄂尔多斯盆地镇泾地区延长组为例[J].石油学报,2011,32(2):249-256.

[32] 刘贵满,孟元林,魏巍.松辽盆地北部泉三、四段低渗透储层孔隙度演化史[J].矿物岩石地球化学通报,2012,31(3):266-274.

[33] 张兴良,田景春,王峰,等.致密砂岩储层成岩作用特征与孔隙演化定量评价:以鄂尔多斯盆地高桥地区二叠系下石盒子组盒8段为例[J].石油与天然气地质,2014,35(2):212-217.

[34] 李杪,罗静兰,赵会涛,等.不同岩性的成岩演化对致密砂岩储层储集性能的影响——以鄂尔多斯盆地东部上古生界盒8段天然气储层为例[J].西北大学学报(自然科学版),2015,45(1):97-106.

[35] 曾庆鲁,莫涛,赵继龙,等.7000m以深优质砂岩储层的特征、成因机制及油气勘探意义——以库车坳陷下白垩统巴什基奇克组为例[J].天然气工业,2020,40(1):38-47.

原文发表于《石油实验地质》2023年第4期